PHILLIP FEST

Die Errichtung von Windenergieanlagen in Deutschland und seiner Ausschließlichen Wirtschaftszone

Schriften zum Umweltrecht

Herausgegeben von Prof. Dr. Michael Kloepfer, Berlin

Band 166

Die Errichtung von Windenergieanlagen in Deutschland und seiner Ausschließlichen Wirtschaftszone

Genehmigungsverfahren, planerische Steuerung und Rechtsschutz an Land und auf See

Von

Phillip Fest

Duncker & Humblot · Berlin

Die Juristische Fakultät der Humboldt-Universität zu Berlin
hat diese Arbeit im Jahre 2008 als Dissertation angenommen.

Bibliografische Information der Deutschen Nationalbibliothek

Die Deutsche Nationalbibliothek verzeichnet diese Publikation in
der Deutschen Nationalbibliografie; detaillierte bibliografische Daten
sind im Internet über http://dnb.d-nb.de abrufbar.

Alle Rechte vorbehalten
© 2010 Duncker & Humblot GmbH, Berlin
Fremddatenübernahme: L101 Mediengestaltung, Berlin
Druck: Berliner Buchdruckerei Union GmbH, Berlin
Printed in Germany

ISSN 0935-4247
ISBN 978-3-428-13154-9

Gedruckt auf alterungsbeständigem (säurefreiem) Papier
entsprechend ISO 9706 ♾

Internet: http://www.duncker-humblot.de

Vorwort

Die vorliegende Arbeit wurde im Dezember 2008 fertig gestellt. Sie wurde von der Juristischen Fakultät der Humboldt-Universität zu Berlin am 17.12.2008 als Dissertation angenommen und am 19.02.2009 verteidigt. Ich danke dem Verlag Duncker & Humblot für die Veröffentlichung dieser Arbeit und der Stiftung der Deutschen Wirtschaft zur Nutzung und Erforschung der Windenergie auf See (Offshore-Stiftung), insbesondere ihrem geschäftsführenden Vorstand, Rechtsanwalt Jörg Kuhbier, für einen wesentlichen Beitrag zum Druckkostenzuschuss. Der aktuelle Stand nach Fertigstellung der Dissertation vor Veröffentlichung wurde bis einschließlich August 2009 berücksichtigt.

Von ganzem Herzen danken möchte ich Herrn Prof. Dr. Dr. h.c. Ulrich Battis. Er hat durch seine Betreuung diese Arbeit ermöglicht. Seine wertvollen Anregungen und Ratschläge habe ich gerne berücksichtigt. Insbesondere möchte ich mich an dieser Stelle für die Durchführung von zwei Tagungen des Instituts für Deutsches und Internationales Baurecht e.V. an der Humboldt-Universität zu Berlin bedanken. Sowohl die Tagung zum sog. Repowering von Windenergieanlagen im Juli 2007 als auch die zur Raumordnung offshore im Mai 2008 halfen inhaltlich weiter und führten zu neuen, dieser Arbeit nützlichen Kontakten.

Ich danke auch allen, die mir mit ihrer Offenheit bei fachlichen Fragen weitergeholfen haben. Hervorzuheben sind dabei die wertvollen Anregungen in den Gesprächen mit Dr. Michael Rolshoven aus der Kanzlei Müller-Wrede & Partner, Mitglied des juristischen Beirats des Bundesverbandes WindEnergie (BWE), Dr. Christian-W. Otto, Partner der Kanzlei Thur Fülling Otto & Collegen mit der Perspektive einiger windenergieskeptischer Gemeinden, Dr. Guido Wustlich, Referent im Bundesministerium für Umwelt, Naturschutz und Reaktorsicherheit (BMU) und Christian Dahlke, Referatsleiter im Bundesamt für Seeschifffahrt und Hydrographie (BSH).

Ganz besonderer Dank gilt hier dem Referat KI III 3 – Wasserkraft, Windenergie und Netzintegration der erneuerbaren Energien – im Bundesministerium für Umwelt, Naturschutz und Reaktorsicherheit und insbesondere seinem Leiter Udo Paschedag, der mir im Rahmen der Verwaltungsstation 2008 und Wahlstation 2009 im Referendariat einen noch tieferen Einblick in vielfältige juristische Fragestellungen der Windenergienutzung gegeben hat.

Für die Offenheit bei der Bereitstellung von Material danke ich Prof. Dr. Klinski und Joachim Falkenhagen von der Windland Energieerzeugungs GmbH.

Für ihren fachlichen und persönlichen Rat während der Erstellung dieser Arbeit sei an dieser Stelle auch der geschätzten Kollegin Susanne Henck, Promotionsstudentin und wissenschaftliche Mitarbeiterin am Lehrstuhl für öffentliches Recht, Prof. Dr. Kingreen, Universität Regensburg, gedankt.

Für die Erstellung des Zweitvotums danke ich Herrn Prof. Dr. Michael Krautzberger.

Besonderer Dank gilt meinen Eltern und meiner Großmutter, die mich unermüdlich angetrieben haben und ohne deren Unterstützung diese Arbeit nicht möglich gewesen wäre.

Berlin, im August 2009 *Phillip Fest*

Inhaltsverzeichnis

A. **Einleitung** 13
   I. Problemaufriss.. 13
   II. Gang der Untersuchung 16

B. **Begrifflichkeiten, historischer Hintergrund und heutige Bedeutung**..... 20
   I. Terminologie... 20
      1. Windenergie- oder Windkraftanlage 20
      2. Repowering-Anlagen 22
      3. Onshore- und Offshore-Anlagen 23
   II. Historische Entwicklung der Nutzung der Windenergie.............. 26
      1. Der Beginn der Nutzung der Windenergie zur Stromerzeugung..... 27
      2. Die „Reichsarbeitsgemeinschaft Windkraft" 28
      3. Die Renaissance der Windenergie seit den 80er Jahren 31
   III. Technische Entwicklung und Dimension moderner Windenergie-
anlagen 33
   IV. Die Förderung der Ausbreitung von Windenergieanlagen............. 39
      1. Klimaschutzziele und erneuerbare Energien 39
      2. Die Debatte um Kosten und Nutzen der Windenergienutzung 49
      3. Die Debatte um Umwelteinwirkungen einer umweltfreundlichen
Energiegewinnung 62
      4. Windenergienutzung in der aktuellen öffentlichen Meinung 64

C. **Die Errichtung von Windenergieanlagen an Land** 67
   I. Heutige Verbreitung von Windenergieanlagen an Land 67
   II. Das einschlägige Genehmigungsverfahren......................... 69
      1. Verankerung im Bau- oder Immissionsschutzrecht?................ 70
      2. Genehmigungsvoraussetzungen 73
      3. Rechtswirkungen der Genehmigung............................ 75
      4. Erforderlichkeit einer Umweltverträglichkeitsprüfung.............. 76
        a) Vorliegen einer Windfarm 76
        b) Bestimmung der Prüfungsart nach Größe und Auswirkungen
der Windfarm 78
        c) Problemfälle... 78
        d) Bloße Verfahrensregelung................................. 79
        e) Verfahrensfehler und Heilung 80
      5. Windenergieerlasse der Länder und andere Hinweise.............. 81
      6. Genehmigungsverfahren bei einem Repowering................... 84

7. Windenergieanlagen im Geltungsbereich eines Bebauungsplanes.... 88
   a) Bedeutung von Bebauungsplänen für die Windenergienutzung... 88
   b) Mögliche Flächenausweisungen für eine Windenergienutzung ... 89
   c) Die Windenergienutzung begrenzende Festsetzungen 92
   d) Windenergienutzung über Ausnahmen und Befreiungen?........ 99
   e) Natur- und Landschaftsschutz in Bebauungsplänen 101
8. Windenergieanlagen im unbeplanten Innenbereich................. 112
9. Windenergieanlagen im Außenbereich........................... 114
   a) Die Diskussion um den Privilegierungstatbestand............... 114
      aa) Versuch der Privilegierung in der 12. Legislaturperiode..... 116
      bb) Erfolgreiches Gesetzgebungsverfahren in der 13. Legislaturperiode... 116
      cc) Die Regelung im Einzelnen 118
      dd) Rechtspolitische Diskussion 122
   b) Entgegenstehende öffentliche Belange........................ 124
      aa) Widerspruch zu Darstellungen von Plänen................. 125
      bb) Planungserfordernis bei Windenergieanlagen?............. 127
      cc) Das Hervorrufen schädlicher Umwelteinwirkungen 127
         (1) Lichteffekte... 128
         (2) Lärm... 133
         (3) Sonstige Beeinträchtigungen......................... 143
      dd) Windenergieanlagen als optisches Bedrängnis.............. 147
      ee) Belange des Naturschutzes 152
      ff) Beeinträchtigung der natürlichen Eigenart der Landschaft und ihres Erholungswertes oder Verunstaltung des Orts- und Landschaftsbildes 153
      gg) Belange des Denkmalschutzes 160
      hh) Belange der Wasserwirtschaft 167
      ii) Belange des Luftverkehrs und der Landesverteidigung....... 169
   c) Steuerung durch Raumordnung 180
      aa) Raumbedeutsamkeit 184
      bb) Steuerung durch Grundsätze und Ziele der Raumordnung ... 187
      cc) Steuerung durch Vorbehalts-, Vorrangs- und Eignungsgebiete 188
      dd) Repowering in der Regionalplanung 198
      ee) Abwägungsentscheidung und Wirksamkeit derselben 200
   d) Steuerung durch Bauleitplanung 206
      aa) Konzentrationszonen in Flächennutzungsplänen 208
      bb) Steuerung durch Plansicherungsinstrumente................ 218
         (1) Sicherung von Bebauungsplänen..................... 218
         (2) Sicherung von Flächennutzungsplänen................. 222
   e) Erschließung... 225

10. Rückbauverpflichtung 227
11. Erteilung des gemeindlichen Einvernehmens 228
12. Bauordnungsrechtlicher Rahmen 230
    a) Abstandsflächen 231
        aa) Der Faktor *H* in den Landesbauordnungen 233
        bb) Die Berechnung der Abstandsflächen 235
        cc) Ansatzpunkt für Abstandsflächen 238
        dd) Anwendung des Schmalseitenprivilegs? 240
        ee) Ausnahmen von der Abstandsflächenberechnung 242
        ff) Abstandsflächenrecht und Repowering 243
        gg) Rechtspolitische Diskussion im Abstandsflächenrecht 244
    b) Standsicherheit 246
    c) Brandschutz 249
    d) Schallschutz 250
    e) Bauordnungsrechtliche Generalklausel 250
13. Naturschutz 251
    a) Auswirkungen von Windenergieanlagen auf Vögel 253
    b) Auswirkungen von Windenergieanlagen auf Fledermäuse 256
    c) Auswirkungen eines Repowering auf die Avifauna 259
    d) Maßnahmen 262
        aa) Naturschutzrechtliche Eingriffsregelung 263
        bb) Deutsche Naturschutzgebiete 269
        cc) Europäisches Naturschutzrecht 270
            (1) Schutzgebietsnetz Natura 2000 273
                (a) Vogelschutzgebiete 274
                (b) Flora-Fauna-Habitat-Gebiete 277
            (2) Faktische Vogelschutzgebiete 287
            (3) Potentielle FFH-Gebiete 289
            (4) Erreichbarkeit von Schutzgebieten 294
            (5) Weitere Kriterien für den öffentlichen Belang
                des Naturschutzes 298
        dd) Artenschutzrecht 303
        ee) Umweltverantwortung für Windenergieanlagen nach dem
            neuen Umweltschadensrecht? 314
14. Straßenrecht 319
III. Rechtsschutz 323
    1. Die Vereinsklage nach dem Umwelt-Rechtsbehelfsgesetz 323
    2. Rechtsschutz gegen Raumordnungs- und Bauleitpläne 331
        a) Rechtsschutz gegen Raumordnungspläne 331
        b) Rechtsschutz gegen Flächennutzungspläne 335
        c) Rechtsschutz gegen Bebauungspläne 342
    3. Rechtsschutz gegen Genehmigungen 345

4. Rechtsschutz gegen tatsächliche Anlagenauswirkungen............. 347
5. Rechtsschutz gegen die Einrichtung europäischer Schutzgebiete 348
D. Die Errichtung von Windenergieanlagen auf See...................... 354
   I. Bisherige Entwicklung... 354
       1. Heutige Verbreitung von Windenergieanlagen auf See 354
       2. Potential und Prognosen.. 358
       3. Die Rahmenbedingungen von Finanzierung und Netzanschluss 361
  II. Völkerrechtlicher Rahmen... 368
       1. Das Seerechtsübereinkommen der Vereinten Nationen.............. 369
       2. Weitere völkerrechtliche Übereinkommen....................... 373
 III. Europarechtlicher Rahmen 376
 IV. Verfassungsrechtlicher Rahmen 379
       1. Gesetzgebungskompetenz 380
       2. Verwaltungskompetenz.. 384
       3. Anwendbarkeit von innerstaatlichem Recht 384
  V. Genehmigungsverfahren 389
       1. Genehmigungsverfahren im Küstenmeer......................... 389
       2. Genehmigungsverfahren in der AWZ............................ 395
          a) Versagungsgründe 398
              aa) Sicherheit und Leichtigkeit des Verkehrs 398
              bb) Gefährdung der Meeresumwelt 402
                  (1) Umwelteinwirkungen von Offshore-Windparks......... 402
                      (a) Meerestierwelt.................................. 403
                      (b) Marine Avifauna............................... 407
                      (c) Sonstiges....................................... 409
                  (2) Reichweite des Verbotstatbestandes und Artenschutz-
                      recht 411
                      (a) Regelbeispiele.................................. 411
                      (b) Natura 2000.................................... 414
              cc) Erfordernisse der Raumordnung 426
              dd) Sonstige überwiegende öffentliche Belange................ 428
          b) Umweltverträglichkeitsprüfung 431
          c) Ausgestaltung des Genehmigungsverfahrens in der Praxis........ 433
       3. Steuerung auf dem Wege der Raumordnung?..................... 437
       4. Umweltverantwortung nach Umweltschadensrecht?................ 461
 VI. Rechtsschutz... 462
       1. Allgemeine Fragen des Rechtsschutzes 462
       2. Rechtsschutz für Insel- und Küstengemeinden..................... 463
       3. Rechtsschutz für Hochseefischereibetriebe 467
       4. Verbandsklage für Naturschutzvereine 470
       5. Normenkontrolle der AWZ-ROV? 474
       6. Rechtsschutz im Küstenmeer wie in der AWZ? 476

E. Schlussbetrachtung... 481
    I.   Überblick und Abschätzung der zukünftigen Entwicklung 481
    II. Zusammenfassung in Thesen...................................... 484

Literaturverzeichnis 492

Materialverzeichnis 506

Rechtsprechungsverzeichnis 511

Sachwortverzeichnis 521

A. Einleitung

I. Problemaufriss

Die Nutzung der Windenergie ist aus Gründen des Klimaschutzes und endlicher Rohstoffressourcen seit Jahren Ziel jeder Bundesregierung, egal welcher parteipolitischen Zusammensetzung. Dennoch gibt es außer der Atomenergie keine andere Form der Energiegewinnung, die in der Gesellschaft derart polarisiert. Auch unter den erneuerbaren Energien sticht die Windenergie hervor. Wenige streiten über Wasserkraft und Biomasse, über Windenergieanlagen hingegen sehr viele.[1] Dementsprechend gibt es zahlreiche Rechtsstreitigkeiten und fortwährend neue Urteile zur Errichtung von Windenergieanlagen. Dabei verlaufen die Gräben in öffentlicher Debatte wie vor Gericht nicht entlang gewohnter Muster von politischen Parteien oder Wirtschaft und Umweltschutzverbänden. Hier besteht ein durchaus differenziertes Meinungsbild. Das hängt nicht zuletzt damit zusammen, dass die Windenergienutzung mittlerweile ein Wirtschaftsfaktor geworden ist und als solcher auch Umwelteinwirkungen nach sich zieht, die nicht nur positiv sind. Befürworter und Gegner der Windenergienutzung stehen sich zumeist unversöhnlich gegenüber. Die vorliegende Arbeit bewegt sich in diesem Spannungsfeld. Trotz dieser Polarisierung besteht die Chance der Nutzung der Pluralität des Meinungsbildes, um einen Blick auf die Rechtspolitik, bisherige, aktuelle und künftige Konfliktlinien zu werfen. Darüber hinaus sollen anhand sachlicher Gesichtspunkte – soweit dies Juristen möglich ist – Wege zu einem gerechten Ausgleich der divergierenden Interessen aufgezeigt werden, da Einigkeit zumindest darüber besteht, dass es zu einer weiteren Zunahme der Windenergienutzung kommen wird.

Die Nutzung der Windenergie ist Teil der epochalen Herausforderung des Umbaus der Energieversorgung von der einst fast ausschließlichen Nutzung fossiler Energieträger zu einem nachhaltigeren, zunehmend auf erneuerbare Energien setzenden, Energiemix. In der Folge der Ausbauziele der verschiedenen Bundesregierungen sind die rechtlichen Rahmenbedingungen für die Errichtung von Windenergieanlagen dieser Zielsetzung fortschreitend angepasst worden. Ob sich in Folge dieses Prozesses ein eigenes

---

[1] Vgl. Tagesspiegel 16.09.2008, S. 6, Windkraft? Nein Danke! und Tagesspiegel 25.09.2008, S. 13, Stürmisch gegen die Windräder.

Rechtsgebiet „Windenergierecht"[2] oder allgemeiner ein „Recht der Erneuerbaren Energien"[3], „Energieanlagenrecht"[4] oder „Energieumweltrecht"[5] gebildet hat, dem die Fragen der Errichtung von Windenergieanlagen unterfallen,[6] oder diese Fragen weiterhin als Teile anderer Rechtsgebiete – wie Bau-, Planungs- und Umweltrecht – einzuordnen sind, ist eine interessante Frage, die jedoch an den konkreten Auseinandersetzungen um die Anlagenerrichtung vorbei geht. Die entsprechenden Überlegungen zeigen allerdings den unbestreitbaren Bedeutungszuwachs der hier untersuchten Rechtsfragen. Von einer weiteren Veränderung der rechtlichen Rahmenbedingungen und einem weiteren Bedeutungszuwachs derselben muss auch in Zukunft ausgegangen werden. Auch die Bundesregierung der großen Koalition hatte sich die Verbesserung der Rahmenbedingungen für die Zukunftsfelder des Repowering und der Offshore-Windenergienutzung in Folge des Koalitionsvertrages vorgenommen[7] und insbesondere am 23.08.2007 auf der Klausurtagung der Bundesregierung auf Schloss Meseberg für die zweite Hälfte der 16. Legislaturperiode mit einem „integrierten Energie- und Klimaprogramm" (IEKP) weiter präzisiert.[8]

---

[2] Vgl. Gretschel, Entwicklung der Rechtsprechung im Windenergierecht, Berlin 2006, S. 15.

[3] Maslaton, Das Recht der Erneuerbaren Energien als eigenständige juristische Disziplin, LKV 2008, 289 ff.; Maslaton, Die Entwicklung des Rechts der Erneuerbaren Energien 2007/2008, LKV 2009, 152 ff.

[4] Leidinger, Energieanlagenrecht, Essen 2007, 289 ff.

[5] Vgl. Rodi, Grundstrukturen des Energieumweltrechtes, EurUP 2005, 165.

[6] Für ein eigenes Rechtsgebiet spricht zumindest die Reaktion der Naturwissenschaft auf die technische Entwicklung mit der Einrichtung der bundesweit ersten Professur für Windenergie an der Otto-von-Guericke-Universität Magdeburg an deren Fakultät für Elektrotechnik und Informationstechnik mit Fr. Prof. Dr. Antje G. Orths zum Oktober 2008. Zu nennen ist in diesem Zusammenhang auch das im Januar 2009 neu gegründete Fraunhofer-Institut für Windenergie und Energiesystemtechnik (IWES), welches ein vom Bundesministerium für Umwelt, Naturschutz und Reaktorsicherheit sowie dem Land Bremen gefördertes Rotorblattkompetenzzentrum (ehem. CWMT) umfasst. Es bleibt abzuwarten ob hier die Rechtswissenschaft der Naturwissenschaft folgt und beginnt, nicht nur Windenergiesysteme, sondern auch deren rechtlichen Rahmen als eigene Disziplin zu werten; http://www.uni-magde burg.de/home/rpoe/presse_medien/pressemitteilungen/pmi_2008/pressemitteilungen_ september_2008/pm_95_2008.html; http://www.iwes.fraunhofer.de/.

[7] „Gemeinsam für Deutschland. Mit Mut und Menschlichkeit.", Koalitionsvertrag von CDU, CSU und SPD, I. Mehr Chancen für Innovation und Arbeit, Wohlstand und Teilhabe, 5. Energie, Nr. 5.2 Erneuerbare Energien (S. 51).

[8] Bundesregierung, Eckpunkte für ein integriertes Energie- und Klimaprogramm vom 23.08.2007, S. 11 f., http://www.bundesregierung.de/Content/DE/Artikel/2007/ 08/Anlagen/eckpunkte,property=publicationFile.pdf; Bundesministerium für Umwelt, Naturschutz und Reaktorsicherheit, Den Herausforderungen der Energie- und Klimapolitik erfolgreich begegnen, Hintergrundpapier zur Verabschiedung des zweiten

I. Problemaufriss

Die aktuelle juristische Literatur über dieses entscheidende energiepolitische und klimapolitische Thema ist trotz zahlreicher Rechtsstreitigkeiten überschaubar geblieben. Wenige größere Werke stehen hier einer Vielzahl von Aufsätzen in verschiedenen Zeitschriften gegenüber. Dies mag der Charakter der Windenergienutzung als rechtspolitische Dauerbaustelle, in der jedes Werk eine Momentaufnahme eines vom Wind des Wandels beherrschten Rechtsgebietes bleibt, erklären. Befriedigend ist dieser Zustand aus wissenschaftlicher Sicht jedoch nicht. Angesichts einer Verknappung von Standorten für die Windenergienutzung muss eruiert werden, an welche rechtlichen Grenzen der weitere Ausbau auf dem Festland stößt. Von besonderem Interesse ist dabei der Wachstumsmarkt der Ersetzung von Altanlagen durch moderne Großanlagen, das sog. Repowering. Eine neue Dimension von Windenergieanlagen wirft neue juristische Fragestellungen auf. Dabei stellt sich auch die Frage, ob das geltende Recht der Bedeutung der Windenergie für den Klimaschutz hinreichend Rechnung trägt.

Hinzu kommt die Nutzung der Windenergie vor der Nordsee- und Ostseeküste, die sich gerade in einer Anfangsphase befindet. Auch hier wird die bautechnische Herausforderung von ersten juristischen Problemen begleitet.

Die vorliegende Arbeit hat dabei die Errichtung der Anlagen zum Gegenstand und befasst sich in der Folge mit den Fragen des Anlagenzulassungsrechts. Die sich bei Windenergieanlagen stellenden Fragen des Zivilrechtes (z.B. Pachtverträge bei der Flächenakquise durch Betreibergesellschaften und die Ausgestaltung von Rückbaubürgschaften) und des Strafrechts (z.B. die Amtsdelikte bei öffentlich-rechtlichen Verträgen von Bauherr und Gemeinde) werden in dieser Dissertation im öffentlichen Recht nicht untersucht. Die über die Anlagenzulassung hinausgehenden Fragen der Vergütung des eingespeisten Stromes und des Netzanschlusses sowie des Steuerrechts werden als Rahmenbedingungen kurz angerissen, sind allerdings kein Teil der Anlagenerrichtung und damit nicht Gegenstand der Arbeit.

Innerhalb der Arbeit bildet die Anlagenerrichtung im Onshore-Bereich den Schwerpunkt. Angesichts des seit Jahren fortlaufenden Ausbaus der Windenergie an Land sind hier bereits hinreichend juristische Fragestellungen aufgetreten. Die technische Entwicklung und der noch relativ neue Ansatz des Repowerings sorgen hier für eine weiterhin dynamische Rechtsentwicklung. Im Offshore-Bereich steht die Entwicklung noch relativ am Anfang, so dass auch die juristischen Auseinandersetzungen erst begonnen haben. Der Gesetzgeber gestaltet den rechtlichen Rahmen in relativ geringen zeitlichen Abständen immer wieder neu aus. Literatur und Rechtspre-

---

Maßnahmenpaketes des integrierten Energie- und Klimaprogramms der Bundesregierung, Berlin 18.06.2008.

chung sind von dieser anhaltenden rechtspolitischen Dynamik gekennzeichnet. Dieser Zustand spiegelt sich in der vorliegenden Arbeit.

II. Gang der Untersuchung

Die Untersuchung der juristischen Fragestellungen setzt einen Blick auf die tatsächlichen Rahmenbedingungen der Windenergienutzung und deren historischer Entwicklung voraus.

Nach einer kurzen Klärung der Terminologie beginnt die Untersuchung mit einem Rückblick auf die Geschichte der Windenergienutzung welche zur heutigen technischen Dimension von Windenergieanlagen führt. Schließlich muss auch die politische Dimension betrachtet werden – von Klimaschutzzielen zur öffentlichen Debatte über Kosten und Nutzen – um den Hintergrund für die zukünftige Entwicklung und Relevanz des Themas skizzieren zu können.

Im Folgenden ist die Arbeit zweigeteilt in die Errichtung von Windenergieanlagen onshore und offshore. Die sich deutlich unterscheidenden Rechtsregime an Land und auf See gebieten hier eine getrennte Untersuchung.

Im Teil C. der Arbeit, welcher sich mit der Anlagenerrichtung onshore befasst, steht nach einer Bestandsaufnahme der Verbreitung von Windenergieanlagen an Land das Genehmigungsverfahren im Mittelpunkt. Es wird nach einer Darstellung des Wandels des Genehmigungsverfahrens die Erforderlichkeit einer Umweltverträglichkeitsprüfung, die Rolle der Windenergieerlasse der Länder und des Genehmigungsverfahrens im Falle eines Repowerings betrachtet. In der Folge wird auf die vom immissionsschutzrechtlichen Genehmigungsverfahren konzentrierten öffentlich-rechtlichen Vorschriften des Bauplanungs-, Bauordnungs-, Naturschutz- und Straßenrechts eingegangen.

In der Systematik des Bauplanungsrechts wird vorrangig die Anlagenerrichtung im beplanten und unbeplanten Innenbereich behandelt, bevor der faktische wie juristische Schwerpunkt der Anlagenerrichtung im Außenbereich im Mittelpunkt steht. In diesem Rahmen wird die Entstehungsgeschichte wie rechtspolitische Diskussion um die Privilegierung der Windenergie in § 35 Abs. 1 Nr. 5 BauGB betrachtet. Im Anschluss wird auf die im Rahmen der nachvollziehenden Abwägung im Genehmigungsverfahren zu prüfenden öffentlichen Belange, wie sie insbesondere in § 35 Abs. 3 BauGB zu finden sind, eingegangen. Dabei finden die geschriebenen Belange, wie die Darstellungen von Plänen, das Hervorrufen schädlicher Umwelteinwirkungen und die Verunstaltung des Orts- und Landschaftsbildes

II. Gang der Untersuchung

ebenso Berücksichtigung, wie die ungeschriebenen Belange, wie z.B. die wirksame Landesverteidigung. Besonderes Augenmerk gilt in diesem Rahmen der sich abzeichnenden Problemstellungen eines Repowerings sowie der jüngeren Rechtsentwicklung, insbesondere in Fragen des Denkmalschutzes für UNESCO-Welterbestätten und der Luftverkehrsicherheit. Letztere wird in diesem Rahmen der öffentlichen Belange untersucht, da die Fragestellungen des im übrigen selbständig geregelten Luftverkehrsrechts eng verbunden sind mit der Frage der Abschattungswirkung von Funkwellen, welche mit dem EAG Bau 2004 Eingang in den Katalog der öffentlichen Belange des § 35 Abs. 3 BauGB gefunden hat.

Im Anschluss werden die Fragen der Steuerung der Anlagenerrichtung durch Raumordnung und Bauleitplanung, hier die Flächennutzungsplanung, untersucht. Beachtung finden in diesem Zusammenhang auch die Plansicherungsinstrumente. Am Rande wird auf die Fragen der Erschließung, Rückbauverpflichtung und des gemeindlichen Einvernehmens eingegangen.

Der bislang in der Literatur noch zu wenig beachtete Rahmen des Bauordnungsrechts wird intensiv untersucht. Hier bieten die 16 verschiedenen Landesbauordnungen hinreichend Fragestellungen, welche im Bereich der Windenergienutzung nicht zu vernachlässigen sind. Hier sind vor allem die verschiedenen Regelungen und Abstandsflächenberechnungsmodelle der Landesbauordnungen hervorzuheben sowie die Frage der Standsicherheit, die mittlerweile über zunehmende Konkurrenzsituationen unter Bauherren an Aktualität gewonnen hat.

Im Anschluss an das Bauordnungsrecht werden die zahlreichen Fragestellungen des Naturschutzrechts untersucht. Den Schwerpunkt der Untersuchung bilden hier die Eingriffsregelung und der Schutz der Avifauna über das europäische Schutzgebietsnetz Natura 2000 sowie das besondere Artenschutzrecht.

Aufgrund zuletzt geführter Debatten um einen verstärkten Ausbau der Windenergienutzung entlang von Infrastrukturtrassen wird auch auf die für die Windenergieanlagen relevanten Vorschriften des Straßenrechts eingegangen.

Den Abschluss der Untersuchung bildet im ersten Teil die Frage des Rechtsschutzes. Auch wenn viele Fragen zuletzt von der Rechtsprechung geklärt wurden, bestehen nach wie vor aktuelle Diskussionen. Dazu zählen insbesondere die Frage des Rechtsschutzes über Verbandsklagen vor dem Hintergrund der aktuellen Änderungen der Rechtslage durch das Umwelt-Rechtsbehelfsgesetz, der Normenkontrolle gegen Flächennutzungspläne und des Rechtsschutzes in der europäischen Mehrebenenverwaltung vor dem Hintergrund des Schutzgebietsnetzes Natura 2000. Diese strittigen Fragen verdienen besondere Beachtung und eine umfangreiche Untersuchung.

In Teil D. der Arbeit, welcher sich mit der Anlagenerrichtung offshore befasst, soll mit einer Bestandsaufnahme der bislang hinter den Plänen der Bundesregierung zurückliegenden Anlagenerrichtung und einem Blick auf die Ursachen in den komplexen Rahmenbedingungen beginnen. Daran anschließend können das völker-, europa- und verfassungsrechtliche Rechtsregime offshore und das Genehmigungsverfahren betrachtet werden, wobei letzteres den Schwerpunkt dieses Abschnitts bildet.

Der Blick auf den völkerrechtlichen Rahmen, insbesondere des Seerechtsübereinkommens der Vereinten Nationen, und die Betrachtung der Geltung von Richtlinien der Europäischen Union dienen der Untersuchung des Umfangs der Vorprägung des Genehmigungsverfahrens. Anschließend werden die Fragen des Verfassungsrechts mit Gesetzgebungskompetenz, Verwaltungskompetenz und Erstreckung von Bundesgesetzen auf die AWZ untersucht. Danach wird auf das Genehmigungsverfahren sowohl im Küstenmeer als auch in der Ausschließlichen Wirtschaftszone (AWZ) eingegangen.

Angesichts des Schwerpunkts der Anlagenplanung in der AWZ wird in der Arbeit das Genehmigungsverfahren im Küstenmeer der Vollständigkeit halber untersucht, aber der Schwerpunkt auf die Anlagenerrichtung in der AWZ gelegt. Hier folgt die Untersuchung der Systematik des Genehmigungstatbestandes in der Seeanlagenverordnung sowie der Genehmigungspraxis. Es werden die Versagungsgründe der Sicherheit und Leichtigkeit des Verkehrs sowie die Gefährdung der Meeresumwelt untersucht, wobei den Fragen der Umwelteinwirkungen der Anlagenerrichtung und den Fragen des Artenschutzrechts hier besondere Beachtung zuteil wird. Es wird auch auf die seit der Novelle der SeeAnlV 2008 neuen Versagungsgründe der Erfordernisse der Raumordnung und der sonstigen öffentlichen Belange eingegangen, welche der Genehmigungstatbestand nicht ausdrücklich nennt, wie z.B. militärische Belange. Des Weiteren wird auch das Genehmigungsverfahren in der Praxis untersucht, soweit dies in diesem bescheidenen Rahmen möglich ist.

Besonderes Augenmerk erhält die Frage der raumordnungsrechtlichen Steuerung der Anlagenerrichtung in Küstenmeer und AWZ. Hier finden sowohl der dreidimensionale Charakter des Planungsraumes als auch die aktuelle rechtspolitische Diskussion Eingang.

Abschluss der Untersuchung bildet auch im Teil D. die Frage des Rechtsschutzes, welche verglichen mit dem Rechtsschutz onshore noch in den Kinderschuhen steckt. Im Gegensatz zur Anlagenerrichtung onshore steht hier die Frage der Klagebefugnis für Küsten- und Inselgemeinden, Hochseefischereibetriebe und Naturschutzverbände im Vordergrund. Dabei finden die Änderungen des Umweltrechtsbehelfsgesetzes Eingang in die Untersuchung.

Insgesamt steht die gesamte Arbeit unter dem Damoklesschwert der permanenten Novellierung der verschiedenen einschlägigen Vorschriften sowie der Einführung neuer Vorschriften und nicht zuletzt einer immer schneller wachsenden Fülle von Rechtsprechung. Der während der Erstellung der Arbeit erfolgten Novellierung von AVV Luftverkehr, BNatSchG (sog. kleine Novelle), Seeaufgabengesetz und Seeanlagenverordnung sowie EEG wurde Rechnung getragen. Auf die hinzugetretenen Vorschriften des Infrastrukturplanungsbeschleunigungsgesetzes, des Umweltrechtsbehelfsgesetzes, Umweltschadensgesetzes, Raumordnungsgesetzes, Energieleitungsausbaugesetzes und die Verordnung über eine Raumordnung in der Ausschließlichen Wirtschaftszone wurde eingegangen. Auch das UGB, dessen Zukunft zum Abschluss der Untersuchung noch nicht hinreichend absehbar war, wurde berücksichtigt. Die Normen des nunmehr gesondert als Gesetzentwurf eingebrachten und beschlossenen, aber zum Zeitpunkt der Aktualisierung der Arbeit noch nicht in Kraft getretenen neuen BNatSchG wurden einbezogen. Schließlich erfolgt auch eine Auseinandersetzung mit der nunmehr diskutierten erneuten Novellierung der SeeAnlV.

Am Ende der Untersuchung werden deren Ergebnisse in Teil E. zusammengefasst. Überblick der Untersuchungsergebnisse und Abschätzung der künftigen Entwicklung sind der Schlussbetrachtung vorangestellt. Angesichts der Tatsache, dass diese Arbeit nicht eine große These belegen soll, sondern einen Teilbereich des öffentlichen Rechts untersucht, der wie kaum ein anderer vom rapiden Wandel von Gesetzeslage wie Rechtsprechung gekennzeichnet ist, wird im Wesentlichen thesenartig vorgegangen. Eine Vielzahl von verschiedenen Entwicklungen führt zu mannigfaltigen Ergebnissen und lässt den Schluss auf zukünftige Entwicklungen zu.

B. Begrifflichkeiten, historischer Hintergrund und heutige Bedeutung

I. Terminologie

1. Windenergie- oder Windkraftanlage

Auch wenn sich inhaltlich kein Unterschied feststellen lässt,[1] gilt es vorweg kurz klarzustellen, welchen Namen die Anlagen haben, deren Errichtung Gegenstand der folgenden Abhandlung ist. Der Gesetzgeber gibt leider wenig Orientierung in dieser Frage. Im BauGB wird in § 35 Abs. 1 Nr. 5 von der „Erforschung, Entwicklung oder Nutzung der Windenergie" gesprochen. Auch das Erneuerbare-Energien-Gesetz stellt – nomen est omen – auf Energie und dementsprechend in §§ 29, 30 auf Windenergieanlagen ab. In der 4. BImSchV hingegen wird im Anhang unter 1.6 der Begriff „Windkraftanlagen" verwendet. Gleichermaßen wird in Anlage 1 zum UVPG der Begriff „Windkraftanlagen" verwendet. In einigen Bundesländern wird in den Landesbauordnungen von Windenergie, in anderen von Windkraft gesprochen.[2] In Nordrhein-Westfalen hat die Legislative in der Bauordnung den Begriff Windenergieanlagen verwendet, während die Exekutive im Windenergieerlass von Windkraftanlagen spricht.[3] Weder Bund noch Länder halten sich somit einheitlich an einen der Begriffe. Insofern herrscht legislative Indifferenz. Die Rechtsprechung fußt auf den jeweiligen Rechtsgrundlagen und verwendet somit auch beide Begriffe.

Angesichts der in Gesetzgebung, Literatur, Rechtsprechung und Presse nach wie vor starken Verbreitung beider Begriffe: „Windenergieanlagen"[4] und „Windkraftanlagen"[5] lässt sich ein im allgemeinen Sprachgebrauch vorherrschender Begriff nicht feststellen, sofern man mal die untechnischen

---

[1] Holz, Bauplanungsrechtliche Privilegiertheit raumbedeutsamer Windkraftanlagen, NWVBl 1998, 81.

[2] Vgl. Nordrhein-Westfalen: § 6 Abs. 10 S. 2 BauONRW „Windenergieanlagen" und Niedersachsen: § 13 Abs. 1 Nr. 7 NBauO „Windkraftanlagen".

[3] Vgl. Grundsätze für Planung und Genehmigung von Windkraftanlagen, WKA-Erl. 21.10.5005.

[4] Z.B.: Risch, Windenergieanlagen in der Ausschließlichen Wirtschaftszone, Dresden 2006.

[5] Z.B.: VGH Mannheim, UPR 2006, 119 „raumbedeutsame Windkraftanlagen".

I. Terminologie

aber in der Umgangssprache umso geläufigeren Begriffe der „Windräder"[6] oder gar „Windmühlen von heute"[7] außen vor lässt. Die Konfusion reicht teilweise soweit, dass Gerichte in den Leitsätzen desselben Urteils beide Begriffe – Windkraft und Windenergie – verwenden.[8]

Vor dem Hintergrund der Unübersichtlichkeit in Legislative, Exekutive und Judikative von Bund und Ländern verwirrt es schon nicht mehr, dass sich Interessenverbände von Befürwortern bis Gegnern auch beider Begriffe bedienen.[9]

Angesichts der Tatsache, dass sich die Branche mit dem gut 19.000 Mitglieder zählenden und damit größten Interessenverband, dem „Bundesverband WindEnergie e.V." offenbar mehrheitlich selbst für den Begriff der Windenergie entschieden hat und zahlreiche Gerichte, einschließlich das Bundesverwaltungsgericht,[10] sich der Verwendung des Begriffs weitgehend angeschlossen haben, wird im folgenden der Begriff „Windenergieanlage" (WEA) verwendet.

Windenergieanlagen werden definiert als energietechnische Anlagen zur Umwandlung der in den bewegten Luftmassen enthaltenen kinetischen Energie in elektrische Energie.[11] Zum immissionsschutzrechtlichen Anlagenbegriff ist festzuhalten, dass er weit und umfassend alle Anlagen erfasst, die in besonderem Maße geeignet sind, schädliche Umwelteinwirkungen hervorzurufen, wobei diese Eignung in der 4. BImSchV konkretisiert wird. Die Genehmigungsbedürftigkeit bezieht sich nicht nur auf die Anlage als solche insgesamt, sondern auch auf ihre Lage, ihre Beschaffenheit und ihren Betrieb im Einzelnen. Denn solche Einzelheiten können für die Frage der Genehmigungsfähigkeit der Anlage von entscheidender Bedeutung sein, insbesondere im Hinblick auf die Frage, ob die Anlage bei dieser oder jener Lage, Beschaffenheit oder Betriebsweise geeignet ist, schädliche Umwelteinwirkungen hervorzurufen.[12] Beim bauplanungsrechtlichen Begriff der Windenergieanlage ist zu beachten, dass dieser sowohl die klassische

---

[6] Die WELT 14.10.2006, S. 11, Jedes fünfte Windrad im Norden steht still.

[7] FAZ 30.09.2006, S. 15, Bildunterschrift zu: Die ökologische Dimension der Marktwirtschaft.

[8] Vgl. VG Meiningen, BauR 2006, 1266 ff.

[9] Siehe WirtschaftsverbandWindkraftwerke e.V., http://www.wvwindkraft.de/ für über 100 Unternehmen der Branche; Bundesverband WindEnergie e.V., http://www.wind-energie.de/; Bürgerinitiativenportal Windkraftgegner, http://www.windkraftgegner.de/.

[10] BVerwG, BauR 2006, 1265 f./UPR 2006, 352 f., „Konzentrationszonen für Windenergieanlagen".

[11] Ludwig in Feldhaus, Bundesimmissionsschutzrecht, Band 2, 4. BImSchV Anhang Zu 1.6, Rn. 6.

[12] BVerwG, BVerwGE 84, 220, 224.

WEA, als auch zusätzliche Anlagen erfasst, welchen hinsichtlich Erzeugung, Erforschung oder Entwicklung der Windenergie eine dienende Funktion zukommt.[13] Dies betrifft etwa Speichertechnologien, die der verbesserten Netzintegration dienen,[14] nicht jedoch aber Anlagen, mit welchen ein anderer Zweck als die Erzeugung von Strom aus Windenergie verfolgt wird. So ist eine mit einer WEA kombinierte Photovoltaikanlage, welche nicht der Windenergienutzung oder -erforschung, sondern der eigenständigen zusätzlichen Stromerzeugung durch Nutzung der Solarenergie dient, grundsätzlich nicht von der Reichweite des auf Wind- und Wasserenergie beschränkten § 35 Abs. 1 Nr. 5 BauGB erfasst.[15] Anderes kann der Fall zu beurteilen sein, wenn eine große Windenergieanlage in ihrer Privilegierung eine ihr dienende Anlage mitzieht, wie das Bundesverwaltungsgericht am 22. Januar 2009 im Falle einer hybriden Kleinwindenergieanlage mit einem Photovoltaik Modulträger und einer Vorrichtung zur Adaption zweier magnetdynamischer Speicher als Symbiont für eine 50–60 m entfernte große Windenergieanlage entschied. Dies setzt voraus, dass der Bauherr im Rahmen eines Forschungs- und Entwicklungskonzeptes plausibel darlegt, dass die von ihm konstruierte Anlage nach gegenwärtigem Erkenntnisstand geeignet ist, die Nutzung der Windenergie mehr als nur unerheblich zu verbessern, die Anlage aber praktisch noch erprobt werden muss.[16] Gleiches muss Angesichts des Begriffs des „Dienens" für Hybridanlagen wie das „Kraftwerk Uckermark", dessen Grundstein am 21. April 2009 von Bundeskanzlerin Merkel in Prenzlau gelegt wurde,[17] gelten, bei denen Windenergieanlagen mit Speichertechnologie, wie z.B. Wasserstoffspeichern, und grundlastfähigen Energieerzeugungsformen, insbesondere Biomasse, kombiniert werden, um eine gleichmäßige Energiegewinnung zu gewährleisten.

2. Repowering-Anlagen

Ein Repowering bezeichnet grundsätzlich das Ersetzen alter Elektrizitätswerke durch neue Anlagen. In der Windenergiebranche hat das Repowering

---

[13] Wustlich, Das Recht der Windenergie im Wandel, ZUR 2007, 16, 17.

[14] Dabei handelt es sich bislang um eine eher theoretische Option, da bis auf eine ältere Pilotanlage im Niedersächsischen Huntorf bislang keine Druckluftspeicherkraftwerke verwendet werden und für weitere Anlagen nur Absichtserklärungen bestehen, vgl. Die Welt, 28.12.2007, S. 13, RWE entwickelt Speicher für Windenergie.

[15] OVG Koblenz, ZfBR 2006, 571 ff.; Wustlich, Das Recht der Windenergie im Wandel, ZUR 2007, 16, 17.

[16] BVerwG, NuR 2009, 251 ff.

[17] Dazu der Betreiber Enertrag AG, http://www.enertrag.com/de/hybridkraftwerk.html und http://www.enertrag.com/de/kraftwerk-uckermark.html; Der Tagesspiegel, 22.04.2009, Merkel legt Grundstein für Hybridkraftwerk in Prenzlau.

eine besondere Bedeutung. Windenergieanlagen haben grundsätzlich eine Lebensdauer von etwa 20 Jahren. Danach stellt sich die Frage der Ersetzung der Altanlage durch eine neue WEA. Die rasante technische Entwicklung macht teilweise bereits ein früheres Ersetzen der Altanlage durch eine neuere Anlage attraktiv. So kann im Durchschnitt davon ausgegangen werden, dass sich ein Repowering lohnt, wenn die Anlagen eine Lebensdauer von mehr als 12 Jahren erreicht haben.[18] Oft sinkt dabei die Zahl der WEA. Dieser Prozess des Anlagenaustausches wird als Repowering bezeichnet. Eine konkretere Definition war § 10 Abs. 2 EEG a.F. zu entnehmen. Demnach waren Repowering-Anlagen solche Anlagen, die errichtet werden, um im selben Landkreis bestehende Anlagen, die bis zum 31.12.1995 in Betrieb genommen wurden zu ersetzen und zu erneuern und die installierte Leistung mindestens um das Dreifache erhöhen.

Dabei war der Wortlaut irreführend. Eine Erhöhung um das Dreifache ist gleichbedeutend mit einer Erhöhung auf das Vierfache. Nach der Begründung des Gesetzentwurfes war allerdings nur die Verdreifachung beabsichtigt,[19] so dass der Wortlaut die Schwelle für ein Repowering unbeabsichtigt höher legte. Dies sollte mit der Novelle des EEG korrigiert werden. Mit der Novellierung des EEG wurde mit § 30 EEG n.F. jedoch keine Einengung, sondern eine deutliche Ausweitung des Begriffes des Repowering und damit des Anwendungsbereiches der Norm vorgenommen. Es wurde die Schwelle der Leistungssteigerung auf das Doppelte als auch das Anlagenalter auf zehn Jahre gesenkt.[20] Die mit dieser erheblichen Ausweitung des Anwendungsbereiches der Norm einhergehende Erhöhung des Vergütungsanspruches als wirtschaftlichem Anreiz dürfte ab 2009 zu einem deutlichen Bedeutungszuwachs des Repowering führen.

3. Onshore- und Offshore-Anlagen

Zur Abgrenzung der Errichtung auf dem Festland von der Errichtung zur See wird von Onshore- und Offshore-Anlagen gesprochen. Bei Offshore-Anlagen sind nach Ansicht der Literatur in Abgrenzung zu den „Inshore"-

---

[18] Klinski/Buchholz/Schulte/Windguard/BioConsult SH, Umweltstrategie Windenergienutzung, S. 17.
[19] Gesetzentwurf BT-Drs. 15/2864, S. 42.
[20] Bundesministeriums für Umwelt, Naturschutz und Reaktorsicherheit, BMU – KI III 4, Referentenentwurf eines Gesetzes zur Neuregelung des Rechts der Erneuerbaren Energien im Strombereich vom 09.10.2007, S. 16, § 34; Bundesregierung, Kabinettsentwurf beschlossen am 5.12.2007, S. 16, § 30; vgl. Gesetzentwurf der Bundesregierung, 18.02.2008, BT-Drs. 16/8148 S. 26–28 und Beschlussempfehlung BT-Drs. 16/9477; Gesetz vom 25.10.2008, BGBl I 2008, 2074, geändert durch Gesetz vom 28.03.2009, BGBl I 2009, 643.

24 B. Begrifflichkeiten, historischer Hintergrund und heutige Bedeutung

oder „Nearshore"-Anlagen solche Anlagen gemeint, die mindestens 15 Kilometer vor der Küste errichtet werden sollen.[21] Das EEG definierte in § 10 Abs. 3 a. F. Offshore-Anlagen als solche, die mindestens drei Seemeilen gemessen von der Küstenlinie aus seewärts errichtet worden sind. Da eine Seemeile nach DIN 1301 genau 1,852 km entspricht, genügten nach EEG a. F. bereits 5,556 km. Diese Differenz in der Definition zwischen Literatur und EEG spielte mangels Anlagenerrichtung in der Praxis keine Rolle. Mittlerweile ist diese Frage jedoch durch den unmittelbar bevorstehenden Bau von Windparks relevant geworden. Das novellierte EEG nimmt in der Definition in § 3 Nr. 9 EEG n. F. die Definition von § 10 Abs. 3 EEG a. F. auf und stellt erneut auf die drei Seemeilen seewärts der Küstenlinie ab. Daneben knüpft in § 31 Abs. 2 EEG n. F. die erhöhte Einspeisevergütung durch verlängerte Anfangsvergütung an eine Entfernung von mindestens 12 Seemeilen, also 22,224 km und eine Wassertiefe von mindestens 20 m. Bis auf die geplanten Küstenmeer-Windparks dürfte dies alle geplanten AWZ-Offshore-Anlagen erfassen. So liegt das im Bau befindliche deutsche Offshore-Pilotprojekt alpha ventus in einer Entfernung von über 40 km zur Küstenlinie.[22] Damit verbleibt durch die geplanten Küstenmeer-Windparks die Frage, wie der Begriff der Offshore-Anlage zu definieren ist. Hier ist das EEG maßgeblich. Angesichts der Bestätigung der Legaldefinition im novellierten EEG, muss die abweichende Meinung in der Literatur als veraltet und hinfällig gelten. Es stellt sich mithin nur die Frage, wie die Definition im EEG auszulegen ist. Würde man bei der Küstenlinie auf die Basislinien abstellen, so fielen Küstenmeer-Windparks hinter der Basislinie vor den Ostfriesischen Inseln, wie Nordergründe, nicht mehr unter den Begriff der Offshore-Anlage. Dies würde dem Sinn und Zweck des EEG, mit der erhöhten Vergütung dem besonderen Aufwand der Errichtung von Offshore-Windparks Rechnung zu tragen, nicht gerecht. Die Gesetzesbegründung gibt daher auch vor, dass mit dem Begriff der Küstenlinie die Küstenlinie des deutschen Festlandes gemeint ist.[23] Insofern verfolgt das EEG einen anderen Begriff der Küstenlinie als das Seerechtsübereinkommen der Vereinten Nationen. Mit der Wort- und Entfernungswahl von drei sowie an anderer Stelle 12 Seemeilen wird gleichwohl an das Seevölkerrecht angeknüpft. Aber selbst bei einer seevölkerrechtlichen Betrachtung würden die drei Seemeilen als Kanonenschusslänge dazu führen, dass Kanonenschüsse traditionell von Land aus abgefeuert werden. Dies gilt freilich unabhängig davon, ob es sich um Festland oder Inseln handelt. Damit unterscheidet

---

[21] Rosenbaum, Errichtung und Betrieb von Windenergieanlagen im Offshore-Bereich, Kiel 2006, S. 19.
[22] FAZ 04.10.2006, S. 13, Vor Borkum entsteht das erste Windenergie-Testfeld.
[23] Gesetzentwurf BT-Drs. 16/8148, Begründung S. 40, in Beschlussempfehlung unverändert, vgl. BT-Drs. 16/9477.

I. Terminologie

sich die seevölkerrechtliche Auslegung nur dahingehend von der Gesetzesbegründung, dass auch Inseln, wie Hiddensee, Rügen und Wangerooge in die Betrachtung mit einzubeziehen wären. Angesichts der bisher geplanten Windparks wirkt sich dieser Unterschied in der Praxis nicht aus. Es zeigt sich damit, dass sowohl nach Entstehungsgeschichte, Sinn und Zweck des EEG als auch nach dem Seevölkerrecht hier ein landbezogenes, vom Begriff der Basislinien abweichendes Verständnis des Begriffs der Küstenlinie anzunehmen ist. Damit fallen alle Anlagen im Küstenmeer, die drei Seemeilen (5,556 km) zu Inseln bzw. zum Festland einhalten, unter den Begriff der Offshore-Anlage.

Da Offshore-Anlagen sich aufgrund der Küstenentfernung nie als Einzelanlagen rechnen, werden sie stets in größerer Zahl gemeinsam errichtet. Außer dem Pilotgebiet im Küstenmeer, Nordergründe, mit 18 Anlagen und dem weiter vor der Küste gelegenen Pilotvorhaben „alpha ventus" mit 12 Anlagen, werden regelmäßig sog. Pilotphasen von ca. 80 Anlagen beantragt. Für die Mehrzahl der Offshore-Anlagen hat sich im Gegensatz zur für mindestens drei Anlagen an Land entwickelten Terminologie nicht der Begriff der Windfarm, sondern der Begriff des Offshore-Windparks (OWP) durchgesetzt.[24] Die Verwendung des Wortes „Park" im Gegensatz zu „Farm" wird als euphemistisch kritisiert. Der Begriff des Offshore-Windparks knüpfe an den ausschließlich positiv besetzten Vorstellungsgehalt einer großflächigen Anlage mit räumlicher Verdichtung an, die Naturerleben, Freizeit, Erholung und Vergnügen symbolisiere. Auf Nutzungen, die in Wertkonkurrenz zu Natur- und Umweltschutzbelangen stehen können, sei dies nicht übertragbar. Daher sei von Offshore-Windfarmen zu sprechen.[25] Grundsätzlich steht hinter dieser Kritik das berechtigte Anliegen der Begriffswahrhaftigkeit und -neutralität. Der Versuch in den Begriff des Windparks eine Sprachbias zu Gunsten der Windenergiebranche hineinzulesen, kann jedoch nicht überzeugen. Abgesehen davon, dass inhaltlich kein Unterschied zwischen Windpark und Windfarm erkennbar ist, ist es solange die behauptete Sprachbias nicht in eine Genehmigungsbias umschlägt, angesichts der Wertungen des Gesetzgebers im Erneuerbare-Energien-Gesetz und der Seeanlagenverordnung nicht fehlerhaft, ja sogar nur konsequent, dass Windenergieanlagen im Sprachgebrauch mit positiven Begriffen asso-

---

[24] Vgl. Sprachgebrauch der Genehmigungsbehörde für die AWZ bei Zeiler/Dahlke/Nolte, Offshore-Windparks in der ausschließlichen Wirtschaftszone von Nord- und Ostsee, pro*met*, Jahrgang 31, Nr. 1 (April 2005), S. 71 ff., sowie im Küstenmeer der Genehmigungsbehörde Gewerbeaufsichtsamt Oldenburg und der Rechtsprechung VG Oldenburg, NuR 2009, 145 ff. u. 5 A 2653/08; http://www.dbovg.niedersachsen.de/Entscheidung.asp?Ind=0560020080026535%20A%5B02%5D.

[25] Pestke, Offshore-Windfarmen in der Ausschließlichen Wirtschaftszone, Bremen 2008, S. 6 f.

ziiert werden. Dass von der Küste aus nicht oder kaum erkennbare Windenergieanlagen auf See Freizeit, Erholung und Vergnügen entgegenstehen, ist bislang nicht zu erkennen und wurde auch in allen einschlägigen Verfahren von der Rechtsprechung verneint.[26] Auch ist es grundsätzlich möglich, eine Windenergienutzung natur- und umweltschutzverträglich zu gestalten. Über die Klimaschutzwirkung wird überdies ein Beitrag zu künftigem Naturerleben geleistet. Daher wird in dieser Arbeit an der allgemein verwendeten Bezeichnung „Offshore-Windpark" festgehalten.

II. Historische Entwicklung der Nutzung der Windenergie

Die Nutzung der Windenergie hat in der Menschheitsgeschichte eine über 4000-jährige Tradition. Zum einen diente der Wind zur Fortbewegung mit Segelschiffen oder Ballons, zum anderen konnte Windenergie zur Verrichtung mechanischer Arbeit genutzt werden. Die Nutzung der Windenergie für die Verrichtung mechanischer Arbeit in Windmühlen lässt sich bis in die Antike zurückführen, aber vom Ursprung her nicht genau datieren. Einen wesentlichen Faktor stellt die Windenergienutzung in Europa erst durch das Aufkommen der Windmüllerei im Mittelalter dar. Bereits im frühen Mittelalter gab es verschiedene Formen von Windmühlen, die sich dann weiterentwickelten und schließlich um 1880 einen Höchststand von etwa 20.000 Stück in Deutschland und etwa 200.000 in Europa erreichten. Mit der zunehmenden Industrialisierung wurden mehr und mehr klassische Windmühlen abgebaut und verschwanden aus dem Landschaftsbild bis 1981 noch lediglich 400 klassische Windmühlen erhalten waren.[27] Einen neuen Boom der Windenergienutzung gab es dann erst wieder ab den 1880er Jahren auf den amerikanischen Farmen zum Zwecke der Wasserförderung im Zuge der Erschließung des Mittleren Westens. In Europa hingegen geriet die Windenergienutzung rasch in den Hintergrund gegenüber anderen Energieträgern wie vor allem Kohle und später Kernenergie.

Von der Nutzung durch klassische Windmühlen über die Nutzung zur Wasserförderung, insbesondere auf den Farmen in den Vereinigten Staaten, bis zur Entdeckung als regenerativer Energieträger in der modernen Indus-

---

[26] Vgl. nur jüngst zu den relativ küstennahen OWPs Nordergründe und Borkum-Riffgat im niedersächsischen Küstenmeer: VG Oldenburg, Urteile vom 11.12. 2008 in NuR 2009, 145 ff. u. 5 A 2653/08 http://www.dbovg.niedersachsen.de/ Entscheidung.asp?Ind=0560020080026535%20A%5B02%5D (jeweils Klage der Inselgemeinden) sowie Urteile vom 03.06.2009, 5 A 254/09 u. 5 A 346/09 (Klagen von Krabbenfischern).

[27] Alle Daten nach: Heymann, Die Geschichte der Windenergienutzung 1890–1990, S. 20 ff. m.w.N.

triegesellschaft war die Windenergie stets ein Begleiter der zivilisatorischen Entwicklung. Relativ neu ist im Vergleich dazu die Nutzung der Windenergie zur Stromerzeugung.

1. Der Beginn der Nutzung der Windenergie zur Stromerzeugung

Auch wenn die Nutzung der Windenergie zur Stromerzeugung erst ab den 80er Jahren des 20. Jahrhunderts Aufmerksamkeit bekam, lässt sie sich bis ins 19. Jahrhundert zurückverfolgen.

Bereits 1888 baute Charles Brush in Cleveland, Ohio, auf der Grundlage der amerikanischen Westernmills die erste Anlage zur Stromerzeugung. Im Kern wurde die zur Wasserförderung auf Farmen konzipierte Anlage zur Stromversorgung seines Hauses weiterentwickelt, so dass sie 12 kW lieferte und zur Grundlastfähigkeit mit Batterien kombiniert wurde. Diese erste Anlage hatte einen Rotor aus 144 Zedernholzlatten mit einem Durchmesser von 17 Metern.[28] Das aus seiner Pioniertätigkeit hervorgegangene Unternehmen „Brush Electric" verkaufte er, bevor es später mit der „Edison General Electric Company" unter dem Namen „General Electric Company" (GE) fusionierte, einem der heute auf dem Weltmarkt führenden Unternehmen unter den Windenergieanlagenherstellern.[29] Auch über die Unternehmensgeschichte hinaus ist dieser Rückblick wertvoll, zeigt er doch eine bis heute bestehenden Grundtendenz der verstärkten Nutzung von Windenergieanlagen in eher abgelegenen, zum Teil bislang nicht elektrifizierten, Gebieten. Auch heute findet noch eine Versorgung von Häusern durch eine einzelne, kleinere Windenergieanlage als Nebenanlage zu einem Gebäude statt. Mittlerweile ist dieser Aspekt eher in Entwicklungsländern von praktischer Bedeutung.[30]

Eine weitere wesentliche Etappe in der Geschichte der Windenergienutzung ist im Zusammenhang mit dem Ersten Weltkrieg zu verzeichnen. Bereits in der Zeit vor dem Ersten Weltkrieg gab es in Deutschland eine Lizenzfertigung der amerikanischen Windturbinen.[31] Diese ersten Windenergieanlagen waren allerdings, schon durch ihre Konstruktion bedingt, von geringer Effizienz. Insofern bestand Interesse an einer Weiterentwicklung.

---

[28] Danish Wind Industry Association, http://www.windpower.org/en/pictures/brush.htm.

[29] Danish Wind Industry Association, http://www.windpower.org/en/pictures/brush.htm.

[30] Fuhrländer AG, Information zur Kleinanlage FL 30, http://www.fuhrlaender.de/index.php?option=com_content&task=view&id=41&Itemid=79&lang=de.

[31] Hoppe-Kilpper, Perspektiven der Windenergienutzung in Deutschland, S. 15.

Hier sind vielmehr die aerodynamischen Forschungen und die darauf beruhenden Versuchsanlagen des dänischen Meteorologen Poul la Cour hervorzuheben, der unter Förderung der dänischen Regierung die Effizienz von Anlagen mit wenigen Rotorblättern nachwies. Er gründete einen Verein der Windelektriker und gab die erste Zeitschrift für Windenergienutzung („Tidsskrift for Vindelektrisitet") heraus.[32] Im Ergebnis wurden vor dem Hintergrund des Ersten Weltkrieges etwa 120 Windenergieanlagen errichtet, die es auf 20 bis 35 kW und insgesamt auf 3 MW Leistung brachten, was damals 3 % des dänischen Stromverbrauches ausmachte.[33] Mit dem Ende des Ersten Weltkrieges und der raschen Ausweitung der zentralen Elektrizitätsversorgung erlosch schnell wieder das Interesse an der Windenergienutzung.[34] Dieser historische Hintergrund zeigt einen weiteren, seither prägenden Hintergrund der Windenergienutzung auf: Die Frage der nationalen Energiesicherheit.

In der Zeit der Weimarer Republik wurden die theoretischen Grundlagen für eine größer angelegte Windenergienutzung insbesondere durch den Göttinger Physiker Albert Betz hinsichtlich der physikalisch maximalen Ausnutzung der kinetischen Energie des Windes (1925) und den Stahlbauingenieur Honnef (Windkraftwerke – 1932) gelegt.[35] Eine praktische Umsetzung dieser Vorstellungen erfolgte mangels wirtschaftlichen Interesses an einer Windenergienutzung aber noch nicht.

2. Die „Reichsarbeitsgemeinschaft Windkraft"

In der Zeit des Nationalsozialismus wurden die Ideen und Erkenntnisse der Weimarer Zeit vor dem Hintergrund eines völkischen Autarkiestrebens aufgegriffen. Honnefs Idee der Errichtung von Windkraftwerken mit einer Höhe von bis zu 430 m und Turbinen von 160 m Durchmesser und einer Gesamtleitung von 60.000 kW schien vor dem Hintergrund der gerade durchlebten Weltwirtschaftskrise interessant und passte zudem in die Phase der großen Utopien und Gigantomanie der Nationalsozialisten.[36] Die Windenergie sollte die Kohle ersetzen und wurde von Honnef, der, obwohl er kein Nationalsozialist war, die ideologische Strömung des dritten Reiches bewusst nutzte, gar als die „Lösung des deutschen Wirtschaftsproblems" ge-

---

[32] Danish Wind Industry Association, http://www.windpower.org/en/pictures/la cour.htm.
[33] Danish Wind Industry Association, http://www.windpower.org/en/pictures/la cour.htm.
[34] Heymann, Die Geschichte der Windenergienutzung 1890–1990, S. 107 ff.
[35] Hoppe-Kilpper, Perspektiven der Windenergienutzung in Deutschland, S. 15.
[36] Heymann, Die Geschichte der Windenergienutzung 1890–1990, S. 161 ff., 167 ff.

priesen.³⁷ Die Windenergienutzung wurde Gegenstand staatlichen Interesses, was vorläufig bis auf Diskussionen in den Reichsministerien noch keine Konsequenzen hatte.³⁸ Nach dem Scheitern der 1932 gegründeten Windkrafttechnischen Gesellschaft Anfang 1939 und deren Löschung aus dem Vereinsregister kam es dann am 13. Oktober 1939 zu der Gründung einer „Reichsarbeitsgemeinschaft Windkraft" (RAW) in Berlin. Die RAW wurde maßgeblich von Professoren der Technischen Hochschule Berlin in Zusammenarbeit mit Vertretern von Reichsministerien und Reichsämtern gestaltet und war ganz auf einen Beitrag zur nationalsozialistischen Wirtschaftsführung ausgerichtet.³⁹ Dementsprechend war sie nicht nur geografisch in Regierungsnähe, sondern auch in ihrer wissenschaftlichen Arbeit, die nach den selbst gegebenen Richtlinien auf Mitteln des Reichswirtschaftsministeriums beruhte.⁴⁰ In der Folge empfahl die RAW auch den „Einsatz von Windkraft in den Ostgebieten" mit 50 kW „Kleinwindkraftwerken" in nicht elektrifizierten Gebieten und als „Behelfsanlagen unserer Feldtruppen" zur Behebung des Energiemangels der deutschen Truppen im Osten.⁴¹ Aufgabe der RAW war die „Erforschung und Bearbeitung aller Fragen, die sich auf die Ausnützung der Windkraft als Energiequelle für allgemeinwirtschaftliche Zwecke beziehen".⁴² Die RAW wollte weniger erfinden und mehr konstruieren.⁴³ Dabei sind drei nennenswerte Entwürfe für „Windkraftwerke" von König & Ringer, Honnef und Kleinhenz entstanden.⁴⁴ Hervorzuheben ist das Projekt des Ingenieurs Kleinhenz von MAN eine Windenergieanlage mit einer Nabenhöhe von 250 m und einem Rotordurchmesser von 130 m sowie einer Nennleistung von 10 MW zu errichten.⁴⁵ Die Realisierung sämtlicher Entwürfe scheiterte schließlich am Zweiten Weltkrieg.

---

[37] Heymann, Die Geschichte der Windenergienutzung 1890–1990, S. 175 ff.

[38] Heymann, Die Geschichte der Windenergienutzung 1890–1990, S. 185 ff.

[39] Denkschrift über das erste Geschäftsjahr 1939/40 der RAW, Hermann Föttinger Archiv der TU Berlin, Hermann Föttinger Institut für Strömungsmechanik (HFI), http://www.pi.tu-berlin.de/Foettinger/Projekte/RAW/raw.htm.

[40] Denkschrift über das erste Geschäftsjahr 1939/40 der RAW, Hermann Föttinger Archiv der TU Berlin, HFI, http://www.pi.tu-berlin.de/Foettinger/Projekte/RAW/raw.htm.

[41] Heymann, Die Geschichte der Windenergienutzung 1890–1990, S. 161 ff., 233.

[42] Richtlinie 1 der RAW, Denkschrift über das erste Geschäftsjahr 1939/40 der RAW, Hermann Föttinger Archiv der TU Berlin, Hermann Föttinger Institut für Strömungsmechanik (HFI), http://www.pi.tu-berlin.de/Foettinger/Projekte/RAW/raw.htm.

[43] Heymann, Die Geschichte der Windenergienutzung 1890–1990, S. 228 ff.

[44] Hermann Föttinger Archiv der TU Berlin, HFI, http://www.pi.tu-berlin.de/Foettinger/Projekte/RAW/raw01.pdf.

[45] Hoppe-Kilpper, Perspektiven der Windenergienutzung in Deutschland, S. 16; vgl. Denkschrift 6 im Bestand des Hermann Föttinger Archivs der TU Berlin.

Mit Kriegsbeginn und der zunehmend angespannten Energieversorgung, beauftragte Hitler persönlich die Deutsche Arbeitsfront (DAF) unter Robert Ley mit der Windkraftforschung, die einer Lösung zugeführt werden sollte. Hitler lehnte die Idee der Großkraftwerke ab und befürwortete die Errichtung von Kleinanlagen, am liebsten auf jedem Dach eine.[46] In der Folge wurde als Versuchsanlage der DAF auch ein Windkraftwerk in Berlin-Marzahn errichtet. Das Neuartige an dieser Anlage war der Verbundbetrieb zwischen Windkraftanlage, Stromnetz mit Batterie und Mühle. Das „Windkraftwerk Triller" gilt als das erste Bodenwindkraftwerk (Kleinanlage), mit dem der Versuch zur Einspeisung von Drehstrom von einem Asynchrongenerator in ein Drehstromnetz gelungen ist. Die wichtigste Versuchsanlage der DAF war ein Testfeld von Honnef ab 1941 bei Bötzow-Velten mit Anlagen von bis zu 36 m Turmhöhe und einer Leistung von 17 kW. Obwohl Albert Speer mit Erteilung der Dringlichkeitsstufe die Arbeit an Windenergieanlagen für kriegswichtig erklärte,[47] kam es nur zu wenigen weiteren nennenswerten Projekten. So kam man im Nationalsozialismus über einige wenige Versuchsanlagen der DAF nicht hinaus. Die Mehrzahl der Projekte, wie die zwei 10 kW Windkraftwerke für die Waffen-SS in Riga, wurde nur geplant und nie errichtet.[48]

Die Anlagen des Bötzower Versuchsfeldes wurden nach Kriegsende von den sowjetischen Besatzungstruppen gesprengt und eingeschmolzen, so dass heute nur noch die Fundamente übrig sind.[49] Die Anlage in Marzahn hingegen versorgte unversehrt geblieben das Dorf Marzahn bzw. die sowjetische Kommandantur mit Strom. Die Mühle war bis etwa 1958 in Betrieb.[50]

In der Nachkriegszeit erfolgte 1957 die Errichtung einer Windenergieanlage unter dem Konstrukteur Prof. Ulrich Hütter, welcher schon zu Zeiten des Nationalsozialismus als leitender Konstrukteur für die Ventimotor-GmbH, ein Tochterunternehmen des Gustloff-Konzerns in Weimar, Anlagen entwickelt hatte. Dabei folgte er den auf seiner Dissertation von 1942 beruhenden Plänen zur Errichtung der „W 34" als zweiflüglige Anlage mit 34 m Rotordurchmesser und 100 kW Nennleistung.[51] Dennoch hatte sich mit dem Zweiten Weltkrieg und der nach anfänglichen Energieversorgungsproblemen in der unmittelbaren Nachkriegszeit nunmehr großen und günstigen Verfügbarkeit fossiler Energieträger der Bedarf an einer Windenergie-

---

[46] Heymann, Die Geschichte der Windenergienutzung 1890–1990, S. 250 ff.
[47] Heymann, Die Geschichte der Windenergienutzung 1890–1990, S. 259 m.w.N.
[48] Heymann, Die Geschichte der Windenergienutzung 1890–1990, S. 260.
[49] Gemeinde Oberkrämer, Ortsteil Bötzow, http://www.boetzow.de/lundleute/freizeit/mathiasberg/.
[50] Wolf, Jürgen, Die vier Mühlen von Marzahn, Heimatverein Marzahn, http://www.heimatverein-marzahn.de/geschichte_tageregional/geschichte_beitrag8.html.
[51] Hoppe-Kilpper, Perspektiven der Windenergienutzung in Deutschland, S. 16.

nutzung erledigt. Die Windenergienutzung war wirtschaftlich uninteressant geworden.

Verwunderlich ist dennoch, dass damals zum Teil schon in Dimensionen geplant wurde, welche die heutige Dimension von Windenergieanlagen noch deutlich übersteigt. Erstaunlich ist auch, dass diese Vergangenheit so wenig bekannt ist. Man muss diese Unkenntnis der breiten Öffentlichkeit eher als Vorteil für die Windenergie betrachten, die wohl sonst nicht als grüne Technologie beliebt, sondern als brauner Größenwahn verschrien wäre.

3. Die Renaissance der Windenergie seit den 80er Jahren

Bemerkenswert ist, dass die Windenergienutzung in Folge der Industrialisierung lange Zeit als altertümlich und überholt galt, bis mit der Ölkrise 1973 die Begrenztheit der fossilen Energieträger in der zweiten Hälfte des 20. Jahrhunderts in den Vordergrund ökonomischer und politischer Diskussionen geriet. Auch die Formierung der Anti-Atomkraft-Bewegung in der Öffentlichkeit verschaffte erneuerbaren Energien und insbesondere der Windenergie mehr Aufmerksamkeit. 1974 wurde ein Verein für Windenergie-Forschung und -Anwendung gegründet aus dem später die Deutsche Gesellschaft für Windenergie (DGW) hervorging.

Die Bundesregierung betrieb im internationalen Vergleich bescheidene Forschungsförderung. Für rund 90 Millionen Mark wurde am Standort Kaiser-Wilhelm-Koog bei Brunsbüttel 1981 eine zweiflüglige „Große-Wind-Anlage" (GROWIAN) mit einer Nabenhöhe von fast 100 m und einer Nennleistung von 3 MW gebaut.[52] Die Probleme mit Werkstoff und Konstruktion ermöglichten keinen kontinuierlichen Testbetrieb, so dass die Anlage nach dem ersten Probelauf von 1983 bis zum Betriebsende am 28. Februar 1987 stillstand. Das Projekt scheiterte somit und die Anlage wurde bereits 1987 demontiert. Unter wissenschaftlichen Gesichtspunkten war GROWIAN von geringem Erkenntnisgewinn. Angesichts von insgesamt 218 Mio. Mark, die bis 1988 in die Windenergieforschung investiert wurden, verschlangen die rund 90 Millionen für das GROWIAN-Projekt den Löwenanteil der deutschen Forschungsgelder. Daher war angesichts des Verlaufs des Forschungsprojekts auch ein Scheitern der Forschungspolitik zu konstatieren.[53] Eine Konsequenz war allerdings ein Strategiewechsel.

---

[52] Gemeinde Kaiser-Wilhelm-Koog, http://www.kaiser-wilhelm-koog.de/; WIND-TEST Kaiser-Wilhelm-Koog GmbH, http://www.windtest.de/WTK-Deutsch/wtk_in dex.html; Dörner, Heiner, Institut für Flugzeugbau der Universität Stuttgart, http://www.ifb.uni-stuttgart.de/~doerner/GROWIAN.html.
[53] Heymann, Die Geschichte der Windenergienutzung 1890–1990, S. 328 ff. m.w.N.

Dieser bestand weniger im Wechsel von Zweiflüglern zu Dreiblattrotoren, sondern vielmehr in der Anlagengröße. Der Versuch über einzelne Großanlagen mit konventionellen Kraftwerken konkurrieren zu wollen wurde aufgegeben. Es erfolgte ein Wechsel zur Errichtung von kleineren oder mittleren Anlagen.[54] Noch im selben Jahr der GROWIAN-Demontage entstand dementsprechend auf dem ehemaligen GROWIAN-Versuchsgelände auf dem Kaiser-Wilhelm-Koog der erste kommerzielle Windenergiepark Deutschlands mit 30 kleinen Anlagen, der am 24. August 1987 in Betrieb ging. Dies kann als Startschuss der modernen Windenergienutzung und des Siegeszuges der Windenergiebranche in Deutschland gelten.[55]

Die bisherige Entwicklung der Windenergienutzung in Deutschland lässt sich im Wesentlichen in drei Phasen gliedern: In einer ersten Phase nach dem Scheitern der Großprojekte mit GROWIAN, führte staatliche Forschungs- und Entwicklungsförderung in den 80er Jahren zu einer Entwicklung und Errichtung zahlreicher Kleinanlagen. So stieg die installierte Windenergienutzung von 1985 bis 1989 von 0,5 auf 18 MW.[56] Hervorzuheben ist unter den Fördermaßnahmen das „250 MW Wind-Programm" der Bundesregierung.[57] Daraus resultierend dominierten Anlagen der 10 bis 50 kW Klasse, welche dann binnen weniger Jahre zu Anlagen der 200 kW Klasse hochskaliert werden konnten.

Mit dem Stromeinspeisungsgesetz (StrEG), welches zum 1. Januar 1991 in Kraft trat, begann die zweite Phase der Windenergienutzung. Mit dem Auslaufen der staatlichen Förderprogramme für Forschung und Entwicklung begann die Förderung über die staatliche Marktregulierung der Einspeisevergütung. Mit der vom Gesetzgeber geschaffenen langjährigen Planungssicherheit wurde ein Boom der Anlagenerrichtung ausgelöst. Sie hat sich, gerade auch im internationalen Vergleich, als das wirkungsvollste Förderinstrument erwiesen. So wurden Deutschland und Spanien, als Länder die auf diese Einspeisevergütung setzen, vor vielen anderen Ländern, die über weitaus größere und windigere Küstenabschnitte verfügen, Weltmarktführer in der Windenergienutzung.[58] Erst in jüngster Zeit haben hier die USA aufgeholt. In dieser zweiten Phase dominierten Anlagen der 200 bis 500 kW Klasse, während sich Anlagen der Megawattklasse in Entwicklung befanden.

---

[54] Heymann, Die Geschichte der Windenergienutzung 1890–1990, S. 419 ff. m. w. N.
[55] Die WELT 24.08.2007, S. 14, Siegeszug der Windkraft.
[56] Hoppe-Kilpper, Perspektiven der Windenergienutzung in Deutschland, S. 17.
[57] Hoppe-Kilpper, Perspektiven der Windenergienutzung in Deutschland, S. 17.
[58] Hoppe-Kilpper, Perspektiven der Windenergienutzung in Deutschland, S. 19; vgl. Daten nach der Nennleistung zum 31.12.2005, World Wind Energy Association http://www.wwindea.org/.

Eine dritte Phase begann mit der Einführung der Privilegierung der Windenergienutzung im Baurecht 1997 und dem Inkrafttreten des Erneuerbare-Energien-Gesetzes (EEG) 2000. Diese beiden Maßnahmen des Gesetzgebers können als weitere entscheidende Wachstumsimpulse gelten. Mit diesem Wachstumsschub ging der Übergang zur Errichtung von Anlagen der Megawattklasse einher. Interessant ist hier, dass sich das Wachstum zu einem beachtlichen Teil in den ostdeutschen Flächenländern abspielt. So hat sich der Beitrag der Windenergie zur Stromversorgung in Mecklenburg-Vorpommern und Brandenburg von 2002 bis 2006 etwa verdoppelt und in Sachsen-Anhalt gar verdreifacht.[59]

Mittlerweile steht die Windenergienutzung infolge der EEG-Novelle 2004 und dem Infrastrukturbeschleunigungsgesetz von 2006 in einer neuen, vierten Phase, die mit der EEG-Novelle zum 1. Januar 2009 sowie dem Energieleitungsausbaugesetz 2009 an weiterer Dynamik gewinnen wird. Sie leitet neben dem Repowering onshore die Nutzung der Windenergie offshore ein. Prägend sind an Land bereits jetzt Großanlagen mit mehreren Megawatt Leistung und entsprechend großer Höhe von durchweg mehr als 100 m. Die Größe und Leistung des GROWIAN ist mit der Enercon 112 von 6 Megawatt bereits um das doppelte übertroffen worden. Es vollzieht sich erneut ein Strategiewechsel hin zu Großanlagen und dem Ziel der Ersetzung von konventionellen Kraftwerken durch große Windfarmen.[60]

Die Nutzung der Windenergie erlebt in diesem Rahmen ein nunmehr seit Jahrzehnten anhaltendes Comeback, welches die Windenergienutzung heute wieder zu einem Menschen und Wirtschaft stark bewegenden Thema macht.

III. Technische Entwicklung und Dimension moderner Windenergieanlagen

Parallel zu rechtspolitischen und juristischen Diskussionen findet auch bautechnisch eine Evolution der Windenergienutzung statt. Die Gestaltung und die Dimension der Windenergienutzung haben ein neues Ausmaß erreicht, welches wiederum neue juristische Fragen aufwirft.

Windenergieanlagen (WEA) können in allen Klimazonen in allen Landformen und auf See zur Gewinnung elektrischen Stromes eingesetzt werden.

---

[59] Daten für 2002: Hoppe-Kilpper, Perspektiven der Windenergienutzung in Deutschland, S. 21 aufrund von Daten des DIW; Daten für 2006: BWE/DEWI, Windenergie-Nutzung in den Bundesländern, http://www.wind-energie.de/de/statistiken/bundeslaender/.

[60] So der damalige Repower Vorstandschef Vahrenholt in FAZ 04.10.2006, S. 13, Vor Borkum entsteht das erste Windenergie-Testfeld.

Vor dem Hintergrund der fehlenden Kongruenz von Energiebedarf und Wind sowie der fehlenden Steuerbarkeit des Windes ist jedoch die Nutzung im Verbund mit anderen Energiequellen und Speichern erforderlich, um eine regelbare kontinuierliche Energiebereitstellung zu sichern.[61] Die bei Windenergieanlagen oft bemängelte fehlende Grundlastfähigkeit[62] lässt sich somit über Pumpspeicher- und Druckluftkraftwerke sowie über die Kombination mit anderen Energieträgern, sog. Hybridanlagen,[63] herstellen oder über andere Energieträger im Energiemix ausgleichen. Angesichts der Suche nach Speichermöglichkeiten hat der Verband der Elektrotechnik, Elektronik und Informationstechnik (VDE) im Dezember 2008 eine Studie „Energiespeicher in Stromversorgungssystemen mit hohem Anteil erneuerbarer Energieträger" vorgelegt, welche den Stand der Technik und den Handlungsbedarf aufzeigt.[64] Sofern – wie in der Regel – keine Speicherung erfolgt, wird der Strom unmittelbar ins Verbundnetz eingespeist. Durch Einspeisungsprognosen und Austausch zwischen den Übertragungsnetzen, sog. Regelzonen, wird die schwankende Stromerzeugung im Zusammenspiel mit anderen Kraftwerken wie die normalen Verbrauchsschwankungen ausgeglichen. Hierbei ist die richtige Prognose des Windes für die Ermittelung des eingespeisten Windenergie-Stromes von großer Bedeutung. Aufgrund des technischen Fortschrittes bestehen seit Ende der 90er Jahre verschiedene Modelle zur Berechnung des Windaufkommens: ein statistisches Modell, ein physikalisches Modell und deren Kombinationen. Die Berechnungen werden als Dienstleistung von verschiedenen Unternehmen angeboten. Die Fehlerquote dieser Berechnungsmodelle bei der für Netzbetreiber wichtigen mittelfristigen Punktterminprognose (PTP) für 24 bis 48 Stunden vor der Windstromeinspeisung ist aufgrund des technischen Fortschrittes von elf auf etwa 5,5 % gesunken, so dass mit 94,5-prozentiger Wahrscheinlichkeit an einem optimalen Betrieb gearbeitet werden kann.[65] Der Kenntnisstand und damit die Wirtschaftlichkeit des Windenergieeinsatzes werden infolge des Forschungsprojektes „Kombination europäischer Wettervorhersagemodelle zur Reduktion des Vorhersagefehlers von Windstromprognosen" des BMU und dem EU-geförderten länderübergreifenden Projekt „Anemos" von

---

[61] Vgl. Die WELT, 15.01.2007, S. 27, Druckluft soll Windenergie speichern; FAZ 13.11.2007, S. T 1, Rauf auf den Berg oder hinab in die Kaverne; Die Welt, 28.12.2007, S. 13, RWE entwickelt Speicher für Windenergie.

[62] Vgl. Wissenschaftlicher Beirat beim Bundesministerium für Wirtschaft und Arbeit, Zur Förderung erneuerbarer Energien, ZUR 2004, 400, 401.

[63] BWE, Pressemitteilung 06.06.2007, Startschuss für erstes Hybrid-Kraftwerk mit erneuerbaren Energien in der Uckermark.

[64] VDE, VDE-Studie Energiespeicher in Stromversorgungssystemen mit hohem Anteil erneuerbarer Energieträger, Frankfurt am Main, Dezember 2008.

[65] Weinhold, Propheten des Windes, NE 05/2006, 46, 47.

III. Technische Entwicklung und Dimension moderner Windenergieanlagen 35

Netzbetreibern, Wetterdiensten und Prognosedienstleistern weiter steigen.[66] Der unstete Wind wird somit zunehmend berechenbar.

Betrachtet man die Entwicklung von den ersten Windenergieanlagen noch bescheidenen Ausmaßes zu heutigen Windfarmen, ist ein erstaunlicher technischer Fortschritt zu verzeichnen. Dies zeigt sich an einem Größenwachstum, für jedermann sichtbar an Naben- und Rotorhöhen enormer Dimensionen, welches über bauplanungsrechtliche Höhenbegrenzungen, Landschaftsbild, luftverkehrsrechtliche Befeuerung, raumordnungsrechtliche Raumbedeutsamkeit, zahlreiche Abstandsflächenberechnungen bis hin zu Auswirkungen auf die Avifauna vielfältig von Bedeutung ist. Stand der Technik am Anfang der 80er Jahre war eine Nennleistung von 30 KW, eine Nabenhöhe von 30 m, ein Rotordurchmesser von 15 m und ein Jahresenergieertrag von 35.000 KWh. Stand der Technik im Jahr 1990 war bereits eine Nennleistung von 250 KW, eine Nabenhöhe von 50 m, ein Rotordurchmesser von 30 m und ein Jahresenergieertrag von 400.000 KWh. Stand der Technik im Jahr 2005 war eine Nennleistung von 5000 KW, eine Nabenhöhe von 120 m, ein Rotordurchmesser von 115 m und ein Jahresenergieertrag von 17.000.000 KWh.[67] Im Allgemeinen werden Windenergieanlagen für eine Betriebsdauer von 20 Jahren konzipiert.[68] Dies entspricht auch der Dauer der Einspeisevergütung nach EEG, wird aber immer seltener erreicht, da der technische Fortschritt mit seiner rasanten Entwicklung zu ertragreicheren Anlagen in der Regel eine frühere Ersetzung der Altanlage im Rahmen eines Repowering attraktiv macht.

Der Weltmarktführer GE Wind Energy GmbH bietet in Deutschland eine Produktpalette von Anlagen mit einer Leistungsstärke von 1.500 kW bis 3.600 kW an. Das Dänische Unternehmen Vestas Central Europe, nach Marktanteilen zweitgrößter Hersteller in Deutschland, bietet Anlagen mit einer Leistungsstärke von 2,0 bis 3,0 MW (Rotorendurchmesser 80 und 90 Meter) an. Die Deutsche Nordex AG bietet Anlagen von 1.300 kW bis 2,5 MW an.[69] Nach Angaben von DEWI und BWE wiesen 80% der 2007 in Deutschland verkauften WEA eine Leistungsstärke von 2 bis 6 MW und dementsprechend einen Rotordurchmesser von mindestens 60 m, zu 10% bereits von über 90 m auf.[70]

---

[66] Weinhold, Propheten des Windes, NE 05/2006, 46, 51.
[67] Die Windindustrie in Deutschland: Technologie S. 3, Sunbeam GmbH i. V. m. Bundesverband WindEnergie e. V.
[68] Hoppe-Kilpper, Perspektiven der Windenergienutzung in Deutschland, S. 23.
[69] Alle Angaben: Exportkatalog „renewables made in Germany", Deutsche Energie Agentur GmbH/i. V. m. Bundesministerium für Wirtschaft und Technologie, Windenergie – Unternehmen; vgl. auch umfassendere Übersicht bei http://www.wind-energy-market.com/.

Kleinere und dementsprechend leistungsschwächere Anlagen als 1,5 MW werden in Deutschland demnach kaum noch vertrieben. Kleinstanlagen mit wenigen KW, auch Kleinwindanlagen genannt,[71] sind technisch vielfach noch nicht weit fortgeschritten und werden dezeit noch erforscht. Die am 23.01.2009 in Pewsum (Ostfriesland) erfolgte Gründung des Bundesverbands Kleinwindanlagen zeigt wie sehr dieser Zweig der Windenergiebranche noch am Anfang der Entwicklung steht. Kleinwindanlagen werden in Deutschland bislang nur in geringem Umfang zur Eigenversorgung eingesetzt und darüber hinaus noch für Entwicklungsländer unter dem Aspekt der Elektrifizierung entlegener Gebiete mit regenerativen Hybridsystemen anstelle konventioneller Dieselmotoren verwendet.[72] Sie sollen in der weiteren Betrachtung daher außen vor bleiben.

In Entwicklung sind beim deutschen Marktführer Enercon GmbH bereits Anlagen die eine Leistungsfähigkeit von 6 MW Nennleistung erbringen[73] und einen Rotordurchmesser von 120 Metern aufweisen werden.[74] Das brandenburgische Dorf Laasow im Landkreis Oberspreewald-Lausitz rühmt sich der mit 205 Metern höchsten Windenergieanlage in Deutschland,[75] welche nach Angabe der Herstellers Fuhrländer gar die größte der Welt sein soll.[76]

Seit den 80er Jahren des 20. Jahrhunderts mit dem Scheitern des GROWIAN-Projektes waren Windenergieanlagen eher Teil einer dezentralen Versorgung und standen damit im Gegensatz zu den großen Kraftwerken der Energieversorgungsunternehmen. Mit der Entwicklung und Verbreitung der Anlagen der Multimegawattklasse und der Tendenz zur Konzentration der Windenergieanlagen in Windfarmen sind sie nunmehr dazu geeignet als größere Erzeugungseinheiten kraftwerksgleich eingesetzt zu werden. Dementsprechend ist davon auszugehen, dass zumindest in der windhöffigen

---

[70] Deutsches Windenergie-Institut (DEWI) im Auftrag von BWE und VDMA, Stand 31.12.2007, http://www.wind-energie.de/fileadmin/dokumente/statistiken/WE%20Deutschland/D_2007_gesamt_BWE-DEWI_080117.pdf S. 6, 8.

[71] So die Selbstbezeichnung der Branche, vgl. Bundesverband Kleinwindanlagen, http://www.bundesverband-kleinwindanlagen.de/.

[72] Bsp.: Fuhrländer AG, FL 30 (30 kW), http://www.fuhrlaender.de/index.php?option=com_content&task=view&id=41&Itemid=79&lang=de.

[73] So die Enercon E-112, http://www.enercon.de/de/_home.htm, siehe Enercon-Nachrichten 8.11.2006.

[74] Exportkatalog „renewables made in Germany", Deutsche Energie Agentur GmbH/i.V.m. Bundesministerium für Wirtschaft und Technologie, Die Deutsche Windenergie-Branche S. 2.

[75] Dorf Laasow, http://home.arcor.de/laasow/index.htm.

[76] Fuhrländer AG, neue Anlage FL 2500 (Leistung 2,5 MW und 90 m Rotordurchmesser, http://www.fuhrlaender.de/index.php?option=com_content&task=view&id=76&Itemid=104&lang=de.

norddeutschen Tiefebene Windenergieanlagen mehr und mehr konventionelle Kraftwerke sukzessive ersetzen.

Der technische Fortschritt äußert sich jedoch nicht nur im Größenwachstum der Anlagen, sondern auch in einer Weiterentwicklung verschiedener Anlagentypen. Dabei wurden verschiedene Techniken zur Erreichung einer konstanten Ausgangsdrehzahl entwickelt. Rund drei Viertel der weltweit errichteten Anlagen nutzen drehzahlvariable Asynchrongeneratoren, bei denen dem Generatorläufer die zu entnehmende Stromfrequenz aufgeprägt wird, so dass der Rotor nahe am aerodynamischen Optimum arbeitet. Sie haben allerdings den Nachteil, dass sie auf ein regelmäßig zu wartendes Getriebe angewiesen sind. Anders arbeiten die Anlagen des deutschen Marktführers Enercon mit einem getriebelosen Synchrongenerator, der die gesamte Leistung durch einen Frequenzumrichter führt, während die Blattwinkelverstellung durch eine Pitch-Steuerung erfolgt. Beim Winddrive-Konzept von Voith wird hingegen ganz auf den Netz und Anlage abstimmenden Frequenzumrichter verzichtet und stattdessen einem hydrodynamischen Drehmomentwandler und einem Überlagerungsgetriebe der Vorzug gegeben. Die Konstruktion ermöglicht neben der Wirkleistung auch eine Blindleistung und bietet daher den Vorteil, dass die Anlage wie ein konventionelles Kraftwerk auch bei Spannungseinbrüchen am Netz bleiben kann.[77]

Die rasante technische Entwicklung hat allerdings auch die Kehrseite, dass zum Teil kaum Zeit blieb Prototypen hinreichend zu testen, was zu einigen Unfällen geführt hat. Die Tendenz immer größere Anlagen zu entwickeln führt nicht nur zu größeren Leistungen, sondern auch zu noch schwieriger zu beherrschenden Belastungen. Dabei kann es an den Fundamenten durch Vibration und Lastwechsel zu Rissen kommen in die Wasser eindringt und die Stahlarmierung rosten lässt, bis die Standsicherheit in Gefahr ist.[78] Auch auf die Rotoren wirken zum Teil größere Kräfte als erwartet, so dass einige bereits abbrachen. In den Gondeln stellen Getriebe die häufigste Unfallursache dar.[79] In der Folge gibt es seitens der Betreiber, unter dem Druck der Versicherer wie aus Eigeninteresse, einen so starken Bedarf an einer Unfälle vermeidenden, rechtzeitigen Instandhaltung, was dazu geführt hat, dass nicht nur bei der Errichtung, sondern auch bei Ersatzteilen die große Nachfrage erhebliche Lieferzeiten nach sich zieht.[80] Der Gesetzgeber will hier neben dem Repowering auch die Nachrüstung stärker fördern und hat in der EEG-Novelle auf die technische Entwicklung reagiert. Der neue Stand der Technik wird über einen Vergütungszuschlag

---

[77] FAZ 15.07.2008, S. T 1, Windstrom ist nicht gleich Windstrom.
[78] DER SPIEGEL Nr. 34/2007/20.08.2007, S. 42, 43, Unerwartete Kräfte.
[79] DER SPIEGEL Nr. 34/2007/20.08.2007, S. 42, 43, Unerwartete Kräfte.
[80] DER SPIEGEL Nr. 34/2007/20.08.2007, S. 42, Unerwartete Kräfte.

gefördert, den Systemdienstleistungs-Bonus. In diesem Zusammenhang stellen sich vor allem bauordnungsrechtliche Fragen.

Was die technische Dimension der Windenergieanlagen im Offshore-Bereich betrifft, so sollen Anlagen der 5 Megawatt Klasse errichtet werden. Die zwölf Anlagen des Pilotprojektes vor Borkum, von den Herstellern REpower Systems AG und Multibrid Entwicklungsgesellschaft mbH, sind jeweils 150 bis 180 Meter hoch und übertreffen damit großteils den Kölner Dom mit 157 Metern Höhe. Die 18 Tonnen schweren Rotoren haben einen Durchmesser von rund 120 Metern und überstreichen damit die Fläche zweier Fußballfelder. Das schwere Rad erreicht Geschwindigkeiten bis zu 240 Kilometer pro Stunde.[81] Die Anlagen sollen 50 bis 150 Kilometer von der Küste entfernt in 20 bis 40 Metern tiefer See errichtet werden.[82] Da sie etwa die Hälfte des Jahres Strom liefern, könnten sie als Mittellastkraftwerke eingesetzt werden. Eine Anlage könnte für rund 6000 Drei-Personen-Haushalte Strom liefern.[83]

Bislang nur im Entwicklungsstadium befinden sich Anlagen mit einer Leistung oberhalb von 6 MW. Angepeilt wird dabei die marktreife von Anlagen einer Leistung von 9 MW in fünf bis sechs Jahren.[84]

Damit hat die Frage der Errichtung neuer WEA mit dem technologischen Fortschritt eine neue Dimension erhalten. Es werden immer größere Anlagen entwickelt, denn nach einer Faustregel bringt jeder Meter Turmhöhe ein Prozent mehr Stromertrag.[85] Bereits 70% der neu errichteten WEA weisen dementsprechend einen Rotordurchmesser über 70 Meter auf. Wenn die technische Entwicklung so weiterläuft, ist es eine Frage der Zeit, bis die jetzt bereits 200 m Höhe überschreitenden Anlagen die Höhe von 250 m erreichen, welche sich die „Reichsarbeitsgemeinschaft Windkraft" bereits in der Gigantomanie des Nationalsozialismus ersonnen hatte. Was der ideologische Größenwahn nicht technisch umzusetzen vermochte, rückt nun auf der ideologiefreien, pragmatischen Suche nach immer größerer Leistungsfähigkeit und dem damit verbundenen wirtschaftlichen Ertrag der Anlagen in die Nähe der Realisierbarkeit: Die Errichtung von Windfarmen, welche Kraftwerke ersetzen können. Diese Dimension von Windenergie-Großanlagen onshore wie offshore wirft neue Konflikte auf und zieht neue rechtliche Fragestellungen nach sich.

---

[81] Vahrenholt in: FAZ 24.04.2007, S. B6, „Wir dürfen nicht das Schicksal des Bergbaus teilen".

[82] FAZ 04.10.2006, S. 13, Vor Borkum entsteht das erste Windenergie-Testfeld.

[83] So der damalige Repower-Vorstandschef Vahrenholt in FAZ 04.10.2006, S. 13, Vor Borkum entsteht das erste Windenergie-Testfeld.

[84] Weinhold, Von Alltagsriesen und Traumgiganten, NE 04/2008, S. 30 ff.

[85] Bischof in: FAZ 24.04.2007, S. B4, Windige Angelegenheit.

IV. Die Förderung der Ausbreitung von Windenergieanlagen

Es fällt auf, dass in der Geschichte der Windenergienutzung von der amerikanischen Farm über Dänemark im Ersten und Deutschland im Zweiten Weltkrieg bis heute der Autarkiegedanke alle Phasen der Windenergienutzung verklammert. Die treibende Kraft hinter Forschung, Entwicklung und Ausbau der Windenergie war stets die Sorge um eine eigenständige Energieversorgung. Die Frage der unabhängigen Energieversorgung stellt sich angesichts der Verteilung der wichtigen Rohstoffvorkommen schwerpunktmäßig auf weniger demokratische und stabile Länder nach wie vor. Zu den Aspekten der Versorgungssicherheit ist gegen Ende des 20. Jahrhunderts die Frage des bestmöglichen Klimaschutzes hinzugetreten. Die langfristige Gewährleistung von Versorgungssicherheit durch Energieträger, welche ökologisch möglichst wenig oder gar keinen Schaden anrichten, ist eine der größten ökonomischen und politischen Herausforderungen unserer Zeit. Diese Herausforderung ist die entscheidende Rahmenbedingung für die anhaltende starke Nachfrage nach erneuerbaren Energien und damit der Windenergienutzung.

Der Nutzung der Windenergie als regenerative Energie kommt in Deutschland seit Jahren ein enormer Stellenwert in der umwelt- und energiepolitischen Debatte zu. Die Diskussion, ob Windenergieanlagen sanfte Zukunftstechnologie oder teure sowie Natur- und Landschaft wesensfremde Unruheherde sind, erinnert zuweilen an einen Glaubensstreit.[86] Prägend sind dabei vier Rahmenbedingungen der Windenergienutzung: Klimaschutzziele, Kostenfaktor, Umweltauswirkungen und Akzeptanz. Rechtlich ist dies unter dem Aspekt interessant, inwiefern diese Rahmenbedingungen den politischen Spielraum des Gesetzgebers verbindlich – und sei es durch völkervertragliche Selbstbindung – eingeschränkt haben, da dies die Einschätzungsgrundlage für eine Prognose der weiteren rechtlichen Entwicklung und des Ausmaßes des juristischen Streit- und Problempotentials darstellt.

1. Klimaschutzziele und erneuerbare Energien

Entscheidender Rahmen der Umweltpolitischen Debatte sind die internationalen, europäischen und nationalen Klimaschutzziele.

Ausgangspunkt der internationalen Klimaschutzbemühungen ist die Konferenz von Rio de Janeiro im Jahre 1992 mit dem dazugehörigen Rahmen-

---

[86] Treffend: Holz, Bauplanungsrechtliche Privilegiertheit raumbedeutsamer Windkraftanlagen, NWVBl 1998, 81.

übereinkommen der Vereinten Nationen vom 9.05.1992 über Klimaänderungen.[87] Dieses enthält jedoch keine völkerrechtlich verbindlichen genauen Vorgaben für die Treibhausgasreduktion. Genaue Vorgaben sind erst nach der Konferenz der Vertragsstaaten von Berlin vom 28.03.–07.04.1995 mit dem Protokoll von Kyoto vom 11.12.1997[88] zustande gekommen, welches erst durch die Ratifizierung Russlands im November 2004 am 16. Februar 2005 in Kraft getreten ist. Darin verpflichten sich die Unterzeichnerstaaten zu einer Reduktion der festgelegten sechs Treibhausgase bis 2010 im Verhältnis zum Basisjahr 1990. Ein internationales Nachfolgeabkommen für die nahende Zeit nach dem Kyoto-Protokoll besteht derzeit nicht. Auf dem G 8 Gipfel in Heiligendamm 2007 konnten sich die führenden Industrienationen nur dazu durchringen, den IPPC-Bericht anzuerkennen und Maßnahmen zur Wahrung des Ziels, die Erderwärmung bis 2050 auf zwei Grad zu begrenzen, „ernsthaft zu erwägen". Mit der seit Anfang 2009 von Präsident Barack Obama geführten Regierung in den Vereinigten Staaten von Amerika und der Beteiligung der fünf führenden Schwellenländer, einschließlich des mittlerweile weltweit stärksten Emittenten China, konnte aus dieser Erwägung auf dem G 8 Gipfel im italienischen L'Aquila im Juli 2009 eine gemeinsame Zielsetzung gemacht werden. Ob aus dieser Zielsetzung verbindliche Kohlendioxid-Reduktionsverpflichtungen in einem Kyoto-Nachfolgeabkommen erwachsen, bleibt abzuwarten. Dies könnte schon auf dem Klimagipfel in Kopenhagen im Dezember 2009 erfolgen.

Bei der gelegentlich auftretenden Argumentation, aus dem Rahmen der Klimaschutzabkommen folge ein „faktischer Zwang" zur Ausweisung von Flächen für die Windenergienutzung durch die öffentlichen Planungsträger wird regelmäßig unterschlagen, dass unabhängig von der Frage des In-Kraft-Tretens des Kyoto-Protokolls dort weder die bestmögliche Förderung der Windenergie vorgeschrieben wird, noch konkrete innerstaatliche Umsetzungsstrategien festgelegt werden.[89] Insofern ist von Rio de Janeiro bis Kyoto und darüber hinaus ein internationales Streben nach größerem Klimaschutz festzustellen, was regelmäßig mit Zielen für den Anteil erneuerbarer Energien am Energieverbrauch einhergeht, aber stets keine Vorgabe hinsichtlich einer konkreten Umsetzung gerade durch Windenergienutzung mit sich bringt.

Fraglich ist, inwieweit solche Vorgaben in europarechtlicher Hinsicht bestehen. Das Rechtsprinzip der nachhaltigen Entwicklung ist im europäischen Primärrecht mehrfach verankert, sowohl im Begriff der Ökologie der

---

[87] BGBl 1993 II, 1783.
[88] BGBl 2002 II, 967.
[89] Siehe z.B. in BVerwG, BVerwGE 118, 33, 41/NVwZ 2003, 740; VGH Mannheim, ZUR 2006, 264, 266 f.

IV. Die Förderung der Ausbreitung von Windenergieanlagen 41

Präambel, als auch in Art. 2 EU und Art. 6 EG. Eine, wenn nicht gar die wesentliche, Grundlage einer nachhaltigen Entwicklung ist in einer umweltverträglichen Energiepolitik zu sehen, die somit durch das Rechtsprinzip der nachhaltigen Entwicklung gefordert wird.[90] Die Vorgabe des Primärrechts ist damit ähnlich abstrakt wie die Vorgabe des Grundgesetzes zur Erhaltung der natürlichen Lebensgrundlagen in Art. 20 a GG und der ausgewogenen gesamtwirtschaftlichen Entwicklung in Art. 109 Abs. 2 GG. Diese Zielvorgaben des Grundgesetzes gewinnen konkrete Bedeutung erst in den Abwägungsentscheidungen im Einzelfall als Optimierungsgebote, mit denen die jeweils konkurrierenden, anderen Gemeinwohlbelange abzuwägen und in Einklang zu bringen sind. Eine verbindliche und konkrete Einschränkung des Gestaltungsspielraumes des Gesetzgebers konstituieren diese Regeln nicht.

Für die generell-abstrakte Ebene der Gesetzgebung lassen sich konkretere Vorgaben dem Sekundärrecht entnehmen, welches auf den Kompetenzen im Bereich des Aufbaus transeuropäischer Netze im Bereich der Energieinfrastruktur gem. Art. 154 EG sowie auf den Kompetenzen im Bereich der Umweltpolitik nach Art. 174–176 EG fußt.[91] Daneben lässt sich auch die Kompetenzgrundlage für den Binnenmarkt in Art. 95 EG heranziehen, da Art. 95 Abs. 3 EG ausdrücklich feststellt, das ein hohes Maß an Umweltschutz mit Maßnahmen erreicht werden solle, die der Vollendung des Binnenmarkts dienen.[92] Vorgabe der Richtlinie 2001/77/EG der Europäischen Union ist es bis 2010 22,1% erneuerbarer Energien am Stromverbrauch und entsprechend dem globalen Kyoto-Ziel 12,0% am Primärenergieverbrauch zu erreichen.[93] Bei der Aufschlüsselung des Ziels von 22% auf die Mitgliedsstaaten ist für Deutschland ein Referenzwert von 12,5% vorgegeben. Insofern ist das Kyoto-Ziel auch über das Europarecht verbindliche Vorgabe für die nationale Klimaschutzpolitik. Allerdings überlässt es auch die Richtlinie in Art. 1, 3 Abs. 1 den Mitgliedsstaaten, „geeignete Maßnahmen" zu ergreifen, um die Steigerung des Verbrauchs von Strom aus erneuerbaren Energiequellen entsprechend den festgelegten nationalen Richtzielen zu fördern. Insofern bleibt das Europarecht ähnlich abstrakt wie das Völkerrecht und beinhaltet keine konkrete Vorgabe für die Umsetzung des Ziels hinsichtlich der Erneuerbaren Energien z. B. durch Windenergie.

---

[90] Rodi, Grundstrukturen des Energieumweltrechtes, EurUP 2005, 165, 166.
[91] Wirtenberger, Erneuerbare Energien in der Europäischen Union – Politik und Rechtsetzung, EurUP 2008, 11 ff.
[92] Siehe dazu Kahl, Alte und neue Kompetenzprobleme im EG-Umweltrecht – Die geplante Richtlinie zur Förderung Erneuerbarer Energien, NVwZ 2009, 265, 267 f.
[93] Richtlinie 2001/77/EG des europäischen Parlaments und des Rates vom 27. September 2001 zur Förderung der Stromerzeugung aus erneuerbaren Energiequellen im Elektrizitätsbinnenmarkt, ABl. EG Nr. L 283, S. 33.

42 B. Begrifflichkeiten, historischer Hintergrund und heutige Bedeutung

Mittlerweile findet eine Debatte über die Klimaschutzpolitik nach Auslaufen des Kyoto-Protokolls statt. Dabei sind die Ziele der EU-Kommission noch anspruchsvoller. Bis zum Jahr 2035 soll der Kohlendioxidausstoß in der EU um 35%, bis 2050 um 50% reduziert werden. Zu diesem Zwecke sollen regenerative Energien bis 2020 einen Anteil von 20% am Primärenergieverbrauch ausmachen.[94] Die Umweltminister der 27 Mitgliedsstaaten haben sich auf diese Initiative hin trotz Widerstandes von Polen und Finnland darauf geeinigt, die Emissionen bis 2020 gegenüber dem Wert von 1990 um 20%, sollten die anderen Industrieländer außerhalb der EU sich an dem Vorstoß beteiligen, gar um 30% zu senken.[95] Eine Einigung über den Kommissionsvorschlag zum Ausbau erneuerbarer Energien ist im Rahmen des EU Gipfels am 9. März 2007 zunächst abstrakt erfolgt. Die Europäische Union hat sich unter Initiative der deutschen Ratspräsidentschaft das anspruchsvolle Ziel gesetzt 20% Anteil erneuerbare Energie am Primärenergieverbrauch bis 2020 zu erreichen ohne damit einhergehend eine Einigung über eine verbindliche Aufschlüsselung dieses europäischen Wertes auf die einzelnen Mitgliedsstaaten vorzunehmen. Mittlerweile hat die EU-Kommission jedoch einen entsprechenden, auf Art. 175 Abs. 1 i.V. mit 95 EG gestützten, Richtlinienentwurf am 23. Januar 2008 vorgestellt, welcher auch vom europäischen Parlament am 17. Dezember 2008 in erster Lesung gebilligt wurde und am 25. Juni 2009 in Kraft getreten ist. Die Richtlinie trägt bei der Berechnung des Anteils für die einzelnen Mitgliedsstaaten den jeweiligen Besonderheiten des Mitgliedsstaates Rechnung. Zu den zu berücksichtigen Komponenten zählen nach Angabe des Kommissionspräsidenten Barroso Potential, Fläche und – auf französischen Druck hin – Energiemix inklusive Kernenergie als kohlendioxidfreie Energieerzeugung.[96] Die nationalen Zielwerte für den Kohlendioxidausstoß der Sektoren außerhalb des europäischen Emissionshandels, die immerhin etwa 60% der europäischen Treibhausgasemissionen ausmachen,[97] für 2020 im Verhältnis zum Jahr 2005 reichen von einer Zunahme um 20% für Bulgarien bis zu einer Reduktion um 20% in Dänemark und Irland. Beim Anteil der Erneuerbaren Energien am Primärenergieverbrauch 2020 reichen die nationalen Zielwerte von 10% für Malta bis zu 49% für Schweden. Nach den anfangs diskutierten nicht weniger als drei verschiedenen Berechnungsmodellen, die zur Ermittlung der nationalen Zielwerte für den Anteil erneuerbarer Energien am

---

[94] Papier der EU-Kommission „Eine Energiepolitik für Europa" nach DER SPIEGEL Nr. 52/2006/22.12.2006, S. 52, Massiver Eingriff.
[95] FAZ 21.02.2007, S. 11, EU will Treibhausgasausstoß um 20 Prozent senken.
[96] FAZ 10.03.2007, S. 1, Merkel setzt sich durch „Zwanzig Prozent erneuerbare Energie".
[97] European Commission, Directorate-General for the Environment, Leading by example, Environment for Europeans, N° 33 2009, 4 f.

IV. Die Förderung der Ausbreitung von Windenergieanlagen

Primärenergieverbrauch herangezogen wurden, lag der deutsche Anteil je nach Berechnungsmodell zwischen 16,8 und 21%.[98] Die am 5. Juni 2009 veröffentlichte Richtlinie 2009/28/EG beinhaltet nun einen deutschen verbindlichen nationalen Zielwert von 18%.[99] Die Rechtsnatur der Vorgabe hat sich insofern geändert, dass es sich nicht mehr um einen letztlich nicht erzwingbaren Referenzwert handelt, sondern nunmehr um einen verbindlichen Zielwert, dessen Nichterreichung als Verstoß gegen europäisches Recht mit einem Vertragsverletzungsverfahren nach Art. 226 EG geahndet werden kann. Auch wird klargestellt, dass die Zielerreichung selbstständig zu bewirken ist und die Flexibilisierungsmöglichkeiten nur im Rahmen eines enumerativen Katalogs bestehen, der den Zertifikatehandel nicht umfasst. Der Zertifikatehandel hat damit keine Auswirkungen auf die Zielerfüllung.[100] Daneben enthält die Richtlinie auch erstmals verbindlichere Vorgaben für die Umsetzung dieses Ziels. Im Hinblick auf den Netzzugang der Erneuerbaren Energien wird im Gegensatz zur Richtlinie 2001/77/EG, die in Art. 7 Abs. 1 S. 2 einen Vorrang der Erneuerbaren Energien nur als eine Möglichkeit enthielt, jetzt in Art. 16 Abs. 2b die verbindliche Vorgabe gemacht, einen vorrangigen Netzanschluss der EE-Anlagenbetreiber vorzusehen, wahlweise einen garantierten Netzzugang anzuordnen. Die europäische Union hat sich damit klar gegen einen paritätischen Energiemix, in dem Erneuerbare Energien mit einem diskriminierungsfreien und transparenten Netzzugang ihren bloß gleichberechtigten Platz neben anderen Energieträgern haben, und für den Vorrang erneuerbarer Energien gegenüber allen anderen Energieträgern entschieden. Es verbleibt jedoch schon wie bei den in der Richtlinie 2001/77/EG für 2010 festgeschriebenen Zielen eine Angelegenheit der Mitgliedsstaaten festzulegen, wie genau das Kohlendioxidreduktionsziel im Energiemix umgesetzt wird und welche erneuerbaren Energien den Zielwert bilden.[101]

Vor diesem europäischen Hintergrund lässt sich zunächst feststellen, dass Deutschland im Gegensatz zu anderen Mitgliedsstaaten das in den Referenzwerten gesetzte Ziel der Kyoto-Richtlinie erfüllt. Gleichfalls ist festzuhalten, dass schon vor einem internationalen Abkommen, dass ja durchaus

---

[98] FAZ 06.09.2007, S. 13, Deutschland drohen scharfe Klimaschutzvorgaben.

[99] Richtlinie 2009/28/EG des europäischen Parlaments und des Rates vom 23. April 2009 zur Förderung der Verwendung von Strom aus erneuerbaren Energiequellen ergänzend und ersetzend die Richtlinien 2001/77/EG und 2003/30/EG, Abl. EG Nr. L 140, S. 16 ff. (s. Annex I).

[100] Ringel/Bitsch, Die Neuordnung des Rechts der Erneuerbaren Energien in Europa, NVwZ 2009, 807.

[101] Zum dennoch bestehenden Änderungsbedarf im nationalen Recht siehe Ringel/Bitsch, Die Neuordnung des Rechts der Erneuerbaren Energien in Europa, NVwZ 2009, 807 ff.

44   B. Begrifflichkeiten, historischer Hintergrund und heutige Bedeutung

noch weitaus strengere Anforderungen enthalten kann, bereits in den nächsten Jahren eine verbindliche europäische Regelung Deutschland zu einem weiteren Ausbau der erneuerbaren Energien verpflichten wird. Die Vorgabe, dass Deutschland seinen Anteil erneuerbarer Energien am Primärenergieverbrauch nach dem für das Jahr 2005 zugrunde gelegten 5,8% auf dann 18% im Jahr 2020 etwa verdreifachen müsste, ist durchaus anspruchsvoll. Das ursprünglich im Koalitionsvertrag von CDU/CSU und SPD für die 16. Legislaturperiode vereinbarte Ziel von 10% erneuerbare Energien am Gesamtenergieverbrauch bis 2010[102] genügte dem von vorneherein nicht, was zeitweise zu der Forderung eines Nachbesserns des Koalitionsvertrages führte,[103] bevor sich in beiden großen Volksparteien die Auffassung durchsetzte, dass der eigene Koalitionsvertrag im Hinblick auf erneuerbare Energien unzureichend war und ehrgeizigere Ziele erforderlich sind.[104] Die Bundesregierung hat darauf bislang mit der Regierungserklärung vom 26.04.2007 reagiert, in der eine Senkung der Kohlendioxid-Emissionen um 40% bis 2020 im Vergleich zum Basisjahr und ein Anteil von mehr als 27% Erneuerbarer Energien am Stromverbrauch bis 2020 zum Ziel erhoben werden.[105] Der Umweltminister geht mit der Forderung nach 45% Erneuerbarer Energie bis 2030 bereits weiter.[106] In Meseberg hat sich die Bundesregierung zur Hälfte der Legislaturperiode im August 2007 auf ein Maßnahmenpaket geeinigt. Das integrierte Energie- und Klimaprogramm der Bundesregierung (IEKP) beinhaltet den massiven Ausbau erneuerbarer Energien nach eimne 25–30% Ziel bis 2020. Letztendlich ist eine weitere Verschärfung der nationalen Klimaschutzziele über die Novellierung des EEG mit dessen Verabschiedung im Bundesrat am 4. Juli 2008 erfolgt.[107] Nunmehr sollen mindestens 30% Erneuerbare Energie bis 2020 erreicht werden.

Ehrgeizigere Ziele über das Kyoto-Ziel 2010 hinaus sind gleichfalls bereits über den europäischen Emissionshandel bis 2012 absehbar. Der Emissionshandel wird zum Teil für dem Ausbau der erneuerbaren Energien entgegenstehend erachtet.[108] Dies beruht auf der Überlegung, dass mit dem

---

[102] „Gemeinsam für Deutschland. Mit Mut und Menschlichkeit.", Koalitionsvertrag von CDU, CSU und SPD, I. Mehr Chancen für Innovation und Arbeit, Wohlstand und Teilhabe, 5. Energie, Nr. 5.2 Erneuerbare Energien (S. 51).
[103] FAZ 07.03.2007, S. 12, SPD fordert „Energie-Revolution".
[104] FAZ 26.04.2007, S. 13, Jetzt will die CDU mehr Öko-Strom.
[105] Regierungserklärung, http://www.bmu.de/reden/bundesumweltminister_sigmar_gabriel/doc/39239.php.
[106] Die Welt 6.07.2007, S. 11, Fast 50 Prozent des Stroms sollen ökologisch sein.
[107] Vgl. Ausschussfassung BT-Drs. 16/8148 und 16/8393, Beschlussempfehlung BT-Drs. 16/9477.
[108] Wissenschaftlicher Beirat beim Bundesministerium für Wirtschaft und Arbeit, Zur Förderung Erneuerbarer Energien, ZUR 2004, 400 ff.

IV. Die Förderung der Ausbreitung von Windenergieanlagen

Ausbau erneuerbarer Energien weniger Kohlendioxid ausgestoßen wird und daher Emissionszertifikate frei werden. Mit einem Überschuss an Emissionszertifikaten bestehe aber kein Anreiz für die Emissionsvermeidung, wenn es günstiger sei Zertifikate zu erwerben. Bislang bestand in der ersten Handelsphase angesichts eines solchen Überschusses an obendrein kostenlos zugeteilten Zertifikaten keine besondere Anreizwirkung des Emissionshandels zu Kohlendioxidvermeidung und Ausbau erneuerbarer Energien. Es stand dem über das EEG gesetzten Anreiz aber auch nicht entgegen. Dieses hat sich auch gerade im Vergleich zu den Quotenmodellen anderer Staaten als wirkungsvollstes Instrument zur Förderung des Ausbaus erneuerbarer Energien erwiesen. Die Entwicklung des Instruments des Emissionshandels wird jedoch mittelfristig einen weiteren starken Anreiz zum Ausbau erneuerbarer Energien setzen. Dies zeigt die Ausgestaltung der zweiten Handelsphase des europäischen Emissionshandels mit deutlich verknappten nationalen Emissionskontingenten. Zu einem Überschuss an Zertifikaten soll es auf absehbare Zeit nicht mehr kommen. Dafür gibt es die Nationalen Allokationspläne (Nap), welche Obergrenzen für den Ausstoß von Kohlendioxid vorsehen. Für den Nap II, der von 2008 bis 2012 gilt, wurde diese Obergrenze für Deutschland von der EU-Kommission von ursprünglich geplanten 482 Millionen Tonnen auf nunmehr 453 Millionen Tonnen gesenkt.[109] Die Festsetzung dieses Wertes trifft vor allem die Energiewirtschaft als den mit Abstand größten Kohlendioxid-Emittenten, da sie ihre Emissionen statt um 15% nunmehr um 30% verringern muss. In der Folge dieser Rahmenbedingungen des Nap II wird der Druck auf die deutsche Energiewirtschaft steigen, emissionsarme Formen der Energieerzeugung auszuweiten.[110] Auch über die Handelsperiode des Nap II hinaus besteht ein derartiger Anreiz, da nach dem am 25. Juni 2009 in Kraft getretenen Klima- und Energiepaket der EU das jährlich verfügbare Zertifikatebudget zwischen 2013 und 2020 um 1,74% pro Jahr abnehmen wird und die damit einhergehende Verknappung der Verschmutzungsrechte einen weiteren Anreiz zu weniger Kohlendioxidemissionen setzen wird.

In der energiepolitischen Diskussion hat dies in Deutschland immer wieder zur Forderung nach einer Laufzeitverlängerung für die nicht Kohlen-

---

[109] Deutschland hatte zuvor gegen den Willen des Bundeswirtschaftsministeriums auf Vorschlag des Bundesumweltministeriums den Wert von 465 Millionen Tonnen nach Brüssel gemeldet. FAZ 25.11.2006, S. 14, Deutschland verschärft seine Klimaschutzziele; FAZ 28.11.2006, S. 11, Brüssel verschärft den Klimaschutz; FAZ 30.11.2006, S. 14, Deutschland muss des Kohlendioxid-Austoß stärker senken; FAZ 11.12.2006, S. 13, Deutschland kämpft gegen die Brüsseler Emissionsvorgaben; Tagesspiegel 20.12.2006, S. 6, „Da gibt es nichts zu verhandeln".
[110] DER SPIEGEL Nr. 52/2006/22.12.2006, S. 52, Massiver Eingriff; Tagesspiegel 26.01.2007, S. 5, Sparen, Sparen – und erneuerbare Energie.

46   B. Begrifflichkeiten, historischer Hintergrund und heutige Bedeutung

dioxid emittierenden Atomkraftwerke geführt.[111] Dies steht durchaus im globalen Kontext der Weltenergiekonferenz von Sydney 2004, welche eine globale Renaissance der Kernenergie eingeläutet hat. Eine Aufhebung des Atomausstieges[112] ist in Deutschland aufgrund des Koalitionsvertrages von Union und SPD auf Bundesebene vor 2010 nicht zu erwarten.[113] Neben den Grünen hält auch die SPD am Atomausstieg fest. Aber selbst bei einer Laufzeitverlängerung der Atomkraftwerke um einige Jahre, würden sich die Fragen der weiteren Emissionsreduzierung mit wenigen Jahren Verspätung erneut stellen, so dass selbst die eine Laufzeitverlängerung der Kernkraftwerke fordernde CDU in ihrem Wahlprogramm 2009 nur von einer Brückentechnologie spricht.[114] Auch ist der Ausbau der erneuerbaren Energien mit dem gesetzlichen Vorrang der Stromeinspeisung aus erneuerbaren Energien nach dem EEG, zu dem sich trotz der energiepolitischen Differenzen im Übrigen mittlerweile alle im Bundestag vertretenen Parteien bekennen,[115] ohnehin nicht an die Frage des Atomausstiegs gekoppelt. Die Emissionsgrenzenverschärfung über den Nap II trifft daher zum einen alte Kohlekraftwerke, die durch neue, moderne Anlagen zu ersetzen dadurch attraktiv gemacht wird, dass die neuen Anlagen für eine bestimmte Frist nicht ihre Emissionen mindern müssen,[116] zum anderen macht dies vor dem Hintergrund des EEG auch gerade einen Ausbau von nicht emittierenden Anlagen, welche erneuerbare Energien nutzen, attraktiv. Unter den erneuerbaren Energien dominieren Wasserkraftwerke und Windenergieanlagen, wobei die Potentiale der Wasserenergie durch Staudämme und Talsperren weitgehend

---

[111] FAZ 27.12.2006, S. 09, Glos: Klimaschutz braucht Kernenergie; FAZ 16.01.2007, S. 1, In den Wind geplant; FAZ 06.03.2007, S. 33, Unser Freund, das Atom; FAZ 07.03.2007, S. 12, Vattenfall will mehr Atomstrom.

[112] Vereinbarung zwischen der Bundesregierung und den Energieversorgungsunternehmen vom 14. Juni 2000, insbesondere Anlage 5: Summarische Darstellung einer Novelle des Atomgesetzes.

[113] „Gemeinsam für Deutschland. Mit Mut und Menschlichkeit.", Koalitionsvertrag von CDU, CSU und SPD, I. Mehr Chancen für Innovation und Arbeit, Wohlstand und Teilhabe, 5. Energie, Nr. 5.1 Energiepreisanstieg begrenzen, Wettbewerb entfachen (S. 50) „Zwischen CDU, CSU und SPD bestehen hinsichtlich der Nutzung der Kernenergie zur Stromerzeugung unterschiedliche Auffassungen. Deshalb kann die am 14. Juni 2000 zwischen Bundesregierung und Energieversorgungsunternehmen geschlossene Vereinbarung und können die darin enthaltenen Verfahren sowie die dazu in der Novelle des Atomgesetzes getroffene Regelung nicht geändert werden."

[114] CDU, CSU, Wir haben die Kraft – Gemeinsam für unser Land, Regierungsprogramm 2009–2013, S. 17.

[115] Nikionok-Ehrlich, Wahlweise Energiezukunft, NE 06/2009, 18 ff.

[116] Nach Nap I (2005–2007) gilt dabei eine Frist von 18 Jahren, nach Nap II (2008–2012) soll nur noch eine Frist von 14 Jahren gelten, FAZ 25.11.2006, S. 14, Deutschland verschärft seine Klimaschutzziele.

IV. Die Förderung der Ausbreitung von Windenergieanlagen

ausgeschöpft sind. Die anderen erneuerbaren Energiegewinnungsmöglichkeiten wie Biomasse, Solarenergie und Geothermie haben zwar an Dynamik und Bedeutung gewonnen, können aber nicht in dem vorgesehenen relativ kurzen Zeithorizont den großen Bedarf auch nur annährend decken. So kommt der Windenergie beim Ausbau der erneuerbaren Energien eine Schlüsselrolle zu.[117] Dementsprechend wurden nach dem Willen der Bundesregierung und der bisherigen Koalitionsfraktionen CDU/CSU und SPD im Rahmen der EEG-Novelle die Windenergienutzung und dabei besonders das Repowering sowie Offshore-Anlagen gestärkt, um den Anteil der erneuerbaren Energien am Stromverbrauch deutlich zu steigern.[118]

Die bundespolitischen Zielsetzungen sind vielfach mit einem Umsetzungsproblem konfrontiert, da es zur Erfüllung der Ziele nicht auf die Anreizwirkung des EEG allein kommt, sondern einer Mitwirkung von Ländern und Gemeinden insbesondere im Rahmen ihrer Planungshoheit bedarf. Eine verbindliche prozentuale Aufteilung des nationalen Referenzwertes, welcher Höhe auch immer, auf die einzelnen Bundesländer besteht nicht, womit es auch an einer Pflicht zur Ausweisung eines bestimmten Anteils an Fläche für Windenergienutzung in Landesplanung und Regionalplanung fehlt.[119]

Die energiepolitische Debatte und die Frage der Rolle der erneuerbaren Energien sind trotz fehlender Referenzwerte für die Bundesländer in der Landespolitik angekommen. Dabei ist vor allem der Ausbau der Windenergienutzung onshore strittig. Ein interessantes Beispiel dafür ist die Diskussion im hessischen Landtagswahlkampf für die Wahl 2008 um die energiepolitischen Pläne der damaligen SPD-Spitzenkandidatin Andrea Ypsilanti, welche auf Vorschlägen des Trägers des alternativen Nobelpreises und SPD-Bundestagsabgeordneten Hermann Scheer beruhten und mittlerweile Beschlusslage der Hessischen SPD sind. Demnach sollte die durch Atomausstieg und Kohleausstieg entstehende Lücke in der Energieversorgung in Hessen durch die Errichtung von etwa 600 neuen Windenergieanlagen neben drei neuen Wasserkraftwerken, 12 Biogasanlagen und 30 Solarparks gedeckt werden. Konkret sollten 281 neue Standorte für Windenergieanlagen entlang von Autobahnen und ICE-Trassen geschaffen werden, während jeder der 21 Landkreise zudem jeweils 15 neue Windenergieanlagenstandorte

---

[117] Vgl. auch Paschedag, Die Windenergie – zentraler Baustein für den Ausbau der erneuerbaren Energien und ihre Integration in das deutsche Stromnetz, in Alt/Scheer, Wind des Wandels, Bochum 2007, S. 67 ff.

[118] „Klimawandel entgegentreten – konkrete Massnahmen ergreifen" Positionspapier zum Klimawandel, Beschluss der CDU/CSU-Bundestagsfraktion vom 24.04.2007, S. 9; FAZ 26.04.2007, S. 13, Jetzt will die CDU mehr Öko-Strom; Tagesspiegel 06.07.2007, S. 2, Wind des Wandels; Die Welt 06.07.2007, S. 11, Fast 50 Prozent des Stroms sollen ökologisch sein.

[119] BVerwG, BVerwGE 118, 33, 42/NVwZ 2003, 741.

schaffen sollte.[120] Dabei wurde von modernen Großanlagen mit einer Leistungsstärke von 4,5 MW ausgegangen.[121] Entlang der außerstädtischen Autobahnen und ICE-Trassen hätte man dabei rechnerisch „lediglich" alle 2,5 km eine Windenergieanlage errichten müssen.[122] Abgesehen von den begrenzten Möglichkeiten der Landespolitik solch ein Landesenergieprogramm vor dem Hintergrund der kommunalen Selbstverwaltung insbesondere mit Kompetenzen im Bauplanungsrecht zu erzwingen, rief bereits die politische Zielsetzung viel Widerspruch hervor. Diese ehrgeizigen Ziele polarisierten und stießen auf massiven politischen Widerstand. Teilweise wurden sie seitens der politischen Konkurrenz als „Träumereien" und „Utopien" abgetan.[123] Vor allem der Plan die Ausweisung von Vorrang- und Eignungsgebieten für WEA zum Gegenstand der Landespolitik zu machen und damit von den regionalen Planungsträgern hochzuzonen, traf auf erheblichen, auch innerparteilichen Widerstand.[124] Die politische Konkurrenz hatte angesichts der fehlenden Geschlossenheit der SPD den Kampf gegen „Windmonster" als Wahlkampfthema entdeckt und versuchte diesen über windenergiefeindliche Musteranträge für die Kreistage zuzuspitzen.[125] Letzlich lässt sich rückblickend feststellen, dass diese energiepolitischen Zielsetzungen sich in der Landtagswahl 2008 als nicht entscheidend erwiesen haben. Bei der aufgrund der mehrfach gescheiterten Mehrheits- und Regierungsbildung ein Jahr später, 2009, erneut stattfindenden Landtagswahl war die Energiepolitik gleichfalls nicht das entscheidende Thema.

Im Vergleich dazu hat sich vor allem das Bundesland Brandenburg mit seiner großen Koalition als entscheidungsfreudiger und durchsetzungsstärker erwiesen. Dort beauftragte die 2004 wiedergewählte Regierungsmehrheit die Landesregierung mit Landtagsbeschluß vom 18. Mai 2006 mit der Erstellung einer Energiestrategie für die Energiepolitik bis 2020. Diese wurde unter Federführung des Wirtschaftsministers Junghanns (CDU) ausgearbeitet und 2008 vorgelegt.[126] Sie strebt einen Anteil von 20 % Erneuerbaren Energien an der Primärenergieversorgung bis 2020 an. Darin ist auch die Verdoppelung der Windenergienutzung auf ca. 7.500 MW durch Ausweitung der Flächen für die Windenergie von 1,3 % auf 1,9 % der Landesfläche

---

[120] Scheer, Neue Energie für ein Atomfreies Hessen, Berlin 2006, S. 16.
[121] Scheer, Neue Energie für ein Atomfreies Hessen, Berlin 2006, S. 15.
[122] Scheer, Neue Energie für ein Atomfreies Hessen, Berlin 2006, S. 16.
[123] FAZ 16.02.2007, S. 10, Ohne Kohle – ohne Atom.
[124] FAZ 14.08.2007, S. 4, Ypsilanti bekommt Gegenwind.
[125] Weinhold, Will de Hesse kaa Windrädersche?, NE 11/2007, 24 ff.; Der Tagesspiegel 22.10.2007, S. 4, Hessen-CDU gegen Windkraft.
[126] Land Brandenburg, Landesregierung, Energiestrategie 2020 des Landes Brandenburg – Umsetzung des Beschlusses des Landtages, Drs. 4/2893-B, vom 18. Mai 2006.

bei gleichzeitigem Repowering des Anlagenbestandes enthalten.[127] Von diesem Kurs haben sich Landesregierung und Koalitionsfraktionen auch nicht durch eine Volksinitiative „Gegen die Massenbebauung Brandenburgs mit Windenergieanlagen" mit 27 171 gesammelten bzw. 22 035 gültigen Unterschriften und deren Forderung nach einem verbindlichen Abstand von 1500 m zu Wohnsiedlungen abbringen lassen. Stattdessen wurde am 02. Juli 2009 an der Energiestrategie und der am 14. Mai 2009 beschlossenen unverbindlichen Abstandsempfehlung von 1000 Metern ausdrücklich festgehalten und die Volksinitiative abgelehnt.[128]

In anderen Bundesländern stehen derart ambitionierte Ausbauziele für erneuerbare Energien gar nicht erst zur Diskussion. Vor diesem Hintergrund ist ein ehrgeiziger Ausbau an Land fraglich. Der politische Widerstand gegen einen massiven Ausbau der Windenergienutzung onshore rückt das Repowering und den Ausbau offshore ins Blickfeld. Dementsprechend hat sich die große Koalition auf einen Ausbau der Offshore-Windenergienutzung geeinigt und sehr ausbaufreundliche Regelungen in Infrastrukturbeschleunigungsgesetz und Energieleitungsausbaugesetz verankert.[129]

Vor dem Hintergrund der internationalen, europäischen und deutschen Klimaschutzpolitik ist im Ergebnis ein starker Ausbau der erneuerbaren Energiegewinnung, insbesondere der Windenergiegewinnung, zu erwarten. Die Vereinbarkeit diese Pläne mit anderen Anliegen muss zahlreiche Konflikte erzeugen. Bei derartig ehrgeizigen Zielen ist das Ausmaß der daraus folgenden juristischen Auseinandersetzungen als erheblich zu veranschlagen.

2. Die Debatte um Kosten und Nutzen der Windenergienutzung

Der Aspekt der Wirtschaftlichkeit ist ein wesentlicher Teil der politischen wie der juristischen Debatte über die Errichtung von Windenergieanlagen.

Rechtlicher Ausgangspunkt ist die Regelung in § 1 Abs. 2 Nr. 3 ROG a.F./§ 1 Abs. 2 ROG n.F., welche der Regionalplanung die Möglichkeit eines wirtschaftlichen Betriebs für WEA vorgibt. Für die Bauleitplanung ent-

---

[127] Land Brandenburg, Landesregierung, Energiestrategie 2020 des Landes Brandenburg – Umsetzung des Beschlusses des Landtages, Drs. 4/2893-B, vom 18. Mai 2006, S. 46 f.
[128] Landtag Brandenburg, Antrag der Fraktionen SPD und CDU, Windkraftnutzung im Land Brandenburg, Drs. 4/7568; Beschlussempfehlung und Bericht des Hauptausschusses zur Volksinitiative nach Art. 76 der Verfassung des Landes Brandenburg – „Gegen die Massenbebauung Brandenburgs mit Windenergieanlagen", Drs. 4/7721.
[129] Vgl. FAZ 18.11.2006, S. 14, Lex EON und FAZ 25.11.2006, S. 14, Bundesrat macht Weg frei für neue Windenergieanlagen.

spricht dem § 1 Abs. 3 BauGB. Bei welchen Rahmenbedingungen ein wirtschaftlicher Betrieb besser möglich ist, wird kontrovers diskutiert.[130] Auf dieses Problem ist deshalb im Rahmen der Errichtung von Windenergieanlagen im Geltungsbereich eines Bebauungsplanes näher einzugehen.

In der politischen Debatte, die hier gerade vor dem Hintergrund interessant ist, dass sie letztendlich die Rechtspolitik in Bund, Ländern und Kommunen prägt, ist das Argument der angeblich fehlenden Wirtschaftlichkeit ein Kernargument der Windenergiegegner.[131] Von Seiten der Umweltschützer und der Windenergiebranche wird argumentiert, dass die Windenergie bei Einbeziehung der externen Kosten der Energieerzeugung, wie Umweltschäden insbesondere durch Schadstoffausstoß, neben anderen regenerativen Energien eine der billigsten Energiequellen darstellt.[132] Die Ausklammerung dieser Kosten verzerre zwangsläufig die Konkurrenzsituation zu Lasten der Entwicklung und Nutzung regenerativer Energien.

Hier sprechen die besseren Argumente für letztere Auffassung. Die Windenergie stellt einen wesentlichen Beitrag zur Erfüllung der internationalen, europäischen und nationalen Klimaschutzziele dar.[133] Die gegensätzliche Behauptung, der Beitrag der Windenergie zur Minderung des Treibhauseffekts liege jenseits der Messbarkeitsgrenze,[134] beruht auf der Überschätzung des „Leakage-Effekts". Danach werde zwar infolge der milliardenteuren Förderung der erneuerbaren Energien, u. a. der Windenergie, weniger Öl, Gas und Kohle verfeuert, aber auf dem Weltmarkt der

---

[130] Vgl. Lahme, Wirtschaftlicher Betrieb von Windenergieanlagen und kommunale Bauleitplanung, ZNER 2006, 176 f.; Quambusch, Repowering als Planungsproblem, BauR 2007, 1824, 1826.

[131] Wissenschaftlicher Beirat beim Bundesministerium für Wirtschaft und Arbeit, Zur Förderung erneuerbarer Energien, ZUR 2004, 400 ff.; Quambusch, Windkraftanlagen als Problem der öffentlichen Verwaltung, VBlBW 2005, 264, 265; vgl. auch FAZ 31.01.2008, S. 40, Leserbrief „Geldverschlingende Windenergie"; Sinn, Das grüne Paradoxon – Plädoyer für eine illusionsfreie Klimapolitik, Berlin 2008; Mittelbadische Presse, 19.03.2009, „Windenergie ist unrentabel".

[132] Umweltbundesamt, Externe Kosten besser kennen – Umwelt besser schützen, Dessau-Roßlau 2007; Stüer in: Spannowsky/Mitschang, Flächennutzungsplanung im Umbruch?, Köln 2000, 119, 132 ff.; Jeromin, Praxisprobleme bei der Zulassung von Windenergieanlagen, BauR 2003, 820.

[133] Zu den Klimaschutzzielen: Nationales Klimaschutzprogramm der Bundesregierung vom 18.10.2000: BT Drs. 14/4729; Fortschreibung s. Nationales Klimaschutzprogramm der Bundesregierung vom 13.07.2005, S. 15 ff. und 35 f., http://www.bmu.de/files/klimaschutz/downloads/application/pdf/klimaschutzprogramm_2005_lang.pdf; aktueller Meseberg-Beschluss: Eckpunkte für ein integriertes Energie- und Klimaprogramm vom 23.08.2007, S. 11 f., http://www.bundesregierung.de/Content/DE/Artikel/2007/08/Anlagen/eckpunkte,property=publicationFile.pdf.

[134] Quambusch, Windkraftanlagen als Problem der öffentlichen Verwaltung, VBlBW 2005, 264, 265.

IV. Die Förderung der Ausbreitung von Windenergieanlagen 51

Preis derart gesenkt, dass die aufstrebenden Schwellenländer umso mehr auf die fossilen Energieträger zurückgreifen könnten und letztlich kein Kohlendioxid vermieden wird.[135] Nach anderen Berechnungen ist jedoch nicht von einem „Leakage-Effekt" von 100%, also vollständigem Verbrauch der Einsparung fossiler Energieträger durch andere Nationen, sondern allenfalls von 60% zu rechnen.[136] Dies trübt zwar den globalen Erfolg der Kohlendioxidbilanz ein, nimmt dem Einsatz erneuerbarer Energien letztlich weder den Erfolg bei der Erfüllung der nationalen Klimaziele noch den Beitrag zur globalen Kohlendioxideinsparung. Trotz der auf dem „Leakage-Effekt" beruhenden Zweifel an der Geeignetheit des Einsatzes Erneuerbarer und der Schwierigkeiten die positiven Umwelteinwirkungen genau zu berechnen, spricht die europäische Rechtsentwicklung für die Einbeziehung des Umweltschutzes als Kriterium. Nach Art. 130r II Unterabs. I 3 EGV, der durch den Vertrag von Amsterdam in leicht geänderter Form in Art. 6 EG übernommen worden ist, sind die Erfordernisse des Umweltschutzes bei der Festlegung und Durchführung der Gemeinschaftspolitiken und -maßnahmen einzubeziehen. Die ausdrückliche Einbeziehung des Umweltschutzes als Teil einer Wirtschaftlichkeitsbetrachtung lässt sich insbesondere im Vergaberecht feststellen. Zwar wird dort die Verwendung sog. „vergabefremder" Kriterien nach wie vor kontrovers diskutiert.[137] Dennoch wurde die Verwendung vergabefremder Kriterien in den letzten Jahren als Teil der Wirtschaftlichkeitsbetrachtung vom EuGH in zahlreichen Entscheidungen zunehmend akzeptiert,[138] in die Richtlinie 2004/18/EG als Zuschlagskriterium aufgenommen[139] und wird mittlerweile auch von der EU-Kommission als solches beworben.[140] So hat der EuGH auch im Fall Concordia Bus Finland mit der „neuen Formel"[141] im Vergaberecht die ausdrückliche Ein-

---

[135] Sinn, Das grüne Paradoxon – Plädoyer für eine illusionsfreie Klimapolitik, Berlin 2008.

[136] Requate in Traufetter, Ifo-Chef Sinn wettert gegen Ökosteuer und Windkraft, Spiegel Online, 30.10.2008, http://www.spiegel.de/wissenschaft/natur/0,1518,587192,00.html.

[137] Überblick bei Schneider, EG-Vergaberecht zwischen Ökonomisierung und umweltpolitischer Instrumentalisierung, DVBl 2003, 1186.

[138] EuGH (Beentjes), NVwZ 1990, 353 ff.; EuGH (Nord-Pas-de-Calais), NZBau 2000, 584 ff.; EuGH (Concordia Bus Finland) NZBau 2002, 618 ff.; EuGH (EVN AG und Wienstrom), Rs. C-448/01 Slg. 2003, I-14527 ff.

[139] Richtlinie 2004/18/EG des Europäischen Parlaments und des Rates vom 31. März 2004 über die Koordinierung der Verfahren zur Vergabe öffentlicher Bauaufträge, Lieferaufträge und Dienstleistungsaufträge (Abl. EG Nr. L 134 vom 30.4.2004 S. 114 ff.).

[140] Europäische Kommission, Umweltorientierte Beschaffung!, Ein Handbuch für ein umweltorientiertes öffentliches Beschaffungswesen, Luxemburg 2005.

[141] Dazu Bultmann, Beschaffungsfremde Kriterien: Zur „neuen Formel" des Europäischen Gerichtshofs, ZfBR 2004, 134 ff.

beziehung des Umweltschutzes durch eine weite Auslegung des Begriffs des „wirtschaftlich günstigsten Angebots" anerkannt.[142] Wenn der Begriff der Wirtschaftlichkeit um nur mittelbar einen wirtschaftlichen Vorteil, z.B. durch ersparte Aufwendungen für die Beseitigung von Umweltschäden, bewirkende, nichtmonetäre, gesamtwirtschaftliche Nutzungsdimensionen erweitert wird, lässt sich daraus der Schluss ziehen, dass der Umweltschutz als allgemeines Kriterium bei der Frage der Wirtschaftlichkeit seine Berücksichtigung findet. Dies lässt die Frage der Wirtschaftlichkeit von Windenergieanlagen angesichts der konkret mit ihrer Errichtung zusammenhängenden kohlendioxideinsparenden und damit klimaschonenden Wirkung in einem positiveren Licht erscheinen und führt zu einer positiven gesamtwirtschaftlichen Bewertung dieser Form der Stromerzeugung.

Der Position für eine Berücksichtigung der Umweltfolgen wird regelmäßig entgegengehalten, dass zunächst die Herstellung einer Windenergieanlage Kohlendioxid-Emissionen nach sich ziehe und zudem die externen Kosten oder auch Folgekosten und umgekehrt der entsprechende Nutzen nicht genau zu messen oder viel zu gering seien.[143] Während sich die Herstellungsemissionen mit den durch die emissionsfreie Energieerzeugung eingesparten Kohlendioxid-Emissionen bei durchschnittlicher Jahresstromproduktion in einer sog. Ökobilanz verrechnen lassen,[144] was regelmäßig zu einer Amortisation innerhalb von vier bis sechs Monaten führt und hier die These der Windenergiegegner widerlegt, ist die Einbeziehung unbestimmter Faktoren schwerer zu berechnen. Dabei wird vor allem auf die umfangreiche Förderung der Windenergie über das Erneuerbare Energien Gesetz (EEG)[145] als volkswirtschaftlicher Kostenfaktor verwiesen.[146] So werden durch den weiteren Ausbau der erneuerbaren Energien bis 2020 Mehrkosten

---

[142] EuGH (Concordia Bus Finland), NZBau 2002, 618 ff.; Egger, Nicht alles ist vergabefremd, NZBau 2002, 601 ff.; Schneider, EG-Vergaberecht zwischen Ökonomisierung und umweltpolitischer Instrumentalisierung, DVBl 2003, 1186, 1190 spricht von einer „Reinterpretation des Wirtschaftlichkeitsbegriffs".

[143] So die Initiativgruppe Darmstädter Manifest von Hochschullehrern und Schriftstellern um Botho Strauß im „Darmstädter Manifest zur Windenergienutzung in Deutschland" vom 01.09.1998, http://www.windkraftgegner.de/ m.w.N. und einer Auflistung der zahlreichen windkraftkritischen Bürgerinitiativen; vgl. Heck, Wilfried, Anti-Windenergie-Portal, http://www.wilfriedheck.de/; siehe auch die Vorbemerkung der Fragesteller zur kleinen Anfrage der FDP-Fraktion im Bundestag, BT-Drs. 15/5064; in der Presse s. z.B. Die WELT 25.08.2007, S. 6, Rotierende Republik.

[144] BWE, Berechnung der Ökobilanz für eine Windenergieanlage, Bsp. Enercon E-66/1,8 MW, Amortisation in 4,4 Monaten, http://www.wind-energie.de/fileadmin/dokumente/Themen_A-Z/Energiebilanzen/Datenblatt_EnergAmortisation_WEA.pdf.

[145] EEG vom 29.03.2000, BGBl. I, 305, mittlerweile novelliert am 21.07.2004, BGBl. I, 1918 und wiederum novelliert am 25.10.2008, BGBl I, 2074 sowie vom 28.03.2009, BGBl I 643.

IV. Die Förderung der Ausbreitung von Windenergieanlagen

für den Verbraucher in Deutschland aus den Vergütungen von 6,8 Milliarden Euro im Jahr, davon 4,5 Mrd. Euro pro Jahr aufgrund der Windstromerzeugung, vorhergesagt.[147]

Die öffentliche Förderung der Errichtung von WEA findet nicht über eine klassische staatliche Subventionspolitik statt, auch wenn von Windenergie-Gegnern oft das Gegenteil behauptet wird.[148] Abgesehen davon, dass in diesem Zusammenhang zumeist unerwähnt bleibt, dass früher die Kernenergiewirtschaft subventioniert wurde und heute noch die wahrlich nicht klimafreundliche Steinkohleförderung mit Milliardensubventionen in Deutschland bedacht wird, ist der Vorwurf gegenüber der Windenergiebranche nicht mehr berechtigt. Investitionskostenzuschüsse von Bund und Ländern für die Errichtung von WEA werden seit Ende der Neunzigerjahre nicht mehr gewährt. Auch steuerlich gibt es keine Sonderegelung mehr für WEA-Betrieb. Die Förderung erfolgt vielmehr durch staatliche Marktregulierung über eine gesetzlich festgelegte Stromeinspeisevergütung. Die damit verbundene Abnahmepflicht ist verfassungsrechtlich mehrfach angezweifelt worden, aber die dagegen geführten Verfahren vor Bundesverfassungsgericht und EuGH blieben jeweils ohne Erfolg.[149] Auch die Vereinbarkeit mit dem EG-Beihilfenrecht kann seit dem EuGH-Urteil in der Sache Preussen Elektra gegen Schleswag AG vom 13.03.2001 und der Einstellung des Beihilfe-Verfahrens durch die Kommission am 22.05.2002 als geklärt gelten.[150] Insofern kann auch für jüngste EEG-Novelle die Vereinbarkeit mit Europarecht angenommen werden.[151] Die Mindesteinspeisevergütung ist von den Netzbetreibern an die Anlagenbetreiber zu zahlen. Insofern werden die das Netz betreibenden Energiekonzerne zur Förderung regenerativer Energien herangezogen, welche dann diese Kosten wiederum an die Verbraucher weitergeben. Dies stellt eine angemessene Regelung dar, da ja auch der Nutzen der Gesamtbevölkerung zu Gute kommen soll. Über die Energiepreise entstehen damit volkswirtschaftliche Kosten, die allerdings nur einen Bruchteil von weniger als 5% Prozent des Energiepreises ausmachen. Von den staatlichen Anteilen am Strompreis fallen Mehrwertsteuer,

---

[146] Vor Inkrafttreten des EEG wurde das Stromeinspeisungsgesetz kritisiert: Mock, Windkraft im Widerstreit, NVwZ 1999, 937, 941; zum EEG: Wissenschaftlicher Beirat beim Bundesministerium für Wirtschaft und Arbeit, Zur Förderung erneuerbarer Energien, ZUR 2004, 400 ff.; Quambusch, Windkraftanlagen als Problem der öffentlichen Verwaltung, VBlBW 2005, 264, 265.

[147] Leidinger, Energieanlagenrecht, Essen 2007, 290.

[148] So Quambusch, Die Zerstörung der Landschaft durch Windkraftanlagen, BauR 2003, 635; Quambusch, Windkraftanlagen als Problem der öffentlichen Verwaltung, VBlBW 2005, 264, 265.

[149] BVerfG, NJW 1997, 573 f.; EuGH NVwZ 2001, 665 ff.

[150] EuGH NVwZ 2001, 665 ff.

[151] Oschmann, Neues Recht für Erneuerbare Energien, NJW 2009, 263, 266.

Stromsteuer und Konzessionsabgabe ungleich stärker ins Gewicht als die EEG-Vergütung.[152]

Eine Einspeisevergütung wurde erstmals unter der „schwarz-gelben" Bundesregierung 1991 mit dem Stromeinspeisegesetz geschaffen.[153] Unter der „rot-grünen" Bundesregierung hat diese Einspeisevergütung, die seit dem Jahr 2000 im EEG[154] festgelegt ist, eine deutliche Ausweitung erfahren. Eine Einschränkung ist im Zuge der Umsetzung der Richtlinie 2001/77/EG im Rahmen der EEG-Novelle 2004[155] erfolgt. Konfrontiert mit der drastischen Zunahme der Windenergienutzung auch in weniger windhöffigen Gebieten wurde eine Untergrenze des Windenergieertrages für die Gewährung einer Einspeisevergütung eingeführt. Seitdem sieht § 10 Abs. 4 EEG a. F. bzw. § 29 Abs. 3 EEG n. F. vor, dass Netzbetreiber nicht verpflichtet sind Strom aus Windenergieanlagen zu vergüten, für die nicht nachgewiesen ist, dass sie nicht mindestens 60% des Referenzertrages erzielen können. Dabei obliegt dem Anlagenbetreiber die Nachweispflicht gegenüber dem Netzbetreiber, dass die WEA diesen Mindestertrag erreicht. Dies trifft vor allem Windenergieanlagen als Nebenanlagen, insbesondere zu landwirtschaftlichen Betrieben, und den windschwachen süddeutschen Raum. Außer der Beendigung der Förderung in windschwachen Gebieten wurde auch insgesamt die Vergütung gesenkt.

Das System der Vergütung,[156] welches eine 20-jährige Laufzeit vorsieht, besteht aus einem grundsätzlich für fünf Jahre konzipierten Anfangsvergütungssatz und einem darauf folgenden Basisvergütungssatz. Mit der EEG-Novelle 2004 wurde der Anfangsvergütungssatz um 0,1 und der Basisvergütungssatz um 0,5 Cent pro kWh gesenkt. Damit wurde ein Anreiz zur Kostensenkung und Erhöhung des Wirkungsgrades der Anlagen gegeben. Hervorzuheben ist die Begünstigung besonders ertragreicher Anlagen durch eine Sonderstellung des Repowering in Abs. 10 Abs. 2 EEG a. F./§ 30 EEG n. F. und der Offshore-Anlagen in § 10 Abs. 3 EEG a. F./§ 31 EEG n. F. Zudem ist das System der Mindestvergütung jeweils degressiv gestaltet. Mit der EEG-Novelle 2004 wurde die Degression von vorher 1,5% auf 2% erhöht, um einen weiteren Anreiz für ein Repowering zu setzen. Insofern fanden wirtschaftliche Kriterien stärkere Berücksichtigung. Eine Debatte um die volkswirtschaftlichen Kosten und Nutzen der Windenergienutzung

---

[152] So selbst E.ON, ... wieso, weshalb, warum? Fakten zum Thema Energiepreise, München 2007.
[153] Stromeinspeisungsgesetz von 07.12.1990, BGBl. I, 2633.
[154] EEG vom 29.03.2000, BGBl. I, 305.
[155] Gesetz zur Neuregelung des Rechts der Erneuerbaren Energien im Strombereich vom 21.07.2004, BGBl. I, 1918.
[156] Aktueller Überblick bei Oschmann, Neues Recht für Erneuerbare Energien, NJW 2009, 263, ff.

IV. Die Förderung der Ausbreitung von Windenergieanlagen

findet jedoch weiter statt.[157] Sie hat mit der EEG-Novelle 2008 an weiterer Dynamik gewonnen. Angesichts gestiegener Rohstoffkosten wurden seitens der Windenergiebefürworter eine Indexierung der Vergütung und damit eine Koppelung an die Entwicklung der Materialkosten sowie eine Aussetzung der Degression diskutiert.[158] Beides läuft auf eine höhere Vergütung des Stroms aus Windenergieanlagen hinaus. Eine solche sollte zunächst nur für Offshore-WEA mit einer Anpassung an das Vergütungs-Niveau der Niederlande und Großbritanniens vorgenommen werden. Mittlerweile wurde angesichts der enttäuschten Hoffnungen auf eine Kohlendioxidreduktion durch umfangreichere Beimischung von Bioethanol in Kraftstoff auch eine Erhöhung der Vergütung für Windenergieanlagen onshore mit der Novelle vorgenommen. Der Bundesumweltminister hatte anfänglich eine gegenüber dem ursprünglichen Gesetzentwurf um 1,2 Cent auf 9,1 Cent pro Kilowattstunde erhöhte Vergütung vorgeschlagen.[159] Die große Koalition einigte sich auf eine noch weiter gehende Erhöhung auf 9,2 Cent an Land bei einem Repowering-Bonus einer um 0,5 Cent höheren Anfangsvergütung und die Formel 13 + 2 (Starterprämie für die Errichtung vor 2015) Cent offshore[160] und setzte diese mit der Beschlussfassung über das EEG am 6. Juni 2008 im Bundestag durch.[161] Unter den Änderungen befindet sich neben der allgemeinen Anhebung der Vergütung auch die Halbierung der Degression von 2 auf 1 Prozent, welche den infolge der Verdoppelung und Verdreifachung der Rohstoffpreise für Stahl und Kupfer höheren Materialkosten Rechnung tragen soll. Eine Indexierung ist jedoch nicht erfolgt, so dass der Gesetzgeber Gefahr läuft bei entsprechender Veränderung der Rohstoffmärkte erneut nachsteuern zu müssen, um die Windenergie wettbewerbsfähig zu halten. Positiv hervorzuheben sind die Regelungen zu Einspeisemanagement und Netzregelung, welche das Risiko nicht abgenommener Energiemengen nunmehr den Netzbetreibern auferlegt und damit einen deutlichen Anreiz zum Netzausbau setzt. Die Novelle stellt insgesamt nicht nur ein deutliches Signal für Windparks auf See, sondern auch einen Anreiz für einen weiteren Ausbau der Windenergie an Land dar. Der Frage der Wirtschaftlichkeit wird dabei über den Systemdienstleistungsbonus (SDL-

---

[157] Siehe z.B.: FAZ 24.10.2006, S. T1, Das schwierige Geschäft mit dem Ökostrom aus Seeluft; Die WELT 24.10.2006, S. 16, Teure Trassen.

[158] Stellungnahme des Bundesverbandes Windenergie (BWE) zur Vergütung von Windenergieanlagen an Land im Regierungsentwurf des Erneuerbare-Energien-Gesetzes (EEG), Berlin 28.03.2008.

[159] FAZ 07.05.2008, S. 11, Windenergie soll stärker gefördert werden.

[160] BWE-News 30.05.2008, http://www.wind-energie.de/de/aktuelles/article/eeg-novelle-koalition-weitgehend-einig-an-kleineren-details-wird-noch-gearbeitet/145/.

[161] Ausschussfassung BT-Drs. 16/8148 S. 26–28 und 16/8393, Beschlussempfehlung BT-Drs. 16/9477; FAZ 07.06.2008, S. 13 Mehr Öko-Strom gegen den Klimawandel; Das Parlament 09./16.06.2008, S. 8, Aufwind für Windkraft.

Bonus) und die Möglichkeit der Direktvermarktung Rechnung getragen. Nach der mittlerweile in Kraft getretenen SDL-Bonus-Verordnung wird ein technischer Anlagenmindeststandard für eine Vergütung vorgegeben und eine Anlagennachrüstung belohnt. In der Folge sollen für eine bessere Netzintegration Windenergieanlagen in Zukunft auch Blindleistung liefern können und somit zur Netzstabilität beitragen und damit kostensenkend wirken.[162] Aufgrund des EEG 2008 kann die Windenergie in Deutschland als wettbewerbsfähig gelten.[163]

Die Zeit läuft in der Kosten-Nutzen-Debatte – unabhängig von der Anpassung der Vergütung im EEG – für die Befürworter der Windenergie. Bei endlichen Rohstoffen ist mit einer zunehmenden Verknappung fossiler Energieträger ist trotz des mit der Finanzkrise gerade erfolgten Rohstoffpreisrückganges langfristig von einer steigenden Preisentwicklung konventioneller Energieerzeugung als Trend auszugehen. Dagegen sind erneuerbare Energien nicht endlich und werden bei einer zunehmenden Massenproduktion technisch immer effizienterer Anlagen und der bereits aufgezeigten zunehmenden Berechenbarkeit des Windes[164] fortlaufend günstiger. So sind seit 1990 die Erzeugungskosten in Deutschland bei Wind- und Solarstrom um etwa 65% gesunken.[165] Die technische Entwicklung verläuft so schnell, dass vermutet wird, dass die Windenergie spätestens 2015 wettbewerbsfähig ist, selbst wenn der Großhandelspreis für Strom nicht mehr steigen würde.[166]

Bei der Frage nach dem volkswirtschaftlichen Faktor Windenergie muss aber auch der Umfang der Windenergiebranche berücksichtigt werden. Die Windenergienutzung boomt weltweit[167] und ist mittlerweile ein nicht mehr unerheblicher wirtschaftlicher Faktor in Deutschland.[168] Der Weltmarkt für Windenergieanlagen näherte sich 2005 der Marke von 15 Milliarden Euro. Die Windenergie-Branche beschäftigt mittlerweile über 90.000 Menschen in Deutschland.[169] Die führende Rolle Deutschlands hat einen technologischen Vorsprung der Deutschen Windindustrie zur Folge, die deutsche WEA auch zum Exportartikel gemacht hat. Die Exportquote der Branche lag 2006 bei 71% und der Weltmarktanteil deutscher Hersteller bei rund

---

[162] Weber, Sportlicher Strom mixen, NE 06/2009, 56 ff.
[163] FAZ 22.04.2009, S. 18, Windkraft in Deutschland wettbewerbsfähig.
[164] Weinhold, Propheten des Windes, NE 05/2006, 46 ff.
[165] Scheer, Neue Energie für ein Atomfreies Hessen, Berlin 2006, S. 14.
[166] Bischof in: FAZ 24.04.2007, S. B4, Windige Angelegenheit.
[167] Tagesspiegel 27.05.2008, Weltweiter Boom der Windenergie.
[168] Tagesspiegel 19.09.2007, S. 19, Windwirtschaftswunder; Die WELT 19.09. 2007, S. 14, Kleines Wirtschaftswunder dank Windenergie; FAZ 20.09.2007, S. 21, „Windkraft ist vom Garagenbetrieb zum Industriesektor geworden".
[169] BWE, http://www.wind-energie.de/de/statistiken/.

IV. Die Förderung der Ausbreitung von Windenergieanlagen 57

38%.[170] Dies macht deutsche Hersteller auch als Übernahmeziel international begehrt, was zu Bietergefechten mit Milliardengeboten um im Vergleich zu anderen Branchen eher kleine Unternehmen führt und Kapitalzufluss nach Deutschland oder Kapitalverbleib hierzulande bedeutet.[171] Ein weiteres Zeugnis der deutschen Technologieführerschaft ist die Lösung der strittigen Standortfrage für die 2009 neu gegründete internationale Agentur für Erneuerbare Energie (IRENA).[172] Während der Hauptsitz beim für die Finanzierung maßgeblichen Emirat Abu Dhabi und das Verbindungsbüro zur Internationalen Energieagentur in Wien angesiedelt werden, soll das Innovations- und Technologiezentrum am UN-Standort Bonn aufgebaut werden.

Vor einem starken Wachstum steht der Bereich der Offshore-Windenergie, weshalb die beiden Hersteller der Anlagen für den Pilotpark vor Borkum, REpower Systems AG und Multibrid Entwicklungsgesellschaft mbH, bereits von der indischen und französischen Konkurrenz aufgekauft wurden. Allein in Deutschland sollen bis Ende 2011 Windparks mit etwa 1.500 MW Leistung in Nord- und Ostsee ans Netz gehen, was Investitionen von etwa 3,5 Milliarden Euro entspricht.[173] Die Maßnahmen der Bundesregierung im Rahmen der Konjunkturpakete lassen hoffen, dass die Auswirkungen der Finanz- und Wirtschaftskrise auf die Branche nicht zu Verzögerungen führt, die die Offshore-Strategie gefährden.[174] Mittlerweile richten sich die Energiekonzerne zunehmend daran aus. Daher sind nunmehr nicht nur Hersteller, sondern auch Betreiber begehrtes Übernahmeziel von Energieversorgungsunternehmen und selbst von Finanzinvestoren.[175] Der Vattenfall-Konzern, der bereits den genehmigten Offshore-Windpark „DanTysk" realisieren will, plant an Land die für den Braunkohletagebau vorgesehenen Flächen, wie z.B. Jänschwalde Nord (ab 2028) und Spremberg-Ost (ab

---

[170] Jahresrückblick Windenergie, Pressemitteilung Bundesverband WindEnergie e.V., 21.12.2006; Die Welt 10.02.2007, S. 13, Deutsche Windkraft-Firmen dominieren den Weltmarkt.

[171] FAZ 26.05.2007, S. 16, Inder setzen sich im Kampf um Repower durch; FAZ 01.06.2007, S. 17, Windkraftanlagenbauer Nordex soll verkauft werden; Die Welt 18.09.2007, S. 13, Areva kauft nun doch einen deutschen Windrad-Hersteller; FAZ 07.06.2008, S. 19 Suzlon übernimmt die Macht bei Repower, FAZ 01.08.2008, S. 21, Susanne Klatten beteiligt sich an Nordex.

[172] International Renewable Energy Agency, http://irena.org/.

[173] Startschuss für Offshore-Windenergie, Pressemitteilung Bundesverband WindEnergie e.V., 24.11.2006.

[174] BMU, Die Auswirkungen der Finanz- und Wirtschaftskrise auf die Branche der Erneuerbaren Energien, Berlin 2009.

[175] Der Tagesspiegel 03.06.2007, S. 24, Neue Energie für alte Konzerne; FAZ 18.09.2007, S. 19, Von der Politik auf grünen Kurs gebracht; FAZ 16.07.2008, S. 19, Blackstone investiert in Windpark.

58 B. Begrifflichkeiten, historischer Hintergrund und heutige Bedeutung

2035) zur Aufbesserung seiner Kohlendioxidbilanz vorübergehend durch die Errichtung von Windenergieanlagen zu nutzen (sog. „Interims-Windparks").[176] Der Energiekonzern EnBW kaufte im Mai 2008 von einem Projektentwickler die Rechte an vier Windpark-Gebieten in Nord- und Ostsee auf[177] und verkündete im Juli 2009 den Start der Bauarbeiten am OWP „Baltic 1". Ein amerikanischer Finanzinvestor, die Beteiligungsgesellschaft Blackstone, erwarb im Juli 2008 für eine Milliarde Euro die Mehrheit am Offshore-Windpark Meerwind vor Helgoland.[178] Europas größter Kohlendioxidemittent RWE erwarb im Dezember 2008 über seine Tochtergesellschaft RWE Innogy die Projektgesellschaft Enova Energieanlagen GmbH und mit ihr die Rechte an dem Offshore-Windenergieprojekt North Sea Windpower 3, welches 40 Kilometer vor Juist liegt und mit erwarteten 960 MW auf 150 Quadratkilometern bei einem Gesamtinvestitionsvolumen von 2,8 Mrd. Euro das bislang größte Projekt ist.[179] Neben den, bisher noch nicht als Speerspitze des schnellen Ausbaus der Erneuerbaren in Deutschland aufgefallenen Energieversorgungsunternehmen, investieren auch mittelgroße und kleinere deutsche Unternehmen. Hier sind u. a. der regionale Energieversorger EWE und die BARD-Gruppe zu nennen. EWE ist ist dabei insbesondere im Rahmen des Testfelds „alpha ventus" und beim OWP Borkum-Riffgat engagiert, während die Bard-Gruppe den Aufbau eines ganzen Offshore-Clusters am Austerngrund verfolgt. Der erste kommerzielle Offshore-Windpark „Bard Offshore I" soll 2009 in Bau gehen. Dafür wurde im Juni 2009 ein eigenes Spezialschiff „Wind Lift I" in Betrieb genommen.[180] An Land sind Betreiberstruktur und damit auch der Ausbau der Windenergie mit Unternehmen wie Enertrag, Denker & Wulf und Ostwind noch viel deutlicher mittelständisch geprägt.

Insgesamt befindet sich die Branche damit national wie international zu Land und zu Wasser in einem starken Wachstumsprozess.[181] Allein für

---

[176] Der Tagesspiegel 15.04.2008, S. 13, Lausitz: Erst Windparks, dann die Bagger.
[177] Die Welt 14.05.2008, EnBW wagt sich mit Windparks auf hohe See.
[178] FAZ 16.07.2008, S. 19, Blackstone investiert in Windpark.
[179] FAZ 20.12.2008, S. 25, RWE will größten Windpark in der Nordsee bauen.
[180] FAZ 29.06.2009, S. 7, Auf Stelzen im Meer.
[181] FAZ 20.12.2006, S. 17, Nordex will die Umsatzrendite 2007 verdoppeln; FAZ 03.01.2007, S. 11, Großbritannien genehmigt die größte Offshore-Windfarm der Welt; Frankfurter Rundschau 05.01.2007, S. 9, Öko-Energie strotzt vor Kraft; FAZ 23.01.2007, S. 9, Sturm und Drang für Windanlagenhersteller; FAZ 18.04.2007, S. 19, Windkraft wird zum erfolgreichen Geschäftsmodell; FAZ 02.07.2007, S. 21, Stürmische Geschäfte; Tagesspiegel 19.09.2007, S. 19, Windwirtschaftswunder; Die WELT 19.09.2007, S. 14, Kleines Wirtschaftswunder dank Windenergie; FAZ 20.09.2007, S. 21, „Windkraft ist vom Garagenbetrieb zum Industriesektor geworden".

Deutschland rechnet der Bundesverband Windenergie (BWE) bis 2020 mit Investitionen von 50 Milliarden Euro onshore durch Repowering und 20 bis 30 Milliarden offshore durch den Aufbau der Windenergienutzung auf See.[182] Die Fortsetzung dieses Wachstumsprozesses wird sich nicht nur im Marktwert der Anlagenhersteller, sondern entsprechend den angekündigten Investitionen der Hersteller auch in einer Zunahme der Beschäftigten in der Windenergiebranche spiegeln.

Die Windenergie ist in den letzten Jahren auch zu einem Faktor in der deutschen Stromversorgung geworden. Gegenteilige Behauptungen, der Beitrag zur Versorgung mit elektrischer Energie sei nicht nennenswert,[183] geht an allen verfügbaren Zahlen vorbei. Mittlerweile wurde 2008 eine reale Einspeisung von insgesamt 40,43 Terrawattstunden (TWh) und damit 6,4% am Bruttostromverbrauch erreicht.[184] Der Umfang der Bedeutung der Windenergie ist jedoch regional sehr unterschiedlich. In allen Bundesländern wurden bislang Windenergieanlagen errichtet, aber nicht in allen 16 Bundesländern stellt die Windenergie einen bedeutenden Anteil an der Stromversorgung. Der Schwerpunkt liegt eindeutig in Norddeutschland. In den norddeutschen Flächenländern Brandenburg, Mecklenburg-Vorpommern, Sachsen-Anhalt und Schleswig-Holstein hatte die Windenergie zum 31.12.2008 einen Anteil von jeweils mehr als einem Drittel, in Sachsen-Anhalt gar mehr als 40% am Nettostromverbrauch. Auch in Niedersachsen mit mehr als 20% und Thüringen mit mehr als 10% war der Anteil beachtlich, während in den dicht besiedelten und industrialisierten Bundesländern Süd- und Westdeutschlands sowie in den Stadtstaaten die Windenergie einen geringen Anteil von weniger als 5% am Nettostromverbrauch aufwies.[185] Mit dem fortschreitenden Wachstum der Branche und insbesondere Repowering sowie den Investitionsvorhaben im Offshore-Bereich ist mit einer deutlichen Zunahme des Anteils der Windenergie an der Stromversorgung zu rechnen. Dies dürfte vor allem die Meeresanrainer unter den Flächenländern (Mecklenburg-Vorpommern, Niedersachsen und Schleswig-Holstein) betreffen.

Die Windenergienutzung kann auch eine Stärkung des ländlichen Raums darstellen. Hier ist wie bei der Windenergienutzung grundsätzlich zwischen zwei verschiedenen Interessenlagen von Kommunen zu unterscheiden. Die

---

[182] FAZ 19.09.2007, S. 19, Zu Land und zu Wasser.
[183] Quambusch, Windkraftanlagen als Problem der öffentlichen Verwaltung, VBlBW 2005, 264, 265.
[184] Datenblatt 2008, S. 1, Bundesverband WindEnergie e.V.
[185] J. P. Molly, DEWI GmbH, Status der Windenergienutzung in Deutschland – Stand 31.12.2008, S. 4, http://www.wind-energie.de/fileadmin/dokumente/statistiken/WE%20Deutschland/DEWI-Statistik_gesamt_2008.pdf.

einen Gemeinden, welche über eine besonders reizvolle Landschaft und einer touristischen Nutzung derselben verfügen, nehmen eher eine skeptische Haltung zur Windenergie ein, während andere Kommunen eine Windenergienutzung als Chance begreifen. Über die Flächennutzung wird eine Einkommensquelle für die Landwirtschaft geschaffen, von der über die Gewerbesteuereinnahmen auch die gewöhnlich nicht besonders finanzstarken kleinen Kommunen profitieren. Dies hängt, wie hier von Windenergie-Skeptikern zu Recht bemängelt wird, vom Sitz des Anlagenbetreibers ab. Zum Teil wird behauptet, dass die Anlagen „fast immer" Betriebsstätten fernab des Sitzes der Geschäftsleitung ohne zuzuordnende Arbeitnehmer seien, so dass der Betreiber nach § 29 GewStG gar keine Gewerbesteuern in der Standortgemeinde entrichten müsse. Die Schlussfolgerung, dass die Gemeinden gar nichts von einer Windenergienutzung hätten,[186] lässt sich in dieser Pauschalität nicht halten. Zum einen ist die Windenergiebranche im Gegensatz zu den konventionellen vier großen Energieversorgungsunternehmen gerade von zahlreichen mittelständischen Anlagenbetreibern und auch Projekten der örtlichen Bevölkerung geprägt, so dass die Gewerbesteuer an deren jeweiligen Sitz anfällt. Zum anderen verhält es sich mit der Windenergiebranche gerade asymmetrisch zur üblichen Wirtschaftsstruktur mit ihren Schwerpunkten in den Ballungszentren im Süden und Westen Deutschlands, so dass hier die zumeist relativ kleinen Kommunen im Norden und Osten mit Sitz der Hersteller, Betreiber sowie Wartungsfirmen profitieren. Somit leistet die Windenergie bereits einen Beitrag zur Sanierung der kommunalen Haushalte. Nach einer Untersuchung der Prognos AG 2006 beträgt der Anteil der Gewerbesteuerzahlungen von Windenergiebetreibern in Norddeutschland durchschnittlich fünf Prozent der gesamten Gewerbesteuereinnahmen, in Einzelfällen wie Husum allerdings bis zu 45%.[187] Dabei ist einschränkend darauf hinzuweisen, dass die Gewerbesteuereinnahmen erst zu erwarten sind, wenn die Anlagen im Schnitt nach sieben Jahren in die Gewinnzone geraten.[188] Inwiefern sich dies auf die Haltung der Gemeinden zu einem vorzeitigen Repowering auswirkt, welches schließlich die Gemeinde um eventuell in der Haushaltsplanung einbezogene Steuereinnahmen bringt, ist bislang noch nicht untersucht wor-

---

[186] Quambusch, Repowering als Planungsproblem, BauR 2007, 1824, 1825.

[187] BWE/Prognos AG, Prognos-Studie „Windenergie und Gewerbesteuer in Norddeutschland", S. 2, http://www.wind-energie.de/fileadmin/dokumente/Presse_Hintergrund/HG_Studie_Gewerbesteuer.pdf/http://www.prognos.com/cgi-bin/cms/start/news/show/news/1156327653.

[188] BWE/Prognos AG, Prognos-Studie „Windenergie und Gewerbesteuer in Norddeutschland", S. 3, http://www.wind-energie.de/fileadmin/dokumente/Presse_Hintergrund/HG_Studie_Gewerbesteuer.pdf/http://www.prognos.com/cgi-bin/cms/start/news/show/news/1156327653.

IV. Die Förderung der Ausbreitung von Windenergieanlagen

den. Gegen ein Repowering nach Ablauf einer 20-jährigen Betriebszeit spricht das Gewerbesteuerrecht jedenfalls nicht.

Zudem bestehen Bemühungen, die Standortgemeinden umfassender – also auch für den mit Anlagengröße und damit steigender Investitionssumme zunehmenden Fall, dass der Betreiber keinen Sitz und keine Betriebsstätte in der Standortgemeine hat – an den Gewerbesteuereinnahmen zu beteiligen. So wurde im Rahmen der Diskussion um das Jahressteuergesetz 2009 ein sog. Gewerbesteuersplitting eingeführt. Das Land Schleswig-Holstein hatte einen Antrag zur Änderung von § 33 GewStG eingebracht, der vorsah, dass Betreiber von Windenergieanlagen nur noch zur Hälfte nach § 29 GewStG die Gewerbesteuer entrichten und zur Hälfte nach dem Steuerbilanzwert des Sachanlagevermögens.[189] Es wurden allerdings auch andere Aufteilungsrelationen diskutiert. So hatte der Bundesverband WindEnergie die Relation 90% für die Standortgemeine zu 10% für die Sitzgemeinde in die Diskussion eingebracht. In den Koalitionsfraktionen wurde unterdessen die Relation 70:30 bevorzugt,[190] welche am 28. November 2008 auch vom Deutschen Bundestag im Jahressteuergesetz 2009 verankert wurde.[191] Mit dem Erfolg dieser neuen Konzeption der Gewerbesteuer ist der wirtschaftliche Anreiz für die Ausweisung von Flächen für die Windenergie in kommunalen Flächennutzungsplänen und Regionalplänen signifikant gestiegen.

Neben der Rolle als wirtschaftlicher Faktor ist die Wirkung hinsichtlich des Klimaschutzes zu berücksichtigen. Die reale jährliche Kohlendioxid-Vermeidung betrug 2008 etwa 34,61 Mio. Tonnen und trug damit wesentlich zur deutschen Gesamtreduktionsverpflichtung bei.[192]

Im Ergebnis entwickelt sich die fortwährende Kosten-Nutzen Debatte mit hohen Preisen fossiler Energieträger und fortschreitender technischer Entwicklung und Massenfertigung bei degressiver Einspeisevergütung zunehmend zum Vorteil der Windenergiebefürworter. Während die Windenergie am Anfang unwirtschaftlich war und bei einer die positiven Umwelteinwirkungen ausblendenden Betrachtung angesichts des Bedarfs an staatlicher Mindestvergütungsregelung partiell noch ist, so ist es doch die Entscheidung des Gesetzgebers, dies inkauf zu nehmen und den Ausbau der Windenergie zu forcieren. Aufgrund der genannten tatsächlichen Faktoren, wie Ressourcenendlichkeit, Energiepreisentwicklung, Klimawandel und Bedarf an Versorgungssicherheit, als auch der rechtlichen Faktoren, wie internatio-

---

[189] Antrag 10 des Landes Schleswig-Holstein, BR-Drs. 545/08.
[190] BWE, News vom 17.10.2008, http://www.wind-energie.de/de/aktuelles/article/gewerbesteuer-zerlegung-politik-setzt-sich-fur-70-30-ein/145/.
[191] BWE, http://www.wind-energie.de/de/aktuelles/article/bwe-prasident-albers-bundestag-erhoht-akzeptanz-der-windenergie-vor-ort/145/.
[192] Datenblatt 2008, S. 1, Bundesverband WindEnergie e.V.

nale Abkommen und europäische Vorgaben, hat der Gesetzgeber eine Prognoseentscheidung getroffen, den Ausbau der erneuerbaren Energien zu fördern bis er sie zur umfassenden Wirtschaftlichkeit geführt hat. Dies hat er verfassungsrechtlich in nicht zu beanstandender Weise getan. Auch dies spricht für einen weiteren Ausbau der Windenergienutzung in Deutschland.

3. Die Debatte um Umwelteinwirkungen einer umweltfreundlichen Energiegewinnung

Die Kontroverse über wirtschaftliche Kosten und Nutzen der Windenergie wird begleitet von einer Debatte um die Umweltverträglichkeit der Windenergie. Dass auch Anlagen zur Erzeugung erneuerbarer Energie mit Umweltauswirkungen verbunden sind kann mittlerweile als Allgemeingut betrachtet werden, zumal eine Forsa Umfrage 2007 ergab, dass 69% eine Geräusch- oder Geruchsbelästigung, 49% negative Auswirkungen auf das Landschaftsbild und 33% ein Gefährdungspotential für Menschen und Tiere annehmen.[193] Ergebnis derartiger Befürchtungen ist die Gründung zahlreicher Bürgerinitiativen,[194] welche die Projekte vor Ort oder gar offshore[195] zu verhindern suchen und sich zum Teil zu Landesverbänden,[196] einem Bundesverband Landschaftsschutz (BLS) und neuerdings mit Gründung am 4. Oktober 2008 zur EPAW (European Platform against Windfarms)[197] zusammengeschlossen haben. Letztere setzt sich mit ihren mittlerweile 360 Unterzeichnerorganisationen in 19 europäischen Ländern für ein europaweites Moratorium des Windenergieanlagenbaus ein. Befürchtungen der Bevölkerung bezüglich des Ausbaus der erneuerbaren Energien sind sehr ernst zu nehmen, zumal sie zuweilen die Nutzung der kommunalen Planungshoheit sowie zahlreiche rechtliche Auseinandersetzungen, insbesondere hinsichtlich der Errichtung von Windenergieanlagen, bestimmen. Den „Windindustrieanlagen" werden neben der angeblich „fast immer" eintretenden erheblichen Beschädigung oder Verschandelung des Landschaftsbildes bzw. der „größten Landschaftszerstörung aller Zeiten", zahlreiche Immissionen, eine Un-

---

[193] Forsa. Gesellschaft für Sozialforschung und statistische Analysen mbH, Meinungen zu erneuerbaren Energien im Auftrag der Informationskampagne für erneuerbare Energien, Erhebungszeitraum 22. Oktober bis 5. November 2007 mit 2.000 Befragten, Abrufbar unter http://www.kommunal-erneuerbar.de/umfrage/.

[194] Übersicht auf dem Portal http://www.windkraftgegner.de/.

[195] Gegenwind – für eine industriefreie Nordsee e.V., http://www.gegenwind-sylt.de/.

[196] Landesverband Landschaftsschutz Niedersachsen (LLS Nds) e.V., http://www.lls-nds.de/; Für Mensch und Natur – Gegenwind Schleswig-Holstein e.V., Landesverband der Windkraftgegener, http://www.gegenwind-sh.de/.

[197] European Platform Against Windfarms, http://www.epaw.org/.

vereinbarkeit mit dem Naturschutz, insbesondere dem Vogel- und Fledermausschutz, und die Nachtbefeuerung vorgeworfen.[198] Dabei muss zum Teil auch der Vogel- und Landschaftsschutz für die enttäuschten Idylle-Erwartungen mancher aufs Land gezogener Städter herhalten.[199] Die zum Teil angeführte Wertminderung von Wohngrundstücken,[200] die sich hinter manchen gleichzeitig angeführten ökologischen Sorgen verbergen mag, stellt keine Umwelteinwirkung dar, so dass die Verfechter dieses Anliegens übersehen, dass mit der Zersiedelung durch Wohnnutzung im Außenbereich weitaus gravierendere Umwelteinwirkungen verbunden sind. Augenscheinlich wird die Frage der Umwelteinwirkungen teilweise nur vorgeschoben, um die Errichtung von Windenergieanlagen aus einer subjektiven, ablehnenden Haltung heraus zu verhindern. Dabei gerät zuweilen in Vergessenheit, dass Vogelzug und Kiebitzpopulation kein Nachbarrecht vermitteln. Auch für Wahlkämpfe müssen Windenergieanlagen zuweilen herhalten, wie der Wahlkampf für die hessische Landtagswahl 2008 zuletzt gezeigt hat. Angesichts einer in der Frage des Ausbaus der Windenergie gespaltenen Landes-SPD hatte die Landes-CDU dort Angriffsfläche entdeckt und auf die „geplante Verschandelung der Landschaft" durch „Windmonster" aufmerksam gemacht.[201] Ohne Zweifel hat die Windenergie ihre ökologische Unschuld als „sanfte" Energiequelle verloren.[202] Windenergieanlagen werden kommerziell genutzt und dienen vorrangig der Einspeisung zur öffentlichen Versorgung, nicht der dezentralen Selbstversorgung. Sie stehen nicht mehr vereinzelt im Garten umweltbewusster Bürger oder auf Anwesen ökologisch orientierter Landwirte, sondern zunehmend in großen Windparks. Sie stellen nicht nur einen weithin akzeptierten Teil einer neuen Kulturlandschaft der Moderne dar.[203] Der Komplexitätsgrad der Problembewältigung hat im Laufe der Zeit deutlich zugenommen. Dies bietet jedoch gerade keinen Anlass zur Verteufelung von Windenergieanlagen oder deren Auswirkungen, sondern ermöglicht eine differenzierte Auseinandersetzung mit den vielfältigen Problemen. Bei der juristischen Auseinandersetzung um die Errichtung von Windenergieanlagen finden der Schutz der Avifauna sowie der Meeresumwelt besondere Beachtung.

---

[198] So die unsachliche Wortwahl bei Mock, Windkraft im Widerstreit, NVwZ 1999, 937 ff.; Quambusch, Die Zerstörung der Landschaft durch Windkraftanlagen, BauR 2003, 635; Quambusch, Repowering als Planungsproblem, BauR 2007, 1824, 1825.
[199] Vgl. Der Tagesspiegel 21.09.2007, S. 3, Im Zweistromland.
[200] Quambusch, Repowering als Planungsproblem, BauR 2007, 1824, 1825.
[201] Der Tagesspiegel 22.10.2007, S. 4, Hessen-CDU gegen Windkraft; siehe auch unter B.IV.1./S. 47 f.
[202] Wolf, Windenergie als Rechtsproblem, ZUR 2002, 331.
[203] So aber Janzig, Neue Kulturlandschaften, NE 05/2009, 24 ff.

4. Windenergienutzung in der aktuellen öffentlichen Meinung

Die Diskussion über Für und Wider der Windenergie ist noch nicht frei von ideologischen Grundsatzdiskussionen und verläuft seit Jahren in fest gefügten Argumentationsmustern. Beide Seiten bringen regelmäßig Studien vor, die genau ihre Auffassung bestätigen.[204]

Interessant ist hier die Auswirkung der Debatte auf die öffentliche Meinung in Deutschland, zumal diese die Rechtspolitik beeinflusst. Noch im November 2003 befürwortete in der Allensbach-Studie zu Energieversorgung und Energiepolitik eine deutliche Mehrheit von 65 % der Befragten die Förderung der Windenergie, während jedoch 33 % Windenergieanlagen als Belästigung für die in der Nähe wohnenden Menschen und als Verschandelung der Landschaft betrachteten.[205]

Eine insgesamt geringe Verschiebung zulasten der Windenergienutzung zeigt eine Studie des Umfrageinstituts Forsa von 2005. Zwar zeigt die Studie weiterhin eine überwiegende Aufgeschlossenheit gegenüber der Windenergie, sie ist aber auch Ausdruck von großen regionalen und politischen Unterschieden. So stößt ein Ausbau der Windenergie bei Anhängern von CDU und FDP auf größeren Widerstand als bei Anhängern von SPD und Grünen, wobei aber noch eine Mehrheit aller Parteianhänger sich für den Ausbau ausspricht. In Nord- und Ostdeutschland trifft der Ausbau auf deutlich größere Ablehnung als in West- und Süddeutschland. Ebenso ist die Zustimmung zum Ausbau der Windenergie in Städten über 500.000 Einwohner deutlich größer als in Orten mit weniger als 5.000 Einwohnern.[206] Daraus lässt sich nur schließen, dass ein Ausbau der Windenergie in den Landesteilen auf stärkeren Widerstand stößt, in denen er bereits stark fortgeschritten ist. Besonders im betroffenen ländlichen Raum wird er stärker abgelehnt, als in den nicht betroffenen urbanen Gebieten. Insofern tritt bei der Windenergie das klassische „not in my backyard"-Phäno-

---

[204] Siehe exemplarisch: FAZ 24.10.2006, S. T1, Das schwierige Geschäft mit dem Ökostrom aus Seeluft, in Bezug auf eine Studie der Universität Hamburg, welche sich unter Verweis auf die Kosten gegen den Ausbau der Windenergie ausspricht und im selben Artikel eine Studie des Hamburgischen Welt-Wirtschafts-Archiv (HWWA), welche den Klimaschutz im Blick den Ausbau befürwortet.

[205] Umwelt 2004, Repräsentative Bevölkerungsumfragen zur Umweltsituation heute sowie zu ausgewählten Fragen der Umwelt- und Energiepolitik. Die Befragung zur Energiepolitik wurde vom Institut für Demoskopie Allensbach in der Zeit vom 27.09. bis 06.10.2003 bei insgesamt 2.059 Personen in persönlich mündlichen Interviews durchgeführt.

[206] Forsa. Gesellschaft für Sozialforschung und statistische Analysen mbH, Meinungen zu erneuerbaren Energien im Auftrag des Bundesministeriums für Umwelt, Naturschutz und Reaktorsicherheit, Erhebungszeitraum 27. und 28. April 2005 mit 1.003 Befragten.

IV. Die Förderung der Ausbreitung von Windenergieanlagen 65

men auf.[207] Eine nähere Auseinandersetzung mit der öffentlichen Meinung und deren Wandel würde hier den Rahmen der Arbeit sprengen. Es sei aber noch die aktuellere repräsentative Forsa-Umfrage zum Thema „Erneuerbare Energien" vom 6. November 2007 genannt, welche mit 73% Zustimmung zu einer stärkeren Förderung von Projekten zum Ausbau Erneuerbarer Energien allgemein bzw. 55% Zustimmung zu Windenergieanlagen in der näheren Umgebung im Großen und Ganzen die älteren Zahlen bestätigt.[208] Wie sich die öffentliche Meinung und damit der Rückhalt in der Bevölkerung für eine windenergiefreundliche Rechtspolitik weiter entwickelt, ist angesichts der ambitionierten Ausbauziele eine spannende Frage. Sie wird von der TU Berlin und dem Helmholtz-Zentrum für Umweltforschung Leipzig untersucht.[209] Eine weitere aktuelle Untersuchung konzentrierte sich auf die Wahrnehmung von Windenergieanlagen an Infrastrukturtrassen und befragte zu diesem Zweck im Herbst 2008 260 Autofahrer an drei verscheidenen Standorten an Autobahnen und Bundesstraßen. Es ergab sich eine erfreulich deutliche Zustimmung von 75% der Autofahrer zur erlebten Windenergienutzung, von der sich stets 80–90% in ihrem Fahrverhalten nicht gestört fühlten. Dementsprechend befürwortete auch eine Mehrheit von 54% den Ausbau der Windenergienutzung an Autobahnen, den nur 25% ablehnten.[210] Ein noch besseres Zeichen für die Akzeptanz der Windenergie als jede Umfrage ist es wohl zu werten, dass im Sommer 2009 die Windenergiebranche zum ersten Mal Hauptsponsor eines Fußballvereins der 2. Bundesliga geworden ist.[211]

Es bleibt angesichts der bestehenden Datenlage letztendlich festzuhalten, dass die abstrakte Befürwortung einer Technik der Energiegewinnung im Widerspruch zur starken Ablehnung in konkret betroffenen Regionen und der näheren Umgebung steht. Hier scheinen Infrastrukturachsen jedoch eine

---

[207] Wustlich, Das Recht der Windenergie im Wandel, ZUR 2007, 16.
[208] Forsa. Gesellschaft für Sozialforschung und statistische Analysen mbH, Meinungen zu erneuerbaren Energien im Auftrag der Informationskampagne für erneuerbare Energien, Erhebungszeitraum 22. Oktober bis 5. November 2007 mit 2.000 Befragten, Abrufbar unter http://www.kommunal-erneuerbar.de/umfrage/.
[209] TU Berlin, Fachgebiet Landschaftsökonomie, und Helmholtz Zentrum für Umweltforschung Leipzig, 2008, http://www.unipark.de/uc/windkraft_tuberlin/ospe.php3?SES=8e35fab354925facafbd3621736c8c03&syid=87348&sid=87349&act=start&js=13.
[210] Schweizer-Ries, Umweltpsychologische Untersuchung von Windkraftanlagen entlang von Autobahnen und Bundesstraßen: Akzeptanzanalyse bei Autofahrern, Untersuchung zur Erweiterung der Studie Ausbaupotenziale Windenergie Infrastrukturachsen, Band II Abschlussbericht 31.03.2009, S. 3 ff.
[211] Es handelt sich um den FC Hansa Rostock und einen Verbund von in Mecklenburg-Vorpommern ansässigen Unternehmen der Windenergiebranche, einschließlich Anlagenhersteller Nordex, http://www.windstaerke11.com/.

Ausnahme darzustellen. Die allgemeine Kluft zwischen Theorie und Praxis spiegelt sich in der legislativen Tätigkeit der Förderung der Ausweitung der Windenergienutzung auf Bundesebene und den zahlreichen Versuchen der Verhinderung von Windenergieanlagen auf kommunaler Ebene wieder. Dieses Verhalten der Kommunen steht im Widerspruch zum erklärten politischen Ziel des Ausbaus der erneuerbaren Energien.[212] Föderalismus und kommunales Selbstverwaltungsrecht aus Art. 28 Abs. 2 GG setzen dem Bund in der Durchsetzung seiner energiepolitischen Zielsetzung Grenzen. Er ist daher neben der Schaffung von Anreizen in Bundesgesetzen darauf angewiesen, dass sich die öffentliche Meinung im Sinne der Windenergienutzung auf der Ebene der Länder und der Kommunen durchsetzt, wenn z. B. die Schaffung neuen Planungsrechts zur Diskussion steht. Die demoskopischen Ergebnisse in Bezug auf Infrastrukturtrassen zeigen hier ein besonders akzeptiertes Ausbaupotential auf. Angesichts der ablehnenden Haltung vor allem auf kommunaler Ebene, erscheint eine Zielsetzung auf Landesebene dahingehend, dass Kapazitätsziele (Megawatt aus Erneuerbaren/ Windenergie) landesplanerisch für die Regionalplanung vorgegeben werden, ein Weg die abstrakte Befürwortung der Windenergie einer konkreten Umsetzung zuzuführen.

---

[212] „Gemeinsam für Deutschland. Mit Mut und Menschlichkeit.", Koalitionsvertrag von CDU, CSU und SPD, I. Mehr Chancen für Innovation und Arbeit, Wohlstand und Teilhabe, 5. Energie, Nr. 5.2 Erneuerbare Energien (S. 51).

C. Die Errichtung von Windenergieanlagen an Land

I. Heutige Verbreitung von Windenergieanlagen an Land

Die Windenergiebranche befindet sich an Land seit Jahren in einem starken Wachstumsprozess.[1] In einem Zeitraum von 13 Jahren, von Anfang 1990 bis Ende 2002, erhöhte sich die installierte Leistung von 18 MW auf über 11.800 MW.[2] Ende 2005 gab es in Deutschland 17.574 WEA,[3] ein Jahr später Ende 2006 waren es bereits 18.685 WEA,[4] mittlerweile sind es über 19.000.[5] Seit Jahren lässt sich feststellen, dass jährlich etwa 1000 Anlagen dazu kommen.[6] Mit der Zahl der Anlagen wächst die Menge des eingespeisten Stromes. Im Jahr 2006 wurden in Deutschland 30.6 TWh Strom aus Windenergie produziert, womit sich der Anteil der Windenergie am Nettostromverbrauch auf etwa 5,7% beläuft.[7] International ist Deutschland damit vor Spanien und den USA der größte Nutzer von Windenergie.[8] Der Zubau an neu installierter Leistung betrug 2005 noch 1.808 Megawatt und stieg 2006 auf 2.233 Megawatt. Damit lässt sich nicht nur an der Produktpalette der Hersteller, sondern auch an der bei stabilem Wachstum der Anlagenzahl stärker wachsenden neu installierten Leistung ablesen, dass immer leistungsfähigere und damit immer größere Anlagen errichtet werden. Mit dem Jahr 2006 wurde nach Jahren des Rückgangs 2003–2005 beim Leistungszubau wieder ein stärkeres Wachstum verzeichnet. Dies spricht gegen die zum Teil geäußerte Vermutung,[9] dass der Rückgang seine Ursachen im Windfarm-Urteil des Bundesverwaltungsgerichts und im EAGBau

---

[1] Hervorragende Übersicht bei Rehfeld/Geile, Entwicklung der Windenergienutzung im Binnenland, in Alt/Scheer, Wind des Wandels, Bochum 2007, S. 157 ff.

[2] Hoppe-Kilpper, Perspektiven der Windenergienutzung in Deutschland, S. 9.

[3] Datenblatt 2005, S. 1, Bundesverband WindEnergie e.V.

[4] Datenblatt 2006, S. 1, Bundesverband WindEnergie e.V.

[5] BWE, Pressemitteilung 25.07.2007, Deutsche Windindustrie wächst um 40 Prozent.

[6] Vgl. auch Daten bei Lühle, Nachbarschutz gegen Windenergieanlagen, NVwZ 1998, 897 und Mock, Windkraft im Widerstreit, NVwZ 1999, 937.

[7] Datenblatt 2006, S. 1, Bundesverband WindEnergie e.V.

[8] Nach der Nennleistung zum 31.12.2005, World Wind Energy Association http://www.wwindea.org/.

[9] Gretschel, Entwicklung der Rechtsprechung im Windenergierecht, Berlin 2006, S. 22.

habe. Ob dies eine Trendwende darstellt oder einen „Ausreißer" in einem weiter rückläufigen Trend,[10] bleibt abzuwarten. Der Zubau von 415 Anlagen mit einer Gesamtleistung von etwa 800 MW im 1. Halbjahr 2008, vor allem durch Anlagen der Hersteller Enercon und Vestas, der über den Zubau der Vergleichszeiträume in 2006 wie 2007 deutlich hinausgeht, spricht für die Dynamik der Anlagenerrichtung an Land.[11] Diese wird auch wesentlich durch die Weiterentwicklung der rechtlichen Rahmenbedingungen beeinflusst werden. Seit der EEG-Novelle 2008 und der windenergiefreundlichen Überarbeitung einzelner Raumordnungspläne in Norddeutschland wird sogar eine Verdoppelung der Neuinstallationen erwartet.[12]

Fest steht mit den Zielsetzungen von Europäischer Union und Bundesregierung, dass der Ausbau der Windenergienutzung in Deutschland rapide weiter gehen muss, wenn die europäischen und nationalen Klimaschutzziele sowie die Zielsetzung hinsichtlich des Anteils erneuerbarer Energien am Energiemix auch nur annährend erreicht werden sollen.

Auch wenn bei entsprechenden Rahmenbedingungen im EEG zum Teil im Onshore-Bereich ein Potential von 45.000 MW Windleistung bis 2020 zur Deckung von 20% des deutschen Strombedarfs gesehen wird,[13] stößt die Errichtung neuer Anlagen zunehmend an Grenzen. Im Gegensatz zu älteren Formen der Windenergienutzung, wie den klassischen Windmühlen und den Windräder der amerikanischen Farmen, wirft die heutige Nutzung der Windenergie als Energieträger zahlreiche juristische Fragen auf. Die Nutzung selbst ist kontrovers, so dass in der Gesellschaft ein starkes Regelungsbedürfnis von der Errichtung der Anlagen bis zur Einspeisung des Stromes besteht. Dies hat zu umfangreichen fortlaufenden legislativen Aktivitäten geführt, welche wiederum zahlreiche neue juristische Fragen nach sich ziehen, von denen bei weitem noch nicht alle gerichtlich geklärt wurden. Die Konflikte werden von den Grundtendenzen geprägt, dass einerseits lukrative Standorte knapp werden und andererseits neue Projekte zunehmend auf Ablehnung der örtlichen Bevölkerung und in der Folge auf rechtliche Bedenken treffen. Mit sinkender verfügbarer Fläche muss geklärt werden, an welche Grenzen der Ausbau der Windenergienutzung stößt. Die zum Teil ins Gespräch gebrachten Potentiale gemeindefreier Gebiete – wie Staatsforsten, Truppenübungsplätze und militärische Konver-

---

[10] Klinski/Buchholz/Schulte/Windguard/BioConsult SH, Umweltstrategie Windenergienutzung, S. 8 ff.; Berliner Zeitung 08.10.2007, S. 11, Flaute für deutsche Windmüller; BWE, Pressemitteilung 06.11.2007, Vorschlag des BMU zur Novelle des Ökostrom-Gesetzes unzureichend.
[11] Weber, Deutsches Duopol, NE 08/2008, S. 28 f.
[12] FAZ 24.07.2008, S. 12, Fördergelder für die Windbranche.
[13] BWE, Pressemitteilung 06.11.2007, Vorschlag des BMU zur Novelle des Ökostrom-Gesetzes unzureichend.

sionsflächen[14] – stehen hier nicht im Focus der Untersuchung. Abgesehen davon, dass diese Gebiete als Waldgebiete und durch militärische Nutzungen sowie ökologischen Wert nur begrenzt für eine Windenergienutzung taugen, bestehen die weitaus größeren Potentiale im übrigen Ausbau an Land und zunehmend im Repowering. Potentiell könnte durch Repowering die Gesamtleistung aller Anlagen in Deutschland verdoppelt werden.[15] Bislang gewinnt das Repowering erst langsam an Dynamik. Im ersten Halbjahr 2007 machte das Repowering mit 70 MW gerade einmal 10% des Inlandsmarktes aus.[16] Es stellt sich damit des Weiteren die Frage, welche rechtlichen Probleme einem Repowering im Wege stehen bzw. welche Probleme ein Repowering nach sich ziehen wird.

II. Das einschlägige Genehmigungsverfahren

Die Errichtung von Windenergieanlagen unterlag und unterliegt der Genehmigungspflicht.[17] Windenergieanlagen unterfallen schon als Einzelanlagen sowohl dem Anlagenbegriff des § 3 Abs. 5 BImSchG, als auch dem bauordnungsrechtlichen Anlagenbegriff in § 2 der Landesbauordnungen.[18] Zweifel an der Eigenschaft als bauliche Anlage im Sinne des bauplanungsrechtlichen Anlagenbegriffes von § 29 BauGB wegen einer begrenzten Lebensdauer gehen fehl, weil eine Windenergieanlage während dieser Lebensdauer ortsfest am Standort ist und mehr als eine vorübergehende Verbindung mit dem Boden aufweist.[19] Es kommt mithin nicht darauf an, dass Windenergieanlagen zivilrechtlich nicht als fester Bestandteil eines Grundstücks gewertet werden, da sie nur zu einem vorübergehenden Zweck mit Grund und Boden verbunden sind.[20] Für den bauordnungsrechtlichen Anlagenbegriff genügt eben diese feste Verbindung am Standort für die Dauer der Nutzungszeit.

---

[14] Siehe dazu Klinski/Buchholz/Schulte/Windguard/BioConsult SH, Umweltstrategie Windenergienutzung, S. 51 f.

[15] Die Windindustrie in Deutschland: Marktentwicklung S. 2, Sunbeam GmbH i.V.m. Bundesverband WindEnergie e.V., http//www.deutsche-windindustrie.de/; FAZ 26.07.2007, S. 13, Windmüller wollen größere Rotoren.

[16] BWE, Pressemitteilung 25.07.2007, Deutsche Windindustrie wächst um 40 Prozent.

[17] Vgl. schon früh Battis/Krieger, Die bauplanungsrechtliche Zulässigkeit von Windenergieanlagen im Außenbereich, NuR 1982, 137; Lühle, Nachbarschutz gegen Windenergieanlagen, NVwZ 1998, 898.

[18] Wolf, Windenergie als Rechtsproblem, ZUR 2002, 331, 332; Gretschel, Entwicklung der Rechtsprechung im Windenergierecht, Berlin 2006, S. 68.

[19] Maslaton/Kupke, Rechtliche Rahmenbedingungen des Repowerings von Windenergieanlagen, S. 18.

[20] OVG Münster, BRS 63 Nr. 150.

1. Verankerung im Bau- oder Immissionsschutzrecht?

Lange Zeit war die Errichtung von WEA allein eine Frage des öffentlichen Baurechts.[21] Mit fortschreitender Ausbreitung der WEA und der damit häufiger werdenden Konflikte durch Immissionen wurde das Genehmigungsverfahren zunehmend in das Immissionsschutzrecht verlagert. Nach In-Kraft-Treten des sog. Artikelgesetzes zum 03.08.2001[22] bestimmte sich das Genehmigungsverfahren nach der Anzahl der WEA. Es wurde nach der beantragten Anlagenzahl unterschieden, ob ein baurechtliches oder immissionsschutzrechtliches Genehmigungsverfahren greift.

Bis zum 30.06.2005 galt nach der alten Fassung der Anlage zur 4. BImSchV, dass erst ab drei Windenergieanlagen ein vereinfachtes immissionsschutzrechtliches Verfahren nach § 19 BImSchG und erst ab sechs WEA ein förmliches immissionsschutzrechtliches Verfahren nach § 10 BImSchG durchgeführt werden musste. Darunter genügte ein Baugenehmigungsverfahren nach der jeweiligen Landesbauordnung. Insofern bestand ein „gespaltenes Rechtsregime" für Windenergieanlagen.[23] Mangels Erläuterung des Begriffes „Windfarm" durch den Verordnungsgeber sowie den Gesetzgeber und das EG-Recht wurde bei der Zahl der Anlagen zunächst auf den Antrag und Betreiber abgestellt. Dies führte dazu, dass zahlreiche Betreiber nach der Art einer „Salamitaktik" Baugenehmigungen für einzelne Anlagen einholten, um die Umweltverträglichkeitsprüfung für das eigentliche Großvorhaben zu vermeiden.[24] Auch wurde die Zahl der Betreiber künstlich erhöht.[25] Dem sind Rechtsprechung und Gesetzgeber entgegengetreten.

Das Bundesverwaltungsgericht hat zuerst mit seinem Windfarm-Urteil vom 30. Juni 2004[26] durch das alleinige Abstellen auf die Anlagenzahl und den räumlichen Zusammenhang der vielfachen Umgehung des immissionsschutzrechtlichen Genehmigungserfordernisses durch inszenierte Betreibervielfalt einen Riegel vorgeschoben.[27] Nur die im Falle einer Massierung zu erwartenden Umweltfolgen lösen einen Prüfungsbedarf aus, wobei die Mas-

---

[21] Vgl. Battis/Krieger, NuR 1982, 137.
[22] BGBl 2001 I, 1950.
[23] Gellermann, Die Windfarm im Lichte des Artikelgesetzes, NVwZ 2004, 1199, 1200.
[24] Hornmann, Windkraft – Rechtsgrundlagen und Rechtsprechung, NVwZ 2006, 969.
[25] Gellermann, Die Windfarm im Lichte des Artikelgesetzes, NVwZ 204, 1199 ff., siehe zum Missbrauch insbes. Rn. 5 m.w.N.
[26] BVerwG, NVwZ 2004, 1235 ff.
[27] Koch/Kahle, Aktuelle Rechtsprechung zum Immissionsschutzrecht, NVwZ 2006, 1124; Das BVerwG spricht in seiner Entscheidung selber von der „Strohmannproblematik", welche nun irrelevant werde; krit. Gellermann, Die Windfarm

II. Das einschlägige Genehmigungsverfahren

sierung anzunehmen ist, wenn sich die Einwirkungsbereiche der Anlagen überschneiden oder wenigstens berühren.[28] Das Bundesverwaltungsgericht durchbrach mit dieser Entscheidung den immissionsschutzrechtlichen Grundsatz der Betreiberidentität, der besagt, dass eine Anlage nur einen Betreiber haben könne und sich die Genehmigungsbedürftigkeit einer Anlage unabhängig von anderen Anlagen nur aus der Anlage selbst herleitet.[29] Seitdem war unabhängig von der Zahl der Betreiber ab drei Anlagen ein immissionsschutzrechtliches Genehmigungsverfahren durchzuführen. Die Anwendung des Immissionsschutzrechts wurde in der Folge erweitert auf den Fall des Hinzutretens einer weiteren Anlage zu einer bestehenden Windfarm.[30] Die Rechtsprechung hat bei Projektierern und Planern sowie bei den Vollzugsbehörden zu Unsicherheiten und Problemen im Einzelfall geführt und sich dadurch hemmend auf den klimaschutzpolitisch dringend erforderlichen weiteren Ausbau der Stromerzeugung aus Windenergie ausgewirkt.[31] Auch wenn aus Sicht des Gemeinschaftsrechts überzeugend kein Unterschied zwischen Ansammlungen von Anlagen verschiedener Betreiber und Windfarmen besteht, führte die Rechtsprechung doch zu komplizierten Folgeproblemen, wie der Frage, wann der Begriff der Windfarm erfüllt ist und wann sich eine WEA im Einwirkungsbereich einer Windfarm befindet.

Vor diesem Hintergrund brachte das Land Brandenburg 2005 den Vorschlag in den Bundesrat ein, dass bereits jede einzelne Anlage ab einer bestimmten Größe unter das BImSchG fallen sollte.[32] Der Grundsatz der Betreiberidentität konnte so wieder hergestellt werden und wurde in dem Zuge auch ausdrücklich in § 1 Abs. 1 S. 4 der 4. BImSchV festgeschrieben. Die Initiative fand schnell Zustimmung, so dass der Verordnungsantrag zur Änderung von Nr. 1.6 des Anhangs zur 4. BImSchV vom 02. Februar 2005 schnell am 20. Juni 2005 beschlossen wurde und bereits zum 01. Juli 2005 in Kraft treten konnte.[33] Der Begriff der Windfarm ist für die Frage des Genehmigungsverfahrens nach BauGB oder BImSchG bei Anlagen über 50 Metern, was faktisch fast alle errichteten Windener-

---

im Lichte des Artikelgesetzes, NVwZ 2004, 1199, 1202 unter Verweis auf die „windkraftbegeisterte Großfamilie".

[28] BVerwG, NVwZ 2004, 1235, 1236.

[29] Wustlich, Die Änderungen im Genehmigungsverfahren für Windenergieanlagen, NVwZ 2005, 996, 997.

[30] BVerwG, BVerwGE 122, 117/NVwZ 2005, 208.

[31] Wustlich, Die Änderungen im Genehmigungsverfahren für Windenergieanlagen, NVwZ 2005, 996.

[32] BR-Drs. 96/05.

[33] BT-Drs. 15/5218 und BGBl 2005 I, 1687; zur Übergangsregelung siehe BT-Drs. 15/5443 und OVG Münster, NVwZ-RR 2006, 173 ff. sowie OVG Münster, NVwZ-RR 2006, 244 ff.

gieanlagen erfasst,[34] nicht mehr von Bedeutung. Da ein Auseinanderfallen von Betreibereigenschaften von Windfarm und Einzelanlage im Genehmigungsverfahren nicht mehr möglich ist, gilt der Grundsatz der Betreiberidentität wieder uneingeschränkt. Die Neuerung stellt auch eine Rückkehr zum immissionsschutzrechtlichen Genehmigungsverfahren dar, welches vom 24. Juli 1985 bis zum 24. März 1993 für alle Anlagen unter 300 kW (und dadurch faktisch für alle damals errichteten Anlagen) nach der damaligen Fassung von Nr. 1.6 der 4. BImSchV galt.[35] Mit der nunmehr geltenden Fassung der 4. BImSchV ist gegenüber dem vorherigen geteilten Genehmigungsverfahren eine weitere Ausweitung des immissionsschutzrechtlichen Verfahrens erfolgt. Das Genehmigungsverfahren wurde in der Folge von den Baugenehmigungsbehörden weg, hin zu den staatlichen Umweltämtern verlagert. Nur im absoluten Ausnahmefall der Errichtung kleiner Windenergieanlagen unter 50 Metern Höhe verbleibt es bei der Anwendung des Baugenehmigungsverfahrens. Dabei sind die immissionsschutzrechtlichen Anforderungen nach § 22 BImSchG zu berücksichtigen. Insofern gelten materiell die gleichen Anforderungen wie im Rahmen von § 5 BImSchG.

Die Überprüfung der Zulässigkeit der Errichtung jeder einzelnen WEA über 50 Meter Höhe erfolgt nunmehr im Rahmen des immissionsschutzrechtlichen Genehmigungsverfahrens nach §§ 4, 6 BImSchG i. V. m. Nr. 1.6 Spalte 2 der Anlage zu §§ 1, 2 der 4. BImSchV. Die immissionsschutzrechtliche Genehmigung folgt dem Regelungsmodell des präventiven Verbots mit Erlaubnisvorbehalt. Sie ist wie die Baugenehmigung eine gebundene Entscheidung und ergeht dabei grundsätzlich im vereinfachten Verfahren nach § 19 BImSchG ohne Öffentlichkeitsbeteiligung. Anders ist dies zu beurteilen, wenn die Voraussetzungen des UVPG vorliegen. Dann ergeht die Genehmigung im förmlichen Verfahren nach § 10 BImSchG. Insofern kommt es für die Unterscheidung zwischen vereinfachtem und förmlichem Verfahren mit UVP weiter auf die Rechtsprechung zum Begriff der Windfarm an, welche somit weithin praktische Bedeutung hat.[36] Nunmehr stellt sich nicht mehr die Frage nach der Alternative Baurecht oder Immissionsschutzrecht, sondern vereinfachtes oder förmliches Verfahren: Die Abkehr vom Baugenehmigungsverfahren hin zum immissionsschutzrechtlichen Ge-

---

[34] Davon ausgenommen sind freilich die Kleinwindanlagen. Bei diesen greift weiter das Bauordnungsrecht des jeweiligen Bundeslandes. Hier sei nur darauf hingewiesen, dass die Länder Baden-Württemberg, Bayern, Saarland und Sachsen-Anhalt Kleinwindanlagen ausdrücklich verfahrensfrei gestellt haben und das Land Berlin seine der MBO entsprechende Regelung so versteht.
[35] Ludwig in Feldhaus, Bundesimmissionsschutzrecht, Band 2, 4. BImSchV Anhang Zu 1.6, Rn. 1; BGBl. 1985 I, 1586; BGBl. 1993 I, 383.
[36] Leidinger, Energieanlagenrecht, Essen 2007, 295.

nehmigungsverfahren ist auch in der Anbindung der nach der UVP-Richtlinie erforderlichen Umweltverträglichkeitsprüfung an das immissionsschutzrechtliche Verfahren zu sehen.[37] Das UVPG in §§ 3 b bis 3 f UVPG i. V. m. Nr. 1.6 Spalte 1 der Anlage 1 zum UVPG setzt eine Umweltverträglichkeitsprüfung für die Errichtung und den Betrieb einer Windfarm mit Anlagen mit einer Gesamthöhe von mehr als 50 Metern mit mehr als 20 Anlagen voraus. Darüber hinaus sehen Nr. 1.6.2 und 1.6.3 in Spalte 2 der Anlage 1 zum UVPG eine allgemeine bzw. standortbezogene Vorprüfung schon ab 6 bzw. 3 Anlagen vor. Somit kommt es für die UVP-Pflichtigkeit unverändert auf eine Anlagenhäufung im Sinne einer Windfarm an, so dass hier die Bundesverwaltungsgerichtsrechtsprechung zur Annahme einer Windfarm weiter zum Tragen kommt.[38] Führt dies zur Annahme einer UVP-Pflicht, resultiert daraus nach § 2 Abs. 1 Satz 1 Nr. 1 c der 4. BImSchV die immissionsschutzrechtliche Genehmigungspflicht im förmlichen Verfahren. Damit ist bei Anlagengruppen das förmliche Verfahren stets das Trägerverfahren des Genehmigungsverfahrens.

Mit der Ankunft der Windenergieanlagen im BImSchG wird die Reise des Genehmigungsverfahrens nicht zu Ende sein. Die nächste Etappe hat sich mit der Änderung des Grundgesetzes vom 28. August 2006, der sog. Föderalismusreform I, bereits angekündigt. Über dem immissionsschutzrechtlichen Genehmigungsverfahren hängt das Damoklesschwert des UGB. Das Dauerprojekt der Kodifizierung des Umweltrechts in einem Gesetzbuch wurde seitdem wieder forciert. Der Versuch, erste Teile noch in der laufenden Legislaturperiode 2009 vorzulegen,[39] scheiterte jedoch. Die neue Verankerung des Genehmigungsverfahrens mit der integrierten Anlagengenehmigung ist damit erneut gescheitert. Es verbleibt damit vorläufig bei der Verankerung des Genehmigungsverfahrens im Immissionsschutzrecht.

2. Genehmigungsvoraussetzungen

Die Genehmigungsvoraussetzungen ergeben sich zunächst aus dem Bundesimmissionsschutzrecht selbst. Nach § 6 Abs. 1 BImSchG dürfen die

---

[37] Hornmann, Windkraft – Rechtsgrundlagen und Rechtsprechung, NVWZ 2006, 969.

[38] Koch/Kahle, Aktuelle Rechtsprechung zum Immissionsschutzrecht, NVwZ 2006, 1124.

[39] Zum Referentenentwurf 2007 siehe http://www.bmu.de/umweltgesetzbuch/downloads/doc/40448.php sowie Lottermoser, Das neue Umweltgesetzbuch, UPR 2007, 401 ff.; Sangenstedt, Umweltgesetzbuch und integrierte Vorhabengenehmigung, ZUR 2007, 505 ff.; Schrader, Umweltgesetzbuch? Nein Danke., ZRP 2008, 60 ff.; Guckelberger, Der Referentenentwurf für ein UGB 2009 als erster Schritt auf dem Weg zur Kodifikation des Umweltrechts, NVwZ 2008, 1161 ff.

Voraussetzungen von § 5 BImSchG, einer nach § 7 BImSchG erlassenen Rechtsverordnung, andere öffentlich-rechtliche Vorschriften und Belange des Arbeitsschutzes nicht entgegenstehen.

Wichtigste materielle Anforderung des Immissionsschutzrechts sind die Grundpflichten aus § 5 BImSchG. Hier wird auf den Begriff der „schädlichen Umwelteinwirkungen", der sich aus § 3 BImSchG ergibt, abgestellt. Ob derartige erhebliche Beeinträchtigungen vorliegen ist in einer „situationsbezogenen Abwägung" festzustellen, in die sowohl die Wirkungen der Immissionen auf die Betroffenen einzustellen sind, als ggf. auch die emittentenseitigen Belange.[40] Der genaue Umfang der Betreiberpflichten ist durch untergesetzliche Regelwerke auf Grundlage von § 48 BImSchG, wie TA Lärm und TA Luft, konkretisiert. Auf die konkreten Anforderungen für die Errichtung von Windenergieanlagen soll nicht hier, sondern im Zusammenhang mit dem Bauplanungsrecht eingegangen werden, welches ebenfalls auf den Begriff der „schädlichen Umwelteinwirkungen" rekurriert und insofern identische Anforderungen an die Anlagengenehmigung stellt.

Die Nennung der Rechtsverordnung nach § 7 BImSchG in § 6 Abs. 1 BImSchG als Genehmigungsvoraussetzung hat lediglich klarstellende Bedeutung, da es um die Konkretisierung der Grundpflichten aus § 5 BImSchG geht, die ohnehin Genehmigungsvoraussetzung sind.[41]

Die in § 6 Abs. 1 Nr. 2 BImSchG genannten Belange des Arbeitsschutzes sind zivil- oder arbeitsrechtlicher Natur und können keine Genehmigungsvoraussetzungen sein. Ihrer Erwähnung kommt nur deklaratorische Bedeutung zu. Der Gesetzgeber will damit auf die Bedeutung des Arbeitsschutzes beim Betrieb genehmigungsbedürftiger Anlagen hinweisen.[42]

Die immissionsschutzrechtliche Genehmigung setzt weiterhin in § 6 Abs. 1 Nr. 2 BImSchG voraus, dass andere öffentlich-rechtliche Vorschriften erfüllt sind. Dies erstreckt sich sowohl auf unmittelbar anwendbare Vorschriften des Gemeinschaftsrechts, als auch auf Vorschriften des Bundes- und Landesrechts. Unter den öffentlich-rechtlichen Vorschriften im Sinne von § 6 I Nr. 2 BImSchG nehmen die bauplanungsrechtlichen Vorschriften des BauGB eine herausragende Stellung ein.[43] Immissionsschutzrecht und Baurecht stehen dabei in einer Wechselwirkung zueinander, so dass einer-

---

[40] BVerwG, BVerwGE 81, 197, 200.
[41] Scheidler, Die Voraussetzungen der immissionsschutzrechtlichen Genehmigung, BauR 2008, 941, 944.
[42] Scheidler, Die Voraussetzungen der immissionsschutzrechtlichen Genehmigung, BauR 2008, 941, 949.
[43] Scheidler, Die bauplanungsrechtlichen Voraussetzungen zur Erteilung der immissionsschutzrechtlichen Genehmigung, UPR 2007, 288; Scheidler, Die Voraussetzungen der immissionsschutzrechtlichen Genehmigung, BauR 2008, 941, 945.

seits das BImSchG das bauplanungsrechtliche Gebot der Rücksichtnahme konkretisiert und andererseits sich die Schutzwürdigkeit eines Gebietes nach dessen bauplanungsrechtlichen Einstufung richtet. Da das Schutzniveau von § 5 Abs. 1 Nr. 1 BImSchG mit dem des Gebots der Rücksichtnahme aus § 15 Abs. 1 S. 2 BauNVO identisch ist,[44] werden die Fragen des Immissionsschutzes vorliegend im Rahmen der Frage des eventuell entgegenstehenden öffentlichen Belangs schädlicher Umwelteinwirkungen gem. § 35 Abs. 3 Nr. 3 BauGB mit behandelt. Die Prüfung der bauplanungsrechtlichen Zulässigkeit gestaltet sich in Abhängigkeit von den drei Planbereichen.

Die Vorgaben des Wasserrechts werden, soweit sie nicht schon durch § 5 BImSchG erfasst sind, durch § 6 Abs. 1 Nr. 2 BImSchG konzentriert. Davon sind die wasserrechtlichen Erlaubnisse nach §§ 7, 8 WHG (vgl. die neue bundesrechtliche Vollregelung in § 8 WHG n.F.) nach § 6 Abs. 2 BImSchG ausdrücklich ausgenommen. Ohne derartige Einschränkung wird das Naturschutzrecht von § 6 Abs. 1 Nr. 2 BImSchG erfasst. Sofern die Anlagen raumbedeutsam sind, wird auch das dann einschlägige Raumordnungsrecht erfasst. Insofern umfasst § 6 Abs. 1 Nr. 1 BImSchG über den Begriff der „anderen öffentlich-rechtlichen Vorschriften" einen weiten Kreis anderer Normen, dessen Aufzählung mit den hier wichtigsten Rechtsgebieten bei weitem noch nicht abgeschlossen ist.

3. Rechtswirkungen der Genehmigung

Die Genehmigung beseitigt in erster Linie das unter Genehmigungsvorbehalt stehende Errichtungs- und Betriebsverbot für die jeweilige Anlage und statuiert dynamische Grundpflichten in § 5 BImSchG. Das Bundesimmissionsschutzrecht begründet daher auch die Möglichkeit nachträglicher Anordnungen nach § 17 BImSchG, einer Betriebsstilllegung gem. § 20 BImSchG und des Widerrufs der Genehmigung gem. § 21 BImSchG. Diese Maßnahmen sind jedoch durch zusätzliche Voraussetzungen bedingt und kommen im Zusammenhang mit Windenergieanlagen selten vor.

Die immissionsschutzrechtliche Genehmigung konzentriert auch als vorrangiges Genehmigungsverfahren für WEA mit einer Gesamthöhe von mehr als 50 Metern die bauordnungsrechtliche Baugenehmigung.[45] Die Genehmigung schließt damit gem. § 13 BImSchG andere die Anlage betreffende

---

[44] Scheidler, Die bauplanungsrechtlichen Voraussetzungen zur Erteilung der immissionsschutzrechtlichen Genehmigung, UPR 2007, 288, 289.

[45] Zur Konzentrationswirkung und dem damit verbundenen Prüfungsumfang allgemein vgl. Hecker, Die Konzentrationswirkung der Baugenehmigung am Beispiel der Brandenburgischen Bauordnung, BauR 2006, 629 ff.; speziell zum Umfang der

behördliche Entscheidungen ein. Von der Konzentrationswirkung sind nach § 13 BImSchG die wasserrechtlichen Genehmigungen ausdrücklich ausgenommen. Die von der Anlagenzulassung in ihrem Aufgabenbereich berührten Behörden werden über fachliche Stellungnahmen nach § 10 Abs. 5 BImSchG einbezogen, so dass weitere Genehmigungsverfahren nicht stattfinden. Außerhalb der besonderen Zustimmungserfordernisse des § 36 BauGB und § 14 LuftVG stehen den am Genehmigungsverfahren beteiligten sonstigen Behörden keine Mitentscheidungsbefugnisse zu. Die Letztentscheidungskompetenz liegt im Übrigen allein bei der immissionsschutzrechtlichen Genehmigungsbehörde, i.d.R. dem staatlichen Umweltamt. Angesichts der heutigen Dimension von WEA erfasst dies faktisch alle neuen Anlagen.

4. Erforderlichkeit einer Umweltverträglichkeitsprüfung

Das Gesetz über die Umweltverträglichkeitsprüfung geht auf verschiedene EG-Richtlinien zurück von denen insbesondere UVP-Richtlinie (RL 85/3377EWG) und die UVP-Änderungsrichtlinie (RL 97/11/EG) hervorzuheben sind. Die Umweltverträglichkeitsprüfung ist nach § 2 Abs. 1 UVPG ein unselbständiger Teil verwaltungsbehördlicher Verfahren. Zu diesen Verfahren zählen nach § 2 Abs. 3 Nr. 3 UVPG auch Beschlüsse nach § 10 BauGB über die Aufstellung, Änderung oder Ergänzung von Bebauungsplänen, durch die die Zulässigkeit von bestimmten Vorhaben im Sinne der Anlage 1 begründet werden soll. Sie wird mit einer Öffentlichkeitsbeteiligung nach §§ 9 ff. UVPG durchgeführt. Die Zuständigkeit der Gemeinden zur Durchführung der Umweltverträglichkeitsprüfung, die für ihre Planungsentscheidung wichtiges Abwägungsmaterial zu erbringen hat, schließt nicht aus, dass sie sich über zivilrechtliche Verträge der Mitarbeit von Sachverständigen bedient.[46]

a) Vorliegen einer Windfarm

Bei der Errichtung von 3 oder mehr Windenergieanlagen von mehr als 50 Metern Höhe findet das Gesetz über die Umweltverträglichkeitsprüfung nach Anlage 1 Nr. 1.6 zum UVPG Anwendung. Insofern ist hier der Begriff der Windfarm relevant, der bei der Entscheidung zwischen immissions-

---

Konzentrationswirkung der immissionsschutzrechtlichen Genehmigung siehe Koch/Kahle, Aktuelle Rechtsprechung zum Immissionsschutzrecht, NVwZ 2006, 1125.

[46] Stich, Bauplanungs- und umweltrechtliche Probleme der Errichtung und des Betriebs von Windkraftanlagen sowie der Aufstellung von Bebauungsplänen für Windfarmen, GewArch 2003, 8, 17.

schutzrechtlichem Genehmigungsverfahren und baurechtlichem Genehmigungsverfahren obsolet geworden ist.[47] Der aus dem Europarecht entlehnte Begriff der Windfarm beinhaltet, dass drei oder mehr Windenergieanlagen einander räumlich so zugeordnet werden, dass sich ihre Einwirkungsbereiche überschneiden oder wenigstens berühren.[48] In der Verwaltungspraxis und verwaltungsgerichtlichen Rechtsprechung werden für die Berechnung der Einwirkungsbereiche Faustformeln vom 10-fachen Rotordurchmesser oder auch der 10-fachen Anlagenhöhe herangezogen.[49] Der zehnfache Rotordurchmesser ist darunter die windenergie-freundlichere Faustformel. Dabei stellt das Bundesrecht keine standardisierten Maßstäbe oder Rechenverfahren für die Konkretisierung in räumlich-gegenständlicher Hinsicht zur Verfügung, so das es trotz in der Praxis verwendeter Faustformeln keinen rechtsverbindlichen Grenzwert gibt.[50] Bei der Bestimmung des Einwirkungsbereiches kommt es weder auf die Anlagenhöhe, noch auf eine Verkehrsanschauung, sondern allein auf Lärmimmissionen an.[51] Dabei kann auf den 10-fachen Rotordurchmesser als zweckmäßiges qua Konvention zugrunde gelegtes Abstandsmaß zur Beurteilung des räumlichen Umgriffs einer Anlagengesamtheit in Relation zur Größe der einzelnen Anlagen im Regelfall zurückgegriffen werden (was bei modernen Anlagen von über 150 m Höhe faktisch zu einer Einwirkungsbereichsgrenze von ca. 1 km führt), wobei dies nicht von einer Einzelfallprüfung befreit.[52] Zur Beurteilung der räumlichen Gesamtwirkung kann somit nicht schematisch auf den Anlagenabstand des 10-fachen Rotordurchmessers abgestellt werden, sondern insbesondere dann, wenn die Anlagen „in der Fläche" und nicht in einer Reihe stehen, auf den geometrischen Schwerpunkt der von den Anlagen umrissenen Fläche, also den Schwerpunkt des „Anlagendreiecks". Ein Anhaltspunkt ist, ob die Anlagen aus allen Himmelsrichtungen zugleich sichtbar sind und einem unbefangenen Betrachter daher als Einheit erscheinen werden.[53]

---

[47] Scheidler, Die Bedeutungsverlagerung des Rechtsbegriffs der „Windfarm", UPR 2008, 52 ff.
[48] BVerwG, EurUP 2007, 152.
[49] Übersicht bei Scheidler, Die Bedeutungsverlagerung des Rechtsbegriffs der „Windfarm", UPR 2008, 52, 54.
[50] BVerwG, EurUP 2007, 152.
[51] OVG Lüneburg, ZNER 2005, 1.
[52] BVerwG, EurUP 2007, 152; zum Begriff der Windfarm vgl. auch: BVerwG, NVwZ 2004, 1235 ff.; Gellermann, Die Windfarm im Lichte des Artikelgesetzes, NVwZ 2004, 1199 ff.; Scheidler, Die Bedeutungsverlagerung des Rechtsbegriffs der „Windfarm", UPR 2008, 52, 54.
[53] VGH München, NVwZ 2007, 1213, 1215.

b) Bestimmung der Prüfungsart nach Größe und Auswirkungen der Windfarm

Sofern eine Windfarm vorliegt, kommt es auf die Anzahl der WEA an, welche nach Anlage 1 Nr. 1.6 zum UVPG die drei Prüfungsstufen hinsichtlich der Durchführung einer Umweltverträglichkeitsprüfung bestimmt.

Liegen nach Anlage 1 Nr. 1.6.3 zum UVPG drei bis weniger als sechs Anlagen vor, so findet eine standortbezogene Prüfung des Einzelfalles nach § 3 c Satz 2 UVPG statt. Ergibt die standortbezogene Einzelfallprüfung, dass aufgrund besonderer örtlicher Gegebenheiten gemäß der in Nr. 2 der Anlage 2 zum UVPG aufgeführten Schutzkriterien erhebliche nachteilige Umwelteinwirkungen zu erwarten sind, so muss eine Umweltverträglichkeitsprüfung durchgeführt werden. Es kommt also nach der Größenklasse des Projektes vor allem auf das Vorliegen einer besonders sensiblen Umgebung im Einwirkungsbereich an.[54]

Liegen nach Anlage 1 Nr. 1.6.2 zum UVPG sechs bis weniger als 20 Anlagen vor, so findet eine allgemeine Vorprüfung des Einzelfalles nach § 3 c Satz 1 UVPG statt. Dabei hat die Gemeinde als Träger der Bauleitplanung festzustellen, ob die Windfarm aufgrund überschlägiger Prüfung unter Berücksichtigung der in Anlage 2 zum UVPG genannten Kriterien erhebliche nachteilige Umweltauswirkungen haben kann, die nach § 1 Abs. 6 BauGB in der Abwägung zu berücksichtigen wären.[55] Liegen im Einwirkungsbereich der Anlage keine Gebiete nach Anlage 2 Nr. 2 UVPG, ist der Standort eines solchen Vorhabens unproblematisch und die WEA nicht UVP-pflichtig. Insofern gleichen sich standortbezogene und allgemeine Vorprüfung hinsichtlich des Kriteriums der erheblichen Umwelteinwirkungen und der Konsequenz bei positivem Befund. Es dominieren jeweils die Standortbesonderheiten in der Prüfung der UVP-Pflicht.[56]

Liegen nach Anlage 1 Nr. 1.6.1 zum UVPG 20 oder mehr Anlagen vor, so ist das Vorhaben in jedem Fall UVP-pflichtig.

c) Problemfälle

Schwierigkeiten bereitet die Feststellung der UVP-Pflicht bei kumulierenden Vorhaben sowie die Änderung bestehender Vorhaben. Bei gleichzeitigen parallelen Vorhaben desselben oder mehrerer Träger greift die Regelung zu

---

[54] Schmidt-Eriksen, Die Genehmigung von Windkraftanlagen, NuR 2002, 648, 650.

[55] Stich, Bauplanungs- und umweltrechtliche Probleme der Errichtung und des Betriebs von Windkraftanlagen sowie der Aufstellung von Bebauungsplänen für Windfarmen, GewArch 2003, 8, 16.

[56] Schmidt-Eriksen, Die Genehmigung von Windkraftanlagen, NuR 2002, 648, 650.

kumulierenden Vorhaben, § 3 b Abs. 2 UVPG. Die Kumulationsregel besagt, dass bei der Prüfung der UVP-Pflicht mehrere Vorhaben zu berücksichtigen sind. Von Kumulation ist auszugehen, wenn mehrere Vorhaben derselben Art einem vergleichbaren Zweck dienen und in einem engen Zusammenhang stehen – entweder weil sie als technische Anlage auf demselben Betriebs- oder Baugelände liegen und mit gemeinsamen betrieblichen und baulichen Einrichtungen verbunden sind oder weil die Vorhaben bei sonstigen in die Natur und Landschaft eingreifenden Maßnahmen im engen räumlichen Zusammenhang stehen.[57] Im Übrigen handelt es sich um eine Erweiterung eines bestehenden Vorhabens, die ebenso wie ein neues Vorhaben vom Vorhabenbegriff des § 2 Abs. 2 Nr. 2 erfasst wird. Ob eine Erweiterung einer UVP-Pflicht unterfällt, ist eine Frage die sich nicht einfach beantworten lässt. Zunächst kommt es darauf an, wann die Altanlagen errichtet wurden, dann ob eine UVP bei Errichtung durchgeführt wurde und schließlich, welchen Umfang die Änderung/Erweiterung aufweist. Sind die Bestandschutz genießenden Anlagen vor Ablauf der Umsetzungsfrist der UVP-Änderungsrichtlinie am 14. März 1999 ohne Durchführung einer Umweltverträglichkeitsprüfung errichtet worden, so ist eine Erweiterung um 20 oder mehr Anlagen wie immer UVP-pflichtig. Bei einer geringeren Erweiterung kommt es gem. § 3 c UVPG darauf an, ob bei der Altanlagenzulassung ein Screening nach § 3 c UVPG durchgeführt wurde. Das Fehlen eines solchen ist unschädlich. Bei dem für die Erweiterung erforderlichen Screening nach § 3 c UVPG sind die zuvor ohne Umweltprüfung zugelassenen Anlagen vor dem Hintergrund der §§ 3 b Abs. 3 S. 3 und 3 c Abs. 1 S. 5 UVPG nicht mit einzubeziehen.

Sind die Altanlagen nach dem 14.03.1999 ohne UVP errichtet worden, so ist hingegen der vorhandene Bestand in die Vorprüfung mit einzubeziehen.[58] Anders wiederum verhält es sich mit Anlagen die bereits einer UVP Prüfung unterzogen wurden. Sie sind in eine Vorprüfung nicht erneut mit zu berücksichtigen.

d) Bloße Verfahrensregelung

Für die Beantwortung der entscheidenden Frage der materiellen Prüfung, ob erhebliche Umwelteinwirkungen von einem Vorhaben zu erwarten sind, enthält das UVPG als bloße Verfahrensregel keine sachdienlichen Beurteilungsmaßstäbe.[59]

---

[57] Schmidt-Eriksen, Die Genehmigung von Windkraftanlagen, NuR 2002, 648, 650.
[58] Schmidt-Eriksen, Die Genehmigung von Windkraftanlagen, NuR 2002, 648, 651.
[59] Stich, Bauplanungs- und umweltrechtliche Probleme der Errichtung und des Betriebs von Windkraftanlagen sowie der Aufstellung von Bebauungsplänen für Windfarmen, GewArch 2003, 8, 16.

Damit verbleiben für die materiell-rechtliche Prüfung der Rückgriff auf andere Bundesgesetze sowie der Rückgriff auf Landesgesetze und Rechtsverordnungen. Hervorzuheben sind die Anforderungen des Bauplanungs-, Naturschutz-, Bodenschutz-, Gewässerschutz-, Immissionsschutz-, und Denkmalschutzrechts.

Dem entsprechen die Anforderungen an den Inhalt des Umweltberichts, der nach § 2 a BauGB in die Begründung UVP-pflichtiger Bebauungspläne aufzunehmen ist. Der Umweltbericht enthält insbesondere eine Beschreibung des Standorts, des Vorhabens, der Umwelt und der Bevölkerung im Einwirkungsbereich, der zu erwartenden nachteiligen Umweltauswirkungen und der Maßnahmen, die diese Einwirkungen vermeiden, vermindern oder ausgleichen sollen.[60]

e) Verfahrensfehler und Heilung

Bei einer fehlerhaften Unterlassung einer Umweltverträglichkeitsprüfung kommt es nach der bisherigen Kausalitätsrechtsprechung für die Wirksamkeit der Genehmigung bzw. den Aufhebungsanspruch des Klägers darauf an, ob sich die Nichtdurchführung der Umweltverträglichkeitsprüfung auf seine materielle Rechtsposition ausgewirkt hat.[61] Davon ist auszugehen, wenn die fehlende Umweltverträglichkeitsprüfung auf das Abwägungsergebnis von Einfluss gewesen ist. Dafür genügt die Möglichkeit, dass die Behörde nach Durchführung der Umweltverträglichkeitsprüfung anders entschieden hätte. Entsprechendes gilt für die Vorprüfung.[62] Es ist damit am Kläger, darzulegen, inwieweit er in seinen subjektiven Rechten durch eine fehlerhafte oder unterlassene UVP betroffen ist. Der Nachweis der Kausalität durch den Betroffenen wird jedoch praktisch nie möglich sein.[63] Ein Ergebnis, dass vor dem Hintergrund von Art. 10a der geänderten UVP-Richtlinie kritisch zu sehen ist.

Eine Änderung dieser korrekturbedürftigen Rechtslage ist mit dem Umweltrechtsbehelfsgesetz vom 15. Dezember 2006 erfolgt. In § 4 Abs. 1 S. 1 URG ist vorgesehen, dass eine vollständige Nichtdurchführung einer vorgeschriebenen Umweltverträglichkeitsprüfung oder Vorprüfung des Einzelfalles über die UVP-Pflicht in der Regel einen wesentlichen Verfahrensfehler

---

[60] Stich, Bauplanungs- und umweltrechtliche Probleme der Errichtung und des Betriebs von Windkraftanlagen sowie der Aufstellung von Bebauungsplänen für Windfarmen, GewArch 2003, 8, 17.
[61] BVerwG, NVwZ 2007, 356 f.
[62] BVerwG, NVwZ 2007, 357; BVerwG, BauR 2008, 784 ff. m.w.N.
[63] Scheidler, Die Bedeutungsverlagerung des Rechtsbegriffs der „Windfarm", UPR 2008, 52, 55.

darstellt und zur Aufhebung der Entscheidung führt, sofern die versäumte Prüfung nicht nachgeholt und der Verfahrensfehler damit geheilt wird.[64]

5. Windenergieerlasse der Länder und andere Hinweise

In zahlreichen Bundesländern, insbesondere den norddeutschen Flächenländern, gibt es Windenergieerlasse, welche den Genehmigungsbehörden und Planungsträgern beim Umgang mit Windenergieanlagen helfen sollen. Die Erlasse, denen keine Verbindlichkeit, sondern nur ein Hinweis- und Empfehlungscharakter zukommt,[65] dienen allerdings auch einer landeseinheitlichen Genehmigungs- und Planungspraxis. Mit ihrer Hilfe versuchen die jeweiligen Landesregierungen die Genehmigungs- und Planungspraxis inhaltlich zu beeinflussen. Entsprechend der technischen und rechtlichen Entwicklung werden auch diese Erlasse fortgeschrieben. Dabei lässt sich in den letzten Jahren eine windenergiekritische Tendenz zu restriktiveren Aussagen beobachten.[66] Dies lässt sich vor allem an den Abstandsempfehlungen festmachen, welche regelmäßig im Zentrum der Erlasse stehen.

Der schleswig-holsteinische Erlass vom 04.07.1995, ergänzt durch den Runderlass vom 25. November 2003,[67] enthält Empfehlungen für einen Abstand von 1000 m zu städtischen Siedlungen und Campingplätzen bei WEA unter 100 m Höhe und vom zehnfachen der Anlagenhöhe bei größeren Anlagen. Für ländliche Siedlungen gilt jeweils die Hälfte, für Bundesautobahnen und belastete Eisenbahntrassen ca. 100 m, zu Nationalparken, Naturschutzgebieten und sonstigen Schutzgebieten 200 m, im Einzelfall bis 500 m, bei Waldgebieten 200 m und zu Deichen mindestens 300 m, bei Anlagen unter 100 m und bei höheren Anlagen das Vierfache der Gesamthöhe abzüglich 200 m. Damit erfährt die Windenergienutzung mit modernen Anlagen über Abstände von 3,5 H bis 10 H (H = Anlagenhöhe) eine signifikante Einschränkung.

---

[64] So die Begründung des Gesetzesentwurfs der Bundesregierung, BT-Drs. 16/2495, S. 14.

[65] So z.B. ausdrücklich im Windenergieerlass Mecklenburg-Vorpommern „Hinweise für die Planung und Genehmigung von Windkraftanlagen in Mecklenburg-Vorpommern" (WKA-Hinweise M-V), ABl. M-V 2004, 966; vgl. auch OVG Lüneburg, ZNER 2003, 347 und ZfBR 2007, 689, 691 m.w.N. zum niedersächsischen Windenergie-Erlass.

[66] Klinski/Buchholz/Schulte/Windguard/BioConsult SH, Umweltstrategie Windenergienutzung, S. 32.

[67] Grundsätze zur Planung von Windkraftanlagen, Gemeinsamer Runderlass des Innenministeriums, des Ministeriums für Umwelt, Naturschutz und Landwirtschaft und des Ministeriums für Wirtschaft, Arbeit und Verkehr vom 25.11.2003, (Ergänzung des Runderlasses vom 04.07.1995, ABl. Schl.-H. 1995, 478 ff.), ABl. Schl.-H 2003, 893.

Der Windenergieerlass Mecklenburg-Vorpommerns empfiehlt für Anlagen unter 100 m Höhe 500–800 m Abstand und für Anlagen über 100 m Höhe 800–1000 m Abstand zur Wohnbebauung. Für Naturschutzgebiete lässt er hingegen einen Mindestabstand von 100 m genügen.[68]

Das niedersächsische Ministerium für den ländlichen Raum, Ernährung, Landwirtschaft und Verbraucherschutz gab mit Schreiben vom 26.01.2004 zur Festlegung von Vorrang- oder Eignungsgebieten für die Windenergienutzung Empfehlungen an die Träger der Regionalplanung.[69] Darunter befanden sich die Empfehlungen einen Mindestabstand von 1000 m zu Wohnbebauung und von 5000 m zwischen einzelnen Vorrang- und Eignungsgebieten einzukalkulieren.

Ähnlich verfuhr das Land Brandenburg im Hinblick auf eine Volksinitiative „Gegen die Massenbebauung Brandenburgs mit Windenergieanlagen", die einen verbindlichen Abstand von 1500 Metern einforderte, und beschloss am 14. Mai 2009 im Landtag einen Antrag der Koalitionsfraktionen „Windkraftnutzung im Land Brandenburg", der die Landesregierung auffordert, sicherzustellen, dass ein Abstand von 1000 m zur Grenze der Ortsrandbebauung der Kommunen eingehalten wird.[70] Diese Formulierung ist jedoch wesentlich windenergiefreundlicher als die niedersächsische, da mit dem Bezug zum Ortsrand Wohnbebauung im Außenbereich hier nicht erfasst wird, also keine 1000 m zu Splittersiedlungen gefordert werden.

Wesentlich umfangreicher nimmt der Windenergieerlass NRW zu allen erdenklichen Problemen Stellung und gibt zahlreiche Abstandsempfehlungen, u.a. 1500 m zu Wohngebieten.[71] Gerade der nordrhein-westfälische Erlass stieß mit seinen auch gerade zu den Windenergieerlassen anderer Bundesländer außerordentlich detaillierten Empfehlungen auf vehemente und in der Sache überzeugende Kritik,[72] auf die, wie der Erlass deutlich zeigt, nicht hinreichend eingegangen wurde. In der Tat ist es unverständ-

---

[68] Hinweise für die Planung und Genehmigung von Windkraftanlagen in Mecklenburg-Vorpommern (WKA-Hinweise M-V), Abl. M-V 2004, 966, 968.

[69] Niedersächsisches Ministerium fü den ländlichen Raum, Ernährung, Landwirtschaft und Verbraucherschutz, Raumordnung; Empfehlungen zur Festlegung von Vorrang- oder Eignungsgebieten für die Windenergienutzung, Schreiben vom 26.01.2004, Az. 303-32346/8.1.

[70] Landtag Brandenburg, Antrag „Windkraftnutzung im Land Brandenburg" vom 05.05.2009, Drs. 4/7568.

[71] Grundsätze für Planung und Genehmigung von Windkraftanlagen, WKA-Erl. NRW 21.10.5005.

[72] Bundesverband WindEnergie e.V., Landesverband NRW, Stellungnahme zum Entwurf eines neuen Windenergieerlasses der nordrhein-westfälischen Landesregierung im Rahmen der Anhörung im Ministerium für Bauen und Verkehr des Landes Nordrhein-Westfalen, 5. Oktober 2005.

lich, warum gerade das für alle Seiten vorteilhafte Repowering ausgelassen wird, so dass dieser Erlass in vielerlei Hinsicht überarbeitungsbedürftig erscheint.

Regelmäßig geben die Windenergieerlasse keine Empfehlungen hinsichtlich maximaler Bauhöhen im Rahmen des Maßes der baulichen Nutzung. Solche Festsetzungen in der Regional- oder Bauleitplanung müssen angesichts des technischen Fortschritts ohnehin auf Bedenken stoßen. Überzeugend ist der regelmäßige Ausschluss der Windenergienutzung in europäischen Schutzgebieten soweit sich aus der Schutzgebietsausweisung eine Unverträglichkeit ergibt.

Die Windenergieerlasse an sich sind als Handlungsform der Landesverwaltung verfassungsrechtlich bedenklich. Hier wird versucht auf das bundesrechtlich abschließend geregelte Genehmigungsverfahren entgegen der Kompetenzordnung des Grundgesetzes und auf die von Art. 28 Abs. 2 GG garantierte Planungshoheit der Gemeinden Einfluss auszuüben.[73] Insofern können die Windenergieerlasse nur durch ihre Unverbindlichkeit Bestand haben. Die Auffassung, Windenergieerlasse könnten trotz Unverbindlichkeit als Orientierungshilfe dienen,[74] ist angesichts deren Inhalt problematisch. Was die generell-abstrakten Abstandsempfehlungen betrifft, so ist hervorzuheben, dass die Planungsträger in der gestaltenden Abwägung sich nicht pauschal auf die „Vorgaben" der Windenergieerlasse stützen müssen und dürfen.[75] Angesichts des Hinweis- und Empfehlungscharakters sind Genehmigungsbehörden und Planungsträger weiter in der Pflicht dem Einzelfall gerecht zu werden.

Gleichsam unverbindlich und dennoch problematisch ist die Rolle anderer Hinweise. Hier ist ein Papier des niedersächsischen Landkreistages hervorzuheben. In dem Papier „Hinweise zur Berücksichtigung des Naturschutzes und der Landschaftspflege sowie zur Durchführung der Umweltprüfung und Umweltverträglichkeitsprüfung bei Standortplanung und Zulassung von Windenergieanlagen", welches im Mai 2005 vom niedersächsischen Landkreistag beschlossen wurde und seit Juli 2007 in einer 2. Auflage von der AG Windenergie des Landkreistages fortgeschrieben wurde, werden zahlreiche Abstandsempfehlungen gegeben.[76] Dabei werden aus Gründen des Na-

---

[73] Klinski/Buchholz/Schulte/Windguard/BioConsult SH, Umweltstrategie Windenergienutzung, S. 36 ff.
[74] Leidinger, Energieanlagenrecht, Essen 2007, 297.
[75] Klinski/Buchholz/Schulte/Windguard/BioConsult SH, Umweltstrategie Windenergienutzung, S. 39.
[76] Niedersächsischer Landkreistag, Naturschutz und Windenergie, Stand: Juli 2007, S. 8 ff., http://www.nlt.de/pics/medien/1_1183561543/Fortschreibung_Windenergiepapier_Juli_2007.pdf.

turschutzes Abstände von 200 m zu Waldflächen und 500 m bzw. 1000 m zu Schutzgebieten und Vogellebensräumen sowie aus Gründen des Landschaftsschutzes 5.000 m und 10.000 m zu Naturpark Elm und Nationalpark Harz vorgegeben. Die Fortschreibung muss inhaltlich als Fortschritt gegenüber der kritisierten Erstfassung von 2005[77] gesehen werden. Die Abstandsempfehlungen fallen weitaus geringer, sachnäher und flexibler aus. Dennoch überzeugt vieles in seiner Pauschalität nicht. Dabei ist vor allem der pauschale Abstand zu Waldflächen zu nennen. Auch wenn bei Fledermäusen begrüßenswert nach betroffenen Arten differenziert wird, fehlt eine solche Differenzierung bei den Greifvögeln. Vorbildlich ist die Wertung, dass der Abstand zu Natura 2000-Gebieten davon abhängig gemacht wird, ob dieser für die jeweiligen Arten erforderlich ist. Damit erfolgt im Gegensatz zu zahlreichen Windenergieerlassen keine pauschale Wertung des Natura 2000-Schutzgebietsnetzes als Tabufläche. Diese Wertung ergibt sich jedoch bereits aus der rechtlichen Ausgestaltung des Schutzgebietsnetzes, so dass es dafür auch nicht der ohnehin unverbindlichen Hinweise des Landkreistages bedurfte. Letztlich sind diese damit überflüssig.

Angesichts dieser fragwürdigen Rolle der Windenergieerlasse und Hinweise wäre eine Abschaffung dieser „Empfehlungen" ein begrüßenswerter Schritt in Richtung des ansonsten vielfältig strapazierten Bürokratie-Abbaus. Windenergieanlagen sind kein neues Phänomen, sondern Alltag in der kommunalen und regionalen Planung. Angesichts der vielfältigen und breiten Erfahrungen der Planungsträger bedarf es nicht länger dieser unverbindlichen, aber detaillierten Vorgaben. Sie führen über Abstands- oder Höhenbegrenzungsempfehlungen schnell zu Flächenknappheit und zum 2–4-fachen Flächenbedarf und verhindern ein Repowering in kleinen Eignungsräumen komplett, so dass der Repowering-Anreiz im EEG nicht greifen kann und letztendlich der alte Anlagenbestand konserviert wird.

6. Genehmigungsverfahren bei einem Repowering

Dass alte Windenergieanlagen, die unter den alten Genehmigungsverfahren zugelassen wurden, nach Art. 14 GG Bestandsschutz genießen, ist unstrittig. Fraglich ist, wie es sich mit dem Repowering verhält. Ein Repowering von Windenergieanlagen könnte als Änderung oder Nutzungsänderung aufgefasst werden. Bautechnisch ist mit dieser Ertüchtigung einer Windenergieanlage nicht das Ersetzen alter Bauteile durch neue gemeint. Theoretisch kann die Kapazität einer Windenergieanlage durch bloßes Austauschen einzelner Komponenten erhöht werden.[78] Eine Ertragssteigerung auf

---

[77] Kritik bei Klinski/Buchholz/Schulte/Windguard/BioConsult SH, Umweltstrategie Windenergienutzung, S. 53.

das Dreifache oder mehr lässt sich nur durch größere Rotoren erreichen, welche wiederum neue, höhere Masten von mindestens 100 m Höhe voraussetzen. Damit führt ein Repowering notwendigerweise immer zur vollständigen Ersetzung alter durch neue Anlagen. Dementsprechend handelt es sich beim Repowering nicht um eine Erneuerung oder Nutzungsänderung alter Anlagen, sondern stets um die Errichtung neuer Anlagen.[79] Folglich sind Ausbau der Windenergie onshore und Repowering jeweils als Neuerrichtung vom Genehmigungsverfahren her gleich zu behandeln.

In der Folge fällt das Repowering nicht unter den passiven Bestandsschutz. Eine alte Rechtsprechung des Bundesverwaltungsgerichtes sah einen aktiven, übergreifenden Bestandsschutz vor, der es ermöglichte, das Ersetzen einer alten Anlage durch eine neue als Ausnutzen einer von Art. 14 GG geschützten, bestehenden Anlagengenehmigung zu begreifen.[80] Neben dem Aspekt des Bestandsschutzes, der schon vom Wortlaut her auf das Vorhandene abstellt und damit nicht Ersatzbauten rechtfertigt, kommt damit eine eigentumskräftig verfestigte Anspruchsposition, welche auf die Baulandqualität abstellt, in Betracht.[81] Allerdings ist diese Rechtsprechung vor dem Hintergrund entstanden, dass ein abgebranntes Gebäude wieder aufgebaut werden sollte.[82] Im Fall, dass in einem Gewerbebetrieb ein alter Ringofen durch einen neuen Tunnelofen moderner Bauart ersetzt werden sollte, wurde ein überwirkender Bestandsschutz mit der Begründung abgelehnt, es handele sich um einen Ersatz und nicht um eine Erhaltung des Bestandes.[83] Es wäre schon äußerst zweifelhaft, ob dies ein Repowering tragen würde[84] oder nicht vielmehr auf die Ersetzung einer z.B. durch Blitzschlag abgebrannten Windenergieanlage durch eine Anlage gleichen Typs beschränkt wäre. Für Letzteres spricht jedenfalls die Rechtsprechung, welche sich auf die Identität von ursprünglichem und neuem Gebäude beruft[85] und eine wesentliche Veränderung des Bestandes als Grenze des von

---

[78] Maslaton, Repowering von Windenergieanlagen außerhalb des Planumgriffs der Regionalplanung, LKV 2007, 259 ff.

[79] Land Schleswig-Holstein, Grundsätze zur Planung von Windkraftanlagen, Gemeinsamer Runderlass des Innenministeriums, des Ministeriums für Umwelt, Naturschutz und Landwirtschaft und des Ministeriums für Wirtschaft, Arbeit und Verkehr vom 25.11.2003, ABl. Schl.-H 2003, 893, Nr. 2.2; Maslaton/Kupke, Rechtliche Rahmenbedingungen des Repowerings von Windenergieanlagen, S. 19 f.

[80] BVerwG, BVerwGE 47, 126, 130; BVerwGE 50, 49, 56.

[81] BVerwG, BVerwGE 42, 8, 13; Krautzberger, in: Battis/Krautzberger/Löhr, BauGB, § 35 Rn. 126.

[82] BVerwG, BVerwGE 47, 126.

[83] BVerwG, BVerwGE 50, 49 f.

[84] In diese Richtung: Maslaton/Kupke, Rechtliche Rahmenbedingungen des Repowerings von Windenergieanlagen, S. 23.

[85] BVerwG, BVerwGE 47, 126, 129.

Art. 14 GG gewährleisteten Bestandsschutzes sieht.[86] Die Frage inwiefern eine eigentumskräftige Anspruchsposition ein Repowering ermöglicht, kann jedoch vorliegend dahinstehen, zumal die Rechtsprechung vom Bundesverwaltungsgericht aufgegeben wurde. Die Fallgruppen seien nunmehr normiert.[87] Ohne Zweifel wird die Errichtung einer neuen Anlage nicht von § 35 Abs. 4 BauGB geschützt.[88] Folglich können Repowering-Vorhaben keinen übergreifenden Bestandsschutz mehr genießen, sofern er diese jemals erfasst haben sollte.[89] Ein Repowering setzt damit immer ein neues Genehmigungsverfahren voraus. Damit sind Ausbau und Repowering vom Genehmigungsverfahren vollständig gleich zu behandeln.

Dieses Ergebnis kann auch nicht durch eine Annahme eines atypischen Falles i. S. d. § 35 Abs. 3 S. 3 BauGB zugunsten des Repowering umgangen werden.[90] Für eine Annahme einer Atypik zugunsten des Repowerings besteht kein Raum. Nur weil eine Entwicklung erst an ihrem Anfang steht und noch selten anzutreffen ist, unterscheidet sie sich nicht zwangsläufig vom bereits Vorhandenen. Dies geht nicht nur an der Fallgruppenbildung des Bundesverwaltungsgerichts vorbei, sondern übersieht insbesondere, dass das Repowering in § 10 Abs. 2 EEG a. F./§ 30 EEG n. F. vom Gesetzgeber typisiert wurde und damit gerade keine Ausnahmeerscheinung, sondern nach dessen Willen einen besonders gewünschten und begünstigten Regelfall darstellen soll. Auch wenn dies eine Kategorie des Vergütungsrechts ist, wirkt es sich angesichts der Einheit der Rechtsordnung auch im Bauplanungsrecht aus. Eine Atypik ist daher abzulehnen.

Das Ergebnis, dass der neue Zubau in bislang unberührter Landschaft genauso behandelt wird wie die Erneuerung eines bestehenden Anlagenparks, ist sowohl vom Gesichtspunkt des Klimaschutzes wie des Umweltschutzes unbefriedigend. Die Anreizregelung des § 10 Abs. 2 EEG a. F./§ 30 EEG n. F. findet im Bauplanungsrecht keine Entsprechung und Unterstützung, so dass die Potentiale eines Repowerings – insbesondere im Hinblick auf das Landschaftsbild durch „Aufräumen in der Landschaft" und den Schutz der Avifauna durch Reduzierung der Anlagendichte und Erhöhung der Lauf-

---

[86] BVerwG, BVerwGE 50, 59.
[87] Krautzberger, in: Battis/Krautzberger/Löhr, BauGB, § 35 Rn. 126; BVerwG, NVwZ 1998, 842, 844 f.
[88] Wolf, Windenergie als Rechtsproblem, ZUR 2002, 331, 340.
[89] So auch OVG Bautzen, BauR 2008, 479, 480.
[90] Vgl. verfehlter Versuch bei Klinski/Buchholz/Schulte/Windguard/BioConsult SH, Umweltstrategie Windenergienutzung, S. 30 f.; Maslaton/Kupke, Rechtliche Rahmenbedingungen des Repowerings von Windenergieanlagen, S. 63; Maslaton, Repowering von Windenergieanlagen außerhalb des Planumgriffs der Regionalplanung, LKV 2007, 259 ff.; a. A. Söfker, Zur bauplanungsrechtlichen Absicherung des Repowering von Windenergieanlagen, ZfBR 2008, 14, 15.

ruhe – unausgeschöpft bleiben.[91] Die Konsequenz der Rechtslage ist der Ruf nach einer rechtspolitischen Überarbeitung der bauplanungsrechtlichen Rahmenbedingungen des Repowering, wie er schon bei den Stellungnahmen der Sachverständigen zum EAG Bau 2004 vorgeschlagen[92] und 2007 in einer Studie im Auftrag des Umweltbundesamtes erneut gefordert wurde.[93] Eine derartige Ergänzung des BauGB um eine Repoweringklausel in § 35 Abs. 3 BauGB ist zwar nicht notwendig, um die Steuerungswirkung der Raumordnung und kommunalen Bauleitplanung zu erhöhen. Dementsprechend wird versucht der fehlenden Nutzung der Repoweringsförderung bzw. -steuerung durch die Planungsträger auf dem Wege der Öffentlichkeitsarbeit zu begegnen. Dazu soll ein sog. „Repowering Leitfaden" des Deutschen Städte- und Gemeindebundes, unterstützt durch die Bundesministerien für Umwelt, Naturschutz und Reaktorsicherheit sowie Verkehr, Bau und Stadtentwicklung aufklären und zum Repowering anregen.[94] Meines Erachtens lässt sich aber durch noch so gute Öffentlichkeitsarbeit nicht die Klarheit des Gesetzes ersetzen. Eine ausdrückliche Regelung einer Repoweringklausel im BauGB wäre ein wichtiger Schritt, um allen Planungsträgern die Möglichkeiten des Repowerings zu verdeutlichen. Schließlich bestand die Möglichkeit öffentlich-rechtlicher Verträge auch schon bevor städtebauliche Verträge im BauGB normiert wurden und doch hat deren ausdrückliche Regelung dieses Instrument in seiner Verbreitung wesentlich gefördert. Die vorhandene, aber kaum genutzte Möglichkeit von repowering-spezifischer Planung spricht somit nicht gegen eine Regelung im BauGB, sondern eher dafür, dass ein ausdrücklicher „Aufräumplanungsanreiz" geschaffen wird. Die entsprechenden Forderungen wurden von der Bundesregierung als Ziele der Klausurtagung auf Schloß Meseberg am 23.08.2007 übernommen. Als Zielsetzung wurde die „Entwicklung eines Unterstützungskonzepts zum Repowering von Windenergieanlagen im Bereich der Bauleitplanung/Regionalplanung (in Zusammenarbeit mit den Ländern und kommunalen Spitzenverbänden)" beschlossen.[95] Zu einer gesetzlichen Regelung in der zweiten Hälfte der Legislatur-

---

[91] Klinski/Buchholz/Schulte/Windguard/BioConsult SH, Umweltstrategie Windenergienutzung, S. 29, 56; Weinhold, Rezepte für Repowering, NE 06/2007, 28 ff.

[92] Deutscher Bundestag, Ausschuss für Verkehr, Bau- und Wohnungswesen, Ausschussdrs. Nr. 15(14)607, Stellungnahmen der Sachverständigen, Bachmann, P2, S. 6/P7.

[93] Klinski/Buchholz/Schulte/Windguard/BioConsult SH, Umweltstrategie Windenergienutzung, S. 29, 56 ff. Damit geht die Forderung einher ggf. auch die BauNVO um „Gebiete für Ersatzanlagen" zu ergänzen.

[94] DStGB Dokumentation Nr. 94, Repowering von Windenergieanlagen – Kommunale Handlungsmöglichkeiten, Berlin 2009.

[95] Bundesregierung, Eckpunkte für ein integriertes Energie- und Klimaprogramm vom 23.08.2007, S. 12, http://www.bundesregierung.de/Content/DE/Artikel/2007/08/Anlagen/eckpunkte,property=publicationFile.pdf.

periode hat dieser Beschluss dennoch nicht geführt. Wie sich das Bauplanungsrecht hier zukünftig in der nächsten, 17. Legislaturperiode entwickeln wird, bleibt somit eine spannende Frage.

Ob und wie der rechtspolitisch unbefriedigende Zustand hinsichtlich des Genehmigungsverfahrens für Repowering-Anlagen geändert wird, bleibt abzuwarten. Solange stellt sich die Frage, inwiefern sich bei einem Repowering aufgrund anderer technischer Anlagenkonstruktion im bestehenden Genehmigungsfragen Besonderheiten ergeben.

7. Windenergieanlagen im Geltungsbereich eines Bebauungsplanes

a) Bedeutung von Bebauungsplänen für die Windenergienutzung

Vor Einführung der Privilegierung für Windenergieanlagen im Außenbereich wurden solche zumeist als sonstige Vorhaben im Außenbereich oder im Geltungsbereich eines qualifizierten Bebauungsplanes genehmigt.[96] Heute stellt die Errichtung von Windenergieanlagen in Gebieten nach § 30 BauGB nicht mehr den Schwerpunkt der Errichtung von Windenergieanlagen in Deutschland dar, zumal sich die städtebaulichen Konfliktlagen mit dem Entscheidungsprogramm des § 35 BauGB und dem Flächennutzungsplan gut bewältigen lassen.[97] Dies hat nicht zuletzt den Hintergrund, dass für einen Bebauungsplan eine Mehrheit der Gemeindevertreter einen Satzungsbeschluss zustande bringen muss und es schwieriger geworden ist im ländlichen Raum eine politische Mehrheit für eine Windenergienutzung zu gewinnen. Da eine Gemeinde die städtebauliche Entwicklung in ihrem Gemeindegebiet bestimmen darf und sich dabei auch von jederzeit änderbaren „gemeindepolitischen" Motiven leiten lassen kann,[98] spielt hier die Einstellung des jeweiligen Gemeinderates zu Windenergie eine entscheidende Rolle. Die dabei auftretenden Probleme verdeutlicht das Beispiel der bei der Brandenburger Kommunalwahl 2003 ad hoc in den Kreistag der Uckermark eingezogenen und 2008 bestätigten Anti-Windenergie-Wählergemeinschaft „Bürgergemeinschaft Rettet die Uckermark", die vom Berliner Politologieprofessor Hans-Joachim Mengel angeführt wird.[99]

---

[96] Bei einem einfachen Bebauungsplan ohne Festsetzungen zur Windenergie richtet sich die bauplanungsrechtliche Zulässigkeit im Genehmigungsverfahren nach §§ 34, 35 BauGB.

[97] Guckelberger, Die veränderte Steuerungswirkung der Flächennutzungsplanung, DÖV 2006, 973, 977.

[98] St. Rspr. vgl. BVerwG, ZNER 2004, 169, 170 m.w.N.

[99] Landkreis Uckermark http://www.uckermark.de/, Die Fraktion RdU bekämpft seit ihrem Einzug in den Kreistag 2003 mit wachsendem Erfolg jegliche Windener-

Soweit es die politische Mehrheit zulässt, ist ein Bebauungsplanverfahren für Investoren aus Gründen der Rechtssicherheit weiterhin attraktiv. Das öffentliche Interesse am Klimaschutz ist legitimer Bestandteil der Abwägung nach § 1 Abs. 6 Nr. 7 BauGB, so dass ein Bebauungsplan in der Abwägung verschiedener Belange den Ausschlag für die Nutzung erneuerbarer Energien in Form der Windenergie geben kann. Hier bietet sich für den Ausbau der Windenergienutzung der Weg über vorhabenbezogene Bebauungspläne an. Nach § 12 BauGB können die Gemeinden dadurch die Zulässigkeit von Vorhaben regeln, wenn sich der Vorhabenträger, also hier der Windenergieanlagenprojektierer, zur Durchführung des Vorhabens und zur Tragung der Planungs- und Erschließungskosten verpflichtet.[100] Im Hinblick auf eine Windenergienutzung ist dieser Weg vor allem interessant, da die Planung gem. § 12 Abs. 1 Satz 2 BauGB nicht an die Festsetzungskategorien des § 9 BauGB gebunden ist.[101] Dies ermöglicht eine Absicherung in Planform, dass die Grundstücksnutzung an die Aufgabe von Altstandorten gebunden ist. Dieses Bedürfnis, die Altanlagen im Rahmen des Repowerings zu ersetzen, lässt sich auch auf dem Wege von städtebaulichen Verträgen nach § 11 BauGB erreichen, bei denen sich der Vorhabenträger gleichfalls zur Durchführung des Vorhabens, Tragung der Planungskosten und Rückbau der Altanlagen verpflichten kann.[102] Die Fragen, die mit der Errichtung von Windenergieanlagen in einem Gebiet nach § 30 BauGB verbunden sind, stellen sich somit weiterhin.

b) Mögliche Flächenausweisungen für eine Windenergienutzung

Der Rahmen der Aufstellung von Bebauungsplänen in Bezug auf Windenergieanlagen wird vom Entwicklungsgebot der Bauleitplanung nach § 8 Abs. 2 S. 1 BauGB gesetzt. Dabei kann die Ausarbeitung eines Bebauungsplans soweit von den Vorgaben des Flächennutzungsplanes abweichen, als

---

gienutzung z. B. durch Einwirkung auf die Regionale Planungsgemeinschaft bei der Ausweisung von Eignungsgebieten, Beschlüsse des Kreistages vom 26.04.2006, DS-Nr.: 40/2006, http://www.uckermark.de/showobject.phtml?La=1&object=tx|553.1870.1 und 15.11.2006 DS-Nr.: 148/2006, http://www.uckermark.de/showobject.phtml?La=1&object=tx|553.2077.1; Tagesspiegel 25.09.2008, S. 13, Stürmisch gegen die Windräder.

[100] Muster-Einführungserlasse der Fachkommission „Städtebau" der ARGEBAU zum Vorhaben- und Erschließungsplan bei Krautzberger in Ernst/Zinkahn/Bielenberg/Krautzberger, BauGB, § 12 Rn. 21 ff.

[101] Klinski/Buchholz/Schulte/Windguard/BioConsult SH, Umweltstrategie Windenergienutzung, S. 49.

[102] Regelungsmöglichkeiten bei Krautzberger, in: Battis/Krautzberger/Löhr, BauGB, § 11 Rn. 5 ff.; Krautzberger, Städtebauliche Verträge zur Umsetzung klimaschützender und energieeinsparender Zielsetzungen, DVBl 2008, 737 ff.

sich die Abweichungen aus dem – im Verhältnis zwischen grobmaschigerem Flächennutzungsplan und detaillierterem Bebauungsplan – vorliegenden Übergang in eine stärker verdeutlichende Planstufe rechtfertigen und nicht der Grundkonzeption des Flächennutzungsplans widersprechen.[103]

Der Inhalt der Bebauungspläne bestimmt sich nach § 9 BauGB, wobei insbesondere Art und Maß der baulichen Nutzung, Bauweise und überbaubare Grundstücksflächen festgesetzt werden können. Für den Immissionsschutz sind § 9 Abs. 1 Nr. 23 und 24 BauGB von besonderer Bedeutung.[104]

Bei einer Windenergienutzung im Bereich eines Bebauungsplanes kommt zunächst die Ausweisung eines Sondergebietes in Betracht. Ein Sondergebiet nach § 11 Abs. 2 BauNVO ist die planungsrechtlich vorgesehene Form der Festsetzung für eine Windfarm.[105] Die Aufstellung diesbezüglicher Bebauungspläne dient neben der Steuerungsmöglichkeit auch der bauplanungsrechtlichen Sicherung der Standorte und der Gewährleistung der Genehmigungsfähigkeit an eben diesen.[106] Ob ein Vorhaben in diesem Bereich zulässig ist, muss anhand der Festsetzungen des jeweiligen Bebauungsplanes entschieden werden.

Es kommt auch die Festsetzung von Flächen für die Versorgung nach § 9 Abs. 1 Nr. 12 BauGB in Betracht. Dies betrifft nicht Anlagen zur Eigenversorgung, sondern zur öffentlichen Versorgung, was auch der Regelfall ist. Hier sind ebenso die näheren Festsetzungen des jeweiligen Bebauungsplanes für die Zulässigkeit entscheidend. Für die Nutzung der Zwischenräume können eine landwirtschaftliche Nutzung oder auch eine von Bebauung frei zu haltende Fläche festgesetzt werden, vgl. §§ 9 Abs. 1 Nr. 10 und 18a BauGB.

Die Festsetzung von Gewerbe- oder Industriegebieten als besonderer Nutzungszweck nach § 9 Abs. 1 Nr. 9 BauGB kann gleichfalls der Windenergienutzung dienen, wirft aber Fragen hinsichtlich des Konfliktpotentials zu anderen gewerblichen bzw. industriellen Nutzungen auf.

Bei allen diesen Festsetzungen ist auf die Möglichkeit von Höhenbegrenzungen nach § 18 BauNVO hinzuweisen, welche zwar für die Gemeinden

---

[103] Guckelberger, Die veränderte Steuerungswirkung der Flächennutzungsplanung, DÖV 2006, 973, 975 m.w.N.
[104] Scheidler, Die bauplanungsrechtlichen Voraussetzungen zur Erteilung der immissionsschutzrechtlichen Genehmigung, UPR 2007, 288, 289.
[105] Maslaton/Kupke, Rechtliche Rahmenbedingungen des Repowerings von Windenergieanlagen, S. 29.
[106] Stich, Bauplanungs- und umweltrechtliche Probleme der Errichtung und des Betriebs von Windkraftanlagen sowie der Aufstellung von Bebauungsplänen für Windfarmen, GewArch 2003, 8, 15.

z. B. im Hinblick auf die Befeuerung ein Konfliktsteuerungspotential eröffnen, jedoch die Windenergienutzung auch empfindlich einschränken bis wirtschaftlich unmöglich machen können.

Sollen die Windenergieanlagen einem bestimmten Gebiet dienen, so können auch Festsetzungen für Windenergieanlagen als Nebenanlagen gem. § 9 Abs. 1 Nr. 4 BauGB getroffen werden. Auch hierfür kommen nur kleinere Anlagen in Betracht.

Bei einer für ein Repowering konzipierten Bauleitplanung bietet sich die Kombination mit Festsetzungen nach § 9 Abs. 2 BauGB an, da es dem Zweck der Norm entspricht, die Zulässigkeit festgesetzter Nutzungen von bestimmten weiteren städtebaulichen Maßnahmen und sonstigen Vorgängen abhängig zu machen. Dies lässt sich auf die Knüpfung der Anlagenerrichtung an die Altanlagenbeseitigung übertragen.[107] Die Beseitigung der Altanlage ist dann der Umstand im Sinne von § 9 Abs. 2 Satz 1 Nr. 2 BauGB. Dies ermöglicht sowohl die Anknüpfung an Altanlagen im Plangebiet als auch außerhalb dessen. Folglich sind Bebauungspläne nur für Repowering-Anlagen als Angebotsplanung möglich. Wenn der Flächennutzungsplan zwar Flächen für die Windenergienutzung, aber repowering-spezifische Darstellungen nicht aufweist, so steht dies einem derartigen Bebauungsplan aufgrund des Entwicklungsgebots nicht entgegen.[108] Entsprechendes gilt für die Konkretisierung raumordnungsrechtlicher Festsetzungen. Das bestehende Bauplanungsrecht bietet damit ein Instrumentarium für die Schaffung von repowering-spezifischen Bebauungsplänen.

Es kann sich bei den Bebauungsplänen um qualifizierte Bebauungspläne nach § 30 Abs. 1 BauGB handeln, die Art und Maß der baulichen Nutzung, überbaubare Grundstücksfläche und Erschließung regeln, aber auch um vorhabenbezogene Bebauungspläne nach § 30 Abs. 2 BauGB, welche in Abstimmung mit dem Anlagenbetreiber als Investor erstellt werden.

Soweit eine Darstellung der Windenergienutzung im Flächennutzungsplan besteht, muss sich der Bebauungsplan nach § 7 BauGB an diesen übergeordneten Plan halten. Alternativ kann die Gemeinde eine Änderung des Flächennutzungsplans im Parallelverfahren nach § 8 Abs. 3 BauGB vornehmen.

Die Ausschlusswirkung des § 35 Abs. 3 Satz 3 BauGB steht nach dem klaren Wortlaut der Norm nur Zielen der Raumordnung und Flächennutzungsplänen, nicht jedoch Bebauungsplänen zu. Eine Veränderungssperre

---

[107] Söfker, Zur bauplanungsrechtlichen Absicherung des Repowering von Windenergieanlagen, ZfBR 2008, 14, 16.
[108] Söfker, Zur bauplanungsrechtlichen Absicherung des Repowering von Windenergieanlagen, ZfBR 2008, 14, 18.

zur Sicherung eines in Aufstellung befindlichen Bebauungsplans kann einhergehen mit der Aufstellung des Flächennutzungsplans und dessen Sicherung nach § 15 Abs. 3 BauGB, sofern Grobsteuerung und Feinsteuerung in der Bauleitplanung der Gemeinde parallel erfolgen. Dies zeigt ein grundsätzliches Problem auf. Angesichts der rasanten technischen Entwicklung im Bereich der Windenergienutzung ist eine Feinsteuerung über einen Bebauungsplan ohne sich abzeichnenden Investor problematisch. Sachliche Kriterien für die Fragen der Abgrenzung von Windenergienutzung und landwirtschaftlicher Nutzung sowie der eventuellen Festsetzung naturschutzrechtlicher Ausgleichsflächen zu finden ist praktisch ausgeschlossen, wenn nicht die Gemeinde selber oder ein Investor Eigentümer aller Grundstücke im Plangebiet ist.[109]

c) Die Windenergienutzung begrenzende Festsetzungen

Ein interessantes Feld tut sich bei der Festlegung von Maß der baulichen Nutzung und überbaubarer Grundstücksfläche auf. Bei der Bauleitplanung muss die Gemeinde den Rahmen übergeordneter Pläne beachten. Grundsätzlich existiert für die Gemeinden durchaus Spielraum zur Feinsteuerung. Für eine Gemeinde, die einer Windenergienutzung skeptisch gegenüber steht, besteht die Versuchung, die übergeordnete Festsetzung über die Feinsteuerung auszuhebeln oder zumindest stark einzuschränken. Überplant eine Gemeinde einen in einem übergeordneten Plan als Eignungsgebiet für Windenergieanlagen festgelegten Bereich in einer Weise, welche die eingeräumten Spielräume zur konkretisierenden Feinsteuerung der Eignungsvorgabe weit überschreitet, ist der Bebauungsplan wegen Verstoßes gegen § 1 Abs. 4 BauGB unwirksam. Wann die Festsetzung von Baugrenzen von der Feinsteuerung zur Verhinderungsplanung umschlägt, lässt sich nicht abstrakt bestimmen. Eine Feinsteuerung, die weniger als 10 % der in einem Gebietsentwicklungsplan festgelegten Fläche für Windenergieanlagen übrig lässt, wurde überzeugend die Orientierung am übergeordneten Raumordnungsplan abgesprochen.[110] Ein Anzeichen für eine Überschreitung des Feinsteuerungsspielraumes ist es, wenn die immissionsschutzrechtlich erforderlichen Abstände zu anderen Nutzungen deutlich überschritten werden oder ohne Grund Abstände zu anderen Nutzungen konstruiert werden.[111]

---

[109] Jeromin, Praxisprobleme bei der Zulassung von Windenergieanlagen, BauR 2003, 825.
[110] OVG Münster, UPR 2006, 121 f.
[111] In OVG Münster, UPR 2006, 121 f. setzte die Gemeinde über das Immissionsschutzrecht hinausgehend einen grundsätzlichen Abstand von 500 m zu jeder Wohnnutzung voraus und erfand einen generellen Abstand zu Wald von 100 m.

Neben der Frage der Abgrenzung zur Verhinderungsplanung besteht eine Herausforderung in der Ordnung der Anlagen innerhalb des Plangebietes.

Für die Festsetzung einer „gebündelten Bauweise" fehlt es an einer Rechtsgrundlage.[112] Das Ziel den Abstand der Anlagen untereinander zu regeln, lässt sich allerdings über Baugrenzen, ggf. auch Baulinien erreichen. Einer Festsetzung zu „von Bebauung frei zu haltenden Flächen" fehlt es ebenfalls an einer Rechtsgrundlage.[113] Das Ziel lässt sich vielmehr über eine entsprechende Anordnung von Baufenstern erreichen.[114]

Die Fläche, die vom Rotor bestrichen werden kann, ist bei Ermittlung der Grundfläche der Anlage vor dem Hintergrund der §§ 16 II Nr. 1, 19 II BauNVO, welche sich beim Maß der baulichen Nutzung auf die von der Anlage überdeckte Fläche bezieht, nicht mitzurechnen.[115] Auch wenn das Ergebnis bei Berücksichtigung des Ziels des Bodenschutzes überzeugt, erscheinen Teile der Begründung mit dem Verweis auf wesentliche Bauteile zweifelhaft. Die Rotorblätter sind bei einer Windenergieanlage gerade das den Ertrag bringende Wesentliche und keine untergeordneten Bauteile, insofern müssten sie gerade bei der Berechnung einbezogen werden. Eine weitere Vertiefung dieser Frage kann vorliegend allerdings dahinstehen, zumal der Gesichtspunkt der Vermeidung übermäßiger Versiegelung als Ziel der Grundflächenbegrenzung überzeugend überwiegt und dem Ergebnis damit zuzustimmen ist. Eine bauplanungsrechtliche Festsetzung der zulässigen Rotorgrundfläche ist folglich unwirksam.

Baugrenzen bestimmen an welcher Stelle des Baugrundstücks die bauliche Nutzung zugelassen werden soll; sie legen die räumliche Anordnung einer beabsichtigten Bebauung – offene oder geschlossene Bebauung – auf dem Baugrundstück fest. Erwägungen des Bodenschutzes sind hierfür – anders als für die Festsetzung der zulässigen Grundfläche – nicht in erster Linie maßgebend.[116] In einem Bebauungsplan dürfen sowohl Baugrenzen festgesetzt werden, die allein für Fundament und Turm gelten, als auch Baugrenzen, die sich darüber hinaus auf den Rotor der Anlage beziehen.[117] Mit dem Rotor einzuhaltende Schutzabstände können bei der Festsetzung der Baugrenzen für Fundament und Turm berücksichtigt werden. Auch sind die äußeren Grenzen des Bauleitplans oder die Grenzen von Baugebieten oder Bauflächen stets von der gesamten Anlage einschließlich des Rotors einzuhalten.[118]

---

[112] OVG Münster, NVwZ-RR 2004, 643, 645.
[113] OVG Münster, NVwZ-RR 2004, 643, 645.
[114] Vgl. OVG Weimar, ZUR 2005, 215 ff.
[115] BVerwG, BVerwGE 122, 117, 123 f./NVwZ 2005, 208 f.
[116] BVerwG, BVerwGE 122, 117, 126/NVwZ 2005, 208, 209.
[117] BVerwG, BVerwGE 122, 117, 126/NVwZ 2005, 208.
[118] BVerwG, BVerwGE 122, 117, 126/NVwZ 2005, 208, 209.

Durch die Festsetzung von Baugrenzen, die entweder sofort oder bei degressiver Einspeisevergütung in absehbarer Zeit zwangsläufig zur Unwirtschaftlichkeit der Windfarm führen, droht die Aushebelung der Konzentrationszone über die Feinsteuerung. Entscheidend ist vor allem, ob eine Höhenbegrenzung vorgesehen ist, da eine solche die Wirtschaftlichkeit einer Windenergieanlage am härtesten einschränkt, wenn nicht gar verhindert. Zudem wird ein späteres Repowering unmöglich gemacht, womit die Konzentrationszone in absehbarer Zeit faktisch nicht mehr nutzbar sein wird.[119]

Zunächst stellt sich bei Vorliegen einer Höhenbegrenzung die Frage, ob der Rat der betreffenden Gemeinde sich bei der Beschlussfassung über den Bebauungsplan in der Abwägung die Frage der Wirtschaftlichkeit überhaupt mit einbezogen hat. Während die Frage der Wirtschaftlichkeit für die Raumplanung in § 1 Abs. 2 Nr. 3 ROG a.F./§ 1 Abs. 2 ROG n.F. ausdrücklich vorgegeben ist, lässt sich dies aus dem Wortlaut von § 1 Abs. 3 BauGB nicht entnehmen, wohl aber Sinn und Zweck. Eine solche Einstellung der wirtschaftlichen Nutzungsmöglichkeit in die Abwägung ist erforderlich, um feststellen zu können, ob der Windenergienutzung substanziell Raum geschaffen wurde.[120] Dabei muss die Gemeinde als Planungsträger sich eine substantiierte Vorstellung über die wirtschaftlichen Folgen ihrer Planung verschaffen, was sie auch nicht auf den Vorhabenträger abwälzen kann.[121]

Hier stellt sich die Frage, was der Begriff „wirtschaftlicher Betrieb" umfasst. Der Verweis darauf, dass es nicht Aufgabe des Planungsträgers sei eine wirtschaftliche Ertragsoptimierung zu gewährleisten, geht hier insoweit fehl, als dass dies keine positive Begründung der Festsetzung einer Höhenbegrenzung im Sinne einer Erforderlichkeit i.S.d. § 1 Abs. 3 BauGB und des Abwägungsgebots gem. § 1 Abs. 7 BauGB darstellt. Darüber hinaus verleitet es dazu, den Abwägungsbelang der Wirtschaftlichkeit außen vor zu lassen. Ob WEA im Planungsgebiet wirtschaftlich betrieben werden können, ist nicht davon abhängig, ob Anlagen der festgelegten Größenordnung tatsächlich auf dem Markt erhältlich sind, sondern von den Bedingungen des Plangebietes.[122] Dabei kann die Schwelle zur Unwirtschaftlichkeit nicht erst überschritten sein, wenn bei der Berechnung des Ertrages selbst bei ausschließlichem Einsatz von Eigenkapital, was vor dem Hintergrund von Investitionssummen von regelmäßig über 1,5 Mio. Euro pro Anlage etwas lebensfremd erscheint,[123] nach 20-jähriger Laufzeit

---

[119] Wustlich, Das Recht der Windenergie im Wandel, ZUR 2007, 16, 20.
[120] OVG Münster, ZNER 2004, 315.
[121] OVG Münster, ZNER 2004, 315.
[122] OVG Münster, ZNER 2004, 315.
[123] Lahme, Wirtschaftlicher Betrieb von Windenergieanlagen und kommunale Bauleitplanung, ZNER 2006, 176 f.

ein Defizit verbleibt. Es widerspricht jedem kaufmännischem Denken, wenn die Rendite einer Windenergieanlage gerade mal knapp über der Inflationsrate liegt oder einen nur geringen Abstand zu risikofreien langfristigen Kapitalanlagen wie Staatsanleihen und Bundesschatzbriefen aufweist. Bei einem mit dem Einsatz von Eigenkapital verbundenen höheren Risiko muss angesichts des Kapitalmarktzinsniveaus daher eine Rendite von mindestens 6–7% p.a. über die Projektlaufzeit zu erzielen sein, wenn nicht jeder wirtschaftlich vernünftige Investor die Konzentrationszone meiden soll.[124] Angesichts der ehrgeizigen Ausbauziele der Bundesregierung soll die Windenergie mehr sein als eine Spielwiese altruistischer Umweltaktivisten. Die Zielsetzungen, ein Viertel des Stromverbrauches über Windenergie zu decken, lassen sich nur über professionelle Betreiber und sich wirtschaftlich rechnende, ertragstarke Anlagen erreichen. Ist eine solche Untersuchung der Möglichkeit eines wirtschaftlichen Betriebes nicht geschehen, so hat die Gemeinde nicht das erforderliche Abwägungsmaterial ermittelt und auf unzureichender Tatsachengrundlage entschieden, was zu einer Fehlerhaftigkeit der Planung führt.[125]

Wesentlicher Teil der Debatte um die Möglichkeit eines wirtschaftlichen Betriebes ist die Frage der Höhenbegrenzungen in der Bauleitplanung, welche als das die bedeutendste Möglichkeit gesehen wird, den Anlagenbau zu verhindern.[126] Eine teilweise in der Rechtsprechung gebilligte Höhenbegrenzung von weniger als 100 Metern ist angesichts des technischen Fortschrittes anachronistisch. Eine Höhe von z.B. 75 m[127] ist letztendlich willkürlich gewählt und zwingt zur Verwendung alter und ertragsschwacher Anlagentypen und ist daher als planerische Festsetzung abzulehnen. Sie wird mittlerweile selbst von Windenergie-Skeptikern als Aufwertung unrentabler Standorte und damit falsches Signal abgelehnt.[128] Eine Höhenbegrenzung auf 100 m[129] stellt zwar eine deutliche Einschränkung der Windenergienutzung dar, die vor dem Hintergrund des Repowering sehr kritisch zu sehen ist, lässt sich aber planerisch begründen. Da ab 100 m die luftverkehrsrechtliche Befeuerungspflicht greift, welche für Anwohner eine weithin sichtbare Belästigung darstellt und Unruhe in das Landschaftsbild bringt, ist eine solche Einschränkung begründbar und als rechtmäßig zu betrachten.[130] Bedenken, dass die Höhe sich nicht auf das Landschafts-

---

[124] Lahme, Wirtschaftlicher Betrieb von Windenergieanlagen und kommunale Bauleitplanung, ZNER 2006, 176.
[125] OVG Münster, ZNER 2004, 315.
[126] Quambusch, Repowering als Planungsproblem, BauR 2007, 1824, 1827.
[127] OVG Münster, EurUP 2006, 104.
[128] Quambusch, Repowering als Planungsproblem, BauR 2007, 1824, 1830.
[129] OVG Lüneburg, EurUP 2006, 158.
[130] Vgl. Wustlich, Das Recht der Windenergie im Wandel, ZUR 2007, 16, 20.

bild auswirke,[131] können vor diesem Hintergrund nicht überzeugen. Allerdings nimmt die rechtspolitische Tendenz der Reduzierung der Befeuerungspflichten solchen 100 m Höhenbegrenzungen zunehmend die Argumentationsgrundlage, so dass derartige Festsetzungen und die diese für rechtmäßig erachtende Literatur und Rechtsprechung überprüft werden müssen. Grundsätzlich lässt sich festhalten, dass solange die Befeuerungspflicht ab 100 m Höhe greift, derartige Festsetzungen in Bebauungsplänen für Windfarmen in Sichtweite von im Zusammenhang bebauten Ortsteilen begründbar und damit rechtmäßig sind, mögen sie auch mit dem damit einhergehenden Zwang zur Verwendung älterer Anlagentypen geringerer Wirtschaftlichkeit noch so anachronistisch wirken. Sofern die rechtspolitische Entwicklung derart voranschreiten sollte, dass ein Verzicht auf eine Befeuerung bis auf den Bedarfsfall möglich wird, dürften sich Höhenbegrenzungen von 100 m endgültig nicht mehr halten lassen.

Teilweise werden Höhenbegrenzungen über 100 m, z. B. 133 m[132] festgesetzt, wobei dann auf den Landschaftsschutz rekurriert wird. Es ist zuzugestehen, dass sich die Höhe im Gegensatz zur Anlagenzahl unmittelbar auf die Sichtbarkeit einer Windfarm in größerer Entfernung und damit intensiv auf das Landschaftsbild auswirkt. Dennoch stellt die pauschale Anführung des Landschaftsschutzes kein überzeugendes Argument dar und lässt die gewählte Höhenbegrenzung letztendlich willkürlich erscheinen.

Wesentlich ist in einem solchen Fall der Höhenbegrenzung, dass sich im Rahmen der Planerstellung und Begründung mit dem Aspekt des wirtschaftlichen Anlagenbetriebs und des Repowering auseinandergesetzt wird, da der Plan, der ein späteres Repowering verhindert bzw. von einem neuen Bebauungsplanverfahren abhängig macht, andernfalls Gefahr läuft, als nichtig kassiert zu werden.

Von der Größe der Grundfläche beim Maß der baulichen Nutzung ist die überbaubare Grundstücksfläche zu unterscheiden. Hinsichtlich der Festsetzung der überbaubaren Grundstücksfläche stellt sich ebenfalls die Frage, ob hier nur der Standort des Mastes oder die Fläche der gesamten Anlage samt Rotorradius festzusetzen ist. Die Annahme, sich auf den Turm beschränken zu können, übersieht § 19 Abs. 2 BauNVO, wonach nur der Anteil des Baugrundstückes, der zulässige Grundfläche ist, von baulichen Anlagen überdeckt werden darf. Der Begriff der Überdeckung bezieht auch in den Luftraum hineinragende Gebäudeteile mit ein und erfasst somit auch die Rotoren als wesentliche Teile der Anlage.[133]

---

[131] Lahme, Höhenbegrenzungen von Windenergieanlagen im Bebauungsplan; Zurückstellung, ZNER 2002, 246.
[132] VGH Mannheim, ZUR 2006, 264, 265.
[133] OVG Lüneburg, NuR 2004, 125, 128.

Mit der letzten BauGB-Novelle ist es seit dem 1. Januar 2007 möglich die bauordnungsrechtlich definierten Abstandsflächen planungsrechtlich zu regeln. Die Möglichkeit solcher Festsetzungen war bislang weder in den Vorschriften über den Inhalt des Bebauungsplans in § 9 BauGB noch in den ergänzenden Vorschriften der BauNVO vorgesehen. Eine Abweichung von den Vorschriften der Landesbauordnungen bestand vor dem Hintergrund, dass § 23 BauNVO eine Abweichung vom Landesrecht nicht gestattet, nur insoweit, wie in den jeweiligen Landesbauordnungen eine Subsidiarität des Abstandsflächenrechts gegenüber der Bauleitplanung selbst geregelt wurde. Dieser Situation wurde nun mit der bundesrechtlichen Abweichungsmöglichkeit zugunsten der Gemeinden abgeholfen. Festsetzungen nach § 9 Abs. 1 Nr. 2a BauGB sind weder als Festsetzungen über das Maß der baulichen Nutzung i. S. des § 9 Abs. 1 Nr. 1 BauGB noch als Festsetzungen über die nicht überbaubaren Grundstücksflächen i. S. des § 9 Abs. 1 Nr. 2 BauGB anzusehen. Den Gemeinden soll damit die Möglichkeit gegeben werden, aus städtebaulichen Gründen abweichende Maße der Abstandsflächentiefe in Bebauungsplänen festzusetzen.[134] Bei der Errichtung von Windenergieanlagen kommt eine kleinere Abstandsflächentiefe durch die Absenkung des Faktors H auf 2,5 H in Betracht, wie sie schon in der Saarländischen Landesbauordnung für alle Gebäude festgeschrieben ist. Wesentlich ist dabei die Sicherstellung des Zwecks der Abstandsflächenvorschriften, so dass es zu keiner Gefährdung der öffentlichen Sicherheit und Ordnung kommt.[135] Für die Berechnung der Abstandsflächentiefe wird dabei weiterhin auf die Landesbauordnungen zurückgegriffen. Insofern ist hier auf das Bauordnungsrecht zu verweisen.

Teilweise werden Emissionspegel, sog. Schallleistungspegel, für Windenergieanlagen festgesetzt. Hinsichtlich solcher Festsetzungen von maximal zulässigen Schallleistungspegeln ist festzuhalten, dass diese nicht auf § 9 Abs. 1 Nr. 24 BauGB gestützt werden können.[136] Grenzwerte erfüllen nicht das Merkmal einer baulichen oder technischen Maßnahme und sind deshalb nicht Vorkehrungen zum Schutz vor schädlichen Umwelteinwirkungen im Sinne der genannten Vorschrift.[137] Dies schließt allerdings die Festsetzung von Schallleistungspegeln nicht grundsätzlich aus. Solche können zur Gliederung von Baugebieten nach § 1 Abs. 6 Nr. 2 BauGB festgesetzt werden.[138] Dies findet auf Sondergebiete nach § 1 Abs. 3 S. 3 BauNVO jedoch

---

[134] Boeddinghaus, Zur planungsrechtlichen Regelung der bauordnungsrechtlich definierten Abstandsflächen, BauR 2007, 641, 644 ff.

[135] Boeddinghaus, Zur planungsrechtlichen Regelung der bauordnungsrechtlich definierten Abstandsflächen, BauR 2007, 641, 648.

[136] BVerwG, BRS 50 Nr. 25; OVG Lüneburg, NuR 2004, 125, 128.

[137] BVerwG, BRS 50 Nr. 25.

[138] BVerwG, BRS 50 Nr. 25.

keine Anwendung, welche Festsetzungen hinsichtlich der Art der Nutzung spezifizieren sollen, nicht aber besondere Eigenschaften der zu errichtenden Anlagen. Angesichts der bei hoher Windgeschwindigkeit höheren Schallleistungspegel ist ein Abstellen auf die vom Hersteller angegebenen Referenzschallleistungspegel jedoch nicht aussagekräftig.[139]

Einige Planungsträger versuchen Festsetzungen zu treffen, welche einen bestimmten Anlagentyp vorgeben oder die Verschiedenheit von Windenergieanlagen ausschließen.[140] Derartige Festsetzungen finden keinerlei Grundlage im Gesetz. Sie lassen sich insbesondere nicht als Maßnahmen zum Schutz der Landschaft nach § 9 Abs. 1 Nr. 20 BauGB auslegen, da es sich hierbei weder um landschaftspflegerische Maßnahmen noch einen Ausgleich für bauliche Eingriffe an anderer Stelle handelt. Vorstellbar erscheint allenfalls aus Erwägungen des Naturschutzes eine Festsetzung, die Stahlgittermasten als Ansitzmöglichkeit für Greifvögel ausschließt. Festsetzungen können sich jedoch niemals auf eine Gondelform oder gar ein bestimmtes Herstellerfabrikat beziehen.

Eine Begrenzung des Nutzungszeitraumes, ein sog. Baurecht auf Zeit, wird hingegen seit dem Europarechtsanpassungsgesetz Bau 2004 vom BauGB ermöglicht. Grundsätzlich ist davon auszugehen, dass Bebauungspläne zeitlich unbegrenzt Wirkung entfalten.[141] Nunmehr ermöglicht § 9 Abs. 2 Nr. 1 BauGB, mit der Befristungsmöglichkeit von Festsetzungen nach § 9 Abs. 1 BauGB, die Nutzungsdauer in nach Tagen, Wochen, Monaten und Jahren bestimmten Zeiträumen festzusetzen.[142] Dies soll jedoch nicht den Regelfall darstellen, sondern nur in besonderen Fällen – also bei einem Mindestmaß an Atypik – gegeben sein.[143] Eine solche Atypik wird auch bei bestimmten Windenergieanlagen in Verbindung mit einer Zulässigkeit von Festsetzungen zu bestimmten Tageszeiten angenommen.[144] Beides ist für die Windenergienutzung von Bedeutung. Abschaltvorgaben können die Einhaltung einer zulässigen Schattenwurfdauer am Tage sicherstellen. Die Zahl der Fledermausschlagopfer lässt sich zum Teil zu 80–90 % reduzieren, wenn die Anlagen während der Wanderung der ziehenden Arten im Spätsommer nachts abgeschaltet werden. Derartige Festsetzungen der Nut-

---

[139] OVG Lüneburg, NuR 2004, 125, 128 m. w. N.
[140] VGH Mannheim, ZUR 2006, 264, 265.
[141] Löhr, in: Battis/Krautzberger/Löhr, BauGB, § 9 Rn. 98 f.
[142] Söfker, in: Ernst/Zinkahn/Bielenberg/Krautzberger, BauGB, § 9 Rn. 240 k.
[143] Zu den Voraussetzungen im Einzelnen: Battis/Otto, Planungsrechtliche Anforderungen an Bedingungen und Befristungen gem. § 9 Abs. 2 BauGB, UPR 2006, 165 ff.
[144] Otto, Über den Schutzstatus der Fledermäuse und dessen Bedeutung in Bauleitplanungs- und Genehmigungsverfahren, NF-Themenheft „Fledermäuse und Nutzung der Windenergie", Band 12/Doppelheft 2–3 2007, 163, 168 f.

zungsdauer sind zwar regelmäßig mit Einnahmeausfällen des Anlagenbetreibers verbunden, können aber eine Windenergienutzung an bestimmten Standorten auch entscheidend ermöglichen.

Teilweise werden in Bebauungsplänen Rückbauverpflichtungen festgesetzt. Diese bei anderen Nutzungen unübliche Festsetzung, soll eine Wiederherstellung des Landschaftsbildes nach Ablauf der Lebensdauer einer Windenergieanlage sicherstellen, wirkt sich aber in der Regel als finanzielle Belastung für den Vorhabenträger aus und erhöht damit die Kosten der Anlagenerrichtung.

Eine textliche Festsetzung, mit der der Eigentümer zur Beseitigung baulicher Anlagen verpflichtet wird, fand ursprünglich weder in § 179 BauGB, noch in anderen Normen des BauGB eine Ermächtigungsgrundlage und wurde dementsprechend abgelehnt.[145] Mittlerweile wurde dem Interesse zahlreicher Gemeinden an einer Regelung des Anlagenrückbaus durch das EAG Bau in § 35 Abs. 5 BauGB Rechnung getragen.

d) Windenergienutzung über Ausnahmen und Befreiungen?

Sofern das geplante Vorhaben nicht den Festsetzungen des Bebauungsplanes entspricht, kommt grundsätzlich eine Zulässigkeit über Ausnahmen und Befreiungen in Betracht. Ausnahmen sind nach § 31 Abs. 1 BauGB solche, die im Bebauungsplan selbst als Abweichungen von den Festsetzungen vorgesehen sind. Dies ist bei WEA selten der Fall, so dass Ausnahmen keine nennenswerte Rolle spielen.[146] Daher kommt eine Befreiung in Betracht. Eine solche ist grundsätzlich aus Gründen des Allgemeinwohls nach § 31 Abs. 2 Nr. 1 BauGB, städtebaulicher Verträglichkeit nach § 31 Abs. 2 Nr. 2 und offensichtlich nicht beabsichtigter Härte nach § 31 Abs. 2 Nr. 3 BauGB möglich. Unter dem Allgemeinwohl sind alle öffentlichen Interessen, wie sie beispielhaft in § 1 Abs. 5 und 6 BauGB aufgeführt sind, zu verstehen.[147] Damit sind wirtschaftliche Interessen eines Anlagenerrichters und -betreibers nicht erfasst. Selbst wenn man hier den Aspekt des Klimaschutzes in den Vordergrund stellt, so müsste dies die Befreiung „erfordern". Demnach müsste die Vorhabenverwirklichung vernünftigerweise geboten sein.[148] Eine unabweisbare Notwendigkeit, dass der Klimaschutz gerade durch dieses Vorhaben an dieser Stelle zu gewährleisten ist, besteht

---

[145] OVG Münster, ZNER 2004, 315.
[146] Maslaton/Kupke, Rechtliche Rahmenbedingungen des Repowerings von Windenergieanlagen, S. 34.
[147] Löhr, in: Battis/Krautzberger/Löhr, BauGB, § 31 Rn. 30.
[148] Vgl. Löhr, in: Battis/Krautzberger/Löhr, BauGB, § 31 Rn. 31.

regelmäßig nicht.[149] Damit scheidet eine Befreiung aus Gründen des Allgemeinwohls zugunsten von Windenergieanlagen aus.

Des Weiteren kommt eine Befreiung nach § 31 Abs. 2 Nr. 2 BauGB bei städtebaulicher Vertretbarkeit in Betracht. Es ist hinreichend, wenn die Befreiung selbst Gegenstand einer bauplanungsrechtlichen Festsetzung sein könnte und damit planbar ist.[150] Insofern steht diese Befreiung für Windenergieanlagen grundsätzlich offen. Allerdings muss der Hintergrund der Befreiung betrachtet werden. Die Voraussetzung der städtebaulichen Vertretbarkeit einer Befreiung lässt die Befreiungsmöglichkeit vor allem für Bebauungspläne in bereits länger bebauten Gebieten, besonders in Stadterhaltungs- und Stadterneuerungsgebieten, als geeignet erscheinen.[151] Demzufolge ist die Befreiungsmöglichkeit gerade nicht für Windenergieanlagen konzipiert. Bei der weiteren Auslegung des Befreiungstatbestandes wäre aber eine Verwendung zugunsten von WEA möglich.

Weiterhin ist eine Befreiung wegen einer offensichtlich nicht beabsichtigten Härte nach § 31 Abs. 2 Nr. 3 BauGB möglich. Dies ermöglicht eine rein privatnützige Befreiung, die allerdings sehr eng gehandhabt wird.[152] Es ist zwar denkbar, dass bei grundstücksbezogener Betrachtungsweise eine offensichtlich unbeabsichtigte Härte für einen Bauherren entsteht, der um die tatsächliche Ausnutzbarkeit seines Grundstücks gebracht wird. Fälle in denen es gerade beabsichtigt ist, eine Windenergienutzung einzuschränken, sind durch das Kriterium der offensichtlich nicht beabsichtigten Härte nicht erfasst. Es verbleiben damit seltene Sonderfälle.

Was das Repowering betrifft, stellt sich die Frage, ob die Gemeinde in der Bauleitplanung die „Repowerbarkeit" eines Bebauungsplanes berücksichtigt hat. Sofern dies erfolgt ist, sind die Festsetzungen bewusst in Hinblick auf ein späteres Repowering getroffen worden und könne folglich keine unbeabsichtigte Härte darstellen. Soweit ein späteres Ersetzen der Anlagen durch größere und leistungsstärkere Anlagen nicht in Betracht gezogen wurde, stellen die Festsetzungen eine unbeabsichtigte Härte dar und rechtfertigen eine Befreiung nach § 31 Abs. 2 Nr. 3 BauGB.[153]

Eine Befreiung, sei es nun wegen städtebaulicher Vertretbarkeit oder unzumutbarer Härte, setzt jeweils voraus, dass ihr öffentliche Belange nicht entgegenstehen und die Grundzüge der Planung gewahrt bleiben. Ob z. B.

---

[149] Maslaton/Kupke, Rechtliche Rahmenbedingungen des Repowerings von Windenergieanlagen, S. 37.
[150] Löhr, in: Battis/Krautzberger/Löhr, BauGB, § 31 Rn. 35.
[151] Löhr, in: Battis/Krautzberger/Löhr, BauGB, § 31 Rn. 34.
[152] Löhr, in: Battis/Krautzberger/Löhr, BauGB, § 31 Rn. 37.
[153] Maslaton/Kupke, Rechtliche Rahmenbedingungen des Repowerings von Windenergieanlagen, S. 40.

die Höhe von WEA wesentlicher Gegenstand der Planung ist, dürfte jeweils eine Frage der Festsetzungen im betroffenen B-Plan und damit eine Einzelfallfrage sein. Inwiefern noch eine Atypik des Vorhabens für eine Befreiung vorauszusetzen ist, ist strittig.[154] Diese Frage könnte bei einem Repowering-Vorhaben dahinstehen, wenn das Repowering als atypisch zu betrachten wäre.[155] Dem kann jedoch angesichts der Typisierung im EEG nicht gefolgt werden. Setzt man nun eine Atypik oder ein Abgehen von den Grundzügen der Planung voraus, wofür die Funktion der Befreiung spricht, dürfte die Genehmigung eines Repowering über eine Befreiung ausscheiden. Das Repowering stellt gerade keinen unvorhergesehenen Sonderfall, sondern einen typisierten Regelfall dar. Setzt man mit der amtlichen Begründung keine Atypik voraus,[156] verbleibt hier der Verweis darauf, dass die Atypik kein zusätzliches Prüfungskriterium darstellt, sondern nur daran erinnert, dass ein Abgehen von den Grundzügen der Planung ein Planerfordernis auslöst.[157] Bei einer Windenergienutzung kann dies je nach Ausgestaltung des konkreten Bebauungsplanes gegeben sein. Sofern kein Abweichen von den Grundzügen der Planung zu konstatieren ist und die Voraussetzungen für die Erteilung einer Befreiung vorliegen, liegt die Entscheidung im Ermessen der zuständigen Behörde. Am wahrscheinlichsten dürften Befreiungen in einem Sondergebiet Windenergienutzung sein.

e) Natur- und Landschaftsschutz in Bebauungsplänen

Neben der Frage der Festsetzungen des Bauplanungsrechts stellt sich angesichts der Umwelteinwirkungen von Windenergieanlagen die Frage der Berücksichtigung des Naturschutzrechtes in der Bauleitplanung. Auf die konkreten Auswirkungen der Windenergieanlagen wird im Kontext des Naturschutzrechts eingegangen, so dass hier zunächst ein Blick auf die Relevanz des Naturschutzes in der Bauleitplanung geworfen werden soll.

Die naturschutzrechtliche Eingriffsregelung wurde im Rahmen des Investitionserleichterungs- und Wohnbaulandgesetzes[158] über § 8 a ff. BNatSchG 1993 in das Bauplanungsrecht integriert. Danach war der unbeplante Innenbereich der Anwendung entzogen, während im überplanten Innenbereich die Eingriffsregelung auf die Festsetzungen des Bebauungsplans beschränkt

---

[154] Im Einzelnen: Löhr, in: Battis/Krautzberger/Löhr, BauGB, § 31 Rn. 26 m.w.N.
[155] So Maslaton/Kupke, Rechtliche Rahmenbedingungen des Repowerings von Windenergieanlagen, S. 42.
[156] BT-Drs. 13/6392, 56.
[157] Löhr, in: Battis/Krautzberger/Löhr, BauGB, § 31 Rn. 26.
[158] BGBl. 1993 I, 466.

war, vgl. heute § 21 BNatSchG/§ 18 BNatSchG n.F. Über erforderliche Vermeidungs-, Verminderungs- sowie Ausgleichs- und Ersatzmaßnahmen war in der Abwägung nach § 1 Abs. 6 BauGB (jetzt § 1 Abs. 7 BauGB) zu entscheiden. Nachdem zahlreiche Gemeinden versuchten sich durch Wegwägen der Belange von Natur und Landschaft im gleichen Bebauungsplan von lästigen Ausgleichs- und Ersatzmaßnahmen zu befreien, wurde die Eingriffsregelung für die Bauleitplanung mit dem BauROG 1998 fast vollständig ins BauGB integriert.[159] Ausgleichsmaßnahmen können seitdem auch an anderer Stelle als am Ort des Eingriffs und außerhalb des Plangebiets im Gemeindegebiet erfolgen. Mit dem BauGB 2007 erfolgte erstmalig eine Reduzierung der Anwendung der Eingriffsregelung. So sind im vereinfachten Verfahren gem. § 13 a BauGB Bebauungspläne von weniger als 20.000 m^2 generell und zwischen 20.000 m^2 und 70.000 m^2 nach Vorprüfung ohne Umweltprüfung zulässig. Dabei handelt es sich jedoch um Bebauungspläne für die Innenentwicklung der Städte. Da Windenergieanlagen nicht der Innenentwicklung dienen, besteht keine Möglichkeit der Anwendung des vereinfachten Verfahrens auf Windenergieanlagen. Es bleibt damit bei der Relevanz der Umweltprüfung und der Berücksichtigung der Tiere sowie der Landschaft und biologischen Vielfalt in der Abwägung, § 1 Abs. 6 Nr. 7a BauGB. In der Folge können Ausgleichs- oder Ersatzmaßnahmen festzusetzen sein. Die Zuordnung der Ausgleichsflächen und -maßnahmen im Bebauungsplan erfolgt zu den Baugrundstücken, auf denen die Eingriffe zu erwarten sind. Die parzellenscharfe Zuordnung bedingt eine genaue Bezeichnung der Eingriffs- und Ausgleichsfläche.[160]

Es stellt sich darüber hinaus die Frage der Berücksichtigung der Verbotsvorschriften des Biotopschutzes sowie des allgemeinen und besonderen Artenschutzrechtes, zumal sich das Abwägungsgebot mit der Möglichkeit des Überwiegens anderer Belange anders als die Verbotsvorschriften gestaltet. Der Biotop- und Artenschutz verbietet bestimmte Eingriffe, während ein Bebauungsplan mit seinen Festsetzungen eine Angebotsplanung darstellt, die Nutzungsmöglichkeiten erst eröffnet. In der Folge stellt zwar nicht der Bebauungsplan selbst, sondern erst die Verwirklichung der Planung den Eingriff dar.[161] Die Vorschriften des Artenschutzrechts begründen aus sich heraus kein Verbot der Überplanung geschützter Lebensstätten, da sie nicht an die Träger der Bauleitplanung adressiert sind.[162] Die im Rahmen der Vorhabenzulassung zwingenden Vorschriften des Biotop- und Artenschutz-

---

[159] Louis, Die Entwicklung der Eingriffsregelung, NuR 2007, 94, 97; BGBl. 1997 I, 2081.
[160] Louis/Wolf, Naturschutz und Baurecht, NuR 2002, 455, 465.
[161] Vgl. VGH Mannheim, BauR 2004, 717.
[162] Gellermann, Das besondere Artenschutzrecht in der kommunalen Bauleitplanung, NuR 2007, 132, 133.

rechtes werden allerdings von der Rechtsprechung als für die Verwirklichung der Planung erforderliche Belange über das Abwägungsgebot des § 1 Abs. 7 BauGB und die Regelung des § 1 Abs. 3 BauGB berücksichtigt.[163] Danach ist ein Bebauungsplan nicht erforderlich und damit unwirksam, wenn er seinem städtebaulichen Gestaltungsauftrag nicht gerecht werden kann, weil seiner Umsetzung dauerhaft zwingende Vollzugshindernisse entgegenstehen. Solche mangelnde Vollzugsfähigkeit besteht, wenn der Bebauungsplan im Konflikt mit dem Biotop- und Artenschutzrecht steht.[164] Entsprechendes gilt für die Flächennutzungsplanung.[165] Aus einem Flächennutzungsplan, der einer naturschutzrechtlichen Schutzverordnung widerspricht, kann kein wirksamer Bebauungsplan entwickelt werden, so dass der Flächennutzungsplan seine Funktion nicht wahrnehmen kann.[166]

Ausgangspunkt des gesetzlichen Biotopschutzes ist bislang die Bestimmung des § 30 Abs. 1 S. 1 bis 6 BNatSchG, welche die Länder zum Verbot von Maßnahmen verpflichtet, die zu einer Zerstörung oder Beeinträchtigung von Biotopen führen. Die im Rahmen der Novelle 2009 erfolgte Vollregelung konkretisiert mit den Vorgaben zum Biotopverbund, § 21 BNatSchG n. F. und zum Biotopschutz, § 30 BNatSchG n. F. diese Regelung dahingehend, dass nunmehr direkt Handlungen, die zu erheblichen Beeinträchtigungen der genannten Gebiete führen, verboten sind. Die Verbote gelten auch für weitere Biotope nach Landesrecht. Zu den im BNatSchG genannten Gebieten zählen u. a. natürliche oder naturnahe Bereiche fließender und stehender Binnengewässer, Moore, Sümpfe, Röhrichte, offene Binnendünen, Zwergstrauch-, Ginster- und Wacholderheiden, Wälder und Gebüsche trockenwarmer Standorte, Bruch-, Sumpf- und Auenwälder, offene Felsbildungen und Fels- und Steilküsten. Die durch das jeweilige Landesrecht erfassten weiteren Biotope umfassen beispielsweise Alleen und Streuobstwiesen im Außenbereich.[167] Sofern nicht die Errichtung von Windenergieanlagen ohnehin durch übergeordnete Ziele der Raumordnung oder Flächennutzungsplanung bei Biotopen ausgeschlossen ist, kommt es darauf an, ob eine Windenergienutzung mit dem jeweiligen Biotopschutz vereinbar ist.

Muss eine Vereinbarkeit von Windenergienutzung und Biotopschutz verneint werden, so stellt sich die Frage einer Ausnahme i. S. v. § 30 Abs. 2 BNatSchG i. V. m. der jeweiligen landesrechtlichen Regelung und einer landesrechtlichen Befreiung, welche nach allgemeiner Auffassung nicht durch

---

[163] St. Rspr. vgl. BVerwG, NuR 1998, 135 ff.
[164] Louis/Wolf, Naturschutz und Baurecht, NuR 2002, 455.
[165] Vogt, Die Anwendung artenschutzrechtlicher Bestimmungen, ZUR 2006, 21, 26.
[166] BVerwG, NuR 2000, 321, 322 f.
[167] Fischer, Biotop- und Artenschutz in der Bauleitplanung, NuR 2007, 307 f. m. w. N.

§ 30 Abs. 2 BNatSchG gesperrt ist.[168] Mit dem novellierten BNatSchG 2009 sind Ausnahmen und Befreiungen nunmehr unabhängig von deren landesrechtlicher Ausgestaltung nach § 30 Abs. 3–8 BNatSchG n.F. möglich.

Die Ausnahme setzt als Rechtfertigungsgrund regelmäßig ein Überwiegen von Gründen des Allgemeinwohls voraus, was grundsätzlich auch bei privaten Investitionen möglich ist. Zwar dienen Windenergieanlagen im Gegensatz zu einem Wohngebäude nicht ausschließlich privaten Interessen, sondern nützen der Realisierung der vom Gesetzgeber gewollten Kohlendioxideinsparung. Sie fallen jedoch dennoch nicht unter den vom Bundesverwaltungsgericht anerkannten Gemeinwohlbegriff. Das Bundesverwaltungsgericht verwendet als Faustformel für die Feststellung eines Überwiegens von Allgemeinwohlbelangen im Rahmen der naturschutzrechtlichen Befreiung, auch nach FFH-RL, die strengen Anforderungen des Enteignungsrechts, da eine Enteignung nach Art. 14 GG nur aus Gründen des Allgemeinwohls erfolgen kann.[169] Das private Eigentum darf nur dann im Wege der Enteignung entzogen werden, wenn ein qualifiziertes öffentliches Interesse vorliegt. Ein solches besteht, wenn das Eigentum im konkreten Fall benötigt wird, um besonders schwer wiegende und dringende öffentliche Interessen zu verwirklichen.[170] Die Erforderlichkeit einer Enteignung von Grundstücken für die Errichtung von Windenergieanlagen durch private Investoren dürfte äußerst selten gegeben sein. Die Frage von Enteignungen stellt sich im Zusammenhang mit der Errichtung von Windenergieanlagen eher im Kontext der Netzanbindung.[171] Ob es für die Erteilung der Ausnahme auf eine Alternativen-Prüfung ankommt,[172] in der die Gemeinde begründen müsste, dass keine alternativen Grundstücke zur Verfügung stehen, auf denen in zumutbarer Weise das geplante Vorhaben ohne Zerstörung oder Beeinträchtigung gesetzlich geschützter Biotope verwirklicht werden kann,[173] kann hier infolge dessen regelmäßig dahinstehen.

Zur Vereinbarkeit von Windenergienutzung und Schutzgebieten lässt sich allgemein festhalten, dass jeweils im Einzelfall die Schutzgebietsverordnung zu prüfen ist. Führt dies zu einer Unvereinbarkeit von Windenergienutzung und Schutzgebiet, so steht die Schutzgebietsverordnung nicht zur Disposition der gemeindlichen Planungshoheit. Der Vorrang der Schutzgebietsverordnung ergibt sich aus ihrer Stellung als materielles Gesetz, das

---

[168] Fischer, Biotop- und Artenschutz in der Bauleitplanung, NuR 2007, 307, 310.
[169] BVerwG, BVerwGE 125, 116, 318 f.
[170] BVerwG, BVerwGE 125, 116, 318 f.
[171] Wichert, Enteignung und Besitzeinweisung für Energiewirtschaftliche Leitungsvorhaben, NVwZ 2009, 876 ff.
[172] Vgl. BVerwG, NuR 2006, 779, 783.
[173] Fischer, Biotop- und Artenschutz in der Bauleitplanung, NuR 2007, 307, 310.

im Rang über einer Satzung steht. Sollen Teile eines Schutzgebiets überplant werden, ist nach Auffassung der Rechtsprechung eine verbindliche Zusage einer Änderung der Schutzgebietsverordnung unzureichend. Es bedarf vielmehr einer Teilaufhebung der Schutzgebietsverordnung.[174]

Im Hinblick auf Gebiete von gemeinschaftlicher Bedeutung im Rahmen des Netzes Natura 2000 ist festzuhalten, dass die FFH-Verträglichkeit einer Vorrangzone für die Windenergienutzung schon im Verfahren der Aufstellung eines Bauleitplans zu prüfen ist, wenn die Planung zu erheblichen Beeinträchtigungen eines europäischen Vogelschutzgebiets in seinen Erhaltungszielen oder für den Schutzzweck maßgebenden Bestandteilen führen kann.[175]

Hinsichtlich des Artenschutzes ist innerhalb der §§ 39 ff. BNatSchG/ §§ 39 ff. BNatSchG n.F. zunächst zwischen allgemeinem und besonderem Artenschutzrecht zu unterscheiden. Der allgemeine Artenschutz des § 41 BNatSchG/§ 39 BNatSchG n.F. ist für die Bauleitplanung ohne Bedeutung.[176] Der besondere Artenschutz des § 42 BNatSchG/§ 44 BNatSchG n.F. ist nach § 11 BNatSchG bzw. beim neuen BNatSchG durch die Vollregelung unmittelbar geltendes Recht und wird über die Zugriffs- und Störungsverbote für die Errichtung von Windenergieanlagen relevant. Bei der Gewichtung des Belanges des Artenschutzes im Rahmen der vorzunehmenden Abwägung sind in erster Linie die Schutzwürdigkeit der Art und des betroffenen Lebensraumes sowie die Intensität und die Auswirkungen des Eingriffs zu berücksichtigen.[177] Je schutzwürdiger die Art und deren durch das Vorhaben beeinträchtigter Lebensraum, umso geringere Anforderungen sind an die Schwere des Eingriffs und an die Wahrscheinlichkeit einer Schädigung des geschützten Bestandes und dessen Lebensraum zu stellen.[178]

Das Zugriffsverbot des § 42 Abs. 1 Nr. 1 BNatSchG/§ 44 Abs. 1 Nr. 1 BNatSchG n.F. betrifft die besonders geschützten Arten, welche nach § 10 Abs. 2 Nr. 10 BNatSchG/§ 7 Abs. 2 Nr. 13 BNatSchG n.F. als Tier- und Pflanzenarten in Anhang A oder B der Europäischen Artenschutzverordnung, Tier- und Pflanzenarten in Anhang IV der Flora-Fauna-Habitat-Richtlinie (FFH-RL), europäische Vogelarten und die besonders geschützten Tier-

---

[174] BVerwG, NuR 2000, 321 ff.; Kratsch, Neuere Rechtsprechung zum Naturschutzrecht, NuR 2009, 398, 401.
[175] OVG Münster, NuR 2008, 872 ff.
[176] Fischer, Biotop- und Artenschutz in der Bauleitplanung, NuR 2007, 307, 308; Vogt, Die Anwendung artenschutzrechtlicher Bestimmungen, ZUR 2006, 21, 26.
[177] Otto, Über den Schutzstatus der Fledermäuse und dessen Bedeutung in Bauleitplanungs- und Genehmigungsverfahren, NF-Themenheft „Fledermäuse und Nutzung der Windenergie", Band 12/Doppelheft 2–3 2007, 163, 167.
[178] VG Stuttgart, NuR 2005, 673 ff.

und Pflanzenarten nach Bundesnaturschutzverordnung erfasst sind. Den Belangen dieser Tiere kommt aufgrund ihres Schutzstatus ein entsprechend großes Gewicht zu. Die Norm des § 42 Abs. 1 Nr. 1 BNatSchG/§ 44 Abs. 1 Nr. 1 BNatSchG n. F. untersagt nicht nur die Zerstörung, sondern auch jede Beschädigung der Teilhabitate, wobei der Begriff der Beschädigung durch Art. 12 lit. d FFH-RL gemeinschaftsrechtlich vorgeprägt, als sämtliche Verschlechterungen auch im weiteren Umfeld einer geschützten Lebensstätte umfassend, verstanden werden muss.[179]

Das Störungsverbot begünstigt streng geschützte Arten nach § 10 Abs. 2 Nr. 11 BNatSchG/§ 7 Abs. 2 Nr. 14 BNatSchG n. F., welche in Anhang A der Europäischen Artenschutzverordnung, in Anhang IV der FFH-RL und als streng geschützte Arten in der Bundesnaturschutzverordnung erfasst sind. Die nicht in § 10 Abs. 2 Nr. 11 BNatSchG/§ 7 Abs. 2 Nr. 14 BNatSchG n. F. genannten europäischen Vogelarten werden ebenfalls erfasst, da sie in § 42 Abs. 1 Nr. 2 BNatSchG/§ 44 Abs. 1 Nr. 2 BNatSchG n. F. ausdrücklich aufgeführt werden. Die streng geschützten Arten sind damit zugleich auch besonders geschützte Arten, denen das Störungsverbot zugute kommt.

Der Umfang des Störungsverbotes wurde mit der „Kleinen Novelle" des BNatSchG 2007 verändert. Angesichts der zahlreichen Rechtsstreitigkeiten mit Bezug zur bisherigen Regelung soll darauf noch ein kurzer Blick geworfen werden.

Das Störungsverbot bewirkt nicht nur ein Verbot, die Arten an ihren Nist-, Brut-, Wohn- oder Zufluchtstätten aufzusuchen, zu fotografieren oder zu filmen, sondern auch bau- oder nutzungs- und betriebsbedingte Störungen in Form von Lärm, Vibrationen, schnellen Bewegungen und ähnliches. Das Bundesverwaltungsgericht ist der Auffassung,[180] dass Nahrungsbereiche oder -stätten und Winterquartiere mit der Aufzählung nicht erfasst seien. Dem wird in der Literatur entschieden widersprochen. Danach sollen Winterquartiere unter den Begriff der Wohnstätten fallen und Nahrungsstätten zumindest dann erfasst sein, wenn die genannten Gebiete durch eine Nahrungsstättenzerstörung maßgeblich an Wert verlieren.[181] Einerseits erscheint es lebensfremd, Tiere in der geschützten Lebensstätte ohne Nahrungsstätte verhungern zu lassen. Dennoch kann dies nicht dazu führen entgegen der Rechtsprechung die Tatbestandsmerkmale auszuweiten und einen umfassenderen Gebietsschutz über das besondere Artenschutzrecht zu etablieren. Sofern eine weite Auslegung der bestehenden Tatbestandsmerkmale

---

[179] Gellermann, Das besondere Artenschutzrecht in der kommunalen Bauleitplanung, NuR 2007, 132, 135.
[180] BVerwG, NuR 2001, 385, 386.
[181] Fischer, Biotop- und Artenschutz in der Bauleitplanung, NuR 2007, 307, 309.

gefordert wird,[182] muss darauf geachtet werden, den Wortlaut der Norm nicht zu überdehnen. Winterquartiere und Nahrungsstätten können insofern nur im Rahmen der normierten Lebensstätten im Sinne der Rechtsprechung erfasst sein.[183]

Hinsichtlich der Lebensstätten ist allgemein darauf hinzuweisen, dass der Schutz sich grundsätzlich nur auf besetzte Lebensstätten bezieht, es sei denn es handelt sich um solche sog. reviertreuer Arten, wie z.B. den Horst des Seeadlers oder das Winterquartier des Großen Mausohrs, welche sich entweder ganzjährig im überplanten Bereich aufhalten oder regelmäßig in diesen zurückkehren, so dass der Lebensraum während der gesamten Nutzungszeit auch während einer zwischenzeitlichen Abwesenheit geschützt wird.[184] Gleiches gilt für Brutreviere in denen jährlich neue Nester gebaut werden.[185] Da der nationale Artenschutz bisher im Gegensatz zur EG-Vogelschutzrichtlinie individuumsbezogen und nicht populationsbezogen war, konnte ein Verstoß gegen Zugriffs- oder Störungsverbote auch nicht durch eine Bereitstellung von Kompensationsflächen nach dem herbstlichen Wegzug einer Population einer reviertreuen Art abgewendet werden.[186] Ausgleichs- und Ersatzmaßnahmen waren grundsätzlich nicht geeignet die Erfüllung von Verbotstatbeständen abzuwenden, da das europäische Naturschutzrecht der Erhaltung vorhandener Lebensräume Vorrang vor deren Verlagerung einräumt.[187] Sie konnten die Chance auf eine Befreiung allenfalls erhöhen.

Die Novelle des BNatSchG 2007 passt die Störungsverbote der Terminologie der FFH-RL an. Zugleich hat der Gesetzgeber in Folge der Zielsetzung der 1:1 Umsetzung europäischer Richtlinien die Richtungsentscheidung getroffen, den Individuenschutz zugunsten des Populationsschutzes zurückzudrängen.

Nach § 42 Abs. 1 Nr. 1 BNatSchG 2007/§ 44 Abs. 1 Nr. 1 BNatSchG 2009 ist es verboten Tiere der besonders geschützten Arten zu fangen, zu verletzen oder zu töten oder ihre Entwicklungsformen aus der Natur zu entnehmen, zu beschädigen oder zu zerstören. Subjektive Tatbestandsmerkmale, wie die Absicht, wurden mit der Novelle gestrichen. Praktisch bedeu-

---

[182] Louis, Anmerkung zu BVerwG, 11.01.2001 – 4 C 6.00, NuR 2001, 388, 389.
[183] So auch VG Cottbus, BeckRS 2008, 33422; VG Berlin, BeckRS 2008, 34254.
[184] Fischer, Biotop- und Artenschutz in der Bauleitplanung, NuR 2007, 307, 309; Gellermann, Das besondere Artenschutzrecht in der kommunalen Bauleitplanung, NuR 2007, 132, 134.
[185] BVerwG, NuR 2006, 779 ff.
[186] Fischer, Biotop- und Artenschutz in der Bauleitplanung, NuR 2007, 307, 309; Gellermann, Das besondere Artenschutzrecht in der kommunalen Bauleitplanung, NuR 2007, 132, 135.
[187] BVerwG, NuR 2006, 779, 782.

tet das Störungsverbot, dass die Errichtung einer Windenergieanlage an ihrer geplanten Lage z. B. in einem Jagdgebiet für Fledermäuse mit zwangläufiger Kollisionsgefahr scheitern muss.[188]

§ 42 Abs. 1 Nr. 2 BNatSchG 2007/§ 44 Abs. 1 Nr. 2 BNatSchG 2009 verbietet erhebliche Störungen während der Fortpflanzungs-, Aufzucht-, Mauser-, Überwinterungs-, und Wanderungszeiten, wenn sich dadurch der Erhaltungszustand der lokalen Population einer Art verschlechtert. Damit wird nicht mehr wie bisher auf bestimmte Orte, sondern auf bestimmte Zeiten abgestellt, was den gemeinschaftsrechtlichen Regelungsvorgaben in Art. 12 Abs. 1 b FFH-RL und Art. 5 d V-RL entspricht. Das Erheblichkeitserfordernis entstammt Art. 12 Abs. 1 b FFH-RL. Für die Eingrenzung der lokalen Population ist auf den für die Lebensraumansprüche der Art ausreichenden räumlich-funktionalen Zusammenhang abzustellen. Eine Verschlechterung des Erhaltungszustandes ist insbesondere dann anzunehmen, wenn die Überlebenschancen, der Bruterfolg oder die Reproduktionsfähigkeit vermindert werden, wobei dies artspezifisch im Einzelfall untersucht und beurteilt werden muss.[189] Der aus dem BNatSchG 2002 vertraute Schutz der Lebensstätten findet sich nun in § 42 Abs. 1 Nr. 3 BNatSchG 2007/§ 44 Abs. 1 Nr. 3 BNatSchG 2009 unter dem Begriff der Fortpflanzungs- und Ruhestätten wieder, was auch Nester umfasst.[190] Dabei wird jedoch nicht der weite Begriff der Kommission, sondern der bisherige eher enge Begriff vom nationalen Gesetzgeber zugrunde gelegt, so dass räumlich begrenzt z. B. der Baum mit Seeadlerhorst und nicht der Wald erfasst wird.[191]

Eine artenschutzrechtliche Ausnahme oder Befreiung kommt in Betracht, wenn das Vorhaben einen Tatbestand des § 42 BNatSchG/§ 44 BNatSchG n. F. erfüllt. Ausnahme- oder befreiungsbedürftig ist allerdings nicht der Bauleitplan als solcher, sondern das einzelne Vorhaben, dessen Realisierung mit artenschutzrechtlichen Vorgaben kollidiert. Im Rahmen der Erforderlichkeitsprüfung nach § 1 Abs. 3 S. 1 BauGB muss die Gemeinde mit der Prognose über die Verwirklichbarkeit des Planes allerdings auch in Bezug auf die artenschutzrechtliche Ausnahme- oder Befreiungslage eine Prognoseentscheidung fällen.[192] Sind zum Zeitpunkt der Beschlussfassung die Ausnahme- oder Befreiungstatbestände objektiv gegeben, besteht auch kein unüberwindbares Hindernis für die Planung.

---

[188] Otto, Über den Schutzstatus der Fledermäuse und dessen Bedeutung in Bauleitplanungs- und Genehmigungsverfahren, NF-Themenheft „Fledermäuse und Nutzung der Windenergie", Band 12/Doppelheft 2–3 2007, 163, 165.
[189] BT-Drs. 16/5100, S. 11.
[190] Gellermann, Die „Kleine Novelle" des Bundesnaturschutzgesetzes, NuR 2007, 783, 785 f.
[191] Dolde, Artenschutz in der Planung, NVwZ 2008, 121, 123.
[192] Pauli, Artenschutz in der Bauleitplanung, BauR 2008, 759, 767.

Die Ausnahme- und Befreiungsmöglichkeiten sind europarechtlich vorgeprägt. Entscheidend ist somit der Rahmen von Art. 16 Abs. 1 FFH-RL sowie Art. 13 V-RL. Die Abweichung setzt infolge dessen das Fehlen einer anderweitigen zufrieden stellenden Lösung, die Bewahrung des günstigen Erhaltungszustandes der betroffenen Art im natürlichen Verbreitungsgebiet und einen rechtfertigenden Grund voraus. Dabei ist hervorzuheben, dass nicht jeder Verlust einer lokalen Population mit einer Verschlechterung des Erhaltungszustandes gleichzusetzen ist und letzterer auch durch Ausgleichsmaßnahmen sichergestellt werden kann.[193] Während diese Hürde für Anlagenplaner zu bewältigen ist, bereitet der rechtfertigende Grund größere Probleme.

Die FFH-RL setzt als Rechtfertigungsgrund regelmäßig ein Überwiegen von Gründen des Allgemeinwohls voraus. Dies ist zwar grundsätzlich auch bei privaten Investitionen möglich, dürfte aber im Falle von Windenergieanlagen in der Regel nicht anzunehmen sein. Zwar dienen Windenergieanlagen im Gegensatz zu einem Wohngebäude nicht ausschließlich privaten Interessen, sondern entsprechen der vom Gesetzgeber gewollten Klimaschutzpolitik. Das Bundesverwaltungsgericht verwendet jedoch als „Faustformel" für die Feststellung eines Überwiegens von Allgemeinwohlbelangen die strengen Anforderungen des Enteignungsrechts.[194] An den Voraussetzungen einer Enteignung von Grundstücken wird die Errichtung von Windenergieanlagen durch private Investoren regelmäßig scheitern. Ob für die Vogelschutzrichtlinie dieselben oder gar noch engere Voraussetzungen als nach der FFH-RL gelten sollen, kann hier insofern vernachlässigt werden. Eine andere Beurteilung der Gemeinwohlbelange kann sich gegebenenfalls aus Zielen der Raumordnung ergeben. Dies soll im Rahmen des Genehmigungsverfahrens näher betrachtet werden. Die Errichtung einer Windenergieanlage kann bereits an den fehlenden Gemeinwohlgründen scheitern. Wie die Alternativen-Prüfung auszugestalten ist, kann hier infolge dessen dahinstehen.

Eine Befreiung kommt insbesondere dann in Betracht, wenn artenschutzrechtliche Belange erst spät erkannt werden oder besonders geschützte Arten nachträglich auftreten. In solchen Fällen kommt eine nicht beabsichtigte Härte i.S.v. § 62 Abs. 1 S. 1 Nr. 1 a BNatSchG 2002 (§ 43 Abs. 8 S. 1 Nr. 5 BNatSchG 2007/§ 45 Abs. 7 S. 1 Nr. 5 BNatSchG 2009) in Betracht.[195] Eine Befreiung setzt grundsätzlich die eigenverantwortliche Fest-

---

[193] Philipp, Artenschutz in Genehmigung und Planfeststellung, NVwZ 2008, 593, 596 f.
[194] BVerwG, BVerwGE 125, 116, 318 f.
[195] Vogt, Die Anwendung artenschutzrechtlicher Bestimmungen, ZUR 2006, 21, 25.

stellung einer Befreiungslage durch den Planungsträger voraus. Eine solche tritt bei einem atypisch gelagerten Fall, einer nicht beabsichtigte Härte oder einem Überwiegen von Gründen des Allgemeinwohls und einer Übereinstimmung mit den normativen Vorgaben des europäischen Vogel- und Habitatschutzes der Vogelschutz-Richtlinie (V-RL) und FFH-RL auf und unterliegt daher strengen Maßstäben. Sind gemeinschaftsrechtlich geschützte Arten betroffen, so müssen zusätzlich die Ausnahmevoraussetzungen des Art. 16 Abs. 1 FFH-RL bzw. Art. 9 Abs. 1 V-RL vorliegen, während Art. 12 und 13 FFH-RL bzw. Art. 5–7 V-RL nicht entgegenstehen dürfen.[196]

Es liegt an der Gemeinde zu überprüfen, ob die tatbestandlichen Voraussetzungen für eine Ausnahme oder Befreiung gegeben sind, auch wenn die Erteilung letztendlich im Ermessen der zuständigen Naturschutzbehörde steht, da eine objektive Ausnahme- oder Befreiungslage ausreicht.[197] Insofern kann die Gemeinde auf die Erteilung der Ausnahme oder Befreiung vertrauen, solange nicht die Naturschutzbehörde bereits im Planaufstellungsverfahren signalisiert, dass sie ihr Ermessen in negativer Weise ausüben wird und eine Ermessenreduzierung auf Null nicht in Betracht kommt.[198]

Im Ergebnis lässt sich festhalten, dass während der Aufstellung eines Bebauungsplanes sich die Gemeinde selbst Gewissheit über alle abwägungserheblichen Belange wie z.B. das Nutzungsinteresse des Genehmigungsantragstellers verschaffen muss.[199] Dabei muss eine intensive Prüfung der biotop- und artenschutzrechtlichen Voraussetzungen für die Planverwirklichung und ggf. eine Abstimmung mit der Naturschutzbehörde vorgenommen werden. Eine frühzeitige Bemühung um die Zustimmung der Naturschutzbehörde bei einer erforderlichen Befreiung ist im Interesse der Planungssicherheit von Gemeinde wie Investor, da die Behörde ohne Änderung der Sachlage im nachfolgenden Genehmigungsverfahren an ihre Aussage im Planverfahren gebunden ist.[200] Auch wenn sich der Bebauungsplan mit artenschutzrechtlichen Problemen auseinandersetzt, befreit dies im Genehmigungsverfahren nicht von der Berücksichtigung der artenschutzrecht-

---

[196] Daher skeptisch Otto, Über den Schutzstatus der Fledermäuse und dessen Bedeutung in Bauleitplanungs- und Genehmigungsverfahren, NF-Themenheft „Fledermäuse und Nutzung der Windenergie", Band 12/Doppelheft 2–3 2007, 163, 166; Quambusch, Repowering als Planungsproblem, BauR 2007, 1824, 1826.

[197] Fischer, Biotop- und Artenschutz in der Bauleitplanung, NuR 2007, 307, 314; Pauli, Artenschutz in der Bauleitplanung, BauR 2008, 759, 767.

[198] Fischer, Biotop- und Artenschutz in der Bauleitplanung, NuR 2007, 307, 314; Gellermann, Das besondere Artenschutzrecht in der kommunalen Bauleitplanung, NuR 2007, 132, 137.

[199] OVG Weimar, ZUR 2005, 215 ff.

[200] Vogt, Die Anwendung artenschutzrechtlicher Bestimmungen, ZUR 2006, 21, 27.

lichen Zugriffsverbote, z. B. wenn sich die Verhältnisse seit der Verabschiedung des Plans wesentlich geändert haben. Die Berücksichtigung der artenschutzrechtlichen Verbote in der Bauleitplanung gibt dem Bauherrn nicht die Sicherheit, dass im Baugenehmigungsverfahren keine artenschutzrechtlichen Probleme auftreten können.[201]

Neben dem Naturschutz ist auch der Landschaftsschutz in der Abwägung zu berücksichtigen. Grundlage für die Abwägung des Belangs ist der Zustand der Landschaft, welcher zu erheben und zu bewerten ist. Danach sind die zu erwartenden Beeinträchtigungen der Landschaft und der Umfang des Eingriffs zu ermitteln und zu bewerten. Über das Integritätsinteresse der Landschaft ist nach § 1 Abs. 6 Nr. 7 BauGB zu entscheiden. Das Gewicht der Landschaftspflege definiert sich über die konkret im Plangebiet vorgegebenen Funktionen des Landschaftsbildes und der durch die Realisierung der Bauleitplanung zu erwartenden Beeinträchtigungen des Belanges.[202]

Wenn nach Beschlussfassung eines Bebauungsplanes ein Ziel der Raumordnung rechtswirksam wird, das eine Anpassungspflicht begründet, darf der Bebauungsplan nicht bekannt gemacht werden, zumal es auf den Zeitpunkt des In-Kraft-Tretens ankommt und die Gemeinde den Bebauungsplan zwischen Beschlussfassung und Bekanntgabe nicht aus den Augen verlieren darf.[203] Dies ist vor allem dann von Bedeutung, wenn nach Beschlussfassung über den Bebauungsplan, aber vor dessen Bekanntmachung ein abweichendes Ziel der Raumordnung Verbindlichkeit erlangt.

Mängel, die einzelnen Festsetzungen eines Bebauungsplans anhaften, führen zu dessen Gesamtnichtigkeit, wenn die übrigen Regelungen oder Festsetzungen eine in jeder Hinsicht den gesetzlichen Anforderungen gerecht werdende, sinnvolle städtebauliche Ordnung nicht bewirken können.[204] Diese Rechsprechung hebt die Bedeutung der Notwendigkeit eines schlüssigen gesamträumlichen Planungskonzepts im Flächennutzungsplan hervor. Mit einem solchen lässt sich auch ein fehlerhafter B-Plan erhalten und damit auch dessen Steuerungsfunktion. Eine gründliche Flächennutzungsplanung der Gemeinden zahlt sich daher doppelt aus.

Sofern die Errichtung von WEA nicht im Rahmen eines Sondergebiets oder einer Versorgungsfläche erfolgt, ist noch die Konstellation denkbar, dass eine Windenergieanlage in einem anderweitig verplanten Gebiet als Nebenanlage nach § 14 Abs. 1 oder § 14 Abs. 2 BauNVO zulässig sein

---

[201] Louis, Die Zugriffsverbote des § 42 Abs. 1 BNatSchG im Zulassungs- und Bauleitplanverfahren, NuR 2009, 91, 100.
[202] Louis/Wolf, Naturschutz und Baurecht, NuR 2002, 455, 459 f.
[203] BVerwG, NVwZ 2007, 953.
[204] BVerwG, BVerwGE 122, 109, 113/NVwZ 2005, 211.

könnte. Dabei stellen sich die gleichen Fragen wie im unbeplanten Innenbereich nach § 34 BauGB.

Die kommunale Standortplanung für Windenergiestandorte steht im Spannungsfeld der Interessen benachbarter Gemeinden und unterliegt daher dem interkommunalen Abstimmungsgebot.[205]

8. Windenergieanlagen im unbeplanten Innenbereich

Im unverplanten Innenbereich gem. § 34 BauGB spielen WEA heute faktisch keine Rolle, da sie sich mit ihren heute regelmäßig mehr als 50 m Höhe nicht optisch der Hauptanlage unterordnen, sondern einer Hauptanlage gleichwertig erscheinen oder diese optisch verdrängen.[206] Hier spiegelt sich die technische Entwicklung wieder, zumal WEA im Innenbereich früher für möglich gehalten wurden. Eine veraltete Rechtsprechung des Bundesverwaltungsgerichts befürwortete sogar die Errichtung von WEA „auf schlankem Mast und mit schmalen Rotorflügeln" als funktional und räumlich-gegenständlich untergeordnete Nebenanlage auch im reinen Wohngebiet.[207] Bei näherer Betrachtung des vom Bundesverwaltungsgericht zugrunde gelegten Falles, wird deutlich, dass es sich schon damals um eine Ausnahmesituation gehandelt hat. Es handelte sich um ein ca. 1200 m^2 großes Grundstück umgeben von einer deutlich aufgelockerten Bebauung, an welches ein 300 bis 600 m tiefes Wiesengelände angrenzte. Die Anlage selber wies einen 12 hohen Stahlrohrmast und einen Rotor von 10 m^2 auf und sollte das daneben befindliche Einfamilienhaus beheizen. Es handelte sich also bereits bei dieser Rechtsprechung nicht um klassisches baulich verdichtetes Innenbereichsgebiet, sondern um ein Gebiet, was eher an eine Außenbereichsinsel im Innenbereich oder an den Außenbereich angrenzende Randlage erinnert. Die strittige Windenergieanlage war schon für damalige Verhältnisse sehr klein. Diese Rechtsprechung von 1983 muss heute als überholt gelten. Moderne WEA fügen sich nicht in die nähere Umgebung ohne Beeinträchtigung des Ortsbildes und Verstoßes gegen das Gebot der Rücksichtnahme ein.[208] Selbst eine WEA alten Typs von 20,5 m Höhe ist

---

[205] Wolf, Windenergie als Rechtsproblem, ZUR 2002, 331, 336.
[206] Zur alten Rechtslage: von Mutius, Rechtliche Voraussetzungen und Grenzen, DVBl 1992, 1469 ff.; Ogiermann, Bauplanungsrechtliche Hindernisse der Errichtung von Windkraftanlagen, NVwZ 1993, 964, 965; Stich, Bauplanungs- und umweltrechtliche Probleme der Errichtung und des Betriebs von Windkraftanlagen sowie der Aufstellung von Bebauungsplänen für Windfarmen, GewArch 2003, 8 f.
[207] BVerwG, BVerwGE 67, 23 ff.
[208] So schon Stüer/Vildomec, Planungsrechtliche Zulässigkeit von Windenergieanlagen, BauR 1998, 427, 428; Wolf, Windenergie als Rechtsproblem, ZUR 2002, 331, 336.

aufgrund der drohenden städtebaulichen Spannungen schon 1998 abgelehnt worden.[209] Dies muss für die Errichtung etwa 200 Meter hoher moderner Anlagen erst recht gelten. Auch eine Qualifizierung als untergeordnete Nebenanlagen gem. § 14 Abs. 1 BauNVO erscheint ausgeschlossen.[210] Eine Anlage für erneuerbare Energien kann nach § 14 Abs. 2 Satz 2 BauNVO nur dann ausnahmsweise als Nebenanlage zugelassen werden, wenn sie der Versorgung des Baugebietes oder mehrerer Baugebiete der Gemeinde dient.[211] Eine Befreiung von den Voraussetzungen des § 14 BauNVO für Nebenanlagen nach § 31 Abs. 2 BauGB wurde bereits Ende der 90er Jahre als Seltenheit betrachtet.[212] Eine heutzutage moderne WEA dürfte jedes innerstädtisches Baugebiet nicht nur um das Doppelte, sondern um ein Vielfaches überragen und von ihrer Leistung nicht eine Hilfsfunktion für das Wohnen vor Ort darstellen, sondern mehrere tausend Haushalte versorgen, was das Baugebiet und i.d.R. auch die angrenzenden Baugebiete wenn nicht gar die ganze kleine Gemeinde überschreitet.[213] Insofern scheitert ein solches Unterfangen schon rein faktisch daran, dass derart kleine Anlagen, welche die Kriterien erfüllen würden, heute weitestgehend nicht mehr gebräuchlich sind.

Im Ergebnis besteht damit eine grundsätzliche Unvereinbarkeit von unbeplantem Innenbereich und Windenergieanlagen,[214] was dem Streit um die Einstufung eines Gebietes als Innenbereich oder Außenbereich Bedeutung verleiht. Hier ist die richtige Abgrenzung eines vom im Zusammenhang bebauten Ortsteil von einer Splittersiedlung von entscheidender Bedeutung für das Genehmigungsverfahren. Aus Sicht der Anlagenplaner ist die Einstufung einer nahe gelegenen Häusergruppe als Splittersiedlung vorteilhaft. Nicht nur, dass der Ort der Vorhabenerrichtung dann eher in den Außen-

---

[209] VGH Mannheim, NuR 1999, 43 f.
[210] Ogiermann, Bauplanungsrechtliche Hindernisse der Errichtung von Windkraftanlagen, NVwZ 1993, 964, 965 hält diese Konstruktion für die Errichtung von WEA im Innenbereich 1993 noch für möglich, wenn es sich um Grundstücke von mehr als 1100 m² handelt, was meines Erachtens den Bebauungszusammenhang bereits in Frage stellt. Dies kann angesichts des technischen Fortschrittes hier dahinstehen; vgl. auch Jeromin, Praxisprobleme bei der Zulassung von Windenergieanlagen, BauR 2003, 820 f.
[211] VGH Mannheim, NuR 1999, 43 f.
[212] Stüer in: Spannowsky/Mitschang, Flächennutzungsplanung im Umbruch?, Köln 2000, 119 f.
[213] Siehe schon BVerwGE 96, 95 zu einer alten 280 kW Anlage, die zu 1/5 einen Bauernhof versorgen sollte und zu 4/5 der öffentlichen Versorgung dienen sollte; VGH Mannheim, NuR 1999, 43 f., verneint dies für eine Anlage mit einer Leistung von 2,5 KW; heutzutage werden Anlagen unter einer Leistung von 1 MW kaum noch hergestellt, inzwischen sogar 5 MW leistungsstarke Anlagen installiert.
[214] Gretschel, Entwicklung der Rechtsprechung im Windenergierecht, Berlin 2006, S. 24.

bereich fällt, es gilt auch die geringere Schutzwürdigkeit für Wohnen im Außenbereich bei der Beurteilung der erforderlichen Rücksichtnahme.

Mit dem der grundsätzlichen Unvereinbarkeit von unbeplantem Innenbereich und Windenergienutzung verbleiben zwei Wege: Die Errichtung von WEA als privilegierte Vorhaben im Außenbereich gem. § 35 I Nr. 6 BauGB oder in speziell verplanten Sondergebieten nach § 30 BauGB, § 11 Abs. 2 S. 2 letzter HS BauNVO.

9. Windenergieanlagen im Außenbereich

Windenergieanlagen entstehen in der Regel im Außenbereich. Für den Außenbereich nach § 35 BauGB ist der Leitgedanke der größtmöglichen Schonung maßgeblich. Dort sind WEA nach § 35 Abs. 1 Nr. 5 BauGB privilegiert. Trotz der ihnen damit bescheinigten Außenbereichsadäquanz sind sie jedoch nicht an jedem beliebigen Standort im Außenbereich zulässig.[215] Der Gedanke der größtmöglichen Schonung gilt nicht nur für sonstige Vorhaben, sondern auch für privilegierte Vorhaben.[216] Bei privilegierten Vorhaben ist die Baugenehmigung als gebundene Entscheidung zu erteilen, soweit keine öffentlichen Belange entgegenstehen.

Windenergieanlagen waren nicht immer privilegiert und die Debatte über die Privilegierung hält an. Vor dem Hintergrund der Debatte lohnt ein Blick in die Rechtsgeschichte der Zulässigkeit von Windenergieanlagen im Außenbereich und damit in die Geschichte der Privilegierung. Neben der rechtspolitischen Frage, ob WEA weiter zu privilegieren sind[217] stellt sich in der Folge vor allem die Frage nach in Betracht kommenden öffentlichen Belangen. Dabei ist die Regelung des § 35 Abs. 3 S. 2 und 3 BauGB hervorzuheben.

a) Die Diskussion um den Privilegierungstatbestand

Ursprünglich bestand keine ausdrückliche Privilegierung einer Windenergienutzung im Außenbereich. Teilweise wurden Windenergieanlagen von Bauern als einem landwirtschaftlichen Betrieb dienende Anlagen nach § 35 Abs. 1 Nr. 1 BauGB privilegiert, teilweise wurden sie über § 35 Abs. 1 Nr. 4 BauGB a. F. (heute § 35 Abs. 1 Nr. 3 BauGB) als Anlagen für die

---

[215] BVerwG, NVwZ 2005, 328 ff.
[216] BVerwG, BauR 2003, 828, 837.
[217] Siehe die Anträge der FDP Fraktion, LT NRW Drs. 13/1247, und den Koalitionsvertrag von CDU NRW und FDP NRW vom 16.06.2005, S. 7, welche die Abschaffung der Privilegierung fordern.

öffentliche Versorgung betrachtet und als solche privilegiert behandelt.[218] Diese Praxis wurde mit einem Urteil des Bundesverwaltungsgerichtes im Juni 1994 beendet.[219] Eine dienende Funktion bei landwirtschaftlichen Betrieb ist überzeugend nur dann gegeben, wenn die Windenergieanlage eine untergeordnete Nebenanlage zu diesem Betrieb ist. Als solche kann sie nur betrachtet werden, wenn sie schwerpunktmäßig, also zu über 50%, den landwirtschaftlichen Betrieb mit Strom versorgt und nicht überwiegend in das öffentliche Netz einspeist. Solche Fälle kommen auch mit den heutzutage modernen, leistungsstarken WEA durchaus noch vor, insbesondere bei energieintensiven landwirtschaftlichen Vollerwerbsbetrieben, z.B. im Bereich der Schweine- und Hähnchenmast.[220] Damit sind dem Ausbau der Windenergie zum Zwecke der öffentlichen Versorgung jedoch Grenzen gesetzt. Strittig war daher die Frage, ob WEA als Anlagen der öffentlichen Versorgung privilegierte Vorhaben i.S. des § 35 Abs. 1 Nr. 4 BauGB a.F. sein können. Bereits die Norm spricht in Bezug auf gewerbliche Betriebe von Ortsgebundenheit. Infolgedessen sieht das Bundesverwaltungsgericht den Grund der Privilegierung der Anlagen in Ihrer Standortgebundenheit. Diese Ausweitung des Tatbestandsmerkmales auf alle Vorhaben ist angesichts des Wortlautes nicht zwingend, lässt sich aber mit dem Grundsatz der größtmöglichen Schonung des Außenbereiches begründen. Windenergieanlagen sind im Gegensatz zu Wasserkraftwerken nicht auf eine bestimmte geographische Situation angewiesen, zumal günstige Windverhältnisse für ganze Landschaftsbereiche vorherrschen können. Damit verfehlen sie nach Auffassung des Bundesverwaltungsgerichtes das Kriterium der Standortgebundenheit.[221] Mit dem vom Bundesverwaltungsgericht herbeigeführten Ende der Praxis der Behandlung von WEA als privilegierte Vorhaben waren damit Windenergieanlagen im Regelfall im Außenbereich unzulässig. In Konsequenz dessen kam es vorübergehend zu einem Stillstand der Genehmigungsverfahren.[222] Infolge des Urteils wurde die Forderung nach einer ausdrücklichen Privilegierung laut, welche zu parlamentarischen Initiativen und letztlich damit zur heutigen Regelung führte.

---

[218] Zur alten Rechtslage: von Mutius, Rechtliche Voraussetzungen und Grenzen, DVBl 1992, 1469, 1474 f.; Ogiermann, Bauplanungsrechtliche Hindernisse der Errichtung von Windkraftanlagen, NVwZ 1993, 964.
[219] BVerwG, BVerwGE 96, 95.
[220] OVG Lüneburg, NuR 2009, 55 ff.
[221] BVerwG, BVerwGE 96, 95.
[222] Lüers, Windkraftanlagen im Außenbereich, ZfBR 1996, 297; siehe auch Begründung der Gesetzesinitiativen BT-Drs. 13/1733, BT-Drs. 13/1736 und BT-Drs. 13/2208.

aa) Versuch der Privilegierung in der 12. Legislaturperiode

Bereits kurz nach dem Urteil des Bundesverwaltungsgerichtes hatte der Deutsche Bundestag eine Privilegierung über Änderung des § 35 BauGB im Gesetz zur Förderung der bäuerlichen Landwirtschaft auf Empfehlung des Ausschusses für Ernährung Landwirtschaft und Forsten am 23. Juni 1994 beschlossen.[223] Die Einfügung der Gesetzesänderung bereits sieben Tage nach dem Urteil erfolgte aufgrund eines Änderungsantrages der CDU/CSU-Fraktion und der FDP-Fraktion zur ausdrücklichen Förderung der erneuerbaren Energien und sah keine Steuerungsmöglichkeit durch die Kommunen wie in der heutigen Fassung vor. Die Änderung wurde von der SPD-Fraktion gebilligt, die sich bei der Abstimmung über den Gesetzentwurf als ganzen aber letztendlich enthielt. Der folgende unveränderte Beschluss des Bundestages traf im Bundesrat auf massive Kritik. Eine uneingeschränkte Privilegierung werde den Belangen von Natur- und Landschaft, dem Landschaftsbild, dem Denkmalschutz sowie dem Fremdenverkehr nicht gerecht und stelle mithin keine ausgewogene Lösung dar. Daraus ergebe sich weiterer Diskussionsbedarf und das Erfordernis einer grundsätzlichen Überarbeitung des Entwurfes.[224] Nach Anrufung des Vermittlungsausschusses durch Schleswig-Holstein empfahl der Vermittlungsausschuss die Streichung der Privilegierung aus dem Gesetz.[225] Damit war der Versuch der Einführung einer Privilegierung im ersten Anlauf am Widerstand der SPD-geführten Länder gescheitert.[226]

bb) Erfolgreiches Gesetzgebungsverfahren in der 13. Legislaturperiode

In der folgenden 13. Legislaturperiode konnte das Thema mit mehr Ruhe und Gründlichkeit behandelt werden. Es wurden drei Gesetzentwürfe, zuerst von den Koalitionsfraktionen CDU/CSU und FDP dann von der oppositionellen SPD-Fraktion und schließlich vom Bundesrat eingebracht.[227] Konsequenz des gescheiterten Gesetzgebungsverfahrens in der 12. Legislatur war allerdings ein Umdenken im Bundestag. Eine schrankenlose Privilegierung wurde trotz Betonung der Förderungswürdigkeit von erneuerbaren

---

[223] Gesetzesinitiative der Bundesregierung BT-Drs. 12/7770; Ausschussempfehlung BT-Drs 12/8069; Beschluss des Bundestages BR Drs. 646/94.
[224] Anrufung des Vermittlungsausschusses BT-Drs. 12/8289 und BR Drs. 646/94.
[225] Beschlussempfehlung des Vermittlungsausschusses BT-Drs. 12/8414.
[226] Wagner, Privilegierung von Windkraftanlagen im Außenbereich, UPR 1996, 370, 371.
[227] Entwurf der Koalitionsfraktionen BT-Drs. 13/1733; Entwurf der SPD-Fraktion BT-Drs. 13/1736; Entwurf des Bundesrates BT-Drs. 13/2208.

II. Das einschlägige Genehmigungsverfahren

Energien nun von allen Seiten nicht mehr angestrebt. Der Entwurf der Koalitionsfraktionen sah vor, unmittelbar im Privilegierungstatbestand eine Einschränkung der Privilegierung zu verankern. Demnach sollte die Erforschung, Entwicklung oder Nutzung der Windenergie privilegiert sein, es sei denn, die Gemeinde hätte die Ausschöpfung des beantragten Energieträgers planerisch festgelegt oder ausgeschlossen. Noch weitergehend sah der Entwurf der SPD-Fraktion vor, neben der Einführung einer Privilegierung in § 35 Abs. 1 Nr. 7 BauGB einen Planvorbehalt für alle privilegierten Vorhaben einzuführen. Damit wurde ein der heutigen Regelung entsprechender Planungsvorbehalt in § 35 Abs. 3 BauGB ins Spiel gebracht. Dem Entwurf des Bundesrates ging eine Initiative des Bundeslandes Schleswig-Holstein voraus, welches ebenfalls zur Einschränkung der Privilegierung den Planvorbehalt ins Spiel brachte.[228] Der Antrag des Landes Schleswig-Holstein sah noch ähnlich dem Gesetzesentwurf der Koalitionsfraktionen im Bundestag eine Einschränkung der Privilegierung in § 35 Abs. 1 Nr. 7 BauGB selbst vor. Der spätere Gesetzesentwurf des Bundesrates sah dann einen Planvorbehalt fast wortlautgleich zum Entwurf der SPD-Fraktion im Bundestag in § 35 Abs. 3 BauGB vor, wobei allerdings nicht auf den Entwurf der SPD, sondern auf die Rechtsprechung des Bundesverwaltungsgerichtes zu Konzentrationszonen für Abgrabungsgebiete von Kies und Sand Bezug genommen wurde.[229] Dieser schon vom Bundesverwaltungsgericht in seiner Entscheidung[230] angesprochene Ansatz wurde nicht zuletzt aufgrund der Empfehlung der Expertenkommission des Bundesbauministeriums aufgegriffen.[231] Das Gesetzgebungsverfahren zog sich in die Länge bis aus den drei Entwürfen ein einstimmig angenommener Gesetzesbeschluss wurde, dem der Bundesrat auch zustimmte.[232] Das Gesetz trat erst zum 1. Januar 1997 in Kraft.

Windenergieanlagen sind nunmehr, nachdem eine Privilegierung auch in der Literatur lange gefordert wurde,[233] seit dem 1.1.1997 im Katalog der privilegierten Außenbereichsvorhaben.[234] Das treibende Motiv war das politische Signal, die regenerativen Energiequellen zu fördern und unter erleichterten Voraussetzungen zulassen zu können, wobei gleichzeitig die ver-

---

[228] Antrag des Bundeslandes Schleswig Holstein BR-Drs. 153/95.
[229] Entwurf des Bundesrates BT-Drs. 13/2208 und BVerwG, BVerwGE 77, 300 ff.
[230] BVerwG, BVerwGE 96, 95.
[231] Dazu Übersicht bei Dolde, NVwZ 1996, 209, 210.
[232] Gesetzesbeschluss BT-Drs. 13/4978.
[233] Ogiermann, Bauplanungsrechtliche Hindernisse der Errichtung von Windkraftanlagen, NVwZ 1993, 964, 966; Krautzberger, Neuregelung der baurechtlichen Zulässigkeit von Windenergieanlagen zum 1.1.1997, NVwZ 1996, 847.
[234] Gesetz zur Änderung des Baugesetzbuchs vom 30.07.1996, BGBl. I, 1189.

fassungsrechtlich garantierte Planungshoheit der Kommunen gewahrt und gestärkt werden sollte.[235]

cc) Die Regelung im Einzelnen

Die Regelung der Windenergienutzung im BauGB ist von der Parallelität von Privilegierung und Planungsvorbehalt gekennzeichnet.

Mit der Privilegierung besteht ein Rechtsanspruch auf die Genehmigung, wenn die Erschließung gesichert ist und öffentliche Belange nicht entgegenstehen. Bei der Abwägungsentscheidung zwischen öffentlichen Belangen und dem Errichtungsinteresse des Bauherrn ist zu berücksichtigen, dass der Gesetzgeber mit der Einführung der Privilegierung Windenergieanlagen für außenbereichsadäquat bewertet hat.[236] Eine eventuell fehlende Wirtschaftlichkeit der Anlage ist eine Frage des EEG und des Betreibers, jedoch keine Frage des Baurechts. Gleiches gilt für den Anschluss an das Verbundnetz zur Einspeisung.[237] Bei der Privilegierung handelt es sich um eine Regelvermutung, welche im Einzelfall widerleglich ist, weil sie sich gegen eventuell entgegenstehende öffentliche Belange erst noch in der Abwägung durchsetzen muss.[238] Die Abwägungsentscheidung ist eine rein nachvollziehende Abwägung im Gegensatz zu einer gestalterischen Abwägung bei Aufstellung eines neuen Planes, welche die gesetzliche Planungsentscheidung auf den Einzelfall überträgt.[239] Dabei sind die öffentlichen Belange einerseits und das je nach seinem Gewicht und dem Grad der gesetzlichen Privilegierung gesteigert durchsetzungsfähige Privatinteresse an der Verwirklichung des Vorhabens andererseits einander gegenüberzustellen.[240] Die gesteigerte Durchsetzungsfähigkeit zeigt sich darin, dass im Gegensatz zur Kategorie der sonstigen Vorhaben, denen WEA vor Einführung der Privilegierung zuzuordnen waren, ein Vorhaben nicht dann schon unzulässig ist, wenn öffentliche Belange beeinträchtigt sind, sondern erst, wenn sie dem Vorhaben entgegenstehen. Im Unterschied zur multipolaren planerischen Abwägung steht der Behörde bei der von einer zweiseitigen Interessenbewertung gekennzeichneten und gerichtlich uneingeschränkt überprüfbaren

---

[235] Beschlussempfehlung des Ausschusses für Raumordnung, Bauwesen und Städtebau (Fraktionen CDU, SPD und FDP gegen Bündnis 90/Die Grünen und die Gruppe der PDS, BT-Drs. 13/4978.

[236] Lüers, Windkraftanlagen im Außenbereich, ZfBR 1996, 297, 298.

[237] Lüers, Windkraftanlagen im Außenbereich, ZfBR 1996, 297, 298.

[238] Reitzig, Die planungsrechtliche Steuerung der Standorte von Windenergieanlagen, LKV 1997, 358.

[239] Wagner, Privilegierung von Windkraftanlagen im Außenbereich, UPR 1996, 370, 372.

[240] BVerwG, NVwZ 2005, 578 ff./UPR 2005, 267 ff.

Entscheidungsstruktur kein Ermessensspielraum zu.[241] Eine Kompensation zwischen Vor- und Nachteilen nach dem Muster der planerischen Abwägung nach § 1 Abs. 7 BauGB ist dabei unzulässig, da eine solche auf eine vage Gesamtbetrachtung hinausliefe, die § 35 Abs. 2 und 3 BauGB lediglich auf einen „Saldo" reduzieren würde, was für die Betrachtung der öffentlichen Belange im Genehmigungsverfahren nicht vorgesehen ist.[242] Bei der auf Art und Umfang der Beeinträchtigung bezogenen Abwägung kommt den privilegierten Vorhaben aufgrund der gesetzlichen Wertung besondere Durchsetzungskraft gegenüber den vom Vorhaben berührten öffentlichen Belangen zu.[243] Diese gesetzgeberische Wertung wird durch die unterstützende „Superprivilegierung" der Raumordnungsklausel des § 35 Abs. 3 S. 2 HS 2 BauGB verstärkt. Diese bewirkt, dass dem Vorhaben öffentliche Belange soweit nicht entgegenstehen können, wie sie bei der Darstellung als Ziele der Raumordnung abgewogen worden sind.[244] Dies hat nicht immer, aber im Regelfall zur Folge, dass sich das derart privilegierte Vorhaben zu Lasten der öffentlichen Belange durchsetzen kann.

Regelungstechnisches Gegengewicht zur Privilegierung ist der Planungsvorbehalt des § 35 Abs. 3 S. 2 und 3 BauGB, welcher die Windenergienutzung einer raum- und flächennutzungsplanerischen Steuerung zuführt.

Bereits mit dem BauGB 1987 wurden die Ziele der Raumordnung aus dem Katalog der öffentlichen Belange herausgelöst und in der Vorschrift des § 35 Abs. 3 S. 3 HS. 1 BauGB 1987 verselbständigt, wonach raumbedeutsame Außenbereichsvorhaben Zielen der Raumordnung nicht widersprechen dürfen, was inhaltlich dem heutigen § 35 Abs. 3 S. 2 HS. 1 BauGB entspricht.[245] In der Folge stellt sich die Frage, ob die zu § 35 Abs. 3 S. 3 HS. 1 BauGB 1987 ergangene Rechtsprechung, dass es sich bei der Regelung um keine echte Raumordnungsklausel mit striktem Geltungsanspruch handele,[246] auf die aktuelle Regelung des § 35 Abs. 3 S. 2 HS. 1 BauGB übertragen lässt. Aufgrund der Rechtsentwicklungen auf dem Gebiet der Raumordnung, insbesondere der ausdrücklichen Einbeziehung der privaten Belange nach § 7 Abs. 7 S. 3 ROG a. F./§ 7 Abs. 2 ROG n. F., ist es nicht mehr gerechtfertigt, den heute geltenden § 35 Abs. 3 S. 2 HS. 1 BauGB aus Gründen des Eigentumsschutzes als bloße Abwägungsklausel

---

[241] BVerwG, NVwZ 2002, 1112 ff.

[242] BVerwG, BVerwGE 42, 8, 14.

[243] BVerwG, BVerwGE 48, 109, 114; Wolf, Windenergie als Rechtsproblem, ZUR 2002, 331, 337.

[244] Mayer-Metzner, Die regionalplanerische Steuerung der Errichtung von Windenergieanlagen, BayVBl 2005, 129, 131.

[245] Hendler, Normkontrolle Privater gegen Raumordnungs- und Flächennutzungspläne, NuR 2004, 487.

[246] BVerwG, BVerwGE 115, 17 ff.

zu begreifen.[247] Ebenso wenig wie bei § 35 Abs. 3 S. 2 BauGB findet im Rahmen des § 35 Abs. 3 S. 3 eine nachvollziehende Abwägung statt.[248] Dies überzeugt schon vor dem Hintergrund, dass das Bundesverwaltungsgericht seine Auffassung, dass Ziele der Raumordnung Außenwirkung aufweisen auch aus den Regelungen des § 35 Abs. 3 S. 2 und 3 BauGB hergeleitet hat.[249] Die Regelung in § 35 Abs. 3 S. 2 BauGB ist damit eine echte Raumordnungsklausel mit striktem Geltungsanspruch. Dementsprechend sind hinreichend konkrete Ziele der Raumordnung einzuhalten und keiner Abwägung zugänglich.

Die Regelung des § 35 Abs. 3 Satz 3 BauGB erstreckt sich auf nahezu alle privilegierten Vorhaben, ausgenommen solche, die nach § 35 Abs. 1 Satz 1 BauGB einem land- oder forstwirtschaftlichen Betrieb dienen. Dabei wird der Begriff der Landwirtschaft nach dem EAG Bau von § 201 BauGB erweitert, so dass danach insbesondere der Ackerbau, die Wiesen- und Weidewirtschaft einschließlich Tierhaltung, soweit das Futter überwiegend auf den vom landwirtschaftlichen Betrieb bewirtschafteten Flächen erzeugt werden kann, die gartenbauliche Erzeugung, der Erwerbsobstanbau, der Weinbau, die berufsmäßige Imkerei und die berufsmäßige Binnenfischerei erfasst sind. Für derartige Betriebe kann nur auf die allgemeinen Steuerungsmöglichkeiten in § 35 Abs. 3 S. 1 Nr. 1 BauGB zurückgegriffen werden.[250] Diese Systematik verbietet es, § 35 Abs. 3 Satz 3 BauGB einseitig unter dem Aspekt der Förderung der Windenergienutzung zu betrachten.[251] Die Norm hat vielmehr Kompromisscharakter. Sie zeigt den Willen des Gesetzgebers, dass es sich um Nutzungen handelt, die dem Außenbereich adäquat sind und gleichzeitig Massenphänomene geworden sind, welche nicht ohne Planung zu bewältigen sind.[252] Dass hier ein großes Bedürfnis an planerischer Steuerung besteht hat sich bereits im Vorfeld der Einführung des Planungsvorbehaltes gezeigt, wie z.B. durch den Windenergieerlass von Schleswig-Holstein aus dem Jahr 1995, der „Kreiskonzepte" als fachliche

---

[247] Krautzberger, in: Battis/Krautzberger/Löhr, BauGB, § 35 Rn. 72; Söfker, in: Ernst/Zinkahn/Bielenberg/Krautzberger, BauGB, § 35 Rn. 118.

[248] Hendler, Normkontrolle Privater gegen Raumordnungs- und Flächennutzungspläne, NuR 2004, 489.

[249] BVerwG, BVerwGE 119, 217 ff./NuR 2004, 362 ff.

[250] Stüer/Stüer, Planerische Steuerung von privilegierten Vorhaben im Außenbereich, NuR 2004, 341.

[251] BVerwG, BauR, 2003, 828, 831.

[252] Beschlussempfehlung des Ausschusses für Raumordnung, Bauwesen und Städtebau mit Bericht der Abgeordneten Peter Götz und Walter Schöler unter Bezugnahme auf die BVerwG-Rechtsprechung zu Abgrabungskonzentrationszonen, BT-Drs. 13/4978; BVerwG, BauR 2003, 828, 831 unter Verweis auf Verspargelung der Landschaft durch WEA, Verkraterung der Landschaft durch Bergbau und Massentierhaltung mit Großstallungen als Missstände, die einen „Planvorbehalt" erfordern.

Grundlage für entsprechende Aussagen der Regionalplanung und mit dem Rechtscharakter eines öffentlichen Belangs für die Bauleitplanung vorsah.[253] Der „Antragsdruck" infolge der Privilegierung, soll vor Ort planerisch flankiert werden können.[254] Zudem trägt die Norm sowohl dem Außenbereichsschutz als auch mit der Schaffung eines Steuerungsinstrumentes für die Gemeinde der durch Art. 28 Abs. 2 GG gewährleisteten Planungshoheit Rechnung.[255] Praktisch ermöglicht die Norm nicht nur die Außenbereichsschonung im Interesse der Gemeinde bzw. des Trägers der Regionalplanung, sondern auch im Interesse des Investors die schon vom Aspekt des Anschlusses an das Verbundnetz sinnvolle Konzentration der Anlagen durch positive Standortzuweisungen. Dabei ist zwischen zwei Regelungsmodellen zu unterscheiden.

Es besteht sowohl das traditionelle Modell der Bündelung privilegierter Vorhaben in der gesamträumlichen Planung, als auch das Modell der Teilflächennutzungspläne, das nur für einen Teilbereich des Gemeindegebiets eine Ausschlusswirkung herbeiführt, es für die übrigen Bereiche jedoch bei der gesetzlichen Außenbereichsregelung belässt.[256] Der Gesetzgeber geht überdies mit dem Planungsvorbehalt über die Rechtsprechung zu Abgrabungskonzentrationszonen hinaus, indem er mit § 35 Abs. 3 BauGB eine gesetzliche Vermutung dafür aufstellt, dass mit einer positiven Standortzuweisung im Übrigen eine Ausschlusswirkung verbunden ist.[257] Die Vermutung ist allerdings widerlegbar, wie sich schon aus der Formulierung „in der Regel" ergibt. Es besteht also auch bei Vorliegen einer sog. Konzentrationszone keine automatische Zulässigkeit innerhalb derselben. Ein derartiger Ausnahmefall von der gesetzlichen Regelvermutung tritt dann ein, wenn bei der planerischen Abwägung zur Ausweisung des Gebiets Belange nicht abschließend geprüft wurden.[258]

Zeitweise gab es noch eine am 31. Dezember 1998 ausgelaufene Übergangsregelung in § 245 b BauGB zur Zurückstellung von Entscheidungen über die Zulässigkeit von WEA, welche § 15 BauGB ähnlich war.[259] Voraussetzung für einen Aussetzungsantrag war ein Aufstellungs-, Änderungs- oder Ergänzungsbeschluss des Trägers der Raumordnungsplanung

---

[253] Gemeinsamer Runderlass vom 04.07.1995, ABl. Schl.-H. 1995, 478, 479.
[254] Lüers, Windkraftanlagen im Außenbereich, ZfBR 1996, 297, 299.
[255] BVerwG, BauR 2003, 828, 831.
[256] Stüer/Stüer, Planerische Steuerung von privilegierten Vorhaben im Außenbereich, NuR 2004, 341, 342.
[257] Lüers, Windkraftanlagen im Außenbereich, ZfBR 1996, 297, 300.
[258] OVG Koblenz, NVwZ-RR 2005, 536 f.; Wustlich, Das Recht der Windenergie im Wandel, ZUR 2007, 16, 18.
[259] Näher zur Übergangsregelung: Krautzberger, Neuregelung der baurechtlichen Zulässigkeit von Windenergieanlagen zum 1.1.1997, NVwZ 1996, 847, m.w.N.

bzw. ein Aufstellungsbeschluss der Gemeinde für einen Flächennutzungsplan in Bezug auf Windenergienutzung und damit im Gegensatz zu einer bloßen Absichtserklärung ein über einen formellen Beschluss eingeleitetes Planverfahren.[260] Die Aussetzungsmöglichkeit galt für raumbedeutsame Anlagen nach § 35 Abs. 1 Nr. 7 BauGB, nicht jedoch für Nebenanlagen nach § 35 Abs. 1 Nr. 1 BauGB. Mit dem Ablauf der befristeten Übergangsregelung hatte sich dieses Steuerungsinstrument der Zurückstellungsmöglichkeit von Baugesuchen zum 1. Januar 1999 vorübergehend erledigt. Es hat allerdings in der daran angelehnten Regelung des § 15 Abs. 3 BauGB durch das EAG Bau 2004 als dauerhaftes Plansicherungsinstrument eine Wiederbelebung erfahren.[261]

dd) Rechtspolitische Diskussion

Zahlreiche Kommunen, wenn auch bei weitem nicht alle Kommunen mit windhöffigen Gebieten, haben seit Einführung des § 35 Abs. 3 BauGB Teilfortschreibungen ihrer Flächennutzungspläne in Bezug auf die Windenergienutzung vorgenommen. Manche Kommunen haben dabei die erforderliche umfassende Gesamtabwägung außer acht gelassen und die Grenze zur Verhinderungsplanung überschritten. Die unzureichende Nutzung der kommunalen Steuerungsmöglichkeiten hat zur Ausbreitung der Windenergienutzung in diesen Gebieten beigetragen und über die Diskussion über die „Verspargelung"[262] zu einem Stimmungswandel in manchen betroffenen Regionen gegenüber der Windenergienutzung in Teilen Deutschlands beigetragen.[263] Dieser Stimmungswandel hat wiederum dazu geführt, dass der Privilegierungstatbestand schon wenige Jahre nach seiner Einführung wieder in Frage gestellt wurde.[264] Zumeist kommen die entsprechenden Forderungen vom „Bundesverband Landschaftsschutz (BLS)",[265] professionellen

---

[260] Lüers, Windkraftanlagen im Außenbereich, ZfBR 1996, 297, 300; Runkel, Steuerung von Vorhaben der Windenergienutzung, DVBl 1997, 275, 280.

[261] Stüer/Stüer, Planerische Steuerung von privilegierten Vorhaben im Außenbereich, NuR 2004, 341; s. u. unter Plansicherungsinstrumente.

[262] Exemplarisch: FAZ 29.01.2007, S. 37, Wer das schön findet, sieht den Wald vor lauter Windrädern nicht mehr.

[263] Siehe dazu die Umfrage von Forsa. Gesellschaft für Sozialforschung und statistische Analysen mbH, Meinungen zu erneuerbaren Energien im Auftrag des Bundesministeriums für Umwelt, Naturschutz und Reaktorsicherheit, Erhebungszeitraum 27. und 28. April 2005 mit 1.003 Befragten.

[264] Mock, Windkraft im Widerstreit, NVwZ 1999, 937; Anträge der FDP Fraktion, LT NRW Drs. 13/1247 und LT NRW Drs. 13/4057, und den Koalitionsvertrag von CDU NRW und FDP NRW vom 16.06.2005, S. 7, welche die Abschaffung der Privilegierung fordern.

[265] Mock, Windkraft im Widerstreit, NVwZ 1999, 937.

Windenergiekritikern[266] und aus den Reihen der CDU/CSU und FDP, welche die zum Teil kritische Stimmung gegenüber der Windenergie in ihren eher ländlich geprägten Wahlkreisen spüren und wohl verdrängt haben, dass es ihre Bundesregierung unter Helmut Kohl mit Klaus Töpfer und deren Bundestagsmehrheit war, die den Tatbestand der Privilegierung 1996 geschaffen hat. Dieser Widerspruch scheint die heutigen Protagonisten nicht zu stören, selbst wenn sie Teil der damaligen Bundesregierung waren. Hervorzuheben ist hier der Fall der Koalition von CDU und FDP in Nordrhein-Westfalen unter dem ehemaligen Zukunftsminister der Regierung Kohl, Jürgen Rüttgers, welche in ihrer Koalitionsvereinbarung ein umfassendes Maßnahmenbündel gegen die Windenergienutzung vereinbarte.[267] Teil dieser Vereinbarung ist eine Bundesratsinitiative zur Abschaffung des Privilegierungstatbestandes im BauGB.[268]

Die Debatte, welche die Frage des Klimaschutzes interessanterweise regelmäßig ausklammert,[269] hat die Windenergienutzung im Onshore-Bereich zum Teil kurzfristig in die rechtspolitische Defensive gedrängt. In der Tat ist es nicht abzustreiten, dass das § 35 BauGB prägende Leitbild der größtmöglichen Schonung des Außenbereiches mit dem rasanten Wachstum der Windenergieanlagen nicht einfach zu vereinbaren ist. Bei historischer Betrachtung gehören Anlagen zur Energieerzeugung nicht zum typischen Erscheinungsbild des Außenbereiches.[270] Dies lässt jedoch außer Acht, dass die klassischen Windmühlen in vergleichbar großer Zahl einmal die Landschaft Deutschlands und Europas prägten.[271] Zudem ist das Erscheinungsbild des Außenbereichs nie statisch und hat sich auch in den letzten Jahren gewandelt. Es ist dem Gesetzgeber selbstverständlich möglich das Leitbild des Außenbereichs zu modifizieren. Dies ist mit der Einführung der Privilegierung 1997 geschehen. Insofern sieht der Gesetzgeber keinen Widerspruch zwischen Außenbereichsschonung und Windenergieanlagenprivilegierung. Letztendlich ist es der Außenbereich, wo im Gegensatz zum Innenbereich, die Windenergienutzung gewünscht ist. Es ist allerdings verständlich, dass diese Wertung hin und wieder hinterfragt wird. Die große

---

[266] Quambusch, Die Zerstörung der Landschaft durch Windkraftanlagen, BauR 2003, 635, 636.

[267] Wahrscheinlich auf das langjährige Drängen der FDP zurückzuführen, siehe die Anträge der FDP Fraktion, LT NRW Drs. 13/1247 und LT NRW Drs. 13/4057 aus der vorherigen Legislaturperiode.

[268] Koalitionsvertrag von CDU NRW und FDP NRW vom 16.06.2005, S. 7.

[269] Vgl. Tigges/Berghaus/Niedersberg, Windenergie und „Windiges", NVwZ 1999, 1317.

[270] So noch unter Bezug auf die damalig fehlende Privilegierung BVerwGE 96, 95, 99.

[271] Vgl. oben S. 9 und Heymann, Die Geschichte der Windenergienutzung 1890–1990, S. 20 ff. m.w.N.

Koalition hat mit dem energiepolitischen Waffenstillstand der Koalitionsvereinbarung diese Diskussion vorläufig verschoben. In der Sache kann eine Aufhebung der Privilegierung jedoch auch nicht überzeugen. Es würde auch niemand ernsthaft die Aufhebung der Privilegierung von Energieversorgungsanlagen in § 35 Abs. 1 Nr. 3 BauGB oder Kernkraftwerken in § 35 Abs. 1 Nr. 7 BauGB fordern, so dass eine solche Forderung als Provokation zu werten ist, die einer seriösen Auseinandersetzung mit den Herausforderungen der Windenergie entgegensteht.[272]

b) Entgegenstehende öffentliche Belange

Bei der Frage nach WEA entgegenstehenden öffentlichen Belangen sind sowohl die geschriebenen Belange heranzuziehen, als auch – angesichts der nicht abschließenden Aufzählung in § 35 Abs. 3 BauGB – die ungeschriebenen öffentlichen Belange.

Bei den geschriebenen öffentlichen Belangen kommen die Nummern 1, 2, 3, 5 und 8 in Betracht.

Bei den ungeschriebenen öffentlichen Belangen kommt zunächst das Durchsetzen einer zuvor legal ausgeübten Nutzung in Betracht. Hier greift das als öffentlicher Belang anerkannte Gebot der Rücksichtnahme gegenüber schutzwürdigen Individualinteressen.[273] Dabei ist der Gesichtspunkt der Priorität von maßgebender Bedeutung.[274] Im Konfliktfall setzt sich somit die ältere der privilegierten Außenbereichsnutzungen durch.

Des Weiteren kommt die Sicherung eines in Aufstellung befindlichen Regionalplanes durch Untersagung der Baugenehmigung nach § 12 ROG a. F./§ 24 Abs. 2 ROG n. F. in Betracht, wenn zu befürchten ist, dass die Verwirklichung in Aufstellung, Änderung, Ergänzung oder Aufhebung befindlicher Ziele der Raumordnung unmöglich gemacht oder wesentlich erschwert werden würde.[275] Zudem ist bei einer Häufung von WEA grundsätzlich eine Konfliktlage denkbar, die ein Erfordernis förmlicher Planung schafft.

---

[272] Tigges/Berghaus/Niedersberg, Windenergie und „Windiges", NVwZ 1999, 1317, 1319.

[273] Z.B.: Rücksichtnahme auf ein genehmigtes Segelfluggelände: BVerwG, NVwZ 2005, 328 ff.; vgl. auch OVG Koblenz, UPR 2006, 364/NVwZ 2006, 844.

[274] BVerwG, NVwZ 2005, 328 ff., der betroffene luftverkehrsrechtlich genehmigte Segelpflugplatz bestand bereits seit mehr als 40 Jahren; zum Prioritätsprinzip allgemein: Depenheuer, Zufall als Rechtsprinzip?, JZ 1993, 171 ff.; Voßkuhle, „Wer zuerst kommt mahlt zuerst", Die Verwaltung 32 (1999), 22 ff.; zum Prioritätsprinzip bei WEA: Rolshoven, Prioritätsprinzip bei konkurrierenden Genehmigungsanträgen, NVwZ 2006, 516 ff.

[275] BVerwG, NVwZ 2005, 578 f./UPR 2005, 267 f.; zuvor a.A. Jeromin, Praxisprobleme bei der Zulassung von Windenergieanlagen, BauR 2003, 823.

Ob nun geschriebene oder ungeschriebene Belange eine Rolle spielen, alle Entscheidungen im Rahmen des immissionsschutzrechtlichen Genehmigungsverfahrens über die bauplanungsrechtliche Zulässigkeit nach § 35 BauGB haben in einem gerichtlich voll überprüfbaren Konditionalprogramm stattzufinden, welches keine Ermessens- und Abwägungsspielräume der Bauaufsichts- und Immissionsschutzbehörden kennt. Es geht nicht um eine planerische, sondern um eine nachvollziehende Abwägung im Rahmen einer strikten Rechtsanwendung.[276]

aa) Widerspruch zu Darstellungen von Plänen

Im Rahmen der öffentlichen Belange stellt sich zunächst die Frage entgegenstehender Darstellungen in Flächennutzungsplänen nach § 35 Abs. 3 S. 1 Nr. 1 BauGB oder sonstigen Plänen nach § 35 Abs. 3 S. 1 Nr. 2 BauGB.

Ein wirksamer Flächennutzungsplan – ohne Berücksichtigung einer Ausschlusswirkung nach § 35 Abs. 3 Satz 3 BauGB – kann einem privilegierten Vorhaben allgemein und Windenergieanlagen im Besonderen nur dann als öffentlicher Belang entgegenstehen, wenn klare und nachvollziehbare Aussagen zu einer inhaltlich widerstreitenden Nutzung der konkret ausgewählten Fläche gegeben sind.[277] Es muss daher eine qualifizierte Standortzuweisung vorliegen.[278] Grundsätzlich ist es möglich, dass eine Kommune über keinen einzigen geeigneten Standort verfügt und damit einen Totalausschluss vornehmen könnte. Dann bedarf es allerdings keiner Ausschlusswirkung durch eine Konzentrationszone, sondern eine eindeutige und umfassende Darlegung der entgegenstehenden Nutzungen im Erläuterungsbericht zum Flächennutzungsplan nach § 5 Abs. 5 BauGB. Die bloße Darstellung von Flächen für die Landwirtschaft nach § 5 Abs. 2 Nr. 9 a BauGB widerspricht regelmäßig nicht der Nutzung dieser Bereiche für WEA, da diese Nutzungen miteinander verträglich sind.[279] Gleiches wird für die Forstwirtschaft nach § 5 Abs. 2 Nr. 9 b BauGB vertreten.[280] Dem

---

[276] Jeromin, Praxisprobleme bei der Zulassung von Windenergieanlagen, BauR 2003, 822.

[277] Barth/Baumeister/Schreiber, Windkraft, S. 20; Wolf, Windenergie als Rechtsproblem, ZUR 2002, 331, 338; Jeromin, Praxisprobleme bei der Zulassung von Windenergieanlagen, BauR 2003, 821.

[278] Guckelberger, Die veränderte Steuerungswirkung der Flächennutzungsplanung, DÖV 2006, 973, 976.

[279] OVG Münster, BauR 2002, 1510 ff. (Vereinbarkeit eines Pferdezuchtbetriebes als landwirtschaftlichem Betrieb mit WEA).

[280] Stüer in: Spannowsky/Mitschang, Flächennutzungsplanung im Umbruch?, Köln 2000, 119, 125.

stehen Vorgaben zahlreicher Windenergieerlasse der Länder mit Abstandsempfehlungen zu Waldgebieten gegenüber. Dass Wald und Windenergie nicht ganz einfach zu vereinbaren sind, lässt sich angesichts der Waldbrandgefahr bei Maschinenschäden und der traditionell in Waldgebieten beheimateten Vogel- und Fledermauspopulationen nicht abstreiten. Dennoch ergibt sich aus dieser potentiellen Konfliktlage keine generelle Unvereinbarkeit von Wald und Windenergie. Vielmehr kommt es auf den Einzelfall an. Gerade moderne Windenergieanlagen, deren Rotoren sich in großer Höhe drehen, können mit einem artenschutzrechtlich unbedenklichen Wald unterhalb des Rotorradius außerhalb waldbrandgefährdeter Gebiete vereinbar sein. In der Folge kann auch eine Darstellung eines Waldgebietes einer Windenergienutzung nicht entgegenstehen. Dem Außenbereich wird mit einer land- oder forstwirtschaftlichen Nutzung nur die ihm ohnehin in erster Linie zukommende Funktion zugewiesen, so dass dies keine qualifizierte Standortzuweisung darstellt, solange nicht durch die Darstellung die Land- oder Forstwirtschaft wegen besonderer Gegebenheiten gerade auf der jeweiligen Fläche gesichert und gefördert werden soll.[281] Als Beispiel dafür wird eine Fläche zum Schutz, zur Pflege und zur Entwicklung von Natur und Landschaft nach § 5 Abs. 2 Nr. 10 BauGB genannt.[282] Landwirtschaftliche Nutzung und Windenergienutzung sind parallel möglich. Dasselbe gilt für Flächendarstellungen zu Erholungszwecken und Landschaftsschutz, wenn über diese bloße Darstellung hinaus keine konkretisierenden und sachlich gerechtfertigten Tatsachen für diese Ausweisung vorliegen, sondern es in erster Linie um die Freihaltung von Flächen geht.[283] Die Ausweisung von Flächen zum Schutz, zur Pflege und zur Entwicklung von Natur und Landschaft nach § 5 Abs. 2 Nr. 10 BauGB kann hingegen den Tatbestand eines entgegenstehenden öffentlichen Belangs erfüllen, sofern ein Nebeneinander der Nutzungen unmöglich ist.[284] In der Folge kommt es hier auf die konkreten Darstellungen des jeweiligen Flächennutzungsplanes an. Hinsichtlich sonstiger Pläne kann hier nichts anderes gelten.

---

[281] Guckelberger, Die veränderte Steuerungswirkung der Flächennutzungsplanung, DÖV 2006, 973, 976 m.w.N.
[282] Stüer/Vildomec, Planungsrechtliche Zulässigkeit von Windenergieanlagen, BauR 1998, 427, 431; Stüer in: Spannowsky/Mitschang, Flächennutzungsplanung im Umbruch?, Köln 2000, 119, 125.
[283] Jeromin, Praxisprobleme bei der Zulassung von Windenergieanlagen, BauR 2003, 821.
[284] Wagner, Privilegierung von Windkraftanlagen im Außenbereich, UPR 1996, 370, 373; Gretschel, Entwicklung der Rechtsprechung im Windenergierecht, Berlin 2006, S. 29.

II. Das einschlägige Genehmigungsverfahren

bb) Planungserfordernis bei Windenergieanlagen?

Als ungeschriebener Belang kommt im Zusammenhang mit entgegenstehender Planung grundsätzlich auch ein Fehlen von Planung in Betracht. Für Windenergieanlagen besteht allerdings kein generelles Planungserfordernis.[285] Ein solches kann nur bestehen, wenn durch das Vorhaben ausgelöste Konflikte innerhalb des betroffenen Gebietes eine planerische Koordinierung erforderlich machen.[286] Früher wurde die Erforderlichkeit einer Binnenkoordination teilweise befürwortet.[287] Privilegierte Vorhaben sind dem Außenbereich planartig zugewiesen, so dass ein Planungserfordernis ihnen nicht als Belang entgegenstehen kann.[288] Damit hat sich die Frage dieses Belanges mit der Einführung der Privilegierung 1997 erledigt. Dementsprechend wurde ein Planungserfordernis vom Bundesverwaltungsgericht abgelehnt.[289]

cc) Das Hervorrufen schädlicher Umwelteinwirkungen

Eines der Hauptkonfliktfelder bei der Errichtung von Windenergieanlagen stellt der öffentliche Belang des § 35 Abs. 3 Satz 1 Nr. 3 BauGB dar. Der Begriff der schädlichen Umwelteinwirkungen ist in § 3 Abs. 1 BImSchG definiert als Immissionen, die nach Art, Ausmaß oder Dauer geeignet sind, Gefahren, erhebliche Nachteile oder erhebliche Belästigungen für die Allgemeinheit oder die Nachbarschaft herbeizuführen. Im Gegensatz zu den in § 3 Abs. 3 BImSchG definierten anlagenbezogenen Emissionen, werden mit dem Begriff der Immissionen die Immissionsverhältnisse an einem Einwirkungsort bezeichnet.[290] Was für Immissionen in Betracht zu ziehen sind, ergibt sich aus der Legaldefinition des § 3 Abs. 2 BImSchG, welcher Luftverunreinigungen, Geräusche, Erschütterungen, Licht, Wärme, Strahlen und ähnliche Umwelteinwirkungen aufführt. Bei Windenergieanlagen scheiden Luftverunreinigungen, Strahlen und Wärme ohne weiteres aus, so dass nur Geräusche, Erschütterungen und Licht einer näheren Betrachtung bedürfen.[291]

---

[285] So schon von Mutius, Rechtliche Voraussetzungen und Grenzen, DVBl 1992, 1469, 1475.
[286] BVerwG, ZfBR 1990, 293, 295.
[287] von Mutius, Rechtliche Voraussetzungen und Grenzen, DVBl 1992, 1469, 1475.
[288] BVerwG, NVwZ 1984, 169 ff.; Wagner, Privilegierung von Windkraftanlagen im Außenbereich, UPR 1996, 370, 375.
[289] BVerwG, BauR 2005, 832.
[290] Koch in: Koch/Scheuing, GK-BImSchG, § 3 Rn. 30; Jarass, BImSchG, § 3 Rn. 16.
[291] OVG Münster, NVwZ 2003, 756/ZNER 2003, 55.

Das Hervorrufen schädlicher Umwelteinwirkungen ist vor dem Hintergrund interessant, dass die Norm mit der ausdrücklichen Erwähnung der Beeinträchtigung von Nachbarn eine drittschützende Norm ist. § 5 BImSchG konkretisiert auch für das Baurecht das Maß der gebotenen Rücksichtnahme, so dass Immissionen, die nicht über das zulässige Maß hinausgehen, keine schädlichen Umwelteinwirkungen sind, das baurechtliche Rücksichtnahmegebot nicht verletzen und auch keinen schweren und unerträglichen Eingriff in das Eigentumsrecht darstellen.[292] Insofern ist das Aufspüren von schädlichen Umwelteinwirkungen wesentlich für betroffene Nachbarn, die Windenergieanlagen verhindern wollen. Dies findet nach dem völkerrechtlichen Territorialitätsprinzip seine Grenzen allein in der deutschen Rechtsordnung. Der Versuch bei grenznahen WEA in Niedersachsen auf nachbarschützende Immissionsvorschriften des niederländischen Rechts zurückzugreifen ist dementsprechend gescheitert.[293]

Von den zahlreichen Beeinträchtigungen stehen die Lichteffekte mit Schattenwurf und Licht-Schatten-Reflexen (sog. Diskoeffekt) sowie Lärm im Vordergrund. Mittlerweile sind aber auch sonstige Umwelteinwirkungen wie Infraschall, Nachtbefeuerung und die Störung des Rundfunks Gegenstand von Verfahren gewesen.

(1) Lichteffekte

Bei der Errichtung von WEA ist die Frage der Lichteffekte zu berücksichtigen. Dabei ist zunächst zwischen dem sog. Diskoeffekt und dem Schattenwurf zu unterscheiden.[294]

Beim Diskoeffekt wird das Sonnenlicht von den Rotorflügeln als Blitzlicht reflektiert und auf die umliegenden Grundstücke geworfen. Eine nennenswerte Beeinträchtigung durch entsprechende Lichtblitze ist bei modernen Windenergieanlagen nicht mehr zu erwarten, zumal die Rotorblätter heute über eine reflexionsarme bzw. reflexionsunterbindende Oberfläche (sog. Glanzgrad) verfügen, die erhebliche Nachteile oder Belästigungen ausschließt.[295] Insofern hat sich die damit verbundene Konfliktmöglichkeit erledigt.

---

[292] BVerwG, BVerwGE 68, 58 ff.
[293] OVG Lüneburg, NVwZ 2007, 354 ff.
[294] OVG Münster, NVwZ 1997, 924 ff.
[295] OVG Koblenz, NuR 2003, 768/ZNER 2003, 340 f. und OVG Greifswald, LKV 2007, 234, 235 verweisen auf mittelreflektierende Farben sowie auf matte Oberflächen für Turm, Gondel und Rotorblätter als technische Vorkehrungen; OVG Lüneburg, ZNER 2007, 229, 231 verweist auf Anstrich der Rotorenden; Ohms, Immissionsschutz bei Windenergieanlagen, DVBl 2003, 958, 963.

Beim Schattenwurf ergibt sich durch die Stellung der Sonne hinter dem Rotor bei einer Rotorbewegung ein je nach Umlaufgeschwindigkeit des Rotors verschieden schneller Wechsel von Schatten und Licht, welcher in geringer Entfernung als erhebliche Störung empfunden wird.

Fraglich ist, woran der periodische Schattenwurf zu messen ist. Es gibt für den von Windenergieanlagen verursachten Schattenwurf keine feste, wissenschaftlich abgesicherte Grenze, deren Überschreiten stets die Annahme einer schädlichen Umwelteinwirkung im Sinne des § 3 Abs. 1 und 2 BImSchG und damit einer Nachbarrechtsverletzung nach sich ziehen müsste.[296] Daraus sei allerdings nicht zu folgern, dass Nachbarn einen Anspruch hätten, bis zur wissenschaftlichen Klärung der nachteiligen Folgen von jedwedem Schattenwurf verschont zu bleiben.[297]

Die Rechtsprechung verwendet eine Faustformel, wonach Wohngebäude durch WEA nicht mehr als 30 Stunden im Jahr und nicht mehr als 30 Minuten am Tag beeinträchtigt werden sollen.[298] Diese richterrechtliche Faustformel wird in der Literatur akzeptiert[299] und kann nach ihrer Aufnahme in die sog. WEA Schattenwurf-Hinweise[300] des Länderausschusses für Immissionsschutz (LAI) als allgemein anerkannt gelten. Die Bezugshöhe der Messung soll dabei in 2 m Höhe liegen.[301] Dies wird als nachbarfreundliche „konservative" Faustformel betrachtet.[302] Allerdings hat es in den letzten acht Jahren seit Entwicklung der Faustformel durch das staatliche Umweltamt Schleswig im Rahmen einer Expertenbesprechung[303] auch eine weitere technische Entwicklung von WEA gegeben. Dem wird dadurch Rechnung getragen, dass die Faustformel nicht rechtssatzartig angewandt werden darf und zu berück-

---

[296] OVG Lüneburg, BauR 2005, 833/NVwZ 2005, 233; OVG Lüneburg, ZNER 2007, 229, 230.

[297] OVG Lüneburg, BauR 2005, 834/NVwZ 2005, 233.

[298] OVG Münster, NVwZ 1998, 980 ff. nimmt zwar Bezug auf die grundlegende Expertenbesprechung im Staatlichen Umweltamt Schleswig, lässt die Frage der Faustformel angesichts von 80 Tagen Schattenwurf noch dahinstehen. OVG Greifswald, NVwZ 1999, 1238 griff diese Faustformel auf, die sich dann in der Folge durchsetzte; OVG Münster, BauR 2002, 1514 ff.; OVG Lüneburg BauR 2005, 833/NVwZ 2005, 233.

[299] Ohms, Immissionsschutz bei Windenergieanlagen, DVBl 2003, 958, 962; Rolshoven, Prioritätsprinzip bei konkurrierenden Genehmigungsanträgen, NVwZ 2006, 516, 518.

[300] Länderausschuss für Immissionsschutz (LAI): Hinweise zur Ermittlung und Beurteilung der optischen Immissionen von Windenergieanlagen (WEA Schattenwurf-Hinweise) vom 13.03.2002, S. 3 ff.

[301] Ohms, Immissionsschutz bei Windenergieanlagen, DVBl 2003, 958, 962.

[302] OVG Lüneburg, BauR 2005, 834/NVwZ 2005, 233 f.

[303] Zit. nach OVG Münster, NVwZ 1998, 980, 982, zuerst übernommen durch das OVG Greifswald, NVwZ 1999, 1238.

sichtigen ist, dass die Schattenintensität mit zunehmender Entfernung nachlässt.[304] So wurde auch bei einer geringfügigen Überschreitung des Richtwertes bei einer Entfernung von mindestens 725 Metern ein durch die Entfernung „weicher" Schatten vom „harten" Schatten unterschieden, was eine Einwirkungsdauer von bis zu 35 Minuten am Tag nachbarverträglich macht.[305] Diesen Fragen tragen auch die WEA Schattenwurf-Hinweise mit Musterdaten zur Beschattungsdauer und einem Berechnungsverfahren zur Ermittlung des möglichen Beschattungsbereiches Rechnung. Damit bleiben die tatsächlichen Umstände des Einzelfalles von entscheidender Bedeutung.[306]

Dabei ist zunächst fraglich, worauf bei einer Beeinträchtigung durch Schattenwurf abzustellen ist. Es kommen grundsätzlich ein besonders empfindlicher und ein verobjektivierter durchschnittlicher Betrachter in Frage.

Bei der Frage des periodischen Schattenwurfes wird einerseits befürwortet, auf den besonders empfindlichen Betrachter abzustellen, bei dem der von der Bewegung verursachte, zwanghafte Blick zu einem sog. Drehschwindel führt.[307] Nach anderer Auffassung ist nicht auf den empfindlichen, sozusagen gebannt auf die abgelehnten Anlagen schauenden Betrachter abzustellen. Auf besondere persönliche Empfindlichkeit und gesundheitliche Prädispositionen, d.h. in der Person des jeweiligen Grundstückseigentümers gründende Besonderheiten, sei im Nachbarrecht nicht abzustellen.[308] Letztere Auffassung überzeugt. Nachbarliche Abwehrrechte sind grundsätzlich grundstücksbezogen, nicht personenbezogen. Rechtschutz wird „eingebildeten Kranken" zu Recht verwehrt.

Bislang offen geblieben ist die Frage, ob es bei der Bemessung des Schattenwurfes auf das meteorologisch maximal Mögliche[309] oder auf die nach Lage der Dinge realistische tägliche Einwirkungsdauer ankommt. Dies macht durchaus einen signifikanten Unterschied, zumal eine astronomisch maximal mögliche Beschattungsdauer von 30 Stunden im Kalenderjahr einer tatsächlichen Beschattungsdauer von 8 Stunden pro Jahr entspricht.[310] Diese Frage ist ein Spiegelbild der Diskussion um den empfindlichen oder durch-

---

[304] OVG Lüneburg, BauR 2005, 834/NVwZ 2005, 233 f.
[305] OVG Lüneburg, BauR 2005, 834/NVwZ 2005, 233 f.
[306] OVG Lüneburg, ZNER 2007, 229.
[307] Stüer/Vildomec, Planungsrechtliche Zulässigkeit von Windenergieanlagen, BauR 1998, 427, 439; Hornmann, Windkraft – Rechtsgrundlagen und Rechtsprechung, NVwZ 2006, 969.
[308] OVG Lüneburg, BauR 2005, 835/NVwZ 2005, 234 in Bezug auf die Nachtbefeuerung, für die in dieser Hinsicht nichts anderes gelten kann.
[309] Ohms, Immissionsschutz bei Windenergieanlagen, DVBl 2003, 958, 962.
[310] Grundsätze für Planung und Genehmigung von Windkraftanlagen, WKA-Erl. NRW 21.10.2005, Nr. 5.1.2.

schnittlichen Betrachter und ist daher im Einklang mit dieser zu beurteilen. Stellt man auf den besonders empfindlichen Beobachter ab, so wäre es widersprüchlich auf durchschnittliche Wetterverhältnisse abzustellen. Entsprechend der obigen Feststellung, ist der durchschnittliche Beobachter maßgeblich. Dementsprechend wäre es hier widersinnig auf das zum Zeitpunkt der Genehmigung meteorologisch maximal Mögliche abzustellen. Folglich muss auf durchschnittliche Wetterverhältnisse abgestellt werden. Dies überzeugt auch im Hinblick auf die 30 Stunden/30 Minuten Formel, da im Rahmen von zwei Studien des Instituts für Psychologie der Christian-Albrechts-Universität zu Kiel im Auftrag der Umweltministerien bzw. staatlichen Umweltämter von Schleswig-Holstein, Mecklenburg-Vorpommern, Niedersachsen und Bayern (1999) und der Bundesministerien für Wirtschaft und Technologie sowie Bildung und Forschung und dem Staatlichen Umweltamt Schleswig (2000) nachgewiesen werden konnte, dass ab einer tatsächlichen Beschattungsdauer von mehr als 15 Stunden im Jahr und einer Einwirkzeit von 60 min täglich erhebliche Belästigungen und Stressreaktionen auftreten können.[311] Das Ansetzen des Wertes von 8 Stunden für die tatsächliche jährliche Beschattungsdauer erscheint gerechtfertigt.[312] Insofern ist die zu verzeichnende Tendenz, auf die durchschnittliche tatsächliche Einwirkzeit abzustellen, im Hinblick auf den Ausbau der Windenergienutzung richtig.[313]

Ab einem bestimmten Abstand lassen sich die Lichteffekte nur noch schwer wahrnehmen, womit die Beeinträchtigung entfällt. Damit entfällt auch die Erforderlichkeit einer Untersuchung der Problematik in einem Schatten-Immissionsgutachten. Die entsprechenden Abstände lassen sich den Windenergie-Erlassen der Bundesländer entnehmen. So geht der Windenergieerlass NRW davon aus, dass ab 1300 m Abstand keine Schattenprobleme mehr auftreten,[314] wobei dieser Ansatz vor dem Hintergrund der Rechtsprechung des OVG Lüneburg eher zu Lasten der Anlagenerrichtung großzügig bemessen erscheint.

Können die Immissionswerte in einem bestimmten Abstand zu einer Wohnnutzung nicht eingehalten werden, so lässt sich die Wahrung der Faustformel für die Beschattungsdauer über eine in Praxis und Rechtspre-

---

[311] Pohl/Faul/Mausfeld, Belästigung durch periodischen Schattenwurf von Windenergieanlagen – Feldstudie, Kiel 31.07.1999, http://www.umwelt.schleswig-holstein.de/servlet/is/958/; Pohl/Faul/Mausfeld, Belästigung durch periodischen Schattenwurf von Windenergieanlagen – Laborpilotstudie, Kiel 15.05.2000, http://www.umwelt.schleswig-holstein.de/servlet/is/3948/.

[312] Gretschel, Entwicklung der Rechtsprechung im Windenergierecht, Berlin 2006, S. 38.

[313] Vgl. OVG Lüneburg, ZNER 2007, 229, 231.

[314] Grundsätze für Planung und Genehmigung von Windkraftanlagen, WKA-Erl. NRW 21.10.5005, Nr. 5.1.2.

chung anerkannte Auflage zur Genehmigung zur Verwendung einer Abschaltautomatik sicherstellen.[315]

Im Hinblick auf eine Wohnnutzung im Außenbereich ist festzuhalten, dass dieser im Gegensatz zur privilegierten Windenergienutzung nach Wertung des Gesetzgebers eine verminderte Schutzwürdigkeit zukommt und daher Betroffene hier auf die Möglichkeit der architektonischen Selbsthilfe in Gestalt der kurzfristigen Benutzung eines Rollos, einer Jalousie oder einer ähnlichen Schutzeinrichtung verwiesen werden können.[316] Fraglich ist, wie es sich mit anderen Außenbereichsnutzungen als Wohnnutzung verhält. Grundsätzlich kann dem Betreiber einer älteren anderen privilegierten Außenbereichsnutzung ein Abwehranspruch zustehen.[317] Dies setzt jedoch einen substantiierten Sachvortrag voraus, an dem bereits Verweise auf Nutztierhaltung und Eigenjagd regelmäßig scheitern.[318] Beispielsweise führte die Beeinträchtigung eines gem. § 35 Abs. 1 Nr. 1 BauGB im Außenbereich privilegierten Pferdezuchtbetriebes, dessen Betreiber um das Paarungsverhalten seiner optischen und akustischen Reizen gegenüber besonders sensiblen englischen Vollblüter fürchtete, nicht zu einem Abwehranspruch. Das Gestüt könne sich durch eine Umstellung der Nutzung auf dem Grundstück genauso darauf einstellen, wie es auf eine nicht unwahrscheinliche Gewöhnung der Pferde an die WEA setzen könne.[319] In diese Richtung gehen auch Untersuchungen, nach denen 2,6% der untersuchten Pferde überhaupt bemerkbare Reaktionen zeigten, wobei es in keinem Fall zu heftigen Reaktionen wie einem „Steigen" oder „Durchgehen" kam.[320] Danach wird allgemein von einer Gewöhnung der Nutztiere an Lichteffekte von Windenergieanlagen ausgegangen. Die Lichteffekte überschreiten demnach nicht das zulässige Maß für die Annahme von schädlichen Umwelteinwirkungen und verstoßen auch nicht gegen das Gebot der Rücksichtnahme.

Insgesamt ist die Frage des Schattenwurfes infolge des technischen Fortschrittes bei Ausbau wie Repowering im Rückgang begriffen. Während die in den 90er Jahren errichteten Anlagen der 500 kW-Klasse Rotordrehzahlen von bis zu 40 Umdrehungen pro Minute aufwiesen, liegen die Rotordreh-

---

[315] OVG Münster, NVwZ 1999, 1360, 1361; OVG Lüneburg, ZNER 2007, 229, 230.

[316] OVG Lüneburg, ZNER 2007, 229, 231; vgl. auch ähnliche Rechtsprechung in Bezug auf ein optisches Bedrängnis OVG Lüneburg, NVwZ-RR 2005, 521 f./ NordÖR 2005, 220; OVG Münster, ZNER 2006, 361, 363.

[317] siehe nur: Rücksichtnahme auf ein genehmigtes Segelfluggelände: BVerwG, NVwZ 2005, 328 ff.; OVG Koblenz, UPR 2006, 364/NVwZ 2006, 844.

[318] OVG Lüneburg, ZNER 2007, 229, 231.

[319] OVG Münster, BauR 2002, 1510 ff.

[320] Middeke, Windenergieanlagen in der verwaltungsgerichtlichen Rechtsprechung, DVBl 2008, 292, 299.

zahlen moderner Anlagen von 2 bis 3 MW zwischen 15 und 20 U/min, bei modernsten 5 MW Anlagen sogar zwischen 10 und 12 U/min.[321] In der Folge nimmt mit steigender Anlagengröße die Laufruhe zu und der Schattenwurf ab.

(2) Lärm

Von Windenergieanlagen geht bei Wind regelmäßig Lärm aus, was regelmäßig Konflikte mit Anwohnern nach sich zieht.[322] Die verursachten Geräuschimmissionen sind nicht ohne weiteres mit Gewerbelärm vergleichbar. Bei der Bewertung des verursachten Lärms ist eine Besonderheit der Windenergienutzung zu berücksichtigen: Da die Anlagen nur bei Wind eine Drehung der Rotorflügel und damit Lärmimmissionen hervorrufen, fallen die anlageninternen, mechanischen Immissionen stets mit den anlagenexternen, aerodynamischen Geräuschimmissionen des Windes selbst zusammen. Das von der Windstärke abhängige und damit unregelmäßige Emissionsverhalten und die spezifische Frequenzhöhe stellen Besonderheiten der Windenergienutzung dar. Bis zum Erreichen der Nennleistung der Windenergieanlage nimmt der Schallleistungspegel etwa 1 dB bis 2,5 dB pro Zunahme der Windgeschwindigkeit um 1m/s zu.[323] Der Schallleistungspegel einer Windenergieanlage beträgt ca. 103–105 dB (A), ein Wert, der unterhalb eines Presslufthammers liegt, aber intensiverem Straßenverkehr entspricht, wobei mit fortschreitender technischer Entwicklung von Windenergieanlagen auch schon geringere Werte nachgewiesen werden.[324] Für die genaue Ermittlung der Emissionsdaten wird auf die technischen Richtlinien der Fördergesellschaft Windenergie (FGW) zurückgegriffen.[325] Entscheidend für die Bewertung der negativen Effekte ist die Gesamtbelastung, zu der nicht nur die Immissionen der geplanten Anlage, sondern auch Vor- und Fremdbelastungen zählen.[326] Durch diese kann einerseits die Zumutbarkeitsgrenze leichter erfüllt werden, anderseits auch die Zumutbarkeitsgrenze selbst erhöht werden, wenn die Vorbelastungen das betroffene Gebiet prägen.[327]

---

[321] Klinski/Buchholz/Schulte/Windguard/BioConsult SH, Umweltstrategie Windenergienutzung, S. 42.
[322] Tagesspiegel 15.09.2008, S. 15, Keine Ruhe vor dem Sturm; Tagesspiegel 16.09.2008, S. 6, Windkraft? Nein Danke!
[323] Ohms, Immissionsschutz bei Windenergieanlagen, DVBl 2003, 958, 960.
[324] Ohms, Immissionsschutz bei Windenergieanlagen, DVBl 2003, 958, 960.
[325] OVG Münster, NVwZ-RR 2004, 409; Fördergesellschaft Windenergie, http://www.wind-fgw.de/.
[326] Gretschel, Entwicklung der Rechtsprechung im Windenergierecht, Berlin 2006, S. 37.
[327] BVerwG, BVerwGE 88, 210 ff.

Zur Ermittlung und Bewertung von Schallimmissionen kann bei Vorliegen einer Lärmminderungsplanung nach § 47 a BImSchG auf Schallimmissionspläne zurückgegriffen werden.[328] Im Übrigen kommen die Grenzwerte der TA-Lärm in Betracht. Trotz der Besonderheiten bei windenergiespezifischen Geräuschemissionen gibt es nach wie vor keine spezifischen Grenzwerte für Lärmbelästigung durch Windenergie, was zuweilen als Defizit benannt wird.[329] Dem ist entgegenzuhalten, dass zwar bei der Bewertung von Lärmemissionen, die von Windenergieanlagen ausgehen, keine für alle Fälle gültige Formel angewendet werden kann, aber bei der Einzelfallentscheidung, ob das bauplanungsrechtliche Gebot der Rücksichtnahme verletzt ist, auf die TA Lärm als Anhaltspunkt zurückgegriffen werden kann.[330] Eine ältere Rechtsprechung, die noch von festen Abständen zu Anlagen ausgegangen ist, muss schon aufgrund der fortschreitenden technischen Entwicklung als überholt gelten.[331] Die teilweise herangezogenen technischen Normen DIN 18005 Teil I (Schallschutz im Städtebau), die VDI-Richtlinien 2058 (Beurteilung von Arbeitslärm in der Nachbarschaft) und 2714 (Schallausbreitung im Freien) enthalten als unverbindliche Regelwerke Privater keine absoluten Grenzwerte und stellen daher nur Anhaltspunkte da.[332]

Die TA Lärm weist keine windenergiespezifischen Werte auf, umfasst von ihrem Anwendungsbereich jedoch diese. Das muss umso mehr gelten, als bei der Überarbeitung der TA Lärm 1998 Windenergieanlagen bereits als Massenphänomen bekannt waren, aber nicht ausdrücklich ausgenommen wurden, so dass die Genehmigungsbehörden nach den allgemeinen Grundsätzen von ihr als Verwaltungsvorschrift nach § 48 BImSchG gebunden sind.[333] Eine Sonderfallprüfung nach Nr. 3.2.2 TA Lärm ist nach dem Charakter der Windenergieanlagen regelmäßig nicht geboten.[334] Der Versuch eine Sonderfallprüfung über mittelbare Auswirkungen von WEA, wie den

---

[328] Hinweise für die Planung und Genehmigung von Windkraftanlagen in Mecklenburg-Vorpommern (WKA-Hinweise M-V), Abl. M-V 2004, 966, 967.

[329] Wolf, Windenergie als Rechtsproblem, ZUR 2002, 331, 333; Klinski/Buchholz/Schulte/Windguard/BioConsult SH, Umweltstrategie Windenergienutzung, S. 31.

[330] OVG Greifswald, NVwZ 1999, 1238; OVG Münster, NVwZ 1999, 1360, 1361; OVG Münster, BauR 2002, 1507; OVG Münster, NVwZ 2003, 756/ZNER 2003, 55, 56; VG Gießen, NuR 2002, 697; Middeke, Windenergieanlagen in der verwaltungsgerichtlichen Rechtsprechung, DVBl 2008, 292, 296.

[331] OVG Greifswald, NVwZ 1999, 1239 in Bezug auf eine Entscheidung des VG Arnsberg (12.05.1998 – 1 L 702/98 – nicht veröffentlicht) und des OVG Münster NVwZ 1998, 760 f.

[332] Gretschel, Entwicklung der Rechtsprechung im Windenergierecht, Berlin 2006, S. 37.

[333] OVG Magdeburg, ZNER 2005, 339.

[334] Ohms, Immissionsschutz bei Windenergieanlagen, DVBl 2003, 958, 961.

Fluglärm von Rettungshubschraubern bei der Höhenrettung, herzuleiten, blieb bislang ohne Erfolg.[335] Dies überzeugt angesichts der Sozialadäquanz von Rettungsmaßnahmen. Die fehlende Berücksichtigung der Periodizität der Geräusche in der TA Lärm findet ihre Begründung in den fehlenden gesicherten Erkenntnissen in Wissenschaft und Technik.[336] In der Folge werden die Richtwerte und Berechnungsverfahren in der Rechtsprechung regelhaft nachvollzogen.[337] Das Bundesverwaltungsgericht hat sich mit Urteil vom 29. August 2007 der Auffassung, dass die TA Lärm für Windenergieanlagen generell geeignet ist, angeschlossen und sich dementsprechend für die Anwendbarkeit ausgesprochen.[338] Wenn die Geräusche der Windenergieanlagen besondere, nicht nur individuell als lästig bzw. unangenehm empfundene Spezifika aufweisen, welche bei einer Bewertung der Geräusche nach der TA Lärm nicht berücksichtigt werden, wirft dies nicht die Frage nach ihrer Tauglichkeit auf, sondern nach ihrer korrekten Anwendung.[339] Dementsprechend überzeugt auch die aktuellere vereinzelte Forderung nach einer speziellen immissionsschutzrechtlichen Verordnung für die spezifischen Lärmwirkungen von Windenergieanlagen[340] nicht.

Im Außenbereich gelten die Richtwerte für ein Misch- oder Dorfgebiet von 60 dB tags und 45 dB nachts. Die Lage einer Außenbereichsfläche in einem aus Gründen des Naturschutzes oder der Landschaftspflege festgesetzten Schutzgebietes hat nicht zur Folge, dass die Wohnruhe auf solchen Außenbereichsflächen besonders schutzwürdig wäre, zumal in solchen Gebieten bestimmungsgemäß gar nicht gewohnt werden soll.[341] Bei einem Aufeinandertreffen verschiedener Gebietstypen werden Mittelwerte der Grenzwerte gebildet. Grenzt ein reines Wohngebiet an den Außenbereich, sind einer solchen Wohnnutzung Geräusche von privilegierten Nutzungen mit einem Beurteilungspegel von 40 dB(A) nachts zuzumuten. Bei einem Aufeinandertreffen mit einem allgemeinen Wohngebiet liegt der Wert bei 42,5 dB(A).[342] Es verbietet sich ein schematischer Rückgriff auf die TA Lärm. Das Risiko schädlicher Umwelteinwirkungen durch Lärm muss auch

---

[335] OVG Münster, NVwZ 2007, 967, 969.
[336] Vgl. BVerwG, DVBl 2001, 1460, ff.
[337] Ohms, Immissionsschutz bei Windenergieanlagen, DVBl 2003, 958, 961 m.w.N.
[338] BVerwG, ZfBR 2008, 56, 57.
[339] OVG Münster, NVwZ 2003, 756/ZNER 2003, 55, 56.
[340] Klinski/Buchholz/Schulte/Windguard/BioConsult SH, Umweltstrategie Windenergienutzung, S. 58.
[341] OVG Münster, NVwZ 2003, 756, 757/ZNER 2003, 55, 56; OVG Münster, NVwZ-RR 2004, 643, 645.
[342] Hinsch, Schallimmissionsschutz bei der Zulassung von Windenergieanlagen, ZUR 2008, 567, 571 m.w.N.

nicht ausgeschlossen sein. Vielmehr müssen solche Risiken nur mit hinreichender, dem Verhältnismäßigkeitsgrundsatz entsprechender Wahrscheinlichkeit ausgeschlossen sein.[343] Dies zieht nicht eine strikte Anwendung eines Grenzwertes nach sich, sondern resultiert in Übereinstimmung mit Punkt 3.2.1 Abs. 3 Satz 1 TA Lärm darin, dass sich die Einhaltung der maßgeblichen Immissionsrichtwerte nicht allein auf die prognostizierte Gesamtbelastung bezieht, sondern auf die Sicherstellung der Nicht-Überschreitung der Immissionsrichtwerte im Sinne der Regelungen der TA Lärm. Dies führt teilweise dazu, dass eine Genehmigung auch dann nicht versagt werden kann, wenn eine Überschreitung von nicht mehr als 1 dB(A) vorliegt.[344] Dem wird ein strenges Verständnis der Grenzwerte entgegengesetzt, welches eine Prognose nicht mehr auf der sicheren Seite sieht, wenn für die Einhaltung des Grenzwertes abgerundet wird.[345] Letzteres kann hier nicht überzeugen. Vorliegend wird auf die TA Lärm als Anhaltspunkt zurückgegriffen. Diese Indizwirkung steht einem strikten Grenzwertverständnis entgegen. Dies muss zumindest eine Abrundung ermöglichen. In der Regel wird in kritischen Fällen zur genauen Ermittlung der Lärmbelästigung eine schalltechnische Untersuchung vorgenommen bzw. wenn der Anlagentyp bereits hinreichend untersucht wurde, das Ergebnis auf das neue Vorhaben übertragen. Letzteres ist z. B. bei der nach dem Stand der Lärmminderungstechnik gebotenen Vermeidung von einzeltonhaltigen Geräuschkomponenten[346] von Bedeutung, da Einzeltongeräusche nur noch bei veralteten Anlagentypen vorzufinden sind.[347] Fraglich ist, wann ein kritischer Fall vorliegt, der eine schalltechnische Untersuchung bedingt. Einen strikten Abstand zur Wohnbebauung gibt es nicht, bei dessen Unterschreitung eine schalltechnische Untersuchung erforderlich wird. Die Genehmigungsbehörden orientieren sich hier oft an Vorgaben der Windenergieerlasse, sofern solche bestehen und derartige Vorgaben beinhalten. In der Rechtsprechung wurde bereits festgestellt, dass es bei einem Abstand von ca. 500 Metern zur Wohnbebauung erforderlich ist, eine Immissionsprognose, welche die Schallemissionswerte des jeweiligen Anlagentyps und eine standortbezogene Schallimmissionsprognose beinhaltet, einzuholen.[348] Dabei ist auch der Nachtwert beim Betriebszustand prognostisch zu ermitteln und in die

---

[343] OVG Münster, BauR 2002, 1507 f.; OVG Münster, BauR 2002, 1510 ff.
[344] Vgl. OVG Lüneburg, NVwZ 2007, 357, 358.
[345] OVG Münster, ZNER 2005, 342; Middeke, Windenergieanlagen in der verwaltungsgerichtlichen Rechtsprechung, DVBl 2008, 292, 296.
[346] Hinweise für die Planung und Genehmigung von Windkraftanlagen in Mecklenburg-Vorpommern (WKA-Hinweise M-V), Abl. M-V 2004, 966, 969.
[347] Vgl. auch OVG Münster, ZNER 2005, 342 ff.; Die Tonhaltigkeit nimmt auch mit steigender Entfernung ab, so das sie bereits bei Abständen von wenigen hundert Metern nicht mehr hörbar ist (hier 400 m = 0 dB).
[348] OVG Greifswald, LKV 2007, 234, 235.

Schallimmissionsprognose mit einzubeziehen.[349] Letzteres ist von Bedeutung, da zuletzt die Aussagekraft der Geräuschprognosen für die Nachtzeit mit dem Argument der Windscherung sowie der günstigeren Schallausbreitung zur Nachtzeit aufgrund leichter Bodeninversion angezweifelt wird, wobei die infolgedessen behauptete Unzulänglichkeit der DIN ISO 9613-2 für die Schallprognose bei Nacht bislang nicht nachgewiesen wurde, so dass diese Zweifel sich nicht durchsetzen konnten.[350] Die Windscherung ist ein Unterschied in der Windrichtung oder -geschwindigkeit zwischen zwei Punkten aufgrund von Luftdruckunterschieden auf unterschiedlichen Höhen (vertikale Windscherung) oder unterschiedlichen geographischen Orten (horizontale Windscherung). Die Windbewegung im Ausgleich zwischen diesen unterschiedlichen Punkten wird auch als Scherwind bezeichnet, welche in der Luftfahrt bereits seit Ende der siebziger Jahre als Problem bekannt ist und nun auch die Windenergiebranche als Problematik erreicht hat.[351] Hintergrund ist die Tatsache, dass die Windgeschwindigkeit mit zunehmender Bodennähe abnimmt und damit bei größer werdenden Anlagen auf die am höchsten stehende Rotorblattspitze eine ganz andere Windgeschwindigkeit einwirkt, als auf die Rotorblattspitze in niedrigster Position. Dies stellt nicht nur eine Herausforderung für Konstrukteure dar, sondern auch für die Beurteilung der Lärmimmisionen. Hier besteht wie auch im Hinblick auf die Schallausbreitung begünstigende Witterungsbedingungen naturwissenschaftlicher Forschungsbedarf im Interesse größerer Rechtssicherheit. Angesichts der topografisch bedingten Lärmausbreitung und der rasant gestiegenen Anlagenhöhen lassen sich die bisherigen Erkenntnisse nicht abstrakt auf andere Fälle übertragen. Einen Fortschritt stellt das 2005 vom LAI empfohlene sog. alternative Verfahren dar. Nach diesen Maßstäben sind auch die Gesichtspunkte der schallharten Böden, der meteorologischen Korrektur, der Reflexionen am Auftreffort und der großen Schallquellhöhen, insbesondere zur Nachtzeit, behandelt worden. Die Geeignetheit der DIN ISO 9613-2 für die Beurteilung der in Rede stehenden Lärmphänomene ist daher erneut bestätigt worden.[352] Solange hier keine neuen Erkenntnisse

---

[349] OVG Münster, NVwZ 2003, 756/ZNER 2003, 55, 56; OVG Münster, NVwZ 2007, 967, 968.

[350] OVG Lüneburg, NVwZ-RR 2007, 517, 518.

[351] Zur Berücksichtigung der Windscherung bei der Errichtung von Windenergieanlagen wurde eine von atmosphärischen Stabilitätsbedingungen abhängige Standardformel entwickelt: $v = v_{ref} \ln(z/z_0) / \ln(z_{ref}/z_0)$, wobei v = Windgeschwindigkeit in Höhe z über dem Boden, v_{ref} = Referenzgeschwindigkeit für die Höhe, $\ln(..)$ = der natürliche Logarithmus, z_0 = Rauhigkeitslänge in der beobachteten Windrichtung und z_{ref} = Referenzhöhe ist, vgl. Verband der dänischen Windkraftindustrie, http://www.windpower.org/de/tour/wres/shear.htm, mit einem Windscherungskalkulator unter http://www.windpower.org/de/tour/wres/calculat.htm.

[352] OVG Lüneburg, ZNER 2007, 229, 232.

eine andere Beurteilung erfordern, muss angesichts der Berücksichtigung einer die Schallausbreitung begünstigenden Wetterlage nach TA Lärm und den technischen Vorschriften mit der Rechtsprechung von der Tauglichkeit der DIN-Norm und der Art und Weise der Berechnung der Schallimmissionsprognosen ausgegangen werden.

Bei Immissionsmessungen zum Lärm von Windenergieanlagen wird dem Problem unterschiedlicher Windrichtungen und unterschiedlicher Windstärken dadurch Rechnung getragen, dass bei Mitwind (von der Windenergieanlage zum betroffenen Bürger) mit einer standardisierten Windgeschwindigkeit von 10 m/s (frische Brise) gemessen wird.[353] Erfolgt die Messung bei bis zu 14 m/s (steifer Wind) bleibt sie klar erkennbar auf der sicheren Seite.[354] Die schalltechnische Prognose bezieht sich dabei nicht auf den Lärm in Nabenhöhe, sondern auf eine Referenzmessung bei den in 10 m über dem Boden herrschenden Windgeschwindigkeiten.[355] Zu verwenden ist nach den Richtlinien der FGW der Schallleistungspegel bei einer Windgeschwindigkeit von 10 m/s bei nicht mehr als 95% der Nennleistung. Ein Abstellen auf die Nennleistung überzeugt vor dem wirtschaftlichen Hintergrund, dass Windenergieanlagen regelmäßig dort errichtet werden, wo die Nennleistung nicht nur gelegentlich für kurze Zeit erreicht wird. Ist in einer Nebenbestimmung zur Genehmigung bestimmt, dass bestimmte Richtwerte (z. B. 60/45 dB tags/nachts im Außenbereich) nicht überschritten werden dürfen und zu diesem Zweck ein Schallleistungspegel (z. B. 100 dB oder 103 dB) vorgegeben, so kommt es auf die Frage, bei welcher Nennleistung der Anlage der festgelegte Schallleistungspegel erreicht wird, nicht an.[356] In diesen Fällen ist allein der Schallleistungspegel entscheidend. Es kann neben einem festgelegten Schallleistungspegel nicht verlangt werden, die jeweilig zulässige Rotordrehzahl festzulegen.[357] Eine mit fortschreitender technischer Entwicklung steigende Nabenhöhe entfernt damit die Lärmquelle vom Messpunkt. Ob damit bei der Errichtung moderner, großer Anlagen bei Ausbau oder Repowering auch geringere Lärmemissionen vorliegen wäre zwar nahe liegend, kann jedoch hier nicht einfach geschlussfolgert werden. Hier sind die Fragen des Scherwindes und der Witterungsverhältnisse vor dem Hintergrund der jeweiligen regionalen, insbesondere topographischen Gegebenheiten mit einzubeziehen. Hinzu kommt die Steuerungstechnik der Windenergieanlage. Ob die Errichtung höherer Anlagen auch mit geringeren Emissionen verbunden ist, muss daher im Einzelfall beurteilt werden.

---

[353] OVG Saarlouis, NVwZ-RR 2007, 672.
[354] OVG Saarlouis, NVwZ-RR 2007, 672.
[355] OVG Münster, NVwZ-RR 2004, 409.
[356] OVG Lüneburg, DVBl 2007, 648/NVwZ-RR 2007, 517 f.; OVG Münster, ZNER 2007, 436.
[357] OVG Münster, ZNER 2007, 436, 437.

Bei der Messung des Lärms wird für den maßgeblichen Immissionsort nicht, wie sich einige Betroffene wünschen,[358] auf den der WEA nächstgelegenen Punkt des Grundstückes oder Gebäudes abgestellt, sondern auf nach den Vorgaben unter A. 1.3 des Anhangs zur TA Lärm 1998 0,5 m vor dem geöffneten, vom Lärm am stärksten betroffenen Fenster von zum Aufenthalt bestimmten Räumen.[359] Die Nutzung des Raumes für den Aufenthalt hat das Bundesverwaltungsgericht erst jüngst in seinem Urteil vom 29. August 2007 anhand einer Wohnküche hervorgehoben. Küchen, in denen ausschließlich Mahlzeiten zubereitet werden, zählen nach DIN 4109 „Schallschutz im Hochbau" hingegen nicht zu den schutzbedürftigen Räumen. Sie werden vielmehr ähnlich wie Bäder und Aborte als laute Räume eingeordnet, für die bei ihrem Schutz gegen Außenlärm geringere Anforderungen gelten.[360]

Die Bewertung der Lärmimmissionen ist wie schon die Frage des Schattenwurfes von objektiven Umständen abhängig und nicht von der persönlichen Einstellung der Betroffenen zum Schallereignis, welche oft von subjektiven Befindlichkeiten, einer angenommenen Vermeidbarkeit und dem sozialen Sympathiewert der Lärmquelle abhängt.[361] Dementsprechend wird wie auch bei Lichteffekten eine geringere Schutzwürdigkeit der Wohnungen im Außenbereich angenommen, deren Bewohner mit der Ansiedelung privilegierter Außenbereichsnutzungen rechnen müssen.[362] Damit korrespondiert die Unerheblichkeit des Fehlens weiterer markanter Lärmquellen mit der damit eventuell verbundenen subjektiv empfundenen Lästigkeit. Somit ist auch hier auf die Möglichkeit der architektonischen Selbsthilfe zu verweisen.

Im Rahmen der Lärmbelästigung ist das sog. Rotorblattschlagen von Bedeutung, welches als intermittierendes Zischgeräusch beim Turmdurchgang der Rotorblätter, insbesondere bei Nennleistungsbetrieb, auftritt. Hier stellt sich die Frage, ob dieses Ereignis als zuschlagspflichtige Geräuschkomponente gem. Abschnitte A.2.5.2, A.2.5.3, A.3.3.5 und A.3.3.6 TA Lärm gewertet werden kann. Eine Bestätigung dieser Hypothese würde dazu führen, dass nach dem Zuschlagssystem der TA Lärm Zuschläge von 3 oder 6 dB eine Wertung herbeiführten, als ob die Geräuschquelle erhöht wäre.[363] Dann müsste es von den Begriffen der Tonhaltigkeit, Impulshaltigkeit oder Informationshaltigkeit erfasst sein. Der Begriff der Tonhaltigkeit erfasst bei

---

[358] So z.B. die Kläger in BVerwG, ZfBR 2008, 56, 58.
[359] BVerwG, ZfBR 2008, 56, 58; OVG Münster, BauR 2002, 1507, 1508.
[360] BVerwG, ZfBR 2008, 56, 58.
[361] OVG Münster, NVwZ 2003, 756, 757/ZNER 2003, 55, 56.
[362] OVG Münster, NVwZ 2003, 756, 757/ZNER 2003, 55, 56.
[363] OVG Münster, NVwZ 2003, 756, 760/ZNER 2003, 55, 60.

historischer Auslegung unter Heranziehung von Abschnitt 2.422.3 TA Lärm 1968 brummende, heulende, singende, kreischende und pfeifende Töne. Der Begriff der Impulshaltigkeit erfasst insbesondere anstiegssteile und damit plötzliche und überraschende Geräusche, während dem Begriff der Informationshaltigkeit aufgrund seiner Unbestimmtheit Auffangcharakter zugeschrieben wird. Für die Zuschlagspflichtigkeit ist nicht so sehr die exakte Qualifizierung als ton-, impuls- oder informationshaltig maßgeblich, sondern die Frage, ob Geräuschkomponenten in ihrer störenden Auffälligkeit deutlich wahrnehmbar sind.[364] Dies verleitet auf die Wahrnehmbarkeit im Einzelfall abzustellen. Gemeinsam ist allen drei Begriffen das Merkmal der Auffälligkeit, welches eine Wahrnehmbarkeit der auffälligen Störwirkung voraussetzt, die bei Nennleistungsbetrieb und dem damit verbundenen schnellen Rhythmus von etwa zwei Umdrehungen pro Sekunde nicht gegeben ist.[365] Daraus wird überzeugend der Grundsatz hergeleitet, dass das Rotorblattschlagen nicht zuschlagspflichtig ist.[366]

Fraglich ist, ob bei der Berechnung des zu erwartenden Dezibelwertes ein Sicherheitszuschlag addiert werden soll, der den Abstand zur WEA weiter erhöht. Das nordrhein-westfälische OVG hält derartige Sicherheitszuschläge aufgrund der endlichen Genauigkeit bei der Vermessung von WEA, der sog. Serienstreuung und der endlichen Genauigkeit des Berechnungsverfahrens für die Lärmprognose generell für erforderlich.[367] Dabei ist regelmäßig ein Sicherheitszuschlag von 2 dB anzunehmen.[368] Dies stößt auf Kritik in Literatur und Rechtsprechung. Es handele sich um eine veraltete,[369] technikfremde Bewertung.[370] Es widerspreche § 5 BImSchG, der nur einen Ausschluss der Risiken mit hinreichender Wahrscheinlichkeit fordere, wenn versucht wird, jegliches Risiko über einen Sicherheitszuschlag auszuschließen.[371] Die Annahme, die ermittelten Beurteilungspegel müssten regelmäßig mit einem pauschalen Zuschlag versehen werden, entbehrt einer hinreichenden Grundlage, zumal selbst die Zuschläge befürwortende Rechtsprechung sich mit dem Argument der Serienstreuung vor dem Hintergrund einer zu geringen Zahl von Referenzmessungen nicht auf den Beurteilungs-

---

[364] BVerwG, ZfBR 2008, 56, 58.
[365] OVG Münster, NVwZ 2003, 756, 760/ZNER 2003, 55, 60.
[366] OVG Lüneburg, ZNER 2007, 229, 232.
[367] OVG Münster, BauR 2002, 1509; OVG Münster, BauR 2002, 1511; OVG Münster, NVwZ 2007, 967, 968.
[368] OVG Münster, NVwZ 2007, 967, 968.
[369] Hinsch, Schallimmissionsschutz bei der Zulassung von Windenergieanlagen, ZUR 2008, 567, 574.
[370] Tigges, Anmerkung zu OVG Münster, U. v. 18.11.2002 – 7 A 2127/00, ZNER 2003, 61, 62.
[371] Ohms, Immissionsschutz bei Windenergieanlagen, DVBl 2003, 958, 960.

pegel, sondern auf den Schallleistungspegel bezieht.[372] Die Ablehnung eines Sicherheitszuschlages überzeugt aus mehreren Gründen: Selbst wenn man einen Sicherheitszuschlag befürworten sollte, so müsste dieser mit weiterem technischen Fortschritt und der damit verbundenen höheren Messgenauigkeit ständig sinken und letztendlich verschwinden. Die Versuche einzelner Gutachter, über einen großzügigen Sicherheitszuschlag eine Grenzwertüberschreitung festzustellen, werden auch von der sonst Zuschläge befürwortenden Rechtsprechung unter Verweis auf den technischen Fortschritt abgelehnt.[373] Die noch vor wenigen Jahren vertretenden Sicherheitszuschläge können bereits heute als veraltet und damit zu hoch gelten. Die Ablehnung von Sicherheitszuschlägen überzeugt allerdings nicht nur vor dem Hintergrund der technischen Entwicklung, sondern auch dogmatisch. Mit § 6 Abs. 1 BImSchG besteht ein Genehmigungsanspruch, dessen Voraussetzungen von der Bundesrechtlichen Verwaltungsvorschrift TA Lärm konkretisiert werden. Eine darüber hinausgehende Einschränkung läuft dem Genehmigungsanspruch zuwider und findet keine Rechtsgrundlage.[374] In diese Richtung tendiert auch die Rechtsprechung, welche Sicherheitszuschläge aufgrund herstellungsbedingter Serienstreuung bereits bei einem Vorliegen von drei Referenzmessungen ohne signifikante Abweichungen ablehnt.[375] Auch ändert sich jeder Sicherheitszuschlag, je nachdem welchen Grad an Sicherheit man einfordert, was einer Rechtssicherheit entgegensteht.[376] Sicherheitszuschlägen fehlt im Ergebnis eine überzeugende Grundlage. Sie sind daher abzulehnen.

Sofern die Genehmigung mit einer Nebenbestimmung versehen wird, die Nachmessungen bei Betrieb vorschreibt, so ist gem. Abschnitt 6.9 TA Lärm zu Gunsten des Betreibers ein Abschlag von 3 dB wegen Messunsicherheit zu berücksichtigen.[377] Bei Windenergieanlagen käme dies vor dem Hinter-

---

[372] OVG Lüneburg, NVwZ-RR 2007, 517, 518.

[373] OVG Münster, BauR 2002, 1511 lehnt einen Sicherheitszuschlag von 3,7 dB als zu groß ab und hält einen Sicherheitszuschlag von 2,5 dB wie in seiner Entscheidung OVG Münster, BauR 2002, 1507 ff. für ausreichend; vgl. auch OVG Münster, NVwZ 2003, 756 ff./ZNER 2003, 55 ff. und OVG Münster, ZNER 2005, 342 ff.; mittlerweile wird von 2 dB ausgegangen OVG Münster, NVwZ 2007, 967, 968.

[374] Ohms, Immissionsschutz bei Windenergieanlagen, DVBl 2003, 958, 961; OVG Lüneburg, NVwZ-RR 2007, 517, 518.

[375] OVG Magdeburg, ZNER 2005, 339; OVG Lüneburg, ZNER 2007, 229, 232; die angezweifelte Vereinbarkeit von pauschalen Sicherheitszuschlägen mit dem Genehmigungsanspruch konnte angesichts des Vorliegens mehrerer Referenzmessungen jeweils dahinstehen.

[376] Vgl. Tigges, Anmerkung zu OVG Münster, U. v. 18.11.2002 – 7 A 2127/00, ZNER 2003, 61, 62.

[377] OVG Münster, NVwZ 1999, 1360.

grund klimatischer Bedingungen und durch Wind verursachte Fremdgeräusche in Betracht. Der Sinn solcher Festsetzungen muss allerdings hinterfragt werden. Die Praxis zeigt, dass immisionsseitige Nachmessungen oftmals keine verwertbaren Ergebnisse erbringen.[378] Das Bundesverwaltungsgericht hat in seiner Grundsatzentscheidung vom 29. August 2007 überzeugend dargelegt, dass, historisch betrachtet, Messabschläge ausdrücklich auf Überwachungsmessungen beschränkt sind und im Hinblick auf die Beweislast dabei das Risiko eines rechtswidrigen Eingriffs der Behörde vermieden werden soll.[379] Im Genehmigungsverfahren hingegen, trägt der Investor die Beweislast dafür, dass keine schädlichen Umwelteinwirkungen verursacht werden. Für Messabschläge besteht im Genehmigungsverfahren somit kein Raum.

Die Schallimmissionsprognose im Sachverständigengutachten selbst wird auf reproduzierbare und repräsentative Emissionswerte abgestellt. Diese werden nach dem Verfahren der DIN EN 61400-11 „Windenergieanlagen, Teil 11: Schallmessverfahren" in Verbindung mit Konkretisierungen, die den „Technischen Richtlinien für Windenergieanlagen, Teil 1: Bestimmung der Schallimmissionswerte", herausgegeben von der Fördergesellschaft Windenergie e. V., ermittelt.[380]

Führt die Errichtung einer Anlage nicht zum Überschreiten der Grenzwerte, aber die Verbindung mit den Immissionen einer weiteren Anlage zu einer Grenzwertüberschreitung durch „Summationswirkung", tritt eine echte Konkurrenzfrage auf, die mit Hilfe des Prioritätsprinzips zu lösen ist.[381] Dabei wird nicht die Erteilung der konkurrierenden Zweitgenehmigung verhindert, sondern deren Ausschöpfung durch Anlagenerrichtung. Es kommt daher darauf an, das „Windhundrennen" durch erste Ausnutzung der Genehmigung zu gewinnen.[382]

Konsequenz der Feststellung von Lärmimmissionen oberhalb der Grenzwerte kann zur Vermeidung des Entgegenstehens öffentlicher Belange ein schallreduzierter Betrieb unterhalb der Grenzwerte sein. Die Schallreduzierung wird durch eine Drosselung der Drehzahl erreicht. Dabei bestehen verschiedene Steuerungsmöglichkeiten für WEA. Es sind „Pitch"- und „Stall"-Steuerung zu unterscheiden.

---

[378] Tigges, Anmerkung zu OVG Münster, U. v. 18.11.2002 – 7 A 2127/00, ZNER 2003, 61, 62.
[379] BVerwG, ZfBR 2008, 56, 58.
[380] OVG Münster, NVwZ-RR 2004, 409; OVG Münster, NVwZ-RR 2004, 643, 646.
[381] Rolshoven, Prioritätsprinzip bei konkurrierenden Genehmigungsanträgen, NVwZ 2006, 516, 518.
[382] Rolshoven, Prioritätsprinzip bei konkurrierenden Genehmigungsanträgen, NVwZ 2006, 516, 523.

Bei der „Pitch"-Steuerung wird durch ein automatisches Abschaltmodul bewirkt, dass sich die Rotorblätter „aus dem Wind" drehen.[383] In der Rechtsprechung wurde bereits anerkannt, dass die Nabenhöhe keinen wesentlichen Einfluss auf die maximale Schallemission bei einer pitch-gesteuerten Anlage habe, wenn diese ihre Nennleistung bei einer standardisierten Windgeschwindigkeit von bis zu 10 m/s erreicht und die Körperschallabstrahlung zu vernachlässigen ist.[384] In der Folge lassen sich Schallemissionen über eine Pitch-Steuerung sehr zuverlässig und gerichtsfest steuern.

Bei der „Stall"-Steuerung wird ein besonderes Rotorblattprofil verwendet, welches verhindert, dass sich die Drehzahl bei einer Zunahme des Windes ab einer bestimmten Nennleistung weiter erhöht.[385] Hier bereitet die zuverlässige Steuerung der Schallemissionen größere Schwierigkeiten.

Durch die Steuerungsmechanismen können Geräuschminderungen von bis zu 4 dB erzielt werden,[386] was allerdings auch die erzeugbare Strommenge halbieren kann und damit die Frage der Wirtschaftlichkeit der Anlage entscheidend berührt. In der Folge ist die Frage der präzisen Grenzwerteinhaltung eine wesentliche Frage der Anlagenerrichtung mit erheblichem Konfliktpotential.

(3) Sonstige Beeinträchtigungen

Gegen die Errichtung von Windenergieanlagen bestehen zuweilen diffuse Ängste, die eines wissenschaftlichen Anknüpfungspunktes entbehren und einer juristischen Lösung trotz zahlreicher Versuche nicht zugänglich sind. Hier wird auch nicht die zum Teil angeregte künstlerische Gestaltung einzelner Windenergieanlagen abhelfen,[387] sondern nur Aufklärung über die Sachlage. Hinzu kommen rein renditeorientierte Sorgen anderer Anlagenbetreiber, die zwar menschlich verständlich, aber für das Genehmigungsverfahren ohne Belang sind.

Ausdruck diffuser Ängste ist die Behauptung möglicher gesundheitlicher Beeinträchtigungen durch Infraschall. Zu den „Strahlen" in § 3 Abs. 2 BImSchG gehört neben dem Schall auch Ultraschall,[388] so dass auch der Infraschall von Windenergieanlagen vom Begriff der Immissionen erfasst

---

[383] Ohms, Immissionsschutz bei Windenergieanlagen, DVBl 2003, 958, 960.
[384] OVG Münster, ZNER 2007, 436 in Bezug auf Messungen bei Masthöhen von 65 und 98 m.
[385] Ohms, Immissionsschutz bei Windenergieanlagen, DVBl 2003, 958, 960.
[386] Ohms, Immissionsschutz bei Windenergieanlagen, DVBl 2003, 958, 960.
[387] So Klinski/Buchholz/Schulte/Windguard/BioConsult SH, Umweltstrategie Windenergienutzung, S. 54.
[388] Jarass, BImSchG, § 3 Rn. 6.

ist.[389] Bei Infraschall handelt es sich um Tonhöhen außerhalb der menschlichen Wahrnehmung im Bereich unter 20 Hz, die angeblich sogar in der Lage sein sollen, Körperzellen zu zerstören, da sie der Resonanzfrequenz der im Körper zahlreich vorhandenen OH-Brücken entsprechen können sollen.[390] Derartige angebliche Beeinträchtigungen wurden bislang erfolglos geltend gemacht.[391] Infraschall kann zwar technisch gemessen und damit nachgewiesen werden, die Infraschall-Pegel liegen aber weit unter der menschlichen Wahrnehmungsschwelle und sind in ihrer Wirkung auf Menschen überschätzt worden.[392] Mittlerweile ist erwiesen, dass die von Windenergieanlagen ausgehenden Infraschallpegel völlig harmlos sind.[393]

Windabschattungseffekte, auch „Windklau" genannt, werden mit der zunehmenden Anlagendichte in Deutschland immer öfter diskutiert.[394] Im Kern geht es um die Frage, wie weit von einander entfernt die Türme stehen müssen, um sich nicht bei der Abschöpfung des Windes zu behindern. Neben der von einer hohen Anlagendichte über Turbulenzen und Vibrationen bedrohten Standsicherheit geht es dabei im Wesentlichen um das wirtschaftliche Risiko einer geringeren „Windernte". Die Einbußen können bis zu 15 % betragen, etwa 230.000 Kilowattstunden oder 20.000 Euro im Jahr.[395] Damit geht es nicht um eine abwehrfähige schädliche Umwelteinwirkung nach § 3 BImSchG, sondern um eine Frage des Konkurrenzschutzes im Außenbereich.[396] Hier greift der allgemeine Grundsatz, dass jeder Außenbereichsnutzer damit rechnen muss, dass auch andere die Möglichkeiten gesetzlicher Privilegierungen im Außenbereich nutzen und die typischerweise damit verbundenen Nachteile hinzunehmen sind.[397] Die

---

[389] Gärtner, Rechtsprobleme bei der Beurteilung von Küstenmeer-Windenergieprojekten, Berlin 2006, S. 92.

[390] Stüer/Vildomec, Planungsrechtliche Zulässigkeit von Windenergieanlagen, BauR 1998, 427, 438 m.w.N.; Stüer in: Spannowsky/Mitschang, Flächennutzungsplanung im Umbruch?, Köln 2000, 119, 135.

[391] OVG Münster, BauR 2002, 1514; OVG Koblenz, NuR 2003, 768/ZNER 2003, 340 f.

[392] OVG Münster, BauR 2002, 1517 unter Verweis auf Studien des Landesumweltamtes Nordrhein-Westfalen und des Bayrischen Landesamtes für Umweltschutz.

[393] Ohms, Immissionsschutz bei Windenergieanlagen, DVBl 2003, 958, 962 m.w.N.; Hinsch, Schallimmissionsschutz bei der Zulassung von Windenergieanlagen, ZUR 2008, 567, 569.

[394] Maslaton, Entschädigung für die Nichtgewährung, Beeinträchtigung oder Entziehung des Windabschöpfungsrechts, LKV 2004, 289, 293; DER SPIEGEL Nr. 18/2007/30.04.2007, S. 47, Freies Gut; FAZ 26.05.2007, S. 16, Der Windklau geht um.

[395] FAZ 26.05.2007, S. 16, Der Windklau geht um.

[396] Vgl. Rolshoven, Prioritätsprinzip bei konkurrierenden Genehmigungsanträgen, NVwZ 2006, 516, 518.

Begriffsbestimmung der schädlichen Umwelteinwirkungen in § 3 Abs. 1 BImSchG legt nahe, dass das bloße Vorenthalten oder der Entzug von Wind nicht als schädliche Umwelteinwirkungen zu deuten sind.[398] Allerdings erscheint es nicht ausgeschlossen, Luftverwirbelungen und eine erhöhte Turbulenzintensität als ähnliche Umwelteinwirkung im Sinne des § 3 Abs. 2 BImSchG zu werten, da dies den genannten Erschütterungen entsprechen könnte. Es ist dann jedoch im Einzelfall darzulegen, ob nach den konkreten Umständen des Falles die Schwelle zum erheblichen Nachteil oder zur erheblichen Belästigung im Sinne des § 3 Abs. 1 BImSchG überschritten ist und unzumutbare, rücksichtslose Einwirkungen vorliegen. Nicht jede erhöhte Turbulenzintensität überschreitet das Maß des Zumutbaren. Es ist nicht Aufgabe des Gebotes der Rücksichtnahme eine wirtschaftliche Absicherung der Investition in eine Anlage zu bewirken. Ein befürchteter geringerer Ertrag der Windenergieanlage ist im Genehmigungsverfahren mithin ohne Bedeutung.[399] Es gibt kein subjektiv-öffentliches Recht auf Ausnutzung der Windenergie, dass ein Betreiber einer Windenergieanlage, die sich im Nachlauf zu einer anderen Windenergieanlage befindet, dem Betreiber einer vorgelagerten Windenergieanlage entgegenhalten könnte.[400] Aus rechtspolitischer Sicht ist die Zunahme derartiger Streitfälle ein Zeichen knapper werdender Flächen für die Windenergienutzung onshore. Wo keine neuen Flächen ausgewiesen werden, kommen sich die Investoren gegenseitig in die Quere und verursachen mit den über die höhere Anlagendichte herbeigeführten Ertragsminderungen genau das Gegenteil der Zielsetzung der Bundesregierung und des Bundesgesetzgebers. Sowohl die beabsichtigte Steigerung des Anteils erneuerbarer Energien am Stromverbrauch als auch deren Wirtschaftlichkeit wird untergraben. Insofern stellt der Windklau eine rechtspolitische Herausforderung dar.

Die Frage der Befeuerung von Windenergieanlagen ist eine Frage des Luftverkehrsrechts. Die Tatsache, dass Planungsträger Höhenbegrenzungen für Windenergieanlagen festschreiben um eine Befeuerung zu vermeiden, zeigt, dass die damit verbundenen Effekte doch als belästigend empfunden werden. Fraglich ist, ob die Befeuerung von WEA über das Planungsrecht hinaus verhindert werden kann. Eine immissionsschutzrechtliche Problematisierung[401] blieb bislang ohne Erfolg.[402] Deshalb ist zu fragen, ob eine Befeuerung gegen das bauplanungsrechtliche Gebot der Rücksichtnahme ver-

---

[397] Ohms, Immissionsschutz bei Windenergieanlagen, DVBl 2003, 958, 963.
[398] OVG Münster, BRS 63 Nr. 150.
[399] OVG Münster, BRS 63 Nr. 150.
[400] VG Leipzig, NVwZ 2008, 346.
[401] Jüngstes Beispiel: Klinski/Buchholz/Schulte/Windguard/BioConsult SH, Umweltstrategie Windenergienutzung, S. 32.
[402] Ohms, Immissionsschutz bei Windenergieanlagen, DVBl 2003, 958, 963.

stößt. Ob die Lichtemissionen zu erheblichen Belästigungen führen, beurteilt sich nach der Gebietsart und der von den tatsächlichen Verhältnissen bestimmten Schutzwürdigkeit der betroffenen Nachbarn.[403] Dabei sind wertende Elemente wie Herkömmlichkeit, soziale Adäquanz und allgemeine Akzeptanz neben Art Stärke und Dauer der Lichteinwirkung und insbesondere der Blendwirkung in eine wertende Gesamtbeurteilung im Sinne einer Güterabwägung einzustellen.[404] Hinsichtlich der Gebietsart ist vor dem Hintergrund der Privilegierung von WEA festzuhalten, dass im Außenbereich grundsätzlich von einer verminderten Schutzwürdigkeit auszugehen ist.[405] Im Rahmen der sozialen Adäquanz ist zu berücksichtigen, dass Gefahrenfeuer nicht in erster Linie dem Nutzen des Betreibers, sondern der Verkehrssicherheit dienen, was dazu führt, dass die Lichtemissionen aufgrund luftverkehrsrechtlicher Bestimmungen im Regelfall als sozial adäquat einzustufen sind.[406] Von einer Blendwirkung ist bei einem Abstand von 520 m Entfernung und 85 m Höhe nicht auszugehen, so dass eine durch Lichteinfall verminderte Nutzbarkeit der Gartenfläche die Grenze des Zumutbaren nicht überschreitet.[407] Hervorzuheben ist, dass dies nicht nur für Siedlungen im Außenbereich, sondern auch am Rande des Innenbereichs gilt.[408] Infolge des Fokus der Rechtsprechung auf der intensiveren Nachtbefeuerung fehlt es an einer näheren Auseinandersetzung mit der belästigenden Wirkung der Tagbefeuerung. Dieser ließe sich grundsätzlich kaum entgegenhalten, dass der Garten in den Nachstunden ohnehin nur eingeschränkt zunutzen sei. Angesichts der technischen Entwicklung, die eine immer geringere Befeuerung durch den Einsatz von Sichtweitenmessgeräten ermöglicht, ist hier jedoch eine vergleichbare Lage geschaffen worden, so dass eine Änderung der Rechtsprechung nicht sinnvoll wäre.

Gefahren durch Unfälle und Eiswurf sind eine klassische Frage des Abstandsflächenrechts der Landesbauordnungen.[409] Dort finden sich die klassischen Fragen des Gefahrenbwehrrechts geregelt. Dennoch wird zuweilen versucht, Eisabwurfgefahren und Rotorbruch sowie sonstige Anlagenunfälle als „sonstige Gefahren" i. S. v. § 5 BImSchG unter das bauplanungsrechtliche Gebot der Rücksichtnahme fallen zu lassen und in diesem Rahmen die Anlagenerrichtung als eine über das allgemeine Lebensrisiko hinausgehende Gefährdung eines Grundstücks darzustellen, welche die Genehmi-

---

[403] OVG Greifswald. ZNER 2003, 69.
[404] OVG Greifswald. ZNER 2003, 69.
[405] OVG Greifswald. ZNER 2003, 69.
[406] v. Tettau, Lichtemissionen von Windenergieanlagen, ZNER 2003, 70.
[407] OVG Greifswald. ZNER 2003, 69.
[408] v. Tettau, Lichtemissionen von Windenergieanlagen, ZNER 2003, 70.
[409] OVG Münster, BauR 2002, 1518; im Übrigen wird auf die Ausführungen zu Abstandsflächen verwiesen.

gung als rücksichtslos erscheinen lässt.[410] Der Rechtsprechung ist insoweit zuzustimmen, wie sie die Anforderungen an den Grad der Wahrscheinlichkeit eines Schadens nach der Wertigkeit eines Rechtsguts bemisst. Es kann aber nicht überzeugen, die doch stark einseitige Betrachtung des „Bundesverbandes Landschaftsschutz" und anhand alter Anlagentypen erhobene Daten der DEWI aus den 90er Jahren zugrunde zu legen und damit die Anforderungen an die Genehmigung zu überdehnen. Insbesondere ist es anders als der Senat meint, nicht unzureichend, dem Anlagenbetreiber die Wahl der Schutzvorrichtungen zu überlassen. Es muss vielmehr genügen, dass dem Anlagenbetreiber bestimmte, einzuhaltende Werte vorgegeben werden, insbesondere wenn eine „Eis-Karte" der angeführten DEWI-Studie für die Region keine besondere Vereisungswahrscheinlichkeit nahe legt. Es bleibt neben der inhaltlichen Kritik an der genannten Entscheidung festzuhalten, dass die Fragen des bauplanungsrechtlichen Gebots der Rücksichtnahme auf eine Unzumutbarkeit des Vorhabens im Einzelfall ausgerichtet sind und kein allgemeines Urteil über die Vereinbarkeit einer Windenergienutzung mit anderen Nutzungen ermöglichen. Allgemeine Fragen der Gefahrenabwehr stellen sich mithin im Rahmen des Bauordnungsrechts.

dd) Windenergieanlagen als optisches Bedrängnis

Neben dem Begriff der schädlichen Umwelteinwirkungen kommt eine Beeinträchtigung durch Windenergieanlagen als optische Bedrängnisse in Betracht. Auch hier könnte das bauplanungsrechtliche Gebot der Rücksichtnahme greifen. Das Gebot wird zwar nicht in § 35 Abs. 3 BauGB als öffentlicher Belang genannt, ist aber seit langem auch gegenüber privilegierten Außenbereichsvorhaben anerkannt.[411] Das Gebot der Rücksichtnahme schützt die Nachbarschaft vor unzumutbaren Einwirkungen, die von einem Vorhaben ausgehen, wenn sie über eine qualifizierte und individualisierte, also abwägungserhebliche schutzwürdige Position, gegenüber dem Vorhaben verfügen.[412] Neben den schädlichen Umwelteinwirkungen werden davon auch sonstige nachteilige Wirkungen erfasst.[413] Da es sich beim Rücksichtnahmegebot nicht um ein das gesamte Baurecht umfassendes außergesetzliches Gebot, sondern um ein unselbständiges und normabhängiges Gebot handelt, muss sich dies zumindest auf die Rücksichtnahme im Ein-

---

[410] So auch das OVG Magdeburg, BeckRS 2008, 33042 im Hinblick auf ein angeblich vom Eisabwurf gefährdetes Umspanwerk in 137 m Entfernung.
[411] BVerwG, BVerwGE 28, 268, 274; Seibel, Das Rücksichtnahmegebot im öffentlichen Baurecht, BauR 2007, 1831 ff.
[412] BVerwG, BRS 38, Nr. 186; BVerwG, BRS 56 Nr. 165.
[413] BVerwG, BRS 40, Nr. 199.

zelfall gem. § 15 Abs. 1 S. 2 BauNVO stützen.[414] Das Rücksichtnahmegebot umfasst nach der Rechtsprechung auch optisch bedrängende Wirkungen, die von einem Bauvorhaben ausgehen können.[415] Grundsätzlich gilt im Rahmen des Gebots der Rücksichtnahme, dass um so mehr an Rücksichtnahme verlangt werden kann, je empfindlicher und schutzwürdiger der Betroffene ist und je verständlicher und unabweisbarer die mit dem Vorhaben verfolgten Interessen sind.[416] Hinsichtlich der Zumutbarkeit ist auf die objektive Hinnehmbarkeit durch einen Durchschnittsbenutzer des Grundstücks abzustellen.[417]

Zunächst stellt sich die Frage, ob die Präsenz von WEA ein optisches Bedrängnis für Nachbarn darstellen kann. Diese Frage war bis vor kurzem in der Rechtsprechung umstritten. Grundproblem eines optischen Bedrängnisses ist, dass es sich nicht um eine physische, stoffliche, sondern um eine psychische Einwirkung handelt. In der Folge wurde eine optisch bedrängende Wirkung von WEA als eine rein psychische, auf einem der Windenergienutzung gegenüber negativem persönlichen Empfinden basierende und damit nicht objektivierbare Belastung in der Rechtsprechung teilweise abgelehnt.[418] Andererseits wurden die abstrakten Kriterien der Rechtsprechung für optische Bedrängnisse auf Windenergieanlagen übertragen. „Optisch bedrängend" kann eine Windenergieanlage – allein oder im Verbund mit anderen – nur unter den Voraussetzungen sein, unter denen die Rechtsprechung Bauwerke zu Lasten dann abwehrbefugter Nachbarn als „erdrückend" einstuft.[419] Eine erdrückende Wirkung kann durch die Höhe der Anlagen entstehen. Sie ist aber erst anzunehmen, wenn Nachbargrundstücke regelrecht abgeriegelt werden, d.h. dort ein Gefühl des Eingemauertseins oder einer Gefängnishofsituation entsteht. Dem Grundstück muss gleichsam die „Luft zum Atmen" genommen werden.[420] Dieser Vergleich mit Gebäuden ist vor dem Hintergrund der technischen Konstruktion von Windenergieanlagen schwierig. Es ist schon wegen der Errichtung in windhöffigen Außenbereichen und von der bautechnischen Konstruktion her unvorstellbar, dass eine Windenergieanlage die „Luft zum Atmen" nimmt, ein ande-

---

[414] Seibel, Das Rücksichtnahmegebot im öffentlichen Baurecht, BauR 2007, 1831, 1833.
[415] BVerwG, NVwZ 1987, 128 f./BRS 46, Nr. 176; Troidl, David gegen Goliath: „Erdrückende Wirkung" im öffentlichen Baurecht – „abrigelde" und „einmauernde" Bauvorhaben aus Sicht des Rücksichtnahmegebots, BauR 2008, 1829 ff.
[416] BVerwG, BRS 56 Nr. 165.
[417] BVerwG, BRS 56 Nr. 165.
[418] OVG Koblenz, NuR 2003, 768/ZNER 2003, 340 f.
[419] OVG Lüneburg, NVwZ-RR 2005, 521/NordÖR 2005, 220.
[420] OVG Lüneburg, NVwZ-RR 2005, 521 f./NordÖR 2005, 220; OVG Lüneburg, BauR 2005, 835/NVwZ 2005, 234.

res Gebäude einmauert und eine Art Gefängnishof schafft. Andererseits dürfte einem Gefühl des Eingemauertseins auch ein Gefühl der Umzingelung durch WEA durchaus entsprechen. Auch lässt sich nicht abstreiten, dass die Drehbewegung des Rotors den Blick auf sich zieht und die Konzentration auf andere Tätigkeiten durch die stete Ablenkung erschwert, so dass ein optisches Bedrängnis durch Windenergieanlagen auch überzeugend befürwortet wurde.[421] Das Bundesverwaltungsgericht hat sich dementsprechend der letzteren Auffassung angeschlossen. Die Auffassung, welche das Rücksichtnahmegebot auf den Begriff der schädlichen Umwelteinwirkungen reduziert und in der Folge die Irritationen durch die Drehbewegung des Rotors nicht erfasst sieht, versteht das Gebot der Rücksichtnahme zu eng.[422] Windenergieanlagen können somit grundsätzlich optisch bedrängend sein und aus diesem Grund gegen das Rücksichtnahmegebot verstoßen.

Vom Bundesverwaltungsgericht offen gelassen wurden die Frage der Anforderungen, welche an das Vorliegen eines optischen Bedrängnis zu stellen sind. Ob das „Unruheelement", das der Rotor durch seine Bewegung schafft, so störend ist, dass das Maß des Zumutbaren überschritten und das Gebot der Rücksichtnahme verletzt ist, beurteilt sich nach den Umständen des Einzelfalles. Dabei gilt, dass die Bewegung des Rotors umso stärker spürbar wird, je geringer die Distanz zwischen der WEA und dem Betrachter und je größer die Dimension der Bewegung ist.[423] Diese Rechtsprechung des Bundesverwaltungsgerichtes beendet nur scheinbar den Streit der Oberverwaltungsgerichte um das optische Bedrängnis und lässt die wichtige Frage nach Anhaltspunkten für die Abwägung der Schutzwürdigkeit der Betroffenen, die Intensität der Beeinträchtigung, die Interessen der Bauherren und das, was beiden Seiten billigerweise zumutbar oder unzumutbar ist, im Rahmen der Einzelfallentscheidung unbeantwortet. Die Nennung von „Distanz" und „Dimension" ist reichlich unbestimmt. Insofern werden Orientierungswerte für die Einzelfallentscheidung zu Recht weiter vermisst.[424]

Bei der Frage des Umfangs eines Abstandes zur Wohnbebauung ist grundsätzlich der Vergleichsfall von Metallsilos von Interesse, die zwar den Grenzabstand einhielten, aber wie eine hohe Mauer das Nachbargrundstück abriegelten.[425] Das auf dem bauplanungsrechtlichen Rücksichtnahmegebot fußende Kriterium des optischen Bedrängnis ist nicht an das bauordnungsrechtliche Abstandsflächenrecht gekoppelt. Allerdings findet die Windener-

---

[421] OVG Lüneburg, NVwZ-RR 2005, 521 f./NordÖR 2005, 220; OVG Münster, ZNER 2006, 361, 362.
[422] BVerwG, ZNER 2007, 94/ZUR 2007, 138, 139.
[423] BVerwG, ZNER 2007, 94, 95/ZUR 2007, 138, 139.
[424] OVG Münster, DVBl 2007, 648/NVwZ-RR 2007, 517 ff.
[425] BVerwG, NVwZ 1987, 128 f./BRS 46, Nr. 176.

gienutzung ganz überwiegend im Außenbereich statt und damit in einem anderen Umfeld als dem, in dem die Rechtsprechung zum optischen Bedrängnis entstanden ist. Es stellt sich die Frage ob nicht neben den Kriterien von „Distanz" und „Dimension" zwischen einem optischen Bedrängnis bei Innenbereichswohnbebauung und einem optischen Bedrängnis bei Außenbereichsbebauung zu unterscheiden ist. Dafür spricht die gesetzliche Wertung der Privilegierung in § 35 Abs. 1 Nr. 5 BauGB. Insofern überzeugt die Rechtsprechung, welche bei bloßer Konfrontation mit WEA auf eine verminderte Schutzwürdigkeit von Wohnbebauung im Außenbereich hinweist und bei fehlender Umzingelung zur „architektonischen Selbsthilfe" und der Änderung der Wohngewohnheiten durch Umgestaltung der Aufstellungsorte der einzelnen Möbelstücke und der Sitzgelegenheiten rät.[426]

Was das Kriterium der „Distanz" betrifft, so besteht eine starke Abhängigkeit zu den örtlichen topographischen Gegebenheiten. Hier werden verschiedene Abstandswerte wie 300 m, 500 m oder auch der 6-fache Anlagenradius diskutiert.[427] Es erscheint auch vor dem Hintergrund der sehr unterschiedlichen Gesamthöhe moderner WEA sachgerecht keine starre Formel und Abstandsregelung zu verwenden, sondern im Einzelfall zu entscheiden.[428] Dabei fließen verschiedene Faktoren in die Bewertung ein, von denen einige in der Rechtsprechung bereits genannt wurden. Dazu zählen die örtlichen Verhältnisse des Wohnhauses mit der Lage von Fenstern und Terrassen, bestehende und mögliche Abschirmung, die Hauptblickrichtung des Wohnhauses, die Hauptwindrichtung, die topographische Lage und die optische Vorbelastung.[429] Letzteres berührt die Frage, welchen Abstand die Windenergieanlagen untereinander haben müssen, um über eine Umzingelung im Außenbereich ein optisches Bedrängnis zu bewirken. Gerade vor dem Hintergrund der verminderten Schutzwürdigkeit des Außenbereiches ist für die Frage, unter welchen Umständen ein optisches Bedrängnis bestehen kann, die Umzingelung entscheidend. Wenn die einzelne Anlage schon aufgrund ihrer Privilegierung zur „architektonischen Selbsthilfe" zwingt, so versagt dieses Mittel, wenn die Windenergienutzung im Umfeld omnipräsent ist. In einem solchen Fall stellt sich die Frage wann eine hinzutretende Anlage in der Zusammenschau mit den vorhandenen Anlagen eine bedrängende Umzingelung bewirkt. Das OVG Lüneburg verwendet hier den militärisch klingenden Begriff der „Einkesselung".[430] Glei-

---

[426] OVG Koblenz, NuR 2003, 768/ZNER 2003, 340 f.; OVG Lüneburg, NVwZ-RR 2005, 521 f./NordÖR 2005, 220; OVG Münster, ZNER 2006, 361, 363; VG Gießen, NuR 2002, 697, 698.
[427] Übersicht bei VG Gießen, NuR 2002, 697, 698.
[428] OVG Münster, ZNER 2006, 361, 362.
[429] OVG Münster, ZNER 2006, 361, 362 f.
[430] OVG Lüneburg, NVwZ 2007, 356, 357.

ches soll gelten, wenn eine so große Nähe besteht, dass man einer sich massiv aufdrängenden optischen Belästigung nicht entziehen kann, wobei auf einen Abstand von 300 m abgestellt wird, der sich zunehmend in der obergerichtlichen Rechtsprechung durchsetzt.[431] Auch diese Frage lässt sich nicht über eine feste Anlagenzahl abstrakt von der Dimension der Anlagen und den örtlichen topographischen Gegebenheiten beurteilen. Insofern erscheint auch hier eine Einzelfallentscheidung angemessen. Unter Berücksichtigung der zahlreichen Kriterien wurden vom OVG Münster grobe Anhaltswerte entwickelt.[432] Danach ist bei einem Abstand der mindestens das Dreifache der Gesamthöhe beträgt, grundsätzlich kein optisches Bedrängnis anzunehmen, da bei einem solchen Abstand die Baukörperwirkung einer WEA in den Hintergrund trete. Ist der Abstand hingegen geringer als das Doppelte der Gesamthöhe H,[433] soll regelmäßig eine optisch bedrängende Wirkung angenommen werden, da ein Wohnhaus dann regelmäßig von der Anlage überlagert und vereinnahmt werde. Bei einem Abstand zwischen dem Zweifachen und dem Dreifachen der Gesamthöhe sei eine besonders intensive Einzelfallprüfung erforderlich, wobei ein optisches Bedrängnis bei einem Abstand der 2, 4-fachen Gesamthöhe zum Wohnhaus schon verneint wurde.[434]

Was das Kriterium der „Dimension" betrifft, so hat das Bundesverwaltungsgericht nicht von der Anlagendimension gesprochen, sondern von der Dimension der Bewegung. Dies stellt einen wesentlichen Unterschied dar, zumal es ein Repowering begünstigt. Die alten kleinen Anlagen mit dementsprechend kleinen Rotoren reagieren auch schon auf geringere Windstärken und drehen sich schneller als moderne Großanlagen mit entsprechend großen und schweren Rotorblättern, die erst bei höheren Windstärken in Bewegung geraten. Folglich führt eine größere Anlagendimension zu einer geringeren Dimension der Bewegung. Ein Repowering vermindert also optisch bedrängende Wirkungen. Im Ergebnis ist die Frage der optischen Bedrängung eine Konfliktsituation, die mit Einzelfallentscheidungen sachgerecht gelöst werden kann und mit der zunehmenden Verbreitung großer Anlagen abnehmen dürfte.

---

[431] OVG Lüneburg, NVwZ 2007, 356, 357; OVG Koblenz, NuR 2003, 768/ ZNER 2003, 340 f.
[432] OVG Münster, ZNER 2006, 361, 363; OVG Münster, ZNER 2007, 79 ff.
[433] Die Berechnung des Faktors H ist eine Frage des Bauordnungsrechts und gestaltet sich von Bundesland zu Bundesland unterschiedlich. Eine Übersicht über die Berechnungsmethoden zur Gesamthöhe H folgt unter C. II. 12. a) aa) Der Faktor H in den Landesbauordnungen.
[434] OVG Münster, ZNER 2007, 79 ff.

ee) Belange des Naturschutzes

Die Nutzung der Windenergie ist auch eine ökologische Herausforderung. Boden, Wasser, Luft und Klima sind kaum oder gar nicht unmittelbar von der Errichtung betroffen. Der Naturschutz umfasst aber auch den Artenschutz mit dem Schutz der Tierwelt einschließlich ihrer Lebensstätten und Lebensräume. Für Windenergieanlagen ist hier insbesondere hervorzuheben, dass der Belang des Naturschutzes als Unterfall auch den Vogelschutz unabhängig vom Gebietsschutz umfasst.[435] Die Belange des Natur- und Landschaftsschutzes zielen darauf, die Leistungsfähigkeit des Naturhaushaltes, die Nutzfähigkeit der Naturgüter, die Tier- und Pflanzenwelt sowie die Vielfalt, Eigenart und Schönheit von Natur und Landschaft als Lebensgrundlagen des Menschen nachhaltig zu sichern.[436]

Auf Vorhaben im Außenbereich findet die naturschutzrechtliche Eingriffsregelung gem. § 21 Abs. 2 S. 2 BNatSchG/§ 18 Abs. 2 S. 2 BNatSchG n.F. uneingeschränkt Anwendung. Folglich werden die Naturschutzbelange bereits nach §§ 18 ff. BNatSchG/§§ 14 ff. BNatSchG n.F. und den Landesnaturschutzgesetzen geprüft. Dies wirft die Frage auf, inwiefern daneben Belange des Natur- und Landschaftsschutzes zusätzlich im Bauplanungsrecht geprüft werden.

Der Naturschutz ist über § 35 Abs. 3 Satz 1 Nr. 5 BauGB als entgegenstehender öffentlicher Belang zu berücksichtigen. Der Begriff des Naturschutz im BauGB ist nicht deckungsgleich mit dem Begriff des Naturschutzes des BNatSchG, zumal § 35 Abs. 3 Satz 1 Nr. 5 BauGB eine eigene bundesrechtliche Regelung des Natur- und Landschaftsschutzes enthält.[437] Die bauplanungsrechtlichen und die naturschutzrechtlichen Zulassungsvoraussetzungen haben einen eigenständigen Charakter und sind unabhängig voneinander zu prüfen.[438] In der Folge findet die Prüfung der naturschutzrechtlichen Belange des BauGB grundsätzlich nicht im „Huckepackverfahren" der naturschutzrechtlichen Eingriffsregelung[439] statt. Die planungsrechtliche Zulässigkeit richtet sich in der Regel nicht nach der naturschutzrechtlichen Zulässigkeit.

Der Konflikt zwischen baurechtlicher und naturschutzrechtlicher Prüfung stammt allerdings aus einer Zeit der Dominanz des baurechtlichen Geneh-

---

[435] OVG Weimar, NuR 2007, 757 (hier: Gefährdung des Rotmilans).
[436] Vgl. dazu Ziele und Grundsätze des Naturschutzes und der Landschaftspflege §§ 1 und 2 BNatSchG.
[437] Krautzberger, in: Battis/Krautzberger/Löhr, BauGB, § 35 Rn. 58 m.w.N.
[438] BVerwG, NVwZ 2002, 1112 ff.
[439] So noch Wagner, Privilegierung von Windkraftanlagen im Außenbereich, UPR 1996, 370, 372.

migungsverfahrens, bei der Naturschutzbehörden Sorge um die Prüfung der Baugenehmigungsbehörden und umgekehrt hatten, welche mittlerweile durch das immissionsschutzrechtliche Genehmigungsverfahren bei den staatlichen Umweltämtern bzw. Landesumweltämtern ersetzt wurde. Dieses konzentriert gem. § 6 Abs. 1 Nr. 2 BImSchG die Vorschriften des Naturschutzrechts und des Bauplanungsrechts im Genehmigungsverfahren für die Genehmigung nach § 4 BImSchG. Damit sind letztlich die Vorschriften des Naturschutzrechts und das Entgegenstehen des öffentlichen Belanges nach § 35 Abs. 3 Satz 1 Nr. 5 BauGB in einem Genehmigungsverfahren zu prüfen. Auf die konkreten Fragen des Naturschutzes wird daher im Zusammenhang des Naturschutzrechts eingegangen.

ff) Beeinträchtigung der natürlichen Eigenart der Landschaft und ihres Erholungswertes oder Verunstaltung des Orts- und Landschaftsbildes

Ein großes Konfliktfeld ist die Verunstaltung des Orts- und Landschaftsbildes als öffentlicher Belang des § 35 Abs. 3 Satz 1 Nr. 5 BauGB. Hier fließt auch über den Erholungswert der Landschaft die Bedeutung des Fremdenverkehrs ein. Bei einer Vielzahl von Gerichtsentscheidungen sind bislang klare, abstrakte Kriterien kaum zu erkennen.

In der Rechtsprechung des Bundesverwaltungsgerichts ist rechtsgrundsätzlich geklärt, dass eine Verunstaltung i. S. von § 35 Abs. 3 Satz 1 Nr. 5 BauGB voraussetzt, dass das Bauvorhaben dem Orts- oder Landschaftsbild in ästhetischer Hinsicht grob unangemessen ist und auch von einem für ästhetische Eindrücke offenen Betrachter als belastend empfunden wird.[440] Dieser Grundsatz findet auch bei der Errichtung von Windenergieanlagen Anwendung.[441] Für den Betrachter ist nicht eine Draufsicht aus der Luft, sondern die horizontale Sicht maßgeblich.[442] Bei dieser wertenden Einschätzung ist zu berücksichtigen, dass das Vorhaben die bauliche Anlage in ihrer durch die Nutzung bestimmten Funktion ist, so dass Baukörper und Nutzungszweck eine Einheit bilden. Dieser Grundsatz gilt auch gegenüber privilegierten Außenbereichsvorhaben und damit auch für WEA.[443] Folglich kann das anlagentypische Drehmoment der Rotorblätter als Blickfang nicht außer Betracht bleiben.[444] WEA-spezifisch ist jedoch zu berücksichtigen, dass die technische Neuartigkeit einer Anlage und die dadurch bedingte

---

[440] BVerwG, BauR 2002, 1052.
[441] OVG Weimar, NuR 2007, 757.
[442] OVG Koblenz, EurUP 2006, 212.
[443] BVerwG, BauR 2002, 1052 f.; BVerwG, BauR 2004, 295.
[444] BVerwG, BauR 2002, 1052 f.

optische Gewöhnungsbedürftigkeit allein nicht geeignet ist, das Orts- und Landschaftsbild zu beeinträchtigen.[445] Aufgrund der Privilegierung kann Windenergieanlagen die natürliche Eigenart des Freiraumes nicht pauschal entgegen gehalten werden.[446] Behauptete zukünftige Landschaftsgewinne durch Windenergieanlagen infolge der mit Überflüssigwerden konventioneller Kraftwerke abzubauenden Hochspannungsleitungen,[447] sind bislang nicht anerkannt und auch nicht überzeugend. Die Verunstaltungswirkung beurteilt sich nicht in Form einer energiepolitischen Landschaftsbilanz, sondern am konkreten Vorhaben. Mit der zunehmenden Verbreitung von WEA dürfte auch die Wertung der Anlagen als „Touristenattraktionen"[448] überholt sein. Verunstaltet eine Windenergieanlage aus einigen, nicht jedoch aus allen Sichtbereichen die Landschaft, kommt es auf die Kompensationsfähigkeit der Sichtbeeinträchtigung an.[449] Insoweit muss auch hier eine Einzelfallentscheidung getroffen werden.

Wesentliche Voraussetzung für eine verunstaltende Wirkung ist ein besonders schützenswertes Landschaftsbild.[450] Eine abstrakte Regel dafür ist in der Rechtsprechung schwer zu erkennen. Es erscheint verwegen, wenn hier auf die genetische Programmierung des Menschen als Jäger und Sammler mit einer kulturellen Vorliebe für Savannenlandschaft aus Baumgruppen und freien Flächen zurückgegriffen wird.[451] Ein objektiveres rechtlich verwertbares Kriterium stellen hier ausgewiesene Schutzgebiete dar, insbesondere Landschaftsschutzgebiete,[452] wobei auch das Vorliegen von Schutzgebieten nur Indizwirkung hat.[453] Gleiches gilt für die Nähe zu Schutzgebieten.[454] Teilweise wird innerhalb von Schutzgebieten eine bloße Beeinträchtigung

---

[445] BVerwG, BauR 2004, 295.

[446] Wolf, Windenergie als Rechtsproblem, ZUR 2002, 331, 338.

[447] Stüer in: Spannowsky/Mitschang, Flächennutzungsplanung im Umbruch?, Köln 2000, 119, 136; Scheer, Neue Energie für ein Atomfreies Hessen, Berlin 2006, S. 15.

[448] So noch Stüer in: Spannowsky/Mitschang, Flächennutzungsplanung im Umbruch?, Köln 2000, 119, 136.

[449] OVG Münster, UPR 2007, 280.

[450] VGH Mannheim, UPR 2006, 120.

[451] Quambusch, Die Zerstörung der Landschaft durch Windkraftanlagen, BauR 2003, 635, 641 ff.

[452] OVG Weimar, NVwZ 1998, 983, 985 in Bezug auf die geplante Errichtung einer WEA im Biosphärenreservat Röhn; OVG Münster, UPR 2007, 457; Stich, Bauplanungs- und umweltrechtliche Probleme der Errichtung und des Betriebs von Windkraftanlagen sowie der Aufstellung von Bebauungsplänen für Windfarmen, GewArch 2003, 8, 14.

[453] VG Freiburg (25.10.2005), UPR 2006, 364, in Bezug auf eine IBA (Important Bird Area).

[454] VG Freiburg (25.10.2005), UPR 2006, 364, in Bezug auf die Nähe zum Landschaftsschutzgebiet Südschwarzwald.

vorausgesetzt, während außerhalb von Schutzgebieten eine qualifizierte Beeinträchtigung für die Unzulässigkeit des Vorhabens vorausgesetzt wird.[455]

Ein Landschaftsschutzgebiet stellt jedenfalls keinen absoluten und endgültigen Schutz dar. So ist eine „Vorrangzone für Windkraftanlagen" im Geltungsbereich einer Landschaftsschutzverordnung, die es untersagt in dem Landschaftsschutzgebiet bauliche Anlagen jeder Art zu errichten, möglich. Ein Anspruch auf Erteilung einer landschaftsrechtlichen Ausnahmegenehmigung oder Befreiung für die Errichtung einer WEA in einem Landschaftsschutzgebiet folgt jedoch nicht daraus, dass der Standort des Vorhabens im Flächennutzungsplan als Konzentrationszone für die Windenergie ausgewiesen ist oder die Landschaftsbehörde eine Erteilung in Aussicht gestellt hat.[456] Es kommt vielmehr darauf an, dass die Befreiungslage objektiv gegeben ist, wie es Grundlage einer rechtmäßigen, verwirklichbaren Planung ist. Ist dies nicht der Fall, so so führt der Widerspruch zur Landschaftsschutzverordnung zu einem Entgegenstehen des öffentlichen Belangs des Naturschutzes und der Landschaftspflege.[457] Von den Verbotsvorschriften naturschutzrechtlicher Regelungen kann unter bestimmten Voraussetzungen eine Befreiung gewährt werden, was §§ 43 Abs. 8 und 62 BNatSchG/§§ 45 Abs. 7 und 67 BNatSchG n. F. belegen. Die Gemeinde stellt dabei im Rahmen einer Erforderlichkeitsprüfung nach § 1 Abs. 3 BauGB eine Prognose an. Wichtiges Indiz bei der Entscheidung ist die Stellungnahme der zuständigen Naturschutzbehörde.[458]

Liegt kein Naturschutzgebiet in der näheren Umgebung, so muss dies für den Vorhabenträger nicht von Vorteil sein. Auch ein nicht unter förmlichen Naturschutz gestelltes Gebiet kann durch Windenergieanlagen verunstaltet werden.[459] Der Belang steht einem WEA-Vorhaben dann entgegen, wenn es sich ausnahmsweise um eine wegen ihrer Schönheit und Funktion besonders schutzwürdige Umgebung oder um einen besonders groben Eingriff in das Landschaftsbild handelt.[460] Aus dieser Rechtsprechung wird zum Teil abgeleitet, dass eine Verunstaltung nur im Ausnahmefall anzunehmen sei.[461] Die umfangreiche Kasuistik hinsichtlich der Frage der Verunstaltung des Landschaftsbildes durch Windenergieanlagen zeichnet jedoch ein anderes, über Einzelfälle hinausgehendes, Bild. Zwar prägen zahlreiche Einzelfälle die Rechtsprechung zur Schutzwürdigkeit des Landschaftsbildes, es lassen sich

---

[455] OVG Münster, ZfBR 2002, 270.
[456] OVG Münster, NuR 2008, 881 ff.
[457] BVerwG, ZfBR 2000, 428 f.
[458] BVerwG, BauR 2002, 830.
[459] BVerwG, BauR 2004, 295.
[460] BVerwG, BauR 2004, 295.
[461] Stüer/Stüer, Planerische Steuerung von privilegierten Vorhaben im Außenbereich, NuR 2004, 341, 345.

jedoch auch einige abstrakte Kriterien hinsichtlich der Verunstaltung des Landschaftsbildes ableiten. Die Lützelalb,[462] der Südhang des Schwarzwaldes, die landschaftlich reizvolle, typische Kraichgaulandschaft[463] wurde ebenso begründet, wie eine Mittelgebirgslandschaft im Sauerland.[464] Gemeinsam ist den Urteilen die hohe Gewichtung eines Rundblickes oder auch Halbrundblickes auf eine weitestgehend unverstellte und unzerschnittene Landschaft. Daraus folgt eine Vermeidung der Nähe zu baulichen Anlagen von besonderem Wert für das Landschaftsbild, wie Kirchtürme und Leuchttürme.[465]

Die Frage des Rundblickes wirft wiederum die Frage der Entfernung auf. Hier ist die Rechtsprechung uneinheitlich. Das VG Freiburg will hier nur einen Nahbereich bei der Landschaftsbildbeurteilung heranziehen und sieht diesen im 15-fachen der Höhe der geplanten Windenergieanlage.[466] Der VGH Kassel sieht die Schutzwürdigkeit eines Landschaftsschutzgebietes auch bei einer geringen Zahl baulicher Anlagen in größerer Entfernung nicht gemindert.[467] Das VG Meiningen sieht eine Beeinträchtigung des Wartburg-Ausblickes durch WEA noch in 7,5 km Entfernung als gegeben an, da der Standort höher liegt als die schützenswerte Wartburg.[468] Insofern lässt sich eine allgemeine Faustformel nicht erkennen. Die Frage der Beeinträchtigung lässt sich vor dem Hintergrund der verschiedenen topographischen Gegebenheiten auch weiterhin nur im Einzelfall beantworten. Dabei wirkt sich der Landschaftstyp aus. Eine Mittelgebirgslandschaft bietet mehr Hügelkuppen und damit exponierte Lagen als die Norddeutsche Tiefebene. Eine Verunstaltung bei einer exponierten Lage ist strittig. Einerseits wird die Verunstaltung befürwortet, wenn in einer Mittelgebirgslandschaft an exponierter Stelle zu errichtende WEA unmittelbar in das Blickfeld einer bislang unbeeinträchtigten Fernsicht treten und durch ihre Rotoren optisch Unruhe stiften würden, die diesem Bild fremd ist und seine ästhetisch wertvolle Einzigartigkeit massiv beeinträchtigt.[469] Andererseits wird die exponierte Lage als nicht maßgeblich betrachtet, da in Mittelgebirgslandschaften praktisch nur exponierte Standorte für WEA zur Verfügung stehen, so dass die aus einem exponierten Standort sich zwangsläufig ergebende dominierende Wirkung auf die nähere Umgebung für sich allein noch keinen

---

[462] VGH Mannheim, NuR 2003, 103 ff.
[463] VGH Mannheim, UPR 2006, 120.
[464] OVG Münster, NJOZ 2006, 275.
[465] Barth/Baumeister/Schreiber, Windkraft, S. 47.
[466] VG Freiburg (25.10.2005), UPR 2006, 364, in Bezug auf die Nähe zum Landschaftsschutzgebiet Südschwarzwald.
[467] VGH Kassel, (10.01.03) BauR 2004, 879
[468] VG Meiningen, BauR 2006, 1266, 1268.
[469] OVG Münster, BauR 2005, 836/NVwZ-RR 2006, 176.

Schluss auf die Verunstaltung des Landschaftsbildes erlaubt.[470] Ein weiter Blick in die Umgebung und eine Wahrnehmbarkeit aus größerer Entfernung genügen nicht.[471] Diese unterschiedlichen Auffassungen der Oberverwaltungsgerichte spiegeln die Entwicklung der Windenergienutzung in Deutschland. Mit der zunehmenden Erschöpfung freier Flächen in den Starkwindgebieten der Norddeutschen Tiefebene, wo die Windenergienutzung in Deutschland begann und am stärksten verbreitet ist, drängt diese nunmehr in die windhöffigen Gebiete des Hinterlandes vor. Im Mittelgebirge liegen die windhöffigen Gebiete zwangsläufig auf Hügelkuppen und damit an exponierter Stelle. Nach der Rechtsprechung des OVG Münster dürfte die Errichtung von WEA im Mittelgebirge schwer fallen, zumal jede neue WEA auf einer Hügelkuppe in eine bisher freie Fernsicht tritt. Damit würde die Errichtung von WEA in weiten Teilen Deutschlands unmöglich. Dies widerspricht der Privilegierung, die Gesetzgeber in Kenntnis des landschaftsbildverändernden Charakters von WEA und der topographischen Gegebenheiten vorgenommen hat. Insofern überzeugt hier die Rechtsprechung des OVG Koblenz.[472] Es müssen zu der exponierten Lage weitere Gründe hinzutreten, die eine Verunstaltung begründen.

Neben der Frage des Landschaftstyps und der exponierten Lage mit Rundblick ist die Vorbelastung der Landschaft ein anerkanntes Kriterium bei der Beurteilung einer Verunstaltung. Die Gegenläufige Behauptung, dass Landschaften mit vorhandenen Anlagen zur Energieversorgung bereits ein Sonderopfer gebracht hätten, welches gegen eine zusätzliche Belastung spräche,[473] konnte sich bislang nicht durchsetzen. Es würde auch dem Gedanken der größtmöglichen Außenbereichsschonung durch völlige Freihaltung bestimmter Bereiche bei gleichzeitiger Konzentration von Nutzungen völlig zuwiderlaufen. Fraglich ist, wann eine Vorbelastung des Landschaftsbildes gegeben ist.[474] Genannt werden landschaftsuntypische Hofstellen, Produktionsstätten, Kraftwerke, Umspannwerke, Freileitungen, Sendemasten, Schornsteine, Häfen und Freizeitparks sowie sonstige Anlagen in der freien Landschaft wie Straßen, Eisenbahnen, Wasserwerke oder Kläranlagen, aber auch Windenergieanlagen selber.[475] Wenn das Land-

---

[470] OVG Koblenz, EurUP 2006, 212.
[471] OVG Weimar, NuR 2007, 757, 758.
[472] OVG Koblenz, EurUP 2006, 212.
[473] Quambusch, Die Zerstörung der Landschaft durch Windkraftanlagen, BauR 2003, 635, 644.
[474] Siehe z.B.: VGH Mannheim, NuR 2003, 103 ff.; VGH Mannheim, UPR 2006, 120; OVG Münster, BauR 2005, 836, 837/NVwZ-RR 2006, 176; VG Freiburg (25.10.2005), UPR 2006, 364.
[475] Barth/Baumeister/Schreiber, Windkraft, S. 47; OVG Weimar, NuR 2007, 757, 758; OVG Münster, ZNER 2007, 237, 241; VGH Kassel, UPR 2009, 280.

schaftsbild durch in landschaftsästhetischer Sicht häufig als belastend empfundene Zerschneidungen z. B. durch optisch auffällige Hochspannungsleitungen vorbelastet ist, erschwert dies die Annahme einer Verunstaltung durch WEA.[476] Bei Vorliegen einer Vorbelastung fehlt es grundsätzlich an einem schutzwürdigen Landschaftsbild. Gerade der Verweis auf Hochspannungsleitung wird allerdings kritisch gesehen, da Strommasten in der Regel eine Höhe von 45 Metern nicht überschreiten.[477] Ähnlich fällt es auf, wenn 20 Meter hohe Schornsteine oder Sendemasten eine Vorbelastung für 150 Meter hohe Windenergieanlagen darstellen sollen.[478] Dennoch entspricht es dem Sinn und Zweck der Regelung, unberührte Landschaft zu schützen, wenn vorhandene Nutzungen als Vorbelastung gewertet werden. Ob die andere Nutzung nun 50 Meter hoch ist oder nicht, sie stellt eine vertikale Struktur dar, welche die horizontale Freiraumstruktur durchschneidet und der Landschaft ihre besondere Schutzwürdigkeit nimmt. Im Hinblick auf Wanderheime, Skihütten, Sprungschanzen sowie Skilifte wurde hingegen entschieden, diese nicht als Vorbelastung zu Gunsten von Windenergieanlagen zu werten, da diese im Gegensatz zu den ohnehin viel höher aufragenden Windenergieanlagen der Erholung, sportlichen Betätigung und Zerstreuung dienten.[479] Eine Rechtsprechung, die nur begrenzt überzeugt. Für die Schutzwürdigkeit kann es nicht auf die Höhe der vorhandenen Anlagen, sondern nur auf deren Zerschneidungswirkung ankommen. Einem von zahlreichen Skiliften durchschnittenen Skigebiet eine besonders schutzwürdige Landschaft zu attestieren, geht jedenfalls am Schutzzweck der Norm vorbei, egal wie niedrig die Lifte gegenüber einer modernen Windenergieanlage sind. Eine Vorbelastung ist daher zumindest bei einer Häufung „belastender" kleiner Anlagen, die eine Schutzwürdigkeit klar ausschließt oder bei vorhandenen größeren Anlagen anzunehmen. Solche werden zunehmend Windenergieanlagen selber sein.[480] Des Weiteren wird die gezielte Erschließung neuer Windenergieflächen entlang von Infrastrukturtrassen, wie Eisenbahnlinien und Fernstraßen diskutiert.[481] Das Potential einer solchen Flächensuche erscheint nach ersten Untersuchungen jedoch überbewertet. Die Überprüfung verschiedener Modellregionen ergab, dass zwar weitere Potentiale zu heben sind, zahlreiche Standorte an Infrastrukturtrassen aber entweder für Siedlungen oder Windenergie bereits genutzt werden. So würde sich z. B. in der Planungsregion Uckermark-Barnim, nur eine weitere Windfläche ergeben.[482] Es muss also

---

[476] Vgl. OVG Münster, BauR 2005, 836, 837/NVwZ-RR 2006, 176.
[477] Mock, Windkraft im Widerstreit, NVwZ 1999, 937, 940.
[478] Vgl. OVG Weimar, NuR 2007, 757, 758.
[479] VGH Mannheim, NuR 2003, 103, 104.
[480] Vgl. VGH Kassel, UPR 2009, 280.
[481] Scheer, Neue Energie für ein Atomfreies Hessen, Berlin 2006, S. 16.

weiterhin auch entfernt von Infrastrukturtrassen nach neuen Standorten gesucht werden.

Eine verunstaltende Wirkung kommt den geplanten Anlagen schließlich nicht schon deshalb zu, weil ihr Mast in Stahlbaugitterweise errichtet werden soll.[483] Das Landschaftsbild kann allerdings auch durch die Füllung von Lücken innerhalb einer bestehenden Windfarm beeinträchtigt sein.[484] Dies klingt zunächst widersprüchlich, zumal bei einer bestehenden Windfarm grundsätzlich von einer Vorbelastung auszugehen ist. Jedoch muss einer Windfarm eine einschneidende Wirkung nicht automatisch zukommen, sondern kann sich auch erst durch die Ausweitung der Windfarm ergeben.

Diese Situation ist für einen weiteren Ausbau schwierig, aber außergewöhnlich repoweringfreundlich. Von Nachteil für den Ausbau ist leider, dass mit größeren Anlagen auch die Auswirkungen auf das Landschaftsbild umso schwerwiegender sind, wenn auch die Höhe allein noch keine Verunstaltung begründet.[485] Ein bereits durch alte Windenergieanlagen massiv vorbelastetes Landschaftsbild ist nicht „besonders" schutzwürdig und wird auch durch die Ersetzung der Anlage durch eine doppelt so hohe neue Anlage nicht verunstaltet.[486] Auch wird mit dem Repowering in der Regel die Zahl der Anlagen reduziert, so dass man nicht einer Ausweitung einer bestehenden Windfarm sprechen kann. Mit der Reduzierung der Anlagenzahl ist vielmehr von einer Beruhigung des Landschaftsbildes auszugehen.[487] Hervorzuheben ist auch, dass mit den größeren Rotoren das Drehmoment nachlässt und moderne Anlagen damit eine größere Laufruhe aufweisen.[488] Während die in den 90er Jahren errichteten Anlagen der 500 kW-Klasse Rotordrehzahlen von bis zu 40 Umdrehungen pro Minute aufwiesen, liegen die Rotordrehzahlen moderner Anlagen von 2 bis 3 MW zwischen 15 und 20 U/min, bei modernsten 5 MW Anlagen sogar zwischen 10 und 12 U/min.[489] Die damit einhergehende Beruhigung des Landschaftsbildes lässt sich jedoch nicht pauschal mit einer Verbesserung des visuellen Ge-

---

[482] Abschätzung der Ausbaupotentiale der Windenergie an Infrastrukturachsen und Entwicklung von Kriterien der Zulässigkeit, Abschlussbericht 31.03.2009, Kapitel 8, 8.2.
[483] OVG Weimar, NuR 2007, 757, 759.
[484] BVerwG, BVerwGE 122, 117, 119 f./NVwZ 2005, 208, 210.
[485] OVG Koblenz, EurUP 2006, 212.
[486] VG Freiburg (25.10.2005), UPR 2006, 364.
[487] Vgl. Die Welt, 02.05.2007, S. 4, „Neue Windräder machen das Landschaftsbild wieder schöner".
[488] Maslaton/Kupke, Rechtliche Rahmenbedingungen des Repowerings von Windenergieanlagen, S. 49.
[489] Klinski/Buchholz/Schulte/Windguard/BioConsult SH, Umweltstrategie Windenergienutzung, S. 42.

samtbildes gleichsetzen. Computertechnische Visualisierungsmodelle können bei der Suche nach landschaftsästhetisch adäquaten Einzelfalllösungen helfen.

Des Weiteren ist fraglich, wie sich die luftverkehrsrechtlich bei Anlagen über 100 m Höhe erforderliche Befeuerung auf das Landschaftsbild auswirkt. Einerseits wird angenommen, dass die spezifische Kennzeichnung der Anlagen die optische Wirkung im Landschaftsbild verstärkt.[490] Dies begründet zwar kein automatisches Entgegenstehen des öffentlichen Belangs des Landschaftsschutzes, würde aber eine Höhenbegrenzung zum Schutz des Landschaftsbildes rechtfertigen und ein Repowering vielfach blockieren.

Dem ist entgegenzuhalten, dass mit technischem Fortschritt zu weniger wahrnehmbaren Kennzeichnungsformen und sinkenden Anforderungen an die Kennzeichnungspflicht auch die Auswirkungen auf die Landschaft tendenziell abnehmen. Zudem sind die Vorteile eines Repowering für das Landschaftsbild über Anlagenreduzierung und größerer Laufruhe ungleich größer als die Nachteile der Kennzeichnungspflicht. Dem Wachstumsmarkt des Repowering können daher Belange des Landschaftsschutzes danach in der Regel nicht erfolgreich entgegengehalten werden.

Eine in Hessen bereits geforderte Änderung des Landesrechts dahingehend, dass die Nutzung erneuerbarer Energien die Belange des Natur- und Landschaftsschutzes fördert und damit in der Abwägung das Interesse an der Errichtung überwiegt,[491] würde diese öffentlichen Belange entwerten und ist daher abzulehnen.

gg) Belange des Denkmalschutzes

Ein bislang wenig beachtetes Sachgebiet im Zusammenhang mit Windenergieanlagen sind die ebenfalls in § 35 Abs. 3 Satz 1 Nr. 5 BauGB enthaltenen Belange des Denkmalschutzes. Welche Bedeutung der bundesrechtlichen Vorschrift im Verhältnis zu den landesrechtlichen Denkmalschutzgesetzen, die den Denkmalschutz im Wesentlichen gewährleisten, zukommt, ist nicht abschließend geklärt. Ähnlich wie bei Naturschutz- und Wasserrecht wird überwiegend davon ausgegangen, dass § 35 BauGB einen eigenständigen bodenrechtlichen Begriff neben den landesgesetzlichen Regelungen beinhaltet.[492] Danach werden die Tatbestandsmerkmale des § 35 Abs. 3 S. 1 BauGB zwar in der Regel – positiv wie negativ – durch landes-

---

[490] Mayer-Metzner, Die regionalplanerische Steuerung der Errichtung von Windenergieanlagen, BayVBl 2005, 129, 131.
[491] Scheer, Neue Energie für ein Atomfreies Hessen, Berlin 2006, S. 39.
[492] Söfker in: Ernst/Zinkahn/Bielenberg/Krautzberger, BauGB, § 35 Rn. 95.

rechtliche Vorschriften konkretisiert, enthalten jedoch keine Verweisung auf das Landesrecht, sondern bundesrechtlich eigenständige Anforderungen, die unmittelbar selbst greifen.[493] Unabhängig von der unterschiedlichen Beurteilung der Frage, ob das Bundesrecht nur ein Mindestmaß an Denkmalschutz gewährleistet oder mehr, wird an eine landesrechtliche Unterschutzstellung von Denkmalen und an den Ensembleschutz angeknüpft.[494] Damit und auch angesichts der Konzentrationswirkung von § 13 BImSchG sind sowohl die denkmalschutzrechtlichen Voraussetzungen nach Landesrecht, als auch der Rahmen des § 35 Abs. 3 S. 1 BauGB zu untersuchen.

Die bislang geringe Aufmerksamkeit gegenüber Belangen des Denkmalschutzes beim Ausbau der Windenergienutzung mag zum einen daran liegen, dass Denkmäler eher im Innenbereich nach § 34 BauGB zu finden sind, als im Außenbereich. Zum anderen ist zu bedenken, dass im Außenbereich bereits der Verunstaltungsschutz hinsichtlich des Landschaftsbildes bereits Naturdenkmäler abdeckt und damit nicht mehr viel Raum für den Denkmalschutz im Übrigen lässt. Die Zahl der Fälle mit Belangen des Denkmalschutzes im Außenbereich ist dementsprechend bislang noch recht überschaubar. Dabei bietet der Denkmalschutz auch im Außenbereich ein gewisses Konfliktpotential, da auch der Schutz der Umgebung eines Denkmals, soweit die für dessen Bestand oder Erscheinungsbild von erheblicher Bedeutung sind, Gegenstand des Denkmalschutzes ist. Dies umfasst nicht nur den Blick auf das Denkmal, sondern auch aus einem Denkmal heraus.[495] Insofern kommt es auf die Denkmaleigenschaft eines Objektes an, welche regelmäßig der Landesdenkmalliste zu entnehmen ist, und darauf, wie sich die jeweilige Umgebung gestaltet. Nach allgemeiner Auffassung können die Belange des Denkmalschutzes i.S. des § 35 Abs. 3 S. 1 Nr. 5 BauGB auch dann berührt sein, wenn ein denkmalwürdiges, aber noch nicht eingetragenes Objekt betroffen ist.[496] Zur Beurteilung der Frage, ob hinzutretende Windenergieanlagen mit bestehenden Denkmälern vereinbar sind, wird auf das Fachwissen des jeweiligen Landesamtes für Denkmalpflege als staatliche Denkmalfachbehörde zurückgegriffen.[497] Im Falle eines ehemaligen amerikanischen Kriegsgefangenenlagers hielt das Rheinische Amt für Denkmalpflege eine Regelung durch Nebenbestimmungen zur

---

[493] In Bezug auf den Konflikt von Denkmalschutz und Windenergienutzung: OVG Münster, BeckRS 2008, 33667.

[494] Schmaltz, Belange des Denkmalschutzes nach § 35 Abs. 3 S. 1 Nr. 5 BauGB, BauR 2009, 761, 762 f.

[495] Maslaton, Die Rechtsprechung des OVG Bautzen zur Regionalplanung in Sachsen, LKV 2006, 55, 59.

[496] Schmaltz, Belange des Denkmalschutzes nach § 35 Abs. 3 S. 1 Nr. 5 BauGB, BauR 2009, 761, 763.

[497] OVG Münster, BeckRS 2008, 33667.

Genehmigung für ausreichend und konnte keine Versagungsgründe erkennen.[498] Besonders konfliktträchtig erscheinen denkmalgeschützte Gutsanlagen im ländlichen Raum. Ein Gutspark zieht als gartenkünstlerisches Denkmal im Sinne des jeweiligen Landesdenkmalschutzgesetzes einen weiträumigen Umgebungsschutz nach sich. Das OVG Lüneburg wies mit Urteil vom 28.11.2007 eine erstinstanzlich erfolgreiche Klage auf Erteilung eines immissionsschutzrechtlichen Vorbescheids ab, der die bauplanungsrechtliche Zulässigkeit von zwei Windenergieanlagen in Entfernung von 1000 und 1200 m von einem barocken Gutshaus zum Gegenstand haben sollte.[499] Hintergrund ist, dass das niedersächsische Landesdenkmalrecht ein materielles Beeinträchtigungsverbot beinhaltet, welches keinen Raum für die Anlagenzulassung bei Beeinträchtigung des Erscheinungsbildes der Gutsanlage lässt. Eine solche Beeinträchtigung, welche nicht pauschal an Abständen, sondern am Erscheinungsbild eines Denkmals im Einzelfall zu bestimmen ist, wurde vom Senat wegen eines denkmalrechtlichen Widerspruchs erkannt. Dieser soll infolge der Nähe von Denkmal und störender Anlage entstehen, wenn diese in der Umgebung als Fremdkörper und als unvereinbar mit den Werten empfunden werden, die das Denkmal verkörpert. Hier hat der Senat eine Verschärfung des Konflikts durch die Höhe der Anlagen und ihre Tages- und Nachtkennzeichnung sowie durch die bewegliche Sperrwirkung in Gesamtschau mit weiteren geplanten Anlagen angenommen. Ein materielles Beeinträchtigungsverbot ist im Landesdenkmalrecht anderer Bundesländer regelmäßig weniger regide ausgestaltet, da dort zumindest eine Ermessens- bzw. Abwägungsentscheidung der Denkmalbehörde vorgesehen ist.[500] Windenergieanlagen, die in ca. einem Kilometer Abstand zu einer derartigen Gutsanlage errichtet werden sollen, wurden dementsprechend in Brandenburg und Nordrhein-Westfalen angesichts der weitgehenden Verdeckung durch den vorhandenen Baumbestand[501] und der Wertung des Gesetzgebers mit der Privilegierung der Windenergienutzung im BauGB[502] für zulässig erachtet. Das Urteil des OVG Lüneburg trifft aber auch unabhängig vom Vergleich der Rechtslage mit anderen Bundesländern auf Kritik, da es den bundesrechtlichen Belang des § 35 Abs. 3 S. 1 Nr. 5 BauGB landesrechtlich ausfüllt, ohne die fehlende Verweisung auf das Landesrecht hinreichend zu klären, und zudem die Privilegierung des Vorhabens völlig außer acht lässt.[503] Es wäre zumindest wünschenswert, wenn das Land Niedersachsen hier über eine Neugestaltung des mate-

---

[498] VG Düsseldorf, NJOZ 2005, 1872 f.
[499] OVG Lüneburg, BauR 2009, 784 ff.
[500] Schmaltz, Belange des Denkmalschutzes nach § 35 Abs. 3 S. 1 Nr. 5 BauGB, BauR 2009, 761, 765.
[501] OVG Münster, BeckRS 2008, 33667.
[502] VG Cottbus, BeckRS 2008, 33422.

riellen Beeinträchtigungsverbots als Ermessensentscheidung im Landesdenkmalrecht eine rechtspolitische Antwort fände, die in Zukunft hier mehr Flexibilität ermöglicht.

Ein relativ neues und rasch wachsendes Konfliktfeld des Denkmalschutzes ist mit der in den letzten Jahren rapide zunehmenden Zahl von sog. UNESCO-Weltkulturerbestätten entstanden.[504] Bislang war aufgrund der geringen Verbreitung von UNESCO-Weltkulturerbestätten in Deutschland eine Wertung eines Gebäudes oder einer Landschaft als Weltkulturerbestätte nicht von großem Konfliktpotential. Mittlerweile hat das Interesse an der touristischen Nutzung des Weltkulturerbetitels zu einer rasanten Ausbreitung dieser UNESCO-Weltkulturerbestätten auf mittlerweile 33 Kulturdenkmäler im Jahr 2009 geführt.[505] Der Konflikt mit dem UNESCO-Weltkulturerbe bezieht sich nicht nur auf die Umgebungsbebauung des Kölner Doms und eine Hochbrücke durch das Elbtal, welche am 25. Juni 2009 erstmalig zur Aberkennung eines deutschen Welterbetitels führte, sondern auch auf den Schutz der Kulturlandschaft des Dessau-Wörlitzer Gartenreichs vor einer Erweiterung des Kiessandtagebaus[506] und eine Zerschneidung des Wartburg-Panoramas durch Windenergieanlagen.[507] Damit werden im Rahmen des Denkmalschutzes nunmehr mittelbar Fragen des Landschaftsschutzes aufgeworfen, welche für die Errichtung von Windenergieanlagen von erheblicher Bedeutung sind. Darauf hat der Gesetzgeber in Sachsen-Anhalt mit der Erweiterung des Denkmalbegriffs des Landesdenkmalschutzgesetzes in § 2 Abs. 2 Nr. 1 auf Welterbestätten sowie die gemeinsame Landesentwicklungsplanung von Brandenburg und Berlin für den engeren Verflechtungsraum (LEP e. V.) mit der Aufnahme der Potsdamer Kulturlandschaft reagiert.[508] Im Frühjahr 2009 wurde zudem das Welterbe des im Original gar nicht mehr erhaltenen, kilometerlangen, römischen Schutzwalles „Limes" bei der Ausweisung von Vorranggebieten für die Windenergie im Regionalplan Südhessen wegen dessen kulturhistorischer Bedeutung ausgenommen. Am 26. Juni 2009 erfolgte die Aufnahme

---

[503] Schmaltz, Belange des Denkmalschutzes nach § 35 Abs. 3 S. 1 Nr. 5 BauGB, BauR 2009, 761, 766.

[504] Zum Begriff: Hönes, Das kulturelle Erbe, NuR 2009, 19 ff.

[505] UNESCO, http://whc.unesco.org/en/statesparties/de; UNESCO Deutschland, http://www.unesco.de/welterbe-deutschland.html?&L=0; UNESCO-Welterbestätten Deutschland e. V. (Zusammenschluss der deutschen Welterbestätten und der jeweiligen touristischen Organisationen, http://www.unesco-welterbe.de/de/index.html.

[506] VG Dessau, NuR 2002, 108 ff.

[507] VG Meiningen, BauR 2006, 1266 ff.

[508] Zur Umsetzung der Welterbe-Konvention im Landesrecht: Fastenrath, Der Schutz des Weltkulturerbes in Deutschland, DÖV 2006, 1017, 1025 f.; Hönes, Zur Transformation des Übereinkommens zum Schutz des Kultur- und Naturerbes der Welt von 1972, DÖV 2008, 54, 60 f.

des nunmehr 33. deutschen Welterbes, des Wattenmeers.[509] Dieses umfasst das Wattenmeer der Niederlande, Niedersachsens, Schleswig-Holsteins und Dänemarks, während Hamburg mit seinem Teil des Wattenmeers wegen des wirtschaftlichen Interesses an der Elbvertiefung bewusst außen vor blieb. Die Kabeltrassen für die Anbindung der Offshore-Windenergieparks verlaufen jedoch mitten durchs Wattenmeer und damit nun durchs Welterbegebiet. Die zahlreichen Beispiele werfen die Frage des Rechtsstatus der Welterbestätten und dessen konkreter Auswirkungen auf die Errichtung von Windenergieanlagen auf.

Die Organisation der Vereinten Nationen für Bildung, Wissenschaft, Kultur und Kommunikation (United Nations Educational, Scientific and Cultural Organisation – UNESCO) ist eine rechtlich eigenständige Sonderorganisation der Vereinten Nationen mit 192 Mitgliedsstaaten und Sitz in Paris. In rund 20 zwischenstaatlichen Komitees und Programmen arbeiten die Mitgliedsstaaten themenbezogen zusammen. Das Weltkulturerbekomitee (World Heritage Committee) ist das wichtigste, mit der Umsetzung der Welterbekonvention (World Heritage Convention)[510] betraute Gremium, welches jährlich über die begehrte Aufnahme in die Welterbeliste (World Heritage List) beschließt.[511] Dabei kennt Art. 1 der Welterbekonvention drei verschiedene Kategorien von Kulturgütern: Denkmäler, Ensembles und Stätten. Durch die Aufnahme eines Denkmals, eines Ensembles oder einer Stätte auf die Liste[512] werden die allgemeinen Pflichten der Welterbekonvention gegenständlich konkretisiert. Es greifen für Deutschland die Pflichten nach Art. 4 und 5 des Übereinkommens zum Schutz des Kultur- und Naturerbes der Welt vom 16. November 1962 (Convention Concerning the Protection of the World Cultural und Natural Heritage). Danach ist für den Schutz und die Erhaltung des in die Liste aufgenommenen Kultur- und Naturdenkmals in Bestand und Wertigkeit zu sorgen und darauf hinzuwirken, dass der Schutz des Welterbes in umfassende Planungen einbezogen wird.[513] Dieser Schutz wird keinem Mitgliedstaat aufgedrängt, sondern unterliegt einem strikten Souveränitätsvorbehalt nach Art. 11 Abs. 3 S. 1 der Welterbekonvention. Somit bedarf die Aufnahme einer potentiellen Welterbestätte in die Welterbeliste der Zustimmung des Sitzstaates.

---

[509] UNESCO, Weltnaturerbe Wattenmeer, http://www.worldheritage-waddensea.org/?id=1&L=2.

[510] Zur Geschichte des Übereinkommens: Hönes, Zur Transformation des Übereinkommens zum Schutz des Kultur- und Naturerbes der Welt von 1972, DÖV 2008, 54 ff.

[511] UNESCO, http://whc.unesco.org/en/comittee/.

[512] Zu den Voraussetzungen im Einzelnen: Fastenrath, Der Schutz des Weltkulturerbes in Deutschland, DÖV 2006, 1017, 1018 f.

[513] Von der Bundesrepublik ratifiziert am 23.08.1976, BGBl. 1977 II, 214.

II. Das einschlägige Genehmigungsverfahren

Nach dem gemäßigten Dualismus von Völkerrecht und nationalem Recht muss diese Regelung jedoch für eine Verbindlichkeit Eingang in das nationale Recht finden. Während die allgemeinen Regeln des Völkerrechts durch Art. 25 GG direkt Bestandteil des Bundesrechts sind, gilt dies nicht für die Weltkulturerbekonvention. Eine Implementierung der Weltkulturerbekonvention durch das Mitglied Deutschland im deutschen Rechtsraum durch Vertragsgesetz gem. Art. 59 Abs. 2 S. 1 GG ist nicht erfolgt, so dass die Welterbekonvention auch nicht Teil der objektiven Rechtsordnung geworden ist.[514] Sie hat auch nicht durch Annahme und Inkrafttretenserklärung des Staatsrates der DDR vom 28. März 1989 Geltung, da sie nicht im Anhang II zum Einigungsvertrag aufgeführt wird. Es handelt sich somit um ein nur durch Kabinettsbeschluss der Bundesregierung ratifiziertes Verwaltungsabkommen nach Art. 59 Abs. 2 S. 2 GG unter nationalem Vorbehalt hinsichtlich Art. 16 Abs. 1 der Weltkulturerbekonvention mit nach überwiegender Auffassung der Qualität von internem Recht, welches keine Verpflichtung gegenüber Bundesländern und Kommunen bewirken kann.[515] Dennoch besitzt die Weltkulturerbekonvention infolge der völkerrechtsfreundlichen Interpretation des nationalen Rechts und der Auslegung des nationalen Rechts im Lichte der völkerrechtlichen Pflichten Deutschlands über eine gewisse Relevanz, indem sie als „Recht" i.S. von Art. 20 Abs. 3 GG von den Gerichten und Verwaltungsbehörden beachtet werden muss.[516] Insofern kann die Welterbeliste zwar keinen absoluten Hinderungsgrund für Eingriffe und Veränderungen im Umfeld von Welterbestätten darstellen, jedoch als „soft law" mittelbare Wirkung bis hin zu einer indirekten Sperrwirkung der Welterbelistung gegenüber Bauvorhaben entfalten.[517] Der Bund ist hier als Bundesstaat nach Art. 34 b) des Übereinkommens in der Pflicht, gegenüber für die Durchführung verantwortlichen Ländern diese über die Bestimmungen des Übereinkommens zu unterrichten und deren Annahme zu empfehlen. Insofern muss der Bund nur darauf drängen, dass Länder und Kommunen der Welterbekonvention Ge-

---

[514] v. Bogdandy/Zacharias, Zum Schutze der Weltkulturerbestätten im deutschen Rechtsraum, NVwZ 2007, 527, 529; Hönes, Zur Transformation des Übereinkommens zum Schutz des Kultur- und Naturerbes der Welt von 1972, DÖV 2008, 54, 56 f.

[515] v. Bogdandy/Zacharias, Zum Schutze der Weltkulturerbestätten im deutschen Rechtsraum, NVwZ 2007, 527, 529 f.; Kilian, Die Brücke über die Elbe: völkerrechtliche Wirkungen des Welterbe-Übereinkommens der UNESCO, LKV 2008, 248, 249 f. Für eine völkerrechtliche Verpflichtung hingegen Fastenrath, Der Schutz des Weltkulturerbes in Deutschland, DÖV 2006, 1017, 1021.

[516] v. Bogdandy/Zacharias, Zum Schutze der Weltkulturerbestätten im deutschen Rechtsraum, NVwZ 2007, 527, 530.

[517] Kilian, Die Brücke über die Elbe: völkerrechtliche Wirkungen des Welterbe-Übereinkommens der UNESCO, LKV 2008, 248, 253 f.

nüge tun.[518] Die Bundesländer sind über den Grundsatz der Bundestreue verpflichtet, im Bereich ihrer gesetzgeberischen und administrativen Kompetenzen die Durchführung der Weltkulturerbekonvention sicherzustellen. Die entgegenstehende Auffassung, die vertragliche Erfüllungsgarantie sei insoweit zurückgenommen, dass die Länder nicht aus dem Grundsatz der Bundestreue verpflichtet seien,[519] kann hier nicht überzeugen. Ein Land, welches die Aufnahme eines Objekts in die nationale Vorschlagsliste (Tentative List) betrieben oder dieser zumindest zugestimmt hat, muss dem Schutz durch die Welterbekonvention bzw. das völkerrechtsfreundlich ausgelegte nationale Recht auch Rechnung tragen. Nachdem der Bundesgesetzgeber schon parallel zu den internationalen Verhandlungen über den Schutz des Welterbes den Denkmalschutz im Bundesbaugesetz (heute BauGB) verankert hat, wurde im Rahmen des Gesetzes zur Berücksichtigung des Denkmalschutzes im Bundesrecht vom 01. Juni 1980[520] der Denkmalschutz zusätzlich im Raumordnungsgesetz,[521] Bundesfernstraßengesetz, Bundeswasserstraßengesetz, Flurbereinigungsgesetz, Bundesnaturschutzgesetz, Telegraphenwegegesetz (heute Telekommunikationsgesetz) und Bundesbahngesetz (heute Allgemeines Eisenbahngesetz) als öffentlicher Belang verankert. Diese Vorschriften ermöglichen es den Behörden den Belangen des Weltkulturerbeschutzes umfassend Rechnung zu tragen, indem die Pflichten der Weltkulturerbekonvention in die Abwägungsvorschriften hineingelesen werden.[522] Dieses Vorgehen wurde mit der Entscheidung des VG Meiningen[523] zumindest implizit auch in Bezug auf Windenergieanlagen im Umfeld des Welterbes anerkannt.[524]

Das Weltkulturerbe muss vor dem Hintergrund seiner positiven Auswirkung auf den Tourismus als besonders schutzwürdig gelten.[525] Die Fernwirkung der WEA auf das besonders schutzwürdige Weltkulturerbe, bzw. die exponierte Lage in einem Panorama auf das Welterbe, als auch vom Welterbe in die Umgebung, beeinträchtigt die Denkmaleigenschaft und führt zur

---

[518] Kilian, Die Brücke über die Elbe: völkerrechtliche Wirkungen des Welterbe-Übereinkommens der UNESCO, LKV 2008, 248, 251.

[519] Fastenrath, Der Schutz des Weltkulturerbes in Deutschland, DÖV 2006, 1017, 1026 f.

[520] BGBl 1980 I, 649.

[521] Dazu vor dem Hintergrund der Raumordnungsnovelle 2008 weiterführend Hönes, Denkmalschutz und Raumordnung, NVwZ 2008, 1299 ff.

[522] v. Bogdandy/Zacharias, Zum Schutze der Weltkulturerbestätten im deutschen Rechtsraum, NVwZ 2007, 527, 531.

[523] VG Meiningen, BauR 2006, 1266 ff.

[524] v. Bogdandy/Zacharias, Zum Schutze der Weltkulturerbestätten im deutschen Rechtsraum, NVwZ 2007, 527, 532.

[525] VG Meiningen, BauR 2006, 1266, 1268.

Gefahr einer Aberkennung des Welterbetitels.[526] Damit ergeben sich aus der Milmesberg-Entscheidung des VG Meinigen bislang zu wenig beachtete, neue Rahmenbedingungen für WEA im Umfeld von Weltkulturerbestätten. Sofern WEA in einem Welterbe-Panorama liegen, was bei exponierten Lagen im Mittelgebirge auch noch in ca. 7,5 km Entfernung von der Welterbestätte angenommen wurde,[527] so ist vor dem Hintergrund der besonderen Schutzwürdigkeit des Welterbes schon bei der Gefahr der Titelaberkennung die Anlagenerrichtung abzulehnen. Dies zieht eine schwerwiegende Einschränkung der Windenergienutzung in einem weiten Umkreis nach sich, ist allerdings angesichts der Völkerrechtsfreundlichkeit unserer Rechtsordnung nur konsequent. Im Interesse einer Konfliktvermeidung von Welterbe und erneuerbaren Energien sollte der Bund vor einer Zustimmung zur Aufnahme in die Welterbeliste in Zukunft die Auswirkungen auf seine Windenergieausbauziele und die Klimaschutzverpflichtungen prüfen und gegebenenfalls seine Zustimmung verweigern. Zu einem besseren Umgang mit dem bereits bestehenden Welterbe würde eine Ergänzung der Landesdenkmalschutzgesetze durch ausdrückliche Erweiterung des Denkmalbegriffs um das Welterbe, wie schon in Sachsen-Anhalt geschehen, der Rechtsklarheit für Projekierer dienen.

hh) Belange der Wasserwirtschaft

Nach § 35 Abs. 3 Satz 1 Nr. 6 BauGB können einem Vorhaben Belange des Wasserschutzes entgegenstehen. Eine Konfliktsituation zwischen Windenergie und Wasserwirtschaft ist nicht nur aufgrund der Bodenversiegelung, sondern vor allem wegen der für einen Anlagenbetrieb erforderlichen Schmierstoffe denkbar. Schmierstoffe kommen in Windenergieanlagen an verschiedenen Stellen zum Einsatz, z.B. in hydraulischen Systemen, offenen Zahnantrieben, Großwälzlagern, Rotorlagern und Getrieben. Hervorzuheben ist dabei vor allem das Getriebeöl, welches bei Unfällen austreten und in den Boden gelangen kann. Bei einem in Betrieb befindlichem Rotor kann dieser das auslaufende Öl über einen je nach Größe der Anlage weiten Radius in der näheren Umgebung verteilen.[528] Aufgrund der hohen technischen Anforderungen, die der Einsatz in WEA-Getrieben verlangt, können als Basis für den Schmierstoff nur Getriebeöle auf synthetischer Basis verwendet werden. Nach dem Stand der Technik lassen sich allerdings biologisch schnell abbaubare synthetische Ester verwenden, welche die Gefahr

---

[526] VG Meiningen, BauR 2006, 1266, 1268.
[527] VG Meiningen, BauR 2006, 1266, 1268.
[528] Bsp. bei Eisenkopf, Bundesweite Datenbank der Windrad-Unfälle, http://members.aol.com/fswemedien/ZZUnfalldatei.htm.

der Bodenverunreinigung minimieren und durch ihre Leistungsfähigkeit größere Wartungsintervalle und damit größere Wirtschaftlichkeit nach sich ziehen.[529]

Wasserrechtlich ist zunächst die Genehmigungspflicht für Anlagen an Gewässern in einem bestimmten Abstand zu Gewässern, der sich aus dem jeweiligen Landeswassergesetz ergibt, oder ggf. ein Schutzstreifen mit Bauverbot zu berücksichtigen.[530] Aus der Genehmigungspflicht folgt eine gefahrenabwehrrechtliche Prüfung der Vereinbarkeit des Vorhabens mit der öffentlichen Sicherheit und Ordnung sowie nachbarlicher Belange. Aus einem Schutzstreifen ergibt sich ein grundsätzliches Bauverbot zu Gewässern im Abstand von zumeist 50 Metern. Mit dem Gesetz zur Neuregelung des Wasserrechts vom 31. Juli 2009 ist auch auf dem Gebiet des Wasserrechts eine bundesrechtliche Vollregelung erfolgt.[531] Ab deren Inkrafttreten am 1. März 2009 finden sich die Vorschriften über den Gewässerrandstreifen in § 38 WHG n.F. Dieser umfasst nach der Legaldefinition in § 38 WHG n.F. das Ufer und den Bereich, der an das Gewässer landseits der Linie des Mittelwasserstandes angrenzt. Er bemisst sich ab der Linie des Mittelwasserstandes, bei Gewässern mit ausgeprägter Böschungsoberkante ab der Böschungsoberkante und beträgt nach § 38 Abs. 3 S. 1 WHG n.F. im Außenbereich nur fünf Meter. Auch wurde kein ausdrückliches Bauverbot festgeschrieben, sondern die Verbote wurden auf die Erhaltung oder Verbesserung der ökologischen Funktion oberirdischer Gewässer ausgerichtet. Die WHG-Novelle erleichtert damit deutlich die Errichtung von WEA in Gewässernähe. Von der neuen Fünf-Meter-Regel können nach § 38 Abs. 3 S. 3 WHG n.F. die Länder jedoch ausdrücklich abweichende Bestimmungen erlassen. Es bleibt abzuwarten, in welchem Umfang sie dies tun.

Des Weiteren kommt die Beeinträchtigung von Belangen der Wasserwirtschaft in Betracht, wenn der Vorhabenstandort in einer Wasserschutzzone liegt. In den Schutzzonen I, II und IIIa von Wassergewinnungsanlagen und von Heilquellenschutzgebieten gem. § 19 WHG i.V.m. dem jeweiligen Landeswassergesetz kommt die Errichtung von Windenergieanlagen regelmäßig nicht in Betracht.[532] Mit Inkrafttreten der WHG-Novelle im März 2009 finden sich die Vorschriften über die Festsetzung von Wasserschutz-

---

[529] Vogler, Umweltverträgliches Getriebeöl, http://www.fuchs-oil.de/1890.html.

[530] § 76 WG BW; Art. 59 BAYWG; § 62 BWG; § 87 BbgWG; §§ 75, 90 BremWG; § 26a HWaG; § 14 HWG; §§ 81, 82 LWaG MV; §§ 91, 91a NWG; § 57 LWG NRW; § 15a LWG RLP; § 56 SWG; § 91 SächsWG; §§ 93, 94 WG LSA; § 56 LWG SH; §§ 78, 79 ThürWG.

[531] Gesetzentwurf der Fraktionen der CDU/CSU und der SPD vom 17.03.2009 BT-Drs. 16/12275 in der Fassung von Beschlussempfehlung und Bericht des Ausschusses für Umwelt, Naturschutz und Reaktorsicherheit vom 17.06.2009, BT-Drs. 16/13426, BGBl. 2009 I, 2585.

gebieten und deren mögliche Anforderungen in §§ 52, 52 WHG n. F. Materiell hat dies nichts an der Konstellation geändert, dass die Bestimmungen der Wasserschutzgebietsverordnung entscheidend sind. Im Einzelfall kann ein Vorhaben damit zulässig sein, wenn es mit den Schutzbestimmungen der jeweiligen Wasserschutzgebietsverordnung in Einklang steht und Verunreinigungen und sonstige Beeinträchtigungen nicht zu befürchten sind. Zudem sind Ausnahmen und Befreiungen möglich.

Auch in Überschwemmungsgebieten nach § 31b Abs. 1 WHG i. V. m. der jeweiligen Ermächtigungsgrundlage zur Gebietsfestsetzung durch die Landesregierung und Bauverbot nach Landeswassergesetz[533] ist grundsätzlich das Errichten von Windenergieanlagen nicht möglich. Die Vollregelung findet sich in §§ 76, 78 WHG n. F. Sie überlässt die Festsetzung von Überschwemmungsgebieten gem. § 76 Abs. 2 WHG n. F. den Landesregierungen, während das strikte Bauverbot bundesrechtlich in § 78 WHG n. F. vorgegeben ist. Eine Ausnahmegenehmigung, die bisher nach den jeweiligen Befreiungstatbeständen der Landeswassergesetze erteilt werden konnte, soweit diese mit den Voraussetzungen des Bauverbotes des § 31b Abs. 4 S. 4 WHG vereinbar sind, findet sich nunmehr in § 78 Abs. 2 und 3 WHG n. F. Insofern kommt es bei der Errichtung von Windenergieanlagen auf ausgewiesene Schutzbereiche an.[534]

ii) Belange des Luftverkehrs und der Landesverteidigung

Mit fortschreitender Verbreitung von Windenergieanlagen und deren mit dem technischen Fortschritt stetig wachsender Dimension stellen sich zunehmend auch ganz neue Fragen. Zu diesen zählen die Abschattungswirkung von Funkwellen, die Befeuerung der Anlagen und damit verbundene weitere Fragen der Luftverkehrssicherheit. Auch wenn die öffentliche Beachtung der Thematik noch gering ist, verdient diese Thematik größere Beachtung, zumal die amtliche Liste der Luftfahrthindernisse in Deutschland mittlerweile klar von Windenergieanlagen dominiert wird[535] und bis 2020 allgemein mit einer Verdreifachung des Luftverkehrs zu rechnen ist. Die

---

[532] Vgl. Grundsätze für Planung und Genehmigung von Windkraftanlagen, WKA-Erl. NRW 21.10.5005, Nr. 8.2.2.

[533] § 78 WG BW; Art. 61d BAYWG; § 63 BWG; § 101 BbgWG; §§ 91a, 91b BremWG; § 54 HWaG; §§ 13, 14 HWG; §§ 78, 79 LWaG MV; §§ 92a, 93 NWG; § 113 Abs. 1 LWG NRW; §§ 88, 88a, 122 LWG RLP; §§ 79, 80 SWG; § 100 SächsWG; §§ 96, 97 WG LSA; §§ 57, 58 LWG SH; §§ 80, 81 ThürWG.

[534] Vgl. VG Düsseldorf, NJOZ 2005, 1873 ff.

[535] Amt für Flugsicherung der Bundeswehr, Liste der Luftfahrthindernisse in Deutschland (Stand Januar 2007), http://www.afsbw.de/content/downloads/Liste_LFH_2007.pdf.

Fragen der Luftverkehrssicherheit werden nur zum Teil von § 35 Abs. 3 S. 1 Nr. 8 BauGB erfasst und sind im Übrigen als luftverkehrsrechtliche Regelungen öffentlich-rechtliche Vorschriften, die direkt von der Konzentrationswirkung der immissionsschutzrechtlichen Genehmigung erfasst werden. Sie werden hier im Zusammenhang untersucht. Mit der fortschreitenden Suche nach für Windenergieanlagen geeigneten Flächen trifft die Windenergienutzung nicht nur auf militärische Konversionsflächen, sondern auch zunehmend auf genutzte militärische Anlagen und deren Umgebung. Neu ist im Zusammenhang mit Windenergieanlagen auch der ungeschriebene Belang der wirksamen Landesverteidigung, der vor dem Hintergrund von Tiefflügen der Bundeswehr aufgekommen und daher auch in diesem Zusammenhang zu betrachten ist.

Um Flugplätze (Flughäfen, Landeplätze und Segelfluggelände gem. § 6 LuftVG) herum bestehen gem. §§ 12 und 17 LuftVG sog. Bauschutzbereiche, welche zur Sicherheit des Luftverkehrs beitragen sollen. Sie beinhalten nicht nur die Sicherheitsflächen am Ende von Start- und Landeflächen, sondern auch über diese hinaus sog. Anflugsektoren, welche bei Hauptstart- und Hauptlandeflächen 15 km und bei Nebenstart- und Nebenlandeflächen 8,5 km vom Startbahnbezugspunkt erfassen. In der Folge bedürfen insbesondere hohe Bauvorhaben als potentielle Luftfahrthindernisse in diesen Bauschutzbereichen einer Genehmigung der Luftfahrtbehörden gem. § 12 Abs. 2 und 3 LuftVG. Die Errichtung moderner und damit großer Windenergieanlagen in diesen Bereichen steht der Luftfahrtnutzung naturgemäß oft entgegen und wird in der Folge abgelehnt. § 12 Abs. 2 LuftVG enthält damit materielles Baurecht.

Die Vorschrift bezieht sich allerdings nur auf Flugplätze. Bei der Genehmigung von Landeplätzen und Segelfluggeländen kann ein Bauschutzbereich daher nicht festgelegt werden. Hier ist nach § 17 LuftVG ein sog. beschränkter Bauschutzbereich möglich, der die Errichtung von Bauwerken in einem Umkreis von 1,5 km Halbmesser um den dem Flughafenbezugspunkt entsprechenden Punkt der Zustimmung der Luftfahrtbehörden unterwirft. Fehlt ein solcher eingeschränkter Bauschutzbereich kommt ein Rückgriff auf das bauplanungsrechtliche Gebot der Rücksichtnahme in Betracht, welches nicht von den Regelungen des Luftverkehrsrechtes verdrängt wird und auch kein höheres „materielles Schutzniveau" als das Luftverkehrsrecht vermittelt.[536] In der Folge stellt sich die Frage des genauen Maßes der Rücksichtnahme, insbesondere des genauen Abstandes von Windenergieanlagen zur Platzrunde eines Flugplatzes. Diese Frage muss leider offen bleiben, zumal sich das Ergebnis danach richtet, was dem Bauherren, und

---

[536] Maslaton, Berücksichtigung des öffentlichen Belangs Luftverkehr bei der Genehmigung von Windenergieanlagen, NVwZ 2006, 777, 778 f.

dem Flugplatzbetreiber im Einzelfall unter Berücksichtigung der jeweiligen Interessen zuzumuten ist.[537] Dabei ist zu beachten, dass auch das Innehaben einer bestandskräftigen Flugplatzgenehmigung nicht von jeglicher Rücksichtnahme auf hinzutretende privilegierte Vorhaben entbindet, insbesondere nicht den ungeschmälerten Fortbestand optimaler Betriebsmöglichkeiten garantiert.[538] Treffen allerdings zwei privilegierte Außenbereichsnutzungen so unvereinbar aufeinander, dass eine Nutzung die andere verhindert oder unzumutbar beeinträchtigt, wurde bislang über das Gebot der Rücksichtnahme auf das Vorrecht der älteren privilegierte Außenbereichsnutzungen nach dem Prioritätsprinzip abgestellt.[539] Als Orientierungshilfe für das Feststellen dieses Falles hat sich in der Rechtsprechung die Empfehlung des Bund-Länder-Fachausschusses Luftfahrt vom März 2002 erwiesen, nach der WEA nur innerhalb von Platzrunden sowie 400 m vom Bereich des Gegenanfluges bzw. 850 m von allen anderen Rundteilen aus Gründen der Luftsicherheit unzulässig sind.[540] Die Rechtsprechung hat diese Orientierung an der Platzrunde aufgenommen und stellt auf den Sicherheitsabstand zu dieser ab. Unterschreitet dementsprechend eine Windenergieanlage den gutachterlich geforderten Mindestabstand zur veröffentlichten Platzrunde eines Sonderlandeplatzes, so ist die Anlagenerrichtung rücksichtslos und damit nicht genehmigungsfähig.[541]

Im Übrigen bedürfen gem. § 14 LuftVG auch außerhalb der Bauschutzbereiche alle Bauvorhaben mit eine Höhe von mehr als 100 m der Zustimmung der Luftfahrtbehörden, § 12 Abs. 2 Satz 2 und 3 und Abs. 4 LuftVG gelten entsprechend.[542] Mit der Höhe von 100 m sind moderne Windenergieanlagen grundsätzlich luftverkehrsrechtlich relevant. Die zu beteiligenden Luftverkehrsbehörden umfassen sowohl die zivile Luftfahrtbehörde (in Flächenländern mit dreigliedrigem Verwaltungsaufbau zumeist die Bezirksregierung), als auch die militärische Luftfahrtbehörde (die Wehrbereichsverwaltung). Reagieren diese nicht, so wird daraus ihre Zustimmung nach Ablauf von zwei Monaten gem. § 12 Abs. 2 Satz 2 LuftVG fingiert. Die Behörden können nach § 12 Abs. 4 LuftVG ihre Zustimmung aus Gründen der Flugsicherheit, wie Anflugnavigation, Sinkflugstrecken, radartechnischen Gründen u.ä. auch von der Erfüllung von Auflagen, i.d.R. einer

---

[537] OVG Koblenz, UPR 2006, 364/NVwZ 2006, 844.
[538] Maslaton, Berücksichtigung des öffentlichen Belangs Luftverkehr bei der Genehmigung von Windenergieanlagen, NVwZ 2006, 777, 779.
[539] Bsp. Windenergieanlagen in der Nähe eines Segelfluggeländes: BVerwG NVwZ 2005, 328 ff.
[540] Maslaton, Berücksichtigung des öffentlichen Belangs Luftverkehr bei der Genehmigung von Windenergieanlagen, NVwZ 2006, 777, 780.
[541] VG Stuttgart, UPR 2008, 80.
[542] VG Aachen, ZNER 2008, 276 ff.

Höhenbegrenzung, abhängig machen. Bei der Entscheidung über die Zustimmung, wird nach § 31 Abs. 3 LuftVG auf Grund einer gutachterlichen Stellungnahme der für Flugsicherung zuständigen Stelle entschieden, an welche die Luftfahrtbehörde allerdings nicht gebunden ist. Im Rahmen der zivilen Flugsicherheit wird daher eine Stellungnahme der Deutschen Flugsicherung GmbH (DFS) und im Rahmen der militärischen Flugsicherheit des Amts für Flugsicherheit der Bundeswehr (AFSBw) eingeholt. Die Zustimmungsentscheidung ist weder eine Planungs- noch eine Ermessensentscheidung und unterliegt der gerichtlichen Vollprüfung. Der Prüfungsmaßstab bildet gem. § 29 Abs. 1 Satz 1 LuftVG die Abwehr von Gefahren für die Sicherheit des Luftverkehrs sowie der öffentlichen Sicherheit oder Ordnung durch die Luftfahrt. Die Verweigerung der Zustimmung setzt eine konkrete Gefahr für die Sicherheit des Luftverkehrs voraus. Erforderlich ist danach, dass im in dem zu beurteilenden konkreten Einzelfall in überschaubarer Zeit mit einem Schadenseintritt hinreichend wahrscheinlich gerechnet werden muss. Indizwirkung kommt dabei der Vergrößerung des gestörten Erfassungsbereichs des Radars zu.[543] Ein bloß hypothetischer Sachverhalt, wie die Vorstellung, dass nicht transponderpflichtige Kleinflugzeuge im Radarschatten der Windenergieanlagen nicht mehr erkannt werden und dem Flughafen Schaden zufügen könnten, genügt nicht. Auch wenn eine Windenergieanlage in einem „Worst-Case-Scenario" auf einem Radarschirm kurzzeitig angezeigt werden sollte, was die Meldung „unknown traffic" und eine objektiv nicht veranlasste Ausweichbewegung mit Durchstarten auslösen sollte, ist dem nicht die hinreichende Wahrscheinlichkeit einer Gefahr für die Sicherheit des Luftverkehrs zu entnehmen.[544]

Außer Fragen der Konkurrenz von Flugplätzen und Windenergieanlagenerrichtung stellt sich die Frage der vom LuftVG nicht erfassten Abschattungswirkung von Funkwellen durch Windenergieanlagen.

Die Abschattungswirkung von WEA für Funkwellen und die damit verbundene Störung des terrestrischen Rundfunkempfangs blieb bislang ohne Folgen für die Errichtung von WEA. Die Beeinträchtigung stellt weder einer schädliche Umwelteinwirkung i.S. von § 3 BImSchG, noch eine erhebliche Belästigung i.S. von § 5 I Nr. 1 Alt. 2 BImSchG dar. Bei der Abschattungswirkung handelt es sich nicht um Luftverunreinigungen, Erschütterungen, Licht, Wärme oder Strahlen ähnliche Umwelteinwirkungen i.S. des § 3 BImSchG, sondern lediglich um eine „negative" Einwirkung. Faktoren, die zwar auf die Existenz der Anlage zurückzuführen sind, aber auf spezifisch nichtphysikalischen Einwirkungen beruhen, wie z.B. der Entzug von Licht, gehören nicht zum Geltungsbereich des § 5 Abs. 1 Nr. 1

---

[543] VG Aachen, ZNER 2008, 276 ff.
[544] VG Aachen, ZNER 2008, 276 ff.

Alt. 2 BImSchG. Weder kann die Rundfunkfreiheit des Art. 5 Abs. 1 Satz 2 GG als öffentlich-rechtliche Vorschrift herangezogen werden, noch schützt der Grundversorgungsauftrag der öffentlich-rechtlichen Rundfunkveranstalter diese vor jedweder Störung der terrestrischen Übertragung, sondern verpflichtet vielmehr die öffentlich-rechtlichen Rundfunkbetreiber für eine störungsfreie Technik zu sorgen.[545]

Es fragt sich, ob darin nicht eine Störung der Funktionsfähigkeit von Funkstellen und Radarstellen i.S. von § 35 Abs. 3 Satz 1 Nr. 8 BauGB zu sehen ist. Dabei handelt es sich um einen noch recht neuen öffentlichen Belang, der erst durch das EAG Bau 2004 eingeführt wurde. Ein Blick in das Gesetzgebungsverfahren gibt darüber Aufschluss, dass der öffentliche Belang der Funktionsfähigkeit von Funkstellen auf vom Bundesministerium der Verteidigung geltend gemachten Belangen der Flugsicherheit beruht.[546] Die Vorschrift dient der Flugsicherheit durch Schutz vor Störung von Funkwellen, insbesondere durch Windenergieanlagen.[547] Durch WEA im Außenbereich könne der Betrieb von Funkwellen gestört werden. Insbesondere könne durch die rotierenden Teile der Windenergieanlagen die Funkverbindung in Form eines vorübergehenden Totalausfalls von Sprachübertragung und Datenübertragung gestört werden, was die Flugsicherheit beeinträchtige. Im Baugenehmigungsverfahren müssen daher die für den Flugverkehr ziviler wie militärischer Art zuständigen Stellen beteiligt werden. Dies hat bereits Eingang in Windenergieerlasse der Länder gefunden.[548] Dies führt zu Abstandsempfehlungen die einen Raum im Umkreis von bis zu 10 km um den Flughafenbezugspunkt betreffen und entfaltet damit über die unmittelbare Umgebung des Flughafens hinaus Wirkung. Neben der weiträumigen Freihaltung von Flächen können sich auch Höhenbeschränkungen für Windenergieanlagen im Umfeld von Flugplätzen und Richtfunkstrecken der Bundeswehr ergeben.[549] Bemerkenswert ist, dass dieser öffentliche Belang damit einen baurechtlichen Schutz des Flugverkehrs über die festgesetzten Bauschutzbereiche nach LuftVG hinaus vermittelt, da er alleinig auf die Beeinträchtigung ausgerichtet ist. Entscheidend sind daher ausschließlich die Lage und Höhe der Windenergieanlage sowie die Abschattungswirkung.

---

[545] OVG Koblenz, NVwZ-RR 2004, 734 f.

[546] BR-Drs. 756/1/03 (Empfehlungen der Ausschüsse vom 18.11.2003, Nr. 49), S. 43.

[547] Krautzberger, in: Battis/Krautzberger/Löhr, BauGB, § 35 Rn. 68.

[548] Z.B.: Land Nordrhein-Westfalen, Grundsätze für Planung und Genehmigung von Windkraftanlagen, WKA-Erl. NRW 21.10.5005, Nr. 8.2.5.

[549] Land Schleswig-Holstein, Grundsätze zur Planung von Windkraftanlagen, Gemeinsamer Runderlass des Innenministeriums, des Ministeriums für Umwelt, Naturschutz und Landwirtschaft und des Ministeriums für Wirtschaft, Arbeit und Verkehr vom 25.11.2003, ABl. Schl.-H 2003, 893, Nr. 4.1.

Der öffentliche Belang des § 35 Abs. 3 Satz 1 Nr. 8 BauGB erfasst auch Radarstellen, so dass nicht nur die Frage der zivilen Flugsicherheit, sondern auch der militärischen Luftsicherheit zu beachten ist. Kern des Problems ist dabei, dass Windenergieanlagen mit Ihren sich bewegenden Rotorblättern wie Metallblöcke wirken, die Radarstrahlen reflektieren, so dass die Bundeswehr Flugobjekte in ihrem Schatten nur schwer orten kann. Darüber hinaus können die Windenergieanlagen sogar selbst ein Echo geben und den Eindruck eines Flugzeuges auf dem Radarschirm hervorrufen. Die Radarstationen der Luftverteidigung liefern alle 10 bis 12 Sekunden ein Radarecho der erfassten Flugobjekte an die Gefechtsstände der Luftwaffe. Luftfahrzeuge, die in niedrigen Höhen hinter Windenergieanlagen fliegen, können für 30 Sekunden von den Sichtschirmen verschwinden; eine Zeit, in der Verkehrsflugzeuge schnell etwa 5–6 km zurücklegen. Dies stellt eine Herausforderung für die Luftsicherheit dar, wenn der Transponder für das Sekundärradar an Bord ausfällt oder im Extremfall von Terroristen böswillig ausgeschaltet wurde, so dass sich das Verkehrsflugzeug zeitweise gar nicht mehr orten lässt. Trotz einer noch überschaubaren Zahl von Fällen hat diese Frage zuletzt an Relevanz gewonnen und stellt ein entscheidendes Problem für mehrere Genehmigungsverfahren für Windenergieanlagen im Umfeld von Radaranlagen der Bundeswehr dar. Zurzeit fordert die Bundeswehr Sicherheitsradien von bis zu 30 km um ihre Radaranlagen, was allein in Niedersachsen gerade die Errichtung von mehreren hundert Windenergieanlagen, mithin Investitionen im dreistelligen Millionenbereich, blockiert.[550] Zielführend erscheint hier für Anlagenplaner weniger die juristische Auseinandersetzung mit dem Amt für Flugsicherung der Bundeswehr bzw. dem Bund, als vielmehr eine technische Lösung, zumal sich die Abschattungswirkung von Windenergieanlagen nicht abstreiten oder mit dem Verweis auf das Sekundärradar abtun lässt. Hier kommen reflektionsdämpfende Rotorblätter in Betracht, welche ab Mitte 2008 im Norderland-Windpark als Pilotprojekt für ganz Deutschland getestet werden. Auch eine neue, bereits erprobte digitale Radartechnik ASR-S zur Filterung des Radarechos von EADS, welche bei der Bundeswehr ab 2011 die bislang verwendete alte analoge ASR-910-Technik ersetzen soll, kann weitere Abhilfe schaffen, wenn sie auch nicht vollständig lösen wird. Weiterführend wäre hier der Einsatz einer technischen Weiterentwicklung ASR-ES, eine Nachrüstung von ASR-S mit einem sog. WEA-Modkit, welche allerdings aus Kostengründen bei der deutschen Luftwaffe bislang noch keinen Einsatz findet.[551] Die Kosten einer windenergiespezifischen Nachrüstung können

---

[550] Arzt, Blendende Windkraft, NE 11/2007, 34; vgl. auch Antwort der Bundesregierung vom 19.02.2008 auf eine kleine Anfrage der Abgeordneten Jürgen Trittin, Hans-Josef Fell, Sylvia Kotting-Uhl, Bärbel Höhn und der Fraktion Bündnis 90/Die Grünen, BT-Drs. 16/7968.

im Vergleich zum bestehenden Investitionsstau im Umfeld von Bundeswehr-Radarstandorten jedoch als gering betrachtet werden. Hoffnung gibt auch die Einrichtung eines Arbeitskreises bei der Nato und die „Wind Turbine Task Force" der an der Sicherheit des Luftraumes für 38 Mitgliedsstaaten arbeitenden, europäischen Organisation Eurocontrol, welche Richtlinien für nationale Regelungen für die Koexistenz von Windenergieanlagen und Radaranlagen erarbeit.[552]

Mit zunehmender Verbreitung moderner und damit großer Windenergieanlagen steht auch die Befeuerung von WEA aus Gründen der Luftsicherheit in der Diskussion. Die Notwendigkeit der Warnlichter ergibt sich aus Kennzeichnungspflicht für Luftfahrthindernisse nach der „Allgemeinen Verwaltungsvorschrift zur Kennzeichnung von Luftfahrthindernissen" (AVV Luftfahrtkennzeichnung). Danach sind Windenergieanlagen ab einer Höhe von 100 Metern besonders zu markieren, was faktisch alle modernen WEA erfasst. Dabei wird entsprechend der Empfehlung der intergouvernementalen, 189 Mitgliedsstaaten starken International Civil Aviation Organization (ICAO)[553] zwischen Tages- und Nachtkennzeichnung unterschieden. Die Hersteller von Windenergieanlagen greifen für die Befeuerung regelmäßig auf die Produkte einer Reihe von Zulieferern zurück.[554] Eine Kennzeichnung bei Tageslicht erfolgt durch eine Befeuerung der Anlagen, tagsüber mit weiß blitzendem Feuer und nachts mit „Feuer W rot". Während das weiße Feuer eine enorme Leuchtstärke von 20.000 Candela (cd) aufweist, was für die Leuchtkraft von 20.000 Kerzen steht, hat das „Feuer W rot" eine Betriebslichtstärke von 100 cd und blinkt im Code – eine Sekunde an – 0,5 Sekunden aus – 1 Sekunde hell – 1,5 Sekunden aus –, was den älteren Gefahrenfeuerstandard von 2000 cd Stärke abgelöst hat.[555] Die Befeuerung, welche bei Windfarmen zu einem dauernd blitzenden Horizont führt, stößt in der Bevölkerung verständlicherweise auf Kritik, wobei die Befürchtungen zumeist ihren Hintergrund in Beispielen der älteren Befeuerungstechnik haben, welche gar nicht mehr zum Einsatz kommt. Die Befeuerung wird

---

[551] Frye/Neumann/Müller in EADS Deutschland GmbH, Forschungsvorhaben Windenergieanlagen (WEA) – Radar Verträglichkeit – Jahresbericht 2008.

[552] Eurocontrol,Wind Turbines – possible impact on air operations, http://www.eurocontrol.int/mil/public/standard_page/newsletter_0603art03.html.

[553] Hier ist auf ICAO Aerodromes Annex 14 Kapitel 6 Third Edition – July 1999 hinzuweisen. Derzeit besteht noch keine amtliche Übersetzung. Eine solche ist durch das BMVBS in der Vorbereitung, vgl. vorläufige Übersetzung ins Deutsche im Rahmen der sog. HiWUS-Studie, Anhang 1.

[554] Bsp.: Aqua Signal, Dialight, Enertrag, Heliport, Honeywell, Lanthan, Orga, Reetec.

[555] Hautmann, Blinkende Hindernisse, NE 08/2007, 30; zur technischen Umsetzung vgl. Honywell, Broschüre LED 170W Gefahrenfeuersystem für Windkraftanlagen, abrufbar s. http://www.honeywell.de/airportsystems/index.htm.

teilweise als das größte Akzeptanzproblem der Windenergie betrachtet.[556] In der Folge werden planerisch zum Teil Höhenbegrenzungen von 100 m festgesetzt, was der Windenergienutzung durch moderne Anlagen empfindliche Schranken setzt. Technische und wissenschaftliche Erkenntnisfortschritte haben jedoch die Möglichkeit einer geringeren und damit weniger störenden Befeuerung bei gleich bleibender Sicherheit des Luftverkehrs eröffnet. Zunächst sieht die AVV Luftfahrtkennzeichnung unter Punkt 12 vor, dass die Befeuerung nicht auf Einzelanlagen ausgerichtet werden muss, sondern auch eine Befeuerung von „Windenergieanlagen-Blöcken" erfolgen kann, indem nur Anlagen an der Peripherie eines Blockes gekennzeichnet werden müssen. Weitere optische Entlastung verschafft die Synchronisierung der Befeuerung über eine gemeinsame Kabelverbindung, GPS oder Funksteuerung der Anlagen, so dass die Anlagen im Takt und nicht durcheinander leuchten.

Generell steigen die Anforderungen an die Befeuerung mit der Anlagenhöhe. Anlagen mit einer Gesamthöhe über 150 m müssen alle 45 Meter am Mast eine Befeuerung aufweisen (sog. Turmbefeuerung). Beträgt die Rotorblattlänge mehr als 65 m, genügt die Gondelbefeuerung nicht mehr. Als technische Neuerung ist daher vor allem die Möglichkeit einer Rotorblattspitzenbefeuerung zu nennen. Ursprünglich und auch noch heute am weitesten verbreitet ist allerdings nach wie vor die Gondelbefeuerung durch ein intensives Blitzlicht. Die mit dem technischen Fortschritt zunehmenden Rotorradien werden damit nicht hinreichend ausgeleuchtet, so dass die wahre Höhe der Anlage nicht ausreichend deutlich wird. Eine Rotorblattspitzenbefeuerung durch Leuchtdioden in der Rotorblattspitze zeigt genau die Höhe der Anlage an und kommt in der Folge mit einer geringeren Intensität des Leuchtfeuers in einer Lichtstärke von 10 Candela aus, was die Lichtemissionen bei guter Sicht um bis zu 90% reduziert.[557] Die Technik steht sowohl für die Erstausstattung, als auch für die Nachrüstung zur Verfügung, wird allerdings aus Gründen höherer Risiken im Hinblick auf Blitzeinschlag und höhere Wartungskosten im Vergleich zur Gondelbefeuerung nicht flächendeckend von den Herstellern verwendet, welche lieber auf das bewährte Gondelfeuer W, rot, neuerdings in kombinierten Systemen für Tag- und Nachtbefeuerung zurückgreifen.[558]

Auf die kontroverse Befeuerung und die technische Entwicklung hat die Bundesregierung mit der Änderung der AVV Luftfahrtkennzeichnung bereits reagiert. Mit der neuen Änderung der Verwaltungsvorschrift zum Zwecke

---

[556] Wustlich, Das Recht der Windenergie im Wandel, ZUR 2007, 16, 23.
[557] So die „EST 10" der ENERTRAG AG, Systemtechnik, http://www.enertrag.com/cmadmin_1_551_0.html.
[558] Hautmann, Blinkende Hindernisse, NE 08/2007, 30, 32

der Senkung der Lichtemissionen von Windenergieanlagen kann die Intensität des Lichtsignals bei einer Sichtweite von mehr als 5 km um 70% und bei einer Sichtweite von mehr als 10 km um mehr als 90% gesenkt werden, was auch die mit der Befeuerung verbundenen Probleme reduzieren dürfte.[559] Technisch wird das Dimmen des Feuers mit der Koppelung des Gefahrenfeuers mit industriell hergestellten Standardbauteilen für Sichtweitenmessung erreicht. Diese basieren darauf, dass ein Infrarotstrahl durch je nach Wetterlage mehr oder weniger Wassertröpfchen reflektiert wird, oder über eine Abschirmung des Gefahrenfeuers durch spezielle Linsen oder Leitbleche nach unten zu Anwohnern.[560] Die neuen Handlungsempfehlungen des Arbeitskreises „Kennzeichnung von WEA" aus Herstellern, Betreibern und Spezialisten, die seit drei Jahren unter dem Dach des Bundesverbandes Windenergie an der fortlaufenden Verbesserung der Kennzeichnungssysteme und -vorschriften arbeiten, empfehlen nun den Austausch von Befeuerungssystemen, den Einsatz des Feuers W, rot mit Lichtstärkenreduzierung, mit Höchstwerten von 150 cd/255 cd für die Lichtstärke nicht zu überschreiten und grundsätzlich eine Synchronisation der Taktfolgen vorzunehmen.[561] Bei einer Orientierung an der neuen AVV und der Handlungsempfehlung ist mit einer Abnahme des Konfliktpotentials der Befeuerung zu rechnen.

Mit der Novelle der AVV Luftfahrtkennzeichnung 2007 kann die Debatte um die Befeuerung aber bei weitem nicht als abgeschlossen gelten, zumal der Arbeitskreis „Kennzeichnung von WEA" des Bundesverbandes Windenergie auch weiter Verbesserungen anstrebt. Hier ist auf das Forschungsprojekt „Entwicklung eines *Hi*ndernisbefeuerungskonzeptes zur Minimierung der Lichtemissionen an On- und Offshore-*W*indenergieparks und -anlagen unter besonderer Berücksichtigung der Vereinbarkeit der Aspekte *U*mweltverträglichkeit sowie *S*icherheit des Luft- und Seeverkehrs", kurz „*HiWUS*", im Auftrag des BWE und gefördert von der deutschen Bundesstiftung Umwelt hinzuweisen. Dabei wurden die technischen Möglichkeiten zur Reduzierung der Befeuerung auf den Bedarfsfall bei Prüfung der Belange des Naturschutzes, insbesondere der Avifauna, untersucht. Nach dem auf der weltweit größten Windenergiemesse in Husum, der Husum Windenergy 2008, am 9. September 2008 vorgestellten Abschlussbericht bestehen derartige technische Möglichkeiten, welche zugleich Vorteile für die Umwelt mit sich bringen und die Luftverkehrssicherheit unberührt lassen könnten.[562]

---

[559] BWE, Pressemitteilung 04.04.2007, Weniger Emissionen durch Warnlichter an Windenergieanlagen.
[560] Hautmann, Blinkende Hindernisse, NE 08/2007, 30, 32.
[561] BWE, Handlungsempfehlungen für die Kennzeichnung von Windenergieanlagen, Hannover 6.11.2007.
[562] Abrufbar beim BWE unter http://www.wind-energie.de/de/aktuelles/article/bwe-effizientere-befeuerung-verschafft-der-windenergie-an-land-mehr-akzeptanz/145/.

Der in der Diskussion um die Reform der AVV Luftfahrtkennzeichnung eingebrachte Vorschlag die Befeuerungstechnik entweder mit Radarsystemen zu verbinden, welche Flugzeuge orten und die Befeuerung selbständig aktivieren, oder an Transponder zu koppeln,[563] welche ein grundsätzliches Abschalten der Befeuerung ermöglichen und nur bei Bedarf eines sich nähernden Flugzeuges nach Empfang des Traffic Alert and Collision Avoidance System (TCAS)-Signals eines Flugzeuges einschaltet, hat bislang richtigerweise noch nicht Eingang in die AVV Luftfahrtkennzeichnung gefunden, wäre aber nach dem „HiWUS"-Abschlussbericht grundsätzlich praktikabel. Auch wenn bei einer derartigen Reform die Befeuerung für geschätzte 90% der Zeit ausgeschaltet werden könnte[564] und die Frage der Befeuerung als Streitpunkt damit weitestgehend verschwinden würde, kann dies solange nicht überzeugen, wie Flugzeuge und Hubschrauber den Luftraum durchqueren, ohne mit den erforderlichen Transpondern ihrerseits ausgestattet zu sein. Dies trifft nicht die mit TCAS standardmäßig ausgestatteten Verkehrsflugzeuge, sondern insbesondere kleinere Privatflugzeuge und Hubschrauber. Hier könnte mit einer Ausweitung der Transponderausstattung durch Einführung einer allgemeinen Transponderpflicht die überzeugende Grundlage für eine entsprechende Änderung der AVV Luftfahrtkennzeichnung gelegt werden. Ob diese nun rechtspolitisch sich aufdrängenden Schritte gegangen werden, bleibt abzuwarten. Solange es bei einer grundsätzlichen Befeuerung verbleibt, wird diese als Streitpunkt erhalten bleiben. Eine behauptete psychische Beeinträchtigung auf Grund der Nachtbefeuerung der WEA und der „visuellen Ausgesetztheit gegenüber der stetigen Rotorbewegung" ist im Übrigen nicht anders zu behandeln, als die Frage des optischen Bedrängnis.[565]

Mit der zunehmenden Ausbreitung moderner und hoher Anlagen wird die Frage der Befeuerung als Konfliktfeld an Bedeutung gewinnen. Auch mit einer weiteren Überarbeitung der AVV Luftfahrtkennzeichnung zur Lockerung der Befeuerungsvorschriften ist daher zu rechnen, zumal schon etwa vier Monate nach der letzen AVV-Novelle die Bundesregierung auf der Klausurtagung von Meseberg am 23.08.2007 beschloss, die „Beseitigung von Hemmnissen für den Einsatz von Windenergieanlagen mit netzoptimiertem Einspeiseverhalten, auch im Luftverkehrsrecht" anzustreben.[566]

---

[563] Klinski/Buchholz/Schulte/Windguard/BioConsult SH, Umweltstrategie Windenergienutzung, S. 47.
[564] Hautmann, Blinkende Hindernisse, NE 08/2007, 30, 33.
[565] OVG Münster, BauR 2002, 1517; im Übrigen kann auf die obigen Ausführungen zum „optischen Bedrängnis" verwiesen werden.
[566] Bundesregierung: Eckpunkte für ein integriertes Energie- und Klimaprogramm vom 23.08.2007, S. 12, http://www.bundesregierung.de/Content/DE/Artikel/2007/08/Anlagen/eckpunkte,property=publicationFile.pdf.

Bei militärischen Anlagen besteht ähnlich wie bei Flugplätzen ein Schutzbereich nach dem sog. Schutzbereichsgesetz, der zu einer Genehmigungspflicht nach § 3 SchBerG durch die Schutzbereichsbehörde, hier die Wehrbereichsverwaltung, führt.

Sofern es sich bei der militärischen Anlage um einen Militärflughafen handelt, besteht eine Zuständigkeit der Luftverkehrsbehörde, die nicht durch Dienststellen der Bundeswehr nach § 30 LuftVG verdrängt wird.[567] Die Luftfahrtbehörde ist auch dann nicht gehindert ihre Zustimmung zur Anlagenerrichtung in der Kontrollzone eines Militärflughafens zu verweigern, wenn der Standort der geplanten Anlage in einem Gebiet liegt, welches der regionale Raumordnungsplan als Vorrangfläche für die Nutzung der Windenergie ausweist.[568]

Es stellt sich ebenfalls die Frage, welche Beeinträchtigungen von Windenergieanlagen außerhalb der Schutzbereiche ausgehen. Eine solche Konfliktlage kann bei militärischen Tiefflugübungen entstehen. In diesem Zusammenhang ist 2006 der ungeschriebene öffentliche Belang der wirksamen Landesverteidigung anlässlich einer geplanten Errichtung einer Windenergieanlage innerhalb eines des Sicherheitskorridors einer militärischen Nachttiefflugsübungsstrecke für die Heeresflieger der Bundeswehr aufgekommen.[569] Die Durchführung militärischer Tiefflüge nach § 30 Abs. 1 LuftVG ist hoheitlicher Natur und dient den Zwecken der Landesverteidigung. Die Benutzung von Tiefflugübungsstrecken ist als schutzwürdiger Belang einzustufen.[570] Ob die Flüge zwingend notwendig sind, ist verwaltungsgerichtlich nur begrenzt nachprüfbar. Der Bundeswehr steht bei der Entscheidung, was zur Erfüllung ihrer hoheitlichen Verteidigungsaufgaben zwingend notwendig i. S. von § 30 Abs. 1 S. 3 LuftVG ist, ein gerichtlich nur begrenzt überprüfbarer verteidigungspolitischer Spielraum zu.[571] Die Prüfung beschränkt sich in der Folge darauf, dass das Gericht untersucht, ob die zuständige Behörde von einem zutreffenden Sachverhalt ausgegangen ist, sich von sachlichen Erwägungen hat leiten lassen und die zivilen Interessen einschließlich der Lärmschutzinteressen in die gebotene Abwägung eingestellt und nicht unverhältnismäßig zurückgesetzt hat.[572] Tieffluggebiete beruhen auf jederzeit änderbaren innerdienstlichen militärischen Weisungen, die betroffene Bürger und Gemeinden z. B. im Wege einer Unterlassungsklage einer gerichtlichen Prüfung zuführen können. Die Verwal-

---

[567] OVG Koblenz, NVwZ-RR 2005, 536, 537.
[568] OVG Koblenz, NVwZ-RR 2005, 536, f.
[569] BVerwG, ZfBR 2007, 54 f.; VGH Mannheim, UPR 2007, 69 ff.
[570] BVerwG, ZfBR 2007, 54, 55; VGH Mannheim, UPR 2007, 69, 70.
[571] BVerwG, ZfBR 2007, 54, 55; VGH Mannheim, UPR 2007, 69.
[572] BVerwG, ZfBR 2007, 54, 55.

tungszuständigkeiten auf Grund des LuftVG für den Dienstbereich der Bundeswehr werden durch Dienststellen der Bundeswehr nach Bestimmungen des Bundesministers der Verteidigung vorgenommen.[573] Die Gestaltung des Verfahrens der Tiefflugstreckenfestlegung durch Dienststellen der Bundeswehr ist der Natur der Sache nach nicht besonders transparent und nicht immer sind Tiefflugstrecken so etabliert, wie die seit 40 Jahren betriebene Übungsstrecke, welche Gegenstand des Verfahrens vor dem VGH Mannheim war. In Anbetracht des Verfahrens stellen Tieffluggebiete ein für Planer von Windenergieanlagen schwer kalkulierbares Risiko dar.[574] Angesichts der übersichtlichen Stationierungsorte der Heeresflieger und sonstiger Hubschraubereinheiten der Bundeswehr lässt sich allerdings die Zahl der betroffenen Regionen eingrenzen. Es handelt sich zurzeit um 12 Standorte in Deutschland.[575] Insofern beschränkt sich diese Problematik auf wenige Gebiete in Deutschland, was die Kalkulierbarkeit eines Entgegenstehens eines Belangs der Landesverteidigung wiederum erhöht.

Im Ergebnis erweist sich der neue Belang des § 35 Abs. 3 S. 1 Nr. 8 BauGB als Konfliktfeld mit Wachstumspotential. Immer höhere Anlagen werden zunehmend Fragen des Luftverkehrs berühren. Die Einführung des öffentlichen Belags für Funk- und Radarstellen im Rahmen des EAG Bau 2004 und die Änderung der AVV Luftfahrtkennzeichnung 2007 zeigen, dass der Gesetzgeber hier zunehmend aktiv wird und die Rechtsentwicklung im Fluss ist. Der neue ungeschriebene Belang der wirksamen Landesverteidigung stellt eine rechtspolitische Herausforderung dar und sollte im Interesse der Rechtsklarheit bei der nächsten BauGB-Novelle berücksichtigt werden.

c) Steuerung durch Raumordnung

Das Raumplanungsrecht umfasst eine Abfolge von Planungsentscheidungen auf Bundes- und auf Landesebene mit fortschreitender Verdichtung der Regelungen auf Landes- und Regionalebene bis hin zu konkreten Festlegungen auf Gemeindeebene, wobei die Raumordnung und Landesplanung in diesem mehrstufigen System die Funktion der übergeordneten und zusammenfassenden Planung der räumlichen Verteilung der menschlichen Daseinsfunktionen erfüllt.[576] Ihr Zweck, im Interesse der Gesamtentwicklung

---

[573] VGH Mannheim, UPR 2007, 69, 71.
[574] Wustlich, Das Recht der Windenergie im Wandel, ZUR 2007, 16, 22.
[575] Angaben der Bundeswehr auf http://mil.bundeswehr-karriere.de/C1256D9600 308C25/vwContentFrame/N25TPE84825MENRDE: Standorte Bückeburg, Celle, Cottbus, Faßberg, Fritzlar, Laupheim, Mendig, Niederstetten, Rheine, Roth, Schönewalde (Lw) und Trollenhagen (Lw).
[576] Halama, in: FS Schlichter, 201, 207.

alle im Raum auftretenden Raumansprüche und Belange zu koordinieren, indem im Rahmen einer Abwägungsentscheidung verbindliche Vorgaben für die nachgeordneten Planungsstufen geschaffen werden, macht sie auch für die Windenergienutzung interessant und zu einem bedeutenden Mittel der Koordinierung der Nutzungskonflikte.[577] Dabei finden die Belange von Klima und Energie Berücksichtigung in der Raumordnung, so dass diese einen Beitrag zur Bewältigung der damit verbundenen Probleme leisten kann.[578]

Das für die Raumordnung maßgebende ROG wurde in Folge der Föderalismusreform und der dadurch herbeigeführten Verlagerung von der Rahmengesetzgebung in die konkurrierende Gesetzgebung mit Abweichungsmöglichkeit der Länder nach Art. 72 Abs. 3 GG novelliert.[579] Das am 30.12.2008 verkündete Gesetz zur Neufassung des Raumordnungsgesetzes und zur Änderung anderer Vorschriften (GeROG)[580] ist mit seinem Abschnitt 3 am 31.12.2008 und im Übrigen zum 30.06.2009 in Kraft getreten, so dass bis vor kurzem, nach dem Überleitungsrecht gem. Art. 125 a Abs. 1 GG, die alte Fassung weiter Anwendung fand. Insofern wird hier beiden Fassungen Rechnung getragen. Da sich der Bund trotz der nun bestehenden Möglichkeit der Vollregelung in der Ausnutzung derselben zurückgehalten hat, werden beide Fassungen gemeinsam erörtert.

Das Raumordnungsrecht beinhaltet seit 1998 in § 1 Abs. 2 ROG die Leitvorstellung der „nachhaltigen Raumentwicklung". Mit der nicht abschließenden Auflistung in § 1 Abs. 2 ROG werden klimatische und energetische Belange mittelbar angesprochen. Zudem enthält § 2 Abs. 2 ROG Grundsätze, welche im Sinne der Leitvorstellung der nachhaltigen Raumentwicklung anzuwenden sind. Für die Windenergienutzung ist dabei § 2 Abs. 2 Nr. 3 ROG a.F./§ 2 Abs. 2 Nr. 2 ROG n.F. hervorzuheben. Danach ist die großräumige und übergreifende Freiraumstruktur zu erhalten und zu entwickeln. Die Freiräume sind in ihrer Bedeutung für funktionsfähige Böden, für den Wasserhaushalt, die Tier- und Pflanzenwelt sowie das Klima zu sichern oder in ihrer Funktion wieder herzustellen. Wirtschaftliche und soziale Nutzungen des Freiraums sind unter Beachtung seiner ökologischen Funktion zu gewährleisten. Mit dem Entwicklungsgebot wird die Aussage getroffen, dass der Freiraum nicht statisch verstanden wird. Der genauso ent-

---

[577] Vgl. Tagesspiegel 16.09.2008, S. 6, Windkraft? Nein Danke!
[578] Übersicht bei Mitschang, Die Belange von Klima und Energie in der Raumordnung, DVBl 2008, 745 ff.
[579] Siehe dazu: Söfker, Zum Entwurf eines Gesetzes zur Neufassung des Raumordnungsgesetzes, UPR 2008, 161 ff.; Krautzberger/Stüer, Das neue Raumordnungsgesetz des Bundes, BauR 2009, 180 ff.; Söfker, Das Gesetz zur Neufassung des Raumordnungsgesetzes, UPR 2009, 161 ff.
[580] BGBl. 2008 I, 2986.

haltene Grundsatz einer umweltverträglichen Energieversorgung einschließlich des Ausbaus der Energienetze, spricht ebenfalls für die Windenergienutzung. Dementsprechend wird diese wie auch die Nutzung weiterer regenerativer Energiequellen vom Grundsatz in § 2 Abs. 2 Nr. 3 ROG a. F./§ 2 Abs. 2 Nr. 4 ROG n. F. erfasst.[581] Die Grundsätze der Nr. 6 zum Umwelt- und Klimaschutz können mit der Novelle als wesentlich aktualisiert gelten. Die auch als „Klimaschutz-Klausel" bezeichnete Regelung,[582] dass den räumlichen Erfordernissen des Klimaschutzes nicht nur durch Anpassung an den Klimawandel, sondern auch durch Maßnahmen die diesem entgegenwirken, Rechnung zu tragen ist, spricht gleichfalls für die Nutzung der Windenergie. Die Windenergie ist damit im Rahmen der raumordnerischen Abwägung nach § 7 Abs. 7 S. 1 ROG a. F./§ 7 Abs. 2 ROG n. F. als Teil der Freiraumentwicklung zu berücksichtigen.[583] Diese Abwägung muss sowohl bei einer Windenergieplanung als integralem Bestandteil der räumlichen Gesamtplanung, als auch bei einer sachlichen Teilplanung erfolgen. In letzter Zeit ist wegen den institutionellen Schwächen der überörtlichen Gesamtplanung und den Durchgriffen des Gesetzesrechts in der Raumordnung ein Trend zu sachlichen Teilplänen zu erkennen.[584]

Neben den Regelungen des ROG ist hier das Zusammenwirken von Raumordnungsrecht und Bauplanungsrecht zu betonen. Die Regelung des § 35 Abs. 3 S. 2 und 3 BauGB bietet zwei Steuerungsmöglichkeiten bei der Errichtung von WEA, die Festlegung von Vorrang- und Konzentrationsflächen für Windenergie auf der Ebene der Raumordnungspläne oder auf der Ebene der Bauleitplanung in Flächennutzungsplänen. Es liegt dabei in der Logik der großräumigen Landes- und Regionalplanung, dass sie in ihren Planaussagen abstrakter und genereller ist, als die Bauleitplanung. Trotz dieser grundsätzlich auf Rahmensetzung angelegten Rechtswirkung können Raumordnungsziele im öffentlichen Interesse auch flächenkonkrete und relativ funktionsscharfe Raumfunktionsbestimmungen treffen.[585] Die nach dem Landesplanungsgesetz des jeweiligen Bundeslandes textliche oder zeichnerische oder auf beide Weisen vorzunehmende Darstellung von Gebieten zur Windenergienutzung erfolgt dabei in der Raumordnungsplanung gebietsscharf, während die Feinsteuerung der Bauleitplanung grundstücksbezogen Aussagen hinsichtlich Lage und Größe trifft. Ein wie für jede

---

[581] Mitschang, Die Belange von Klima und Energie in der Raumordnung, DVBl 2008, 745, 748 f.
[582] So Söfker, Das Gesetz zur Neufassung des Raumordnungsgesetzes, UPR 2009, 161, 163.
[583] Zur Freiraumentwicklung siehe Köck/Bovet, Windenergieanlagen und Freiraumschutz, NuR 2008, 529 ff.
[584] Köck/Bovet, Windenergieanlagen und Freiraumschutz, NuR 2008, 529, 530 f.
[585] BVerwG, BVerwGE 115, 17, 21.

öffentliche Planung erforderliches Planungsbedürfnis besteht damit, sobald und soweit ein überörtlicher Interessenausgleich zwischen den unterschiedlichen Raumfunktionen und Nutzungsansprüchen in einer Region für deren geordnete Entwicklung erforderlich ist.[586] Da die Windenergienutzung heute mit über 20.000 Anlagen massenhaft in Deutschland auftritt und trotz des geringen Bodenverbrauches wesentlichen Einfluss auf die Bodennutzung in einem weiten Umkreis hat, ist zumindest in den besonders betroffenen norddeutschen Flächenländern grundsätzlich von einem Planungsbedürfnis auszugehen.[587] Im Übrigen wird dies je nach regionalem Plangebiet zu entscheiden sein. Dementsprechend haben die Träger der Regionalplanung in unterschiedlichem Maße von der ihnen offen stehenden Steuerungsmöglichkeit Gebrauch gemacht.[588]

Öffentliche Belange im Sinne des § 35 Abs. 3 Satz 3 BauGB stehen einem Vorhaben auch entgegen, soweit durch Ziele der Raumordnung eine Ausweisung an anderer Stelle erfolgt ist. Dies gibt der Ebene der Raumordnung mit Landesplanung, Regional- und Gebietsentwicklungsplanung eine entscheidende Rolle. Es kommt auf die Regelungsdichte der landespolitischen Vorgaben in Verbindung mit der Kompetenzordnung des jeweiligen Bundeslandes an, wenn es um die Schaffung eines Regionalplanes in Bezug auf Windenergienutzung geht. Sofern das als Landesgesetz verbindliche Landesentwicklungsprogramm der Landesplanungsbehörde bzw. in Bundesländern mit Regierungsbezirken der Bezirksplanungsbehörde die Förderung erneuerbarer Energien nur als abstraktes landesplanerisches Ziel ausgibt und der Landesentwicklungsplan keine konkreten Vorgaben hinsichtlich der Gebietsausweisung trifft und z.B. nur Vorgaben hinsichtlich der zu installierenden Leistung macht,[589] so verbleibt dem Träger der Regionalplanung viel Spielraum bei der Festsetzung von Gebieten für die Nutzung der Windenergie. Andernfalls ist der Träger der Regionalplanung durch konkretere Vorgaben des Landesraumordnungsprogramms gebunden. Auch diese lassen angesichts des Aufgabenrahmens der Raumordnung und Landesplanung, die maßgeblich durch das Kriterium der Überörtlichkeit geprägt ist, regelmäßig größeren Spielraum bei der Ausgestaltung der Regionalpläne. Schließlich beruht die sachliche Legitimation der Planung auf der überörtlichen Ord-

---

[586] Holz, Bauplanungsrechtliche Privilegiertheit raumbedeutsamer Windkraftanlagen, NWVBl 1998, 81, 84.
[587] Vgl. schon 1997: Runkel, Steuerung von Vorhaben der Windenergienutzung, DVBl 1997, 275.
[588] Zum planerischen Bestand in Bayern: Mayer-Metzner, Die regionalplanerische Steuerung der Errichtung von Windenergieanlagen, BayVBl 2005, 129, 130 f. m.w.N.
[589] Vgl. Bsp. des alten Landesraumordnungsprogramms Niedersachsen 1994 bei Barth/Baumeister/Schreiber, Windkraft, S. 26.

nung des Gesamtraumes.[590] Eine Planung auf der Ebene der Regionalplanung ist gegenüber der Flächennutzungsplanung insbesondere bei Fragen des Naturschutzes überlegen und vorzugswürdig. Viele Schutzgüter, wie übergemeindliche Brut- und Rastplätze und insbesondere der Vogel- und Fledermauszug lassen sich auf gemeindlicher Ebene schon durch den räumlich beschränkten Untersuchungsrahmen nicht ihrer Bedeutung angemessen erfassen.[591] Für Planer von Windenergieanlagen und an einem Repowering interessierte Betreiber ist eine gute Übersicht über den Stand der jeweiligen Regionalplanung der etwa 105 Träger der Regionalplanung in Deutschland von entscheidender Bedeutung.[592]

aa) Raumbedeutsamkeit

Eine raumplanerische Steuerung von Windenergieanlagen setzt zunächst voraus, dass die geplante WEA raumbedeutsam ist. Diese Voraussetzung ist in § 35 Abs. 3 BauGB nicht geregelt, sondern ein ungeschriebenes Tatbestandsmerkmal, welches sich allgemein aus § 3 Nr. 6 ROG (a.F. wie n.F.) herleiten lässt.[593] Als raumbedeutsam qualifiziert der Gesetzgeber nicht bloß Planungen und Maßnahmen, die Grund und Boden in Anspruch nehmen, sondern auch solche, durch die die räumliche Entwicklung eines Gebiets beeinflusst wird. Dafür muss die WEA über ihren Nahbereich hinaus wirken, wobei Anlage, Standort und die damit verbundenen Sichtverhältnisse eine Rolle spielen.[594] Mehrere im Zusammenhang errichtete Windenergieanlagen erstrecken sich schon wegen der notwendigen Zwischenräume schnell über mehrere Quadratkilometer und sind daher unzweifelhaft raumbedeutsam.[595] Eine einzelne WEA kann wegen ihrer Dimension raumbedeutsam sein.[596] Die Größe, ab der eine Raumbedeutsamkeit anzunehmen ist, lässt sich je-

---

[590] Maslaton, Repowering von Windenergieanlagen außerhalb des Planumgriffs der Regionalplanung, LKV 2007, 259, 260.

[591] Barth/Baumeister/Schreiber, Windkraft, S. 21.

[592] Einen Überblick über die Träger vermittelt das Bundesamt für Bauwesen und Raumordnung unter http://www.bbr.bund.de/cln_005/nn_22554/DE/ForschenBeraten/Raumordnung/RaumentwicklungDeutschland/LandesRegionalplanung/Traeger/Traeger.html sowie eine vom Regionalen Planungsverband Oberlausitz-Niederschlesien erstellte Übersicht „Links zur Regionalplanung" unter http://www.rpvolns.homepage.t-online.de/links1.htm.

[593] Holz, Bauplanungsrechtliche Privilegiertheit raumbedeutsamer Windkraftanlagen, NWVBl 1998, 81, 82

[594] Stich, Bauplanungs- und umweltrechtliche Probleme der Errichtung und des Betriebs von Windkraftanlagen sowie der Aufstellung von Bebauungsplänen für Windfarmen, GewArch 2003, 8, 12.

[595] Holz, Bauplanungsrechtliche Privilegiertheit raumbedeutsamer Windkraftanlagen, NWVBl 1998, 81, 82.

doch nicht mit einer genauen Meterangabe bestimmen und bleibt eine Frage des Einzelfalls.[597] Neben der Dimension vor dem Hintergrund von Standort und Sichtverhältnissen kann sich die Raumbedeutsamkeit auch aus den Auswirkungen auf eine bestimmte planerische, als Ziel gesicherte Raumfunktion ergeben.[598] Genannt werden hier die Nähe zu bedeutenden Naturdenkmälern, zu bedeutenden Brut- und Rastplätzen seltener Vogelarten oder die Lage auf Bergkuppen.[599] Damit ist fraglich, ob sich die Raumbedeutsamkeit auch aus der negativen Vorbildwirkung für weitere Anlagen ergeben kann. Dies wird unter Verweis auf den Gleichbehandlungsgrundsatz einerseits befürwortet,[600] andererseits wird dies als für eine Raumbedeutsamkeit nicht hinreichend abgelehnt. Letztere Auffassung fand Eingang in die Rechtsprechung des Bundesverwaltungsgerichtes,[601] die anderweitige Rechtsprechung und Literatur muss als überholt gelten. Damit ist eine raumordnungsrechtliche Gesamtbetrachtung von isoliert betrachtet nicht raumbedeutsamen Windenergieanlagen nur unter bestimmten Voraussetzungen möglich. Wenn mehrere Anlagen gemeinsam die Schwelle zur Raumbedeutsamkeit übertreten sollten, kann die Planung der Errichtung nur entgegengehalten werden, wenn die Anlagen in einem engen zeitlichen und räumlichen Zusammenhang errichtet werden sollen.[602] Dies überzeugt vor allem vor dem Hintergrund der Möglichkeit, die Errichtung weiterer Anlagen unter Verweis auf überschreiten der Schwelle zur Raumbedeutsamkeit abzulehnen.[603] Sofern eine Raumbedeutsamkeit aus der Häufung mehrerer Anlagen in Betracht kommt, gibt es keine feste Mindestanlagenanzahl, ab der eine Raumbedeutsamkeit besteht.[604] Es existiert damit keine Orientierungsgröße, wie bei einer Windfarm, so dass dies eine Einzelfallentscheidung bleibt.

---

[596] BVerwG, BauR 2003, 837 für eine Anlage mit einer Höhe von knapp 100 m; OVG Magdeburg, ZNER 2003, 51 ff.; vgl. OVG Koblenz, NVwZ-RR 2006, 242, für eine WEA mit einer Gesamthöhe von 120 m; die Raumbedeutsamkeit muss in der Folge erst recht für moderne Anlagen mit einer Höhe von etwa 160–200 m grundsätzlich anzunehmen sein.

[597] BVerwG, BauR 2003, 837.

[598] OVG Koblenz, BauR 2002, 1053 f.; OVG Magdeburg, ZNER 2003, 51 ff.; Holz, Bauplanungsrechtliche Privilegiertheit raumbedeutsamer Windkraftanlagen, NWVBl 1998, 81, 82.

[599] Stüer in: Spannowsky/Mitschang, Flächennutzungsplanung im Umbruch?, Köln 2000, 119, 129 f.

[600] OVG Koblenz, BauR 2002, 1053, 1054; Holz, Bauplanungsrechtliche Privilegiertheit raumbedeutsamer Windkraftanlagen, NWVBl 1998, 81, 82.

[601] BVerwG, BVerwGE 118, 33 ff./NVwZ 2003, 738 ff.

[602] BVerwG, BVerwGE 118, 33, 36/NVwZ 2003, 738, 739; Mayer-Metzner, Die regionalplanerische Steuerung der Errichtung von Windenergieanlagen, BayVBl 2005, 129, 132.

[603] BVerwG, BVerwGE 118, 33, 36/NVwZ 2003, 738, 739.

[604] BVerwG, BVerwGE 118, 33, 35 f./NVwZ 2003, 738, 739.

Ob bei Errichtung einer einzelnen Anlage Raumbedeutsamkeit gegeben ist, hängt von verschiedenen Umständen ab. Sofern kleinere, nicht raumbedeutsame Anlagen nun durch weitere Anlagen ergänzt werden sollen, ist es möglich Anträge auf Genehmigung weiterer Anlagen mit der Begründung zu versagen, dass die geplanten Anlagen zusammen mit bereits genehmigten Anlagen die Schwelle zur Raumbedeutsamkeit überschreiten und deshalb nach § 35 Abs. 3 Satz 2 BauGB unzulässig sind.[605] Im Flachland ist für die weithin gut sichtbare WEA schneller eine Raumbedeutsamkeit gegeben als im Mittelgebirge, es sei denn, die Raumfunktion ergibt sich aus einer exponierten Lage auf einer Bergkuppe. Mit dieser Begründung geht z.B. der Windenergieerlass Mecklenburg-Vorpommern bereits ab einer Anlagenhöhe von 35 m von einer Raumbedeutsamkeit aus.[606] Dies wird mit der maximalen Höhe von Bäumen in Deutschland begründet, welche die Obergrenze natürlicher Landschaftsbildzäsuren sei.[607] Ein in der norddeutschen Tiefebene überzeugendes Argument. Im Übrigen erscheint es mir ratsam, auf die vom Gesetzgeber selbst gewählte Schwelle von 50 Metern für die immissionsschutzrechtliche Anlagengenehmigung abzustellen. Dafür spricht nicht nur die Praxis in NRW.[608] Der Gesetzgeber hat hiermit selbst deutlich gemacht, wo er eine Höhengrenze sieht, die sich im Genehmigungsverfahren auswirken muss. Es ist auch angesichts der fragwürdigen Rechtsnatur der Windenergieerlasse insofern konsequenter auch dieses Kriterium für die Raumbedeutsamkeit abzustellen, auch wenn in Norddeutschland im Einzelfall schon unter 50 Metern eine Raumbedeutsamkeit gegeben sein kann. Praktisch wird sich angesichts der heutigen Anlagenhöhe durchweg über 100 Metern die Notwendigkeit einer weiteren Höhengrenze hier kaum stellen. Angesichts der mit dem technischen Fortschritt zunehmenden Dimension von WEA muss davon ausgegangen werden, dass auch einzelne WEA in zunehmendem Maß raumbedeutsam sind. Man wird die größeren modernen Anlagen nicht verstecken können.[609] Überzeugend wird angenommen, dass die Befeuerung über 100 m hoher Anlagen die optische Dominanz der aus der Fläche aufragenden Windenergieanlagen in raumbedeutsamer Weise verstärkt.[610] Damit ist bei modernen Anlagen, egal ob

---

[605] BVerwG, BVerwGE 118, 33, 36/NVwZ 2003, 738, 739.

[606] Hinweise für die Planung und Genehmigung von Windkraftanlagen in Mecklenburg-Vorpommern (WKA-Hinweise M-V), Abl. M-V 2004, 966, 967.

[607] So der Referatsleiter im Ministerium für Arbeit, Bau und Landesentwicklung Mecklenburg-Vorpommern, Helmuth von Nicolai in: v. Nicolai, Konsequenzen aus den neuen Urteilen des Bundesverwaltungsgerichts zur raumordnerischen Steuerung von Windenergieanlagen, ZUR 2004 74, 80.

[608] Middeke, Windenergieanlagen in der verwaltungsgerichtlichen Rechtsprechung, DVBl 2008, 292, 293.

[609] Klinski/Buchholz/Schulte/Windguard/BioConsult SH, Umweltstrategie Windenergienutzung, S. 19.

Windfarm oder Einzelanlage, regelmäßig eine Raumbedeutsamkeit zu unterstellen. In Zukunft werden WEA, die nicht raumbedeutsam sind, die absolute Ausnahme darstellen.

bb) Steuerung durch Grundsätze und Ziele der Raumordnung

Eine Steuerung der Windenergienutzung in der Regionalplanung kann über so genannte Erfordernisse der Raumordnung erzielt werden. Dabei sind Grundsätze und Ziele der Raumordnung zu unterscheiden.

Grundsätze der Raumordnung sind allgemeine Aussagen zu Entwicklung, Ordnung und Sicherung des Raumes als Vorgaben für nachfolgende Abwägungs- und Ermessensentscheidungen, die in Regionalplänen regelmäßig mit „G" gekennzeichnet werden.[611] Sie sind als öffentliche Belange in der bauleitplanerischen Abwägung nach Lage des Einzelfalles durch andere überwiegende Belange überwindbar. Wird z.B. in einem Regionalplan ein allgemeiner Vorbehalt zugunsten der Flächennutzungsplanung festgelegt, der sich über die Vorgaben der Regionalplanung hinaus auch auf die Festlegung davon abweichender Eignungsräume beziehen kann, besteht keine Ausschlusswirkung.[612]

Ziele der Raumordnung sind hingegen verbindliche Vorgaben in Form von räumlich und sachlich bestimmbaren Festlegungen, die regelmäßig mit „Z" gekennzeichnet werden.[613] Im Gegensatz zu den Grundsätzen der Raumordnung stehen Ziele für eine abschließende Abwägung, welche die Verbindlichkeit herstellt.[614]

In der Folge können sowohl Festlegungen allgemeiner Art, wie Mengenvorgaben hinsichtlich der Windenergienutzung, als auch konkrete gebietsbezogene Festlegungen getroffen werden. Die Regelung des § 35 Abs. 3 BauGB bezieht sich nur auf die verbindlichen Ziele der Raumordnung. Üblich sind daher gebietsbezogene Festsetzungen.[615]

---

[610] VGH Mannheim, ZUR 2007, 92, 93.
[611] Runkel, Steuerung von Vorhaben der Windenergienutzung, DVBl 1997, 275, 276.
[612] Jeromin, Praxisprobleme bei der Zulassung von Windenergieanlagen, BauR 2003, 824.
[613] Runkel, Steuerung von Vorhaben der Windenergienutzung, DVBl 1997, 275, 276.
[614] BVerwG, BVerwGE 90, 329, 333.
[615] Runkel, Steuerung von Vorhaben der Windenergienutzung, DVBl 1997, 275, 276.

cc) Steuerung durch Vorbehalts-, Vorrangs- und Eignungsgebiete

In Regionalplänen können als gebietsbezogene Festsetzungen nach § 7 Abs. 4 ROG a.F./§ 8 Abs. 7 ROG n.F. Vorbehalts-, Vorrang- und Eignungsgebiete festgesetzt werden.

Vorbehaltsgebieten nach § 7 Abs. 4 S. 1 Nr. 2 ROG a.F./§ 8 Abs. 7 S. 1 Nr. 2 ROG n.F. als Gewichtungsvorgabe für die Abwägungs- oder Ermessensentscheidung, die durch andere öffentliche oder private Belange überwunden werden, kommt nur eine geringe Steuerungskraft zu.[616] Eine Ausschlusswirkung ist nur im Ausnahmefall denkbar, dass WEA z.B. in einem Vorbehaltsgebiet für Natur und Landschaft errichtet werden soll. Die wegen der Ausrichtung auf die nachfolgende Abwägung hinsichtlich des konkreten Einzelfalls zum Teil in der Literatur vertretene Einstufung von Vorbehaltsgebieten als Raumordnungsziele[617] konnte sich nicht durchsetzen. Die andere Wertung der Vorbehaltsgebiete hatte seinen Hintergrund im alten bayrischen Landesplanungsrecht, dass nur die Festlegung und Vorbehaltsgebieten und damit nicht die Festlegung von Vorranggebieten als Zielen der Raumordnung in Regionalplänen mit Auschlusswirkung nach § 35 Abs. 3 S. 3 BauGB ermöglichte.[618] Vorbehaltsgebiete werden von Bundesverwaltungsgericht und ganz überwiegender Literatur als Grundsätze der Raumordnung betrachtet. Eine generelle Ausschlusswirkung nach § 35 Abs. 3 Satz 2 BauGB genießen nach der Konzeption des Bundesgesetzgebers daher nur Vorrang- und Eignungsgebiete.[619]

Vorranggebiete nach § 7 bs. 4 S. 1 Nr. 1 ROG a.F./§ 8 Abs. 7 S. 1 Nr. 1 ROG n.F. sind Gebiete, in denen bestimmte raumbedeutsame Nutzungen vorgesehen sind, die konkurrierende Nutzungen ausschließen, sobald diese mit der vorrangigen Nutzung unvereinbar sind.[620] Besteht ein landesplanerisches Ziel darin, in einem Gebiet einer bestimmten Raumfunktion den absoluten Vorrang zu sichern, so kann dieser Nutzungsvorrang nicht durch Abwägung mit hiermit unvereinbaren Belangen relativiert werden.[621]

Eignungsgebiete nach § 7 Abs. 4 S. 1 Nr. 3 ROG a.F./§ 8 Abs. 7 S. 1 Nr. 3 ROG n.F. sind Gebiete, die aufgrund von gesamträumlichen Unter-

---

[616] BVerwG, BVerwGE 118, 33, 47 f./NVwZ 2003, 742.
[617] Hendler, Raumordnungsziele als landesplanerische Letztentscheidungen, UPR 2003, 256, 258 f.
[618] VGH München, ZUR 2009, 38 ff.
[619] BVerwG, BVerwGE 118, 33, 47 f./NVwZ 2003, 742; Gretschel, Entwicklung der Rechtsprechung im Windenergierecht, Berlin 2006, S. 58 ff.
[620] Runkel, Steuerung von Vorhaben der Windenergienutzung, DVBl 1997, 275, 276.
[621] BVerwG, BVerwGE 90, 329, 330.

suchungen und einer planerischen Abwägung als für die bezeichneten Vorhaben geeignet befunden wurden.[622] In Abgrenzung von Vorrang- und Eignungsgebieten lässt sich feststellen, dass Vorranggebiete einen innergebietlichen Vorrang einer Nutzung konstituieren sollen, während Eignungsgebiete dem außergebietlichen Ausschluss der Nutzung dienen.

Möglich ist nach § 7 Abs. 4 S. 2 ROG a.F./§ 8 Abs. 7 S. 2 ROG n.F. auch die Festsetzung von Vorranggebieten als sog. Kombinationsgebiete, welche die innere Zielbindung der Vorranggebiete und die äußere Zielbindung der Eignungsgebiete von § 7 Abs. 4 S. 1 Nr. 1 und 3 ROG a.F./ 8 Abs. 7 S. 1 Nr. 1 u. 3 ROG n.F. vereinen sollen.[623]

Seit einiger Zeit werden Eignungs- und Vorranggebiete als Ziele der Raumordnung in Raumordnungsplänen festgesetzt, zumeist um eine Windenergienutzung im Übrigen auszuschließen. Dementsprechend haben sich in der Praxis die stärker ausschlussbezogenen Eignungsgebiete durchgesetzt.[624] Bei der Festsetzung kommt es allerdings nicht auf die Bezeichnung als Vorrang- oder Eignungsgebiet an, sondern auf den Inhalt als maßgebliches Kriterium für die Zielbindung.[625]

Zur Rechtmäßigkeit von Regionalplänen, auch im Zusammenhang mit Windenergieanlagen, hat die Rechtsprechung eine weit reichende Kasuistik entwickelt, welche den Aufgabenrahmen der Raumordnung mit dem Kriterium der Überörtlichkeit, die Rechtmäßigkeit von „Soll-Zielen", die Bestimmtheit der Gebietsfestlegung und eine fehlerfreie Abwägung in den Vordergrund stellt.[626]

Zur Begründung der Ausschlusswirkung und zur Abgrenzung von einer bloßen Negativplanung als Verhinderungsplanung hat das Bundesverwaltungsgericht in seinen Grundsatzentscheidungen vom 17. Dezember 2002 und 13. März 2003 im Wesentlichen drei Kriterien entwickelt. Danach braucht es zunächst Ziele der Raumordnung in einem schlüssigen gesamträumlichen Planungskonzept.[627] Weitere wesentliche Voraussetzung ist eine

---

[622] Runkel, Steuerung von Vorhaben der Windenergienutzung, DVBl 1997, 275, 276.

[623] Stüer in: Spannowsky/Mitschang, Flächennutzungsplanung im Umbruch?, Köln 2000, 119, 129.

[624] Runkel, Steuerung von Vorhaben der Windenergienutzung, DVBl 1997, 275, 277.

[625] Stüer in: Spannowsky/Mitschang, Flächennutzungsplanung im Umbruch?, Köln 2000, 119, 128.

[626] Maslaton, Die Rechtsprechung des OVG Bautzen zur Regionalplanung in Sachsen, LKV 2006, 55, 57 f.

[627] BVerwGE 117, 287 ff./BauR 2003, 828 ff.; vgl. auch VGH Mannheim, NuR 2006, 374 und OVG Koblenz, NVwZ-RR 2006, 242.

Planung, die sicherstellt, dass sich die Windenergienutzung innerhalb einer Konzentrationszone gegenüber konkurrierenden Nutzungen durchsetzt und ihr zudem in substanzieller Weise im Plangebiet Raum schafft.[628]

Ein Plankonzept ist gegeben, wenn nach Positiv- und Negativraster alle denkbaren Standorte geprüft werden.[629] Es muss allerdings keine Ausweisung aller geeigneten Flächen erfolgen.[630] Die Argumente für die Ausweisung müssen sich lediglich aus den konkreten örtlichen Gegebenheiten nachvollziehbar herleiten lassen.[631] Die großflächige Raumordnungsplanung erstreckt sich über mehrere Gemeinden. Nicht alle dieser Gemeinden müssen windhöffige Gebiete aufweisen, die eine weitestgehend konfliktfreie Windenergienutzung ermöglichen. Dem Träger der Regionalplanung ist es nicht verwehrt, die Windenergienutzung im gesamten Außenbereich einzelner Gemeinden auszuschließen.[632] Wenn es somit für mehrere Gemeinden einer Region zu einem Totalausschluss der Windenergienutzung kommt, so können andere Gemeinden daraus keinen Anspruch gegenüber dem Träger der Regionalplanung ableiten, ebenfalls in den Genuss einer solchen als vorteilhaft empfundenen Festsetzung zu kommen.[633] Hinsichtlich sog. „weiße Flächen" hat sich die Rechtsprechung gegen eine Ausschlusswirkung entschieden. Dabei stellt sich zum einen die Frage, wie sich diese Flächen auf eine Konzentrationszonenplanung insgesamt auswirken, da es an einem schlüssigen gesamträumlichen Konzept fehlen könnte,[634] zum anderen, wie die Gebiete selbst einzuordnen sind. Das Bundesverwaltungsgericht hat hier mit seinem Urteil vom 13. März 2003 – bekräftigt mit Beschluss vom 28.11.2005 – Klarheit geschaffen. Weist der Raumordnungsplan Vorranggebiete aus, die der Nutzung der Windenergie im Plangebiet substanziell Raum schaffen, stehen Flächen, auf denen die Träger der Flächennutzungsplanung weitere Standorte für Windenergieanlagen ausweisen dürfen („weiße Flächen") der Ausschlusswirkung des § 35 Abs. 3 Satz 2 BauGB nicht entgegen. Die Ausschlusswirkung erstreckt sich allerdings nur auf Gebiete, die der Plan als Ausschlusszone festschreibt.

---

[628] BVerwG zwei Entscheidungen vom 13.03.2003: BVerwGE 118, 33 ff./NVwZ 2003, 738 ff. und BVerwG, ZNER 2003, 245 ff.

[629] Mayer-Metzner, Die regionalplanerische Steuerung der Errichtung von Windenergieanlagen, BayVBl 2005, 129, 132.

[630] BVerwG, BVerwGE 118, 33/NVwZ 2003, 738 ff.

[631] v. Nicolai, Konsequenzen aus den neuen Urteilen des Bundesverwaltungsgerichts zur raumordnerischen Steuerung von Windenergieanlagen, ZUR 2004 74, 75.

[632] BVerwG, BVerwGE 118, 33/NVwZ 2003, 738.

[633] VGH Mannheim, UPR 2006, 119 f.

[634] Vgl. Gretschel, Entwicklung der Rechtsprechung im Windenergierecht, Berlin 2006, S. 66.

Die „weißen Flächen" erfasst sie nicht, weil es in Bezug auf diese Flächen an einer abschließenden raumordnerischen Entscheidung fehlt.[635] Folglich findet bei einem Bauvorhaben im Bereich einer solchen „weißen Fläche" ein normales Genehmigungsverfahren ohne Berücksichtigung des Raumordnungsplanes statt.

Für ein schlüssiges Plankonzept bedeutet das Kriterium der Nachvollziehbarkeit aus den örtlichen Gegebenheiten vor allem eine umfassende Dokumentationspflicht, denn die beste Planung nützt nichts, wenn sie nicht schriftlich niedergelegt und für ein Gericht nachvollziehbar ist.[636] Für ein schlüssiges Planungskonzept bedarf es einer regionalplanerischen Vorarbeit, welche die Windenergiepotentiale feststellt, die denkbaren Freiraumbereiche im Hinblick auf ihre Verträglichkeit mit den bereits dargestellten Bereichen und Raumfunktionen überprüft, die benötigten Flächengrößen, Abstandserfordernisse und mögliche Beeinträchtigungen ermittelt und schließlich eine Abwägungsentscheidung trifft.[637] Dabei muss zunächst flächendeckend ein Mindestwindhöffigkeitswert ausgemacht werden, der die nach dem Stand der Technik für eine Windenergienutzung brauchbaren Gebiete von den ungeeigneten trennt.[638] Als Ermittlungsbasis wurden hier Karten des Deutschen Wetterdienstes zur Windgeschwindigkeit in bestimmten Höhen anerkannt. So wurde eine Windgeschwindigkeit von mindestens 5 m/s in 50 m Höhe genauso anerkannt,[639] wie ein Mindestwert von 5,5 m/s in 100 m Höhe.[640] Der jeweilige zugrunde gelegte Wert ist hier vom Anlagentyp bzw. dessen Leistungsstärke abhängig. Dabei verbleibende Kleinstflächen mit einem Gebietsumfang von weniger als 20 ha lassen sich ausschließen.[641] Auch der Abstand der Windenergieanlagen zueinander ist bei der Windpotentialanalyse zu berücksichtigen. Es stellt dabei keinen Fehler in der Abwägung dar, wenn in einem Regionalverbandsgebiet mit einer stark gegliederten Topographie eine Maschenweite von 250 m × 250 m als Raster zugrunde gelegt wird und auf die Erhebung von Standortgutachten verzichtet wird.[642] Eine pauschale Festlegung eines 5 km Mindestabstandes zwischen Windenergiestandorten zum Schutz des Landschaftsbildes ist

---

[635] BVerwG, ZNER 2003, 245 ff.; BVerwG, NuR 2006, 504.

[636] v. Nicolai, Konsequenzen aus den neuen Urteilen des Bundesverwaltungsgerichts zur raumordnerischen Steuerung von Windenergieanlagen, ZUR 2004 74, 75.

[637] Wachs/Greiving, Nutzungen im Außenbereich am Beispiel der Windkraftanlagen, NWVBl 1998, 7, 8.

[638] OVG Magdeburg, ZNER 2007, 505.

[639] OVG Koblenz, ZNER 2007, 425, 428.

[640] VGH Mannheim, ZUR 2007, 92, 95.

[641] OVG Koblenz, ZNER 2007, 425, 428.

[642] VGH Mannheim, ZUR 2007, 92.

zwar in der Rechtsprechung bereits akzeptiert worden.[643] Diese ist jedoch kritisch zu betrachten. Eine Rechtsprechung, die weitgehende Pauschalierungen ermöglicht, ohne auf den Einzelstandort einzugehen, begünstigt den planerischen Missbrauch bei der Festlegung von Tabu-Bereichen.[644] Auch wenn man dem Plangeber infolge von § 1 Abs. 1 S. 2 Nr. 2 ROG zubilligt, dass er nicht bis an die Gefahrengrenze herangehen muss, sondern Vorsorgewerte für die berücksichtigten Schutzgüter festsetzen kann, ist in diesem Bereich der Mindestabstände zur Vorsorge fraglich inwieweit ein solcher Abstand städtebaulich begründbar ist, zumal ein Plan erst dann als fehlerhaft gelten kann, wenn ein Abstandswert auch unter Berücksichtigung des vom Gesetzgeber zugebilligten Gestaltungsspielraumes nicht mehr begründbar ist.[645] Pauschalen Abständen ohne konkreten Bezug zum Plangebiet[646] ist daher mit einem gewissen Misstrauen zu begegnen, zumal diese mit einem übertriebenem Vorsorgecharakter auch einen prohibitiven Charakter aufweisen können, der eher darauf ausgerichtet ist, aus dem Städtebaurecht fremden Erwägungen eine Windenergienutzung möglichst fern zu halten. Dies wird sich jeweils nur im Einzelfall am jeweiligen Tabu-Flächen-Konzept und den jeweiligen Abstandsregelungen feststellen lassen.

Mit der Trennung von windhöffigen Gebieten von ungeeigneten Gebieten kommt der Windpotentialanalyse vor allem im Hinterland eine zentrale Bedeutung für die Zusammenstellung des Abwägungsmaterials und damit letztlich auch der Abwägungsentscheidung zu.[647] In der folgenden Restriktionsanalyse müssen notwendige Schutzabstände, insbesondere zu im Zusammenhang bebauten Ortsteilen, aber auch Flugplätzen u. ä. berücksichtigt werden. Im Übrigen können die Vorbelastung von Freiräumen durch infrastrukturelle oder gewerblich-industrielle Eingriffe, die besondere Eignung von weniger strukturierten Landschaftsteilen, die Entwicklungspotentiale von Siedlungsgebieten, Waldbereiche, Biotopstrukturen, markante landschaftsprägende Strukturen berücksichtigt werden.[648] Weiterhin werden Belange des Fremdenverkehrs, Rohstoffvorkommen und militärische Einrich-

---

[643] OVG Bautzen, ZNER 2003, 66, 68; OVG Lüneburg, ZUR 2005, 156, 160.

[644] Maslaton, Die Rechtsprechung des OVG Bautzen zur Regionalplanung in Sachsen, LKV 2006, 55, 59.

[645] BVerwG, BVerwGE 117, 287 ff./BauR 2003, 828, 835.

[646] So sind nach Auffassung des OVG Bautzen, ZNER 2003, 66 68, topographische Besonderheiten nicht zu berücksichtigen, andererseits wurde ein Ausschlußgebiet „Sichtexponierter Elbtalbereich" als zu generell befunden.

[647] VGH Mannheim, ZUR 2007, 92, 94.

[648] OVG Lüneburg, ZUR 2005, 156, 158 in Bezug auf Landschaftsbild und Avifauna; Holz, Bauplanungsrechtliche Privilegiertheit raumbedeutsamer Windkraftanlagen, NWVBl 1998, 81, 86.

tungen genannt.[649] Das OVG Bautzen hat die Berücksichtigung von regional bedeutsamen Bereichen des Denkmalschutzes als Ausschlusskriterium anerkannt, da nach § 2 Abs. 2 Nr. 13 ROG die Erhaltung der gewachsenen Kulturlandschaften mit ihren Kultur- und Naturdenkmälern als Abwägungsgrundsatz bei der Regionalplanung zu berücksichtigen ist.[650] Hinsichtlich des Umfangs einer denkmalschutzbezogenen Tabu-Fläche muss darauf geachtet werden, dass die Fläche nicht zu weit gezogen wird und sich durch die geschilderten denkmalgeschützten Belange rechtfertigen lässt.[651] Wichtig sind hierbei auch die Erschließungssituation und die Nähe zu Stromeinspeisungspunkten, um zusätzlichen Leitungsbau zu minimieren oder ganz zu vermeiden.[652] Für die Festlegung der genauen Abstände im Rahmen der Restriktionsanalyse geben die Windenergieerlasse der Bundesländer Mindestabstände vor.[653] Kein entscheidendes Kriterium bei der Auswahl der Vorranggebiete dürfen die Wünsche der betroffenen Gemeinden, insbesondere deren „Einverständnis" sein.[654] Die übergeordnete Sicht der planenden Region muss für die Ausweisung von Vorrang- und Vorbehaltsgebieten entscheidend sein und nicht die Partikularinteressen der einzelnen Gemeinden.

Es ergeben sich regionale Unterschiede. Während in den Küstenländern das gesamte Land als Starkwindgebiet einzustufen ist und sich die planerischen Überlegungen im Wesentlichen aus der Abwägung der energiepolitischen Zielgröße mit entgegenstehenden öffentlichen Belangen, insbesondere den naturräumlichen Gegebenheiten ergeben, steht in den Binnenländern zunächst die Ermittlung der ausreichend windhöffigen Gebiete im Vordergrund um in einem zweiten Schritt für jedes dieser Gebiete die einer Windnutzung entgegenstehenden Belange aufzubereiten.[655]

Insoweit besteht ein weites planerisches Ermessen, welches durch die kommunale Bauleitplanung als abwägungsrelevantes Material mit beeinflusst wird. Dabei sind kommunale Belange trotz des Gegenstromprinzips des § 1 Abs. 3 ROG nicht von Amts wegen zu erforschen, sondern nur sol-

---

[649] Mayer-Metzner, Die regionalplanerische Steuerung der Errichtung von Windenergieanlagen, BayVBl 2005, 129, 132.
[650] Maslaton, Die Rechtsprechung des OVG Bautzen zur Regionalplanung in Sachsen, LKV 2006, 55, 59.
[651] Maslaton, Die Rechtsprechung des OVG Bautzen zur Regionalplanung in Sachsen, LKV 2006, 55, 59.
[652] Runkel, Steuerung von Vorhaben der Windenergienutzung, DVBl 1997, 275, 276.
[653] Z.B.: Grundsätze für Planung und Genehmigung von Windkraftanlagen, WKA-Erl. NRW 21.10.5005.
[654] OVG Weimar, NuR 2009, 510 ff.
[655] Runkel, Steuerung von Vorhaben der Windenergienutzung, DVBl 1997, 275, 276.

che zu berücksichtigen, welche die Gemeinden diese nach ordnungsgemäßer Beteiligung während der Aufstellung des Regionalen Raumordnungsplanes gegenüber dem Träger der Regionalplanung geltend gemacht haben und diesem dadurch bekannt sein müssen.[656] Wenn die Aufstellung, Änderung oder Ergänzung eines Flächennutzungsplanes mit der Genehmigung die aufsichtsbehördliche Billigung erfahren hat, dann kann der Träger der Regionalplanung kein davon abweichendes Ziel der Raumordnung festlegen.[657] Folglich können die Träger der Flächennutzungsplanung im Gebiet eines Regionalverbandes der Regionalplanung rechtspolitisch zuvorkommen und sie damit entscheidend prägen. In welchem Ausmaß dies geschieht lässt sich nur mit Blick auf den jeweiligen Regionalverband beantworten.

Zur Berücksichtigung der kommunalen Planung kommt die Berücksichtigung von Naturschutzgebieten, insbesondere Vogelschutz- und FFH-Gebieten, sowie des Artenschutzrechts hinzu, da nicht selten schon auf der Ebene der Raumordnung erkennbar ist, dass bestimmte Nutzungen an bestimmten Standorten im Konflikt mit naturschutzrechtlich geschützten Gebieten, Lebensräumen oder Arten führen werden. Dem ist über eine Berücksichtigung der Natura 2000-RL mit Verträglichkeitsprüfung nach Art. 6 Abs. 3 FFH-RL und ggf. Abweichungsentscheidung nach Art. 6 Abs. 4 FFH-RL Rechnung zu tragen.[658] Der Vorwurf solche Gebiete in Raumordnungsplänen zu Ausschlussgebieten zu machen,[659] ist nur zum Teil berechtigt und geht am Charakter des europäischen Gebietsschutzes ebenso vorbei, wie an den realen Umweltauswirkungen von WEA. Hier kommt es auf die jeweiligen Schutzgebiete bzw. die Schutzziele derselben und damit die dort vorkommenden Arten an, so dass die Eignung des Gebiets im Einzelfall geprüft werden muss. Auch ist das besondere Artenschutzrecht des BNatSchG bzw. der Richtlinien angesichts der teilweise mangelhaften Richtlinienumsetzung vom Plangeber sorgfältig zu prüfen.[660] So kann es z.B. geboten sein, im Rahmen einer Teilfortschreibung eines Regionalplanes bereits ausgewiesene Vorrang- und Vorbehaltsgebiete aus Gründen des Fledermausschutzes zu verändern oder zu reduzieren.[661] Über den Umfang der Einbeziehung von Waldfläche lässt sich ebenfalls streiten. Hier werden im Einzelfall Naturschutz, Erholungsfunktion und Interesse am Ausbau erneuer-

---

[656] OVG Greifswald, BauR 2001, 1379.
[657] Stich, Bauplanungs- und umweltrechtliche Probleme der Errichtung und des Betriebs von Windkraftanlagen sowie der Aufstellung von Bebauungsplänen für Windfarmen, GewArch 2003, 8, 13.
[658] Zur Ermittlungstiefe Lieber, Habitatschutz in der Raumordnung, NuR 2008, 597 ff.
[659] Scheer, Neue Energie für ein Atomfreies Hessen, Berlin 2006, S. 25.
[660] Köck/Bovet, Windenergieanlagen und Freiraumschutz, NuR 2008, 529, 533.
[661] OVG Bautzen, BauR 2008, 479.

barer Energien abzuwägen sein. Angesichts der grundsätzlich höheren Artenvielfalt in Wäldern überzeugt ein Ausschluss von Waldgebieten als Tabufläche, ein Abstand von mehreren hundert Metern zu diesen, pauschal mit dem Brandschutz begründet, und damit eine Gleichbehandlung jedes Waldgebietes mit einem Vogelschutzgebiet erscheint jedoch diskussionswürdig.[662] Mit dem ökologischen Wert des Waldes hat eine solche Abstandsregelung nichts zu tun. Selbst wenn eine Anlage durch Blitzeinschlag Feuer fangen sollte, so betrifft dies regelmäßig die schwere Gondel und führt zu herabfallenden Teilen im unmittelbaren Umfeld des Mastes. Dass Wälder 500 Meter entfernt liegen müssen um einem Funkenflug zu entgehen, erscheint übertrieben. Derartige Vorgaben der Windenergieerlasse führen zu einer unnötigen Einschränkung der Ausbaumöglichkeiten der Windenergie und untergraben die nationalen Klimaschutzziele.

Sofern der Abstand zum Wald sich aus Fledermausvorkommen ergeben oder daraus, dass der Waldrand als Leitlinie für den örtlichen Fledermauszug einzustufen ist, muss hingegen aus Gründen des Artenschutzes ein Abstand von z.B. 200 m als Puffer eingehalten werden.[663] Dabei kommt es freilich auf die jeweilige lokale Fledermauspopulation im Einzelfall an. Vor Einschränkung einer Planung muss hier allerdings die Anlagenabschaltung an bestimmten Tages- oder Jahreszeiten als milderes Mittel ernsthaft erwogen werden.

Im Hinblick auf den Flächenverbrauch als Eingriff in Natur und Landschaft ist darauf hinzuweisen, dass die Bodenversiegelung durch WEA mit einem Anteil von 0.03–0,06 % an der versiegelten Fläche in Deutschland nur eine untergeordnete Rolle spielt.[664]

Teilweise werden in Raumordnungsplänen gleichartige Windenergieanlagen oder gar Anlagen desselben Herstellers verlangt. Von der Rechtsprechung sind derartige Festsetzungen bereits gebilligt worden.[665] Solche Festsetzungen finden ihre Begründung im Landschaftsschutz. Das Landschaftsbild soll davor bewahrt werden, dass verschiedene Windenergieanlagentypen verschiedener Höhe ein Bild der Unübersichtlichkeit und „Verspargelung" abgeben. Es mag einen ästhetischen Unterschied darstellen, ob die WEA auf einer Gittermastkonstruktion oder einem geschlossenen Turm beruhen. Insoweit sind derartige Festsetzungen begründbar und erscheinen unproblematisch. Hinsichtlich einer gleichartigen Anlagenhöhe nimmt eine derartige Festsetzung jegliches Repoweringpotential. Eine Rechtmäßigkeit

---

[662] Grundsätze für Planung und Genehmigung von Windkraftanlagen, WKA-Erl. NRW 21.10.5005, Nr. 8.1.4 gibt Abstände von 500 Metern zu Wald vor.
[663] OVG Bautzen, BauR 2008, 479, 481.
[664] Köck/Bovet, Windenergieanlagen und Freiraumschutz, NuR 2008, 529.
[665] OVG Lüneburg, ZUR 2005, 156, 159.

hängt davon ab, inwieweit sich der Träger der Regionalplanung mit dem Repoweringpotential auseinandergesetzt hat.

Fragwürdiger erscheinen herstellerbezogene Festsetzungen, welche bei ähnlichen Fabrikaten im Grunde die Genehmigungsfähigkeit einer Anlage vom Logo auf der Gondel abhängig machen. Zwar sind Planungsträger befugt bei der Zusammenstellung des Abwägungsmaterials zur Erleichterung Typisierungen und Unterstellungen vorzunehmen, dies darf jedoch nicht soweit gehen, dass die Schlüssigkeit des Plankonzepts verloren geht.[666] Eine Typisierung dahingehend, dass einzelne Fabrikate bevorzugt werden bzw. eine Unterstellung, dass nur diese im Landschaftsbild verträglich seien, kann nicht überzeugen. Der Schutz einzelner Hersteller vor Wettbewerbern ist nicht Aufgabe des Planungsrechts. Derartige Festsetzungen sind genauso, wie auch Beschränkungen auf Flächen landeseigener Immobiliengesellschaften oder Fabrikate einheimischer Hersteller,[667] abzulehnen.

Die Durchsetzung der Positivfestlegungen wird regelmäßig durch die Abwägung der relevanten öffentlichen Belange sichergestellt. Ein einmal abgewogener Belang ist endgültig abgewogen und kann nicht mehr von der Gemeinde im Rahmen der Bauleitplanung modifiziert werden. Das gilt nicht nur für die Fläche, sondern auch für Belange wie Eingriffe in Natur und Landschaft oder Landschaftsbildanalyse.[668]

Hinsichtlich der ausgewiesenen Flächen stellt sich die Frage, wann das Kriterium des „substanziell Raum Verschaffens" erfüllt ist und wann im Gegenzug eine Verhinderungsplanung vorliegt. Wo die Grenze zur unzulässigen Negativplanung verläuft, lässt sich nicht abstrakt bestimmen und muss anhand der tatsächlichen Verhältnisse im jeweiligen Planungsraum entschieden werden.[669] Ein sehr weitgehender Ausschluss von WEA ist jedoch nur zulässig, wenn die übrigen windhöffigen Gebiete als Vorranggebiete ausgewiesen werden.[670] Ein Regionalplan, der Vorrangstandorte ausweist, deren Fläche nur ein Promille der Fläche des Plangebiets ausmachen, muss noch nicht die Grenze zur Negativplanung überschreiten.[671] Wenn an den dann festgelegten Vorrangstandorten, aufgrund der Eigentumsverhältnisse

---

[666] Gretschel, Entwicklung der Rechtsprechung im Windenergierecht, Berlin 2006, S. 60 f.

[667] v. Nicolai, Konsequenzen aus den neuen Urteilen des Bundesverwaltungsgerichts zur raumordnerischen Steuerung von Windenergieanlagen, ZUR 2004 74, 75 f.

[668] v. Nicolai, Konsequenzen aus den neuen Urteilen des Bundesverwaltungsgerichts zur raumordnerischen Steuerung von Windenergieanlagen, ZUR 2004 74, 76.

[669] VGH Mannheim, NuR 2006, 374.

[670] VGH Kassel, (08.12.03) BauR 2004, 879.

[671] VGH Mannheim, NuR 2006, 371.

vor Ort die Errichtung von Windenergieanlagen möglicherweise nicht zu verwirklichen ist, kann dies dem Planungsträger nicht zur Last gelegt werden, denn er braucht bei seiner Planungsentscheidung diese einzelnen Eigentumsverhältnisse nicht weiter zu berücksichtigen.[672] Die Grenze zur Verhinderungsplanung an die rechtliche Nutzbarkeit der ausgewiesenen Gebiete zu knüpfen ist auch insoweit problematisch, wie bei vermeintlich nicht nutzbaren Gebieten wie Naturschutzgebieten durch die Erteilung von Befreiungen doch eine Nutzbarkeit bestehen kann.[673]

Die Rechtsprechung zur Rechtswidrigkeit der Verhinderungsplanung erscheint nur vermeintlich klar. Die konkrete Grenze zwischen zulässiger Planung und unzulässiger Verhinderungsplanung ist schwer fassbar. Die Konsequenz ist nicht unproblematisch. Inzwischen sind Raumordnungspläne, die eher dem weitestgehenden Ausschluss einer Windenergienutzung dienen, keine Seltenheit mehr. Der Regionalplan für Nordhessen macht z.B. 99,84% von ganz Nordhessen zum Ausschlussgebiet.[674] Solche Einschränkungen werden über große Abstandsvorgaben zu WEA erreicht, die z.B. mit 1000 m über den von der TA Lärm vorgegebenen Abstand wesentlich hinausgehen. Die Intention des Bundesgesetzgebers, der Steuerung der Anlagenerrichtung,[675] hat sich damit an vielen Stellen zu einer Strangulierung der Anlagenerrichtung durch die Träger der Regionalplanung entwickelt. Fraglich ist, inwieweit die Wahl zwischen Steuerung und Strangulierung für den Träger der Regionalplanung eine politische Frage ist oder bereits als juristisch vorstrukturiert gelten kann.

Im Ergebnis verbleibt bei der entscheidenden Frage, wann Festsetzungen die Grenze zur Verhinderungsplanung überschreiten trotz der zahlreichen Kriterien nach Windpotential- und Restriktionsanalyse schon wegen der naturgemäß verschiedenen Topographie eine Einzelfallentscheidung. Aufgrund des den Planungsträgern zustehenden erheblichen Beurteilungs- und Gestaltungsspielraumes ergibt sich ein relativ großer und nur schwer kontrollierbarer Handlungsspielraum für die Aufnahme von Planungen, mit denen in Wahrheit die Verhinderung der Ansiedlung von Windenergieanlagen bezweckt wird.[676]

---

[672] VGH Mannheim, NuR 2006, 376.
[673] Klinski/Buchholz/Schulte/Windguard/BioConsult SH, Umweltstrategie Windenergienutzung, S. 26.
[674] Vgl. Scheer, Neue Energie für ein Atomfreies Hessen, Berlin 2006, S. 8.
[675] Beschlussempfehlung des Ausschusses für Raumordnung, Bauwesen und Städtebau mit Bericht der Abgeordneten Peter Götz und Walter Schöler, BT-Drs. 13/4978; Krautzberger, Neuregelung der baurechtlichen Zulässigkeit von Windenergieanlagen zum 1.1.1997, NVwZ 1996, 847.
[676] Klinski/Buchholz/Schulte/Windguard/BioConsult SH, Umweltstrategie Windenergienutzung, S. 25.

Es sei nach den Fragen der regionalplanerischen Vorarbeit hier noch für die Aufstellung von Regionalplänen auf die Erforderlichkeit einer Öffentlichkeitsbeteiligung gem. § 7 Abs. 6 ROG a.F./§ 10 Abs. 1 ROG n.F. hingewiesen. Dies schließt die Gelegenheit zur Stellungnahme zu Entwurf, Begründung und Umweltbericht ein. Ob sich dies zu Gunsten oder zu Lasten der Windenergienutzung auswirkt hängt am jeweiligen Plangebiet und der jeweiligen Öffentlichkeit.

dd) Repowering in der Regionalplanung

Das Repoweringpotential in Deutschland kann als relativ hoch gelten, da es zahlreiche Anlagen aus der Zeit Anfang der neunziger Jahre gibt. Allein in Sachsen, wo im Gegensatz zu den nordwestdeutschen Bundesländern vor der Wende keine Windenergieanlagen errichtet wurden, werden 22,62 % der Anlagen als repoweringfähig bezeichnet.[677] Das Konfliktpotential ist dementsprechend hoch und bedarf der raumplanerischen Steuerung.

Trägt der Planungsträger der Kraft des Faktischen dadurch Rechnung, dass er bereits errichtete Anlagen in sein Konzentrationszonenkonzept mit einbezieht, so ist es ihm unbenommen, sich bei der Gebietsabgrenzung am vorhandenen Bestand auszurichten und das Repoweringpotential auf diesen Bereich zu beschränken, sofern er der Windenergienutzung damit substanziellen Raum verschafft.[678] Eine Verpflichtung, mit der Planung Möglichkeiten für ein späteres Repowering offen zu halten, besteht nicht.[679] Die Möglichkeit eines Repowering zählt aber zum abwägungsrelevanten Material, so dass der in erster Linie private Belang des Interesses an einem Repowering ebenso zu berücksichtigen ist, wie die Tatsache, dass auf einen übergreifenden Bestandsschutz im Rahmen des Repowering nicht abgestellt werden kann und außerhalb von festgesetzten Zielen der Raumordnung Anlagen in der Regel unzulässig sind.[680]

Das Repoweringpotential wird bereits durch die zurzeit bestehenden Abstände zu Wohngebieten deutlich eingeschränkt. Während die Altanlagen die Abstandsregelungen noch wahren, ist dies bei den wesentlich höheren Repowering-Anlagen zumeist nicht möglich.[681] In der Folge reduziert sich die

---

[677] Maslaton, Repowering von Windenergieanlagen außerhalb des Planumgriffs der Regionalplanung, LKV 2007, 259.
[678] BVerwG, NVwZ 2005, 581.
[679] BVerwG, NVwZ 2005, 581.
[680] Maslaton, Die Rechtsprechung des OVG Bautzen zur Regionalplanung in Sachsen, LKV 2006, 55, 59.
[681] Weinhold, Rezepte für Repowering, NE 06/2007, 28; Wustlich, Das Recht der Windenergie im Wandel, ZUR 2007, 16, 20.

Zahl der in einer Konzentrationszone möglichen Anlagen bei einem Repowering deutlich. In der Regel wird der Verlust in der Anlagenzahl aber durch die größere Ertragsstärke der Repowering-Anlagen mehr als aufgefangen.

Entscheidet sich der Träger der Regionalplanung dafür, vorhandene Anlagen nicht mit einzubeziehen, was in der Regel die Mehrzahl oder zumindest einen wesentlichen Teil der Anlagen betrifft,[682] ist dies aufgrund des Bestandsschutzes scheinbar unerheblich, verhindert aber ein späteres Repowering und führt damit mittel- bis langfristig zu einem Rückbau der WEA und damit einer Abnahme der Windenergienutzung. Einerseits entspricht dies gerade der Zielsetzung des Darstellungsprivileges, eine Steuerung und Konzentration der Windenergienutzung an bestimmten Standorten zu erreichen. Andererseits eröffnet dies auch die Möglichkeit, die nationalen Ausbauziele regional zu untergraben. Das Repowering bietet die Möglichkeit, die insbesondere in den 1990er Jahren wildwuchsartig errichteten Einzelanlagen mit der Folge der sog. Verspargelung der Landschaft einer planerischen Steuerung zuzuführen. Es besteht mittlerweile ein Markt für Altanlagen, die weiterveräußert werden können und vor Ort durch neue, moderne Anlagen innerhalb der Konzentrationszonen ersetzt werden können. Durch eine derartige Entfernung der Streuanlagen wird das Landschaftsbild insgesamt entlastet, ohne das es zu einer Abnahme der Windenergienutzung kommt. Die Rechtsprechung hat diese positive Wirkung des Repowering für das Landschaftsbild bislang, entgegen entsprechender Forderungen aus der Literatur, nicht berücksichtigt, da nicht pauschal unterstellt werden könne, dass die vorhandenen Anlagen durch eine geringere Anlagenzahl ersetzt werden und dass moderne Anlagen das Landschaftsbild weniger beeinträchtigen würden.[683] Diese Rechtsprechung wird der Bedeutung des Repowering als Zukunftsfeld der Windenergienutzung onshore nicht hinreichend gerecht.

Interessant ist auch die Möglichkeit, Erkenntnisse hinsichtlich des Artenschutzes hier in die Regionalplanung einfließen zu lassen. Der Artenschutz kann so auch unabhängig vom Gebietsschutz hier eine wesentliche Rolle spielen. So können Totfunde von Fledermäusen rechtfertigen, aus Gründen der Vorsorge auch bei noch bestehendem Aufklärungsbedarf bis auf Weiteres die Standorte bei der Ausweisung als Vorrang- und Eignungsgebiete zur Windenergienutzung nicht zu berücksichtigen.[684] Gleiches muss für seltene und besonders geschützte Vogelarten gelten.

---

[682] Maslaton, Die Rechtsprechung des OVG Bautzen zur Regionalplanung in Sachsen, LKV 2006, 55, 59; Maslaton, Repowering von Windenergieanlagen außerhalb des Planumgriffs der Regionalplanung, LKV 2007, 259.

[683] Maslaton, Die Rechtsprechung des OVG Bautzen zur Regionalplanung in Sachsen, LKV 2006, 55, 59.

[684] OVG Bautzen, UPR 2007, 279.

Leider bietet die Steuerungsmöglichkeit der Regionalplanung auch die Möglichkeit nicht nur Streuanlagen, sondern auch für ein Repowering grundsätzlich geeignete Standorte außen vor zu lassen. In welchem Maße das Repowering als Chance begriffen und genutzt wird, hängt also vom jeweiligen Planungsträger ab. Wesentlich ist dabei vor allem, dass sich Pläne mit dem Aspekt des Repowering auseinandersetzen, da sie andernfalls Gefahr laufen, als nichtig kassiert zu werden.[685]

Eine gute, bislang leider wenig genutzte Möglichkeit einen Anreiz für ein Repowering zu schaffen und dabei das ökologische Ziel der Entfernung von alten Streuanlagen aus der Landschaft zu erreichen, stellt die Ausweisung von Konzentrationszonen speziell für Repowering-Anlagen in der Regionalplanung dar. Diese inhaltliche Beschränkung der Konzentrationszonen steht nicht im Widerspruch zu § 35 Abs. 3 S. 3 BauGB. Sie erfüllt ja gerade das Ziel der Steuerung der Anlagenerrichtung durch den Planungsträger.

Trotz dieser Vorteile auch im Sinne der Planungsträger hat das Repowering noch keine große Dynamik entfaltet, was vorrangig am Fehlen entsprechender Flächen liegt.[686] Wesentliches Hindernis für die Entfaltung des Repoweringpotentials sind dabei Darstellungen und Festsetzungen der Bauleitplanung.

ee) Abwägungsentscheidung und Wirksamkeit derselben

Die Verbindlichkeit legitimierende Grundlage der raumplanerischen Festlegung ist die zugrunde liegende Abwägung, deren wesentlichen Bestandteile in der Planbegründung wiederzugeben sind. Bei der Aufstellung der Pläne sind die obigen öffentlichen Belange in der Abwägungsentscheidung einzustellen. Dies trifft u.a. sämtliche möglichen schädlichen Umwelteinwirkungen, die über die Berücksichtigung der allgemeinen Anforderungen an gesunde Wohn- und Arbeitsverhältnisse nach § 1 Abs. 6 Nr. 1 BauGB und nach § 50 BImSchG in der Planung zu berücksichtigen sind. Gleiches gilt für die Belange des Naturschutzes nach § 35 BNatSchG/§ 36 BNatSchG n.F. Der Träger der Regionalplanung muss das in § 1 Abs. 2 EEG formulierte Ziel, den Anteil der erneuerbaren Energien an der Stromversorgung bis zum Jahr 2020 auf mindestens 30% zu erhöhen bei der Aufstellung eines Regionalplans nicht in die Abwägung einbeziehen, da es nur erforderlich sei, dass im Plangebiet der Windenergienutzung substanziell Raum verschafft wird.[687]

---

[685] Weinhold, Rezepte für Repowering, NE 06/2007, 28; Wustlich, Das Recht der Windenergie im Wandel, ZUR 2007, 16, 21.
[686] Wustlich, Das Recht der Windenergie im Wandel, ZUR 2007, 16, 20.
[687] OVG Magdeburg, EurUP 2006, 265 noch zu § 1 Abs. 2 EEG a.F.

Es stellt sich die Frage, ob neben den öffentlichen Belangen auch private Belange in der Abwägung bei Planaufstellung zu berücksichtigen sind. Ursprünglich wurde die Raumordnungsplanung als Planung der Planung betrachtet, die sich im Unterschied zur Bauleitplanung, welche nach § 1 Abs. 7 BauGB private Belange ausdrücklich einbezieht, nur auf die öffentlichen Belange beschränkt.[688] Mittlerweile hat sich hier ein Wandel der Wertung ergeben. In § 7 Abs. 7 S. 3 ROG a.F./§ 7 Abs. 2 ROG n.F. wird festgestellt, dass die privaten Belange ausdrücklich in der Abwägung zu berücksichtigen sind, soweit sie erkennbar und von Bedeutung sind. Private Belange müssen ohnehin auf einer Stufe der Planung abgewogen werden. Wenn die Raumordnungsplanung dies nicht täte, so müssten nachfolgende Planungen dies tun, was aber der Verbindlichkeit von Zielen der Raumordnung als abschließende Abwägungsentscheidung widerspräche. Daher sind im Rahmen der von der Raumordnungsplanung erstrebten Bindungswirkung gegenüber Privaten auch deren Belange, soweit sie erkennbar und von Bedeutung sind, mit in die Abwägungsentscheidung einzustellen. Das Bundesverwaltungsgericht lässt hier eine Einstellung in die Abwägung in verallgemeinerter und typisierter Form genügen.[689]

Was die Wirkung der Abwägungsentscheidung betrifft, so gelten im Vergleich zur Bauleitplanung auch über den Bezug zum regionalen Planungsraum hinaus einige Besonderheiten. Ein Widerspruch eines Vorhabens zu Zielen der Raumordnung bewirkt nicht nur die Beeinträchtigung öffentlicher Belange, sondern führt zur Unzulässigkeit des Vorhabens, so dass Zielen der Raumordnung eine stärkere Wirkung gegenüber Außenbereichsvorhaben zukommt als Darstellungen von Flächennutzungsplänen.[690]

Mit der Formulierung „in der Regel" statuiert § 35 Abs. 3 BauGB eine gesetzliche Vermutung, die im Einzelfall widerlegbar ist. Damit besteht keine ausnahmslose Ausschlusswirkung, so dass in der Folge eine Öffentlichkeitsbeteiligung nicht erforderlich ist.[691] Für das Vorliegen einer Atypik wurden vom Bundesverwaltungsgericht bereits Anlagengröße, der Funktion als Nebenanlage, Bestandsschutzgesichtspunkten, eine Vorbelastung des Landschaftsbildes, kleinräumliche Verhältnisse und eine fehlende Landschaftsraumwirkung genannt.[692] Diese Überlegungen überzeugen nur zum Teil. Eine Abweichung, ist überzeugend dann denkbar, wenn die geplante WEA nicht den Anlagen entspricht, die der Planungsträger räumlich

---

[688] Halama, in: FS Schlichter, 201, 221 f.
[689] BVerwG, BVerwGE 118, 33 ff./NVwZ 2003, 738 ff.
[690] Stüer/Stüer, Planerische Steuerung von privilegierten Vorhaben im Außenbereich, NuR 2004, 341, 343.
[691] Stüer/Stüer, Planerische Steuerung von privilegierten Vorhaben im Außenbereich, NuR 2004, 341, 343.
[692] BVerwGE 117, 287, 302/BauR 2003, 828, 836.

steuern wollte, wie nicht zur Einspeisung ins öffentliche Netz, sondern zur Stromversorgung von landwirtschaftlichen Betrieben geplante Nebenanlagen.[693] Auch wenn die technische Konstruktion dafür spricht, muss dies nicht zwangsläufig deckungsgleich sein mit der Fallgruppe der Anlagen atypischer Größe, die allerdings als Kleinstanlagen ohnehin nicht als raumbedeutsam gelten können und damit nicht von der Raumordnungsklausel erfasst sind.[694] Der Hinweis auf Bestandsschutzgesichtspunkte verwirrt vor dem Hintergrund der klar ablehnenden Rechtsprechung des Gerichts zum übergreifenden Bestandsschutz.[695] In der Folge können Grundsätze des Bestandsschutzes nicht greifen.[696] Auch die übrigen Fragen des Landschaftsraumes erscheinen vor dem Hintergrund der technischen Entwicklung und der damit verbundenen Anlagendimension zweifelhaft.[697] Neben der Fallgruppenbildung des Bundesverwaltungsgerichtes ist der Versuch hervorzuheben das Repowering unter die Atypik fallen zu lassen.[698] Als Fallgruppe wurde dies nicht vom Bundesverwaltungsgericht genannt, so dass es fraglich erscheint, ob sich dies unter eine der genannten Fallgruppen subsumieren lässt. Dabei kommt alleinig die Fallgruppe der Anlagengröße in Betracht. Grundsätzlich möchte man meinen, dass es nicht nur atypisch kleine, sondern auch atypisch große Anlagen gibt. Eine solche Betrachtung führt aber zu einem statischen Bild der Windenergienutzung, welches an der dynamischen technischen Entwicklung vorbei geht. Während die Verwendung alter Anlagentypen atypisch sein kann, würde die Ausdehnung dieser Fallgruppe auf besonders große Anlagen jeden neu entwickelten Typ einer WEA gleich zu einem atypischen Fall machen, nur weil die Produktion gerade erst angelaufen ist. Ein solcher Ansatz kann nicht überzeugen, so dass dieser Ansatz an der Fallgruppenbildung des Bundesverwaltungsgerichtes vorbei geht. Ohne Bezug zu diesen Fallgruppen wird eine Atypik befürwortet, soweit der Planungsträger sich im Planungsprozess nicht mit der Möglichkeit eines Repowerings auseinandergesetzt hat.[699] Grundsätzlich gilt, dass die Bindungskraft der Regelvermutung

---

[693] Runkel, Steuerung von Vorhaben der Windenergienutzung, DVBl 1997, 275, 280.

[694] Mayer-Metzner, Die regionalplanerische Steuerung der Errichtung von Windenergieanlagen, BayVBl 2005, 129, 134.

[695] s. o. unter C. II. 6. Genehmigungsverfahren bei einem Repowering.

[696] Vgl. Mayer-Metzner, Die regionalplanerische Steuerung der Errichtung von Windenergieanlagen, BayVBl 2005, 129, 134.

[697] Mayer-Metzner, Die regionalplanerische Steuerung der Errichtung von Windenergieanlagen, BayVBl 2005, 129, 134.

[698] Klinski/Buchholz/Schulte/Windguard/BioConsult SH, Umweltstrategie Windenergienutzung, S. 30 f.; Maslaton/Kupke, Rechtliche Rahmenbedingungen des Repowerings von Windenergieanlagen, S. 63; Maslaton, Repowering von Windenergieanlagen außerhalb des Planumgriffs der Regionalplanung, LKV 2007, 259 ff.

II. Das einschlägige Genehmigungsverfahren

letztendlich davon abhängt, wie umfassend sich der Planungsträger mit den Funktionen der Eignungsgebiete und möglichen Windenergienutzungen auch außerhalb von Eignungsgebieten auseinandergesetzt hat und dies im Erläuterungsbericht zum Plan deutlich macht.[700] Dies führt jedoch nicht zu einer derart weiten Fassung der Atypik zugunsten des Repowerings. Die meisten Planungsträger haben sich keine Gedanken über die Möglichkeit eines Repowerings gemacht, schon weil ein solches vor Einführung des § 10 Abs. 2 EEG a.F. nicht in Betracht gezogen wurde. Ungeachtet dessen hätte der Planungsträger die vorhandenen Altanlagenstandorte ohne weiteres als Vorrang- oder Eignungsgebiete festsetzen können, wenn er sie als städtebaulich tragfähig erachtet hätte.[701] Folglich sind die Zweifel[702] an diesem weiten Ansatz bei der Atypik berechtigt. Eine Atypik bei einem Repowering überzeugt nicht. Auch wenn bei der Frage nach einem atypischen Fall davon ausgegangen wird, dass ein solcher vorliegt, sobald sich entgegen der Annahme des Planungsträgers die städtebauliche Situation nicht oder nur unwesentlich ändert,[703] kann dies nicht überzeugen. Eine Verdoppelung oder Verdreifachung der Anlagenleistung ist nur durch eine signifikante Steigerung der Anlagengröße zu erreichen. Eine solche Steigerung wirkt sich in jedem Fall auf die städtebauliche Situation aus. Dieser Ansatz ist in der Folge abzulehnen. Wesentlich ist, dass der Gesetzgeber das Repowering mit § 10 Abs. 2 EEG a.F./§ 30 EEG n.F. gerade typisiert hat, was vor dem Hintergrund der Einheit der Rechtsordnung hier nicht einfach ignoriert werden kann. Des Weiteren steht die Befürwortung der grundsätzlichen Raumbedeutsamkeit moderner Anlagen[704] der Annahme einer Atypik entgegen. Sollte ein Repowering als atypischer Ausnahmefall durchgeführt werden, besteht die Gefahr, dass die Ausnahme die Regel konterkariert. Im Ergebnis verbleibt für eine Atypik grundsätzlich nur die Gruppe von Anlagen, welche die Schwelle zur Raumbedeutsamkeit überschritten hat, aber als Neben-

---

[699] Maslaton/Kupke, Rechtliche Rahmenbedingungen des Repowerings von Windenergieanlagen, S. 63.

[700] OVG Koblenz, ZNER 2003, 50, 51; OVG Lüneburg, ZfBR 2007, 689 ff.; OVG Lüneburg, ZfBR 2007, 693 ff.; Lüers, Windkraftanlagen im Außenbereich, ZfBR 1996, 297, 300.

[701] In dieser Hinsicht überzeugend: Klinski/Buchholz/Schulte/Windguard/BioConsult SH, Umweltstrategie Windenergienutzung, S. 30 f.

[702] Söfker, Zur bauplanungsrechtlichen Absicherung des Repowering von Windenergieanlagen, ZfBR 2008, 14, 15.

[703] Klinski/Buchholz/Schulte/Windguard/BioConsult SH, Umweltstrategie Windenergienutzung, S. 30.

[704] Klinski/Buchholz/Schulte/Windguard/BioConsult SH, Umweltstrategie Windenergienutzung, S. 19 stellen selber fest, dass sich moderne Anlagen nicht mehr verstecken lassen, was eine Raumbedeutsamkeit impliziert und im Widerspruch zu der vertretenen Atypik steht.

anlagen nicht vorrangig der öffentlichen Stromversorgung dienen sollen. Dies dürfte in der Praxis keine signifikante Fallgruppe bilden und daher praktisch kaum relevant sein.[705]

Für die Wirksamkeit der Planung ist die Wirksamkeit der Abwägungsentscheidung von zentraler Bedeutung.[706] Abwägungen bei der Erstellung von Raumordnungsplänen sind an ähnlichen Maßstäben zu messen, wie Abwägungen in der Bauleitplanung.[707] Das Abwägungsgebot nach § 1 Abs. 7 BauGB ist verletzt, wenn eine sachgerechte Abwägung überhaupt nicht stattfindet. Im Weiteren ist es verletzt, wenn in die Abwägung an den Belangen nicht eingestellt wird, was nach Lage der Dinge in sie eingestellt werden muss. Es ist ferner verletzt, wenn die Bedeutung der betroffenen privaten Belange verkannt oder wenn der Ausgleich zwischen den von der Planung berührten öffentlichen Belangen in einer Weise vorgenommen wird, der zur objektiven Gewichtigkeit einzelner Belange außer Verhältnis steht. Insofern ist, auf einer gerechten Abwägung entgegenstehende Abwägungsfehler – wie Abwägungsausfall, Abwägungsdefizit und Abwägungsfehleinschätzung – zu prüfen.[708] Erforderlich ist ein schlüssiges gesamträumliches Planungskonzept, welches dem Erläuterungsbericht zum Plan zu entnehmen sein muss.[709] Ein schlüssiges gesamträumliches Konzept kann auch in mehreren Teilfortschreibungen zu sehen sein, wobei die Ausschlusswirkung erst mit dem letzten Planungsschritt eintritt.[710] Mit der Größe des Plangebietes wachsen auch die Anforderungen an ein ausgewogenes planerisches Gesamtkonzept der Konzentrationsflächen mit Positiv- und Negativflächen. Teilfortschreibungen, die ein solches noch nicht erkennen lassen, können keine Ausschlusswirkung herbeiführen.[711] Mehrere Teilfortschreibungen eines Regionalplanes mit Vorranggebieten für Windenergieanlagen können die Ausschlusswirkung des § 35 Abs. 3 S. 3 BauGB erst

---

[705] Zutreffend: Maslaton, Repowering von Windenergieanlagen außerhalb des Planumgriffs der Regionalplanung, LKV 2007, 259, 260.

[706] Zu den anderen Fehlern, die der Wirksamkeit eines Regionalplanes entgegenstehen können, insbesondere den formellen Fehlern, z.B. bei der Bekanntmachung, OVG Koblenz, ZNER 2007, 425 ff.

[707] Vgl. BVerwG, NVwZ 2007,578 ff./UPR 2005, 267 ff.; VGH Mannheim, UPR 2006, 119 f.; VGH Mannheim, NuR 2006, 374.

[708] St. Rspr. vgl. BVerwG, BVerwGE 34, 301, 309; BVerwG, BVerwGE 90, 329, 331.

[709] So schon Stüer/Vildomec, Planungsrechtliche Zulässigkeit von Windenergieanlagen, BauR 1998, 427, 434; nunmehr BVerwG, BVerwGE 117, 287 ff./BauR 2003, 828 ff.

[710] Mayer-Metzner, Die regionalplanerische Steuerung der Errichtung von Windenergieanlagen, BayVBl 2005, 129, 133.

[711] Stüer/Stüer, Planerische Steuerung von privilegierten Vorhaben im Außenbereich, NuR 2004, 341, 344.

entfalten, wenn sie sich zu einer schlüssigen gesamträumlichen Plankonzeption zusammenfügen.[712]

Eine Mindestfläche für Windenergienutzung im Plan wird von der Rechsprechung nicht gefordert. Eine isolierte Betrachtung der Größenangaben kann keine missbilligenswerte Verhinderungstendenz begründen.[713] Angesichts der topographisch unterschiedlichen Gegebenheiten überzeugt die Ablehnung einer Mindestfläche, auch wenn teilweise ein Wettlauf einiger Planungsträger um die geringsten Umfang einer Konzentrationszone im Promillebereich stattzufinden scheint.[714] Insofern ist hier die Kritik am Missbrauch des Planvorbehaltes sowie der Verweis auf den Spielraum der Landespolitik in der Raumplanung berechtigt.[715]

Für die Wirksamkeit der Abwägungsentscheidung ist des Weiteren die rechtliche und faktische Nutzbarkeit des Gebietes entscheidend. Die rechtliche Nutzbarkeit einer Konzentrationszone ist nicht gegeben, wenn die Realisierung des Plans zwangsläufig an rechtlichen Hindernissen scheitern müsste.[716] Paradebeispiel für eine fehlende Genehmigungsfähigkeit ist die Ausweisung von Windenergiestandorten in Landschafts- oder Naturschutzgebieten, obwohl es in diesen Fällen auf die Möglichkeit einer Befreiung nach Schutzgebietsverordnung ankommt.[717] Diese Differenzierung geht allerdings an der Realität vorbei, da regelmäßig der Widerstand von Umwelt- und Naturschutzverbänden sowie örtlicher Bevölkerung die Erteilung einer Befreiung mit unverhältnismäßigem Aufwand verbindet.[718] Im Ergebnis ist hinsichtlich der Nutzbarkeit aus rechtlichen Gründen festzustellen, dass die Rechtsprechung keine klaren und für einen Anlagenplaner hinreichend berechenbaren Kriterien bereitstellt.[719] In der Folge verwenden Planungsträger nicht nur die Abstandsempfehlungen der Windenergieerlasse des jeweiligen Bundeslandes, sondern oft einen zusätzlichen Sicherheitszuschlag, der das einer Windenergienutzung zugängliche Gebiet weiter einschränkt.[720] Dies entspricht zwar zumeist dem Planungsspielraum des Planungsträgers, geht aber am Sinn des Darstellungsprivilegs vorbei. Die faktische Nutzbarkeit einer Konzentrationszone ist nicht gegeben, wenn es an der objektiven Eig-

---

[712] Stüer/Stüer, Planerische Steuerung von privilegierten Vorhaben im Außenbereich, NuR 2004, 341, 345.
[713] BVerwG, BauR 2003, 828, 832; Wustlich, Das Recht der Windenergie im Wandel, ZUR 2007, 16, 18.
[714] Wustlich, Das Recht der Windenergie im Wandel, ZUR 2007, 16, 19.
[715] Scheer, Neue Energie für ein Atomfreies Hessen, Berlin 2006, S. 8.
[716] VGH Mannheim, ZUR 2006, 264; VGH Mannheim ZUR 2007, 92, 93.
[717] BVerwG, BauR 2003, 828, 830.
[718] Wustlich, Das Recht der Windenergie im Wandel, ZUR 2007, 16, 18.
[719] Wustlich, Das Recht der Windenergie im Wandel, ZUR 2007, 16, 18.
[720] Wustlich, Das Recht der Windenergie im Wandel, ZUR 2007, 16, 18.

nung für eine Windenergienutzung fehlt, wofür es zahlreiche Gründe geben kann. Der wesentlichste Grund ist die Windhöffigkeit der Standorte, wobei das Fehlen der Windhöffigkeit schon durch die Windpotentialanalyse schnell auffällt. Folglich verlegen sich einige Planungsträger auf subtilere Festsetzungen, wie großzügigere Mindestabstände zwischen WEA, bestimmte Baugrenzen innerhalb der Konzentrationszone oder die Verwendung von Anlagen gleichen Typs. Derartig präzise Festsetzungen sind jedoch weniger Gegenstand der Regionalplanung, als vielmehr der Bauleitplanung. Auch eine konkrete Gestaltungsvorgabe in Form einer faktischen Bauhöhenbeschränkung von WEA innerhalb ausgewiesener Gebiete ist gerade nicht Aufgabe der Regionalplanung.[721]

Liegt ein Abwägungsfehler eines regionalen Raumordnungsplans für den Teilbereich Windenergie vor, der sich auf die Ausweisung oder Nichtausweisung eines konkreten Vorranggebietes oder seine Abgrenzung beschränkt, kann dies je nach Bedeutung des Fehlers für die Gesamtplanung, eine bloße Teilunwirksamkeit der Zielaussage nach sich ziehen.[722] Wenn die regionalplanerische Ausweisung unwirksam ist, greift erneut die „einfache" Privilegierung.[723]

d) Steuerung durch Bauleitplanung

Die Bauleitplanung gibt den Kommunen ein Steuerungsinstrument in die Hand, sofern nicht über die Regionalplanung das ganze Gemeindegebiet für Windenergienutzungen gesperrt ist. In einem solchen Falle kommt es auf das Vorliegen eines Flächennutzungsplanes nicht an. Auf das Vorliegen eines Bebauungsplanes kommt es in diesem Zusammenhang ohnehin nicht an, da im Gegensatz zu Flächennutzungsplänen Bebauungspläne nicht als öffentlicher Belang in § 35 Abs. 3 Satz 3 BauGB genannt werden. Ihnen kommt damit keine Ausschlusswirkung in diesem Sinne zu. Diese Differenzierung innerhalb der Bauleitplanung nimmt Bebauungsplänen jedoch nicht die wichtige Steuerungsfunktion für die Kommunen. Hier ist auf die Ausführungen hinsichtlich Windenergieanlagen im beplanten Innenbereich zu verweisen.

Fehlt es an einem Regionalplan in Bezug auf Windenergie oder ermöglicht die gebietsscharfe Regionalplanung eine Windenergienutzung im Gemeindegebiet durch Konzentrationszonen oder „Weiße Flächen", so besteht für die Gemeinde die Chance rechtzeitiger planerischer Gestaltung einer

---

[721] OVG Magdeburg, ZNER 2007, 505, 507.
[722] OVG Koblenz, NVwZ-RR 2006, 242.
[723] Mayer-Metzner, Die regionalplanerische Steuerung der Errichtung von Windenergieanlagen, BayVBl 2005, 129, 131.

Windenergienutzung. Die Gemeinde darf aber im Gewande der Bauleitplanung nicht eine Windenergiepolitik treiben, die den Wertungen des Baugesetzbuches zuwiderläuft und darauf abzielt, die Windenergienutzung aus anderweitigen Erwägungen zu reglementieren oder gar gänzlich zu unterbinden.[724] Auf die Wertung des EEG, die Ausbreitung erneuerbarer Energien zu fördern, kommt es jedoch auch nicht an, da das Erneuerbare-Energien-Gesetz die Abnahme und Vergütung von Strom, jedoch keine bauplanungsrechtlichen Fragen regelt.[725]

Ein Totalausschluss der Windenergienutzung ist auf dem Wege der Bauleitplanung grundsätzlich nicht möglich. Ein Totalausschluss für die Gemeinde kann grundsätzlich nur über die Regionalplanung erfolgen. Eine ähnliche Wirkung ist nur durch einen gemeinsamen Flächennutzungsplan nach § 204 BauGB zu erreichen.[726] Dann muss die Nachbargemeinde die Windenergienutzung im gemeinsamen Plangebiet ermöglichen. Dieser Fall eines Totalausschlusses über die gemeinsame Flächennutzungsplanung ist jedoch eher selten.

Bei der Verwendung des Steuerungsinstrumentes der Bauleitplanung steht der Gemeinde durch § 1 BauGB weitgehende planerische Gestaltungsfreiheit zu, die der Gesetzgeber dort an verschiedene Schranken gebunden hat. Der Gesetzgeber nennt zum einen in § 1 Abs. 3 BauGB das Gebot, die Planung an den Erfordernissen der städtebaulichen Entwicklung und Ordnung auszurichten. Andererseits normiert § 1 Abs. 4 BauGB die Pflicht, die Bauleitpläne an die Ziele der Raumordnung anzupassen. Schließlich enthält § 1 Abs. 7 BauGB das Gebot, die öffentlichen und privaten Belange gegeneinander und untereinander abzuwägen.

Liegen Ziele der Raumordnung vor, so besteht damit eine Anpassungspflicht an diese, welche bei einem eindeutigen Verstoß auch im Wege der Kommunalaufsicht durchgesetzt werden kann.[727] Die Anpassungspflicht bezieht sich auf den aufzustellenden Plan, seine Änderung, Ergänzung oder Aufhebung, so dass ein Bauleitplan auch an nachfolgende Ziele der Raumordnung anzupassen ist.[728] In diesem Rahmen können die Ziele der Raumordnung nach einhelliger Auffassung je nach ihrer Aussageschärfe konkretisiert, nicht jedoch überwunden werden, da sie bereits abschließend abgewogen wurden.[729] Der Umfang des Spielraums der Bauleitplanung richtet

---

[724] BVerwG, BVerwGE 117, 287 ff./BauR 2003, 828, 833.
[725] BVerwG, NuR 2006, 505.
[726] Runkel, Steuerung von Vorhaben der Windenergienutzung, DVBl 1997, 275, 276.
[727] Stüer/Stüer, Planerische Steuerung von privilegierten Vorhaben im Außenbereich, NuR 2004, 341, 342 m.W.N.
[728] Krautzberger, in: Battis/Krautzberger/Löhr, BauGB, § 1 Rn. 32 m.w.N.

sich somit nach der Gestaltung der Raumordnungsplanung. Gemeinden, die sich durch bestimmte Standortgegebenheiten von anderen abheben, haben Nutzungszuweisungen, die diesen Besonderheiten Rechnung tragen, hinzunehmen. Dabei sind ihnen durch Raumordnung und Landesplanung im nach Art. 28 GG zulässigen Umfang Grenzen gezogen, da sie insoweit schon von ihrer geographischen Lage her einer gewissen Situationsgebundenheit unterliegen.[730] Hinsichtlich Vorranggebieten und Eignungsgebieten ergibt sich in der Regel ein Spielraum darin, die gebietsscharfe Planung parzellenscharf darzustellen.[731] Ist die der Windenergienutzung vorbehaltene Fläche bereits parzellenscharf abgegrenzt, so gilt dies auch für den Randbereich des Vorranggebietes.[732] Sofern der Raumordnungsplan dies zulässt, kann die Gemeinde das Nutzungsgebiet auch verkleinern oder vergrößern, wenn das Ziel dadurch nicht infrage gestellt wird. Dies ist bei Eignungs- nicht jedoch bei Vorranggebieten möglich.[733] Ein Bauleitplan, welcher der Anpassungspflicht nicht entspricht, ist nichtig.[734]

Im Gegensatz zu Zielen der Raumordnung erzeugen Grundsätze der Raumordnung keine Anpassungspflicht. Sie sind allerdings in der Abwägung nach § 1 Abs. 7 BauGB als öffentliche Belange zu berücksichtigen. Grundsätze und sonstige Erfordernisse der Raumordnung, wie das Ergebnis eines Raumordnungsverfahrens, sind öffentliche Belange, die im Einzelfall einem privilegierten Vorhaben entgegenstehen können.[735] Die Steuerungsmöglichkeit des § 35 Abs. 3 BauGB lässt andere öffentliche Belange unberührt, nach denen ebenfalls die Zulässigkeit einer Windenergieanlage im Außenbereich zu beurteilen ist, was auch für anderweitige Darstellungen im Flächennutzungsplan gilt.[736]

aa) Konzentrationszonen in Flächennutzungsplänen

Neben den Zielen der Raumordnung ist der Flächennutzungsplan das zentrale Steuerungsinstrument zur Regelung der Bodennutzung im Außen-

---

[729] Halama, in: FS Schlichter, 201 f.; Krautzberger, in: Battis/Krautzberger/Löhr, BauGB, § 1 Rn. 38.
[730] BVerwG, BVerwGE 90, 329, 336.
[731] Runkel, Steuerung von Vorhaben der Windenergienutzung, DVBl 1997, 275, 277.
[732] BVerwG, BVerwGE 90, 329, 337.
[733] Runkel, Steuerung von Vorhaben der Windenergienutzung, DVBl 1997, 275, 277.
[734] Krautzberger, in: Battis/Krautzberger/Löhr, BauGB, § 1 Rn. 42 m.w.N.
[735] Runkel, Steuerung von Vorhaben der Windenergienutzung, DVBl 1997, 275, 278.
[736] BVerwG, NVwZ 1998, 960.

bereich. Hier besteht das „Darstellungsprivileg", die Windenergienutzung auf bestimmte Orte im Gemeindegebiet zu beschränken. Zahlreiche, wenn auch bei weitem nicht alle Kommunen haben die Bauleitplanung als Steuerungsinstrument für die Windenergienutzung entdeckt und ihre Flächennutzungspläne dementsprechend gestaltet. Im bevölkerungsreichsten Bundesland Nordrhein-Westfalen, welches sich mit einer Regionalplanung bislang eher zurückhielt, hatten nach einer 2004 von der Landesregierung durchgeführten Umfrage erst ca. 3/4 aller Städte und Gemeinden in NRW Konzentrationszonen in ihren Flächennutzungsplänen dargestellt.[737] In den neuen Ländern verfügten 2004 hingegen nur etwa 30% der Gemeinden über einen Flächennutzungsplan, so dass eine Koordinierung über Regionalpläne weitaus größere Bedeutung hat.[738] Dies zeigt umgekehrt allerdings auch den Umfang des Potentials für weitere Flächennutzungsplanung auf. Die Verwendung von Flächennutzungsplänen wird auch durch die mit dem EAG Bau seit dem 20.07.2004 bestehenden Regelung zur regelmäßigen Überprüfung von Flächennutzungsplänen nach § 5 Abs. 1 S. 3 BauGB und die Möglichkeit der Zurückstellung von Baugesuchen nach § 15 Abs. 3 BauGB gestärkt. Insofern besteht verstärkt Anlass, sich mit der Flächennutzungsplanung als Steuerungsinstrument auseinanderzusetzen.

Angesichts der Stellung in der raumbezogenen Gesamtplanung ist der Flächennutzungsplan ein mehrschichtiges Planungsinstrument, welches als Entwicklungsgrundlage für Bebauungspläne Programmierungsfunktion, als Zusammenführung verschiedener kommunaler Planungen Koordinierungsfunktion, als Präzisierung von Anlagenstandorten Allokationsfunktion und Auskunftsmittel über die Bodennutzung Informationsfunktion in sich vereint. Die Regelung des § 5 Abs. 1 S. 1 BauGB, dass die anvisierte Art der Bodennutzung in den Grundzügen darzustellen ist, führt dazu, dass die Darstellungen hinter den Grundzügen nicht zurückbleiben dürfen, aber auch nicht darüber hinausgehen sollen.[739] Wenn der Flächennutzungsplan von den raumordnungsrechtlichen Vorgaben aufgrund einer Feinsteuerung unter lokalen Aspekten abweicht, stellt dies dessen gesamträumliches Planungskonzept nicht in Frage, wobei flächenhafte Einschränkungen im Wege der Abwägung fachlich ausreichend zu begründen sind.[740] Bleiben nicht einmal 10% der ursprünglich von der Regionalplanung vorgesehenen Windeig-

---

[737] Vgl. Grundsätze für Planung und Genehmigung von Windkraftanlagen, WKA-Erl. 21.10.2005, Nr. 1.

[738] v. Nicolai, Konsequenzen aus den neuen Urteilen des Bundesverwaltungsgerichts zur raumordnerischen Steuerung von Windenergieanlagen, ZUR 2004 74, 77.

[739] Guckelberger, Die veränderte Steuerungswirkung der Flächennutzungsplanung, DÖV 2006, 973, 974 m.w.N.

[740] OVG Berlin-Brandenburg, ZfBR 2007, 810, 812.

nungsbereiche über, orientiert sich die örtliche Flächennutzungsplanung nicht mehr an der allgemeinen Größenordnung und der annähernden räumlichen Lage des festgelegten Eignungsbereiches des Regionalplans und demzufolge nicht an den übergeordneten Zielen der Raumordnung, mit der Folge, dass ein solcher Bauleitplan nichtig ist.[741] Wenn bei der Feinsteuerung Korrekturen an den übergeordneten Zielen der Raumordnung im Einzelfall gewünscht sind, so lassen sich diese über ein Zielabweichungsverfahren erreichen.[742] Dieses dient jedoch der Planerhaltung und nicht der Planüberwindung seitens der Kommune. An der Beachtung der Vorgaben der Raumordnung führt also in der Bauleitplanung kein Weg vorbei.

Zuerst kommt die Anwendung des klassischen Modells der gesamträumlichen Flächennutzungsplanung, dann von Teilflächennutzungsplänen in Betracht. Eine Ausweisung von Konzentrationszonen kann vergleichbar mit der Raumordnungsplanung gem. § 7 Abs. 4 ROG a.F./§ 8 Abs. 7 ROG n.F. durch Vorrang- und Eignungsflächen als Darstellung „Sonderbaufläche/Sonderbaugebiet Windenergieanlagen" nach § 5 Abs. 2 Nr. 1 BauGB i.V.m. § 1 Abs. 1 Nr. 4 BauNVO erfolgen. Daneben kommen Versorgungsflächen nach § 5 Abs. 2 Nr. 4 BauGB oder näher bestimmte land- und fortwirtschaftliche Flächen nach § 5 Abs. 2 Nr. 9 BauGB für die Zulässigkeit von Windenergie in Betracht.[743] Zusätzlich können gem. § 16 Abs. 1 BauNVO Aussagen zur Nabenhöhe, Anzahl und Parkkonfiguration oder weitere Merkmale wie Bauart (Mast, Rotor) oder Farbgebung getroffen werden, wobei sich diese Vorgaben später als unflexibel erweisen könnten.[744] Von diesen Darstellungen im Flächennutzungsplan geht regelmäßig eine Ausschlusswirkung i.S. von § 35 Abs. 3 Satz 3 BauGB aus. Hier stellen sich ähnliche Fragen, wie bei der Regionalplanung. Im Vordergrund steht auch hier die Abgrenzung zur reinen Negativplanung. Die negativen und positiven Komponenten der Darstellungen bedingen einander.[745] Eine bloße „Feigenblatt-Planung", die auf eine verkappte Verhinderungsplanung hinausläuft, ist unzulässig.[746] Das Gemeindegebiet darf nicht vollständig für WEA gesperrt werden, sondern muss über eine nennenswerte Positivfläche verfügen[747], die

---

[741] Middeke, Windenergieanlagen in der verwaltungsgerichtlichen Rechtsprechung, DVBl 2008, 292, 295.
[742] Middeke, Windenergieanlagen in der verwaltungsgerichtlichen Rechtsprechung, DVBl 2008, 292, 295 f.
[743] Leidinger, Energieanlagenrecht, Essen 2007, 304.
[744] Barth/Baumeister/Schreiber, Windkraft, S. 16.
[745] BVerwG, BVerwGE 117, 287 ff./BauR 2003, 828, 831.
[746] BVerwG, BVerwGE 117, 287 ff./BauR 2003, 828, 832; BVerwG, BauR 2008, 951 ff.; Guckelberger, Die veränderte Steuerungswirkung der Flächennutzungsplanung, DÖV 2006, 973, 976 m.w.N.
[747] BVerwG, BVerwGE 122, 109/NVwZ 2005, 211.

auch faktisch wirtschaftlich nutzbar sein muss. Nur falls keine geeigneten Standorte gefunden werden, kann die Gemeinde auf die Aufstellung oder Änderung des Flächennutzungsplanes ohne weiteres verzichten und ihre Einschätzung bei der sich daraus ergebenden Verweigerung des Einvernehmens nach § 36 BauGB im Genehmigungsverfahren geltend machen.[748] Die Gemeinde muss ihre zunächst gewählten Kriterien für Tabubereiche bzw. Pufferzonen zu diesen für die Festlegung von Konzentrationsflächen nochmals überprüfen und ggf. ändern, wenn sich herausstellt, dass damit der Windenergie nicht substantiell Raum geschaffen wird. Je kleiner dabei die für die Windenergienutzung verbleibenden Flächen ausfallen, umso mehr ist das gewählte methodische Vorgehen zu hinterfragen und zu prüfen, ob mit Blick auf die örtlichen Verhältnisse auch kleinere Pufferzonen als Schutzabstand genügen.[749] Damit stellt sich die Frage, welchen Umfang eine Standortausweisung für Windenergieanlagen in einem Flächennutzungsplan haben muss. Wo die Grenze zur Verhinderungsplanung verläuft, lässt sich nicht abstrakt bestimmen. Beschränkt sich die Gemeinde darauf, eine einzige Konzentrationszone auszuweisen, so ist dies, für sich genommen kein Indiz für einen fehlerhaften Gebrauch der Planungsermächtigung.[750] Eine Verhinderungsplanung kann hingegen angenommen werden, wenn die einzige ausgewiesene Konzentrationszone unabhängig von den im Gesamtraum geeigneten Gebieten nur bestehende Anlagen umfasst und keinen weiteren Raum für die Errichtung neuer Anlagen lässt.[751] Größenangaben sind hingegen, isoliert betrachtet, als Kriterium ungeeignet. Die ausgewiesene Fläche ist nicht nur in Relation zur Gemeindegröße zu setzen, sondern auch zur Größe der Gemeindegebietsteile, die für eine Windenergienutzung aus welchen Gründen auch immer, nicht in Betracht kommen.[752] Eine Gemeinde gibt der Windenergie unter Berücksichtigung der vor Ort gegebenen Möglichkeiten dann keinen substantiellen Raum, wenn sie von 29 Bereichen, die sie zuvor als potentielle Windenergiezonen ermittelt hat, 28 durch Anlegung eines vorgeblich weichen zusätzlichen Rasters ausschließt, zumal wenn sie dabei generelle Abstände zu Siedlungsflächen von 1.100 m, zum Wald von 200 m, zu Bundesautobahnen, Bundes-, Landes- und Kreisstraßen von 150 m anlegt, ohne erneut ihre Abstandskriterien zu hinterfragen.[753]

---

[748] Barth/Baumeister/Schreiber, Windkraft, S. 13.
[749] BVerwG, BauR 2008, 951, 953.
[750] BVerwG, BauR 2003, 828, 832.
[751] BVerwG, ZfBR 2007, 570, 573.
[752] BVerwG, BauR 2003, 828, 831 unter Bezug auf besiedelte Bereiche, zusammenhängende Waldflächen sowie Flächen, die aufgrund der topographischen Verhältnisse im Windschatten liegen.
[753] VGH Kassel, UPR 2009, 280.

Im Gegensatz zur gerichtlich voll überprüfbaren konditionalen Entscheidung nach § 35 BauGB beinhaltet die planerische Entscheidung der Gemeinde eine Abwägung und damit einen Spielraum, was eine eingeschränkte gerichtliche Überprüfbarkeit nach sich zieht.[754]

Wie bei der Regionalplanung bedarf es daher eines schlüssigen, städtebaulich begründeten Planungskonzepts für das ganze Plangebiet.[755] Die Konzeption muss deutlich machen, warum auch prinzipiell geeignete Flächen, die keiner gesetzlichen Restriktion (wie z. B. Abstandsregelungen) unterliegen, unter Umständen aufgrund anderer Erwägungen aus Sicht der Gemeinde für die Windenergienutzung ungeeignet sind.[756] Sie erfordert im Rahmen der positiv-planerischen Konzeption der Gemeinde ein mehrstufiges Vorgehen nach klaren Kriterien,[757] welches im Erläuterungsbericht zum Flächennutzungsplan den Abwägungsprozess nachvollziehbar macht. Dabei muss sich die Abwägungsentscheidung wie das Konzept auf das gesamte Gemeindegebiet beziehen.[758] Auch bei der Flächennutzungsplanung lässt sich die Frage der Einräumung eines substanziellen Raumes für die Windenergienutzung schon wegen der Bedeutung lokaler Gegebenheiten nicht anhand von isolierten Größenangaben bzw. der Relation von Gesamtraum und Konzentrationszonen beurteilen.[759] Je kleiner aber bei einer Planvorbehaltsplanung die Konzentrationsfläche ausfällt, desto größer ist der planungsrechtliche Rechtfertigungsbedarf für den Ausschluss der Windenergienutzung im übrigen Gemeindegebiet.[760] Damit ist der Rechtfertigungsdruck für das Ausschlussflächenkonzept umgekehrt proportional zur Größe der Konzentrationsfläche.[761]

Grundlage der Konzentrationsflächenplanung ist zunächst die bestehende planerische Lage mit eventuellen Vorgaben übergeordneter Planung. Über- und untergeordnete Planung beeinflussen sich gegenseitig nach dem Gegenstromprinzip. Daraufhin muss eine Potentialanalyse vorgenommen werden.

---

[754] BVerwG, BauR 2003, 828, 833.

[755] BVerwG, BVerwGE 117, 287 ff./BauR 2003, 828 ff.; BVerwG, BVerwGE 122, 109/NVwZ 2005, 211; vgl. auch Stich, Bauplanungs- und umweltrechtliche Probleme der Errichtung und des Betriebs von Windkraftanlagen sowie der Aufstellung von Bebauungsplänen für Windfarmen, GewArch 2003, 8, 11.

[756] Wachs/Greiving, Nutzungen im Außenbereich am Beispiel der Windkraftanlagen, NWVBl 1998, 7, 10.

[757] Zu den Kriterien im mehrstufigen Verfahren siehe Tigges, Die Ausschlusswirkung von Windvorrangflächen in der Flächennutzungsplanung, ZNER 2002, 87, 90 ff.

[758] Holz, Bauplanungsrechtliche Privilegiertheit raumbedeutsamer Windkraftanlagen, NWVBl 1998, 81, 83.

[759] Vgl. OVG Lüneburg, ZfBR 2007, 689, 692.

[760] OVG Koblenz, ZNER 2005, 336, 337.

[761] Tigges, Anmerkung zu OVG Koblenz, U. v. 08.12.2005 – 1 C 10065/05, ZNER 2005, 338, 339.

Dabei müssen die windhöffigen Gebiete, welche sich als Standorte für eine Windenergienutzung eignen, von den ungeeigneten Gebieten getrennt werden. Der Potentialanalyse muss eine Restriktionsanalyse folgen, welche sowohl zwingende formalisierte Kriterien wie Abstände, als auch informelle Kriterien wie z. B. das Landschaftsbild zu Einschränkung der Fläche mit einbezieht.[762] Insbesondere sind ausgewiesene Naturschutzgebiete, Vogelschutzgebiete und Nationalparke sowie europäische Schutzgebiete nach FFH- und Vogelschutzrichtlinie nach den Windenergieerlassen der Bundesländer als Tabuflächen von jeglicher Windenergienutzung ausgeschlossen.[763] Richtig ist, dass die FFH-Verträglichkeit einer Vorrangzone für die Windenergienutzung schon im Verfahren der Aufstellung eines Bauleitplans zu prüfen ist, wenn die Planung zu erheblichen Beeinträchtigungen eines europäischen Vogelschutzgebiets in seinen Erhaltungszielen oder den Schutzzweck maßgebenden Bestandteilen führen kann.[764] Die schematische Wertung als Ausschlußgebiet drängt sich damit gerade nicht auf. Sie findet an anderer Stelle selbst in den Windenergieerlassen nicht statt, wie z. B. in Landschaftsräumen, in denen vereinzelt Biotope zu finden sind.[765] Hier soll es darauf ankommen, inwieweit die Biotope bzw. geschützten Tierarten durch Windenergieanlagen beeinträchtigt werden, was Planungsträger angesichts des bloßen Empfehlungscharakters der Windenergieerlasse allerdings nicht hindert Biotope vollständig der Ausschlussfläche zuzuschlagen und obendrein Abstände zu diesen vorzugeben.[766] Regelmäßig werden Landschaftsschutzgebiete als Tabuflächen dem Ausschlussgebiet zugeschlagen.[767] So muss eine Gemeinde, in deren Gebiet nahezu alle Außenbereichsflächen förmlich unter Landschaftsschutz stehen, einer Windenergienutzung nicht in gleicher Weise Raum schaffen, wie dies in anders strukturierten Gemeinden im Einzelfall geboten sein mag, um die Ausschlusswirkung des § 35 Abs. 3 S. 3 BauGB zu rechtfertigen.[768] Besteht ein grundsätzliches Bauverbot nach einer Landschaftsschutzverordnung, stellt sich die Frage der Überplanung mit einer Konzentrationsfläche im Hinblick auf mögliche naturschutzrechtliche Befreiungen. Eine Sicherstellung der Windenergienutzung durch überplante Landschaftsschutzgebiete

---

[762] Wachs/Greiving, Nutzungen im Außenbereich am Beispiel der Windkraftanlagen, NWVBl 1998, 7, 11.
[763] Wagner, Privilegierung von Windkraftanlagen im Außenbereich, UPR 1996, 370, 373.
[764] OVG Münster, NuR 2008, 872 ff.
[765] OVG Koblenz, ZNER 2005, 336, 337.
[766] Vgl. OVG Lüneburg, ZfBR 2007, 689, 692 f.
[767] Wagner, Privilegierung von Windkraftanlagen im Außenbereich, UPR 1996, 370, 373.
[768] OVG Münster, UPR 2007, 278.

kommt nicht in Betracht, zumal die Befreiung regelmäßig im Ermessen der Behörde steht und damit nur einer eingeschränkten richterlichen Überprüfung zugänglich ist. Eine andere Beurteilung kann sich nur bei einer rechtsverbindlichen Zusicherung der Erteilung erforderlicher Befreiungen durch die Naturschutzbehörde bzw. – angesichts der mittlerweile erfolgten Verlagerung des Genehmigungsverfahrens ins Immissionsschutzrecht – der Immissionsschutzbehörde ergeben.[769] Fehlt allerdings eine Landschaftsschutzgebietsausweisung, so genügt zur Begründung der Ausschlussfläche im Außenbereich nicht der bloße Hinweis, dass man eine Landschaft in ihrer besonders exemplarischen Ausprägung (z. B. typische Mittelgebirgslandschaft) erhalten möchte.[770] Auch den immissionsschutzrechtlichen Anforderungen, denen an sich erst auf der Ebene der Anlagenzulassung Rechnung zu tragen ist, kommt so schon auf der Ebene der Bauleitplanung mittelbar Bedeutung zu. Über Grenzwertregelungen darf sich die Gemeinde nicht sehenden Auges hinwegsetzen. Ist vorhersehbar, dass sich im Falle der Umsetzung der planerischen Regelungen die immissionsschutzrechtlich maßgeblichen Grenzwerte nicht werden einhalten lassen, so ist der Bauleitplan nichtig.[771] Eine Konzentrationszone in einem Flächennutzungsplan ist zudem unwirksam, wenn die Zulässigkeit von Anlagen auf solche mit einer Leistung unter einem Megawatt und den Betrieb mit einer „Pitch-Steuerung" geknüpft wird.[772] Derartige Darstellungen sind kein taugliches Mittel zur Sicherstellung eines effektiven Immissionsschutzes.

Schließlich stellt sich für die verbleibende Fläche die Frage zusätzlicher Ausschlusskriterien, welche den gemeindlichen Entwicklungsvorstellungen Rechnung tragen und damit das örtlich politisch gewollte Maß an Windenergienutzung berücksichtigen. Dabei kann die Gemeinde potentielle Siedlungsflächenerweiterungen ebenso einstellen, wie den Aufbau eines Biotopverbundsystemes oder die Anlage von Retentionsflächen sowie Kompensationsmaßnahmen für Eingriffe in Natur und Landschaft.[773] Keinen grundsätzlichen Bedenken unterliegt es daher, wenn die Gemeinde auch immissionsrechtliche Abstände zu „potentiellen Wohngebietserweiterungsflächen" berücksichtigt.[774] Fraglich war, ob eine Gemeinde auch Flächen für

---

[769] Tigges, Anmerkung zu BVerwG, U. d. 4. Senats v. 19.09.2002 – 4 C 10.01, ZNER 2003, 43.

[770] OVG Koblenz, ZNER 2005, 336, 337.

[771] BVerwG, BauR 2003, 828, 834.

[772] OVG Münster, UPR 2007, 280.

[773] Wachs/Greiving, Nutzungen im Außenbereich am Beispiel der Windkraftanlagen, NWVBl 1998, 7, 10.

[774] Stich, Bauplanungs- und umweltrechtliche Probleme der Errichtung und des Betriebs von Windkraftanlagen sowie der Aufstellung von Bebauungsplänen für Windfarmen, GewArch 2003, 8, 14.

Kompensationsmaßnahmen für Eingriffe in Natur und Landschaft bei der Errichtung von Windenergieanlagen im Flächennutzungsplan mit einer Konzentrationszone berücksichtigen muss. Sofern Eingriffe in Natur und Landschaft zu erwarten sind, ist gem. § 21 Abs. 1 BNatSchG/§ 18 Abs. 1 BNatSchG n. F. nach den Vorschriften des BauGB über Vermeidung, Ausgleich und Ersatz zu entscheiden. Dies muss nicht zu einer Berücksichtigung der Eingriffe in der Flächennutzungsplanung führen. Nach der nun vorliegenden Entscheidung des Bundesverwaltungsgerichts ist es mit dem Gebot gerechter Abwägung vereinbar, die Regelung der Ausgleichsmaßnahmen für WEA dem Verfahren der Vorhabengenehmigung oder gegebenenfalls der Aufstellung eines Bebauungsplans vorzubehalten.[775]

Auch bei der Flächennutzungsplanung ist in der Abwägung insbesondere darauf zu achten, dass Pufferzonen nicht in sachwidrig schematisierender Weise ausgewählt werden und letztendlich der Windenergie substanziell Raum verschafft wird.[776] Wichtig ist auch, dass generell das Interesse der Betreiber an einem Repowering älterer Anlagen in der Abwägung berücksichtigt wird, da sich die Situation für die betroffenen Grundstückseigentümer im Falle der Nichtberücksichtigung ihrer Standorte bei der Konzentrationsflächenausweisung durch eine Beschränkung auf den Bestandsschutz ihrer Anlagen erheblich ändern würde.[777]

Seit der Einfügung von § 5 Abs. 2 b BauGB durch das EAG Bau 2004 besteht die Möglichkeit sachliche Teilflächennutzungspläne aufzustellen. Teilweise wird der Standpunkt vertreten, dass sich ein Teilflächennutzungsplan auf das gesamte Gemeindegebiet beziehen müsse, teilweise wird darin die Möglichkeit gesehen, dass sich der Plan auch nur auf einen Teil des Gemeindegebietes beziehen kann, was letztendlich vom Sinn und Zweck der Neuregelung her überzeugt.[778] Damit sind Teilflächennutzungspläne sowohl für einen Teil des Gemeindegebietes als auch für das gesamte Gebiet möglich. Es finden auf Teilflächennutzungspläne in jedem Fall die Vorschriften des Baugesetzbuches zur Aufstellung von Flächennutzungsplänen Anwendung. Bei der Frage, wie sich Flächennutzungspläne und Teilflächennutzungspläne zueinander verhalten, sind zwei Konstellationen möglich. Besteht bereits ein Flächennutzungsplan und tritt zu diesem nun ein Teilflächennutzungsplan für den Bereich Windenergie hinzu, um mit diesem ein kohärentes Ganzes zu bilden, dann ist dies gesetzessystematisch ein eigenständiger Bauleitplan, so dass die Fehler des einen Plans

---

[775] BVerwG, BauR 2006, 1265 f./UPR 2006, 352 f.
[776] BVerwG, BauR 2008, 951, 952.
[777] BVerwG, BauR 2008, 951, 953.
[778] Guckelberger, Die veränderte Steuerungswirkung der Flächennutzungsplanung, DÖV 2006, 973, 977 m. w. N.

grundsätzlich nicht auf den jeweils anderen durchschlagen.[779] Fehler in der auf den Teilraum bezogenen Abwägung führen daher zunächst nur zu einer Unwirksamkeit des Teilflächennutzungsplans und nur dann zu einer Gesamtunwirksamkeit, wenn sie sich auf das Gesamtkonzept der Planung auswirken und die übrigen Darstellungen oder Festsetzungen des Plans isoliert betrachtet nicht mehr aussagekräftig sind.[780] Hat umgekehrt die Gemeinde erst einen Teilflächennutzungsplan erlassen, so kann das Hinzutreten eines Gesamtflächennutzungsplanes sowohl die Aufhebung und Ersetzung des Teilflächennutzungsplanes, als auch eine Ergänzung des Teilflächennutzungsplanes darstellen. Es kommt damit auf den Willen des Planungsträgers an, ob die Planungen nebeneinander bestehen sollen. Trifft letzteres zu, findet bei Widersprüchen der beiden Pläne das Prioritätsprinzip Anwendung.[781]

Beschränkt sich die Teilfortschreibung eines Flächennutzungsplans im Ergebnis auf den Wegfall von Konzentrationszonen für die Nutzung der Windenergie, muss die Gemeinde erneut in eine Abwägung für und gegen die wegfallenden bzw. beizubehaltenden Standorte sprechenden Belange eintreten und dabei das gesamte Gemeindegebiet erneut in den Blick nehmen.[782] Eine Gemeinde, die sich bei der Teilfortschreibung auf die „Wegplanung" von Konzentrationszonen beschränkt, kann demnach nicht im Erläuterungsbericht nur auf technische Entwicklung der Anlagen und Veränderungen in den betroffenen Gebieten abstellen, sie muss vielmehr beachten, dass sie auch nach Wegfall einzelner Konzentrationszonen mit den verbleibenden Konzentrationszonen im Verhältnis zum Gesamtgebiet der Gemeinde der Windenergie noch eine substanzielle Chance einräumt und dies mit einer das Gesamtgebiet umfassenden Abwägung im Erläuterungsbericht deutlich machen.

Eine gute, bislang leider wenig genutzte Möglichkeit in der Flächennutzungsplanung einen Anreiz für ein Repowering zu schaffen und dabei das ökologische Ziel der Entfernung von alten Streuanlagen aus der Landschaft zu erreichen, stellt die Ausweisung von Konzentrationszonen speziell für Repowering-Anlagen dar. Diese inhaltliche Beschränkung der Konzentrationszonen steht nicht im Widerspruch zu § 35 Abs. S. 3 BauGB, sie erfüllt ja gerade das Ziel der Steuerung der Anlagenerrichtung durch den Planungsträger. Fraglich ist, ob die Ausweisung entsprechender Konzentrationszonen in der Flächennutzungsplanung nicht von entsprechenden Konzentrations-

---

[779] Guckelberger, Die veränderte Steuerungswirkung der Flächennutzungsplanung, DÖV 2006, 973, 978 m. w. N.
[780] Stüer/Stüer, Planerische Steuerung von privilegierten Vorhaben im Außenbereich, NuR 2004, 341, 344.
[781] Guckelberger, Die veränderte Steuerungswirkung der Flächennutzungsplanung, DÖV 2006, 973, 978.
[782] OVG Münster, ZNER 2007, 237.

zonen in der Regionalplanung abhängig ist. Dabei ergeben sich zwei Konstellationen: Zum einen ist die Ausweisung einer solchen beschränkten Konzentrationszone innerhalb der raumplanerisch vorgegebenen unbeschränkten Konzentrationszone denkbar, zum anderen außerhalb der raumordnungsrechtlichen Konzentrationzonen. Die erste Variante stößt hier nicht auf Bedenken. Die Ausweisung von „Repoweringflächen" für bereits genutzte Windenergieanlagen erfüllt vielmehr genau die Zielstellung der Regionalplanung.[783] Fraglich erscheint die zweite Variante, welche zu Repowering-Flächen außerhalb der raumplanerischen Konzentrationszonen führt und damit in der Argumentationslinie zur Errichtung von Repowering-Anlagen außerhalb des Planumgriffs steht, die hier bereits abgelehnt wurde. Es erscheint auch nicht derart überzeugend, dass diese Umgehung der raumplanerischen Vorgaben im Interesse der Regionalplanung sein soll und dem Gegenstromprinzip erst zur optimalen Geltung verhilft.[784] Es ist vielmehr davon auszugehen, dass dies gerade keine wechselseitige Rücksichtnahme im Sinne des Gegenstromprinzips darstellt, sondern vielmehr die Regionalplanung einfach aushebeln würde. Folglich ist diese zweite Variante abzulehnen.

Hinsichtlich einer fehlerhaften Teilfortschreibung des Flächennutzungsplanes mit Konzentrationsflächenplanung ist zu berücksichtigen, dass diese infolge des gesamträumlichen Konzepts regelmäßig nur insgesamt für unwirksam erklärt werden kann, so dass dann die frühere Fassung des Flächennutzungsplanes wirksam wird.[785] Sofern ein Flächennutzungsplan mit beachtlichen Mängeln behaftet ist, besteht für die Gemeinde die Möglichkeit eines ergänzenden Verfahrens, um die Steuerungsinteressen hinsichtlich der Windenergienutzung zu wahren. Wie aus den Regeln zur Planerhaltung in §§ 214 ff. BauGB ersichtlich ist, ermöglicht der Gesetzgeber dem Satzungsgeber, Mängel, die das Grundgerüst der Planung unberührt lassen, auf diese Weise zu beheben. Die Regelung ist Ausdruck des allgemeinen Grundsatzes, dass ein wegen Abwägungsdefiziten fehlerhafter Plan durch eine neue fehlerfreie Abwägung und Wiederholung des der Beschlussfassung nachfolgenden Verfahrens in Kraft gesetzt werden kann.[786]

Im Hinblick auf „weiße Flächen" kann hier auf obige Ausführungen zur Regionalplanung verwiesen werden. Bei Entwürfen von Flächennutzungsplänen ist festzuhalten, dass das Ziel der Raumordnung ausreichend verfes-

---

[783] Maslaton, Repowering von Windenergieanlagen außerhalb des Planumgriffs der Regionalplanung, LKV 2007, 259, 262.

[784] A.A. Maslaton, Repowering von Windenergieanlagen außerhalb des Planumgriffs der Regionalplanung, LKV 2007, 259, 262.

[785] Tigges, Anmerkung zu OVG Koblenz, U. v. 08.12.2005 – 1 C 10065/05, ZNER 2005, 338, 338.

[786] BVerwG, NVwZ 1998, 956, 957; BVerwG, NVwZ 2003, 214, 216, noch zu § 215 a BauGB a.F.

tigt sein muss. Dazu muss aufgrund des Verfahrensstandes und des Planinhaltes hinreichend zu erwarten sein, dass die Zielfestlegung demnächst wirksam werde. Auch muss der Abwägungsprozess in den wesentlichen Punkten abgeschlossen sein und darauf schließen lassen, dass die Planung dem Abwägungsgebot genügt und sachgerecht erfolgt ist. Abwägungsfehler dürfen nur räumlich begrenzt und ohne Auswirkungen auf die Planung insgesamt sein.[787]

Zum Teil kommt es vor, dass sich Anwohner nicht gegen die Ausweisung einer Konzentrationszone für die Windenergienutzung wehren, sondern erst gegen die Errichtung von Windenergieanlagen wenden, wenn die Nutzung einer Konzentrationszone unmittelbar bevorsteht. Hier ist daran zu erinnern, dass die Rechtswirkungen des § 35 Abs. 3 S. 3 BauGB unmittelbar mit dem Erlass des Flächennutzungsplans eintreten und davon unabhängig sind, ob ein Grundstückseigentümer oder in anderer Weise Berechtigter eine Genehmigung beantragt.[788] Versucht eine Gemeinde aufgrund des Widerstands ihrer Bürger einzelne Konzentrationszonen aus ihrem Planungskonzept für die Windenergienutzung in der Gemeinde zu streichen, so kann sie sich nicht auf ein auf diese Flächen begrenztes Vorgehen beschränken. Hebt die Gemeinde eines von mehreren Gebieten für die Windenergienutzung auf, so muss sie erneut in die Abwägung aller Flächen im Planungskonzept eintreten.[789]

bb) Steuerung durch Plansicherungsinstrumente

Als Plansicherungsinstrumente kommen für die Bauleitplanung Veränderungssperre und Zurückstellung in Betracht. Auch hier ist zwischen Flächennutzungsplänen und Bebauungsplänen zu differenzieren. Angesichts der Möglichkeit im Parallelverfahren Flächennutzungsplan und Bebauungsplan zu ändern bzw. aufzustellen ist das jeweilige Instrumentarium auch bei Außenbereichsvorhaben gleichermaßen von Bedeutung.

(1) Sicherung von Bebauungsplänen

Nach § 14 BauGB kann die Gemeinde zur Sicherung der Planung für den künftigen Planbereich eine Veränderungssperre erlassen. Diese Sicherung der planerischen Ziele der Gemeinde setzt einen ortsüblich bekannt zu

---

[787] Gretschel, Entwicklung der Rechtsprechung im Windenergierecht, Berlin 2006, S. 67.
[788] OVG Koblenz, BauR 2009, 475 f.
[789] Stüer/Stüer, Planerische Steuerung von privilegierten Vorhaben im Außenbereich, NuR 2004, 341, 345.

machenden Aufstellungsbeschluss und eine Erforderlichkeit zur Sicherung der Planung voraus und bewirkt eine Sperrwirkung für den gesamten Planbereich. Eine Veränderungssperre dient allein der Sicherung künftiger Planungen der Gemeinde und vermittelt daher keinen Drittschutz.[790] Eine sicherungsfähige Planung setzt voraus, dass der künftige Planinhalt bereits in einem Mindestmaß bestimmt und absehbar ist, so dass die Gemeinde darüber Nachweis führen kann.[791]

Wird eine die Windenergienutzung ablehnende Gemeinde auf dem Wege der Verpflichtungsklage rechtskräftig zur Erteilung der Genehmigung verpflichtet, so kann sie unter bestimmten Voraussetzungen dennoch eine Veränderungssperre beschließen und das Baugesuch zurückstellen. Dies stellt eine Änderung der Sach- und Rechtslage dar, auf welche eine Vollstreckungsabwehrklage gegen die Verpflichtung zur Genehmigungserteilung gestützt werden kann. Einem solchen Vorgehen der Gemeinde kann jedoch eine Wertung als treuwidriges Verhalten entgegenstehen. Dies ist insbesondere dann anzunehmen, wenn die Gemeinde während des gerichtlichen Verfahrens nicht von ihren planerischen Möglichkeiten Gebrauch macht, sondern abwartet.[792] Der Regelfall besteht daher nicht in Veränderungssperre und Zurückstellung im Anschluss an eine gerichtliche Auseinandersetzung über die Anlagenerrichtung, sondern vor oder während einer solchen Auseinandersetzung.

Nach § 17 BauGB beträgt die Geltungsdauer der Veränderungssperre zwei Jahre ab Zurückstellung des ersten Baugesuches nach § 15 BauGB. Die Geltungsdauer der Veränderungssperre kann durch Beschluss der Gemeinde um ein weiteres Jahr verlängert werden und bei Vorliegen besonderer Umstände nochmals um ein Jahr verlängert werden, so dass sie bis zu vier Jahre betragen kann. Der unbestimmte Rechtsbegriff der besonderen Umstände wird dahingehend verstanden, dass eine Ungewöhnlichkeit – sei es wegen des Schwierigkeitsgrades oder des Verfahrensablaufes – das Planverfahren kennzeichnen und zudem kausal für die Verlängerung sein muss.[793] Die Konstruktion der Verlängerungsmöglichkeiten birgt die Gefahr

---

[790] In Bezug auf Windenergieanlagen zuletzt VG Leipzig, NVwZ 2008, 346.

[791] BVerwG, ZfBR 2008, 70 f.; Krautzberger, in: Battis/Krautzberger/Löhr, BauGB, § 14 Rn. 9.

[792] Zu den Voraussetzungen dieser bislang nur allgemein und nicht außenbereichsbezogen diskutierten Konstellation im Einzelnen: Spieler, Veränderungssperre und Zurückstellung von Bauvorhaben nach rechtskräftiger Verurteilung zur Erteilung der Baugenehmigung, BauR 2008, 1397 ff. Die allgemein für die Plansicherungsinstrumente entwickelten Grundsätze sind jedoch grundsätzlich auch auf Außenbereichsvorhaben übertragbar. Bei der Sicherung von Flächennutzungsplänen kommt dies im Parallelverfahren mit der Aufstellung eines B-Planes zum Tragen.

[793] OVG Berlin-Brandenburg, LKV 2007, 477; Krautzberger, in: Battis/Krautzberger/Löhr, BauGB, § 17 Rn. 4.

in sich, dass eine Gemeinde einen erneuten Aufstellungsbeschluss fasst, um die Voraussetzungen der Verlängerung in § 17 Abs. 2 und 3 BauGB zu umgehen. Grundsätzlich kann eine Gemeinde bei weiter bestehendem Plansicherungsinteresse eine Veränderungssperre erneut beschließen. Bezieht sich dies nicht auf einen neuen Bebauungsplan, der den alten für unwirksam erklärten oder aufgehobenen ersetzt, sondern auf dieselbe Planung, wäre dies jedoch unverhältnismäßig.[794]

Einer Gemeinde ist es auch bei der geplanten Errichtung von Windenergieanlagen nicht verwehrt auf den Genehmigungsantrag mit der Aufstellung eines Bebauungsplanes zu reagieren, der dem Antrag die materielle Grundlage entzieht.[795] Eine Veränderungssperre darf aber erst erlassen werden, wenn die Planung, welche sie sichern soll, ein Mindestmaß dessen erkennen lässt, was Inhalt des zu erwartenden Bebauungsplans sein soll.[796] Daraus folgt, dass der Erlass einer Veränderungssperre nicht von endgültigen Aussagen zur Lösung von Nutzungskonflikten abhängig gemacht werden darf, die erst im weiteren Verlauf des Planungsverfahrens im Rahmen der umfassenden Abwägung aller betroffenen privaten und öffentlichen Belange und unter Berücksichtigung der Erkenntnisse aus der Behörden- und Öffentlichkeitsbeteiligung möglich sind. Änderungen einzelner Planungsvorstellungen nach Erlass der Veränderungssperre sind daher für deren Rechtmäßigkeit ohne Bedeutung, solange die hinreichend konkretisierte Planungskonzeption zum Zeitpunkt des Erlasses und die darin erkennbare Grundkonzeption nicht aufgegeben worden ist und die mit der Veränderungssperre verfolgte Sicherungsfunktion fortbesteht.[797] Wesentlich ist, dass die Gemeinde sich nicht auf ein negatives Ziel, nämlich die Freihaltung bestimmter Bereiche von dort unerwünschten Windenergieanlagen, beschränkt, sondern bereits positive Vorstellungen über den Inhalt des Bebauungsplanes entwickelt hat, was vor allem eine Vorstellung über die angestrebte Art der baulichen Nutzung der betroffenen Grundstücke voraussetzt, da ohne diese der Planinhalt noch offen ist. Selbst wenn eine positive Planungskonzeption erkennbar ist, erfordert das Kriterium des Mindestmaßes an Konkretisierung eine Präzisierung hinsichtlich des Ortes, wobei keine parzellenscharfe Angabe gefordert wird, sondern die Größe des Plangebietes das Maß der Konkretisierung bestimmt. Beabsichtigt eine Gemeinde für große Teile des Gemeindegebiets einen Bebauungsplan aufzustellen, so kann diese Planung nicht durch eine

---

[794] BVerwG, NVwZ 2007, 954.
[795] OVG Münster, ZNER 2003, 341, 343.
[796] St. Rspr., BVerwG, BVerwGE 51, 121,128; BVerwG, ZfBR 1990, 302, 303; BVerwG, ZNER 2004, 172, 173; BVerwG, ZfBR 2008, 70 f.; OVG Lüneburg, ZNER 2003, 63; OVG Lüneburg, NuR 2003, 771 f. OVG Münster, ZNER 2003, 341, 342.
[797] BVerwG, ZfBR 2008, 70 f.

II. Das einschlägige Genehmigungsverfahren

Veränderungssperre gesichert werden, wenn die Bereiche, in denen unterschiedliche Nutzungen verwirklicht werden sollen, nicht einmal grob bezeichnet sind.[798] Die nachteiligen Wirkungen einer Veränderungssperre ließen sich vor dem Hintergrund des Art. 14 Abs. 1 S. 2 GG nicht rechtfertigen, wenn eine Planung gesichert werden sollte, deren Inhalt sich in keiner Weise absehen lässt.[799]

Als Sicherungsmittel ungeeignet und damit nichtig ist eine Veränderungssperre dann, wenn sich das aus dem Aufstellungsbeschluss ersichtliche Planungsziel im Wege planerischer Festsetzungen nicht erreichen lässt, der beabsichtigte Plan einer positiven Planungskonzeption entbehrt und der Förderung von Zielen dient, für deren Verwirklichung die Planungsinstrumente des Baugesetzbuches nicht bestimmt sind, oder wenn ihm rechtliche Mängel anhaften, die schlechterdings nicht behebbar sind.[800] Das ist insbesondere anzunehmen, wenn der Bebauungsplan die Errichtung von Windenergieanlagen in nahezu dem gesamten Gemeindegebiet mit Ausnahme von Vogelschutzgebieten steuern soll.[801] Das Entfallen des erforderlichen Sicherungsbedürfnisses aufgrund eines unwirksamen Bebauungsplans kann nicht automatisch angenommen werden, wenn die Höhe der Windenergieanlagen auf 100 m begrenzt wird.[802] Der Inhalt einer Veränderungssperre darf nicht auf das Verbot der Errichtung von Windenergieanlagen beschränkt werden, da § 14 Abs. 1 Nr. 1 BauGB alle Vorhaben nach § 29 BauGB betrifft.[803]

Fehlt es an einer Veränderungssperre nach § 14 BauGB kann die Gemeinde ein Baugesuch nach § 15 Abs. 1 BauGB bis zu 12 Monate zur Plansicherung zurückstellen. Die Zurückstellung teilt zwar die sachlichen Voraussetzungen und den Umfang der Sperrwirkung, bewirkt aber nur eine Sperrung eines einzelnen konkreten Vorhabens für zwölf Monate. Auch ist die Wirksamkeit nicht an die Rechtsverbindlichkeit des Bebauungsplanes gekoppelt, so dass die Gemeinde Bauvorhaben unmittelbar unterbinden kann.[804]

Für eine Rechtmäßigkeit der Zurückstellung ist das Vorliegen der Voraussetzungen einer Veränderungssperre erforderlich. Dies setzt den Willen der Gemeinde voraus, das Gebiet, in dem das Vorhaben liegen soll, welches auch das Gebiet einer Konzentrationszone sein kann,[805] mit einem Bebau-

---

[798] BVerwG, ZNER 2004, 172, 174.
[799] St. Rspr., BVerwG, BVerwGE 51, 121, 128; BVerwG, ZfBR 1990, 206; BVerwG, ZNER 2004, 172, 173.
[800] BVerwG, NVwZ 1994, 685; vgl. auch OVG Magdeburg, ZNER 2003, 339.
[801] OVG Lüneburg, NuR 2003, 771 f.
[802] OVG Münster, UPR 2007, 279, 280.
[803] OVG Münster, ZNER 2005, 253.
[804] Krautzberger, in: Battis/Krautzberger/Löhr, BauGB, § 15 Rn. 1.
[805] Vgl. OVG Münster, ZNER 2002, 245 f.

ungsplan zu überplanen. Der Bebauungsplan muss in seiner positiven Zielsetzung gewollt und im Sinne von § 1 Abs. 3 BauGB erforderlich sein und nicht nur ein vorgeschobenes Mittel sein, um einen Bauwunsch zu durchkreuzen.[806] Letzteres kann nicht schon wegen einer negativen Zielvorstellung der Planung gesehen werden, die aus ihrer Sicht auch Fehlentwicklungen verhindern oder restriktiv steuern will.[807]

(2) Sicherung von Flächennutzungsplänen

Die Aufstellung eines Flächennutzungsplanes kann nicht über das Plansicherungsmittel der Veränderungssperre nach § 14 BauGB wie bei einem Bebauungsplan gesichert werden.[808] Eine solche Sicherung kann nur indirekt durch eine im Parallelverfahren vorgenommene Aufstellung eines Bebauungsplanes zur Sicherung der Feinsteuerung erfolgen. Hier ist allerdings besonders auf ein sicherungsfähiges Plankonzept zu achten.[809]

Die Möglichkeit der Sicherung eines Flächennutzungsplanes besteht über die Zurückstellung von Baugesuchen nach § 15 Abs. 3 BauGB. Diese Regelung wurde erst durch das EAG Bau 2004 angefügt und greift die im Zusammenhang mit der Einführung der Privilegierung zunächst als Übergangsregelung konzipierte und durch Fristablauf überholte Norm des § 245 b Abs. 1 BauGB wieder auf.[810] Diese war entgegen einer Initiative von Abgeordneten der damaligen Opposition aus CDU und FDP im Mai 2002 nicht verlängert worden,[811] was einige Gemeinden zum Missbrauch der Veränderungssperre veranlasste.[812] Ursprünglich sah der Gesetzesentwurf der Bundesregierung dementsprechend eine vorübergehende und begrenzte Zurückstellungsmöglichkeit vor.[813] Dieser traten Sachverständige[814] und Bundesrat[815] entgegen und setzten eine umfangreichere und vom Inkrafttreten des Gesetzes unabhängige Zurückstellungsmöglichkeit durch.[816] Das Ergebnis ist keine Übergangsregelung, wie noch bei 245 b BauGB

---

[806] OVG Münster, ZNER 2002, 245.
[807] OVG Münster, ZNER 2002, 245.
[808] OVG Münster, ZNER 2005, 100; Stüer/Stüer, Planerische Steuerung von privilegierten Vorhaben im Außenbereich, NVwZ 2004, 341, 342.
[809] OVG Münster, ZNER 2005, 100.
[810] Krautzberger, in: Battis/Krautzberger/Löhr, BauGB, § 15 Rn. 13.
[811] Gesetzentwurf von 80 Bundestagsabgeordneten BT-Drs. 14/9132.
[812] Vgl. OVG Lüneburg, ZNER 2003, 63.
[813] BT-Drs. 15/2250, 14, 52.
[814] Deutscher Bundestag, Ausschuss für Verkehr, Bau- und Wohnungswesen, Ausschussdrs. Nr. 15(14)607, Stellungnahmen der Sachverständigen, Janning, P42, S. 11/P52.
[815] BR-Drs. 756/1/03 (Ausschussempfehlung) und BR-Drs. 756/03 (Beschluss).

a.F., sondern eine dauerhafte, an den Genehmigungsantrag gekoppelte Zurückstellungsmöglichkeit. Mit dieser Neuerung wollte der Gesetzgeber die Wirksamkeit des Flächennutzungsplanes als zentrales Steuerungsinstrument im Außenbereich gegen eventuell gegenläufige faktische Entwicklungen im Plangebiet absichern.[817] Die Fragen der Auslegung der Norm sind noch nicht abschließend geklärt und werden zum Teil von Oberverwaltungsgerichten unterschiedlich beurteilt. Strittig ist die Frage der Anwendbarkeit der Norm im immissionsschutzrechtlichen Genehmigungsverfahren, da der Wortlaut nur die Zurückstellung von Baugesuchen vorsieht.

Zum einen wird eine Anwendbarkeit abgelehnt, da die Konzentrationswirkung der immissionsschutzrechtlichen Genehmigung nur materielle Voraussetzungen erfasse und § 15 Abs. 3 BauGB sich als aliud gegenüber der Veränderungssperre als bloßes Verfahrensrecht erweise.[818] Vor dem Hintergrund der Rechtsprechung des Bundesverwaltungsgerichtes zur Konzentrationswirkung müsse auch eine analoge Anwendung der Norm ausscheiden.[819]

Die Konzentrationswirkung der immissionsschutzrechtlichen Genehmigung steht der Zurückstellungsbefugnis nach anderer Auffassung nicht entgegen. Sie findet bei Verfahrensrecht zwar keine Anwendung, die Zurückstellungsmöglichkeit stellt trotz verfahrensbezogener Wirkungen im Unterschied zur Veränderungssperre keine Verfahrensvorschrift im engeren Sinne dar. Die durch den Zurückstellungsbescheid bewirkte Unterbrechung der Antragsbearbeitung stellt sich lediglich als verfahrensbezogener Annex einer materiellen Regelung zur Sicherung der kommunalen Planungshoheit dar. Auch die Erwähnung der Baugenehmigungsbehörde in § 15 Abs. 3 S. 1 BauGB ist nicht als eine Beschränkung der Zurückstellungsbefugnis auf baugenehmigungspflichtige Vorhaben zu verstehen.[820] In der Folge soll die Norm entsprechende Anwendung im immissionsschutzrechtlichen Genehmigungsverfahren finden.

Das letztere, weite Verständnis der Norm überzeugt vor dem Hintergrund der Entstehungsgeschichte. Zum Zeitpunkt der EAG-Bau-Beratungen unterlagen Windfarmen bereits der immissionsschutzrechtlichen Genehmigung. Die Stellungnahmen im Gesetzgebungsverfahren sind dahingehend zu ver-

---

[816] BT-Drs. 15/2996 (Beschlussempfehlung des Ausschusses für Verkehr, Bau- und Wohnungswesen).

[817] Guckelberger, Die veränderte Steuerungswirkung der Flächennutzungsplanung, DÖV 2006, 973, 979.

[818] OVG Berlin-Brandenburg, NVwZ 2007, 848.

[819] Hinsch, Zurückstellung nach § 15 III BauGB – Mittel zur Sicherung einer Konzentrationsplanung, NVwZ 2007, 770, 771 f.

[820] OVG Koblenz, BauR 2007, 520, 521/NVwZ 2007, 850, 851; VG Aachen, BeckRS 2008, 30294.

stehen, dass die Zurückstellungsbefugnis nach § 15 Abs. 3 BauGB einheitlich für die Errichtung von Windenergieanlagen eingeführt werden sollte.[821] Die Auffassung des OVG Berlin-Brandenburg würde § 15 Abs. 3 BauGB den vom Gesetzgeber beabsichtigten Hauptanwendungsfall entziehen und sie weitestgehend überflüssig machen. Die jetzige Fassung mit dem Begriff der „Baugenehmigungsbehörde" ist nach Auskunft des Bundesministeriums für Verkehr, Bau und Stadtentwicklung[822] auf einen Fehler im Gesetzgebungsverfahren zurückzuführen. Gemeint ist stets die Behörde, welche für die baurechtliche Prüfung zuständig ist. Dies kann im immissionsschutzrechtlichen Verfahren mit Konzentrationswirkung auch ein Landesumweltamt sein. Eine entsprechende Anwendung von § 15 Abs. 3 BauGB auf das immissionsschutzrechtliche Genehmigungsverfahren ist somit zu befürworten.

Voraussetzung einer Zurückstellung nach § 15 Abs. 3 BauGB ist eine konkrete Wirkung des Vorhabens auf die gemeindliche Planung. Diese muss in Form eines Aufstellungs-, Änderungs- oder Ergänzungsbeschlusses gem. § 2 Abs. 1 S. 1 BauGB in Bezug auf eine Konzentrationszone nach § 35 Abs. 3 S. 3 BauGB zum Zeitpunkt des Zurückstellungsantrages vorliegen. Dabei muss vom Aufstellungsbeschluss eine Anstoßwirkung ausgehen, damit potenziell Planbetroffene erkennen können, welche Maßnahmen zu erwarten sind, was ausreichende Hinweise auf eine Konzentrationsabsicht erforderlich macht.[823] Ein Zurückstellungsantrag ist ohne hinreichende Präzisierung der Planungsabsichten unbegründet. Eine Konkretisierung nach Ablauf der der Antragsfrist des § 15 Abs. 3 S. 3 BauGB ist unzulässig.[824] Hinzukommen muss gem. § 15 Abs. 3 S. 1 BauGB die Befürchtung, dass ohne die Zurückstellung die Durchführung der Planung unmöglich gemacht oder wesentlich erschwert würde, wobei auf die die rechtlichen Anforderungen des § 14 BauGB zurückgegriffen werden kann.[825]

Rechtsfolge der Zurückstellung ist, dass die zuständige Behörde den Genehmigungsantrag für den Zeitraum von 12 Monaten nicht zu bearbeiten braucht. Der Zurückstellungszeitraum von 12 Monaten bietet als Plansicherungsinstrument einer Gemeinde deutlich geringeren Schutz als die bis zu vierjährige Veränderungssperre. Auf den Zurückstellungszeitraum ist die

---

[821] OVG Koblenz, BauR 2007, 520, 521/NVwZ 2007, 850, 851; VG Aachen, BeckRS 2008, 30294.

[822] Telefonische Auskunft BMVBS, Dr. Blechschmidt im August 2007.

[823] Hinsch, Zurückstellung nach § 15 III BauGB – Mittel zur Sicherung einer Konzentrationsplanung, NVwZ 2007, 770, 773.

[824] VG Aachen, BeckRS 2008, 30294.

[825] Hinsch, Zurückstellung nach § 15 III BauGB – Mittel zur Sicherung einer Konzentrationsplanung, NVwZ 2007, 770, 773.

Zeit zwischen dem Eingang des Genehmigungsantrages bei der zuständigen Behörde bis zur Zurückstellung nicht mit anzurechnen, soweit der Zeitraum für die Bearbeitung des Antrags erforderlich ist.[826] Zeiten einer faktischen Zurückstellung müssen jedoch auf die Zurückstellungsdauer angerechnet werden, wenn der Bauantrag nicht hinreichend zügig bearbeitet wurde.[827] Der Antrag auf Zurückstellung muss gem. § 15 Abs. 3 S. 3 BauGB innerhalb von sechs Wochen nach Kenntnis des Vorhabens von der Gemeinde gestellt werden.

e) Erschließung

Nach § 35 Abs. 1 Satz 1 BauGB ist für die Zulässigkeit eines Vorhabens nicht nur das Fehlen entgegenstehender Belage erforderlich, sondern auch die Sicherstellung einer ausreichenden Erschließung.

Für die Erschließung wird grundsätzlich vorausgesetzt, dass das Bauvorhaben über einen öffentlichen Weg oder eine Straße erreichbar ist.[828] Die Mindestanforderungen sind dabei abhängig von Art und Umfang des Vorhabens. Es kommt damit auf die Bedürfnisse und Auswirkungen des jeweiligen Vorhabens an.[829]

Als gesichert gilt eine Erschließung dann, wenn damit zu rechnen ist, dass sie auf Dauer zur Verfügung stehen wird.[830] Ziel des Erschließungsrechtes ist es, die Erreichbarkeit der Grundstücke für Kraftfahrzeuge, insbesondere der zur Gefahrenabwehr bestimmten, von Polizei und Feuerwehr sowie Rettungswesen, aber auch Ver- und Entsorgungswirtschaft, zu gewährleisten und gleichzeitig die Gemeinde vor unangemessenen Erschließungsaufgaben zu schützen.[831] Bei einer erwarteten geringeren Verkehrsbelastung sind verminderte Anforderungen an die wegemäßige Erschließung zu stellen. Im Außenbereich sind dementsprechend grundsätzlich geringere Anforderungen an die Erschließung zu stellen als im Innenbereich.[832] Dies entspricht dem Umweltschutz und dem Leitgedanken der Schonung des Außenbereichs.

---

[826] Vgl. Stüer/Stüer, Planerische Steuerung von privilegierten Vorhaben im Außenbereich, NuR 2004, 341 in Bezug auf Baugesuche im alten Baugenehmigungsverfahren. Im immissionsschutzrechtlichen Genehmigungsverfahren kann nichts anderes gelten.
[827] VG Aachen, BeckRS 2008, 30294.
[828] BVerwG, NVwZ-RR 2002, 770 f.
[829] BVerwG, BRS 30, Nr. 40
[830] BVerwG, NVwZ-RR 2002, 770.
[831] BVerwG, BRS 44, Nr. 75.
[832] Vgl. BVerwG, BRS 30, Nr. 40 für Wochenendhäuser im Außenbereich; BRS 44, Nr. 75, für eine Baumschule als landwirtschaftlichen Betrieb im Außenbereich.

Bei WEA stellt sich zunächst die Frage der Erreichbarkeit des Vorhabenstandortes. Mit zunehmender Dimension müssen große Anlagen an den Standort transportiert werden können. Dies ist allerdings ein einmaliger Vorgang. Bei der Erschließung ist jedoch nicht auf die Bauphase abzustellen, welche eine Angelegenheit des Bauherrn ist.[833] Sofern die Errichtung mit Schwerlastverkehr verbunden ist, der die örtlichen Wege beschädigt, so wird die Benutzung der Wege und deren Reparatur danach zumeist vertraglich geregelt.[834] Nach der Errichtung erfordert die Instandhaltung eine einfache Erreichbarkeit durch einen öffentlichen Weg oder eine privatrechtlich gesicherte Zugangsmöglichkeit. Ist die Gemeindestraße nur für landwirtschaftlichen Verkehr freigegeben, so bedarf es einer Sondernutzungserlaubnis, welche im Falle von Schwerlastverkehr regelmäßig mit Auflagen hinsichtlich der Straßenreparatur verbunden wird. Für die Annahme, dass die Erschließung sichergestellt ist, kommt es nicht ausschlaggebend darauf an, dass die Gemeinde bereits Erschließungsmaßnahmen ergriffen hat oder der Bauinteressent die Erschließungsaufgabe vertraglich übernommen hat, sondern lediglich, dass der Gemeinde ein zumutbares Erschließungsangebot vorliegt.[835]

Des Weiteren stellt sich die Frage nach dem Anschluss an das Stromnetz zum Zwecke der Einspeisung. Zur Erschließung gehört indes nicht die beabsichtigte Nutzung selbst.[836] Der Anschluss einer Windenergieanlage an das Stromnetz zum Zweck der Einspeisung gehört dementsprechend nicht zum bauplanungsrechtlichen Inhalt der Erschließung.[837]

Bei der Bestimmung der erforderlichen Erschließung ist der Ziel- und Quellverkehr zu analysieren. Bei einer Windenergieanlage ist eine regelmäßige Wartung zur Instandhaltung erforderlich. Zudem muss die Erreichbarkeit bei Unfällen, z. B. durch Blitzeinschlag für Fahrzeuge zur Gefahrenabwehr gegeben sein. Dies lässt im Ergebnis ein nur gelegentliches, geringes Verkehrsaufkommen erwarten. Die Erschließung einer Windenergieanlage im Außenbereich ist damit bereits mit dem Anschluss an einen öffentlichen Feldweg erfüllt.[838]

---

[833] VG Gießen, NuR 2007, 568, 569; VG Meiningen, BauR 2006, 1266, 1267.

[834] Zu dem Möglichkeiten von Vertragsregelungen, insbesondere für infrastrukturelle Folgekosten Krautzberger, Städtebauliche Verträge zur Umsetzung klimaschützender und energieeinsparender Zielsetzungen, DVBl 2008, 737, 741 f.

[835] OVG Berlin-Brandenburg, LKV 2007, 477.

[836] BVerwG, NVwZ 1996, 597.

[837] BVerwG, NVwZ 1996, 597.

[838] VG Gießen, NuR 2007, 568, 569; VG Meiningen, BauR 2006, 1266, 1267.

10. Rückbauverpflichtung

Nach § 35 Abs. 5 S. 2 BauGB ist für Vorhaben nach § 35 Abs. 1 Nr. 2 bis 6 und damit auch für Windenergieanlagen als weitere Zulässigkeitsvoraussetzung eine Verpflichtungserklärung hinsichtlich der Beseitigung der Bodenversiegelung nach Nutzungsaufgabe abzugeben. Die Regelung wurde mit dem EAG Bau 2004 im Hinblick auf die Begrenztheit der technischen Lebensdauer von Windenergieanlagen geschaffen.[839] Mit dem Wegfall des Nutzungszwecks entfällt die bodenrechtliche Legitimation für den Fortbestand des Baukörpers im Außenbereich. Ziel der Regelung ist vor allem eine Beeinträchtigung der Landschaft durch aufgegebene Anlagen zu vermeiden.[840] Die Sicherung der Einhaltung der Rückbauverpflichtung nach § 35 Abs. 5 S. 3 BauGB erfolgt zum einen durch Nebenbestimmungen zur Baugenehmigung und zum anderen durch Baulast oder in anderer Weise. Vorrangig kommen dabei Sicherheitsleistungen, insbesondere Rückbaubürgschaften in Betracht.[841]

Gerade im Hinblick auf die Rückbaubürgschaften besteht erhebliches Konfliktpotential. Der Windenergieerlass NRW empfiehlt als Nebenbestimmung zur Anlagengenehmigung eine Absicherung der Rückbauverpflichtung durch Bankbürgschaft in Höhe von zumindest 6,5 % der Investitionskosten.[842] Dies würde bei einer Bausumme von regelmäßig etwa 1,8 Mio. Euro zu einer Sicherheitsleistung von rund 120.000 Euro führen und stößt auf vehemente Kritik.[843] Das Verhältnismäßigkeitsprinzip gebietet es, die spezielle Sicherung für die Einhaltung der Rückbauverpflichtung im Einzelfall nicht schärfer auszugestalten, als es konkret erforderlich und angemessen ist, was nach einer Auffassung für das Rechtsinstitut der Baulast als typische Sicherungsform ohne finanzielle Sicherheitsleistung spricht.[844] Anderseits erscheint es angesichts der Rückbaukosten und der Beeinträchtigungen bei ausbleibendem Rückbau auch nicht verhältnismäßig auf jedwede finanzielle Absicherung dieser zu verzichten. Schließlich kann eine Rückbau-

---

[839] Zur Genese der Formulierung: Vorschlag des Unterausschusses EAG Bau des Bundesrates zu Drs. 756/03, Niederschrift 04.11.2003, Nr. 15 (Antrag Hamburg), Nr. 16 (Antrag Bayern), Nr. 17 (Antrag Thüringen).

[840] Krautzberger, in: Battis/Krautzberger/Löhr, BauGB, § 35 Rn. 125.

[841] Krautzberger, in: Battis/Krautzberger/Löhr, BauGB, § 35 Rn. 125.

[842] Grundsätze für Planung und Genehmigung von Windkraftanlagen, WKA-Erl. NRW 21.10.5005, Punkt 5.2.3.

[843] Bundesverband WindEnergie e. V., Landesverband NRW, Stellungnahme zum Entwurf eines neuen Windenergieerlasses der nordrhein-westfälischen Landesregierung im Rahmen der Anhörung im Ministerium für Bauen und Verkehr des Landes Nordrhein-Westfalen, 5. Oktober 2005, zu Punkt 5.2.3 WKA-Erl. NRW.

[844] Klinski/Buchholz/Schulte/Windguard/BioConsult SH, Umweltstrategie Windenergienutzung, S. 65.

bürgschaft auch verhältnismäßig ausgestaltet werden. Der im Windenergieerlass des Landes Sachsen-Anhalt vom 21.06.2005 angegebene, differenziertere Wert von 30.000 Euro pro MW installierter Leistung erscheint wirklichkeitsnah und wird auch Seitens der Windenergiebranche anerkannt.[845] Eine Orientierung an diesem Wert bei Erlass von Nebenbestimmungen erscheint daher vorzugswürdig.

11. Erteilung des gemeindlichen Einvernehmens

Über die Zulässigkeit von Vorhaben nach den §§ 31, 33 bis 35 BauGB wird gem. § 36 Abs. 1 Satz 1 BauGB im bauaufsichtlichen Verfahren von der Baugenehmigungsbehörde im Einvernehmen mit der Gemeinde entschieden. Die Erklärung des Einvernehmens nach § 36 BauGB zählt zu den Voraussetzungen, die nach § 6 Abs. 1, Nr. 2 BImSchG erfüllt sein müssen, so dass auch im immissionsschutzrechtlichen Verfahren die Zustimmung der Standortgemeinde erforderlich ist.[846] Das in § 36 Abs. 1 BauGB vorgesehene gemeindliche Einvernehmen ist ein als Mitentscheidungsrecht ausgestattetes Sicherungsinstrument, mit dem die Gemeinde als sachnahe und fachkundige Behörde an der Beurteilung der bauplanungsrechtlichen Zulässigkeitsvoraussetzungen mitentscheiden beteiligt wird.[847] Die Mitwirkung der Gemeinde dient der Absicherung ihrer Planungshoheit. Die Beteiligung erfolgt in ihrer Eigenschaft als Träger der Planungshoheit und damit eigener Rechte, nicht hingegen der Interessen einzelner Grundstückseigentümer, etwa Nachbarn.[848]

Das Einvernehmen darf die Gemeinde dabei gem. § 36 Abs. 2 Satz 1 BauGB nur aus den sich aus den §§ 31, 33 bis 35 BauGB ergebenden Gründen versagen. Eine darüber hinausgehende Mitentscheidungsbefugnis steht der Gemeinde nicht zu. In den vorgenannten Konstellationen entgegenstehender öffentlicher Belange kann die Gemeinde ihr Einvernehmen auch unbeschadet einer „positiven" bzw. mittelbar „negativen" Darstellung im Flächennutzungsplan verweigern.[849] Streitpunkt ist immer wieder, wel-

---

[845] Bundesverband WindEnergie e. V., Landesverband NRW, Stellungnahme zum Entwurf eines neuen Windenergieerlasses der nordrhein-westfälischen Landesregierung im Rahmen der Anhörung im Ministerium für Bauen und Verkehr des Landes Nordrhein-Westfalen, 5. Oktober 2005, zu Punkt 5.2.3 WKA-Erl. NRW.

[846] Krautzberger, in: Battis/Krautzberger/Löhr, BauGB, § 36 Rn. 3 m.w.N.; Scheidler, Die bauplanungsrechtlichen Voraussetzungen zur Erteilung der immissionsschutzrechtlichen Genehmigung, UPR 2007, 288, 291.

[847] VG Cottbus, BeckRS 2008, 33422.

[848] BVerwG, BVerwGE 28, 268.

[849] Krautzberger, Neuregelung der baurechtlichen Zulässigkeit von Windenergieanlagen zum 1.1.1997, NVwZ 1996, 847.

che Belange von der Gemeinde vorgebracht werden können. So trifft es auf Kritik, dass sich Gemeinden, die nicht den Sachverstand staatlicher Umweltämter aufweisen, sich des Naturschutzes bedienen um ein WEA-Vorhaben zu Fall zu bringen. Die Rechtsprechung ist dieser Kritik bislang nicht gefolgt und geht davon aus, dass die Schutzwirkung des § 36 BauGB zugunsten der Gemeinden auch den Fall erfasst, dass ein bevorzugt im Außenbereich zulässiges Vorhaben wegen entgegenstehender Belange des Naturschutzes und der Landschaftspflege unzulässig ist.[850] Entscheidend für einen wirksamen Naturschutz ist nicht die Frage mit welcher Motivation der Belang vertreten, sondern was letztendlich vorgetragen wird. Im Grundsatz überzeugt daher die Rechtsprechung, obwohl ein gewisser Beigeschmack verbleibt. Die Versagung des gemeindlichen Einvernehmens muss jedoch ausdrücklich erklärt werden. Ein von der Gemeinde gestellter Antrag auf Zurückstellung des Genehmigungsantrages kann nicht dahingehend ausgelegt werden, dass damit gleichzeitig das Einvernehmen versagt werden soll.[851]

Aus dem Sinn und Zweck des Einvernehmenserfordernisses in § 36 Abs. 1 Satz 1 BauGB ergibt sich, dass der Gesetzgeber der Gemeinde eine Entscheidung über ihr Einvernehmen auf der Grundlage in planungsrechtlicher Hinsicht vollständiger Antragsunterlagen ermöglichen will.[852] Die zweimonatige Einvernehmensfrist beginnt dementsprechend mit dem Zugang der vollständigen Antragsunterlagen aus Bauantrag und Bauvorlagen einschließlich einzuholender Stellungnahmen von Fachbehörden.

Wann die Antragsunterlagen vollständig sind und eine sachgerechte Prüfung in bauplanungsrechtlicher Hinsicht ermöglichen, wird von § 36 BauGB nicht vorgegeben und ist daher dem Landesrecht zu entnehmen. Sofern die Landesbauordnungen diese Frage nicht regeln, ist dies eine Ermessensentscheidung der Baugenehmigungsbehörde, welche die Gemeinde zur Stellungnahme binnen der Frist auffordert.

Die Genehmigungsbehörde darf die Baugenehmigung nicht erteilen, wenn das Einvernehmen rechtzeitig versagt wurde.[853] Wurde die Beteilung der Gemeinde im Verfahren unterlassen, so kann die Gemeinde dagegen gerichtlich vorgehen und die Aufhebung der Genehmigung gerichtlich durchsetzen. Dabei ist sie nicht auf eine materiell-rechtliche Überprüfung eines Anspruchs auf die Genehmigung angewiesen. Bereits die Missachtung des gesetzlich gewährleisteten Rechts der Gemeinde auf Einvernehmen führt zur Aufhebung der Genehmigung. Materiell-rechtlicher Bezugspunkt ist

---

[850] OVG Koblenz, UPR 2006, 463 f.
[851] OVG Berlin-Brandenburg, ZNER 2008, 395 ff.
[852] BVerwG, NVwZ 2005, 213.
[853] BVerwG, NVwZ 2005, 213.

schließlich nur die Planungshoheit der Gemeinde. Erst das förmliche Ersuchen nach § 36 BauGB gibt ihr schließlich Anlass zu entscheiden, ob sie von ihrer Planungshoheit durch Aufstellung eines Bauleitplans und dessen Sicherung durch die Mittel der Veränderungssperre oder der Zurückstellung von Baugesuchen Gebrauch machen will.[854] Die Einvernehmensfrist beginnt mit dem Eingang der Unterlagen bei der Gemeinde.[855] Sofern die Gemeinde nicht innerhalb der Frist reagiert, gilt im Interesse der Verfahrensbeschleunigung die Einvernehmensfiktion des § 36 Abs. 1 Satz 2 BauGB.

Durch die Erteilung des gemeindlichen Einvernehmens für die Errichtung einer Windenergieanlage ist eine Gemeinde grundsätzlich nicht daran gehindert, ihre bauleitplanerischen Vorstellungen zu ändern, eine widersprechende Bauleitplanung zu betreiben und dieselbe durch Veränderungssperre zu sichern, zumal die Planungshoheit von der Erteilung des Einvernehmens nicht berührt wird.[856] Das Einvernehmen verschafft dem Genehmigungsantrag allerdings eine Position, welche die Gemeinde in der Bauleitplanung zu berücksichtigen hat. Geschieht dies nicht, kann der Bebauungsplan an einem Abwägungsfehler leiden.[857]

Wird das Einvernehmen hingegen aus Gründen versagt, welche nicht dem bauplanungsrechtlichen Vorschriften der §§ 31, 33 bis 35 entstammen, ist das fehlende Einvernehmen auf Antrag der Genehmigungsbehörde bei der Kommunalaufsicht durch diese oder im Falle der landesrechtlichen Zuständigkeit durch die Genehmigungsbehörde selbst zu ersetzen.[858]

12. Bauordnungsrechtlicher Rahmen

Zu den im immissionsschutzrechtlichen Verfahren durch § 6 Abs. 1 Nr. 2 BImSchG konzentrierten öffentlich-rechtlichen Vorschriften zählen auch die Vorschriften des Bauordnungsrechts.[859] Sie zählen zum klassischen Gefahrenabwehrrecht und sind daher im Hinblick auf die Anlagensicherheit von besonderer Bedeutung. Hin und wieder auftretende WEA-Unfälle[860] werfen Sicherheits- und Abstandsfragen auf, die mit den Vorgaben des Immissionsschutzrechts, insbesondere in § 5 BImSchG, und dem bauplanungsrecht-

---

[854] BVerwG, NuR 2009, 249 f.
[855] BVerwG, NVwZ 2005, 213 f.
[856] BVerwG, ZNER 2004, 169, 170.
[857] BVerwG, ZNER 2004, 169, 171.
[858] VG Gießen, NuR 2007, 568, 569; VG Cottbus, BeckRS 2008, 33422.
[859] Aktueller Überblick bei Jäde, Aktuelle Entwicklungen im Bauordnungsrecht 2008/2009, ZfBR 2009, 428 ff.
[860] Übersicht bei Rectanus, Genehmigungsrechtliche Fragen der Windenergieanlagen-Sicherheit, NVwZ 2009, 871, 872.

II. Das einschlägige Genehmigungsverfahren

lichen Rücksichtnahmegebot nicht abschließend beantwortet sind. Hier greift das Bauordnungsrecht der Länder. Darunter sind insbesondere die Vorschriften des Abstandsflächenrechts hervorzuheben, die sich wesentlich auf die Errichtung von Windenergieanlagen auswirken. Ihnen kommt auch eine wichtige Rolle beim Repowering zu.

a) Abstandsflächen

Zu den elementaren menschlichen Bedürfnissen, welche die Baurechtsgeschichte prägen,[861] gehört die räumliche Distanz zu anderen und ihren Gebäuden. Nach sämtlichen Bauordnungen der Länder[862] ist in der offenen Bauweise vor Außenwänden oderirdischer Gebäude grundsätzlich eine Abstandsfläche freizuhalten. Dies setzt zunächst voraus, dass die bauplanungsrechtliche Frage der Bauweise geklärt ist. Der Kern der Abstandsflächenprüfung ist jedoch bauordnungsrechtlicher Natur. Gebäude sind selbständig benutzbare, überdeckte bauliche Anlagen, die von Menschen betreten werden können und geeignet oder bestimmt sind, dem Schutz von Menschen, Tieren oder Sachen zu dienen.[863] Nun fallen WEA nicht unter diese Definition eines Gebäudes. Allerdings gelten die Abstandsflächenregelungen entsprechend für bauliche Anlagen, denen die Wirkung von Gebäuden zukommt, ohne selber Gebäude zu sein.[864] Fraglich erscheint zunächst, ob

---

[861] So lassen sich Abstandsregelungen nicht nur bis zu Schwaben- und Sachsenspiegel zurückverfolgen, sondern bis zum „Ambitus sestertius pes esto" des römischen Zwölftafelgesetzes 302 v. Chr., Schulte, Abstände und Abstandsflächen in der Schnittstelle zwischen Bundes- und Landesrecht, BauR 2007, 1514, m.w.N.

[862] So die Musterbauordnung in § 6 Abs. 1 S. 1 MBO; Baden-Württemberg: § 5 Abs. 1 S. 1 LBO; Bayern: Art. 6 Abs. 1 S. 1 BayBO; Berlin: § 6 Abs. 1 S. 1 BauOBln; Brandenburg: § 6 Abs. 1 S. 1 BbgBO; Bremen: § 6 Abs. 1 S. 1 BremLBO; Hamburg: § 6 Abs. 1 S. 1 HBauO; Hessen: § 6 Abs. 1 S. 1 HBO; Mecklenburg-Vorpommern: § 6 Abs. S. 1 LBauOM-V; Niedersachsen § 7 Abs. 1 S. 1 NBauO; Nordrhein-Westfalen: § 6 Abs. 1 S. 1 BauONRW; Rheinland-Pfalz: § 8 Abs. 1 S. 1 RhPfBauO; Saarland: § 7 Abs. 1 S. 1 LBO; Sachsen: § 6 Abs. 1 S. 1 SächsBO; Sachsen-Anhalt: § 6 Abs. 1 S. 1 BauOLSA; Schleswig-Holstein: § 6 Abs. 1 S. 1 LBO; Thüringen: § 6 Abs. 1 S. 1 ThürBO.

[863] So die Definition in § 2 Abs. 2 MBO und inhaltsgleich in allen Landesbauordnungen.

[864] So die Musterbauordnung in § 6 Abs. 1 S. 2 MBO; Baden-Württemberg: § 5 Abs. 9 LBO; Bayern: Art. 6 Abs. 9 BayBO; Berlin: § 6 Abs. 1 S. 2 BauOBln; Brandenburg: § 6 Abs. 9 BbgBO; Bremen: § 6 Abs. 10 BremLBO; Hamburg: § 6 Abs. 1 S. 2 HBauO; Hessen: § 6 Abs. 8 HBO; Mecklenburg-Vorpommern: § 6 Abs. S. 2 LBauOM-V; Niedersachsen § 12a Abs. 1 S. 1 NBauO; Nordrhein-Westfalen: § 6 Abs. 10 BauONRW; Rheinland-Pfalz: § 8 Abs. 8 S. 1 RhPfBauO; Saarland: § 7 Abs. 7 S. 1 LBO; Sachsen: § 6 Abs. 1 S. 2 SächsBO; Sachsen-Anhalt: § 6 Abs. 1 S. 2 BauOLSA; Schleswig-Holstein: § 6 Abs. 9 S. 1 LBO a.F./§ 6 Abs. 1 S. 2 LBO n.F.; Thüringen: § 6 Abs. 1 S. 2 ThürBO.

von WEA gebäudegleiche Wirkungen ausgehen, die eine Abstandsfläche erfordern. Weder die Musterbauordnung 2002 noch die Landesbauordnungen regeln dies ausdrücklich. Es ist eine Analogie zu Gebäuden in Betracht zu ziehen, zumal der Sinn und Zweck einer Abstandsfläche – die Verhütung unzumutbarer Belästigungen und die Verwirklichung allgemeiner Anforderungen an gesunde Wohn- und Arbeitsverhältnisse auch bei Windenergieanlagen gegeben ist.[865] Auch wenn klassisch durch das Abstandsflächenrecht geschützte nachbarliche Interessen wie Belichtung, Belüftung, Besonnung und Brandschutz nicht tangiert sind, so ist doch das Recht geschützt, sein Grundstück jederzeit betreten und bewirtschaften zu können ohne Gefahr laufen zu müssen, durch eine ordnungsgemäß errichtete, unterhaltene und betriebene bauliche Anlage auf dem Nachbargrundstück Einbußen in den Rechtsgütern Leben und Gesundheit zu erleiden.[866] Dafür spricht auch der Regelungszusammenhang mit der für Windenergieanlagen spezifischen Berechnungsmethode in den Bauordnungen der Bundesländer Nordrhein-Westfalen in § 6 Abs. 10 BauONRW und Saarland in § 7 Abs. 7 LBO. Dieses Ergebnis muss mittlerweile als Konsens betrachtet werden. Problematisch erscheint im Hinblick auf die Errichtung von Windenergieanlagen nicht die Anwendung des Abstandsflächenrechts, sondern deren Berechnung. Je nach dem in der jeweiligen Bauordnung des Landes vorgesehenen Berechnungsfaktor und der Berechnungsmethode führt dies zu erheblichen Abständen. Die aus Sicht der Windenergiebranche überhöhten Abstandsregelungen der Landesbauordnungen, sowie die zumeist darüber hinaus gehenden Abstandsempfehlungen der Länder stellen mittlerweile ein Haupthindernis für Ausbau der Windenergienutzung und Repowering dar.[867] Die Abstandsflächenregelungen der Landesbauordnungen unterscheiden sich dabei von den Abstandsempfehlungen der Windenergieerlasse außer in ihrer Verbindlichkeit vor allem dadurch, dass Abstandsflächen nicht zu anderen Nutzungen wie Wohnnutzung oder Schutzgebieten, sondern verbindlich und grundsätzlich unabhängig von angrenzenden Nutzungen auf dem Grundstück, auf welchem das Vorhaben errichtet werden soll, freigehalten werden müssen. Die Abstandspflicht gilt auch in Bezug auf das Verhältnis von mehreren Windenergieanlagen zueinander.[868] Ein im Gegensatz zu diesem Abstand aus Gründen der Gefahrenabwehr darüber hinausgehender Abstand aus Gründen der Windhöffigkeit findet keine Grundlage im Bauordnungsrecht. Derartige Abstände liegen im Betreiberinteresse, damit sich mehrere

---

[865] OVG Münster, NVwZ 1998, 978 ff.; OVG Greifswald, NVwZ 2001, 454 ff.; OVG Lüneburg, NVwZ-RR 2002, 334, 335; VG Koblenz, NJOZ 2005, 1879, 1880.
[866] VG Karlsruhe, NVwZ 1997, 929 ff. in Bezug auf die Gefahr des Eisabwurfes.
[867] BWE, Positionspapier: Abstandsempfehlungen für die Planung von Windenergieanlagen, S. 4.
[868] Wolf, Windenergie als Rechtsproblem, ZUR 2002, 331, 333.

Anlagen einer Windfarm nicht gegenseitig den Wind wegnehmen. Eine wirtschaftliche Absicherung von Windenergieanlagen durch Windhöffigkeitsabstände ist nicht Aufgabe des Bauordnungsrechtes.

aa) Der Faktor H in den Landesbauordnungen

Mit der Reform der Musterbauordnung 2002 und der mit dieser einhergehenden Deregulierung ist der Faktor H in § 6 Abs. 5 MBO von zuvor 1,0 H auf 0,4 H abgesenkt worden. Mit der Absenkung des Regelabstandes auf 0,4 H wurde das Schmalseitenprivileg zum Regelfall gemacht und dadurch als selbstständige Regelung neben einem Regelabstand abgeschafft. Auch wenn mehrere Landesbauordnungen in der Folge überarbeitet wurden und damit die Abstandsflächentiefe vielerorts gesenkt wurde, halten sich bei weitem nicht alle Bundesländer an die Musterbauordnung, wie die Novelle der Bauordnung NRW 2006 zeigt.[869] Angesichts der Föderalismusreform vom 01.09.2006 und der in diesem Rahmen erfolgten Eliminierung des Wohnungswesens aus Art. 74 Abs. 1 Nr. 18 GG hat der Bund auf die baupolizeiliche Annexkompetenz verzichtet, über die er i.V.m. der Bad Dürkheimer Vereinbarung vom 21.01.1955 die Länder auf die Musterbauordnung verpflichtet hatte.[870] Folglich steht die Beachtung der Musterbauordnung zur Disposition der Länder. Den Wert H der Musterbauordnung weisen immerhin die neun Bundesländer Berlin in § 6 Abs. 5 BauOBln, Hamburg in § 6 Abs. 5 HBauO, Hessen in § 6 Abs. 5 HBO, Mecklenburg-Vorpommern in § 6 Abs. 5 LBauOM-V, Rheinland-Pfalz in § 8 Abs. 6 LBauO, Saarland in § 7 Abs. 5 LBO, Sachsen in § 6 Abs. 5 SächsBO, Sachsen-Anhalt in § 6 Abs. 5 BauOLSA und Thüringen in § 6 Abs. 5 ThürBO auf.

Die übrigen sieben Bundesländer weichen zum Teil erheblich vom Faktor H der Musterbauordnung ab. Brandenburg verlangt in § 6 Abs. 5 BbgBO 0,5 H. Baden-Württemberg sieht in § 5 Abs. 7 LBO genauso wie Bremen in § 6 Abs. 5 BremLBO grundsätzlich 0,6 H vor. NRW verlangt in § 6 Abs. 5 BauONRW grundsätzlich 0,8 H. Bayern verlangt in Art. 6 Abs. 4 BayBO 1997 sowie nun in Art. 6 Abs. 5 BayBO 2008 wie Niedersachsen in § 7 Abs. 3 NBauO und Schleswig-Holstein in § 6 Abs. 5 LBO die Abstandsflächentiefe 1 H. In der Folge kommen bei ein und demselben Anlagentyp je nach Bundesland zum Teil sehr unterschiedliche Abstandsflächen zustande. Hinzu kommt, dass einige Bundesländer Abweichungen von

---

[869] Schulte, Abstände und Abstandsflächen in der Schnittstelle zwischen Bundes- und Landesrecht, BauR 2007, 1514, 1517 ff. m.w.N.

[870] Schulte, Abstände und Abstandsflächen in der Schnittstelle zwischen Bundes- und Landesrecht, BauR 2007, 1514, 1521 ff. m.w.N.

diesem grundsätzlichen Faktor H bei der Abstandsberechnung für Windenergieanlagen vorsehen.[871]

Eine Sonderegelung für die Abstandsflächenberechnung von Windenergieanlagen findet sich in den fünf Bundesländern Bremen in § 6 Abs. 8 S. 1 Nr. 4 BremLBO, Niedersachsen in § 13 Abs. 1 Nr. 7 a) NBauO, NRW in § 6 Abs. 10 NWBauO, Saarland in § 7 Abs. 5 und Abs. 7 LBO und in Sachsen-Anhalt in § 6 Abs. 7 BauOLSA. Diese Sonderregelungen haben durchaus unterschiedlichen Charakter. Teilweise beinhalten sie eine andere Berechnungsmethode, teilweise stellen sie eine Konkretisierung der bestehenden Berechnungsmethode dar und teilweise ermöglichen sie Ausnahmen von der Abstandsflächentiefe.

Hervorzuheben ist, dass Nordrhein-Westfalen den grundsätzlichen Faktor H von $0,8\,H$ in § 6 Abs. 10 S. 3 BauONRW durch einen Faktor $0,5\,H$ ersetzt und somit wesentlich verkürzt hat. Eine Regelung, welche auch die grundlegende Novellierung von § 6 BauONRW vom 12.12.2006 überdauert hat. Damit bleibt die Regelung der Abstandsflächen für Windenergieanlagen projektiererfreundlich. Noch wesentlich weiter geht die saarländische Bauordnung. Einerseits setzt sie der Musterbauordnung entsprechend mit dem Faktor $0,4\,H$ ohnehin einen niedrigeren Wert voraus, andererseits kann nach § 7 Abs. 5 LBO eine Abstandsfläche bis zu $0,25\,H$ zugelassen werden. Das ist die gegenüber Anlagenerrichtern großzügigste Regelung eines Bundeslandes.

Neu ist die mit der BauGB-Novelle 2007 über § 9 Abs. 1 Nr. 2a BauGB eingeführte Möglichkeit der Gemeinden im Bebauungsplan abweichende Abstandsflächen festzusetzen, was hier neue Spielräume eröffnet.[872] Dies ist in Bayern auch landesgesetzlich geregelt. Die Novelle der bayrischen Bauordnung zum 1.01.2008 beinhaltet in Art. 6 Abs. 7 Nr. 2 BayBO die Möglichkeit der satzungsrechtlichen Verkürzung der Abstandsfläche für das Gemeindegebiet oder Teile des Gemeindegebiets auf $0,4\,H$ vor.[873] Dies ist von den daneben bestehenden Möglichkeiten der ausnahmsweisen Abweichung von der zu wahrenden Abstandsfläche und der Übernahme von Abstandsflächen zu unterscheiden.[874]

---

[871] Otto, Klimaschutz und Energieeinsparung im Bauordnungsrecht der Länder, ZfBR 2008, 550, 556.

[872] Boeddinghaus, Zur planungsrechtlichen Regelung der bauordnungsrechtlich definierten Abstandsflächen, BauR 2007, 641 ff.; Schulte, Abstände und Abstandsflächen in der Schnittstelle zwischen Bundes- und Landesrecht, BauR 2007, 1514, 1526 f.

[873] Bayrische Bauordnung in der Fassung der Bekanntmachung vom 14. August 2007, BayGVBl. 2007, 587, 593; zur Entstehungsgeschichte vgl. Boeddinghaus, Die neue Bayerische Abstandsregelung, BauR 2008, 35 ff.

[874] VGH München, ZNER 2008, 393 ff.

bb) Die Berechnung der Abstandsflächen

Bei der Berechnung von Abstandsflächen zu Windenergieanlagen stellt sich die Frage, ob für den Faktor *H* auf die Nabenhöhe oder die Rotorhöhe abzustellen ist. Einen Mittelweg stellt die Berechnung in Anlehnung an die Sonderregelungen für Giebelflächen dar. Diese entscheidende Frage wird in Rechtsprechung und Schrifttum nicht einheitlich beurteilt.[875]

Für die Nabenhöhe spricht, dass dies der statisch höchste Punkt der Anlage ist. Drehen sich die Rotorblätter, so gibt es keinen höheren festen Punkt. Würde man auf die Rotorhöhe abstellen, so stützt man sich letztendlich auf eine Fiktion. Dennoch wird diese Form der Berechnung des Faktors *H* zumeist nur als theoretisches Gegenmodell zur Einbeziehung der Rotorblätter verwendet. Die Feststellung, dass die Höhe des feststehenden Mastes nicht hinreichend sei, führt dann zur Befürwortung eines der beiden anderen Berechnungsmodelle.[876]

Für die Rotorhöhe spricht hingegen, dass sich die Rotorblätter ja gerade nicht ständig drehen, da des öfteren Windstille herrscht.[877] Hinzu kommt das Abschalten der Windenergieanlage bei zu starkem Wind. Dass ein stehendes Rotorblatt den höchsten Punkt der Anlage bildet, ist also keine Fiktion, sondern regelmäßig der Fall. Ein Abstellen auf die Rotorhöhe lässt sich somit gut begründen. Maßgeblich für die Abstandsflächenberechnung ist demnach der durch die Rotorlänge beschriebene höchste Punkt über dem Boden.[878] Diesem Berechnungsmodell folgen Nordrhein-Westfalen in § 6 Abs. 10 Sätze 2–4 NWBauO, das Saarland in § 7 Abs. 7 LBO und Sachsen-Anhalt in § 6 Abs. 7 BauOLSA. Ein Abstellen auf die Gesamthöhe lässt sich auch dem Windenergieerlass von Schleswig-Holstein entnehmen.[879]

Einen Mittelweg soll das Abstellen auf die Abstandsflächenberechnung bei Giebeln darstellen.[880] Dieser Weg hat den Charme, dass er der berechtigten Kritik der Befürworter der Rotorblatt-Lösung an der Nabenhöhe Rechnung trägt, ohne außer acht zu lassen, dass bei einer Windenergie-

---

[875] Streit bewusst offen gelassen in VG Karlsruhe, NVwZ 1997, 929, 930.
[876] Vgl. z.B. OVG Greifswald, LKV 2007, 234, 235.
[877] Siehe nur: Die WELT 14.10.2006, S. 11, Jedes fünfte Windrad im Norden steht still.
[878] Wolf, Windenergie als Rechtsproblem, ZUR 2002, 331, 332; Jeromin, Praxisprobleme bei der Zulassung von Windenergieanlagen, BauR 2003, 826.
[879] Grundsätze zur Planung von Windkraftanlagen, Gemeinsamer Runderlass des Innenministeriums, des Ministeriums für Umwelt, Naturschutz und Landwirtschaft und des Ministeriums für Wirtschaft, Arbeit und Verkehr vom 25.11.2003, ABl. Schl.-H 2003, 893, Nr. 3.
[880] VG Koblenz, NJOZ 2005, 1879, 1883.

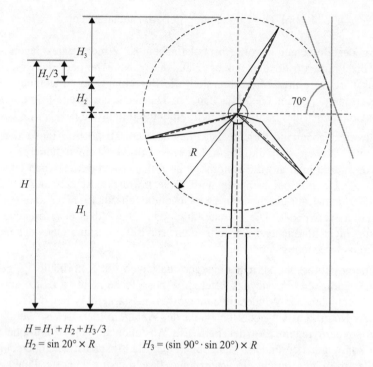

$H = H_1 + H_2 + H_3/3$
$H_2 = \sin 20° \times R$ $H_3 = (\sin 90° \cdot \sin 20°) \times R$

anlage es gerade Zweck der Anlage ist, dass der höchste Punkt in Bewegung sein soll. Damit berechnet sich die maßgebliche Höhe H aus der Nabenhöhe zuzüglich des Produktes aus Rotorblattlänge und dem Giebelberechnungsfaktor der jeweiligen Landesbauordnung bzw. dem jeweiligen Windenergieerlass. In Rheinland-Pfalz z. B., wo sich diese Berechnungsmethode durchgesetzt hat, berechnet sich damit der Faktor H als Summe der Nabenhöhe und des Produktes von Rotorblattlänge × 0,4637. In Sachsen, wo diese Berechnung in einer Verwaltungsvorschrift zur Bauordnung verankert ist, wird der Faktor H aus der Summe von Nabenhöhe (H_1) und dem Produkt aus Rotorblattlänge und 0,5613 berechnet (vgl. abgebildete Grafik).[881]

Als am exaktesten wird die in Brandenburg verwendete Formel $R = \sqrt{(r^2 + e^2)}$ (R für Radius der fiktiven Kugel, r für Rotorradius, e für Exzentrum aufgrund der Exzentrizität des Rotors) zur Berechnung der

---

[881] Freistaat Sachsen, Verwaltungsvorschrift des Sächsischen Staatsministeriums des Innern zur sächsischen Bauordnung (VwVSächsBO) vom 18.03.2005, SächsABl. S. 363, Sonderdr. 2/2005 v. 9.4.2005, Nr. 6.4 (daraus entnommen die abgebildete Grafik); vgl. OVG Bautzen, LKV 2007, 476.

Abstandsflächentiefe ab Turmachse (A) bei $H = 0{,}4$ bezeichnet: $A = 0{,}4 \times$ Nabenhöhe $+ 1{,}07704 \times R$.[882] Allen diesen Berechnungsmethoden ist die Berücksichtigung der Krümmung des gedachten Baukörpers infolge der Kugelform des vom Rotor bestrichenen Luftraums gemeinsam.

Bei eingehender Betrachtung der drei Wege ist offensichtlich, dass der erste Weg, der sich ausschließlich auf die Nabenhöhe bezieht, zwar äußerst projektiererfreundlich ist, aber nicht überzeugen kann. Die Rotorblätter außen vor zu lassen, als wären sie kein wesentliches, festes Bauteil einer Windenergieanlage, verkennt schon die bauliche Beschaffenheit einer Windenergieanlage. Schwierig ist die Entscheidung zwischen dem Weg, der auf die Rotorlänge abstellt, und dem Weg, der die Giebelberechnung heranzieht. Beide Wege sind nicht für Windenergieanlagen konzipiert. Ihre Unvollkommenheit drängt sich geradezu auf. Dementsprechend ist es zu begrüßen, dass einige Bundesländer bereits den neuen Weg gegangen sind, ein eigenständiges Abstandsflächenrecht für Windenergieanlagen in ihrer jeweiligen Landesbauordnung zu schaffen. Nur NRW, Saarland und Sachsen-Anhalt haben die Höhe als Summe von Rotorachsenhöhe und Rotorradius definiert.[883]

Es wäre zu begrüßen, wenn sich die Flächenländer ohne Regelung in ihrer Landesbauordnung in dieser Frage ein Beispiel an NRW, Saarland oder Sachsen-Anhalt nehmen würden und entsprechende Regelungen in ihren Landesbauordnungen schüfen, denen klar zu entnehmen wäre, wie eine Abstandsfläche zu WEA berechnet wird. Daraus entsteht weder Bauherren noch Nachbarn ein Nachteil, zumal die durch eine größere Höhe entstehende größere Abstandsfläche in den Landesbauordnungen regelmäßig mit einem WEA-spezifischen geringeren Faktor H wieder verkürzt wird. Der Gewinn einer solchen Regelung liegt darin, dass im Gegensatz zu einer Berechnungsempfehlung der Verwaltung dann der Gesetzgeber Klarheit schafft und die Berechnung damit auch deutlich vereinfacht wird.

Sofern eine WEA-spezifische Regelung nicht erfolgt ist, stellt sich weiter die Frage nach der Berechnung des Faktors H. Letztendlich handelt es sich bei Bauordnungsrecht um Gefahrenabwehrrecht, auch wenn sich die Berechnung von Abständen zu WEA vom historischen Ziel der Abstandsfläche, dem Brandschutz, weit entfernt hat. Dass eine Windenergieanlage Feuer fängt oder schlecht befestigte Bauteile herabfallen, kommt zwar vor, ist aber lediglich ein Beweis für die Notwendigkeit von Abstandsflächen an sich und bedeutet nicht, dass eine spezifische Regelung für Windenergieanlagen notwendig ist. Dennoch bestehen auch bei WEA-spezifischen Ge-

---

[882] Rolshoven, Prioritätsprinzip bei konkurrierenden Genehmigungsanträgen, NVwZ 2006, 516, 517.
[883] § 6 Abs. 10 S. 3 BauONRW, § 7 Abs. 7 LBO und § 6 Abs. 7 BauOLSA.

fahren für Menschen, (z. B. durch Eisabwurf[884]), die gerade von den Rotorblättern ausgehen.[885] Diesem Aspekt muss allerdings beim Ansatzpunkt der Abstandsfläche Rechnung getragen werden, nicht bei der Berechnung selbst. Der Hintergrund der Gefahrenabwehr führt nicht automatisch zur größtmöglichen Abstandsfläche. Solange Bundesländer sich nicht wie NRW, Saarland und Sachsen-Anhalt zu einer vorzugswürdigen für Windenergieanlagen spezifischen Regelung durchgerungen haben, erscheint der Mittelweg über die Giebelberechnungsmethode am sachgerechtesten. Nur so wird hinreichend berücksichtigt, dass bei Windenergieanlagen im Unterschied zu Häusern grundsätzlich kein fest stehender höchster Punkt auf Höhe der Rotorblattspitze besteht. Ausschließlich auf diesem Wege lässt sich hinreichend berücksichtigen, dass der Abstand nicht zu einer senkrechten Wand einzuhalten ist, sondern mit dem Rotorradius eine Krümmung besteht. Diese lässt sich nur über die Methode der Abstandsflächenberechnung zu Giebeln und Dachkrümmungen sachgerecht erfassen.

cc) Ansatzpunkt für Abstandsflächen

Es stellt sich die Frage des Ansatzpunktes für die Abstandsfläche. Fraglich ist, ob auf die Mastmitte oder auf den Rand des durch die Rotoren beschriebenen Schwenkbereiches oder einen Punkt dazwischen abzustellen ist. Auch diese Frage wird in den Landesbauordnungen, Rechtsprechung und Schrifttum nicht einheitlich beurteilt.

Nach einer Auffassung ist auf den Anlagenmast als geometrischen Mittelpunkt abzustellen. Der Abstand verläuft dann kreisförmig um den Anlagenmast.[886] Diese Bezugnahme auf den geometrischen Mittelpunkt findet sich auch in den Landesbauordnungen von NRW in § 6 Abs. 10 S. 5 NWBauO, Saarland in § 7 Abs. 7 S. 4 LBO und Sachsen-Anhalt in § 6 Abs. 7 S. 4 BauOLSA.

Nach anderer Auffassung sollen die Abstandsflächen außerhalb des durch die Rotoren bestrichenen Bereichs beginnen. Der Schwenkbereich bilde einen fiktiven baulichen Kubus, der mit der Außenwand eines Gebäudes vergleichbar sei. Dementsprechend ist von dem der Nachbargrenze nächstgele-

---

[884] VG Karlsruhe, NVwZ 1997, 929 ff. befasst sich mit der Gefahr des Eisabwurfes; VG Koblenz, NJOZ 2005, 1879 ff. befasst sich mit Eisabwurf in Richtung der Arbeiter einer Weihnachtsbaumplantage.

[885] Schwarz, Auswirkungen von Windenergieanlagen und ihre Bedeutung für die Bauleitplanung, LKV 1998, 342, 343, verweist darauf, dass bei 1,5 MW Anlagen abtauende Eisbrocken bis zu rd. 150 M weit fliegen können.

[886] Jeromin, Praxisprobleme bei der Zulassung von Windenergieanlagen, BauR 2003, 826.

genen Punkt der Rotorfläche auszugehen.[887] Die Abstandsfläche berechne sich daher nach der Formel $R + (0{,}4)\,H$. Das führt dazu, dass der errechneten Abstandsfläche der Rotorradius hinzuzurechnen ist, bevor die Summe dann vom Mittelpunkt des Mastes in Ansatz gebracht werden kann.[888]

Nach dritter Auffassung muss ein Punkt dazwischen als Ansatzpunkt verwendet werden.[889] Dies sei die logische Konsequenz der Anwendung der Giebelberechnung bei der Ermittlung des Faktors H. Demnach ist der mittlere Ansatzpunkt die Stelle an der eine senkrechte Linie vom Rotor auf der Höhe H auf den Boden trifft. Dieser Punkt liegt immer zwischen dem Mast als geometrischem Mittelpunkt und dem maximalen Rotorradius R.

Zur Veranschaulichung der drei Ansatzpunkte für die Abstandsflächenberechnung siehe folgende Grafik.[890]

Die Kritik der Anhänger ersterer Auffassung, bei der Kugelform handele es sich nicht um ein massiv gebautes Bauteil, sondern um einen bloß vorgestellten, imaginären Baukörper[891], erinnert an die Diskussion um den Faktor H. OVG Bautzen und VG Koblenz stellen zu Recht fest, dass wegen der Dauerhaftigkeit der Rotorbewegungen das Ausschwenken aus der Senkrechten des Mastes auch nicht als unerheblich gesehen werden kann, wie etwa die Drehbewegungen von beweglichen Bauteilen wie Garagentoren oder Fensterflügeln.[892] Die Regelung der Länder NRW, Saarland und Sachsen-Anhalt einerseits den Rotor bei der Berechnung der Höhe vollständig einzubeziehen, andererseits ihn beim Ansatzpunkt außen vor zu lassen ist nicht stringent. Wie das Sächsische Innenministerium in der VwVSächsBO und das OVG Koblenz beim Fehlen einer WEA-spezifischen Regelung des Landesgesetzgebers auf den Rand des Schwenkbereichs abzustellen, überzeugt allerdings auch nicht, zumal dann außer acht gelassen wird, dass der Rotor eben kein fester Baukörper ist, sondern nur eine fiktive Kugel bildet.

---

[887] Freistaat Sachsen, Verwaltungsvorschrift des Sächsischen Staatsministeriums des Innern zur sächsischen Bauordnung (VwVSächsBO) vom 18.03.2005, SächsABl. S. 363, Sonderdr. 2/2005 v. 9.4.2005, Nr. 6.4.; VG Koblenz, NJOZ 2005, 1879, 1883 bestätigt damit die nicht veröffentlichte Entscheidung des OVG Koblenz vom 10.09.1999 – 8 B 11689/99.

[888] OVG Bautzen, LKV 2007, 476.

[889] So z.B. Rechtsauffassung Rolshoven (juritischer Beirat BWE), Gespräch 20. April 2007.

[890] Grafik vom Autor erstellt auf der Grundlage der Abbildung in Freistaat Sachsen, Verwaltungsvorschrift des Sächsischen Staatsministeriums des Innern zur sächsischen Bauordnung (VwVSächsBO) vom 18.03.2005, SächsABl. S. 363, Sonderdr. 2/2005 v. 9.4.2005, Nr. 6.4.

[891] Jeromin, Praxisprobleme bei der Zulassung von Windenergieanlagen, BauR 2003, 827.

[892] VG Koblenz, NJOZ 2005, 1879, 1883 unter Verweis auf OVG Koblenz, 10.09.1999 – 8 B 11689/99.

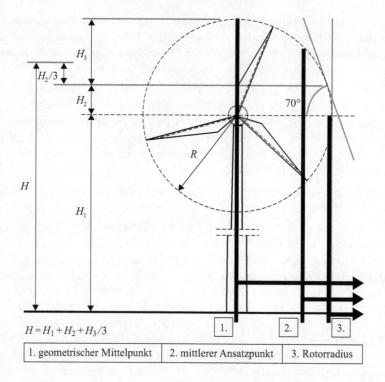

$H = H_1 + H_2 + H_3/3$

1. geometrischer Mittelpunkt | 2. mittlerer Ansatzpunkt | 3. Rotorradius

Ein Abstellen auf den Rotorradius wird auch der Dreidimensionalität der Kugel nicht gerecht. Insofern überzeugt auch hier der Mittelweg über die senkrechte Linie unterhalb von H (mittlerer Ansatzpunkt) als Berechnungsmethode für den Ansatzpunkt, für die Fälle in denen nicht die Landesbauordnung ein anderes Verfahren vorgibt. Die Komplexität des damit entstehenden Berechnungsverfahrens macht auch hier eine rechtspolitische Lösung durch Normierung in den übrigen 13 Landesbauordnungen wünschenswert.

dd) Anwendung des Schmalseitenprivilegs?

In Folge der Musterbauordnung 2002 und der mit ihrer Deregulierungstendenz einhergehenden Absenkung des Faktors H ist das Schmalseitenprivileg weitestgehend verschwunden, so dass die damit einhergehenden Fragen ebenfalls zurückgehen. Allerdings haben nicht alle Bundesländer die Vorgaben der MBO 2002 übernommen, wie zum Beispiel Bayern, oder dies liegt noch nicht so weit zurück, dass die Frage des Schmalseitenprivilegs zu ignorieren wäre. Es zählt daher noch zu den Problemen des Abstandsflächenrechts. Im Abstandsflächenrecht einzelner Bauordnungen findet sich ein Schmalseitenprivileg,[893] welches die Errichtung schmaler Gebäude begünstigt. Fraglich ist, ob sich dies auf WEA übertragen lässt, zumal alle Windenergieanlagen bautechnisch aus einem vergleichsweise schmalen Mast und einem Rotor bestehen. Das das Schmalseitenprivileg nicht für Windenergieanlagen konzipiert ist, hat es mit den meisten Regelungen des Abstandsflächenrechts der Bauordnungen gemeinsam. Das Bundesland Nordrhein-Westfalen hat konsequenterweise in seiner Bauordnung in § 6 Abs. 10 S. 2 BauONRW klargestellt, dass die Regelung über das Schmalseitenprivileg auf Windenergieanlagen keine Anwendung findet. In den anderen Bundesländern mit einer Regelung zum Schmalseitenprivileg wie in Art. 6 Abs. 6 S. 1 Halbs. 1 BayBO 2008[894] stellt sich grundsätzlich die Frage, ob das Schmalseitenprivileg anzuwenden ist. Teilweise wird die Anwendung befürwortet,[895] teilweise abgelehnt[896] und teilweise für unbeachtlich gehalten.[897] Wichtig ist, dass bei der Abstandsflächenberechnung die Höhe des Gebäudes und nicht dessen Breite im Vordergrund steht und vor allem bei einer auf den Mast fokussierten Betrachtung der Rotor außen vor bliebe, dessen bestrichene Fläche meist die Gebäudeabmessungen noch übersteigt.[898] Die ständige Rechtsprechung des OVG Lüneburg, welche bei der Anwendung des Abstandsflächenrechts auf Windenergieanlagen diese gerade mit der Bedeutung der vom Rotor bestrichenen Fläche begründet und dann wiederum die Anwendung des Schmalseitenprivilegs befürwortet, ist widersprüchlich. Die partielle Durchbrechung des Abstandflächenrechts über die Anwendung des Schmalseitenprivilegs erfordert nach dem Sinn und Zweck des Abstandsflächenrechts, welches ein Gefahrenabwehrrecht für das ganze Gebäude darstellt, auch die Einbeziehung des Rotors. Folglich ist eine Anwendung des Schmalseitenprivilegs ohne Einbeziehung des Rotors abzulehnen. Wird dieser einbezogen, ist die Anlage bei den heute errichteten Anlagentypen regelmäßig nicht mehr schmal. Der Rotordurchmesser wird die in den Landesbauordnungen für die Anwendung des Schmalseitenprivilegs genannte Länge einer Außenwand[899] auch bei sich für Windenergieanlagen aufdrängender Anwendung des Schmalseitenprivi-

---

[893] Z.B. § 6 Abs. 6 BauO NRW.
[894] Die Regelung aus Art. 6 Abs. 5 S. 1 Halbs. 1 BayBO 1997 wurde bei der Novellierung wortgleich übernommen, Bayrische Bauordnung in der Fassung der Bekanntmachung vom 14. August 2007, BayGVBl. 2007, 587, 593; Vergleich zur alten Rechtslage siehe Boeddinghaus, Die neue Bayerische Abstandsregelung, BauR 2008, 35, 36.
[895] St. Rspr. OVG Lüneburg, NVwZ-RR 2002, 334, 335.
[896] St. Rspr. OVG Münster, NVwZ 1998, 978 f.
[897] OVG Greifswald, NVwZ 2001, 454, 456; OVG Greifswald, LKV 2007, 234, 235.
[898] OVG Münster, NVwZ 1998, 978, 979.

legs von mehr als zwei Seiten[900] um ein vielfaches überschreiten. Damit erübrigt sich die Anwendung des Schmalseitenprivilegs.

ee) Ausnahmen von der Abstandsflächenberechnung

Eine Ausnahme von der regulären Abstandsflächenberechnung ist im Bundesland Bremen in § 6 Abs. 8 S. 1 Nr. 4 BremLBO vorgesehen. Demnach können „geringere" als die normierten Abstände zugelassen werden, wenn Belüftung, Beleuchtung, Brandschutz und Gesundheitsschutz gewährleistet sind. Dies ermöglicht zum einen eine sehr flexible Handhabung, schafft aber bei der Unbestimmtheit einer „geringeren" Tiefe auch keine Rechtssicherheit. Letztendlich wird damit weder dem Interesse eines Windenergieanlagenerrichters- und betreibers nach Investitionssicherheit durch eine klare Rechtslage noch dem Interesse der Nachbarn an einem verlässlichen Mindestschutz gedient. Rechtspolitisch wäre eine klare Regelung vorzugswürdig.

Gelungener ist in dieser Hinsicht die Ausnahmeregelung des Landes Niedersachsen in § 13 Abs. 1 Nr. 7 a) NBauO. Hier wird eine Abweichung von den vorgegebenen Abständen unter den Zustimmungsvorbehalt der Nachbarn gestellt. Das erfüllt das Bedürfnis nach Rechtssicherheit, ist aber im Ergebnis nur für Nachbarn eine positive Regelung. Für die Investoren, welche einen Ausweg hinsichtlich der rigiden Vorgabe des Abstandsflächenfaktors 1 *H* suchen, dürfte dies in der Regel eine unzureichende Flexibilisierung sein.

Bei der WEA-spezifischen Regelung der nordrhein-westfälischen Bauordnung handelt es sich nicht um eine Ausnahmeregelung, sondern um eine klare Berechnungsvorgabe. Ähnlich verhält es sich mit der Saarländischen Bauordnung, die einen Mindestabstand sowie die Berechnungsmethode vorgibt. Auch die Bauordnung von Sachsen-Anhalt ist dieser Kategorie zuzurechnen und stellt keine Ausnahmeregelung im Ermessen der Behörde dar.

Abstandsflächen können sich entgegen dem allen Bauordnungen gemeinsamen Grundsatz, dass sie auf dem Grundstück des Bauherrn liegen müssen, ausnahmsweise auch ganz oder teilweise auf andere Grundstücke erstrecken. Voraussetzung ist regelmäßig eine öffentlich-rechtliche Absicherung, dass diese Abstandsflächen auf den benachbarten Grundstücken nicht

---

[899] Bayern Art. 6 Abs. 5 BayBO 1997 bzw. Art. 6 Abs. 6 BayBO 2008: 16 m; Niedersachsen § 7 a Abs. 1 NBauO 17 m; NRW § 6 Abs. 6 BauONRW: 16 m; Schleswig-Holstein § 6 Abs. 6 LBO a.F. bis 01.05.2009: 16 m.

[900] Dazu vertiefend Boeddinghaus, Die neue Bayerische Abstandsregelung, BauR 2008, 35, 50.

bebaut werden können und die auf diesen Grundstücken gelegenen Abstandsflächen nicht angerechnet werden. Die erforderliche öffentlich-rechtliche Sicherung wird regelmäßig durch Eintragung einer Baulast ins Baulastenverzeichnis gewährleistet. Dem Genehmigungsantrag muss bei Beabsichtigung einer solchen Konstruktion zumindest eine entsprechende bindende Erklärung des Nachbarn beigefügt sein.[901]

Zudem besteht die mit der BauGB-Novelle 2007 eingeführte Abweichungsmöglichkeit von den Regeln des Bauordnungsrechts durch planungsrechtliche Festsetzung einer Abstandsfläche über § 9 Abs. 1 Nr. 2a BauGB. In Anlehnung an den nachbarschützenden Charakter des bauordnungsrechtlichen Abstandsflächenrechts wird auch bei größeren Abständen im Bebauungsplan von einer nachbarschützenden Regelung ausgegangen.[902] Was für größere Abstandsflächen gilt muss hier erst recht für die Festsetzung kleinerer Abstandsflächen gelten. Ein anderes Ergebnis wäre sinnwidrig. Im Ergebnis kommt es damit auf die genau festgesetzte Abstandsflächentiefe an.

ff) Abstandsflächenrecht und Repowering

Die Tendenz alte, aus heutiger Sicht leistungsarme Anlagen durch moderne leistungsstarke Anlagen zu ersetzen, das Repowering, wirft neue Probleme mit dem Abstandsflächenrecht auf.

Zunächst ist festzuhalten, dass Windenergieanlagen wie alle technischen Anlagen eine begrenzte „Lebenszeit" haben. Insofern ist es notwendig Altanlagen zu ersetzen. Hinzu kommt eine überaus rasante technische Entwicklung von Anlagen in neuer Dimension. Die Tatsache, dass neue Anlagen im Gegensatz zu Anlagen, die vor zehn Jahren errichtet wurden auch eine zehnfach so hohe Leistungsfähigkeit haben, macht mit einer möglichen Vervielfachung der einzuspeisenden Strommenge ein Repowering wirtschaftlich attraktiv. Diese Möglichkeit größerer Stromeinspeisung beruht auf größeren Rotoren, die wiederum höhere Nabenhöhen erfordern. Damit bewirkt die neue technische Dimension Anlagen die teilweise mehr als doppelt so hoch sind, wie diejenigen Anlagen, welche sie ersetzen. Daraus resultieren zwangsläufig wesentlich größere Abstandsflächen. Dies erzwingt in der Regel eine deutliche Reduzierung der Anlagenzahl, selbst wenn vor Ort eine Unterstützung für weitere Anlagen vorhanden ist.[903] Da die kleinteiligen Grundstücksstrukturen nicht für die Errichtung von Windfarmen

---

[901] OVG Greifswald, LKV 2007, 234, 236.

[902] Boeddinghaus, Zur planungsrechtlichen Regelung der bauordnungsrechtlich definierten Abstandsflächen, BauR 2007, 641, 649.

[903] Vgl. Windfarm Neuenfeld in Schleswig-Holstein, bei dem 12 Anlagen mit je 500 KW Leistung durch 5 Anlagen mit je etwa 2 MW Leistung ersetzt werden sol-

neu geordnet werden, bleibt so das Potential für ein Repowering im Bereich der Leistungssteigerung vielerorts unausgeschöpft.

Hier ist die Frage der Handhabung des neuen § 9 Abs. 1 Nr. 2a BauGB von besonderem Interesse. Die neue Möglichkeit der Kommunen selbst Abstandsflächen festzulegen schafft im Positiven wie im Negativen ein weiteres Steuerungsinstrument. Windenergiefreundliche Kommunen werden unabhängig vom zum Teil einengenden Rahmen der jeweiligen Landesbauordnung bauleitplanerisch abweichen und damit ein Repowering fördern, windenergiekritische Kommunen werden hier ein Mittel zur weiteren Reduzierung der Anlagenzahl entdecken. Über die Praxis lässt sich in so kurzer Zeit nach der BauGB-Novelle noch nicht urteilen. Es lässt sich nur zusammenfassen, dass die Einstellung der Gemeinde zur Windenergienutzung für ein Repowering von entscheidender Bedeutung ist.

gg) Rechtspolitische Diskussion im Abstandsflächenrecht

Das Abstandsflächenrecht des § 6 MBO 2002 wird zutreffend mit der sagenhaften Hydra verglichen,[904] zumal beim Versuch der Deregulierung sechzehnfaches Bauordnungsrecht der Länder und auch bundesrechtliche Regelungen nachwachsen. Angesichts der Relevanz des Abstandsflächenrechtes muss der Kampf mit der Hydra jedoch auch weiter gewagt werden.

Abstandsflächen sind nach allen Bauordnungen auf dem Grundstück zur Grundstücksgrenze des Nachbarn hin einzuhalten, auf dem die bauliche Anlage errichtet wird. Bei WEA wirft dies insbesondere bei kleinteiligen Grundstückszuschnitten im Außenbereich und den modernen hohen Anlagen Probleme auf. Bei Anlagengrößen von um die 200 Meter und Abstandsflächen über 50 Meter erfordert dies, größere Grundstücke zu erwerben bzw. zu pachten oder die Nachbargrundstücke gleich mit zu sichern, zumal der Aufwand einer Bodenordnung nach §§ 45 ff. BauGB speziell für WEA in der Regel zu hoch ist. Diese Konsequenzen des Abstandsflächenrechts haben dazu geführt, dass die Erforderlichkeit von Abstandsflächen an sich teilweise in Frage gestellt wird.[905]

Diese Debatte ist eher in West- als in Ostdeutschland von Belang, zumal auf dem Gebiet der neuen Bundesländer historisch über die großen Güter des ostelbischen Adels und später über die LPGs und heutigen Genossen-

---

len, da die Abstandsflächen nicht mehr als 5 neue Anlagen zulassen, Interview mit Anlagenbetreiber Hr. Lübbe vom 28.11.2006.

[904] Schulte, Abstände und Abstandsflächen in der Schnittstelle zwischen Bundes- und Landesrecht, BauR 2007, 1514, 1527.

[905] Jeromin, Praxisprobleme bei der Zulassung von Windenergieanlagen, BauR 2003, 827.

schaften seit jeher eine Struktur großer Grundstücksflächen vorherrschend ist, die im kleinbäuerlich geprägten ländlichen Raum Süd- und Westdeutschlands nie vorhanden war. Insofern handelt es sich weniger um ein gesamtdeutsches, sondern mehr um ein regionales Problem.

Dabei ist das Argument, dass Sinn und Zweck von Abstandsflächen im Außenbereich fragwürdig sind, durchaus berechtigt. Es fragt sich, inwieweit eine Gefahrenabwehr erforderlich ist. Der historische Ursprung der Abstandsregelung im Brandschutz und auch die heute anerkannten Zwecke der Belüftung, Besonnung und Belichtung von Gebäuden können im Außenbereich mit seinem grundsätzlichen Bauverbot nicht greifen bzw. werden für die Wohnbebauung im Außenbereich schon über die Regelungen des Immissionsschutzrechts umfassender und sachgerechter erfasst. Die sich aus dem Immissionsschutzrecht ergebenden Abstände sind regelmäßig weitaus größer als die des Abstandsflächenrechts. Daraus wird teilweise abgeleitet, es handele sich um eine rein formale Rechtsposition von Grundstücksnachbarn ohne tatsächlich spürbare Beeinträchtigung der Grundstücksnutzung, die für das Geltendmachen von überzogenen Entschädigungsleistungen gegenüber Windenergieanlagenbetreibern missbraucht wird.[906] Dies mag sich teilweise so entwickelt haben, kann jedoch nicht zu der Konsequenz führen, Abstandsflächen vollständig für überflüssig zu erklären. Der Missbrauch einer Regelung macht sie noch nicht per se überflüssig. Zunächst zeigt der Fall der Weihnachtsbaumplantage mit Eiszapfenwurfgefahr[907], dass auch weiterhin Konstellationen klassischer Gefahrenabwehr im unbewohnten Außenbereich möglich sind. Es entspricht auch gerade Sinn und Zweck der gesetzlichen Regelung des § 35 Abs. 1 BauGB im Außenbereich Vorhaben bevorzugt zuzulassen, die mit besiedelten Gebieten unverträglich sind. Wenn diese Nutzungen im Innenbereich störend sind, so muss auch sichergestellt werden, dass sie im Außenbereich nicht die Störungen hervorrufen, die sie im Innenbereich unmöglich machen. Mit der Fixierung des Immissionsschutzrechtes auf die Wohnbebauung bedarf es eines Instrumentes, welches schon bei der Gefahrenabwehr von der Grundstücksfläche greift. Dies bietet nur das Abstandsflächenrecht.

Es ist der Kritik jedoch zuzubilligen, dass das Abstandflächenrecht von der Konzeption auf den Innenbereich ausgerichtet ist und in seiner konkreten Gestaltung für Windenergieanlagen, wie oben gezeigt, zahlreiche Unklarheiten aufweist, die eine rechtspolitische Lösung begrüßenswert machen. Dazu zählt allem voran der Faktor H selbst und seine Berechnung, sowie die Frage des Ansatzpunktes für Abstandsflächen. Es ist zu begrüßen,

---

[906] Jeromin, Praxisprobleme bei der Zulassung von Windenergieanlagen, BauR 2003, 828.
[907] VG Koblenz, NJOZ 2005, 1879 ff.

dass einige Länder hier vorangegangen sind. Meist ging mit der Schaffung einer neuen, klaren Regelung eine WEA-freundliche Änderung des Abstandsflächenrechts einher, die die Errichtung weiterer Anlagen begünstigt.

Bemerkenswert ist vor diesem Hintergrund, dass dieser Gestaltungsspielraum der Landespolitik offenbar von vielen Kritikern von Windenergieanlagen übersehen wird.[908] Gerade die Landesregierung Nordrhein-Westfalens mit ihrer windenergieanlagenkritischen Position überrascht vor diesem Hintergrund. Eher werden EEG-Einspeisevergütung und die Privilegierung im BauGB über tendenziell aussichtslose Bundesratsinitiativen in Frage gestellt, als die eigenen klassischen legislativen Spielräume der Landespolitik auszuschöpfen.[909] Dies weckt den Verdacht, dass es eher um die Führung einer wählerwirksamen Debatte in der Öffentlichkeit zu Lasten der Windenergienutzung geht, als darum, wirklich etwas zu ändern.

Unabhängig von der Diskussion in NRW wäre es wünschenswert, wenn die Länder ohne WEA-spezifische Regelung hier von ihren Kompetenzen Gebrauch machen würden und vor allem in den alten Bundesländern mit kleinteiligen Grundstückszuschnitten im Außenbereich klare und praktikable Regelungen entstünden. Immerhin zeichnet sich ab, dass die Stellschraube des Bauordnungsrechts von der Politik als solche zunehmend erkannt wird. So hatte sich die hessische SPD im Rahmen ihres im Landtagswahlkampf 2008 propagierten Landesenergieprogramms bereits die windenergieanlagenfreundliche Überarbeitung des Bauordnungsrechtes auf die Fahnen geschrieben.[910] Ob sich dies durchsetzt und ausbreitet, bleibt abzuwarten. Eine Debatte über die Nutzung des Bauordnungsrechtes zur Schaffung klarer, praktikabler und damit investitionsfreundlicher Abstandsregeln für Windenergieanlagen ist jedenfalls zu begrüßen.

b) Standsicherheit

Die Regelungen über die Standsicherheit in den Landesbauordnungen[911] gelten ebenfalls als nachbarschützend, soweit für die Nachbarn tatsächlich

---

[908] Siehe nur die Anträge der FDP Fraktion, LT NRW Drs. 13/1247 und LT NRW Drs. 13/4057, in der die Bauordnung nicht mit einem Wort Erwähnung findet.
[909] Koalitionsvertrag von CDU NRW und FDP NRW vom 16.06.2005, S. 7.
[910] Scheer, Neue Energie für ein Atomfreies Hessen, Berlin 2006, S. 39.
[911] Musterbauordnung: § 12 MBO; Landesbauordnungen: Baden-Württemberg § 13 LBO; Bayern Art. 10 BayBO; Berlin § 12 BauOBln; Brandenburg § 11 BbgBO; Bremen § 15 BremLBO; Hamburg § 15 HBauO; Hessen § 11 HBO; Mecklenburg-Vorpommern § 12 LBauO M-V; Niedersachsen § 18 NBauO; Nordrhein-Westfalen § BauO NRW; Rheinland-Pfalz § 13 LBauO; Saarland § 13 LBO; Sachsen § 12 SächsBO; Sachsen-Anhalt § 12 BauO LSA; Schleswig-Holstein § 17 LBO a.F./§ 13 LBO n.F.; Thüringen § 15 ThürBO.

die Gefahr eines Einsturzes besteht.[912] Diese Einsturzgefahr muss jedoch nicht akut sein. Eine Windenergieanlage kann durch die Errichtung einer neuen baulichen Anlage z. B. durch die Art der Gründung, Grundwasserabsenkungen oder Last, aber auch im Falle einer hinzutretenden Windenergieanlage durch deren Betrieb und die in der Folge ausgelösten Erschütterungen oder Schwingungen in ihrer Standfestigkeit gefährdet sein. Auch kann durch die Errichtung einer Windenergieanlage in der Hauptwindrichtung die Erhöhung der Windverwirbelungen, der „Turbulenzintensität", derart erfolgen, dass es zu einem schnelleren Verschleiß von Anlagenteilen der nachgesetzten Anlage kommt und auf Dauer die Standsicherheit beeinträchtigt wird. Aus einer solchen Gefährdung der Standsicherheit leitet sich ein Anspruch auf Herstellung der Standsicherheit der Anlage, nicht aber auf deren Beseitigung ab.[913] Dies entspricht in der Regel nicht dem Ziel von Klägern gegen Windenergieanlagen, die ganz überwiegend eine Windenergieanlage verhindern wollen und nicht etwa eine besonders standsichere Anlage anstreben. Daher war die Standsicherheit bislang nicht Kern der juristischen Auseinandersetzungen um Windenergieanlagen.

Vor dem Hintergrund der zunehmenden Windenergieanlagendichte in Deutschland geraten die Betreiber vermehrt in Konkurrenz um die besten Standorte. Grundsätzlich muss jeder Anlagenbetreiber, der eine Anlage in einem Windpark errichtet, damit rechnen, dass weitere Windenergieanlagen aufgestellt werden und die Windverhältnisse dadurch derart ändern, dass die neuen Anlagen den Wind verringern und in seiner Qualität beeinflussen. Für Windenergieanlagen lässt sich angesichts der Typenstatik für den Nachweis der Standsicherheit auf Berechnungen des Deutschen Instituts für Bautechnik als Richtlinie zurückgreifen.[914] Wesentlich ist den Anlagenbetreibern der Schutz des Ertrages der Anlage durch hinreichenden Abstand der Lee-Anlage (Anlage im Windschatten) zur Luv-Anlage (vorgelagerte Anlage). Die Regeln der Landesbauordnung dienen nicht der Ertragsoptimierung, aber wenn sich die Anlagen zu Nahe kommen, kann durch die Abschattungseffekte nicht nur der Ertrag berührt sein, sondern durch Windverwirbelungen („Turbulenzen") auch die Standsicherheit. Damit stellt sich die Frage, welchen Abstand Windenergieanlagen zueinander haben müssen, um die Standsicherheit zu gewährleisten. Rechtsprechung[915] und Verwaltungspraxis[916] gehen davon aus, dass ab einem Abstand von weniger als fünf

---

[912] OVG Lüneburg, BRS 46 Nr. 184; OVG Münster, BRS 63 Nr. 150; VG Frankfurt/Oder, BeckRS 2008, 39029; Wolf, Windenergie als Rechtsproblem, ZUR 2002, 331, 332.
[913] Lühle, Nachbarschutz gegen Windenergieanlagen, NVwZ 1998, 897, 902.
[914] OVG Münster, BRS 63 Nr. 150.
[915] OVG Münster NVwZ 2000, 1064, 1065; VG Leipzig, NVwZ 2008, 346, 347 f.; VG Frankfurt/Oder, BeckRS 2008, 39029.

Rotordurchmessern in Hauptwindrichtung und drei Rotordurchmessern in Nebenwindrichtung die Standsicherheit in Abhängigkeit von den örtlichen Verhältnissen (Topographie, Nabenhöhe, Windgeschwindigkeit) gefährdet sein kann. Zwischen fünf und drei Rotordurchmessern soll der Betreiber der hinzukommenden Anlage daher mittels eines Standsicherheitgutachtens nachzuweisen, dass die Standsicherheit nicht beeinträchtigt wird. Weisen die Windenergieanlagen einen Abstand von weniger als drei Rotordurchmessern auf, so ist diese Situation im Hinblick auf die Standsicherheit nicht zuzulassen.[917] Auch kann eine Windenergieanlage über die von ihr verursachten Turbulenzen zu einem schnelleren Verschleiß von Anlagenteilen der nachgesetzten, bereits bestehenden, Anlage bewirken und damit auf Dauer deren Standsicherheit beeinträchtigen. Diese ist schließlich nicht erst dann gefährdet, wenn die Anlage akut vom Einsturz bedroht ist.[918] Die Turbulenzproblematik bei konkurrierenden Windenergievorhaben hat sich in den vergangenen Jahren teils entschärft, da für moderne Anlagen oftmals auch dann noch eine Standsicherheit nachgewiesen werden kann, wenn der Abstand lediglich 2,7 Rotordurchmesser beträgt.[919] Dieser Wert vermittelt nur teilweisen Schutz gegen den sog. „Windklau", wenn man berücksichtigt, dass für eine optimale Ausbeutung des Windes als Abstand das Achtfache des Rotordurchmessers in Hauptwindrichtung und das Vierfache in Nebenwindrichtung empfohlen wird.[920]

Mit der größer werdenden Anlagendichte und wachsenden Anlagengrößen wird die Streitfrage des sog. Windklau zunehmen und damit auch die Frage der Standsicherheit neue Dynamik erhalten. Windenergieanlagen müssen auch größere Stürme und Orkane aushalten. Angesichts dessen dürfte die Frage der Standsicherheit bei Turbulenzen der Nachbaranlage eher die kleinere Herausforderung darstellen. Als Mittel des Konkurrenzschutzes ist das Bauordnungsrecht hier untauglich.

---

[916] Z.B.: Grundsätze für Planung und Genehmigung von Windkraftanlagen, WKA-Erl. NRW 21.10.5005, Nr. 5.3.2; Gemeinsamer Erlass des Sächsischen Staatsministeriums des Innern und des Sächsischen Staatsministeriums für Umwelt und Landwirtschaft zur Zulässigkeit von Windkraftanlagen vom 25.01.2003, geändert 13.09.2004.
[917] VG Leipzig, NVwZ 2008, 346, 348.
[918] OVG Münster NVwZ 2000, 1064, 1065.
[919] Rolshoven, Prioritätsprinzip bei konkurrierenden Genehmigungsanträgen, NVwZ 2006, 516, 518.
[920] Grundsätze für Planung und Genehmigung von Windkraftanlagen, WKA-Erl. NRW 21.10.5005, Nr. 8.1.5.

c) Brandschutz

Bei Windenergieanlagen besteht grundsätzlich die Gefahr von Brandschäden an Windenergieanlagen durch Blitzeinschlag, Überhitzung u. ä. Die besondere Gefahr liegt hier darin, dass es sich um Brände an elektrischen Anlagen mit Hochspannung handelt, die regelmäßig außerhalb der Reichweite jeder Feuerleiter liegen. Die zumeist aus Glasfaserkunststoff bestehenden Rotorflügel verlieren bei Temperaturen über 130 °C ihre Festigkeit, was zum Herabstürzen großer Anlagenteile und damit zur Gefährdung von Menschen in der näheren Umgebung führen kann.

Hier greifen die Vorschriften zum Brandschutz in den Landesbauordnungen, nach denen bauliche Anlagen so zu errichten sind, dass der Brandentstehung vorgebeugt wird und die Rettung von Menschen möglich ist.[921]

Es wird davon auszugehen sein, dass das grundsätzlich bei Betrieb technischer Anlagen bestehende Risiko durch technische Prüfungen im Rahmen der Genehmigung und Überwachungen sowie regelmäßige Wartung und Instandhaltung minimiert wird und damit hinnehmbar ist.[922] Dies muss umso mehr gelten, als geeignete Blitzschutzsysteme bereits Stand der Technik sind. Der Projektierer muss der Brandgefahr mit einem in sich stimmigen, umfassenden Brandschutzkonzept Rechnung tragen.[923] Für Unfälle in Gondeln, welche die Rettung von Menschen aus großer Höhe erfordert, kann dabei nicht auf die freiwilligen Feuerwehren im ländlichen Raum abgestellt werden. Für Brandbekämpfung in der Höhe moderner Windenergieanlagen sind die Feuerwehren im ländlichen Raum regelmäßig nicht ausgerüstet. Das Konzept besteht in der Hinsicht daraus, dass die Anlagen ohne Gefahr eines Übergreifens der Flammen auf Siedlungen oder Wald ausbrennen können. Für die Personenrettung muss auf sog. Höhenrettungsgruppen größerer Berufsfeuerwehren zurückgegriffen werden, welche Menschen von Windenergieanlagen über Helikopter retten können und dafür auch ausgebildet sind.

---

[921] Musterbauordnung: § 14 MBO; Landesbauordnungen: Baden-Württemberg § 15 LBO; Bayern Art. 12 BayBO; Berlin § 14 BauOBln; Brandenburg § 12 BbgBO, Bremen § 17 BremLBO; Hamburg § 17 HBauO; Hessen § 13 HBO; Mecklenburg-Vorpommern § 14 LBauO M-V; Niedersachsen § 20 NBauO; Nordrhein-Westfalen § 17 BauO NRW; Rheinland-Pfalz § 15 LBauO; Saarland § 15 LBO; Sachsen § 14 SächsBO; Sachsen-Anhalt § 14 BauO LSA; Schleswig-Holstein § 19 LBO a.F./§ 15 LBO n.F.; Thüringen § 17 ThürBO.
[922] OVG Münster, NVwZ-RR 2004, 643, 646.
[923] VG Saarlouis, BeckRS 2008, 37988.

d) Schallschutz

Nach den Bauordnungen sind die von baulichen Anlagen ausgehenden Geräusche auf ein Gefahren oder unzumutbare Belästigungen ausschließendes Maß zu dämpfen.[924] Beim bauordnungsrechtlichen Schallschutz lässt sich im gleichen Maße wie beim Immissionsschutzrecht auf die TA Lärm mit den bewährten Grenzwerten zurückgreifen.[925] Insofern kann hier auf obige Ausführungen verwiesen werden.

e) Bauordnungsrechtliche Generalklausel

Auch die bauordnungsrechtliche Generalklausel[926] kann bei einer von einer WEA ausgehenden Gefahr für die öffentliche Sicherheit und Ordnung, insbesondere das Leben und die Gesundheit, greifen. In der Regel wird sie allerdings durch speziellere Regelungen verdrängt sein.

Eine Bedeutung dieser Regelung ist insbesondere bei der Gefahr durch Eisabwurf und Unfälle denkbar,[927] wenn das Abstandsflächenrecht keinen adäquaten Schutz vermittelt. Dies kommt vor allem bei eisabwurfgefährdeten Gebieten in Betracht. Solche finden sich in Höhenlagen, der Nähe großer Gewässer oder Flüsse sowie in Bereichen feuchter Aufwinde.[928] Im Nahbereich der Anlagen kann gefrierende Feuchtigkeit auf den Rotorblättern zu Eisabwurf führen, wenn der Wind den Rotor in Bewegung setzt. Wie weit die Eisstücke fliegen, hängt von verschiedenen Faktoren, wie Betriebszustand der Anlage und Windstärke ab. Es wurden schon Eisstücke in

---

[924] Musterbauordnung: § 15 MBO; Landesbauordnungen: Baden-Württemberg § 14 LBO; Bayern Art. 13 BayBO; Berlin § 15 BauOBln; Brandenburg § 13 BbgBO, Bremen § 18 BremLBO; Hamburg § 18 HBauO; Hessen § 14 HBO; Mecklenburg-Vorpommern § 15 LBauO M-V; Niedersachsen § 21 NBauO; Nordrhein-Westfalen § 18 BauO NRW; Rheinland-Pfalz § 16 LBauO; Saarland § 16 LBO; Sachsen § 15 SächsBO; Sachsen-Anhalt § 15 BauO LSA; Schleswig-Holstein § 20 LBO a.F./§ 16 LBO n.F.; Thüringen § 18 ThürBO.
[925] Lühle, Nachbarschutz gegen Windenergieanlagen, NVwZ 1998, 897, 902.
[926] Musterbauordnung: § 3 MBO; Landesbauordnungen: Baden-Württemberg § 3 LBO; Bayern Art. 3 BayBO; Berlin § 3 BauOBln; Brandenburg § 3 BbgBO, Bremen § 3 BremLBO; Hamburg § 3 HBauO; Hessen § 3 HBO; Mecklenburg-Vorpommern § 3 LBauO M-V; Niedersachsen § 1 NBauO; Nordrhein-Westfalen § 3 BauO NRW; Rheinland-Pfalz § 3 LBauO; Saarland § 3 LBO; Sachsen § 3 SächsBO; Sachsen-Anhalt § 3 BauO LSA; Schleswig-Holstein § 3 LBO (a.F. wie n.F.); Thüringen § 3 ThürBO.
[927] VG Karlsruhe, NVwZ 1997, 929 ff. stellt lediglich fest, dass einer nach Abstandsflächenrecht möglichen, geringeren Tiefe hier die Gefahr des Eisabwurfes entgegensteht.
[928] OVG Münster, ZNER 2007, 436, 438.

120 Metern Entfernung gefunden,[929] was aber unterhalb der üblicherweise einzuhaltenden Abstände zu baulichen Anlagen liegt. Die Gefahr für einen Nichtanlieger, im Falle der Eisbildung an den Rotorblättern bei Anlagen weitab jeder Siedlung von herabfallenden Eisbrocken erschlagen zu werden, besteht angesichts der klimatischen verhältnisse nicht ersthaft, wenn die Rotoren bei Eisbildung automatisch abgeschaltet werden.[930] Für dieses Problem zeichnet sich daher eine technische Lösung dahingehend ab, dass Eissensoren an den Rotorflächen zu einer automatischen Abschaltung führen.[931] Das verbleibende Risiko von abplatzenden Eisstücken wird dem allgemeinen Lebensrisiko zugeordnet.[932] Des Weiteren werden von der bauordnungsrechtlichen Generalklausel auch die Gefahren in Fällen von Brandschäden an Windenergieanlagen durch Blitzeinschlag, Überhitzung u. ä. erfasst. Dem gehen jedoch die spezielleren Vorschriften über den Brandschutz der Landesbauordnungen vor. Insgesamt kommt der Generalklausel damit eine äußerst geringe Bedeutung zu.[933]

13. Naturschutz

Zu den im immissionsschutzrechtlichen Verfahren durch § 6 Abs. 1 Nr. 2 BImSchG konzentrierten öffentlich-rechtlichen Vorschriften zählen auch die Vorschriften des Naturschutzrechts.[934] Während in der Anfangsphase der Windenergienutzung in Deutschland die Windenergieanlagen wegen günstiger Netzanbindung und geringer Leistung zumeist in der Nähe einer Wohnnutzung erfolgte, steht heute die Errichtung großer Windfarmen im Außenbereich im Vordergrund. Mit dem Ausbau der Windenergienutzung im Außenbereich sind Fragen des Naturschutzes wichtiger geworden. Trotz vieler Studien ist das Ausmaß der ökologischen Auswirkungen von Windenergieanlagen umstritten, wobei die Auseinandersetzung selten auf sachlicher Grundlage geführt wird. In den letzten Jahren hat sich nach zahlreichen einzelnen, standortbezogenen Untersuchungen die Datenlage jedoch

---

[929] BT-Drs. 16/2105, S. 2 und Antwort der Bundesregierung dazu unter http://www.bundesumweltministerium.de/files/erneuerbare_energien/downloads/application/pdf/kleine_anfrage_16_2105.pdf.

[930] VG Saarlouis, BeckRS 2008, 37988.

[931] Näher zu den technisch möglichen Lösungen Übersicht bei Rectanus, Genehmigungsrechtliche Fragen der Windenergieanlagen-Sicherheit, NVwZ 2009, 871, 872 ff.

[932] Middeke, Windenergieanlagen in der verwaltungsgerichtlichen Rechtsprechung, DVBl 2008, 292, 300.

[933] Lühle, Nachbarschutz gegen Windenergieanlagen, NVwZ 1998, 897, 902.

[934] Überblick bei Scheidler, Die naturschutzrechtlichen Voraussetzungen zur Erteilung der immissionsschutzrechtlichen Genehmigung, NuR 2009, 232 ff.

spürbar verbessert. Hervorzuheben ist die Fachtagung der TU Berlin „Windenergie und Vögel – Ausmaß und Bewältigung eines Konfliktes" im Jahr 2001, welche bereits die Bedeutung artspezifischer Unterschiede klar herausarbeitete.[935] Noch bedeutender ist eine im Auftrag des Bundesamtes für Naturschutz vorgenommene Studie des Michael-Otto-Institutes im NABU, welche eine Auswertung zahlreicher Einzelstudien vorgenommen hat und als Gesamtauswertung von 127 verschiedenen Untersuchungen seit Dezember 2004 die Verwendung einiger abstrakter Kriterien im Bereich der Avifauna zulässt.[936] Hinzu kommt eine erste Stellungnahme der Bundesregierung vom März 2005, welche weitere Daten mit einbezieht.[937] Darüber hinaus lässt sich fortlaufend auf die zentrale Funddatei der Staatlichen Vogelschutzwarte Brandenburg für eine Bewertung der Auswirkungen auf die Avifauna zugreifen.

Deutschland ist mit seiner Vielfalt unterschiedlicher Lebensräume vom Wattenmeer bis zum Hochgebirge ein vogelreiches Land, 253 Arten sind regelmäßige und weitere 24 Arten unregelmäßige Brutvögel in Deutschland.[938] Daneben sind auch Fledermäuse von der Windenergienutzung betroffen.

Avifaunistische Untersuchungen in den Vereinigten Staaten haben jedoch ergeben, dass anthropogen bedingte Mortalitätsursachen sich weitaus erheblicher auf die Populationen von Vögeln auswirken als die Kollisionsraten an Windenergieanlagen. So starben bei einem jährlichen Vergleich der Kollisionsraten 2001 in den USA ca. 60 bis 80 Millionen Vögel durch die Kollision mit Fahrzeugen, ca. 98 bis 980 Millionen an Gebäuden/Festern und zehntausende bis 17 Millionen an Freileitungen, ca. 4 bis 50 Millionen an Sendemasten und nur 10.000 bis 40.000 an Windenergieanlagen.[939] Abgesehen von den großen Spannbreiten der genannten Zahlen besteht in Deutschland eine stärkere Windenergienutzung auf geringerer Fläche. In der Folge verschieben sich für Deutschland die Zahlenverhältnisse nicht nur aufgrund der Landesgröße. So werden in Deutschland schätzungsweise

---

[935] Breuer/Reichenbach u. a., Tagungsband TU Berlin „Windenergie und Vögel – Ausmaß und Bewältigung eines Konfliktes", Berlin 2002, http://www2.tu-berlin.de/ ~lbp/schwarzesbrett/TB%20Windkraft_G.pdf

[936] Hötker/Thomsen/Köster, Auswirkungen regenerativer Energiegewinnung auf die biologische Vielfalt am Beispiel der Vögel und der Fledermäuse.

[937] Antwort der Bundesregierung auf die kleine Anfrage der FDP-Fraktion, BT-Drs. 15/5188.

[938] Bundesministerium für Umwelt, Naturschutz und Reaktorsicherheit, Kurzinformation Naturschutz/Biologische Vielfalt, Natur ohne Grenzen, Die Europäische Vogelschutzrichtlinie – Vogelschutz in Deutschland, Stand Mai 2005, S. 1.

[939] Zit. nach Vorbemerkung der Bundesregierung zur kleinen Anfrage der FDP-Fraktion, BT-Drs. 15/5188.

etwa 8000 Vögel jährlich durch Windenergieanlagen getötet, während mit 5 bis 10 Millionen toten Vögeln durch Straßenverkehr und Hochspannungsmasten gerechnet wird.[940] Dementsprechend ist von durchschnittlich 5 toten Vögeln im Jahr pro Windenergieanlage auszugehen, was der täglichen Rate von Vogelopfern im Straßenverkehr einer Stadt wie Hamburg entspricht.[941] Diese Einordnung der Problematik ist juristisch interessant für die verfassungsrechtliche Zulässigkeit der gesetzgeberischen Entscheidung für die Förderung von Windenergienanlagen im Verhältnis zu Art. 20a GG, nicht aber im konkreten Einzelfall.

Es muss geklärt werden, wie sich die Errichtung von Windenergieanlagen z. B. durch Kollisionen auf Vogel- und Fledermausbestände auswirkt. Zudem ist zu unteruchen, welche Störwirkungen die Anlagen nach sich ziehen, die zu einem Meideverhalten bestimmter Arten führen oder eine Barrierewirkung für Zugrouten verursacht. Sofern eine Bestandsbeeinträchtigung oder Störwirkung droht, können Vorschriften des Naturschutzrechtes einer Anlagengenehmigung entgegenstehen oder zu Auflagen zur Genehmigung führen. Vor diesem Hintergrund ist eine nähere Betrachtung der Auswirkungen auf die Avifauna unbedingt erforderlich.

a) Auswirkungen von Windenergieanlagen auf Vögel

Im Hinblick auf die Auswirkungen auf Vögel muss zwischen non-lethale Störwirkungen und den Auswirkungen auf den Bestand durch tödliche Kollisionen unterschieden werden. Es muss weiterhin im Wesentlichen nach Vogelarten, Habitaten, Anlagengröße und Betriebszeit getrennt beurteilt werden, ob und wie Naturschutz und Windenergienutzung zu vereinbaren sind. Hinsichtlich der Störwirkungen ist die Verursachung eines Meideverhaltens, auch Scheuchwirkung genannt, und die Barrierewirkung zu trennen.

Zunächst fällt auf, dass zumeist in der Brutzeit geringere Abstände als außerhalb der Brutzeit eingehalten werden, was zur Abgrenzung zwischen Brutvögeln und Gastvögeln führt. Ein Meideverhalten weisen in der Folge nicht alle Vogelarten auf. Eine Scheuchwirkung lässt sich vor allem bei den Vögeln des Offenlandes, also Gänsen, Enten und Watvögeln feststellen, wobei dies nicht für Graureiher, Greifvögel, Austernfischer, Möwen, Stare und Krähen gilt.[942] Für die empfindlichen Arten, wie Kiebitz und

---

[940] Angaben des BUND nach BWE, http://www.wind-energie.de/de/themen/mensch-umwelt/vogelschutz/vogeltod-durch-wea-vergleichsweise-selten/.
[941] Gretschel, Entwicklung der Rechtsprechung im Windenergierecht, Berlin 2006, S. 50.
[942] Hötker/Thomsen/Köster, Auswirkungen regenerativer Energiegewinnung auf die biologische Vielfalt am Beispiel der Vögel und der Fledermäuse, S. 19.

Uferschnepfe, lassen sich dabei Mindestabstände von bis zu 500 m ableiten. Die Frage, inwiefern sich die Arten nach der Anlagenerrichtung an die neue Situation gewöhnen ließ sich bislang nicht statistisch signifikant positiv beantworten.[943] Bei der Frage des Umfangs der Abstände zu Anlagen lässt sich zum Teil eine Korrelation mit der Anlagengröße feststellen. Dies gilt zumindest für Vögel des Offenlandes, insbesondere den Kiebitz, der mit steigender Anlagengröße statistisch nachweisbar auch annährend linear größere Abstände zu den Anlagen einhält, während die heimischen Singvögel grundsätzlich positiv auf größere Anlagen reagieren, die mit weniger tief reichenden Rotoren den bodennahen Luftraum kaum noch tangieren.[944]

Eine Barrierewirkung von WEA kommt bei ziehenden oder zwischen verschiedenen Lebensräumen pendelnden Arten in Betracht, wenn Tiere zur Änderung der Zugrichtung oder Zughöhe gezwungen werden. Dabei wird von einer Barrierewirkung bereits ausgegangen, wenn mindestens 5% der untersuchten Individuen bzw. Schwärme eine messbare Reaktion auf die Anlagen zeigten, was für 81 Arten festgestellt werden konnte. Als besonders empfindlich erwiesen sich Gänse, Milane, Kraniche und viele Kleinvogelarten, während einige Großvögel (Kormoran, Graureiher), Enten, einige Greifvögel (Sperber, Mäusebussard, Turmfalke), Möwen und Seeschwalben, Stare und Krähenvögel sich weniger empfindlich zeigten.[945] Angesichts der Tatsache, dass allein über Schleswig-Holstein etwa 500 Millionen Land- und Wasservögel jährlich im Herbst hinweg ziehen, birgt der Vogelzug, insbesondere auf den Hauptzugwegen, erhebliches Konfliktpotenzial.[946] Wann die Barrierewirkung ein Ausmaß annimmt, das über eine Flugroutenänderung hinaus zu einer Zerschneidung des für eine Art lebenswichtigen Biotopverbundes führt, muss im Einzelfall untersucht werden.

Die Feststellung der lethalen Auswirkungen von Windenergieanlagen auf Vögel beinhaltet stets Messungenauigkeiten, da nicht alle Vogelschlagopfer gefunden werden. Die Kadaver werden teilweise zuerst von Aasfressern ge-

---

[943] Hötker/Thomsen/Köster, Auswirkungen regenerativer Energiegewinnung auf die biologische Vielfalt am Beispiel der Vögel und der Fledermäuse, S. 27 f. nachweisbar ist zumindest, dass eine Gewöhnung bei empfindlichen Arten nicht feststellbar ist.
[944] Hötker/Thomsen/Köster, Auswirkungen regenerativer Energiegewinnung auf die biologische Vielfalt am Beispiel der Vögel und der Fledermäuse, S. 29 ff.
[945] Hötker/Thomsen/Köster, Auswirkungen regenerativer Energiegewinnung auf die biologische Vielfalt am Beispiel der Vögel und der Fledermäuse, S. 32 ff.
[946] Land Schleswig-Holstein, Grundsätze zur Planung von Windkraftanlagen, Gemeinsamer Runderlass des Innenministeriums, des Ministeriums für Umwelt, Naturschutz und Landwirtschaft und des Ministeriums für Wirtschaft, Arbeit und Verkehr vom 25.11.2003, ABl. Schl.-H 2003, 893, Nr. 4.2.

sichtet. Daneben hat der Verlust der gefundenen Brutvögel regelmäßig den Verlust der Brut zur Folge. Daher müssen die Statistiken in Simulationsmodellen korrigiert werden, um die Dunkelziffer und damit die realen Auswirkungen auf den Bestand einer Art zu erfassen. In Deutschland erfolgt eine zentrale Erfassung von Vogelschlagopfern an WEA in der zentralen Fundkartei der Staatlichen Vogelschutzwarte im Landesumweltamt Brandenburg. Im Erfassungszeitraum von 1989 bis November 2004 wurden bundesweit 278 Totfunde von Vögeln an WEA erfasst. Dabei waren insbesondere die Arten Rotmilan, Mäusebussard, Seeadler, Silbermöwe und Turmfalke betroffen.[947] Insgesamt fällt auf, dass die Greifvögel mit dem hohen Anteil von 38% der Kollisionsopfer die größte Gruppe bilden und ein weiterer großer Teil der Opfer auf Brut- und Rastvögel entfällt, die in den Windparks selbst vorkommen, wie Möwen und Watvögel im Küstenbereich.[948] Allgemein lässt sich festhalten, dass Arten, welche geringe Scheu vor der Störwirkung von WEA zeigten, eher zu den Opfern zählten, als Arten mit einem Meideverhalten.[949] Es handelt sich bei den Totfunden nicht um Massenkollisionen, sondern Einzelfunde, wobei die untersuchten Windfarmen eine große Streuung aufwiesen, was weniger mit der Anlagengröße, sondern vielmehr mit dem Standort zusammenhängt. Daher sind Studien, welche die durchschnittliche Schlagopferrate z. B. mit 9 Vögeln pro Jahr angeben,[950] mit Vorsicht zu genießen. Die Standortgebundenheit der Kollisionswahrscheinlichkeit zeichnet vielmehr ein differenziertes Bild. Die Nähe zu Feuchtgebieten war dabei eindeutig mit besonders hohen Opferzahlen verbunden.[951] Auch wenn es im Allgemeinen nur zu geringen Kollisionen kommt, so ist eine Erhöhung der Mortalitätsrate bei einigen Arten feststellbar, was auch schon bei relativ geringen Steigerungen schon zu einer Bestandsdezimierung führt.[952] Mittlerweile zeichnet sich ab, dass mit steigenden Anlagenhöhen und damit einhergehend steigendem Abstand von Boden und unterer Rotorblattspitze mehr Raum für den niedrigen Suchflug jagender Greifvögel verbleibt. Wenn z. B. der Rotorbereich erst in 98 m

---

[947] Antwort der Bundesregierung auf die kleine Anfrage der FDP-Fraktion, BT-Drs. 15/5188, Frage 5, S. 5.

[948] Klinski/Buchholz/Schulte/Windguard/BioConsult SH, Umweltstrategie Windenergienutzung, S. 21 f.

[949] Hötker/Thomsen/Köster, Auswirkungen regenerativer Energiegewinnung auf die biologische Vielfalt am Beispiel der Vögel und der Fledermäuse, S. 38.

[950] Vgl. Klinski/Buchholz/Schulte/Windguard/BioConsult SH, Umweltstrategie Windenergienutzung, S. 21.

[951] Hötker/Thomsen/Köster, Auswirkungen regenerativer Energiegewinnung auf die biologische Vielfalt am Beispiel der Vögel und der Fledermäuse, S. 37.

[952] Hötker/Thomsen/Köster, Auswirkungen regenerativer Energiegewinnung auf die biologische Vielfalt am Beispiel der Vögel und der Fledermäuse, S. 38 ff., 46 ff.

Höhe und damit deutlich über der typischen Flughöhe des Rotmilans von 40–80 m beginnt, so ist dies bei der Beurteilung der Auswirkungen auf die lokale Population zu berücksichtigen.[953]

Es bleibt festzuhalten, dass trotz mit Sicherheit größerer Probleme für die Avifauna durch andere Faktoren, das Meideverhalten gegenüber WEA, die Barrierewirkung von WEA und die Kollision mit WEA ein Problem für die Avifauna darstellt. Die Konflikte werden mit der fortlaufenden Zunahme von WEA in Deutschland ebenfalls ansteigen und werfen zahlreiche juristische Fragen auf. Wesentlich für einen wirksamen Artenschutz ist dabei die Standortsteuerung.

b) Auswirkungen von Windenergieanlagen auf Fledermäuse

Auch bei Fledermäusen lassen sich äußerst vielfältige und komplexe Auswirkungen von Windenergieanlagen feststellen. Dabei sind ebenfalls deutliche Unterschiede zwischen verschiedenen Fledermausarten zu konstatieren. Hier lassen sich auch letale und non-letale Auswirkungen unterscheiden. Die einst überschaubare Datenlage wird mit zunehmendem Bewusstsein für die Konfliktlagen von Windenergienutzung und bestimmten Fledermausvorkommen immer reichhaltiger. Diese Datenlage bildet erfreulicherweise eine gute Grundlage dafür, wie Fledermausverluste an Windenergieanlagen über Anlagenkonzentration an konfliktarmen Standorten oder die Regelung von Nutzungsmodalitäten vermieden bzw. minimiert werden können.

Non-letale Wirkungen in Form von Rückgängen der Fledermausaktivität konnten bei zwei Arten, Breitflügelfledermaus und Großer Abendsegler, nach der Errichtung von Windfarmen festgestellt werden.[954]

Entscheidend sind die lethalen Auswirkungen der Anlagenerrichtung, auch wenn im Vergleich zu Vögeln der Bestandsrückgang bei Fledermäusen erfreulicherweise zumeist niedriger ausfällt, da sie ein polygames Fortpflanzungsverhalten aufweisen.[955] Wie auch bei Vögeln erfolgt eine zentrale Erfassung von Fledermausschlagopfern an WEA in der Zentralen Fundkartei der Staatlichen Vogelschutzwarte im Landesumweltamt Brandenburg. Im Erfassungszeitraum von 1989 bis November 2004 wurden bundesweit 285 Totfunde von Fledermäusen an WEA erfasst. Dabei waren insbesondere die Arten Großer Abendsegler, Rauhautfledermaus und Zwergfledermaus be-

---

[953] VG Berlin, BeckRS 2008, 34254.
[954] Hötker/Thomsen/Köster, Auswirkungen regenerativer Energiegewinnung auf die biologische Vielfalt am Beispiel der Vögel und der Fledermäuse, S. 35.
[955] Hötker/Thomsen/Köster, Auswirkungen regenerativer Energiegewinnung auf die biologische Vielfalt am Beispiel der Vögel und der Fledermäuse, S. 52.

troffen.[956] Es fällt auf, dass diese allein gut drei Viertel der Opfer ausmachen.[957] Dieses Bild hat sich mit dem Ausbau der Windenergie verstetigt. So befinden sich unter den bis zum Jahr 2007 dokumentierten 706 Totfunden 243 Große Abendsegler, 170 Zwergfledermäuse und 159 Rauhautfledermäuse.[958] Zuvor anerkannten Mausohren (myotis myotis) wird mittlerweile die Anerkennung als WEA-Schlagopfer versagt, so dass die Totfunde aus der Statistik wieder herausgenommen wurden. Der Annahme einer Kausalität zwischen Windenergieanlagen und Fledermaustotfunden steht nicht entgegen, dass die konkrete Todesursache regelmäßig nicht festgestellt werden kann, da ein grundsätzlicher Zusammenhang zwischen diesen Anlagen und Fledermaustotfunden als gesichert gelten kann.[959] Dies belegen auch Untersuchungen, die bei mehr als drei-Viertel, der im Umkreis von Windenergieanlagen gefundenen Tiere, verschiedene frontale Verletzungen, insbesondere Ober- und Unterarmfrakturen, Flügelabschürfungen und -perforationen u. ä. nachweisen konnten.[960] Es ist daher anzunehmen, dass die Tiere vor allem beim Anflug im Bereich der sich drehenden Rotorflügel verunglücken. Im Übrigen können Windverwirbelungen auch das Atemsystem der Tiere schädigen, sog. Barotrauma, und ohne feststellbare äußere Einwirkungen zum Tode führen.

Der Blick auf die Statistik zeigt große regionale Unterschiede. Zunächst fällt auf, dass der Löwenanteil der Funde aus den Bundesländern Baden-Württemberg, Brandenburg und Sachsen stammt, was allerdings nicht auf ein Vorliegen konfliktarmer Räume in anderen Bundesländern, sondern auf die Kontrollintensität zurückgeführt wird.[961] Damit lässt sich die Zahl von 706 Totfunden bzw. zuletzt etwa 170 im Jahr auch nicht in Relation zum Betrieb von etwa 20.000 WEA setzen. Die regionalen Unterschiede sind eher in Bezug auf die Verbreitungsgebiete der Fledermausarten aussagekräftig. So ist die Kollision des besonders konfliktträchtigen Großen Abendseglers vor allem in den neuen Bundesländern ein Problem, während im Südwesten eher auf Zwergfledermäuse zu achten ist. Die grundsätzlich proble-

---

[956] Antwort der Bundesregierung auf die kleine Anfrage der FDP-Fraktion, BT-Drs. 15/5188, Frage 5, S. 5.

[957] Vgl. Klinski/Buchholz/Schulte/Windguard/BioConsult SH, Umweltstrategie Windenergienutzung, S. 23.

[958] Dürr, Die bundesweite Kartei zur Dokumentation von Fledermausverlusten an Windenergieanlagen – Rückblick auf 5 Jahre Datenerfassung, NF-Themenheft „Fledermäuse und Nutzung der Windenergie", Band 12/Doppelheft 2–3 2007, 108, 109.

[959] OVG Bautzen, BauR 2008, 479, 482.

[960] Seiche/Endl/Lein, Fledermäuse und Windenergieanlagen in Sachsen 2006, S. 30.

[961] Dürr, Die bundesweite Kartei zur Dokumentation von Fledermausverlusten an Windenergieanlagen – Rückblick auf 5 Jahre Datenerfassung, NF-Themenheft „Fledermäuse und Nutzung der Windenergie", Band 12/Doppelheft 2–3 2007, 108, 109.

matischen Faktoren bei der statistischen Totfunderfassung an Altanlagen, Abtragrate durch Prädatoren und Sucheffizienz, lassen sich mittlerweile berechnen und in Untersuchungen zu den Auswirkungen von Windenergievorhaben auf Fledermauspopulationen berücksichtigen.[962]

Mit den Untersuchungen ließ sich sowohl ein Zusammenhang von Kollisionsrate und Anlagengröße, als auch ein Zusammenhang von Kollisionsrate und Standort herstellen, wobei WEA in bis zu 100 m Nähe von Gehölzen höhere Kollisionsraten als freistehende Anlagen aufwiesen.[963] Die Anlagengröße ist insoweit von entscheidender Bedeutung, wie der vom Rotor bestrichene Bereich mit den Aktionshöhen verschiedner Arten korrespondiert. So scheint nach naturwissenschaftlichen Forschungen im Zusammenhang mit der Relation von Totfunden und unterem Rotorflügelpunkt der Anlagen der Großteil der Fledermausarten bodennah zu leben. Vor allem Großer Abendsegler und Rauhautfledermaus werden überdurchschnittlich an Anlagen gefunden, deren untere Rotorblattspitze sich mindestens 30 Meter über dem Boden bewegt. Sie ziehen in Höhen von über 100 Metern.[964] Bei der Jagd wird dem Großen Abendsegler eine Flughöhe von 10–50 m zugeschrieben, was zunehmend unterhalb der unteren Rotorblattspitze moderner WEA liegt. Damit sinkt zumindest im Hinblick auf das Jagdverhalten mit steigenden Anlagengrößen das Konfliktpotential. In diesen Fällen wird bereits eine Störung des Großen Abendseglers verneint.[965] Ob und wenn ja, welche Fledermäuse letztendlich in welcher Höhe aktiv sind und damit Konfliktpotential aufweisen, lässt sich im Vorfeld der Anlagenerrichtung nur standortbezogen eruieren.[966]

In einigen Fallbeispielen zeigte sich, dass Windenergieanlagen mit Positionsbeleuchtung Insekten anziehen, was in der Folge jagende Fledermäuse nach sich ziehen könnte, so dass die Wahrscheinlichkeit einer erhöhten Kollisionsgefahr befürchtet wird. Hierzulande konnte dies bislang jedoch noch nicht nachgewiesen werden.[967]

---

[962] Seiche/Endl/Lein, Fledermäuse und Windenergieanlagen in Sachsen 2006, S. 15.

[963] Hötker/Thomsen/Köster, Auswirkungen regenerativer Energiegewinnung auf die biologische Vielfalt am Beispiel der Vögel und der Fledermäuse, S. 43; Seiche/Endl/Lein, Fledermäuse und Windenergieanlagen in Sachsen 2006, S. 33.

[964] Haensel, Aktionshöhen verschiedener Fledermausarten nach Gebäudeeinflügen in Berlin und nach anderen Informationen mit Schlussfolgerungen für den Fledermausschutz, NF-Themenheft „Fledermäuse und Nutzung der Windenergie", Band 12/ Doppelheft 2–3 2007, 141, 145.

[965] VG Berlin, BeckRS 2008, 34254.

[966] Grunwald/Schäfer/Adorf/von Laar, Neue bioakustische Methoden zur Erfassung der Höhenaktivität von Fledermäusen an geplanten und bestehenden WEA-Standorten, NF-Themenheft „Fledermäuse und Nutzung der Windenergie", Band 12/ Doppelheft 2–3 2007, 131 ff.

Die wohl wesentlichste Erkenntnis der verschiedenen Untersuchungen ist die monatliche Verteilung der Totfunde insbesondere bei der primär betroffenen Art, dem großen Abendsegler, mit hohen Konzentrationen in Juli und August. Auch die Zwergfledermaus zeigt eine Häufung der Totfunde in den Sommermonaten.[968] Dies betrifft den Zeitraum der Auflösung der Wochenstuben, also das Ausfliegen der unerfahrenen Jungtiere. Darauf folgt die Zugzeit. Trotz Kollisionen von jagenden Fledermäusen und Quetschungen durch das Eindringen in die Anlagen-Gondeln sind damit hauptsächlich ziehende Arten während ihrer Zugaktivitäten im Spätsommer bis Frühherbst betroffen.[969] Dies wirft neben der Frage von tierökologischen Abstandskriterien (TAK) in verstärktem Maße die Frage des Schutzes außerhalb von Schutzgebieten insbesondere auf den Zugrouten des Großen Abendseglers in August und September auf. Insofern sind im Genehmigungsverfahren eine Ermittlung der Fledermausvorkommen sowie eine Berücksichtigung des Reproduktions- und Zugzyklus dieser und infolge dessen ggf. Abschaltauflagen anzuraten. Solche sind mit dem wirtschaftlichen Anlagenbetrieb angesichts der Windschwäche der besagten Sommermonate und der auf den Zeitraum eine Stunde vor Sonnenuntergang bis ca. vier Uhr am Morgen beschränkbaren Abschaltung[970] zu vereinbaren.

Forschungsdefizite bestehen noch im Hinblick auf die unterschiedliche Bauweise (Mast/Gitterbauweise) von WEA und besonders große WEA, damit einhergehend hinsichtlich der Auswirkungen eines Repowering auf Fledermäuse.[971]

c) Auswirkungen eines Repowering auf die Avifauna

Angesichts der neuen Entwicklung von Großanlagen und Repowering liegen zu diesem Wachstumssegment der Windenergiebranche aufgrund des

---

[967] Seiche/Endl/Lein, Fledermäuse und Windenergieanlagen in Sachsen 2006, S. 10.

[968] Seiche/Endl/Lein, Fledermäuse und Windenergieanlagen in Sachsen 2006, S. 22 ff./46 f.

[969] Antwort der Bundesregierung auf die kleine Anfrage der FDP-Fraktion, BT-Drs. 15/5188, Frage 11, S. 7; Klinski/Buchholz/Schulte/Windguard/BioConsult SH, Umweltstrategie Windenergienutzung, S. 24; Dürr, Die bundesweite Kartei zur Dokumentation von Fledermausverlusten an Windenergieanlagen – Rückblick auf 5 Jahre Datenerfassung, NF-Themenheft „Fledermäuse und Nutzung der Windenergie", Band 12/Doppelheft 2–3 2007, 108, 111.

[970] Seiche/Endl/Lein, Fledermäuse und Windenergieanlagen in Sachsen 2006, S. 55.

[971] Dürr, Die bundesweite Kartei zur Dokumentation von Fledermausverlusten an Windenergieanlagen – Rückblick auf 5 Jahre Datenerfassung, NF-Themenheft „Fledermäuse und Nutzung der Windenergie", Band 12/Doppelheft 2–3 2007, 108, 112 f.

bislang überschaubaren Umfangs des Repowerings in Deutschland nur wenige statistisch gesicherte Erkenntnisse vor. Angesichts der Ausweitung des Repowering sind diese Auswirkungen jedoch von besonderem Interesse.

Erste Untersuchungen legen nahe, dass sich ähnlich der Auswirkungen eines einfachen Ausbaus der Windenergie auf die Avifauna wenige allgemein gültige Aussagen treffen lassen. Zu den im Hinblick auf die erstmalige Errichtung konstatierten art- und standortabhängigen Faktoren tritt bei einem Repowering ein Leistungssteigerungsfaktor hinzu.

In Simulationsrechnungen wurde ermittelt, dass beim Ersetzen alter Anlagen durch neue Nachteile zumeist erst bei einer Leistungssteigerung, insbesondere ab dem Faktor 1,5, auftreten, während ein Repowering, bei dem die Anlagenzahl sinkt und die Leistungsstärke gleich bleibt keine Verschlechterung bzw. sogar Verbesserungen auftreten.[972] Da die Leistungs- und damit Ertragssteigerung gerade Ziel des Repowering ist, könnte in der Folge von grundsätzlich negativen Auswirkungen ausgegangen werden. Dennoch ist auch hier eine differenzierende Betrachtung erforderlich. Ein Repowering wird vor allem bei den Arten negative Auswirkungen herbeiführen, bei denen die Störwirkung mit der Anlagengröße korreliert, wie es sich beim Kiebitz nachweisen lässt. Andere Arten, insbesondere Singvögel, die wegen der weniger in den bodennahen Luftraum reichenden Rotoren großer Anlagen durch ein Repowering Lebensraum zurückerhalten, dürften positiv darauf reagieren.

Mittlerweile sind die Auswirkungen auf die Avifauna anhand einer neuen Generation größerer Windenergieanlagen bis zu einer Leistungsstärke von 2 MW und Nabenhöhen bis 114 m bei einem Rotordurchmesser von bis zu 80 m untersucht worden.[973] Dabei hat sich die Hypothese erster Untersuchungen über die Vorteile größerer Anlagen bei Brutvögeln bestätigt. Es siedelten sich 21 von 29 untersuchten Arten näher an größeren als an kleineren Anlagen an. Gegenteiliges Verhalten ließ sich außerhalb der Brutzeit konstatieren, wo in 16 von 23 Fällen ein größerer Meideabstand bei größeren Anlagen, insbesondere bei Kiebitzen, Goldregenpfeifern, Aaskrähen, Staren und Finken gemessen wurde.[974] Die Störwirkungen nehmen dabei mit dem Umfang der Leistungssteigerung der Windfarm zu.[975]

---

[972] Hötker/Thomsen/Köster, Auswirkungen regenerativer Energiegewinnung auf die biologische Vielfalt am Beispiel der Vögel und der Fledermäuse, S. 57.
[973] Hötker, Auswirkungen des „Repowering" von Windkraftanlagen auf Vögel und Fledermäuse, S. 6 f.
[974] Hötker, Auswirkungen des „Repowering" von Windkraftanlagen auf Vögel und Fledermäuse, S. 12 f.
[975] Hötker, Auswirkungen des „Repowering" von Windkraftanlagen auf Vögel und Fledermäuse, S. 21 ff.

Im Hinblick auf Kollisionen dominieren weiter Greifvögel, insbesondere Rotmilane und Seeadler. Die Modellberechnungen ergaben nunmehr für alle Fälle der Leistungssteigerung negative Auswirkungen auf Vögel.[976]

Es wurde noch 2005 angenommen, dass Fledermäuse in der Regel empfindlicher auf ein Repowering reagieren dürften als Vögel.[977] Die neueren Untersuchungen konnten dies nicht bestätigen. Es lassen sich vor allem extreme standortabhängige Unterschiede zwischen den untersuchten Windfarmen von 0 bis zu 103 Tieren pro Turbine im Jahresdurchschnitt feststellen. Wald am Standort führte stets zu höheren Opferzahlen und zeigte statistisch signifikante Zusammenhänge von Anlagenhöhe und Zahl der verunglückten Tiere.[978] Damit ist die bei einem Repowering zunehmende Anlagenhöhe bei Fledermäusen zwar von Bedeutung, jedoch nur soweit der Standort durch seine Beschaffenheit und Fledermausvorkommen ein Schlagrisiko mit sich bringt. Auch soll sich eine Leistungssteigerung bis hin zu einer Verdoppelung der Leistungsfähigkeit kaum auswirken.[979] Damit erscheint ein derartiges Repowering grundsätzlich kaum Probleme für die Microchiropterenfauna nach sich zu ziehen. Im Gegenteil legt die Erkenntnis, dass die Schlagopferzahl bei steigender Windgeschwindigkeit stark sinkt,[980] den Schluss nahe, dass größere Windenergieanlagen mit größerer Laufruhe weniger Schlagopfer verursachen sollten.

Gerade im Bereich des Repowering und der Errichtung moderner Großanlagen besteht allgemein trotz Fortschritten noch intensiver ornithologischer Forschungsbedarf. Es fehlen immer noch Ergebnisse für viele potentiell empfindliche Arten. Auch in Bezug auf den Gewöhnungseffekt, die Barrierewirkung an Knotenpunkten des Vogelzuges und die Auswirkungen der Befeuerung müssen erst weitere Untersuchungen vorliegen, um eine juristische Antwort auf die Frage der Vereinbarkeit von Ausbau und Repowering mit dem Naturschutz geben zu können. Bis dahin lässt sich das Repowering mit den zweifelsfrei positiven Effekten der Reduzierung der Anlagenzahl als Chance zur Reduzierung von Konfliktmöglichkeiten begreifen.

---

[976] Hötker, Auswirkungen des „Repowering" von Windkraftanlagen auf Vögel und Fledermäuse, S. 25.

[977] Hötker/Thomsen/Köster, Auswirkungen regenerativer Energiegewinnung auf die biologische Vielfalt am Beispiel der Vögel und der Fledermäuse, S. 59.

[978] Hötker, Auswirkungen des „Repowering" von Windkraftanlagen auf Vögel und Fledermäuse, S. 17 f.

[979] Hötker, Auswirkungen des „Repowering" von Windkraftanlagen auf Vögel und Fledermäuse, S. 25.

[980] Seiche/Endl/Lein, Fledermäuse und Windenergieanlagen in Sachsen 2006, S. 38.

d) Maßnahmen

Die Vereinbarkeit von Naturschutz und Windenergienutzung lässt sich sowohl technisch als auch planungsrechtlich sicherstellen.

Technisch ist eine Reduktion von Kollisionen z.B. möglich, indem mit einem Verzicht auf Gittermastkonstruktionen keine Ansitzmöglichkeiten für Greifvögel geboten werden, die Rotorblätter durch Kennzeichnungen mit schwarzer Farbe senkrecht zur Flügelachse für Vögel stärker wahrnehmbar gemacht werden und die Befeuerung auf die Reize der Vogelarten abgestimmt wird.[981] Auch sollte die Anlage von Ausgleichsflächen innerhalb von Windfarmen vermieden werden, die ein höheres Nahrungsangebot versprechen und damit eine anziehende Wirkung auf Greifvögel ausüben können. Neben der Anlagenerrichtung ist vor allem die Netzanbindung der Windfarmen von entscheidender Bedeutung für die Avifauna. Da, wie gezeigt, Freileitungen im Gegensatz zu Erdkabeln zu häufigen Kollisionen führen und damit eine signifikant negative Wirkung auf Populationen haben können, wird der Ersatz von Freileitungen durch Erdkabel als geeignete Kompensationsmaßnahme für die Anlagenerrichtung vorgeschlagen.[982] Bei Fledermäusen kommt eine wesentliche Reduktion der Schlagopfer durch eine vorübergehende Abschaltung in der Zugzeit des Großen Abendseglers an Problemstandorten in Betracht.

Planungsrechtlich kann über die Standortsteuerung als wichtigstes Instrument der Kollisions- und Störungsvermeidung viel erreicht werden. Neben der Vermeidung von Standorten geschützter Arten und Abstand zu denselben, lässt sich über die Vermeidung von Vogel- und Fledermauszugwegen der Biotopverbund schützen. Hier greifen die artenspezifischen Abstände und Flugrouten. Hinsichtlich der Barrierewirkung bei Flug- und Zugwegen lässt sich auch durch eine parallele statt quer gelegene Anlagenanordnung die Gefahr senken.[983] Bei Fledermäusen kommt eine saisonale Abschaltung zur Nachtzeit in Betracht, um die Tiere in der Zeit ihrer Zugaktivitäten zu schützen.

Im Rahmen des Genehmigungsverfahrens für eine immissionsschutzrechtliche Genehmigung nach § 4 BImSchG werden als öffentlich-rechtliche Vorschriften i.S. des § 6 Abs. 1 Nr. 2 BImSchG auch die Vorschriften des Naturschutzrechtes geprüft. Kern dieser Prüfung ist die naturschutzrecht-

---

[981] Hötker/Thomsen/Köster, Auswirkungen regenerativer Energiegewinnung auf die biologische Vielfalt am Beispiel der Vögel und der Fledermäuse, S. 55 f.

[982] Klinski/Buchholz/Schulte/Windguard/BioConsult SH, Umweltstrategie Windenergienutzung, S. 44.

[983] Hötker/Thomsen/Köster, Auswirkungen regenerativer Energiegewinnung auf die biologische Vielfalt am Beispiel der Vögel und der Fledermäuse, S. 54.

liche Eingriffsregelung des BNatSchG, die Beeinträchtigung deutscher Schutzgebiete, die Verträglichkeitsprüfung nach den Vorschriften des europäischen Naturschutzrechtes nach Vogelschutz- und FFH-Richtlinie sowie das besondere Artenschutzrecht.

aa) Naturschutzrechtliche Eingriffsregelung

Unter den Regelungen des BNatSchG ist neben dem besonderen Artenschutz und dem Gebietsschutz die Eingriffregelung in ihrer Bedeutung für die Windenergie hervorzuheben. Auch wenn der in der Eingriffsregelung enthaltene querschnittsorientierte Ansatz schon früh von Ernst Rudorff vertreten wurde setzte sich mit dem Reichsnaturschutzgesetz von 1935 zunächst der den Naturschutz auf einzelne Tiere, Pflanzen und geologische Einzelformationen wie Naturdenkmale eingrenzende Ansatz von Hugo Conwentz durch.[984] Erst mit dem Bundesnaturschutzgesetz von 1976 wurde in §§ 8 ff. BNatSchG 1976 eine Eingriffsregelung eingeführt, welche so im Wesentlichen unangetastet bis zur Novelle 2002 bestand und damit auf die Errichtung von Windenergieanlagen seit Beginn des Windenergie-Booms Anwendung fand. Mit der BNatSchG Novelle 2002 wurde die Regelung der Eingriffsregelung ergänzt und in die §§ 18 ff. BNatSchG verlagert. Für die Windenergie ist dabei von Bedeutung, dass der hinzugekommene § 19 Abs. 2 BNatSchG erstmalig bundesrechtlich Ersatzmaßnahmen vorschreibt. Mit dem neuen BNatSchG 2009, welches mit Inkrafttreten zum 1. März 2010 nun auf neuer Kompetenzgrundlage nicht mehr Rahmenrecht im Sinne des alten Art. 75 GG darstellt, sondern zum ersten Mal eine Vollregelung im Rahmen der konkurrierenden Gesetzgebungskompetenz von Art. 74 GG im deutschen Naturschutzrecht darstellt, wird die Eingriffsregelung in §§ 13 ff. BNatSchG n.F. verlagert.

Die naturschutzrechtliche Eingriffsregelung in den Landesnaturschutzgesetzen sowie im BNatSchG ist stets zu beachten, da die Errichtung von WEA immer einen Eingriff in Natur und Landschaft darstellt. Die Errichtung bewirkt Veränderungen der Gestalt von Grundflächen, die das Landschaftsbild erheblich beeinträchtigen können.[985] Windenergieanlagen haben im Sinne des BNatSchG keine günstigen Auswirkungen auf die Umwelt, da

---

[984] Louis, Die Entwicklung der Eingriffsregelung, NuR 2007, 94 ff. m.w.N. An dieser Stelle gilt mein Dank für die zahlreichen umweltrechtlichen Diskussionen auch Ernst Rudorffs Nachfahren RA Dietrich Rudorff.

[985] Barth/Baumeister/Schreiber, Windkraft, S. 28; Stich, Bauplanungs- und umweltrechtliche Probleme der Errichtung und des Betriebs von Windkraftanlagen sowie der Aufstellung von Bebauungsplänen für Windfarmen, GewArch 2003, 8, 17; zum Aspekt des Landschaftsschutzes siehe unter C. II. 9. b) ff).

die Anlagen selbst keine unmittelbar den Zustand der Umwelt verbessernde Wirkung haben. Diese Wirkung tritt erst in einer Gesamtbetrachtung der CO_2-Bilanz ein.[986] Damit könnten auch diese privilegierten Vorhaben grundsätzlich am Vermeidungsgebot der Eingriffsregelung scheitern. Dennoch geht die Eingriffsregelung grundsätzlich von der fachgesetzlichen Zulässigkeit des Eingriffs aus und stellt in erster Linie ein Folgenbewältigungssystem dar.[987] Das Vermeidungsgebot gilt nach der Rechtsprechung daher nur innerhalb des konkreten Vorhabens, Planungsalternativen werden nicht verlangt. Die Pflicht zur Durchführung von Ausgleichs- und Ersatzmaßnahmen ist daher nach ständiger Rechtsprechung striktes Recht und nicht Gegenstand einer Abwägung.[988]

Kontrovers war lange Zeit das Verhältnis von Eingriffsregelung und europäischem Naturschutzrecht. Lange Zeit wurde zwischen Eingriffen innerhalb eines europäischen Schutzgebietes und solchen außerhalb unterschieden. Der Projektbegriff war in § 19 a Abs. 1 Nr. 8 b) BNatSchG 1998 und § 10 Abs. 1 Nr. 11 b) BNatSchG 2002 beschränkt, da die FFH-Verträglichkeitsprüfung zunächst in die Eingriffsregelung integriert werden sollte.[989] Bei einem zugelassenen Eingriff sollten nach § 43 Abs. 4 BNatSchG 2002 die artenschutzrechtlichen Verbote keine Anwendung finden. Diese mit der FFH-Richtlinie nicht vereinbare Rechtslage wurde erst vor kurzem mit der „kleinen" BNatSchG-Novelle 2007 geändert. Der Projektbegriff wurde überarbeitet und die Eingriffsregelung ist nicht mehr nach § 43 Abs. 4 BNatSchG von der Geltung der artenschutzrechtlichen Gebote freigestellt. In Zukunft dürfte die Eingriffsregelung im Zusammenhang mit dem Projektbegriff der FFH-Verträglichkeitsprüfung keine Rolle mehr spielen.

Bei der Anwendung der naturschutzrechtlichen Eingriffsregelung auf privilegierte Außenbereichsvorhaben ist im Rahmen der naturschutzrechtlichen Abwägung entsprechend § 18 Abs. 3 BNatSchG/§ 15 Abs. 3 BNatSchG n. F. zu berücksichtigen, dass das BauGB diesen Vorhaben eine besondere Rangstellung einräumt.[990] Neben dem anlagenbedingten Flächenverbrauch sind die Zerschneidungseffekte des ökologischen Bedingungs- und Wirkungsgefüges regelmäßig Herausforderungen für die Kompensation von Eingriffen durch die Errichtung von Windenergieanlagen.[991] In der Folge

---

[986] Louis/Wolf, Naturschutz und Baurecht, NuR 2002, 455, 458.
[987] Philipp, Artenschutz in Genehmigung und Planfeststellung, NVwZ 2008, 593, 594.
[988] Kratsch, Neuere Rechtsprechung zum Naturschutzrecht, NuR 2009, 398, 399 m. w. N.
[989] Louis, Die Entwicklung der Eingriffsregelung, NuR 2007, 94, 99.
[990] Krautzberger, in: Battis/Krautzberger/Löhr, BauGB, § 35 Rn. 133.
[991] Wolf, Windenergie als Rechtsproblem, ZUR 2002, 331, 339.

ist eine Windfarm unzulässig, wenn die zu erwartenden Beeinträchtigungen von Natur und Landschaft nicht vermieden oder ausgeglichen werden können, § 19 Abs. 3 BNatSchG/15 Abs. 5 BNatSchG n. F. Da Letzteres in der Regel möglich ist, stehen die allgemeinen Bestimmungen des Naturschutzrechtes der Ansiedlung von Windenergieanlagen zumeist nicht entgegen.[992]

Es liegt in der Natur der Sache, dass der Eingriff durch die Errichtung einer Windfarm systemimmanent ist und sich ohne Verzicht auf das Vorhaben nicht vermeiden lässt. Ausgleichsmaßnahmen würden eine Wiederherstellung bzw. Neugestaltung des Landschaftsbildes voraussetzen und sind aufgrund der dauerhaften einschneidenden Veränderung vor Ort zumeist nicht möglich. Wird beispielsweise durch eine Ausweisung einer Fläche für eine Windfarm ein Rastplatz für Vögel in der Größenordnung von 140 ha unbrauchbar, so würde die Schaffung einer geeigneten Ersatzfläche in entsprechender Größe faktisch wie ökonomisch auf Probleme stoßen und auch die Grenzen der Verhältnismäßigkeit berühren.[993] Es ist daher wichtig darauf hinzuweisen, dass die Rechtsprechung in den letzten Jahren ein größere Flexibilität im Umgang mit der Eingriffsregelung dahingehend entwickelt hat, dass es bei einer fehlenden Ausgleichsmöglichkeit für eine bestimmte Artengruppe im räumlich-funktionalen Zusammenhang nicht einer derartigen Maßnahme an anderer Stelle bedürfe. Es wird auch eine andere Ersatzmaßnahme akzeptiert, so z.B. bei Beeinträchtigung von Laufkäfern auch eine Gewässerrenaturierung.[994] Als Kompensationsmaßnahme kommen auch Abbau oder Rückbau von das Landschaftsbild störenden baulichen Anlagen an anderer Stelle in Betracht, sofern dies eine landschaftsgerechte Neugestaltung des Landschaftsraumes bewirken kann.[995] Dies ermöglicht es grundsätzlich für den Eingriff durch die Errichtung einer Repowering-Anlage den Rückbau der alten, kleineren Windenergieanlagen als Kompensationsmaßnahme anzurechnen. Damit ist eine doppelte Berücksichtigung der Altanlagen zugunsten der Neuanlagen möglich. Zum einen ist auf Tatbestandsebene bei einer vorhandenen Windenergienutzung der Eingriff in das Landschaftsbild durch neue, größere Anlagen von geringerem Umfang, zum anderen ist er bereits auf Folgenseite zum Teil kompensiert. Ob der Eingriff durch Ausgleichs- und Ersatzmaßnahmen überhaupt nicht, teilweise oder vollständig kompensierbar ist, muss die Prüfung des Einzelfalles ergeben.[996]

---

[992] Klinski/Buchholz/Schulte/Windguard/BioConsult SH, Umweltstrategie Windenergienutzung, S. 15.
[993] Bsp. vgl. Barth/Baumeister/Schreiber, Windkraft, S. 31.
[994] Kratsch, Neuere Rechtsprechung zum Naturschutzrecht, NuR 2009, 398, 399 m.w.N.
[995] Scheidler, Die naturschutzrechtlichen Voraussetzungen zur Erteilung der immissionsschutzrechtlichen Genehmigung, NuR 2009, 232, 233.
[996] VG Lüneburg, NuR 2007, 839.

Ersatzmaßnahmen, machen bei einer Saldierung mit dem Eingriff denselben in der Abwägung nach § 1 Abs. 7 BauGB gemeinwohlverträglich. Die Ersatzmaßnahmen sind nach § 1a Abs. 3 BauGB nach den §§ 5–9 BauGB als Flächen für den Ausgleich festzusetzen oder nach § 11 Abs. 1 BauGB vertraglich abzusichern.[997] Bei einer Absicherung der Ersatzmaßnahmen über einen städtebaulichen Vertrag neben einer Anlagengenehmigung im Rahmen eines B-Plan-Verfahrens ist darauf zu achten, dass der städtebauliche Vertrag vor einem Satzungsbeschluss über einen B-Plan geschlossen wird, damit er Teil der Abwägung sein kann.[998]

Der Flächenverbrauch von zumeist landwirtschaftlich genutzten Flächen lässt sich regelmäßig durch die Aufwertung von bisher intensiv genutzten Flächen kompensieren. Soweit die von WEA ausgehenden Zerschneidungseffekte den Vogelflug beeinträchtigen, kommt ebenfalls die Umnutzung landwirtschaftlicher Fläche als Ersatzfutterfläche in Betracht.[999] Ausgleichs- und Kompensationsmaßnahmen im Rahmen der Eingriffsregelung des BNatSchG erfolgen, sind im Rahmen der Natura 2000-Verträglichkeitsprüfung mit zu berücksichtigen. Ob die Maßnahmen eine Verträglichkeit im Sinne der Natura 2000 Richtlinien bewirken oder darüber hinaus Beeinträchtigungen eines Schutzgebietes zu erwarten sind, ist gesondert im Rahmen der Verträglichkeitsprüfung festzustellen.

Bei der Berechnung der Ausgleichsflächen bzw. Ersatzflächen werden in den verschiedenen Bundesländern je nach Landesnaturschutzgesetz bzw. Windenergieerlass verschiedene Berechnungsformeln herangezogen. Zunächst stellt sich die Frage des Ausgleichs von Eingriffen in den Naturhaushalt. Teilweise wird auf die Anlagenleistung abgestellt (m^2 pro kW Windenergieleistung), teilweise komplexere Formeln, welche auf die Anlagenmaße abstellen, herangezogen. Diese finden sich zumeist in den Windenergieerlassen der Länder. So gibt z.B. Schleswig-Holstein, welches 2003 vom leistungsbezogenen zum anlagenmaßbezogenen Verfahren gewechselt ist, die Formel vor: Ausgleichsfläche $F = 2\,r \times H$ (Nabe) $+ \lambda \times r^2/2$.[1000] Da sich die Intensität des Eingriffs zumeist aus dem Ausmaß der Anlage ergibt, überzeugt hier der zweite Weg, die Ausgleichsfläche anhand der Anlagenmaße zu berechnen.

---

[997] Zur vertraglichen Lösung: Krautzberger, Städtebauliche Verträge zur Umsetzung klimaschützender und energieeinsparender Zielsetzungen, DVBl 2008, 737,742.
[998] OVG Münster, NVwZ-RR 2004, 643, 646.
[999] Wolf, Windenergie als Rechtsproblem, ZUR 2002, 331, 339.
[1000] Land Schleswig-Holstein, Grundsätze zur Planung von Windkraftanlagen, Gemeinsamer Runderlass des Innenministeriums, des Ministeriums für Umwelt, Naturschutz und Landwirtschaft und des Ministeriums für Wirtschaft, Arbeit und Verkehr vom 25.11.2003, ABl. Schl.-H 2003, 893, Nr. 5.1.

Nach § 19 Abs. 4 BNatSchG können die Länder vorsehen, dass für nicht kompensierbare Beeinträchtigungen Ersatz in Geld zu leisten ist. Für Ausgleichszahlungen von Beeinträchtigungen des Landschaftsbildes wird z.B. in Schleswig-Holstein die Formel Ausgleichsumfang (€) = Grundwert × Landschaftsbildwert × durchschnittlicher Grundstückspreis/m^2 verwendet. Dabei ergibt sich der Grundwert aus der Ausgleichsfläche für den Eingriff in den Naturhaushalt multipliziert mit dem Faktor der Anlagenzahl (1 oder 2 Anlagen = Faktor 1, 3–7 Anlagen = 2, 8–15 Anlagen = 3, 16 und mehr Anlagen = Faktor 4) und der Landschaftsbildwert, welcher sich nach der Bedeutung für das Landschaftsbild in verschiedenen Stufen von 1,0 über 1,3; 1,6; 1,9 bis 2,2 bemisst.[1001] In Niedersachsen wurde für die Berechnung von Ersatzzahlungen nach § 12b NNatG ein Vorgehen in Anlehnung an ein Papier des niedersächsichen Landkreistages[1002] (sog. NLT-Papier) anerkannt, welches keine schematische Anwendung, sondern eine Abweichung zugunsten des Vorhabenträgers beinhaltet. Bei der Berechnung der Ersatzzahlung wird zunächst auf die Investitionskosten insgesamt abgestellt, von der ein maximal zulässiger Ersatzzahlungsbetrag von 7% gebildet wird. Von diesem Betrag werden die Aufwendungen für Ausgleichsmaßnahmen, die mittlere Wertigkeit, die Vorbelastung des Landschaftsraumes durch WEA, die vorhandenen WEA, der bereits sichtverschattete Bereich und anderweitig genehmigte WEA in Abzug gebracht. Bei einer Investitionssumme von z.B. 16.361.362,– Euro für neun genehmigte WEA neben 11 bestehenden bei einem zu ca. 45% sichtverschattetem Bereich, belief sich die Ersatzzahlung für acht dieser WEA auf 136,763,– Euro, mithin weniger als 1% der Herstellungskosten.[1003] Entscheidend ist hier die jeweilige Regelung des Bundeslandes.[1004] Das aufgrund einer Berechnungsformel geleistete Ersatzgeld bietet die Finanzierungsgrundlage für die Verwirklichung von Konzepten der Entwicklung von Natur und Landschaft. Es kann allerdings auch zu einem „Ablasshandel" verkommen.[1005] Mit dem Gesetz zur Neuregelung des Rechts des Naturschutzes und der Landschaftspflege vom 29. Juli 2009 wurden die Vorschriften über die Eingriffsregelung neu ge-

---

[1001] Land Schleswig-Holstein, Grundsätze zur Planung von Windkraftanlagen, Gemeinsamer Runderlass des Innenministeriums, des Ministeriums für Umwelt, Naturschutz und Landwirtschaft und des Ministeriums für Wirtschaft, Arbeit und Verkehr vom 25.11.2003, ABl. Schl.-H 2003, 893, Nr. 5.2/5.3/5.4.

[1002] Niedersächsischer Landkreistag, Naturschutz und Windenergie, die im zitierte Fall maßgebliche Fassung von Mai 2005 wurde mittlerweile aktualisiert: Stand: Juli 2007, S. 8 ff., http://www.nlt.de/pics/medien/1_1183561543/Fortschreibung_Windenergiepapier_Juli_2007.pdf.

[1003] VG Lüneburg, NuR 2007, 839/BeckRS 2007, 26850.

[1004] Zur Berechnung in Niedersachsen nach § 12b Abs. 1 Nr. 1 NNatG, VG Lüneburg, NuR 2007, 839.

[1005] Louis, Die Entwicklung der Eingriffsregelung, NuR 2007, 94, 96.

fasst.[1006] Die Systematik von Vermeidungsgebot, Ausgleichs- und Ersatzgebot sowie der ultima ratio Ersatz in Geld wird gewahrt. Zu Ersatzzahlungen heißt es in § 15 Abs. 6 S. 2–7 BNatSchG n. F.:

„Die Ersatzzahlung bemisst sich nach den durchschnittlichen Kosten der nicht durchführbaren Ausgleichs- und Ersatzmaßnahmen einschließlich der erforderlichen durchschnittlichen Kosten für deren Planung und Unterhaltung sowie die Flächenbereitstellung unter Einbeziehung der Personal- und sonstigen Verwaltungskosten. Sind diese nicht feststellbar, bemisst sich die Ersatzzahlung nach Dauer und Schwere des Eingriffs unter Berücksichtigung der dem Verursacher daraus erwachsenden Vorteile. Die Ersatzzahlung ist von der zuständigen Behörde im Zulassungsbescheid oder, wenn der Eingriff von einer Behörde durchgeführt wird, vor der Duchführung des Eingriffs festzusetzen. Die Zahlung ist vor der Durchführung des Eingriffs zu leisten. Es kann ein anderer Zeitpunkt für die Zahlung festgelegt werden; in diesem Fall soll eine Sicherheitsleistung verlangt werden. Die Ersatzzahlung ist zweckgebunden für Maßnahmen des Naturschutzes und der Landschaftspflege möglichst in dem betroffenen Naturraum zu verwenden."

Im folgenden § 15 Abs. 7 BNatSchG n. F. wird das Bundesministerium für Umwelt, Naturschutz und Reaktorsicherheit ermächtigt, im Einvernehmen mit dem Bundesministerium für Ernährung, Landwirtschaft und Verbraucherschutz und dem Bundesministerium für Verkehr, Bau und Stadtentwicklung durch Rechtsverordnung mit Zustimmung des Bundesrates das Nähere zur Kompensation von Eingriffen zu regeln, insbesondere Inhalt, Art und Umfang von Ausgleichs- und Ersatzmaßnahmen einschließlich von Maßnahmen zur Entsiegelung, zur Wiedervernetzung von Lebensräumen und zur Bewirtschaftung und Pflege sowie zur Festlegung diesbezüglicher Standards insbesondere für vergleichbare Eingriffsarten, sowie die Höhe der Ersatzzahlungen und das Verfahren zu ihrer Erhebung. Solange diese Rechtsverornung nicht in Kraft getreten ist, richtet sich das Nähere zur Kompensation von Eingriffen weiter nach Landesrecht. Inwiefern Der Eingriff durch Windenergieanlagen, sein vollständiger oder teilweiser Ausgleich und die damit ggf. verbundenen Ersatzzahlungen in dieser Verordnung standardisiert werden, bleibt mit Spannung abzuwarten.

Das Grundgesetz sieht seit der Föderalismusreform als Gegenstück zur Überführung der Rahmengesetzgebungkompetenzen des alten Art. 75 GG in die konkurrierende Gesetzgebungskomptenz des Art. 74 GG eine Abweichungsmöglichkeit der Länder vor. Insofern steht es den Ländern mit der Novelle 2009 offen, ihre eigenen Vorstellungen ab März 2010 im Bereich

---

[1006] Siehe Gesetzentwurf der Fraktionen der CDU/CSU und SPD vom 17.03.2009, BT-Drs. 16/12274 in der Fassung von Beschlussempfehlung und Bericht des Ausschusses für Umwelt, Naturschutz und Reaktorsicherheit vom 17.06.2009, BT-Drs. 16/13430; BGBl 2009 I, 2542 ff.

der naturschutzrechtlichen Eingriffsregelung zu verwirklichen. Von besonderem Interesse wird daher die Reaktion der Länder sein, die ihre Vorstellungen von der Eingriffsregelung nicht über den Bundesrat durchsetzen konnten. Hier ist der Anreiz für die Länder, die sich mit ihrer bisherigen Praxis nicht hinreichend in der kommenden Rechtsverordnung wieder finden werden, von der neuen Möglichkeit der Abweichungsgesetzgebung nach Art. 72 Abs. 3 Nr. 2 GG Gebrauch zu machen, immens.

bb) Deutsche Naturschutzgebiete

Vielerorts sind Schutzgebiete nach deutschem Naturschutzrecht anzutreffen, was bei der Errichtung von Windenergieanlagen zu Konflikten führen kann. Dementsprechend ist die Vereinbarkeit des Vorhabens mit der jeweiligen Schutzgebietsverordnung gem. § 22 BNatSchG zu prüfen. Dies wird sich mit dem neuen BNatSchG 2009 nicht ändern. § 20 BNatSchG n.F. nennt den Biotopverbund von mindestens 10 % der Fläche eines Landes (§ 21) und als geschützte Teile von Natur und Landschaft, Naturschutzgebiete (§ 23), Nationalparke (§ 24), Biosphärenreservate nach Maßgabe von § 26 als Landschaftsschutzgebiet, als Naturpark, als Naturdenkmal oder als geschützter Landschaftsbestandteil. Form und Verfahren der Unterschutzstellung, die Beachtung von Form- und Verfahrensfehlern und die Möglichkeit ihrer Behebung sowie die Forgeltung bestehender Erklärungen zum geschützten Teil von Natur und Landschaft richten sich gem. § 22 Abs. 2 BNatSchG n.F. weiter nach Landesrecht. Es kommt damit weiter auf die Vereinbarkeit des Vorhabens mit der jeweiligen Schutzgebietsverordnung an.

In den zwecks Kontinuität in der Genehmigungspraxis und Planungssicherheit der Investoren erlassenen Windenergieerlässen der Bundesländer werden in der Regel drei Kategorien von Gebieten gebildet. Dabei werden Kriterien für die jeweiligen Kategorien aufgeführt. Es werden als Kategorien Eignungsgebiete, als Gebiete mit geringem bis mittlerem Konfliktpotential, Restriktionsbereiche, als Gebiete mit mittlerem bis hohem Konfliktpotential, und Tabubereiche, als Gebiete mit besonders hohem Konfliktpotential, unterschieden.[1007] In fast allen Windenergieerlässen fallen Naturschutzgebiete, Nationalparks, Biotope, flächenhafte Naturdenkmäler, Vorranggebiete für Natur- und Landschaft, sowie die europäischen Schutzgebiete in die Kategorie Tabubereich, der von Windenergienutzung freizuhalten ist, während Naturparke und Landschaftsschutzgebiete zumeist in die Kategorie Restriktionsbereich fallen, wo Windenergieanlagen unter Berücksichtigung be-

---

[1007] Auge/Brink, Windkraftnutzung in den Bundesländern, UVP-Report 1996, 234, 235.

stimmter Abstandsempfehlungen zuzulassen sind.[1008] In diesem Sinne sind auch die jeweiligen Schutzgebietsverordnungen ausgestaltet. Die Errichtung von Windenergieanlagen ist mit Naturschutzgebieten in der Folge regelmäßig unvereinbar, unabhängig davon, ob die Gebiete auch in der Regional- und Bauleitplanung als Ausschlussgebiete festgesetzt sind.

cc) Europäisches Naturschutzrecht

Das europäische Naturschutzrecht ist bei der Errichtung von Windenergieanlagen vor allem unter dem Gesichtspunkt des Arten- und Habitatschutzes bedeutsam. Hier sind die Vogelschutzrichtlinie und Flora-Fauna-Habitat-Richtlinie von zentraler Bedeutung. Daneben sind internationale Abkommen, wie z.B. das EUROBATS-Abkommen[1009] zur Erhaltung der Fledermäuse in Europa als Regionalabkommen im Rahmen der Bonner Konvention zu berücksichtigen.

Hervorzuheben sind als von Anhang I der EG-Vogelschutzrichtlinie erfassten Arten Rotmilan (*Milvus milvus*) und Seeadler (*Haliaeetus albicilla*). Der Bestand an Brutpaaren in Deutschland wurde je nach Berechnungsmethode im Jahr 2000/2001 10.669 bzw. 13.018 Brutpaare von Rotmilanen, schwerpunktmäßig in Brandenburg, Mecklenburg-Vorpommern, Niedersachsen und Sachsen-Anhalt geschätzt. Für den noch selteneren Seeadler wurden im Jahr 2004 insgesamt 467 Brutpaare, schwerpunktmäßig in Mecklenburg-Vorpommern und Brandenburg gezählt.[1010] Damit sind die Bestände dieser besonders geschützten Arten vor allem in der windhöffigen norddeutschen Tiefebene in Bundesländern mit intensiver Windenergienutzung zu finden. Folglich sind die Zahlen der bisher getöteten Rotmilane und Seeadler in Relation zur Häufigkeit der Arten in Deutschland vergleichsweise hoch, wenn auch eine Bestandsgefährdung durch Windenergieanlagen bislang nicht feststellbar ist.[1011] Dass die Zahl der Seeadlerbrutpaare im Laufe der letzten Jahre, trotz parallelem Ausbau der Windenergie, wieder kontinuierlich zunimmt,[1012] ändert nichts an ihrem europarechtlichen Schutzsta-

---

[1008] Auge/Brink, Windkraftnutzung in den Bundesländern, UVP-Report 1996, 234, 237; Wagner, Privilegierung von Windkraftanlagen im Außenbereich, UPR 1996, 370, 373.

[1009] The Agreement on the Conservation of Populations of European Bats, http://www.eurobats.org/.

[1010] Antwort der Bundesregierung auf die kleine Anfrage der FDP-Fraktion, BT-Drs. 15/5188, Frage 14, S. 8 u. Frage 12, S. 7; im Wesentlichen bestätigt durch das Artenschutzsymposion Rotmilan 2007 der Alfred Töpfer Akademie für Naturschutz, http://www.nna.niedersachsen.de/master/C39903747_N5917408_L20_D0_I5661252.

[1011] Antwort der Bundesregierung auf die kleine Anfrage der FDP-Fraktion, BT-Drs. 15/5188, Frage 7, S. 6.

tus. Da etwas mehr als die Hälfte aller Rotmilane weltweit in Deutschland brütet ergibt sich eine besondere Verantwortung Deutschlands für den Schutz dieser Art.[1013] Als Aasfresser und Kleintierjäger, der die offene Landschaft im niedrigen Suchflug als Nahrungshabitat kontrolliert, ist er nicht nur durch Nutzungsänderungen in der Landwirtschaft, sondern auch durch der Errichtung von Windenergieanlagen bzw. die damit verbundene Kollisionsmöglichkeit gefährdet. Zumal nähern sich die Tiere bisweilen während der Nahrungssuche ohne Scheu an die Windenergieanlagen an, so dass sie erschlagen werden können.[1014]

Neben diesen Vogelarten sind die vom europäischen Naturschutzrecht genannten Fledermäuse hervorzuheben. Von den weltweit etwa 900 Fledermausarten sind auch einige in Deutschland heimisch und einige davon auch im Zusammenhang mit der Errichtung von Windenergieanlagen von Bedeutung, insbesondere Großer Abendsegler (*Nyctalus noctula*) und Rauhautfledermaus (*Pipistrellus nathusii*).

Einige Fledermausarten, so fünf Arten der Familie der Hufeisennasen *(Rhinolophidae)*, von denen mit Großer Hufeisennase (*Rhinolophus ferrumequinum*) und Kleiner Hufeisennase *(Rhinolophus hipposideros)* auch zwei in Deutschland verbreitet sind, und acht Arten der Familie der Glattnasen *(Vespertilionidae),* von denen mit Großem Mausohr (*Myotis myotis*), Bechsteinfledermaus (*Myotis bechsteinii*), Teichfledermaus (*Myotis dasycneme*), Wimperfledermaus (*Myotis emarginatus*) und Mopsfledermaus (*Barbastella barbastellus*) fünf in Deutschland vorkommen, sind in Anhang II FFH-RL als Arten von gemeinschaftlichem Interesse gelistet, für deren Erhaltung besondere Schutzgebiete ausgewiesen werden müssen. Die drei-Viertel aller statistisch erfassten Kollisionsopfer ausmachenden Arten Großer Abendsegler und Rauhautfledermaus erfordern demnach gerade keine Schutzgebietsausweisung.

Fledermäuse *(Microchiroptera)* werden generell (alle Arten) von Anhang IV FFH-RL als streng zu schützende Tierarten von gemeinschaftlichem Interesse erfasst. Damit ist die Kollisionsgefahr von Fledermäusen weniger eine Frage des Gebietsschutzes als vielmehr eine Frage des besonderen Artenschutzrechtes.

Hervorzuheben ist, dass die Arten sich in verschiedenen Flughöhen bewegen und sich daraus ein unterschiedliches Maß an Verträglichkeit mit der

---

[1012] WWF Deutschland, http://www.wwf.de/presse/details/news/zuwachs_im_adler horst/.

[1013] Hötker/Thomsen/Köster, Auswirkungen regenerativer Energiegewinnung auf die biologische Vielfalt am Beispiel der Vögel und der Fledermäuse, S. 4; OVG Weimar, NuR 2007, 757, 759.

[1014] OVG Weimar, NuR 2007, 757, 759.

Windenergienutzung ergibt. So jagen die vor allem in Süddeutschland verbreiteten Bechsteinfledermäuse im niedrigen Suchflug, das heißt unter 5 Meter Höhe[1015] und bewegen sich damit vorwiegend in einem Bereich den die Rotoren von Windenergieanlagen gar nicht bestreichen, so dass dies den verschwindend geringen Anteil unter den Kollisionsopfern erklärt und zu einer grundsätzlichen Verträglichkeit von Bechsteinfledermausvorkommen und Windenergienutzung führt, soweit die Anlagen nicht gerade im Waldquartier der Tiere errichtet werden sollen. Anderseits bewegt sich der Große Abendsegler zumeist mit bis zu 60 km/h in Flughöhen von 10 bis 50 Metern[1016] und die Rauhautfledermaus zumeist in 30–50 Meter Flughöhe,[1017] so dass für entsprechende Vorkommen regelmäßig hohe Kollisionsgefahr besteht und eine Unverträglichkeit mit der Windenergienutzung möglich ist. Zu berücksichtigen ist auch, dass bei anderen Arten, wie der in bis zu 50 m Höhe fliegenden Breitflügelfledermaus *(Eptesicus serotinus)* wiederum ein Meideverhalten erforscht wurde,[1018] so dass der Ausbau der Windenergie hier zu einem Habitatverlust führen kann.

Neben den europäischen Richtlinien verdienen einzelne völkerrechtliche Abkommen Beachtung. Das EUROBATS-Abkommen verpflichtet die Vertragsparteien, zu denen Deutschland seit der Ratifikation 1993 zählt, u. a. zum Individuen-, Lebensstätten- und Lebensraumschutz bei gleichzeitiger Durchführung geeigneter Maßnahmen zur Förderung der Erhaltung der Fledermäuse und Maßnahmen zum Schutz bedrohter Fledermauspopulationen. Hier ist die Resolution 5.6 „Wind Turbines and Bat Populations" aus dem Jahr 2006 hervorzuheben, die Empfehlungen für den Planungsprozess, wie 200 m Abstand zu Waldrändern und geschlossenen Gehölzen, und das Monitoring sowie den Forschungsbedarf jedoch keine verbindlichen Vorgaben für das Genehmigungsverfahren gibt. Daneben ist noch die Berner Konvention als Übereinkommen über die Erhaltung der europäischen wildlebenden Tiere und Pflanzen und ihrer Lebensräume erwähnenswert. Die zahlreichen

---

[1015] Landesamt für Natur, Umwelt und Verbraucherschutz NRW, http://www.naturschutz-fachinformationssysteme-nrw.de/natura2000/arten/ffh-arten/arten/saeugetiere/myotis_bechsteini_kurzb.htm.

[1016] Landesfachausschuss Fledermausschutz NRW im NABU, http://www.fledermausschutz.de/index.php?id=315.

[1017] Arbeitskreis Fledermäuse Leverkusen, http://www.fledermausschutz-lev.de/fledermause_arten.html.

[1018] Bach, Hinweise zur Erfasungsmethodik und zu planerischen Aspekten von Fledermäusen, Vortrag auf der Tagung „Windenergie, neue Entwicklungen, Repowering und Naturschutz, 31.03.2006, http://www.buero-echolot.de/upload/pdf/WindenergieundFledermause.pdf; vgl. auch Brinkmann, Welchen Einfluss haben Windkraftanlagen auf jagende und wandernde Fledermäuse in Baden-Württemberg?, Tagungsführer Akademie für Natur- und Umweltschutz Baden-Württemberg, http://www.buero-brinkmann.de/downloads/Brinkmann_2004.pdf.

völkerrechtlichen Abkommen enthalten im Ergebnis keine Verpflichtungen über das Schutzregime der Natura 2000-Richtlinien hinaus, so dass hier der Focus auf letztere gelegt wird.

Angesichts all dieser Aspekte von betroffenen Vögeln und Fledermäusen stellt der Ausbau der Windenergie eine Herausforderung für den europäischen Artenschutz dar.

Eine Errichtung von WEA in Vogelschutzgebieten steht in der Regel nicht zur Diskussion. Fraglich ist, wie es sich mit faktischen Vogelschutzgebieten verhält. Auch ergeben sich Konflikte aus der Errichtung von WEA in der Nähe zu Vogelschutzgebieten und faktischen Vogelschutzgebieten. Dabei ist fraglich wie weit die Erreichbarkeit eines solchen Schutzgebietes für Vögel – insbesondere Zugvögel – der Errichtung von WEA entgegensteht. Hier sind die Regelungen der Vogelschutzrichtlinie maßgeblich.

Wesentlich für einen wirksamen Artenschutz ist der Schutz der Lebensräume, wie Brut und Rastplätze, welche häufig in Feuchtgebieten liegen. Die Vogelschutzgebiete bilden daher mit den besonderen Schutzgebieten nach der Flora-Fauna-Habitat-Richtlinie (FFH-Richtlinie/FFH-RL) das EU-weite kohärente ökologische Schutzgebietsnetz Natura 2000.

Auch wenn Konflikte im Zusammenhang mit Schutzgebieten im Vordergrund stehen, gibt es auch ohne Schutzgebiete Konflikte mit dem Belang des Naturschutzes.

(1) Schutzgebietsnetz Natura 2000

Die Vorgaben des EG-Rechts finden ihre Umsetzung in den §§ 32 ff. BNatSchG, vorrangig durch § 34 BNatSchG, was sich durch die Föderalismusreform 2006 zunächst nicht geändert hat.[1019] Mit der BNatSchG-Novelle 2009 verlagern sich diese Vorschriften in einen neuen Natura 2000-Abschnitt, §§ 31 ff. BNatSchG n. F. Die Frage der Verträglichkeit und Zulässigkeit von Projekten verbleibt in § 34 BNatSchG. Inhaltlich sind schon aufgrund der europarechtlichen Vorprägung und der dahingehenden, vorherigen Korrektur durch die sog. „kleine Novelle" keine Änderungen zu konstatieren. Angesichts des fortwährenden Streits über die richtige Umsetzung im nationalen Recht lohnt der unverstellte Blick auf die europäischen Vorschriften. Projekte[1020] sind gem. § 34 Abs. 1 BNatSchG vor ihrer Zulassung oder Durchführung auf ihre Verträglichkeit mit den Erhaltungszielen

---

[1019] Vgl. Art. 125 b Abs. 1 GG.

[1020] Näher zu den vor der kleinen Novelle strittigen Projektbegriffen nach Art. 6 FFH-RL und § 10 Abs. 1 Nr. 11 BNatSchG a. F.: Jarass, Die Zulässigkeit von Projekten nach FFH-Recht, NuR 2007, 371, 372.

eines Gebietes von gemeinschaftlicher Bedeutung oder eines Vogelschutzgebietes zu überprüfen.[1021] Damit sind die zwei entscheidenden Typen von europarechtlich bedeutsamen Schutzgebieten benannt: FFH-Gebiete und Vogelschutzgebiete.

(a) Vogelschutzgebiete

Die Vogelschutzgebiete gehen zurück auf die Richtlinie 79/409 EWG (Vogelschutzrichtlinie/V-RL).[1022] Historisch gesehen ist diese Richtlinie in den siebziger Jahren vor dem Boom der Windenergie entstanden, als die Sorge vor den Auswirkungen der Singvogeljagd in Südeuropa in der öffentlichen Debatte den Anstoß gab. Besonders der Schutz von Zugvögeln erfordert als grenzübergreifende Herausforderung ein europäisches Vorgehen und steht daher im Vordergrund. Die schutzwürdigen Arten sind in einem fortlaufend aktualisierten Anhang I zur Richtlinie aufgeführt. Der Anhang erfasst derzeit 181 Arten, von denen in Deutschland 67 regelmäßig und 6 unregelmäßig vorkommen.[1023] Die V-RL erfasst hingegen keine Fledermäuse. Alle Fragen der Microchiropterenfauna beurteilen sich nach der FFH-RL.[1024]

Bis März 2005 wurden in Deutschland insgesamt 526 Vogelschutzgebiete gemeldet, die 8,3 % der Landesfläche ausmachen.[1025] Diese Schutzgebietsdichte führt zwangsläufig dazu, dass Windenergieanlagen und Vogelschutzgebiete häufig auf einander treffen und Konfliktsituationen entstehen. Hervorzuheben ist, dass die Vogelschutzgebiete gemeinsam mit den sog. FFH-Gebieten gem. Art. 3 FFH-RL zusammen das kohärente europäische ökologische Netz von Schutzgebieten „Natura 2000" bilden. Insofern kommen die Vorschriften der FFH-RL zur Anwendung, wobei für sog. faktische

---

[1021] Mit einem „Gebiet von gemeinschaftlicher Bedeutung" in § 34 BNatSchG wird auf die FFH-Richtlinie abgestellt, da es sich um einen in Art. 1 k) FFH-Richtlinie definierten Rechtsbegriff handelt. Gemeint ist ein schützenswertes Gebiet mit einem zu einer biogeographischen Region zugehörigen natürlichen Lebensraumtyp, wie er von der FFH-Richtlinie erfasst wird.
[1022] Richtlinie 79/409/EWG des Rates vom 2. April 1979 über die Erhaltung der wildlebenden Vogelarten (Abl. EG Nr. L 103 vom 25.4.1979 S. 1 zuletz geändert durch Richtlinie 97/49/EG der Kommission vom 29.7.1997 Abl. EG Nr. L 223 vom 13.8.1997 S. 9).
[1023] Bundesministerium für Umwelt, Naturschutz und Reaktorsicherheit, Kurzinformation Naturschutz/Biologische Vielfalt, Natur ohne Grenzen, Die Europäische Vogelschutzrichtlinie – Vogelschutz in Deutschland, Stand Mai 2005, S. 1.
[1024] Vgl. VG Freiburg (28.10.2005), NVwZ-RR 2006, 464/UPR 2006, 364.
[1025] Bundesministerium für Umwelt, Naturschutz und Reaktorsicherheit, Kurzinformation Naturschutz/Biologische Vielfalt, Natur ohne Grenzen, Die Europäische Vogelschutzrichtlinie – Vogelschutz in Deutschland, Stand Mai 2005, S. 1.

Vogelschutzgebiete nur das Schutzregime der V-RL in Betracht kommt und daher diese weiter von Bedeutung ist.

Auch wenn bei der Errichtung von Windenergieanlagen Vogelschutzgebiete zumeist gemieden werden, schließen sich Vogelreichtum und Windenergienutzung nicht kategorisch aus. Es stören sich nicht alle Vögel an Windenergieanlagen. Anders ist es bei den Vögeln des Offenlandes, bei denen im Nahbereich von etwa 500 Metern erhebliche Verhaltensänderungen feststellbar sind.[1026]

Die Vogelschutzrichtlinie begründet nach der Rechtsprechung des EuGH gegenüber staatlichen Behörden – auch ohne Umsetzung in nationales Recht – unmittelbar rechtliche Verpflichtungen.[1027] Damit entspricht die Rechtsprechung des EuGH zur Vogelschutzrichtlinie mit derjenigen zur unmittelbaren Verbindlichkeit der Richtlinie zur Umweltverträglichkeitsprüfung.[1028] Mit der Umsetzung der FFH-RL hat sich an dieser Rechtslage nichts geändert,[1029] nur dass die Prüfung der Vereinbarkeit des Vorhabens mit dem Vogelschutzgebiet seit deren Aufgehen im Schutzgebietsnetz Natura 2000 nunmehr im Rahmen der FFH-Verträglichkeitsprüfung stattfindet.[1030] Der Vogelschutz kann als Belang des Naturschutzes der bauplanungsrechtlichen Zulässigkeit eines Bauvorhabens in der nachvollziehenden Abwägung nach § 35 Abs. 3 Satz 1 Nr. 5 BauGB[1031] bzw. seit dem 1.7.2005 der begehrten immissionsschutzrechtlichen Genehmigung nach § 6 Abs. 1 i.V.m. § 5 BImSchG[1032] entgegenstehen. Entscheidend dafür ist die Vereinbarkeit bzw. Unvereinbarkeit des Vorhabens mit den Erhaltungszielen des geschützten Gebietes.

In einem Gebiet, welches für den Vogelschutz europaweit seltener Arten von hervorragender Bedeutung ist, muss die Errichtung von Windenergieanlagen den Erhaltungszielen des Gebietes gegenüber nicht grundsätzlich unverträglich sein. Dieser Linie folgt leider nicht durchgehend die Verwaltungspraxis, die nach den Windenergieerlassen der Bundesländer Vogelschutzgebiete als Tabubereiche behandelt und darüber hinaus große Abstände zu ihnen vorgibt.[1033] Diese pauschale Erklärung von Vogelschutz-

---

[1026] Schwarz, Auswirkungen von Windenergieanlagen und ihre Bedeutung für die Bauleitplanung, LKV 1998, 342, 343.
[1027] EuGH (Santona), NuR 1994, 521, 522; EuGH (Lappelbank), NuR 1997, 36, 37.
[1028] EuGH (Großkrotzenburg), NuR 1996, 102 ff.
[1029] BVerwG, BVerwGE 107, 1, 19/NVwZ 1998, 961 ff.
[1030] Vgl. OVG Münster, ZNER 2007, 431 ff./NuR 2008, 49 ff.
[1031] VG Düsseldorf, NJOZ 2005, 1864.
[1032] OVG Münster, ZNER 2007, 431 f./NuR 2008, 49, 50.
[1033] Grundsätze für Planung und Genehmigung von Windkraftanlagen, WKA-Erl. NRW 21.10.5005, Nr. 2.3.3 erklärt Bereiche für den Schutz der Natur zu Tabubereichen, Nr. 8.1.4 gibt Abstände von 500 Metern zu Vogelschutzgebieten vor.

gebieten zu Tabubereichen ist insofern problematisch, dass sie keine Grundlage in der Vogelschutzrichtlinie findet. Wenn es allein auf die Vereinbarkeit mit den Erhaltungszielen des Schutzgebietes ankommt, so muss es auf eben diese und nicht auf die Qualifizierung des Gebietes als Vogelschutzgebiet ankommen. Wenn das Vogelschutzgebiet keine Arten aufweist, die empfindlich auf Windenergieanlagen reagieren und ein Meide- oder Kollisionsverhalten aufweisen, dann kann die Errichtung der Anlagen auch nicht unverträglich sein. Damit scheidet die Versagung der Genehmigung aus Gründen des Natur- und Artenschutzes aus. Das führt angesichts der vielfältigen anderen Versagungsgründe nicht gleich zur Zulässigkeit des Vorhabens, da Naturschutzgebiete zugleich oft eine unzerschnittene, besonders schutzwürdige Landschaft aufweisen.[1034]

Die Rechtsprechung differenziert überzeugender Weise nach den in den Erhaltungszielen genannten Arten und stellt auf deren fehlende[1035] oder gegebene[1036] Betroffenheit ab. Der Prüfungsmaßstab für die Feststellung der Betroffenheit ergibt sich aus der Verträglichkeitsprüfung nach FFH-RL.

Für das Genehmigungsverfahren ist die Abgrenzung von Vogelschutzgebieten zu nicht schützenswerten Gebieten von Bedeutung. Auch wenn die Gebietsränder als Barrieren-, Schutz- und Austauschbereich eine wichtige ökologische Funktion haben, besteht hier in der Regel ein größerer Auswahl- und Abgrenzungsspielraum, der zumeist größere Bewertungsspielräume eröffnet.[1037] Angesichts der bereits festgesetzten Vogelschutzgebiete stellt sich diese Frage jedoch aktuell nicht.

Fraglich erscheint, inwiefern das Schutzregime im Übrigen durchbrochen werden kann. Nach der Rechtsprechung des EuGH ist Art. 4 Abs. 4 der V-RL dahin auszulegen, dass ein Mitgliedsstaat nicht befugt ist, die wirtschaftlichen Erfordernisse als Gründe des Gemeinwohls zur Durchbrechung des Schutzregimes zu Grunde zu legen.[1038] Der Ermessensspielraum bei der Gebietsausweisung beziehe sich vielmehr auf ornithologische Kriterien. Das Vermeidungsgebot der Vogelschutzrichtlinie sei insofern viel strenger ausgeformt als die Eingriffsregelung des BNatSchG.[1039]

Die Rechtsprechung überzeugt vor dem Hintergrund der aufgezählten Abweichungsmöglichkeiten in Art. 9 der Vogelschutzrichtlinie. Damit scheidet

---

[1034] Vgl. OVG Münster, ZNER 2007, 431, 432./NuR 2008, 49, 50.
[1035] Vgl. VG Freiburg (28.10.2005), NVwZ-RR 2006, 464/UPR 2006, 364.
[1036] OVG Münster, ZNER 2007, 431 ff./NuR 2008, 49 ff.
[1037] Stüer/Spreen, Rechtsschutz gegen FFH- und Vogelschutzgebiete, NdsVBl. 2003, 44, 47.
[1038] EuGH (Santona), NuR 1994, 521, 523; EuGH (Lappelbank), NuR 1997, 36, 37; vgl. auch bereits EuGH (Leybucht), NuR 1991, 249.
[1039] Barth/Baumeister/Schreiber, Windkraft, S. 36.

ein energiepolitisch gewollter Ausbau der Windenergienutzung in Vogelschutzgebieten mit windenergiesensitiven Arten aus. Zulässige Gründe zur Einschränkung des Schutzregimes sind nur solche der Gesundheit des Menschen, der öffentlichen Sicherheit oder des Naturschutzes oder Umweltschutzes selbst. Dementsprechend wurden Überschwemmungsgefahr und Küstenschutz vom EuGH als Gründe akzeptiert.[1040] Auch wenn das Fernziel einer Windenergienutzung über den Klimaschutz auch der Natur- und Umweltschutz ist, stehen wirtschaftliche Interessen der Anlagenbetreiber im Vordergrund. Die privaten Belange der Anlagenbetreiber genügen nicht für die Begründung eines öffentlichen Interesses.[1041] Die unmittelbaren Auswirkungen betrachtend, können Windenergieanlagen der Gesundheit des Menschen sowie Natur- und Umweltschutz auch entgegenstehen. Insofern werden die genannten Zielsetzungen bei der Errichtung von Windenergieanlagen nicht verfolgt. Eine Einschränkung des Schutzregimes zugunsten einer Windenergienutzung kommt damit nicht in Betracht. Es bleibt damit bei der grundsätzlichen Unvereinbarkeit von Vogelschutzgebieten und Windenergieanlagen.

(b) Flora-Fauna-Habitat-Gebiete

Die FFH-Gebiete gehen zurück auf die Richtlinie 92/43 EWG (Flora-Fauna-Habitat-Richtlinie).[1042] Ihre Schutzgebiete bilden gem. Art. 3 FFH-RL zusammen mit den Schutzgebieten der Vogelschutzrichtlinie das so genannte kohärente europäische ökologische Netz von Schutzgebieten „Natura 2000". In den Anhängen zur FFH-Richtlinie werden Lebensraumtypen (Anhang I) und Arten (Anhang II) aufgeführt. Von den aufgeführten 218 Lebensraumtypen und 900 Arten (ohne die bereits über die Vogelschutzrichtlinie erfassten Vögel) kommen in Deutschland 91 Lebensraumtypen und 134 Tier- und Pflanzenarten vor.[1043] Während die Vogelschutzgebiete nach FFH-RL von Anfang an als Teil des Natura 2000-Netzes erfasst waren, mussten die FFH-Gebiete erst ermittelt und in einem im Wesentlichen dreistufigen Verfahren festgesetzt werden.

Zuerst mussten die Mitgliedsstaaten gem. Art. 4 Abs. 1 FFH-RL bis Mitte 1995 eine Liste derjenigen Gebiete auswählen, die in ihrem Staatsgebiet die

---

[1040] EuGH (Leybucht), NuR 1991, 249, 250.
[1041] Barth/Baumeister/Schreiber, Windkraft, S. 38.
[1042] Richtlinie 92/43/EWG des Rates vom 21. Mai 1992 zur Erhaltung der natürlichen Lebensräume sowie der wildlebenden Tiere und Pflanzen (ABl. EG Nr. L 206/7 vom 22.7.1992) geändert durch Richtlinie 97/62/EG des Rates vom 27.10.1997 (ABl. EG Nr. L 305/42).
[1043] Bundesministerium für Umwelt, Naturschutz und Reaktorsicherheit, Kurzinformation Naturschutz/Biologische Vielfalt, Natur ohne Grenzen, FFH-Richtlinie, Stand Mai 2005, S. 1.

in der FFH-RL beschriebenen Lebensraumtypen und Arten aufweisen und für diese repräsentativ sind und diese Gebiete dann der Kommission melden (Phase 1). In einer zweiten Phase bis Mitte 1998 sollte die Kommission im Einvernehmen mit den Mitgliedsstaaten aus den Vorschlägen eine neue Liste der „Gebiete von gemeinschaftlicher Bedeutung" erstellen. Nach einer Beteiligung des Habitat-Ausschusses sollte dann eine Entscheidung über die Unterschutzstellung nach Art. 4 FFH-RL erfolgen (Phase 2). Die Mitgliedsstaaten sind danach in einer dritten Phase verpflichtet innerhalb von sechs Jahren die notwendigen umfassenden Schutzmaßnahmen nach nationalem Recht zu treffen, Art. 4 Abs. 4 FFH-RL (Phase 3). Dafür kommen in Deutschland prinzipiell alle in § 22 Abs. 1 BNatSchG benannten Schutzgebiete, also Naturschutzgebiete, Nationalparks, Biosphärenreservate, Landschaftsschutzgebiete, Naturparks oder auch Naturdenkmäler oder geschützte Landschaftsteile in Betracht. Die Auswahl eines bestimmten Schutzgebietes muss sich gem. § 33 BNatSchG/§ 32 BNatSchG n. F. an den jeweiligen Schutzzielen des FFH- oder Vogelschutzgebietes ausrichten. Die Gebietsabgrenzung der zumeist als Naturschutzgebiet oder Landschaftsschutzgebiet ausgewiesenen Gebiete muss nicht parzellenscharf erfolgen, sondern ist bereits erreicht, wenn sich die Betroffenheit ermitteln lässt, was sich im Zweifelsfall zugunsten des Betroffenen auswirken muss.[1044]

Faktisch wurde der Zeitplan der FFH-Richtlinie nicht annähernd eingehalten. Der Melde- und Auswahlprozess verzögerte sich erheblich. Zahlreiche Mitgliedsstaaten, einschließlich Deutschland, mussten mit von Vertragsverletzungsverfahren zur Meldung bzw. Vervollständigung der vorgenommenen Meldung bewegt werden.[1045] Die Kommission hat es dementsprechend erst am 07.12.2004 vermocht eine vorläufige Liste mit Gebieten von gemeinschaftlicher Bedeutung der kontinentalen biogeografischen Region festzulegen.[1046] Mit dieser Entscheidung ist die zweite Phase des Verfahrens vorläufig und lückenhaft abgeschlossen, zumal die Kommission die Liste in Erwägungsgrund 10 der Entscheidung 2004/798/EU sogleich unter einen Überarbeitungsvorbehalt zugunsten eines Nachmeldeprozesses gestellt hat. Nach Abschluss eines umfangreichen Nachmeldeprozesses im Januar 2005 sind mittlerweile 9,3 % der gesamten Landfläche und 28,6 % der ausschließlichen Wirtschaftszone in Nord- und Ostsee und damit insgesamt ca.

[1044] Stüer/Spreen, Rechtsschutz gegen FFH- und Vogelschutzgebiete, NdsVBl. 2003, 44, 46 f.

[1045] So auch Frankreich und Irland; für Deutschland siehe EuGH, NVwZ 2002, 461 f., Feststellung der Unzulänglichkeit der eingereichten Liste als Vertragsverletzung m. w. N.

[1046] Abl. EG L 382 vom 28.12.2004, S. 1 ff. und auch die von der Kommission am 13.01.2005 verabschiedete Liste zur von Gebieten gemeinschaftlicher Bedeutung der borealen biogeografischen Region, Abl. EG L 040 vom 11.02.2005 S. 1 ff.

3,3 Millionen ha von Deutschland als Schutzgebiete gemeldet.[1047] Dies ist gegenüber den vor der Richtlinienumsetzung bestehenden Naturschutzgebieten, die 2,4% der Staatsfläche ausmachten, nicht nur ein qualitativer, sondern auch quantitativer großer Sprung. Die Gebietsfestlegung seitens der Kommission erfolgte mit Beschlüssen vom 12. und 13. November 2007, veröffentlicht im Amtsblatt vom 15. Januar 2008.[1048]

Die Verzögerung im Umsetzungsprozess ist freilich schon in der Gestaltung des Verfahrens angelegt gewesen. Die Festsetzung von Schutzgebieten erfolgt nach einem gestuften Verfahren nach § 33 BNatschG/§ 32 BNatSchG n.F. Es ist ein Musterbeispiel der neuen „Mehrebenenverwaltung".[1049] Bei der Auswahl der Gebiete steht den Mitgliedsstaaten ein Auswahlermessen zu. Die Natur dieses Ermessens war strittig. Die Auffassung, es handele sich dabei um ein politisches Ermessen, wurde vom Bundesverwaltungsgericht abgelehnt.[1050] Maßstäbe politischer Zweckmäßigkeit seien der Richtlinie nicht zu entnehmen. Eine Auswahl erfolge anhand festgelegter wissenschaftlicher Kriterien gem. Anhang III der FFH-RL. Ein Spielraum bestehe bei der Anwendung fachlicher Kriterien. Ein Hinzufügen von Kriterien z.B. hinsichtlich der wirtschaftlichen und infrastrukturellen Entwicklung würde dem Lebensraum- und Artenschutz zuwiderlaufen und sei den Mitgliedsstaaten verwehrt.

Die Frage, ob Windenergieanlagen mit einem FFH-Gebiet zu vereinbaren sind, lässt sich nur im Einzelfall entscheiden. Der Prüfungsmaßstab ergibt sich aus der FFH-RL. Aus dem Wortlaut von Art. 6 Abs. 3 S. 1 FFH-RL ergibt sich das Kriterium der erheblichen Beeinträchtigung der Erhaltungsziele. Sollte es erst durch kumulative Auswirkungen mehrerer Anlagen zu einer erheblichen Beeinträchtigung kommen, so führt dies nach §§ 34 Abs. 2, 35, 10 Abs. 1 Nr. 12 BNatSchG/§§ 34 Abs. 2, 36 BNatSchG n.F. zu einer Unzulässigkeit des Vorhabens bzw. Plans. Der Wortlaut „einzeln oder im Zusammenhang mit anderen Plänen" umfasst auch benachbarte Vorhaben und wirkt sich damit zu Lasten beider Vorhaben in Konkurrenzsituationen verschärft aus.[1051]

[1047] Bundesministerium für Umwelt, Naturschutz und Reaktorsicherheit, Kurzinformation Naturschutz/Biologische Vielfalt, Natur ohne Grenzen, FFH-Richtlinie, Stand Mai 2005, S. 2.

[1048] Abl. EG L 12 vom 15.01.2008, atlantische biogeografische Region S. 1 ff., boreale biogeografische Region S. 118 ff., kontinentale biogeografische Region S. 383 ff. und pannonische biogeografische Region S. 678 ff., http://eur-lex.europa.eu/JOHtml.do?uri=OJ:L:2008:012:SOM:EN:HTML.

[1049] Füßer, Abschied von den „potentiellen FFH-Gebieten"? NVwZ 2005, 628.

[1050] BVerwG, BVerwGE 107, 1, 24.

[1051] Rolshoven, Prioritätsprinzip bei konkurrierenden Genehmigungsanträgen, NVwZ 2006, 516, 519 in Bezug zu VG Magdeburg v. 22.03.2005 – 4 A 201/04 (unveröffentl.).

Hervorzuheben ist, dass sich § 34 BNatSchG bislang nicht unmittelbar auf die Vorhabenzulassung anwenden ließ, sondern nur im Verbund mit den jeweiligen landesrechtlichen Regelungen griff. Angesichts der nun erfolgten Vollregelung ist mit der Novelle 2009 von einer direkten Anwendung auszugehen.

Der eigentlichen Verträglichkeitsprüfung nach § 34 BNatSchG ist eine Vorprüfung bzw. Erheblichkeitseinschätzung (sog. Screening) vorgeschaltet. Der Maßstab für die Vorprüfung nach Art. 6 Abs. 3 S. 1 FFH-RL ist nicht identisch mit dem der Verträglichkeitsprüfung selbst.[1052] Das Bundesverwaltungsgericht legt die Vorschrift seit seinem allgemein für grundlegend erachteten[1053] Urteil vom 17. Januar 2007 (Westumfahrung Halle) dahingehend aus, dass eine FFH-Verträglichkeitsprüfung nur erforderlich sei, wenn und soweit erhebliche Beeinträchtigungen des günstigen Erhaltungszustandes von geschützten Lebensraumtypen oder Arten nicht durch Schutz- und Kompensationsmaßnahmen vermieden werden können.[1054] Bleiben die Wirkungen des Vorhabens hingegen durch das Schutzkonzept unterhalb der Erheblichkeitsschwelle, erübrigt sich in der Folge die Verträglichkeitsprüfung. Das Schutzkonzept erlaubt dann die Zulassung des Vorhabens. An dieser Rechtsprechung hat das Bundesverwaltungsgericht insbesondere mit seinen Beschlüssen vom 26. November 2007[1055] zum B-Plan Gelstertal/B 451 im Hinblick auf das FFH-Gebiet Werra- und Wehretal und 13. März 2008[1056] zur A 4/Jagdbergtunnel im Wesentlichen festgehalten, wenn auch eine Tendenz erkennbar ist, die europäischen Vorgaben pragmatischer zu handhaben und sich damit wieder von deren strengem Verständnis zu entfernen. Teilweise wird im Hinblick auf die neuere Rechtsprechung sogar von einer Trendwende gesprochen.[1057] Es bleibt eine spannende Frage für das Naturschutzrecht in Deutschland, wie weit das Bundesverwaltungsgericht hier geht und vor allem wie weit der Europäische Gerichtshof diese Entwicklung mitgeht.

Vor diesem Hintergrund lohnt zunächst ein Blick auf die sich sehr an den europäischen Vorgaben orientierende Halle-West-Rechtsprechung und die ihr entgegengebrachte Kritik. Wesentlicher Teil der Halle-West-Rechtsprechung ist nicht nur die relativ niedrige Schwelle für die Annahme einer erheblichen Beeinträchtigung, sondern vor allem die Handhabung der damit

---

[1052] BVerwG, NuR 2008, 115 ff.
[1053] Scheidler, Die naturschutzrechtlichen Voraussetzungen zur Erteilung der immissionsschutzrechtlichen Genehmigung, NuR 2009, 232, 234.
[1054] BVerwG, BVerwGE 128, 1 ff.
[1055] BVerwG, NuR 2008, 115 ff.
[1056] BVerwG, NuR 2008, 495 ff.
[1057] Gellermann, Europäischer Gebiets- und Artenschutz in der Rechtsprechung, NuR 2009, 8.

erforderlichen Verträglichkeitsprüfung. Das Gericht stellt die Kohärenzmaßnahmen, sog. CEF-measures, in die Betrachtung mit ein. Damit werden Ausgleichmaßnahmen bereits auf Tatbestandsebene berücksichtigt. Die entgegen gehaltene Kritik[1058] kann in der Sache nicht überzeugen. Auch für das besondere Artenschutzrecht ist für Ausnahmen nach Art. 16 FFH-RL die Berücksichtigung funktionserhaltender Maßnahmen schließlich anerkannt. Die Vorprüfung beschränkt sich dabei auf die Frage, ob nach Lage der Dinge ernsthaft die Besorgnis nachteiliger Auswirkungen besteht. Wenn bei einem Vorhaben aufgrund der Vorprüfung nach Lage der Dinge ernsthaft die Besorgnis nachteiliger Auswirkungen entstanden ist, kann dieser Verdacht nur durch eine schlüssige naturschutzfachliche Argumentation ausgeräumt werden, mit der ein Gegenbeweis durch eine Risikoanalyse nach dem Stand der Wissenschaft geführt wird. Derzeit nicht ausräumbare wissenschaftliche Unsicherheiten über Wirkungszusammenhänge sind dabei dann kein unüberwindbares Hindernis, wenn das Schutzkonzept ein wirksames Risikomanagement entwickelt hat. Dabei kann auch mit Prognosewahrscheinlichkeiten und Schätzungen gearbeitet werden. Die Anordnung von Beobachtungsmaßnahmen (sog. Monitoring) muss bei wissenschaftlichen Unsicherheiten Teil des Risikomanagements sein. Das Bundesverwaltungsgericht hat die im Westumfahrung-Halle-Urteil aufgezeigten Möglichkeiten der Vorprüfung mit seiner im Gelstertal-Urteil enthaltenen Feststellung, dass die Maßstäbe von FFH-Vorprüfung und FFH-VP nicht identisch seien, weiter gestärkt. Dies wird zum Teil als Handlungsanleitung zum Unterlaufen der Anforderungen der FFH-VP kritisiert.[1059] Man müsse nur die gutachterliche Prüfung in die Vorprüfung verlagern und ggf. noch einige Schutz- und Kompensationsmaßnahmen planen, und schon könne man Pläne zulassen, ohne Gewissheit über das Ausbleiben erheblicher Gebietsbeeinträchtigungen zu haben. Die Kritik geht jedoch daran vorbei, dass nicht der Zeitpunkt der Kohärenzmaßnahmen bzw. ihre Verankerung auf Tatbestands- oder Rechtsfolgenseite für das Schutzgebietsnetz entscheidend ist, sondern ihre Durchführung und Wirkung. Sie kann daher nicht überzeugen. Die Anforderungen an die Dokumentation eines Schutzkonzeptes wurden mit Beschluss vom 13. März 2008 vom Bundesverwaltungsgericht herabgesetzt, was bereits auf Kritik stößt.[1060] In der Tat setzt eine Berücksich-

---

[1058] Steeck/Lau, Das FFH-Screening – Letzte Ausfahrt vor Westumfahrung Halle?, NVwZ 2008, 854 ff.; Fehrensen, Verminderte Anforderungen an die FFH-Verträglichkeitsprüfung und die Prüfung artenschutzrechtlicher Verbotstatbestände, NuR 2008, 483, 485.

[1059] Gellermann, Europäischer Gebiets- und Artenschutz in der Rechtsprechung, NuR 2009, 8, 10.

[1060] Fehrensen, Verminderte Anforderungen an die FFH-Verträglichkeitsprüfung und die Prüfung artenschutzrechtlicher Verbotstatbestände, NuR 2008, 483, 485.

tigung von Ausgleichmaßnahmen auf Tatbestandsebene deren hinreichende Konkretisierung voraus. Hier ist ein Festhalten an den Halle-West-Kriterien im Interesse der Tatbestandslösung zu befürworten.

In der Verträglichkeitsprüfung selbst, sind Pläne und Projekte nur dann zuzulassen, wenn die Gewissheit besteht, dass diese sich nicht nachteilig auf das geschützte Gebiet als solches auswirken. Dies ist anhand der jeweiligen Erhaltungsziele des Gebiets zu beurteilen, die sich in der entsprechenden Schutzgebietsausweisung finden. Gleichwohl verlangt das Gemeinschaftsrecht keinen Nachweis eines „Nullrisikos" im Rahmen der Verträglichkeitsprüfung, da ein wissenschaftlicher Nachweis darüber sich nicht führen ließe. Als Form wissenschaftlicher Schätzung ist auch eine „Worst-Case-Scenario" als konservative Risikoabschätzung zulässig, die zweifelsfrei verbleibende negative Auswirkungen des Vorhabens unterstellt, soweit dadurch ein Ergebnis auf der „sicheren Seite" erzielt wird.[1061] Verbleibt nach Abschluss der Verträglichkeitsprüfung kein vernünftiger Zweifel darüber, dass nachteilige Auswirkungen auf das Schutzgebiet vermieden werden, ist das Vorhaben zulässig. Die Beweislast für die Unschädlichkeit eines Vorhabens trägt dabei der Vorhabenträger bzw. die Zulassungsbehörde. Mit Blick auf die Beweislastverteilung wird es nur selten möglich sein, einmal als FFH-relevant identifizierte Vorhaben die FFH-Verträglichkeit zu bescheinigen.[1062] Das Bundesverwaltungsgericht löst diese erhebliche Belastung für Vorhaben- und Entscheidungsträger nun über eine fachliche Einschätzungsprärogative bei fehlenden gesicherten Erkenntnissen und allgemeinen Standards in der Fachwissenschaft. Fehlen diese, so ist dies bei der Entscheidung zu berücksichtigen und kann nicht zu einem generellen Moratorium für sämtliche betroffene Vorhaben führen. Dies bestärkt jene Stimmen in der Literatur, die schon zuvor einen gerichtlich nur eingeschränkt überprüfbaren Beurteilungsspielraum forderten. So könne hinsichtlich des Beweismaßes allenfalls verlangt werden, dass das Ausbleiben erheblicher Beeinträchtigungen der Schutzgebiete für mindestens überwiegend wahrscheinlich erachtet wird und sich im Übrigen am vom Verhältnismäßigkeitsgrundsatz durchdrungenen Maßstab der praktischen Vernunft orientiert.[1063] Diese Herangehensweise überzeugt angesichts des begrenzten Kenntnisstandes auch im Hinblick auf die Umweltauswirkungen von WEA. Der Entscheidungsträger muss auswählen können, auf welchen fachwissenschaftlichen Standpunkt er sich bei seiner Entscheidung stellt, sofern dieser vertretbar ist und neueste Erkenntnisse nicht unberücksichtigt lässt.

[1061] OVG Münster, ZNER 2007, 431, 433/NuR 2008, 49, 52.
[1062] Steeck/Lau, Die Rechtsprechung des BVerwG zum europäischen Naturschutzrecht, NVwZ 2009, 616, 617.
[1063] Steeck/Lau, Die Rechtsprechung des BVerwG zum europäischen Naturschutzrecht, NVwZ 2009, 616, 618 m.w.N.

II. Das einschlägige Genehmigungsverfahren

Die Windenergieerlasse der Länder verleiten mit ihrer regelmäßigen, pauschalen Einordnung von Natura 2000 Gebieten als Tabuzonen zu dem Schluss, eine Windenergienutzung sei generell unverträglich. Ein solcher Schuss wird dem komplexen Charakter des Natura 2000 Schutzgebietsnetzes und der Ausrichtung der Verträglichkeitsprüfung auf die Wahrung der Erhaltungsziele nicht gerecht. Wirken sich Projekte nicht auf die Erhaltungsziele für die in Anhang I und II der FFH-RL aufgelisteten Arten des jeweiligen Schutzgebietes aus, so können auch massive Eingriffe in Natur und Landschaft mit dem FFH-Recht vereinbar sein.[1064] Da es dem EG-Recht allein um die Erhaltungsziele geht, sind die nationalen Vorschriften, welche auf Umsetzung der europarechtlichen Vorgaben ausgerichtet sind, auch in diesem Sinne zu verstehen.[1065] Damit kommt es nicht auf die Arten und Typen der Anhänge I und II der FFH-RL an, welche im jeweiligen Schutzgebiet vorkommen, sondern nur auf solche, die auch in den Erhaltungszielen des Gebietes genannt sind.[1066] Ein signifikanter Teil der Schutzgebiete weist keinen Bezug zur für Windenergieanlagen relevanten Avifauna auf. Warum sich jedoch z. B. eine lokale Population einer seltenen Käferart an einer Windenergieanlage stören sollte, ist nicht ersichtlich. Somit kann durchaus eine Verträglichkeit einer Windenergienutzung und eines FFH-Gebietes bestehen. Weist das FFH-Gebiet hingegen eine hohe avifaunistische Wertigkeit auf, wird im Rahmen der Verträglichkeitsprüfung für Pläne und Projekte nach Art. 6 Abs. 3 FFH-RL eine Verträglichkeit regelmäßig zu verneinen sein, zumal bereits die Gefahr einer erheblichen Beeinträchtigung der Erhaltungsziele zu einer Unverträglichkeit führt.[1067] Die auf 20 Jahre Betrieb ausgerichtete Windenergieanlage wird nie eine kurzfristige oder unwesentliche Beeinträchtigung darstellen, die an der Erheblichkeitsschwelle scheitern könnte. Ebenso sind Maßnahmen der Schadenbegrenzung, welche nicht mit der Eingriffsregelung der §§ 18 ff. BNatSchG/ §§ 13 ff. BNatSchG n. F. zu verwechseln sind,[1068] zwar z. B. bei der Befeuerung technisch realisierbar, aber nicht in dem Ausmaß, dass die negativen Auswirkungen durch Rotorkollisionen auf die zu schützende Avifauna auszuschließen wären. Insofern verbleibt bei Vorliegen einer schützenswerten Avifauna in den Erhaltungszielen und im Gebiet, in dem die

---

[1064] Jarass, Die Zulässigkeit von Projekten nach FFH-Recht, NuR 2007, 371, 373 m. w. N.

[1065] Jarass, Die Zulässigkeit von Projekten nach FFH-Recht, NuR 2007, 371, 374 m. w. N.

[1066] OVG Münster, ZNER 2007, 431, 432/NuR 2008, 49, 51; Jarass, Die Zulässigkeit von Projekten nach FFH-Recht, NuR 2007, 371, 374.

[1067] Vgl. zur Gefährdung von Wiesenweihe, Goldregenpfeifer und Rotem Milan OVG Münster, ZNER 2007, 431, 434 ff./NuR 2008, 49, 52 ff.

[1068] Dazu näher: Jarass, Die Zulässigkeit von Projekten nach FFH-Recht, NuR 2007, 371, 375 m. w. N.

Anlagen errichtet werden sollen, bei einem strikten Individuenschutz nur der Schluss der Unverträglichkeit einer Windenergienutzung. Greift hingegen ein flexiblerer Populationsschutz, verlagert sich die Problematik zur Frage des Erhaltungszustandes. Während bei einem guten Erhaltungszustand eine geringfügige Beeinträchtigung verträglich sein kann, darf ein schlechter Erhaltungszustand nicht weiter verschlechtert werden, so dass sich dann aus dem Erhaltungszustand einer Population eine Unverträglichkeit ergibt.

Eine Aufhebung eines Schutzgebietes ist nur unter den Voraussetzungen des Art. 9 FFH-RL möglich, der selten anwendbar ist.[1069] Es ist gerade der Sinn der FFH-Richtlinie ein europäisches Schutzgebietsnetz zu schaffen, welches nicht durch einen actus contrarius der Mitgliedsstaaten zur Gebietsfestsetzung sein Schutzniveau verlieren kann. Die Aufhebung eines Schutzgebietes für die Errichtung von Windenergieanlagen kommt also nicht in Betracht.

Fraglich ist, inwieweit sich eine unverträgliche Nutzung ausnahmsweise zulassen lässt und inwiefern WEA davon betroffen sind. Im Gegensatz zum rigiden Schutzregime der Vogelschutzrichtlinie bietet die FFH-Richtlinie größere Ausnahmemöglichkeiten.

Die Ausnahmeregelung des Art. 6 Abs. 4 UAbs. 1 FFH-RL setzt eine Alternativlosigkeit des Planes oder Projektes, ein öffentliches Interesse, zwingende Gründe, ein Überwiegen des öffentlichen Interesses und eine Ausgleichsfähigkeit voraus. Bei der Bestimmung des öffentlichen Interesses ist die Trägerschaft des Vorhabens ohne Belang.[1070] Bei Windenergieanlagen muss zwischen einem mittelbaren und einem unmittelbaren öffentlichen Interesse unterschieden werden. Die Errichtung einer Windenergieanlage stellt zunächst einen Vorteil für den Anlagenbetreiber und kein öffentliches Interesse dar. Mittelbar liegt über das Fernziel Klimaschutz ein öffentliches Interesse vor. Entscheidend ist, dass die Gründe des öffentlichen Interesses zwingend sind. Zwar ist es grundsätzlich Sache des jeweiligen Mitgliedsstaates, den Begriff des öffentlichen Interesses im Rahmen des Ausnahmetatbestandes des Art. 6 Abs. 4 FFH-RL zu konkretisieren; zulässig sind aber nur solche Interessen, die – von den Zielsetzungen der Richtlinie aus – zwingenden Charakter haben, also unabhängig von unterschiedlichen politischen Anschauungen und Vorstellungen in allen Mitgliedsstaaten akzeptiert werden müssen.[1071] Dies können nach dem Wortlaut der FFH-RL im Ge-

---

[1069] Ramsauer, Die Ausnahmeregelungen des Art. 6 Abs. 4 der FFH-Richtlinie, NuR 2000, 601.

[1070] Ramsauer, Die Ausnahmeregelungen des Art. 6 Abs. 4 der FFH-Richtlinie, NuR 2000, 601, 603.

[1071] Ramsauer, Die Ausnahmeregelungen des Art. 6 Abs. 4 der FFH-Richtlinie, NuR 2000, 601, 604.

gensatz zur V-RL auch Gründe wirtschaftlicher und sozialer Art sein. Damit ist der Ausbau erneuerbarer Energien erfasst. Positiv ist weiterhin zu verlangen, dass die Gründe einen hinreichenden Ortsbezug haben, was im Umkehrschluss alle Gründe entfallen lässt, deren Verwirklichung praktisch überall möglich wäre wie etwa Erwägungen der allgemeinen Verbesserung der wirtschaftlichen Situation oder der wirtschaftlichen Nutzung von Flächen. Dem ist das mittelbare Interesse des Klimaschutzes hinzuzufügen. Die Errichtung von Windenergieanlagen und die damit verbundene Kohlendioxid-Vermeidung wird stets auch an anderer Stelle möglich sein. Der Zustand, dass es für eine Windenergienutzung an Land keine Standortalternativen gibt, ist angesichts der Teilfortschreibung von Regionalplänen noch bei weitem nicht erreicht. Eine Alternativlosigkeit ist insofern allgemein nicht denkbar. Damit fehlt bereits ein taugliches Eingriffsinteresse. Stellt man bei den möglichen Alternativstandorten jedoch auf das Gemeindegebiet[1072] oder generell auf das Gebiet eines Planungsträgers z.B. der regionalen Planungsgemeinschaft ab, so kann die Alternativenprüfung ergeben, dass die hohe Hürde im Einzelfall überwindbar ist. In der Folge kann dann bei einer Gestaltung der baulichen Nutzung dahingehend, dass sie im Sinne des Vermeidungsgebots mit geringeren Beeinträchtigungen besonders geschützter Arten verbunden ist, auch ein WEA-Eingriffsinteresse das Schutzinteresse überwiegen. In diesem Fall muss die Kohärenz von Natura 2000 gewahrt und die Kommission unterrichtet werden. Dieser Weg, eine an sich unverträgliche Nutzung auf dem Wege der Ausnahme unter diesen Voraussetzungen zu genehmigen, dürfte nur selten gangbar sein. Die Ausnahmeregelung für prioritäre Gebiete nach Art. 6 Abs. 4 UAbs. 2 FFH-RL ist aufgrund des besonderen Status der prioritären Gebiete mit zusätzlichen Anforderungen versehen. Wenn eine Ausnahme schon grundsätzlich für WEA in FFH-Gebieten nur schwer möglich ist, dann eröffnet sich diese Lösung erst recht nicht für den spezielleren Fall der prioritären Gebiete unter ihren engeren Voraussetzungen. Insofern scheidet diese Möglichkeit aus.

Im Ergebnis lässt sich festhalten, dass im Unterschied zum Wortlaut der Vogelschutzrichtlinie bei FFH-Gebieten zahlreiche Ausnahmemöglichkeiten gelten, diese allerdings vor allem Großprojekte begünstigen.[1073] Für Großvorhaben mit überragender Gemeinwohlbedeutung, bei denen zahlreiche Arbeitsplätze auf dem Spiel stehen, sind die Probleme beherrschbar.[1074] Als solches Großprojekt können WEA nicht gelten. Selbst eine große Windfarm, welche einen großen Beitrag zum Klimaschutz leisten würde, steht

---

[1072] Pauli, Artenschutz in der Bauleitplanung, BauR 2008, 759, 768.

[1073] Eine umfangreiche Übersicht der Großprojekte von der Hochmoseltalbrücke mit Fledermäusen bis zum Mühlenberger Loch samt 1275 Löffelenten bei Stüer, Habitat und Vogelschutz, DVBl 2002, 940 ff.

[1074] Stüer, Habitat und Vogelschutz, DVBl 2002, 940, 949.

primär im Privatinteresse des Anlagenbetreibers und nicht im öffentlichen Interesse vergleichbar einem großen Infrastrukturvorhaben wie einem Autobahnabschnitt. Daran ändert auch das Infrastrukturplanungsbeschleunigungsgesetz, welches zugleich Infrastrukturvorhaben und Windparks behandelt nichts, zumal es sich dabei um ein Artikelgesetz handelt und WEA nicht zu Infrastrukturvorhaben macht. Insofern handelt es sich bei WEA nicht um ausnahmefähige Großvorhaben im öffentlichen Interesse. Sie bleiben damit als kleine Vorhaben zumeist auf der Strecke.

Zu erwähnen ist in diesem Zusammenhang die Diskussion um die Fehlerlehre. Mit der Halle-West-Rechtsprechung ging das Bundesverwaltungsgericht davon aus, dass eine fehlerhafte Verträglichkeitsprüfung stets auch die Fehlerhaftigkeit der Abweichungsentscheidung bewirkt, sofern im Wege der Worst-case-Betrachtung die erhebliche Beeinträchtigung unterstellt und der (hilfsweisen) Abweichungsprüfung zu Grunde gelegt wurde.[1075] Davon ist das Bundesverwaltungsgericht nun dahingehend abgerückt, dass eine unzureichende Kohärenzplanung nicht zur Außervollzugsetzung eines Planfeststellungsbeschlusses führt, sondern die Maßnahmen im Rahmen eines ergänzenden Verfahrens nachgeholt werden können.[1076] Hier sind Zweifel angebracht, ob der Europäische Gerichtshof dieser Auffassung folgt. Auch müssen die Maßnahmen nicht zum Zeitpunkt des Eingriffs wirksam sein. Die Ausgestaltung der Kohärenzmaßnahmen sei funktionsbezogen an der jeweiligen erheblichen Beeinträchtigung auszurichten und habe eine Gewissheit hinsichtlich des Erfolgs der Maßnahme nicht vorauszusetzen. Es genüge, wenn nach aktuellem wissenschaftlichem Erkenntnisstand mit hoher Wahrscheinlichkeit die verfolgten Ziele erreicht werden. Dem kann man nur zustimmen.

Der lange Weg zum Schutzregime wirft verschiede Fragen auf. Mit der Verzögerung im Prozess der Richtlinienumsetzung stellt sich angesichts der verschiedenen Phasen die Frage, wann von einer Umsetzung zu sprechen ist. Maßgeblicher Zeitpunkt des Beginns des Schutzregimes ist nach der Regelung des Art. 4 Abs. 5 FFH-RL nicht die Ausweisung des Gebietes auf nationaler Ebene in der dritten Phase, sondern bereits der Abschluss der zweiten Phase des Auswahlverfahrens durch die europäische Kommission.[1077]

Die Verfahren der Schutzgebietsfestsetzung beanspruchen aufgrund ihrer Komplexität eine längere Zeit. Dies wirft die Frage des Status der Gebiete auf, die entweder noch gar nicht gemeldet wurden, obwohl sie als Schutz-

---

[1075] BVerwG, BVerwGE 128, 1 ff. Rn. 114.
[1076] Steeck/Lau, Die Rechtsprechung des BVerwG zum europäischen Naturschutzrecht, NVwZ 2009, 616, 621 m.w.N.
[1077] Kerkmann, Die „Umsetzung" der FFH-Richtlinie in Deutschland; EurUP 2005, S. 276, 278.

gebiet geeignet wären, oder gerade vor dem Hintergrund des 2005 abgeschlossenen FFH-Nachmeldeprozesses zwar gemeldet sind, aber weder Aufnahme in die Gemeinschaftsliste gefunden haben, noch als Schutzgebiete ausgewiesen wurden.

(2) Faktische Vogelschutzgebiete

Einem ausdrücklich zum Schutzgebiet erklärten Gebiet ist ein so genanntes faktisches Vogelschutzgebiet gleichzustellen. Darunter ist ein Gebiet zu verstehen, das zwar nicht zum europäischen Vogelschutzgebiet erklärt wurde, hierzu aber aus ornithologischer Sicht wegen seiner hervorragenden Bedeutung für den Erhalt von Vogelarten nach Anhang I der Vogelschutzrichtlinie hätte erklärt werden müssen, da die Vorraussetzungen für eine Erklärung zum Schutzgebiet bestehen.[1078] Die Annahme eines solchen Gebietes kommt nur in Betracht, wenn die Erforderlichkeit einer Unterschutzstellung anhand sachverständiger Stellungnahmen offensichtlich ist.[1079] Da ein Auswahlspielraum der Mitgliedsstaaten hinsichtlich der Schutzgebietsausweisung besteht, setzt das Vorliegen eines faktischen Vogelschutzgebietes voraus, dass sich das Auswahlermessen zu einer Pflicht zur Unterschutzstellung verdichtet. Ein Bundesland kann das Bestehen von faktischen Vogelschutzgebieten nicht dadurch ausschließen, dass es das Gebietsauswahlverfahren für „Natura 2000-Gebiete" für beendet erklärt.[1080] Eine Pflicht zur Unterschutzstellung ist anzunehmen, wenn das Gebiet zu den fünf für die Erreichung des Schutzzwecks am meisten geeigneten Gebieten der Region (in Deutschland: dem Bundesland) gehört.[1081] Für diese Feststellung der Eignung muss eine hohe avifaunistische Wertigkeit des Gebietes bestehen. Anhaltspunkt bei der Gebietsauswahl ist die von der EU-Kommission erstellte Liste der „Important Bird Areas in Europe" von 1989 (IBA-Liste), die am 01.07.2002 aktualisiert wurde, als sachverständige Äußerung.[1082] Der IBA-Liste kommt damit Indizwirkung zu, so dass auch Gebieten der IBA-Liste die Qualifizierung als potentielles Vogelschutzgebietes versagt werden kann.

Auch mit dem Aufgehen der Vogelschutzgebiete im Natura 2000 Netz der FFH-Richtlinie bleiben faktische Vogelschutzgebiete mit dem ihnen eigenen Schutzniveau als Kategorie bestehen und damit ein Thema. Ob ein

---

[1078] BVerwG, NVwZ 2002, 1103; Stüer, Habitat und Vogelschutz, DVBl 2002, 940, 946.
[1079] VG Düsseldorf, NJOZ 2005, 1868.
[1080] BVerwG, NVwZ 2003, 485, 487.
[1081] VG Düsseldorf, NJOZ 2005, 1868.
[1082] VG Düsseldorf, NJOZ 2005, 1868, VG Freiburg (25.10.2005), UPR 2006, 364.

solches faktisches Vogelschutzgebiet vorliegt und der Errichtung von Windenergieanlagen entgegensteht, wird trotz der IBA-Liste im Einzelfall zu entscheiden sein.

Mit fortschreitenden Schutzgebietsausweisungen und damit der weitestgehenden Fertigstellung des Schutzgebietsnetzes werden mittlerweile gesteigerte Darlegungsanforderungen an faktische Vogelschutzgebiete angenommen. Die zuweilen anzutreffende bloße Behauptung des Vorliegens der materiellen Voraussetzungen einer Vogelschutzgebietsausweisung[1083] genügt nicht. Das Bundesverwaltungsgericht hat mit Beschluss vom 13. März 2008 zur A 4/Jagdbergtunnel Voraussetzungen dafür formuliert. Demnach muss für ein faktisches Vogelschutzgebiet nunmehr dargelegt werden, dass es eine Lücke im Schutzgebietsnetz schließe.[1084] Es muss dabei vorgetragen werden, dass das betreffende Bundesland bei seinen Gebietsmeldungen der nach besten verfügbaren wissenschaftlichen Daten geeignetsten Gebiete Quellen über hinreichend konstante Populationen der Anhang-I-Vogelarten ignoriert hätte. Einmalige Bestandszahlen sind angesichts natürlicher Schwankungen nicht maßgeblich. Dies bedeutet, dass der Kläger bei fehlenden Ermittlungen von staatlicher Seite Erfassungen über einen Zeitraum von mehreren Jahren vorlegen müsste, was in der Praxis an finanziellen Mitteln scheitern dürfte[1085] und daher die zukünftige Geltendmachung eines faktischen Vogelschutzgebietes signifikant einschränkt bzw. faktisch verhindert. Zu Recht wird darauf hingewiesen, dass die Darlegungsanforderungen sich nicht nach dem Stand des Verfahrens, sondern nach der Zielrichtung der Rüge richten. Wird die Geeignetheit des Auswahlkonzeptes im Hinblick auf die Vorgaben der V-RL angegriffen, sind die Darlegungserfordernisse hoch, da der Kläger die Überschreitung des fachlichen Beurteilungsspielraumes nachweisen muss. Gleiches gilt, wenn behauptet wird, dass der durch das gewählte Auswahlkonzept eingeräumte Beurteilungsspielraum überschritten wird. Wird hingegen nur gerügt, dass zwingende Vorgaben des Auswahlkonzepts nicht zutreffend bei der Auswahl angewendet wurden, reicht es aus, wenn die Defizite benannt werden.[1086]

[1083] Vgl. MAZ 11.08.2009, Die seltenen Vögel verhindern ein geplantes Bauprojekt bei Herzsprung – vorerst jedenfalls, http://www.maerkischeallgemeine.de/cms/bei trag/11579027/61299/Die-seltenen-Voegel-verhindern-ein-geplantes-Bauprojekt-bei. html#.

[1084] BVerwG, NuR 2008, 495, 496.

[1085] So Fehrensen, Verminderte Anforderungen an die FFH-Verträglichkeitsprüfung und die Prüfung artenschutzrechtlicher Verbotstatbestände, NuR 2008, 483, 484.

[1086] Steeck/Lau, Die Rechtsprechung des BVerwG zum europäischen Naturschutzrecht, NVwZ 2009, 616, 617.

(3) Potentielle FFH-Gebiete

Von faktischen Vogelschutzgebieten sind die so genannten potentiellen FFH-Gebiete zu unterscheiden. Dabei handelt es sich auch um Gebiete, die noch nicht als Schutzgebiete ausgewiesen wurden obwohl sie dazu geeignet sind. Daraus ergeben sich aber andere Konsequenzen als bei Vogelschutzgebieten. Hervorzuheben ist, dass die Gebiete darüber hinaus zwar gemeldet, jedoch noch nicht in die Gemeinschaftsliste aufgenommen sein dürfen, da sie mit der konstitutiven Wirkung der Aufnahme in die Gemeinschaftsliste bereits unter das volle Schutzregime der Richtlinie fallen.[1087] Teilweise werden sie daher auch als Vorschlagsgebiete bezeichnet.[1088] Mit der Listung der Vorschlagsgebiete hat sich diese Problematik sein Anfang 2008 weitestgehend erledigt, wobei dennoch ein Blick auf sie lohnt, da sich die Frage der potentiellen FFH-Gebiete auch bei Gebieten stellt, die nicht gemeldet wurden, jedoch von interessierter Seite für geeignet gehalten werden. Insofern wird das Vorliegen eines potentiellen FFH-Gebiets weiterhin oft im Zusammenhang mit der Errichtung von Windenergieanlagen thematisiert.

Der Umgang mit diesen Gebieten ist bundesrechtlich kaum geregelt. § 33 Abs. 5 BNatSchG/§ 33 Abs. 2 BNatSchG n.F. knüpft an die Bekanntmachung der Gebiete im Bundesanzeiger an und normiert für die Vorhabenzulässigkeit bis zur Unterschutzstellung eine Unzulässigkeit bei erheblicher Beeinträchtigung der für die Erhaltungsziele maßgeblichen Bestandteile und prioritärer Arten. Zum einen wird damit an die Terminologie der FFH-RL angeknüpft, aber nur ein Teil des gemeldeten Gebiets so wie ein ausgewiesenes Schutzgebiet behandelt. Andererseits erfasst § 34 BNatSchG damit nur die in die veröffentlichte Vorschlagsliste eingetragenen bzw. von der Kommission als Konzertierungsgebiete erachteten Gebiete, so dass im Übrigen hier eine unmittelbare Anwendung der FFH-RL in Betracht zu ziehen ist. Teilweise haben sich einzelne Bundesländer dieser Auffassung angeschlossen und landesrechtlich die gemeldeten Gebiete mit den ausgewiesenen gleichgestellt.[1089] Fehlen solche Regelungen können die Vorgaben der Verträglichkeitsprüfung nur im Einvernehmen mit dem Projektträger angewandt werden.[1090] Im Falle eines fehlenden Einvernehmens stellt sich wei-

---

[1087] Kerkmann, Die „Umsetzung" der FFH-Richtlinie in Deutschland, EurUP 2005, S. 276, 278.

[1088] Kautz, Das Schutzregime nach der FFH-Richtlinie für Vorschlagsgebiete vor ihrer Aufnahme in die Gemeinschaftsliste, NVwZ 2007, 666.

[1089] Baden-Württemberg § 40 S. 1 NatSchG BW; Hessen § 3 S. 2 Nr. 5 HENatG; Rheinland-Pfalz § 25 LNatSchG RP und Schleswig-Holstein § 20d Abs. 4 S. 3 u. 4 LNatSchG.

[1090] BVerwG, NVwZ 2006, 823, 824; Jarass, Die Zulässigkeit von Projekten nach FFH-Recht, NuR 2007, 371, 372.

terhin die Frage der Behandlung der gemeldeten Gebiete und der unmittelbaren Anwendung des EG-Rechts. Eine unmittelbare Anwendung ist vor dem Hintergrund der jüngeren EuGH-Rechtsprechung zumindest insoweit zu befürworten, wie den gemeldeten Gebieten vom EuGH Schutz nach der FFH-Richtlinie zuerkannt wird. Damit stellt sich die Frage nach der Reichweite dieses Schutzes.

Für die Gebiete wurde anfänglich eine Analogie zu den faktischen Vogelschutzgebieten befürwortet bis das Bundesverwaltungsgericht 1998 die Rechtsfigur des potentiellen FFH-Gebietes schuf.[1091] Die Rechtsprechung überzeugt vor dem Hintergrund, dass Mitgliedsstaaten aus einer zögerlichen Richtlinienumsetzung kein Vorteil erwachsen darf und die Blockade der Richtlinienumsetzung in einem mehrstufigen Verfahren gefördert wird, wenn den gemeldeten Gebieten kein Schutz zukäme. Die sich daraus ergebende europarechtliche Pflicht zur „Stillhaltung" der gemeldeten Gebiete ist eine vorgezogene Verhaltenspflicht, die sich aus der Richtlinie ergibt und ihre dogmatische Begründung im Gebot der Vertragstreue findet.[1092] Es besteht hingegen keine „Veränderungssperre".[1093]

Die Rechtsprechung des EuGH vom 13.01.2005 (Società Italiana Dragaggi SpA u. a. ./. Ministero delle Infrastrutture e dei Trasporti, Regione Autonoma del Friuli Venezia Giulia)[1094] bestätigt, dass die gemeldeten Gebiete, anders als faktische Vogelschutzgebiete, nicht wie festgesetzte Gebiete behandelt werden dürfen, da sich die FFH-RL die Festsetzung als Tatbestandsvoraussetzung für Schutzmaßnahmen nenne und kein Automatismus der Meldung zur Aufnahme in die Liste der Schutzgebiete bestehe. Andernfalls würde der Ermessensspielraum der Kommission bei der Auswahl der Gebiete missachtet. Dies führe aber nicht zu einer Schutzlosigkeit der Gebiete, sondern zu einer Verpflichtung der Mitgliedsstaaten „angemessene Maßnahmen" zu treffen sowie „geeignete Schutzmaßnahmen" für die Wahrung der ökologischen Bedeutung zu ergreifen. Diese vagen Begriffe führten zu einer Diskussion, wie die unbestimmten Begriffe des EuGH zu verstehen seien, wobei die überwiegende Meinung in der Literatur ein Verschlechterungsverbot annahm.[1095] Wie dieses Verschlechterungsverbot genau zu verstehen ist, bleibt in der EuGH-Rechtsprechung offen und damit strittig. Ein Verschlechterungsverbot ist der Pflicht zur „Stillhaltung" im Urteil des Bundesverwaltungsgerichts ähnlich,[1096] stellt nach

---

[1091] BVerwG, BVerwGE 107, 1, 15 ff./NVwZ 1998, 961 ff. (A 20 Trasse nahe Schutzgebiet Schaalsee mit der Wakenitz-Niederung als potentielles FFH-Gebiet).
[1092] BVerwG, BVerwGE 107, 1, 22.
[1093] Schütz, Die Umsetzung der FFH-Richtlinie, UPR 2005, 137, 139.
[1094] EuGH (Dragaggi), NVwZ 2005, 311 f.
[1095] Kerkmann, Die „Umsetzung" der FFH-Richtlinie in Deutschland, EurUP 2005, S. 276, 280, m. w. N.

II. Das einschlägige Genehmigungsverfahren

der damals überwiegenden Literaturmeinung allerdings einen noch strengeren Maßstab dar.[1097] Dies liefe allerdings auf eine mit den faktischen Vogelschutzgebieten vergleichbare Vorwirkung der Richtlinie hinaus und würde mit dem weitgehenden zeitweisen Stillstand der Infrastruktur- und sonstigen Planung die weitere wirtschaftliche Betätigung lähmen und Art. 2 Abs. 3 FFH-RL mit seiner Berücksichtigung von u. a. der Wirtschaft widersprechen. Auch ein Konflikt mit dem in Art. 154 ff. EG verankerten Ziel der transeuropäischen Netze im Binnenmarkt kommt in Betracht. Ein weit reichendes Verschlechterungsverbot, wie es in der Literatur teilweise gefordert wird, sei ist mit der grundsätzlichen Konzeption der FFH-RL nicht vereinbar, wie die zahlreichen Ausnahmen schon zeigten. Es sei in der Folge anstatt eines strikten Verschlechterungsverbotes nur zu verlangen, dass die betroffenen Flächen nicht massiv verschlechtert werden.[1098] Dem Verschlechterungsverbot wurde weiter entgegengehalten, dass der EuGH den Mitgliedsstaaten bei der Frage, was einen angemessenen Schutz darstellt, einen weiten Spielraum lassen will, was bei Einzelfallentscheidungen auf eine Stillhaltepflicht hinausliefe.[1099] Als Dritter Weg zwischen Verschlechterungsverbot und Stillhaltepflicht wurde die Anwendung der FFH-Richtlinie selbst herangezogen.

Das Bundesverwaltungsgericht hat in der Folge die Rechtsprechung des EuGH mit seinem Urteil vom 31.01.2006[1100] aufgegriffen, ohne die Anforderungen an den „angemessenen Schutz" hinreichend zu konkretisieren. Hervorzuheben ist hinsichtlich des diskutierten Verschlechterungsverbotes, dass das Bundesverwaltungsgericht im Einklang mit dem EuGH gerade keinen Grund sieht, ein gemeldetes Gebiet vor der Aufnahme in die Gemeinschaftsliste stärker als danach zu schützen.[1101] Damit folgte das Bundesverwaltungsgericht dem vermittelnden Ansatz.[1102] Mittlerweile konnte der EuGH am 14.09.2006[1103] aufgrund einer Vorlage des VGH München[1104]

[1096] BVerwG, BVerwGE 107, 1 ff., dies ist nur konsequent, zumal das BVerwG diese Figur aus der Rspr. des EuGH (Environnement Wallonie) entnimmt, EuZW 1998, 167, 170, wo dies anlässlich eines belgischen Abfallerlass in Bezug auf die Richtlinie 91/156/EG entschieden wurde.

[1097] Kerkmann, Die „Umsetzung" der FFH-Richtlinie in Deutschland, EurUP 2005, S. 276, 280.

[1098] Kerkmann, Die „Umsetzung" der FFH-Richtlinie in Deutschland, EurUP 2005, S. 276, 281.

[1099] Schütz, Die Umsetzung der FFH-Richtlinie, UPR 2005, 137, 140.

[1100] BVerwG, NVwZ 2006, 823 ff.

[1101] BVerwG, NVwZ 2006, 823 ff.

[1102] Kautz, Das Schutzregime nach der FFH-Richtlinie für Vorschlagsgebiete vor ihrer Aufnahme in die Gemeinschaftsliste, NVwZ 2007, 666, 667.

[1103] EuGH (A94), NVwZ 2007, 61 ff.

[1104] VGH München, BayVBl 2005, 659 ff.

die Frage des angemessenen Schutzes weiter präzisieren. Nach der neueren EuGH-Rechtsprechung bedeutet ein angemessener Schutz, dass die Mitgliedsstaaten für die gemeldeten Gebiete geeignete Schutzmaßnahmen treffen müssen, um die ökologischen Merkmale der Gebiete zu erhalten. Die ökologischen Merkmale dürfen nicht ernsthaft beeinträchtigt werden. Die Prüfung unterscheidet sich von der Verträglichkeitsprüfung der FFH-Richtlinie dadurch, dass sie nicht am Maßstab der Erhaltungsziele, sondern am Maßstab der ökologischen Merkmale erfolgt.[1105] Die ökologischen Merkmale eines Gebietes ergeben sich aus Anhang III Phase 1 der FFH-RL. Dabei handelt es sich bei Lebensraumtypen um deren Repräsentativität, Fläche und Struktur. Bei Anhang II-Arten bestimmen die Populationsgröße und -dichte, wichtige Habitatselemente und den Isolierungsgrad sowie der Wert des Gebietes für die Erhaltung der Art die ökologischen Merkmale. Das zweite Kriterium des „ernsthaft Beeinträchtigens" wird angenommen, wenn ein Eingriff die Fläche des Gebietes wesentlich verringert oder zum Verschwinden von in diesem Gebiet vorkommenden prioritären Arten führt.[1106] Mit der Erheblichkeitsschwelle der „ernsthaften Beeinträchtigung" (seriously compromising) liegt die Schwelle höher als diejenige bei der FFH-Verträglichkeitsprüfung i.S. des Art. 6 Abs. 3 FFH-RL.[1107]

Für den Fall einer Vorhabenszulassung als Ausnahme bei einer ernsthaften Beeinträchtigung wird die Anwendung der FFH-RL vorgeschlagen, da die Entscheidung der Kommission nicht dadurch verfälscht werden könne, dass die Gebiete so behandelt werden, als seien sie bereits gelistet.[1108] Dies entspricht den Tendenzen auf Länderebene im Interesse der Rechtssicherheit die gemeldeten Gebiete den gelisteten gleichzustellen.[1109]

Im Ergebnis der neuen Rechtsprechung sollte das zuvor vertretene Verschlechterungsverbot vom Tisch sein.[1110] Mit der neuen EuGH-Rechtsprechung ist ein Stück mehr Klarheit in die Frage des Gebietsschutzes gekommen. Die Bestrebungen einzelner Länder hier weitere Klarheit durch eine

---

[1105] Kautz, Das Schutzregime nach der FFH-Richtlinie für Vorschlagsgebiete vor ihrer Aufnahme in die Gemeinschaftsliste, NVwZ 2007, 666, 668.
[1106] Hönig, Schutzstatus nicht gelisteter FFH-Gebiete, NuR 2007, 249, 251.
[1107] Kautz, Das Schutzregime nach der FFH-Richtlinie für Vorschlagsgebiete vor ihrer Aufnahme in die Gemeinschaftsliste, NVwZ 2007, 666, 668; Hönig, Schutzstatus nicht gelisteter FFH-Gebiete, NuR 2007, 249, 251.
[1108] Kautz, Das Schutzregime nach der FFH-Richtlinie für Vorschlagsgebiete vor ihrer Aufnahme in die Gemeinschaftsliste, NVwZ 2007, 666, 668.
[1109] Baden-Württemberg § 40 S. 1 NatSchG BW; Hessen § 3 S. 2 Nr. 5 HENatG; Rheinland-Pfalz § 25 LNatSchG RP und Schleswig-Holstein § 20d Abs. 4 S. 3 u. 4 LNatSchG.
[1110] Hönig, Schutzstatus nicht gelisteter FFH-Gebiete, NuR 2007, 249, 251.

Gleichsetzung von potentiellen und gelisteten Gebieten zu schaffen ist zu begrüßen.

Einen weiteren Forschritt stellt die Verschärfung der Kriterien für die Annahme eines potentiellen Schutzgebietes durch die Rechtsprechung des Bundesverwaltungsgerichts mit Beschluss vom 13. März 2008 dar.[1111] Mit dem Abschluss der Phase 2 stelle sich demnach die Frage, ob überhaupt noch Raum für die Annahme potentieller Schutzgebiete besteht. Es bedürfe einer besonderen Substantiierung von Einwänden, um die Sachgerechtigkeit der von verschiedenen Gremien überprüften Ergebnisse zu erschüttern. Dabei genüge es nicht die Gleichwertigkeit eines angeblichen potentiellen Schutzgebietes zu behaupten und auf Tatsachen, die bereits in die Gebietsabgrenzung eingeflossen sind, zurückzugreifen. Mit dieser Verschärfung der Anforderungen an die Annahme potentieller Schutzgebiete hat das Bundesverwaltungsgericht schnell und angemessen auf den Abschluss der Phase 2 im 13. November 2007 reagiert.

Im Ergebnis ist des Weiteren festzuhalten, dass sich faktische Vogelschutzgebiete und potentielle FFH-Gebiete in ihrem vorgelagerten Gebietsschutz grundlegend unterscheiden. Der Unterschied lässt sich im Wesentlichen am Anknüpfungspunkt und am Schutzniveau festmachen. Während bei den faktischen Vogelschutzgebieten an nicht gemeldete Gebiete angeknüpft wird, stellt man bei potentiellen FFH-Gebieten auf gemeldete, aber nicht gelistete Gebiete ab. Bei den faktischen Gebieten greift sofort das Regime der Vogelschutzrichtlinie, bei FFH-Gebieten lässt sich ohnehin nur auf die weniger regide FFH-Richtlinie mit ihren Ausnahmen abstellen. Diese findet dann aber auch nicht volle Anwendung, so dass potentielle FFH-Gebiete sowohl ein geringeres Schutzniveau als faktische Vogelschutzgebiete als auch als FFH-Gebiete selbst haben, sofern im Landesrecht keine gleichsetzende Regelung getroffen wurde. In der Folge stößt die Errichtung von Windenergieanlagen hier auf ein komplexes System unterschiedlicher naturschutzrechtlicher Anforderungen, welches nicht ohne Grund von Bauherren gemieden wird. Es lohnt jedoch für Planungsträger wie Projektierer die falsche Scheu abzulegen und einen Blick auf die konkreten Erhaltungsziele nicht nur ausgewiesener, sondern auch gemeldeter Gebiete zu werfen. Bloß behauptete potentielle Schutzgebiete sollten mit der neuen Rechtsprechung des Bundesverwaltungsgerichts Projektierer von Windfarmen nicht länger von der Nutzung des Standortes abhalten. Die Substantiierung des behaupteten, potentiellen Schutzgebietes dürfte, wie schon bei den faktischen Vogelschutzgebieten, nur selten gelingen.

[1111] BVerwG, NuR 2008, 495, 497.

(4) Erreichbarkeit von Schutzgebieten

In der Regel werden Windenergieanlagen nicht in Schutzgebieten und auch nicht in faktischen oder potentiellen Schutzgebieten errichtet. Naturschutzgebiete kommen für die Windenergienutzung nicht in Betracht, da diese den Schutzzielen und -zwecken regelmäßig widersprechen dürfte.[1112] Nicht selten befinden sich solche Gebiete aber in der näheren Umgebung. Besonders an der Küste spielt die Frage der Erreichbarkeit von Vogelschutzgebieten für die zahlreichen Zugvögel eine große Rolle.[1113] Es gibt jedoch auch im Hinterland zahlreiche Rastplätze seltener Arten von Zugvögeln, welche die Frage von Zugvogelflugschneisen aufwerfen.[1114] Fraglich ist, inwieweit die Erreichbarkeit von Schutzgebieten den Auffand einer FFH-VP außerhalb eines Schutzgebietes erfordert und der Errichtung von Windenergieanlagen entgegenstehen kann.

Nach § 34 Abs. 2 BNatSchG ist ein Projekt unzulässig, wenn sich bei seiner Prüfung nach § 34 Abs. 1 BNatSchG erhebliche Beeinträchtigungen für die Erhaltungsziele eines solchen Schutzgebietes ergeben. Das Gesetz unterscheidet damit nicht danach, ob das Vorhaben in dem Gebiet liegt oder sich nur in seiner Nähe befindet, sondern stellt alleinig auf das Vorliegen einer erheblichen Beeinträchtigung ab. Insofern kommt vom Wortlaut der Norm her auch die Beeinträchtigung des Schutzgebietes durch außerhalb des Gebietes gelegene Vorhaben in Betracht. Dies betrifft z.B. die Barrierewirkung gegenüber Vogelzug zum Schutzgebiet.[1115] Dieses Verständnis der Norm ist mittlerweile allgemein anerkannt.[1116] In einem solchen Fall der möglichen Beeinträchtigung der Erhaltungsziele von außerhalb des Schutzgebietes ist zunächst eine Vorprüfung (sog. Screening) auf Erheblichkeit der Beeinträchtigung und im Falle der Erheblichkeit eine Verträglichkeitsprüfung auch außerhalb des Schutzgebietes erforderlich.

Fraglich ist hingegen, wie es sich mit Beeinträchtigungen verhält, die nicht direkt das Schutzgebiet treffen, sondern mittelbar die Arten des Schutzgebietes in dessen Nähe. Die Möglichkeit einer Gebietsbeeinträchti-

---

[1112] Schwarz, Auswirkungen von Windenergieanlagen und ihre Bedeutung für die Bauleitplanung zur Steuerung der Windenergienutzung, LKV 1998, 342, 343.

[1113] Vgl. Windfarm Neuenfeld in Schleswig-Holstein, Interview mit Anlagenbetreiber Hr. Lübbe vom 28.11.2006.

[1114] Z.B.: Erreichbarkeit des Vogelschutzgebietes „Saargau Bilzingen/Fisch" für den Mornellregenpfeifer als Hauptvogelart des Rastplatzes in Rheinland-Pfalz, OVG Koblenz, NVwZ-RR 2006, 242 ff.

[1115] Barth/Baumeister/Schreiber, Windkraft, S. 37.

[1116] BVerwG, BVerwGE 107, 1, 17 ff. (Südtrassierung der A 20 bei Lübeck); VGH Mannheim, NVwZ-RR 2003, 184 f./NuR 2003, 228 f.; Fischer-Hüftle, NuR 2004, 157.

gung durch eine Einschränkung seiner Erreichbarkeit wird daher kontrovers diskutiert.

Einerseits wird vertreten, dass Vorhaben, die ausschließlich mittelbare Auswirkungen auf den Bestand der in den Schutzgebieten geschützten Arten haben könnten, nicht an den Voraussetzungen des § 34 Abs. 2 BNatSchG zu messen seien, zumal das Gebiet als solches nicht beeinträchtigt werde.[1117] Art. 6 Abs. 3 Satz 2 FFH-RL gebe eine eindeutig gebiets-, d.h. raumbezogene Betrachtung vor.[1118] Dem könne auch keine Besonderheit des Gebietes im Schutzgebietsnetz entgegengehalten werden, wenn das Vorhaben im „Vogelflugverkehr" zwischen zwei Vogelschutzgebieten liege. Es zähle allein die Verschlechterung des Gebietes selbst durch Wirkung von außerhalb in das Gebiet hinein. Vogelschutzgebiete vermitteln entsprechend der Zielsetzung der Artenvielfalt des Art. 2 Abs. 2 FFH-RL über das Schutzregime des § 34 Abs. 2 BNatSchG Artenschutz nicht etwa für die Arten selbst als Bestandteile, sondern nur durch den Schutz der von ihnen erfassten Flächen bzw. Gebietsbestandteile als natürliche Lebensräume, die für die Erhaltungsziele oder den Schutzzweck maßgebend sind.[1119]

Andererseits wird vertreten, dass Vorhaben außerhalb der Schutzgebiete, die sich auf Schutzgebiete auswirken, mit einzubeziehen sind. Das Schutzregime des Art. 4 Abs. 4 Vogelschutz-RL erfasst auch erhebliche Auswirkungen, die ihre Ursachen außerhalb des Gebietes haben.[1120] Gebiete des Netzes Natura 2000 sind durch Art. 6 Abs. 3 Satz 2 FFH-RL nicht nur gegen solche äußeren Einwirkungen geschützt, die Bestandteile des Gebietes, d.h. die Flächenqualität oder die dort lebenden Arten negativ beeinflussen, sondern auch gegen Beeinträchtigungen der Funktion der Gebiete in diesem Netz.[1121] Daher zählen die dort befindlichen Arten zu den für Erhaltungsziele oder den Schutzzweck maßgeblichen Bestandteilen des Gebietes[1122] Die raumbezogene Betrachtung sei zwar im Ansatz richtig, aber in zweifacher Hinsicht ergänzungsbedürftig. Zunächst müssen die im Gebiet befindlichen Tiere ebenfalls als Bestandteile betrachtet werden, solange sie sich dort aufhalten und des Weiteren kann Gegenstand der Beeinträchtigung die Funktion des Gebietes im Netz Natura 2000 sein. Das Netz Natura 2000

[1117] VGH Mannheim, NVwZ-RR 2003, 184, 185 f./NuR 2003, 228 f. für das Vorhaben „Mimran-Brücke" zwischen den Vogelschutzgebieten „Rheinniederung Kehl-Helmlingen" und „Rheinniederung Nonnenweiher-Kehl" mit Kollisionsgefahr für Vögel mit der Schrägseilbrücke im Verbindungskorridor der Vogelschutzgebiete mit ständigen Austauschbewegungen.
[1118] VGH Mannheim, NVwZ-RR 2003, 184, 186/NuR 2003, 228 f.
[1119] VGH Mannheim, NVwZ-RR 2003, 184, 186/NuR 2003, 228 f.
[1120] Stüer, Habitat und Vogelschutz, DVBl 2002, 940, 943.
[1121] Fischer-Hüftle, NuR 2004, 157 f.
[1122] Fischer-Hüftle, NuR 2004, 157.

erfüllt seine Funktion nur, wenn Schutzgebiete für wandernde Arten auf geeigneten Wegen ungehindert erreichbar sind, wenn der nötige Austausch möglich bleibt.[1123] Für diese funktionale Betrachtung des Art. 6 Abs. 3 FFH-RL spricht die Gestaltung des Verschlechterungs- und Störungsverbotes in Art. 6 Abs. 2 FFH-RL. Es sprechen die besseren Argumente dafür, von einem einheitlichen Anwendungsbereich der Absätze 2 und 3 des Art. 6 FFH-RL und damit von einem Erfassen auch solcher Maßnahmen auszugehen, die von außen in das Gebiet hineinwirken.[1124]

Letztere Argumentation ist vorliegend überzeugend, denn die Errichtung eines europäischen Schutzgebietsnetzes hätte unterbleiben können, wenn man die von der Vernetzung profitierenden Arten selbst und auch ihre Bewegung zwischen Gebieten des Schutzgebietsnetzes nicht in den Schutz mit einbezieht. Dies gilt gleichermaßen bei Vogelschutzgebieten und FFH-Gebieten.

Nach der positiven Beantwortung dieser Grundsatzfrage muss der Umfang dieses Schutzes geklärt werden.

Ein Gebiet kann nach Auffassung des VG Düsseldorf durch Beeinträchtigung seiner Erreichbarkeit nur in Ausnahmefällen erheblich beeinträchtigt sein, so etwa, wenn die zu schützenden Tiere von dem Gebiet geradezu abgeschnitten und so von der Benutzung des Gebietes ausgeschlossen sind. Die bloße Erschwerung der Erreichbarkeit könne nicht genügen. Andernfalls käme es zu einem überzogenen, der Abwägung mit anderen geschützten Belangen kaum noch zugänglichen Gebietsschutz, der mit der Regelung nicht intendiert sein könne.[1125]

Anderer Auffassung ist hier das OVG Koblenz, welches zunächst einen 200 m-Puffer um ein Vogelschutzgebiet als allgemeines Tabukriterium befürwortet hat und darüber hinaus Anlass zur Berücksichtigung von Zugvogelschneisen sieht. Das würde in diesen Flugschneisen einen weiteren Puffer nach sich ziehen.[1126] Diese Rechtsprechung findet ihren Anlass in der in den avifaunistischen Bedenken der Stellungnahmen von NABU und der staatlichen Vogelschutzwarte für Hessen, Rheinland-Pfalz und das Saarland angeführten Störwirkung im An- und Abflugbereich, wobei der NABU einen sicheren Abstand von 1 km fordert und die Vogelschutzwarte einen 400 m-Radius als hinreichend sicher betrachtet. Interessant ist hier der Hintergrund der Grundsatzentscheidung des Bundesverwaltungsgerichts,

---

[1123] Fischer-Hüftle, NuR 2004, 157.
[1124] Ramsauer, Die Ausnahmeregelungen des Art. 6 Abs. 4 der FFH-Richtlinie, NuR 2000, 601.
[1125] VG Düsseldorf, NJOZ 2005, 1864, 1870.
[1126] OVG Koblenz, NVwZ-RR 2006, 242, 243 f.

BVerwGE 107, 1 ff., in der eine Autobahntrassenführung etwa 400 bis 500 m von der Grenze des Schutzgebietes nicht zu beanstanden sei. Auch wenn Fernstraßen und Windenergieanlagen einen grundsätzlich verschiedenen Charakter aufweisen, Fernstraßen insbesondere keine Vogelflugrouten verstellen können, stellen sie einen erheblichen die Tierwelt nicht unerheblich abschreckenden Eingriff dar. Insofern dürfte ein Abstand über den vom Bundesverwaltungsgericht hier angenommenen hinaus eher abzulehnen sein. In den avifaunistischen Gutachten wird bei der Begründung der Tabuzone auf die Seltenheit der Vogelart (in diesem Fall des Mornellregenpfeifers), den arttypischen Sink- und Steigflug der betroffenen Zugvogelart, die landes- und bundesweite Bedeutung des Rastplatzes sowie auf das Vorsorgeprinzip des Naturschutzrechts abgestellt.[1127] Eine genaue Festlegung auf einen metergenauen Radius trifft das Gericht nicht, zumal sowohl der vom NABU geforderte Abstand, als auch der von der staatlichen Vogelschutzwarte berechnete Abstand das 210 m vom Schutzgebiet entfernt liegende Vorhaben damit verhindert hätte. Angesichts der Einbeziehung der Gewohnheiten der besonderen Hauptvogelart des Schutzgebietes erscheint auch das Aufstellen einer allgemeinen Abstandsregel verfehlt. Insofern liegt eine den konkreten Artenschutz gewährleistende Einzelfallentscheidung vor.

Die Auffassung des VG Düsseldorf erscheint vor dem Hintergrund der Alternative zunächst überzeugend. Bei einem weiteren Verständnis einer Beeinträchtigung der Erreichbarkeit, besteht die Gefahr, dass faktisch jede Windenergieanlage die Erreichbarkeit beeinträchtigt. Ein Grenze, ab wie viel Anlagen eine Beeinträchtigung gegeben ist, wäre mangels gesetzlichem Anhaltspunkt letztendlich willkürlich. Die Windenergieerlasse der einzelnen Bundesländer geben in der Regel Abstände von mehreren hundert Metern zu den Gebieten selbst vor.[1128] Die anderen z.B. immissionsschutzrechtlichen Abstände kommen noch hinzu, so dass ein durch Windenergieanlagen abgeschnittenes Gebiet nur im Ausnahmefall zustande kommen kann. Dennoch wird die Rechtsprechung mit ihren abstrakten Kriterien dem Artenschutz nicht gerecht. Wenn die Gewohnheiten seltener Arten außen vor gelassen werden und man gerade an seltenen Arten testen will, ob sie das Nadelöhr zwischen den Windenergieanlagen zum Schutzgebiet finden, entspricht dies auch nicht Sinn und Zweck der Vogelschutzrichtlinie. Die Anforderung an eine Beeinträchtigung, dass den Windenergieanlagen gegenüber dem Gebiet eine Barrierewirkung zukommen müsse, welche die Erreichbarkeit verhindert, erscheint handhabbar. Diese Anforderung überzeugt daher für die Praxis.

[1127] OVG Koblenz, NVwZ-RR 2006, 242, 244.
[1128] Grundsätze für Planung und Genehmigung von Windkraftanlagen, WKA-Erl. NRW 21.10.5005, Nr. 8.1.4 gibt Abstände von 200 bis 500 Metern vor.

Günstig für Anlagenplaner gestaltet sich somit die Lage, wenn windenergiesensitive Arten nur von einer Scheuchwirkung betroffen sind und nur wenig gewichtige Verluste von Nahrungsflächen mit einer Barrierewirkung für Zugvögel bei einem verbleibenden Zugkorridor einhergehen.[1129] Auch der gewöhnliche Kleinvogelzug steht einer Windenergienutzung regelmäßig nicht entgegen. Der bodennahe Kleinvogelzug kann einem privilegierten Vorhaben der Windenergienutzung nur dann entgegenstehen, wenn ein überregional bedeutsamer Zugkorridor mit überdurchschnittlichem Vogelzuggeschehen betroffen ist. Notfalls können potentielle Beeinträchtigungen über eine Nebenbestimmung zur Genehmigung vermieden werden, die temporäre Abschaltungen während der Massenzugtage vorgibt.[1130] In solchen Fällen fallen die avifaunistischen Belange nicht derart ins Gewicht, dass dort die Nutzung der Windenergie ausscheiden müsste.

Der jeweilige Abstand zu einem Schutzgebiet bzw. zu einer vernetzenden Zugroute muss, den Erfordernissen des Artenschutzes entsprechend, im Einzelfall durch avifaunistische Gutachten ermittelt werden.

(5) Weitere Kriterien für den öffentlichen Belang des Naturschutzes

Das Entgegenstehen des Naturschutzes als öffentlicher Belang ist wie bereits gezeigt nicht an das Vorhandensein eines Naturschutzgebietes geknüpft. Schützenswerte Vögel bzw. deren Nachkommen verlassen immer wieder Schutzgebiete und siedeln sich in ungeschützten Gebieten an, sofern sie nicht schon dort leben, und geraten dann in Konflikt mit einer angestrebten Windenergienutzung. Man sollte meinen, diese Problematik ist durch das Nebeneinander von Gebietsschutz und besonderem Artenschutzrecht in den Natura 2000-Richtlinien wie im BNatSchG adäquat gelöst. Dem stehen jedoch zahlreiche Versuche gegenüber, neben diesen bewährten Formen des Artenschutzes durch direktes Rekurrieren auf den öffentlichen Belang des Naturschutzes oder gar untergesetzliche Empfehlungen einen weiteren Lebensraumschutz außerhalb von Schutzgebieten zu etablieren.

Die einzelnen Gerichte verwenden dabei verschiedene Anknüpfungspunkte. So wird auf das allgemeine Schutzziel der Erhaltung der Art abgestellt, aber auch frei von Bestandsschutzgesichtspunkten die Aufhebung der Genehmigung andiskutiert:

An dem öffentlichen Belang des Schutzes einer bestimmten Vogelart (hier: Rotmilan) kann die Errichtung eines bevorzugt im Außenbereich zu-

---

[1129] OVG Münster, ZNER 2007, 237, 240 mit verbleibendem Zugkorridor von 2 km Breite für ziehende Gänse.
[1130] OVG Koblenz, ZNER 2007, 424 für den vom Kleinvogelzug abzugrenzenden Kranichzug.

lässigen Vorhabens (hier: WEA) nicht nur innerhalb ausgewiesener oder faktischer europäischer Vogelschutzgebiete scheitern.[1131] Zu der nach der Vogelschutz-Richtlinie vorgeschriebenen Erhaltung der Lebensräume kann es auch gehören, den schützenswerten Lebensraum einer geschützten Vogelart von einer im Außenbereich bevorzugt zulässigen Nutzung freizuhalten, wenn gerade diese Bebauung geeignet ist, dem Schutzziel der Erhaltung der Art spürbar entgegenzuwirken.[1132]

Es fällt nicht zugunsten des Vorhabens ins Gewicht, dass es sich bei der näheren Umgebung des Vorhabens nicht um ein besonders bevorzugtes und von einer größeren Zahl von Vögeln aufgesuchtes z. B. „Rotmilangebiet" handelt, sondern führt bei geringer Brutpaardichte zu einer größeren Bedeutung einzelner Brutplätze.[1133] Je geringer der Prozentsatz des Bestandes einer bestimmten Vogelart ist, desto größere Bedeutung habe die Verpflichtung aus Art. 3 Abs. 1 i.V.m. Abs. 2 lit. b und Art. 4 Abs. 4 Satz 2 V-RL. Einem Verlust infolge von Rotorkollisionen kommt eine umso größere Bedeutung zu, wie es sich bei den verunglückten Tieren um Exemplare einer Art handelt, die relativ alt werden können und standorttreu sind.[1134] Im Falle der Windenergie sind die am intensivsten betroffenen Arten Rotmilan und Seeadler monogam und standorttreu. Der Tod eines älteren Tieres zieht dann regelmäßig den Verlust der Nachkommen und des Horststandortes nach sich.

Der Eignung und Schutzwürdigkeit eines Gebiets als Lebensraum geschützter Arten soll nicht einmal entgegenstehen, dass die Bedeutung aus einer benachbarten Mülldeponie mit ihren Ratten als Nahrungsquelle resultiert, die keine natürliche oder naturnahe Lebensgrundlage der Greifvögel darstellt.[1135] Es kommt nicht auf den Grund der Attraktivität als Nahrungs- und Standplatz, sondern allein darauf an, dass die Vögel einen Lebensraum annehmen. Das mag als Auslegung nach dem Wortlaut vertretbar sein, kann angesichts des Sinns und Zwecks des Arten- wie Habitatsschutzes und des verfassungsrechtlichen Auftrags zum Schutz natürlicher Lebensgrundlagen nicht überzeugen. Denkt man die Rechtsprechung des VG Gießen weiter, wird letztlich jede Müllverbrennung anstelle von Deponielagerung zu einer Beeinträchtigung von Nahrungshabitaten. Ein absurdes Ergebnis, dass dem Anliegen des Naturschutzes letztlich entgegensteht. Dem kann nur mit einer teleologischen wie verfassungskonformen Auslegung dahingehend begegnet

---

[1131] OVG Koblenz, UPR 2006, 463, 464; OVG Weimar, NuR 2007, 757, 759; VG Stuttgart, NuR 2005, 673 ff.
[1132] OVG Koblenz, UPR 2006, 463, 464.
[1133] OVG Weimar, NuR 2007, 757, 760.
[1134] Philipp, Artenschutz in Genehmigung und Planfeststellung, NVwZ 2008, 593, 596.
[1135] VG Gießen, NuR 2005, 673.

werden, dass entgegen des Urteils des VG Gießen eine Natürlichkeit der Lebensgrundlage vorausgesetzt wird.

Besondere Gefahr für die Windenergienutzung geht von der nachträglichen Ansiedlung von geschützten WEA-sensitiven Arten aus. Hier kann die nachträgliche Sichtung der Tiere zu einer Aufhebung der erteilten immissionsschutzrechtlichen Genehmigung nach § 21 Abs. 1 Nr. 3 BImSchG bzw. 48 VwVfG führen, soweit das vermeintlich neue Vorkommen nicht bereits zum Zeitpunkt der Genehmigung ornithologisch erfasst und als avifaunistischer Belang in raum- und flächennutzungsplanerischer Abwägung berücksichtigt wurde.[1136]

Das Ergebnis ist fragwürdig. Sowohl Gebietsschutz als auch besonderes Artenschutzrecht bieten bewährte Instrumente für den Umgang mit geschützten Arten. Es bedarf nicht nur mehr naturwissenschaftlicher Forschung im Hinblick auf die Möglichkeit der Gewöhnung geschützter Arten an Windenergieanlagen und über das ökologische Potential des Repowering, sondern auch zuverlässiger und anerkannter Kriterien im Genehmigungsverfahren für die Vereinbarkeit von Vorkommen geschützter Arten außerhalb von Schutzgebieten mit Windenergieanlagen. Dabei muss das besondere Artenschutzrecht Grundlage dieser Kriterien sein. Der Versuch im Rahmen derartiger Kriterien durch untergesetzliche Regelungen einen neuen Gebietsschutz außerhalb von Natura 2000-Gebieten zu schaffen, ist jedoch verfehlt.

Kritischer als bei der Frage der Erreichbarkeit von Schutzgebieten, gestaltet sich die Lage bei Arten, die kein Meideverhalten aufweisen, sondern von Kollisionen gefährdet sind. Hier gab es zum Teil rigide Vorgaben über sog. tierökologische Abstandskriterien (TAK) für Vögel und Fledermäuse.

Nach den seit 2003 bestehenden tierökologischen Abstandskriterien (TAK) zum Schutz der Fledermäuse in Brandenburg ist ein Abstand von 1000 Metern zu Fledermauswochenstuben mit mehr als 50 Tieren, zu Fledermauswinterquartieren mit mehr als 100 Tieren oder mehr als 10 Arten und zu Fledermausnahrungshabitaten mit Konzentrationen von regelmäßig mehr als 100 zeitgleich jagenden Exemplaren hoch fliegender oder ziehender Arten, insbesondere Großer Abendsegler, Kleiner Abendsegler, Breitflügel-, Nord-, Zweifarb- und Rauhautfledermaus, wie z. B. an größeren Teichgebieten einzuhalten. In einem Gebiet von 3 km Radius um das jeweilige Winterquartier bzw. Nahrungshabitat sind Flugkorridore und Reproduktionsschwerpunktgebiete freizuhalten. Angesichts des seit 2003 erheblich fortgeschrittenen Erkenntnisstandes werden diese Kriterien selbst von Seiten der Naturschützer nicht mehr für differenziert genug gehal-

---

[1136] VG Lüneburg, ZNER 2007, 353 ff. in Bezug auf nachträgliche Seeadlersichtungen.

ten.[1137] Dies hat auf einem gemeinsamen Symposium zum Arten- und Klimaschutz des Bundesverbands Windenergie (BWE) und dem Brandenburger Landesverband des Naturschutzbunds Deutschland (NABU) am Juni 2009 zu einem gemeinsamen Vorstoß zur Anpassung der Kriterien geführt.[1138] Ob sich diese Anpassung so harmonisch gestaltet, wie die Forderung danach, bleibt abzuwarten. Dabei steht von Seiten der Naturschützer die Berücksichtigung besonders konfliktträchtiger rhythmischer Zeiten im Lebenszyklus der Tiere, wie Schwärmphase mit Quartierssuche, Paarungszeit und Zug, im Vordergrund. Die Forderung nach Abschaltzeiten, die auf eine Synchronisierung des Betriebes von Windenergieanlagen mit den Bewegungen der Chiropterenfauna hinausläuft ist aber grundsätzlich abzulehnen. Abgesehen von dem praktischen Argument, dass die Errichtung von Windenergieanlagen schon aus wirtschaftlichen Gründen unmöglich wird, wenn von Frühjahr bis Herbst verschiedene Abschaltzeiten das Jahr dominieren, überzeugt dies auch im Hinblick auf den Artenschutz nicht. Die Totfunde zeigen die entscheidende Bedeutung der Zugphase bei ganz wenigen hoch fliegenden Arten. Nächtliche Abschaltzeiten kommen dementsprechend nur im Hinblick auf die Zugrouten dieser Arten, insbesondere des Großen Abendseglers, in Betracht. Auch im Übrigen überzeugt der Versuch nicht, im Lichte neuer naturwissenschaftlicher Erkenntnisse die veralteten Fledermaus-TAK in Brandenburg durch noch schwerwiegendere, rigidere Vorgaben zu ersetzen, wie das Greifen der Abstandsregel bereits ab 30 Tieren und mindestens drei Arten. Waren schon die TAK im Hinblick auf letztlich willkürliche Zahlen von 100 Tieren oder Standorte mit 10 Arten zu pauschal, gilt dies erst Recht für niedriger angesetzte Werte. Wenn darunter die hoch fliegenden vorrangig betroffenen Arten fehlen, gibt es keinen überzeugenden Grund für weit reichende Abstandsvorgaben. Dementsprechend sollten diese pauschalen Forderungen weder Eingang in die Genehmigungspraxis noch in die Rechtsprechung finden. Sie lassen sich nicht auf die Vorgaben der FFH-RL und auch nicht auf die deutsche Umsetzung im BNatSchG stützen.

Für die Vogelwelt kann angesichts neuerer Kriterien hier eine Auseinandersetzung mit den alten TAK dahinstehen. Die Länderarbeitsgemeinschaft der Vogelschutzwarten (LAG-VSW) hat anlässlich ihrer Herbsttagung auf Helgoland 2006 vogelschutzfachliche Empfehlungen zu Abstandsregelungen für Windenergieanlagen herausgegeben, welche mittlerweile Eingang in die Rechtsprechung gefunden haben.[1139] Danach gelten um Brutplätze des Rot-

---

[1137] Dürr, Möglichkeiten zur Reduzierung von Fledermausverlusten an Windenergieanlagen in Brandenburg, NF-Themenheft „Fledermäuse und Nutzung der Windenergie", Band 12/Doppelheft 2–3 2007, 238, 239 f.

[1138] Neues Deutschland, 22.06.2009, Viel Wind um den Naturschutz.

[1139] OVG Weimar, NuR 2007, 757, 760 mit Anwendung ür zwei Brutstätten von Rotmilanen mit einem Abstand zu zwei Windenergieanlagen von 250/700 m bzw.

milans ein Tabubereich von 1.000 m und ein Prüfbereich von 6.000 m, was bei ca. 12.000 Brutpaaren die Windenergienutzung an Land signifikant einschränkt. Jederzeit kann sich überall plötzlich eine bedrohte Art finden bzw. ansiedeln, die damit signifikante Investitionen zu Fall bringt. Aktuelles Beispiel ist das letzte Berliner Rotmilanpärchen in der Nähe von 5 km zu einem Standort in einem Gewerbegebiet auf den früheren Rieselfeldern an der B 109 in Berlin-Pankow. Dies veranlasste die Oberste Naturschutzbehörde zunächst zu einem Versagungsbescheid.[1140] Nach intensivem Protest sowohl von politischer Seite als auch von Seiten des BUND besann man sich „nach eingehender Prüfung", so dass nun die WEA (2 MW) genehmigt wurde.[1141] Eine Entscheidung die auf Betreiben des Landesverbandes des Naturschutzbundes (NABU) gerichtlich überprüft wurde.[1142] Mag dieses Beispiel in einem Gewerbegebietes eines Berliner Außenbezirkes nicht repräsentativ für den Konflikt von Windenergienutzung und Vogelschutz in Deutschland sein, so zeigt es doch die Gefahr wie schnell zuständige Behörden aus einem Prüfbereich ein Versagungsbescheid machen können. Die dabei gezeigte Unsicherheit im Umgang mit dem Artenschutzrecht trägt weder zu Investitionssicherheit noch zum Rechtsfrieden bei.

Ähnlich wie bei Windenergieerlassen, stellen die TAK und die Empfehlungen der Länderarbeitsgemeinschaft der Vogelschutzwarten keine Rechtssicherheit her, sondern werfen mehrere Fragen auf. In welchem Umfang sich Behörden im Genehmigungsverfahren, kommunale und regionale Planungsträger bei der Planaufstellung oder Teilfortschreibung und letztendlich die Rechtsprechung orientieren, ist angesichts des jüngeren Datums der Empfehlung noch ungewiss. Von Rechtssicherheit für millionenschwere Investitionsvorhaben ist man insofern auch im Hinblick auf den Artenschutz weit entfernt. Letztendlich können überall außerhalb von Schutzgebieten gerade neue Brutpaare seltener Vögel oder Fledermauspopulationen entdeckt werden, welche Teile des Vorhabens oder dieses ganz unmöglich machen. Im Interesse des Ausbaus erneuerbarer Energien und der dafür erforderlichen Rechtsicherheit für Investoren wäre eine rechtspolitische Zurückführung des Artenschutzes auf einen Populationsschutz im Rahmen von Gebietsschutz und besonderem Artenschutzrecht wünschenswert. Solange es bei der gegenwärtigen Rechtlage bleibt, wird Vorhabenträgern nichts Weiteres bleiben, als sich auch über aufwendige Untersuchungen rechtzeitig

---

1.050/1.500 m; zuvor wurde z.T. auf die „Tierökologischen Abstandskriterien für die Errichtung von Windkraftanlagen in Brandenburg" herangezogen, str. vgl. VG Lüneburg, ZNER 2007, 353, 356.

[1140] Tagesspiegel 17.03.2007, S. 10, Berlin bleibt einziges Land ohne Windrad.
[1141] Berliner Zeitung, 17.05.2007, S. 20, Berlin bekommt ein Windrad.
[1142] Berliner Zeitung, 15.01.2008, S. 15, Naturschützer klagen gegen Windrad in Pankow.

über die Vorkommen seltener Arten und deren Verträglichkeit mit der Windenergienutzung im Vorfeld kundig zu machen. Im Falle von Versagungsbescheiden ist vor allem darauf zu achten, inwieweit ein Vorhaben im Prüfbereich auch zu einer differenzierten Prüfung geführt hat.

dd) Artenschutzrecht

Neben der Eingriffsregelung und dem europäischen Schutzgebietsnetz Natura 2000 sind die Vorschriften des allgemeinen und besonderen Artenschutzrechtes im BNatSchG hier näher zu betrachten. Die Vorschriften §§ 42, 43 BNatSchG gelten nach § 11 BNatSchG in den Ländern direkt und sind von wachsender Bedeutung im Genehmigungsverfahren für Windenergieanlagen. Mit der Novelle 2009 ist die Vollregelung erfolgt, so dass die Vorschriften, welche sich im Hinblick auf den allgemeinen Artenschutz nun in §§ 39 ff. und im Hinblick auf den besonderen Artenschutz in §§ 44 ff. BNatSchG n.F. befinden, weiterhin direkt gelten. Angesichts der europarechtlichen Vorprägung durch die Natura 2000-Richtlinien und die vorangehende kleine Novelle sind hier keine nennenswerte Änderungen erfolgt.

Hinsichtlich der Beschaffenheit und Unterscheidung der Verbotstatbestände kann hier auf die Ausführungen verwiesen werden, die bereits zur Berücksichtigung des Artenschutzrechtes im Rahmen der Bauleitplanung gemacht wurden. Über die Fragen der Überplanung von Schutzgebieten hinaus stellt sich im Außenbereich vor allem die Frage, wann und wie das Artenschutzrecht angewendet wird.

Als Lösungsweg für die Abgrenzung zur Eingriffsregelung kommt die Regelung des § 18 Abs. 5 S. 2 BNatSchG in Betracht, der bei der naturschutzrechtlichen Eingriffsregelung klarstellt, dass diese nicht von der Beachtung der Schutzvorschriften zugunsten anderer besonders geschützter Teile von Natur und Landschaft befreit.[1143] Für ein derartiges Nebeneinander von Eingriffsregelung und europäischem Natura 2000-Recht spricht auch die in der novellierten Fassung enthaltene Regelung § 15 Abs. 2 S. 4 BNatSchG n.F., die vorgibt, Kohärenzmaßnahmen im Rahmen der Bewirtschaftungspläne von Natura 2000-Gebieten als Ausgleichs- und Ersatzmaßnahmen anzuerkennen. In diese Richtung geht auch § 17 Abs. 4 S. 4 BNatSchG n.F. mit der Vorgabe für Fachpläne und Begleitpläne als Beurteilungsgrundlage für Ausgleichs- und Ersatzmaßnahmen, dass Angaben zu den Maßnahmen nach § 34 Abs. 5 und § 44 Abs. 5 BNatSchG n.F. enthalten sein sollen. Für die Abgrenzung zum Gebietsschutz ist festzuhalten, dass nach Auffassung der EU-Kommission grundsätzlich Gebiets- und Ar-

---

[1143] Gellermann, Artenschutzrecht im Wandel, NuR 2007, 165, 172.

tenschutz nebeneinander zur Anwendung kommen.[1144] Dementsprechend betrachtet auch das Bundesverwaltungsgericht Gebietsschutz und besonderen Artenschutz als nebeneinander stehende Rechtsbereiche.[1145] Ein Vorrang des Gebietsschutzes kommt nur in Betracht, wenn die betroffene Art in Anhang II und IV genannt ist, wie es z. B. bei mehreren Fledermausarten der Fall ist.[1146] In diesen Fällen stellt sich die Frage der Reichweite des Artenschutzes außerhalb von Schutzgebieten.

Zunächst muss hier auf den im Unterschied des Artenschutzrechts zum europäischen Schutzsystem des Schutzgebietsnetzes Natura 2000 verwiesen werden. Dabei ist festzuhalten, dass das europäische Artenschutzrecht der Vogelschutzrichtlinie (V-RL) und Flora-Fauna-Habitat-Richtlinie (FFH-RL) bereits zwischen Gebietsschutz und besonderem Artenschutz differenziert. So unterscheidet die FFH-RL zwischen den Lebensraumtypen und Arten in Anhang I und II FFH-RL, die gebietsschutzrelevant sind, sowie den Arten in Anhang IV und V FFH-RL, welche einen unmittelbaren Artenschutz gegen menschliche Zugriffe genießen. Das europäische Artenschutzrecht ist in beiden Fällen auf die Erhaltung der Population ausgerichtet, beinhaltet zum Teil aber auch einen strengen Individuenschutz.

Das deutsche besondere Artenschutzecht ist europarechtlich vorgeprägt und unterscheidet sich doch an einigen Punkten vom europäischen Umweltrecht. Das Deutsche Artenschutzrecht erfasste über die nur national geschützten Arten weitaus mehr Tierarten und war zudem bislang individuumsbezogener und wirkte sich damit auch populationsunabhängig mehr zugunsten einzelner Tiere aus. Mit dem Ziel der Eins-zu-eins-Umsetzung der europäischen Vorgaben, insbesondere durch die sog. „kleine Novelle" des Bundesnaturschutzgesetzes, ist allerdings eine Tendenz zu erkennen, das Schutzniveau quantitativ wie qualitativ auf das der Richtlinien zurückzuführen.

Die Reform des Bundesnaturschutzgesetzes, in Kraft getreten am 18.12.2007,[1147] beinhaltet im Wesentlichen drei Aspekte: Erstens, der für die Erforderlichkeit der Umweltprüfung maßgebliche Projektbegriff wurde nach einer Empfehlung der EU-Kommission aus dem Gesetz herausgenommen bzw. in § 34 Abs. 1 BNatSchG 2007 ganz an die FFH-RL angepasst,

---

[1144] EU-Kommission, Leitfaden zum strengen Schutzsystem für Tierarten von gemeinschaftlichem Interesse im Rahmen der FFH-Richtlinie 92/43/EWG, sog. Guidance document, I.2.3.b), S. 16 ff., http://ec.europa.eu/environment/nature/conservation/species/guidance/index_en.htm.

[1145] BVerwG, BVerwGE 125, 116; BVerwG, NVwZ 2009, 302 ff.

[1146] Philipp, Artenschutz in Genehmigung und Planfeststellung, NVwZ 2008, 593, 595.

[1147] Gesetzentwurf der Bundesregierung, BT-Drs. 16/5100; Beschlussempfehlung und Bericht des Ausschusses für Umwelt, Naturschutz und Reaktorsicherheit vom 24. Oktober 2007, BT-Drs. 16/6780; BGBl. 2007 I, 2873 ff.

so dass nicht mehr zwischen Projekten innerhalb und außerhalb von besonderen Schutzgebieten unterschieden wird. Zweitens wird mit der Aufhebung von § 36 BNatSchG 2002 die Verträglichkeitsprüfung bei immissionsschutzrechtlichen Anlagen nicht mehr auf den immissionsschutzrechtlichen Einwirkungsbereich begrenzt und damit der Prüfung bei anderen Projekten gleichgestellt. Drittens, das Artenschutzrecht wird im Hinblick auf die Rechtsprechung des EuGH und die FFH-Richtlinie angepasst.

Es wird damit nicht nur die vom EuGH in Folge seiner Caretta-Rechtsprechung[1148] konsequenterweise vor allem monierte Legalausnahme des § 43 Abs. 4 BNatSchG 2002[1149] aufgehoben, sondern die Chance zu einer weiteren Überarbeitung des Artenschutzrechts ergriffen. Die Neuregelungen stoßen allerdings auch auf erhebliche Bedenken.[1150]

Die unter der Chiffre der Eins-zu-eins-Umsetzung vollzogene Beschränkung auf europäisch geschützte Arten bedeutet eine Verkürzung des Schutzes der bislang nur national geschützten Arten und lässt von derzeit ca. 2.600 Arten noch etwa 600 unter dem Schutz des § 42 BNatSchG 2007 verbleiben.[1151] Dies verstößt nicht gegen Art. 20a GG wird allerdings vor dem Hintergrund der Biodiversitätsziele der Bundesregierung als kontraproduktiv kritisiert.[1152] Aus Sicht der Windenergienutzung ist diese Konzentration auf die europaweit wesentlichen Arten hingegen grundsätzlich zu begrüßen. Der Umfang aufwendiger artenschutzrechtlicher Untersuchung wird damit aber nur geringfügig sinken. Diese Begrenzung des Anwendungsbereichs des Artenschutzes wird sich kaum positiv auf die Genehmigungsfähigkeit von Windenergieanlagen auswirken, da die für die Windenergienutzung entscheidenden sensitiven Vogel- und Fledermausarten, insbesondere Seeadler und Rotmilan sowie Großer Abendsegler und Rauhautfledermaus, vom europäischen Artenschutz erfasst werden und damit auch weiterhin der Regelung des § 42 Abs. 1 BNatSchG 2007/§ 44 Abs. 1 BNatSchG n. F. unterliegen.

[1148] Zu den Auswirkungen der Caretta-Rechtsprechung (EuGH, NuR 2004, 596 f. zum Schutz von Nestern der Meeresschildkröte *Caretta Caretta* an griechischen Stränden) auf die Regelung des § 43 Abs. 4 BNatSchG siehe Vogt, Die Anwendung artenschutzrechtlicher Bestimmungen, ZUR 2006, 21 ff. m. w. N.

[1149] EuGH (BNatSchG), NuR 2006, 166 ff.

[1150] Gellermann, Artenschutzrecht im Wandel, NuR 2007, 165 ff.; Gellermann, Die „Kleine Novelle" des Bundesnaturschutzgesetzes, NuR 2007, 783 ff.; Dolde, Artenschutz in der Planung, NVwZ 2008, 121, 123; Möckel, Die Novelle des Bundesnaturschutzgesetzes zum europäischen Gebiets- und Artenschutz, ZUR 2008, 57, 64: Pauli, Artenschutz in der Bauleitplanung, BauR 2008, 759, 767.

[1151] Gellermann, Artenschutzrecht im Wandel, NuR 2007, 165, 167; Lütkes, Artenschutz in Genehmigung und Planfeststellung, NVwZ 2008, 598, 599.

[1152] Gellermann, Artenschutzrecht im Wandel, NuR 2007, 165, 168.

Im Focus der legislativen Tätigkeit waren nicht die individuumsbezogenen Tötungsverbote, sondern die Ausgestaltung der Störungsverbote.

Dennoch soll zunächst ein Blick auf das Tötungsverbot in § 42 Abs. 1 Nr. 1 BNatSchG/§ 44 Abs. 1 Nr. 1 BNatSchG n. F. geworfen werden. Ihm kommt nicht nur in der Straßenplanung, sondern auch bei Windenergieanlagen angesichts der bereits dargestellten Vorkommensbereiche bzw. Aktionsräume geschützter Tierarten eine erhöhte Bedeutung zu, da dort tödliche Kollisionen der geschützen Arten möglich sind. Hier ist an den individuenbezogene Wortlaut des Europarechts wie des nationalen Rechts zu erinnern, bevor die Lösung des Bundesverwaltungsgerichts betrachtet wird. Dieses löst den Konflikt dadurch, dass es nur auf eine signifikante Risikoerhöhung durch das betreffende Vorhaben abstellt.[1153] Dass einzelne Exemplare besonders geschützter Arten durch Kollisionen zu Schaden kommen, sei bei lebensnaher Betrachtung nie völlig auszuschließen.[1154] Dies gelte sowohl für die erstmalige Inbetriebnahme infolge der Vorhabenzulassung in einem Naturraum als auch für die intensivere Nutzung beim Ausbau der vorhandenen Nutzung. Entscheidend sei, dass auf Grund der vorgesehenen Vermeidungsmaßnahmen kein signifikant erhöhtes Risiko kollisionsbedingter Verluste von Einzelexemplaren verursacht werde, vergleichbar mit dem ebenfalls stets gegebenen Risiko, dass einzelne Exemplare einer Art im Rahmen des allgemeinen Naturgeschehens Opfer einer anderen Art werden. Dieser Ansatz, aus dem vom Wortlaut her strikten Tötungsverbot eine Toleranz des allgemeinen Lebensrisikos herzuleiten, muss trotz der zu begrüßenden Investitionsfreundlichkeit als gewagt gelten, zumal es Aufgabe des Gesetzgebers ist, Risiken als sozialadäquat zu qualifizieren und nicht der Rechtsprechung contra legem Spielräume zu eröffnen. Das Bundesverwaltungsgericht begründet seine neue Rechtsprechung in seiner Bad Oeynhausen-Entscheidung vom 9. September 2008[1155] mit der Erforderlichkeit einer teleologischen Reduktion des Individuenschutzes aus dem Gesichtspunkt der Verhältnismäßigkeit. Dies wird in der Literatur zu Recht so gewertet, dass dem Europäischen Gerichtshof offen die Stirn geboten wird.[1156] Die Begrenzung auf Infrastrukturprojekte ist letztlich willkürlich, denn was dem klimaschädlichen Verkehr auf Fernstraßen zugestanden wird, müsste folgerichtig erst Recht für klimafreundliche Windenergieanlagen gelten. Wie in der Literatur bereits richtig bemerkt wurde, ist die Gefahrenquelle des beweglichen Gegenstands bei Autos und WEA vergleichbar.[1157]

[1153] BVerwG, NuR 2008, 495, 499.
[1154] BVerwG, NVwZ 2009, 302 ff. Rn. 91.
[1155] BVerwG, NVwZ 2009, 302 ff. Rn. 90–96.
[1156] Steeck/Lau, Die Rechtsprechung des BVerwG zum europäischen Naturschutzrecht, NVwZ 2009, 616, 622.

Die Reduktion des artenschutzrechtlichen Störungsverbots nach § 42 Abs. 1 Nr. 2 BNatSchG/§ 44 Abs. 1 Nr. 2 BNatSchG n.F. auf die erhebliche Störung des Erhaltungszustandes der lokalen Population ist geeignet Windenergieanlagenplanern im Konflikt mit dem bisherigen Artenschutzrecht zu helfen. Nach der Neuregelung können einzelne geschützte Tiere bzw. deren Brutpaare außerhalb von für sie ausgewiesenen Schutzgebieten bei der Errichtung von Windenergieanlagen solange außen vor gelassen werden, wie die örtliche Population nicht erheblich gestört wird. Bei den sensitiven, polygamen Fledermäusen lässt sich außerhalb von Zugrouten im Spätsommer davon ausgehen, dass eine Population zumeist nicht beeinträchtigt wird. Fledermausvorkommen können der Errichtung von Windenergieanlagen damit außerhalb von FFH-Gebieten regelmäßig nicht mehr entgegenstehen. Anders stellt sich die Situation bei den sensitiven, monogamen Greifvögeln dar. Hier bedarf es einer intensiven Prüfung im Einzelfall. Es wird stark darauf ankommen, ob hier Einzelexemplare mit ihrem Schlafbaum oder Ansitz betroffen sind oder ein Brutpaar. In letzterem Falle sind Untersuchungen im Hinblick auf die Entfernung und Lage von Windenergieanlage und Horst erforderlich, um die Vereinbarkeit von Windenergienutzung und Artenschutz feststellen zu können. Dem Gesetzgeber wird, insbesondere von Gellermann, bereits mangelnde Gemeinschaftsrechtskonformität der Neuregelung vorgeworfen.[1158] Die Prüfung populationsbezogener Auswirkungen im Verbotstatbestand sei im Regelungszusammenhang der FFH-RL und V-RL systemfremd. Sie gehöre vielmehr in den Ausnahmetatbestand. Auch Cybulka stellt fest, dass es sich nicht um eine Eins-zu-eins-, sondern eher um eine 85%ige Umsetzung handelt.[1159] Insofern könnte die Erwartungshaltung der Windenergiebranche, die Novelle führe zu Rechtssicherheit für Windenergieprojekte,[1160] verfrüht sein. Der Bundesgesetzgeber habe mit der Novelle des Artenschutzrechts sich nicht nur in Widerspruch zu den nationalen, europäischen und weltweiten Absichtserklärungen zur Bewahrung der schrumpfenden biologischen Vielfalt, sondern auch zum Ziel der Eins-zu-eins-Umsetzung gesetzt und nur eine weitere Runde der Rechtsunsicherheit und der Klageverfahren

---

[1157] Louis, Die Zugriffsverbote des § 42 Abs. 1 BNatSchG im Zulassungs- und Bauleitplanverfahren, NuR 2009, 91, 93.

[1158] Gellermann, Die „Kleine Novelle" des Bundesnaturschutzgesetzes, NuR 2007, 783, 785; Gellermann, Artenschutz und Straßenplanung – Neues aus Leipzig, NuR 2009, 85, 87 ff.; zustimmend Fehrensen, Zur Anwendung zwingenden Gemeinschaftsrechts, NuR 2009, 13, 14.

[1159] Cybulka, Ist das Erste Gesetz zur Änderung des Bundesnaturschutzgesetzes europarechtskonform?, EurUP 2008, 20, 27.

[1160] Bundesverband Windenergie (BWE), News vom 22.11.2007, http://www.wind-energie.de/de/aktuelles/article/neues-bundesnaturschutzgesetz-beseitigt-rechtsunsicherheit-fur-windenergieprojekte/498/browser/1208618339/.

eingeläutet.[1161] Die Übernahme populationsbezogener Ansätze in § 42 Abs. 1 Nr. 2 BNatSchG 2007/§ 44 Abs. 1 Nr. 2 BNatSchG n.F. sei zwar mit Art. 5 d V-RL, nicht jedoch mit der Regelungsvorgabe des Art. 12 Abs. 1 b FFH-RL und ihrem individuenbezogenen Ansatz vereinbar.[1162] Fehrensen sieht darüber hinaus einen Widerspruch zum Regelungszusammenhang mit Art. 13, 16 FFH-RL und 5, 9, 13 V-RL. Die Verbote seien auf Einzelexemplare ausgerichtet, während der Erhaltungszustand in den Ausnahmetatbestand gehöre. Dieser Auffassung wird zum Teil deutlich widersprochen, da der individuenbezogene Ansatz zwar dem Tötungsverbot des Art. 12 Abs. 1 a FFH-RL, nicht jedoch dem Störungsverbot des Art. 12 Abs. 1 b FFH-RL innewohne, welches mit der Regelung in Art. 5 d der Vogelschutzrichtlinie vergleichbar sei.[1163] Letztere Differenzierung wäre im Sinne der Windenergienutzung vorteilhaft, kann sich meines Erachtens aber weder auf den Wortlaut noch die Systematik der Richtlinie stützen. „Jede Form der Störung" ist genauso individuenbezogen wie „alle Formen der Tötung". Die FFH-RL verfolgt mit ihrem individuenbezogenen Ansatz eine andere Stoßrichtung als die VRL. In der Folge besteht ein Konflikt von Richtlinie und deren Umsetzung. Dieser Konflikt wirkt sich für die Windenergie nur bei Arten nach Anhang IV FFH-RL aus, wie z.B. Fledermäusen. Ihm kann mit dem Anwendungsvorrang des Gemeinschaftsrechts begegnet werden.[1164] Sollte sich diese Auffassung durchsetzen, drohen die sich abzeichnenden Verbesserungen für Windenergieanlagen durch die BNatSchG-Novelle 2007 sich zum Teil wieder in Luft aufzulösen. Das Bundesverwaltungsgericht ist den kritischen Stimmen nicht gefolgt.[1165] Ob der Europäische Gerichtshof diese Auffassung teilt, bleibt abzuwarten.

Mit der Reform 2007 wird § 42 BNatSchG ein Abs. 4/§ 44 Abs. 4 BNatSchG n.F. angefügt, der vorgibt, dass im Bereich der Forst- und Landwirtschaft in Zukunft auf den Erhaltungszustand der lokalen Population der Arten nach Anhang IV zur FFH-RL oder V-RL und nicht mehr auf einzelne Individuen abgestellt wird. Im Übrigen belässt die Reform damit den Individuenschutz. Die Abkehr vom individuumsbezogenen Artenschutz bringt es mit sich, dass die Zerstörung der Nester von Kiebitz oder Uferschnepfe, als Vögeln die bei Windenergieanlagen ein starkes Meideverhalten aufweisen,

---

[1161] Möckel, Die Novelle des Bundesnaturschutzgesetzes zum europäischen Gebiets- und Artenschutz, ZUR 2008, 57, 64.
[1162] Gellermann, Die „Kleine Novelle" des Bundesnaturschutzgesetzes, NuR 2007, 783, 785; in diese Richtung auch Dolde, Artenschutz in der Planung, NVwZ 2008, 121, 123.
[1163] Pauli, Artenschutz in der Bauleitplanung, BauR 2008, 759, 765.
[1164] In diese Richtung auch: Cybulka, Ist das Erste Gesetz zur Änderung des Bundesnaturschutzgesetzes europarechtskonform?, EurUP 2008, 20, 27.
[1165] BVerwG, NVwZ 2009, 302 ff. insbesondere Rn. 104 u. 105.

bei der Feldbestellung möglich wird, solange nicht negative Auswirkungen für die lokale Population der Arten zu erwarten sind.[1166] Betrachtet man diese Lockerung des Schutzniveaus im Hinblick auf die Errichtung von Windenergieanlagen, erscheint die Änderung zunächst die Lage der Anlagenplaner und Errichter zu verbessern. Je mehr auf den Populationsschutz und dementsprechend umso weniger auf den Individuenschutz abgestellt wird, können Windenergieanlagen an einzelnen Vögeln wie Kiebitzen oder Uferschnepfen scheitern. Diese Änderungen mit ihrem Bezug zur Landwirtschaft dürften vorrangig die bei Windenergieanlagen empfindlichen Vögel des Offenlandes treffen. Wie sich dies angesichts der regelmäßigen Kombination von landwirtschaftlicher Nutzung und Windenergienutzung auf die Genehmigung von Windenergieanlagen auswirken wird, bleibt abzuwarten. Es ist durchaus denkbar, dass angesichts der Verschärfung der Lage für diese Vögel eine restriktivere artenschutzrechtliche Prüfung in Bezug auf die örtliche Population bei der Anlagengenehmigung erfolgt.

Die nicht im Hinblick auf ein Meideverhalten, sondern auf ein Kollisionsrisiko gefährdeten Greifvögel wird der neue Ausnahmetatbestand für die landwirtschaftliche Nutzung kaum treffen. Sie brüten nicht auf dem Boden, sondern in Horsten auf Bäumen, die von einer guten fachlichen Praxis in der Landwirtschaft regelmäßig nicht betroffen sein werden. Ein Berührungspunkt könnte im Bereich der von der Ausnahme gleichfalls erfassten Forstwirtschaft liegen. Das Fällen der als Brut-, Rast oder Schlafstätte verwendeten Bäume wird jedoch regelmäßig nicht von der guten fachlichen Praxis erfasst sein, welche die Ausnahmeregelung voraussetzt. Die zahlreichen Konflikte von Windenergienutzung mit Seeadlern und Roten Milanen werden damit vom neuen § 42 Abs. 4 BNatSchG/§ 44 Abs. 4 BNatSchG n.F. nicht gelöst.

Des Weiteren soll bei der Vorhabenzulassung allgemein die Prüfung auf die Aufrechterhaltung der ökologischen Funktionalität von Fortpflanzungs- und Ruhestätten ausgerichtet werden. Hervorzuheben ist diese neue Regelung des § 42 Abs. 5 BNatSchG/§ 44 Abs. 5 BNatSchG n.F., nach der die nach der Eingriffsregelung gem. § 19 BNatSchG/§ 15 BNatSchG n.F. zugelassenen Vorhaben nicht gegen die artenschutzrechtliche Verbotsregelung des § 42 Abs. 1 Nr. 1 und 3 BNatSchG/§ 44 Abs. 1 Nr. 1 und 3 BNatSchG n.F. verstoßen können. Nach dem Wortlaut des § 42 Abs. 5 S. 2 BNatSchG/§ 44 Abs. 5 S. 2 BNatSchG n.F. entbindet die Bewahrung der ökologischen Funktionalität auch von der Beachtung der in § 42/§ 44 n.F. normierten Tötungs-, Verletzungs- und Störungsverbote. Die Bewahrung der ökologischen Funktionalität lässt sich dabei über „funktionserhaltende Maßnahmen", also letztendlich vorgezogene Ausgleichsmaßnahmen, sog. CEF-

---

[1166] Gellermann, Artenschutzrecht im Wandel, NuR 2007, 165, 166.

measures, herstellen.[1167] Dies erfolgt über die Schaffung zum Zeitpunkt des Eingriffs bereits funktionsfähiger Ersatzlebensstätten und der gegebenenfalls notwendigen Umsiedlung des örtlichen Bestands. Diese Möglichkeit, sofern sie bei der Errichtung von Windenergieanlagen finanziell überhaupt in Betracht kommt, wird sich voraussichtlich positiv bei der WEA-Genehmigung auswirken. Umso tragischer ist es, dass auch dieser Regelung bereits mangelnde Europarechtskonformität attestiert wird.[1168] In der Tat überzeugt eine Befreiung vom Tötungsverbot nach § 42 Abs. 1 Nr. 1 BNatSchG/§ 44 Abs. 1 Nr. 1 BNatSchG n. F. solange nicht, wie diese nicht mit den Ausnahme- und Befreiungsvoraussetzungen von Art. 16 FFH-RL und Art. 9 VRL korreliert. Auch hier wurde mit der Reform Rechtsunsicherheit geschaffen. Eine europarechtskonforme Auslegung ist anzuraten.

Was Ausnahmen und Befreiungen im Lichte der Reform betrifft, so ist hier zunächst an die Problematik der bisherigen Ausnahme- und Befreiungstatbestände vor dem Hintergrund von Art. 16 FFH-RL zu erinnern, wie sie bereits unter dem Gesichtspunkt der Errichtung von Windenergieanlagen im Gebiet eines Bebauungsplanes dargelegt wurde. Demnach scheidet eine Ausnahme wegen eines fehlenden Gemeinwohlinteresses grundsätzlich aus. Dies kann sich jedoch anders gestalten, wenn der Träger der Regionalplanung ein Vorranggebiet für Windenergie ausgewiesen hat und in der Landesraumordnung eine landesplanerische Entscheidung, innerhalb solcher Vorranggebiete alle Planungen auf die Gewinnung von Windenergie auszurichten, vorliegt. In diesem Falle schafft die Landesplanung ein öffentliches Gemeinwohlinteresse an der Planverwirklichung und damit der Anlagenerrichtung, das die Belange des Naturschutzes grundsätzlich überwiegt.[1169] Liegt somit ein Ausnahmegrund vor, kommt es auf die Natura 2000-Kohärenz und die Alternativenprüfung an. Für die Natura 2000-Kohärenz genügt die Prognose, dass der günstige Erhaltungszustand der vorhandenen Populationen – trotz gewisser Opfer – bestehen bleibt. Dies kann über sog. „Funktionserhaltende Maßnahmen" sichergestellt werden, so dass die Hürde für ein Vorhaben zu nehmen ist. Selbst wenn sich die Population einer Art nicht in einem günstigen Erhaltungszustand befindet, können außergewöhnliche Umstände eine Ausnahme nach Art. 16 Abs. 1 FFH-RL begründen.[1170] Solche außergewöhn-

---

[1167] EU-Kommission, Leitfaden zum strengen Schutzsystem für Tierarten von gemeinschaftlichem Interesse im Rahmen der FFH-Richtlinie 92/43/EWG, sog. Guidance document, Rn. 73 ff., S. 53 ff., http://ec.europa.eu/environment/nature/conservation/species/guidance/index_en.htm.

[1168] Pauli, Artenschutz in der Bauleitplanung, BauR 2008, 759, 767.

[1169] VG Saarlouis, ZUR 2008, 271; Scheidler, Die naturschutzrechtlichen Voraussetzungen zur Erteilung der immissionsschutzrechtlichen Genehmigung, NuR 2009, 232, 236.

[1170] EuGH (Wolfsjagd Finnland), NuR 2007, 477 ff.

lichen Umstände liegen nicht nur bei der unmittelbaren Gefährdung höchster Güter, wie z. B. des menschlichen Lebens oder der menschlichen Gesundheit vor, wie das Bundesverwaltungsgericht im Hinblick auf Fledermäuse festgestellt hat.[1171] Es ist dabei von entscheidender Bedeutung, dass für die Ausnahmen hinreichend nachgewiesen wird, dass der ungünstige Erhaltungszustand der Population nicht verschlechtert bzw. die Wiederherstellung eines günstigen Erhaltungszustands nicht behindert wird. Die Frage der Alternativenprüfung ist hingegen strittig. Einerseits wird argumentiert, die in diesem Rahmen erforderliche anderweitige zufrieden stellende Lösung beziehe sich auf das Plangebiet, in dem es zumeist keine Alternative geben wird. Das müsste regelmäßig zu einer Ausnahmeerteilung führen. Andererseits wird argumentiert, es komme bei der anderweitigen zufrieden stellenden Lösung vielmehr darauf an, dass irgendwo anders Windenergieanlagen errichtet werden können. Letztere Auffassung führt zwangsläufig dazu, dass niemals Ausnahmen- oder Befreiungen auf dieser Grundlage erteilt werden können, da jedes Vorhaben grundsätzlich auch irgendwo anders realisiert werden kann. Dies bedeutet daher keine ernsthafte Alternative, sondern die Nichtverwirklichung des Projekts. Von einer Alternative kann dann nicht mehr gesprochen werden, wenn eine Variante auf ein anderes Projekt hinausläuft. Auch eine Null-Variante, also der Verzicht auf das Projekt, ist keine Alternative im Sinne von § 34 Abs. 3 Nr. 2 BNatSchG 2002.[1172] Sie kommt nur beim Fehlen zwingender Gründe und fehlender Möglichkeit zur Wahrung der Natura 2000-Kohärenz in Betracht.[1173] Damit muss bei der Alternativenprüfung letztendlich auf das Plangebiet abgestellt werden.

Ähnlich anspruchsvoll gestaltet sich die Ausnahme vom besonderen Artenschutzrecht in Art. 5 der Vogelschutzrichtlinie nach Art. 9 V-RL. Der Wortlaut sieht hier gar keine Ausnahme aus wirtschaftlichen Gründen vor. Allerdings gibt Art. 2 V-RL die allgemeine Verpflichtung vor, dass die Mitgliedsstaaten den Bestand der unter Art. 1 V-RL fallenden Arten auf einen Stand bringen sollen, der den ökologischen und wirtschaftlichen Erfordernissen entspricht. Nach der Rechtsprechung des EuGH stellt dies keinen eigenständigen Ausnahmegrund dar, sondern eine allgemeine Verpflichtung, die bei der Auslegung anderer Bestimmungen der Richtlinie nicht ohne Bedeutung und Gewicht ist. Demzufolge ist der Schutz der Vögel gegen andere, zum Beispiel wirtschaftliche Belange abzuwägen.[1174] Die Kommission hat sich diese Auffassung in ihrem dazugehörigen Leitfaden zu Eigen ge-

---

[1171] BVerwG, NuR 2009, 414 ff.
[1172] Scheidler, Die naturschutzrechtlichen Voraussetzungen zur Erteilung der immissionsschutzrechtlichen Genehmigung, NuR 2009, 232, 235.
[1173] VG Saarlouis, ZUR 2008, 271, 275.
[1174] EuGH (V-RL Belgien), Rs. 247/85, Slg. 1987, 3029, 3057, 3060; EuGH (V-RL Italien), Rs. 262/85, Slg. 1987, 3073, 3094, 3097.

macht.¹¹⁷⁵ Im Sinne dieser Zielsetzung ist es Art. 9 V-RL im Lichte von Art. 2 V-RL auszulegen, so dass die aufgeführten Genehmigungstatbestände mittelbar auch ein wirtschaftliches Interesse umfassen. Daneben kommt eine unmittelbare Anwendung der aufgeführten Ausnahmetatbestände bei einem weiten Verständnis dieser in Betracht. Für ein solches Verständnis spricht jedenfalls die neuere Rechtsprechung des Bundesverwaltungsgerichts. So wurde anlässlich des A4-Jagdbergtunnels mit Beschluss vom 13. März 2008 ausgeführt, dass die planfestgestellte Autobahntrasse nicht in erster Linie dem Schutz der Pflanzen- und Tierwelt dient, sondern der Bewältigung der Verkehrsströme, jedoch weder Wortlaut noch Zweck der Richtlinie fordern würden, dass eine Abweichung von Art. 5 V-RL ausschließlich dem Schutz der Pflanzen und Tierwelt dienen dürfe. Der Schutzfunktion der Richtlinie werde auch genügt, wenn die Maßnahme für die Planzen- und Tierwelt auch einen Schutz bezweckt, der ihre Existenzgrundlagen erhält und deutlich verbessert und jedenfalls über die Maßnahme hinausgeht, die den Schutz ausgelöst habe.¹¹⁷⁶ Zu Recht wird in der Literatur eine Abschwächung der Anforderungen an die artenschutzrechtliche Abweichungsentscheidung festgestellt.¹¹⁷⁷ Davon profitiert letztlich auch die Windenergie, welche viel weiter gehende Vorteile als Autobahnen hat. Gerade Windenergieanlagen tragen, wie bereits aufgezeigt, zum Klimaschutz und somit zur Erhaltung der Existenzgrundlagen von Pflanzen und Tieren bei. Auch andere Ausnahmegründe wie Volksgesundheit, Schutz der Gewässer und Wälder profitieren so von der Errichtung von Windenergieanlagen. Insofern lässt sich in diesem Sinne ein Ausnahmegrund befürworten. Im Hinblick auf die gleichfalls in Art. 9 V-RL vorgesehene Alternativenprüfung lässt sich hier auf die Ausführungen bei Art. 16 FFH-RL verweisen. Eine Ausnahme gestaltet sich somit gleichfalls schwierig, ist aber letztendlich möglich.

In der Novelle ist § 43 Abs. 8 BNatSchG/§ 45 Abs. 7 BNatSchG n.F. hervorzuheben. Die neue Ausnahmeregelung, welche auch alle zwingenden Gründe des überwiegenden öffentlichen Interesses umfasst, erspart nicht nur über die Integration der gemeinschaftsrechtlichen Vorgaben die übliche Verweisungstechnik, sondern auch den durchaus problematischen Weg der artenschutzrechtlichen Befreiung.¹¹⁷⁸ Der Ausnahmetatbestand missachtet

---

[1175] EU-Kommission, Leitfaden zu den Jagdbestimmungen der Richtlinie 79/407/EG des Rates über die Erhaltung der wild lebenden Vogelarten, Brüssel, August 2004, S. 5.

[1176] BVerwG, NuR 2008, 495, 500.

[1177] Fehrensen, Verminderte Anforderungen an die FFH-Verträglichkeitsprüfung und die Prüfung artenschutzrechtlicher Verbotstatbestände, NuR 2008, 483, 486.

[1178] Gellermann, Artenschutzrecht im Wandel, NuR 2007, 165, 170; Gellermann, Die „Kleine Novelle" des Bundesnaturschutzgesetzes, NuR 2007, 783, 788.

dabei über den Wortlaut der Vogelschutzrichtlinie hinweg und geht viel mehr von der Erforderlichkeit eines ungeschriebenen Rechtfertigungsgrundes aus, dessen gerichtliche Haltbarkeit ausgetestet werden soll.[1179] Im Hinblick auf die Windenergienutzung hilft dies freilich wenig, da zwingende Gründe des überwiegenden öffentlichen Interesses im Gegensatz zu Infrastrukturvorhaben beim Ausbau europäischer Netze im Falle einer Windenergienutzung regelmäßig nicht gegeben sind. Insofern verbleibt hier der Verweis auf die Befreiungsmöglichkeit nach § 62 BNatSchG/§ 67 BNatSchG n. F.

Im Ergebnis kommt es mit der kleinen Novelle des Bundesnaturschutzgesetzes zu mehr Rechtsklarheit und einer geringfügigen Flexibilisierung des Umgangs mit dem europäischen Artenschutz und damit mittelbar auch zu einer Erleichterung im Sinne der Bauherren bei der Errichtung von Windenergieanlagen. Die BNatSchG-Novelle 2009 schreibt dies mit Übernahme der Vorschriften fort.

Von Interesse ist hier auch die Rechtsprechung des Bundesverwaltungsgerichts vom 08.03.2007 zur Auslegung des deutschen Artenschutzrechtes in Bezug auf Wanderrouten von Tierarten.[1180] Auch wenn der Fall sich mit der Zerschneidung eines Wanderkorridors des Moorfrosches zu seinem Laichgewässer durch eine Straße befasst, lässt sich dies auf die Zugroute einer ebenfalls europäisch geschützten Vogelart zu ihren Brutplätzen und deren Zerschneidung durch Windenergieanlagen durchaus übertragen. Das Ergebnis des Bundesverwaltungsgerichts, dass bei wandernden Arten die Eingriffe in die Verbindungswege zwischen den geschützten Teillebensräumen nicht dem Verbottatbestand des § 42 Abs. 1 Nr. 1 BNatSchG/§ 44 Abs. 1 Nr. 1 BNatSchG n. F. unterfallen, ist vor dem Hintergrund des europäischen Artenschutzes fragwürdig und in der Konsequenz von der Literatur[1181] bislang nicht hinreichend gewürdigt worden. Das Hauptargument der Begründung des Beschlusses, dass der Gesetzgeber Anfang der siebziger Jahre noch nicht den naturschutzfachlichen Hintergrund eines umfassenden Habitatsschutzes kannte, überzeugt nicht als Hinderungsgrund für eine europarechtskonforme Auslegung der Norm. Der europäische Artenschutz ist gerade von einem Netzcharakter geprägt. Das Schutzgebietsnetz Natura 2000 wird ad absurdum geführt, wenn die Verbindungswege der seltenen Arten zwischen ihren Schutzgebieten, insbesondere Fortpflanzungs- und Ruhestätten, nicht vom Artenschutzrecht erfasst werden. Hier hat sich das Bundesverwaltungsgericht mit seinem historischen Verständnis der Norm

---

[1179] Lütkes, Artenschutz in Genehmigung und Planfeststellung, NVwZ 2008, 598, 602.
[1180] BVerwG, DVBl 2007, 639 ff.
[1181] Vgl. Pauli, Artenschutz in der Bauleitplanung, BauR 2008, 759, 762.

und der engen Wortlautauslegung auf einen Holzweg begeben. Angesichts der Tatsache, dass die Rechtsprechung noch zur alten Fassung des BNatSchG ergangen ist, bleibt die Hoffnung, dass das Gericht vor dem Hintergrund der auf die FFH-RL bezogenen Novelle des besonderen Artenschutzrechtes sich mit der Umstellung des Verbotstatbestandes von Orten auf Zeiten, einschließlich Wanderzeiten, eines besseren besinnt.

ee) Umweltverantwortung für Windenergieanlagen nach dem neuen Umweltschadensrecht?

Eine weitere Aufwertung der Belange des Naturschutzes, insbesondere des europäischen Naturschutzrechts ist mit Inkrafttreten des Umweltschadensgesetzes (USchadG) am 14. November 2007 erfolgt. Anders als der Titel suggeriert liegt der Haftung für Umweltschäden nach USchadG ein öffentlich-rechtlicher Ansatz zugrunde. Dies kommt auch darin zum Ausdruck, dass das Regelwerk vorrangig die Vermeidung von Umweltschäden anstrebt.[1182] Das Umweltschadensgesetz stellt zunächst eine verspätete Umsetzung der Umwelthaftungsrichtlinie 2004/35/EG dar, deren Umsetzungsfrist bereits zum 30. April 2007 abgelaufen war. Infolgedessen sieht das Umweltschadensgesetz ein rückwirkendes Inkrafttreten zu diesem Zeitpunkt vor. Eine Inanspruchnahme für Schäden vor diesem Zeitpunkt kommt nicht in Betracht. Das Umweltschadensgesetz wird durch das Naturschutz-, Wasser- und Bodenschutzrecht ergänzt und zugleich gesteuert,[1183] womit andere Umweltmedien außen vor bleiben. Das Umweltschadensgesetz ist kein Instrument des Immissions- und Klimaschutzes.[1184] Bei systematischer Betrachtung stellt das neue Umweltschadensgesetz einen „allgemeinen Teil" dar, während das Fachrecht mit seinen medien- und schutzbezogenen Maßstäben den „besonderen Teil" bildet. Strengere Regeln im Fachrecht werden also nicht berührt. Gleiches gilt für das zivile Umwelthaftungsrecht, da Ansprüche Privater gegenüber Dritten auf Ersatz von Personenschäden, Schäden am Privateigentum, Vermögensschäden oder sonstige wirtschaftliche Verluste nach der Konzeption der Umwelthaftungsrichtlinie nicht erfasst werden.[1185] Damit ist theoretisch eine doppelte Inanspruchnahme eines Verantwortlichen möglich.[1186] In Abgrenzung zum traditionell dem Zivil-

---

[1182] Duikers, EG-Umwelthaftungsrichtlinie und deutsches Recht, NuR 2006, 623, 624.

[1183] Begründung des Gesetzesentwurfs der Bundesregierung, BT-Drs. 16/3806, S. 13 f.; Beschlussempfehlung und Bericht des Ausschusses für Umwelt, Naturschutz und Reaktorsicherheit, BT-Drs. 16/4587, S. 1.

[1184] Vgl. Diederichsen, Grundfragen zum neuen Umweltschadensgesetz, NJW 2007, 3377.

[1185] Vgl. § 3 Abs. 3 UmwH-RL, ABl. EG 2004 Nr. L 143, S. 56.

recht entstammenden Haftungsbegriff wird mit dem Umweltschadensgesetz damit eine konzeptionell rein öffentlich-rechtliche Verantwortlichkeit nach dem Muster des Gefahrenabwehrrechts begründet, wobei zentrale Elemente des zivilrechtlichen Umwelthaftungsrechts[1187] – Verschuldens- und Gefährdungshaftung – in das Umweltschadengesetz einfließen.[1188]

Gegenstand des Umweltschadensgesetz ist die Einführung von Pflichten für die Verursacher von näher bestimmten Umweltschäden, deren Durchsetzung im Unterlassenfalle ausschließlich den zuständigen Behörden obliegt, wobei Privaten justitiable Initiativrechte einschließlich Vereinsklagerecht bei Untätigkeit der Behörde zugestanden wird.

Umweltschäden sind nach dem in § 2 USchadG verankerten Schadensbegriff Schädigungen von Arten und natürlichen Lebensräumen, Gewässer und Boden. Für die Errichtung von Windenergieanlagen ist hier vor allem die Haftung für Schädigungen von Arten und Lebensräumen von Belang, da dies auf Vogelschutz- und FFH-RL abstellt. Soweit der Betrieb von Windenergieanlagen nicht als Umweltschäden oder unmittelbare Gefahren verursachende Tätigkeit nach § 3 Abs. 1 Nr. 1 USchadG i.V.m. Anlage 1 Nr. 1 zum USchadG erfasst wird,[1189] kommt hier eine direkt oder indirekt eintretende feststellbare nachteilige Veränderung der natürlichen Ressource Arten und natürliche Lebensräume nach § 2 Nr. 2 USchadG in Betracht. Die Verweisungskette von § 2 Nr. 1 a) USchadG über § 21 a BNatSchG/ § 19 BNatSchG n.F. zu Vogelschutz- und FFH-RL führt zur Annahme einer Reichweite der Haftung entsprechend der Reichweite des Schutzes von Vogelschutz- und FFH-RL. Soweit die Richtlinien lediglich einen Schutz durch das Instrument des Schutzgebietes vorsehen (Anhänge I und II FFH-RL), wird danach auch nur eine Verantwortlichkeit nach USchadG für ausgewiesene bzw. faktische/potentielle Schutzgebiete angenommen, soweit die beiden Richtlinien neben dem schutzgebietsbezogenen auch einen von einem Schutzgebiet unabhängigen Schutz ermöglichen (Anhang I und Art. 4 Abs. 2 V-RL) oder ausschließlich einen schutzgebietsunabhängigen Artenschutz konstituieren (Anhang IV FFH-RL), so sollen die betroffenen Arten und Lebensräume auch nach dem Umweltschadensgesetz schutzgebietsunab-

---

[1186] Diederichsen, Grundfragen zum neuen Umweltschadensgesetz, NJW 2007, 3377, 3380.

[1187] Zu den zivilrechtlich Konkurrenzen, insbesondere dem Umwelthaftungsgesetz, vgl. Becker, Umweltschadensgesetz und Artikelgesetz zu Umsetzung der Umwelthaftungsrichtlinie, NVwZ 2007, 1105, 1113.

[1188] Knopp, Neues Umweltschadensgesetz, UPR 2007, 414, 416.

[1189] Eine berufliche Tätigkeit nach Anlage 1 Nr. 1 ist der Betrieb von Anlagen, die einer Genehmigung gem. IVU-RL 96/61/EG bedürfen, welche über die deutsche Umsetzung im UVPG auch Windenergieanlagen erfasst, soweit diese dem Begriff der Windfarm unterfallen (dazu s.o.).

hängig geschützt sein.[1190] Die im Gegensatz dazu in Anlehnung an den weiten Wortlaut von Art. 2 Nr. 3 a und b Umwelthaftungsrichtlinie (UHRL) vertretene Ausweitung des Natura 2000 Schutzes durch die UHRL, indem auch die in Anhang II FFH-RL aufgeführten Arten unabhängig vom Schutzgebietsnetz der UHRL unterfallen sollen,[1191] überzeugt nicht. Damit kommt es für die Verantwortlichkeit eines Windenergieanlagenbetreibers[1192] nach Umweltschadensgesetz auf erhebliche nachteilige Auswirkungen auf die Erreichung oder Beibehaltung des günstigen Erhaltungszustands der Arten und Lebensräume nach Vogelschutz- und FFH-RL an. Für die Frage, wann Windenergieanlagen auf welche Arten welche Auswirkungen haben, kann hier auf die vorherigen Ausführungen verwiesen werden. Das USchadG selbst wird allerdings mit der unklaren Regelung sog. diffuser Verschmutzungen in § 3 Abs. 4 USchadG einige praktische Probleme nach sich ziehen. Auch wenn mittlerweile nachgewiesen wurde, dass bestimmte Vogel- und Fledermauspopulationen durch Kollision mit Windenergieanlagen dezimiert werden können, besteht kein Automatismus zwischen einem Totfund in der Nähe einer WEA und deren Ursächlichkeit dafür. Es ist bislang weder ersichtlich, ob WEA-Umweltschäden überhaupt unter § 3 Abs. 4 USchadG fallen, was der Wortlaut „Verschmutzung" nicht gerade nahe legt, aber vor dem Hintergrund der fraglichen Kausalität durchaus dem Sinn und Zweck der Norm entspräche, und wenn ja, welche Anstrengungen der Anlagenbetreiber bzw. die zuständige Behörde unternehmen müsste, einen Kausalzusammenhang darzulegen. Keine Probleme sind hingegen bei der Frage der Erheblichkeitsschwelle zu erwarten, zumal diese bei Beeinträchtigungen des Natura 2000-Schutz- und Erhaltungsziele sehr niedrig gelegt wird.[1193]

Hinsichtlich der aus einer Feststellung einer Verantwortlichkeit erwachsenden Pflichten, sind zunächst Gefahrenabwehrpflicht nach § 5 USchadG und Sanierungspflicht nach § 6 USchadG hervorzuheben. Beide Pflichten laufen über Vermeidungs- bzw. Schadenbegrenzungsmaßnahmen bei Biodiversitätsschäden[1194] auf dasselbe hinaus: eine Einschränkung des Anlagen-

---

[1190] Duikers, EG-Umwelthaftungsrichtlinie und deutsches Recht, NuR 2006, 623, 624 ff.; Scheidler, Umweltschutz durch Umweltverantwortung, NVwZ 2007, 1113, 1115.

[1191] Führ/Lewin/Roller, EG-Umwelthaftungsrichtlinie und Biodiversität, NuR 2006, 67, 69.

[1192] Die Verantwortlichkeit nach § 2 Nr. 3 USchadG bezeichnet den Inhaber der Genehmigung bzw. Handlungsstörer als Betreiber. Zu beachten ist jedoch, dass sich über die Definition der beruflichen Tätigkeit nach § 3 Abs. 1 Nr. 1 USchadG i. V. m. Anlage 1 Nr. 1 zum USchadG ein weiter gefasster Personenkreis ergeben kann.

[1193] Diederichsen, Grundfragen zum neuen Umweltschadensgesetz, NJW 2007, 3377, 3378.

[1194] Zum Begriff der Biodiversität: Dierßen/Huckauf, Biodiversität – Karriere eines Begriffes, APuZ 3/2008, 3 ff.

betriebes, z. B. über Abschaltpflichten zu Zeiten von Vogel- oder Fledermauszug oder eine kostspielige Wiederherstellung einer betroffenen Vogel- oder Fledermauspopulation. Daneben ist die Sekundärebene der Kostentragungspflicht nach § 9 USchadG zu erwähnen.

Somit ist grundsätzlich ein erhebliches Haftungsrisiko bei der Errichtung von Windenergieanlagen zu konstatieren, dass im Widerspruch zur Anlagenzulassung durch Genehmigung und ggf. vorangehenden planerischen Entscheidungen steht. Die Frage der Haftung für Umweltschäden durch den rechtmäßigen Betrieb genehmigter Anlagen wird dementsprechend kontrovers diskutiert.[1195] Zum einen könnte man zur Auffassung gelangen, dass ausdrücklich gestattete und im Falle der Windenergienutzung besonders gewünschte Verhaltensweisen, die gleichwohl zu einem Schaden geführt haben, nicht zusätzlich mit Kostentragungspflichten für die Vermeidung oder Sanierung von Umweltschäden belastet werden können. Zum anderen besteht die berechtigte Sorge, dass das USchadG im Falle einer umfassenden Legalisierungswirkung von Genehmigung leer liefe. Auch kennt das deutsche Recht z. B. mit § 5 BImSchG dynamische Betreiberpflichten. Der Sorge wurde durch Art. 2 Nr. 6 UHRL Rechnung getragen, wonach ausdrücklich auch Inhaber von Genehmigungen verantwortlich sein sollen und die Mitgliedsstaaten lediglich ermächtigt sind für den bei rechtmäßigem Normalbetrieb ohne Verschulden entstandenen Umweltschaden von den Kosten frei zu stellen. Bei Windenergieanlagen ist eine solche Kostenfreistellung vor dem Hintergrund der aus Art. 20 a GG folgenden Umweltschutzverantwortung des Staates und dem ganz überwiegenden Wunsch nach einem weiteren Ausbau erneuerbarer Energien grundsätzlich zu befürworten. Eine Kostenfreistellung muss jedenfalls dann erfolgen, wenn die Voraussetzungen der Enhaftung nach § 21 a BNatSchG/§ 19 BNatSchG n. F. vorliegen. Die Regelung in § 21 a Abs. 1 S. 2 BNatSchG/§ 19 Abs. 1 S. 2 BNatSchG n. F. sieht vor, dass abweichend vom Grundsatz der Haftung für Umweltschäden, eine Enthaftung anzunehmen ist, wenn bei zuvor ermittelten nachteiligen Auswirkungen von Tätigkeiten eines Verantwortlichen, die von der zuständigen Behörde nach den §§ 34, 34a, 35 BNatSchG oder entsprechendem Landesrecht/§§ 34, 35 BNatSchG n. F., nach § 43 Abs. 8 BNatSchG/45 Abs. 7 BNatSchG n. F. oder § 62 Abs. 1 BNatSchG/ § 67 Abs. 2 BNatSchG n. F. oder wenn eine solche Prüfung nicht erforderlich ist, nach § 19 BNatSchG/§ 15 BNatSchG n. F. oder entsprechendem Landesrecht oder falls eine solche Prüfung nicht erforderlich ist nach oder

---

[1195] Gegen Legalisierung u. a. Führ/Lewin/Roller, EG-Umwelthaftungsrichtlinie und Biodiversität, NuR 2006, 67, 74; für Liberalisierung u. a. Fischer/Fluck, Öffentlich-rechtliche Vermeidung und Sanierung von Umweltschäden statt privatrechtlicher Umwelthaftung, RIW 2002, 814, 822; differenzierend Diederichsen, Grundfragen zum neuen Umweltschadensgesetz, NJW 2007, 3377, 3379.

aufgrund der Aufstellung eines Bebauungsplans nach § 30 oder § 33 BauGB genehmigt oder zulässig sind. Wenn Windenergieanlagen mit einer FFH-Verträglichkeitsprüfung, aufgrund eines B-Planes mit Umweltprüfung oder auf Grund einer Prüfung des besonderen Artenschutzrechts als Ausnahme oder Befreiung genehmigt wurden, was heutzutage oft der Fall sein dürfte, scheidet damit eine Haftung aus. Der Regelfall der Anlagenerrichtung im Außenbereich führt, falls die genannten Prüfungen nicht erfolgt sein sollten, zumindest zu einer Prüfung der naturschutzrechtlichen Eingriffsregelung, die gleichfalls als Enthaftungsgrund genannt ist. Eine solche Enthaftung ist jedoch nicht automatisch anzunehmen, da die Umwelthaftungsrichtlinie mit Art. 2 Abs. 1, Uabs. 2 UHRL nicht auf eine Eingriffsregelung rekurriert, sondern auf die Prüfung der Natura 2000-Richtlinien. Die Prüfung der Eingriffsregelung muss also eine bei der Eingriffsregelung das Schutzniveau der Art. 6 Abs. 3, 4, Art. 16 Abs. 1 FFH-RL und Art. 9 V-RL aufweisen. Dies wird bekanntermaßen am günstigen Erhaltungszustand festgemacht. Das beschränkt die Enhaftung durch die Eingriffsregelung auf Fälle raum- und funktionsbezogener Realkompensationmaßnahmen und schließt raum- und funktionsferne Ausgleichmaßnahmen ggf. im Zusammenspiel mit einem Maßnahmen- oder Flächenpool oder Ersatzzahlungen als ungeeignet aus.[1196] Insofern kann hier ein Windenergieanlagenbetreiber durchaus schwerwiegend vom Umweltschadenrecht betroffen sein. Da die Umsetzung der Kostenfreistellung den Ländern vorbehalten geblieben ist, besteht hier nicht nur eine rechtspolitische Aufgabe, sondern auch die Gefahr der Rechtszersplitterung nicht nur zwischen den Mitgliedsstaaten der EU, sondern noch einmal zwischen 16 Bundesländern, so dass die mannigfaltige Ausgestaltung des Haftungsregimes noch nicht absehbar ist. Als allgemeine Grundsätze müssen bei einer landesrechtlichen Regelung die Legalisierungswirkung der Genehmigung (Art. 8 IV a UH-RL) einerseits und die günstige Wirkung des Einhaltens des gesetzlichen Stands der Technik (Art. 8 IV b UH-RL) andererseits berücksichtigt werden, so dass im Falle der Freistellung die Kosten unabhängig von der Durchführung der Maßnahmen durch Pflichtigen oder Behörde von letzterer zu tragen wären.[1197]

Hinsichtlich der mit den Pflichten der Verantwortlichen korrespondierenden Behördenbefugnisse besteht zwar kein Entschließungsermessen bei Kenntnis der Gefahr oder des Umweltschadens, wohl aber ein Auswahlermessen hinsichtlich der Maßnahmen.[1198]

[1196] Louis, Die Haftung für Umweltschäden an Arten und natürlichen Lebensräumen, NuR 2009, 2, 7; Otto, Die Auswirkungen des Umweltschadenrechts auf die Bebauungsplanung und das Baugenehmigungsverfahren, ZfBR 2009, 330, 335.
[1197] Becker, Umweltschadensgesetz und Artikelgesetz zu Umsetzung der Umwelthaftungsrichtlinie, NVwZ 2007, 1105, 1110.
[1198] Knopp, Neues Umweltschadensgesetz, UPR 2007, 414, 419.

Das Umweltschadensgesetz bringt mit der Verantwortlichkeit für Schäden an umweltspezifischen Gemeingütern, insbesondere der europäisch geschützten Arten, ein weiteres Risiko für die Anlagenerrichtung mit sich. Dieses Risiko, sei es als nachträgliche Einschränkung des Betriebes oder als Kostenfaktor ist bislang nicht kalkulierbar und in der Folge noch nicht versicherbar. Das Umweltschadensgesetz muss daher als weitere Erschwernis für den Ausbau der Windenergie gelten. Auch wenn sich angesichts des noch jungen Datums des Gesetzes noch nichts über den Hemmnischarakter in der Praxis sagen lässt, ist zu erwarten, dass Investitionen in der Nähe von Schutzgebieten oder einzelnen Brutplätzen geschützter Arten noch schwieriger und damit seltener werden. Sofern die Arten nicht im Rahmen einer obligatorischen, enthaftenden Prüfung berücksichtigt werden, ist Projektierern anzuraten von der Möglichkeit einer freiwilligen Prüfung auf dem Wege der freiwilligen Anwendung der Eingriffsregelung im Innenbereich Gebrauch zu machen und dabei auf die Einhaltung der Natura 2000-Regelungen zu achten. Korrekturen im Gesetz im Sinne größerer Investitionssicherheit sind wünschenswert. Auch wenn der Referentenentwurf für ein UGB auf Kritik stieß[1199] soll hier trotz der bloßen Verabschiedung des UGB III als neues BNatSchG ohne einen allgemeinen Teil die Hoffnung auf mehr Rechtsklarheit im Interesse der Windenergie nicht aufgegeben werden.

14. Straßenrecht

Zu den im immissionsschutzrechtlichen Verfahren durch § 6 Abs. 1 Nr. 2 BImSchG konzentrierten öffentlich-rechtlichen Vorschriften zählen auch die Vorschriften des Straßenrechts. Diese sind vor allem deshalb von Bedeutung, weil aus Gründen des Landschaftsschutzes die Nähe zu vorbelasteten Landschaftsteilen und damit auch zu größeren Verkehrswegen gesucht wird. Gleiches gilt für den Naturschutz. Wo Vögel und Fledermäuse bereits durch hohe Lärmpegel vergrämt sind, können sie nicht mit Windenergieanlagen in Konflikt geraten. Messungen haben ergeben, dass für zahlreiche Vogelarten bei 55 dB(A) eine Scheuchwirkung eintritt. Dieser Wert wird bei Autobahnen noch in bis zu 500 m Entfernung erreicht, bei Windenergieanlagen mit einem durchschnittlichen Emissionspegel von 103 dB(A) bedeutet dies, dass ihr Lärm noch bei 150 Meter Entfernung zur Straße vollständig im Verkehrsschall untergeht.[1200] Angesichts der von Windenergieanlagen ausgehenden Unfallgefahr z.B. bei Brand und Eisabwurf ist diese Nähe zu

---

[1199] Knopp, Das Umweltschadengesetz im Umweltgesetzbuch, UPR 2008, 121 ff.
[1200] Bosch & Partner/Peters Umweltplanung/Deutsche WindGuard/Prof. Klinski, Ausbaupotenziale Windenergie Infrastrukturachsen, Abschlussbericht 31.03.2009, S. 39 ff.

einer menschlichen Nutzung nicht unproblematisch. In der Folge stellen sich Abstandsfragen. Dabei ist zwischen den Vorgaben des Straßenrechts und planerischen Festsetzungen zu unterscheiden. Die verbindlichen straßenrechtlichen Abstände sind meist wesentlich geringer als die von Raumordnung oder Bauleitplanung letztendlich verwendeten und somit als Restriktionskriterien verwendeten Abstände. Gerade weil die planerischen Festsetzungen eine umweltfreundliche Mehrfachnutzung der vorbelasteten Gebiete einschränken, gilt es hier den straßenrechtlich verbindlichen Abstand in Erinnerung zu rufen.

Es ist vor allem § 9 Bundesfernstraßengesetz hervorzuheben, welcher Einschränkungen für die Errichtung baulicher Anlagen an Bundesfernstraßen vorsieht. Hier gilt gem. § 9 Abs. 1 S. 1 FStrG ein Bauverbot im Abstand von 40 m zu Bundesautobahnen und 20 m zu Bundesstraßen sowie für deren Zufahrten. Darüber hinaus besteht nach § 9 Abs. 2 S. 1 FStrG eine Zustimmungsbedürftigkeit der obersten Landesstraßenbehörde, sofern bauliche Anlagen in 100 m Abstand zu Autobahnen und 40 m zu Bundesstraßen errichtet werden sollen. Die Zustimmung darf gem. § 9 Abs. 2 FStrG aus Gründen der Sicherheit des Verkehrs versagt werden, was einen Ermessensspielraum eröffnet. Einige Bundesländer und Träger der Regionalplanung haben sich daher dazu verleiten lassen einen generellen Abstand von 100 Metern zu empfehlen bzw. festzulegen,[1201] was die straßenrechtliche Prüfung und den Ermessensspielraum ad absurdum führt.

Neben diesen Bestimmungen des FStrG sind für kleinere Straßen entsprechende Regelungen der Straßen- und Wegegesetze der Länder zu beachten. Diese bieten jedoch allenfalls einen Vorteil hinsichtlich der Erschließung. Im Übrigen sind kleinere Straßen als Bundesfernstraßen regelmäßig nicht derart stark befahren, dass eine Vorbelastung besteht, welche eine Nutzung der Wirkungsüberlagerung ermöglicht.

Konfliktpotential entfalten hier erneut die unverbindlichen Windenergieerlasse mit ihren über das Straßenrecht hinausgehenden Abstandsempfehlungen, wie der Windenergieerlass NRW, welcher den Genehmigungsbehörden das Heranziehen der Abstandsregeln für nicht besonders eisabwurfgefährdete Gebiete von immerhin dem 1½-fachen von der Summe aus Nabenhöhe plus Rotordurchmesser anrät.[1202] Die Formel wurde leicht abge-

---

[1201] Windenergieerlass Mecklenburg-Vorpommern „Hinweise für die Planung und Genehmigung von Windkraftanlagen in Mecklenburg-Vorpommern" (WKA-Hinweise M-V), Abl. M-V 2004, 966; in der Regionalplanung z.B. in Baden-Württemberg die Regionen Ostwürttemberg und Heilbronn-Franken vgl. Übersicht bei Bosch & Partner/Peters Umweltplanung/Deutsche WindGuard/Prof. Klinski, Ausbaupotenziale Windenergie Infrastrukturachsen, Abschlussbericht 31.03.2009, S. 70 ff.
[1202] Grundsätze für Planung und Genehmigung von Windkraftanlagen, WKA-Erl. NRW 21.10.5005, Pkt. 8.2.4.

wandelt als 1,5 H von zahlreichen Trägern der Regionalplanung aufgegriffen und wird auch von den Straßenbaubehörden von immerhin acht Bundesländern im Genehmigungsverfahren gefordert und von Genehmigungsbehörden angewandt. Als Begründung wird neben der Kipphöhe und der Gefahr von Eiswurf auch die Möglichkeit einer schnellen und ungefährdeten Landung von Rettungshubschraubern an Fernstraßen bei Fahrzeugunfällen genannt. Diese Anknüpfung an ein restriktives Verständnis des Bauordnungsrechts verwundert, zumal damit eine Ermessensentscheidung nach § 9 Abs. 2 FStrG angesichts der heutigen Anlagenhöhen regelmäßig negativ ausgehen müsste, was dem Charakter einer Ermessenausübung entgegen liefe. Argumentativ sind die angeführten Gründe für einen derartigen Abstand auch nicht überzeugend. Die Kipphöhe liegt angesichts der sich hier vom Bauordnungsrecht unterscheidenden, einhelligen Abstandsflächenberechnungsmethode von der Rotorspitze aus, ja gerade bei 1 H und nicht bei 1,5 H. Selbst der Abstand von 1 H ist für ein ungefährdetes Ausbrennen einer defekten Anlage regelmäßig nicht erforderlich. Die Vereisungsgefahr lässt sich technisch über Beheizung oder Vereisungsabschaltung bewältigen und auch ein Anflug von Rettungshubschraubern ist angesichts der Abstandsflächenberechnung vom Fahrbahnrand und des kugelförmigen Volumens des Rotorwirkbereiches möglich. Auch aus Naturschutzgründen erscheint eine solche Abstandsflächenregelung problematisch, da an Straßen mit mehr als 10.000 Fahrzeugen/Tag ein Bereich von bis zu 500 m von Brut- und Rastvögeln gemieden wird. Die Bedeutung als Lebensraum wird für viele Arten durch die Auswirkungen der Lärmbelästigung mehr als 50% herabgesetzt, so dass durch die vergleichbaren Lärm- und Scheucheffekte von Windenergieanlagen in vielen Fällen keine oder nur noch eine geringe zusätzliche Verschlechterung eintritt, wenn die Anlagen in einer Entfernung von maximal 225 m zur Straße errichtet werden.[1203] Bei einer planerischen Abstandsvorgabe von 1,5 H und mordernen Anlagen von 2 MW oder mehr mit regeläßig ca. 150 m Höhe ist es kaum möglich innerhalb der empfohlenen 225 m Effektbereich der Straße zu bleiben und wird daher nur noch eine geringere Wirkungsüberlagerung erreicht. Es sind damit stärkere Umwelteinwirkungen auf die Avifauna zu verzeichnen. Es ist aus dem bauplanungsrechtlichen Grundsatz der größtmöglichen Schonung des Außenbereichs sowie aus Naturschutzgründen daher sinnvoll, Windenergieanlagen so dicht wie möglich an der Straße zu errichten. Es ist daher zu begrüßen, dass jüngst das OVG Münster entgegen dem Windenergieerlass NRW Windenergieanlagen in 20 Meter Abstand der Rotorblattspitze zu einer Landesstraße, für genehmigungsfähig erklärt hat, da die Gefahren, wie Eis-

---

[1203] Bosch & Partner/Peters Umweltplanung/Deutsche WindGuard/Prof. Klinski, Ausbaupotenziale Windenergie Infrastrukturachsen, Abschlussbericht 31.03.2009, S. 42.

abwurf oder herabfallende Anlagenteile, über Auflagen als Nebenbestimmungen zur Genehmigung wie Abschaltautomatik oder Wartungsintervalle zu bewältigen seien.[1204] Dies zeigt, dass die berechtigten Sorgen über Windenergieanlagen an Infrastrukturachsen im Genehmigungsverfahren zu bewältigen sind, ohne dass es umfangreicher Abstände in Windenergierlassen oder Planungsrecht bedarf.

Im Hinblick auf die Auswirkungen des Erlasses auf das Landesstraßenrecht ist festzuhalten, dass zu den Straßen im Sinne dieser Gesetze auch Wirtschaftswege gehören, wie sie sich vor allem im Außenbereich finden lassen. Einen Abstand zu Feldwegen vorzuschreiben und damit die verfügbaren Flächen im Außenbereich massiv zu verkleinern bzw. eine Anlagenerrichtung im Außenbereich damit über weite Teile faktisch auszuschließen, liefe aber der Wertung des Bundesgesetzgebers, die Windenergie im Außenbereich zu privilegieren, entgegen und ist daher abzulehnen.

Die pauschale Verwendung der über die gesetzlichen Abstände und Prüfzonen hinausgehenden Abstände im Genehmigungsverfahren widerspricht somit den Wertungen des Gesetzgebers in § 9 FStrG und § 35 BauGB. Eine Versagung der Anlagengenehmigung neben Fernstraßen wegen einer Anwendung derartiger Windenergieerlass-Regelungen ist somit rechtswidrig. Sofern planungsrechtlich weitergehende Abstände verankert wurden oder verankert werden sollen, ist dies kritisch zu sehen, zumal nach Berechnungen des Deutschen Naturschutzringes die Wahrscheinlichkeit, dass Teile einer Windenergieanlage in einem Umkreis von 100 m um die Anlage auftreffen bei 0,0001 % bis 0,00001 % liegen soll, was ein statistischen Eintreten eines solchen Unfalles alle 10.000 bis 100.000 Betriebsjahre wahrscheinlich macht.[1205] Letztere Angaben sind allerdings unter dem Vorbehalt zu betrachten, dass die Unfallwahrscheinlichkeit maßgeblich vom Anlagentyp und Anlagenalter abhängt, so dass hier eine differenzierte Betrachtung im Einzelfall geboten ist. Bei der Errichtung moderner, neuer Anlagen ist jedenfalls davon auszugehen, dass ein pauschaler Abstand über das straßenrechtlich vorgegebene Maß hinaus besonders begründungsbedürftig und ggf. abwägungsfehlerhaft ist. Schon daher sind hier pauschale Restriktionsabstände, welche den Eindruck nähren, das Straßenrecht solle zur Verhinderung von Windenergieanlagen zweckentfremdet werden, unangebracht. Angesichts der, demoskopisch erst im Herbst 2008 erstmals festgestellten, hohen Akzeptanz von Windenergieanlagen an Infrastruktur-

---

[1204] OVG Münster, 28.08.2008 – 8 A 2138/06, noch unveröffentlicht.

[1205] Bundesverband WindEnergie e. V., Landesverband NRW, Stellungnahme zum Entwurf eines neuen Windenergieerlasses der nordrhein-westfälischen Landesregierung im Rahmen der Anhörung im Ministerium für Bauen und Verkehr des Landes Nordrhein-Westfalen, 5. Oktober 2005.

achsen,[1206] kann den Planungsträgern hier nur eine Neuorientierung in Richtung der gesetzlichen Abstände rechtspolitisch empfohlen werden.

Auch im Straßenrecht bleibt letztendlich eine von Windenergieerlassen unabhängige, genaue Prüfung des Einzelfalles erforderlich, um zu sachgerechten Ermessensentscheidungen zu kommen.

Dem Straßenrecht vergleichbare Vorgaben bestehen im Übrigen nicht für Schienentrassen und Freileitungstrassen. Eine analoge Anwendung des Straßenrechts scheidet hier mangels vergleichbarer Lage sowie mangels Regelungslücke aus. Hier greift das Bauordnungsrecht der Länder. Hinsichtlich darüber hinausgehender Abstände in Genehmigungsverfahren oder planerischer Steuerung gilt das hier zu Windenergieerlassen und Plänen Ausgeführte.

III. Rechtsschutz

Hinsichtlich des Rechtsschutzes muss zunächst zwischen Privaten und Naturschutzvereinen unterschieden werden. Hier sind durch das Umwelt-Rechtsbehelfsgesetz neue Fragen aufgeworfen worden, welche auch den Rechtsschutz bei der Errichtung von Windenergieanlagen berühren.

Die Fragen der Inzident- und Prinzipalkontrolle von Raumordnungs- und Bauleitplänen werden von der Rechtsprechung zunehmend geklärt. Ähnlich verhält es sich mit dem Rechtsschutz gegen Gebietsfestsetzungen nach europäischem Umweltrecht. Die bisherigen Ergebnisse sind jedoch diskussionswürdig. Im Übrigen bestehen Möglichkeiten des Rechtsschutzes gegen Genehmigungen und gegen die unmittelbaren Anlagenauswirkungen, insbesondere Immissionen.

1. Die Vereinsklage nach dem Umwelt-Rechtsbehelfsgesetz

Die Errichtung von Windenergieanlagen kann durch die damit verbundenen Umwelteinwirkungen Naturschutzvereine[1207] motivieren, sich juristisch gegen die Anlagenerrichtung einzusetzen.

Nachdem bereits in den siebziger Jahren der Zusammenhang zwischen einem defizitären Rechtsschutz und der unzureichenden Durchsetzung von

---

[1206] Schweizer-Ries, Umweltpsychologische Untersuchung von Windkraftanlagen entlang von Autobahnen und Bundesstraßen: Akzeptanzanalyse bei Autofahrern, Untersuchung zur Erweiterung der Studie Ausbaupotenziale Windenergie Infrastrukturachsen, Band II Abschlussbericht 31.03.2009.

[1207] Vor der BNatSchG-Novelle 2002 war der Begriff „Verbände" gebräuchlich, was inhaltlich keinen Unterschied darstellt. Insofern kann sowohl von Verbandsklage, als auch Vereinsklage gesprochen werden.

Normen des objektiven Rechts herausgearbeitet wurde, haben in der Folge alle Bundesländer bis auf Baden-Württemberg und Bayern eine naturschutzrechtliche Verbandsklage eingeführt, bevor diese 2002 mit § 61 BNatSchG/ § 64 BNatSchG n.F. bundesgesetzlich normiert wurde. Im Streit um diese Verbandsklage wurden für die Verbandsklage stets die Vollzugsförderung, die Parität des Rechtsschutzes für Umweltnutzungen und Umweltschutz sowie die Akzeptanzförderung durch Verbandsklagerechte angeführt.[1208] Gegen eine Verbandsklage wurde die Legitimation der Verbände zur Wahrnehmung von Belangen des Gemeinwohls angesichts der Verwaltung als Hüterin der gemeinwohlbezogenen Umweltbelange in Frage gestellt, die Missbrauchsmöglichkeiten der Verbandsklage durch Verbandsvertreter und eine unangemessene Privilegierung von Verbänden gegenüber einzelnen Bürgern angeführt. Angesichts der Erfahrungen in den einzelnen Bundesländern wie auf Bundesebene lässt sich feststellen, dass diese Klageform sehr maßvoll und effektiv genutzt wird. Sie erreicht an allen verwaltungsgerichtlichen Verfahren einen Anteil von 0,016% 2002, 0,0149% 2003 und 0,0145% 2004. Es werden etwa 30 Verbandsklagen pro Jahr beendet, überwiegend in der ersten Instanz und mit überdurchschnittlicher Erfolgsquote.[1209] Dennoch hat der Bundesgesetzgeber sich beim Umwelt-Rechtsbehelfsgesetz vom 07.12.2006 letztendlich für einen restriktiven Umgang mit der Verbandsklage entschieden. Dies wirft bei der Errichtung von Windenergieanlagen mehrere Fragen auf: Wie unterscheiden sich die Vereinsklagen in BNatSchG und URG? In welchem Verhältnis stehen sie zueinander? Schließlich, wie wirkt sich dies auf den Rechtsschutz bei der Genehmigung von Windenergieanlagen aus?

Die Verbandsklage nach § 61 Abs. 1 BNatSchG 2002 ermöglicht einem anerkannten Naturschutzverband einen Rechtsbehelf gegen die in § 61 Abs. 1 S. 1 Nr. 1 und 2 BNatSchG 2002 genannten Verwaltungsakte, d.h. Befreiungen von Verboten oder Geboten zum Schutz von Naturschutzgebieten, Nationalparks und sonstigen Schutzgebieten sowie bestimmte Planfeststellungsbeschlüsse und Plangenehmigungen bei Öffentlichkeitsbeteiligung. Im Rahmen der Novelle 2009 wurden die möglichen Gegenstände der Naturschutzvereinigungsklage weiter gefasst. Neben den Rechtsbehelfen von § 2 URG eröffnet § 64 BNatSchG n.F. die Möglichkeit der Klage gegen Entscheidungen nach § 63 Abs. 1 Nr. 2–4 und Abs. 2 Nr. 5–7 BNatSchG n.F. Dies beinhaltet zum einen erstmals Entscheidungen zu Befreiungen, Planfeststellungen und Plangenehmigungen in der AWZ und zum anderen die bereits bestehenden Möglichkeiten bei Planfeststellungsbeschlüssen und

---

[1208] Koch, Verbandsklage im Umweltrecht, NVwZ 2007, 369, 370 f. m.w.N.
[1209] Koch, Verbandsklage im Umweltrecht, NVwZ 2007, 369, 373 m.w.N.; vgl. auch die Auffassung der Bundesregierung hinsichtlich der finanziellen Auswirkungen des URG in BT-Drs. 16/2495 S. 9.

Plangenehmigungen sowie Befreiungen von Verboten in Naturschutzgebieten, Nationalparks, wobei anstelle der „sonstigen Schutzgebiete" ausdrücklich Gebiete nach § 32 Abs. 2 BNatSchG n.F., Natura 2000-Gebiete und Biosphärenreservate genannt werden. Voraussetzung ist, dass die Vereinigung geltend macht, dass die Entscheidung dem Naturschutzrecht widerspricht, dieser Verstoß ihren Satzungszweck berührt und sie zur Mitwirkung nach § 63 BNatSchG n.F. berechtigt war und dabei zur Sache Stellung genommen hat, soweit ihr Gelegenheit dazu eingeräumt wurde. Mithin zählt die immissionsschutzrechtliche Genehmigung von Windenergieanlagen nicht zu den rechtsbehelfsfähigen Verwaltungsakten.[1210] Damit verbleibt Naturschutzverbänden nach BNatSchG nur die Möglichkeit gegen der Anlagengenehmigung vorausgehende Entscheidungen, wie Befreiungen, vorzugehen.

Das am 15. Dezember 2006 in Kraft getretene Umweltrechtsbehelfsgesetz stellt nach dem Zugang zu Umweltinformationen und der Öffentlichkeitsbeteiligung[1211] mit dem Rechtsschutz die Umsetzung der dritten Säule der Aarhus-Konvention[1212] dar. Das Umwelt-Rechtsbehelfsgesetz findet auf alle Verfahren, die nach dem 25.06.2005 eingeleitet worden sind und damit rückwirkend zur Umsetzungsfrist der Richtlinie 2003/35/EG Anwendung. Das URG findet von seinem Anwendungsbereich nach § 1 Abs. 1 URG her auf eine abschließende Liste von aufgezählten Prüfgegenständen Anwendung. Dabei wird für die zu überprüfende Entscheidung oder Unterlassung an die Projektlisten des UVP-Rechts angeknüpft sowie an die genehmigungsbedürftigen Anlagen nach Spalte 1 der 4. BImSchV, an Erlaubnisse nach §§ 2, 7 Abs. 1 S. 1 WHG (vgl. § 8 WHG n.F.) und planfestgestellte Deponien nach § 31 Abs. 2 KrW/AbfG, so dass u.a. Windfarmen, für die nach 1.6 der Anlage 1 zum UVPG eine UVP-Pflicht besteht bzw. bestehen kann, erfasst sind. Da Windenergieanlagen ab 50 m Höhe in die Spalte 2 der 4. BImSchV fallen, findet das URG jedoch nicht bei jeder Windenergieanlage Anwendung, sondern nur bei solchen, die Teil einer Windfarm sind. Damit sind sowohl Windfarmen betroffen, die im Geltungsbereich eines Bebauungsplans errichtet werden sollen, als auch solche, die außerhalb eines Bebauungsplanes, regelmäßig im Außenbereich, errichtet werden sollen. Dies trifft angesichts der bereits dargelegten Rechtsprechung des Bundesverwaltungsgerichts zum Begriff der Windfarm mittlerweile das Gros der Anlagenerrichtung, auch wenn es nach wie vor auch noch zur Errichtung von Einzelanla-

---

[1210] Niederstadt/Weber, Verbandsklagen zur Geltendmachung von Naturschutzbelangen bei immissionsschutzrechtlichen Genehmigungen, NuR 2009, 297.

[1211] Gesetz über die Öffentlichkeitsbeteiligung in Umweltangelegenheiten nach der EG-Richtlinie 2003/35/EG (Öffentlichkeitsbeteiligungsgesetz v. 09.12.2006 – ÖffBetG), BGBl. 2006 I, 2819.

[1212] Ratifikationsgesetz zu dem Übereinkommen vom 25.06.1998 v. 09.12.2006, BGBl 2006 II, 1251, Inkrafttreten der Aarhuskonvention 15.04.2007.

gen kommt, gegen die nicht mit Hilfe des Umweltrechtsbehelfsgesetzes vorgegangen werden kann.[1213] Die Erfassung UVP-pflichtiger Bebauungspläne stellt gegenüber der, diese nicht erfassenden, naturschutzrechtlichen Vereinsklage nach § 61 BNatSchG/§ 64 BNatSchG n.F. eine wesentliche Erweiterung des Rechtsschutzes dar.[1214] Hervorzuheben ist, dass hiervon nicht nur Bebauungspläne mit den auf jeden Fall UVP-pflichtigen Windfarmen mit 20 oder mehr Anlagen betroffen sind, sondern auch Bebauungspläne, welche „nur" eine Pflicht zur Vorprüfung nach § 3 c UVPG bewirken, da für die Zulässigkeit der Umweltvereinklage ausreicht, dass eine UVP-Pflicht i.S. von § 1 Abs. 1 Nr. 1 URG „*bestehen kann*".[1215] Insofern wurde auch der Rechtsschutz gegen die Errichtung von Windenergieanlagen deutlich erweitert.

Das am 14.11.2007 in Kraft getretene Umweltschadensgesetz sieht für den Fall behördlicher Untätigkeit bei Umweltschäden, welche insbesondere als Biodiversitätsschäden von Windenergieanlagen hervorgerufen werden können, ein justitiables Initiativrecht von Umweltvereinen vor, vgl. § 10 USchadG. Hinsichtlich der klagebefugten Vereinigungen und der Vereinsklage wird auf die entsprechenden Normen des URG verwiesen, so dass das neue Umweltschadensgesetz den Anwendungsbereich des URG erweitert und seine Relevanz für die Windenergienutzung weiter erhöht.

Die Zulässigkeit eines Umwelt-Rechtsbehelfes setzt zunächst einen Klageberechtigten voraus. Im Vordergrund stehen hier die nach § 3 URG vom Umweltbundesamt anerkannten Vereinigungen. Die Voraussetzungen der Anerkennung entsprechen hinsichtlich inhaltlicher Legitimation, zeitlicher Gewährleistung und Jedermann-Eintrittsrecht den Kriterien des § 59 BNatSchG für die Anerkennung von Naturschutzverbänden für Verbandsklagen nach § 61 BNatSchG. Unterschiede sind bei der Zielsetzung der Vereinigung, des räumlichen Tätigkeitsbereiches und des Gemeinnützigkeitserfordernisses festzustellen.[1216] Die Frage der Vergleichbarkeit der Anerkennung nach BNatSchG und URG erledigt sich mit Inkrafttreten des neuen BNatSchG 2009 zum März 2010, zumal § 63 BNatSchG n.F. an die Anerkennung nach URG anknüpft. Die Vereinigung muss gem. § 3 Abs. 1 S. 2 URG nach ihrer Satzung ideell und nicht nur vorübergehend Ziele des Umweltschutzes fördern und ist dabei nicht auf den Schutz von Natur und Landschaft beschränkt. Die Aktivitäten des Verbandes müssen sich nicht auf ein Bundesland erstrecken, sondern können auch lokal begrenzt sein.

[1213] So im Fall der WEA in Berlin-Pankow: VG Berlin, BeckRS 2008, 34254.

[1214] Kerkmann, Das Umwelt-Rechtsbehelfsgesetz, BauR 2007, 1527, 1530; Schrödter, Die neue Umweltverbandsklage gegen Bebauungspläne nach dem Umweltrechtsbehelfsgesetz, LKV 2008, 391 ff.

[1215] Schrödter, Die neue Umweltverbandsklage gegen Bebauungspläne nach dem Umweltrechtsbehelfsgesetz, LKV 2008, 391.

[1216] Schlacke, Das Umwelt-Rechtsbehelfsgesetz, NuR 2007, 8, 9.

Die Anknüpfung an gemeinnützige Zwecke in § 3 Abs. 1 S. 2 Nr. 4 URG bezieht sich lediglich auf § 52 AO und setzt im Gegensatz zu § 59 Abs. 2 BNatSchG keine Befreiung von der Körperschaftssteuer nach § 5 Abs. 1 Nr. 9 KStG voraus. Eine Klageberechtigung besteht nach § 2 Abs. 2 S. 1 URG zudem auch für nicht anerkannte Vereinigungen, welche materiell die Anerkennungsvoraussetzungen erfüllen und bei denen ein Anerkennungsverfahren anhängig ist, welches ohne ihr Vertretenmüssen noch nicht zu einer Anerkennung geführt hat.

Für die Zulässigkeit ist des Weiteren neben der Betroffenheit des Aufgabenbereichs der Vereinigung und der Akzessorietät von Umwelt-Rechtsbehelf und Mitwirkung, vor allem der Umfang der Rügebefugnis zu beachten. Dem kommt vor dem Hintergrund von formeller und materieller Präklusion sowie der in Anlehnung an § 61 Abs. 3 BNatSchG geltenden Jahresfrist und der fehlenden Kontrollmöglichkeit vorgelagerter Entscheidungen besondere Bedeutung zu. Die Rügebefugnis ist nach § 2 Abs. 1 Nr. 1 URG dahingehend beschränkt, dass Rechtsvorschriften, die dem Umweltschutz dienen, Rechte Einzelner begründen und entscheidungserheblich sind, Gegenstand des Verfahrens sein müssen. Während so im Gegensatz zum bisherigen § 61 BNatSchG auch technische Regelwerke und das gesamte Immissionsschutzrecht einbezogen werden, steht damit die Rüge sämtlicher objektiven Rechtssätze, wie etwa das gesamte Naturschutz- und Landschaftspflegerecht, das Verfahrensrecht und Vorsorgenormen nicht offen.[1217] Damit verbleiben die drittschützenden Normen, welche sich bei der Errichtung von Windenergieanlagen im Wesentlichen auf den Gebietserhaltungsanspruch die Ausformungen des Rücksichtnahmegebotes z. B. bei Lärm und Schattenwurf beschränken. Die gerade für Naturschutzvereine interessanten Fragen des Artenschutzes, Biotopschutzes und Habitatschutzes sowie der Eingriffsregelung und des Bodenschutzes müssen außen vor bleiben.[1218] Auch wenn die Verbandsklage des URG als solche wie die des Naturschutzrechts eine Durchbrechung des § 42 Abs. 2 VwGO darstellt, geht sie mit der Koppelung an die Verletzung der Rechte Einzelner ohne einer Verletzung eigener Rechte einen anderen neuen Weg und führt eine dritte Kategorie schutznormakzessorischer Klagen zwischen subjektivem Rechtsschutz und objektivem Beanstandungsverfahren ein.[1219] Trotz des von

---

[1217] Schlacke, Das Umwelt-Rechtsbehelfsgesetz, NuR 2007, 8, 11; Schrödter, Die neue Umweltverbandsklage gegen Bebauungspläne nach dem Umweltrechtsbehelfsgesetz, LKV 2008, 391, 392.

[1218] Schrödter, Die neue Umweltverbandsklage gegen Bebauungspläne nach dem Umweltrechtsbehelfsgesetz, LKV 2008, 391, 394.

[1219] Ziekow, Das Umwelt-Rechtsbehelfsgesetz im System des deutschen Rechtsschutzes, NVwZ 2007, 259, 260 f.; Kerkmann, Das Umwelt-Rechtsbehelfsgesetz, BauR 2007, 1527, 1532 ff.

§ 10 a UVP-RL und 15 a IVU-RL in Übereinstimmung mit Art. 9 Abs. 2 Aarhus-Konvention gelassenen Spielraums zur nationalen Ausgestaltung des Rechtsschutzes,[1220] wird die geschaffene Regelung zum Teil als Verstoß gegen sowohl Aarhus-Konvention als auch gegen das Gemeinschaftsrecht gewertet.[1221] Ursprünglich sah der Gesetzentwurf der Bundesregierung vom 21.02.2005 ein objektives Beanstandungsverfahren vor. Dieses wurde im Gesetzesentwurf der Bundesregierung vom 30.06.2006 nach der Intervention anderer Ressorts und einem im Auftrag der deutschen Elektrizitätswirtschaft erstellten Gutachten von v. Danwitz nicht erneut aufgegriffen.[1222] In der Folge kam es zu einer Verbandsklage in Form einer „Verdoppelung" des subjektiven Rechtsschutzes, die auf heftige Kritik stößt.[1223] Zu Recht wird bemängelt, dass mit der Begrenzung der Rügebefugnis ein Zwitter zwischen Verbandsklage und individuellem Rechtsschutz geschaffen wird, der den überindividuellen Charakter der Verbandsklage konterkariert.[1224] Es bleibt abzuwarten, ob die mit dem Umweltrechtsbehelfsgesetz gewählte, vielkritisierte Form der drittschutzakzessorischen Verbandsklage als Richtlinienumsetzung im laufenden Vorlageverfahren vor dem EuGH bestätigt wird oder nicht.[1225]

Hinsichtlich der Begründetheit ist festzuhalten, dass § 2 Abs. 5 URG abweichend von §§ 113 Abs. 1 S. 1 und Abs. 5 S. 1 sowie 47 Abs. 5 VwGO hier Besonderheiten statuiert. Als Maßstab der Begründetheitsprüfung ist neben den rügefähigen Normen ein Bezug des Verstoßes zu den satzungsmäßigen Zielen des Verbandes darzulegen, was einen höheren Maßstab als bei der naturschutzrechtlichen Verbandsklage zur Voraussetzung macht.[1226] Eine Sonderregelung besteht mit § 2 Abs. 5 S. 1 Nr. 2 URG für Bebauungspläne, die die Zulässigkeit eines UVP-pflichtigen Vorhabens begründen. Die Begründetheitsprüfung erstreckt sich in der Folge nicht auf den gesamten Bebauungsplan sondern nur auf die einzelnen Festsetzungen, die

---

[1220] Dazu ausführlich VG Berlin, BeckRS 2008, 34254 mit dem ausdrücklichen Hinweis, dass die Errichtung und der Betrieb von Windenergieanlagen in Anhang I der Aarhus-Konvention nicht aufgeführt werden.

[1221] Koch, Verbandsklage im Umweltrecht, NVwZ 2007, 369, 378; Niederstadt/Weber, Verbandsklagen zur Geltendmachung von Naturschutzbelangen bei immissionsschutzrechtlichen Genehmigungen, NuR 2009, 297, 300 ff.

[1222] Ewer, Ausgewählte Rechtsanwendungsfragen des Entwurfs für ein Umwelt-Rechtsbehelfsgesetz, NVwZ 2007, 267, 272; BT-Drs. 16/2495.

[1223] Koch, Verbandsklage im Umweltrecht, NVwZ 2007, 369, 378 f.; Schlacke, Das Umwelt-Rechtsbehelfsgesetz, NuR 2007, 8, 11.

[1224] Schlacke, Das Umwelt-Rechtsbehelfsgesetz, NuR 2007, 8, 11.

[1225] Zum Vorlageverfahren: Niederstadt/Weber, Verbandsklagen zur Geltendmachung von Naturschutzbelangen bei immissionsschutzrechtlichen Genehmigungen, NuR 2009, 297, 300 ff.

[1226] Schlacke, Das Umwelt-Rechtsbehelfsgesetz, NuR 2007, 8, 12.

eine UVP-Pflichtigkeit nach sich ziehen. Anderweitige Festsetzungen sind kein Problem der Begründetheit; es fehlt ihnen bereits das Rechtsschutzbedürfnis.[1227]

Eine Sonderregelung besteht auch für Verfahrensfehler. Abweichend von § 46 VwVfG ermöglicht § 4 Abs. 1 S. 1 URG die Aufhebung einer Entscheidung, wenn eine erforderliche UVP oder Vorprüfung des Einzelfalles nicht durchgeführt wurde und nicht nachgeholt werden kann. Der Rechtsschutz von Umweltverbänden gegen UVP-relevante Entscheidungen findet damit erstmals eine gesetzliche Grundlage.[1228] Die Regelung sperrt ausdrücklich nicht die Möglichkeit einer Heilung von Verfahrensfehlern nach § 45 VwVfG bzw. §§ 214, 215 BauGB.

Rechtssystematisch konfligiert der Rechtsschutz gegen Verfahrensfehler mit der vorherigen Einschränkung des Rechtsschutzes auf subjektive Rechte, da dem UVP-Recht als Verfahrensrecht regelmäßig die Qualität als subjektives Recht abgesprochen wird. Angesichts der Geltung von § 4 Abs. 1 URG für Umweltschutzvereinigungen muss davon ausgegangen werden, dass es sich bei den Vorschriften über die Erforderlichkeit einer Umweltverträglichkeitsprüfung und einer Einzelfallprüfung – und nur diesem – nach der Wertung des Gesetzgebers um subjektive Rechte handelt und das URG hier subjektive Verfahrensrechte begründet.[1229] Eine Besonderheit besteht hinsichtlich der Vorprüfung des Einzelfalles durch den neu eingeführten § 3 a S. 4 UVPG, der zwar mit der Beschränkung auf ein nachvollziehbares Ergebnis der Vorprüfung die gerichtliche Kontrolle einschränken soll, aber im Verhältnis zu § 4 URG zu einer Ausweitung des Rechtsschutzes führt. In einer Kollisionslage sollte nach § 3 a S. 4 UVPG verfahren und der Kreis der rügefähigen Fehlertypen erweitert werden, womit der unbefriedigende Zustand, dass bei einer wegen einer fehlerhaften Vorprüfung unterbliebenen UVP kein Fehler im Sinne des § 4 URG vorliegt, abgemildert würde.[1230]

Zum Verhältnis von Vereinklage nach URG zur naturschutzrechtlichen Verbandsklage ist festzustellen, dass hier bislang Unklarheit herrschte. Einerseits sieht die Gesetzesbegründung § 61 BNatSchG als lex specialis zu § 2 Abs. 1 URG an.[1231] Für ein Lex-specialis-Verhältnis der Normen, wie

---

[1227] BT-Drs. 16/2495, S. 14.

[1228] Kment, Das neue Umwelt-Rechtsbehelfsgesetz und seine Bedeutung für das UVPG, NVwZ 2007, 274, 275.

[1229] Ziekow, Das Umwelt-Rechtsbehelfsgesetz im System des deutschen Rechtsschutzes, NVwZ 2007, 259, 261.

[1230] Kment, Das neue Umwelt-Rechtsbehelfsgesetz und seine Bedeutung für das UVPG, NVwZ 2007, 274, 276.

[1231] BT-Drs. 16/2495 S. 11.

es zum Teil auch in der Literatur vertreten wird,[1232] fehlte jedoch jeder Anhaltspunkt im Wortlaut der Normen, woraus auf ein gleichrangiges Nebeneinander der Rechtsbehelfe geschlossen wird. Damit können die Naturschutzvereine zwischen den Rechtsbehelfen wählen.[1233] Für das Spezialitätsverhältnis wird neben dem Gesetzgebungsverfahren auch darauf verwiesen, dass der sachliche Anwendungsbereich der naturschutzrechtlichen Vereinsklage infolge der Beschränkung auf naturschutzrechtliche Belange in § 61 Abs. 2 Nr. 1 BNatSchG enger gefasst ist, als die Umweltbelange des URG.[1234] Auch die Frage, ob § 2 URG nicht als lex posterior die naturschutzrechtliche Verbandsklage weitestgehend obsolet macht, wurde bereits aufgeworfen.[1235] Auf diese Unsicherheiten hat der Gesetzgeber mit der BNatSchG-Novelle 2009 reagiert und Klarheit im Sinne eines Nebeneinanders geschaffen. An der naturschutzrechtlichen Vereinigungsklage wurde neben dem nunmehr bestehenden URG festgehalten. Die Unterschiede zwischen BNatSchG und URG wurden jedoch zum Teil mittels Verweisungstechnik eingeebnet. Die Frage der Vergleichbarkeit der Anerkennung nach BNatSchG und URG erledigt sich mit Inkrafttreten des neuen BNatSchG 2009 zum März 2010, zumal § 63 BNatSchG n. F. nun an die Anerkennung nach URG anknüpft.

Ob die Regelungen des URG angesichts der bemängelten Systemfremdheit bei fraglichem Nutzen[1236] und Zweifeln an der Europarechtskonformität der Einschränkung der Rügebefugnis, der Maßstäbe der Begründetheitsprüfung, der materiellen Präklusion und der Sonderregelung für Verfahrensmängel[1237] vor dem EuGH bestand haben bleibt abzuwarten. Die Hoffnung auf eine vorherige Korrektur im Rahmen der Schaffung eines Umweltgesetzbuchs hat sich nicht erfüllt. Zum einen stieß der Referentenentwurf zum UGB, der die Bestimmungen des URG einfach übernahm, auf Kritik,[1238] Zum anderen ist die Schaffung eines UGB gerade im Hinblick auf einen allgemeinen Teil gescheitert. Vorerst ist unter dem Gesichtspunkt der Windenergienutzung festzuhalten, dass das URG einen neuen Rechts-

---

[1232] Kerkmann, Das Umwelt-Rechtsbehelfsgesetz, BauR 2007, 1527, 1529.
[1233] Schlacke, Das Umwelt-Rechtsbehelfsgesetz, NuR 2007, 8, 13.
[1234] Kerkmann, Das Umwelt-Rechtsbehelfsgesetz, BauR 2007, 1527, 1529.
[1235] Ziekow, Das Umwelt-Rechtsbehelfsgesetz im System des deutschen Rechtsschutzes, NVwZ 2007, 259, 266.
[1236] Ewer, Ausgewählte Rechtsanwendungsfragen des Entwurfs für ein Umwelt-Rechtsbehelfsgesetz, NVwZ 2007, 267, 272; Ziekow, Das Umwelt-Rechtsbehelfsgesetz im System des deutschen Rechtsschutzes, NVwZ 2007, 259, 263 f.
[1237] Zur Europarechtskonformität im Einzelnen: Schlacke, Das Umwelt-Rechtsbehelfsgesetz, NuR 2007, 8, 13 ff.
[1238] Schrödter, Die neue Umweltverbandsklage gegen Bebauungspläne nach dem Umweltrechtsbehelfsgesetz, LKV 2008, 391, 397.

behelf geschaffen hat, der den Rechtsschutz bei Genehmigungsverfahren für Windfarmen ausweitet. In welchem Ausmaß Vereinigungen nach § 3 URG von dieser Möglichkeit Gebrauch machen, lässt sich angesichts der relativ kurzen Zeitspanne seit Inkrafttreten des Gesetzes noch nicht vorhersagen.

2. Rechtsschutz gegen Raumordnungs- und Bauleitpläne

Sowohl für Gemeinden wie auch Bürger ist die Frage des Rechtsschutzes gegen Raumordnungs- und Bauleitpläne von zentraler Bedeutung. Dabei sind Prinzipal- und Inzidentkontrolle zu trennen. Auch der Rechtsschutz gegen Raumordnungspläne, gegen Flächennutzungspläne und gegen Bebauungspläne ist zu unterscheiden. Dabei sind Unterschiede zwischen Rechten Privater und Rechten von Nachbargemeinden zu berücksichtigen.

a) Rechtsschutz gegen Raumordnungspläne

Nach § 47 Abs. 1 VwGO entscheidet das Oberverwaltungsgericht im Rahmen seiner Gerichtsbarkeit in der Normenkontrolle auf Antrag über die Gültigkeit von Satzungen, die nach den Vorschriften des BauGB erlassen worden sind, sowie von Rechtsverordnungen auf Grund des § 246 Abs. 2 BauGB und von anderen im Range unter dem Landesgesetz stehenden Rechtsvorschriften, wenn das Landesrecht dies bestimmt. Antragsbefugt ist jede natürliche oder juristische Person, die innerhalb eines Jahres nach Bekanntmachung geltend macht, durch diese bzw. deren Anwendung in ihren Rechten verletzt zu sein sowie jede Behörde, § 47 Abs. 2 VwGO. Da die Einjahresfrist erst mit der BauGB-Novelle 2007 eingeführt wurde, ist zu beachten, dass für Rechtsvorschriften, die vor dem 1.1.2007 bekannt gemacht worden sind, die vormalige Zweijahresfrist gilt.

Als Rechtsgrundlage für eine Normkontrolle von Raumordnungsplänen durch Oberverwaltungsgerichte kommt § 47 Abs. 1 Nr. 2 VwGO in Betracht. Eine Normkontrolle gegen Raumordnungspläne nach § 47 Abs. 1 Nr. 2 VwGO setzt zunächst das Vorliegen einer Rechtsvorschrift voraus. Sofern Raumordnungspläne, wie das Landes-Raumordnungsprogramm Niedersachsen – Teil 1 – oder der Landesentwicklungsplan Sachsen-Anhalt als förmliche Gesetze erlassen werden, besteht keine Möglichkeit der Normenkontrolle.[1239] Ebenso entfällt die Möglichkeit der Normenkontrolle bei fehlenden Ausführungsgesetzen der Bundesländer zur landesrechtlichen Einführung des Normenkontrollverfahrens. Dies betrifft Berlin, Hamburg und

---

[1239] Hendler, Normkontrolle Privater gegen Raumordnungs- und Flächennutzungspläne, NuR 2004, 485.

Nordrhein-Westfalen.[1240] Werden Pläne weder als Rechtsverordnung oder Satzung erlassen oder als verbindlich erklärt, so stellt sich die Frage, wie das Tatbestandsmerkmal der Rechtsvorschrift auszulegen ist. Seit der Wilhelmshaven-Entscheidung[1241] des Bundesverfassungsgerichtes von 1987 zur kommunalen Verfassungsbeschwerde ist hier von einem weiten Verständnis des Begriffs der Rechtsvorschrift auszugehen. Dem hat sich mittlerweile das Bundesverwaltungsgericht angeschlossen und in einem Regionalplan enthaltene Ziele der Raumordnung als Rechtsvorschrift im Sinne des § 47 Abs. 1 Nr. 2 VwGO anerkannt.[1242] Sinn und Zweck des § 47 Abs. 1 Nr. 2 VwGO legen ein weites Verständnis der Norm nahe, was auch eine Normenkontrolle von für verbindlich erklärten Vorschriften ermöglicht, die nicht als Satzungen oder Rechtsverordnungen erlassen wurden. Auch Ziele der Raumordnung als Regelungen mit beschränktem Adressatenkreis nach § 4 Abs. 1 ROG (a.F. wie n.F.) gegenüber öffentlichen Stellen nach § 3 Nr. 5 ROG (a.F. wie n.F.) können Außenwirkungen auslösen und haben damit den „Charakter von Außenrechtsvorschriften". Dies beruht maßgeblich aus dem Bedeutungszuwachs der Ziele der Raumordnung, den sie durch § 35 Abs. 3 S. 2 und 3 BauGB erhalten haben und der sie von übrigen öffentlichen Belangen unterscheidet.[1243] Für die Geltendmachung einer Rechtsverletzung nach § 47 VwGO dürfen keine höheren Anforderungen gestellt werden, als bei der Klagebefugnis nach § 42 Abs. 2 VwGO.[1244]

Die Gemeinde als von der Regionalplanung betroffener Planungsträger kann die Prüfung der Gültigkeit einer in ihrem Gemeindegebiet geltenden Rechtsvorschrift i.S.d. § 47 Abs. 1 Nr. 2 VwGO stets beantragen.[1245] Durch die eine Anpassungspflicht nach § 1 Abs. 4 BauGB auslösenden Festlegungen des Raumordnungsplanes kann eine Gemeinde geltend machen, in ihren Rechten aus Art. 28 GG verletzt zu sein.[1246]

Darüber hinaus kann die Gemeinde in ihrer Eigenschaft als Behörde die oberverwaltungsgerichtliche Kontrolle einer Landesverordnung unter erleichterten Voraussetzungen betreiben, ohne eine Rechtsverletzung geltend

---

[1240] Gute Übersicht zu den einzelnen landesgesetzlichen Regelungen bei Kment, Unmittelbarer Rechtsschutz Privater gegen Ziele der Raumordnung und Flächennutzungspläne im Rahmen des § 35 Abs. 3 BauGB, NVwZ 2003, 1047, 1048.

[1241] BVerfG, BVerfGE 76, 107 ff./NuR 1988, 188 ff.

[1242] BVerwG, BVerwGE 119, 217 ff./NuR 2004, 362 ff.

[1243] BVerwG, BVerwGE 119, 217 ff./NuR 2004, 362 ff.

[1244] Hendler, Normkontrolle Privater gegen Raumordnungs- und Flächennutzungspläne, NuR 2004, 487 m.w.N.

[1245] BVerwG, BVerwGE 119, 217 ff./NuR 2004, 362 ff.; VGH Mannheim, UPR 2006, 119 f.

[1246] OVG Greifswald, BauR 2001, 1381.

zu machen. Für die Antragsbefugnis genügt, dass die Norm im Gemeindegebiet gilt und bei der Wahrnehmung der eigenen Angelegenheiten zu beachten ist.[1247] Diese Voraussetzung ist bei Raumordnungsplänen in der kommunalen Selbstverwaltung durch § 4 Abs. 1 ROG gegeben.

Das erforderliche Rechtsschutzbedürfnis für einen Normenkontrollantrag gegen einen Regionalplan entfällt mit dem Inkrafttreten eines neuen Regionalplanes.[1248]

Neben der Prinzipalkontrolle planerischer Darstellungen und Festsetzungen kommt auch ein direktes Vorgehen einer Gemeinde gegen eine immissionsschutzrechtliche Genehmigung in Betracht. Ein Abwehrrecht kann aufgrund der gemeindlichen Planungshoheit bestehen, wenn das genehmigte Vorhaben eine hinreichend bestimmte Planung der Kommune nachhaltig stört, wegen seiner Großräumigkeit wesentliche Teile des Gemeindegebietes einer durchsetzbaren Planung entzieht, wenn gemeindliche Einrichtungen in ihrer Funktionsfähigkeit erheblich beeinträchtigt werden oder wenn Mitwirkungs- und Beteiligungsrechte der Gemeinde verletzt worden sind.[1249]

Die Vergleichbarkeit der Darstellungen mit der Festsetzung von Konzentrationszonen in der Bauleitplanung hat die Frage nach der im Übrigen wegen mangelnder direkter individueller Betroffenheit für Bürger stets abgelehnten Prinzipalkontrolle von Raumordnungsplänen aufgeworfen. Die Rechtsprechung hat mittlerweile geklärt, dass in einem Regionalplan enthaltene Ziele der Raumordnung mit „Letztentscheidungscharakter" Rechtsvorschriften i. S. des § 47 Abs. 1 Nr. 2 VwGO sind und vom Zieladressaten zum Gegenstand einer Normenkontrolle gemacht werden können. Ihnen kann mangels Außenwirksamkeit der Rechtssatzcharakter nicht abgesprochen werden. Diese Rechtsprechung wurde mittlerweile auch auf Landesentwicklungspläne mit der Festlegung von Vorranggebieten für die Windenergie übertragen.[1250] Seit der gesetzlichen Neuregelung im ROG 1998 bedürfen Ziele der Raumordnung nicht mehr zwingend der Umsetzung durch die Bauleitplanung oder Fachplanung, um Wirkungen auch gegenüber Privaten zu entfalten und somit unmittelbar im Rahmen der Zulassungsentscheidung relevant zu werden.[1251] Für die aus dem planungsrechtlichen Abwägungsgebot herzuleitende Antragsbefugnis zur Stellung eines Normenkontrollantrages gegen einen raumordnungsrechtlichen Plan gelten im Grundsatz dieselben Anforderungen wie etwa im Falle eines Normenkon-

---

[1247] BVerwG, BRS 49 Nr. 39.
[1248] OVG Mannheim, NuR 2007, 567.
[1249] VGH Kassel, NVwZ-RR 2006, 176.
[1250] OVG Saarlouis, NVwZ-RR 2006, 771 f.
[1251] Loibl, Normenkontrollen von Privaten gegen Regional- und Flächennutzungspläne, UPR 2004, 419, 421.

trollantrages gegen einen Bebauungsplan.[1252] Ziele der Raumordnung besitzen zwar grundsätzlich keine Außenwirkung gegenüber Privaten; ihr Geltungsanspruch richtet sich an öffentliche Planungsträger und Personen des Privatrechts, die raumbedeutsame Planungen und Maßnahmen in Wahrnehmung öffentlicher Aufgaben vornehmen. In der früheren Fassung des ROG (1993) war auch eine Berücksichtigung privater Belange in der Abwägung nicht vorgesehen, so dass die raumordnungsrechtlichen Zielfestlegungen auch keine Rechtswirkungen gegenüber privaten Einzelnen entfalteten. Durch die Neufassung des § 35 Abs. 3 Satz 2 und 3 BauGB haben die raumordnerischen Konzentrationsentscheidungen indessen einen Bedeutungszuwachs erfahren. Der Gesetzgeber verleiht ihnen mit der Regelung in § 35 Abs. 3 Satz 3 BauGB über ihren raumordnerischen Bereich hinaus die Bindungskraft von Vorschriften, die Inhalt und Schranken des Eigentums i. S. von Art. 14 Abs. 1 Satz 2 GG näher bestimmen und damit auch Rechtswirkung gegenüber Privaten entfalten.[1253] Infolgedessen können betroffene Bürger gegen die Raumordnungsplanung vorgehen. Hier ist darauf hinzuweisen, dass § 47 Abs. 1 Nr. 2 VwGO nur eine Normkontrolle für Rechtsvorschriften, die vom Rang her unter dem Landesgesetz stehen, ermöglicht, sofern das Landesrecht dies vorsieht. Drei Bundesländer sehen dies nicht vor. Das trifft neben den Stadtstaaten Berlin und Hamburg für das Land Nordrhein-Westfalen zu. Dort ist die Kommunalverfassungsbeschwerde von erheblicher Bedeutung für den Rechtsschutz gegen landesplanerische Programme und Pläne.[1254] Im Übrigen verbleibt nur die Inzidentkontrolle. Aus dieser Rechtslage entsteht in den drei Bundesländern keine im Sinne von Art. 19 Abs. 4 GG bedenkliche Rechtsschutzlücke, da dieser lediglich einen Rechtsschutz in irgendeiner Form, nicht aber die prinzipale Normenkontrolle garantiert.[1255]

Sollte es sich nicht um einen neu aufgestellten Raumordnungsplan, sondern nur um eine Teilfortschreibung handeln, so ist bei der Überprüfung der Teilfortschreibung zu beachten, dass sich die Unwirksamkeit der Teilfortschreibung auch einem aus einem dem ursprünglichen Regionalplan in seinem auch nach der Teilfortschreibung fortgeltenden Teil anhaftenden formellen Fehler ergeben kann.[1256]

[1252] BVerwG ZfBR 2007, 277 f.; vgl. BVerwG, BVerwGE 107, 215.
[1253] BVerwG, BVerwGE 118, 33, 43/NVwZ 2003, 741; BVerwG, BVerwGE 119, 217/NuR 2004, 362 ff.; siehe auch ausführlich VGH Mannheim, NuR 2006, 371 f.
[1254] Halama, in: FS Schlichter, 201, 203.
[1255] Halama, in: FS Schlichter, 201, 208.
[1256] Maslaton, Die Rechtsprechung des OVG Bautzen zur Regionalplanung in Sachsen, LKV 2006, 55, 56.

b) Rechtsschutz gegen Flächennutzungspläne

Die Debatte über den Rechtsschutz gegen Flächennutzungspläne hat erst in den letzten Jahren an Dynamik gewonnen. Wie bei Raumordnungsplänen wurde zunächst bei Flächennutzungsplänen mangels unmittelbarer Wirkung eine Prinzipalkontrolle im Gegensatz zur Kontrolle von Bebauungsplänen grundsätzlich abgelehnt. Hier haben sich einige Änderungen ergeben. Die Neuinterpretation des Abwägungsgebotes in § 1 Abs. 7 BauGB durch die Rechtsprechung des Bundesverwaltungsgerichts in Bezug auf die Erfassung privater Belange,[1257] die Ausdehnung des Gebots der kommunalen Abstimmung in § 2 Abs. 2 BauGB durch das EAGBau 2004 und nicht zuletzt der schon seit 1997 bestehende Planungsvorbehalt in § 35 Abs. 3 S. 3 BauGB i. V. m. den durch das EAGBau 2004 hinzugekommenen §§ 5 Abs. 2 b, 15 Abs. 3 S. 1 BauGB werfen die Frage des Rechtsschutzes gegen Flächennutzungspläne verstärkt auf.

Der Streit um den Rechtsschutz gegen Flächennutzungspläne entzündet sich am Begriff der „Rechtsvorschrift" in § 47 Abs. 1 Nr. 2 VwGO. Während der Flächennutzungsplan in Berlin als Rechtsverordnung erlassen wird, ist dies in der großen Mehrheit der Bundesländer nicht der Fall.[1258] In der Folge lässt sich bei einer formalen, engen Betrachtung eine Normenkontrolle wegen Fehlens einer Rechtsvorschrift ablehnen.[1259] Der ganz überwiegende Teil der Rechtsprechung und der Literatur versteht den Begriff jedoch weit und stellt auf den materiellen Gehalt der Regelung ab.[1260] Damit steht die Frage des Rechtsschutzes gegen Flächennutzungspläne in Abhängigkeit zur Beurteilung des materiellen Regelungsgehaltes von Flächennutzungsplänen und damit der Beurteilung ihrer Rechtsnatur. Flächennutzungspläne werden nach ganz überwiegender Auffassung als hoheitliche Maßnahme sui generis betrachtet.[1261] Ursprünglich wurde dementsprechend ein Rechtsnormcharakter für Flächennutzungspläne als vorbereitende Pläne mangels unmittelbarer Wirkung nach ganz herrschender Meinung abgelehnt.[1262] Dies bezog sich nicht nur auf Private, sondern auch auf öffentliche Planungsträger, welche den FNP nicht rechtssatzmäßig anwenden,

---

[1257] BVerwG, BVerwGE 107, 215 ff.

[1258] In Berlin trägt dies freilich nicht zu einem Rechtsschutz bei, da es an einer landesgesetzlichen Regelung im Sinne von § 47 Abs. 1 Nr. 2 VwGO fehlt.

[1259] OVG Lüneburg, NJW 1984, 627.

[1260] BVerwG, BVerwGE 94, 335, 337; Leopold, Unmittelbarer Rechtsschutz gegen Flächennutzungspläne im Rahmen des § 35 Abs. 3 Satz 3 BauGB, VR 2004, 325, 327.

[1261] Löhr, in: Battis/Krautzberger/Löhr, BauGB, § 5 Rn. 45.

[1262] Schenke, Rechtsschutz gegen Flächennutzungspläne, NVwZ 2007, 134, 135 m. w. N.

sondern die planerische Konzeption der Gemeinde fortentwickeln sollen.[1263] Die Einführung des Planungsvorbehaltes 1997 und in der Folge die Darstellungen gem. § 35 Abs. 3 S. 3 BauGB haben hier zu einer anhaltenden Diskussion über den Rechtsnormcharakter solcher Darstellungen geführt.[1264]

Einerseits wird aufgrund der Veränderungen in § 35 Abs. 3 BauGB nunmehr eine Sonderstellung von Flächennutzungsplänen mit Darstellung von Konzentrationszonen angenommen. Während im Übrigen am fehlenden Rechtsnormcharakter grundsätzlich festgehalten wird,[1265] führe die Sonderstellung von Flächennutzungsplänen mit Konzentrationszonen zu einer verbindlich gewollten generell-abstrakten Regelung und in der Folge zu einem Rechtsnormcharakter.[1266] Diese Auffassung stützt sich neben den Änderungen im BauGB auf die Rechtsprechung des Bundesverwaltungsgerichtes in seinen Urteilen vom 17. Dezember 2002[1267], 13. März 2003[1268] und 21. Oktober 2004.[1269] Die Neubewertung des Rechtsschutzes gegen Raumordnungspläne gelte zugleich für Flächennutzungspläne.[1270] Die Sonderstellung von Flächennutzungsplänen mit Darstellungen gem. § 35 Abs. 3 S. 3 BauGB werde durch die Neuregelungen des § 5 Abs. 2b BauGB und § 25 Abs. 3 BauGB deutlich und gehe auch nicht dadurch verloren, dass die Darstellungen nur „in der Regel" gelten und ihnen nur eine negative Verbindlichkeit zukomme.[1271] Als Vorzüge der Normenkontrolle gegenüber der

---

[1263] Schenke, Rechtsschutz gegen Flächennutzungspläne, NVwZ 2007, 134, 135 m.w.N.

[1264] Parallel zur Diskussion über den Rechtsschutz verläuft vor den Zivilgerichten der Streit über Entschädigungsansprüche für Vertrauensschaden nach § 39 BauGB analog und Wertminderung des Grundstücks bei Aufhebung der zulässigen Nutzung nach § 42 BauGB. Die bisherige Ablehung derartiger Entschädigungsansprüche unter Verweis auf die fehlende Rechtsnormqualität von Flächennutzungsplänen wird hier ebenfalls neu aufgeworfen, vgl. Maslaton, Entschädigung für die Nichtgewährung, Beeinträchtigung oder Entziehung des Windabschöpfungsrechts, LKV 2004, 289, 293 und a.A. OLG Hamm, NVwZ-RR 2007, 381 f.

[1265] Zum Rechtsschutz gegen Flächennutzungspläne im Übrigen: Schenke, Rechtsschutz von Nachbargemeinden im Bauplanungsrecht, VerwArch 2007, 448, 457 ff.

[1266] OVG Koblenz, ZNER 2005, 336 ff.; Guckelberger, Die veränderte Steuerungswirkung der Flächennutzungsplanung, DÖV 2006, 973, 980; Leopold, Unmittelbarer Rechtsschutz gegen Flächennutzungspläne im Rahmen des § 35 Abs. 3 Satz 3 BauGB, VR 2004, 325, 328; Schenke, Rechtsschutz gegen Flächennutzungspläne, NVwZ 2007, 134, 135 m.w.N.; Schenke, Rechtsschutz von Nachbargemeinden im Bauplanungsrecht, VerwArch 2007, 448, 466.

[1267] BVerwG, BVerwGE 117, 287 ff./BauR 2003, 828 ff.

[1268] BVerwG, BVerwGE 118, 33 ff./NVwZ 2003, 738 ff.

[1269] BVerwG, BVerwGE 122, 109 ff./NVwZ 2005, 211 ff.

[1270] OVG Koblenz, ZNER 2005, 336 ff.; Hendler, Normkontrolle Privater gegen Raumordnungs- und Flächennutzungspläne, NuR 2004, 490.

Inzidentkontrolle werden auch die Beschleunigung durch Instanzverkürzung und das geringere Kostenrisiko angeführt.[1272]

Dem wird ein anderes Verständnis dieser Rechtsprechung entgegengehalten, welches zu einer Ablehnung eines Rechtsnormcharakters führt. Das Bundesverwaltungsgericht spreche in seiner Entscheidung vom 17.12.2002 nur von „unmittelbarer Außenwirkung" des Flächennutzungsplanes in Abgrenzung zu den „mittelbaren Wirkungen" des § 35 Abs. 3 S. 1 BauGB und betone vielmehr den bloßen Regelcharakter des § 35 Abs. 3 S. 3 BauGB, so dass eine unmittelbare Wirkung im Sinne eines Rechtssatzes nicht gemeint sein könne.[1273] Schon in seiner Rechtsprechung zum Kiesabbau habe das Bundesverwaltungsgericht ausdrücklich darauf hingewiesen, dass Flächennutzungspläne gerade keine rechtssatzmäßige Regelung der zulässigen Bodennutzung treffe.[1274] Trotz ggf. konkreter und detaillierter Aussagen seien Flächennutzungspläne nicht zu den Rechtssätzen zu zählen, da diese Belange sich erst in der nachvollziehenden Abwägung im einzelnen Zulassungsverfahren durchsetzen müssen und als Darstellungen nur Belange thematisieren könnten.[1275] Der Vergleich mit der rechtssatzmäßigen Wirkung von Bebauungsplänen gehe fehl.[1276] In der Folge hat ein Teil der Rechtsprechung trotz der Anzeichen für einen Wandel ausdrücklich an der alten Rechtsprechung festgehalten und eine Normenkontrolle abgelehnt.[1277]

Hier überzeugt erstere Auffassung. Dass auch bei Flächennutzungsplänen die Möglichkeit der Prinzipalkontrolle zugestanden wird, ist vor dem Hintergrund der Kontrollmöglichkeit bei Raumordnungsplänen nur konsequent. Die zweite Auffassung schenkt der Änderung der Rechtsprechung in Bezug auf Regionalpläne zu wenig Aufmerksamkeit. Schließlich haben auch Flächennutzungspläne durch die Einführung von § 35 Abs. 3 Satz 2 und 3 BauGB den Bedeutungszuwachs erfahren, der auch Raumordnungsplänen zukommt. Flächennutzungspläne schlagen damit unmittelbar auf die Vorhabenzulassung durch, so dass eine unmittelbare Wirkung besteht, die stets eine Kontrollmöglichkeit nach sich zieht.[1278] Dies überzeugt umso mehr, als

---

[1271] Schenke, Rechtsschutz von Nachbargemeinden im Bauplanungsrecht, VerwArch 2007, 448, 466 f.
[1272] Tigges, Anmerkung zu OVG Koblenz, U. v. 08.12.2005 – 1 C 10065/05, ZNER 2005, 338, 338.
[1273] Löhr, in: Battis/Krautzberger/Löhr, BauGB, § 5 Rn. 50 m.w.N.
[1274] Löhr, in: Battis/Krautzberger/Löhr, BauGB, § 5 Rn. 50 m.w.N.
[1275] Stüer/Stüer, Planerische Steuerung von privilegierten Vorhaben im Außenbereich, NuR 2004, 341, 347
[1276] Stüer/Stüer, Planerische Steuerung von privilegierten Vorhaben im Außenbereich, NuR 2004, 341, 347.
[1277] Zuletzt OVG Lüneburg, BauR 2007, 1385 ff.
[1278] BVerfG, BVerfGE 76, 107, 114/NuR 1988, 188.

der Verweis darauf, dass ein FNP eben kein absolutes Hindernis darstelle und Raum für eine nachvollziehende Abwägung lasse,[1279] an der Regelwirkung des § 35 Abs. 3 S. 3 BauGB vorbeigeht. Flächennutzungspläne stellen mit der Ausschlusswirkung von Eignungsgebieten und Vorranggebieten regelmäßig ein Zulassungshindernis dar. Der Verweis auf die vor Einführung von Privilegierung und Planungsvorbehalt ergangene Rechtsprechung zu Konzentrationszonen beim Kiesabbau kann schon wegen ihres älteren Datums vor den letzten BauGB-Novellen nicht überzeugen. Die Rechtsprechung des Bundesverwaltungsgerichts vom 21.10.2004, welche eine Änderung eines Flächennutzungsplanes mit Darstellungen nach § 35 Abs. 3 S. 3 BauGB im Revisionsverfahren als beachtliche Rechtsänderung einstuft, zeigt hier klar in Richtung Rechtsnormcharakter und Prinzipalkontrolle. Für sonstige Darstellungen von Flächennutzungsplänen gilt unverändert, dass der Tatbestand einer verbindlichen Regelung gegenüber dem Bürger fehlt. Insofern ist die Möglichkeit der Normkontrolle auf die Ausweisung von Konzentrationszonen beschränkt. Dieser Auffassung ist nunmehr auch das Bundesverwaltungsgericht in seinem Urteil vom 26. April 2007[1280] gefolgt. Antragsbefugt ist danach etwa ein Betreiber von Windenergieanlagen, der durch die Ausschlusswirkung des Darstellungsprivilegs an der Errichtung derartiger Vorhaben unmittelbar gehindert wird. Verschiedene Auffasungen bestehen zur Antragsbefugnis Dritter. Nach einer Auffassung steht diese nicht dem Nachbarn von im Flächennutzungsplan ausgewiesenen Windfeldern zu, der sich gegen die privilegierten Vorhaben wendet.[1281] Hier fehle es weiter an der unmittelbaren Betroffenheit durch Ziele des Regionalplans. Das OVG Lüneburg hat im Einzelfall die Antragsbefugnis für Plannachbarn befürwortet, wenn diese von der aufgrund der bisherigen Plansituation gegebenen Ausschlusswirkung begünstigt und durch die Änderung in abwägungsrelevanten Belangen betroffen sind.[1282] Insofern zeichnet sich hier im Hinblick auf die Normkontrollfähigkeit von Flächennutzungsplänen eine Ausweitung des Rechtsschutzes ab. In der Oberverwaltungsgerichtlichen Rechtsprechung findet sich zum Teil gegenläufig eine Einschränkung der neuen Bundesverwaltungsgerichtsrechtsprechung dahingehend, dass eine rechtliche Außenwirkung einer im Flächennutzungsplan einer Verbandsgemeinde dargestellten Vorrangfläche und damit eine Prinzipalkontrolle für Ortsgemeinden wegen fehlender Rechtswirkungen, wie sie § 35 Abs. 3 S. 3 BauGB auf der Ebene der Vorhabenzulassung entfaltet, abzulehnen sei.[1283]

[1279] Löhr, in: Battis/Krautzberger/Löhr, BauGB, § 5 Rn. 50 m. w. N.
[1280] BVerwG, ZfBR 2007, 570 ff.
[1281] Stüer, Normenkontrolle von Bauleitplänen, BauR 2007, 1495, 1502.
[1282] OVG Lüneburg, ZNER 2008, 398 ff.; vertiefend zum Rechtsschutz der Nachbargemeinde gegen Flächennutzungspläne siehe Hug, Gemeindenachbarklagen im öffentlichen Baurecht, Mannheim 2008, S. 227 ff.

Mit der BauGB-Novelle 2007 wird infolge des neuen § 47 Abs. 2 a VwGO die Frage aufgeworfen, ob sich diese Norm trotz des Wortlauts auf Flächennutzungspläne übertragen lässt. Für eine analoge Anwendung wird angeführt, dass es im Sinne der gesetzlichen Absicht sei, die Rechtsschutzmöglichkeiten durch eine Einengung der Antragsbefugnis zu begrenzen.[1284] Dem steht der klare Wortlaut der Norm, der sich auf Bebauungspläne sowie Innen- und Außenbereichssatzungen bezieht, genauso entgegen wie Sinn und Zweck der Novelle, Bebauungspläne der Innenentwicklung vereinfacht zuzulassen. Bei Darstellungen in Flächennutzungsplänen, insbesondere mit Konzentrationszonen für Windenergieanlagen im Außenbereich nach § 35 Abs. 3 BauGB, geht es nicht um eine verstärkte Innenbereichsentwicklung. Eine Einschränkung über die Präklusionsregel des § 47 Abs. 2 a VwGO würde der gerade vom Bundesverwaltungsgericht anerkannten besseren Kontrolle von Plänen mit Darstellungen nach § 35 Abs. 3 BauGB nicht hinreichend Rechnung tragen.

Bei Befürwortung einer Prinzipalkontrolle in Bezug auf Konzentrationszonen in Flächennutzungsplänen stellt sich die Frage, nach welcher Norm eine solche Prinzipalkontrolle erfolgen soll. Dabei bieten sich zwei Wege an. Einerseits kommt eine Prinzipalkontrolle nach § 47 Abs. 1 Nr. 1 VwGO analog, andererseits nach § 47 Abs. 1 Nr. 2 VwGO in Verbindung mit den Ausführungsgesetzen der Länder in Betracht.

Die überwiegende Zahl der Befürworter einer Prinzipalkontrolle bei Flächennutzungsplänen sprach sich bis vor kurzem für die Verwendung von § 47 Abs. 1 Nr. 2 VwGO aus,[1285] welchen auch das Bundesverwaltungsgericht in Bezug auf Ziele der Raumordnung verwendet.[1286] Der Planungsvorbehalt besteht seit nunmehr über zehn Jahren, so dass der Gesetzgeber einer Intention bundeseinheitlichen Rechtsschutzes durch eine Ergänzung des § 47 Abs. 1 Nr. 1 VwGO hätte Ausdruck verleihen können, was er nicht getan hat. Der Bundesgesetzgeber hat vielmehr die Möglichkeit offen gelassen, dass der Landesgesetzgeber weitere landesrechtliche Vorschriften der Normenkontrolle unterwirft.[1287]

Für eine Prinzipalkontrolle nach § 47 Abs. 1 Nr. 1 VwGO analog spricht, dass die Regelung zwar Flächennutzungspläne als Gegenstand einer Norm-

---

[1283] OVG Koblenz, ZfBR 2008, 67, 68.
[1284] Stüer, Normenkontrolle von Bauleitplänen, BauR 2007, 1495, 1503.
[1285] Kment, Unmittelbarer Rechtsschutz Privater gegen Ziele der Raumordnung und Flächennutzungspläne im Rahmen des § 35 Abs. 3 BauGB, NVwZ 2003, 1047, 1055; OVG Koblenz, ZNER 2005, 336 ff.; Guckelberger, Die veränderte Steuerungswirkung der Flächennutzungsplanung, DÖV 2006, 973, 980 m.w.N.
[1286] Vgl. BVerwG, BVerwGE 119, 217 ff./NuR 2004, 362 ff.
[1287] Loibl, Normenkontrollen von Privaten gegen Regional- und Flächennutzungspläne, UPR 2004, 419, 422.

kontrolle nicht nennt und daher nicht unmittelbar auf diese anwendbar ist, aber die Wirkungen einer Darstellung nach § 35 Abs. 3 S. 3 BauGB sich von denen eines Bebauungsplanes nicht unterscheiden und der Gesetzgeber diese Situation bei der Schaffung des § 47 VwGO mangels Problemstellung nicht berücksichtigen konnte. Eine Analogie entspricht daher der Intention des Gesetzgebers eines bundeseinheitlichen Rechtsschutzes gegen städtebauliche Festsetzungen.[1288] Da immerhin die drei Bundesländer Berlin, Hamburg und Nordrhein-Westfalen von einer landesgesetzlichen Regelung im Sinne von § 47 Abs. 1 Nr. 2 VwGO keinen Gebrauch gemacht haben, führt diese Auffassung in der Tat alleine zu einem bundeseinheitlichen Rechtsschutz,[1289] zumal in diesen drei Ländern ein unmittelbarer Rechtsschutz auch nicht über Anfechtungs- oder Feststellungsklage herbeigeführt werden kann, da es nach Auffassung des Landesgesetzgebers keine direkte Kontrolle der Norm geben soll.[1290]

Hier überzeugt letztere Auffassung. Das Bundesverwaltungsgericht hat sich in seinem Urteil vom 26.04.2007 auch für den Weg über § 47 Abs. 1 Nr. 1 VwGO analog entschieden. Die Einführung der Konzentrationszonen für privilegierte Außenbereichsvorhaben hat nachträglich eine planwidrige Regelungslücke entstehen lassen, die im Wege der Analogie zu schließen ist, um das gesetzgeberische Ziel zu wahren, den Rechtsschutz bei Verordnungen und Satzungen nach dem Bundesbaugesetz einheitlich auszugestalten.[1291] Der Charakter von § 47 Abs. 1 Nr. 1 VwGO als Ausnahmevorschrift steht dem nicht entgegen, zumal auch solche analogiefähig sind. In die Kompetenz der Länder kann damit schon deshalb nicht eingegriffen werden, weil im Bereich der konkurrierenden Gesetzgebungskompetenz jede Analogie zwangsläufig mit einer Beschneidung der Kompetenzen des Landesgesetzgebers einhergeht.[1292]

[1288] Loibl, Normenkontrollen von Privaten gegen Regional- und Flächennutzungspläne, UPR 2004, 419, 422; Schenke, Rechtsschutz gegen Flächennutzungspläne, NVwZ 2007, 134, 141; vgl. auch OVG Lüneburg, BauR 2007, 1385, 1386 wenn auch noch mit anderem Ergebnis hinsichtlich der Zulässigkeit der Normenkontrolle.

[1289] Gebrauch gemacht haben die Länder: Baden-Württemberg in § 4 AG, Bayern in Art. 5 AG, Brandenburg in § 4 Abs. 1 VwGG, Bremen in Art. 7 AG, Hessen in § 11 Abs. 1 AG, Mecklenburg-Vorpommern in § 13 GorgG, Niedersachsen in § 7 VwGG, Rheinland-Pfalz mit Einschränkungen in § 4 AG, Saarland in § 16 AG, Sachsen in § 14 Abs. 1 VerfAG, Sachsen-Anhalt in § 10 AG, Schleswig-Holstein § 5 AG und Thüringen in § 4 AG.

[1290] Leopold, Unmittelbarer Rechtsschutz gegen Flächennutzungspläne im Rahmen des § 35 Abs. 3 Satz 3 BauGB, VR 2004, 325, 327.

[1291] BVerwG, ZfBR 2007, 570 ff.

[1292] Schenke, Rechtsschutz von Nachbargemeinden im Bauplanungsrecht, VerwArch 2007, 448, 470.

III. Rechtsschutz

Ein Normenkontrollantrag gegen Darstellungen gem. § 35 Abs. 3 S. 3 BauGB ist dann begründet, wenn die Rechtswidrigkeit auch unter Beachtung der §§ 214 f. BauGB die Unwirksamkeit herbeiführt. Dafür muss der Mangel nach den Vorschriften über die Planerhaltung zunächst erheblich sein, wovon nach § 214 Abs. 3 BauGB auszugehen ist, wenn die Mängel im Abwägungsvorgang offensichtlich und von Einfluss auf das Ergebnis sind. Offensichtlich ist alles, was zur äußeren Seite des Abwägungsvorgangs derart gehört, dass es auf objektiv fassbaren Sachumständen beruht. Dazu zählen u. a. Fehler und Irrtümer bei der Zusammenstellung und Aufbereitung des Abwägungsmaterials, welches die Gewichtung der Belange betrifft.[1293] Das zweite Kriterium neben der Erheblichkeit ist die Frage, ob der Fehler auf das Ergebnis von Einfluss gewesen ist. Dafür genügt bereits die konkrete Möglichkeit eines solchen Einflusses.[1294] Liegt nur eines der beiden Kriterien vor, ist der Normenkontrollantrag unbegründet und der Plan wirksam. In einem solchen Falle verbleibt dem Antragsteller die Möglichkeit einer Feststellungsklage auf Feststellung der Rechtswidrigkeit.[1295]

In Bezug auf Gemeinden, für die § 2 Abs. 2 BauGB eine insbesondere für Abstände zwischen verschiedenen Konzentrationszonen untereinander erforderliche interkommunale Abstimmungspflicht des gemeindlichen Flächennutzungsplanes und einen damit korrespondierenden Anspruch der Nachbargemeinde auf Abstimmung begründet, bedeutet dies, dass ebenfalls zwischen dem Rechtsschutz gegen Flächennutzungspläne mit und ohne Rechtsnormcharakter differenziert werden muss. Das in beiden Fällen vorausgesetzte qualifizierte Betroffensein durch Auswirkungen gewichtiger Art auf die Nachbargemeinde kann bei zu allgemeinen Darstellungen im Flächennutzungsplan, insbesondere der bloßen Wiedergabe gesetzlicher Nutzungsmöglichkeiten im Außenbereich, ohne eigenständige Abwägungsentscheidung entfallen.[1296] Dabei kommt es auf die jeweiligen Darstellungen an.

Im Hinblick auf die Windenergienutzung ist hier vor allem der Rechtsschutz von Nachbargemeinden gegen Flächennutzungspläne mit Darstellungen nach § 35 Abs. 3 S. 3 BauGB und damit Rechtsnormqualität von Interesse. Hier ermöglicht wie schon beim Rechtsschutz Privater die analoge Anwendung des § 47 Abs. 1 Nr. 1 VwGO die Normkontrolle.[1297]

[1293] Battis, in: Battis/Krautzberger/Löhr, BauGB, § 214 Rn. 21 m.w.N.
[1294] Battis, in: Battis/Krautzberger/Löhr, BauGB, § 214 Rn. 22 m.w.N.
[1295] Schenke, Rechtsschutz gegen Flächennutzungspläne, NVwZ 2007, 134, 142 ff. m.w.N.
[1296] Schenke, Rechtsschutz von Nachbargemeinden im Bauplanungsrecht, VerwArch 2007, 448, 456 f.
[1297] Schenke, Rechtsschutz von Nachbargemeinden im Bauplanungsrecht, VerwArch 2007, 448, 468 ff. m.w.N.

c) Rechtsschutz gegen Bebauungspläne

Die Kontrolle von Bebauungsplänen mit Windenergiefestsetzung ist seit längerem möglich. Rechtsgrundlage ist auch hier § 47 VwGO. Die Antragsbefugnis nach § 47 Abs. 2 VwGO setzt dabei eine eigene mögliche Rechtsverletzung voraus. An deren Geltendmachung sind keine höheren Anforderungen zu stellen als nach § 42 Abs. 2 VwGO. Allerdings sind die besonderen Anforderungen im Hinblick auf die Planerhaltung und die Normenkontrolle mit Antragsfrist, formeller und materieller Präklusion zu beachten, welche mit der BauGB-Novelle 2007 neu gefasst wurden.

Bauplanungsrechtlicher Nachbarschutz beruht auf dem Gedanken des wechselseitigen Austauschverhältnisses im Plangebiet, der sog. rechtlichen Schicksalsgemeinschaft.[1298] Gebietsfestsetzungen sind grundsätzlich nachbarschützend und vermitteln einen weitergehenden Schutz als das Rücksichtnahmegebot des § 15 BauNVO. Diese Rechtsprechung findet auch auf die faktischen Baugebiete im unbeplanten Innenbereich Anwendung.[1299] Bei einer Windenergienutzung ergibt sich hier ein faktisches Problem. Diese Rechsprechung hilft den Betroffenen weiter, wenn die Windenergieanlage in einem Gewerbe- oder Industriegebiet errichtet werden soll und sie ihre Betriebe beeinträchtigt sehen. Sollte jedoch ein Bebauungsplan mit einem Sondergebiet Windenergienutzung vorliegen, so werden die Betroffenen, sofern sie überhaupt im Plangebiet zu finden sind, schwerlich im Baugebiet Windenergienutzung sein. Folglich hilft der baugebietsbezogene Rechtsschutz hier nicht weiter.

Allerdings lässt sich auf das drittschützende Recht auf gerechte Abwägung, das Gebot der Rücksichtnahme, im Außenbereich i. V.m. den nachbarschützenden Belangen des § 35 BauGB, sowie auf nachbarschützende Normen des Bauordnungsrechts rekurrieren. Macht ein Antragsteller eine Verletzung des Abwägungsgebots geltend, so muss er einen eigenen Belang als verletzt benennen, der für die Abwägung zu berücksichtigen war, weil er in der konkreten Planungssituation einen städtebaulich relevanten Bezug aufweist.[1300] Die privaten Belange in der Abwägung stellen jedoch selbst kein subjektives Recht dar, sondern sind lediglich in der Abwägung nach ihrem Gewicht „abzuarbeiten", was sowohl zu einer völligen Zurückstellung gegenüber anderen Belangen als auch zu einer teilweisen Berücksichtigung sowie zu einer vollen Durchsetzung führen kann.[1301] Ein hinreichender Rechtsschutz für Private ist damit gegeben.

[1298] BVerwG, BVerwGE 94, 151, 155.
[1299] BVerwG, BVerwGE 94, 151, 157.
[1300] BVerwG, BVerwGE 107, 215, 219.
[1301] BVerwG, BVerwGE 107, 215, 221.

Die Antragsbefugnis ist regelmäßig gegeben, wenn sich der Eigentümer eines im Plangebiet gelegenen Grundstückes gegen eine Festsetzung wendet, die sein Grundstück unmittelbar betrifft. Die Interessen außerhalb eines Plangebiets Betroffener sind abwägungserheblich und diese zur Antragsstellung befugt, wenn ihre Betroffenheit mehr als geringfügig, der Eintritt der Betroffenheit zumindest wahrscheinlich und für die planende Stelle bei der Entscheidung über den Plan als abwägungserheblich erkennbar ist.[1302] Nicht schutzwürdig sind insbesondere Interessen, denen gegenüber sich die Rechtsordnung in der Normenkontrolle bewusst neutral verhalten will, wie Wettbewerbsinteressen bzw. Konkurrenzschutzinteressen.[1303] Dies lässt sich auf die Wettbewerbsinteressen von Windenergieanlagenbetreibern übertragen. Deren nachvollziehbares Interesse an einem Konkurrenzschutz ist nicht schutzwürdig und begründet keine Antragsbefugnis im Normkontrollverfahren. Auf die Möglichkeit eines wirtschaftlichen Anlagenbetriebs ist allerdings im Rahmen der Abwägung zu achten.[1304]

Neue Entwicklungen sind in den letzten Jahren im Hinblick auf den Rechtsschutz von Nachbargemeinden gegen einen nicht mit ihnen abgestimmten Bebauungsplan über sog. Gemeindenachbarklagen zu verzeichnen.[1305] Aus den Novellierungen von § 2 Abs. 2 S. 2 BauGB und § 34 Abs. 3 BauGB im Rahmen des EAG Bau 2004 haben sich neue Weichenstellungen ergeben. Auch wenn die Gesetzesänderungen vor allem auf Einzelhandelsgroßprojekte mit Auswirkungen auf zentrale Versorgungsbereiche der Nachbargemeinden abzielen, wie insbesondere § 34 Abs. 3 BauGB zeigt, beschränken sich die Änderungen nicht allein auf derartige Vorhaben. Nach § 2 Abs. 2 S. 2 BauGB können sich Nachbargemeinden auch auf ihnen durch Ziele der Raumordnung zugewiesene Funktionen berufen. Dies wirft in Bezug zur Windenergienutzung die Frage auf, wie es sich mit dem Rechtsschutz z. B. dann verhält, wenn die Nachbargemeinde von Landschaftsschutzgebieten und Fremdenverkehrsnutzung geprägt ist, sich diese Nutzungen auch im Regionalplan befinden und nun die angrenzende Standortgemeinde einen Bebauungsplan mit der Festsetzung Sondergebiet Windenergienutzung beschließen will.

Eine Verletzung eines Rechts der Nachbargemeinde besteht immer dann, wenn der Bebauungsplan unter Verstoß gegen das interkommunale Abstimmungsgebot des § 2 Abs. 2 S. 1 BauGB zustande gekommen ist, welches

---

[1302] BVerwG, NJW 1980, 1061, 1063.
[1303] Stüer, Normenkontrolle von Bauleitplänen, BauR 2007, 1495, 1497.
[1304] OVG Münster, ZNER 2004, 315; Lahme, Wirtschaftlicher Betrieb von Windenergieanlagen und kommunale Bauleitplanung, ZNER 2006, 176 f.
[1305] Vertiefend siehe Hug, Gemeindenachbarklagen im öffentlichen Baurecht, Mannheim 2008, S. 182 ff.

nicht nur eine Verpflichtung, sondern angesichts des Schutzes der Planungshoheit aus dem kommunalen Selbstverwaltungsrecht gem. Art. 28 Abs. 2 GG auch einen Anspruch der Nachbargemeinde begründet.[1306] Damit verleiht § 2 Abs. 2 S. 1 BauGB dem Interesse der Nachbargemeinden, vor Nachteilen bewahrt zu werden, ein besonderes Gewicht.[1307] Befinden sich zwei Gemeinden objektiv in einer Konkurrenzsituation, so darf keine von ihrer Planungshoheit rücksichtslos zum Nachteil der anderen Gemeinde Gebrauch machen.[1308] Dementsprechend bindet § 2 Abs. 2 S. 1 BauGB nach überwiegender Auffassung das Abstimmungserfordernis an engere Voraussetzungen als das regelmäßig mit verletzte Abwägungsgebot des § 1 Abs. 7 BauGB und verlangt ein qualifiziertes Betroffensein durch Auswirkungen gewichtiger Art auf die Nachbargemeinde.[1309] Eine nahe der Gemeindegrenze errichtete Windfarm schränkt die Planungsmöglichkeiten der Nachbargemeinde erheblich ein. Es besteht die Gefahr, dass eine Gemeinde die Vorteile der Planung in Gestalt von Steuereinnahmen für sich sichert, während die Nachteile in Form von Emissionen und Beeinträchtigung des Landschaftsbildes auf die Nachbargemeinde abgewälzt werden. Daher ist von erheblichen Auswirkungen und damit von einem qualifizierten Betroffensein auszugehen. Es überzeugt, dass für die Annahme einer Verletzung des Abstimmungsgebotes anders als in der Fachplanung keine Einschränkung auf die nachhaltige Störung einer hinreichend bestimmten Planung, z.B. einer anderen Windfarm, erfolgt.[1310]

Die Verletzung des kommunalen Selbstverwaltungsrechtes durch den Verstoß gegen das Abstimmungsgebot und die daraus zwingend resultierende Rechtswidrigkeit des Bebauungsplanes kann mittels einer prinzipalen Normenkontrolle gem. § 47 Abs. 1 S. 1 Nr. 1 VwGO geltend gemacht werden. Die Feststellung eines Abwägungsmangels lässt § 214 Abs. 3 S. 2 BauGB Anwendung finden, wonach es für die Unwirksamkeit auf die Offensichtlichkeit des Mangels und dessen Einfluss auf das Abwägungsergebnis ankommt. Für letzteres genügt die konkrete Möglichkeit, dass der B-Plan mit einem anderen Inhalt erlassen worden wäre.[1311] Mit der BauGB-Novelle 2007 sind allerdings in § 215 BauGB die Frist für die Unbeachtlichkeit von Fehlern sowie auch die Frist für die Normenkontrolle in § 47 Abs. 2 S. 1

[1306] BVerwG, NVwZ 1995, 694 f.; Schenke, Rechtsschutz von Nachbargemeinden im Bauplanungsrecht, VerwArch 2007, 448, 450.
[1307] BVerwG, NVwZ 2003, 86, 87.
[1308] OVG Lüneburg, NVwZ-RR 2006, 246, 247.
[1309] BVerwG, NVwZ 2003, 86, 87; Battis, in: Battis/Krautzberger/Löhr, BauGB, § 2 Rn. 22; Schenke, Rechtsschutz von Nachbargemeinden im Bauplanungsrecht, VerwArch 2007, 448, 451.
[1310] BVerwG, NVwZ 1995, 694; a.A. OVG Lüneburg, NVwZ 2001, 452.
[1311] BVerwG, BVerwGE 64, 33, 39.

BauGB auf ein Jahr verkürzt worden. Mit der Fristverkürzung geht die Einführung einer neuartigen Form der Präklusion, der sog. prozessualen Präklusion einher. Dies trägt der aufgrund europarechtlicher Vorgaben kontinuierlich zunehmenden Beteiligungsmöglichkeiten im Aufstellungsverfahren Rechnung.[1312]

Rechtsschutzmöglichkeiten vor Erlass des Bebauungsplanes durch eine Leistungsklage auf Abstimmung oder eine vorbeugende Unterlassungs- bzw. Feststellungsklage scheitern an der Unzulässigkeit von Klagen auf einzelne Verfahrensakte.[1313]

Die Überprüfung planerischer Darstellungen und Festsetzungen von Gemeinden durch Gemeinden findet auch eine Grenze im Missbrauch der Planungshoheit. Plant eine Gemeinde im Anschluss an eine bereits vorhandene Windfarm einer Nachbargemeinde eine eigene Windfarm mit neuen Anlagen im eigenen Gemeindegebiet, kann der Nachbargemeinde die Antragsbefugnis für einen dagegen gerichteten Normenkontrollantrag fehlen.[1314] Die planerische Vorbelastung muss sich auch in der Antragsbefugnis auswirken. Sie führt dazu, dass die Festsetzungen des angegriffenen Bebauungsplanes nicht mit unmittelbaren Auswirkungen gewichtiger Art verbunden sind.[1315] Diese Rechtsprechung schränkt die Handlungsmöglichkeiten von Gemeinden vor dem Hintergrund von Sinn und Zweck des kommunalen Abstimmungsgebotes des § 2 Abs. 2 BauGB in einem vertretbaren Maße ein.

3. Rechtsschutz gegen Genehmigungen

Gegen die immissionsschutzrechtliche Genehmigung einer Windenergieanlage besteht als Rechtsbehelf zunächst der Widerspruch gem. §§ 68 ff. VwGO, sofern dieser nicht landesrechtlich abgeschafft wurde, und bei einem landesrechtlich entbehrlichen oder ablehnenden Widerspruchsbescheid die Möglichkeit der Anfechtungsklage vor dem Verwaltungsgericht. Im Falle des Sofortvollzuges ist ein Verfahren im einstweiligen Rechtsschutz gem. §§ 80 a Abs. 3, 80 Abs. 5 VwGO möglich.

Wesentlich ist für Bürger wie auch Nachbargemeinden die Darlegung der Verletzung in eigenen Rechten. Nicht selten werden naturschutzrechtliche Regelungen gegen eine Windenergienutzung angeführt, die gar keinen dritt-

---

[1312] Blechschmidt, BauGB-Novelle 2007: Beschleunigtes Verfahren, Planerhaltung und Normenkontrollverfahren, ZfBR 2007, 120, 125 f.

[1313] Schenke, Rechtsschutz von Nachbargemeinden im Bauplanungsrecht, VerwArch 2007, 448, 454 ff. m.w.N.

[1314] OVG Lüneburg, NVwZ-RR 2006, 246 ff.

[1315] OVG Lüneburg, NVwZ-RR 2006, 246, 247.

schützenden Charakter aufweisen und folglich keine Widerspruchs- bzw. Klagebefugnis begründen können.[1316] Daneben werden auch andere Normen ohne drittschützenden Charakter angeführt. Dazu zählen u. a. die Vorschriften des Landschafts- oder Denkmalschutzes und Erschließungsrechts. Neustes Beispiel ist der vergebliche Versuch eines Jagdpächters aus seinem Jagdrecht ein Recht zur Anfechtung einer immissionsschutzrechtlichen Genehmigung einer WEA abzuleiten.[1317]

Bei der Frage nach den drittschützenden Normen stehen der Begriff der schädlichen Umwelteinwirkungen und das Gebot der Rücksichtnahme im Vordergrund. Es ist grundsätzlich festzuhalten, dass das bauplanungsrechtliche Rücksichtnahmegebot keinen andersartigen oder weitergehenden Schutz als der Begriff der schädlichen Umwelteinwirkungen nach § 3 BImSchG vermittelt.[1318]

Des Weiteren sind als nachbarschützende Normen die Abstandsvorschriften des Bauordnungsrechts der jeweiligen Landesbauordnungen zu nennen.

Für Nachbargemeinden sind hier vor allem die beiden Konstellationen eines Rechtsschutzes gegen Genehmigungen im angrenzenden Außenbereich und im Geltungsbereich eines Bebauungsplanes von Interesse. Die Konstellation eines Vorhabens im Innenbereich lässt sich vorliegend ausschließen. Wie bereits dargelegt, kommen im Innenbereich allenfalls kleine Nebenanlagen in Betracht. Diesen kommt kein überörtliches Störpotential zu.

Der Rechtsschutz von Gemeinden gegen Vorhaben im Außenbereich der Nachbargemeinde war Gegenstand der sog. Zweibrücken-Entscheidung des Bundesverwaltungsgerichts.[1319] Eine Nachbargemeinde kann somit nicht nur gegen eine Baugenehmigung für ein Vorhaben mit unmittelbaren Auswirkungen gewichtiger Art auf der Grundlage eines nicht nach § 2 Abs. 2 BauGB abgestimmten Bebauungsplanes, sondern auch gegen ein solches Vorhaben auf Grundlage eines Bebauungsplanverfahrens ohne erforderliche Abstimmung vorgehen. Wenn das Vorhaben derart gewichtige Auswirkungen auf die Nachbargemeinde hat, kann es nur im Rahmen eines Bebauungsplanverfahrens mit einer planerischen Abwägung bewältigt werden. Das Abstimmungserfordernis stellt dann einen öffentlichen Belang im Sinne des § 35 Abs. 2 BauGB dar, dessen Fehlen der Verwirklichung des Bauvorhabens im Wege stehe. Auf diesen Belang können sich Nachbargemeinden im Rahmen einer Anfechtungsklage selbstverständlich nicht nur im Falle eines Einzelhandelgroßprojekts, sondern auch im Falle von Windenergie-

---

[1316] BVerwG, BVerwGE 67, 74; VG Gießen, NuR 2002, 697, 698.
[1317] VG Saarlouis, BeckRS 2008, 37988.
[1318] Vgl. BVerwG, NVwZ 1993, 987 f.
[1319] BVerwG, NVwZ 2003, 86 ff.

anlagen berufen. Für den Erfolg der Klage ist mithin entscheidend, dass sich vom Windenergievorhaben Auswirkungen gewichtiger Art auf die Nachbargemeinde ergeben, die sich nur auf der Basis eines bislang fehlenden, nach § 2 Abs. 2 BauGB abstimmungsbedürftigen Bebauungsplans bewältigen lassen. Bei der Darlegung der gewichtigen Auswirkungen kann sich die Nachbargemeinde auch auf landesplanerische Funktionszuweisungen berufen. Es ist unerheblich, ob die Gemeinde, in der das Vorhaben errichtet werden soll, die bauplanungsrechtliche Zulässigkeit nach § 33 BauGB auf einen Planentwurf stützt oder gar nicht erst den Versuch der planerischen Konfliktbewältigung unternommen hat und die bauplanungsrechtliche Zulässigkeit nach § 35 BauGB beurteilt.[1320]

Entsprechendes gilt für rechtswidrige Vorhaben im Geltungsbereich eines nicht abgestimmten qualifizierten Bebauungsplanes. Die Rechtswidrigkeit ergibt sich dabei nicht aus § 2 Abs. 2 BauGB, da dieser keine Rechtmäßigkeitsvoraussetzungen beinhaltet, sondern aus §§ 29 ff. BauGB. Der Nachbargemeinde steht jedenfalls unmittelbar durch Art. 28 Abs. 2 Satz 1 GG ein Abwehrrecht gegenüber der rechtswidrigen Genehmigung eines Bauvorhabens zu, das sich in gewichtiger Weise auf ihre Planungshoheit auswirkt.[1321] Ist der sich gewichtig auswirkende Bebauungsplan hingegen abgestimmt worden und konnte die Gemeinde damit ihre planerischen Interessen im Rahmen der gebotenen Abstimmung einbringen, so wurde dem Schutz der Planungshoheit genüge getan. Die Nachbargemeinde kann sich dann nicht gegen eine von diesem Plan gedeckte Genehmigung wehren. Nur sofern die Genehmigung nicht von dem Plan gedeckt ist, besteht wiederum ein Abwehrrecht.

4. Rechtsschutz gegen tatsächliche Anlagenauswirkungen

Im Gegensatz zum Rechtsschutz gegen planerische Darstellungen und Festsetzungen oder eine Genehmigung besteht auch die Konstellation unmittelbarer Anlagenauswirkungen, wenn z. B. ein Betreiber sich nicht an die Grenzwerte für Immissionen hält. In diesem Falle nützt weder eine Kontrolle planerischer Darstellungen und Festsetzungen, noch eine Anfechtung der Genehmigung, zumal gerade dieser Rahmen verlassen wurde.

Für diese Konstellation bestehen zwei Rechtsschutzmöglichkeiten. Einerseits kommt ein unmittelbar auf Unterlassung der Emissionen gerichtetes Vorgehen nach §§ 1004, 906 BGB auf dem Zivilrechtsweg in Betracht. An-

---

[1320] Schenke, Rechtsschutz von Nachbargemeinden im Bauplanungsrecht, VerwArch 2007, 561, 565 f.
[1321] Schenke, Rechtsschutz von Nachbargemeinden im Bauplanungsrecht, VerwArch 2007, 561, 567 ff.

dererseits besteht die Möglichkeit eines Anspruches auf ordnungsrechtliches Einschreiten gegen die zuständigen Behörden in Betracht. Bei letzterem ist zunächst ein Antrag bei der zuständigen Behörde zu stellen. Nach dessen Zurückweisung bestehen Widerspruch und bei Erfolglosigkeit im Anschluss die Verpflichtungsklage als Rechtsbehelfe.

Ein entsprechender Anspruch auf ordnungsbehördliches Einschreiten kann sich aus der Verletzung von drittschützenden Genehmigungsvoraussetzungen ergeben. Dabei ist Möglichkeit einer nachträglichen Anordnung nach § 17 Abs. 1 S. 2 BImSchG hervorzuheben, welche die Einhaltung der Genehmigungsvoraussetzungen sicherstellen soll. Die Norm hat wie schon § 5 BImSchG nachbarschützenden Charakter. Bei der Prüfung ist das Ermessen der Behörde auf ein gebundenes Ermessen reduziert.[1322] In dringenden Fällen der Gefahr für Leben und Gesundheit des Nachbarn besteht als vorläufige Maßnahme die Möglichkeit der sofortigen Stilllegung der WEA über eine Untersagungsverfügung in Form der einstweiligen Anordnung nach § 25 Abs. 2 BImSchG.

5. Rechtsschutz gegen die Einrichtung europäischer Schutzgebiete

Eine ganz anders gelagerte Frage des Rechtsschutzes stellt sich durch die europäischen Schutzgebiete. Hier stehen den nach §§ 58 ff. BNatSchG/nunmehr gem. § 63 BNatSchG n.F. den nach URG anerkannten Naturschutzvereinen nach § 61 BNatSchG/§ 64 BNatSchG n.F. Rechtsbehelfe auch ohne eigene Betroffenheit zu, welche nach § 61 Abs. 1 Nr. 1 BNatSchG/ §§ 64 Abs. 1 i.V.m. 63 Abs. 2 Nr. 5 BNatSchG n.F. auch ausdrücklich gegen Befreiungen von Verboten und Geboten europäischer Schutzgebiete gerichtet sein können. Damit ist die Frage des Rechtsschutzes zugunsten von Vogelschutz- und FFH-Gebieten geklärt.

Fraglich erscheint hier vielmehr der Rechtsschutz der WEA-Anlagenbetreiber bei der Festsetzung von Vogelschutzgebieten und FFH-Gebieten im Verfahren nach § 33 BNatschG/§ 31 BNatSchG n.F. Dabei handelt es sich um ein mehrstufiges Verfahren, bei dem bereits die Zwischenschritte des Meldeprozesses ein Schutzregime auslösen, bevor es zu einer Gebietsfestsetzung kommt. Es stellt sich daher die Frage des Rechtsschutzes gegen festgesetzte Schutzgebiete genauso wie gegen einzelne Verfahrensschritte der Festsetzung.

Daher kommt zunächst ein Rechtsschutz gegen einzelne Verfahrensschritte in Betracht. Dabei ist nach Vogelschutz- und FFH-Richtlinie zu differenzieren.

[1322] Ohms, Immissionsschutz bei Windenergieanlagen, DVBl 2003, 958, 963.

Hinsichtlich der Vogelschutzgebiete ist auf die anders als bei FFH-Gebieten gelagerte Konstruktion der europäischen Mehrebenenverwaltung zu achten. Bei Rechtsbehelfen, die auf vorbeugenden Rechtsschutz gegen eine Meldung eines Gebietes an die EU-Kommission gerichtet sind, ist ein qualifiziertes Rechtsschutzbedürfnis erforderlich. Dieses ist allerdings bei Vogelschutzgebieten abzulehnen, da sowohl der Vergleich mit § 44 a VwGO, welcher auf die Gleichzeitigkeit des Rechtsschutzes mit der Sachentscheidung abstellt, als auch der Wortlaut des § 47 VwGO, welcher Rechtsschutz nur gegen verkündete Rechtsvorschriften gewährt, gegen ein Rechtsschutzbedürfnis sprechen.[1323] Meldepflicht und Ausweisungspflichten der Vogelschutzrichtlinie bestehen im Unterschied zur FFH-RL nicht im Zusammenhang, sondern unabhängig von einander.[1324] Unmittelbare nachteilige Rechtswirkungen gehen von der Meldung nicht aus.[1325] Ein vorbeugender Rechtsschutz ist auch nicht vor dem Hintergrund von faktischen Vogelschutzgebieten geboten, da sämtliche Schritte zur Auswahl und Ausweisung eines europäischen Vogelschutzgebietes keinen rechtlichen Einfluss auf das Bestehen eines faktischen Vogelschutzgebietes haben.[1326] Damit verbleibt der Verweis auf die nachträglichen Rechtsschutzmöglichkeiten gegen die Schutzgebietsausweisung durch das jeweilige Bundesland. Dabei kommen eine Prinzipalkontrolle der die Schutzgebietsausweisung beinhaltenden Rechtsverordnung nach § 47 VwGO und eine Inzidentkontrolle derselben in Betracht.

Bei der Frage des Rechtsschutzes gegen FFH-Gebiete ist zwischen den einzelnen Phasen der Richtlinienumsetzung zu differenzieren. In Phase 1 ist damit zunächst zu klären, ob das Bundesland die umstrittene Fläche nach § 33 Abs. 1 S. 1 BNatSchG 2002 in Verbindung mit Art. 4 Abs. 1 FFH-RL auswählen durfte. Feststellungsklagen nach § 43 Abs. 1VwGO zur Überprüfung der Auswahlentscheidung und Unterlassungsklagen gegen Auswahl, Meldung und Benehmen zwischen Bund und Land sind bislang als verwaltungsinterne Maßnahmen auf dem Wege zum Erlass einer Norm regelmäßig als unzulässig abgewiesen worden, da dem Kläger aufgrund der fehlenden Außenwirkung das feststellungsfähige Rechtsverhältnis und das Rechtsschutzbedürfnis fehle.[1327] Das feststellungsfähige Rechtsverhältnis setzt rechtliche Beziehungen aus einem konkreten Sachverhalt aufgrund einer öffentlich-rechtlichen Norm für das Verhältnis von Personen untereinander voraus, welches bei der Meldung von FFH-Gebieten fehlt, da es sich nach

---

[1323] VG Schleswig, NuR 2005, 334 f.; vgl. OVG Bremen, NuR 2005, 654, 656.
[1324] VG Schleswig, NuR 2005, 334, 345.
[1325] OVG Bremen, NuR 2005, 654, 656.
[1326] VG Schleswig, NuR 2005, 334, 348.
[1327] OVG Bremen, NuR 2005, 654 ff.; VG Oldenburg und Bestätigung durch OVG Lüneburg, NuR 2000, 295 ff., 298 f.; VG Düsseldorf NVwZ 2001, 591 f.

der FFH-RL dabei um einen rein verwaltungsinternen Akt ohne Außenwirkung handelt.[1328] Auch die Weiterleitung der landesweiten Vorschlagslisten an das Bundesministerium für Umwelt, Naturschutz und Reaktorsicherheit und die Weiterleitung der nationalen Gebietsvorschlagsliste an die EU-Kommission haben für den Bürger keine rechtlich verbindliche Wirkung.[1329] Die nationalen Meldungen der Phase 1 haben nach dem von der FFH-RL vorgezeichneten Verfahrensablauf lediglich die Funktion, das Material für die Bewertung der Kommission in Phase 2 zusammenzustellen.[1330] Damit fehlt es bei allen Einzelakten der Mehrebenenverwaltung in Phase 1 an einem Rechtsschutz. Dies überzeugt vor dem Hintergrund, dass die Kommission nicht verpflichtet ist, die nationalen Gebietslisten in Phase 2 vollständig in die Liste der Gebiete von gemeinschaftlicher Bedeutung nach Art. 4 Abs. 2 FFH-RL zu übernehmen. Auch bei Gebieten mit prioritären Lebensraumtypen und Arten führt der zwingende Übergang in den Entwurf einer Gemeinschaftsliste aufgrund der Ausnahmeregelung des Art. 4 Abs. 2 S. 2 FFH-RL nicht dazu, dass diese Gebiete zwingend der Liste der Gebiete von gemeinschaftlicher Bedeutung angehören müssen. Auch wenn die Gebietsmeldung eine verfahrensinterne Vorentscheidung darstellt, führt sie damit nicht zwingend zu einer Aufnahme in das Natura-2000-Netz. Über die Aufnahme nicht prioritärer Lebensräume entscheidet die Kommission nach freiem Ermessen.[1331] Auch wenn das Ergebnis dogmatisch überzeugt, ist es doch vor dem Hintergrund des Art. 19 Abs. 4 GG unbefriedigend. Ein mehrjähriger Auswahlprozess, der über konkrete Auswirkungen des Meldeprozesses, der potentiellen FFH-Gebiete mit einer Pflicht zur Stillhaltung, sich auf Vorhaben in dem Gebiet massiv auswirkt, bietet im Ergebnis keinerlei Rechtsschutzmöglichkeiten. Daran ändert auch die Rechtsprechung zu den potentiellen FFH-Gebieten nichts, da sie nicht an Private, sondern an die Mitgliedsstaaten gerichtet ist.[1332] Anders als bei Verordnungen sind bei Richtlinien die Mitgliedsstaaten Adressaten der Pflichten. Dies kann auch nicht nach den Grundsätzen über eine vertikale Direktwirkung und in der Folge unmittelbare Anwendung der FFH-RL kompensiert werden, da eine unmittelbare innerstaatliche Wirkung nur zu Gunsten, nicht aber zu Lasten des Bürgers angenommen wird.[1333] Als ein-

---

[1328] OVG Bremen, NuR 2005, 654, 655.
[1329] Stüer/Spreen, Rechtsschutz gegen FFH- und Vogelschutzgebiete, NdsVBl. 2003, 44, 49.
[1330] OVG Bremen, NuR 2005, 654, 655.
[1331] Stüer/Spreen, Rechtsschutz gegen FFH- und Vogelschutzgebiete, NdsVBl. 2003, 44, 49.
[1332] EuGH (Großkrotzenburg), NuR 1996, 102, 104.
[1333] Epiney, Unmittelbare Anwendbarkeit und objektive Wirkung von Richtlinien, DVBl 1996, 409, 412 f.

ziges Mittel der Überprüfung verbleibt damit eine Inzidentkontrolle. Nach Ablehnung eines zu stellenden bescheidungsfähigen Antrages und erfolglosem Widerspruchsverfahren besteht die Möglichkeit, im Rahmen einer Verpflichtungsklage die Rechtmäßigkeit der Gebietsauswahlentscheidung zu überprüfen. Die Rechtmäßigkeit setzt das Vorliegen der Auswahlkriterien der FFH- oder Vogelschutzrichtlinie voraus. Die Möglichkeiten der Inzidentkontrolle bieten sich zwar für Bauherren, jedoch nicht für die Gemeinden, die für das betreffende Gebiet andere planerische Vorstellungen als ein europäisches Schutzgebiet haben können. Diese Konsequenz ist für die Bedeutung der Planungshoheit im Rahmen der kommunalen Selbstverwaltung nach Art. 28 Abs. 2 GG nicht unproblematisch. Faktisch sind die drei Stadtstaaten in Deutschland im Vorteil: Wo Gemeinde und Bundesland deckungsgleich sind, können die kommunalen Entwicklungsinteressen von Anfang an im Meldeprozess im Rahmen des Möglichen berücksichtigt werden. Für die überwiegende Zahl der übrigen Gemeinden bleibt dieses Ergebnis damit unbefriedigend. Die Problematik dürfte sich jedoch mit Abschluss der letzten Nachmeldung 2005 im Wesentlichen erübrigt haben.

In der zweiten Phase, der Erstellung der Gemeinschaftsliste durch die EU-Kommission besteht ein besserer Rechtsschutz. Eine Prinzipalkontrolle kann im Wege der Nichtigkeitsklage gem. Art. 230 Abs. 4 EG von jeder natürlichen oder juristischen Person gegen eine Entscheidung der Kommission, die sie unmittelbar und individuell betrifft, innerhalb von zwei Monaten seit Bekanntgabe vor dem nach Art. 225 Abs. 1 EG zuständigen Gericht erster Instanz erfolgen. Angesichts der Bekanntgabe der Liste der festgesetzten, nachgemeldeten Gebiete im Januar 2008 ist die Frist für diese Gebiete mittlerweile verstrichen. Die Voraussetzung der Betroffenheit ist bei Aufnahme eines Gebietes in die Gemeinschaftsliste gegeben, da sie eine Pflicht zur Schutzgebietsausweisung nach Art. 4 Abs. 4 FFH-RL für den Mitgliedsstaat nach sich zieht.[1334] Das Problem in dieser Konstellation ist zumeist tatsächlicher Natur. Die Veröffentlichung der Gebietsaufnahme erfolgte nach § 10 Abs. 6 BNatSchG vom Bundesministerium für Umwelt, Naturschutz und Reaktorsicherheit im Bundesanzeiger, der in der Regel von wenigen intensiv gelesen wird.[1335] Die von der Veröffentlichung im Bundesanzeiger bewirkten unmittelbaren Folgen können nach Maßgabe des Prozessrechts nur inzident gerichtlich kontrolliert werden.[1336]

[1334] Stüer/Spreen, Rechtsschutz gegen FFH- und Vogelschutzgebiete, NdsVBl. 2003, 44, 50.

[1335] In der Fassung der BNatSchG-Novelle 2009 ist das Veröffentlichungsgebot angesichts der erfolgten Listung nicht mehr enthalten bzw. in § 7 Abs. 4 auf die fortlaufend aktualisierten Listen der geschützten Arten beschränkt.

[1336] Stüer/Spreen, Rechtsschutz gegen FFH- und Vogelschutzgebiete, NdsVBl. 2003, 44, 51 f.

In der dritten Phase, der nationalen Schutzgebietsausweisung, bestehen vielfältige Fragen des Rechtsschutzes. Diese gerade andauernde Phase ist geprägt von der Pflicht zur Ausweisung, welche allerdings keine konkreten Vorgaben hinsichtlich Art und Weise der Ausweisung macht, so dass hier alle Schutzgebietskategorien des § 22 BNatSchG/§ 20 BNatSchG n.F. in Betracht kommen, was einen strengeren Maßstab darstellt, als den die Richtlinie selber vorgibt. Die Ausweisung erfolgt in Praxis nahezu ausschließlich als Naturschutzgebiet.[1337] Es besteht grundsätzlich die Möglichkeit gegen die Ausweisung sowohl im Wege der Prinzipal-, als auch Inzidentkontrolle vorzugehen. Gegen eine Schutzgebietsverordnung steht ein Normenkontrollverfahren nach § 47 Abs. 1 Nr. 2 VwGO offen, wenn das Landesrecht dies zulässt, was in Berlin, Hamburg und Nordrhein-Westfalen nicht der Fall ist. Damit besteht nach dem Nachmeldeprozess 2005 für immerhin 545 FFH-Gebiete dieser drei Länder[1338] keine Möglichkeit der Prinzipalkontrolle nach § 47 Abs. 1 Nr. 2 VwGO. Im Übrigen stellt sich die Frage der Antragsbefugnis in der Prinzipalkontrolle. Private müssen aufgrund der Unterschutzstellung in Erfüllung einer gemeinschaftsrechtlichen Pflicht sich anstelle von Art. 14 GG nach dem Anwendungsvorrang des Gemeinschaftsrechtes auf das Gemeinschaftsgrundrecht des Eigentums berufen, wie sie von Art. 17 der Charta der Grundrechte der Europäischen Union verkörpert wird.[1339] Unter diesen Voraussetzungen ist grundsätzlich von einer Antragsbefugnis auszugehen. Bei der Antragsbefugnis von Gemeinden bieten sich grundsätzlich zwei Möglichkeiten an: sowohl die Behandlung als juristische Person, als auch als Behörde. Die Antragsbefugnis als juristische Person scheidet vorliegend wegen der fehlenden Europafestigkeit von Art. 28 Abs. 2 GG aus.[1340] Die Antragsbefugnis als Behörde nach § 47 Abs. 2 S. 1 VwGO ist aufgrund der Erfüllung des Behördenbegriffes durch die Kommunalverwaltung sowie durch Vorliegen eines objektiven Kontrollinteresses durch Vollzugszuständigkeit regelmäßig gegeben. Die Begründetheit der Prinzipalkontrolle kann aufgrund der Ausweisungspflicht letztendlich nur gegeben sein, wenn bereits die Aufnahme in die Gemeinschaftsliste nach den Voraussetzungen des Gemeinschaftsrechtes als rechtswidrig zu gelten hat. Prüfungsmaßstab sind damit Art. 4 FFH-RL

[1337] Kerkmann, Rechtsschutz gegen ausgewiesene „FFH-Gebiete", BauR 2006, 794, 796.

[1338] In Deutschland bestehen nach dem Nachmeldeprozess 2005 insgesamt 4.588 FFH-Gebiete, Bundesministerium für Umwelt, Naturschutz und Reaktorsicherheit, Kurzinformation Naturschutz/Biologische Vielfalt, Natur ohne Grenzen, FFH-Richtlinie, Stand Mai 2005, S. 3.

[1339] Kerkmann, Rechtsschutz gegen ausgewiesene „FFH-Gebiete", BauR 2006, 794, 797.

[1340] Kerkmann, Rechtsschutz gegen ausgewiesene „FFH-Gebiete", BauR 2006, 794, 798.

sowie die Anhänge I bis III. Sollte die Prüfung zum Ergebnis der Rechtswidrigkeit der Auswahlentscheidung führen, muss das letztinstanzliche nationale Gericht nach Art. 234 Abs. 1 lit. b) und Abs. 3 EG das Verfahren aussetzen und die Frage der Gültigkeit dem EuGH zur Entscheidung vorlegen.

In der Konstellation der Inzidentkontrolle kommt bei der Errichtung von Windenergieanlagen regelmäßig nur die Konstellation der Verpflichtungsklage in Betracht. Dementsprechend muss zunächst ein bescheidungsfähiger Antrag gestellt worden sein, gegen dessen Ablehnung nach erfolglosem Widerspruchsverfahren mit der Verpflichtungsklage vorgegangen werden kann.

Die gerichtliche Kontrolle am Maßstab des nationalen Naturschutzrechtes sowie FFH- und Vogelschutzrichtlinie muss den Bewertungsspielraum bei Gebietsauswahl und Gebietsabgrenzung beachten. Sollte eine Fehlauswahl eines Gebietes festgestellt werden, muss das Gericht das Verfahren aussetzen und eine Vorabentscheidung des EuGH nach Art. 234 Abs. 1 lit. b) EG suchen.

D. Die Errichtung von Windenergieanlagen auf See

I. Bisherige Entwicklung

1. Heutige Verbreitung von Windenergieanlagen auf See

Neben dem Repowering gilt die Offshore-Technologie als der kommende Wachstumsmarkt der Windenergiebranche. Bislang sind erst drei Pilotanlagen an der Küste in Deutschland realisiert.[1] Es wurden jedoch bis zum Juli 2009 bereits 22 Offshore-Windparks in der AWZ, davon 19 in der Nordsee und drei in der Ostsee, sowie daneben drei im Küstenmeer, davon Nordergründe in der Nordsee und Baltic 1 und GEOFReE in der Ostsee, genehmigt. Zudem befinden sich mehr als 40 weitere OWPs im Genehmigungsverfahren. Davon sind in der AWZ sechs Vorhaben bereits derart im Verfahren fortgeschritten, dass von einer Genehmigungserteilung in nächster Zeit auszugehen ist. Darüber hinaus verfügt im Küstenmeer das Projekt Borkum Riffgat über einen positiven Vorbescheid.

Pilotfunktion hat das am 9.11.2001 genehmigte Windenergie-Testfeld 45 km nordwestlich vor der Nordseeinsel Borkum, ehemals „Borkum West", nun „alpha ventus" genannt. Ursprünglich vom Projektierer Prokon Nord geplant, wurden die Rechte am Windpark mit Vertrag vom 3./8. September 2005 von der neu gegründeten Stiftung der deutschen Wirtschaft für die Nutzung und Erforschung der Windenergie auf See (sog. Offshore-Stiftung) erworben, um ein Testfeld für die neue Offshore-Windenergienutzung zu errichten und zu betreiben. Dies wurde vom Bund mit einer Zuwendung von 5 Millionen Euro unterstützt. Die Energiekonzerne Eon, EWE (ein regionaler Energieversorger für norddeutsche Städte und Landkreise) und Vattenfall sowie die Windenergieanlagenhersteller REpower Systems AG und Multibrid Entwicklungsgesellschaft mbH sind an dem Projekt beteiligt.[2] Durchgeführt

---

[1] Es handelt sich dabei um eine WEA Nordex N90 im Rostocker Hafen mit 2,3 MW sowie eine WEA Enercon E112 in Emden mit 4,5 MW als Prototyp, FAZ 24.10.2006, S. T1, Deutschland liegt im Offshore-Windgeschäft weit zurück; am 28.10.2008 kam als dritte Anlage ein 5 MW Nearshore-Prototyp der BARD-Gruppe vor Hooksiel dazu, http://jeversches-wochenblatt.de/Redaktion/tabid/146/Default.aspx?ArtikelID=281179.

[2] Bundesamt für Seeschifffahrt und Hydrographie, http://www.bsh.de/Meeresnutzung/Wirtschaft/Windparks/index.jsp; FAZ 04.10.2006, S. 13, Vor Borkum entsteht das erste Windenergie-Testfeld.

wird der Betrieb des seit 2008 im Bau befindlichen Testfeldes von der Deutschen Offshore-Testfeld- und Infrastruktur GmbH (DOTI).

Deutschland geht mit der vorrangigen Errichtung von Windenergieanlagen in der AWZ einen neuen Weg. Andere Länder, welche bereits eine umfangreichere Windenergienutzung auf See von insgesamt etwa 1000 MW vorweisen können, haben diese in der Regel in küstennahen Gewässern genehmigt, während in Deutschland nur wenige Windparks im Küstenmeer in Planung befindlich sind. Angesichts der zahlreichen Schutzgebiete (z. B. Nationalpark Wattenmeer) und Schifffahrtsrouten ist die Errichtung von WEA im deutschen Küstenmeer zumeist nicht möglich. So ist im gesamten Küstenmeer der Nordsee nur Raum für zwei Windparks gefunden worden, den bereits genehmigten Windpark Nordergründe und den noch nicht genehmigten, aber im Januar 2008 mit einem immissionsschutzrechtlichen Vorbescheid im Wesentlichen für zulässig erklärten OWP Borkum-Riffgat. In der Ostsee ist noch der OWP Baltic 1 zu nennen, mit dessen Errichtung noch 2009 begonnen werden soll. Daher sollen Windfarmen schwerpunktmäßig in der Ausschließlichen Wirtschaftszone, also 12 sm bzw. 23 km vor der Küste errichtet werden. Aufgrund des intensiven Schiffsverkehrs auf der Ostsee liegt hierbei der Schwerpunkt auf der Anlagenerrichtung in der Nordsee. Dies zieht zunächst zahlreiche bautechnische Probleme nach sich. So werden je nach Wassertiefe und Meeresgrund bei der Frage nach der Verankerung von Windenergieanlagen auf offener See unterschiedliche Gründungskonzepte, wie Schwergewichtsfundamente, Pfahlgründungen (Monopiles), Dreibeingestelle (Tripods), Gittermasten (Jackets) und Absenkfundamente (Buckets) diskutiert.[3] Schwimmfundamente (floating wind turbines) werden derzeit noch erforscht.[4] Angesichts der neuen technischen Herausforderungen dominieren offshore andere Anlagenhersteller als onshore. Der an Land in Deutschland führende Hersteller Enercon hat keine Offshore-Anlagen im Angebot. Nur Vestas ist auch auf See aktiv. Weltweiter Marktführer ist mit 600 installierten und 3300 bestellten Megawatt jedoch Siemens.[5] In Deutschland sind am Testfeld Areva/Multibrid und Repower beteiligt. Ob sich weitere deutsche Hersteller ins Wasser wagen, bleibt abzuwarten.

Eine relativ neue Herausforderung sind die Konflikte mit dem Meeresumweltschutz und anderen Meeresnutzungen, insbesondere Schifffahrt, Fi-

---

[3] FAZ 29.05.2007, S. T 6, Schwimmende Windräder; FAZ 30.09.2008, S. T 1, Offshore-Windräder brauchen stabile Beine.

[4] Am 10.06.2009 gaben Siemens und StatoilHydro die Installation der ersten schwimmenden Windenergieanlage mit Verankerung in 220 m Tiefe, 12 km südöstlich der Insel Karmoy in Norwegen bekannt, http://w1.siemens.com/press/de/pressemitteilungen/?press=/de/pressemitteilungen/2009/renewable_energy/ere200906064.htm.

[5] FAZ 25.05.2009, S. 14, Auftragsflut für Windräder von Siemens.

scherei, Tourismus, Seekabel, Pipelines und militärischer Nutzung. Auch die Verlegung der Anbindung an das Stromnetz birgt Konfliktpotential. Angesichts der Tatsache, dass die Offshore-Technologie in Deutschland bislang nicht über drei fertige WEA in Hafenbecken und ein in Fertigstellung befindliches Pilotprojekt hinausgekommen ist, bestehen hinsichtlich der genannten Konfliktpotentiale zahlreich offene Fragen, die zu klären sind.

Die wohl wichtigste Frage ist nicht juristischer, sondern wirtschaftlicher Natur. Sie betrifft die finanzielle Absicherung der Investitionsprojekte auf hoher See. Die Kosten für einen Windpark mit 80 Fünf-Megawatt-Anlagen werden mit rund einer Mrd. Euro beziffert.[6] Dies führt zu einer anderen Struktur an engagierten Projektgesellschaften. Während an Land eine eher mittelständisch geprägte Struktur dominiert, sind auf See vermehrt die kapitalstarken Energiekonzerne engagiert. Auch die deutschen Energiekonzerne haben vermehrt Investitionen in Offshore-Windparks angekündigt. So z.B. der Energiekonzern Eon, der ankündigte, den „Offshore-Windpark-Delta-Nordsee" 40 km nordwestlich der ostfriesischen Insel Juist mit 80 Windenergieanlagen von jeweils 3,5 MW Leistung, errichten zu wollen.[7] Nicht nur Eon will 3 Milliarden Euro in erneuerbare Energien investieren. Auch andere traditionelle Energiekonzerne setzen mittlerweile auf erneuerbare Energien und dabei schwerpunktmäßig auf die Windenergie.[8] Bislang ist es jedoch vor allem zu einem Engagement der Energiekonzerne im europäischen Ausland gekommen, während in Deutschland noch nicht der erhoffte Boom der Offshore-Technologie zu verzeichnen ist. Dies wird auf den Unterschied in den nationalen Vergütungssätzen in Europa zurückgeführt. In England, Frankreich und den Niederlanden gibt es mit 13 bis 16 Cent pro Kilowattstunde eine höhere Einspeisevergütung. In Deutschland lockten bis zum 1. Januar 2009 hingegen nur 9,1 Cent pro Kilowattstunde, gestreckt auf die Laufzeit von 20 Jahren ergibt das im Schnitt nur 7,5 Cent pro Kilowattstunde. Nicht nur das machte für die Energiekonzerne ein Engagement im Ausland attraktiver. Auch treten sie zudem nicht zu ihren konventionellen Kraftwerken in Deutschland in Konkurrenz.[9] Verstärkt wurde dies noch durch die in Deutschland bislang höheren Netzanbindungskosten in Folge der größeren Entfernung zur Küste. Dieser Nachteil ist allerdings über das Infrastrukturplanungsbeschleunigungsgesetz Ende 2006 behoben worden.

---

[6] Die Welt, Areva kauft nun doch einen deutschen Windrad-Hersteller.

[7] FAZ 05.12.2006, S. 21, Hoffnung auf die steife Brise.

[8] Tagesspiegel 03.06.2007, S. 24, Neue Energie für alte Konzerne; FAZ 18.09.2007, S. 19, Von der Politik auf grünen Kurs gebracht.

[9] Einen Überblick über die unterschiedlichen Vergütungssysteme und Vergütungshöhen in 25 EU-Mitgliedsstaaten bietet seit dem 13. August 2008 die vom Bundesumweltministerium erstellte Seite „Rechtsquellen für die Stromerzeugung aus erneuerbaren Energien", http://www.res-legal.eu/.

I. Bisherige Entwicklung

Damit verbleibt noch die Frage der Vergütung. Dort stand zunächst neben einem „Repowering-Bonus" eine Anhebung der deutschen Vergütungssätze für Offshore-Anlagen im Rahmen der EEG-Novelle 2008 auf 10 bis 15 Cent und eine längere Höchstvergütung durch Abschwächung oder Aufschub der Degression zur Diskussion.[10] Letztendlich wurden 13 Cent Anfangsvergütung für eine Laufzeit von 12 Jahren zuzüglich 2 Cent für Frühstarter bei Anlagenbetrieb vor 2015 in § 31 EEG n.F. verankert. Die Degression wurde dementsprechend aufgeschoben und beginnt erst 2015 mit 5% jährlich gem. § 20 Abs. 2 Nr. 7b) EEG n.F. Mit der EEG-Novelle, die Anfang 2009 in Kraft trat, ist daher ein neuer Schub für die Offshore-Windenergienutzung zu erwarten.

Über weitere wirtschaftliche Begünstigungen wird im Steuerrecht gerungen. Während die Einkünfte aus dem Betrieb der zum Hoheitsgebiet gehörigen Windparks im Küstenmeer wie solche an Land zu versteuern sind, stellt sich bei Offshore-Windparks in der AWZ die Frage, ob sie überhaupt unter den Inlandsbegriff im Einkommens-, Körperschafts- und Gewerbesteuerrecht fallen. Angesichts der Entscheidung des Gesetzgebers zum Jahressteuergesetz 2007 entgegen eines Vorschlags des Bundesrates[11] den Inlandsbegriff nicht ausdrücklich auf die AWZ auszudehnen,[12] musste zunächst von einer Steuerfreiheit der Gewinne ausgegangen werden. Dies hat sich jedoch mit dem Jahressteuergesetz 2008 geändert.[13] Dementsprechend hat Schleswig-Holstein beschlossen, die Gemeinde Helgoland zum Nutznießer der Offshore-Windenergie-Gerwerbesteuereinnahmen zu machen, während Niedersachsen die Einnahmen dem Landeshaushalt zukommen lassen möchte.

In dem Maße, in dem Offshore-Anlagen technisch und wirtschaftlich realisierbar werden, werden die Konflikte und rechtlichen Problemstellungen zunehmen. Auch wenn sich wie an Land zahlreiche Probleme erst mit der Ausbreitung der Technologie herausstellen werden, lohnt sich bereits jetzt ein Blick auf die sich abzeichnenden Konflikte.

Dabei ist vorweg ein Blick auf die bisherigen Genehmigungsverfahren und Konflikte zu werfen. Bereits im Vorfeld von Genehmigungsverfahren hatte sich abgezeichnet, dass es angesichts der gegenläufigen Nutzungsinte-

---

[10] FAZ 29.06.2007, S. 14, Mehr Geld für Windstrom; FAZ 19.09.2007, S. 19, Zu Land und zu Wasser; vgl auch BWE, Position zur Novelle des Erneuerbare-Energien-Gesetzes, BWE-Stellungnahme vom 29.06.2007; BMU – KI III 4, Referentenentwurf vom 9.10.2007, S. 16, § 35 Abs. 2; Bundesregierung, Kabinettsentwurf beschlossen am 5.12.2007, S. 16, § 31 Abs. 2.

[11] Änderungsantrag zum Jahressteuergesetz, BR-Drs. 622/06.

[12] Gegenäußerung der Bundesregierung vom 19.10.2006, BT-Drs. 16/3036.

[13] Hille/Herrmann, Besteuerung von Offshore-Anlagen, RdE 2008, 237 ff.

ressen kaum Raum für eine konfliktfreie Nutzung der See mit großflächigen Windenergieparks gibt. Nachdem im Zeitraum 1998/Frühjahr 1999 neun Voranfragen bei der Genehmigungsbehörde eingingen, wurde im September 1999 der erste ordentliche Genehmigungsantrag für das Pilotprojekt vor Borkum gestellt.[14] Er wurde mehrfach überarbeitet und durchlief so ein komplexes, 26 Monate dauerndes Genehmigungsverfahren bis zur Erteilung der Genehmigung[15] bevor diese Gegenstand von Rechtsstreitigkeiten sowohl mit Berufsfischern als auch mit der Inselgemeinde Borkum wurde.[16] Unterdessen wurden weitere Genehmigungsverfahren erfolgreich durchgeführt, die ebenfalls zum Teil zu Rechtsstreitigkeiten führten, wovon die Klagen gegen den Windpark Butendiek vor Sylt hervorzuheben sind.[17] Das Genehmigungsverfahren wurde durch drei Änderungen der SeeAnlV 2001, 2002 und 2008 (vorletzte in Folge der BNatSchG-Novelle 2002, letztere in Folge des EAG Bau 2004 und der Seeaufgabengesetz-Novelle 2008) bereits konkretisiert, wobei diese Entwicklung bei weitem nicht abgeschlossen ist. Im Jahr 2009 befindet sich wiederum eine Novellierung der SeeAnlV in der Diskussion, die aber zum Stand August 2009 über einen Entwurf vom 19. Juni 2009 im Anhörungsverfahren noch nicht hinausgekommen ist. Zur Abschätzung der Entwicklung muss zunächst ein kurzer Blick auf die Ausbauziele und -möglichkeiten sowie die Ziele und Rahmenbedingungen des Netzanschlusses geworfen werden.

2. Potential und Prognosen

Als Grundstein der gesetzgeberischen Aktivitäten der letzten Jahre gilt die Strategie der Bundesregierung zur Windenergienutzung auf See vom Januar 2002. Sie dient als Orientierungswert für die Ausgestaltung des Genehmigungsverfahrens bis heute. Nach diesem Konzept besteht eine strategische Zielsetzung für den Ausbau der Offshore-Windenergie, welche im Wesentlichen auf drei Phasen beruht. In der Startphase sollten bis 2006 mindestens 500 MW Leistung installiert werden,[18] ein Ziel welches eindeutig verfehlt wurde. Kurzfristig, bis 2010, sollen 2000 bis 3000 MW instal-

---

[14] Dahlke, Genehmigungsverfahren von Offshore-Windenergieanlagen, NuR 2002, 472, 473.
[15] Dahlke, Genehmigungsverfahren von Offshore-Windenergieanlagen, NuR 2002, 472, 475 ff.
[16] VG Hamburg, NuR 2004, 548 ff./OVG Hamburg, ZUR 2005, 208 ff.; VG Hamburg, NuR 2004, 551 ff.
[17] VG Hamburg, NuR 2004, 543 ff./OVG Hamburg, ZUR 2005, 206 ff.; VG Hamburg, NuR 2004, 547 f./OVG Hamburg, ZUR 2005, 210 ff.
[18] Bundesregierung, Strategie der Bundesregierung zur Windenergienutzung auf See, S. 7.

I. Bisherige Entwicklung

liert werden und langfristig etwa 20.000 bis 25.000 MW Leistung in Küstenmeer und AWZ zur deutschen Stromversorgung beitragen. Die zu installierenden Offshore-Windparks mit einer Leistung von 20.000–25.000 MW bis zum Jahr 2025/2030, könnten allein 15 % des deutschen Strombedarfs gemessen am Bezugsjahr 1998 decken.[19] Dieses Ziel ist dadurch erreichbar, dass grundsätzlich Anlagen mit 5 MW Nennleistung errichtet werden und an guten Küstenstandorten eine bis zu 40 % höhere Windausbeute gegenüber Anlagen an Land infolge mittlerer Jahreswindgeschwindigkeiten von 8 m/s erzielen. Selbst die ca. 60 % höheren Errichtungskosten werden dadurch kompensiert.[20] Für die Erreichung des 15 % Ziels der Bundesregierung wird von über 4000 Windenergieanlagen mit einem Flächenbedarf von 2500 km^2 und damit 5 % der AWZ ausgegangen.[21] Mit diesen Dimensionen kann der Aufbau einer Windenergienutzung auf See zu Recht als industrielles Großprojekt[22] bezeichnet werden. Die Bundesregierung hat trotz der eingetretenen Verzögerungen bei der Umsetzung der Offshore-Strategie an dieser festgehalten und die Zielsetzungen der Offshore-Strategie dementsprechend in die „Nationale Strategie für die nachhaltige Nutzung und den Schutz der Meere" integriert, welche vom Bundeskabinett am 1.10.2008 gebilligt wurde.[23]

Strategische Zielverwirklichungskategorien für den Ausbau sind Umwelt- und Naturverträglichkeit, volkswirtschaftliche Vertretbarkeit und ein aufgrund des Forschungsstandes und zur Wahrung des Vorsorgeprinzips nur stufenweise erfolgender Ausbau.[24] Hinsichtlich der Bedeutung militärischer Belange ist bemerkenswert, dass die Offshore-Strategie zum einen feststellt, dass eine militärische Nutzung bei der Standortwahl zu berücksichtigen ist. Zum anderen wird jedoch auch eingestanden, dass die Berücksichtigung militärischer Belange im Genehmigungstatbestand nicht ausdrücklich enthalten ist. Um diese Lücke zu schließen wurde diskutiert, diese über die Festlegung von Eignungsgebieten nach § 3 a SeeAnlV zu berücksichtigen, bis

---

[19] Bundesregierung, Strategie der Bundesregierung zur Windenergienutzung auf See, S. 7; Bestätigt wird diese Zielsetzung durch die Aussagen von Bundesumweltminister Gabriel FAZ 04.10.2006, S. 13, Vor Borkum entsteht das erste Windenergie-Testfeld.

[20] Maier, Zur Steuerung von Offshore-Windenergieanlagen in der AWZ, UPR 2004, 103.

[21] Maier, Zur Steuerung von Offshore-Windenergieanlagen in der AWZ, UPR 2004, 103.

[22] Koch/Wiesenthal, Windenergienutzung in der AWZ, ZUR 2003, 350.

[23] Bundesministerium für Umwelt, Naturschutz und Reaktorsicherheit, Reihe Umweltpolitik Oktober 2008, Nationale Strategie für die nachhaltige Nutzung und den Schutz der Meere, S. 38 ff.

[24] Bundesregierung, Strategie der Bundesregierung zur Windenergienutzung auf See, S. 8.

eine Ergänzung des Genehmigungstatbestandes um militärische Belange erfolgt sei.[25] Eine Ergänzung in diese Richtung wurde mit der Novelle der SeeAnlV 2008 vorgenommen.

An der geforderten Einführung einer Konzentrationswirkung der seeanlagenrechtlichen Genehmigung[26] fehlt es auch nach der Novelle der See-AnlV 2008. Es besteht damit eine große Vielfalt der zuständigen Behörden und der Genehmigungsverfahren. Die Luftsicherheit wird mit den Signallichtern an der Gondel befasst, die Wehrbereichsverwaltung im Hinblick auf den militärischen Flugverkehr, die Wasser- und Schifffahrtsverwaltung muss im Rahmen des seeanlagenrechtlichen Genehmigungsverfahrens zustimmen. Zudem kamen bis zum Übergang der Anschlusspflicht auf die Netzbetreiber zum 17.12.2006 die gesonderten Genehmigungsverfahren für den Kabelanschluss unter Beteiligung von Deichamt für den Deichdurchstoß und Nationalparkverwaltung für die Wattenmeerquerung hinzu. Im Ergebnis dauerte das Genehmigungsverfahren somit etwa fünf bis sieben Jahre.

Auch nach einer parteipolitischen Änderung in der Zusammensetzung der Bundesregierung wurde infolge der nun intensiver betriebenen Klimaschutzpolitik an den Ausbauzielen der Offshore-Strategie festgehalten. Allerdings wurde das rechtliche Instrumentarium, welches die Offshore-Strategie vorskizziert, nicht vollständig umgesetzt. Dafür ist es jedoch nicht zu spät. Dass die ersten Zielsetzungen für die erste Ausbaustufe bereits verfehlt wurden, spricht auch noch nicht gegen eine Realisierung der Planung insgesamt. Vielmehr ist nach mehr als sieben Jahren eine Anpassung und Weiterentwicklung der Offshore-Strategie wünschenswert.

Der Gesetzgeber hat sich auf diesen Wachstumsmarkt zum Teil mit der EEG-Novelle 2004 eingestellt. Auch im Hinblick auf Kabeltrassen und Netzanschlüsse wurde in Form des Infrastrukturplanungsbeschleunigungsgesetzes mittlerweile ein Fortschritt erzielt. Neben dem Gewinn für Energiesicherheit und Klimaschutz erwartet das Bundesministerium für Verkehr, Bau und Stadtentwicklung mit dem Ausbau der Offshore-Windenergienutzung in Folge des Infrastrukturplanungsbeschleunigungsgesetzes einen Zugewinn von 20.000 neuen Arbeitsplätzen in Maschinenbau und Stahlindustrie.[27] Allerdings greift zunehmend die Befürchtung um sich, dass das geplante Investitionsvolumen bis 2020 nicht zu erreichen sei.[28]

---

[25] Bundesregierung, Strategie der Bundesregierung zur Windenergienutzung auf See, S. 8 und 11 bzw. 25.

[26] Bundesregierung, Strategie der Bundesregierung zur Windenergienutzung auf See, S. 25.

[27] FAZ 25.11.2006, S. 14, Bundesrat macht Weg frei für neue Windenergieanlagen.

Wesentlich für die Weiterentwicklung der Offshore-Windenergienutzung ist die Entwicklung der rechtlichen Rahmenbedingungen. Diese sind durch eine große Dynamik gekennzeichnet. Teilweise sind gerade in letzter Zeit bereits interessante Weichenstellungen vorgenommen worden, wie im Bereich des Netzanschlusses mit dem Infrastrukturplanungsbeschleunigungsgesetz, Genehmigungsverfahren nach SeeAufgG/SeeAnlV, Vergütung nach EEG, raumordnerische Steuerung nach ROG, AWZ Nordsee-ROV und AWZ Ostsee-ROV sowie erneut im Bereich des Netzanschlusses im Rahmen des Energieleitungsausbaugesetzes. Die SeeAnlV kann hier nur unter dem Vorbehalt der nahenden erneuten Novellierung thematisiert werden. Die zukünftige Ausgestaltung und deren Auswirkungen bleiben abzuwarten.

3. Die Rahmenbedingungen von Finanzierung und Netzanschluss

Von zunehmender Bedeutung sind vor allem die Fragen der Finanzierung[29] und des Netzanschlusses.[30]

Die Frage der Finanzierung schien zunächst mit der EEG-Novelle und den erhöhten Vergütungssätzen geklärt, wurde aber von der Finanzkrise neu aufgeworfen. Angesichts umfangreicher Abschreibungen sind die Kreditinstitute bemüht die Risiken in ihren Bilanzen möglichst klein zu halten und weigern sich größere Finanzierungen alleine zu stemmen, wie sie bei Offshore-Windenergieparks mit einem Investitionsvolumen von regelmäßig über einer Milliarde Euro erforderlich sind. Damit müssen Konsortien aus mehreren Kreditinstituten gebildet werden. Dadurch wird die Finanzierung erheblich erschwert. Zudem werden wesentlich höhere Anforderungen an die Eigenkapitalquote gestellt, welche nur die nicht auf eine Fremdkapitalfinanzierung angewiesenen Energieversorger erfüllen können, jedoch kaum die eher mittelständischen Projektgesellschaften, seien sie nun mehrheitlich

---

[28] So Bundesumweltminister Gabriel, FAZ 25.11.2006, S. 14, Deutschland verschärft seine Klimaschutzziele; Die Welt 06.12.2007, S. 12, Windparks vor der Küste wachsen langsamer.

[29] Vgl. BMU, Die Auswirkungen der Finanz- und Wirtschaftskrise auf die Branche der Erneuerbaren Energien, Berlin 2009; Die Welt, 18.03.2009, Stillstand vor den Küsten; Siehe auch die Antwort der Bundesregierung auf die kleine Anfrage der Abgeordneten Gudrun Kopp, Michael Kauch, Horst Meierhofer, weiterer Abgeordneter und der Fraktion der FDP (BT-Drs. 16/13714), BT-Drs. 16/13821, insbesondere Frage 24 und Antwort dazu.

[30] Grundlegend hierzu: Paschedag, Die Windenergie – zentraler Baustein für den Ausbau der erneuerbaren Energien und ihre Integration in das deutsche Stromnetz, in Alt/Scheer, Wind des Wandels, Bochum 2007, S. 67, 71 ff.; Rufin, Fortentwicklung des Rechts der Energiewirtschaft, ZUR 2009, 66 ff.

in privater oder durch Stadtwerke in öffentlicher Hand. Die Bundesregierung hat zum einen mit dem Konjunkturpaket I Ende 2008, welches das KfW-Programm Erneuerbare Energien beinhaltet, und zum anderen mit dem Konjunkturpaket II von Anfang 2009 auf diese Schwierigkeiten reagiert. Im Rahmen des Konjunkturpakets II wurde das KfW-Programm Erneuerbare Energien im Kreditrahmen von zehn auf 50 Mio Euro sowie in der Laufzeit von acht auf 15 Jahre ausgeweitet und ein KfW-Sonderprogramm Projektfinanzierung eingeführt. Letzteres ermöglicht der KfW Projektfinanzierungen von regelmäßig 200 Mio. € und bei Zustimmung des Lenkungsausschusses darüber hinaus zu tragen. Ein Problem bleibt die von der KfW aufgrund von Vorgaben aus dem Bundeswirtschaftsministerium vorgenommene Differenzierung in den Programmbedingungen zwischen Projektgesellschaften mit mehrheitlich privaten Anteilseignern und mit mehrheitlich öffentlichen Anteilseignern wie Stadtwerken oder Stadtwerksverbünden wie z.B. Trianel. Demnach können letztere nicht von den Möglichkeiten der Projektfinanzierung profitieren, woduch die großen Energieversorgungsunternehmen gegenüber ihren kleineren Mitbewerbern wesentlich im Vorteil sind. Mit einer einfachen Änderung der Programmbedingungen ließe sich eine Öffnung des Konjunkturpakets II für Stadtwerke erzielen und die Projektfinanzierung flexibilisieren, wie es Sinn und Zweck des Konjunkturpakets II ist.

Zu den Fragen der Finanzierung gehören auch die Fragen der Offshore-Infrastruktur wie Errichterschiffe und sog. Jackup-Platformen. Derartige Spezialschiffe werden für den Bau von Offshore-Windparks benötigt. Ihre bloße Anmietung aus der bislang offshore dominieren Öl- und Gasbranche wird den Anforderung nicht gerecht und birgt die Gefahr erheblicher Verzögerungen, wie das Testfeld „alpha ventus" zeigte. Hier liegen erhebliche wirtschaftliche Chancen in der Kooperation von Windenergie-Branche und klassischer maritimer Wirtschaft, insbesondere für Werften. Jedoch fehlt es Deutschland angesichts der Investitionsvolumina von ca. 200 Mio. Euro pro Spezialschiff an geeigneten Förderinstrumenten, vergleichbar dem Etat für Elektromobilität, die hier Zuschüsse für die neue Technik und eine Standtortentscheidung für deutsche Werften ermöglichen würden.

Die Frage der Finanzierung hängt auch eng mit der des Netzanschlusses zuammen. Ursprünglich war die Netzanbindung eine Angelegenheit des Projektierers mit entsprechender finanzieller Belastung. Heute ist dies Aufgabe der Netzbetreiber. Es wird aber von Seiten der Banken für eine Fremdkapitalfinanzierung bei Offshore-Windenergie-Projekten regelmäig ein Nachweis des Netzanschlusses für die Finanzierung vorausgesetzt. Windenergieanlagen auf See können nicht wie an Land an das nahe gelegene Verbundnetz angeschlossen werden, sondern müssen über große Entfernungen mit Hochspannungs-Gleichstrom-Übertragung (HGÜ) an das Ver-

I. Bisherige Entwicklung

bundnetz angeschlossen werden.[31] Statt Freileitungen werden also HGÜ-Kabel benötigt. Je weiter die Windparks vor der Küste entfernt liegen, desto aufwendiger ist der Netzanschluss. Etwa ein Viertel bis ein Drittel der Investitionskosten entfallen so auf den Netzanschluss.[32] Neben der Notwendigkeit Offshore-Windparks an das Festland anzuschließen, bereitet vor allem ein Problem, dass sich die Hauptenergieabnehmer im dicht besiedelten und industrialisierten Süden und Westen der Bundesrepublik befinden und gerade nicht im Norden.[33] Diese Grundkonstellation wird sich nicht ändern. Sie stellt die deutsche Energiewirtschaft vor ein grundlegendes Problem: Wenn sie ihrer Kohlendioxid-Reduktionsverpflichtung nachkommen will und die Atomenergie mittel- bis langfristig wegfällt, lässt sich nur durch erneuerbare Energien, vor allem leistungsstarke Windenergie, diese Lücke decken und die Reduktionsverpflichtung erfüllen. Dafür bedarf es Transportkapazität für den Windstrom von der Küste zu den Abnehmern. Für die Anbindung zu den weit vor der Küste gelegenen Offshore-Windparks genügt die an Land übliche Anbindung über Wechselstromverbindungen nicht. Es bedarf einer Anbindung durch HGÜ, welche den Transport des Stroms über große Strecken bei nur minimalen Verlusten von 3 % auf 1000 Kilometer ermöglicht. Die Verwendung dieser Technik setzt die Errichtung von modernen, schwarzstartfähigen Leistungstransistoren neben den Offshore-Windparks voraus, welche eine Grundfläche von 50 × 35 m erreichen können.[34] Neben den neuen technischen Herausforderungen stellen sich zahlreiche rechtliche Probleme im Zusammenhang mit der Netzanbindung, die hier den Rahmen der Untersuchung sprengen würden.[35]

Weitere Probleme ergeben sich an Land. Bereits jetzt reicht das bestehende Netz an Land nicht aus, um die realisierbaren Strommengen zu den Abnehmern zu transportieren.[36] Ein Ausbau der Offshore-Windenergie setzt also nicht nur eine Netzanbindung an das Festland voraus, sondern auch einen Netzausbau auf dem Festland. Bereits 2005 wurde der Bedarf an Netzausbau an Land in der sog. dena-Netzstudie I mit etwa 850 km beziffert.[37]

---

[31] Zu den technischen Voraussetzungen: Höpfner/Weber, Anschluss von Offshore-Windparks an das Europäische Verbundsystem – eine der größten Herausforderungen der heutigen Zeit, Elektrotechnik und Informationstechnik 2008, 326 ff.
[32] FAZ 25.11.2006, S. 14, Bundesrat macht Weg frei für neue Windenergieanlagen.
[33] Die WELT 24.10.2006, S. 16, Teure Trassen; Das Parlament 10.09.2007, S. 3, Wunsch und Wirklichkeit.
[34] FAZ 05.08.2008, S. T 6, Erste Steckdose für Offshore-Windräder.
[35] Weiterführend: Wolf, Rechtsprobleme der Anbindung von Offshore-Windenergieparks in der AWZ an das Netz, ZUR 2004, 65 ff.
[36] Die WELT 14.10.2006, S. 11, Jedes fünfte Windrad im Norden steht still.
[37] Deutsche Energie-Agentur GmbH, Energiewirtschaftliche Planung für die Netzintegration von Windenergie in Deutschland an Land und Offshore bis zum Jahr 2020,

Dies ist neben der Trassengenehmigung vor allem eine Kostenfrage bzw. eine Kostentragungsfrage.

Hinsichtlich des Anschlusses der Offshore-Windparks an das Überlandnetz hat sich die große Koalition für einen Weg entschieden, der sich von der Regelung des Netzanschlusses bei Onshore-Anlagen unterscheidet, wo der Betreiber der Anlage die Anschlusskosten zahlt. Um den Ausbau der Offshore-Kapazität zu begünstigen, sollen nun die Stromkonzerne die Netzanschlusskosten tragen, welche diese neuen Kosten zunächst untereinander und letztendlich auf die Verbraucher umlegen können.[38] Diese Lösung wurde im Gesetz zur Beschleunigung von Planungsverfahren für Infrastrukturvorhaben (Infrastrukturplanungsbeschleunigungsgesetz – InfraStrPlanBeschlG) verankert.[39]

Das InfraStrPlanBeschlG vom 17. Dezember 2006 ist entstanden vor dem Hintergrund der extrem langen Dauer von Planungsverfahren für große Infrastrukturvorhaben. In Anbetracht der Komplexität von Großvorhaben wird beispielsweise die Errichtung der Autobahnen A 14 Halle–Magdeburg in 10 Jahren und der A 20 (Lübeck–Stettin) in 13 Jahren schon als vorbildlich schnell betrachtet.[40] Dementsprechend sollte die für die Verkehrsprojekte Deutsche Einheit geschaffene Verkürzung des Rechtswegs über eine erstinstanzliche Zuständigkeit des Bundesverwaltungsgerichtes auf sämtliche große Infrastrukturvorhaben bundesweit übertragen werden. Folglich besteht das InfraStrPlanBeschlG als Artikelgesetz vor allem aus Änderungen des Allgemeinen Eisenbahngesetzes, Bundesfernstraßengesetzes, Bundeswasserstraßengesetzes, Luftverkehrsgesetzes u. a.[41] Zudem wurde die Netzanbindung für Offshore-Windenergieanlagen über eine Änderung des Energiewirtschaftsgesetzes im InfraStrPlanBeschlG verankert.[42] Kern der Regelung sind ein neuer § 17 Abs. 2 a S. 1 und S. 4 EnWG:

„Betreiber von Übertragungsnetzen, in deren Regelzone die Netzanbindung von Offshore-Anlagen im Sinne des § 10 Abs. 3 Satz 1 des Erneuerbare-Energien-Gesetzes erfolgen soll, haben die Leitungen von dem Umspannwerk der Offshore-Anlagen bis zu dem technisch und wirtschaftlich günstigsten Verknüpfungspunkt des nächsten Übertragungs- oder Verteilernetzes zu errichten und zu betreiben; die Netzanbindungen müssen zu dem Zeitpunkt der Herstellung der technischen Betriebsbereitschaft der Offshore-Anlagen errichtet sein. […] Die Betreiber von

---

[38] FAZ 18.11.2006, S. 14, Lex EON.
[39] Beschlussempfehlung und Bericht des Ausschusses für Verkehr, Bau und Stadtentwicklung: BT-Drs. 16/3158.
[40] Entschließung des Deutschen Bundestages nach Beschlussempfehlung V in BT-Drs. 16/3158, S. 51.
[41] Gute Übersicht bei Otto, Das Infrastrukturplanungsbeschleunigungsgesetz, NVwZ 2007, 379 ff.
[42] BT-Drs. 16/3158, S. 28 ff.

I. Bisherige Entwicklung

Übertragungsnetzen sind verpflichtet, den unterschiedlichen Umfang der Kosten nach Satz 1 und 3 über eine finanzielle Verrechnung untereinander auszugleichen; § 9 Abs. 3 des Kraft-Wärme-Kopplungsgesetzes findet entsprechende Anwendung."

Die Regelung entlastet die Anlagenbetreiber von den Kosten der Anbindung an das Energieversorgungsnetz. Dabei umfasst die Netzanbindung als gesetzliche Pflicht zwar den Anschluss vom Umspannwerk auf See bis an den Netzanknüpfungspunkt an Land einschließlich Inselquerungen, wie durch das von der niedersächsischen Raumordnung vorgegebene Nadelöhr auf Norderney, aber nicht das Umspannwerk selbst und auch nicht die Innerparkverkabelung. Ziel der Regelung ist daher eine enge Kooperation zwischen Anlagenbetreibern und Netzbetreibern im Interesse der Kostenoptimierung, z. B. durch Vereinbarung der Mitverlegung von Datenübertragungsleitungen.[43] Die gesetzliche Pflicht zur Netzanbindung zieht im Falle der Verletzung eine Schadenersatzpflicht nach §§ 280 ff. BGB nach sich und kann allenfalls durch ein Mitverschulden des Anlagenbetreibers nach § 254 BGB gemindert sein. Dennoch zeigen sich in der Praxis Probleme in der zeitlichen Abstimmung von Anlagenerrichtung und Netzanschluss. Hier bedarf es eines verbesserten Umgangs mit der gesetzlichen Regelung, zu dem das vom BMU initiierte Positionspapier der Bundesnetzagentur (BNetzA) zu § 17 Abs. 2 a beitragen soll, welches sich zum Stand August 2009 noch im Entwurfsstadium befand. Wesentlich ist hier die Ausgestaltung der Anforderungen an die neue „bedingte Netzanschlusszusage" des Netzbetreibers als Voraussetzung für eine Fremdkapitalfinanzierung des Offshore-Windparks durch Banken.

Eine Fristregelung in § 118 Abs. 7 EnWG, die die Geltung der Kostentragungsregelung an den Beginn der Errichtung der Windparks bis 2011 knüpft, soll dabei einen finanziellen Anreiz für eine zügige Anlagenerrichtung setzen. Der Begriff des Baubeginns bestimmt sich dabei analog nach § 18 Abs. 1 Nr. 1 BImSchG.[44] Der Bau muss in einer Art und Weise begonnen worden sein, die auf Ernsthaftigkeit der Ausnutzung der Anlagengenehmigung schließen lässt. Für das Greifen der gesetzlichen Anschlusspflicht muss daher seitens des Netzbetreibers eine Prognose hinsichtlich der Ausschöpfung der Anlagengenehmigung getroffen werden. Die Frist 2011 hat sich jedoch als zu ambitioniert für die Realisierung der Offshore-Strategie erwiesen, so dass mit der EEG-Novelle zum 01. Januar 2009 § 118

---

[43] Bundesministerium für Umwelt, Naturschutz und Reaktorsicherheit, Netzanbindung der Offshore-Windparks: Anwendungshinweise zur neuen Rechtslage, Berlin 2007, S. 3.

[44] Bundesministerium für Umwelt, Naturschutz und Reaktorsicherheit, Netzanbindung der Offshore-Windparks: Anwendungshinweise zur neuen Rechtslage, Berlin 2007, S. 5.

EnWG dahingehend neu gefasst wurde, dass nun § 118 Abs. 3 EnWG die Geltung von § 17 Abs. 2 a EnWG bis zum 31. Dezember 2015 festschreibt.

Angesichts der Ausbaupläne und dem bisherigen Stand des Ausbaus kann insbesondere die Fristenregelung nicht von Dauer sein. Die Anwendungshinweise des Bundesumweltministeriums fordern bereits die Verwendung von Systemlösungen, die für einen weiteren Ausbau zu einem späteren Zeitpunkt verwendet werden können.[45] Für die Verwendung solcher Systemlösungen bestünde gar kein Anreiz, wenn für die Ausbaustufen ab 2011 keine Netzanbindungspflicht eingeführt würde und faktisch ein weiterer Ausbau damit nicht durchführbar wäre. Insofern ist rechtspolitisch mit einer späteren Korrektur durch Verlängerung der Frist zu rechnen.

Des Weiteren werden in § 21a Abs. 4 EnWG Erdkabel begünstigt. Dem liegt die Überlegung zugrunde, dass Freileitungen von der Bevölkerung u. a. wegen Immissionen z. B. durch Entladungsgeräusche und elektromagnetische Felder oft als störend empfunden werden und daher auf starken Widerstand stoßen, der die Genehmigungsverfahren für Trassen und damit den Netzausbau verzögert.[46] Zudem gestaltet sich der Netzausbau unter Naturschutzgesichtspunkten verträglicher. Wie bereits dargelegt, fallen wesentlich mehr Vögel den bestehenden Hochspannungsleitungen als Windenergieanlagen zum Opfer. Neben den unmittelbaren Umwelteinwirkungen der Anlagen sind daher die mittelbaren Umwelteinwirkungen der WEA über den erforderlichen Netzausbau nicht zu vernachlässigen. Die Begünstigung von für die Avifauna vorteilhaften Erdkabeln gegenüber Freileitungen verhindert, dass eine die Avifauna schonende Standortsteuerung durch die Netzanbindung konterkariert wird und ist dementsprechend die richtige Entscheidung. Die Mehrkosten für den Erdkabeleinsatz im Vergleich zu Freileitungen können von den Netzbetreibern auf die Nutzungsentgelte umgelegt werden. Zudem wird das Verfahren und der Rechtsschutz für die Planfeststellung und die Plangenehmigung für Hochspannungsfreileitungen und Gasversorgungsleitungen in den §§ 43 bis 45 a EnWG neu geregelt. Damit wird für Erdkabel die Möglichkeit eines Planfeststellungsverfahrens geschaffen.

Mit der Regelung des InfraStrPlanBeschlG wurden so die Rahmenbedingungen für die Offshore-Windenergienutzung weiter geklärt und verbessert. Es wurde allerdings schnell festgestellt, dass die Regelungen des InfraStrPlanBeschlG keine hinreichende Beschleunigung bewirken, um mit dem Ausbau der Windenergie an der Küste Schritt halten zu können, so dass unter

---

[45] Bundesministerium für Umwelt, Naturschutz und Reaktorsicherheit, Netzanbindung der Offshore-Windparks: Anwendungshinweise zur neuen Rechtslage, Berlin 2007, S. 7.
[46] Schiller, Praxisprobleme bei der Planfeststellung von Energiefreileitungen, UPR 2009, 245, 248.

der Federführung des Bundeswirtschaftsministeriums zur Vermeidung der mehrjährigen Doppelarbeit in Raumordnungs- und Planfeststellungsverfahren eine gesetzliche Regelung von „Muster-Planungsleitlinien" im Energieleitungsausbaugesetz (EnLAG) angestrebt wurde.[47] Der Entwurf des Gesetzes zur Beschleunigung des Ausbaus der Höchstspannungsnetze, welches das EnLAG, die Änderung des Energiewirtschaftsrechts und der Anreizregulierungsverordnung beinhaltet, ist von der Bundesregierung schon ein halbes Jahr nach Inkrafttreten des InfraStrPlanBeschlG am 18.06.2008 beschlossen worden. Das mittlerweile mit Beschluss des Bundestages vom 7. Mai 2009 sowie des Bundesrates vom 12. Juni 2009 verabschiedete Gesetz vom 21. August 2009[48] enthält gem. § 1 EnLAG einen Bedarfsplan, mit dem nun eine Liste der Ausbauvorhaben (mehrere Nord-Süd-Trassen) besteht, die dem Zweck von § 1 EnWG entsprechen und deren vordringlicher Bedarf vom Gesetzgeber festgestellt wurde. Das Gesetz eröffnet für die 380 kV-Ebene gem. § 2 EnLAG für vier Pilotstrecken bei weniger als 400 m zu Wohnbebauung im bauplanungsrechtlichen Innenbereich und weniger als 200 m im Außenbereich sowie bei der Querung des Rennsteiges im Naturpark Thüringer Wald die Möglichkeit, Erkabel zu verwenden. Auf diesen Pilotstrecken ist in der Planfeststellung bei der Alternativenprüfung nunmehr die Erdverkabelung gegenüber Freileitungen abzuwägen, sofern beides beantragt wurde. Angesichts der Belange von Natur- und Landschaft und den Interessen der in der näheren Umgebung lebenden Anwohner ist zu erwarten, dass auf diesen Pilotstrecken die Abwägungsentscheidung zugunsten der Erdverkabelung getroffen wird bzw. bei einem Antrag auf Freileitungsbau dieser abgelehnt wird. Dem Gesetz wird das Energiewirtschaftsrecht (insbesondere §§ 21a, 43, 43b EnWG) angepasst und zur weiteren Beschleunigung für die Vorhaben des Bedarfsplanes eine Rechtswegverkürzung (in § 50 Abs. 1 Nr. 6 VwGO) über eine erstinstanzliche Zuständigkeit des Bundesverwaltungsgerichts verankert. Hervorzuheben ist, dass das Gesetz mit einer Erweiterung des § 43 EnWG um eine Nr. 3 die generelle Erdverkabelung auf 110 kV-Ebene sowie nach § 43 S. 3 EnWG auf 380 kV-Ebene innerhalb eines 20 km breiten Korridors von der Küstenlinie landeinwärts auf dem Wege der Planfeststellung ermöglicht und damit einen Trend zur vollumfänglichen Erdverkabelung aufzeigt. Die Umlegung der Kosten unter den Regelzonenbetreibern und auf die Netzentgelte bis zum Mehrkostenfaktor 1,6 wurde in § 23 Anreizregulierungsverordnung verankert. Weitergehenden Forderungen von Seiten des Bundesverbands Windenergie wurde jedoch nicht gefolgt.[49]

---

[47] FAZ 26.09.2007, S. 13, Glos dauert der Ausbau des Stromnetzes zu lange.
[48] BT-Drs. 16/19491 und 16/12898; BGBl. 2009 I, 2870 ff.
[49] Bundesverband Windenergie, Stellungnahme anlässlich der öffentlichen Anhörung des Ausschusses für Wirtschaft und Technologie des Deutschen Bundestages am 15. Dezember 2008 zum Entwurf eines Gesetzes zu Beschleunigung des Aus-

Es erscheint dennoch absehbar, dass es bei einer Verwendung von Erdkabeln auf den vier Pilotstrecken der 380 KV-Ebene nicht bleiben wird.

Ein Umstand, der im Hinblick auf die zahlreichen Verzögerungen beim Ausbau der Windenergie offshore immer wieder bemängelt wird, ist die Trennung der Genehmigungsverfahren und Genehmigungsbehörden für Anlagenerrichtung und Netzanbindung.[50] Angesichts einer fehlenden Konzentrationswirkung des Genehmigungsverfahrens für Offshore-WEA und einer in der Folge fehlenden Erfassung der Netzanbindung, sind verschiedene Genehmigungsverfahren bei verschiedenen Genehmigungsbehörden erforderlich. So sind für die Genehmigung von Unterwasserkabeln zur Ableitung der gewonnenen Energie im Bereich des Festlandsockels gem. § 133 Abs. 4 BBergG in Verbindung mit den entsprechenden landesrechtlichen Regelungen zu beachten, wonach die Bergbehörden, regelmäßig das Oberbergamt, zuständige Genehmigungsbehörde sind. Wohl um diesem Zustand zu begegnen hat die Bundesregierung auf der Klausurtagung von Meseberg vom 23.08.2007 beschlossen, die „Einführung eines gebündelten Zulassungsverfahrens für die Netzanbindung der Offshore-Windparks mit Konzentrationswirkung für Küstenmeer und landseitige Anbindung" zu schaffen.[51] Eine Umsetzung ist bislang nicht erfolgt. In der 2008 novellierten Seeanlagenverordnung ist keine Konzentrationswirkung der Anlagengenehmigung vorgesehen. In § 2 Abs. 3 SeeAnlV n.F. heißt es vielmehr, dass die Genehmigung die nach anderen Rechtsvorschriften erforderlichen Verwaltungsakte nicht ersetzt. Angesichts des InfraStrPlanBeschlG ist dies jedoch nur konsequent. Bei getrennten Verantwortlichen für Anlagenerrichtung und Netzanbindung sind getrennte Genehmigungsverfahren richtig. Eine Bündelung der Zulassungsverfahren für die Netzanbindung wirft völkerrechtliche Fragen auf.

II. Völkerrechtlicher Rahmen

Das Genehmigungsverfahren für die Errichtung von Offshore-Windenergieanlagen ist zu beachtlichen Teilen durch völkerrechtliche Regelungen vorgeprägt.

Historisch wurden die Küstenmeergrenzen nach der auf der Haager Konferenz 1930 vereinbarten Souveränitätstheorie und dem Genfer Überein-

---

baus der Höchstspannungsnetze, Berlin, 11. Dezember 2008; BWE, Pressemitteilung vom 07. Mai 2009, Energieleitungsausbaugesetz: Zu kurzer Schritt in die richtige Richtung.

[50] Klinski/Buchholz/Schulte/Windguard/BioConsult SH, Umweltstrategie Windenergienutzung, S. 109.

[51] Bundesregierung, Eckpunkte für ein integriertes Energie- und Klimaprogramm vom 23.08.2007, S. 12, http://www.bundesregierung.de/Content/DE/Artikel/2007/08/Anlagen/eckpunkte,property=publicationFile.pdf.

kommen über die Hohe See vom 29.04.1958 das Küstenmeer (territorial sea), die Anschlusszone (contiguous zone), die hohe See (high seas), die Fischerei und der Festlandsockel (continental shelf) abgegrenzt.[52] Die Bundesrepublik Deutschland hat auf dieser Grundlage die Küstenmeergrenzen für die Nordsee 1970 und für die Ostsee 1978 durch Herausgabe von Seekarten konkretisiert.

Wesentlicher völkerrechtlicher Rahmen einer Windenergienutzung auf See ist mittlerweile das Seerechtsübereinkommen der Vereinten Nationen vom 10. Dezember 1982, auch wenn dieses nicht alleine den Rahmen bildet. Daneben besteht eine Reihe hier einschlägiger globaler und regionaler völkerrechtlicher Übereinkommen.

1. Das Seerechtsübereinkommen der Vereinten Nationen

Das Seerechtsübereinkommens (SRÜ) der Vereinten Nationen, geschlossen in Montego Bay am 10. Dezember 1982 (United Nations Convention on the Law of the Sea – UNCLOS), dem Deutschland mit Vertragsgesetz vom 02. September 1994 beitrat, ist am 16. November 1994 international in Kraft getreten.[53] Das Seerecht differenziert zwischen drei möglichen Zonen für die Anlagenerrichtung, den nationalen Küstengewässern, der Ausschließlichen Wirtschaftszone (AWZ) und der Hohen See.

Nach Art. 3 besitzt ein Küstenstaat im Bereich seiner Hoheitsgewässer uneingeschränkte Hoheitsgewalt. Dies führt zur Geltung des Rechts des Küstenstaats innerhalb seiner 12-Seemeilenzone,[54] trifft aber aufgrund der zahlreichen küstennahen Schutzgebiete nicht die Interessen der meisten Anlagenplaner. Von der Möglichkeit einer Anschlusszone nach Art. 33 SRÜ, die sich bis zu 24 Seemeilen von den Basislinien erstrecken würde, hat Deutschland keinen Gebrauch gemacht.[55] Bei der Windenergienutzung offshore geht es schwerpunktmäßig um die Errichtung von Anlagen in der AWZ, welche sich nach Art. 57 SRÜ jenseits der 12 Seemeilenzone bis maximal 200 Seemeilen von den Basislinien erstreckt, von denen aus die Breite der Meereszonen gemessen wird. Dabei handelt es sich um eine schematische Breitenbestimmung, welche nach zwei Methoden vorgenommen werden kann: Zum einen kann nach Art. 5 SRÜ auf die Niedrigwasserlinie der amtlich anerkannten Seekarten großen Maßstabs abgestellt werden, die sich aus der Linie des durchschnittlichen Ebbestandes ergibt. Zum anderen kann nach Art. 11

---

[52] BGBl 1972 II, 1089.
[53] BGBl 1994 II, S. 1798; BGBl 1995 II, 602.
[54] Nach DIN 1301 entspricht 1 Seemeile 1,852 km.
[55] Kahle, Nationale (Umwelt-)Gesetzgebung in der deutschen AWZ am Beispiel der Offshore-Windparks, ZUR 2004, 80, 81.

SRÜ auf sogenannte „gerade Basislinien" zurückgegriffen werden, die sich aus Verbindungslinien zwischen Basispunkten entlang der Küste ergibt. Deutschland wendet seit 1970 das Verfahren der geraden Basislinien an.[56] Die Grenze von 200 Seemeilen für die AWZ wird in der Nord- und Ostsee durchweg nicht erreicht. Die deutsche AWZ endet vielmehr genauso wie der Festlandsockel stets an der Grenze zu AWZ und Festlandsockel der benachbarten Nord- und Ostseeanrainer. Seewärts der 200-Seemeilenzone erstreckt sich die Hohe See, welche nach Art. 87 SRÜ vom Grundsatz der Meeresfreiheit geprägt ist. In der Folge steht die genehmigungsfreie Errichtung von Windenergieanlagen dort allen frei,[57] wird allerdings aufgrund der schwierigen technischen Umsetzung in großer Küstenentfernung und Wassertiefe bislang nicht angestrebt. Damit stellt sich hier nur die Frage des völkerrechtlichen Rahmens für Seeanlagen in Küstenmeer und AWZ.

Die AWZ stellt ein Gebiet sui generis dar, in dem den Staaten nur ein beschränkter Kreis von im SRÜ aufgeführten Rechten zusteht.[58] Dies zeigt sich im Verbot der Geltendmachung von Souveränitätsansprüchen des Art. 89 SRÜ und in der Geltung der klassischen Freiheiten der Hohen See, der sog. Kommunikationsfreiheiten (Freiheit der Schifffahrt, des Überfluges und der Verlegung unterseeischer Kabel und Rohrleitungen).[59]

Das Seerechtsübereinkommen trägt auch der Dreidimensionalität des Meeres Rechnung. Die Art. 76 ff. SRÜ bestimmen den Rechtsstatus des Festlandsockels, der als natürliche geologische Verlängerung des Staatsgebietes unter Wasser angesehen wird, so dass dem Küstenstaat dort souveräne Rechte zustehen. Das Meeresgebiet darüber bildet bis zur 200-Seemeilen-Grenze die AWZ, für welche die beschränkten Befugnisse des Küstenstaates in Art. 55 ff. SRÜ geregelt sind. Für die deutschen Seegebiete kommt die 200-Seemeilen-Grenze nicht zum Tragen, da Nord- und Ostsee geographisch dafür zu klein sind. Eine Hohe See ist in der Ostsee gar nicht vorhanden und in der Nordsee nur für einen unbedeutenden Teilbereich. Das Rechtsregime des Festlandssockels und der AWZ stellen damit parallele Ordnungen dar.[60] Der Luftraum über der Wassersäule wird nicht zur AWZ, sondern zur Hohen See gezählt.[61]

---

[56] Pestke, Offshore-Windfarmen in der Ausschließlichen Wirtschaftszone, Bremen 2008, S. 64.

[57] Jenisch, Offshore-Windenergieanlagen im Seerecht, NuR 1997, 373, 380 f. m.w.N.

[58] Hübner, Offshore-Windenergieanlagen, ZUR 2000, 137; Rosenbaum, Errichtung und Betrieb von Windenergieanlagen im Offshore-Bereich, Kiel 2006, S. 46.

[59] Risch, Windenergieanlagen in der Ausschließlichen Wirtschaftszone, Dresden 2006, S. 33.

[60] Wolf, Windenergie als Rechtsproblem, ZUR 2002, 331, 340.

Die Bundesrepublik Deutschland hat bereits 1964 ihren Anspruch auf den Festlandsockel geltend gemacht[62] und sich 1971 vertraglich mit den Anrainerstaaten über dessen Abgrenzung in der Nordsee geeinigt.[63] Am 11. und 29. November 1994 wurde die Errichtung der AWZ in Nord- und Ostsee proklamiert.[64] Die Abgrenzungen von Küstenmeer und AWZ wurde in den deutschen Seekarten Nr. 2920 und 2921 für Nord- und Ostsee festgehalten. Dabei wurde mit Wirkung zum 01.01.1995 die Küstenmeerbreite auf 12 Seemeilen festgesetzt. Dort gilt nach Art. 3 SRÜ das gesamte Bundes- und Landesrecht.

Die souveränen Rechte eines Staates in der AWZ umfassen neben der Erforschung und Ausbeutung, Erhaltung und Bewirtschaftung der lebenden und nicht lebenden Ressourcen nach Art. 56 Abs. 1 a) SRÜ noch andere wirtschaftliche Aktivitäten, wobei die Energieerzeugung aus Wind im Auffangtatbestand der anderen Tätigkeiten zur wirtschaftlichen Erforschung und Ausbeutung der Zone ausdrücklich Erwähnung findet. In Art. 56 Abs. 1 b) SRÜ werden dem Küstenstaat Hoheitsbefugnisse über künstliche Inseln, Anlagen und Bauwerke zugewiesen. Somit unterfallen alle wirtschaftlich genutzten Windenergieanlagen als Anlagen der küstenstaatlichen Jurisdiktion von Art. 56 Abs. 1 b) i.V.m. Art. 60 SRÜ. Die Windenergienutzung steht somit ausschließlich im küstenstaatlichen Regelungsbereich im Sinne exklusiver eigener Rechte im Gegensatz zur für alle freien Nutzung auf Hoher See. Hinsichtlich der Art und Weise der Windenergienutzung besteht gem. Art. 56 Abs. 1 b) SRÜ als Hoheitsbefugnis des Küstenstaates u.a. die Errichtung und Nutzung von Anlagen. Art. 60 Abs. 1 b) und Abs. 2 SRÜ verleiht dem Küstenstaat das ausschließliche Recht zur Regelung der Anlagenerrichtung bzw. ausschließliche Hoheitsbefugnisse über die Anlagen, einschließlich Sicherheitsgesetze. Die Verwendung verschiedener Begriffe wie „Souveräne Rechte", „Hoheitsbefugnisse" und „ausschließliche Rechte" dient bloß der Einschränkung der küstenstaatlichen Rechte im Hinblick auf militärische Nutzungen, die genehmigungsfrei zulässig sind, solange sie nicht die wirtschaftlichen und sonstigen Rechte des Küstenstaates beeinträchtigen können.[65] Eine explizite Befugnis zur

---

[61] Risch, Windenergieanlagen in der Ausschließlichen Wirtschaftszone, Dresden 2006, S. 36.

[62] Proklamation vom 20.01.1964, BGBl. 1964 II, 104.

[63] BGBl. 1972 II, 882, 889, 897.

[64] BGBl. 1994 II, 3769.

[65] Jenisch, Offshore-Windenergieanlagen im Seerecht, NuR 1997, 373, 374 f. m.w.N.; Keller, Planungs- und Zulassungsregime für Offshore-Windenergieanlagen in der deutschen Ausschließlichen Wirtschaftszone, Rostock 2006, S. 46 f. a.A. offenbar nur Pestke, Offshore-Windfarmen in der Ausschließlichen Wirtschaftszone, Bremen 2008, S. 76 ff.

planerischen Steuerung der Nutzungen ist dem SRÜ nicht zu entnehmen. Sie wird daher in den Begriff der Bewirtschaftung der lebenden und nicht lebenden natürlichen Ressourcen in Art. 56 Abs. 1 a) SRÜ hineingelesen. Da Planung bei näherer Betrachtung keine zusätzliche Sachaufgabe, sondern eine Methode der Aufgabenerledigung ist, folgt die Planungskompetenz grundsätzlich der Sachkompetenz. Die verbindliche planerische Vorbereitung, bzw. Absicherung der einzelfallbezogenen Entscheidung über die Ausnutzung der Hoheitsbefugnisse die den Küstenstaaten aufgrund des SRÜ zusteht, ist völkerrechtlich ohne weiteres zulässig.[66] Kabel zu und von Windenergieanlagen unterliegen nach Art. 79 Abs. 4 SRÜ, wie die Anlagen selbst, der Regelungsbefugnis des Küstenstaates.

Das Seerechtsübereinkommen ermöglicht damit die Offshore-Windenergienutzung in der AWZ und auch deren raumplanerische Steuerung.

Das Seerechtsübereinkommen setzt der Windenergienutzung bzw. Seeanlagenerrichtung aber auch Grenzen. Zunächst werden in Art. 58 Abs. 1 SRÜ Rechte anderer Staaten vorgegeben, wobei hier Schifffahrt, Überflug, Kabelverlegung und Rohrleitungen hervorzuheben sind. Wichtig ist auch Art. 60 SRÜ, welcher in Abs. 1 das Recht zur Errichtung, Genehmigung und Regelung der Errichtung, des Betriebes und der Nutzung von Anlagen nach Art. 56 ausschließlich dem Küstenstaat zuweist. Nach Art. 60 Abs. 4 SRÜ kann der Küstenstaat, soweit es für die Sicherheit der Schifffahrt notwendig ist, angemessene Sicherheitszonen um die Seeanlagen einrichten, welche gem. Art. 60 Abs. 6 SRÜ von allen Schiffen beachtet werden müssen. Richtschnur für den Umfang der küstenstaatlichen Maßnahmen bei der Einrichtung von Sicherheitszonen sind die einschlägigen Resolutionen der International Maritime Organisation (IMO).[67] Die Errichtung von Seeanlagen ist nach Art. 60 Abs. 7 SRÜ dort verboten, wo dies die Benutzung anerkannter und für die internationale Schifffahrt wichtiger Schifffahrtswege behindern kann. Art. 60 Abs. 3 S. 1 SRÜ gibt die Bekanntmachung der Sicherheitszoneneinrichtung sowie Warneinrichtungen vor. Einen guten Anhaltspunkt für den Umfang der vom SRÜ vorgegebenen Warnvorrichtungen, wie Seezeichen, Ankertonnen, Schutzmaßnahmen für Unterwasserkabel usw., bietet die für Erdöl- und Erdgasförderung geschaffene Festlandsockel-Bergverordnung vom 21. März 1989.[68] Nach Art. 192 SRÜ besteht eine allgemeine Pflicht zum Schutze und zur Bewahrung der Meeresumwelt. Nach

---

[66] Erbguth/Müller, Raumordnung in der Ausschließlichen Wirtschaftszone?, DVBl 2003, 625, 627.

[67] Jenisch, Offshore-Windenergieanlagen im Seerecht, NuR 1997, 373, 378 in Bezug auf IMO Resolution A 671 (16).

[68] FlsBergV, BGBl. 1989 I, 554, zuletzt geändert 31.10.2006, BGBl. 2006 I, 2407.

Art. 208 und 214 SRÜ sind die Staaten zum Erlass und zur Durchsetzung von Umweltschutzregelungen für künstliche Inseln und Anlagen und Bauwerke verpflichtet. Dabei können grenzüberschreitende Umwelteinwirkungen eine Abstimmung mit den Nachbarstaaten, insbesondere nach der Espoo-Konvention erforderlich machen.[69] Schließlich beinhaltet das Seerechtsübereinkommen auch eine Beseitigungspflicht in Art. 60 Abs. 3 S. 2 bis 4 SRÜ, welche im Gegensatz zur alten Festlandsockel-Konvention von 1958, welche eine totale Beseitigungspflicht vorsah, nur eine eingeschränkte Beseitigungspflicht darstellt.[70]

Diesem ausdifferenzierten System küstenstaatlicher Regelungsmöglichkeiten muss bei einer Regelung der Offshore-Windenergienutzung Rechnung getragen werden.

2. Weitere völkerrechtliche Übereinkommen

Unter der Vielzahl an globalen und regionalen Übereinkommen sind hier einige wegen ihrer Bedeutung für die Windenergienutzung in der deutschen AWZ der Nord- und Ostsee hervorzuheben.

Bei den globalen Abkommen stechen im Wesentlichen fünf hervor.

1. Das Londoner Übereinkommen vom 29. Dezember 1972 (Convention on the Prevention of Marine Pollution by Dumping of Wastes and Other Matter), in Kraft getreten am 30. August 1975[71] soll vor der Einbringung von Abfällen und anderen Stoffen schützen. Dies trifft die Errichtung und den Betrieb von Windenergieanlagen nicht, da die Anlagenerrichtung nicht unter den Begriff des Einbringens (Dumping) fällt. Das Übereinkommen ist allerdings für den Rückbau maßgeblich. Mit Aufgabe der Windenergienutzung stellt sich die Frage der Entsorgung, wobei nach SRÜ grundsätzlich eine Entsorgung an Land wie auf See in Betracht kommt. Das Londoner Übereinkommen gibt in Anlage 3 durch eine Rangfolge der landseitigen Entsorgung den Vorrang. Ist das nicht möglich, muss eine seewärtige Entsorgung erfolgen, die erlaubnispflichtig ist. Da keine Gründe für die Unmöglichkeit einer landseitigen WEA-Entsorgung ersichtlich sind, ist damit von einer völkerrechtlichen Pflicht zu landseitigen Entsorgung auszugehen.

2. Die Bonner Konvention vom 23. Juni 1979 (Convention on the Conservation of Migratory Species – CMS)[72] verpflichtet seine Mitgliedsstaaten

---

[69] Brandt/Runge, Kumulative und grenzüberschreitende Umwelteinwirkungen im Zusammenhang mit Offshore-Windparks, Hamburg/Lüneburg 2002, 26 ff.
[70] Jenisch, Offshore-Windenergieanlagen im Seerecht, NuR 1997, 373, 379.
[71] BGBl. 1977 II, 165, 180.
[72] BGBl. 1984 II, 569, 571; 936.

zum Schutz bestimmter Arten und ihrer Lebensräume. Davon sind unter anderem Schweinswale, Kegelrobben und verschiedene Zugvogelarten erfasst, die auch für die Windenergienutzung von Bedeutung sind. Daraus ergibt sich u. a. nach Art. III Abs. 4 b) CMS die Pflicht nachteilige Auswirkungen von Hindernissen, die den Zug der Arten ernstlich erschweren oder verhindern können, zu beseitigen, auszugleichen oder auf ein Mindestmaß zu beschränken. Daraus wird eine Pflicht zu einer möglicht konfliktarmen Standortwahl abgeleitet.[73]

3. Das Übereinkommen über die biologische Vielfalt (Convention on Biological Diversity – CBD, sog. Biodiversitätskonvention)[74] vom 05. Juni 1992 trat in Deutschland zum 21. März 1994 in Kraft. Es handelt sich um ein Rahmenabkommen, dass zwar auch bei der Errichtung von OWPs zu beachtende, allgemeine Pflichten zum Erhalt der biologischen Vielfalt, aber keine unmittelbar anzuwenden Regelungen enthält.

4. Das Espoo-Übereinkommen (Convention on Enviromental Impact Assesment in a Transboundary Context)[75] vom 25. Februar 1991, welches seit dem 10. September 1997 in Kraft ist, statuiert eine UVP-Pflicht für Vorhaben mit grenzüberschreitenden Umwelteinwirkungen. Damit besteht eine Verfahrens- und Beteiligungspflicht als Ausformung des allgemeinen völkerrechtlichen Rücksichtnahmegebotes und der Rechtsprechung im Trial-Smelter-Fall.[76] Dies hat sich bislang beim OWP Borkum-Riffgat nahe der deutsch-niederländischen Grenze ausgewirkt. Angesichts der grenzüberschreitenden Umweltbeeinträchtigung durch den Küstenmeerwindpark im Ems-Dollart-Gebiet, der Beeinträchtigung des Landschaftsbildes durch Sichtbarkeit des OWP u. a. von der niederländischen Insel Schiermonnikoog aus, wurden vom Gewerbeaufsichtsamt Oldenburg als Genehmigungsbehörde auch 17 niederländische Behörden bzw. Gebietskörperschaften am Vorbescheidsverfahren als Trägerverfahren der Umweltverträglichkeitsprüfung nach UVPG beteiligt.[77]

5. Die am 31. Oktober 2001 in Kraft getretene Aarhus-Konvention (Convention on Access to Information, Public Participation in Decision-Making

---

[73] Keller, Planungs- und Zulassungsregime für Offshore-Windenergieanlagen in der deutschen Ausschließlichen Wirtschaftszone, Rostock 2006, S. 72 f.
[74] BGBl. 1993 II, 1741.
[75] BGBl. 1991 II, 1406.
[76] Vgl. dazu Brandt/Runge, Kumulative und grenzüberschreitende Umwelteinwirkungen im Zusammenhang mit Offshore-Windparks, Hamburg/Lüneburg 2002, 75 f.; Ipsen, Völkerrecht, 58 Rn. 17; Kloepfer, Umweltrecht, § 9 Rn. 21, 23 und 28.
[77] Gewerbeaufsichtsamt Oldenburg, Vorbescheid nach § 9 BImSchG vom 22.01. 2008, S. 13.

and Access to Justice in Environment Matters)[78] ist noch zu nennen, die Deutschland zwar nicht ratifiziert hat, aber angesichts der Unterzeichnung durch die europäische Union und die Umsetzungspflicht der gemeinschaftsrechtlichen Richtlinien dennoch mittelbar zu beachten hat.

Bei den regionalen Abkommen sind im Wesentlichen vier zu nennen.

1. Das Übereinkommen zum Schutz der Meeresumwelt des Nordostatlantiks (Convention for the Protection of the Marine Environment of the North-East-Atlantic/Oslo-Paris-Übereinkommen – OSPAR-Übereinkommen)[79] vom 22. September 1992, in Kraft getreten am 25. März 1998 konkretisiert das SRÜ auf regionaler Ebene. Es erfasst u.a. die inneren Gewässer, Küstenmeere und ausschließlichen Wirtschaftszonen der Vertragsparteien und somit die deutschen Hoheitsgewässer und die deutsche AWZ der Nordsee. Das Übereinkommen stellt zum Schutze der Meeresumwelt auf allgemeine Prinzipien, wie Vorsorgeprinzip, Verursacherprinzip, Verwendung bester Technik und beste Umweltpraxis ab. Zur Konkretisierung wurden Leitfäden ausgegeben. Hier sind zwei Leitfäden zu OWP-Genehmigungsverfahren und Umweltverträglichkeitsprüfung hervorzuheben (Guidance on a Common Approach for Dealing with Applications for the Construction and Operation of Offshore-Wind-Farms aus 2005 und Guidance on Assessment of the Environmental Impacts of, and Best Environmental Practice for, Offshore-Wind-Farms in Relation to Location).[80] Die OSPAR-Kommission überwacht den Zustand des Meeresgebietes und Auswirkungen unmittelbar oder mittelbar nachteiliger Tätigkeiten. Sie kann Beschlüsse und Empfehlungen annehmen und so Standards schaffen. Dabei sind die Beschlüsse nur für die Vertragsparteien bindend, die für sie gestimmt haben. Für die Windenergie ist der Beschluss 98/3, das Verbot der Einbringung ausgedienter Bauwerke – wie schon im Londoner-Übereinkommen, hervorzuheben. Danach besteht eine völkerrechtliche Entsorgungspflicht.

2. Das Übereinkommen über den Schutz der Meeresumwelt des Ostseegebiets (Convention on the Protection of the Marine Environment of the Baltic Sea Area/Helsinki-Übereinkommen)[81] vom 9. April 1992, in Kraft getreten am 17. Januar 2000 stellt das Pendant zum OSPAR-Übereinkommen für die Ostsee dar. Hier werden die Aufgaben von der Helsinki-Kommission (HELCOM) wahrgenommen, die allerdings auf Empfehlungen und somit unverbindliches „soft law" beschränkt ist. Von den Empfehlungen

---

[78] http://www.aarhus-konvention.de/index.php?option=com_docman&task=cat_view&gid=29&Itemid=117

[79] BGBl. 1994 II, 1360.

[80] Keller, Planungs- und Zulassungsregime für Offshore-Windenergieanlagen in der deutschen Ausschließlichen Wirtschaftszone, Rostock 2006, S. 85.

[81] BGBl. 1994 II, 1355, BGBl. 2002 II, 2953.

sind die Empfehlung 15/5 von 1994 über die Errichtung eines Schutzgebietsnetzes, die Empfehlung 17/3 von 1996 über Information und Konsultation für die Errichtung neuer Installationen mit Einfluss auf die Ostsee[82] und die Empfehlung 24/10 von 2003 zur Einführung eines Integrierten Küstenzonenmanagements zu nennen (Information and Consultation with regard to Construction of New Installations affecting the Baltic Sea; Marine and Coastal Baltic Sea Protected Areas – BSPA; Implementation of Integrated Marine and Coastal Management of Human Activities in the Baltic Sea Area).

3. Das Abkommen zur Erhaltung der Kleinwale in Nord- und Ostsee (Agreement on the Conservation of Small Cetaceans of the Baltic and North Sea – ASCOBANS)[83] vom 31. März 1992, in Kraft getreten am 29. März 1994, stellt ein spezielles Artenschutzabkommen im Rahmen der Bonner Konvention dar, dass auf Erhaltungs-, Forschungs-, Hege- und Nutzungsmaßnahmen von Kleinwalen abzielt. Dies betrifft vom Verbreitungsgebiet her im deutschem Küstenmeer wie in der AWZ nur die Schweinswale.

4. Das Übereinkommen zur Erhaltung der afrikanisch-eurasischen, wandernden Wasservögel (Agreement on the Conservation of African-Eurasian Migratory Waterbirds – AEWA)[84] vom 16. Juni 1995 ist ebenfalls ein im Rahmen des Bonner Übereinkommens geschlossenes Abkommen, welches auf die Untersuchung der Folgen menschlicher Tätigkeiten und der Vermeidung von Auswirkungen auf ziehende Wasservögel abzielt. Es erfasst 107 in Deutschland brütende, überwinternde oder auf ihren Zügen rastende Wasservogelpopulationen und findet auch in der AWZ Anwendung.[85]

III. Europarechtlicher Rahmen

Neben den völkerrechtlichen Vorgaben sind solche des europäischen Gemeinschaftsrechts von entscheidender Bedeutung.

Die Europäische Gemeinschaft ist als Völkerrechtssubjekt zwar dem Seerechtsübereinkommen der Vereinten Nationen beigetreten, verfügt aber mangels Staatsqualität nicht über eine Gebietshoheit.[86] Aus der Tatsache, dass die EG Vertragspartei gem. Art. 305 Ans. 1 f) i.V.m. Anlage IX SRÜ

---

[82] Näher zu den Empfehlungen 15/5 und 17/3: Rosenbaum, Errichtung und Betrieb von Windenergieanlagen im Offshore-Bereich, Kiel 2006, S. 69 ff.
[83] BGBl 1993 II, 1113.
[84] BGBl 1998 II, 2498.
[85] Keller, Planungs- und Zulassungsregime für Offshore-Windenergieanlagen in der deutschen Ausschließlichen Wirtschaftszone, Rostock 2006, S. 91.
[86] Ell/Heugel, Geschützte Meeresflächen in der deutschen AWZ, NuR 2007, 315, 317 m.w.N.

ist, eine Geltung gemeinschaftsrechtlicher Richtlinien herzuleiten,[87] ist somit vorschnell und nicht überzeugend. Der EG-Vertrag beschränkt sich in Art. 299 Abs. 1 EG räumlich auf das Gebiet der Mitgliedsstaaten, was nicht an die Gebietshoheit der Mitgliedsstaaten, sondern an deren Hoheitsgewalt anknüpft.[88] Dem Küstenstaat kommen in der AWZ allerdings nur beschränkte Nutzungsrechte zu und keine Gebietshoheit, welche der Begriff der Hoheitsgewalt impliziert. Aus Art. 299 Abs. 1 EG lässt sich damit keine Anwendung des Gemeinschaftsrechts ableiten.[89] Eine akzessorischen Erstreckung des primären und sekundären Gemeinschaftsrechtes auf den Bereich der AWZ durch eine Nutzung der AWZ im völkerrechtlichen Rahmen durch einen Mitgliedsstaat ist daher abzulehnen. Angesichts einer fehlenden generellen Anwendbarkeit des Gemeinschaftsrechts kommt es für eine Anwendung des Gemeinschaftsrechts auf die einzelnen Gemeinschaftsrechtsakte an.

Die Gemeinschaft kann sich hier vor allem auf die Kompetenzen auf den Gebieten der Fischerei nach Art. 32 ff. EG und des Umweltschutzes nach Art. 174 ff. EG stützen. Infolge dessen kommt es auch zu einer Anwendung des europäischen Naturschutzrechtes in der AWZ. So ist die Anwendung der Vogelschutzrichtlinie 79/409/EWG und der FFH-Richtlinie 92/43/EWG seit einer entsprechenden Entscheidung des Londoner High Court of Justice vom 05. November 1999 in der Sache The Queen vs. The Secretary of State for Trade and Industry ex parte Greenpeace Ltd. allgemein anerkannt.[90] Eine effiziente Durchsetzung der Ziele der FFH-Richtlinie, insbesondere der Schutz der ziehenden Meeressäuger sowie mehrerer Lebensraumtypen des Anhangs II zur FFH-Richtlinie, wie Kaltwasserriffe und Sandbänke wäre anderweitig nicht gegeben. Gleiches gilt auch für die Vogelschutzrichtlinie.[91] In der Folge besteht eine Verpflichtung der Mitgliedsstaaten zur Schaffung von Schutzgebieten. Dementsprechend hat das VG Hamburg als für die deutsche AWZ zuständiges Gericht die Geltung dieser Richtlinien anerkannt.[92] Konsequenz ist eine Sperrung weiter Teile der

---

[87] So etwa Risch, Windenergieanlagen in der Ausschließlichen Wirtschaftszone, Dresden 2006, S. 53 f.

[88] Ell/Heugel, Geschützte Meeresflächen in der deutschen AWZ, NuR 2007, 315, 317 m.w.N.

[89] Keller, Planungs- und Zulassungsregime für Offshore-Windenergieanlagen in der deutschen Ausschließlichen Wirtschaftszone, Rostock 2006, S. 97; Rosenbaum, Errichtung und Betrieb von Windenergieanlagen im Offshore-Bereich, Kiel 2006, S. 85.

[90] High Court of Justice, abgedruckt und besprochen bei Cybulka, Die Geltung der FFH-Richtlinie in der Ausschließlichen Wirtschaftszone, NuR 2001, 19 ff.

[91] Cybulka, Die Geltung der FFH-Richtlinie in der Ausschließlichen Wirtschaftszone, NuR 2001, 19, 26.

[92] VG Hamburg, NuR 2004, 543, 545 m.w.N.

AWZ für die mit FFH- und Vogelschutzgebieten regelmäßig unvereinbare Windenergienutzung durch das europäische Gemeinschaftsrecht. Dies wird durch die neue Meeresstrategie-Rahmenrichtlinie vom 17. Juni 2008 gestärkt, welche gleichfalls Anwendung findet und für die Einrichtung von geschützten Meeresgebieten auf FFH-RL und V-RL verweist.[93]

Des Weiteren sind hier noch die UVP-Richtlinie 85/337/EWG und die SUP-Richtlinie 2001/42/EG für die Durchführung der Umweltprüfung zu nennen. Eine effiziente Umsetzung des europäischen Umweltrechts wird gerade durch Verfahrensvorgaben, wie die Umweltprüfung sowohl bei Genehmigungen als auch bei Plänen und Programmen, gewährleistet. Die Anwendung der V-RL, FFH-RL und UVP-RL wurde vom VG Hamburg gleichermaßen mit Verweis auf die EuGH-Rechtsprechung, dass eine Erweiterung des Anwendungsbereichs des Rechts der Mitgliedsstaaten zu einer Erweiterung des Anwendungsbereiches des Gemeinschaftsrechtes führe, und mit Bezugnahme auf das Urteil des High Court of Justice begründet.[94] Die Argumente für die Anwendung der UVP-Richtlinie lassen sich auf die SUP-RL übertragen. Dies war für die Festlegung besonderer Eignungsgebiete von Bedeutung und ist zuletzt hinsichtlich einer Raumordnung für die AWZ zu beachten.

Aus der Anwendbarkeit der Natura 2000-Richtlinien ergibt sich auch die Anwendbarkeit der Umwelthaftungsrichtlinie 2004/35/EG, so dass grundsätzlich auch Biodiversitätsschäden offshore geltend gemacht werden können.

Die Frage, ob und inwieweit die IKZM-Strategie (Empfehlung 2002/414/EG für eine Strategie für ein integriertes Küstenzonenmanagement) anwendbar ist oder nicht,[95] kann angesichts des Charakters der IKZM als „soft law" vorliegend dahinstehen. Konkrete Vorgaben für die Windenergienutzung sind hier nicht zu entnehmen. Selbiges gilt für die Mitteilung der Kommission an das Europäische Parlament, den Rat, den Europäischen Wirtschafts- und Sozialausschuss und Ausschuss der Regionen (KOM(2008) 768 endgültig/2) vom 12. Dezember 2008, welche die für die Erreichung der energiepolitischen Ziele für 2020 auf dem Gebiet der Offshore-Windenergie erforderlichen Maßnahmen skizziert. Diese beinhaltet, dass die Kommission alle Mitgliedsstaaten zu einer maritimen Raum-

---

[93] Richtlinie 2008/56/EG des Europäischen Parlaments und des Rates vom 17. Juni 2008 zur Schaffung eines Ordnungsrahmens für Maßnahmen der Gemeinschaft im Bereich der Meeresumwelt (Meeresstrategie-Rahmenrichtlinie), Abl. 25.06.2008, L 164/19 ff.

[94] VG Hamburg, NuR 2004, 543, 545 m.w.N.

[95] Für eine Anwendung: Erbguth, Integriertes Küstenzonenmanagement (IKZM) und deutsche Küstenbundesländer – rechtlicher Untersuchungsbedarf, NuR 2005, 757 ff.

ordnung drängt, besonderen Nachdruck auf offshore-bezogene Forschung legt, Orientierungshilfen für die Anwendung der EU-Naturschutzrechtsvorschriften in Verbindung mit Windparks erarbeitet und dabei insbesondere auf die Ausweisung von Meeresschutzgebieten drängt.

IV. Verfassungsrechtlicher Rahmen

Das Grundgesetz ist die Grundlage des Zustandekommens und der Geltung deutschen Rechts. Als Organisationsstatut des Staates ist das Grundgesetz jedoch grundsätzlich auf das Staatsgebiet beschränkt. Das Grundgesetz gibt damit die Geltung der deutschen Rechtsordnung in den Territorialgewässern und somit nur dem Küstenmeer vor. Eine Geltung deutschen Rechts über das in der Präambel aufgeführte Gebiet der Länder hinaus, regelt das Grundgesetz nicht.

Die exterritoriale Erstreckung staatlicher Souveränität hat seine Verankerung nicht im Staatsrecht, sondern im Völkerrecht. Maßgeblich ist hier das Seerechtsübereinkommen der vereinten Nationen. Das SRÜ hat am 02. September 1994 mit einem Vertragsgesetz gem. Art. 59 Abs. 2 GG innerstaatliche Geltung erlangt.[96] Im Bereich des Verfassungsrechts kommt daher die völkerrechtliche Unterscheidung zwischen einer Windenergienutzung im Küstenmehr und in der AWZ zum Tragen. Nach Art. 56 Abs. 1 lit. b iii SRÜ kann ein Küstenstaat die Geltung seiner Gesetze in den Bereich der AWZ ausweiten.

Ungeachtet des völkerrechtlichen Anknüpfungspunktes und der reduzierten Souveränitätsausübung, ist der deutsche Staat gem. Art. 20 Abs. 3 GG auch extraterritorial durch die Verfassung gebunden: Diese Bindung endet nicht an der Staatsgrenze, sondern entfaltet überall dort Wirkung, wo deutsche Staatsgewalt sich auswirkt.[97] Dies umfasst die Grundrechtsbindung ebenso wie die staatsorganisatorischen Regelungen, sowie die Kompetenzordnungen des Grundgesetzes. Das Grundgesetz ist daher Maßstab staatlichen Handelns gleichermaßen in Küstenmeer wie AWZ.

Problematisch wirkt sich die Geltung des Grundgesetzes vor allem im Hinblick auf die Kompetenzordnungen der Art. 70 ff. und Art. 83 ff. GG aus. Davon sind Gesetzgebungskompetenz wie Verwaltungskompetenz gleichermaßen betroffen.

Das deutsche Grundgesetz enthält keinerlei ausdrückliche Kompetenzregelung für das Recht der AWZ. Die strikte Anwendung der Kompetenz-

---

[96] BGBl 1994 II, 1798.
[97] BVerfG, BVerfGE 6, 290, 295; BVerfGE 57, 1, 23.

ordnung des Grundgesetzes ruft daher bereits verfassungsrechtliche Bedenken hervor.[98] Für eine Zuständigkeit der Länder außerhalb des jeweiligen Staatsgebietes bestehe kein Anknüpfungspunkt, da die föderale Verteilungsregelung der Art. 70 ff. GG auf dem Territorialitätsprinzip beruhe, die AWZ als einheitlicher Wirtschaftsraum aber gerade kein Teil des Staatsgebietes ist und dem Bund die Möglichkeit der wirtschaftlichen Nutzung durch internationale Abkommen eingeräumt wurde. Da die grundgesetzliche Kompetenzverteilung nicht greife, stehe dem Bund eine Auffangkompetenz aus der erforderlichen Funktionsfähigkeit und Effektivität einer Umsetzung der AWZ-Rechtsordnung als völkerrechtliche Verpflichtung zu.[99] Dieser Auffassung liegt ein rein gebietsbezogenes Verständnis des Bundesstaatsgebots zugrunde. Da das Grundgesetz wie dargelegt auch außerhalb des Staatsgebiets Bindungswirkung entfaltet, können diese Überlegungen nicht greifen. Auch kann sich der Bund nicht durch Abschluss völkerrechtlicher Verträge von der Geltung des Grundgesetzes befreien.[100] Die Existenz bundesunmittelbarer Gebiete ist nicht mit dem Grundgesetz vereinbar.[101] Hinzukommende Hoheitsrechte können daher nicht von der Kompetenzverteilung zugunsten des Bundes ausgenommen werden.

1. Gesetzgebungskompetenz

Während die Länder für das Küstenmeer unstrittig im Rahmen der Kompetenzzuweisung von Art. 30 und 70 GG zuständig sind und damit das an Land entwickelte Genehmigungsverfahren Anwendung findet, sind die Kompetenzen für die AWZ umstritten.

Da die Mütter und Väter des Grundgesetzes noch vor dem Genfer Übereinkommen von 1958 und der SRÜ von 1982 tätig wurden, konnte die AWZ ursprünglich nicht mit einbezogen werden. Eine solche Kompetenz für das Recht der AWZ wurde aber auch nicht nachträglich in das Grundgesetz eingefügt. Auch wenn nach einhelliger Auffassung der Bund in der AWZ regelungsbefugt sein soll,[102] besteht daher über die Grundlage der Gesetzgebungskompetenz keine Einigkeit. Es wird diskutiert, ob dem Bund eine ungeschriebene ausschließliche Kompetenz kraft Natur der Sache zusteht oder die bestehenden Kompetenzen im Bereich der konkurrierenden

---

[98] Cybulka, Zur Geltung des nationalen Rechts in der AWZ, NuR 2001, 367, 370 f.; Rodi, Grundstrukturen des Energieumweltrechtes, EurUP 2005, 165, 172.
[99] Maier, Zur Steuerung von Offshore-Windenergieanlagen in der AWZ, UPR 2004, 103, 107.
[100] BVerfG, BVerfGE 6, 290, 295; BVerfGE 57, 1, 23.
[101] BVerfG, BVerfGE 15, 1 ff.
[102] Wustlich, Das Recht der Windenergie im Wandel, ZUR 2007, 122, 123.

Gesetzgebungskompetenzen so auszulegen sind, dass sie die Regelung der hinzugekommenen AWZ umfassen.

Im Vordergrund der Debatte steht eine Kompetenz kraft Natur der Sache, welche immer wieder für eine Bundeskompetenz in der AWZ angeführt wird.[103] So wurde vor kurzem z. B. die Kompetenz für die Raumordnung in der AWZ nach §§ 1 Abs. 1 Satz 3, 18 a ROG a. F./§ 17 Abs. 3 ROG n. F. auf die Natur der Sache gestützt.[104] Dem liegt offenbar die Vorstellung zugrunde, dass die AWZ durch ein einheitliches Nutz- und Schutzregime einen abgeschlossenen Sachbereich darstelle und dem Zuständigkeitskatalog des Grundgesetzes daher nicht zuzuordnen sei. Mag man darüber diskutieren, so fehlt es doch an den Voraussetzungen der Überregionalität und der behaupteten Unmöglichkeit der Selbstkoordination durch die Länder.[105] Schwierigkeiten der Abgrenzung unter den Ländern können angesichts der erfolgreichen Anwendung des Äquidistanzprinzips im Bergrecht nach § 137 Abs. 1 BBergG i. V. m. Art. 6 Abs. 2 S. 2 Festlandsockel-Übereinkommen nicht bestehen. Auch ist der Anwendungsbereich ungeschriebener Kompetenzen eng auszulegen, um eine Aushöhlung der geschriebenen Kompetenzen zu vermeiden.[106] Als Fallgruppen der Kompetenz kraft Natur der Sache werden bislang nur die nationale und staatliche Selbstdarstellung und Repräsentation nach außen, die Regelung von für das Ausland bestimmten Rundfunksendungen, raumbedeutsame normative Entscheidungen für den Gesamtraum der Bundesrepublik und Fragen des Beitritts der ehemaligen DDR anerkannt. Vor diesem Hintergrund wird das „Recht der AWZ" als Bundeskompetenz kraft Natur der Sache überzeugend abgelehnt. Es handelt sich nicht um ein umfassendes, abschließendes Sachgebiet, sondern um eine analoge Situation zum terrestrischen Gebiet.[107] Es werden letztlich wirtschaftliche Nutzungen und auch der Naturschutz geregelt. Für eine Anwendung der Kompetenzordnung des Grundgesetzes in Art. 70 ff. GG spricht, dass die Väter des Grundgesetzes mit der konkurrierenden Gesetzgebungskompetenz für die Hochsee- und Küstenschifffahrt in Art. 74 Abs. 1 Nr. 21 GG bereits eine Kompetenzverteilung auch außerhalb des

---

[103] Schnoor, Verfassungsrechtliche Bedingungen einer Küstenwache zur Bewältigung maritimer Schadensfälle, ZUR 2000, 221, 224.

[104] Erbguth/Mahlburg, Steuerung von Offshore-Windenergieanlagen in der Ausschließlichen Wirtschaftszone, DÖV 2003, 665, 669; Söfker, Zum Entwurf eines Gesetzes zur Neufassung des Raumordnungsgesetzes, UPR 2008, 161; Krautzberger/Stüer, Das neue Raumordnungsgesetz des Bundes, BauR 2009, 180, 189.

[105] A. A. Schnoor, Verfassungsrechtliche Bedingungen einer Küstenwache zur Bewältigung maritimer Schadensfälle, ZUR 2000, 221, 224.

[106] BVerfG, BVerfGE 98, 265, 299; Maunz/Dürig, Grundgesetz-Kommentar, Art. 70 Rn. 45 ff.

[107] Risch, Windenergieanlagen in der Ausschließlichen Wirtschaftszone, Dresden 2006, S. 78 f.

deutschen Staatsgebiets im Blick hatten.[108] Dies fußt auf der Differenzierung der Begriffe „Hochsee" und „Küste", aus der sich schließen lässt, dass den Müttern und Vätern des Grundgesetzes die Problematik verschiedener Meereszonen durchaus bewusst war.[109] Die Ablehnung einer Kompetenz kraft Natur der Sache überzeugt auch gerade vor dem Hintergrund der Raumordnung in der AWZ, wo mit Vorranggebieten und Ausschlusswirkung gerade von der Raumordnung im Hoheitsgebiet bekannte und bewährte Konstruktionen des Planungsrechts übertragen werden sollen. Die Ablehnung einer Kompetenz kraft Natur der Sache erfasst nicht nur eine solche für ein „Recht der AWZ", sondern auch für einzelne Sachgebiete, wie Bauordnungsrecht, Naturschutz und Raumordnung in der AWZ. Allen diesen Sachgebieten ist die Übertragung rechtlicher Kategorien vom Hoheitsgebiet auf die AWZ gemeinsam. Dementsprechend handelt es sich auch hier nicht um abgeschlossene AWZ-Sachgebiete, sondern um eine analoge Situation zum terrestrischen Gebiet.

Im Hinblick auf die geschriebenen Gesetzgebungskompetenzen im Bereich der konkurrierenden Gesetzgebung erweisen sich mehrere als einschlägig.

Im Vordergrund steht zunächst das Recht der Wirtschaft in Art. 74 Abs. 1 Nr. 11 GG.[110] Damit wird auch das Recht der Energiewirtschaft als Bestandteil des Rechts der Wirtschaft mit erfasst. Insofern taugt dieser Kompetenztitel als Grundlage von Offshore-Vergütungsregelungen im EEG, Offshore-Kabelanbindungen sowie anlagenspezifische, sicherheitsrechtliche und umweltbezogene Vorschriften. Dem kann nicht entgegengehalten werden, dass letztere der Gefahrenabwehr dienten. Sie sollen Gefahren abwehren, die gerade durch die wirtschaftliche Tätigkeit herausgefordert werden und nicht wirtschaftunabhängig für jedermann gelten. Der Bund kann von der ihm eingeräumten Kompetenz im Bereich der Energiewirtschaft nicht sinnvoll Gebrauch machen, ohne die Fragen der Anlagenzulassung einschließlich entgegenstehender Gründe mit zu regeln. Die Kompetenz für das Recht der Wirtschaft erstreckt sich daher kraft Sachzusammenhangs[111] auf diese Fragen.[112]

---

[108] Krieger, Erdgasgewinnung aus dem deutschen Festlandsockel, DVBl 2002, 300, 304; Erbguth/Mahlburg, Steuerung von Offshore-Windenergieanlagen in der Ausschließlichen Wirtschaftszone, DÖV 2003, 665, 667.

[109] Ehlers, Grundgesetz und Meer, NordÖR 2003, 385.

[110] In diese Richtung schon Czybulka, Zur Geltung des nationalen Rechts in der AWZ, NuR 2001, 367, 370 f.; Ehlers, Grundgesetz und Meer, NordÖR 2003, 385, 389.

[111] Zu den Voraussetzungen BVerfG, BVerfGE 3, 407 ff.; BVerfGE 98, 265, 299.

[112] Kahle, Nationale (Umwelt-)Gesetzgebung in der deutschen AWZ am Beispiel der Offshore-Windparks, ZUR 2004, 80, 84; Risch, Windenergieanlagen in der Ausschließlichen Wirtschaftszone, Dresden 2006, S. 89.

IV. Verfassungsrechtlicher Rahmen

Die Raumordnung kann sich, soweit sie wirtschaftliche Nutzungen koordiniert, auch auf diese Kompetenz stützen.

Neben dem Recht der Wirtschaft kann sich der Bund bei allen schifffahrtsbezogenen Regelungen zudem auf das Recht der Hochsee- und Küstenschifffahrt nach Art. 74 Abs. 1 Nr. 21 GG stützen. Dies betrifft u. a. die Sicherheit und Leichtigkeit des Verkehrs in § 1 Nr. 10a Seeaufgabengesetz und § 3 Seeanlagenverordnung.

Weiterer Kompetenzgrundlage ist Art. 74 Abs. 1 Nr. 24 GG im Hinblick auf die Abfallwirtschaft, welche bei der Rückbaupflicht für OWPs tangiert ist, und der Lärmbekämpfung, welche angesichts der Entfernung menschlicher Siedlungen vor allem in der Bauphase von Bedeutung ist.

Mit der Föderalismusreform und dem damit verbundenen Wegfall der Rahmenkompetenzen bestehen nun mehr konkurrierende Gesetzgebungskompetenzen für den Naturschutz in Art. 74 Abs. 1 Nr. 29 GG und die Raumordnung in Art. 74 Abs. 1 Nr. 31 GG. Die dahingehenden Bedenken, ob die Regelungen von der Rahmenkompetenz gedeckt sind,[113] haben sich damit erledigt.

Die Voraussetzungen für eine Inanspruchnahme der konkurrierenden Gesetzgebungskompetenz in Art. 72 Abs. 2 GG liegen hier zumindest in Form der Wahrung der Wirtschaftseinheit vor, da Aktivitäten der Energiewirtschaft naturgemäß Ländergrenzen überschreiten.[114]

Das vor der Verfassungsreform 1994 ergangene Recht, wie BBergG und SeeAufgG ist durch Art. 125 a Abs. 2 S. 1 GG und das vor der Föderalismusreform 2006 ergangene Recht auf Grundlage der alten Rahmengesetzgebung, wie § 38 BNatSchG und § 18a ROG a. F., durch Art. 125 b Abs. 1 S. 1 GG geschützt.

Raum für eine Landesgesetzgebung verbliebe allenfalls für den Bereich des Bauordnungsrechts, wobei die Länder, insbesondere die hier vorrangig in Frage kommenden Küstenländer, bislang keinen Ehrgeiz haben erkennen lassen.

---

[113] Keller, Planungs- und Zulassungsregime für Offshore-Windenergieanlagen in der deutschen Ausschließlichen Wirtschaftszone, Rostock 2006, S. 193 und 198; a. A. Rosenbaum, Errichtung und Betrieb von Windenergieanlagen im Offshore-Bereich, Kiel 2006, S. 124 f.

[114] Risch, Windenergieanlagen in der Ausschließlichen Wirtschaftszone, Dresden 2006, S. 96.

2. Verwaltungskompetenz

Die Ergebnisse der näheren Betrachtung der Gesetzeskompetenz prägen auch die Beurteilung der Verwaltungskompetenz, denn auch hier ist eine Kompetenz des Bundes nicht ausdrücklich vorgesehen. Eine Verwaltungskompetenz des Bundes kraft Natur der Sache wird überwiegend abgelehnt. Gleiches gilt für eine dem ähnliche Residualkompetenz aus dem Gesichtspunkt der Umsetzungsverpflichtung des Völker- und Europarechts, welche nur der Bund effizient gewährleisten könne.[115] Auch hier überzeugt der Vergleich mit dem Bergrecht. In § 136 BBergG werden die Verwaltungsaufgaben für den Festlandsockel den Landesbehörden zugewiesen. Das Bergamt Clausthal-Zellerfeld und das Bergamt Stralsund nehmen seit Jahren problemlos ihre Aufgaben nach BBergG für den Festlandsockel wahr. Insofern wäre dies grundsätzlich auch für die AWZ denkbar.

Es besteht jedoch im Rahmen der Gesetzgebungskompetenz die Möglichkeit einer fakultative Bundesverwaltung für die Seeschifffahrt gem. Art. 89 Abs. 2 S. 2 GG sowie der allgemeinen fakultativen Bundesverwaltung nach Art. 87 Abs. 3 GG.[116] Der Bund hat von seiner Verwaltungskompetenz Gebrauch gemacht und durch das Bundesministerium für Verkehr das Bundesamt für Seeschifffahrt und Hydrographie als nachgeordnete Bundesoberbehörde geschaffen. Die Problematik, dass ausfüllungsbedürftige Rahmenvorschriften der fakultativen Bundesverwaltung entzogen sind, hat sich im Hinblick auf Naturschutz- und Raumordnungsrecht mit der Verlagerung in die konkurrierende Gesetzgebung gelöst, so dass es auf die Frage, ob in diesen Rahmengesetzen eine ausnahmsweise zulässige Vollregelung erfolgte,[117] fortan dahinstehen kann.

3. Anwendbarkeit von innerstaatlichem Recht

In Folge der gegebenen Gesetzgebungskompetenzen stellt sich die Frage der Anwendbarkeit von unterverfassungsrechtlichem Recht. Hier besteht Uneinigkeit über den Umfang der Geltung von innerstaatlichem Recht.

Nach einer Auffassung soll das innerstaatliche Recht ipso iure Anwendung finden.[118] Demnach würden alle nationalen Gesetze auch in der AWZ

---

[115] Vertreten von Czybulka, Zur Geltung des nationalen Rechts in der AWZ, NuR 2001, 367, 371 f.
[116] Ehlers, Grundgesetz und Meer, NordÖR 2003, 385, 389.
[117] Dazu ausführlich Risch, Windenergieanlagen in der Ausschließlichen Wirtschaftszone, Dresden 2006, S. 153 ff.
[118] Czybulka, Zur Geltung des nationalen Rechts in der AWZ, NuR 2001, 367, 370.

gelten. Dafür werden sachliche und pragmatische Gründe angeführt. Art. 20a GG könne seinen Zweck nur erfüllen, wenn Natur- und Umweltschutz nicht an nationalen Grenzen halt machen. Auch bedürfe es einer Geltung des gesamten innerstaatlichen Rechts, da viele Gesetze älter als das Inkrafttreten des SRÜ 1994 seien oder das SRÜ bei deren Überarbeitung unbewusst nicht mit umgesetzt worden sei. Auch würden andernfalls nicht hinnehmbare Regelungslücken für den Bereich der AWZ entstehen. So könnten z. B. Straftaten dort nicht geahndet werden.

Überwiegend wird jedoch nur von einer Geltung eines Teils des nationalen Rechts ausgegangen. Hier werden zwei Wege vertreten: Eine auf einzelne Rechtsgebiete beschränkte Geltung nationalen Rechts und das Erfordernis einer gesetzlichen Geltungserstreckung. Einerseits wird vertreten, zumindest das zur Umsetzung des Gemeinschaftsrechts von in der AWZ anwendbaren Richtlinien erlassene deutsche Recht in der AWZ automatisch anzuwenden. Andererseits wird gestützt auf die Gesetzgebungspraxis eine ausdrückliche Erstreckungsklausel im nationalen Recht gefordert.

Die pragmatischen Argumente für eine Geltung des nationalen Rechts ipso iure taugen nicht für eine dogmatisch saubere Lösung, die auch dem völkerrechtlichen Publizitätsgrundsatz genügt.

Die Gesetzgebungsgeschichte zeigt, dass der Gesetzgeber keine umfassende Geltung nationalen Rechts, sondern nur die Anwendung eines Teils davon will. Viele wesentliche Gesetze wurden seit 1994 überarbeitet. Dabei hätte der Gesetzgeber die AWZ in weitaus mehr als einer kleinen Auswahl berücksichtigen können.

Auch das angeführte Beispiel des Strafrechts überzeugt nicht angesichts der Auffangregelung in § 7 Abs. 2 Nr. 1 StGB für die Strafbarkeit von Deutschen bei fehlender Strafgewalt des Tatorts sowie der Regelungen für Schiffe unter deutscher Flagge nach § 4 StGB und Umweltgüter in der AWZ nach § 5 Nr. 11 StGB.

Weiterhin entspricht es nicht der Systematik des SRÜ dass Küstenstaaten ihr gesamtes Recht wie in ihrem Hoheitsgebiet gelten lassen, wenn nur die Ausübung bestimmter Hoheitsbefugnisse vorgesehen ist. Der Unterschied zwischen Staatsgebiet und Funktionshoheitsraum würde verwischt.[119]

Auch die Annahme, außerhalb der besonders sensiblen Normen des Straf- und Steuerrechts seien niedrigere Anforderungen als eine Erstreckungsklausel an die Geltung deutschen Rechts zu stellen,[120] vermag nicht zu überzeu-

---

[119] Keller, Planungs- und Zulassungsregime für Offshore-Windenergieanlagen in der deutschen Ausschließlichen Wirtschaftszone, Rostock 2006, S. 173.
[120] Krieger, Erdgasgewinnung aus dem deutschen Festlandsockel, DVBl 2002, 300, 305.

gen. Denn gerade dort arbeitet der Gesetzgeber schwerpunktmäßig mit Erstreckungsklauseln.

Selbst bei einer Einschränkung auf das SRÜ-konforme nationale Recht, hat der Gesetzgeber mit zahlreichen Erstreckungsklauseln und AWZ-bezogenen Regelungen gezeigt, dass er nur die getroffene Auswahl von Gesetzen in der AWZ gelten lassen will. Dies entspricht auch der umfassenden Wesentlichkeitstheorie[121] und dem Gebot der Rechtsklarheit. Gesetze finden demnach nur dann eine Erstreckung auf die AWZ, wenn sich dies dem gesetzgeberischen Willen entnehmen lässt.[122]

Aus diesem Grund kann von den Auffassungen, welche nur Teile des nationalen Rechts anwenden wollen, nur jene überzeugen, die eine Erstreckungsregelung voraussetzt. Die andere Variante, welche die Geltung des der Umsetzung von Gemeinschaftsrecht dienenden Rechts befürwortet, ist abzulehnen. Der Vorrang des Gemeinschaftsrechts, gerade auch bei den in der AWZ besonders relevanten Richtlinien V-RL, FFH-RL und UVP-RL soll dabei nicht in Abrede gestellt werden. Gemeinschaftsrechtliche Gebote können jedoch nicht die völkerrechtlichen Hoheitsbefugnisse des Küstenstaates in der AWZ ändern oder erweitern.[123] Auch kommt hier die unmittelbare Anwendung einzelner Richtlinien in Betracht, so dass der Weg über eine Anwendung der nationalen Umsetzung nicht erforderlich ist. Der Weg, eine Geltung nur bei einem dahingehenden gesetzgeberischen Willen anzunehmen, überzeugt hingegen.

Nach allgemeiner Auffassung muss sich der gesetzgeberische Willen grundsätzlich in einer gesetzlichen Erstreckungsklausel manifestieren.[124] Über eine solche verfügen neben den speziellen Regelungen von Seeaufgabengesetz und Seeanlagenverordnung das EEG (§ 2 Abs. 1 S. 1 EEG), UVPG (§ 2 a SeeAnlV und § 1 Abs. 2 URG), ROG (§ 1 Abs. 1 Nr. 2 S. 2 a.F./§ 1 Abs. 4 ROG n.F.), USchadG (§ 3 Abs. 2) und mit der Novelle 2009 BNatSchG (§ 56 n.F.).

Von dem Grundsatz der Erforderlichkeit einer Erstreckungsklausel wird eine Ausnahme gemacht, dass auch Gesetze ohne Erstreckungsklausel in

---

[121] BVerfGE 40, 237, 248 f.

[122] Ehlers, Grundgesetz und Meer, NordÖR 2003, 385, 386; Wustlich, Das Recht der Windenergie im Wandel, ZUR 2007, 122, 123.

[123] Kahle, Nationale (Umwelt-)Gesetzgebung in der deutschen AWZ am Beispiel der Offshore-Windparks, ZUR 2004, 80, 83.

[124] VG Hamburg, NuR 2004, 547, 548; Jenisch, Offshore-Windenergieanlagen im Seerecht, NuR 1997, 376; Ehlers, Grundgesetz und Meer, NordÖR 2003, 385, 386; Risch, Windenergieanlagen in der Ausschließlichen Wirtschaftszone, Dresden 2006, S. 127; Rosenbaum, Errichtung und Betrieb von Windenergieanlagen im Offshore-Bereich, Kiel 2006, S. 181.

der AWZ Anwendung finden, soweit sich der gesetzgeberische Wille aus der jeweiligen Norm entnehmen lässt.[125] Als Beispiel für eine partielle Anwendung von nationalem Recht gilt das bisherige BNatSchG (§ 38 BNatSchG mit Bezugnahme auf §§ 33, 34 BNatSchG für die Ausweisung von Meeresschutzgebieten). Eine über die partielle Anwendung hinausgehende umfassende Anwendung des BNatSchG, welche teilweise vertreten wird,[126] ist im Übrigen völkerrechtlich nicht geboten, da Deutschland mit § 38 BNatSchG und dem Belang der Meeresumwelt in § 3 SeeAnlV seinen völkerrechtlichen Pflichten genüge getan hat.[127] Diese Frage erledigt sich jedoch mit Inkrafttreten des ursprünglich als Teil des UGB vorgesehenen neuen BNatSchG 2009, welches in § 56 eine ausdrückliche Erstreckungsregel enthält und mithin Klarheit schafft. Sie nimmt Kapitel 2 (Landschaftsplanung) sowie für alle bis 2017 genehmigten Windparks die Eingriffsregelung von der Erstreckung aus.[128] Damit wird die auch hier vertretene Auffassung, welche bislang stets von einer nur partiellen Erstreckung ausgegangen ist, nunmehr vom Gesetzgeber bestätigt. Eine ähnliche Beurteilung ergibt sich für die Frage der beschränkten Erstreckungsklausel in § 1 Abs. 1 Nr. 2 ROG a.F. i.V.m. § 18a ROG a.F. vor dem Hintergrund von Aarhus-Konvention und SUP-Richtlinie.[129] Es verbleibt also bei einer partiellen Anwendung nationalen Rechts im Rahmen der Erstreckungsklausel oder ausdrücklichen Bezugnahme auf die AWZ.

Darüber hinaus stellt sich die Frage der Anwendbarkeit weiterer Gesetze, die für den Rechtsverkehr von entscheidender Bedeutung sind. Darunter fällt insbesondere die Frage der Geltung des BGB. Diese ist insbesondere vor dem Hintergrund einer möglichen Sicherungsübereignung von Offshore-Windenergieanlagen von Interesse. Bei einer Anwendbarkeit des BGB könnten diese wegen der Verbindung mit dem Meeresgrundstück zu einem

---

[125] Ehlers, Grundgesetz und Meer, NordÖR 2003, 385, 386.

[126] Czybulka, Zur Geltung des nationalen Rechts in der AWZ, NuR 2001, 367, 372; Reshöft/Dreher, Rechtsfragen bei der Genehmigung von Offshore-Windparks in der deutschen AWZ nach Inkrafttreten des BNatSchNeuregG, ZNER 2002, 95, 100 f.; Kahle, Nationale (Umwelt-)Gesetzgebung in der deutschen AWZ am Beispiel der Offshore-Windparks, ZUR 2004, 80, 84.

[127] Risch, Windenergieanlagen in der Ausschließlichen Wirtschaftszone, Dresden 2006, S. 134; a.A. Reshöft/Dreher, Rechtsfragen bei der Genehmigung von Offshore-Windparks in der deutschen AWZ nach Inkrafttreten des BNatSchNeuregG, ZNER 2002, 95, 101.

[128] Siehe Gesetzentwurf der Regierungsfraktionen BT-Drs. 16/12274 und die in diesem Punkt nur im Hinblick auf die überarbeitete AWZ-ROV in § 56 II BNatSchG n.F. angepasste Beschlussempfehlung des Ausschusses für Umwelt, Naturschutz und Reaktorsicherheit vom 17.06.2009, BT-Drs. 16/13430.

[129] Risch, Windenergieanlagen in der Ausschließlichen Wirtschaftszone, Dresden 2006, S. 144 ff.

vorübergehenden Zweck der Energiegewinnung und der Beseitigungspflicht nicht als wesentliche Bestandteile des Meeresgrundstücks, sondern als Scheinbestandteile nach § 95 Abs. 1 BGB gewertet werden.[130] Dann wäre die Möglichkeit der Sicherungsübereignung wie bei jeder beweglichen Sache gegeben.

Bei striktem Abstellen auf das Erfordernis einer Erstreckungsklausel wäre das BGB nicht anwendbar. Dieses Ergebnis wird daher in der Literatur vertreten.[131] Konsequenz dessen ist, dass das zivilrechtliche Eigentum an der Anlage mit deren Einbringung in den Meeresboden wegfiele. Die daraus resultieren Probleme sollen durch ein direktes Abstellen auf Art. 14 GG kompensiert werden. Das Grundgesetz verfügt anerkanntermaßen über einen eigenen Eigentumsbegriff,[132] der mehrere Rechtspositionen des Anlagenbetreibers, wie das Sacheigentum und die öffentlich-rechtliche Erlaubnis nach Seeanlagenverordnung an der Anlage erfassen würde.[133]

Nach anderer Auffassung ist dagegen im Zivilrecht keine Erstreckungsklausel vorauszusetzen. Für eine Anwendbarkeit des BGB wird angeführt, dass der Gesetzgeber bei der Überprüfung des deutschen Rechts auf Anwendbarkeit in der AWZ sich bis auf das Schiffsregisterrecht nicht mit Normen des Zivilrechts befasst hat und insoweit eine Regelungslücke besteht. Diese könne durch eine analoge Anwendung von Art. 43 Abs. 1 EGBGB geschlossen werden.[134] Dem wird vehement widersprochen.[135] Allein daraus, dass der Gesetzgeber keine zivilrechtlichen Erstreckungsklauseln normiert habe, könne nicht auf eine Entbehrlichkeit von Erstreckungsklauseln geschlossen werden. Es könne genauso davon ausgegangen werden, dass der Gesetzgeber das Zivilrecht nicht auf die AWZ erstrecken wollte.

Weder die strikte Ablehnung der Anwendung des BGB noch das Absehen vom Erfordernis der Erstreckungsklausel können vorliegend überzeugen. Beides übersieht, dass der gesetzgeberische Wille zur Anwendung des BGB auch ohne Erstreckungsregel in BGB oder EGBGB durchaus erkennbar ist. Mit der Schaffung einer Erstreckungsklausel im EEG explizit für Offshore-

---

[130] Diekamp, Sicherungsübereignung von Offshore-Windenergieanlagen, ZBB, 10, 18 ff.
[131] Risch, Windenergieanlagen in der Ausschließlichen Wirtschaftszone, Dresden 2006, S. 163; Pestke, Offshore-Windfarmen in der Ausschließlichen Wirtschaftszone, Bremen 2008, S. 220 f.
[132] BVerfGE 24, 367, 389.
[133] Risch, Windenergieanlagen in der Ausschließlichen Wirtschaftszone, Dresden 2006, S. 167 ff.
[134] Diekamp, Sicherungsübereignung von Offshore-Windenergieanlagen, ZBB, 10, 21 f.
[135] Risch, Windenergieanlagen in der Ausschließlichen Wirtschaftszone, Dresden 2006, S. 164.

Windenergieanlagen setzt der Gesetzgeber einen Betreiber voraus. Dieser muss nicht notwendigerweise der Eigentümer sein. Mit dem Betreiberbegriff wird für die Vergütung nur auf die Verfügungsgewalt abgestellt. Weiter gefasst ist der auf den Projektierer ausgerichtete Betreiberbegriff des § 17 Abs. 2a EnWG für die Netzanbindung der OWPs. Die Regelung der Vergütung des erzeugten Stromes und des Erstattungsanspruchs des Projektierers setzen mehr an Regelungsdichte voraus, als Art. 14 GG bieten kann. Diese Anforderungen werden verstärkt durch die Novelle der Seeanlagenverordnung, welche mit der Möglichkeit eine Sicherheitsleistung für den Rückbau zur Genehmigungsvoraussetzung zu machen in Verbindung mit der bestehenden Erstreckungsklausel, §§ 12 Abs. 3, 1 Abs. 1 Nr. 1 SeeAnlV, weitere zivilrechtliche Regelungen erfordert.[136] Die Normen für die Regelung der erforderlichen Vertragsbeziehungen für die sinnvolle Nutzung der AWZ befinden sich im BGB. Die Gesamtschau der genannten Normen setzt daher letztendlich voraus, dass auch offshore das BGB anwendbar ist. Insofern ist aus der Gesamtschau der bestehenden Erstreckungsklauseln auf den gesetzgeberischen Willen für eine Anwendbarkeit des BGB zu schließen. Es liegt zwar kein Fall ausdrücklicher, jedoch ein Fall mittelbarer Erstreckung vor.

V. Genehmigungsverfahren

Hinsichtlich des Genehmigungsverfahrens ist entsprechend der völkerrechtlich vorgegebenen Meereszonen zwischen Küstenmeer und AWZ zu unterscheiden.

1. Genehmigungsverfahren im Küstenmeer

Nach Art. 2 und 3 SRÜ können die Anrainerstaaten in ihrem Küstenmeer die volle Gebietshoheit beanspruchen, so dass im deutschen Küstenmeer in vollem Umfang die nationale Rechtsordnung Anwendung findet. Das Küstenmeer ist somit Teil des Bundesstaatsgebietes als auch Teil des Staatsgebietes der Länder.[137] Als Sonderregelung ist nur Art. 24 Abs. 2 SRÜ dahingehend zu beachten, dass Hindernisse für die Schifffahrt in geeigneter Weise wie durch Aufnahme in amtliche Seekarten bekanntzumachen sind. Vorhaben im Bereich des Küstenmeeres werden in der Folge

---

[136] In diese Richtung neuerdings auch Büllesfeld/Multmeier, „Auf hoher See?" – Zur Anwendbarkeit nationalen Zivilrechts auf Offshore-Windenergieanlagen in der deutschen Ausschließlichen Wirtschaftszone, ZNER 2009, 7, 10 f. unter Verweis auf den Bedarf insbesondere an §§ 241 II, 269, 270, 242 BGB.

[137] Der Bund wird in Anlehnung an Art. 89 GG als Fiskaleigentümer des Meeresbodens angesehen, Hübner, Offshore-Windenergieanlagen, ZUR 2000, 143.

nach dem für Onshore-Anlagen entwickelten immissionsschutzrechtlichen Genehmigungsverfahren genehmigt. Küstenmeer-Windenergieanlagen sind Anlagen im Sinne des § 3 Abs. 5 BImSchG.[138] Insofern lässt sich hier grundsätzlich auf die Ausführungen im ersten Teil der Arbeit mit sämtlichen Fragen des immissionschutzrechtlichen Genehmigungsverfahrens verweisen. Dennoch gilt es hier einige Besonderheiten für das Küstenmeer festzuhalten, zumal das immissionsschutzrechtliche Genehmigungsverfahren von landbezogenen Vorschriften geprägt ist, welche für die Errichtung von Offshore-Anlagen nicht ausgestaltet wurden.

Zunächst ergibt sich aus der besonderen Lage, dass eine Errichtung von Offshore-Anlagen im Küstenmeer nur wirtschaftlich darstellbar ist, wenn nicht eine oder wenige Einzelanlagen, sondern ein zusammenhängender Windpark errichtet wird. Das Genehmigungsobjekt soll also stets eine mehrere Einzelanlagen zusammenfassende „gemeinsame Anlage" sein. Während der Begriff der „Windkraftanlage" in Nr. 1.6 des Anhangs zur 4. BImSchV nach der Verkehrsanschauung bereits die einzelne Anlage als Genehmigungsobjekt erfasst und der Begriff der „Betriebsstätte" in § 3 Abs. 5 BImSchG sich auf eine aus mehreren technischen Einrichtungen bestehende „Gesamtanlage" bezieht, bilden mehrere selbstständige Anlagen nach der Vorgabe des § 1 Abs. 3 der 4. BImSchV als „gemeinsame Anlage" das Genehmigungsobjekt.[139] Infolge der Anlagenvielzahl und der Regelung des § 2 Abs. 1 Nr. 1 c) der 4. BImSchV erfolgt die Genehmigung im förmlichen Genehmigungsverfahren nach § 10 BImSchG mit Umweltprüfung und Öffentlichkeitsbeteiligung.

Hervorzuheben ist weiterhin, dass die Konzentrationswirkung des § 13 BImSchG zwar die wasserrechtlichen Erlaubnisse und Bewilligungen nach §§ 7 und 8 WHG/§ 8 WHG n.F. ausdrücklich nicht einbezieht, hingegen die Belange der Wasserstraßen nach Bundeswasserstraßengesetz erfasst. Die fehlende Konzentration der Vorschriften des WHG kann allerdings als unerheblich gelten, da Errichtung und Betrieb von Offshore-WEA nicht erlaubnis- oder bewilligungspflichtig nach dem WHG ist. Da Windenergieanlagen nicht auf eine Einleitung von Stoffen ausgerichtet sind, ist davon auszugehen, dass keine wasserwirtschaftliche Benutzung nach WHG vorliegt und eine entsprechende wasserrechtliche Genehmigung für Windenergieanlagen gar nicht erforderlich ist.[140] Eine wasserrechtliche Genehmigungspflicht

---

[138] Gärtner, Rechtsprobleme bei der Beurteilung von Küstenmeer-Windenergieprojekten, Berlin 2006, S. 49 ff.

[139] Gärtner, Rechtsprobleme bei der Beurteilung von Küstenmeer-Windenergieprojekten, Berlin 2006, S. 74.

[140] Hübner, Offshore-Windenergieanlagen, ZUR 2000, 142; Zimmermann, Rechtliche Probleme bei der Errichtung seegestützter Windenergieanlagen, DÖV 2003, 133, 140.

nach den vom immissionsschutzrechtlichen Verfahren konzentrierten Landeswassergesetzen[141] besteht gleichwohl. Die Erteilung ist von der Gefährdung des Wohls der Allgemeinheit abhängig, wobei insbesondere auf Küstenschutz, Schiffbarkeit von Hafeneinfahrten, Wasserabfluss und Strömungsverhältnisse abzustellen ist.[142] Die nach § 31 Abs. 1 Nr. 2 WaStrG für den Fall einer evtl. Beeinträchtigung von Sicherheit oder Leichtigkeit des Schifffahrtsverkehrs einzuholende strom- und schifffahrtspolizeiliche Genehmigung des zuständigen Wasser- und Schifffahrtsamtes wird konzentriert. Über § 31 Abs. 5 WaStrG greifen Pflichten zur Freihaltung der Wasserstraßen von Schifffahrtshindernissen und damit auch Windenergieanlagen.

Immissionsschutzrechtlich spielen schon angesichts der Distanz zu bewohnten Gebieten Lärm, Schattenwurf und ähnliche Beeinträchtigungen eine geringere Rolle. Allerdings beurteilen sich die Immissionen innerhalb von Küstenmeer-Windparks, z.B. durch Schallwellen, auf die im Meerwasser lebende Flora und Fauna nach BImSchG. Insofern müssen diese Einwirkungen bei der Beurteilung der Anlagen nach § 5 Abs. 1 Nr. 1, 1. Alt. BImSchG Berücksichtigung finden. Mit dem Begriff der Strahlen in § 3 Abs. 2 BImSchG werden allerdings auch elektromagnetische Felder der Kabelleitungen von Küstenmeer-Windparks erfasst.[143] Derartige elektromagnetische Felder können zu Kompassmissweisungen in der Schiffsteuerungstechnik führen. Sofern sich eine Konfliktlösung nicht auf technischem Wege erreichen lässt, muss diese nach BImSchG erfolgen. Die sich lediglich durch die Existenz der Anlage verschlechternde Verkehrslage, der Umsatzrückgang von Konkurrenten, die Beeinträchtigung der Aussicht oder die Störung des Landschaftsbildes zählen zu den immaterielle bzw. ideele Einwirkungen. Diese werden vom Begriff der Immissionen in § 3 Abs. 2 BImSchG nicht erfasst.[144] In der Folge muss auch die negative Auswirkung auf den Tourismus aus dem Immissionsbegriff ausgenommen werden.[145] Es ist unerheblich, ob die Immissionen aus dem Normalbetrieb oder einem Störfall resultieren,[146] wie etwa der Freisetzung versenkter alter Kampfmunition oder einer Havarie.

---

[141] Niedersachsen: §§ 133, 91 NWG; Schleswig Holstein: § 77 LWG; in Mecklenburg-Vorpommern wurde die Genehmigungspflicht in § 86 LWaG aufgehoben, so dass nur eine Anzeigepflicht in unmittelbarer Nähe zur Mittelwasserlinie nach § 89 LWaG besteht.

[142] Hübner, Offshore-Windenergieanlagen, ZUR 2000, 142.

[143] Gärtner, Rechtsprobleme bei der Beurteilung von Küstenmeer-Windenergieprojekten, Berlin 2006, S. 92.

[144] Jarass, BImSchG, § 3 Rn. 7.

[145] Gärtner, Rechtsprobleme bei der Beurteilung von Küstenmeer-Windenergieprojekten, Berlin 2006, S. 95 m.w.N.

[146] Jarass, BImSchG, § 5 Rn. 12.

Neben den Immissionen fallen auch sonstige Einwirkungen unter § 5 Abs. 1 Nr. 1 BImSchG, wie die unmittelbaren Einwirkungen auf Wasser und Boden.[147] Damit sind die Einwirkungen auf Grund der Errichtung und des Betriebes von Küstenmeer-Windenergieanlagen, wie die Wirkung über die Fundamente direkt in das Meerwasser oder den Meeresboden mit erfasst. Auch hier wird davon ausgegangen, dass nicht nur der Normalbetrieb, sondern auch der Störfall umfasst ist.[148]

Die fehlenden Erfahrungen offshore, z. B. bei der Eingliederung von Windenergie-Vorhaben in das Gefüge des Ökosystems Küstenmeer, stellen für das Genehmigungsverfahren eine Herausforderung dahingehend dar, dass im Gegensatz zum reichhaltigen Erfahrungsschatz onshore eine Anlage genehmigt werden muss, ohne dass die Beurteilungsgrundlage in vergleichbarer Weise vorher geklärt ist. Die Entscheidung über die Erlaubnis ergeht daher grundsätzlich aufgrund einer doppelten Prognose. Zum einen stellt sich die Frage, ob bei einem bestimmten Sachverhalt, eine Ursache mit hinreichender Wahrscheinlichkeit einen negativen Effekt nach sich zieht. Zum anderen stellt sich die Frage, ob dieser Sachverhalt auch hinreichend wahrscheinlich ist.[149] Zur Charakterisierung der Prognoseentscheidungen lässt sich auch auf die bekannten Kategorien des Polizeirechts zurückgreifen. Je nach Sicherheit der ersten und zweiten Prognoseentscheidung lässt sich von Gefahr oder Störung, Gefahrverdacht oder Risiko sprechen. Je nach Ausgang der Prognose treffen den Anlagenplaner Abwehrpflichten oder Vorsorgepflichten. Es bedarf daher einer differenzierten Analyse des konkreten Gefährdungspotentials durch die Genehmigungsbehörde. Hinsichtlich des Umfangs der Ermittlungen besteht keine Ermessensfreiheit. Neben den Auswirkungen auf die Menschen sind die Auswirkungen auf die Umwelt zu prüfen.[150] Dabei ist jeweils der aktuelle Stand der Wissenschaft zugrunde zu legen. Die Verwaltung trifft keine darüber hinaus gehende Gefahrerforschungspflicht.[151]

Mit der immissionsschutzrechtlichen Genehmigung werden bekanntlich die bauplanungsrechtlichen Genehmigungsvoraussetzungen konzentriert.

---

[147] Jarass, BImSchG, § 5 Rn. 57.

[148] Gärtner, Rechtsprobleme bei der Beurteilung von Küstenmeer-Windenergieprojekten, Berlin 2006, S. 108 f. m. w. N.

[149] Gärtner, Rechtsprobleme bei der Beurteilung von Küstenmeer-Windenergieprojekten, Berlin 2006, S. 130 ff.

[150] Zum Streit über die anthropozentrische bzw. ökozentrische Sichtweise, der hier bei Mensch und Umwelt gleichermaßen umfassender Prüfung meines Erachtens dahinstehen kann: Gärtner, Rechtsprobleme bei der Beurteilung von Küstenmeer-Windenergieprojekten, Berlin 2006, S. 175 ff. m. w. N.

[151] Gärtner, Rechtsprobleme bei der Beurteilung von Küstenmeer-Windenergieprojekten, Berlin 2006, S. 200.

V. Genehmigungsverfahren

Hinsichtlich des Bauplanungsrechts ist zunächst festzuhalten, dass die kommunale Bauleitplanung kommunale Planungsträger voraussetzt, was die Frage aufwirft, inwieweit das Küstenmeer Gemeindegebiet ist. Abgesehen von wenigen historischen Ausnahmen endet das jeweilige Gemeindegebiet an der Mitteltidehochwasserlinie.[152] In der Folge kann das Küstenmeer nur bei einer Eingemeindung nach § 14 GemO in Schleswig-Holstein, § 17 Abs. 3 GemO in Niedersachsen und § 11 GemO in Mecklenburg-Vorpommern zum Gemeindegebiet gehören. Ganz überwiegend ist dies nicht geschehen, so dass grundsätzlich davon ausgegangen werden muss, dass es sich beim Küstenmeer um gemeindefreies Gebiet handelt.[153] Die Vorschriften des Bauplanungsrechts in §§ 29 ff. BauGB finden als Teil des im gesamten Hoheitsgebiet geltenden Bundesrechts im Küstenmeer Anwendung.[154] Folglich lässt sich im Küstenmeer als grundsätzlich unbeplantem und unbebautem Gebiet regelmäßig § 35 BauGB für die bauplanungsrechtliche Zulässigkeit heranziehen,[155] so dass die Genehmigung privilegierter Außenbereichsvorhaben durch die Landesumweltämter zu prüfen ist. Hier lässt sich auf die Ausführungen im ersten Teil verweisen.

Zu ergänzen ist, dass das auf See ausschließlich horizontale Landschaftsbild durch die über mehrere Kilometer sichtbaren vertikalen Strukturen der Windenergieanlagen besonders herausgefordert wird. Der Behauptung, dass dadurch die typische Eigenart der Meeres- und Küstenlandschaft entstellt wird,[156] muss aus zwei Gründen widersprochen werden. Zunächst widerspräche eine derart pauschale Annahme einer Verunstaltung des Landschaftsbildes der gesetzlichen Wertung der Privilegierung. Auch faktisch lässt sich die Sichtbarkeit der Anlagen über Abstände zur Küste von mehreren Kilometern in Folge der Erdkrümmung derart reduzieren, dass von einer signifikanten Beeinträchtigung nicht ausgegangen werden kann. In der Folge werden im Küstenmeer größere Abstände erforderlich sein, als sie im Onshore-Bereich diskutiert werden. Hinsichtlich der naturschutzrechtlichen Eingriffsregelung ist stets von einem nicht ausgleichbaren Eingriff auszugehen,[157] der zu Ersatzzahlungen führt. Die Erschließung im Küstenmeer

---

[152] Zimmermann, Rechtliche Probleme bei der Errichtung seegestützter Windenergieanlagen, DÖV 2003, 133, 136.

[153] Rosenbaum, Errichtung und Betrieb von Windenergieanlagen im Offshore-Bereich, Kiel 2006, S. 233.

[154] Hübner, Offshore-Windenergieanlagen, ZUR 2000, 140; Zimmermann, Rechtliche Probleme bei der Errichtung seegestützter Windenergieanlagen, DÖV 2003, 133, 136.

[155] Rosenbaum, Errichtung und Betrieb von Windenergieanlagen im Offshore-Bereich, Kiel 2006, S. 235 ff.

[156] Hübner, Offshore-Windenergieanlagen, ZUR 2000, 141.

[157] Rosenbaum, Errichtung und Betrieb von Windenergieanlagen im Offshore-Bereich, Kiel 2006, S. 275.

muss bereits mit der Erreichbarkeit auf dem Seeweg als ausreichend angesehen werden.[158]

Hervorzuheben ist, dass zwei Bundesländer ihre Steuerungsmöglichkeiten im Küstenmehr bereits wahrgenommen haben. Mecklenburg-Vorpommern hat als erstes Bundesland 2005[159] und Niedersachsen als zweites Bundesland 2006[160] einen Raumordnungsplan für den Bereich des Küstenmeeres erlassen. Dies führt im Küstenmeer der beiden Bundesländer zu einer Konzentration der Windenergienutzung über die Ausschlusswirkung von § 35 Abs. 3 S. 3 BauGB außerhalb der ausgewiesenen Meeresflächen. Für Schleswig-Holstein fehlt bislang eine Küstenmeer-Raumordnung. Allerdings lassen die Nationalparks und Schifffahrtswege dort auch kaum Platz für eine Küstenmeer-Windenergienutzung. Hier ist auch auf die umfangreiche Berücksichtigung militärischer Belange zu verweisen, wie sie bereits für die Anlagenerrichtung an Land dargelegt wurde. Einzige Besonderheit gegenüber der auf Luftwaffennutzungen fixierten Prüfung an Land ist hier die Berücksichtigung der besonderen Belange der Bundesmarine.

Im Hinblick auf die bauordnungsrechtliche Prüfung ist anzumerken, dass die allgemeinen Anforderungen an die Standsicherheit[161] und Dauerhaftigkeit der Anlage auch unter den besonderen Bedingungen des anderen Untergrunds, Wellengangs und Belastungen der Bauprodukte durch Salzwasser zu erfüllen sind. Angesichts der Größe der Windparks bietet sich hier eine Typenprüfung an.[162]

Hinsichtlich der Fragen des Naturschutzes ist festzuhalten, dass im Bereich des Küstenmeeres in der Nordsee die Nationalparks Schleswig-Holsteinisches Wattenmeer, Hamburgisches Wattenmeer und Niedersächsisches Wattenmeer und in der Ostsee die Nationalparke Vorpommersche Boddenlandschaft und Jasmund sowie das Biosphärenreservat Südost-Rügen als Schutzgebiete bestehen und einer Windenergienutzung entgegenstehen,[163] was die für eine Windenergienutzung in Betracht kommende Fläche erheblich einschränkt.

---

[158] Zimmermann, Rechtliche Probleme bei der Errichtung seegestützter Windenergieanlagen, DÖV 2003, 133, 137.
[159] Ergänzung des Landesraumentwicklungsprogramms von August 2005, Nr. 7.1, http://www.vm.mv-regierung.de/raumordnung/doku/LEP_2005.pdf.
[160] Ergänzung des Landesraumordnungsprogramms von Juni 2006, Teil II, Abschnitt C 3.5, http://cdl.niedersachsen.de/blob/images/C23434478_L20.pdf.
[161] Mecklenburg-Vorpommern: § 12 LBauO M-V; Niedersachsen: § 18 NBauO; Schleswig-Holstein: § 17 LBO.
[162] Mecklenburg-Vorpommern: § 66 Abs. 4 LBauO M-V; Niedersachsen: § 83 NBauO; Schleswig-Holstein: § 81 LBO.
[163] Hübner, Offshore-Windenergieanlagen, ZUR 2000, 141.

Die Eingriffsregelung zwingt den mit der Errichtung regelmäßig erfolgenden Eingriff so gering wie möglich zu halten und im Übrigen einen Ausgleich zu schaffen, was wegen der Sachbesonderheiten der Küstengewässer kaum denkbar ist, so dass hier vor allem Ausgleichszahlungen in Betracht kommen.[164]

Die Dreidimensionalität des Küstenmeeres erfordert hinsichtlich des Artenschutzes eine Ergänzung. Während der Schutz der Avifauna sich bis auf die nun betroffenen Meeresvogelarten sich nicht ändert, kommen zahlreiche Meerestiere hinzu, welche weniger auf Geräusche und Bewegungen der Rotoren, sondern vielmehr auf die Einbringung der Masten ins Küstenmehr reagieren. Mit Benthos[165] und Meeressäugern sind nicht nur einfach weitere Arten, sondern auch weitere Lebensräume der FFH-Richtlinie betroffen. Diesen stehen mit versenkter Kampfmunition, Kollisions- und Havariegefahr Risiken einer anderen Dimension als an Land gegenüber. Aufgrund der Dreidimensionalität des Meeres bestehen somit komplexere Rahmenbedingungen, welche zu sowohl einem höheren Anteil von Schutzgebieten an der Gesamtfläche im Vergleich zum Onshore-Bereich, als auch zu größeren Herausforderungen an den besonderen Artenschutz führen.

Wenn sich ohne veranlasste Vorsorgemaßnahmen nach der Erteilung der Genehmigung neue Erkenntnisse ergeben sollten, sieht das BImSchG ein ausreichendes Instrumentarium im Rahmen der nachträglichen Anordnung vor.[166]

2. Genehmigungsverfahren in der AWZ

Vorhaben in der AWZ richten sich infolge des anderen völkerrechtlichen Hintergrundes nicht nach den Vorschriften des BImSchG und BauGB, sondern fallen in den Bereich des Seerechtsübereinkommens der Vereinten Nationen und dessen nationaler Umsetzung im Seeaufgabengesetz und der Seeanlagenverordnung. Beide wurden 2008 novelliert. Daher ist ein Groß-

---

[164] Zimmermann, Rechtliche Probleme bei der Errichtung seegestützter Windenergieanlagen, DÖV 2003, 133, 139.

[165] Benthos ist ein aus dem Griechischen stammender Begriff, der die Gesamtheit aller in der Bodenzone eines Gewässers vorkommenden Lebewesen bezeichnet. Es werden nach der Größe der Lebewesen Makrobenthos (> 1 mm), Meiobenthos (< 1 mm–0.0063 mm) und Microbenthos (< 0,0063 mm) unterschieden. Sowohl tierisches Benthos (Zoobenthos) z. B. Krustentiere und Muscheln, als auch pflanzliches Benthos (Phytobenthos) z. B. Algen, stellen einen stellen einen Teil des Nahrungskreislaufs dar und können daher von Bedeutung für den Erhaltungszustand anderer, geschützter Arten sein.

[166] Gärtner, Rechtsprobleme bei der Beurteilung von Küstenmeer-Windenergieprojekten, Berlin 2006, S. 200.

teil der Genehmigungen für Offshore-Windparks nach altem Recht ergangen bzw. wird nach der Übergangsregelung nach altem Recht zu Ende geführt. Es gilt hier daher zunächst einen Blick auf das alte Recht zu werfen und dann später auf die novellierten Fassungen von Seeaufgabengesetz vom 2. Juni 2008[167] und Seeanlagenverordnung vom 15. Juli 2008[168] einzugehen.[169]

Nach § 9 Nr. 4a SeeAufgG ist das BMVBS ermächtigt Rechtsverordnungen über die Prüfung, Zulassung und Überwachung im Sinne von § 1 Nr. 10a SeeAufgG (Zulässigkeit von Anlagen im Hinblick auf Verkehr und die Abwehr von Gefahren für die Meeresumwelt – bzw. in § 1 Nr. 10a SeeAufgG n.F. ergänzt um Erfordernisse der Raumordnung und sonstige öffentliche Belange) zu erlassen. Die entsprechende Verordnung ist die SeeAnlV, welche in § 2 SeeAnlV Anlagen zur Energieerzeugung einer Genehmigungspflicht unterwirft und im Folgenden das Genehmigungsverfahren regelt. Die Konstruktion von Ermächtigungsgrundlage im SeeAufgG und Genehmigungsverfahren in der SeeAnlV wird bemängelt und an ihrer Stelle eine gesetzliche Regelung des Genehmigungsverfahrens gefordert.[170] Dies gilt umso mehr als das mit dem BNatSchNeuRegG bereits eine Verordnungsänderung durch Gesetz 2002 erfolgt ist, was nach ausdrücklicher Regelung zwar einer weiteren Novellierung auf dem Verordnungswege nicht entgegensteht, aber verdeutlicht, dass die SeeAnlV längst eine „normative Gemengelage"[171] aus Vorschriften mit Verordnungscharakter und Gesetzescharakter bildet. Der Forderung nach einer Überführung der SeeAnlV in ein Gesetz über die Genehmigung von Offshore-Anlagen kann angesichts des Parlamentsvorbehalts nach Wesentlichkeitstheorie und dem Gebot der Rechtsklarheit im Hinblick auf den Rang der Norm nur zugestimmt werden. Es ist bedauerlich, dass der Bundesgesetzgeber bei der Novellierung von SeeAufgG 2008 und der Verordnungsgeber bei der Novellierung der SeeAnlV 2008 trotz der Kritik an dieser Konstruktion festgehalten haben. Hier hätte der angestrebten Bedeutung der Offshore-Windenergie besser Rechnung getragen werden können. Eine Ausnahme von der Genehmigungspflicht nach § 10 SeeAnlV für Anlagen die offensichtlich zu keinen Beein-

---

[167] BGBl 2008 II, S. 520.
[168] BGBl 2008 I (Nr. 30), S. 1296.
[169] Sofern SeeAufgG und SeeAnlV nicht durch den Zusatz n.F. gekennzeichnet sind, handelt es sich im Folgenden um die Normen vor der Novellierung 2008.
[170] Klinski/Buchholz/Schulte/Windguard/BioConsult SH, Umweltstrategie Windenergienutzung, S. 114; Pestke, Offshore-Windfarmen in der Ausschließlichen Wirtschaftszone, Bremen 2008, S. 201 fordert gar die gesetzliche Verankerung eines Planfeststellungsverfahrens für die Genehmigung.
[171] Treffend Pestke, Offshore-Windfarmen in der Ausschließlichen Wirtschaftszone, Bremen 2008, S. 213.

V. Genehmigungsverfahren

trächtigungen für die Sicherheit und Leichtigkeit des Verkehrs und keiner Gefahr für die Meeresumwelt führen, wird bei Offshore-Windenergieanlagen schon wegen der Dimensionen praktisch nie erfüllt sein.[172] Daher kann auch die Frage, ob die Konstruktion, dass die Genehmigungsbehörde selbst von der Genehmigungspflicht befreien kann, gegen den verfassungsrechtlich fundierten Gesetzesvorbehalt verstößt,[173] letztendlich dahinstehen. Die Seeanlagenverordnung regelt das Genehmigungsverfahren allerdings nur grob, so dass es auch zu einem Teil von der Verwaltungspraxis des nach § 5 Abs. 1 Nr. 4 SeeAufgG zuständigen Bundesamtes für Seeschifffahrt und Hydrographie geprägt ist.

Rechtsgrundlage für die Genehmigung von Windenergieanlagen in der AWZ ist § 2 SeeAnlV. In § 2 SeeAnlV ist das Bundesamt für Seeschifffahrt und Hydrographie als Genehmigungsbehörde festlegt und in § 3 einen Versagungstatbestand normiert. Die Erlaubnis ist im Umkehrschluss zu erteilen, wenn die Sicherheit und Leichtigkeit des Verkehrs nicht beeinträchtigt und die Meeresumwelt nicht gefährdet wird, bzw. eine Beeinträchtigung nicht durch Nebenbestimmungen verhütet oder ausgeglichen werden kann. Die Genehmigung hat damit den Charakter einer Baugenehmigung und ist im Ergebnis als eine polizei- und naturschutzrechtliche Unbedenklichkeitsbescheinigung zu charakterisieren.[174] Damit besteht wie im Onshore-Bereich ein Anspruch auf Erteilung der Genehmigung als gebundene Entscheidung.

Neben dem Versagungstatbestand ist die eingeschränkte Beseitigungspflicht nach § 12 SeeAnlV zu nennen. Weiterhin ist die Regelung der für einen Sicherheit und Leichtigkeit des Verkehrs sowie die Meeresumwelt nicht beeinträchtigenden Betrieb verantwortlichen Personen, Genehmigungsinhaber oder Betreiber und zur Leitung oder Beaufsichtigung bestellte Personen gem. §§ 13, 14 SeeAnlV zu erwähnen. Im Übrigen sind die Überwachung durch die Genehmigungsbehörde BSH nach § 15 SeeAnlV und die Verwaltungsvollstreckung durch Vollzugsbeamte der Wasser- und Schifffahrtsverwaltung, Bundespolizei oder Zoll nach § 16 SeeAnlV erwähnenswert.

Diese Regelung des Genehmigungsverfahren gilt teilweise als unterkomplex, wobei angesichts der Dimension und der Gefährdungspotentiale vor allem eine Prüfung der Zuverlässigkeit und Solvenz des Investors vermisst

---

[172] Zimmermann, Rechtliche Probleme bei der Errichtung seegestützter Windenergieanlagen, DÖV 2003, 133, 135.

[173] So Bönker, Windenergieanlagen auf hoher See – Rechtssicherheit für Umwelt und Investoren? NVwZ 2004, 537, 539.

[174] Dahlke, Genehmigungsverfahren von Offshore-Windenergieanlagen, NuR 2002, 472, 473 f.

wird.[175] Diese unterkomplexe Ausgestaltung des Genehmigungsverfahrens in der SeeAnlV hat dazu geführt, dass das Genehmigungsverfahren auch zu wesentlichen Teilen von der Praxis des BSH bestimmt ist. In der Folge muss hier neben den Voraussetzungen auch soweit möglich das Genehmigungsverfahren in der Praxis untersucht werden.

a) Versagungsgründe

Die Genehmigung ist nach § 3 S. 1 SeeAnlV zu versagen, wenn die Sicherheit und Leichtigkeit des Verkehrs beeinträchtigt oder die Meeresumwelt gefährdet wird sowie wenn die Erfordernisse der Raumordnung nach § 2 Abs. 2 SeeAnlV oder sonstige überwiegende öffentliche Belange einer Genehmigung entgegenstehen. Die nachfolgenden Nrn. 1–4 des § 3 S. 2 SeeAnlV stellen Regelbeispiele für die zuvor genannten Versagungsgründe dar. Der Verordnungsgeber nutzt in § 3 SeeAnlV die im Ordnungsrecht übliche Regelungstechnik eines präventiven Genehmigungsvorbehaltes mit Versagungsgründen. Außerhalb von Eignungsgebieten tragen die Antragsteller nach allgemeinen Regeln die Beweislast für das Vorliegen der Genehmigungsvoraussetzungen, was erheblich durch die Unbestimmtheit der Versagungsgründe erschwert wird. Während der Versagungsgrund Sicherheit und Leichtigkeit des Verkehrs über Schifffahrtsrouten recht klar umrissen ist, stellt die Meeresumwelt einen unbestimmten Rechtsbegriff dar.[176]

aa) Sicherheit und Leichtigkeit des Verkehrs

Zum ersten Versagungsgrund gehören thematisch die Regelbeispiele Nr. 1 und Nr. 2, die Beeinträchtigung von Betrieb oder Wirkung von Schifffahrtanlagen und -zeichen oder der Benutzung der Schifffahrtswege oder des Luftraumes oder der Schifffahrt.

Der Versagungsgrund ist vor allem durch den im Rahmen der Globalisierung stetig zunehmenden Seeverkehr von Bedeutung. Jährlich laufen etwa 150.000 Seeschiffe deutsche Häfen an. Es entfallen bereits heute 7% des weltweiten Seeverkehrsaufkommens auf die Ostsee, die nur 0,1% der Weltmeere ausmacht, wobei bis 2015 mit einer Verdoppelung, beim Öltransport gar mit einer Vervierfachung des Seeverkehraufkommens, gerechnet wird.[177] Angesichts dieser Zahlen besteht ein Nutzungskonflikt mit der Offshore-Windenergienutzung, der vor allem die Frage der Kollisionsgefahr aufwirft. Mit dem möglichen Austritt großer Mengen von Schadstoffen ins-

---

[175] Rodi, Grundstrukturen des Energieumweltrechtes, EurUP 2005, 165, 172.
[176] Wolf, Windenergie als Rechtsproblem, ZUR 2002, 331, 341.
[177] Das Parlament 27.08./03.09.2007, S. 14, Der Wind bläst von vorne.

besondere bei Chemie- oder Öltankern, ist die Frage der Schiffsicherheit zugleich eine Frage der Meeresumwelt.

Das Seerechtsübereinkommen schränkt die Nutzbarkeit der Ausschließlichen Wirtschaftszone durch den Anrainerstaat in Art. 60 Abs. 3 SRÜ bereits dahingehend ein, dass die Anlagenerrichtung die Benutzung anerkannter und für die Schifffahrt wichtiger Schifffahrtswege nicht behindern darf. Darüber hinaus sind die Anlagenerrichtung bekannt zu geben und Warneinrichtungen zu unterhalten. Damit sind insbesondere die Freihaltung der Verkehrstrennungsgebiete und weiterer Schifffahrtswege sowie die Kennzeichnung aller Anlagen durch Verkehrszeichen wie Funkfeuer oder Leuchttonnen gemeint. Gegebenenfalls können nach Art. 60 Abs. 4 SRÜ zum Anlagenschutz wie zur Sicherheit des Verkehrs Sicherheitszonen im Bereich der Anlagen proklamiert werden, welche nicht durch Schiffe befahren werden dürfen. Insofern spiegelt der Versagungstatbestand mit den Regelbeispielen die Vorgaben des Seerechtsübereinkommens.

Zu diesen Tatbeständen haben die beiden Wasser- und Schifffahrtsdirektionen Nord und Nordwest, welche im Genehmigungsverfahren Zustimmungsbehörden nach § 6 SeeAnlV sind, einen Kriterienkatalog entwickelt, der eine einheitliche Handhabung ermöglicht, wobei die Kriterien im Einzelfall bei entsprechenden Projektbedingungen abgewandelt werden können und müssen.[178] Zudem hat der Germanische Lloyd eine Richtlinie zur Erstellung von technischen Risikoanalysen für OWPs entwickelt, um das Risiko von Kollisionen mit manövrierunfähigen Schiffen zu quantifizieren. Das BSH hat auf dieser Grundlage ein Schutz- und Sicherheitskonzept für OWPs zur Behandlung des Belangs im Genehmigungsverfahren entwickelt.[179]

Nach der Genehmigungspraxis wird eine Beeinträchtigung der Sicherheit und Leichtigkeit des Verkehrs ausgeschlossen, wenn durch die Errichtung und Inbetriebnahme der Anlage eine ordnungsgemäße und nach den Regeln der guten Seemannschaft betriebene Schifffahrt gefahrlos möglich ist. Die im Rahmen dieser Prüfung wichtigste Frage, ist die des Havarierisikos. Dass das Risiko einer Kollision dem Grunde nach hinzunehmen ist, liegt bei einer Ermöglichung einer Windenergienutzung auf See in der Natur der Sache. Insofern ist aus dem finanziellen Anreizsystems für Offshore-Anlagen im Rahmen des EEG und der Ausgestaltung der SeeAnlV eine grundsätzliche Wertung des Gesetzgebers für eine Hinnehmbarkeit des Kollisionsrisikos zu sehen. Diese Wertung wird neuerdings in der Literatur vehement

---

[178] Dahlke, Genehmigungsverfahren von Offshore-Windenergieanlagen, NuR 2002, 472, 474.
[179] Klinski/Buchholz/Schulte/Windguard/BioConsult SH, Umweltstrategie Windenergienutzung, S. 92.

bestritten. Zum einen enthalte das EEG keine über den finanziellen Anreiz hinausgehende Zweckbestimmung für die Offshore-Windenergie, zum anderen könne nicht vom Förderzweck des EEG auf die SeeAnlV geschlossen werden, da diese eine nachfolgende Rechtsverordnung des SeeAufgG und nicht des EEG sei und keine Verweisung bestehe.[180] Dem kann vorliegend nicht gefolgt werden. Zum einen ist es widersinnig zwischen der generellen Förderungswürdigkeit der erneuerbaren Energien durch das EEG und dem Förderzweck Offshore-Windenergie zu unterscheiden. Hier hat der Bundesgesetzgeber mit der EEG-Novelle gerade erneut seinen Willen unterstrichen über das EEG die Offshore-Windenergie-Entwicklung in Deutschland voranzutreiben. Diese Entscheidung kann auch bei der Arbeit mit der SeeAnlV nicht außer Betracht bleiben. Das Zusammenwirken verschiedener Normen auch ohne ausdrückliche Verweisung ist nicht ungewöhnlich. Insofern können das öffentliche Interesse am Klimaschutz und die Entscheidung des Gesetzgebers für die Offshore-Windenergie in der Abwägung des verbleibenden Risikos berücksichtigt werden.

Die hier angenommene Wertung sagt allerdings noch nichts über den Umfang des hinzunehmenden Risikos aus, welches auch nach Maßnahmen zur Sicherung des Verkehrs wie Befeuerung, Radar und AIS (Universal Shipborne Automatic Identification System) verbleibt. Die Genehmigungsbehörde setzt im Genehmigungsverfahren eine Risikoanalyse voraus, bei der eine Kollisionswiederholungsfrequenz als statistischer Zeitraum zwischen zwei Kollisionen von OWP und Schiff berechnet wird. Das BSH geht dabei davon aus, dass bei einer Frequenz geringer als 50 Jahre die Genehmigung zu versagen ist und bei einer Frequenz von 50–100 Jahren eine intensivere Einzelfallprüfung notwendig ist. Es muss daher im Einzelfall nach dem Stand der Technik über Modellrechnungen die Eintrittswahrscheinlichkeit ermittelt werden.[181] Die Projektierer beauftragen regelmäßig anerkannte Zertifizierungsgesellschaften zur Ermittlung der Schiffssicherheit mit der Erstellung der Risikoanalyse, wie den Germanischen Lloyd. Die für die Pilotprojekte Borkum-West und Butendiek/Sylt ermittelten Wahrscheinlichkeiten einer möglichen Tankerkollision mit Schadstoffaustritt in 113.000 bzw. 19.730 Jahren werden zu Recht im Hinblick auf die Kalkulierbarkeit menschlichen Fehlverhaltens angezweifelt.[182] Dem ist noch hinzuzufügen, dass die Geschwindigkeit der Globalisierung und die

---

[180] Pestke, Offshore-Windfarmen in der Ausschließlichen Wirtschaftszone, Bremen 2008, S. 152 ff.

[181] Dahlke, Genehmigungsverfahren von Offshore-Windenergieanlagen, NuR 2002, 472, 474.

[182] Koch/Wiesenthal, Windenergienutzung in der AWZ, ZUR 2003, 350, 352; Pestke, Offshore-Windfarmen in der Ausschließlichen Wirtschaftszone, Bremen 2008, S. 150 f.

damit verbundene Zunahme des Schiffsverkehrs ebenfalls schwer über viele Jahre vorherzusagen ist. Ob diese Unwägbarkeiten dadurch kalkulierbarer werden, dass nur Projekte mit bis zu 80 Anlagen genehmigt werden, halte ich für fragwürdig. Letztendlich kommt es auf die Gesamtzahl der genehmigten Anlagen in der Nähe zu Schifffahrtsrouten an, nicht darauf, in welchen Abschnitten sie genehmigt werden. Zwischen den Verkehrstrennungsgebieten hat die Zahl der Genehmigungen zugenommen und wird durch die Eignungsgebiete bzw. Vorranggebiete weiter zunehmen. Die bisherigen Wahrscheinlichkeitszahlen der Risikoanalysen werden somit drastisch sinken und die Frage des Havarierisikos in ein neues Licht rücken. Die Frequenz von 50 Jahren ist hier nicht zu halten. Interessant ist daher die Frage, inwieweit die Risikowahrscheinlichkeit durch ein Schutzkonzept abgesenkt werden kann. Seit 2003 besteht ein Havariekommando, welches die Vielfalt von Bundes- und Landesbehörden einer Koordination zuführt.[183] Zudem werden Notschleppkapazitäten durch drei Schlepper vorgehalten und weitere durch ein Kooperationsabkommen mit den Niederlanden und der Zugriffsmöglichkeit auf private Schlepper eröffnet. Die Kapazitäten gelten allgemein jedoch als nicht ausreichend, so dass ein Standardstörfallkonzept mit zusätzlichen Bergungsschleppern diskutiert wird.[184] Inwieweit sich in Zukunft eine Absenkung der Risikowahrscheinlichkeit erreichen lässt und somit neue Kapazitäten für OWPs insbesondere zwischen den beiden Verkehrstrennungsgebieten eröffnet werden, bleibt abzuwarten. Trotz der Mängel der Modellrechnungen muss mangels Alternative mit diesen gearbeitet werden und angesichts der klaren Wertung des Gesetzgebers von einer grundsätzlichen Sozialverträglichkeit des verbleibenden Havarierisikos ausgegangen werden. Schließlich bleibt menschliches Versagen eindeutig Hauptursache von Schiffsunfällen. Dem kann nur mit Risikoanalyse, Sicherheitszonen zu Schifffahrtsrouten und der Bereitstellung von Schleppschiffen begegnet werden. Besteht ein hinreichendes Schutzkonzept, ist das Vorhaben aus verkehrlicher Sicht genehmigungsfähig.

Der Begriff des Verkehrs im Versagungstatbestand ist nicht auf den Schiffsverkehr beschränkt, sondern erfasst gleichermaßen den Luftverkehr. Als Sicherheitsvorkehrung ergibt sich aus dem Belang die Beachtung von Beleuchtungsanforderungen der IALA (International Association of Marine Aids to Navigation and Lighthouse Authorities).[185] Zudem lassen sich für den Luftverkehr die Vorgaben der ICAO bzw. AVV Luftkennzeichnung he-

---

[183] Zu den Grundlagen schon im Vorfeld: Schnoor, Verfassungsrechtliche Bedingungen einer Küstenwache zur Bewältigung maritimer Schadensfälle, ZUR 2000, 221 ff.
[184] Pestke, Offshore-Windfarmen in der Ausschließlichen Wirtschaftszone, Bremen 2008, S. 156 f.
[185] http://www.iala-aism.org/.

ranziehen. Die Beleuchtung kann die Kollisionsgefahr mit Schiffen senken wirft jedoch neue Fragen hinsichtlich des Meeresumweltschutzes auf. Hinsichtlich des neues Stands der Technik ist hier auf das Forschungsprojekt „Entwicklung eines *Hi*ndernisbefeuerungskonzeptes zur Minimierung der Lichtemissionen an On- und Offshore-*W*indenergieparks und -anlagen unter besonderer Berücksichtigung der Vereinbarkeit der Aspekte *U*mweltverträglichkeit sowie *S*icherheit des Luft- und Seeverkehrs", kurz „*HiWUS*", im Auftrag des BWE hinzuweisen. Dabei wurden auch die technischen Möglichkeiten einer Befeuerungsreduzierung an OWPs hinsichtlich Luftkennzeichnung als auch Seezeichen untersucht. Nach dem auf der weltweit größten Windenergiemesse in Husum, der Husum Windenergy 2008, am 9. September 2008 vorgestellten Abschlussbericht bestehen derartige technische Möglichkeiten, welche zugleich Vorteile für die Umwelt mit sich bringen und die Luft- und Schiffverkehrssicherheit unberührt lassen könnten.[186] Es ist an der Bundesregierung diesen neuen Stand der Technik aufzugreifen und die rechtlichen Vorgaben dementsprechend neu zu fassen.

bb) Gefährdung der Meeresumwelt

Zum zweiten Versagungsgrund gehören die Regelbeispiele Nrn. 3 und 4, die Besorgnis einer Verschmutzung der Meeresumwelt i. S. des Art. 1 Abs. 1 Nr. 4 SRÜ und die Gefährdung des Vogelzuges. Die Gefährdung der Meeresumwelt wirft zunächst die Frage der Umwelteinwirkungen von Offshore-Windparks auf, dann die Frage der Reichweite des Verbotstatbestandes.

(1) Umwelteinwirkungen von Offshore-Windparks

Unter ökologischen Gesichtspunkten sind Küstenmeer und AWZ Teil des größten Naturraumes der Erde, der sowohl durch Auswirkungen von Nutzungen an Land als auch durch die Nutzung als Wirtschaftsraum massiv in Mitleidenschaft gezogen wurde.[187] Der geplante Aufbau einer umfassenden Windenergienutzung bringt hier weitere Gefahren mit sich.

Als mögliches Umweltrisiko gelten zunächst die Störungs-, Verschmutzungs- und Vertreibungswirkungen in der Bauphase. Da sich der Verschmutzungssorge über Bioschmierstoffe begegnen lässt, kommen insbesondere eine Vertreibungswirkung von Schallimmissionen gegenüber empfindlichen

---

[186] Abrufbar beim BWE unter http://www.wind-energie.de/de/aktuelles/article/bwe-effizientere-befeuerung-verschafft-der-windenergie-an-land-mehr-akzeptanz/145/.

[187] Ausführliche Bestandsaufnahme des Rates von Sachverständigen für Umweltfragen in „Meeresumweltschutz für Nord- und Ostsee", BT-Drs. 15/2626, S. 41 ff.

Meeressäugern wie Schweinswal, Seehund und Kegelrobbe, sowie eine Schädigung von Benthos und Fischen durch Sedimentaufwirbelungen und Trübungsfahnen bei Anlagenerrichtung und Kabelverlegung in Betracht.

Die Lebensbedingungen des Benthos stellen dabei ein komplexes ökologisches Gefüge dar. Unterschieden wird zwischen Phytobenthos (auf dem Meeresboden wachsende Mikroalgen, Seegräser und Großalgen) und Zoobenthos (z. B. Borstenwürmer, Muscheln, Schnecken, Stachelhäuter und Krebstiere). Alle diese Lebewesen sind von einer Reihe abiotischer Faktoren, wie Bodenverhältnisse, Lichtverhältnisse, Temperatur und Wassertiefe abhängig. Inwieweit kumulative Beeinträchtigungen der benthischen Lebensgemeinschaften durch die Errichtung von Windenergieanlagen in großer Zahl zu erwarten sind, ist nicht bekannt.

(a) Meerestierwelt

Hinsichtlich der betroffenen Tierarten ist hier ein Meeressäuger, der Gewöhnliche Schweinswal (*Phocoena phocoena*), hervorzuheben, welcher einen europäischen Artenschutz genießt. Diese zur Familie der Zahnwale gehörende Art mit einer Größe von bis zu 1,85 Metern und einem Gewicht von bis zu 60 kg ist die kleinste europäische Walart. Die im Nordatlantik schätzungsweise 400.000 Tiere bevorzugen flache Gewässer entlang der Küstenlinien, welche gerade oft auch für die Errichtung von Windenergieanlagen interessant sind. In der Ostsee betrifft dies vor allem die Gebiete um Fehmarn und vor dem Darß.[188] Während in der Nordsee und im Kattegat/Belt jeweils etwa 23.000 Tiere leben, ist die Ostsee-Population auf nur noch 600 Tiere geschrumpft und besonders bedroht.[189] Dieser Rückgang der Population in die Nähe der Ausrottung ist vor allem auf die Fischereiwirtschaft zurückzuführen, die Kleinwale als sog. Beifang (bycatch) erfasst, aber auch auf den Einsatz verschiedener Sonargeräte in Verbindung mit militärischen Übungen.[190] In der deutschen AWZ wird eine durchschnittliche Schweinswaldichte von 0,8 Tieren pro Quadratkilometer angenommen. In der östlichen Deutschen Bucht wird angesichts von durchschnittlich 3 Tieren pro Quadratkilometer ein Schweinswalkonzentrationsbereich angenommen, der über das FFH-Gebiet „Sylter Außenriff" geschützt wird. Aber auch nördlich Borkum ist die Frage der Meeressäuger anlässlich der Errichtung des Testfeldes „alpha ventus" intensiv untersucht und die Bedeutung

---

[188] Deutsches Meeresmuseum, Erfassung von Schweinswalen in der deutschen AWZ der Ostsee mittels Porpoise-Detektoren, 31.08.2006, S. 12 ff.
[189] Spiegel Online, 30.10.2007, Nur noch 600 Schweinswale übrig.
[190] Cybulka, Die Erhaltung der Biodiversität im marinen Bereich, ZUR 2008, 241, 248.

des Schweinswalsvorkommens festgestellt worden.[191] Bei der Errichtung von Windenergieanlagen entstehen bei der Verankerung der Anlagen auf dem Meeresboden durch Rammen der Pfähle (Monopiles oder Tripod) mit mehreren tausend Schlägen eines Hydraulikhammers mit mehreren hundert Kilojoule Leistung hohe Lärmpegel. Die Schallwellen breiten sich unter Wasser wesentlich schneller und über größere Entfernungen aus als an Land. Es wird von einer Reichweite von 20 km ausgegangen. Zu den möglichen Auswirkungen, wie Verhaltensbeeinträchtigungen und temporäre Verschiebungen der Hörschwelle sowie Organschäden, wurden bereits vor Jahren die Hörschwellenverschiebung bei einem Abstand von 20 m bei Schweinswalen nachgewiesen.[192] Southall et. al. haben 2007 für Entfernungen von 50 m noch irreversible Schädigungen (Parmanent Threshold Shift) von Kleinwalen („high frequency cetaceans") bei 230 dB nachgewiesen und reversible Schäden in Entfernung von bis zu 500 m sowie Störungen in Entfernung von 10–30 km begründet.[193] Seit 2003 gehen UBA und BSH von einer Schweinswalschädigung ab 160 dB aus. Das Rammen eines Monopiles in den Meeresgrund führt regelmäßig zu einer höheren Lärmbelastung, im Falle von FINO 3[194] wurden 174 dB angenommen. Damit geht von der Errichtung von Windenergieanlagen grundsätzlich die Gefahr einer dauerhaften Schädigung von Schweinswalen im Nahbereich, deren reversibler Schädigung in näherer Umgebung und ihre Vertreibung noch in größerer Entfernung aus.

Es wird versucht eine Schädigung über Schutzkonzepte zu vermeiden. Zu diesen Schutzkonzepten zählen regelmäßig Schiffspräsenz, ein sog. Softstart, Vergrämer (so beim dänischen Horns Rev I und II) sowie neuerdings auch Blasenschleier.

Mit „Schiffspräsenz" sind nicht nur Schiffe gemeint, die der Anlagenerrichtung dienen und dabei bereits viele schreckhafte Tiere verscheuchen, sondern auch solche Schiffe, die zur Durchführung von Beobachtungsmaßnahmen die Baustelle umkreisen.

Ein Softstart ist der Beginn der Rammung mit einer geringeren Rammstärke. Bei der Anlagenerrichtung in Dänemark (Horns Rev) wurden 10% der max. Rammstärke verwendet, bei FINO 3 20–40% der max. Ramm-

---

[191] Laczny u.a. (biola)/Nehls u.a. (Bio Consult SH), Fachgutachten Meeressäuger, Untersuchungsgebiet alpha ventus, Januar 2009.
[192] Koch/Wiesenthal, Windenergienutzung in der AWZ, ZUR 2003, 350, 351 m.w.N.
[193] So die Angaben von Nehls (BioConsult SH) auf der Naturschutzanhörung zur Errichtung der Forschungsplattform FINO3 am 15.07.2008 in Hamburg.
[194] Die Abkürzung stammt vom Forschungsprogramm „Forschungsplattformen in Nord- und Ostsee", welches drei Forschungsplattformen umfasst. FINO 1 befindet sich neben dem Testfeld „alpha ventus" nördlich Borkum, FINO 2 in der Ostsee und FINO 3 westlich Sylt.

stärke. Dies soll eine Reduzierung der Schallemissionen um 6–8 dB und eine Scheuchwirkung bewirken, ohne die Schwelle der Schädigung der Tiere zu erreichen.[195]

Bei den Vergrämern sind sog. Pinger und sog. Sealscarer zu unterscheiden. Beides sind Instrumente aus der Fischerei zur Vermeidung von Beifang. Die Pinger wurden zur Vertreibung von Schweinswalen und anderen Kleinwalen von Netzen entwickelt und werden von wenigstens 6 verschiedenen Firmen hergestellt und vertrieben. Sie senden akustische Signale geringer Intensität (meist 130 bis 150 dB) in hohen Frequenzbereichen von zumeist oberhalb 10 kHz aus. Die Pulsdauer ist sehr kurz. Die Pulse werden meist im Abstand von wenigen Sekunden wiederholt und zur Vermeidung von Gewöhnungseffekten moduliert. Pinger bewirken so eine Vergrämung im Nahbereich von 100–200 Metern. Die Sealscarer wurden zur Vertreibung von Robben von Fischzuchtanlagen entwickelt und werden von mindestens vier verschiedenen Firmen hergestellt und vertrieben. Die Geräte senden starke akustische Signale von 170 bis 195 dB in hochfrequenten Bereichen von zumeist zwischen 10 und 20 kHz aus. Auch hier werden Impulse und Wiederholungsraten moduliert. Für Seal Scarer wird eine Vertreibungswirkung auf Schweinswale in der näheren Umgebung von 2,5–3,5 km angenommen.

Bei den Blasenschleiern handelt es sich um eine neue, bislang vom BMU geförderte Maßnahme. Dabei werden auf dem Meeresboden um die Baustelle Rohrleitungen verlegt, in die mit einem bestimmten Druck Luft gepresst wird, die aus Öffnungen aufsteigt und einen Ring von Luftblasen um die Baustelle legt. Dabei wird der Abstand des Blasenschleiers zur Pfahlgründung so bestimmt, dass angesichts der Strömung die Blasen nicht am zu rammenden Pfahl vorbei treiben (z. B. 70 m Abstand bei 1 m/s Strömung). Mit dem Blasenschleier können die Schallwellen sich nicht schnell durch das Wasser ausbreiten, sondern müssen den Luftwiderstand der Blasen überwinden. Dadurch werden die Ausbreitungsgeschwindigkeit und die Dezibelstärke spürbar abgeschwächt. Bei der Rammung des Pfahls für die Forschungsplattform FINO 3 wurde entgegen der ursprünglichen Planung mit einem doppelten nur ein einfacher Blasenschleier verwendet. Mit dem Bündel der Schutzmaßnahmen wurde bei konservativer Prognose eine Absenkung der Lärmbelästigung um mindestens 10 dB erwartet.[196] Es wurde mit 164 dB in 750 Metern Entfernung genau dies mit einem einfachen Bla-

---

[195] Nehls, Stellungnahme zu den möglichen Auswirkungen der Rammarbeiten zur Errichtung der Forschungsplattform FINO 3 auf marine Säugetiere, Husum Juli 2008, S. 7.

[196] Nehls, Stellungnahme zu den möglichen Auswirkungen der Rammarbeiten zur Errichtung der Forschungsplattform FINO 3 auf marine Säugetiere, Husum Juli 2008, S. 7.

senschleier erreicht. Dies zeigt, dass die Lärmbelastung nicht unter den für Schweinswale maßgeblichen Schwellenwert von 160 dB reduziert wurde. Solch eine geringfügige Überschreitung ist jedoch im Nahbereich durch die Vergrämungsmaßnahmen kompensiert worden. Letztere wurden bei der FINO 3-Rammung erfolgreich durchgeführt. Dies lässt hoffen, dass außerhalb von Schweinswalkonzentrationsbereichen sowie in diesen außerhalb der sensiblen Fortpflanzungszeit ganz ohne kostspielige Blasenschleier gearbeitet werden kann. Die Frage des Lärms wird im Rahmen der Forschungsplattform FINO 3 weiter wissenschaftlich untersucht werden, da ein Monitoring Teil eines Schutzkonzeptes ist.

Offen sind die langfristigen Auswirkungen der Windparks auf See. Die Sperrung der Windparks für den Fischfang und zugleich für militärische Übungen verdrängt mit einem Ausbau der Windenergienutzung für einen längeren Zeitraum die Haupttodesursachen der Schweinswale und könnte somit mittelfristig gar positive Auswirkungen zeitigen. Hier besteht noch großer naturwissenschaftlicher Forschungsbedarf. Rechtspolitisch besteht im Interesse der Biodiversität ein Bedarf an einer Harmonisierung von Fischereiregime und Naturschutzregime, die auch mit der Meeresstrategie-RL der EU nicht erreicht wird.[197]

Der Gewöhnliche Schweinswal ist in Anhang II FFH-RL als eine von zwei Walarten von gemeinschaftlichem Interesse gelistet, für deren Erhaltung besondere Schutzgebiete ausgewiesen werden müssen. In der Folge stellen sich hier alle Fragen des europäischen Gebietsschutzes.

Alle Wale *(Cetacea)* sind zudem in Anhang IV der FFH-RL als streng zu schützende Tierarten von gemeinschaftlichem Interesse erfasst. Darüber ist auch der Gewöhnliche Scheinswal gelistet und unterfällt damit dem europäischen, besonderen Artenschutzrecht.

Negative Umwelteinwirkungen werden nicht nur bei Meeressäugern, sondern auch bei Fischen befürchtet. Gegenstand von Bedenken sind negative Auswirkungen auf den Orientierungssinn von Fischen durch die um die stromdurchflossenen Kabel entstehenden elektromagnetischen Felder. Diese können jedoch durch die Verwendung geeigneter Kabel ausgeschlossen werden.[198] Insbesondere die HGÜ-Technik kann hier die Umwelteinwirkungen gegenüber Wechselstromkabeln reduzieren. Trübungsfahnen und mögliche Bedeckungen von Benthos und Fischlaich mit aufgewirbeltem Sediment in Folge der Bauphase sind in der Regel nur vorübergehend und

---

[197] Noch zum Entwurf Cybulka, Die Erhaltung der Biodiversität im marinen Bereich, ZUR 2008, 241, 246.
[198] Koch/Wiesenthal, Windenergienutzung in der AWZ, ZUR 2003, 350, 351 m. w. N.

reversibel.¹⁹⁹ Dennoch wird von der Möglichkeit der dauerhaften Schädigung in bis zu 100 m Entfernung und der reversiblen Schädigung in bis zu 1,5 km Entfernung ausgegangen. Weitere Störungen sind bislang unbekannt.²⁰⁰ Da die Fischarten regelmäßig nicht zu den Natura 2000-Arten zählen, soll hier eine weitere Vertiefung nicht erfolgen.

(b) Marine Avifauna

In der Bauphase wie danach werden auch Auswirkungen auf den Vogelzug durch Kollisionen wie Störungswirkung in Form einer Barrierewirkung großer Windparks befürchtet. Für zwei Windparks in der Ostsee, „Adlergrund" und „Pommersche Bucht" konnte keine positive Prognose zu den möglichen ökologischen Auswirkungen, insbesondere hinsichtlich drohender Habitatverluste für wichtigen Rastplätze von Seetaucher, Eis-, Samt- und Trauerenten östlich und nordöstlich von Rügen, gestellt werden, so dass die Genehmigung jeweils versagt wurde.²⁰¹ Dies beruht auf Erfahrungen an den dänischen OWPs „Horns Rev I" und „Nysted", bei denen eine Scheuchwirkung gegenüber diesen Seevogelarten dahingehend beobachtet wurde, dass sie 400 m vor dem Windpark reagieren und die Flugrichtung ändern bzw. bei einer Durchquerung ihre Flugrichtung den Anlagenreihen anpassten.²⁰² Ähnliche Konflikte bestehen aktuell im Zusammenhang mit dem Vogelschutzgebiet „Östliche Deutsche Bucht" und dem FFH-Gebiet „Sylter Außenriff" in der Nordsee für die im Umfeld geplanten Windparks, wie „Sandbank 24 Extension".²⁰³

Hier ist hervorzuheben, dass die Seetaucher *(Gaviiformes, Gaviidae, Gavia)* eine Ordnung, Familie und Gattung der Vögel sind, von denen die EG-Vogelschutzrichtlinie in Anhang I den Sterntaucher *(Gavia stellata)*, den besonders seltenen Prachttaucher *(Gavia arctica)* und den in der deutschen AWZ bislang nicht auftretenden Eistaucher *(Gavia immer)* erfasst. Auf diesem Wege sind diese 53 bis 91 cm großen Wasservögel als seltene Zugvögel geschützt. Bislang besteht jedoch keine Möglichkeit diese Tiere differenziert zu betrachten, da sie sich nur in Schnabelform und Halsfarbe unter-

---

[199] Koch/Wiesenthal, Windenergienutzung in der AWZ, ZUR 2003, 350, 351 m. w. N.

[200] Angaben von Nehls (BioConsult SH) auf der Anhörung der Naturschutzverbände zur Errichtung der Forschungsplattform FINO3 am 15.07.2008 in Hamburg.

[201] Das Parlament 27.08./03.09.2007, S. 14, Der Wind bläst von vorne.

[202] Klinski/Buchholz/Schulte/Windguard/BioConsult SH, Umweltstrategie Windenergienutzung, S. 83.

[203] http://www.sandbank24.de/de/set.html?/de/offshore/zeitleiste.html~mainFrame

scheiden, so dass aus Praktikabilitätsgründen bei der Erfassung der scheuen Tiere nur pauschal auf Seetaucher abgestellt wird.

In der Ordnung der Gänsevögel *(Anseriformes)* werden in Anhang 1 der EG-Vogelschutzrichtlinie unter den Entenvögeln *(Anatidae)* 12 verschiedene Arten von Schwänen, Gänsen und Enten aufgeführt, von denen einzelne auch in Deutschland vorkommen und damit Schutzgebietsausweisungen erforderlich machen können. Die oben genannten Entenarten befinden sich allerdings nicht darunter. Hier sind vielmehr als Meeresvögel die Familien der Sturmvögel *(Procellariidae)* und Sturmschwalben *(Hydrobatidae)*, Kormorane *(Phalacrocorax)* sowie die Regenpfeiferartigen *(Charadriiformes)* Watvogel-Familien der Säbelschnäbler *(Recurvirostridae)*, Triele *(Burhinidae)*, Brachschwalbenartigen *(Glareolidae)*, Regenpfeifer *(Charadriidae)*, Schnepfenvögel *(Scolopacidae)*, Möwen *(Laridae)* und Seeschwalben *(Sternidae)* zu erwähnen, von denen zahlreiche Arten in Anhang 1 der EG-Vogelschutzrichtlinie genannt werden und somit eine Schutzgebietsausweisung erforderlich machen können. Solche sind im Küstenmeer erfolgt. Die umfangreichen Schutzgebiete haben auch Eingang in die Raumordnung der Küstenbundesländer gefunden, welche dort eine Windenergienutzung ausgeschlossen haben.

Die zuvor erwähnten Eisenten (*Clangula hyemalis*), Samtenten (*Melanitta fusca*) und Trauerenten (*Melanitta nigra*) zählen zu den in Anhang 2 Teil 2 EG-Vogelschutzrichtlinie aufgelisteten 13 Schwan-, Gans- und Entenarten, welche nur national bejagt werden dürfen, sofern dies für den jeweiligen Mitgliedsstaat vorgesehen ist. Samtenten und Trauerenten zählen zu den 18 in Deutschland bejagbaren Arten, während für Eisenten ein grundsätzliches Jagdverbot gilt. Die Trauerente ist zudem in Anhang 3 Teil 2 EG-Vogelschutzrichtlinie mit 10 weiteren Gans- und Entenarten genannt, so dass Deutschland den Verkauf gejagter Tiere genehmigen kann. Außerhalb der Jagdsaison kommt diesen Arten nach Art. 7 V-RL während Brut- und Aufzuchtzeit sowie beim Rückzug zu den Nistplätzen ein Schutz zu, der die Mitgliedsstaaten zum Populationserhalt verpflichtet. Über die Verpflichtung Deutschlands, die Populationen insgesamt und insbesondere während bestimmter Zeiten zu schützen, sind auch die in Anhang 1 nicht genannten Anhang 2-Arten von ökologischer Bedeutung und bei der Frage der Auswirkungen von Offshore-Windenergieparks mit einzubeziehen.

Während hinsichtlich der Verbreitung und Häufigkeit von Rastvögeln in der deutschen Nord- und Ostsee bereits aussagekräftige Daten gesammelt wurden, bestehen hinsichtlich des Vogelzuges trotz Kenntnis der Zugkorridore und Zughöhen, welche zumeist im kritischen Höhenbereich bis 200 m liegen, auch weiterhin deutliche Wissenslücken, insbesondere bei der artspezifischen Differenzierung und witterungsbedingten Zugverhaltsänderungen.²⁰⁴ Fragen bestehen hier auch hinsichtlich der Auswirkungen einer Anlagen- bzw. OWP-Beleuchtung. Erste Erkenntnisse der Forschungsplattform FINO1 zeigen eine Zunahme der Kollisionen in Nächten mit schlechten Sichtverhältnissen infolge Nebel und Sprühregen und daher höherer Desorientierung und erhöhter Anziehungskraft der Beleuchtung.²⁰⁵ Eine Lösung des Problems könnte hier wie an Land im Transpondereinsatz liegen. Solange derartige Wissenslücken darüber bestehen, inwieweit die sich Windenergieanlagen überhaupt auf den Vogelzug offshore auswirken, besteht jedenfalls kein Anlass die Anlagenerrichtung aus den Gründen des Vogelzuges außerhalb von Schutzgebieten zu versagen. Verstärkte ökologische Begleitforschung und Transpondereinsatz erscheinen hier als gangbarer Weg im Umgang mit den vermutlichen Umwelteinwirkungen.

Für den Fledermauszug über Nord- und Ostsee liegen mittlerweile erste Forschungsergebnisse vor, die angesichts der bislang fehlenden Anlagen in deutschem Küstenmeer und AWZ vorrangig auf Beobachtungen bzw. Messungen auf den Inseln vor der Küste, wie Helgoland und Borkum, und von bestehenden Bohr-, Gas-Ölplattformen oder Schiffen aus beruhen.²⁰⁶ Es wurden auch gezielt die Standorte der geplanten Windparks auf See untersucht.²⁰⁷ Besonders häufig scheint offshore die Rauhautfledermaus zu sein. Beobachtet wurden auch bei onshore hoch ziehenden Arten sehr niedrige Flughöhen über dem Meer, was gegen eine Kollisionsgefahr offshore spräche. Angesichts der fehlenden Erfahrungen mit Windparks offshore und den bislang fehlenden Erfassungen in größeren Höhen, kann zu den genaueren Auswirkungen jedoch noch keine Aussage getroffen werden. Auch hier besteht weiter Forschungsbedarf.

(c) Sonstiges

Es wird auch eine dauerhafte Veränderung der Meeresmorphologie und Geologie befürchtet. Die Meeresströmungen führen einen weiträumigen Wasseraustausch herbei und sind prägendes Element der Meeresbodenmorphologie sowie ökosystemarer Kreisläufe im Meer. Die Anlagen könnten eine Veränderung von Strömungsverhältnissen, Sedimenttransporten und

---

²⁰⁴ Koch/Wiesenthal, Windenergienutzung in der AWZ, ZUR 2003, 350, 351 m.w.N.

²⁰⁵ Klinski/Buchholz/Schulte/Windguard/BioConsult SH, Umweltstrategie Windenergienutzung, S. 102.

²⁰⁶ Skiba, Die Fledermäuse im Bereich der Deutschen Nordsee unter Berücksichtigung der Gefährdungen durch Windenergieanlagen, NF-Themenheft „Fledermäuse und Nutzung der Windenergie", Band 12/Doppelheft 2–3 2007, 199 ff.

²⁰⁷ Walter/Matthes/Joost, Fledermauszug über Nord- und Ostsee, NF-Themenheft „Fledermäuse und Nutzung der Windenergie", Band 12/Doppelheft 2–3 2007, 221 ff.

insbesondere des Artenspektrums durch eingebrachte Hartsubstrate bewirken.[208] Während diese Befürchtungen für die Nordsee in Modellen widerlegt werden konnten, kann eine Störung der stabilen thermophalinen Schichtung zwischen Oberflächen- und Tiefenwasser nicht ausgeschlossen, wohl aber das Risiko durch geschickte Standortwahl minimiert werden.[209] Die Auswirkungen auf die Lebensraumtypen Sandbank und Riff werden als sehr gering eingeschätzt.[210] Angesichts der positiven Effekte durch den Ausschluss der Fischerei in OWP-Gebieten ist dies auch überzeugend.

Des Weiteren stellt das durch Offshore-Windparks gesteigerte Unfallrisiko für Schiffe, insbesondere Tanker mit großem Schadenspotential eine Herausforderung dar.

Sämtliche Umweltauswirkungen müssen sich nicht aus einem einzelnen Vorhaben resultieren, sie können auch durch Kumulation der Vorhaben entstehen. Auch kumulative Umwelteinwirkungen sind im Genehmigungsverfahren zu berücksichtigen.[211]

Vor dem Hintergrund der zahlreichen noch unerforschten meeresökologischen Zusammenhänge und der fehlenden praktische Erfahrung mit Offshore-Windenergieparks in Deutschland hat die Bundesregierung mehrere Begleitforschungsprojekte initiiert, von denen einige mittlerweile abgeschlossen wurden.[212] Anhand dieser Forschungen wurden Vogelschutzgebiete und Gebiete von gemeinschaftlicher Bedeutung ausfindig gemacht und an die Kommission gemeldet und zum Teil bereits als Meeresschutzgebiete ausgewiesen, so dass mittlerweile etwa 30% der AWZ als Natura

---

[208] Rat von Sachverständigen für Umweltfragen, Meeresumweltschutz für Nord- und Ostsee, BT-Drs. 15/2626, S. 190.

[209] Koch/Wiesenthal, Windenergienutzung in der AWZ, ZUR 2003, 350, 351 m. w. N.

[210] Klinski/Buchholz/Schulte/Windguard/BioConsult SH, Umweltstrategie Windenergienutzung, S. 88.

[211] Brandt/Runge, Kumulative und grenzüberschreitende Umwelteinwirkungen im Zusammenhang mit Offshore-Windparks, Hamburg/Lüneburg 2002, 35 ff.

[212] Hier ist zuerst der Rahmen des Zukunftsinvestitionsprogramms (ZIP) zu nennen, welches von 2001 bis 2003 insgesamt 15,4 Mio. Euro zur Verfügung stellte, davon 4,2 Mio. für ökologische Begleitforschung; eine Übersicht der Forschungsprojekte und die Forschungsberichte der abgeschlossenen Forschungsvorhaben befindet sich auf dem „Habitat Mare Natura 2000" Internetportal des Bundesamtes für Naturschutz, http://www.habitatmare.de/de/downloads.php#1; zum aktuellen Stand siehe auch die Antwort der Bundesregierung auf die kleine Anfrage der Abgeordneten Angelika Brunkhorst, Dr. Christel Happach-Kasan, Michael Kauch, weiterer Abgeordneter und der Fraktion der FDP vom 14. November 2008 – BT-Drs. 16/10629 – Schutz der Meeresumwelt beim Bau deutscher Offshore-Windparks, Anlage zu Frage 22: Liste aller Forschungsvorhaben der Bundesregierung zu den Auswirkungen von Offshore-Windparks.

2000-Gebiete gemeldet oder als Meeresschutzgebiete ausgewiesen wurden. Es sind allerdings auch Forschungsvorhaben darauf ausgerichtet, Beeinträchtigungen und Risiken sowie deren Minderung zu ergründen. Wichtige Erkenntnisse liefern dabei das Zunkunfsinvesitionsprogramm der Bundesregierung (ZIP), die drei FINO (Forschungsplattformen in Nord- und Ostsee) Forschungsplattformen und das Forschungsprojekt MINOS (Marine Warmblüter in Nord- und Ostsee). Soweit Forschungsvorhaben abgeschlossen wurden lässt sich auf die Erkenntnisse zurückgreifen, soweit sie angesichts der unterschiedlichen örtlichen Gegebenheiten übertragbar sind. Vielfach werden jedoch erst praktische Erfahrungen mit den zahlreichen Pilotphasen bzw. die Daten der nahe gelegenen FINO-Plattformen Aufschluss über die Auswirkungen eines weiteren Ausbaus geben können.

Der Umgang mit den zum Teil bestehenden Erkenntnislücken ist keine Frage der Umwelteinwirkungen, sondern der rechtlichen Würdigung. Dennoch sei an dieser Stelle darauf hingewiesen, dass die Erkenntnislücken Prognoseentscheidungen der Genehmigungsbehörde erfordern, wie bereits für das Genehmigungsverfahren an Land dargelegt,[213] und können angesichts der gesetzgeberischen Entscheidung für die Offshore-Windenergie einer Genehmigung letztendlich nicht entgegenstehen.

(2) Reichweite des Verbotstatbestandes und Artenschutzrecht

Ein Versagungsgrund i. S. des Meeresumweltschutzes liegt nach § 3 S. 2 Nr. 3 u. 4 SeeAnlV insbesondere bei der Verschmutzung der Meeresumwelt oder einer Gefährdung des Vogelfluges vor.

(a) Regelbeispiele

Im Rahmen des Regelbeispiels Nr. 3, Verschmutzung der Meeresumwelt, stellen sich mehrere Fragen.

Zunächst wird mit dem Begriff der Besorgnis ein recht weites Verständnis des Tatbestandes impliziert. Die Verweisung auf Art. 1 Abs. 1 Nr. 4 SRÜ, nach dessen Definition sich „abträglichen Wirkungen" nicht nur „ergeben", sondern auch „ergeben können" führt sogar dazu, dass man innerhalb des Regelbeispiels von einer „doppelten Besorgnis" sprechen könnte.[214] Die

---

[213] Vgl. unter C. II. 13. cc) Europäisches Naturschutzrecht und insbesondere die Rechtsprechung des Bundesverwaltungsgerichts zur Handhabung naturwissenschaftlicher Prognoseunsicherheiten über Schutzkonzept und Monitoring nach BVerwGE 128, 1 ff.

[214] Dahlke, Genehmigungsverfahren von Offshore-Windenergieanlagen, NuR 2002, 472, 474.

dem Vorsorgeprinzip entsprechende Formulierung führt zu einem weiten Schutzbereich, der eine Annahme des Versagungsgrundes möglich erscheinen lässt, ohne dass der Eintritt einer Verschmutzung bewiesen werden oder eine hinreichende Wahrscheinlichkeit des tatsächlichen Schadens am Schutzgut ermittelbar sein müsste. Die Anknüpfung an die Definition des SRÜ ermöglicht hier allerdings die Einschränkung des Tatbestandes über den seerechtlichen Begriff der Verschmutzung. Der völkerrechtliche Begriff des „Dumping" (Einbringens) meint die nur ausnahmsweise zulässige Entledigung von Stoffen auf See nach bestimmten völkerrechtlichen Abkommen[215] welche in Deutschland Umsetzung durch § 4 Hohe-See-Einbringungsgesetz vom 25.08.1998 finden.[216] Damit ist von der Einbringung und damit vom Begriff der Verschmutzung nicht die sedimentbeeinträchtigende Einbringung von Fundamentbauten für Windenergieanlagen erfasst. Anwendung findet das Regelbeispiel auf Verwendung, Kapselung, Aufbewahrung und Entsorgung von möglicherweise wassergefährdenden Stoffen an und in der Anlage, sprich Getriebeöl. Hier wird auf die Ausführungen zur Anlagenerrichtung an Land verwiesen.

Hinsichtlich des Regelbeispiels Nr. 4 handelt es sich um eine 2002 nachträglich eingefügte Klarstellung, welche dem Irrtum vorbeugen soll, dass es sich bei der Meeresumwelt nur um benthische Arten und andere Meerestiere handele, aber die Avifauna nicht erfasst sei, zumal der Vogelzug auch an Land vorkomme und daher nicht exklusiv der Meeresumwelt zugerechnet werden müsste. Da das BSH bereits zuvor von einem den Vogelzug umfassenden Begriff der Meeresumwelt ausgegangen ist, hat sich in dieser Hinsicht nichts geändert.[217] Bei der Prüfung des Regelbeispiels genügen nicht die abstrakte Möglichkeit eines Eintritts von Vogelschlag während der Hauptflugzeit, sondern nur hinreichende Erkenntnisse im Rahmen einer Prognose der Wahrscheinlichkeit der Gefahrverwirklichung. Es kommt somit im Einzelfall darauf an, welche Vogelarten und welche Bewegungen an den konkret interessierenden Standorten in die Genehmigungsentscheidung mit einzubeziehen sind.[218] Die Offshore-Strategie der Bundesregierung stützt sich hier maßgeblich auf die IBA-Gebiete.[219] Diesen wird man wie

---

[215] Hier ist insbesondere das Übereinkommen über die Verhütung der Meeresverschmutzung durch das Einbringen von Abfällen und anderen Stoffen vom 29.12. 1972 (sog. London Übereinkommen) zu nennen, BGBl. 1977 II, 165, 180.

[216] BGBl. 1998 I, 2455.

[217] Dahlke, Genehmigungsverfahren von Offshore-Windenergieanlagen, NuR 2002, 472, 477.

[218] Bönker, Windenergieanlagen auf hoher See – Rechtssicherheit für Umwelt und Investoren? NVwZ 2004, 537, 540

[219] Bundesregierung, Strategie der Bundesregierung zur Windenergienutzung auf See, S. 20.

an Land eine Indizwirkung zubilligen müssen, einen abschließenden Prüfungsmaßstab für die Gefährdung des Vogelzuges können sie schon aufgrund der räumlichen Begrenzung nicht darstellen. Für die genaue Prüfung der Vereinbarkeit der Windenergienutzung mit Meeresumwelt hat das BSH, basierend auf den Ausarbeitungen zweier Expertengruppen, ein laufend fortgeschriebenes Standarduntersuchungskonzept (z. Zt. StUK 3, Stand 2007) herausgegeben.[220] Das StUK ist in die Bereiche Bauphase, Betriebsphase und Rückbauphase unterteilt und benennt die jeweils vor Baubeginn zu untersuchenden Schutzgüter. Neben naturfachlichen Voruntersuchungen und photorealistischer Visualisierung des Landschaftsbildes bei weniger als 50 km Abstand zur Küste wird auch eine Risikoanalyse zur Ermittlung des Havarierisikos vorausgesetzt. Die Basisuntersuchungen bilden die Grundlage für eine Umweltverträglichkeitsstudie (UVS), die FFH-VP und ein späteres Monitoring. Eine Verwaltungsvorschrift, welche den Stand der Wirkungsforschung wiedergibt und generelle, einheitliche und konkrete Bewertungskriterien für die Beeinträchtigung des Vogelzugs vorliegt wurde bislang von der Bundesregierung nicht geschaffen.[221]

Zur Gefahrvermeidung werden regelmäßig Befeuerung und Lichter nach Möglichkeit so installiert, dass sie zwar ihren Zweck erfüllen, aber keine Vögel anlocken. Während technische Maßnahmen wie die Minimierung von Streulicht überzeugen, führt eine zum Teil erhobene Forderung nach Anlagenabschaltung[222] in Zeiten hohen Vogelaufkommens grundsätzlich nicht weiter. Abgesehen davon, dass Windenergieanlagen sich nicht durch Stillstand der Rotoren rechnen, führt dies inhaltlich nicht weiter. Während für den Onshore-Bereich hinsichtlich Fledermaus-Zugrouten des Großen Abendseglers eine kurzfristige Abschaltung an bestimmten Orten sinnvoll erscheint, da sich so über einen Monat Abschaltung im Jahr bis zu 90% der Schlagopfer vermeiden lassen, kann dies nicht für den Vogelzug gelten. Hier fehlt eine vergleichbare Erfolgsquote. Da die luftverkehrsrechtlich vorgegebene Befeuerung auch bei Stillstand zu erfolgen hat, würden auch im Falle der Abschaltung der Rotoren weiter Störwirkungen bestehen. Hier ist auf die Allgemeine Verwaltungsvorschrift zur Kennzeichnung von Luftfahrthindernissen (AVV Luftfahrtkennzeichnung) hinzuweisen, die schon im Zusammenhang mit der Anlagenerrichtung an Land besprochen wurde, nun aber vor allem im Hinblick auf die Sicherheit und Leichtigkeit des Verkehrs auch Vorgaben für Offshore-Anlagen sowohl in Küstenmeer als auch

---

[220] BSH, Untersuchung der Auswirkungen von Offshore-Windenergieanlagen (StUK 3), http://www.bsh.de/de/Produkte/Buecher/Sonstige_Publikationen/index.jsp.
[221] Rat von Sachverständigen für Umweltfragen, Meeresumweltschutz für Nord- und Ostsee, BT-Drs. 15/2626, S. 191.
[222] Koch/Wiesenthal, Windenergienutzung in der AWZ, ZUR 2003, 350, 351.

AWZ enthält, auch wenn im Rahmen der Novelle vom 24. April 2007 in Art. 1 Nr. 19.2 der Begriff „Offshore-Anlagen" durch die Formulierung „Windenergieparks und andere Anlagen" ersetzt worden ist.[223]

(b) Natura 2000

Aus dem Wortlaut des § 3 SeeAnlV „insbesondere" ergibt sich, dass diese Nennung von Versagungsgründen nicht abschließend ist. Daher stellt sich auch hier die Frage der Auswirkungen der BNatSchG-Novelle 2007 auf den Meeresumweltschutz. Im Rahmen der Änderungen der Verbotstatbestände des § 42 Abs. 1 BNatSchG wird einer gemeinschaftsrechtlichen Beanstandung des § 42 Abs. 1 Nr. 3 BNatSchG vorgebeugt, der zuvor entgegen der Vorgaben der FFH-RL Störungen der Individuen streng geschützter Arten nicht während bestimmter Phasen in einem jährlichen Lebenszyklus, wie Reproduktion, Überwinterung, Wanderung, sondern nur an bestimmten Orten schützte. Mag sich dies bei zahlreichen Arten kaum auswirken, so wird hier als Gegenbeispiel der Schweinswal hervorgehoben, dessen Lebensstätten nach derzeitigem Kenntnisstand einen nicht zu unterscheidenden Bestandteil seines Lebensraumes bilden und deshalb bisher keinen hinreichenden Schutz über § 42 Abs. 1 Nr. 3 BNatSchG fanden.[224] Die Anpassung des BNatSchG an die FFH-RL führt hier zu einem höheren Schutz der Meeresumwelt. Angesichts der fehlenden allgemeinen Erstreckung des BNatSchG auf die AWZ kann sich dies nur im Bereich des Küstenmeeres auswirken. Auch wenn § 38 BNatSchG zeigt, dass das BNatSchG auch ohne allgemeine Erstreckungsklausel bei der Genehmigung von Offshore-Anlagen relevant ist, so bezieht sich § 38 BNatSchG nur auf den Gebietsschutz, so dass das besondere Artenschutzrecht wie auch das übrige BNatSchG bislang ohne Bedeutung für die AWZ sind. Dementsprechend findet auch die Eingriffsregelung in der AWZ bislang keine Anwendung.[225] Dies ändert sich erst mit der Novelle des BNatSchG 2009, bzw. mit deren Inkrafttreten zum 1. März 2010. Mit der nunmehr vorhandenen Erstreckungsklausel in § 56 BNatSchG n.F. wird das Regel-Ausnahme-Verhältnis umgekehrt. Es findet nunmehr das gesamte BNatSchG mit Ausnahme des Kapitels Landschaftsplanung Anwendung. Befristet ausgenommen ist die Anwendung der Eingriffsregelung des § 15 BNatSchG n.F. auf Anlagen die vor dem 1. Januar 2017 genehmigt wurden. Damit bleibt es auf absehbare Zeit und für die Mehrzahl der im

---

[223] BR-Drs. 918/06 Bundesregierung vom 20.12.06 und BR-Drs. 918/06 (Beschluss) Bundesrat vom 16.02.2007.
[224] Gellermann, Artenschutzrecht im Wandel, NuR 2007, 165, 168.
[225] Bönker, Windenergieanlagen auf hoher See – Rechtssicherheit für Umwelt und Investoren? NVwZ 2004, 537, 540.

Rahmen der Offshore-Strategie der Bundesregierung erforderlichen Anlagen bei der Nichtanwendung der Eingriffsregelung. Eine wesentliche materielle Neuerung ist die mit der Novelle erfolgte Erstreckung des besonderen Artenschutzrechts auf die AWZ. Angesichts der bislang direkten Anwendung der Richtlinien überträgt diese Erstreckung die an Land diskutierten Fragen der unvollständigen Umsetzung der Natura 2000-Richtlinien im BNatSchG nunmehr in die AWZ. Insofern ist der Preis der Klärung der Erstreckungsfrage das Aufwerfen der Umsetzungsfrage. Sie lässt sich wie an Land durch die europarechtskonforme Auslegung bzw. den Anwendungsvorrang des Europarechts lösen. Insofern lohnt wie bislang der unverstellte Blick direkt in die einschlägigen Richtlinien.

Auch im Offshore-Bereich ist der Gebietsschutz des europäischen Habitat- und Vogelschutzrechts sowie seine nationale Umsetzung von erheblicher Bedeutung, zumal sie Teil der internationalen Bemühungen zur Errichtung mariner Schutzgebiete sind und einer Windenergienutzung entgegenstehen können. Auf der gemeinsamen Konferenz der Kommissionen zum Schutz der Meeresumwelt der Ostsee (HELCOM) und des Nordostatlantiks (OSPAR) in Bremen 2005 wurde beschlossen, bis zum Jahr 2010 ein die Konventionsgebiete übergreifendes Netz von Meeresschutzgebieten zu errichten, dass mit dem Natura 2000-Netz kohärent ist.[226]

Hinsichtlich der nationalen Umsetzung dieses marinen[227] Schutzgebietsnetzes ist vor allem die erst 2002 in Folge der Offshore-Strategie der Bundesregierung eingefügte Vorschrift des § 38 BNatSchG hervorzuheben. Sie war ursprünglich nicht im Gesetzentwurf enthalten und gelangte über einen Änderungsantrag der Fraktionen SPD und Bündnis 90/Die Grünen ins Gesetz.[228] Mit den Zielen der Offshore-Strategie wurde auch die Übertragung der Verwaltungsaufgabe aus § 38 BNatSchG auf den Bund nach Art. 87 Abs. 3 S. 1 GG gerechtfertigt.[229] Über die Norm wird der räumliche Anwendungsbereich der §§ 33, 34 BNatSchG erweitert und dem Bundesamt für Naturschutz (BfN) die Natura 2000-Aufgaben zugewiesen, während die Zuständigkeit für die Unterschutzstellung beim BMU verbleibt. Damit lässt

---

[226] Ell/Heugel, Geschützte Meeresflächen in der deutschen AWZ, NuR 2007, 315, 326 m.w.N.

[227] Die Adjektive marin und maritim werden dahingehend unterschieden, dass sich letzteres auf Nutzungen bezieht, während sich ersteres nutzungsunabhängig auf die bloße Zugehörigkeit zum Meer beschränkt.

[228] BT-Drs. 14/7490, S. 28 ff.

[229] Eine alternative Zuständigkeit der Länder, wie sie die Bundesregierung in Strategie der Bundesregierung zur Windenergienutzung auf See, S. 10 anführt, ist schon vor dem Hintergrund des neunten Abschnitts des Bundesberggesetzes abzulehnen, näher dazu Ell/Heugel, Geschützte Meeresflächen in der deutschen AWZ, NuR 2007, 315, 317 m.w.N.

sich im Kern hinsichtlich aller Fragen im Zusammenhang mit Natura 2000-Gebieten auf die Ausführungen zur Windenergienutzung an Land im ersten Teil verweisen. Zu ergänzen ist, dass die Schutzgebietsausweisung in der laufenden Phase drei sich von der an Land unterscheidet. Da die Unterschutzstellung dem Bundesministerium für Umwelt, Naturschutz und Reaktorsicherheit obliegt, gibt es damit erstmals Naturschutzgebiete des Bundes. Näher muss daher auf die konkrete Entwicklung auf See und die Schutzgebietsverordnungen eingegangen werden.

Deutschland hat bereits im Mai 2004 acht FFH-Vorschlagsgebiete und zwei Vogelschutzgebiete an die EU-Kommission gemeldet.[230] Die beiden ersten Gebiete, die Vogelschutzgebiete „Pommersche Bucht" und „Östliche Deutsche Bucht" wurden im Herbst 2005 auf Grundlage des § 38 BNatSchG unter Schutz gestellt.[231] Das Schutzgebiet „Pommersche Bucht" befindet sich östlich der Insel Rügen und umfasst ca. 200.000 Hektar.[232] Das Gebiet „Östliche Deutsche Bucht" liegt in der Deutschen Bucht westlich des nordfriesischen Wattenmeeres und nördlich der Insel Helgoland. Es hat eine Fläche von ca. 313.000 Hektar.[233] Die Schutzgebiete umfassen die in der deutschen AWZ gelegenen Important Bird Areas, denen eine wichtige Funktion als Nahrungs-, Überwinterungs-, Mauser-, Durchzugs-, und Rastgebiet für zahlreiche nach der Vogelschutzrichtlinie zu schützenden Vogelarten zukommt.[234] Weitere IBA's bestehen in der deutschen AWZ nicht.

Die im Verfahren vorgenommene Öffentlichkeitsbeteiligung war rechtlich nicht geboten, da eine SUP-Pflicht nur für Pläne und Programme besteht, die den Rahmen für künftige Genehmigungen von Projekten setzen.[235] Inhaltlich weisen die beiden Schutzgebietsverordnungen eine parallele Regelungsstruktur aus neun Paragraphen und zwei Anlagen auf. Ermächtigungsgrundlage ist jeweils § 38 Abs. 3 i.V.m. Abs. 1, § 33 Abs. 2 und 3, § 22 Abs. 1 und 2 und § 23 Abs. 2 BNatSchG. In § 1 erfolgt die Erklärung zum

---

[230] Übersicht auf dem „Habitat Mare Natura 2000" Internetportal des Bundesamtes für Naturschutz mit den Standart-Datenbögen aller Gebietsmeldungen, Stand März 2006, und ausführliche Schutzgebietskarten mit Erläuterungstext abrufbar, http://www.habitatmare.de/de/downloads.php#1.

[231] BGBl. 2005 I, 2778 und 2782.

[232] Verordnungstext und Karte zur genauen Abgrenzung des Vogelschutzgebiets sind auf dem „Habitat Mare Natura 2000" Internetportal des BfN abrufbar, http://www.habitatmare.de/de/downloads.php#1.

[233] Verordnungstext und Karte zur genauen Abgrenzung des Vogelschutzgebiets sind auf dem „Habitat Mare Natura 2000" Internetportal des BfN abrufbar, http://www.habitatmare.de/de/downloads.php#1.

[234] Ell/Heugel, Geschützte Meeresflächen in der deutschen AWZ, NuR 2007, 315, 318.

[235] Vgl. Ell/Heugel, Geschützte Meeresflächen in der deutschen AWZ, NuR 2007, 315, 318 m.w.N.

Naturschutzgebiet, in § 2 die Beschreibung des Schutzgegenstandes, in § 3 die Nennung des Schutzzwecks, in § 4 die Verbotstatbestände, in § 5 eine Regelung für bestimmte Vorhaben und Maßnahmen, Pläne, in § 6 Ausnahmen und Befreiungen, in § 7 Anforderungen an den jeweiligen Pflege- und Entwicklungsplan, § 8 Aufgaben und Befugnisse des BfN und § 9 das Inkrafttreten. Hier sind vor allem drei Gesichtspunkte herauszustreichen: Schutzzweck, Verbotstatbestände und die Regelung für bestimmte Vorhaben.

Der Schutzzweck bestimmt sich, § 33 Abs. 3 S. 1 BNatSchG entsprechend, nach den Erhaltungszielen, so dass hier die Arten der Vogelschutzrichtlinie genannt werden, welche zu einer Gebietsausweisung geführt haben. Der Schutzzweck bildet die Grundlage und Grenze der Ge- und Verbote sowie Pflege-, Entwicklungs- und Wiederherstellungsmaßnahmen.[236] Als generalklauselartiger Verbotstatbestand erfasst § 4 Abs. 1 der Verordnungen mit u.a. alle Handlungen, die eine Bewirtschaftung nicht lebenden natürlichen Ressourcen über dem Meeresboden zum Zweck haben. Weiterhin wird mit der Errichtung künstlicher Anlagen und Bauwerke auch die Windenergienutzung auf See erfasst, was ein Bauverbot nach sich zieht. Die speziellen Verbotstatbestände des § 4 Abs. 2 und die Ausnahmebestimmungen des § 4 Abs. 3 betreffen nicht die Windenergienutzung. Die Regelungen für bestimmte Vorhaben in § 5 Abs. 1 der Verordnungen erfassen als leges speciales die Windenergienutzung und nehmen sie vom allgemeinen Bauverbot aus. Hier hat vielmehr eine Verträglichkeitsprüfung nach § 34 BNatSchG am Maßstab des Schutzzwecks zu erfolgen. Dies wird allerdings aus zwei Gründen nicht zur Errichtung von Windenergieanlagen in den Meeresschutzgebieten führen: Zum einen sieht § 10 Abs. 7 EEG/§ 31 Abs. 3 EEG n.F. vor, dass keine Vergütung nach EEG für Anlagen erfolgt, die in Gebieten errichtet werden sollen, welche nach BNatSchG oder Landesrecht zu einem geschützten Teil von Natur und Landschaft erklärt worden sind. Gleiches gilt für die vom BMU der Kommission als FFH- oder Vogelschutzgebiete benannten Gebiete, so dass eine Windenergienutzung in einem Drittel der AWZ wirtschaftlich nicht darstellbar ist. Zum anderen dürfte der Schutzzweck der Avifauna regelmäßig mit einer Windenergienutzung kollidieren, so dass auch die Einzelfallprüfung zu einer Unverträglichkeit und damit Versagung der Genehmigung führen würde. Hinsichtlich einer Vorhabenzulassung lässt sich hier auf die Ausführungen zur Windenergienutzung in Schutzgebieten an Land verweisen. Die Idee, wegen der energiepolitischen Zielsetzung und deren hohen Bedeutung für die Klimapolitik über die Ausnahmeregelung in Art. 6 Abs. 4 FFH-RL Offshore-Vorhaben auch bei erheblichen Auswirkungen auf ein Schutzgebiet zu geneh-

---

[236] Ell/Heugel, Geschützte Meeresflächen in der deutschen AWZ, NuR 2007, 315, 320.

migen,²³⁷ ist ebenso abzulehnen wie an Land. Es ist nicht überzeugend, anzunehmen, dass die Offshore-Strategie der Bundesregierung auch darauf abzielt, Grundlage für die Errichtung von Windparks in Meeresschutzgebieten oder deren unmittelbaren Umgebung zu sein. Vielmehr hat die Bundesregierung mit den Gebietsmeldungen und § 10 Abs. 7 EEG a.F./§ 31 Abs. 3 EEG n.F. deutlich gemacht, dass sie Meeresschutzgebiete gerade von einer Windenergienutzung freihalten will und die Anlagenerrichtung dort daher auch keinem überwiegenden Gemeinwohlinteresse entspricht. Der strikte Schutz des Natura 2000 Schutzgebietsnetzes stünde bei einer solchen Vorgehensweise, welche keine zuverlässigen Voraussetzungen für Ausnahmen nennt, sondern nur die bestehenden Ausnahmetatbestände aushöhlt, schnell auf dem Spiel. Hinzu kommt, dass neben den gesetzlichen Wertungen des Vergütungs- und Naturschutzrechts nun auch die Raumordnung eine Errichtung von Windenergieanlagen in diesen Gebieten ausschließt.

In der AWZ der Nordsee wurden der EU 2005 drei Gebiete von gemeinschaftlicher Bedeutung gemeldet: Borkum Riffgrund, Doggerbank und Sylter Außenriff. In der AWZ der Ostsee wurden fünf FFH-Gebiete gemeldet: Adlergrund, Fehmarnbelt, Kadetrinne, Pommersche Bucht mit Odergrund und Westliche Rönnebank. Die für das Schutzgebietsnetz NATURA 2000 gemeldeten insgesamt 10 Gebiete wurden sämtlich mit der Entscheidung der Kommission vom 12. November 2007 festgesetzt.²³⁸ Mit der Listung der Gebiete steht nun in der dritten Phase die Ausweisung als Naturschutzgebiet bevor. Die näheren Rahmenbedingungen für Vorhaben in diesen Gebieten werden sich dann aus den Schutzgebietsverordnungen ergeben.

Deutschland ist der erste Mitgliedsstaat der EU, der Gebiete außerhalb seines eigenen Hoheitsgebiets als Schutzgebiete an die Kommission gemeldet hat. Insgesamt wurden 31,5% der deutschen AWZ als Meeresschutzgebiete benannt und auch als Natura 2000-Gebiete gelistet.²³⁹ Damit ist angesichts der fehlenden Vergütung nach § 10 Abs. 7 EEG a.F./§ 31 Abs. 3 n.F. etwa ein Drittel der deutschen Meeresgewässer faktisch von einer

---

[237] Koch/Wiesenthal, Windenergienutzung in der AWZ, ZUR 2003, 350, 353; Keller, Planungs- und Zulassungsregime für Offshore-Windenergieanlagen in der deutschen Ausschließlichen Wirtschaftszone, Rostock 2006, S. 137.

[238] Commission decision of 12 November 2007 adopting, pursuant to Council Directive 92/43/EEC, a first updated list of sites of community importance for the Atlantic biogeographical region, Official Journal of the European Union 15.1.2008, L 12, 1, 7 ff.; commission decision of 13 November 2007 adopting, pursuant to Council Directive 92/43/EEC, a first updated list of sites of Community importance for the Continental biogeographical region, Official Journal of the European Union 15.1.2008, L 12, 383, 428 ff.

[239] Klinski/Buchholz/Schulte/Windguard/BioConsult SH, Umweltstrategie Windenergienutzung, S. 84.

Windenergienutzung ausgenommen. Dem Verweis darauf, dass noch viel mehr Flächen die Voraussetzungen der FFH- und Vogelschutzrichtlinie erfüllen als tatsächlich gemeldet, respektive ausgewiesen wurden,[240] ist entgegenzuhalten, dass einerseits der Anteil von etwa einem Drittel der AWZ für den Naturschutz verglichen mit der Situation an Land bereits überproportional groß und international einmalig ist, andererseits die Gebiete auch von der EU-Kommission nicht beanstandet wurden. Letzteres ist insofern von Bedeutung, dass mit der Listung durch die EU-Kommission im November 2007 die zweite Phase der Natura 2000-Errichtung als abgeschlossen gelten muss. Insofern gelten fortan gesteigerte Darlegungspflichten für die Behauptung potentieller oder faktischer Gebiete, wie sie vom Bundesverwaltungsgericht bereits onshore in seiner Entscheidung vom 13. März 2008 vorausgesetzt wurden.[241] Auch ist seitens des für die Gebietsauswahl und Meldung gegenüber der Kommission zuständigen Bundesumweltministeriums derzeit kein politischer Wille zur Auswahl und Meldung weiterer Meeresflächen für das Natura 2000-Netz erkennbar. Insofern ist es unwahrscheinlich, dass die infolge der Novelle 2009 nunmehr in §§ 56 ff. BNatSchG n. F. geregelte Frage des Meeresnaturschutzes zu einer Ausweisung weiterer Schutzgebiete nach § 57 BNatSchG n. F. führt.

Für Vorhaben außerhalb, aber in der Nähe von Schutzgebieten, sind einige Unterschiede zum Natura 2000-Schutz an Land festzuhalten, die sich aus der anderen Struktur des Naturraumes auf See ergeben. Die Dreidimensionalität führt dazu, dass Umwelteinwirkungen nicht nur im Luftraum um die Anlage, sondern auch unter Wasser auftreten. Die schnellere Ausbreitung von Schallbelastungen im Wasser führt zu einer viel weiteren Reichweite der Umwelteinwirkungen einer Anlage als an Land. Im Gegensatz zu der Situation an Land steht nicht nur der Betrieb, sondern auch die Anlagenerrichtung im Focus, da hier über die Einbringung des Baukörpers in den Meeresboden mit der Schallbelastung der Rammarbeiten, Benthos-Aufwirbelungen und Trübungsfahnen wesentliche Beeinträchtigungen verbunden sind, die von einer Anlagenerrichtung an Land gar nicht ausgehen können.

Mit der Anlagenerrichtung, insbesondere der bereits genehmigten vier Windparks vor Sylt, von denen drei außerhalb des FFH-Gebiets Sylter Außenriff liegen, zu dessen Schutzzielen die Erhaltung der Schweinswale zählt, ist mit signifikanten Lärmbelastungen zu rechnen, die sich trotz mehrerer Kilometer Entfernung bis in das Schutzgebiet hinein auswirken können. Eine erhebliche Beeinträchtigung im Sinne von § 33 BNatSchG, Art. 6 FFH-RL kann nur abgewendet werden, wenn die Genehmigungsbehörde

---

[240] Rosenbaum, Errichtung und Betrieb von Windenergieanlagen im Offshore-Bereich, Kiel 2006, S. 127.
[241] BVerwG, NuR 2008, 495, 497.

BSH von dem in den erteilten Genehmigungen enthaltenen Auflagenvorbehalt Gebrauch macht und Bauzeitenfenster außerhalb z. B. der Fortpflanzungszeit festsetzt oder ein Schutzkonzept des Vorhabenträgers greift, welches erhebliche Beeinträchtigungen ausschließt. Die Festsetzung von Bauzeitenfenstern kann die Anlagenerrichtung gefährlich einschränken. Im Gegensatz zur Anlagenerrichtung an Land ist das erforderliche Großgerät auf See nur begrenzt verfügbar. Die Anlagenerrichtung eines Parks von durchschnittlich 80 Windenergieanlagen benötigt einen gewissen Zeitraum. Auch eigenen sich bestimmte Jahreszeiten wegen Herbststürmen u. ä. generell nicht für die Anlagenerrichtung. Wird noch über eine Bauzeitenbegrenzung die Möglichkeit der Anlagenerrichtung im Sommer genommen oder weitestgehend eingeschränkt, fallen die Zeitpläne der Investoren schnell in sich zusammen. In der Folge besteht die Gefahr, dass naturschutzrechtliche Auflagen die Anlagenerrichtung in weiten Teilen der AWZ unattraktiv machen und die Klimaziele der Bundesregierung gefährdet werden. Die Diskussion um die Errichtung der Forschungsplattform FINO 3 unweit des FFH-Gebiets Sylter Außenriff hat gezeigt, dass den erheblichen Naturschutzbedenken mit einem guten Schutzkonzept aus Schiffspräsenz, Softstart, Vergrämungsmethoden und Blasenschleier hinreichend Rechnung getragen werden kann, so dass die Beeinträchtigungen schon in der FFH-Vorprüfung an der Erheblichkeitsschwelle scheitern.[242] Sicherlich ist die Errichtung eines Windparks mit 80 Anlagen von einer ganz anderen Dimension als die Errichtung einer einzelnen Forschungsplattform. Dennoch stellen sich dieselben Fragen der Natura 2000-Verträglichkeit. Hier kann auf die Anforderungen des Bundesverwaltungsgerichts an ein FFH-Schutzkonzept, welche in der Grundsatzentscheidung vom 17. Januar 2007 festgehalten wurden, zurückgegriffen werden.[243] Auch wenn diese für die Westumfahrung von Halle onshore entwickelt wurden, geht es offshore um die Auslegung derselben unbestimmten Rechtsbegriffe der Richtlinie. Insofern lassen sich hier die Anforderungen an ein Schutzkonzept an Land für Vorhaben auf See heranziehen. Mit den bereits dargelegten Schutzmaßnahmen werden die Umwelteinwirkungen derart abgeschwächt, dass sie das Schutzgebiet nicht mehr bzw. nicht mehr in erheblichem Umfang erreichen können und Art. 6 FFH-RL in der Folge nicht mehr berührt wird. Die Festlegung von Bauzeitenfenstern erübrigt sich damit.

Im Ergebnis steht der Gebietschutz bei FFH- und Vogelschutzgebieten einer Errichtung von Windenergieanlagen in einem Schutzgebiet im Rahmen des Schutzes der Meeresumwelt regelmäßig entgegen, wobei es auf die je-

---

[242] Vgl. Nehls, Stellungnahme zu den möglichen Auswirkungen der Rammarbeiten zur Errichtung der Forschungsplattform FINO 3 auf marine Säugetiere, Husum Juli 2008, S. 8 ff.

[243] BVerwG, BVerwGE 128, 1 ff.

weilig in den Erhaltungszielen des Gebiets geschützten Arten bei der Prüfung einer eventuellen Verträglichkeit ankommt. Vor dem Hintergrund der fehlenden Praxis besteht hier auch weiterhin großer Forschungsbedarf. Die Möglichkeit der Ausnahme im Falle der Unverträglichkeit gestaltet sich schwierig und ist tendenziell abzulehnen. Angesichts der Vergütungsregelung dürfte sich die Frage der Verträglichkeit und damit auch der Ausnahmefähigkeit allerdings auf absehbare Zeit faktisch kaum stellen. Außerhalb von Schutzgebieten zeichnet sich die Frage von Auswirkungen von Bauphase wie Betrieb auf die Erhaltungsziele als wesentlich ab. Bei der Bauphase wird es auf die jeweiligen Schutzkonzepte der Vorhabenträger ankommen, wenn Bauzeitenfenster als nachträgliche Auflage abgewendet werden sollen. Im Hinblick auf Zusammenspiel von Beeinträchtigungen und Schutzkonzepte besteht nach wie vor erheblicher Forschungsbedarf.

Der Meeresumweltschutz ist allerdings nicht auf den Gebietsschutz beschränkt, zumal sich Meeressäuger wie Vögel auch außerhalb, insbesondere auf Zugrouten, finden lassen. Hier greift das besondere Artenschutzrecht des Natura 2000-Regimes, welches angesichts mangelnder Erstreckung des besonderen Artenschutzrechts des BNatSchG hier unmittelbar Anwendung findet. Insofern sind Beeinträchtigungen außerhalb von Schutzgebieten an Art. 5 d) V-RL und Art. 12 FFH-RL zu messen. Dabei gilt trotz etwas anderem Wortlaut mit dem Abstellen auf den günstigen Erhaltungszustand kein weiterer Schutz als in Schutzgebieten. Insofern stellt sich mit der Frage nach dem günstigen Erhaltungszustand bzw. Störung bereits im Tatbestand die Frage der Erheblichkeit der Beeinträchtigung. Hier kann gleichfalls auf ein Schutzkonzept abgestellt werden, welches zumeist im Nahbereich durch Vergrämungsmaßnahmen eine Beeinträchtigung unter die Erheblichkeitsschwelle drücken wird.[244] Wenn dies nicht der Fall sein sollte, kommt grundsätzliche eine Ausnahme über Art. 9 V-RL oder Art. 16 FFH-RL in Betracht.

Die aktuelle Diskussion gebietet hier einen Blick auf die Auswirkungen nach Abschluss der Bauphase in der Luft, insbesondere auf die Scheuchwirkung gegenüber Seevögeln. Diese Frage gewinnt in letzter Zeit bei Seetauchern an Bedeutung.[245] Die als scheu geltenden Seetaucher sollen jede Bewegung und damit auch Windenergieanlagen meiden. Mit dem Bau von OWPs wird daher eine Verkleinerung des Habitats derart angenommen, dass sich im Gebiet des Windparks sowie in einem Abstand von 2 Kilometern dazu keine Seetaucher mehr aufhalten. Auf der Grundlage der

---

[244] Vgl. Nehls, Stellungnahme zu den möglichen Auswirkungen der Rammarbeiten zur Errichtung der Forschungsplattform FINO 3 auf marine Säugetiere, Husum Juli 2008, S. 9.
[245] Vgl. TAZ, 19.08.2008, Feind der Windräder, http://www.taz.de/1/zukunft/umwelt/artikel/1feind-der-windraeder.

RAMSAR-Konvention, welche zwar für Feuchtgebiete an Land und nicht für Seevögel konzipiert wurde, ist ein 1%-Kriterium für den Habitatsverlust von Wasservögel-Rastgebieten anerkannt. Demnach wird die Erheblichkeit einer Störung im Sinne von Art. 5 d) V-RL bei einer Verkleinerung des Rastvogel-Habitats um mehr als 1% angenommen. Dies hat das BSH bei der Genehmigung der Windparks von Windland[246] als den letzten unterhalb des 1%-Kriteriums angenommen.[247] Demnach verbliebe noch Spielraum für die Verdrängung von 1,3 weiteren Seetauchern, wie auch immer das mit einem Drittel-Seetaucher zu bewerkstelligen wäre. Jedenfalls bliebe im Ergebnis kein Raum für die weitere Genehmigung von Windparks und der Realisierung der Offshore-Strategie der Bundesregierung und damit der Klimaschutzziele Deutschlands. Zu Recht steht die Anwendung des 1%-Kriteriums daher in der Kritik. In der Folge hat der Projektierer von Sandbank 24 Extension bereits Untätigkeitsklage eingereicht, um das 1%-Kriterium einer gerichtlichen Kontrolle zuzuführen und die angestrebte Genehmigung für Sandbank 24 Extension dennoch zu erhalten.[248] Nur eine jüngere Einzelmeinung in der Literatur empfindet das 1%-Kriterium als großräumige Generalisierung offenbar als nicht streng genug und weist auf Gefahren der Verharmlosung hin.[249] Dies erscheint angesichts der bereits jetzt strangulierenden Wirkung für die Offshore-Entwicklung realitätsfern und abwegig. Nicht einmal das in diesen Fragen gewöhnlicherweise strenge Bundesamt für Naturschutz (BfN) vertritt eine solche Betrachtungsweise. Das BfN zieht unterdessen anlässlich der Diskussion um die Raumordnung vielmehr eine Neubewertung des 1%-Kriteriums derart in Betracht, dass die betrachtete Population anders abgegrenzt wird. In der Folge würde eine Genehmigungsfähigkeit aller in den vorgesehenen Vorranggebieten noch im Genehmigungsverfahren befindlichen Windparks möglich. Noch viel weiter gehend erscheint hier die britische Vorgehensweise beim Windpark London Array.[250] Hier wurde bei Befahrung des Windparkareals für eine „Diver disturbance study" eine Scheuchwirkung gegenüber der lokalen Population von 58% in 1 km Entfernung festgestellt. Wenn demnach eine nur etwa

---

[246] Windland Energieerzeugungs GmbH, http://www.meerwind.de/.

[247] BSH, Genehmigungsbescheid auf Antrag der Meerwind Südost GmbH & Co. Föhn KG (Meerwind Süd) sowie der Meerwind Südost GmbH & Co. Rand KG (Meerwind Ost), 16.05.2007, S. 63 ff., insbesondere S. 68 Abs. 2, http://www.bsh.de/de/Meeresnutzung/Wirtschaft/Windparks/Genehmigungsbescheid_Meerwind.pdf.

[248] Vgl. TAZ, 19.08.2008, Feind der Windräder, http://www.taz.de/1/zukunft/umwelt/artikel/1feind-der-windraeder.

[249] Pestke, Offshore-Windfarmen in der Ausschließlichen Wirtschaftszone, Bremen 2008, S. 173.

[250] Department of Trade and Industry, Licensing and Consents Unit, Offshore Environment and Decommissioning, Appropriate Assessment with regard to London Array Wind Farm, London, Oktober 2006, S. 15 ff., 25.

halbe Scheuchwirkung in der Hälfte des bislang zugrunde gelegten Abstands festgestellt wird, so wäre erst etwa ein Viertel der bislang genehmigten bzw. als Vorranggebiet eingeplanten Fläche ausgeschöpft, bevor die 1%-Erheblichkeitsschwelle überschritten würde. Angesichts dieser naturwissenschaftlichen Erkenntnisse erscheint eine Änderung der bisherigen Anwendung des Kriteriums durch BfN und BSH angebracht. Der Seetaucher taugt jedenfalls schlecht als Vorwand die Entwicklung der Offshore-Windindustrie zu stoppen, während die anderen Nordseeanrainer angesichts derselben Vogelarten mit demselben europäischen Schutzniveau unbekümmert den weiteren Ausbau ihrer Offshore-Windindustrie verfolgen. Angesichts der naturwissenschaftlichen Forschung hat eine Neuzählung der Seetaucher mehr als zwei Jahre nach der strittigen Meerwind Südost-Genehmigung erfolgen können. Sie zeigt die geringe Dichte der Seetaucher-Vorkommen zwischen den Verkehrstrennungsgebieten auf. Nach etwa einem Jahr des Genehmigungsstillstandes ist die Genehmigung des OWP Godewind II am 27. Juli 2009 erfolgt. Sie stellt ausdrücklich auf die geringe Dichte und Volatilität der Seetaucher und Trauerentenvorkommen ab.[251] Verbreitungsschwerpunkt der Seetaucher bleibt demnach die östliche Deutsche Bucht. Eine Festlegung eines Seetaucherkonzentrationsbereichs könnte hier Klarheit über die Anwendung des besonderen Artenschutzrechts im Rahmen der seeanlagenrechtlichen Prüfung des Meeresumweltschutzes schaffen. Dies wäre für die Investitionssicherheit insoweit wichtig, als damit geklärt wäre, welche Vorhaben angesichts dieser Verbreitung nicht genehmigungsfähig sind und wo die geringere Seetaucherdichte einer Genehmigungsfähigkeit nicht entgegensteht. Selbst wenn BfN und BSH vorerst entgegen der naturwissenschaftlichen Erkenntnisse an der veralteten und engen Interpretation des 1%-Kriteriums festhalten sollten, so drängt sich hier als vorübergehende Lösung eine Ausnahme nach Art. 9 V-RL angesichts der neuen Rechtsprechung des Bundesverwaltungsgerichts, wie sie im Rahmen der Untersuchung des Artenschutzrechts aufgezeigt wurde, auf. Damit zeichnet sich ab, dass der Vogelschutz zwar eine Herausforderung bleibt, aber letztendlich der weiteren Offshore-Entwicklung nicht entgegenstehen wird.

Ähnlich verhält es sich mit dem FFH-Schutzsystem. Die drei FFH-Ausnahmevoraussetzungen Ausnahmegrund, günstiger Erhaltungszustand und Alternativlosigkeit sind offshore noch nicht klar umrissen. Pauschal lässt sich hier nicht bei jedem OWP auf positive Auswirkungen auf die Umwelt als Ausnahmegrund schließen.[252] Wird an Land der Ausnahmegrund des

---

[251] Genehmigungsbescheid vom 27.07.2009, S. 54 f., BSH, http://www.bsh.de/de/Meeresnutzung/Wirtschaft/Windparks/Genehmigungstext_Gode_Wind_II.pdf.
[252] Rosenbaum, Errichtung und Betrieb von Windenergieanlagen im Offshore-Bereich, Kiel 2006, S. 144.

zwingenden öffentlichen Interesses einschließlich solcher wirtschaftlicher Art oder positiver Folgen für die Umwelt gem. Art. 16 Abs. 1 c) FFH-RL nur bei einer entsprechenden legislativen Entscheidung von Landesgesetzgeber und Regionalvertreterversammlung mit der Festlegung von Zielen der Raumordnung i. V. mit einer Ausschlusswirkung angenommen, so ist offshore ein Äquivalent unklar. Derzeit liegen weder Ziele der Raumordnung noch eine Ausschlusswirkung derselben vor. Demnach bestünde keine Ausnahmemöglichkeit nach FFH-RL. Diese Entwertung der Ausnahmemöglichkeit entspräche jedoch nicht Sinn und Zweck der Richtlinie. Dem trüge meines Erachtens eine Auslegung Rechnung, welche die Offshore-Strategie der Bundesregierung als Wertentscheidung und Ausnahmegrund gelten lässt, bis ein Raumordnungsplan mit Zielen der Raumordnung und Ausschlusswirkung erlassen ist. Dem stehen hier auch nicht wie beim Gebietsschutz die Gebietsmeldungen und § 10 Abs. 7 EEG a. F./§ 31 Abs. 3 n. F. als Wertentscheidungen des Gesetzgebers entgegen. Es ist umgekehrt vielmehr davon auszugehen, dass mit der Freihaltung der Meeresschutzgebiete im Umkehrschluss die Anlagenerrichtung außerhalb der Gebiete bezweckt ist. Wo sonst können die Ziele der Offshore-Strategie erfüllt werden? Insofern gestaltet sich die Beurteilung des Ausnahmegrundes bei Art. 16 Abs. 1 c) FFH-RL notwendigerweise genau im Gegensatz zur Ausnahmemöglichkeit nach Art. 6 Abs. 4 FFH-RL. Im besonderen Artenschutzrecht stellt die Offshore-Strategie einen Ausnahmegrund dar, solange nicht auf dem Wege der Raumordnung konkretere Zielsetzungen erfolgen. Die weitere Voraussetzung des günstigen Erhaltungszustandes wird sich zumindest über sog. funktionserhaltende Maßnahmen sicherstellen lassen. Problematischer erscheint die dritte Voraussetzung der Alternativlosigkeit. Stellt man hier auf das Plangebiet ab, so müsste man die ganze deutsche AWZ in Nord- und Ostsee für Alternativstandorte in Betracht ziehen, womit man mangels Ausschlusswirkung immer eine Alternative hätte. Demnach würde die Alternativenprüfung und somit die Ausnahmemöglichkeit zur Farce. Solange es an einem Raumordnungsplan mit Konzentrationszonen und Ausschlusswirkung fehlt, muss daher eine teleologische Reduktion auf die vom BSH vorgegebenen potentiellen Eignungsgebiete bzw. die später festgesetzten besonderen Eignungsgebiete in Betracht gezogen werden. Fehlt es somit an einer Alternativmöglichkeit in einem solchen Gebiet, muss das Vorhaben als alternativlos und somit ausnahmefähig betrachtet werden. Der Versuch stattdessen losgelöst von den bisherigen Planungen untechnisch auf „Eignungsflächen" abzustellen,[253] überzeugt nicht. Zum einen ist der Alternativenbegriff aufgrund des Verhältnismäßigkeitsgrundsatzes restriktiv auszulegen und daher auf für den Vorhabenträger zumutbare Alternativen zu beschrän-

---

[253] Keller, Planungs- und Zulassungsregime für Offshore-Windenergieanlagen in der deutschen Ausschließlichen Wirtschaftszone, Rostock 2006, S. 270.

ken.²⁵⁴ Dem liefe ein über die Belegung der besonderen Eignungsgebiete hinausgehender, weiter Begriff der Eignungsflächen, nach dem stets eine Alternative gegeben sein müsste, zuwider. Die Ausnahmeregelung liefe damit völlig leer und könnte ihren Zweck nicht erfüllen. Auch ist angesichts des Stands der wissenschaftlichen Forschung die Eignung zahlreicher Gebiete noch gar nicht nachgewiesen. Wäre die Eignung erwiesen, so könnten diese Flächen sofort als Eignungs- bzw. Vorranggebiete ausgewiesen werden, es bedürfte auch keiner Untersuchungen im Genehmigungsverfahren mehr. Dies ist aber gerade nicht der Fall. Insofern wird ein pauschales Abstellen auf „Eignungsflächen" weder dem Sinn und Zweck der Ausnahmeregelung noch dem Stand der wissenschaftlichen Forschung gerecht. Es verbleiben allein potentielle bzw. ausgewiesene Eignungsgebiete als objektiver Anhaltspunkt. Sobald ein steuernder Raumordnungsplan greift, lässt sich auf die Alternativmöglichkeiten in den Vorranggebieten abstellen. Sofern ein solcher Plan bei gleichzeitiger Ausschlusswirkung nur nachvollziehenden Charakter aufweist und nur aus genehmigten oder im Genehmigungsverfahren befindlichen Flächen besteht, muss generell für jedes Vorhaben in diesen Gebieten im Genehmigungsverfahren sowie außerhalb der Gebiete unter der Übergangsregelung von einer Alternativlosigkeit ausgegangen werden.

Der Weg der nachträglichen Nebenbestimmungen zu den BSH-Genehmigungen ist nach SeeAnlV und den Auflagenvorbehaltsklauseln der Genehmigungen gangbar, aber noch mit einigen Unklarheiten belastet. Sofern Nebenbestimmungen zu einer Vereinbarkeit der Windenergienutzung mit der Meeresumwelt beitragen sollen, wird eine Erstreckung des Verwaltungsverfahrensgesetzes auf die AWZ gefordert, zumal § 4 Abs. 1 SeeAnlV gegenüber § 36 VwVfG nichts anderes besagt.²⁵⁵ Eine Verfahren und Nebenbestimmungen konkreter regelnde novellierte SeeAnlV könnte dies jedoch überflüssig machen. Die Novelle scheint es jedoch eher bei dem bestehenden Normengerüst ohne Erstreckung des VwVfG belassen zu wollen. Es wäre allerdings im allgemeinen Interesse hier – möglichst bald – Klarheit und Rechtssicherheit zu schaffen.

Die kumulativen Umwelteinwirkungen mehrerer Projekte lassen sich nur mit den Mitteln planerischer Steuerung bewältigen.²⁵⁶ Dafür sei hier auf die Raumordnung in der AWZ verwiesen.

---

²⁵⁴ Rosenbaum, Errichtung und Betrieb von Windenergieanlagen im Offshore-Bereich, Kiel 2006, S. 141.

²⁵⁵ Bönker, Windenergieanlagen auf hoher See – Rechtssicherheit für Umwelt und Investoren? NVwZ 2004, 537, 542.

²⁵⁶ Vgl. Koch/Wiesenthal, Windenergienutzung in der AWZ, ZUR 2003, 350, 352.

cc) Erfordernisse der Raumordnung

Mit der Novelle der Seeanlagenverordnung 2008 wurde ein neuer Versagungsgrund in § 3 Satz 1 Nr. 2 eingefügt. Danach ist nunmehr die Anlagengenehmigung auch zu versagen, wenn „die Erfordernisse der Raumordnung nach § 2 Abs. 2 oder sonstige überwiegende öffentliche Belange entgegenstehen. Damit verfügt die SeeAnlV nun erstmals über die lange geforderte[257] Raumordnungsklausel. In § 2 Abs. 2 SeeAnlV wird ausgeführt, dass bei der Entscheidung über den Antrag auf Genehmigung die Ziele der Raumordnung zu beachten und Grundsätze der Raumordnung und in Aufstellung befindliche Ziele der Raumordnung zu berücksichtigen sind. Damit ist die Grundlage für eine verbindliche Raumordnung gelegt. Mit Inkrafttreten der Verordnung über die Raumordnung in der deutschen ausschließlichen Wirtschaftszone der Nordsee (AWZ Nordsee-ROV)[258] und der Verordnung über die Raumordnung in der deutschen ausschließlichen Wirtschaftszone der Ostsee (AWZ Ostsee-ROV)[259] erfolgt erstmals eine verbindliche raumordnerische Steuerung der Anlagenerrichtung. Der nun gefundenen Art und Weise der raumordnerischen Steuerung ist eine längere Debatte nicht nur über die Form, sondern insbesondere den Inhalt vorausgegangen. Bislang fehlte es bemerkenswerter Weise an jeglicher planerischer Steuerung, so dass weder Ziele beachtet, noch Grundsätze berücksichtigt werden konnten. Angesichts der zu einer verbindlichen Steuerung nicht geeigneten besonderen Eignungsgebieten kann der Entwurf für eine Verordnung über die Raumordnung in der deutschen ausschließlichen Wirtschaftszone (AWZ-ROV) mit einer Anlage Raumordnungsplan, welcher am 13.06.2008 vom Bundesministerium für Verkehr, Bau und Stadtentwicklung vorgelegt wurde, als erster, ernsthafter Anlauf zur Schaffung einer verbindlichen planerischen Steuerung betrachtet werden. Dieser Entwurf ist in der Öffentlichkeitsbeteiligung wie Ressortabstimmung auf derart viel Kritik gestoßen,[260] dass nunmehr zum 28.04.2009 eine überarbeitete Fassung bzw. jetzt zwei getrennte Fassungen, je eine für Nord- und Ostsee, vorgelegt wurden, die von der Windenergiebranche ganz überwiegend positiv aufgenommen wurden.

---

[257] Vgl. Rosenbaum, Errichtung und Betrieb von Windenergieanlagen im Offshore-Bereich, Kiel 2006, S. 332.
[258] Entwurf der Verordnung über die Raumordnung in der deutschen ausschließlichen Wirtschaftszone der Nordsee (AWZ Nordsee-ROV) Stand 28.04.2009.
[259] Entwurf der Verordnung über die Raumordnung in der deutschen ausschließlichen Wirtschaftszone der Ostsee (AWZ Ostsee-ROV) Stand 28.04.2009.
[260] Vgl. dazu auch den entsprechenden Antrag der FDP-Fraktion im Deutschen Bundestag vom 03.12.2008, BT-Drs. 16/11214, der angesichts der zuvor gegenüber der Offshore-Windenergie eindeutig kritisch ausgerichteten Anfrage zum Meeresumweltschutz BT-Drs. 16/10629, beantwortet unter BT-Drs. 16/10959, beachtlich ist.

Offen blieb trotz dieses längeren Prozesses der Erstellung einer Raumordnung, wie der Begriff der in Aufstellung befindlichen Ziele zu verstehen ist, da er sich in keinem Falle praktisch auswirkte. Diese Frage kann sich aber mit der im Plan selbst zum Ziel gesetzten Evaluation und Fortschreibung jederzeit wieder stellen, so dass ein Blick auf den Begriff der in Aufstellung befindlichen Ziele am Beispiel des gerade durchgeführten Planaufstellungsverfahrens lohnt. An Land werden bei Untersagungen gem. § 12 Abs. 1 Nr. 2 ROG a.F./§ 14 Abs. 2 ROG n.F. wegen in Aufstellung befindlichen Zielen der Raumordnung an selbige bestimmte Anforderungen gestellt.[261] Diese erscheinen angesichts der nun parallelen Ausgestaltung von ROG und SeeAnlV vorliegend übertragbar. Hinsichtlich des förmlichen Aufstellungsverfahrens wird der Plan von der Regionalvertretung beschlossen, nachdem Behörden und Öffentlichkeit beteiligt wurden. Für die Raumordnung in der AWZ gibt es keine solche Regionalvertreterversammlung. Der Bund als Träger der Raumordnung in der AWZ erlässt vielmehr durch das Bundesministerium für Verkehr, Bau und Stadtentwicklung eine Verordnung, die als Anlage einen Raumordnungsplan umfasst. Insofern hätte der Entwurf diesen Anforderungen genügt, wenn die Anhörung von Verbänden abgeschlossen wurde und einbezogen worden ist. Dies ist mit dem Entwurf vom 13.06.2008 nicht der Fall gewesen, so dass schon aus förmlichen Gesichtspunkten erst mit der Fassung vom 28.04.2009 von einem in Aufstellung befindlichen Ziel der Raumordnung ausgegangen werden konnte. Auch materiell waren erst mit letzterem die Anforderungen gegeben. Mag man bereits dem ersten Entwurf das erforderliche Mindestmaß an Konkretisierung zubilligen, so zeigt erst der zweite Entwurf an dem gebotenen Maß an Verlässlichkeit, dass ein Planungsstand erreicht ist, der die Prognose nahe legt, dass die ins Auge gefasste planerische Aussage Eingang in die endgültige Fassung des Raumordnungsplans finden wird. Davon kann nach der Rechtsprechung des Bundesverwaltungsgerichts nicht die Rede sein, solange der Abwägungsprozess gänzlich offen ist. Gerade bei raumordnungsplanerischen Festsetzungen für die Windenergie bedarf es eines Gesamtkonzepts, das dadurch gekennzeichnet ist, dass eine positive Ausweisung, die für eine bestimmte Nutzung substanziellen Raum schafft, mit einer Ausschlusswirkung an anderer Stelle kombiniert wird. Gerade diese Kriterien ließen hinsichtlich des ersten Entwurfs an einer Verlässlichkeit zweifeln. Nicht nur, weil die zu erwartenden Bedenken der Naturschutzverbände abgewogen werden mussten, sondern auch angesichts der Tatsache, dass noch eine Abstimmung mit dem BMU bevorstand und jene vor dem Hintergrund der Offshore-Strategie der Bundesregierung kein Einvernehmen auf Grundlage des ersten Entwurfs versprach, war der Abwägungsprozess offen. Es

---

[261] Vgl. BVerwG, NVwZ 2005, 578 ff./UPR 2005, 267 f.

fehlte mithin an der für einen Versagungsgrund erforderlichen sicheren Erwartung, dass der Inhalt des Entwurfs über das Entwurfsstadium hinaus zu einer verbindlichen Vorgabe im Sinne von § 2 Abs. 2 SeeAnlV erstarken würde. Die Qualität eines in Aufstellung befindlichen Ziels der Raumordnung kann ein Entwurf somit erst nach Anhörung, Ressortabstimmung und Neufassung, mithin kurz vor Erlass der Verordnung erreichen.

dd) Sonstige überwiegende öffentliche Belange

Anderweitige Interessen und Belange als Sicherheit und Leichtigkeit des Verkehrs und der Meeresumwelt, werden generalklauselartig vom Begriff der „sonstigen überwiegenden öffentlichen Belange" in § 2 Abs. 1 Satz 2 Nr. 3 SeeAnlV und § 3 Satz 1 Nr. 2 SeeAnlV genannt. Vor der Novelle 2008 sind sonstige Belange nicht von den Versagungsgründen erfasst worden und mussten nach § 5 Abs. 3 SeeAnlV behandelt und erörtert werden. Danach sind Behörden und sonstige Stellen zu beteiligen. Der Begriff der sonstigen Stellen erfasst behördenähnliche Stellen, wie z.B. Beliehene. Die Norm knüpft daran an, dass der Aufgabenbereich berührt ist, nicht etwa daran, dass Rechte beeinträchtigt werden könnten. Damit wurde verfahrensrechtlich auf einen größeren Kreis von Beteiligten abgestellt als im materiellen Recht. Nun verfügt das BSH nach der neuen Generalklausel über einen weiten Spielraum. Wie die Liste des Entwurfs für eine Raumordnung in der AWZ[262] zeigt, kommen als sonstige Belange vor allem die militärische Nutzungen, Freizeit und Tourismus, die Fehmarnbeltquerung, Munitionsversenkungsgebiete sowie Sedimenteinbringung in Betracht. Angesichts der Annahme, dass es keine Auswirkungen auf Freizeit und Tourismus gibt und die Fehmarnbeltquerung und die Munitionsversenkungsgebiete vorrangig regionale Probleme des Ostseeraumes darstellen, zielt der neue öffentliche Belang primär auf eine Verankerung der militärischen Nutzung ab. Diese Interpretation entspricht auch der Zielsetzung der Bundesregierung in der Offshore-Strategie.[263] Der alte Genehmigungstatbestand nannte keine militärischen Belange und ermöglichte keine anderweitige Auslegung der vorhandenen Versagungsgründe. Der Versagungsgrund des Meeresumweltschutzes scheidet schon von der Natur der Sache her aus, während der Versagungsgrund der Sicherheit und Leichtigkeit des Verkehrs die Freiheit der Schifffahrt und damit nur Kriegsschiffe als Teil des „Verkehrs" z.B. auf der Fahrt von und

---

[262] Entwurf einer Verordnung über die Raumordnung in der deutschen ausschließlichen Wirtschaftszone (AWZ-ROV) vom 13.06.2008, Anlage Raumordnungsplan, S. 2.
[263] Bundesregierung, Strategie der Bundesregierung zur Windenergienutzung auf See, S. 8 und 11 bzw. 25.

zu Übungen erfasst. Daher kommt Klinski in seinem Gutachten überzeugend zu dem Ergebnis, dass die mit einer militärischen Nutzung verbundene nicht nur vorübergehende Aufhebung des Gemeingebrauchs vom alten Versagungstatbestand nicht erfasst war und daher militärische Belange einer Genehmigung nicht entgegen stehen können.[264] Militärische Übungsgebiete können somit nur über den neuen generalklauselartigen Belang der „sonstigen überwiegenden öffentlichen Belange" erfasst sein. Es stellt sich die Frage, ob sich der Genehmigungstatbestand mit der neuen Generalklausel so auslegen lässt, dass er sich auf militärische Belange erstreckt.

Der neue Spielraum ist jedoch vor dem Hintergrund des völkerrechtlichen Rahmens fragwürdig. Eine Auslegung der SeeAnlV, die militärische Belange als Versagungsgrund begreift, könnte sich aus dem höherrangigen Recht des SRÜ oder Völkergewohnheitsrecht ergeben. Das Seerechtsübereinkommen sieht keine derartige Generalklausel für nationale Hoheitsrechte zur Gefahrenabwehr vor. Das Seevölkerrecht setzt bewusst einen Rahmen nur begrenzter enumerativ aufgeführter Hoheitsrechte von Nationalstaaten außerhalb ihres Hoheitsgebiets.[265] Die Proklamation einer ausschließlichen Wirtschaftszone soll gerade keine Form der Erweiterung staatlichen Hoheitsgebiets darstellen, wo ein Staat nach seinem Belieben Anlagen erlauben und verbieten kann, sondern nur bestimmte und begrenzte wirtschaftliche Nutzungen ermöglichen. Zwar billigt Art. 60 SRÜ dem Küstenstaat ein recht weit gefasstes Recht zur Regelung der Errichtung von Anlagen zu, verweist jedoch gerade hinsichtlich der Anlagen auf Art. 56 SRÜ und „andere wirtschaftliche Zwecke". Angesichts der Tatsache, dass eine militärische Nutzung gerade kein wirtschaftlicher Zweck ist, bleibt der Blick auf Art. 56 SRÜ. Dieser zählt Rechte und Pflichten auf und erwähnt dabei u.a. die Meeresumwelt, nicht jedoch „sonstige öffentliche Belange" oder gar direkt militärische Belange. Art. 56 SRÜ engt mit der Formulierung, dass der Küstenstaat nach Abs. 1 Nr. c) „andere in diesem Übereinkommen vorgesehene Rechte und Pflichten" hat, die staatliche Regelungskompetenz auf vom SRÜ vorgegebene Rechte und Pflichten ein. An dieser Grundkonstellation kann angesichts der Völkerrechtsfreundlichkeit des Grundgesetzes gem. Art. 25 S. 1 GG und der Ratifikation des Seerechtsübereinkommens auch keine Novelle des Seeaufgabengesetzes und der Seeanlagenverordnung etwas ändern. Insofern sind Seeaufgabengesetz und Seeanlagenverordnung völkerrechtsfreundlich im Sinne des Seerechtsübereinkommens auszulegen. Dies erzwingt eine Reduktion der neuen Generalklausel auf die vom Seerechtsübereinkommen eingeräumten staatlichen Rechte und Pflichten und engt diese somit wieder ein.

---

[264] Klinski, Militärische Belange in der AWZ, S. 19 ff.
[265] s.o. unter D. II. 1. Das Seerechtsübereinkommen der Vereinten Nationen.

Für das Militär fehlt es im Regelungsteil des SRÜ an speziellen Bestimmungen, so dass die Küstenstaaten keine Vorrechte im Hinblick auf militärische Nutzungen in der AWZ genießen. Das alle Staaten gleich behandelnde Recht der Hohen See nach Art. 86 ff. SRÜ findet Anwendung. In der Folge würde ein besonderer Status für „angestammte Übungsgebiete" der Bundesmarine, insbesondere mit dauerhafter Ausschlusswirkung gegenüber anderen zulässigen Nutzungen, gegen allgemeinen Grundsatz der Freiheit der Hohen See gem. Art. 87 Abs. 1 SRÜ und das sog. Okkupationsverbot nach Art. 89 SRÜ verstoßen, welches Staaten verbietet, Teile der Hohen See der eigenen Souveränität zu unterstellen.[266] Werden in einem Gebiet, das zuvor zumeist als Übungsgebiet genutzt worden ist, nach dem Völkerrecht zulässige Seeanlagen errichtet, so besteht ein grundsätzlicher Nutzungsvorrang für diese, wodurch das Militär nicht beanspruchen kann, den vorherigen Zustand wieder herzustellen.[267] Damit räumt das Seevölkerrecht der Anlagenerrichtung Vorrang gegenüber militärischen Nutzungen ein. Das SRÜ verdrängt als geschriebenes Recht Völkergewohnheitsrecht und über die Völkerrechtsfreundlichkeit nach Art. 25 S. 1 GG auch innerdeutsches Recht. Darauf kann vorliegend mit einer teleologischen Reduktion des generalklauselartigen Versagungstatbestands reagiert werden. Wenn die Bundesregierung die militärischen Belange vom Versagungstatbestand erfasst sehen will, so ist ihr anzuraten eine Ergänzung von Art. 56 SRÜ anzustreben.

Vor diesem Hintergrund und der Ausgestaltung der Genehmigung als gebundene Entscheidung erscheint es fragwürdig, dass das BSH als Genehmigungsbehörde die militärischen Belange neben der Fischerei – soweit es um den Fischfang und nicht um die Teilnahme am Verkehr geht – bislang wie einen Versagungsgrund prüft, auch wenn festgehalten wurde, dass sie keinen Versagungsgrund darstellten. Die gleichzeitige Feststellung, dass die Einbeziehung zur Ermittlung von Rechtspositionen erfolge, irritiert. Auch wenn das BSH regelmäßig zum Ergebnis kommt, dass die militärischen Belange nicht unangemessen beeinträchtigt werden und ausreichende Abstände zu Nato-Q-Routen (Übungsstrecken für U-Boote) und Übungsgebieten bestehen,[268] kann es darauf nicht ankommen. Selbst wenn diese Abstände nicht gegeben sind und eine Beeinträchtigung militärischer Belange vor-

---

[266] Klinski, Militärische Belange in der AWZ, S. 11 ff.
[267] Klinski, Militärische Belange in der AWZ, S. 12 ff.
[268] Vgl. BSH, Genehmigungsbescheid auf Antrag der Nordsee Windpower GmbH & Co. KG, 24.05.2006, S. 90, http://www.bsh.de/de/Meeresnutzung/Wirtschaft/ Windparks/Genehmigungsbescheid%20GlobalTech%20I.pdf; BSH, Genehmigungsbescheid auf Antrag der EOS Offshore AG, 5.07.2006, S. 88, http://www.bsh.de/de/ Meeresnutzung/Wirtschaft/Windparks/Genehmigungsbescheid%20Hochsee%20Windpark%20Nordsee.pdf;

liegt, kann dies weder einen Versagungsgrund darstellen noch Auflagen rechtfertigen. Nach dem geltenden Recht muss sich die Bundesmarine neue Übungsrouten und Übungsgebiete suchen.

Neben der Frage der militärischen Belange erschien auch die Person des Antragsstellers im Genehmigungsverfahren bislang nicht berücksichtigt. Eine eventuelle Unzuverlässigkeit des Antragstellers ist ebenso wenig Versagungsgrund wie seine Liquidität,[269] was angesichts der Dimension der Windparks rechtspolitisch unbefriedigend erscheint. Vor dem Hintergrund der berührten Belange und der wirtschaftlichen Dimension eines derartigen Vorhabens erfordert es faktisch einige Ernsthaftigkeit, Zuverlässigkeit und Kapitalstärke, um ein solches Vorhaben zu realisieren. Auch derartige Voraussetzungen lassen sich dem SRÜ nicht direkt entnehmen. Im Gegensatz zur militärischen Nutzung entspricht es allerdings Sinn und Zweck von Art. 56 SRÜ, einen zuverlässigen Projektierer Anlagenerrichtung und -betrieb umweltschonend durchführen zu lassen. Insofern lässt sich hier die neue Generalklausel entsprechend weit auslegen. In diesem Sinne werden auch ein etwaiges Freihalteinteresse des Bundes wegen rechtsmissbräuchlich unterbliebener Anlagenrealisierung wie auch der Klimaschutz selbst als sonstige öffentliche Belange angesehen.[270] Richtigerweise wird ein missbräuchliches Verhalten als schwer nachweisbar eingestuft. Angesichts der Möglichkeiten der Befristung und des Widerrufsvorbehalts als Nebenbestimmung der Genehmigung sowie des bislang geltenden Windhundprinzips mit dem Kriterium der „Genehmigungsfähigkeit" für laufende Genehmigungsanträge ist eine Versagung wegen Verzögerungen als unverhältnismäßig zu werten. Es bedarf für ein derartiges Vorgehen einer erneuten Novellierung des Genehmigungsverfahrens.

b) Umweltverträglichkeitsprüfung

Seit der Novelle der SeeAnlV von 2002 besteht durch § 2a SeeAnlV eine Pflicht zur Durchführung einer Umweltverträglichkeitsprüfung bei Offshore-Windparks mit mehr als 20 WEA im Rahmen des Genehmigungsverfahrens als Trägerverfahren für die UVP als unselbständiges Verwaltungsverfahren. Dies erfasst bis auf das zu diesem Zeitpunkt bereits genehmigte Testfeld von 12 WEA faktisch alle Offshore-Windparks. Die UVP ist im Genehmigungsverfahren durch die Genehmigungsbehörde angemessen zu berücksichtigen. Bei der UVP werden als Schutzgüter Boden, Wasser, Luft/Klima,

---

[269] Dahlke, Genehmigungsverfahren von Offshore-Windenergieanlagen, NuR 2002, 472, 475.
[270] Müller, Klimaschutz durch Versagung von Genehmigungen für Windenergieanlagen in der Ausschließlichen Wirtschaftszone, ZUR 584, 589.

benthische Flora und Fauna, Fische, Meeressäuger, Vögel, Kultur- und Sachgüter, Landschaft und Mensch geprüft. Für alle Schutzgüter haben die Antragsteller eine Bestandsprognose und eine Auswirkungsprognose des geplanten Offshore-Windparks auf die jeweiligen Schutzgüter einschließlich einer Gesamtbetrachtung zu den kumulativen Effekten zu erstellen. Im Verfahren werden dazu auch Stellungnahmen anderer Behörden gem. §§ 6, 7 UVPG, wie des BfN, eingeholt und eine Beteiligung der Öffentlichkeit gem. § 9 UVP, was Naturschutzverbände einschließt, durchgeführt.

Um für die ökologischen Bestands- und Begleituntersuchungen eine Standardisierung herbeizuführen und damit die Vergleichbarkeit der Ergebnisse aus den verschiedenen Umweltverträglichkeitsstudien sicherzustellen, hat das BSH unter Mitwirkung zahlreicher Fachleute von Behörden, Forschungseinrichtungen und Umweltbüros ein „Standartuntersuchungskonzept" entwickelt.[271] Dieses wird regelmäßig aktualisiert, um es stets dem Stand der Technik anzupassen. Mittlerweile liegt es in einer dritten Fassung vor (StUK 3).[272]

Das Standarduntersuchungskonzept ist mehrstufig aufgebaut und unterscheidet im Hinblick auf die Durchführung und Auswertung der Untersuchung fünf Phasen:

Zunächst muss der Antrag eine Literaturstudie zur Charakterisierung des Planungsgebietes sowie einen Vorschlag für ein Untersuchungsprogramm entsprechend des StUK3 enthalten.

Das Untersuchungsprogramm beginnt mit der Basisaufnahme durch Voruntersuchungen zur Charakterisierung des Plangebietes. Diese dienen der Festlegung des Vorhabensgebietes, des Untersuchungsprogramms und der Referenzgebiete für die einzelnen Schutzgüter. Dazu erfolgt z.B. eine Kartierung des Meeresbodens im hydroakustischen Verfahren mit Sonaren, um Probenstationen für die Benthos-Untersuchungen festzulegen.[273] Das Untersuchungsprogramm – Basisaufnahme wird mit der Zustandsaufnahme fortgesetzt, die Untersuchungen vor Baubeginn zur Charakterisierung der Naturausstattung im Vorhabens- und Referenzgebiet, insbesondere der Lebensgemeinschaften und ihrer jahreszeitlichen Dynamik, über zwei aufeinander folgende, vollständige Jahresgänge ohne Unterbrechungen mit regelmäßigen Befischungen und luftgestützten Vogel- und Meeressäugerzählungen beinhaltet. Das Untersuchungsprogramm wird mit der Überwachung der Bau-

---

[271] Zeiler/Dahlke/Nolte, Offshore-Windparks in der ausschließlichen Wirtschaftszone von Nord- und Ostsee, pro*met,* Jahrgang 31, Nr. 1 (April 2005), S. 71, 73.
[272] http://www.bsh.de/de/Produkte/Buecher/Standard/index.jsp.
[273] Zeiler/Dahlke/Nolte, Offshore-Windparks in der ausschließlichen Wirtschaftszone von Nord- und Ostsee, pro*met,* Jahrgang 31, Nr. 1 (April 2005), S. 71, 73.

phase als vierter Phase fortgesetzt. Diese dient vor allem der Erfassung der Auswirkungen der Rammarbeiten bei der Pfahlgründung in 0,75 bis 1,5 km Entfernung von der Emissionsquelle. Das Untersuchungsprogramm endet mit der fünften Phase, der Überwachung der Betriebsphase.

In der Umweltverträglichkeitsstudie (UVS) werden hinsichtlich der Bauphase insbesondere die Wirkfaktoren Verdichtung des Meeresbodens, Trübung des Wasserkörpers durch Sedimentfahnen, Schadstoffemissionen, Baustellenverkehr, Lebensraumverlust und visuelle Belastungen berücksichtigt. Bei der Betriebsphase werden insbesondere die Wirkfaktoren Flächenverbrauch durch Fundamente, Veränderung der Strömungsverhältnisse oder der Sedimentverteilung (Auskolkungen), visuelle und akustische Belastungen, Schattenwurf, Vogelschlag und Scheuchwirkung mit Lebensraumverlust berücksichtigt. Schließlich sind für die Rückbauphase insbesondere die Wirkfaktoren Rückbauemissionen, Baustellenverkehr, Lebensraumverlust, Schadstoffemissionen und Gewässertrübung durch Sedimentfahnen zu berücksichtigen.

c) Ausgestaltung des Genehmigungsverfahrens in der Praxis

In der Genehmigungspraxis des BSH hat sich ein Genehmigungsverfahren entwickelt, das durch einen gestaffelten Verfahrensablauf gekennzeichnet ist.

Die erste Phase beginnt mit der Antragstellung. In ihr wird zunächst anhand von konzeptioneller Vorstellung des Investors, der Auseinandersetzung mit konkurrierenden Nutzungen und dem Projektgebiet als Naturraum geprüft, ob es sich um einen ordnungsgemäßen Antrag handelt. Dementsprechend soll der Antrag im Rahmen der Projektbeschreibung Gründe für die Standortwahl wie z.B. die Wassertiefe, Angaben zur Pilotphase und konkurrierende Nutzungen enthalten. Zudem soll die technische Konzeption hinsichtlich Windenergieanlagen und deren Gründung deutlich werden, die Fernüberwachung und elektrische Anbindung angegeben, der Zeitablauf von Vorbereitung, Bauphase, Betrieb und Rückbau skizziert, sowie eine erste Bewertung der ökologischen Schutzgüter abgegeben werden. Regelmäßig wird der Antragsteller zur Vervollständigung der Unterlagen binnen vier Wochen aufgefordert, damit die Voraussetzungen erfüllt sind, um im Anschluss die Unterlagen für die erste Beteiligungsrunde an einen engen Kreis von Behörden als Träger öffentlicher Belange zu versenden. Darunter befinden sich die Wasser- und Schifffahrtsdirektion Nord bzw. Nordwest, das Landesbergamt, das BfN, das Umweltbundesamt (UBA), die Wehrbereichsverwaltung, die Bundesforschungsanstalt für Fischerei, das Bundesamt für Landwirtschaft und Ernährung, das Alfred-Wegener-Institut, die

Telekom und eine benannte Stelle des jeweiligen Bundeslandes aus dem Bereich Raumordnung. Die Stellungnahmen werden dem Antragsteller mit einer Aufforderung zu diesen Stellung zu beziehen mitgeteilt. Damit wird den Antragstellern Gelegenheit gegeben, ihre Unterlagen zu ergänzen bzw. zu überarbeiten.[274]

In der Folge werden die in der Regel überarbeiteten Antragsunterlagen an die Anhörungsstellen der ersten Beteiligungsrunde und weiteren interessierten Institutionen zur Stellungnahme übersandt. Darunter befinden sich Stellen der kommunalen Ebene, Verbände und gegebenenfalls in Grenznähe auch ausländischen Stellen. Die neuen Stellungnahmen werden im Anschluss vor der zwei bis vier Wochen nach Ablauf der Stellungnahmefrist stattfindenden Antragskonferenz an den Antragsteller versandt. Parallel erfolgt auch eine öffentliche Bekanntmachung in den Nachrichten für Seefahrer sowie in zwei überregionalen Tageszeitungen und eine Auslegung an den Dienstsitzen des BSH in Hamburg und Rostock für einen Monat mit der Frist zur Stellungnahme binnen zwei Wochen nach Ende der Auslegung. Die dabei eingegangenen Stellungnahmen werden ebenfalls dem Antragsteller mitgeteilt. Die Antragskonferenz besteht aus einer Darstellung von Verfahren, Projekt und Diskussion desselben. erfahrungsgemäß wird im Wesentlichen der notwendige Untersuchungsumfang der ökologischen Basisuntersuchungen nach Schutzgütern differenziert diskutiert. Diese Diskussion und ihre Ergebnisse werden in einer Niederschrift festgehalten, welche wiederum allen zugeht, so dass sie überarbeitet werden kann und eine Endfassung entsteht, welche diese Verfahrensphase abschließt.[275]

Eine weitere Phase beginnt nach der Abarbeitung des Untersuchungsprogramms durch den Antragsteller nach Untersuchungen von mindestens 12 Monaten einschließlich einer Beschreibung und Bewertung des Naturraumes und gutachterlicher Prognose über die Auswirkungen des Vorhabens mit der Einreichung des überarbeiteten Antrages. In der Regel legen die Antragsteller nach dem ersten Untersuchungsjahr eine UVS einschließlich Risikoanalyse zur Ermittlung der Eintrittswahrscheinlichkeit von Schiffskollisionen mit Offshore-WEA zur Prüfung vor. Dieser so ergänzte Antrag wird auf Bescheidungsfähigkeit überschlägig geprüft und bei positivem Ergebnis allen Beteiligten der zweiten Beteiligungsrunde mit Bitte um Stel-

---

[274] Angaben nach Dahlke, Genehmigungsverfahren von Offshore-Windenergieanlagen, NuR 2002, 472, 475 f.; Zeiler/Dahlke/Nolte, Offshore-Windparks in der ausschließlichen Wirtschaftszone von Nord- und Ostsee, pro*met*, Jahrgang 31, Nr. 1 (April 2005), S. 71, 72.

[275] Angaben nach Dahlke, Genehmigungsverfahren von Offshore-Windenergieanlagen, NuR 2002, 472, 476; Zeiler/Dahlke/Nolte, Offshore-Windparks in der ausschließlichen Wirtschaftszone von Nord- und Ostsee, pro*met*, Jahrgang 31, Nr. 1 (April 2005), S. 71, 72.

lungnahme binnen 4 Wochen zugesandt. Das BSH setzt dann in Abstimmung mit den Antragstellern einen Erörterungstermin fest, der Gelegenheit bietet, insbesondere fehlende oder unzureichende Unterlagen zu monieren sowie unterschiedliche Bewertungen einzelner Schutzgüter in einem breiten Fachkreis zu erörtern. Im Anschluss wird unter Berücksichtigung der Stellungnahmen auf Versagung oder Erteilung mit erforderlichen Nebenbestimmungen entschieden. Der Entwurf für den Genehmigungsbescheid wird der Wasser- und Schifffahrtsdirektion (WSD) zur Zustimmung zugeleitet. Nach Zustimmung der WSD wird die Genehmigung in der Endfassung erstellt und erteilt. Sie geht dem Antragssteller und den angehörten Stellen zu.[276]

Dieses insgesamt über drei Jahre dauernde Verfahren bedeutet für den Antragsteller, der die Kosten des Verfahrens zu tragen hat, eine nicht unwesentliche finanzielle Belastung. Die fehlende Konzentrationswirkung der Genehmigung steigert die Verfahrenskosten weiter, so dass eine planerische Steuerung hier auch unter finanziellen Gesichtspunkten einen Investitionsanreiz bildet.[277] Angesichts der bislang fehlenden planerischen Steuerung ist eine Koordinierung der zuweilen gegenläufigen Nutzungsinteressen bisher über den Prioritätsgrundsatz erfolgt. Diese wurde in § 5 SeeAnlV normiert, um eine Flächenblockade durch bloße Antragsstellung zu vermeiden. Statt auf den Antragseingang wird auf die Genehmigungsfähigkeit abgestellt, womit nicht die Prüffähigkeit, sondern die Bescheidungsfähigkeit gemeint ist.[278] Die Praxis weist allerdings auch inhaltlich einige Auswirkungen auf, so dass sich dabei einige Fragen aufdrängen.

Das BSH unterschied ohne Anknüpfungspunkt in der alten SeeAnlV zwischen Pilot- und Ausbauphase und genehmigt in der Folge nur Windparks bis zu 80 WEA, was vor dem Hintergrund der Ausgestaltung der Genehmigung als gebundene Entscheidung fragwürdig war. Das BSH rechtfertigte diese Trennung damit, dass sich angesichts der fehlenden Betriebserfahrung von Offshore-Windparks die Risiken, insbesondere von Schiffskollisionen noch nicht abschätzen ließen und daher für die Genehmigungsfähigkeit größerer Anlagenparks erst Erfahrungen mit kleineren Pilotphasen oder kleineren Gesamtvorhaben gesammelt werden müssten.[279] Es sollte sowohl der Wirtschaftlichkeit der Projekte als auch ihrer Genehmigungsfähigkeit vor

---

[276] Angaben nach Dahlke, Genehmigungsverfahren von Offshore-Windenergieanlagen, NuR 2002, 472, 476 f.; Zeiler/Dahlke/Nolte, Offshore-Windparks in der ausschließlichen Wirtschaftszone von Nord- und Ostsee, pro*met*, Jahrgang 31, Nr. 1 (April 2005), S. 71, 72.

[277] Bundesregierung, Strategie der Bundesregierung zur Windenergienutzung auf See, S. 14.

[278] Brandt/Gaßner, Kommentar SeeAnlV § 5 Rn. 45 ff.

[279] Dahlke, Genehmigungsverfahren von Offshore-Windenergieanlagen, NuR 2002, 472, 479.

dem Hintergrund der zu prüfenden Umweltverträglichkeit nach § 2a See-AnlV in angemessenem Umfang Rechnung getragen werden.[280] Diese Praxis war eine Auslegung der SeeAnlV die mit deren bisherigem Wortlaut nicht vereinbar war. Die Beschränkung auf Pilotphasen fand damit bislang keine Rechtsgrundlage.[281] Auf die Problematik hat die Novelle der See-AnlV 2008 reagiert und in § 5 Abs. 4 SeeAnlV n.F. eine Rechtsgrundlage für die Genehmigung von Teilabschnitten geschaffen. Gleiches gilt für die bisherige Praxis eines Baufreigabevorbehalts als Auflage zur Genehmigung. Die Praxis hat in dieser Hinsicht in das Gesetz Eingang gefunden. Probleme der Vereinbarkeit mit dem SRÜ sind hier nicht zu erkennen.

Klärungsbedarf gab es ebenfalls im Bereich der Rückbaubürgschaften, die ebenfalls nicht in der SeeAnlV zu finden waren. Auch der Umfang der Rückbaupflicht ist unklar, auch wenn vor dem völkerrechtlichen Hintergrund eine Pflicht zur landseitigen Entsorgung angenommen wird, fehlt es an konkreteren Vorgaben. Die Regelung in § 12 SeeAnlV folgt der teilweisen Beseitigungspflicht, während § 55 Abs. 2, S. 1 Nr. 3 BBergG eine weitergehende und umfassende, vollständige Beseitigungspflicht beinhaltet, welche Offshore-Plattformen im Bereich des Festlandsockels und das „Zubehör" von Offshore-Anlagen wie Kabel erfasst. Das BSH schreibt unter Bezug auf § 12 SeeAnlV dementsprechend einen an der Verkehrssicherheit orientierten Rückbau durch Mastabtrennung in einer gewissen Abtrennungstiefe und keine vollständige Anlagebeseitigung vor.[282] Dies erscheint angesichts der ökologischen Risiken bei einem umfassenden Rückbau von Fundamenten am Meeresboden durch Schallbelastung und Sedimentaufwirbelung überzeugend. Das ROG beinhaltet seit dem EAG Bau in § 2 Abs. 2 Nr. 8 S. 1 ROG a.F./§ 2 Abs. 2 Nr. 6 ROG n.F. die Regelung, dass Natur und Landschaft nicht nur zu schützen, zu pflegen und zu entwickeln, sondern auch wiederherzustellen sind, soweit dies erforderlich, möglich und angemessen ist. Diese Formulierung soll den Grundsatz der Verhältnismäßigkeit verdeutlichen, um die Verpflichteten nicht mit einer unangemessenen Rückbauverpflichtung zu belasten.[283] Die bislang fehlende Rechtsgrundlage für Rückbaubürgschaften wurde durch Neufassung von § 12 See-AnlV in § 12 Abs. 3 SeeAnlV geschaffen. Demnach kann das BSH die

---

[280] Zeiler/Dahlke/Nolte, Offshore-Windparks in der ausschließlichen Wirtschaftszone von Nord- und Ostsee, promet, Jahrgang 31, Nr. 1 (April 2005), S. 71, 72.
[281] Rat von Sachverständigen für Umweltfragen, Meeresumweltschutz für Nord- und Ostsee, BT-Drs. 15/2626, S. 191; Keller, Planungs- und Zulassungsregime für Offshore-Windenergieanlagen in der deutschen Ausschließlichen Wirtschaftszone, Rostock 2006, S. 234 f.
[282] Vgl. Genehmigungsbescheid Global Tech I vom 24.05.2006, S. 105; Genehmigungsbescheid Hochsee Windpark Nordsee vom 5. Juli 2006, S. 104 f.
[283] BT-Drs. 15/2250, S. 69.

Genehmigung von einer Sicherheitsleistung abhängig machen, soweit dies erforderlich ist, um die Rückbaupflicht sicherzustellen. Zur weiteren Konkretisierung wird auf den neuen Anhang zur SeeAnlV „Anforderungen an Sicherheitsleistungen" verwiesen. An einer konkreteren Fassung des Umfangs der Rückbaupflicht fehlt es weiterhin. Hier wird nach wie vor die Genehmigungspraxis von entscheidender Bedeutung sein.

3. Steuerung auf dem Wege der Raumordnung?

Angesichts des laufenden Strukturwandels der AWZ, bei dem die traditionellen Nutzungen wie Schifffahrt, Fischfang und Fremdenverkehr durch Rohstoffabbau, Rohrleitungen und Offshore-Windenergienutzung ergänzt werden, bestehen seit einigen Jahren zunehmend Bemühungen angesichts der sich abzeichnenden, zunehmenden Nutzungskonflikten und der Raumbedeutsamkeit der Nutzungen diese einer raumordnerischen Steuerung zuzuführen. Es wurde zunächst problematisiert, ob das Seerechtsübereinkommen überhaupt eine küstenstaatliche Kompetenz zur Raumordnung vermittelt. Dies wurde in einem grundlegenden Gutachten Erbguths für das Bundesministerium für Verkehr, Bau und Wohnungswesen befürwortet.[284] Mittlerweile ist eine solche Kompetenz zur gesamträumlichen Nutzungskoordinierung aus der auf dem Seerechtsübereinkommen beruhenden Kompetenz zur Ressourcennutzung in Art. 56 Abs. 1 SRÜ anerkannt. Es wird davon ausgegangen, dass die Vertragsstaaten bewusst einen Befugnisrahmen für eine geordnete Gestaltung und Nutzung der Seegebiete schaffen wollten.[285] Eine gesamträumliche Planung verschiedener mariner Nutzungen findet somit im Seerechtübereinkommen eine Grundlage. Das Seerechtsübereinkommen gestattet allerdings lediglich eine gesamtplanerische Vorabentscheidung gegenüber den funktional beschränkten Hoheitsbefugnissen der Mitgliedsstaaten und damit gerade keine planerische Bewältigung aller raumrelevanten Problemstellungen in der AWZ.[286] Insofern muss von einer Selektivraumordnung gesprochen werden.

Auch im Offshore-Bereich wurde das Anlagenzulassungsrecht dementsprechend durch die Möglichkeit planerischer Steuerung über besondere

---

[284] Dazu Erbguth/Müller, Raumordnung in der Ausschließlichen Wirtschaftszone?, DVBl 2003, 625, 627; Erbguth/Mahlburg, Steuerung von Offshore-Windenergieanlagen in der Ausschließlichen Wirtschaftszone, DÖV 2003, 665 ff.

[285] Maier, Zur Steuerung von Offshore-Windenergieanlagen in der AWZ, UPR 2004, 103, 107; Kment, Raumordnungsgebiete in der deutschen ausschließlichen Wirtschaftszone, DV 2007, 53, 61 m. w. N.

[286] Erbguth/Mahlburg, Steuerung von Offshore-Windenergieanlagen in der Ausschließlichen Wirtschaftszone, DÖV 2003, 665 f.; Maier, Zur Steuerung von Offshore-Windenergieanlagen in der AWZ, UPR 2004, 103, 107.

Eignungsgebiete nach § 3 a SeeAnlV ergänzt. Mit der Novellierung des BauGB durch das EAG Bau 2004 wurde der Aufgabenbereich des ROG in § 1 Abs. 1 S. 3 ROG a.F. auf die AWZ erstreckt, das Meeresgebiet in § 2 Abs. 2 Nr. 8 S. 1 ROG a.F. in einen Grundsatz der Raumordnung integriert und mit § 18 a ROG a.F. eine Norm geschaffen, welche abschließend und unmittelbar Geltung entfaltet.[287] So sollte die raumordnerische Gestaltung der AWZ ermöglicht werden.[288] Mittlerweile wurden auch Seeaufgaben- und Seeanlagenrecht an die Möglichkeiten raumordnerischer Steuerung angepasst. Hier sind vor allen die Raumordnungsklauseln in § 2 Abs. 2 und § 3 Nr. 4 SeeAnlV hervorzuheben. Mit dem GeROG 2008 wurde die Erstreckungsklausel in § 1 Abs. 4 ROG n.F. und die Raumordnungsklausel in § 17 ROG n.F. verlagert. Das Meeresgebiet wird in den Grundsätzen der Raumordnung nicht mehr speziell erwähnt. Als Übergangsvorschrift wurde in § 29 ROG n.F. geregelt, dass auf einen Raumordnungsplan, dessen Aufstellung förmlich nach altem Recht eingeleitet wurde dieses auch weiterhin Anwendung findet. Zudem wird die entsprechende Geltung der neuen Vorschriften §§ 19 Abs. 2, 20, 21, 22, 27 ROG zu Unterlagen, Planerhaltung, Zielabweichung, Untersagung und Verwaltungsgebühren angeordnet. Dies trifft das mit dem Entwurf einer Verordnung über die Raumordnung in der deutschen Ausschließlichen Wirtschaftszone (AWZ-ROV) mit Raumordnungsplan vom 13.06.2008[289] eingeleitete Verfahren.

Die Norm § 18 a ROG a.F. ist als Ermächtigungsgrundlage für die Raumordnung schon verfassungsrechtlich nicht unproblematisch. Zunächst bricht die Entwicklung einer Raumordnung für die AWZ durch den Bund mit dem im alten Art. 75 Abs. 1 Nr. 4 GG wurzelnden Verständnis der Raumordnung als rahmengesetzlich gesteuerter Landesplanung. Das Bundesverfassungsgericht hat dem Bund allerdings schon früh eine Kompetenz zur raumordnerischen Gestaltung des Gesamtraums der Bundesrepublik kraft Natur der Sache zugewiesen[290] und der Gesetzgeber hat nun – wenn auch nach Einführung der Norm – mit der Föderalismusreform eine neue konkurrierende Gesetzgebungskompetenz in Art. 74 Abs. 1 Nr. 31 GG geschaffen, welche die Bundesraumordnung im 3. Abschnitt des ROG auf eine neue Grundlage stellt. Die Prägung der Bundesraumordnung durch die Merkmale der Überregionalität und Gesamtstaatsbezogenheit stellt jedoch eine inhaltliche

---

[287] BTDrs. 15/2250, S. 71.
[288] Kment, Das geänderte Raumordnungsgesetz nach Erlass des Europarechtsanpassungsgesetzes Bau, NVwZ 2005, 886.
[289] Entwurf einer Verordnung über die Raumordnung in der deutschen ausschließlichen Wirtschaftszone (AWZ-ROV), Stand 13.06.2008 mit Anlage Raumordnungsplan für die deutsche ausschließliche Wirtschaftszone in Nord- und Ostsee – Textteil.
[290] BVerfG, BVerfGE 3, 407, 427; BVerfGE 15, 1, 16.

Schranke dar, welche dazu führte, dass die gebietsscharfe Nutzungssteuerung über § 18 a ROG a. F. nicht von der aus der Natur der Sache abgeleiteten Kompetenz der Bundesraumordnung abgedeckt war.[291] Ein Raumordnungskonzept für die AWZ muss sich an der räumlich-funktionalen Teilung in Nord- und Ostsee ausrichten und dafür spezifische Ordnungsvorstellungen ohne unter anderem Grundeigentum, Gemeinden und Gegenstromprinzip entwickeln, so dass ein aliud zum hergebrachten Muster von Landesplanung und Bundesraumordnung darstellt. Diese räumliche Ordnung der AWZ kann sich auf andere Kompetenztitel stützen. Dabei kommt vor allem das Recht der Wirtschaft in Art. 74 Abs. 1 Nr. 11 GG in Betracht, da hier die AWZ als Wirtschaftraum räumlich geordnet wird,[292] worauf in der Gesetzesbegründung zwar nicht explizit verwiesen wird, aber in der Gesetzesbegründung über die Betonung der erforderlichen Wahrung der Rechts- und Wirtschaftseinheit nach Art. 72 Abs. 2 GG und des Gesamtwirtschaftsraumes AWZ und seiner wirtschaftlichen Nutzung anklingt.[293]

Mit § 18 a ROG a. F./§ 17 ROG n. F. existiert ein vermeintliches Äquivalent zur Raumordnung an Land und im Küstenmeer, da die AWZ-Vorranggebiete nicht den Vorranggebieten der Raumordnungspläne im Onshore-Bereich gleichen. Dies hat angesichts der Erstreckung des ROG auf die AWZ weniger mit dem besonderen Rechtsrahmen der AWZ zu tun als mit der Ausgestaltung des Steuerungsinstrumentariums. Nach § 18 a Abs. 1 S. 2 ROG a. F. gelten die Vorschriften in § 7 Abs. 1 und 4 bis 10 ROG a. F. entsprechend. Im neuen § 17 Abs. 3–5 ROG finden sich ähnlich Regelungen, u. a. mit der Bezugnahme auf § 8 Abs. 7 ROG. Damit findet das an Land bekannte und bewährte Normengerüst mit der Festlegung von Vorrang-, Vorbehalts- und Eignungsgebieten bei gestaltender Abwägung grundsätzlich auch im Offshore-Bereich Anwendung. Ziele und Grundsätze ergehen nach § 18 a Abs. 1 S. 3 ROG a. F./§ 17 Abs. 3 S. 1 ROG n. F. als Rechtsverordnung, die nicht der Zustimmung des Bundesrates bedarf. Es ist nach § 17 Abs. 6 ROG n. F. nur der zuständige Bundestagsausschuss im Rahmen der Beteiligung zu unterrichten. Für die Vorranggebiete zugunsten einer Windenergienutzung bestand unter der alten Rechtslage eine Ausnahme in § 18 a Abs. 3 ROG a. F. Danach hatten Vorranggebiete zugunsten einer Windenergienutzung nur die Wirkung von Sachverständigengutachten. Sie setzten dementsprechend auch kein gesamträumliches Konzept

---

[291] Wolf, Grundfragen einer Raumordnung für die Ausschließliche Wirtschaftszone, ZUR 2005, 176, 179; diese Merkmale müssen angesichts der mehrstufigen Planung auch für die mit der Föderalismusreform I geschaffene konkurrierende Gesetzgebungskompetenz des Art. 74 Abs. 1 Nr. 31 GG gelten.
[292] Wolf, Grundfragen einer Raumordnung für die Ausschließliche Wirtschaftszone, ZUR 2005, 176, 179.
[293] BT-Drs. 15/2250, S. 71/BR-Drs. 756/03, S. 203.

voraus.²⁹⁴ § 4 ROG a. F. und die UVP blieben unberührt. Eine Übergangsregelung führte die bisherigen besonderen Eignungsgebiete nach § 3 a Abs. 1 SeeAnlV derselben Regelung zu. Diese Regelung in § 18 a ROG a. F. ist mit der Novelle weggefallen. Den festgelegten Vorranggebieten kommt als Zielen der Raumordnung mithin eine verbindliche Wirkung zu.

Einerseits ist es zu begrüßen, dass der Versuchung widerstanden wird das von der Anlagenerrichtung an Land bekannte und bewährte Normengerüst einfach auf den maritimen Bereich als dreidimensionalen Planungsraum zu übertragen. Die Dreidimensionalität von Meeresboden, Wassersäule, Meeresoberfläche und Luftraum über dieser mit den entsprechenden Nutzungen sowie dem dazugehörigen Bedingungs- und Wirkungsgefüge bildet einen Gegensatz zum zweidimensionalen terrestrischen Planungsraum. Das Meer unterscheidet sich in seinen Nutzungen und Nutzungskonflikten signifikant vom Festland. Es fehlt an landschaftsprägenden Zäsuren und an menschlicher Besiedelung, so dass die darauf bezogenen Raumordnungskonzepte aus dem Katalog der in § 2 Abs. 2 Nr. 1–15 ROG a.F./§ 2 Abs. 2 Nr. 1–8 n.F. normierten Grundsätze wie z.B. das Konzept zentraler Orte gem. § 2 Abs. 2 Nr. 2 S. 2 ROG a.F./§ 2 Abs. 2 Nr. 2 S. 3 ROG n.F. oder auch die Sicherung verdichteter Räume gem. § 2 Abs. 2 Nr. 5 ROG a.F. bzw. Vorrang der Nachverdichtung gem. § 2 Abs. 2 Nr. 6 S. 3 ROG n.F. ohnehin nicht übertragen werden können. Das fehlen menschlicher Besiedelung in der AWZ wirkt sich auch auf alle weiteren Grundsätze der Raumordnung, welche einen Bezug dazu aufweisen, aus. Hier sind die Entwicklung einer ausgewogenen Siedlungs- und Freiraumstruktur nach § 2 Abs. 2 Nr. 1 ROG a.F./§ 2 Abs. 2 Nr. 2 S. 4 ROG n.F., die Entwicklung des ländlichen und des strukturschwachen Raums nach § 2 Abs. 2 Nr. 6 und 7 ROG a.F./§ 2 Abs. 2 Nr. 1 S. 2 ROG n.F., einer ausgewogenen Wirtschaftsstruktur und einem Angebot an Arbeits- und Ausbildungsplätzen nach § 2 Abs. 2 Nr. 9 ROG a.F./§ 2 Abs. 2 Nr. 4 S. 1 ROG n.F., der Wohnbedarf der Bevölkerung nach § 2 Abs. 2 Nr. 11 ROG a.F./§ 2 Abs. 2 Nr. 1 S. 4 ROG n.F. und die gute Erreichbarkeit der Teilräume nach § 2 Abs. 2 Nr. 12 ROG a.F./§ 2 Abs. 2 Nr. 3 S. 1 ROG n.F. zu nennen. Dementsprechend beschränkt sich die Raumordnung in der AWZ gem. § 1 Abs. 1 S. 3 ROG a.F./§ 17 Abs. 3 S. 2 ROG n.F. auf einzelne Funktionen, was sie zu einer Selektivraumordnung macht. Hinsichtlich des Charakters als Selektivraumordnung lässt sich festhalten, dass mit der in § 18 a Abs. 1 ROG a.F./§ 17 Abs. 3 S. 2 ROG n.F. enthaltenen Beschränkung auf einzelne Funktionen im Rahmen des SRÜ auch in der AWZ vorzufindende Nutzungen wie militärische Nutzungen und Luftverkehr außen vor bleiben, so dass es an einer

---

²⁹⁴ Bundesregierung, Strategie der Bundesregierung zur Windenergienutzung auf See, S. 11.

umfassenden Gesamtplanung fehlt. Die Raumordnung in der AWZ wird daher zu Recht als eine Raumordnung sui generis bezeichnet.[295] In dieser finden die wirtschaftlichen und wissenschaftlichen Nutzungen, die Sicherheit und Leichtigkeit des Schiffsverkehrs sowie der Meeresumweltschutz Berücksichtigung. Unabhängig davon, dass sich die Raumordnung in der AWZ mit ihren Beschränkungen als Selektivraumordnung präsentiert, könnte sie prinzipiell eine effektive Koordination der Nutzungsanforderungen und Schutzinteressen bewirken.[296] Das Ergebnis, dass in der Norm des § 18 a ROG a. F. gefunden wurde, warft jedoch zahlreiche Fragen auf.

Nur selten ist das bisherige Instrumentarium für „gut brauchbar" gehalten worden.[297] Ganz überwiegend wurde es kritisch betrachtet. Für einen wirkungsvollen Einsatz der Raumordnung fehlte es zunächst an einer Verzahnung mehrerer Planungsebenen in einem Planungssystem, damit der planerische Impuls bei der Vorhabenzulassung nicht wirkungslos „verpufft".[298] An Land, wie auch im Küstenmeer sichert die Raumordnungsklausel des § 35 Abs. 3 BauGB den „bodenrechtlichen Durchgriff" bei einem Fehlen der nachgeordneten Planungsebene, während in der AWZ, wo es stets an kommunalen Gebietskörperschaften fehlt, fraglich ist welchen Wirkungskreis Vorranggebiete einnehmen. Mit der planungsrechtlich unbekannten Figur eines antizipierten Sachverständigengutachtens fehlte es an einer planerischen Steuerungsfunktion und bot nur eine Entlastungsfunktion im Rahmen der standortbezogenen Zulässigkeitsprüfung.[299] Die Zulassungsentscheidungen richten sich nach den jeweils einschlägigen Gesetzen bzw. im Falle der Windenergienutzung nach der auf dem Seeaufgabengesetz beruhenden Seeanlagenverordnung.

Die nähere Betrachtung der Eignungsgebiete der Seeanlagenverordnung half hier auch nicht weiter. Mit der Regelung des § 3a SeeAnlV existiert ein vermeintliches Äquivalent zu den Konzentrationszonen im Onshore-Bereich, da die Offshore-Eignungsgebiete nicht den Eignungsgebieten der Raumordnungspläne im Onshore-Bereich gleichen.[300] Es fehlte im Vergleich zu Onshore-Eignungsgebieten an der abschließenden gestaltenden

---

[295] Wolf, Grundfragen einer Raumordnung für die Ausschließliche Wirtschaftszone, ZUR 2005, 176, 180.

[296] Kment, Raumordnungsgebiete in der deutschen ausschließlichen Wirtschaftszone, DV 2007, 53, 64.

[297] Klinski/Buchholz/Schulte/Windguard/BioConsult SH, Umweltstrategie Windenergienutzung, S. 76.

[298] Kment, Raumordnungsgebiete in der deutschen ausschließlichen Wirtschaftszone, DV 2007, 53, 65.

[299] Wolf, Grundfragen einer Raumordnung für die Ausschließliche Wirtschaftszone, ZUR 2005, 176, 183.

[300] Wolf, Windenergie als Rechtsproblem, ZUR 2002, 331, 341.

Abwägung, welche als abschichtende Problembewältigung das Entgegenstehen abgewogener Versagungsgründe regelmäßig klärt. Die Entscheidung über die Zulässigkeit der Anlage verblieb mit der Wirkung als Sachverständigengutachten vollumfänglich dem Genehmigungsverfahren vorbehalten. Eine raumplanerische Bewirtschaftung der Meeresflächen über Eignungsgebiete fand und findet nicht statt.[301] Mit der bislang fehlenden Ausschlusswirkung fehlte eine Handhabe ökologisch sensible Flächen weitgehend nutzungsfrei zu halten, so dass hier eher FFH- und Vogelschutzgebiete ein wirkungsvolles Fachplanungsinstrument darstellen.[302] Mit ihrer so konzipierten Wirkung präjudizieren sie widerlegbar die Entscheidung der Genehmigungsbehörde und fungieren als Instrument der Verfahrensbeschleunigung ohne bislang eine Ausschluss- bzw. Konzentrationswirkung herbeizuführen.[303] Es wurde daher von „lediglich faktischer Bindungswirkung" gesprochen.[304] Besser traf es jedoch der Begriff der Anreizwirkung, denn letztlich handelt es sich bei den besonderen Eignungsgebieten nur um einen Anreiz gegenüber Projektierern im Hinblick auf die Standortwahl.

Bei der Festlegung von Eignungsgebieten ist in formeller Hinsicht festzuhalten, dass für die Festlegung von Raumordnungsgebieten nur rudimentäre Verfahrensvorschriften bestanden. Während sich für die Einbeziehung der Öffentlichkeit die zu § 9 UVPG entwickelten Grundsätze entsprechend heranziehen ließen, bestanden Unklarheiten im Hinblick auf Erteilung und Versagung des Einvernehmens der beteiligten Bundesministerien und die Anhörung der Länder.[305] Materiell darf der Ausweisung gem. § 3 a Abs. 1 S. 4 SeeAnlV keine Schutzgebietsausweisung i.S. von § 38 BNatSchG/§ 57 BNatSchG n.F. entgegenstehen. Unterschutzstellung und Schutzregime folgen grundsätzlich der Regelungslogik der §§ 33 u. 34 BNatSchG/§§ 57 f. i.V.m. 31 ff. BNatSchG n.F., so dass für die WEA-Errichtung in und in der Nähe von Schutzgebieten § 34 BNatSchG (a.F. wie n.F.) gilt.[306] Damit sind die gemeldeten und ausgewiesenen FFH- und Vogelschutzgebiete in der Raumordnung zu berücksichtigen.

Bei der Festlegung besonderer Eignungsgebiete ist nach §§ 14 b bis 14 d UVPG i.V.m. Nr. 1.7 Anlage 3 zum UVPG eine strategische Umweltprü-

---

[301] Koch/Wiesenthal, Windenergienutzung in der AWZ, ZUR 2003, 350, 354.

[302] Maier, Zur Steuerung von Offshore-Windenergieanlagen in der AWZ, UPR 2004, 103, 106.

[303] Kment, Raumordnungsgebiete in der deutschen ausschließlichen Wirtschaftszone, DV 2007, 53, 67.

[304] Keller, Planungs- und Zulassungsregime für Offshore-Windenergieanlagen in der deutschen Ausschließlichen Wirtschaftszone, Rostock 2006, S. 311.

[305] Bönker, Windenergieanlagen auf hoher See – Rechtssicherheit für Umwelt und Investoren? NVwZ 2004, 537, 538 m.w.N.

[306] Wolf, Windenergie als Rechtsproblem, ZUR 2002, 331, 341.

fung (SUP) durchzuführen. Im Rahmen des Genehmigungsverfahrens ist gem. § 3 a Abs. 2 S. 2 SeeAnlV eine Umweltverträglichkeitsprüfung vorzunehmen.

Das BSH hat drei besondere Eignungsgebiete („Nördlich Borkum" in der Nordsee, „Kriegers Flak" und „Westlich Adlergrund" in der Ostsee) ausgewiesen.[307]

Die alte Struktur der SeeAnlV verdeutlicht, dass sie bislang nicht auf eine planerische Gestaltung des Raums ausgerichtet war, sondern allein Gefahren vermeiden sollte. Die Ausgestaltung des Genehmigungsverfahrens als gebundene Entscheidung lässt keinen Ermessensspielraum für koordinierende Elemente. Mit dem bisherigen Fehlen einer Raumordnungsklausel wäre die Wirkung einer Zielfestlegung verblasst, zumal die Gegenstände derselben über die Tatbestandsvoraussetzungen von § 3 Abs. 1 SeeAnlV ohnehin abgedeckt werden. Als Konsequenz wäre Zielen der Raumordnung in der AWZ kaum ein autonomer Regelungsgehalt zugekommen.[308] Die Regelungen in § 18 a ROG a. F. und § 3 a SeeAnlV waren vergleichbar. Die Kategorie der Vorranggebiete löst nun die der besonderen Eignungsgebiete ab. Die Kompatibilität der Bestimmungen in ROG und SeeAnlV war vom Gesetzgeber im Interesse der Planungssicherheit privater Investoren beabsichtigt.[309] Dass die Eignungsgebiete nach § 18a Abs. 3 ROG a. F. in die marine Raumordnung lediglich als Vorranggebiete übernommen werden dürfen und nicht auch als Eignungsgebiete i. S. von § 7 Abs. 4 Nr. 3 ROG a. F./§ 8 Abs. 7 Nr. 3 ROG n. F. behandelt werden können, wird zum Teil für eine unangemessene Selbstbeschränkung im raumplanerischen Instrumentarium gehalten.[310] Die Vorranggebiete blieben zudem im „Käfig" der SeeAnlV, der verhindere, dass ihre wichtigste Eigenschaft, die der verbindlichen Steuerung, zur Entfaltung kommen konnte. Die Neuerung des § 18 a ROG a. F. hat damit rechtstechnisch nur Eignungsgebiete durch Vorranggebiete als Gebietskategorie ersetzt, ohne einen zusätzlichen Steuerungsimpuls zu bewirken.[311] Eine Negativsteuerung erfolgte nur über die nach § 38 BNatSchG geschützten Meeresflächen, so dass die Raumordnung für die AWZ Gefahr lief als „Planungstorso" zu enden, was eine rechtspolitische Antwort über die Novellierung des Anlagenzulassungsrechts erfor-

---

[307] BSH, http://www.bsh.de/de/Meeresnutzung/Wirtschaft/Windparks/Eignungsgebiete.jsp.
[308] Kment, Raumordnungsgebiete in der deutschen ausschließlichen Wirtschaftszone, DV 2007, 53, 68.
[309] BT-Drs. 15/2250, S. 72 f.
[310] Rat von Sachverständigen für Umweltfragen, Meeresumweltschutz für Nord- und Ostsee, BT-Drs. 15/2626, S. 191.
[311] Kment, Raumordnungsgebiete in der deutschen ausschließlichen Wirtschaftszone, DV 2007, 53, 69.

derte.[312] Von den daher vertretenen Vorschlägen, die Seeanlagenverordnung um eine Raumordnungsklausel zu erweitern oder § 3 SeeAnlV von einer gebundenen Entscheidung zu einer Ermessensentscheidung umzugestalten,[313] generell die Seeanlagenverordnung über die bisherigen Tatbestandsvoraussetzungen hinaus durch eine Ergänzung des Katalogs der Versagungsgründe neu auszurichten und letztendlich die Kategorie der besonderen Eignungsgebiete in § 3 a SeeAnlV ebenso wie § 18 a Abs. 3 S. 1 Hs. 1 ROG zu streichen,[314] wurde ersterer aufgegriffen und eine Raumordnungsklausel in die SeeAnlV eingefügt. Damit besteht im Anlagenzulassungsrecht offshore nunmehr ein Äquivalent zur Regelung in § 35 Abs. 3 S. 2 und 3 BauGB onshore.

Mit der Verordnung zur Änderung der Seeanlagenverordnung vom 15. Juli 2008[315] wurde in § 2 Abs. 2 SeeAnlV eine Raumordnungsklausel geschaffen, nach der bei der Entscheidung über den Antrag auf Genehmigung Ziele der Raumordnung zu beachten sowie Grundsätze der Raumordnung und in Aufstellung befindliche Ziele der Raumordnung zu berücksichtigen sind. Des Weiteren wurde in § 3 Satz 1 Nr. 2 SeeAnlV ein neuer Versagungsgrund „Erfordernisse der Raumordnung" geschaffen, welcher in § 3 Satz 2 Nr. 4 SeeAnlV durch eine Ergänzung des bisherigen Katalogs der Regelbeispiele der Versagungsgründe um ein neues Regelbeispiel „Widerspruch zu den Zielen der Raumordnung" konkretisiert wird. Damit hat sich der Verordnungsgeber endlich eine Raumordnungsklausel geschaffen und die Möglichkeit einer steuernden, verbindlichen Raumordnung jenseits der besonderen Eignungsgebiete eröffnet. Den Vorschlag, die Genehmigung von einer gebundenen Entscheidung zu einer Ermessensentscheidung umzugestalten, hat der Verordnungsgeber zu Recht nicht aufgegriffen. Der Genehmigungsanspruch ist auf See noch mehr als an Land der wesentliche Investitionsanreiz. Ohne halbwegs sichere Aussicht auf die Genehmigung wird kein Investor die erforderlichen größeren Summen für das mehrjährige Genehmigungsverfahren aufbringen.

Die Bundesregierung beschloss auf ihrer Klausurtagung in Meseberg am 23.08.2007 auch einen Raumordnungsplan für die AWZ als Rechtsverordnung des Bundesministeriums für Verkehr, Bau und Stadtentwicklung mit Gebietsfestlegungen zu den einzelnen Nutzungen im Meer, insbesondere

---

[312] Wolf, Grundfragen einer Raumordnung für die Ausschließliche Wirtschaftszone, ZUR 2005, 176, 184.
[313] Rat von Sachverständigen für Umweltfragen, Meeresumweltschutz für Nord- und Ostsee, BT-Drs. 15/2626, S. 191; Koch/Wiesenthal, Windenergienutzung in der AWZ, ZUR 2003, 350, 355.
[314] Kment, Raumordnungsgebiete in der deutschen ausschließlichen Wirtschaftszone, DV 2007, 53, 70.
[315] BGBl 2008 I (Nr. 30), S. 1296.

V. Genehmigungsverfahren

für die Offshore-Windenergie aufzustellen.[316] Das Bundesministerium für Verkehr, Bau und Stadtentwicklung hatte dementsprechend einen Entwurf für eine Verordnung über die Raumordnung in der deutschen ausschließlichen Wirtschaftszone (AWZ-ROV) erstellt und am 13.06.2008 vorgelegt.[317]

Nach den Leitlinien zur räumlichen Entwicklung der AWZ im Textteil des Raumordnungsplans sollten der Schiffsverkehr gestärkt und gesichert, die Wirtschaftkraft durch eine Optimierung der Flächennutzung gestärkt, die Offshore-Windenergienutzung gefördert und die besonderen Eigenschaften und Potentiale der AWZ sowie die natürlichen Lebensgrundlagen gesichert werden. Nach den Leitlinien bildeten die Schifffahrtsrouten das Grundgerüst der Planung. Für die Offhore-Windenergienutzung ist hier hervorzuheben, dass ausdrücklich Bezug genommen wurde auf die Strategie der Bundesregierung zur Windenergienutzung auf See vom Januar 2002, mit dem Ziel von 20.000 bis 30.000 MW bis 2030, und die EEG-Novelle 2008, mit dem Ziel den Anteil erneuerbarer Energien an der Stromversorgung bis 2020 auf mindestens 30% zu erhöhen. Zu diesem Zwecke wurden die bereits festgelegten drei besonderen Eignungsgebiete als Ziele der Raumordnung übernommen und als Vorranggebiete festgelegt sowie weitere ausgewiesen.

Bei den Festlegungen des Raumordnungsplans wurden nur für Schifffahrt, Rohstoffgewinnung, Rohrleitungen und Seekabel, Energiegewinnung/ Windenergie und Fischerei/Marikultur neben den Grundsätzen auch Ziele der Raumordnung festgelegt. Hinsichtlich wissenschaftlicher Meeresforschung und Meeresumwelt wurden nur Grundsätze der Raumordnung festgelegt.

Hinsichtlich Schifffahrt, Rohstoffgewinnung und Rohrleitungen wurde über Vorrang- und Vorbehaltsgebiete im Wesentlichen der Bestand festgeschrieben. Darüber hinaus wurden Sicherheitsabstände seitlich der Routen und Trassen festgelegt, welche gleichfalls von Bebauung freizuhalten sind. Hinsichtlich der Seekabel wurden als Ziele der Raumordnung Korridore zur Steuerung der Ableitung in der AWZ erzeugter Energie ausgewiesen, dabei wurde an die raumordnerischen oder anderweitigen planerischen Festlegungen der Küstenländer angeknüpft. Für die wissenschaftliche Meeresforschung wurden nur Grundsätze der Raumordnung vorgegeben. In der Karte,

---

[316] Bundesregierung, Eckpunkte für ein integriertes Energie- und Klimaprogramm vom 23.08.2007, S. 12, http://www.bundesregierung.de/Content/DE/Artikel/2007/ 08/Anlagen/eckpunkte,property=publicationFile.pdf.

[317] Entwurf einer Verordnung über die Raumordnung in der deutschen ausschließlichen Wirtschaftszone (AWZ-ROV), Stand 13.06.2008 mit Anlage Raumordnungsplan für die deutsche ausschließliche Wirtschaftszone in Nord- und Ostsee – Textteil.

auf die verwiesen wird, werden drei Vorbehaltsgebiete Forschung für die Durchführung wissenschaftlicher Forschungshandlungen dargestellt.[318]

Für die Offshore-Windenergienutzung[319] ist hier hervorzuheben, dass mit der Einführung von Vorranggebieten im Gegensatz zu den vorherigen besonderen Eignungsgebieten nun ein über die unverbindliche Wirkung eines Sachverständigengutachtens hinausgehender, verbindlicher Vorrang für die Windenergienutzung an bestimmten Orten etabliert wird. Es werden allerdings über die drei übernommenen besonderen Eignungsgebiete hinaus nur vier weitere Flächen als Ziele der Raumordnung aufgenommen. Diese erfassen vierzehn der bereits genehmigten 21 Windparks sowie weitere vierzehn im Genehmigungsverfahren befindliche Windparks und bei der angestrebten Verwendung von 5 MW-Anlagen damit insgesamt 8.115 MW Leistung. Außerhalb dieser Gebiete wird eine Ausschlusswirkung eingeführt, welche der Errichtung neuer Windparks entgegensteht, sofern sie nicht bereits genehmigt wurden. Zusammen mit den sieben außerhalb dieser Vorranggebiete bereits genehmigten Windparks mit einer rechnerischen Leistung von 2.800 MW sollten somit insgesamt 10.915 MW Leistung möglich sein. Eine weitere Ausweisung sollte bis zu einer Bedarfsprüfung Mitte 2011 nicht erfolgen. Neben der schon in der SeeAnlV enthaltenen Rückbaupflicht wurde auch eine Höhenbegrenzung von 125 m über NN normiert, von der nur das Vorranggebiet „Östlich Austerngrund" ausgenommen wurde. Sinnvollerweise führte die Neufassung hier zu einer Umkehrung des Regel-Ausnahmeverhältnisses, so dass die Anwendbarkeit der Höhenbegrenzung auf Offshore-Windenergieanlagen auf solche beschränkt worden ist, welche in Sichtweite der Küste oder Inseln errichtet werden.[320] Dies wird damit nur die Vorrangflächen nördlich Borkum und in der Ostsee treffen.

Für Fischerei und Marikultur wurden Ziele und Grundsätze der Raumordnung festgelegt. Dabei wurde auf die europäische „Gemeinsame Fischereipolitik" (GFP) und ihr Regelwerk verwiesen, welche die Regelungen gemeinschaftsrechtlich vorprägt. Erst im Rahmen der Neufassung, wurde auf Ziele der Raumordnung verzichtet.

---

[318] Entwurf einer Verordnung über die Raumordnung in der deutschen ausschließlichen Wirtschaftszone (AWZ-ROV), Stand 13.06.2008 mit Anlage Raumordnungsplan, Schifffahrt S. 6 ff., Rohstoffgewinnung S. 12 ff., Rohrleitungen S. 16 ff., Meeresforschung S. 27 ff.

[319] Entwurf einer Verordnung über die Raumordnung in der deutschen ausschließlichen Wirtschaftszone (AWZ-ROV), Stand 13.06.2008 mit Anlage Raumordnungsplan, S. 29 ff.

[320] Entwurf der Verordnung über die Raumordnung in der deutschen ausschließlichen Wirtschaftszone der Nordsee (AWZ Nordsee-ROV) Stand 28.04.2009, S. 31 (3.5.1 Abs. 8, S. 2); Entwurf der Verordnung über die Raumordnung in der deutschen ausschließlichen Wirtschaftszone der Ostsee (AWZ Ostsee-ROV) Stand 28.04.2009, S. 28 (3.5.1 Abs. 7, S. 2).

Im Hinblick auf die Meeresumwelt wurden ausschließlich Grundsätze der Raumordnung festgelegt. Dabei wurde auch die Sicherung der charakteristischen großflächigen Freiraumstruktur betont, von der allerdings ausdrücklich solche Nutzungen ausgenommen wurden, die grundsätzlich auch an Land möglich sind, aber auf dem Meer besondere Standortvoraussetzungen finden. Damit wurden Windenergieanlagen von der Ausnahmeregelung erfasst, so dass vom Grundsatz der Freihaltung des Freiraums von an Land möglichen Nutzungen nicht betroffen waren.

Die Berücksichtigung sonstiger Belange erfasste ausdrücklich militärische Nutzungen, Freizeit und Tourismus, die Fehmarnbeltquerung sowie Munitionsversenkungsgebiete und Sedimenteinbringung. Da nach verschiedenen Untersuchungen davon ausgegangen wird, dass die Windenergienutzung zu keinen Auswirkungen auf den Tourismus führt, gab es keine Berücksichtigung des sonstigen Belangs Tourismus. Die Fehmarnbeltquerung und die Munitionsversenkungsgebiete wurden nur nachrichtlich im Plan dargestellt. Eine Sedimenteinbringung erfolgt nicht, so dass hier keine Nutzungskonflikte entstehen. Für die Offshore-Windenergienutzung ist in der Folge hervorzuheben, dass somit nur militärische Belange als sonstige Belange im Raumordnungsplanentwurf von Bedeutung waren. So wurden zum Teil Gebiete, die militärische Übungsgebiete sind, bewusst nicht als Vorranggebiete ausgewiesen, obwohl sie im Übrigen dafür geeignet gewesen wären, wie das U-Boot-Tauchgebiet Area Weser östlich des Vorranggebietes nördlich Borkum.[321]

Für 2011 war nach der Begründung des Verordnungsentwurfs eine Überprüfung des Vollzugs des Plans vorgesehen. Dabei sollte vor allem der Bedarf weiterer Vorranggebietsausweisungen für die Windenergienutzung geprüft werden.

Probleme im Hinblick auf Schifffahrt, Rohstoffgewinnung und Rohrleitungen ließen sich angesichts des Charakters der Planung als nachvollziehende Planung kaum konstatieren. Hinsichtlich der Schifffahrtswege ist anzumerken, dass die Festlegung der Verkehrstrennungsgebiete (VTG) nicht in der Kompetenz der Küstenstaaten liegt, sondern auf Regelungen der International Maritime Organisation (IMO) beruht. Eine Planung hat insofern zwangsläufig nachvollziehenden Charakter. Gegen eine nationale Festlegung von Schifffahrtswegen auf dem Wege der Raumordnung werden zwar neuerdings Bedenken vorgetragen,[322] aber auch hier ist demgegenüber auf den

---

[321] Entwurf einer Verordnung über die Raumordnung in der deutschen ausschließlichen Wirtschaftszone (AWZ-ROV), Stand 13.06.2008 mit Anlage Raumordnungsplan, Fischerei und Marikultur S. 37 ff., Meeresumwelt S. 40 ff., sonstige Belange S. 44 ff.

[322] Pestke, Offshore-Windfarmen in der Ausschließlichen Wirtschaftszone, Bremen 2008, S. 89 hält die raumordnerische Festlegung von Schifffahrtsrouten durch einen Küstenstaat gar für unzulässig.

weitestgehend nachvollziehenden Charakter der Planung hinzuweisen. Selbst wenn zu konstatieren ist, dass ein relativ hoch frequentierter Schifffahrtsweg in der östlichen Deutschen Bucht im Entwurf der AWZ-ROV ausgelassen wurde,[323] so führt dies nicht zu dessen Unbenutzbarkeit. Die AWZ-ROV sieht keine Ausschlusswirkung der Vorranggebiete und Vorbehaltsgebiete für die Schifffahrt dahingehend vor, dass die Schifffahrt außerhalb der aufgenommenen Routen unzulässig wäre. Die Festlegungen sind vielmehr auf eine gebietsinterne Steuerungswirkung beschränkt. Daher ist der geäußerten Kritik an Festlegungen für die Schifffahrt auch nicht zu folgen.

Die vorgesehenen Trassen für Seekabel können angesichts der Ausbauziele keinen abschließenden Charakter haben. Hier kann die geplante Überprüfung der Planung 2011 zur Ausweisung weiterer Trassen führen. Sollte bereits vor Überprüfung der Planung ein weiterer Bedarf an Kabeltrassen entstehen, so besteht nach den Festlegungen im Gegensatz zur Anlagenerrichtung keine Ausschlusswirkung. Es kann somit auch zu einer Kabelverlegung außerhalb der Raumordnungsziele kommen. Die Regelung wies damit eine hinreichende Flexibilität für die Praxis auf.

Im Hinblick auf die wissenschaftliche Meeresforschung muss gesagt werden, dass hier drei Standorte als Grundsätze festgelegt wurden. Der Spielraum des Art. 245 SRÜ für Festlegungen wird aber bei weitem nicht ausgeschöpft. Die Begründung, die Installation von ortsfesten Anlagen der Meeresforschung sei aufgrund ihrer geringen Größe nicht raumbedeutsam kann nicht überzeugen. Bei einer vertikalen Konstruktion mit einer Höhe von 120 Metern über dem Meeresspiegel, wie bei der Forschungsplattform FINO 3, in einer horizontalen Freiraumstruktur muss entgegen des BMVBS von einer Raumbedeutsamkeit ausgegangen werden. Nur angesichts der Tatsache, dass die drei FINO-Plattformen bereits errichtet wurden und somit Bestandsschutz genießen, ist die Fehleinschätzung BMVBS zurzeit unerheblich. Sollte ein zukünftiger weiterer Bedarf an wissenschaftlicher Meeresforschung durch neue Forschungsplattformen bestehen, so wären dafür neue Festsetzungen in Form von Zielen der Raumordnung anzuraten.

In der Diskussion um den Meeresumweltschutz in der Raumordnung wurde in der Literatur angeführt, dass hier der Naturschutz nach BNatSchG auch zu einer Selektivschutzordnung denaturiere, die sich allein auf die gemeldeten oder ausgewiesenen Meeresschutzgebiete beziehe.[324] Dem kann hier nicht gefolgt werden. Für den Naturschutz kommt es angesichts der un-

---

[323] Vgl. Nölle & Stövesandt, Stellungnahme zum Entwurf des Raumordnungsplanes (ROP) für die deutsche Ausschließliche Wirtschaftszone der Nordsee (für Sandbank 24 u. Extension).

[324] Wolf, Grundfragen einer Raumordnung für die Ausschließliche Wirtschaftszone, ZUR 2005, 176, 180 f.

mittelbaren Anwendung von V-RL und FFH-RL nicht auf den Gebietsschutz allein an. Das besondere Artenschutzrecht der Richtlinien findet unmittelbare Anwendung, so dass zwar das nationale Recht nur selektiv Anwendung finden mag, das Schutzregime jedoch umfassend ist. Dem muss auch die Raumordnung Rechnung tragen. Angesichts der Erstreckung der menschlichen Nutzung auf die AWZ als Gesamtraum kann nur ein planerischer Naturschutz überzeugen, der auch auf den Gesamtraum bezogen ist. Die Lücke lässt sich dadurch schließen, dass § 2 Abs. 2 Nr. 8 ROG a.F./§ 17 Abs. 3 S. 2 ROG n.F. den Schutz der Meeresumwelt allgemein hält und nicht auf bestimmte Meeresgebiete bezieht, so dass der Belang des Meeresumweltschutzes in der Raumordnung entgegen erstem Anschein nicht normativ geschwächt ist. Die Regenerationsfähigkeit und nachhaltige Nutzungsfähigkeit der Naturgüter soll auf Dauer gesichert werden und auch die Qualität des Meerwassers, die Hydrographie und die Sedimentverhältnisse sollen vom Begriff der Meeresumwelt nach der Gesetzesbegründung umfasst sein.[325] Der aus dem Vorsorgeprinzip folgende Grundsatz des Zulassungsrechts, dass Eingriffe soweit wie technisch möglich zu minimieren sind, lässt sich zudem auf die Planung übertragen, was sich u. a. auf eine Temporalisierung des Planungshorizontes entsprechend der Lebenszeit der Anlagen auswirkt.[326] Diesen Möglichkeiten entsprechend existiert seit Februar 2006 ein umfassender naturschutzfachlicher Planungsbeitrag des Bundesamtes für Naturschutz für die Aufstellung von Zielen und Grundsätzen der Raumordnung.[327] Der naturschutzfachliche Planungsbeitrag formuliert Grundsätze der Raumordnung zur nachhaltigen Nutzung des Gesamtraumes[328] und schlägt die Ausweisung der NATURA 2000-Gebiete vor, bestehend aus den bereits als Naturschutzgebieten ausgewiesenen Vogelschutzgebieten und den damals nur gemeldeten FFH-Gebieten, sowie Vogelzugkorridore und Gebiete benthischer Lebensgemeinschaften als Ziele der Raumordnung (sog. Vorranggebiete für die Meeresnatur).[329] Zum besseren Schutz außerhalb von Schutzgebieten wird eine Ausschlusswirkung anderer Eignungsgebiete vorgeschlagen. Damit sind Ziele der Raumordnung für die Windenergienutzung gemeint, die damit auf ausgewiesene Konzentrationszonen begrenzt wäre.

---

[325] BT-Drs. 15/2250, S. 69.
[326] Wolf, Grundfragen einer Raumordnung für die Ausschließliche Wirtschaftszone, ZUR 2005, 176, 182 f.
[327] Naturschutzfachlicher Planungsbeitrag des Bundesamtes für Naturschutz zu Aufstellung von Zielen und Grundsätzen der Raumordnung für die Ausschließliche Wirtschaftszone der Nord- und Ostsee, abrufbar auf dem „Habitat Mare Natura 2000" Internetportal des BfN, http://www.habitatmare.de/de/downloads.php#1.
[328] Naturschutzfachlicher Planungsbeitrag, S. 10 f.
[329] Naturschutzfachlicher Planungsbeitrag, S. 15 f.

Wenn man nun den naturschutzfachlichen Planungsbeitrag des BfN mit dem Entwurf für die AWZ-ROV vom 13.06.2008 vergleicht, so fällt auf, dass nur zu einem Teil auf die Vorschläge eingegangen wurde. Die Grundsatzentscheidung für eine Ausschlusswirkung findet sich im Entwurf wieder. Deutlich sticht jedoch hervor, dass entgegen des Vorschlags gar keine Ziele der Raumordnung für die Meeresumwelt vorgesehen sind. Während dies hinsichtlich des doch sehr weit gefassten Bereichs der benthischen Lebensgemeinschaften und Vogelzugkorridore überzeugt, überrascht dies hinsichtlich der Natura 2000-Gebiete. Wo das EEG bewusst keine Vergütung vorsieht und somit Windenergieanlagen fernhalten will und das Gemeinschaftsrecht über die Verträglichkeitsprüfung einer Genehmigungsfähigkeit zumeist entgegensteht, ist gegen die Ausweisung als Ziel der Raumordnung nichts einzuwenden. Es ist mithin zu begrüßen, dass nach dem insoweit berechtigten Protest von Seiten der Vertreter des Naturschutzes in der Anhörung hier in der überarbeiteten Fassung letzlich die Natura-2000 Gebiete durch eine auf sie beschränkte Ausschlußwirkung besonders hervorgehoben wurden. Angesichts der damit erfolgten Beschränkung der Ausschlußwirkung muss die überarbeitete Fassung der Raumordnung vom 28.04.2009 aus Sicht des Naturschutzes als Minus zur vorherigen Fassung vom 13.06. 2008 erscheinen. Die Forderung nach einer Festsetzung als Vorranggebiete, die weiterhin nicht erfüllt wurde, bleibt aber auch weiterhin berechtigt.

Die umfangreichen Festlegungen für die Offshore-Windenergie warfen zahlreiche Fragen auf:

Die ursprünglich vorgesehene umfassende Ausschlusswirkung außerhalb der Vorranggebiete hätte dazu geführt, dass außerhalb der Vorranggebiete keine neuen Windparks hätten genehmigt werden können. Da die Flächen innerhalb der Vorranggebiete bereits alle durch genehmigte oder im Genehmigungsverfahren befindliche Windparks belegt sind, hätte es damit bis zur Überprüfung der Planung 2011 und der dann eventuell erfolgenden Neuausweisung von Flächen keine Möglichkeit für Projektierer gegeben neue Windparks genehmigen zu lassen. Damit hätte die Planung außerhalb der Vorranggebiete faktisch die Auswirkung einer Veränderungssperre (vgl. § 14 BauGB) zur Folge gehabt. Da keine Zurückstellungsmöglichkeit (vgl. § 15 Abs. 3 BauGB) in der SeeAnlV vorgesehen ist, hätte dies bei den noch im Genehmigungsverfahren lt. Übergangsregelung in § 17 SeeAnlV 2008 nach altem Recht zu Ende zu führenden, im Genehmigungsverfahren befindlichen, und noch nicht im Sinne der Übergangsregelung 2008 verfestigten Windparks zur Versagung der Genehmigung geführt. Mithin wäre es für die Zahl der betroffenen Projektierer auf den Begriff der planungsrechtlichen Verfestigung angekommen. Dieser war im Entwurf nur abstrakt definiert und war mithin in seiner genauen Konsequenz zunächst unklar. Nach der Entwurfsbegründung galten Projekte als planungsrechtlich verfestigt, sobald die öffentliche Bekanntmachung und Auslegung der Antragsunterlagen und der Umweltverträglichkeitsstudie gemäß § 9 Abs. 1b UVPG erfolgt ist. Das Vorhaben hätte zudem im Zeitpunkt der Beurteilung der planungsrechtlichen Verfestigung unter materiellen Gesichtspunkten genehmigungsfähig erscheinen müssen. Letztere Voraussetzung zieht den Kreis der Betroffenen wieder enger und eröffnet zugleich einen Beurteilungsspielraum. Wie viele im Genehmigungsverfahren befindliche Windparks von dieser Regelung letztendlich erfasst worden wären und wie viele die Voraussetzungen nicht erfüllt hätten, ging aus dem Entwurf nicht hervor. Es war angesichts der Ausgestaltung des Genehmigungsverfahrens jedoch davon auszugehen, dass zumindest die Projekte jüngeren Datums noch nicht den Stand der Verfestigung erreicht hatten und auch nicht vor Ablauf der Frist erreichen konnten. Die Eingrenzung auf die Genehmigungsfähigkeit würde den Kreis noch enger ziehen. Daher war nach dem Ursprungsentwurf für den Zeitraum 2009 bis 2011 von zahlreichen Versagungsbescheiden auszugehen. Dies hätte Projektierer wie BARD hart getroffen, die nur über einen genehmigten Windpark verfügen, aber über ein halbes Duzend weitere, gerade 2008 neu beantragte, Projekte verfolgen. Nicht nur, dass die bisher für Flächenermittlung und -erforschung vorgenommenen Aufwendungen vergebens gewesen wären, es wäre auch noch eine Belastung für die bereits genehmigten Projekte hinzugekommen. Wenn Projektierer den Aufbau von Infrastruktur-Kapazitäten für die Errichtung und den Betrieb mehrerer Parks planen, so kann durch den Wegfall eines Großteils der Projekte in Folge der AWZ-Raumordnung auch die Wirtschaftlichkeit dieser Infrastruktur-Kapazitäten infrage gestellt werden. Dies kann zu einer Verzögerung bereits genehmigter Offshore-Windparks führen und die Ausbauziele der Offshore-Strategie gefährden.

In diesem Zusammenhang muss auch darauf hingewiesen werden, dass für die Frist 2011 keine fachliche Begründung in der AWZ-ROV genannt wird. Ob eine kürzere Frist genügen würde bzw. eine regelmäßige, jährliche Überprüfung der dynamischen Entwicklung der Offshore-Windenergie nicht angemessener wäre, wurde gar nicht erst erörtert.

Es ist völlig unklar, warum Projektierer neue Flächen auf Geeignetheit für eine Windenergienutzung erforschen sollten, wenn kein Genehmigungsanspruch für diese Flächen mehr besteht. Die bisherige Entscheidungsstruktur der SeeAnlV, die Genehmigung als gebundene Entscheidung zu erteilen, bietet den Projektierern den Anreiz eines Genehmigungsanspruches. Mit der Ausschlusswirkung der AWZ-ROV hätte der Genehmigungsanspruch nur noch in den Vorranggebieten gegriffen, während er außerhalb dieser mit der Ausschlusswirkung als Versagungsgrund leergelaufen wäre. Ohne Aussicht auf eine Genehmigung fällt der Anreiz der Projektierer, auf eigene Initiative und Kosten Flächen zu erforschen, weg. Wenn keine Erforschung auf Kosten der Projektierer erfolgt, dann stellt sich die Frage, ob anstelle dessen die Erforschung durch den Träger der Raumordnung, also den Bund, zu erfolgen hat. Dass die Bundesregierung sich dieser Konsequenz bewusst war und über entsprechende Kapazitäten für die Erforschung geeigneter Flächen für die Windenergienutzung verfügen würde, ist aus dem Entwurf in keiner Weise ersichtlich. Auch wird das Kostenrisiko für den Bund nicht thematisiert. Weder die Einstellung entsprechender Forschungsmittel in den Bundeshaushalt, noch die Möglichkeit einer eventuellen späteren Umlegung von Kosten auf die Projektierer und deren rechtliche Grundlage z.B. im Rahmen eines in der Literatur andiskutierten öffentlich-rechtlichen Vertrages[330] werden im Entwurf erörtert. Ohne derartige Vorkehrungen drohte jedoch über drei Jahre keine Forschung über die Eignung von Flächen für die Windenergienutzung in der AWZ stattzufinden. Der Entwurf wäre somit auf einen Forschungsstopp hinausgelaufen. Übernähme der Staat in drei Jahren die Flächenerforschung, was der Entwurf letztendlich impliziert, so hätte es auch hier einer Auseinandersetzung mit den organisatorischen und finanziellen Konsequenzen bedurft. Sofern von einer Umlagefähigkeit der Planungskosten neuer Windenergieflächen ausgegangen wird, so ist zu berücksichtigen, dass hier nicht von der Umlagefähigkeit sämtlicher Kosten auf spätere Projektierer in den dann ausgewiesenen Flächen ausgegangen werden kann. Es können grundsätzlich nur die den Projektierer begünstigenden Kosten und nicht die vergeblicher Flächensuchbemühungen außerhalb der ausgewiesenen Gebiete auferlegt werden. Insofern verbliebe ein Teil der Kosten zwingend beim Staat. Mit dem Aufbau der Kapazitäten für eine Flächenermittlung wären zudem Verwaltungskosten verbunden. Weder mit der Regelung der Flächenermittlung, noch mit den verschiedenen Folgekosten hatte sich der Entwurf hinreichend auseinandergesetzt. Es würde zunächst nur die Flächensuche und Erforschung gestoppt. Die organisatorischen und finanziellen Konsequenzen wurden weder benannt noch gezogen. Es war eher irreführend, wenn in der Begründung von erwarteten Kostensenkungen durch die planerische Steuerung der Nutzungskonflikte und hinsichtlich neuer Verwaltungskosten nur darauf verwiesen wurde, dass keine Informationspflichten eingeführt werden. Die Risikoverlagerung von den Projektierern zum Staat und deren Konsequenzen wurden damit nicht hinreichend deutlich.

Der Stopp von Flächenermittlung und -erforschung sowie die Aufgabenverlagerung wären nicht dramatisch gewesen, wenn die Vorranggebiete genügend Fläche umfasst hätten, um die Klimaziele der Bundesregierung über die Offshore-Windenergie zu erreichen. Der erste Entwurf für die AWZ-

---

[330] Wemdzio, Einbeziehungsmöglichkeiten eines potentiellen Investors von Offshore Windenergieanlagen bei der Raumordnungsplanung nach § 18a ROG mittels öffentlich-rechtlichem Vertrag, UPR 2009, 132 ff.

ROV sah jedoch nur etwa die Hälfte des Mindestausbauziels der Bundesregierung vor. Dem Ziel 20.000 bis 25.000 MW offshore bis 2030 zu realisieren stand bei angenommener Verwendung des Stands der Technik von 5 MW-Anlagen eine Ausweisung von 8.115 MW in Vorranggebieten sowie sieben Bestandsschutz genießenden Windparks außerhalb mit 2.800 MW, also letztendlich 10.915 MW gegenüber. Wie viele MW Leistung noch durch bis Ende 2008 planungsrechtlich verfestigte Windparks hinzugekommen wären, war zum Zeitpunkt der Anhörung unklar und konnte daher in diese Rechnung nicht einbezogen werden. Damit verblieb es dabei, dass 10.915 MW ausgewiesene und genehmigte Fläche 20.000–25.000 MW Ausbauziel gegenüberstanden. Insofern stand die im Entwurf benannte Zielsetzung im krassen Widerspruch zur vorgenommenen Flächenfestsetzung. Angesichts der für Planungs- und Genehmigungsverfahren vor dem Beginn der Anlagenerrichtung erforderlichen Zeit von bislang etwa 5–7 Jahren wäre ein Stopp der weiteren Erschließung der AWZ für die Windenergienutzung für die nächsten drei Jahre von gravierender Bedeutung gewesen. Wenn erst 2011 von neuem begonnen wird, ist vor 2016 nicht mit der Errichtung weiterer Windparks auf See zu rechnen. Eine Verdoppelung der Kapazitäten noch bis 2020 wäre in der Folge dann nicht mehr zu erwarten gewesen, da ein Potential zur Verwirklichung der Ausbauziele außerhalb der AWZ nicht besteht. Das Küstenmeer verfügt durch die Nationalparks und Häfen nicht über das erforderliche Flächenpotential und die Hohe See im Atlantik hat zwar das Flächenpotential, ist jedoch unwirtschaftlich weit entfernt. Sofern die Grundsatzentscheidungen für Vorranggebiete mit Steuerungswirkung, abgesichert durch eine Ausschlusswirkung außerhalb der Vorranggebiete, beibehalten worden wären, wären die Klimaziele der Bundesregierung nicht mehr erreichbar gewesen.

Eine grundlegende Überarbeitung war daher ganz eindeutig das Anliegen der Windenergie-Branche, wie sich in einer Branchenabfrage im Rahmen der weltgrößten Windenergiemesse Husum Windenergy herausstellte.[331] In diese Richtung zielten auch die zahlreichen kritischen Stellungnahmen zur AWZ-ROV im Rahmen der Öffentlichkeitsbeteiligung zum 12. September 2008.[332] Die einzelnen Projektierer, wie z.B. Sandbank Power GmbH & Co KG sowie Sandbank Power Extension GmbH & Co KG, aber auch Vattenfall Europe für OWP „DanTysk", wandten sich gegen die zum Teil nicht mit den tatsächlichen Schiffsverkehren korrelierende Schifffahrtsroutenfest-

---

[331] Der Verf. nutzte besagte Messe vom 09.–11.09.2008 zu einer eigenen Branchenabfrage bei verschiedenen Projektierern und dem Offshore-Forum Windenergie.

[332] Das BSH hat eine Übersicht der Stellungnahmen veröffentlicht, welche sich leider auf die Stellungnahmen von Behörden und Verbänden beschränkt, so dass leider die zahlreichen Projektierer-Stellungnahmen nicht enthalten sind, http://www.bsh.de/de/Das_BSH/Bekanntmachungen/Stellungnahmen_Raumordnung/index.jsp.

legung neben OWPs oder ein den Eindruck einer Verhinderungsplanung hervorrufendes Vorbehaltsgebiet für die Schifffahrt neben einer Rohrleitung.[333] Die Kritik an der Andersbehandlung einzelner genehmigter Windparks gegenüber den in einem Vorranggebiet gelegenen ist aus der Perspektive der ausgelassenen Projektierer verständlich, sie liegt jedoch in der Natur einer jeden steuernden Raumordnung. Für eine Steuerung einer schon angelaufenen Windenegienutzung werden letztlich auch an Land bereits genehmigte Windfarmen nicht in Konzentrationszonen aufgenommen, ohne dass Art. 3 GG erfolgreich geltend gemacht werden könnte. Andernfalls liefe der Sinn und Zweck der Raumordnung, die planerische Steuerung der Nutzung, ins Leere. Insofern kann die auf Art. 3 GG gestützte Argumentation nicht überzeugen. Die Kritik der Andersbehandlung ist rechtspolitisch zu sehen. Allerdings kann sie auch in dieser Hinsicht nur zum Teil überzeugen. Ließe sich eine Erfassung des Clusters „Westlich Sylt" als Vorranggebiet als im Wesentlichen nachvollziehende Planung noch fachlich begründen, so steht einer derartigen Berücksichtigung von OWP Butendiek die gesetzliche Wertung von § 10 Abs. 7 EEG a.F./§ 31 Abs. 3 EEG n.F. entgegen. Qualitativ stach daher hier die ausführliche gemeinsame Stellungnahme von Stiftung Offshore-Windenergie, Offshore Forum Windenergie, Wirtschaftsverband Windkraftwerke e.V., Windenergieagentur Bremerhaven Bremen e.V., Bundesverband WindEnergie e.V., windcomm Schleswig-Holstein, Offshore Energies Comeptence Network Rostock und VDMA Power Systems (sog. Verbände-Stellungnahme) hervor.[334] Sie setzte richtigerweise bei der Umsetzung des Leitbilds der Offshore-Strategie an und zeigte über Flächenausweisung, Verfestigungsfrist und Ausschlusswirkung die entscheidenden Ansatzpunkte auf. Hier wurde deutlich, dass die Gefahr für die Offshore-Entwicklung von der Branche erkannt und in die öffentliche Diskussion eingebracht wurde. Gegenläufig zielten Stellungnahmen der Naturschutzverbände und insbesondere des BfN auf die Ausweisung von Vorranggebieten für die Meeresumwelt ab, welche die Natura 2000-Gebiete und darüber hinaus Benthos-Gebiete und Vogelzugrouten umfasst. Derartige Forderungen sind aus Sicht der Windenergie-Branche nur zum Teil verständlich. Deutschland hat nicht nur mit der Meldung von ca. einem Drittel der AWZ als Natura 2000-Gebiete eine internationale Vorreiterrolle

---

[333] Vgl. Nölle & Stövesandt, Stellungnahme zum Entwurf des Raumordnungsplanes (ROP) für die deutsche Ausschließliche Wirtschaftszone der Nordsee (für Sandbank 24 u. Extension); Vattenfall Europe, Stellungnahme der Vattenfall Europe New Energy GmbH zum Entwurf der Verordnung über die Raumordnung in der deutschen ausschließlichen Wirtschaftszone (AWZ-ROV).

[334] BWE/WVW/Stiftung Offshore-Windenergie/Offshore Energies Mecklenburg Vorpommern/WAB/windcomm Schleswig-Holstein/OFW/VDMA Power Systems, Stellungnahme zum Entwurf einer Verordnung über die Raumordnung in der deutschen ausschließlichen Wirtschaftszone.

im Meeresumweltschutz übernommen. Auch die Dimension der auf diesem Wege geschützten Flächen ist mit einem Drittel um ein Vielfaches umfangreicher als an Land. Der Schutz dieser Gebiete als Vorranggebiete auch vor einer Windenergienutzung entspräche der gesetzlichen Wertung in § 10 Abs. 7 EEG a. F. (§ 31 Abs. 3 EEG n. F.), wonach keine Vergütung für Windstrom aus Meeresumweltschutzgebieten gewährt wird. Eine Ausweisung weiterer Flächen darüber hinaus erscheint hingegen unverhältnismäßig. Insbesondere eine Orientierung am Vogelzug, der nach der BfN-Stellungnahme[335] quer über die ganze Nordsee-AWZ verläuft, ließe überhaupt keinen Raum für eine Offshore-Windenergienutzung. Die Forderung erscheint damit nicht nur etwas pauschal, sondern auch mit den Klimaschutzzielen und der Offshore-Strategie der Bundesregierung völlig unvereinbar. Insofern war eine Überarbeitung des Entwurfs dahingehend erforderlich, dass sowohl dem für Klimaschutzziele und Offshore-Strategie erforderlichen Ausbau der Offshore-Windenergie Rechnung getragen wird, sowie auch die Belange des Naturschutzes durch mehr als nur nachrichtliche Hervorhebung der Natura 2000-Gebiete Rechnung getragen wird. Einer solchen Lösung stand nur ein potentielles Repowering des OWP Butendiek entgegen. In diese Richtung ging dementsprechend die Stellungnahme des Umweltbundesamtes.[336]

Bei der unvermeidbaren Überarbeitung des Entwurfs hätte sich zunächst angeboten, die für die Erreichung der Klimaziele der Bundesregierung erforderlichen Kapazitäten durch Ausweisung weiterer Flächen als Vorranggebiete zu schaffen. Für die Ausweisung weiterer Vorranggebiete bietet sich angesichts des erforschten Zustands zuerst die Ausweisung bereits genehmigter bzw. im Genehmigungsverfahren befindlicher Windparks außerhalb der im Entwurf vorgesehenen Vorranggebiete an. Der erste Entwurf zeigte selbst das größere Potential weiterer Vorranggebiete auf. Die Berücksichtigung sonstiger Belange, im Kern militärischer Belange, ist vom SRÜ nicht vorgegeben und steht im Widerspruch zur bisherigen Entscheidungsstruktur der SeeAnlV mit einer gebundenen Entscheidung. Eine Raumordnung wird ohnehin nur für zulässig gehalten, wenn sie sich als Selektivraumordnung an die küstenstaatlichen Hoheitsrechte nach SRÜ hält.[337] Da die militärischen Belange dort nicht enthalten sind, hätte ihre indirekte Berücksichtigung in der AWZ-ROV unterbleiben können. In der Folge hätte insbeson-

---

[335] Stellungnahme des BfN im Rahmen der Öffentlichkeits- und Behördenbeteiligung durch das Bundesamt für Seeschifffahrt und Hydrographie, Anlage 1, Karte 2.
[336] Stellungnahme des UBA zum Entwurf des Raumordnungsplans mit Umweltbericht.
[337] Rosenbaum, Errichtung und Betrieb von Windenergieanlagen im Offshore-Bereich, Kiel 2006, S. 327.

dere die Berücksichtigung militärischer Belange im ohnehin selten genutzten Übungsgebiet Area Weser östlich der ausgewiesenen Fläche nördlich Borkum unterbleiben können. Dies betrifft den bereits genehmigten Windpark „Gode Wind" des Betreibers Plambeck Neue Energien AG und die diesen umgebende mittlerweile im Juli 2009 genehmigte Fläche der Ausbauphase „Gode Wind II". Darüber hinaus bot sich die Ausweisung von Vorranggebieten auch dort an, wo mehrere Windparks bereits genehmigt wurden und weitere Flächen noch im Genehmigungsverfahren befindlich sind, aber noch größere Freiflächen zwischen den Projekten bestehen. So boten sich die Fenster zwischen den für Schifffahrtsrouten und Kabeltrassen freizuhaltenden Flächen am Austerngrund als weitere Gebiete für eine Ausweisung an. Gleichfalls wäre grundsätzlich auch die Fläche in der östlichen Deutschen Bucht um die Windparks Sandbank 24, DanTysk und Noerdlicher Grund (Cluster „Westlich Sylt") in Betracht gekommen, wo auch die Forschungsplattform FINO 3 in den nächsten Jahren zu weiteren Erkenntnissen über die Geeignetheit des Gebiets beitragen wird. Angesichts der Lücken zwischen den Windparks läge in diesen Fällen keine nachvollziehende Planung vor, sondern eine den Freiraum der AWZ gestaltende Planung, welche sich im Wesentlichen an der nach Abzug von Schifffahrtsrouten, Kabelleitungen usw. verbleibenden Fläche orientiert. Wenn hier wegen Erkenntnisdefiziten über die nähere Beschaffenheit der bislang freien Fläche insbesondere im Hinblick auf die Meeresumwelt bestehen und man daher vorläufig die Ausweisung auf bereits untersuchte, genehmigte Flächen beschränkte, so wäre die Möglichkeit verblieben, die Lücken als Vorbehaltsgebiete Windenergie für die Windenergienutzung offen zu halten. In der Folge hätte dort nicht die Ausschlusswirkung gegriffen und stattdessen ein Genehmigungsanspruch bestanden. Gleichermaßen hätte eine Festsetzung „weißer Flächen" diese von einer planerischen Festsetzung ausgenomen und den Genehmigungsanspruch dort erhalten.

Für die Neufassung des Entwurfs über die Raumordnung vom 28.04.2009 wurden jedoch im Interesse einer schnellen Verabschiedung der Raumordnung noch in der 16. Legislaturperiode derartige neue Vorrang- und Vorbehaltsgebiete oder auch „weißer Flächen" vermieden und ein anderer, deutlich radikalerer, Weg zugunsten der Windenergiebranche beschritten. Die Ausschlußwirkung wurde auf die Natura 2000-Flächen begrenzt.[338] Dies ist ein erstmalig beschrittener und daher in der Raumordnung völlig neuer Weg. Er ist dennoch dogmatisch leicht auf dem Wege eines Erst-

---

[338] Entwurf der Verordnung über die Raumordnung in der deutschen ausschließlichen Wirtschaftszone der Nordsee (AWZ Nordsee-ROV) Stand 28.04.2009, S. 30 (3.5.1 Abs. 3, S. 1); Entwurf der Verordnung über die Raumordnung in der deutschen ausschließlichen Wirtschaftszone der Ostsee (AWZ Ostsee-ROV) Stand 28.04.2009, S. 28 (3.5.1 Abs. 3, S. 1).

Recht-Schlusses sowie eines Umkehrschlusses zu begründen. Wenn es möglich ist, Positivflächen von der Ausschlußwirkung auszunehmen und damit die Negativfläche zu begrenzen, so muss es erst recht möglich sein die Negativfläche anhand objektiver Kriterien weitaus kleiner zu fassen. Genauso muss es bei Festsetzung einer begrenzten Positivfläche umgekehrt möglich sein eine begrenzte Negativfläche festzusetzen. Faktisch bedeutet diese Wertung des Großteils der deutschen AWZs als weder Positiv- noch Negativfläche, einen weitestgehenden Verzicht auf eine klare planerische Steuerung zugunsten anhaltender Dynamik der Offshore-Windenergie. Man mag dies kritisieren, führt dieser Steuerungsverzicht die Triebfeder der Raumordnung doch zu einem gewissen Grad ad absurdum. Eine solche Kritik würde jedoch übersehen, dass diese planerische Entscheidung dem Kenntnisstand über die AWZ gerecht wird. Wir wissen, dass einige Flächen für die Windenergienutzung gut geeignet sind und andere gerade nicht, wir haben jedoch keinen zuverlässigen Kenntnisstand über alle Flächen. Die Entscheidung zugunsten des partiellen Steuerungsverzichts trägt somit diesem partiellen Kenntnisstand Rechnung und zeigt die Forschungs- und Technologiefreundlichkeit, welche für die anhaltende Dynamik der Offshore-Windenergie erforderlich ist. Sie löst damit auch das entscheidende Problem des ersten AWZ-ROV-Entwurfs vom 13.06.2008: Die Verantwortung für die Erforschung der bislang nicht untersuchten Flächen. Hätte man diesen Weg nicht gewählt, so hätte die Untersuchung der verbleibenden Lücken innerhalb dieser bislang „weißen" Fenster von staatlicher Seite erfolgen müssen. Von Privaten ist nicht zu erwarten, dass sie das Risiko einer Untersuchung von Ausschlussgebiet ohne Genehmigungsanspruch finanziell tragen. Die gefundene Lösung wird, wie die Stellungnahme der Verbände und Netzwerke zeigt, auch von der Windenergiebranche im Wesentlichen mitgetragen.[339]

Es bedurfte einer rechtlichen Antwort auf die vorgesehene Risikoverlagerung für die Kosten der Flächenermittlung von den Projektierern zum Planungsträger. Es bedurfte somit einer Regelung der Flächenermittlung. Wird eine Pflicht des Planungsträgers, also des Bundes, zur Flächenermittlung zum Zwecke der Neuausweisung statuiert, so sind grundsätzlich zwei Konstellationen denkbar. Entweder müssen von staatlicher Seite hier Kapazitäten im Bereich der Flächenermittlung aufgebaut werden oder die vorhandenen Kapazitäten der Projektierer müssen hier auf staatliche Kosten genutzt werden. Wenn mit einer Neuausweisung von Vorranggebieten nicht nur – wie

---

[339] BWE/WVW/Stiftung Offshore-Windenergie/Offshore Energies Mecklenburg Vorpommern/WAB/windcomm Schleswig-Holstein/OFW/VDMA Power Systems, Stellungnahme zu den beabsichtigten Änderungen im Entwurf einer Verordnung über die Raumordnung in der deutschen ausschließlichen Wirtschaftszone, Hamburg 2009.

jetzt – eine nachvollziehende Planung vorgenommen wird, sondern in Zukunft zwangsläufig die Ausweisung staatlich ermittelter (oder in staatlichem Auftrag ermittelter) Flächen vorgenommen wird, dann stellt sich die Frage der Flächenvergabe. Die AWZ-ROV in ihrer Ursprungsfassung hätte damit eine Neugestaltung des Genehmigungsverfahrens und damit die Novellierung der gerade novellierten SeeAnlV spätestens zur geplanten Bedarfsüberprüfung Mitte 2011 erfordert. Die dadurch drohenden drei Jahre Stillstand für die Offshore-Windenergie wurde mit der Neufassung der Raumordnung vermieden. Die Verfügbarkeit der „weißen Flächen" über den Genehmigungsanspruch genügt als Mechanismus der regelmäßigen Bedarfsprüfung und Flächenermittlung. Dieser Anreiz an private Investoren wirft nur das Problem konkurrierender Genehmigungsverfahren erneut auf. Dieses gilt sowohl für die Flächenvergabe innerhalb der Vorranggebiete als nun auch außerhalb dieser, soweit kein Natura 2000-Gebiet/Ausschlußgebiet betroffen ist. Daneben besteht das Problem weiter, dass einige Genehmigungsinhaber wie langjährige Genehmigungsantragsteller ihre Projekte nicht mit der gewünschten Entschlossenheit vorantreiben, ja teilweise, wie im Fall von E.ON, gar öffentlich kein Interesse daran bekunden.[340]

Wie ursprünglich in der SeeAnlV vorgesehen, kann eine Genehmigungserteilung nach reinem Prioritätsprinzip, also nach Antragseingang, erfolgen. Dies zieht regelmäßig das Problem der Genehmigungsbeantragung auf Vorrat nach sich und wurde daher aus überzeugendem Grund abgeschafft. Auch ein Festhalten am zurzeit in der SeeAnlV verankerten Verfahren ist grundsätzlich vorstellbar, aber mit zahlreichen Problemen verbunden. Nach § 5 Abs. 1 S. 4 SeeAnlV wird zuerst über den Antrag entschieden, der zuerst genehmigungsfähig ist. Hier bestanden zunächst unterschiedliche Auffassungen über die Auslegung des Begriffs „genehmigungsfähig". Die Auffassung der Offshore-Windenergie-Branche, dass mit dem Abstellen auf die Genehmigungsfähigkeit nicht die Genehmigungsfähigkeit im engeren Sinne, sondern nur die Prüffähigkeit gemeint sein könne, konnte sich jedoch nicht durchsetzen. Die Auffassung fand keine Unterstützung im BMU. Konsequenz des engeren Verständnisses des Begriffs der Genehmigungsfähigkeit ist die Chance eines Wettbewerbs um die Position des schnellsten Antragstellers und gleichzeitig die Gefahr eines langjährigen Nebeneinanders der Antragsteller mit der damit einhergehenden Doppelbeanspruchung der Genehmigungsbehörde. Für eine Häufung konkurrierender Genehmigungsanträge und deren langjährige Begleitung fehlt es jedoch der Genehmigungsbehörde an der personellen Ausstattung. Zwar haben sich in der Praxis verschiedene Antragsteller aus finanziellem Eigeninteresse oft in den beantragten Gebieten untereinander abgestimmt, um die Gefahr eines ver-

---

[340] Die Welt, 29.06.2009, S. 11, E.on bremst Bau von Windparks in Deutschland.

V. Genehmigungsverfahren

geblich durchgeführten Genehmigungsverfahrens mit dem entsprechenden Kostenrisiko auszuschließen, so dass der das Gesetz prägende Wettbewerbsgedanke damit praktisch oft nicht zum Tragen gekommen ist. Dies hat zu den bekannten Verzögerungen beigetragen. Zum anderen hat gerade die Raumordnung zu einem Boom zum Teil konkurrierender Genehmigungsanträge auf Weißflächen, auch „Planungswildwuchs" genannt, geführt. Mithin fehlt manchem langjährigen Antragsteller die belebende Konkurrenz, während manch neuerer Antragsteller mit einem Übermaß an solcher Konfrontiert ist. Wenn in Zukunft der Staat noch auf dem Wege der raumplanerischen Festlegung eines Vorranggebietes einen Großteil der Vorarbeit vorgenommen hat, dann stellt sich die Frage, ob in der bisherigen SeeAnlV überhaupt noch ein geeignetes Differenzierungsmittel liegt. Mit anderen Worten: Wenn der Staat die Fläche als im Wesentlichen geeignet deklariert und der Investor dies nicht mehr nachzuweisen braucht, dann kann es auf die Frage, welcher Investor zuerst die Geeignetheit der Fläche darlegt, nicht mehr ankommen. In der Folge wäre die Genehmigungsfähigkeit als Unterscheidungsmerkmal im Genehmigungsverfahren weitestgehend untauglich. Alternativ ist daher ein zweistufiges Genehmigungsverfahren in Betracht zu ziehen, wie es das Bundesministerium für Verkehr, Bau und Stadtentwicklung mit dem Entwurf einer Novelle der Seeanlagenverordnung am 19. Juni 2009 vorgelegt hat,[341] auch wenn es nicht mehr zu einer Realisierung in der 16. Legislaturperiode kam. Dieser Entwurf wahrt das bisherige Genehmigungsverfahren mit Genehmigungsanspruch, schaltet aber durch einen neuen § 5 a SeeAnlV eine Untersuchungserlaubnis vor. Diese Untersuchungserlaubnis klärt die Konkurrenzfrage nicht mehr am Ende, sondern am Anfang des Genehmigungsverfahrens. Es setzt die Festlegung von Untersuchungsgebieten durch das BMVBS bzw. BSH im Einvernehmen mit dem BMU voraus, welche dann vom BSH in Untersuchungsabschnitte parzelliert werden sollen. Die Untersuchungserlaubnis soll demjenigen erteilt werden, der am ehesten Gewähr dafür bietet, dass ein OWP auf dem Untersuchungsabschnitt möglichst kurzfristig verwirklicht wird. Zur Konkretisierung des Begriffs der Geeignetheit wird ein Katalog von sechs maßgeblichen Punkten genannt, der fachliche Qualifikation, Energieausbeute, Arbeitsprogramm, finanzielle Mittel, Versagungsgründe und Zeitplan umfasst. Dieser Entwurf ist in der Branche[342] und bei Küsten-

---

[341] BMVBS, Entwurf (Stand 19.06.2009) Verordnung zur Änderung seeanlagenrechtlicher Vorschriften.

[342] Stellungnahme der Stiftung Offshore-Windenergie, Windagentur Bremerhaven/Bremen e.V., WindEnergy Network Rostock e.V. und Wind Comm Schleswig-Holstein zum Entwurf einer Verordnung zur Änderung seeanlagenrechtlicher Vorschriften; Bundesverband WindEnergie, Windenergie offshore – Verordnung zur Änderung seeanlagenrechtlicher Vorschriften vom 19. Juni 2009, Schreiben vom 31.07.2009; Offshore Forum Windenergie, Änderung der Seeanlagenverordnung, Schrei-

bundesländern[343] auf erhebliche Kritik gestoßen. Diese Kritik reichte von einem Bestreiten der genannten Probleme und pauschaler Ablehnung jeder Veränderung der SeeAnlV bis zu konkreten Verbesserungsvorschlägen. Angesichts der schon länger in der Diskussion befindlichen Ausgestaltung des Genehmigungsverfahrens, das ohnehin einer ständigen Weiterentwicklung unterliegt, kann die heftige Ablehnung zum Teil nur verwundern. Einige Argumente im Hinblick auf zahlreiche vermutete Völkerrechts- und Verfassungsverstöße muten abenteuerlich an. Am ehesten ist in dieser Hinsicht noch die Wesentlichkeitstheorie nachzuvollziehen, wobei sich diese Frage nicht aus Anlass des Entwurfes stellt. Doch unabhängig davon lohnt im Interesse einer sachgerechten Lösung der Blick auf die rechtspolitischen Argumente. Die Behauptung einer „verkappten Raumordnung" und „faktischen Ausschlußwirkung" trifft hier nicht, da nicht wie in der Ursprungsfassung der AWZ-ROV alle Weißflächen pauschal gesperrt werden, solange es zur Ausschreibung von Untersuchungsgebieten bzw. -abschnitten kommt. Dies ist schon wegen der Möglichkeit der schrittweisen Abarbeitung kleinteiliger Weißflächen wesentlich einfacher und zeitlich schneller zu realisieren als eine den Gesamtraum umfassende Fortschreibung der Raumordnung. Insofern überzeugt die wie schon bei der Raumordnung beschworene Gefahr des Fadenrisses hier nicht. Der Branche ist allerdings zuzugestehen, dass es notwendig ist, den Begriff der Geeignetheit näher zu definieren. Die katalogartige Kriteriennennung ist zwar infolge der üblichen Verwendung unbestimmter Rechtsbegriffe nicht unverhältnismäßig, wie zum Teil behauptet wird, sie sollte dennoch an einigen Stellen präzisiert werden. Es ergibt sich schon aus Sinn und Zweck der Novelle, ein „Minus" zur Genehmigung zu bilden, nicht jedoch über Nachweise Teile des Genehmigungsverfahrens vorwegzunehmen. Es muss also klarer gefasst werden, welche Voraussetzungen im Rahmen eines Antrags zu erfüllen sind. Das erscheint für die Rechtssicherheit der Branche umso unentbehrlicher, je weiter die unbestimmten Rechtsbegriffe gefasst sind. Auch erscheint es sachdienlich den millionenschweren Investitionen nach StUK zur Meeresumwelt durch eine großzügigere Übergangsregelung Rechnung zu tragen. Mit dem allen Stellungnahmen zu entnehmenden intensiven Diskussionsbedarf konnte eine Verabschiedung der Verordnung in der Entwurfsfassung

---

ben vom 30.07.2009; Stellungnahme des Wirtschaftsverbands Windkraftwerke e. V. (WVW) zur geplanten Änderung der Seeanlagenverordnung, Cuxhaven, 28.07.2009; Bundesverband der Energie- und Wasserwirtschaft e. V. (BDEW), Stellungnahme zum Entwurf einer „Verordnung zur Änderung seeanlagenrechtlicher Vorschriften", Berlin, 29.07.2009.

[343] Freie Hansestadt Bremen, Der Senator für Umwelt, Bau Verkehr und Europa, Änderung der Seeanlagenverordnung, Schreiben vom 30.07.2009; Stellungnahme des Niedersächsischen Ministeriums für Umwelt und Klimaschutz vom 30.07.2009 zum Entwurf einer Verordnung zur Änderung seeanlagenrechtlicher Vorschriften.

in der 16. Legislaturperiode nicht erfolgen. Die Problemstellungen haben sich damit jedoch nicht erledigt, so dass für die 17. Legislaturperiode neben dem Inkrafttreten der AWZ-Ostsee-ROV weiter mit einer entsprechenden Diskussion über die SeeAnlV zu rechnen ist

Im Ergebnis läuft die Raumordnung in der AWZ, in der Ursprungsfassung wie in den neuen Fassungen der beiden Teilraumordnungen, auf ein zu weiten Teilen neues Rechtsregime für Offshore-Windenergieanlagen hinaus. Die gravierenden Konsequenzen für Flächenermittlung, Genehmigungsverfahren und Ausbaustrategie der Bundesregierung werden im Ursprungsentwurf nicht hinreichend behandelt und im zweiten, neugefassten Entwurf gleichfalls unzureichend angegangen. Angesichts der Klimaziele der Bundesregierung sollte die Überarbeitung von SeeAnlV und schließlich der AWZ-ROV-für 2011 zeitnah erfolgen. Eine Neuregelung im Hinblick auf konkurrierende Genehmigungsverfahren in der SeeAnlV und die Ausweisung neuer Vorranggebiete in einer Fortschreibung der AWZ-Nordsee-ROV erscheinen zwingend notwendig. Der Bund wird jedoch unabhängig davon nicht umhinkommen, seine Verwaltung den Herausforderungen des Klimawandels und der Erneuerbaren Energien besser anzupassen. Dies erfordert es die Genehmigungsbehörde BSH personell besser für die Bewältigung des Offshore-Booms auszustatten.

4. Umweltverantwortung nach Umweltschadensrecht?

Infolge der klaren Erstreckungsklausel in § 3 Abs. 2 USchadG findes das Umweltschadenrecht offshore Anwendung und kann damit grundsätzlich zu einer Haftung für Biodiversitätsschäden führen. Die Enhaftungsregelung des § 21 a Abs. 1 S. 2 BNatSchG/§ 19 Abs. 1, S. 2 BNatSchG n.F. ist in der Erstreckungsklausel jedoch nicht genannt und angesichts der aus § 38 BNatSchG ergebenden nur partiellen Erstreckung für den Gebietsschutz offshore bislang auch nicht selbständig anwendbar. Für eine Enthaftung musste also entweder eine mittelbare Erstreckung angenomen oder direkt auf Art. 2 Abs. 1, UAbs. 2 UHRL rekurriert werden. Dieses Problem hat sich mit der neuen Erstreckungklausel des UGB III im neuen § 56 BNatSchG bzw. deren Inkraftteten zum 1. März 2010 erledigt. Die Enthaftungsregel in § 19 Abs. 1 BNatSchG n.F. findet Anwendung. Angesichts der für die Genehmigung nach SeeAnlV stets vorausgesetzten UVS kann offshore stets von einer Enthaftung ausgegangen werden. Dass die in § 19 BNatSchG n.F. genannte Eingriffsregelung in § 56 Abs. 2 BNatSchG n.F. vorläufig von der Erstreckung ausgenommen ist, ändert angesichts der UVS nichts an der Enthaftung. In der Folge kommt dem USchadG im Zusammenhang mit Offshore-Windenergieanlagen keine nennenswerte Bedeutung zu.

VI. Rechtsschutz

Gerade vor dem Hintergrund, dass die Entwicklung im Offshore-Bereich noch relativ am Anfang steht und die Zahl der Verfahren im Gegensatz zum Onshore-Bereich noch überschaubar ist, macht den Rechtsschutz zu einem interessanten Thema. Hier sind viele Fragen noch offen. Dies betrifft sowohl den Rechtsschutz bei Genehmigungsverfahren, als auch im Hinblick auf die sich abzeichnende Raumordnung. Da die ersten Fragen des Rechtsschutzes sich im Hinblick auf die Anlagenerrichtung in der AWZ stellten, soll der Blick zunächt dieser gelten, bevor die neuere Frage des Rechtsschutzes im Küstenmeer betrachtet wird.

1. Allgemeine Fragen des Rechtsschutzes

Für die Frage des Rechtsschutzes in der AWZ ist hier zunächst hinsichtlich des Genehmigungsverfahrens zwischen dem unstreitig gegebenen Rechtsschutz für Adressaten einer Genehmigung mit Auflagen oder eines Versagungsbescheides und dem problematischen Rechtsschutz Dritter zu unterscheiden. Im Unterschied zum Küstenmeer beurteilt sich der Rechtsschutz in der AWZ nicht nach den drittschützenden Normen des Immissionsschutz- und Baurechts, sondern nach der für das Genehmigungsverfahren maßgeblichen SeeAnlV. Nach der Rechtsprechung von VG und OVG Hamburg, welche für Vorhaben in der AWZ allein zuständig sind, fehlte es allen bisherigen Klägern an der Klagebefugnis.[344] Damit ist der Rechtsschutz auf See vor allem von Rechtsschutzlücken gekennzeichnet, so dass sich die Frage stellt, ob die Genehmigungen von Offshore-Anlagen überhaupt einer gerichtlichen Kontrolle durch Dritte unterliegen.

Zunächst kommt eine Anfechtungsklage gegen die Anlagengenehmigung in Betracht. Das Verwaltungsgericht Hamburg ist für diese Klagen erstinstanzlich zuständig. Weil die Anlagen mit dem Meeresboden verbunden werden, beziehen sie sich zwar auf ortsgebundenes Recht im Sinne des vorrangig zu prüfenden § 52 Nr. 1 VwGO. Das führt hier jedoch nicht weiter, da es außerhalb des deutschen Hoheitsgebietes in der AWZ keine Verwaltungsgerichtsbezirke gibt.[345] Dementsprechend richtet sich die Zuständigkeit gem. § 52 Nr. 2 S. 1 VwGO nach dem Sitz der Bundesbehörde, was

---

[344] So in VG Hamburg, NuR 2004, 543 ff./OVG Hamburg, ZUR 2005, 206 ff. für Naturschutzverbände, VG Hamburg, NuR 2004, 551 ff. und VG Hamburg, NuR 2004, 547 f./OVG Hamburg, ZUR 2005, 210 ff. für Inselgemeinden, OVG Hamburg, VG Hamburg, NuR 2004, 548 ff./OVG Hamburg, ZUR 2005, 208 ff. für Berufsfischer.
[345] Palme/Schumacher, Zulässigkeit von Klagen gegen Offshore-Windparks, NuR 2004, 773, 774.

im Falle des BSH Hamburg ist.[346] Damit besteht als Besonderheit des Rechtsschutzes eine Zuständigkeitskonzentration für die AWZ.[347]

Als geklärt kann mittlerweile auch der Beginn der Widerspruchsfrist gelten. Als Besonderheit des seeanlagenrechtlichen Genehmigungsverfahrens besteht nach § 8 SeeAnlV eine Bekanntmachung der Genehmigung in den „Nachrichten für Seefahrer", was dazu verleitet hier eine öffentliche Bekanntmachung gem. § 41 Abs. 3 S. 1 VwGO anzunehmen, was nach § 41 Abs. 4 S. 3 VwGO einen Fristbeginn zwei Wochen später nach sich zöge. Das VG Hamburg spricht der Regelung in § 8 SeeAnlV den Charakter der öffentlichen Bekanntmachung ab, da eine Mitteilung in den Seefahrernachrichten dafür nicht genüge.[348] Die Entscheidung, hier keine Information der Öffentlichkeit anzunehmen, überzeugt vor dem Hintergrund des naturgemäß begrenzten Leserkreises.[349]

Im Vordergrund der juristischen Auseinandersetzungen steht hier die Frage der Klagebefugnis nach § 42 Abs. 2 VwGO und, ob den Versagungsgründen in § 3 SeeAnlV eine drittschützende Wirkung zukommt.

2. Rechtsschutz für Insel- und Küstengemeinden

Beim Rechtsschutz für Insel- und Küstengemeinden kommen als klagefähige Rechte sowohl einfachgesetzliche Rechte als auch das verfassungsrechtlich garantierte kommunale Selbstverwaltungsrecht in Betracht.

Fraglich ist zunächst, woraus sich ein einfachgesetzliches drittschützendes Recht ergeben könnte. Hier fällt der Blick auf die Versagungsgründe des § 3 SeeAnlV, die Sicherheit und Leichtigkeit des Verkehrs und die Meeresumwelt.

Grundsätzlich bezweckt § 3 SeeAnlV nicht den Schutz der Gemeinden und hat allein öffentliche Belange im Blick.[350] Nach Ansicht des VG Hamburg[351] und des OVG Hamburg[352] folgt auch kein subjektives Recht aus dem erhöhten Havarierisiko durch Offshore-WEA und der damit einhergehenden Gefahr der Verschmutzung der Strände der Gemeinde. Ausschlag-

---

[346] VG Hamburg, NuR 2004, 551.
[347] Palme/Schumacher, Zulässigkeit von Klagen gegen Offshore-Windparks, NuR 2004, 773, 774.
[348] VG Hamburg, NuR 2004, 543, 544.
[349] Vgl. auch Palme/Schumacher, Zulässigkeit von Klagen gegen Offshore-Windparks, NuR 2004, 773, 774.
[350] OVG Hamburg, ZUR 2005, 210, 211.
[351] VG Hamburg, NuR 2004, 547, 548 (Gemeinde auf Sylt); VG Hamburg, NuR 2004, 551, 552 (Stadt Borkum).
[352] OVG Hamburg, ZUR 2005, 210, 211.

gebend war dabei die Parallele zum sog. Dünnsäurefall des Bundesverwaltungsgerichts,[353] in welchem dem Hohe-See-Einbringungsgesetz, welches auf die Beschaffenheit des Meerwassers und sonstige rechtmäßige Nutzungen abstellt und infolge dessen sogar weiter gefasst ist als § 3 SeeAnlV, eine drittschützende Wirkung abgesprochen wird, da ein nicht auf einen von der Allgemeinheit abgrenzbaren Personenkreis oder ein individuell geschütztes Interesse abstellt wird. Gleiches gilt folgerichtig für die Verschmutzung der Meeresumwelt in § 3 SeeAnlV, so dass es in dieser Hinsicht an einem subjektiven Recht fehlt. Dies umfasst auch die Vorschriften der FFH- und Vogelschutzrichtlinie.[354] Dies kann auch nicht durch Rückgriff auf das wasserrechtliche Rücksichtnahmegebot kompensiert werden, da bislang in der AWZ nur §§ 1 a Abs. 1, 4 Abs. 1 S. 2 WHG Anwendung finden.[355] Die neue bundesrechtliche Vollregelung sieht in § 2 WHG n. F. nur eine Anwendbarkeit des WHG neben oberirdischen Gewässern und Grundwasser nur in den Küstengewässern, mithin gem. § 2 Abs. 2 Nr. 2 WHG n. F. bis zur seewärtigen Grenze des Küstenmeeres vor. Eine Anwendung in der AWZ scheidet somit ganz aus. Es obliegt dem deutschen Verordnungsgeber explizit herauszustellen, dass gemeindlichen Belangen neben den in Art. 1 Abs. 1 Nr. 4 SRÜ benannten drittschützende Wirkung zukommen soll.[356] Dies nachzuholen steht dem Verordnungsgeber im Rahmen der SeeAnlV-Novelle offen.

Wie bereits gesehen stellt das Küstenmeer im Regelfall gemeindefreies Gebiet dar. Es unterliegt daher nicht dem kommunalen Selbstverwaltungsrecht aus Art. 28 Abs. 2 GG. Für die AWZ, die nicht dem Staatsgebiet zugehört, muss dies erst recht gelten.[357] Damit kann sich die geschützte Planungshoheit nicht auf die AWZ erstrecken. Art. 28 GG schützt allerdings auch die sog. Planungsumwelt außerhalb des Gemeindegebietes, sofern das Vorhaben Auswirkungen gewichtiger Art auf eine bereits hinreichend konkretisierte Planung bewirken würde, welche für die Gemeinde nicht zumutbar sind.[358] Die Gemeinde trifft hier die Beweislast, eine hinreichend konkretisierte örtliche Planung vorzulegen, welche durch das Vor-

---

[353] BVerwG, BVerwGE 66, 307, 308.

[354] BVerwG, ZUR 2007, 479 ff.

[355] OVG Hamburg, ZUR 2005, 210, 213; Keller, Kein Rechtsschutz Dritter gegen Offshore-WEA, ZUR 2005, 184, 187.

[356] VG Hamburg, NuR 2004, 547, 548; VG Hamburg, NuR 2004, 551, 552; Keller, Kein Rechtsschutz Dritter gegen Offshore-WEA, ZUR 2005, 184, 187; Palme/Schumacher, Zulässigkeit von Klagen gegen Offshore-Windparks, NuR 2004, 773, 774.

[357] Vgl. Keller, Kein Rechtsschutz Dritter gegen Offshore-WEA, ZUR 2005, 184, 187.

[358] BVerwG, NVwZ 1984, 548.

haben beeinträchtigt würde, oder darzulegen, dass wesentliche Teile ihres Gemeindegebiets einer durchsetzbaren kommunalen Planung gänzlich entzogen werden.[359]

Im Rahmen des kommunalen Selbstverwaltungsrechts wird im Wesentlichen auf Havarierisiko und Horizontverschmutzung abgestellt. Hinsichtlich des Havarierisikos mit Öl- oder Chemikalienverschmutzung lässt sich nicht leugnen, dass dieses sich mit der Errichtung von Offshore-Windparks erhöht. Angesichts der Berücksichtigung der Schifffahrtswege über den Versagungstatbestand des § 3 SeeAnlV sowie der Freihaltung von sog. Sicherheitszonen von bis zu 500 m kann das verbleibende Risiko als sozialadäquat gelten.[360] Dies überzeugt vor dem Hintergrund, dass die Hauptursache einer Kollision nicht im Windpark, sondern regelmäßig in menschlichem Versagen an Bord zu suchen ist, so dass die Betreiber eines Windenergieparks fernab der Schifffahrtstraßen bei einem Unfall weder Zustandsstörer noch Zweckveranlasser wäre und ihnen die Risikoerhöhung nicht zuzurechnen ist.[361] Damit lässt sich das einfachgesetzlich fehlende subjektive Recht gegen havariebedingte Strandverschmutzung nicht auf dem Wege des kommunalen Selbstverwaltungsrechts herleiten.

Die Behauptung, dass infolge der Errichtung der Windenergieanlagen über eine Kette von rot blinkenden Lichtern am Horizont bei Nacht die Nutzbarkeit des Strandes und der Uferpromenade soweit beeinträchtigt, dass es zu einem tatsächlichen Rückgang der Touristenzahlen käme, so wäre dies – ungeachtet der angesichts der Entfernung berechtigten Zweifel an einem derartigen Szenario – nur eine mittelbare Auswirkung des Vorhabens, welche von vornherein kein Abwehrrecht vermitteln kann.[362] Zudem ist es fraglich, ob Art. 28 Abs. 2 S. 1 GG, welcher auch die Trägerschaft von öffentlichen Einrichtungen schützt, auch den Strand erfasst. Strittig ist dabei, ob es sich lediglich um einen zufälligen Lagevorteil handelt, den die Gemeinde als bedeutenden Wirtschaftsfaktor in Anspruch nimmt oder um eine von ihr geschaffene kommunale Einrichtung als Teil der öffentlichen Daseinsvorsorge.[363] Hier ist eine differenzierte Betrachtung geboten, was zu einer Unterscheidung zwischen einem zufällig vorteilhaften Naturstrand und einem von der Gemeinde evtl. aufgeschütteten, jedenfalls

---

[359] BVerwG, BVerwGE 69, 256, 261 f.; Palme/Schumacher, Zulässigkeit von Klagen gegen Offshore-Windparks, NuR 2004, 773, 775 mit mehreren Beispielen, die bislang allerdings nicht vorgekommen sind bzw. von den klagenden Gemeinden nicht angeführt werden konnten.
[360] Keller, Kein Rechtsschutz Dritter gegen Offshore-WEA, ZUR 2005, 184, 188.
[361] VG Hamburg, NuR 2004, 547, 548.
[362] VG Hamburg, NuR 2004, 547, 548.
[363] VG Hamburg, NuR 2004, 551 f.; gegen eine Wertung als kommunale Einrichtung OVG Greifswald, NordÖR 2006, 206 ff.

aber regelmäßig gepflegten Strand eine Seebades oder Kurortes, als kommunale Einrichtung führen würde. Eine Klagebefugnis wäre allerdings nur gegeben, wenn schwere und unerträgliche Auswirkungen den Betrieb der öffentlichen Einrichtung unmöglich machten.[364]

Die von Gemeinden behauptete visuelle Beeinträchtigung durch Errichtung von Offshore-Windparks, sog. Horizontverschmutzung, mit eventuellen negativen Auswirkungen auf den Tourismus in Küstennähe, wirft zunächst die Frage auf, bis in welche Entfernung Windenergieparks wahrnehmbar sind. Dabei wird davon ausgegangen, dass Offshore-Windenergieparks in Entfernungen von 20 bis 30 km wohl noch als Streifen am Horizont erkennbar, aber spätestens ab einer Entfernung von 50 km nicht mehr erkennbar sein werden.[365] Im Fall der Stadt Borkum sollen die Anlagen in 43 bis 50 km, im Falle des Windparks vor Sylt in ca. 34 km Entfernung errichtet werden. In beiden Fällen wurden die Auswirkungen der Anlagen in den Entfernungen für nicht „gewichtig" im Sinne der genannten Bundesverwaltungsgerichtsrechtsprechung gehalten, da sie nach den vorliegenden Erkenntnissen in diesen Entfernungen zu bestimmten Jahreszeiten bzw. bestimmten Wetterverhältnissen überhaupt nicht, ansonsten von der Insel aus nur als kleine Punkte am Horizont zu erkennen seien.[366] Art. 28 Abs. 2 GG vermittelte somit in den bislang strittigen Fällen schon aufgrund der großen Entfernung kein subjektives Recht.

Der Versuch ein subjektives Recht aus einem Zusammenwirken von gemeindlicher Selbstverwaltungsgarantie und einer Übertragung der Abstimmungspflicht mit anderen Staaten aus § 16 ROG a.F. zu gewinnen, scheiterte bereits an der damals noch fehlenden Erstreckung des ROG auf die AWZ.[367] Die innerstaatliche Abstimmungspflicht nach § 14 ROG a.F. ist wiederum von der mittlerweile erfolgten Erstreckung des ROG nicht erfasst.[368] Es ist auch nicht ersichtlich, dass sich aus der Einfügung des § 18 a ROG a.F. im Rahmen des EAG Bau eine Klagebefugnis ergeben könnte.[369] An dieser Rechtslage hat sich mit der ROG-Novelle 2008 nichts geändert.

Ein subjektives Recht ist damit nur bei wenigen bislang nicht aufgetretenen Varianten vorstellbar. Darunter fiele, dass ein küstennaher und gut sichtbarer Windenergiepark errichtet werden soll, welcher mit einer erdrü-

---

[364] VG Hamburg, NuR 2004, 551, 552.
[365] Keller, Kein Rechtsschutz Dritter gegen Offshore-WEA, ZUR 2005, 184, 188 m.w.N.
[366] VG Hamburg, NuR 2004, 547, 548.
[367] VG Hamburg, NuR 2004, 547, 548/OVG Hamburg, ZUR 2005, 210, 212.
[368] Keller, Kein Rechtsschutz Dritter gegen Offshore-WEA, ZUR 2005, 184, 188.
[369] OVG Hamburg, ZUR 2005, 210, 213.

ckenden Wirkung das Gepräge der Gemeinde massiv verändert. Dies ist eigentlich nur denkbar, wenn er im Küstenmeer liegt. Daneben sind die bislang nicht aufgetretenen Konstellationen denkbar, dass die jeweilige Gemeinde eine gestörte konkrete kommunale Planung, z. B. eine touristische Vogelbeobachtungsstation, darlegen kann oder der Windpark sich in einer Schifffahrtsstraße vor der Gemeinde befindet und über das Havarierisiko unmittelbar auf die Gemeinde einwirken würde.[370]

3. Rechtsschutz für Hochseefischereibetriebe

Die Frage der Klagebefugnis dominiert auch den Rechtschutz für Hochseefischereibetriebe. Hier kommt ein subjektives aus einfachgesetzlichem Recht sowie aus Grundrechten in Betracht.

Einfachgesetzlich kommen zur Begründung eines subjektiven Rechts die beiden Versagungsgründe des § 3 SeeAnlV, Verschmutzung der Meeresumwelt und Sicherheit und Leichtigkeit des Verkehrs, des Weiteren § 3 SeeAnlV i. V. m. dem bauplanungsrechtlichen Gebot der Rücksichtnahme sowie die Fangerlaubnis in Betracht.

Bei dem ersten Versagungsgrund der Genehmigung nach § 2 SeeAnlV, die Sicherheit und Leichtigkeit des Verkehrs, wird eine drittschützende Wirkung zugunsten von Fischereibetrieben, deren Fischereifahrzeuge auch der Schifffahrt zuzurechnen sind, abgelehnt.[371] Eine Auslegung, nach der allen am Schifffahrtsverkehr teilnehmenden bzw. auf den Verkehrsraum angewiesenen Personen ein subjektives Recht zukäme würde den Kreis der Klageberechtigten unüberschaubar weit ziehen. Der Vergleich mit dem Kreis der Teilnehmer am Straßenverkehr, den das OVG Hamburg hier heranzieht,[372] wird dem dreidimensionalen Charakter der AWZ nicht gerecht. Gleichwohl ist dem Ergebnis zuzustimmen, dass der die Allgemeinheit schützende § 3 SeeAnlV keinen Personenkreis neben der Allgemeinheit hinreichend individualisierbar hervorhebt um ein subjektives Recht zu begründen. Dieser Zustand ließe sich durch eine sinnvolle Abgrenzung von Allgemeinheit und Betroffenen im Rahmen der SeeAnlV-Novelle beenden, wobei man auf den Kreis der auf den Verkehrsraum angewiesenen Personen abstellen könnte und nicht auf diejenigen, die sich potentiell am örtlichen Schifffahrtsverkehr beteiligen. Die Zahl der Personen, die Schifffahrtsrouten durch das Windparkareal oder in dessen Nähe betreiben, erscheint abgrenzbar.

---

[370] Palme/Schumacher, Zulässigkeit von Klagen gegen Offshore-Windparks, NuR 2004, 773, 776.
[371] VG Hamburg, NuR 2004, 548 ff./OVG Hamburg, ZUR 2005, 208, 209.
[372] OVG Hamburg, ZUR 2005, 208.

Der zweite Versagungsgrund, die Gefährdung der Meeresumwelt gem. § 3 SeeAnlV, schützt die Allgemeinheit und vermittelt damit auch gegenüber Fischern kein subjektives Recht. Die Bezugnahme auf die Legaldefinition der Verschmutzung der Umwelt in Art. 1 Abs. 1 Nr. 4 SRÜ, welche die Fischerei einschließt, suggeriert das Gegenteil, doch § 3 S. 1 SeeAnlV schützt die Belange der Fischerei neben der Allgemeinheit nicht in individualisierbarer Weise.[373] Hier überzeugt die Begründung des Gerichts, dass die Tatsache, dass ein Fischer vom Schutz der Meeresumwelt profitiere, ihm noch kein subjektives Recht gebe. Hier wird dementsprechend auf die Rechtsprechung zur Dünnsäure-Verklappung nach dem Hohe-See-Einbringungsgesetz verwiesen.[374] Dies umfasst auch die Vorschriften der FFH- und Vogelschutzrichtlinie.[375]

Überzeugend ist die Ablehnung der Heranziehung des Gebots der Rücksichtnahme mit einer Analogie zu § 15 BauNVO.[376] Der Hintergrund der Verflechtung der baulichen Situation von benachbarten Grundstücken ist auf See weder gegeben noch vorstellbar.

Ein Rekurrieren auf die Fangerlaubnis nach § 3 Seefischereigesetz[377] führt ebenfalls nicht zu einer Klagebefugnis. Angesichts der fehlenden Zuweisung von konkreten Fanggründen und der Erlaubnis Fischerei in einem weiten von Holland bis Norwegen reichenden Gebiet zu betreiben kommt eine relevante Einschränkung durch die Anlagengenehmigung nicht in Betracht. Zudem besteht ein öffentliches Interesse an der Beschränkung des Fischfangs, was nicht privaten Aneignungsinteressen sondern der Allgemeinheit dient.[378]

Die Möglichkeit einer Grundrechtsverletzung wird im Hinblick auf die Ausübung der Berufsfreiheit nach Art. 12 Abs. 1 GG, das Recht am Bestand des eingerichteten und ausgeübten Gewerbebetriebes nach Art. 14 Abs. 1 GG sowie die Rechtsschutzgarantie des Art. 19 Abs. 4 GG diskutiert.

Im Hinblick auf Art. 12 Abs. 1 GG muss § 3 SeeAnlV angesichts der Auswirkungen eines Windparks auf einen bloß marginalen Teil des in der Fangerlaubnis für Hochseefischerei vorgegebenen Fanggebietes im Nordatlantik bereits die objektiv berufsregelnde Tendenz abgesprochen werden.[379] Die teilweise in der Literatur angedachte andere Beurteilung nach

---

[373] VG Hamburg, NuR 2004, 548, 549/OVG Hamburg, ZUR 2005, 208, 209.
[374] BVerwG, BVerwGE 66, 307, 308; vgl. auch bereits hinsichtlich des Rechtsschutzes von Insel- und Küstengemeinden.
[375] BVerwG, ZUR 2007, 479 ff.
[376] OVG Hamburg, ZUR 2005, 208, 209; BVerwG, BVerwGE 66, 307, 308 f.
[377] BGBl. 1998 I, 1791, zuletzt geändert BGBl 2006 I, 2407.
[378] VG Hamburg, NuR 2004, 548, 550/OVG Hamburg, ZUR 2005, 208, 209.
[379] VG Hamburg, NuR 2004, 548, 550/OVG Hamburg, ZUR 2005, 208, 210.

einer Realisierung der Ausbauphasen und einem Rückgang wichtiger Fischarten[380] ist nicht nur angesichts des jetzigen Ausbaustandes weit entfernt. Sie übersieht vor allem, dass damit bei einer sich auf die Nordsee oder den Nordatlantik erstreckenden Fangerlaubnis nichts grundlegend an der Betroffenheit wesentlicher Fanggründe ändert, es sei denn, sämtliche Nordseeanrainer vollziehen einen massiven Ausbau der Windenergie in ihrer jeweiligen AWZ. Folglich kommt eine berufsregelnde Tendenz der Anlagengenehmigung und damit ein Eingriff in Art. 12 GG auf absehbare Zeit nicht in Betracht.

Das Vorliegen eines klassischen Eingriffs in Art. 14 Abs. 1 GG durch die Windparkgenehmigung ist angesichts der Betroffenheit bloßer Erwerbsmöglichkeiten und Chancen nicht ersichtlich.[381] Die Frage ob ein mittelbarer Eingriff in Betracht kommt, stellt sich meines Erachtens aber trotz Ablehnung durch das OVG Hamburg weiterhin. Es bleibt eine Frage des Einzelfalles, ob die Person durch den Windpark schwer und unerträglich betroffen ist. Dass die Kläger bislang die für eine Beurteilung einer Existenzbedrohung erforderlichen Eckdaten, wie Fangmengen, Umsätze und Gewinne nicht vorgebracht haben, kann sich in künftigen Fällen durchaus anders darstellen. Hier sei ausdrücklich daran erinnert, dass das Bundesverwaltungsgericht im Dünnsäurefall angesichts von auftretenden Krankheiten bei einzelnen Fischarten und einer den Gewerbebetrieb infrage stellenden Scheuchwirkung aus den Fanggründen, bei begrenztem Aktionsradius des Kutters, von einem schweren und unerträglichen Eingriff ausgegangen ist.[382] Dem VG und OVG Hamburg ist allerdings dahingehend zuzustimmen, dass in dieser Frage etwaige Risiken z.B. einer Tankerkollision im Windpark hier nicht angeführt werden können, zumal bei einer weit reichenden Fangerlaubnis vorübergehend auf Fangründe vor unverschmutzten Küsten ausgewichen werden kann. Von einer gleichzeitigen Verschmutzung der ganzen Nordsee ist nicht auszugehen. Solange Fischer über genügend Ausweichmöglichkeiten in andere Fanggründe verfügen, dürften solche Verfahren schwerlich Erfolg haben.[383]

Im Hinblick auf Art. 19 Abs. 4 GG wurde zu Recht festgestellt, dass der Gesetzgeber seinen Spielraum zur Ausgestaltung des verfassungsrechtlich garantierten Rechtsweges zum Ausschluss der Popularklage genutzt hat und mit § 42 Abs. 2 VwGO keine Einschränkung des Rechtsschutzes

---

[380] Keller, Kein Rechtsschutz Dritter gegen Offshore-WEA, ZUR 2005, 184, 189; Palme/Schumacher, Zulässigkeit von Klagen gegen Offshore-Windparks, NuR 2004, 773, 775.

[381] VG Hamburg, NuR 2004, 548, 550/OVG Hamburg, ZUR 2005, 208, 210.

[382] BVerwG, BVerwGE 66, 307, 310.

[383] Palme/Schumacher, Zulässigkeit von Klagen gegen Offshore-Windparks, NuR 2004, 773, 775; vgl. auch BVerwG, BVerwGE 66, 307 ff.

an sich darstellt.[384] Damit kann gegen die Anlagengenehmigung bei fehlender Klagebefugnis nicht durch Berufung auf Art. 19 Abs. 4 GG vorgegangen werden.

4. Verbandsklage für Naturschutzvereine

Das weitgehende Ausscheiden eines Rechtsschutzes für Insel- und Küstengemeinden sowie für Fischereibetriebe lenkt die Aufmerksamkeit auf die Möglichkeiten der Naturschutzvereine. Ihre Beteiligung im Verfahren wird nicht durch § 5 Abs. 3 SeeAnlV vorgegeben. Sie sind keine Behörden sind und der Begriff der sonstigen Stellen weist eine gewisse strukturelle Nähe zu den an erster Stelle genannten Behörden auf, welche rein privaten Nichtregierungsorganisationen nicht zu Eigen ist.[385] Die über die Öffentlichkeitsbeteiligung nach UVPG vorgegebene Beteiligung bewirkt kein spezifisches Mitwirkungsrecht der anerkannten Naturschutzvereine.[386] Dies hindert das BSH jedoch nicht an einer Einbeziehung der Verbände. Materiell ist zunächst ein Blick auf die Erfolgsaussichten naturschutzrechtlicher Verbandsklagen zu werfen. Des Weiteren stellt sich die Frage, ob das Umwelt-Rechtsbehelfsgesetz hier eine Erweiterung der klagefähigen Rechte bewirkt und inwieweit solche direkt aus Vogelschutz-RL, FFH-RL und UVP-RL abgeleitet werden können.

Was die Verbandsklage des § 61 BNatSchG betrifft, so fehlte es einerseits an einer Erstreckung auf die AWZ und andererseits an einem Anwendungsbereich, der auch die Genehmigung von Seeanlagen mit einbezieht.[387] Die Anwendbarkeit von § 38 BNatSchG auf die AWZ führte hier noch nicht zu einer Anwendbarkeit des BNatSchG im Übrigen. Auch sind Ausnahmen von den Schutzbestimmungen der Meeresschutzgebiete gem. § 38 Abs. 1 Nr. 5 BNatSchG nur im Rahmen der Natura 2000-Projektprüfung nach § 34 BNatSchG zu erteilen, so dass technisch eine „Befreiung", welche nur in den Ländern und nicht beim Bund vorgeschrieben ist, gar nicht vorliegt.[388] Eine nach der Übergangsvorschrift 69 Abs. 5 Nr. 1 BNatSchG für die Klagen von BUND und NABU gegen die Genehmigung für den OWP „Butendiek" geforderte qualifizierte Mitwirkung der Verbände im Genehmigungsverfahren ist weder aus § 5 SeeAnlV, noch aus § 9 Abs. 1

---

[384] VG Hamburg, NuR 2004, 548, 550 f./OVG Hamburg, ZUR 2005, 208, 209.
[385] OVG Hamburg, ZUR 2005, 206.
[386] OVG Hamburg, ZUR 2005, 206, 207.
[387] Keller, Kein Rechtsschutz Dritter gegen Offshore-WEA, ZUR 2005, 184, 190; Schlacke, Das Umwelt-Rechtsbehelfsgesetz, NuR 2007, 8, 10.
[388] Palme/Schumacher, Zulässigkeit von Klagen gegen Offshore-Windparks, NuR 2004, 773, 776.

VI. Rechtsschutz

UVPG i. V. m. § 2 a SeeAnlV zu entnehmen. Damit mussten die ersten Klagen der Naturschutzverbände gegen einen Offshore-Windpark scheitern.[389]

Diese Rechtslage wird sich mit Inkrafttreten des neuen BNatSchG 2009 zum 1. März 2010 deutlich ändern. Die nunmehr umfassende Erstreckung gem § 56 BNatSchG n. F. führt auch zu einer Erstreckung der Möglichkeit der Naturschutzvereinigungsklage nach § 64 BNatSchG n. F. Diese umfasst zwar nach wie vor nicht die seeanlagenrechtliche Genehmigung, so dass eine Klage anerkannter Naturschutzvereinigungen gegen eine OWP-Genehmigung weiterhin nicht möglich ist. Sie eröffnet aber mit dem expliziten Verweis auf die Mitwirkungsmöglichkeiten nach § 63 Abs. 1 Nr. 2–4 BNatSchG n. F. erstmals die Möglichkeit gegen Befreiungen von Verboten zum Schutz von Meeresschutzgebieten nach § 57 BNatschG n. F., Planfeststellungsbeschlüsse (welche für die Kabelanbindung im EnWG mit dem InfraStrPlanBeschlG ermöglicht wurden) und Plangenehmigungen vorzugehen. Damit besteht erstmals die Voraussetzung für zulässige Klagen im Zusammenhang mit Offshore-Windparks.

Die Verbände haben darauf mit einer Beschwerde wegen Verletzung der Natura-2000-Richtlinie nach Art. 226 EG reagiert.[390] Dies hat bislang jedoch nicht zu einem Vertragsverletzungsverfahren geführt, zu dem die Kommission bei einer Beschwerde auch nicht verpflichtet ist.

Fraglich ist, ob sich diese Situation mit dem Umwelt-Rechtsbehelfsgesetz ändert. Nach § 1 Abs. 2 URG erstreckt sich der Anwendungsbereich des Gesetzes ausdrücklich auf die AWZ. Daraus wird geschlossen, dass die Regelung als Prüfgegenstände nach § 1 Abs. 1 S. 1 URG auch Offshore-Windparks erfasst.[391] Andererseits enthält das UVPG keine ausdrückliche Erstreckung auf die AWZ, so dass ein Rechtschutz nach URG gegen SUP-pflichtige Pläne und Programme abzulehnen ist.[392] In der Folge ist eine Verbandsklage von Naturschutzverbänden zwar nicht gegen Eignungsgebiete nach § 3 a SeeAnlV bzw. Vorranggebiete nach § 18 a ROG a. F., wohl aber gegen die Anlagengenehmigung für Offshore-Windparks möglich. Während das UVPG über die SUP-Pflicht nach Nr. 1.7 Anlage 3 zum UVPG eine Öffentlichkeitsbeteiligung für Pläne und Programme nach § 3 a SeeAnlVO vorsieht, gibt es nach der Rechtsprechung keine betroffene Öffentlichkeit, die subjektive Rechte geltend machen könnte. Eine Beteiligung der Gemeinden, die durch Offhore-Anlagen in ihrer touristischen Attraktivi-

---

[389] VG Hamburg, NuR 2004, 543 ff./OVG Hamburg, ZUR 2005, 206 ff.

[390] Pestke, Offshore-Windfarmen in der Ausschließlichen Wirtschaftszone, Bremen 2008, S. 196.

[391] Schlacke, Das Umwelt-Rechtsbehelfsgesetz, NuR 2007, 8, 10.

[392] Kment, Das neue Umwelt-Rechtsbehelfsgesetz und seine Bedeutung für das UVPG, NVwZ 2007, 274, 275.

tät stark betroffen sind, von Fischern deren Fanggründe berührt sind und nicht zuletzt von Naturschutzverbänden durch das Bundesamt für Seeschifffahrt und Hydrographie als Genehmigungsbehörde erscheint absurd, wenn eben diese keinen Rechtsschutz genießen. Dies führt dazu, dass die Genehmigungsbehörde letztlich über die Bedenken der derart beteiligten hinweggehen kann, ohne einer Kontrolle zu unterliegen. Auch Befreiungen von nach § 38 BNatSchG ausgewiesenen Schutzgebieten in der AWZ werden weiterhin nicht erfasst, da sie nicht zum Prüfgegenstand des § 1 Abs. 1 URG zählen.[393] Damit fehlt es gerade im Hinblick auf FFH- und Vogelschutzgebiete an einer brauchbaren Kontrollmöglichkeit für Naturschutzverbände. Die grundsätzliche Anwendbarkeit des URG auf die AWZ ist somit bereits von wesentlichen Ausnahmen gekennzeichnet, welche eine umfassende gerichtliche Kontrolle von vornherein unmöglich machen.

Im Anwendungsbereich des URG müssten Klagen von Naturschutzverbänden gegen die Anlagengenehmigung zunächst zulässig sein. Fraglich ist hier angesichts der fehlenden Ausgestaltung der Verbandsklage im URG als objektives Beanstandungsverfahren,[394] inwiefern sich die Schutznormakzessorietät der Verbandsklage nach URG im Offshore-Bereich auswirkt. Während an Land ein umfangreiches System des Rechtsschutzes für Gemeinden wie Nachbarn greift, mangelt es in der AWZ gerade an einem vergleichbaren System. Führt also die Schutznormakzessorietät an Land dazu, dass Naturschutzverbände auf die Betroffenheit Privater beschränkt sind, verbleibt in der AWZ angesichts fehlender drittschützender Norm und der durchweg fehlenden Klagebefugnis Dritter akzessorisch keine Norm an der Naturschutzverbände nach URG anknüpfen könnten. Damit erweist sich die Erstreckung des URG auf die AWZ als weitestgehend wirkungslos. Vordergründig wird eine Ausweitung des Rechtsschutzes suggeriert, während trotz Anwendbarkeit des URG aufgrund dessen Ausgestaltung weiterhin alle Vereinsklagen unzulässig sein dürften. Hier erweist sich einmal mehr, dass die Ausgestaltung des URG weiterhin signifikante Rechtsschutzdefizite hinterlässt. Im Ergebnis führt das Umwelt-Rechtsbehelfsgesetz damit nicht zur erhofften Schließung der gravierenden Rechtsschutzlücken im Offshore-Bereich durch Umsetzung der Aarhus-Konvention.[395] Dies dürfte nicht im Sinne der europäischen Umsetzung der Aarhus-Konvention sein, so dass das Ergebnis des laufenden Vorlageverfahrens vor den EuGH mit Spannung zu erwarten ist.[396] Hier ist somit weiterhin Handlungsbedarf zu konstatieren.

---

[393] Schlacke, Das Umwelt-Rechtsbehelfsgesetz, NuR 2007, 8, 10.
[394] Siehe dazu ausführlich Ausführungen zum Rechtsschutz Onshore.
[395] Dazu exemplarisch in Bezug auf Windparks: Palme/Schumacher, Zulässigkeit von Klagen gegen Offshore-Windparks, NuR 2004, 773, 777.

An dieser Rechtslage ändert sich auch durch das neue Umweltschadensgesetz nichts. Dieses findet über seine Erstreckungsklausel in § 3 Abs. 2 USchadG nicht nur im Küstenmeer, sondern auch in der AWZ Anwendung. Über die Verweisung auf Normen des URG werden die mit diesem verbundenen Probleme auf den Rechtsschutz bei Umweltschäden übertragen statt behoben.

Die mangelhafte Ausgestaltung der Vereinsrechte im Offshore-Bereich kann nicht durch eine Herleitung einer Vereinklage über Art. 20a GG oder Art. 19 Abs. 4 GG kompensiert werden, zumal die gesetzgeberische Entscheidung für ein Sonderrecht AWZ im Hinblick auf die Grenzen äußerster Willkür und Inkonsistenz nicht zu beanstanden ist.[397]

Eine Herleitung klagefähiger Rechte direkt aus der unmittelbaren Anwendung von Art. 6 Abs. 2 und 3 FFH-RL, Art. 4 Abs. 4 V-RL und Art. 6 Abs. 2 UVP-RL wurde seitens VG und OVG Hamburg abgelehnt.[398] Dem wird in der Literatur durch Keller und Pestke widersprochen.[399] Die dabei vertretene Ableitung einer Rechtsposition für Naturschutzverbände aus der Verankerung der menschlichen Gesundheit bei den Ausnahmetatbeständen der Vogelschutzrichtlinie und FFH-RL kann hier jedoch nicht überzeugen. Zwischen der menschlichen Gesundheit, deren Verankerung als Ausnahmegrund Ausdruck des anthropozentrischen Umweltverständnisses ist, und den für den Menschen gewichtigen Naturgütern besteht ein bedeutender qualitativer Unterschied. Insofern ist VG und OVG Hamburg hier zuzustimmen. Bei der Frage, ob Verbänden als Teil der Öffentlichkeit ein Klagerecht aus der UVP-RL zusteht werden ebenfalls verschiedene Auffassungen vertreten. Einerseits dürfe es den Verbänden im Hinblick auf die Einhaltung Richtlinie nicht verwehrt sein ihre individuellen Beteiligungsrechte geltend zu machen,[400] andererseits stellen VG und OVG Hamburg korrekt fest, das die UVP-RL nicht zu Einführung eines Verbandsklagerechtes für Naturschutzverbände verpflichtet.[401] Hier überzeugt die Orientierung am Wortlaut der Richtlinie, welche in Art. 6 Abs. 3 UVP-RL den Mitgliedsstaaten die Kompetenz zur Festlegung der Einzelheiten der Unterrichtung und Anhörung

---

[396] Niederstadt/Weber, Verbandsklagen zur Geltendmachung von Naturschutzbelangen bei immissionsschutzrechtlichen Genehmigungen, NuR 2009, 297, 300 ff.

[397] Palme/Schumacher, Zulässigkeit von Klagen gegen Offshore-Windparks, NuR 2004, 773, 776.

[398] VG Hamburg, NuR 2004, 543, 545 f./OVG Hamburg, ZUR 2005, 206, 207 f.

[399] Keller, Kein Rechtsschutz Dritter gegen Offshore-WEA, ZUR 2005, 184, 190; Pestke, Offshore-Windfarmen in der Ausschließlichen Wirtschaftszone, Bremen 2008, S. 192.

[400] Epiney, Gemeinschaftsrecht und Verbandsklage, NVwZ 1999, 485, 490; Keller, Kein Rechtsschutz Dritter gegen Offshore-WEA, ZUR 2005, 184, 190.

[401] OVG Hamburg, ZUR 2005, 206, 207 f.

überlässt, was auch einen Spielraum hinsichtlich des Rechtsschutzes impliziert. Selbst wenn man vor dem Hintergrund der Aarhus-Konvention zu einem anderen Ergebnis kommen sollte, würde dies, wie das URG als Umsetzungsgesetz im Hinblick auf die Durchführung einer UVP zeigt, die Kontrolle der Durchführung einer Beteiligung ermöglichen, nicht jedoch eine materielle Prüfung ermöglichen. Damit verbleibt es in jedem Fall bei einer fehlenden materiellen Kontrolle durch anerkannte Naturschutzverbände, so dass sich die Rechtsschutzdefizite auch nicht über ein Rekurrieren auf die europäischen Richtlinien beheben lassen. Es verbleiben Rechtsschutzlücken und rechtspolitischer Handlungsbedarf.

5. Normenkontrolle der AWZ-ROV?

Bislang hat sich angesichts der fehlenden Steuerungswirkung der besonderen Eignungsgebiete die Frage des Rechtsschutzes gegen planerische Festsetzungen in der AWZ nicht gestellt. Mit der Novellierung von SeeAufgG und SeeAnlV 2008 hat die planerische Steuerung der Anlagenerrichtung eine deutliche Aufwertung erfahren. Mit der Raumordnung AWZ-Nordsee-ROV und AWZ-Ostsee-ROV werden sich erstmals Raumordnungspläne mit Steuerungswirkung für die Genehmigungsverfahren auswirken. Dies wirft die Frage des Rechtsschutzes neu auf.

Die Argumente mit denen noch vor kurzem die Einräumung eines Rechtsschutzes gegen Festsetzungen gem. § 35 Abs. 3 S. 2 und 3 BauGB in Raumordnungsplänen und Flächennutzungsplänen an Land gefordert und letztlich gewährt wurde,[402] lassen sich auf die neue Situation auf See übertragen.

Zunächst könnte man auch in der AWZ anführen, dass nur öffentliche Stellen Adressaten der Raumordnung sind und Personen des Privatrechts ausgespart werden. Der Begriff „Erfordernisse der Raumordnung" in § 2 Abs. 2 und § 3 Satz 1 Nr. 2 SeeAnlV n.F. zeigt jedoch, dass Auswirkungen der Raumordnung auf Private beabsichtigt sind. Wie bei § 35 Abs. 3 S. 2 BauGB stellen Ziele der Raumordnung einen Versagungsgrund dar. Die Beachtung der Ziele der Raumordnung steht auch nicht im Ermessen der Behörde. In § 2 Abs. 2 SeeAnlV n.F. wird festgelegt, dass die Ziele der Raumordnung zu beachten sind. Sie entfalten damit Verbindlichkeit im Genehmigungsverfahren und bestimmen maßgeblich die Zulassungsentscheidung der Behörde. Der Bedeutungszusammenhang von Außenwirkung

---

[402] Kment, Unmittelbarer Rechtsschutz Privater gegen Ziele der Raumordnung und Flächennutzungspläne im Rahmen des § 35 Abs. 3 BauGB, NVwZ 2003, 1047 ff.; BVerwG, BVerwGE 117, 287 ff./BauR 2003, 828 ff.; BVerwG, BVerwGE 118, 33 ff./NVwZ 2003, 738 ff.; BVerwG, BVerwGE 122, 109 ff./NVwZ 2005, 211 ff.; BVerwG, ZfBR 2007, 570 ff.

VI. Rechtsschutz

und Rechtsschutz lässt sich auch offshore herstellen: Weil bestimmte Festlegungen von Plänen auf die Sphäre des Bürgers unmittelbar einwirken, steht dem Bürger eine Kontrollbefugnis zu. Wenn die Festsetzungen in ihren Auswirkungen einem Bebauungsplan vergleichbar sind muss auch die Kontrollbefugnis vergleichbar sein.[403] Es ist nicht von der Hand zu Weisen, dass Ziele der Raumordnung mit der Einfügung einer Raumordnungsklausel in die neue SeeAnlV nunmehr in der AWZ Regelungsqualität erhalten haben. Diese besteht im Gegensatz zur Regelung von § 35 Abs. 3 S. 2 BauGB an Land nicht nur in der Regel, sondern immer. Dies ist angesichts des technischen Fortschritts und der damit erreichten stets raumbedeutsamen Anlagengröße und dem im Übrigen von einer horizontalen Freiraumstruktur geprägten Planungsraum auch nur konsequent. Die Ziele der Raumordnung grenzen sich von den übrigen Versagungsgründen in § 3 SeeAnlV in einem vergleichbaren Maße ab, wie an Land von den öffentlichen Belangen in § 35 Abs. 3 BauGB. Sie zeichnen sich bereits durch eine Abwägungsentscheidung aus, die andere Versagungsgründe für ein bestimmtes Gebiet bereits einer Bewertung zugeführt hat und sperren damit eine erneute Abwägung. Würden die Ziele der Raumordnung diese nicht sperren, ginge ihnen eine eigene Abschichtungswirkung und damit die Steuerungswirkung verloren. Kommt man mit dem Vergleich der Raumordnung in der AWZ und der Raumordnung bzw. Bauleitplanung an Land zum Ergebnis, dass die Wirkungen übereinstimmen, so muss dies auch für den Rechtsschutz gelten. Dies wirkt sich offshore nicht gegenüber Grundstückseigentümern, sondern gegenüber den hier mit diesen vergleichbaren Projektierern aus. Dabei werden nicht nur die unmittelbar planbetroffenen Projektierer in den Vorranggebieten, sondern auch die mittelbar betroffenen Projektierer außerhalb der Vorranggebiete erfasst. Letztere können sich sowohl auf originär subjektive öffentliche Rechte berufen, da die Raumordnungsklausel in § 2 Abs. 2 SeeAnlV n.F. angesichts der Ausschlusswirkung der AWZ-Nordsee-ROV und AWZ-Ostsee-ROV im Bereich des Netzes Natura 2000 dieselbe Wirkung hat, wie die Raumordnungsklausel in § 35 Abs. 3 S. 2 BauGB und dem Projektierergebiet die ihnen innewohnende Nutzungsmöglichkeit entzieht, als auch auf den drittschützenden Charakter des Abwägungsgebotes von § 7 Abs. 7 S. 3 ROG a.F./§ 7 Abs. 2 ROG n.F., das auch private Belange erfasst.

Diese Gründe sprechen vorliegend für eine analoge Anwendung von § 47 Abs. 1 Nr. 1 VwGO, da es in der AWZ an einer Bauleitplanung fehlt und der Raumordnung insofern eine Funktion als Planersatz zukommt. Zudem

---

[403] Kment, Unmittelbarer Rechtsschutz Privater gegen Ziele der Raumordnung und Flächennutzungspläne im Rahmen des § 35 Abs. 3 BauGB, NVwZ 2003, 1047, 1049.

kann es nicht wie bei § 47 Abs. 1 Nr. 2 VwGO auf Landesrecht ankommen. Für derartige Verfahren muss angesichts der Lage der AWZ gem. § 52 Nr. 2 S. 1 VwGO am Sitz der Bundesbehörde Klage erhoben werden. Maßgebend ist hier der Verordnungsgeber BMVBS, das in Berlin seinen Sitz hat. Damit wäre das OVG Berlin-Brandenburg erstinstanzlich zuständig, welches im Gegensatz zu den Hamburger Gerichten bislang noch nicht durch marinen bzw. maritimen Sachverstand aufgefallen ist. Rechtspolitisch wäre daher und auch im Sinne der Verfahrensbeschleunigung eine Normierung einer erstinstanzlichen Zuständigkeit des Bundesverwaltungsgerichts für Verfahren, welche die AWZ-Nordsee-ROV oder AWZ-Ostsee-ROV zum Gegenstand haben, wünschenswert.

Mit der Verabschiedung einer AWZ-Nordsee-ROV und AWZ-Ostsee-ROV mit Vorranggebieten und zumindest gebietsbezogener Ausschlusswirkung wird also auch eine Ausweitung des Rechtsschutzes erforderlich. Den Projektierern mit Vorhaben außerhalb der Vorranggebiete ist bei sich auf ihr Vorhaben auswirkenden Mängeln, die Klageerhebung gegen die betreffende AWZ-ROV anzuraten.

6. Rechtsschutz im Küstenmeer wie in der AWZ?

Die Frage des Rechtsschutzes bei der Anlagenerrichtung im Küstenmeer stellte sich 2005/06 zuerst in der Ostsee anlässlich eines Normenkontrollantrages im einstweiligen Rechtsschutz gegen die landesplanerische Ausweisung eines marinen Eignungsgebiets für einen Küstenmeerwindpark in Mecklenburg-Vorpommern. Mit der Genehmigung des OWP Nordergründe und der Vorbescheidserteilung für OWP Borkum Riffgat und dem Widerstand der jeweils etwa 13–14 km entfernt liegenden Inselgemeinden Wangerooge und Borkum sowie der örtlichen Krabbenfischer wurde 2008 erneut die Frage des Rechtsschutzes im Küstenmeer aufgeworfen. Deren jeweilige Klagen wurden mit Urteilen vom Dezember 2008 sowie Juni 2009 für unzulässig erklärt. Demgegenüber ist noch keine Entscheidung von einer Naturschutzvereinigung erwirkt worden. Die Frage des Rechtsschutzes im Küstenmeer ist damit auch schon fast abgeschlossen, zumal es sich um die beiden einzigen Küstenmeer-Projekte im Bereich der Nordsee handelt. Allenfalls in der Ostsee könnten angesichts noch laufender Genehmigungsverfahren ähnliche Fragen auftreten. Daher lohnt ein kurzer Blick auf den Rechtsschutz im Küstenmeer.

Im Hinblick auf die Normenkontrolle fehlte es der antragstellenden Gemeinde an der Antragsbefugnis im Rahmen der Zulässigkeit.[404] Die im Rahmen der Selbstverwaltungsgarantie angeführte Planungshoheit aus § 2

---

[404] OVG Greifswald, NordÖR 2006, 206 ff.

Abs. 1 BauGB konnte eine Antragsbefugnis nicht begründen, zumal die streitgegenständliche Ausweisung eines marinen Eignungsgebiets ca. 16 km entfernt im Küstenmeer und damit im gemeindefreien Gebiet keine planerische Regelung darstellte, die sich mit Regelungstatbeständen der örtlichen Planung überschnitt. Sie hatte weder Bedeutung für die Ordnung von Raum und Boden auf dem Gemeindegebiet, noch enthielt sie eine Beschränkung im Hinblick auf die bauliche Nutzung des Gemeindegebiets. Auch die im Übrigen geltend gemachte Verletzung von Art. 28 Abs. 2 GG konnte nicht festgestellt werden. Zwar können aus dem Selbstgestaltungsrecht Abwehransprüche erwachsen, wenn die Gemeinde durch Maßnahmen betroffen wird, die das Ortsbild entscheidend prägen und hierdurch nachteilig auf das Gemeindegebiet und die Entwicklung der Gemeinde einwirken. Es war aber weder ersichtlich, dass die vorhandene städtebauliche Struktur dadurch von Grund auf verändert würde, noch dem Ort ein neues Gepräge verliehen würde. Eine das Ortsbild dominierende Wirkung schied schon wegen der Entfernung und Lage des Eignungsgebiets aus. Die angeführten etwaigen gesundheitlichen Gefahren durch Havarien und die Belange des Natur- und Landschaftsschutzes dienen dem öffentlichen Interesse und sind nicht speziell dem Selbstverwaltungsrecht der Gemeinde zugeordnet. Die geltend gemachte nachhaltige Verschlechterung der Wirtschaftsstruktur und Leistungsfähigkeit infolge angeblicher Auswirkungen auf den Tourismus scheiterten bereits an der fehlenden schlüssigen Darlegung eines Ursachenzusammenhangs. Das Gericht folgte ausdrücklich den Untersuchungen zu positiven Erfahrungen mit Offshore-Windparks im Ausland sowie einem vorhabenspezifischen Fachgutachten. Auch die Eigenschaft der Gemeinde, anerkanntes Seeheilbad, ist nach dem Kurortgesetz nicht mit Offshore-Windenergieanlagen verbunden. Aus dem Abwägungsgebot kann keine wehrfähige Rechtsposition gegen eine raumordnerische Zielfestlegung, die nicht das Gemeindegebiet trifft, hergeleitet werden. Nach alledem kann davon ausgegangen werden, dass Normenkontrollanträge von Gemeinden gegen alle derzeit geplanten Küstenmeer-Windparks ohne Aussicht auf Erfolg sind.

Was die Klagen der Nordsee-Inselgemeinden gegen Vorbescheid bzw. Genehmigung anbelangt, so kann festgestellt werden, dass hier im Wesentlichen die Rechtsprechung des VG und OVG Hamburg für die AWZ vom VG Oldenburg auf das Küstenmeer übertragen wurde.[405] Grundsätzlich kann eine Gemeinde in ihrem subjektiven Recht aus Art. 28 Abs. 2 GG betroffen sein, wenn eine Verletzung der Planungshoheit, eine Rechtsverletzung unter dem Gesichtspunkt der nachhaltigen Betroffenheit des Gemein-

---

[405] VG Oldenburg, NuR 2009, 145 ff.; VG Oldenburg, Urt. v. 11.12.2008 (Az. 5 A 2653/08, http://www.dbovg.niedersachsen.de/Entscheidung.asp?Ind=056002008 0026535%20A%5B02%5D).

degebiets oder eine Beeinträchtigung kommunaler Einrichtungen möglich ist. Das Gericht hat alledies unter Verweis auf die Entfernung von mehr als 13 km und im Hinblick auf das Havarierisiko mit der fehlenden Zurechenbarkeit des Risikos begründet. Vor dem Hintergrund, dass bei den Verfahren zu Windparks in der AWZ damit argumentiert wurde, dass bei mehr als 20 km Entfernung der Windpark nicht mehr zu erkennen sei, so dass eine Prägung der Gemeinde überzeugenderweise auscheidet, ist hier bemerkenswert, dass dies auch noch angenommen wird, wenn die Windparks an den Stränden eines Kurorts zu erkennen sind. Es wird nunmehr darauf abgestellt, dass der Windpark nur einen kleinen Ausschnitt des Blickfeldes einnimmt und die Klägerin keinen Anspruch auf uneingeschränkte und zeitlich unbegrenzte Freihaltung der von ihr aus einsehbaren Seeflächen von technischen Anlagen hat. Bei einem derartigen Maßstab ist es faktisch ausgeschlossen, dass sich eine Gemeinde auch nur bei einem einzigen derzeit in Planung befindlichen Küstenmeerwindpark auf die Möglichkeit der Prägung des Gemeindegebiets durch sichtbare Windenergieanlagen am Horizont berufen kann. Die bei der Rechtsprechung zur AWZ offen gelassene Option, dass näher an Küstengemeinden gelegene Windparks die Schwelle zur Betroffenheit einer Gemeinde in ihrem subjektiven Recht aus Art. 28 GG erreichen können, wurde damit faktisch genommen. Zu begrüßen ist die erneute Klarstellung, dass Fragen der FFH-RL und V-RL von Gemeinden nicht geltend gemacht werden können.[406]

Was die Klagen der Fischer anbelangt, kann keine einfache Übertragung der AWZ-Rechtsprechung ins Küstenmeer festgestellt werden. Dies liegt zum einen daran, dass die Klage gegen OWP Nordergründe bereits aus formellen Gesichtspunkten heraus unzulässig war.[407] So hatten die Fischer es sowohl versäumt fristgerecht Widerspruch gegen die Genehmigung einzulegen, als auch ihre Einwendungen im vorherigen Vorbescheidsverfahren vorzutragen, so dass die Präklusion nach § 11 BImSchG griff und es auf das Fehlen der Klagebefugnis gar nicht mehr ankam. Letztere wäre, wie auch das Urteil im Hinblick auf den Vorbescheid für OWP Riffgat zeigt,[408] auch nicht gegeben gewesen. Hier kommt in Abgrenzung zur Rechtslage in der AWZ zunächst die andere völkerrechtliche Einordnung des Küstenmeers zum Tragen. Hier findet nicht die Seeanlagenverordnung, sondern das Bundesimmissionsschutzrecht Anwendung. Im Hinblick auf die Frage, woraus sich eine im Rahmen von §§ 5 Abs. 1, 6 Abs. 1 BImSchG zu berücksichtigende Gefahr, ein erheblicher Nachteil oder eine erhebliche Be-

---

[406] Vgl. schon BVerwG, ZUR 2007, 479 ff.
[407] VG Oldenburg, Urt. v. 03.06.2009 (Az. 5 A 346/09, http://www.dbovg.niedersachsen.de/Entscheidung.asp?Ind=0560020090003465%20A).
[408] VG Oldenburg, Urt. v. 03.06.2009 (Az. 5 A 254/09, http://www.dbovg.niedersachsen.de/Entscheidung.asp?Ind=0560020090002545%20A).

lästigung ergeben könnte, kommen insbesondere das (hier niedersächsische) Fischereirecht und Grundrechte in Betracht. Das Fischen in den Küstengewässern ist Gemeingebrauch, auf dessen uneingeschränkte Aufrechterhaltung § 16 Abs. 1 Nds. FischG keinen Anspruch vermittelt. Auch §§ 2,3 Seefischereigesetz ergeben kein subjektives Recht, da das daraus vermittelte Fischereirecht keinen Anspruch auf auf einen bestimmten Fanggrund oder Fischreichtum vermittelt. Ein subjektives Recht kann sich – mangels objektiv berufsregelnder Tendenz und damit fehlender Möglichkeit Art. 12 GG heranzuziehen – mithin nur aus dem von Art. 14 GG umfassten eingerichteten und ausgeübten Gewerbebetreib ergeben. Ein die Existenz eines Gewerbebetriebes gefährdender Eingriff liegt erst dann vor, wenn absehbar ist, dass die Fischereierträge infolge der Errichtung des Windparks in einer die Fortführung des Gewerbebetriebes gefährdenden Weise zurückgegangen sind und überdies auch ein Ausweichen in andere Seegebiete nicht möglich ist, weil der Aktionsradius des Schiffes begrenzt und die Fangplätze wegen ihrer natürlichen Bedingungen ortsgebunden sind.[409] In beiden Fällen machten die Kläger erwartete Fangverluste von ca. 20–40 % ihrer Gesamtjahresfangmenge geltend. Das hätte einen schweren und unerträglichen Eingriff in den eingerichteten und ausgeübten Gewerbebetrieb darstellen können, wenn die Kläger diese Zahlen hätten substantiieren können. Die darüber hinaus vom Gericht vorausgesetzte Form der Ausweichmöglichkeit erscheint hingegen überzogen. Hier muss berücksichtigt werden, dass es sich bei der Fischerei im Küstenmeer nicht um die technisch professionelle Hochseefischerei mit weitem Aktionsradius handelt, sondern um die traditionelle, küstennahe sog. Baumkurrenfischerei auf Plattfische und Speisekrabben, welche sich nur im Aktionsradius einer Tagesfahrt bewegt und in der Folge kaum über Ausweichmöglichkeiten verfügt. Dies einerseits festzustellen und darüber unter Verweis auf den hinzunehmenden Konkurrenzdruck und die zeitliche und räumliche Variabilität des Krabbenfangs dennoch hinwegzugehen, schließt letztendlich aus, dass Fischer im Küstenmeer überhaupt eine zulässige Klage erheben können. Es hätte eine nähere Auseinandersetzung mit der Frage der Begründetheit gelohnt, dass die Kläger keinen Anspruch auf die Aufrechterhaltung für sie günstiger Benutzungsverhältnisse haben und die erlaubte Benutzung des Meeres durch andere und rechtmäßiges Vorgehen Dritter hinnehmen müssen, solange dies eben den Gewerbebetrieb nicht in seinem Bestand gefährdet und unerträglich trifft.

So ist im Ergebnis zu konstatieren, dass auch im Küstenmeer die strittigen Fragen um die Offshore-Windenergie bislang ausschließlich auf der Ebene der Zulässigkeit gelöst wurden. Eine genauere Auseinandersetzung

---

[409] Vgl. für die AWZ: VG Hamburg, NuR 2004, 548 ff.

mit den materiell-rechtlichen Fragen bleibt damit außen vor. Dies dürfte kaum zu einer wünschenswerten größeren Akzeptanz im Hinblick auf eben jene materiell-rechtlichen Fragen führen. Es bleibt abzuwarten, ob in der Ostsee ähnliche Konflikte wie zuletzt in der Nordsee auftreten und wie die im Küstenmeer schon länger offen stehende Möglichkeit der naturschutzrechtlichen Verbandsklage bzw. der Klage nach Umweltrechtsbehelfsgesetz hier noch zu Verfahren führt, die eine Klärung von materiell-rechtlichen Fragen der Offshore-Windenergie beinhalten.

E. Schlussbetrachtung

Die vorliegende Untersuchung muss aufgrund der nach wie vor rasanten Entwicklung – in der technischen Entwicklung wie in der Fortentwicklung der rechtlichen Rahmenbedingungen – zwangsläufig eine Momentaufnahme in einem spannenden Prozess bleiben. Vor diesem Hintergrund muss ein Ergebnis den jetzigen Stand in einigen Thesen zusammenfassen, welche die gegenwärtige Lage aufzeigen, aber auch Ansatzpunkte für künftige Entwicklungen sind. Abschließend ist ein Überblick zu liefern, der eine Abschätzung über jene künftige Entwicklung beinhaltet.

I. Überblick und Abschätzung der zukünftigen Entwicklung

Das Genehmigungsverfahren an Land steht mit dem Scheitern des UGB vor keiner neuen Verankerung. Auf See ist trotz Novellierung der SeeAnlV 2008 aufgrund der hohen Dynamik der Entwicklung weiter mit Änderungen des Rechtsrahmens zu rechnen.

An Land wie auf See hat die Untersuchung gezeigt, dass die Frage der Errichtung von Windenergieanlagen trotz unterschiedlicher Rechtsregime onshore und offshore zunehmend von drei Aspekten dominiert wird: Der Frage der Umwelteinwirkungen, der Frage der planerischen Steuerung und der Frage des Rechtsschutzes.

Im Hinblick auf die Umwelteinwirkungen dominieren hier die Fragen des Landschaftsschutzes und des Natura 2000-Schutzes.

Fragen des Landschaftsschutzes sind durch die mittlerweile technisch möglichen Visualisierungen gut berücksichtbar. Der Landschaftsschutz wird an Land durch die mit weiterem Ausbau und Repowering verbundenen größeren Anlagentypen bei gleichzeitiger Flächenknappheit vor immer größere Herausforderungen gestellt werden. Im Focus wird dabei unter anderem die Erschließung neuer Kapazitäten durch Ausweisung neuer Flächen z. B. entlang von Infrastrukturtrassen und eine Neuordnung der Landschaft durch besondere Repowering-Gebiete stehen. Es wird sich in den nächsten Jahren zeigen ob der bestehende Rechtsrahmen hier für das Erreichen der Klimaziele hinreichend ausgeschöpft wird oder Änderungen erforderlich sind. Auf See wird der Landschaftsschutz bei noch in Sichtweite liegenden Windparks vor Inselgemeinden vor allem im Zusammenhang mit Rechtsschutzfragen kontrovers.

Im Hinblick auf Natura 2000-Gebiete wird nun die Januar 2008 angelaufene dritte Phase der Schutzgebietsausweisungen erfolgen. Hier wird der Focus des Interesses darauf liegen, inwiefern die Schutzgebietsverordnungen einer Windenergienutzung in den Gebieten oder in deren Nähe Raum geben. Daneben werden außerhalb von Schutzgebieten die Fragen des besonderen Artenschutzrechts mit wachsenden naturwissenschaftlichen Erkenntnissen über die Auswirkungen von Windenergieanlagen von zunehmender Bedeutung sein. Besonderes Augenmerk, insbesondere offshore, wird die Ausnahmeregelung von Art. 16 FFH-RL erfahren.

Im Hinblick auf die planerische Steuerung wird der Widerspruch zwischen den politischen Vorgaben zur vermehrten Nutzung der Windenergie als geeigneter Maßnahme des Klimaschutzes und der Umsetzung dieser Vorgaben auf Landesebene, in den Regionen und vor allem auf kommunaler Ebene zunehmend für Konflikte sorgen. Es fehlt an einer verbindlichen Aufteilung der nationalen Kohlendioxid-Reduktionsverpflichtung auf die Bundesländer. Ohne konkrete Klimaschutzziele der Länder kann es auch keine angemessene Berücksichtigung der Erforderlichkeit von Windenergieanlagen für den Klimaschutz in der Landes- und Regionalplanung geben. Hier besteht ein rechtspolitisches Handlungsbedürfnis für den Bund, wenn er nicht weiter zusehen will, wie seine Klimaschutzpolitik auf Landes- und Gemeindeebene hinter den örtlichen Interessenlagen zurücktritt. Die Debatte über das neue Landesenergieprogramm für Brandenburg hat einen kleinen Vorgeschmack für die heftigen Auseinandersetzungen geliefert, die hier kommen werden. Sie hat aber gleichfalls gezeigt, dass ambitionierte Zielsetzungen für den Ausbau der Windenergie an Land auch eine deutliche politische Mehrheit auf Landesebene finden können. Die entscheidende Frage für die erforderliche Kapazitätssteigerung an Land ist die rechtliche Beurteilung des Repowering. Es bleibt abzuwarten, ob in Zukunft eine hinreichende Ausweisung von Repoweringflächen durch die Träger der Regionalplanung erfolgt, wie Söfker sie skizziert hat. Meines Erachtens wird man mittelfristig entgegen dessen Auffassung nicht um eine Änderung des BauGB, ähnlich wie Klinski sie fordert, umhinkommen, wenn die ehrgeizigen Klimaziele erfüllt werden sollen.

Offshore stellt die Schaffung einer verbindlichen Raumordnung mit Vorranggebieten einen großen Fortschritt für die Offshore-Strategie der Bundesregierung dar. Die nun wesentlich größere Rechtssicherheit für Projektentwickler in diesen Gebieten wird beschleunigende Wirkung auf die in diesen Gebieten noch anhängigen Genehmigungsverfahren haben. Außerhalb dieser Gebiete bleibt zunächst das Problem konkurrierender Genehmigungsanträge, welches eine bessere Regelung in der SeeAnlV erfordert. Wenn die Bundesregierung ihre Klimaschutzpolitik und Offshore-Strategie nicht von halbherzig vorgehenden Projektentwicklern, welche Flächen mit Genehmigungsanträgen belegen ohne sie energisch weiter zu verfolgen ad absurdum führen lassen will, muss sie hier eine bessere Regelung in der SeeAnlV treffen. Zudem wird es mittelfristig einer Fortschreibung der Raumordnung bedürfen, welche weitere Vorranggebiete festsetzt.

Im Hinblick auf den Rechtsschutz an Land bleibt (trotz zahlreicher diesen stärkenden Urteile des Bundesverwaltungsgerichts in jüngerer Zeit) die Frage der Auswirkungen des Umweltrechtsbehelfsgesetzes offen. Hier wird die Frage der Europarechtskonformität in den nächsten Jahren höchstrichterlich geklärt werden müssen.

Auf See lässt der Rechtsschutz nicht nur deshalb weiter zu wünschen übrig. Inselgemeinden, Fischer und Vogelschutzverbände stellen in Deutschland insgesamt keine schlagkräftige Lobby dar, wie es die windenergiekritischen Zusammenschlüsse von Bürgern im Onshore-Bereich in einigen Landkreisen mittlerweile darstellen. Es fehlt mithin weitestgehend an einer windenergiekritischen Debatte und der vehementen Einforderung einer Rechtsschutzmöglichkeit. Mit der bevorstehenden Ausbreitung von WEA offshore wird der Konflikt von Windindustrie und Inselgemeinden, Fischern und Vogelschutzverbänden zwangsläufig erheblich zunehmen. Ob dies zu einem dem Rechtsschutz an Land vergleichbaren Niveau von Kontrolle der Genehmigungsverfahren durch die Öffentlichkeit führt, muss abgewartet werden. Selbst wenn die Offshore-Windenergienutzung in Küstennähe auf mehr Widerstand stoßen sollte, kann dies die fortschreitende Nutzung der Windenergie an Land nicht signifikant entschleunigen, zumal hier die Möglichkeiten einer kommunalen Steuerung über das Planungsrecht fehlen. Hier schafft die Zuständigkeitskonzentration für Anlagengenehmigung und planerische Steuerung beim Bund Fakten zugunsten einer intensiven Windenergienutzung. Dennoch erscheint absehbar, dass sich der eigenartige Zustand einer beteiligten, aber nicht klagebefugten Öffentlichkeit nicht auf Dauer halten lässt. Es ist angesichts der Aarhus-Konvention und der RL 2003/35/EG wahrscheinlich, dass durch die Rechtsprechung des EuGH hier mittelfristig ein effektiver Rechtsschutz, insbesondere für Naturschutzvereine, eingefordert wird.

Die weitere Entwicklung dieser dynamischen und konfliktreichen Form der erneuerbaren Energiegewinnung wird eine Fülle von juristischen Aspekten betreffen, zu denen in der vorliegenden Arbeit möglichst alle relevanten Fragen angesprochen worden sind. Diese sind dabei so ausgeleuchtet worden, dass auf dieser Grundlage auch ein Judiz über die zukünftige Entwicklung gebildet werden kann.

II. Zusammenfassung in Thesen

Historisch betrachtet befindet sich die Windenergienutzung in ihrer bislang dynamischsten Phase. Prägend für die Entwicklung sind seit 1888 die Rahmenbedingungen eines Autarkiestrebens in der Stromversorgung sowie Versorgungssicherheit. Die kriegs- oder nunmehr ressourcenbedingte Verknappung der fossilen Rohstoffe stellt die wesentliche wirtschaftliche Rahmenbedingung des Interesses an der Windenergienutzung dar. Zu diesen zeitlosen Gründen ist die Frage des Klimawandels hinzugetreten.

Mit den internationalen Vereinbarungen zur Reduktion des Kohlendioxidausstoßes sind zumeist direkte, zumindest aber indirekte Verpflichtungen zum Ausbau der erneuerbaren Energien verbunden. Hervorzuheben sind hier die ehrgeizigen Ziele der Europäischen Union, welche über Richtlinien verbindliche Referenzwerte für die Mitgliedsstaaten nach sich ziehen.

Die Windenergie nimmt unter den erneuerbaren Energien in Deutschland die wichtigste Rolle ein. Angesichts der begrenzten Ausbaumöglichkeiten der zweitstärksten erneuerbaren Energiequelle, der Wasserkraft, kommt der Windenergie mit ihren Ausbaumöglichkeiten eine Schlüsselrolle bei der Erfüllung der internationalen und europäischen Verpflichtungen zu. Nach der Zielsetzung der Bundesregierung ist selbst unter Berücksichtigung der Prognoseunsicherheiten bei technischer Entwicklung und wirtschaftlichen Rahmenbedingungen mit einer Vervielfachung des Anteils der Windenergie an Strom- und Gesamtenergieverbrauch in den kommenden Jahren zu erwarten.

Gerade die Windenergienutzung wird überaus kontrovers diskutiert. Mit einem rasanten technischen Fortschritt müssen die rechtlichen Rahmenbedingungen fortlaufend angepasst werden. In der Folge sind mit dieser Entwicklung fortwährend neue juristische Fragestellungen verbunden.

Schwerpunkte der Entwicklung sind Ausbau und Repowering onshore, sowie der Offshore-Bereich. Hier stellen sich zahlreiche juristische Fragen im Rahmen des Genehmigungsverfahrens.

Im Onshore-Bereich bildet die immissionsschutzrechtliche Anlagengenehmigung mit ihrer Konzentrationswirkung den Rahmen des Genehmigungsverfahrens. Interessante Problemstellungen treten hier vor allem im Bauplanungsrecht, Bauordnungsrecht und Naturschutzrecht auf.

Die Umweltverträglichkeitsprüfung ist ebenfalls eine Verfahrensfrage, nicht eine Frage des materiellen Rechts. Die Frage, ob eine solche Umweltverträglichkeitsprüfung durchzuführen ist, beurteilt sich nach dem Anhang zum UVPG. Hier ist der im Genehmigungsverfahren nach BImSchG obsolet gewordene Begriff der Windfarm von Bedeutung.

II. Zusammenfassung in Thesen

Windenergieerlasse der Bundesländer haben nur Empfehlungscharakter und entfalten damit keine Bindungswirkung im Genehmigungsverfahren. Ihre faktische Wirkung macht sie allerdings zu einem Problem, welches entweder eines größeren Bewusstseins der Genehmigungsbehörden und Planungsträger oder einer rechtspolitischen Antwort bedarf.

Für ein Repowering gilt das gleiche Genehmigungsverfahren wie für die Errichtung neuer Anlagen. Inwiefern dieser rechtspolitisch unbefriedigende Zustand geändert wird, bleibt abzuwarten. Solange stellt sich die Frage, ob sich bei einem Repowering aufgrund anderer technischer Anlagenkonstruktion im bestehenden Genehmigungsfragen Besonderheiten ergeben.

Im Bauplanungsrecht ist bei der Anlagenerrichtung zwischen beplantem und unbeplantem Innenbereich sowie Außenbereich zu unterscheiden, wobei der Schwerpunkt der Anlagenerrichtung im Außenbereich liegt.

Während der unbeplante Innenbereich nur im Ausnahmefall von kleinen Nebenanlagen relevant werden kann, ist der beplante Innenbereich vor allem für das Repowering bestehender Sondergebiete für die Windenergienutzung von Belang. Ein Repowering kann hinsichtlich der Höhenbegrenzungen nicht über Ausnahmen und Befreiungen erfolgen und setzt hier ein neues Bebauungsplanverfahren voraus. Bei diesem muss auch der Artenschutz besondere Berücksichtigung finden.

Im Außenbereich sind Windenergieanlagen seit 1997 im Genehmigungsverfahren privilegiert. Diese Privilegierung wird verstärkt bei der Ausweisung von Positivflächen, welche im Gegenzug die übrige Fläche ausschließen können. Die Forderungen nach einer Überarbeitung dieser Regelung in Bezug auf eine stärkere Förderung des Repowerings überzeugen. Eine teilweise geforderte Abschaffung ist abzulehnen.

Sofern nicht in einer gestaltenden Abwägung öffentliche Belange bei Ausweisung einer Positivfläche abschließend abgewogen wurden, so sind diese in einer nachvollziehenden Abwägung im Rahmen des Genehmigungsverfahrens zu berücksichtigen. Als öffentliche Belange kommen zunächst die des § 35 Abs. 3 BauGB in Betracht, allerdings auch mehrere nicht normierte öffentliche Belange.

Zunächst kommen Darstellungen von Plänen in Betracht. Hier ist im Ergebnis festzuhalten, dass die im Außenbereich dominierende Festsetzung von Flächen für die Landwirtschaft einer Windenergienutzung nicht entgegensteht. Mit Einführung der Privilegierung ist ein Planungserfordernis bei Windenergieanlagen überholt und abzulehnen.

Hinsichtlich schädlicher Umwelteinwirkungen ist zwischen Lichteffekten, Lärm und sonstigen Emissionen zu unterscheiden. Während der Disko-Effekt keine Rolle mehr spielt, hat sich für den Schattenwurf eine Faustformel durchgesetzt. Für die Frage der Lärmbelästigung kann auf die Werte der TA Lärm für Dorfgebiete zurückgegriffen werden. Hinsichtlich beider Beeinträchtigungen kann eine Konfliktlösung sowohl technisch, als auch über Entfernungen vermieden werden. Infraschall und Höhenbefeuerung spielen hier keine Rolle.

Die Möglichkeit, dass Windenergieanlagen als optisches Bedrängnis gegen das Gebot der Rücksichtnahme verstoßen, ist mittlerweile anerkannt, wobei es allerdings noch an klaren Kriterien mangelt. Angesichts dessen ist hier eine restriktive Anwendung des Gebots der Rücksichtnahme im Außenbereich zu befürworten.

Die Frage der Verunstaltung des Orts- und Landschaftsbildes ist von vielen topographisch bedingten Einzelfällen geprägt. Dennoch lassen sich als abstrakte Kriterien die besondere Schutzwürdigkeit des Landschaftsbildes, respektive dessen Vorbelastung sowie die Frage einer exponierten Lage des Bauvorhabens nennen.

Interessant ist das relativ neue Feld der UNESCO-Welterbestätten im Rahmen des Denkmalschutzes, wie er sich im Falle der Wartburg bereits als entgegenstehender Belang erwiesen hat. Trotz der fehlenden Bindung von Ländern und Kommunen müssen diese mittelbar doch die Welterbekonvention beachten, da diese in den Denkmalschutz einfließt und hier zu rigiden Vorgaben führt. Bei einem fortschreitenden Wachstum der Zahl der Welterbestätten in Deutschland ist mit Abständen von bis zu 7,5 km zu den Windenergieanlagen ein neues Hindernis für den Ausbau entstanden.

Die Fragen des Wasserrechts sind insofern ein interessanter Nebenaspekt, als dass sie nur teilweise von der immissionsschutzrechtlichen Genehmigung konzentriert werden und einer Anlagenerrichtung in der Nähe von Gewässern entgegenstehen können.

Vor dem systematischen Zusammenhang des seit dem relativ neuen öffentlichen Belangs in § 35 Abs. 3 S. 1 Nr. 8 BauGB, der Abschattungswirkung von Funkwellen, stellen sich zahlreiche Fragen des Luftverkehrs und der Landesverteidigung. Im Falle einer Abschattungswirkung von Funkwellen durch Windenergieanlagen können sich aus Gründen der Luftverkehrssicherheit noch größere Abstände zu Flugplätzen als bisher durch das Luftverkehrsgesetz ergeben. Hervorzuheben bleibt die Frage der Höhenbefeuerung, bei der ein rasanter technischer Fortschritt und die Überarbeitung der AVV Luftkennzeichnung einhergehen. Der neue Belang erweist sich daher in der Untersuchung als Konfliktfeld mit Wachstumspotential. Immer höhere Anlagen werden zunehmend Fragen des Luftverkehrs berühren. Die Einführung des öffentlichen Belags im Rahmen des EAG Bau 2004, die Änderung der AVV Luftfahrtkennzeichnung 2007 und die zahlreichen Forschungsvorhaben wie HiWUS 2008 zeigen, dass der Gesetzgeber hier zu-

II. Zusammenfassung in Thesen

nehmend aktiv wird. Der ungeschriebene Belang der wirksamen Landesverteidigung hat sich neuerdings auch bei Windenergieanlagen als Hindernis eines Ausbaus etabliert und stellt eine rechtspolitische Herausforderung dar, die bei der nächsten BauGB-Novelle im Katalog des § 35 Abs. 3 S. 1 BauGB berücksichtigt werden sollte.

Die Steuerung der Anlagenerrichtung durch Raumordnung ist angesichts der Raumbedeutsamkeit moderner Windenergieanlagen mittlerweile weit verbreitet und hat aufgrund der Anpassungspflicht der Bauleitplanung weit reichende Konsequenzen. Die Teilfortschreibung eines Regionalplanes in Bezug auf die Windenergienutzung erfolgt in einem mehrstufigen Prozess von Flächenpotentialermittlung (Positivkriterium), Restriktionsflächenermittlung (Negativkriterien) und Abwägung zur Festlegung von Eignungs-, Vorbehalts- und Vorranggebieten. Die Rechtsprechung hat mittlerweile zahlreiche Kriterien für die raumordnerische Abwägung entwickelt. Entscheidend ist unter anderem, dass der Windenergie substanziell Raum verschafft werden soll. Die Rechtsprechung, welche in der planerischen Abwägung die klimaschutzpolitischen Zielsetzungen, welche über das Europarecht verbindlich geworden sind, außer Betracht lässt und auf den unbestimmten Rechtsbegriff des „substanziell Raum schaffen" abstellt, greift zu kurz. Sie ist eine konsequente Folge der fehlenden Aufteilung der Kohlendioxid-Reduktionsziele sowie der Zielsetzungen für den Anteil erneuerbarer Energien am Stromverbrauch und müsste in der Folge einer derartigen Aufteilung geändert werden.

Die Steuerung der Anlagenerrichtung durch Bauleitplanung erfolgt regelmäßig durch Konzentrationszonen in der Flächennutzungsplanung und ähnelt in der Struktur der Raumordnung. Sie kann weitestgehend von dieser vorbestimmt sein, sofern die Raumordnung überhaupt bzw. flächendeckend eine wirksame Abwägungsentscheidung zu Vorrang oder Eignungsgebieten trifft. Hier stellt sich dasselbe Grundproblem wie in der Raumordnung – die Frage, wann der Windenergie hinreichend substanziell Raum verschafft wurde und wann die Planung in Verhinderungsplanung umschlägt. In diesem Zusammenhang verdienen die Plansicherungsinstrumente besonderes Augenmerk. Die Veränderungssperre ist für Flächennutzungspläne nicht vorgesehen, so dass sie außerhalb eines Parallelverfahrens der gleichzeitigen B-Planaufstellung und FNP-Änderung nicht zur Anwendung kommen kann. Die Anwendung der Möglichkeit der Zurückstellung wird in der Rechtsprechung kontrovers beurteilt. Hier bleibt eine höchstrichterliche Klärung abzuwarten. Vieles spricht vorerst für eine zumindest analoge Anwendung von § 15 Abs. 3 BauGB.

Die Erschließung stellt mit steigenden Anlagengrößen mehr ein faktisches als ein juristisches Problem dar. Die Erteilung des gemeindlichen Einvernehmens ist kein Steuerungsinstrument für Kommunen.

Im Bauordnungsrecht liegen die Schwerpunkte im Bereich des Abstandsflächenrechts und der Standsicherheit.

Im Abstandsflächenrecht besteht eine große Vielfalt landesrechtlicher Regelungen. Einzelne Länder haben den besonderen Umständen der Windenergienutzung mit eigenen windenergiespezifischen Regelungen Rechnung getragen. Von herausragender Bedeutung für die Abstandsflächenberechnung ist immer der Faktor H.

Die Frage der Standsicherheit hat über die Konkurrenz verschiedener Anlagenbetreiber und die Anlagendichte in Deutschland zu einer Diskussion über den Windklau geführt. Dabei ist zu beachten, dass eine Beeinträchtigung des Windertrages bei mehr Rotordurchmessern Abstand eintritt, als eine Beeinträchtigung der Standsicherheit. Die Regelungen zur Standsicherheit im Bauordnungsrecht erweisen sich in der Folge als ungeeignetes Mittel eines Konkurrentenschutzes für Anlagenbetreiber.

Die Frage des Naturschutzes ist bei Windenergieanlagen von besonderer Bedeutung. Hier stellen sich die Fragen der Auswirkungen auf Vögel und Fledermäuse, technischer und rechtlicher Möglichkeiten der Konfliktvermeidung sowie Besonderheiten des Repowerings.

Mittlerweile lassen sich die Auswirkungen auf Vögel und Fledermäuse auf einige Arten eingrenzen. Hervorzuheben sind insbesondere Seeadler, Rotmilan und der Große Abendsegler. Bereits durch technische Maßnahmen, wie der Verzicht auf Gittermasten, lässt sich die potentielle Opferzahl verringern. Auch eine Auflage, die Anlage zu bestimmten Zugzeiten ziehender Arten abgeschaltet zu lassen, kann einen ganz überwiegenden Teil der ansonsten drohenden Schlagopfer vermeiden. Das Repowering eröffnet durch größere Laufruhe einer tendenziell geringeren Anzahl von Windenergieanlagen weitere Vorteile.

Unter den Regelungen des deutschen Naturschutzrechtes sind die Eingriffsregelung, Gebietsschutz und besonderes Artenschutzrecht zu beachten. Die Eingriffsregelung findet stets Anwendung und führt zu Ausgleichsmaßnahmen und Ersatzzahlungen, jedoch nicht zu einer Verhinderung der Anlagenerrichtung. Bei Naturschutzgebieten kommt es auf den Inhalt der jeweiligen Schutzgebietsverordnung an.

Der Rahmen des europäischen Naturschutzrechtes und Bedeutung des europäischen Schutzgebietsnetzes Natura 2000 ist vor allem angesichts der noch nicht abgeschlossen nationalen Umsetzung und der daraus folgenden direkten Anwendbarkeit der Richtlinie sowie der Dimension des Schutzgebietsnetzes von kaum zu überschätzender Bedeutung. Angesichts der Überleitung der Vogelschutzrichtlinie in das FFH-Rechtsregime findet diese nur noch auf faktische Vogelschutzgebiete Anwendung. Bedeutender ist so-

II. Zusammenfassung in Thesen

mit der Gebietschutz der FFH-Richtlinie, der zuweilen auch außerhalb der Schutzgebiete greift. Hier kommt es auf die Erhaltungsziele des jeweiligen Schutzgebietes an. Neben den gelisteten Schutzgebieten ist auch die Problematik der potentiellen Schutzgebiete zu berücksichtigen. Diese dürfte jedoch mit der Listung der nachgemeldeten Gebiete Ende 2007 und dem Start der dritten Phase der Richtlinienumsetzung 2008 mittelfristig im Verschwinden begriffen sein.

Mit wachsenden Kenntnissen über die Auswirkungen der Windenergienutzung auf die Avifauna wird auch zunehmend der Schutz der Tiere außerhalb von Schutzgebieten über das besondere Artenschutzrecht diskutiert. Nur zum Teil helfen dabei technische Lösungen über Konflikte hinweg. Die BNatSchG-Novelle 2007 hat zu einer weiteren Anpassung an das europäische Natura 2000-Rechtsregime geführt. Dieser Prozess der Anpassung scheint bei näherer Betrachtung noch nicht abgeschlossen. Daran hat auch die BNatSchG-Novelle 2009 nichts geändert. Ein direkter Blick auf die Richtlinien und die Leitfäden der EU-Kommission erleichtert die Anwendung und führt ähnlich dem Gebietsschutz auch zu Lösungen über Erheblichkeitsgesichtspunkte und Ausnahmetatbestände.

Die Aufwertung der Biodiversität durch das neue Umweltschadensgesetz findet kurz Beachtung. Die genauen Auswirkungen auf die Errichtung von Windenergieanlagen bleiben abzuwarten.

Im Straßenrecht bestehen für Windenergieanlagen entlang von Infrastrukturtrassen zu beachtende Abstandsregelungen. Leider verwenden viele Träger der Regionalplanung darüber weit hinausgehende Abstandsregelungen, so dass die straßenrechtlichen Abstände zu selten Beachtung finden.

Der Rechtsschutz onshore hat in den letzten Jahren deutlich an Kontur gewonnen. Dabei verdient vor allem die nunmehr anerkannte Möglichkeit gegen Raumordnungspläne wie auch Flächennutzungspläne vorzugehen Beachtung. Unklar sind noch die genauen Auswirkungen des Umweltrechtsbehelfsgesetzes. Hier bedürfen vor allem Fragen der Europarechtskonformität weiterer Klärung.

Die Errichtung von Windenergieanlagen offshore ist ein überaus dynamischer Prozess, der sich trotz über 20 Genehmigungen mit der Errichtung des Testfeldes alpha ventus durch die Offshore-Stiftung noch in der Anfangsphase befindet.

Entscheidender völkerrechtlicher Rahmen ist das Seerechtsübereinkommen der Vereinten Nationen, welches zu einer Unterscheidung von Küstenmeer und Ausschließlicher Wirtschaftszone führt, in denen die Errichtung von Windenergieanlagen gleichermaßen möglich ist. In beiden findet das europarechtliche Natura 2000-Rechtsregime direkte Anwendung. Im nationalen Recht folgt das Verfassungsrecht der Differenzierung des Seerechtsübereinkommens zwischen Küstenmeer und Ausschließlicher Wirtschaftszone. Demnach findet innerhalb des Hoheitsgebietes des Küstenmeeres das onshore bekannte und bewährte Genehmigungsverfahren Anwendung. In der Ausschließlichen Wirtschaftszone werden Gesetzgebungskompetenz und Verwaltungskompetenz des Bundes befürwortet. Bei der Frage der Anwendung von Bundesgesetzen wird über die vorherrschende Erstreckungsklausellehre die Theorie der mittelbaren Erstreckung begründet. Für das Genehmigungsverfahren findet nach Seeaufgabengesetz die Seeanlagenverordnung Anwendung.

Das Genehmigungsverfahren nach Seeanlagenverordnung folgt auch in seiner 2008 novellierten Fassung dem Regelungsmodell des präventiven Verbots mit Erlaubnisvorbehalt. Die gebundene Entscheidung führt zu einem Genehmigungsanspruch, wenn nicht die Versagungsgründe der Sicherheit und Leichtigkeit des Verkehrs, des Schutzes der Meeresumwelt, der Erfordernisse der Raumordnung und sonstige öffentliche Belange gegeben sind.

Da die ganz überwiegende Zahl der Windparks nicht auf Schifffahrtsrouten errichtet werden soll ist vor allem die Meeresumwelt von Belang. Hier bestehen im Vergleich zur Anlagenerrichtung an Land wesentlich größere Erkenntnislücken, da noch kein Betrieb von Windparks in der deutschen AWZ untersucht werden kann. Den bisherigen Stand der Wissenschaft und daraus resultierenden Anforderungen gibt das Standarduntersuchungskonzept (StUK 3) des Bundesamtes für Seeschifffahrt und Hydrographie wieder. Vor dem Hintergrund der direkten Anwendung des Natura 2000-Rechtsregimes muss hier vor allem auf das Konfliktpotential mit Seetauchern und den sowohl im Gebietsschutz, als auch im Artenschutzrecht erfassten Schweinswalen hingewiesen werden. In diesem Zusammenhang stellen sich bereits alle von der Anlagenerrichtung an Land bekannten Probleme des Natura 2000-Rechtsregimes. Beachtung verdient die bislang direkte Anwendung auch des Artenschutzrechts der FFH-RL und V-RL und deren Ausnahmeregelungen. Hier bestehen offene Fragen im Hinblick auf den Bezugsraum in der Alternativenprüfung. Die simple Übertragung der Maßstäbe onshore erscheint bislang ungeeignet. Dies wird sich allerdings durch die Ausweisung von Zielen der Raumordnung ändern.

Die Novellierung von SeeAufgG und SeeAnlV 2008 wirft die Frage der militärischen Belange neu auf. Ihre Berücksichtigung als sonstige öffentlichen Belange harmoniert nicht mit der Grundsatzentscheidung des Seerechtsübereinkommens. Daher ist eine völkerrechtsfreundliche Auslegung der SeeAnlV zu Lasten militärischer Übungsgebiete erforderlich.

II. Zusammenfassung in Thesen

Der Versuch der planerischen Steuerung der Anlagenerrichtung auf See ist bislang nur im Küstenmeer gelungen. In der AWZ hat die zeitweilig aufgekommene Konstruktion der besonderen Eignungsgebiete nur kurz überdauert. Ihre Überleitung zu Vorranggebieten soll mit der bevorstehenden Raumordnung (AWZ-ROV) endlich Steuerungswirkung entfalten. Diese bleibt neben der gebietsintern Steuerung jedoch begrenzt, wenn die Ausschlusswirkung, wie im zweiten Entwurf des BMVBS vom April 2009 vorgesehen, auf die Natura 2000-Gebiete beschränkt wird. Mit dieser Offenhaltung weiter Teile von Nord- und Ostsee trägt die Bundesregierung dem begrenzten Kenntnisstand und Forschungsbedarf auf See Rechnung. Angesichts der mittlerweile sehr ehrgeizigen Klimaziele bedarf der AWZ-ROV-Entwurf jedoch einer regelmäßigen Überarbeitung. Auch bedarf die See-AnlV sowohl wegen der vorranggebietsinternen Flächenvergabe als auch der vorranggebietsexternen Häufung konkurrierender Genehmigungsverfahren der Anpassung an die neue Raumordnung.

Dringend umgestaltungsbedürftig erscheint auch der Rechtsschutz für Anlagen in der Ausschließlichen Wirtschaftszone. Der Zustand, dass die Öffentlichkeit über die SUP-Pflicht beteiligt werden soll, aber niemand außer dem Investor als Adressat klagebefugt ist, kann nicht von Dauer sein. Er begegnet vor dem Hintergrund der Aarhus-Konvention schwerwiegenden europarechtlichen Bedenken. Das Umweltrechtsbehelfsgesetz läuft durch die darin verankerte Drittschutzakzessorietät weitestgehend leer und verfehlt damit die Zielsetzung der Aarhus-Konvention. Auch wenn das laufende Vorlageverfahren zum EuGH abzuwarten bleibt, kann bereits jetzt rechtspolitischer Handlungsbedarf konstatiert werden. Dem ist mit der Novelle des BNatSchG 2009 und der mit dem Inkrafttreten zum 1. März 2010 nur zum Teil genüge getan worden. Es wird sich jedoch zeigen, ob und inwieweit die damit erfolgte Erstreckung der Verbandsklagemöglichkeit auf die AWZ genutzt wird. Mit der Raumordnung in der AWZ geht auch eine Notwendigkeit zu einer Ausweitung des Rechtsschutzes einher. Die Zulässigkeit der Normkontrolle durch betroffene Projektierer ist zu befürworten.

Literaturverzeichnis

Arzt, Ingo: Blendende Windkraft, NE 11/2007, 34 ff.

Auge, Johannes/*Brink,* Meinhard: Windkraftnutzung in den Bundesländern, UVP-Report 1996, 234 ff.

Bach, Lothar: Hinweise zur Erfassungsmethodik und zu planerischen Aspekten von Fledermäusen, Vortrag auf der Tagung „Windenergie, neue Entwicklungen, Repowering und Naturschutz", Münster, 31.03.2006, Seite http://www.buero-echo lot.de/upload/pdf/WindenergieundFledermause.pdf

Barth, Sibylle/*Baumeister,* Hubertus/*Schreiber,* Matthias: Windkraft – Leitfaden für die kommunale Planung unter besonderer Berücksichtigung von Naturschutzbelangen, Berlin 1997

Battis, Ulrich/*Krautzberger,* Michael/*Löhr,* Rolf-Peter: Baugesetzbuch – BauGB – Kommentar, 10. Auflage, München 2007

Battis, Ulrich/*Krieger,* Heinz-Jürgen: Die bauplanungsrechtliche Zulässigkeit von Windenergieanlagen im Außenbereich, NuR 1982, 137 ff.

Battis, Ulrich/*Otto,* Christian-W.: Planungsrechtliche Anforderungen an Bedingungen und Befristungen gem. § 9 Abs. 2 BauGB, UPR 2006, 165 ff.

Becker, Bernd: Das neue Umweltschadensgesetz und das Artikelgesetz zur Umsetzung der Richtlinie über die Umwelthaftung zur Vermeidung und Sanierung von Umweltschäden, NVwZ 2007, 1105 ff.

Blechschmidt, Rolf: BauGB-Novelle 2007: Beschleunigtes Verfahren, Planerhaltung und Normenkontrollverfahren, ZfBR 2007, 120 ff.

Boeddinghaus, Gerhard: Zur planungsrechtlichen Regelung der bauordnungsrechtlich definierten Abstandsflächen, BauR 2007, 641 ff.

– Die neue Bayrische Abstandsregelung, BauR 2008, 35 ff.

Bogdandy, Armin v./*Zacharias,* Diana: Zum Status der Weltkulturerbekonvention im deutschen Rechtsraum, NVwZ 2007, 527 ff.

Bönker, Christian: Windenergieanlagen auf hoher See – Rechtssicherheit für Umwelt und Investoren?, NVwZ 2004, 537 ff.

Bosch & Partner/Peters Umwelt-Planung/Deutsche WindGuard/*Klinski,* Stefan: Abschätzung der Ausbaupotentiale der Windenergie an Infrastrukturachsen und Entwicklung von Kriterien der Zulässigkeit, Studie im Auftrag des Bundesministeriums für Umwelt, Naturschutz und Reaktorsicherheit und des Forschungszentrums Jülich PTJ, Abschlussbericht 31.03.2009

Brandt, Edmund/*Gaßner,* Hartmut: Seeanlagenverordnung, Kommentar, Berlin 2002

Brandt, Edmund/*Runge,* Karsten: Kumulative und grenzüberschreitende Umwelteinwirkungen im Zusammenhang mit Offshore-Windparks, Hamburg/Lüneburg 2002

Breuer, Wilhelm/*Reichenbach,* Marc u. a.: Tagungsband, Fachtagung TU Berlin „Windenergie und Vögel – Ausmaß und Bewältigung eines Konfliktes" (29./30.11.2001), Berlin, 31.05.2002, Seite http://www2.tu-berlin.de/~lbp/schwarzesbrett/TB%20Windkraft_G.pdf

Brinkmann, Robert: Welchen Einfluss haben Windkraftanlagen auf jagende und wandernde Fledermäuse in Baden-Württemberg?, Tagungsführer der Akademie für Natur- und Umweltschutz Baden-Württemberg, Heft 15, „Windkraftanlagen – eine Bedrohung für Vögel und Fledermäuse?", Gundelfingen 2004, Seite http://www.buero-brinkmann.de/downloads/Brinkmann_2004.pdf,

Büllesfeld, Dirk/*Multmeier,* Vanessa: „Auf hoher See?" – Zur Anwendbarkeit nationalen Zivilrechts auf Offshore-Windenergieanlagen in der deutschen Ausschließlichen Wirtschaftszone, ZNER 2009, 7 ff.

Bultmann, Peter Friedrich: Beschaffungsfremde Kriterien: Zur „neuen Formel" des Europäischen Gerichtshofs, ZfBR 2004, 134 ff.

Czybulka, Detlef: Geltung der FFH-Richtlinie in der Ausschließlichen Wirtschaftszone, NuR 2001, 19 ff.

– Das Rechtsregime der Ausschließlichen Wirtschaftszone (AWZ) im Spannungsfeld von Nutzungs- und Schutzinteressen, NuR 2001, 367 ff.

– Ist das Erste Gesetz zur Änderung des Bundesnaturschutzgesetzes europarechtskonform?, EurUP 2008, 20 ff.

– Die Erhaltung der Biodiversität im marinen Bereich, ZUR 2008, 241 ff.

Dahlke, Christian: Genehmigungsverfahren von Offshore-Windenergieanlagen nach der Seeanlagenverodnung, NuR 2002, 472 ff.

Depenheuer, Otto: Zufall als Rechtsprinzip? JZ 1993, 171 ff.

Deutsches Meeresmuseum: Erfassung von Schweinswalen in der deutschen AWZ der Ostsee mittels Porpoise-Detektoren, (1. Teilvorhaben des FuE-Vorhabens „Erfassung von Meeressäugetieren in der deutschen AWZ von Nord- und Ostsee" des BfN), Stralsund, 31.08.2006

Diederichsen, Lars: Grundfragen zum neuen Umweltschadensgesetz, NJW 2007, 3377 ff.

Diekamp, Tilman: Sicherungsübereignung von Offshore-Windenergieanlagen, ZBB 2004, 10 ff.

Dierßen, Klaus/*Huckauf,* Aiko: Biodiversität – Karriere eines Begriffes, APuZ 3/2008, 3 ff.

Dolde, Klaus-Peter: Novellierung des Baugesetzbuches – Bericht der Expertenkommission, NVwZ 1996, 209 ff.

– Artenschutz in der Planung, NVwZ 2008, 121 ff.

Duikers, Jan: EG-Umwelthaftungsrichtlinie und deutsches Recht, NuR 2006, 623 ff.

Dürr, Tobias: Die bundesweite Kartei zur Dokumentation von Fledermausverlusten an Windenergieanlagen – ein Rückblick auf 5 Jahre Datenerfassung, Nyctalus-Themenheft „Fledermäuse und Nutzung der Windenergie", Band 12/Doppelheft 2–3, 2007, 108 ff.

– Möglichkeiten der Reduzierung von Fledermausverlusten an Windenergieanlagen in Brandenburg, Nyctalus-Themenheft „Fledermäuse und Nutzung der Windenergie", Band 12/Doppelheft 2–3, 2007, 108 ff.

Egger, Alexander: Nicht alles ist vergabefremd, NZBau 2002, 601 ff.

Ehlers, Peter: Grundgesetz und Meer, NordÖR 2003, 385 ff.

Ell, Marcus/*Heugel,* Michael: Geschützte Meeresflächen im Bereich der deutschen ausschließlichen Wirtschaftszone von Nord- und Ostsee, NuR 2007, 315 ff.

Epiney, Astrid: Unmittelbare Anwendbarkeit und objektive Wirkung von Richtlinien, DVBl 1996, 409 ff.

– Gemeinschaftsrecht und Verbandsklage, NVwZ 1999, 485 ff.

Erbguth, Wilfried: Integriertes Küstenzonenmanagement (IKZM) und deutsche Küstenbundesländer – rechtlicher Untersuchungsbedarf, NuR 2005, 757 ff.

Erbguth, Wilfried/*Mahlburg,* Stefan: Steuerung von Offshore-Windenergieanlagen in der Ausschließlichen Wirtschaftszone, DÖV 2003, 665 ff.

Erbguth, Wilfried/*Müller,* Chris: Raumordnung in der Ausschließlichen Wirtschaftszone?, DVBl 2003, 625 ff.

Ernst, Werner/*Zinkahn,* Willy/*Bielenberg,* Walter/*Krautzberger,* Michael: Baugesetzbuch – BauGB – Loseblattkommentar, Stand 87. Ergänzungslieferung, 01.02.2008, München 2008

Ewer, Wolfgang: Ausgewählte Rechtsanwendungsfragen des Entwurfs für ein Umwelt-Rechtsbehelfsgesetz, NVwZ 2007, 267 ff.

Fastenrath, Ulrich: Der Schutz des Weltkulturerbes in Deutschland, DÖV 2006, 1017 ff.

Fehrensen, Sebastian: Verminderte Anforderungen an die FFH-Verträglichkeitsprüfung und die Prüfung artenschutzrechtlicher Verbotstatbestände, gesteigerte Darlegungslast für ein faktisches Vogelschutzgebiet nach dem Beschluss des BVerwG vom 13. März 2008, NuR 2008, 483 ff.

– Zur Anwendung zwingenden Gemeinschaftsrechts in der aktuellen Rechtsprechung des BVerwG zum Artenschutz nach der „Kleinen Novelle" des Bundesnaturschutzgesetzes, NuR 2009, 13 ff.

Feldhaus, Gerhard: Bundesimmissionsschutzrecht, Kommentar, Band 2, 2. Auflage, Heidelberg, Loseblatt, Stand: Januar 2008

Fischer, Lothar: Biotop- und Artenschutz in der Bauleitplanung, NuR 2007, 307 ff.

Fischer, Kristian/*Fluck,* Jürgen: Öffentlich-rechtliche Vermeidung und Sanierung von Umweltschäden statt privatrechtlicher Umwelthaftung?, RIW 2002, 814 ff.

Fischer-Hüftle, Peter: Zur Beeinträchtigung von FFH- und Vogelschutzgebieten durch Einwirkungen von außerhalb, NuR 2004, 157 f.

Führ, Martin/*Lewin*, Daniel/*Roller*, Gerhard: EG-Umwelthaftungsrichtlinie und Biodiversität, NuR 2006, 67 ff.

Füßer, Klaus: Abschied von den „potentiellen FFH-Gebieten"? – Die Rechtsprechung des BVerwG im Lichte des Dragaggi-Urteils des EuGH, NVwZ 2005, 628 ff.

Gärtner, Dennis: Ausgewählte Rechtsprobleme bei der Beurteilung von Küstenmeer-Windenergieprojekten nach dem Bundesimmissionsschutzgesetz, Dissertation, Berlin 2006

Gellermann, Martin: Die Windfarm im Lichte des Artikelgesetzes, NVwZ 2004, 1199 ff.

– Das besondere Artenschutzrecht in der kommunalen Bauleitplanung, NuR 2007, 132 ff.

– Artenschutzrecht im Wandel, NuR 2007, 165 ff.

– Die „kleine Novelle" des Bundesnaturschutzgesetzes, NuR 2007, 783 ff.

– Europäischer Gebiets- und Artenschutz in der Rechtsprechung, NuR 2009, 8 ff.

– Artenschutz und Straßenplanung – Neues aus Leipzig, NuR 2009, 85 ff.

Gretschel, Jan: Entwicklung der Rechtsprechung im Windenergierecht, Berlin 2006

Grunwald, Thomas/*Schäfer*, Frank/*Adorf*, Frauke/*Laar*, Benedikt von: Neue bioakustische Methoden zur Erfassung der Höhenaktivität von Fledermäusen an geplanten und bestehenden WEA-Standorten, Nyctalus-Themenheft „Fledermäuse und Nutzung der Windenergie", Band 12/Doppelheft 2–3, 2007, 131 ff.

Guckelberger, Annette: Die veränderte Steuerungswirkung der Flächennutzungsplanung, DÖV 2006, 973 ff.

– Der Referentenentwurf für ein UGB 2009 als erster Schritt auf dem Weg zur Kodifikation des Umweltrechts, NVwZ 2008, 1161 ff.

Haensel, Joachim: Aktionshöhen verschiedener Fledermausarten nach Gebäudeeinflügen in Berlin und nach anderen Informationen mit Schlussfolgerungen für den Fledermausschutz, Nyctalus-Themenheft „Fledermäuse und Nutzung der Windenergie", Band 12/Doppelheft 2–3, 2007, 141 ff.

Halama, Günter: Durchsetzung und Abwehr von Zielen der Raumordnung und Landesplanung auf der Gemeindeebene, in: Festschrift für Otto Schlichter „Planung und Plankontrolle", Berlin 1995

Hautmann, Daniel: Blinkende Hindernisse, NE 08/2007, 30 ff.

Hecker, Mischa: Die Konzentrationswirkung der Baugenehmigung am Beispiel der Brandenburgischen Bauordnung, BauR 2006, 629 ff.

Hendler, Reinhard: Raumordnungsziele als landesplanerische Letztentscheidungen, UPR 2003, 256 ff.

– Verwaltungsrechtliche Normenkontrolle Privater gegen Raumordnungs- und Flächennutzungspläne, NuR 2004, 485 ff.

Heymann, Matthias: Die Geschichte der Windenergienutzung 1890–1990, Frankfurt a.M. 1995

Hille, Sven Alexander/*Herrmann,* Meike: Besteuerung von Offshore-Anlagen, RdE 2008, 237 ff.

Hinsch, Andreas: Zurückstellung nach § 15 III BauGB – Mittel zur Sicherung einer Konzentrationsplanung, NVwZ 2007, 770 ff.

– Schallimmissionsschutz bei der Zulassung von Windenergieanlagen, ZUR 2008, 567 ff.

Holz, Heinrich-Peter: Die bauplanungsrechtliche Privilegiertheit raumbedeutsamer Windkraftanlagen – räumliche Steuerung durch Regionalplanung?, NWVBl 1998, 81 ff.

Hönes, Ernst-Rainer: Zur Transformation des Übereinkommens zum Schutz des Kultur- und Naturerbes der Welt von 1972, DÖV 2008, 54 ff.

– Denkmalschutz und Raumordnung, NVwZ 2008, 1299 ff.

– Das kulturelle Erbe, NuR 2009, 19 ff.

Hönig, Dietmar: Schutzstatus nicht gelisteter FFH-Gebiete, NuR 2007, 249 ff.

Höpfner, Sven/*Weber,* Thomas: Anschluss von Offshore-Windparks an das Europäische Verbundsystem – eine der größten Herausforderungen der heutigen Zeit, Elektrotechnik & Informationstechnik 2008, 326 ff.

Hoppe-Kilpper, Martin: Perspektiven der Windenergienutzung in Deutschland, Studie für die Friedrich-Ebert-Stiftung, Bonn 2004

Hornmann, Gerhard: Windkraft – Rechtsgrundlagen und Rechtsprechung, NVwZ 2006, 969 ff.

Hötker, Hermann: Auswirkungen des „Repowering" von Windkraftanlagen auf Vögel und Fledermäuse, (Untersuchung des Michael-Otto-Instituts im NABU im Auftrag des Landesamtes für Natur und Umwelt des Landes Schleswig-Holstein), Berghusen, Oktober 2006

Hötker, Hermann/*Thomsen,* Kai-Michael/*Köster,* Heike: Auswirkungen regenerativer Energiegewinnung auf die biologische Vielfalt am Beispiel der Vögel und der Fledermäuse – Fakten, Wissenslücken, Anforderungen an die Forschung, ornithologische Kriterien zum Ausbau von regenerativen Energiegewinnungsformen (gefördert vom Bundesamt für Naturschutz), Michael-Otto-Institut im NABU, Dezember 2004

Hübner, Hendrik: Offshore-Windenergieanlagen, ZUR 2000, 137 ff.

Hug, Christian: Gemeindenachbarklagen im öffentlichen Baurecht – Interkommunaler Rechtsschutz im Bauleitplanungs und Baugenehmigungsrecht nach den „Zweibrücken"- und „Mülheim-Kärlich"-Entscheidungen des Bundesverwaltungsgerichts und den BauGB-Novellen 2004 und 2007, Dissertation, Mannheim 2008

Ipsen, Knut: Völkerrecht, 5. Auflage, München 2004

Jäde, Henning: Aktuelle Entwicklungen im Bauordnungsrecht 2008/2009, ZfBR 2009, 428 ff.

Janzing, Bernward: Neue Kulturlandschaften, NE 05/2009, S. 24 ff.

Jarass, Hans D.: Bundesimmissionsschutzgesetz (BImSchG), Kommentar, 7. Auflage, München 2007
- Die Zulässigkeit von Projekten nach FFH-Recht, NuR 2007, 371 ff.

Jenisch, Uwe: Offshore-Windenergieanlagen im Seerecht, NuR 1997, 373 ff.

Jeromin, Curt M.: Praxisprobleme bei der Zulassung von Windenergieanlagen, BauR 2003, 820 ff.

Kahl, Wolfgang: Alte und neue Kompetenzprobleme im EG-Umweltrecht – Die geplante Richtlinie zur Förderung Erneuerbarer Energien, NVwZ 2009, 265 ff.

Kahle, Christian: Nationale (Umwelt-)Gesetzgebung in der deutschen ausschließlichen Wirtschaftszone am Beispiel der Offshore-Windparks, ZUR 2004, 80 ff.

Kautz, Steffen: Das Schutzregime nach der FFH-Richtlinie für Vorschlagsgebiete vor ihrer Aufnahme in die Gemeinschaftsliste, NVwZ 2007, 666 ff.

Keller, Maxi: Rechtsschutzdefizite Dritter gegen Genehmigungserteilungen für Windenergieanlagen in der AWZ?, ZUR 2005, 184 ff.
- Das Planungs- und Zulassungsregime für Offshore-Windenergieanlagen in der deutschen Ausschließlichen Wirtschaftszone (AWZ), Dissertation, Rostock 2006

Kerkmann, Jochen: Die „Umsetzung" der FFH-Richtlinie in Deutschland, EurUP 2005, 276 ff.
- Rechtsschutz gegen ausgewiesene „FFH-Gebiete", BauR 2006, 794 ff.
- Das Umwelt-Rechtsbehelfsgesetz, BauR 2007, 1527 ff.

Kilian, Michael: Die Brücke über die Elbe: völkerrechtliche Wirkungen des Welterbe-Übereinkommens der UNESCO, LKV 2008, 248 ff.

Klinski, Stefan: Zur Bedeutung militärischer Belange für die Genehmigung von Windkraftanlagen in der ausschließlichen Wirtschaftszone (AWZ), Rechtsgutachterliche Stellungnahme im Auftrag der Windland Energieerzeugungs GmbH, Berlin 2002

Klinski, Stefan/*Buchholz,* Hanns/*Rehfeld,* Knud (Windguard GmbH)/*Schulte,* Martin/*Nehls,* Georg (BioConsult SH): Entwicklung einer Umweltstrategie für die Windenergienutzung an Land und auf See, FuE-Vorhaben im Auftrag des Umweltbundesamtes, Endbericht März 2007

Kloepfer, Michael: Umweltrecht, 3. Auflage, Berlin 2004

Kment, Martin: Unmittelbarer Rechtsschutz Privater gegen Ziele der Raumordnung und Flächennutzungspläne im Rahmen des § 35 III BauGB, NVwZ 2003, 1047 ff.
- Das geänderte Raumordnungsgesetz nach Erlass des Europarechtsanpassungsgesetzes Bau, NVwZ 2005, 886 ff.
- Raumordnungsgebiete in der Deutschen Ausschließlichen Wirtschaftszone, DV 2007, 53 ff.
- Das neue Umwelt-Rechtsbehelfsgesetz und seine Bedeutung für das UVPG, NVwZ 2007, 274 ff.

Knopp, Lothar: Neues Umweltschadensgesetz, UPR 2007, 414 ff.

– Das Umweltschadensgesetz im Umweltgesetzbuch, UPR 2008, 121 ff.

Koch, Hans-Joachim: Windenergie in der AWZ, ZUR 2003, 350 ff.

– Die Verbandsklage im Umweltrecht, NVwZ 2007, 369 ff.

Koch, Hans-Joachim/*Kahle,* Christian: Aktuelle Rechtsprechung zum Immissionsschutzrecht, NVwZ 2006, 1124 ff.

Koch, Hans-Joachim/*Scheuing,* Dieter H.: Gemeinschaftskommentar zum Bundesimmissionsschutzgesetz, Düsseldorf, Loseblatt, Stand: 24. Ergänzungslieferung, Dezember 2007

Köck, Wolfgang/*Bovet,* Jana: Windenergieanlagen und Freiraumschutz, NuR 2008, 529 ff.

Kratsch, Dietrich: Neuere Rechtsprechung zum Naturschutzrecht – Eingriffsregelung, Schutzgebiete, Biotopschutz, NuR 2009, 398 ff.

Krautzberger, Michael: Neuregelung der baurechtlichen Zulässigkeit von Windenergieanlagen zum 1.1.1997, NVwZ 1996, 847 ff.

– Städtebauliche Verträge zur Umsetzung klimaschützender und energieeinsparender Zielsetzungen, DVBl 2008, 737 ff.

Krautzberger, Michael/*Stüer,* Bernhard: Das neue Raumordnungsgesetz des Bundes, BauR 2009, 180 ff.

Krieger, Heike: Die Anwendbarkeit nationaler und internationaler Regelungen auf die Erdgasgewinnung aus dem deutschen Festlandsockel, DVBl 2002, 300 ff.

Laczny, Martin u.a. (biola)/*Nehls,* Georg u.a. (Bio Consult SH): Fachgutachten Meeressäuger, Untersuchungsgebiet alpha ventus, für die Stiftung Offshore-Windenergie, Januar 2009

Lahme, Andreas: Höhenbegrenzungen von Windenergieanlagen im Bebauungsplan; Zurückstellung, (Anmerkung zu OVG Münster, U. v. 07.02.2002 – 7 B 918/02), ZNER 2002, 246 f.

– Wirtschaftlicher Betrieb von Windenergieanlagen und kommunale Bauleitplanung, (zugleich Anmerkung zu OVG Münster, U. v. 13.03.2006 – 7 A 3414/04), ZNER 2006, 176 f.

Leidinger, Tobias: Energieanlagenrecht, Essen 2007

Leopold, Anders: Unmittelbarer Rechtsschutz gegen Flächennutzungspläne im Rahmen des § 35 Abs. 3 S. 3 BauGB, VR 2004, 325 ff.

Lieber, Tobias: Habitatschutz in der Raumordnung, NuR 2008, 597 ff.

Loibl, Helmut: Zur Zulässigkeit von Normenkontrollen von Privaten gegen Regional- und Flächennutzungspläne, UPR 2004, 419 ff.

Lottermoser, Susanne: Das neue Umweltgesetzbuch – Die Regelungskonzeption des Bundesumweltministeriums –, UPR 2007, 401 ff.

Louis, Hans Walter: Anmerkung zu BVerwG, 11.01.2001 – 4 C 6.00, NuR 2001, 388 ff.

- Die Entwicklung der Eingriffsregelung, NuR 2007, 94 ff.
- Die Haftung für Umweltschäden an Arten und natürlichen Lebensräumen, NuR 2009, 2 ff.
- Die Zugriffsverbote des § 42 Abs. 1 BNatSchG im Zulassungs- und Bauleitplanverfahren, NuR 2009, 91 ff.

Louis, Hans Walter/*Wolf,* Verena: Naturschutz und Baurecht, NuR 2002, 455 ff.

Lüers, Hartwig: Windkraftanlagen im Außenbereich – zur Änderung des § 35 BauGB –, ZfBR 1996, 297 ff.

Lühle, Stefan: Nachbarschutz gegen Windenergieanlagen, NVwZ 1998, 897 ff.

Lütkes, Stefan: Artenschutz in Genehmigung und Planfeststellung, NVwZ 2008, 598 ff.

Maier, Kathrin: Zur Steuerung von Offshore-Windenergieanlagen in der Ausschließlichen Wirtschaftszone (AWZ), UPR 2004, 103 ff.

Maslaton, Martin: Entschädigung für die Nichtgewährung, Beeinträchtigung oder Entziehung des Windabschöpfungsrechts, LKV 2004, 289 ff.

- Die Rechtsprechung des OVG Bautzen zur Regionalplanung in Sachsen. LKV 2006, 55 ff.
- Berücksichtigung des öffentlichen Belangs Luftverkehr bei der Genehmigung von Windenergieanlagen, NVwZ 2006, 777 ff.
- Repowering von Windenergieanlagen außerhalb des Planumgriffs der Regionalplanung?, LKV 2007, 259 ff.
- Das Recht der Erneuerbaren Energien als eigenständige juristische Disziplin, LKV 2008, 289 ff.
- Die Entwicklung des Rechts der Erneuerbaren Energien 2007/2008, LKV 2009, 152 ff.

Maslaton, Martin/*Kupke,* Dana: Rechtliche Rahmenbedingungen des Repowerings von Windenergieanlagen, Leipzig 2005

Maunz, Theodor/*Dürig,* Günther: Grundgesetz – Kommentar, Loseblatt, Stand: Dezember 2007

Mayer-Metzner, Helmut: Die regionalplanerische Steuerung der Errichtung von Windenergieanlagen, BayVBl. 2005, 129 ff.

Middeke, Andreas: Windenergieanlagen in der verwaltungsgerichtlichen Rechtsprechung, DVBl 2008, 292 ff.

Mitschang, Stephan: Die Belange von Klima und Energie in der Raumordnung, DVBl 2008, 745 ff.

Mock, Thomas: Windkraft im Widerstreit – Ein Plädoyer zur Aufhebung der „Privilegierung" von Windindustrieanlagen gem. § 35 I Nr. 6 BauGB, NVwZ 1999, 937 ff.

Möckel, Stefan: Die Novelle des Bundesnaturschutzgesetzes zum europäischen Gebiets- und Artenschutz – Darstellung und Bewertung, ZUR 2008, 57 ff.

Müller, Christian: Klimaschutz durch Versagung von Genehmigungen für Windenergieanlagen in der Ausschließlichen Wirtschaftszone, ZUR 2008, 584 ff.

Mutius, Albert von: Rechtliche Voraussetzungen und Grenzen der Erteilung von Baugenehmigungen für Windenergieanlagen, DVBl 1992, 1469 ff.

Nicolai, Helmuth v.: Konsequenzen aus den neuen Urteilen des Bundesverwaltungsgerichts zur raumordnerischen Steuerung von Windenergieanlagen, ZUR 2004, 74 ff.

Niederstadt, Frank/*Weber,* Ruth: Verbandsklagen zur Geltendmachung von Naturschutzbelangen bei immissionsschutzrechtlichen Genehmigungen, NuR 2009, 297 ff.

Nikionok-Ehrlich, Angelika: Wahlweise Energiezukunft, NE 06/2009, 18 ff.

Ogiermann, Eva Maria: Bauplanungsrechtliche Hindernisse der Errichtung von Windkraftanlagen, NVwZ 1993, 964 ff.

Ohms, Martin: Immissionsschutz bei Windkraftanlagen, DVBl 2003, 958 ff.

Oschmann, Volker: Neues Recht für Erneuerbare Energien, NJW 2009, 263 ff.

Otto, Christian-W.: Das Infrastrukturplanungsbeschleunigungsgesetz, NVwZ 2007, 379 ff.

– Über den Schutzstatus der Fledermäuse und dessen Bedeutung in Bauleitplanungs- und Genehmigungsverfahren, Nyctalus-Themenheft „Fledermäuse und Nutzung der Windenergie", Band 12/Doppelheft 2–3, 2007, 163 ff.

– Klimaschutz und Energieeinsparung im Bauordnungsrecht der Länder, ZfBR 2008, 550 ff.

– Die Auswirkungen des Umweltschadenrechts auf die Bebauungsplanung und das Baugenehmigungsverfahren, ZfBR 2009, 330 ff.

Palme, Christoph/*Schumacher,* Jochen: Zulässigkeit von Klagen gegen Offshore-Windparks in der Ausschließlichen Wirtschaftszone, NuR 2004, 773 ff.

Paschedag, Udo: Die Windenergie – zentraler Baustein für den Ausbau erneuerbarer Energien und ihre Integration in das deutsche Stromnetz, in Alt, Franz/Scheer, Herrmann, Wind des Wandels, Bochum 2007, S. 67 ff.

Pauli, Felix: Artenschutz in der Bauleitplanung, BauR 2008, 759 ff.

Pestke, Silvia: Offshore-Windfarmen in der Ausschließlichen Wirtschaftszone, Dissertation, Bremen 2008

Philipp, Renate: Artenschutz in Genehmigung und Planfeststellung, NVwZ 2008, 593 ff.

Quambusch, Erwin: Die Zerstörung der Landschaft durch Windkraftanlagen, BauR 2003, 635 ff.

– Windkraftanlagen als Problem der öffentlichen Verwaltung, VBlBW 2005, 264 ff.

– Repowering als Planungsproblem, BauR 2007, 1824 ff.

Ramsauer, Ulrich: Die Ausnahmeregelungen des Art. 6 Abs. 4 der FFH-Richtlinie, NuR 2000, 601 ff.

Rectanus, Christopher: Genehmigungsrechtliche Fragen der Windenergieanlagen-Sicherheit, NVwZ 2009, 871 ff.

Rehfeld, Knud/*Geile,* Ann-Kathrin: Entwicklung der Windenergienutzung im Binnenland, in in Alt, Franz/Scheer, Herrmann, Wind des Wandels, Bochum 2007, 157 ff.

Reitzig, Frank: Die planungsrechtliche Steuerung der Standorte von Windenergieanlagen im Außenbereich am Beispiel des Landes Brandenburg, LKV 1997, 358 ff.

Reshöft, Jan/*Dreher,* Jörg: Rechtsfragen bei der Genehmigung von Offshore-Windparks in der deutschen AWZ nach Inkrafttreten des BNatSchNeuregG, ZNER 2002, 95 ff.

Ringel, Christina/*Bitsch,* Christian: Die Neuordnung des Rechts der Erneuerbaren Energien in Europa, NVwZ 2009, 807 ff.

Risch, Jessica: Windenergieanlagen in der Ausschließlichen Wirtschaftszone, Dissertation, Dresden 2006

Rodi, Michael: Grundstrukturen des Energieumweltrechts, EurUP 2005, 165 ff.

Rolshoven, Michael: Wer zuerst kommt mahlt zuerst? – Zum Prioritätsprinzip bei konkurrierenden Genehmigungsanträgen, Dargestellt anhand aktueller Windkraftfälle, NVwZ 2006, 516 ff.

Rosenbaum, Martin: Errichtung und Betrieb von Windenergieanlagen im Offshore-Bereich, Dissertation, Kiel 2006

Rufin, Julia: Fortentwicklung des Rechts der Energiewirtschaft: für mehr Wettbewerb und eine nachhaltige Energieversorgung in Deutschland?, ZUR 2009, 66 ff.

Runkel, Peter: Steuerung von Vorhaben Windenergienutzung im Außenbereich durch Raumordnungspläne, DVBl 1997, 275 ff.

Sangenstedt, Christof: Umweltgesetzbuch und integrierte Vorhabengenehmigung, ZUR 2007, 505 ff.

Scheidler, Alfred: Die bauplanungsrechtlichen Voraussetzungen zur Erteilung der immissionsschutzrechtlichen Genehmigung, UPR 2007, 288 ff.

– Umweltschutz durch Umweltverantwortung, NVwZ 2007, 1113 ff.

– Die Bedeutungsverlagerung des Rechtsbegriffs „Windfarm", UPR 2008, 52 ff.

– Die Voraussetzungen der immissionsschutzrechtlichen Genehmigung, BauR 2008, 941 ff.

– Die naturschutzrechtlichen Voraussetzungen zur Erteilung der immissionsschutzrechtlichen Genehmigung, NuR 2009, 232 ff.

Schenke, Wolf-Rüdiger: Rechtsschutz gegen Flächennutzungspläne, NVwZ 2007, 134 ff.

– Der Rechtsschutz von Nachbargemeinden im Bauplanungsrecht, Teil 1, VerwArch 2007, 448 ff.

- Der Rechtsschutz von Nachbargemeinden im Bauplanungsrecht, Teil 2, VerwArch 2007, 561 ff.

Schiller, Gernot: Praxisprobleme bei der Planfeststellung von Energiefreileitungen, UPR 2009, 245 ff.

Schlacke, Sabine: Das Umwelt-Rechtsbehelfsgesetz, NuR 2007, 8 ff.

Schmaltz, Hans Karsten: Belande des Denkmalschutzes nach § 35 Abs. 3 S. 1 Nr. 5 BauGB, BauR 2009, 761 ff.

Schmidt-Eriksen, Christoph: Die Genehmigung von Windkraftanlagen nach dem Artikelgesetz, NuR 2002, 648 ff.

Schneider, Jens-Peter: EG-Vergaberecht zwischen Ökonomisierung und umweltpolitischer Instrumentalisierung, DVBl 2003, 1186 ff.

Schnoor, Herbert: Verfassungsrechtliche Bedingungen einer Küstenwache zur Bewältigung maritimer Schadensfälle, ZUR 2000, 221 ff.

Schrader, Christian: Umweltgesetzbuch? Nein Danke., ZRP 2008, 60 ff.

Schrödter, Wolfgang: Die neue Umweltverbandsklage gegen Bebauungspläne nach dem Umwelt-Rechtsbehelfsgesetz, LKV 2008, 391 ff.

Schulte, Bernd H.: Abstände und Abstandsflächen in der Schnittstelle zwischen Bundes- und Landesrecht, BauR 2007, 1514 ff.

Schütz, Peter: Die Umsetzung der FFH-Richtlinie – Neues aus Europa, UPR 2005, 137 ff.

Schwarz, Michael: Auswirkungen von Windenergieanlagen und ihre Bedeutung für die Bauleitplanung zur Steuerung der Windenergienutzung, LKV 1998, 342 ff.

Schweizer-Ries, Petra: Umweltpsychologische Untersuchung von Windkraftanlagen entlang von Autobahnen und Bundesstraßen: Akzeptanzanalyse bei Autofahrern, Untersuchung zur Erweiterung der Studie „Abschätzung der Ausbaupotentiale der Windenergie an Infrastrukturachsen und Entwicklung von Kriterien der Zulässigkeit", Abschlußbericht 31.03.2009

Seibel, Mark: Das Rücksichtnahmegebot im öffentlichen Baurecht, BauR 2007, 1831 ff.

Seiche, Kareen/*Endl,* Peter/*Lein,* Marta u. a.: Fledermäuse und Windenergieanlagen in Sachsen 2006, gefördert durch: Sächsisches Landesamt für Umwelt und Geologie, Bundesverband WindEnergie e. V. (BWE), Vereinigung zur Förderung der Nutzung erneuerbarer Energien e. V. (VEE Sachsen e. V.), Dresden, Februar 2008

Sinn, Hans-Werner: Das grüne Paradoxon – Plädoyer für eine illusionsfreie Klimapolitik, Berlin 2008

Skiba, Reinald: Die Fledermäuse im Bereich der Deutschen Nordsee unter Berücksichtigung der Gefährdung durch Windenergieanlagen (WEA), Nyctalus-Themenheft „Fledermäuse und Nutzung der Windenergie", Band 12/Doppelheft 2–3, 2007, 199 ff.

Söfker, Wilhelm: Zur bauplanungsrechtlichen Absicherung des Repowering von Windenergieanlagen, ZfBR 2008, 14 ff.

- Zum Entwurf eines Gesetzes zur Neufassung des Raumordnungsgesetzes (GeROG), UPR 2008, 161 ff.
- Das Gesetz zur Neufassung des Raumordnungsgesetzes, UPR 2009, 161 ff.

Spieler, Martin: Veränderungssperre und Zurückstellung von Bauvorhaben nach rechtskräftiger Verurteilung zur Erteilung der Baugenehmigung, BauR 2008, 1397 ff.

Steeck, Sebastian/*Lau,* Marcus: Das FFH-Screening – letzte Ausfahrt vor Westumfahrung Halle? NVwZ 2008, 854 ff.

- Die Rechtsprechung des BVerwG zum europäischen Naturschutzrecht im Jahr eins nach seiner Entscheidung zur Westumfahrung Halle, NVwZ 2009, 616 ff.

Stich, Rudolf: Bauplanungs- und umweltrechtliche Probleme bei der Errichtung und des Betriebs von Windkraftanlagen sowie der Aufstellung von Bebauungsplänen für Windfarmen, GewArch 2003, 8 ff.

Stüer, Bernhard: Die Zulässigkeit von Windenergieanlagen als Planungsproblem der Regional- und der Flächennutzungsplanung, in: Willy Spannowsky/Stephan Mitschang, Flächennutzungsplanung im Umbruch?, Köln 2000, 119 ff.

- Habitat und Vogelschutz, DVBl 2002, 940 ff.
- Normenkontrolle von Bauleitplänen auf Wanderschaft zur Rechtsnorm, BauR 2007, 1495 ff.

Stüer, Bernhard/*Spreen,* Holger: Rechtsschutz gegen FFH- und Vogelschutzgebiete, NdsVBl. 2003, 44 ff.

Stüer, Bernhard/*Stüer,* Eva: Planerische Steuerung von privilegierten Vorhaben im Außenbereich, NuR 2004, 341 ff.

Stüer, Bernhard/*Vildomec,* Arthur: Planungsrechtliche Zulässigkeit von Windenergieanlagen, BauR 1998, 427 ff.

Tettau, Philipp v.: Lichtemissionen von Windenergieanlagen, (Anmerkung zu OVG Greifswald, U. v. 23.09.2002 – 3 M 89/01), ZNER 2003, 70

Tigges, Franz-Josef: Die Ausschlusswirkung von Windvorrangflächen in der Flächennutzungsplanung – zugleich eine Anmerkung zu OVG Münster, U. v. 30.11.2001, und OVG Lüneburg, B. v. 17.01.2002 – 1 L 2404/00 – RA, ZNER 2002, 87 ff.

- Anmerkung zu BVerwG, 19.09.2002 – 4 C 10/01, ZNER 2003, 43
- Anmerkung zu OVG Münster, 18.11.2002 – 7 A 2127/00, ZNER 2003, 55 ff.
- Anmerkung zu OVG Koblenz, 08.12.2005 – 1 C 10065/05, ZNER 2005, 338 f.

Tigges, Franz-Josef/*Berghaus,* Jann/*Niedersberg,* Jörg: Windenergie und „Windiges", NVwZ 1999, 1317 ff.

Troidl, Thomas: David gegen Goliath: „Erdrückende Wirkung" im öffentlichen Baurecht – „abriegelnde" und „einmauernde" Bauvorhaben aus Sicht des Rücksichtnahmegebots, BauR 2008, 1829 ff.

Vogt, Katrin: Die Anwendung artenschutzrechtlicher Bestimmungen in der Fachplanung und der kommunalen Bauleitplanung, ZUR 2006, 21 ff.

Voßkuhle, Andreas: „Wer zuerst kommt, mahlt zuerst" – Das Prioritätsprinzip als antiquierter Verteilungsmodus einer modernen Rechtsordnung, DV 32 (1999), 22 ff.

Wachs, Stefan/*Greiving,* Stefan: Planerische Steuerung gehäuft auftretender Nutzungen im Außenbereich am Beispiel der Windkraftanlagen – Neue Anforderungen an die überörtliche und örtliche Gesamtplanung am Beispiel Nordrhein-Westfalen, NWVBl 1998, 7 ff.

Wagner, Jörn: Privilegierung von Windkraftanlagen im Außenbereich und ihre planerische Steuerung durch die Gemeinde, UPR 1996, 370 ff.

Walter, Gottfried/*Matthes,* Hinrich/*Joost,* Michael: Fledermauszug über Nord- und Ostsee – Ergebnisse aus Offshore-Untersuchungen und deren Einordnung in das bisher bekannte Bild zum Zuggeschehen, Nyctalus-Themenheft „Fledermäuse und Nutzung der Windenergie", Band 12/Doppelheft 2–3, 2007, 221 ff.

Weber, Tilman: Deutsches Duopol, NE 08/2008, 28 f.

– Sportlicher Strom mixen, NE 06/2009, 56 ff.

Weinhold, Nicole: Propheten des Windes, NE 05/2006, 46 ff.

– Rezepte für Repowering, NE 06/2007, 28 ff.

– Will de Hesse kaa Windrädersche? NE 11/2007, 24 ff.

– Von Alltagsriesen und Traumgiganten, NE 04/2008, 30 ff.

Wemdzio, Marcel: Einbeziehungsmöglichkeiten eines potentiellen Investors von Offshore-Windenergieanlagen bei der Raumordnungsplanung nach § 18a ROG mittels öffentlich-rechtlichem Vertrag, UPR 2009, 132 ff.

Wichert, Friedrich: Enteignung und Besitzeinweisung für energiewirtschaftliche Leitungsvorhaben, NVwZ 2009, 876 ff.

Wirtenberger, Franz: Erneuerbare Energien in der Europäischen Union – Politik und Rechtsetzung, EurUP 2008, 11 ff.

Wissenschaftlicher Beirat beim Bundesministerium für Wirtschaft und Arbeit: Zur Förderung erneuerbarer Energien, ZUR 2004, 400 ff.

Wolf, Rainer: Windenergie als Rechtsproblem, ZUR 2002, 331 ff.

– Rechtsprobleme der Anbindung von Offshore-Windenergieparks in der AWZ an das Netz,

– Grundfragen der Entwicklung einer Raumordnung für die Ausschließliche Wirtschaftszone, ZUR 2005, 176 ff.

Wustlich, Guido: Die Änderungen im Genehmigungsverfahren für Windenergieanlagen, NVwZ 2005, 996 ff.

– Das Recht der Windenergie im Wandel – Teil 1 Windenergie an Land, ZUR 2007, 16 ff.

– Das Recht der Windenergie im Wandel – Teil 2 Windenergie auf See, ZUR 2007, 122 ff.

Zeiler, Manfred/*Dahlke,* Christian/*Nolte,* Nico: Offshore-Windparks in der ausschließlichen Wirtschaftszone von Nord- und Ostsee, pro*met*, Jahrgang 31, Nr. 1 (April 2005), S. 71 ff.

Ziekow, Jan: Das Umweltrechtsbehelfsgesetz im System des deutschen Rechtsschutzes, NVwZ 2007, 259 ff.

Zimmermann, Andreas: Rechtliche Probleme bei der Errichtung seegestützter Windenergieanlagen, DÖV 2003, 133 ff.

Materialverzeichnis

Bundesamt für Naturschutz (BfN): Naturschutzfachlicher Planungsbeitrag des Bundesamtes für Naturschutz zur Aufstellung von Zielen und Grundsätzen der Raumordnung für die Ausschließliche Wirtschaftszone der Nord- und Ostsee, Bonn, Februar 2006

- Stellungnahme des BfN im Rahmen der Öffentlichkeits- und Behördenbeteiligung durch das Bundesamt für Seeschifffahrt und Hydrographie, Leipzig, 18. September 2008

Bundesamt für Seeschifffahrt und Hydrographie (BSH): Genehmigungsbescheid auf Antrag der Nordsee Windpower GmbH & Co. KG, Hamburg 24.05.2006, Seite http://www.bsh.de

- Genehmigungsbescheid auf Antrag der EOS Offshore AG, Hamburg 05.07.2006, Seite http://www.bsh.de

- Genehmigungsbescheid auf Antrag der Meerwind Südost GmbH & Co. Föhn KG (Meerwind Süd) sowie der Meerwind Südost GmbH & Co. Rand KG (Meerwind Ost), Hamburg 16.05.2007, Seite http://www.bsh.de

- Untersuchung der Auswirkungen von Offshore-Windenergieanlagen (StUK 3), Stand 2007, Seite http://www.bsh.de/de/Produkte/Buecher/Sonstige_Publikationen/index.jsp, Hamburg 2007

Bundesministerium für Umwelt, Naturschutz und Reaktorsicherheit: Netzanbindung der Offshore-Windparks: Anwendungshinweise zur neuen Rechtslage, Berlin, 16. März 2007

- Den Herausforderungen der Energie- und Klimapolitik erfolgreich begegnen, Berlin, 18. Juni 2008

- Nationale Strategie für die nachhaltige Nutzung und den Schutz der Meere, Reihe Umweltpolitik, Oktober 2008

- Auswirkungen der Finanz- und Wirtschaftskrise auf die Branche der Erneuerbaren Energien – Schlussfolgerungen aus dem Treffen der Arbeitsgruppen „Nationale Wertschöpfung und internationale Marktentwicklung" sowie „Wind Offshore" am 29. Januar 2009 unter Leitung von Staatssekretär Machnig, BMU

Bundesministerium für Verkehr, Bau und Stadtentwicklung: Entwurf: Verordnung über die Raumordnung in der deutschen ausschließlichen Wirtschaftszone (AWZ-ROV), mit Anlage Raumordnungsplan für die deutsche ausschließliche Wirtschaftszone in Nord- und Ostsee – Textteil, Stand 13.06.2008, Seite http://www.bsh.de/de/Das_BSH/Bekanntmachungen/Raumordnungsplan.pdf

Bundesregierung (Ff. BMU) unter Beteiligung der Deutschen Energie-Agentur (dena) im Rahmen der Nachhaltigkeitsstrategie der Bundesregierung: Strategie der Bundesregierung zur Windenergienutzung auf See, Berlin 2002

Bundesverband der Energie- und Wasserwirtschaft e. V. (BDEW): Stellungnahme zum Entwurf einer „Verordnung zur Änderung seeanlagenrechtlicher Vorschriften" Berlin, 29.07.2009

Bundesverband Windenergie e. V.: Positionspapier: Abstandsempfehlungen für die Planung von Windenergieanlagen, Berlin, Sept. 2005

- Die Windindustrie in Deutschland, Berlin 2006, Seite http://www.deutsche-windindustrie.de/

- Position zur Novelle des Erneuerbare-Energien-Gesetzes, BWE-Stellungnahme vom 29.06.2007, Seite http://www.wind-energie.de/fileadmin/intern/Dokumente/BWE_EEG-Position_07-09-06.pdf, Berlin, 29.06.2007

- Handlungsempfehlung für die Kennzeichnung von Windenergieanlagen, Hannover, 6.11.2007

- Stellungnahme des Bundesverbandes Windenergie (BWE) zur Vergütung für Windenergieanlagen an Land im Regierungsentwurf des Erneuerbare-Energien-Gesetzes (EEG), Seite http://www.eeg-aktuell.de/uploads/media/bwe_stellungnahme_kabinett.pdf, Berlin, 28.03.2008

- Abschlussbericht „Entwicklung eines *H*indernisbefeuerungskonzeptes zur Minimierung der Lichtemissionen an On- und Offshore-*W*indenergieparks und -anlagen unter besonderer Berücksichtigung der Vereinbarkeit der Aspekte *U*mweltverträglichkeit sowie *S*icherheit des Luft- und Seeverkehrs", kurz *„HiWUS"*, gefördert von der deutschen Bundesstiftung Umwelt, Vorgestellt Husum, 9. September 2008 und abrufbar beim BWE unter http://www.wind-energie.de/de/aktuelles/article/bwe-effizientere-befeuerung-verschafft-der-windenergie-an-land-mehr-akzeptanz/145/

- Stellungnahme anlässlich der öffentlichen Anhörung des Ausschusses für Wirtschaft und Technologie des Deutschen Bundestages am 15. Dezember 2008 zum Entwurf eines Gesetzes zu Beschleunigung des Ausbaus der Höchstspannungsnetze, Berlin, 11. Dezember 2008

- Windenergie offshore – Verordnung zur Änderung seeanlagenrechtlicher Vorschriften vom 19. Juni 2009, Schreiben vom 31.07.2009

Bundesverband Windenergie e. V./Landesverband NRW: Stellungsnahme zum Entwurf eines neuen Windenergieerlasses der nordrhein-westfälischen Landesregierung, Paderborn, Oktober 2005

Bundesverband WindEnergie e. V./Offshore Forum Windenergie/Offshore Energies Mecklenburg-Vorpommern/Stiftung Offshore-Windenergie/Windenergieagentur Bremerhaven Bremen e. V./windcomm Schleswig-Holstein/Wirtschaftsverband Windkraftwerke e. V./VDMA Power Systems: Stellungnahme zum Entwurf einer Verordnung über die Raumordnung in der deutschen ausschließlichen Wirtschaftszone (sog. Verbände-Stellungnahme), Hamburg, 12. September 2008

- Stellungnahme zu den beabsichtigten Änderungen des Entwurfs einer Verordnung über die Raumordnung in der deutschen ausschließlichen Wirtschaftszone (sog. 2. Verbände-Stellungnahme), Hamburg, 14. Januar 2009

Bundesverband Windenergie e. V./Prognos AG: Prognos-Studie „Windenergie und Gewerbesteuer in Norddeutschland", Seite http://www.wind-energie.de/fileadmin/ dokumente/Presse_Hintergrund/HG_Studie_Gewerbesteuer.pdf/http://www.prog nos.com/cgi-bin/cms/start/news/show/news/1156327653, Berlin, 18.08.2006

Christlich-Demokratische Union Deutschlands (CDU), Christlich-Soziale Union Deutschlands (CSU): Wir haben die Kraft – Gemeinam für unser Land, Regierungsprogramm 2009–2013, Berlin 28. Juni 2009

Christlich-Demokratische Union Deutschlands (CDU), Christlich-Soziale Union Deutschlands (CSU), Sozialdemokratische Partei Deutschland (SPD): Gemeinsam für Deutschland – mit Mut und Menschlichkeit, Koalitionsvertrag vom 11.11.2005, Berlin 2005

Christlich-Demokratische Union Deutschlands (CDU), Landesverband Nordrhein-Westfalen: Koalitionsvereinbarung von CDU und FDP zur Bildung einer neuen Landesregierung in Nordrhein-Westfalen vom 20.Juni 2005, Düsseldorf 2005

Department of Trade and Industry, Licensing and Consents Unit, Offshore Environment and Decommissioning: Appropriate Assessment with regard to London Array Wind Farm, London, Oktober 2006

Deutsche Energie Agentur GmbH/i. V. m. Bundesministerium für Wirtschaft und Technologie: Exportkatalog „renewables made in Germany", Berlin 2006, http:// www.renewables-made-in-germany.com/

Deutscher Städte- und Gemeindebund: DStGB Dokumentation Nr. 94, Repowering von Windenergieanlagen – Kommunale Handlungsmöglichkeiten, Berlin 2009

E.ON Energie AG: ... wieso, weshalb, warum? Fakten zum Thema Energiepreise, München Oktober 2007

Europäische Kommission: Leitfaden zu den Jagdbestimmungen der Richtlinie 79/407/EG des Rates über die Erhaltung der wild lebenden Vogelarten, „Vogelschutzrichtlinie", Brüssel, August 2004

– Umweltorientierte Beschaffung! Ein Handbuch für ein umweltorientiertes öffentliches Beschaffungswesen, Luxemburg 2005

– Leitfaden zum strengen Schutzsystem für Tierarten von gemeinschaftlichem Interesse im Rahmen der FFH-Richtlinie 92/43/EWG, http://ec.europa.eu/environ ment/nature/conservation/species/guidance/index_en.htm, Brüssel, Februar 2007

European Commission, Directorate-General for the Environment, Leading by example, Environment for Europeans N° 33 2009, 4 f.

Freie Hansestadt Bremen, Der Senator für Umwelt, Bau Verkehr und Europa: Änderung der Seeanlagenverordnung, Schreiben vom 30.07.2009

Frye, Andreas/*Neumann,* Christoph/*Müller,* Andreas in EADS Deutschland GmbH, Forschungsvorhaben Windenergieanlagen (WEA) – Radar Verträglichkeit – Jahresbericht 2008, 15.07.2009

Gesellschaft für Sozialforschung und Statistische Analysen mbH (FORSA): Meinungen zur Windenergie, Berlin 2005

– Umfrage zum Thema „Erneuerbare Energien", Berlin 2007

Honeywell Airport Systems GmbH: Broschüre LED 170W Gefahrenfeuersystem für Windkraftanlagen, http://www.honeywell.de/airportsystems/index.htm, Wedel, September 2003

Institut für Demoskopie Allensbach: Umwelt 2004 – Repräsentative Bevölkerungsumfragen zur Umweltsituation heute sowie zu ausgewählten Fragen der Umwelt- und Energiepolitik, Allensbach am Bodensee 2004

Land Brandenburg, Landesregierung: Energiestrategie 2020 des Landes Brandenburg – Umsetzung des Beschlusses des Landtags Drs. 4/2893-B vom 18. Mai 2006

Länderausschuss für Immissionsschutz (LAI): Hinweise zur Ermittlung und Beurteilung der optischen Immissionen von Windenergieanlagen (WEA-Schattenwurfhinweise), März 2002

Landesregierung Mecklenburg-Vorpommern: Hinweise für die Planung und Genehmigung von Windkraftanlagen in Mecklenburg-Vorpommern vom 20.10.2004, Gemeinsame Bekanntmachung des Ministeriums für Arbeit, Bau und Landesentwicklung und des Umweltministeriums, ABl. M-V Nr. 44, 966 ff.

Landesregierung Mecklenburg-Vorpommern, Ministerium für Arbeit, Bau u. Landesentwicklung: Landesraumentwicklungsprogramm Mecklenburg-Vorpommern, Seite http://www.vm.mv-regierung.de/raumordnung/doku/LEP_2005.pdf, Schwerin im August 2005

Landesregierung Niedersachsen, Ministerium für den ländlichen Raum, Ernährung, Landwirtschaft und Verbraucherschutz: Raumordnung; Empfehlungen zur Festlegung von Vorrang – oder Eignungsgebieten für die Windenergienutzung, Schreiben an die Träger der Regionalplanung vom 26.01.2004, Az. 303-32346/8.1

– Landesraumordnungsprogramm Niedersachsen, Seite http://cdl.niedersachsen.de/blob/images/C23434478_L20.pdf, Hannover, im Juli 2006

Landesregierung Niedersachsen, Ministerium für Umwelt und Klimaschutz: Stellungnahme des Niedersächsischen Ministeriums für Umwelt und Klimaschutz vom 30.07.2009 zum Entwurf einer Verordnung zur Änderung seeanlagenrechtlicher Vorschriften

Landesregierung Nordrhein-Westfalen: Grundsätze für die Planung und Genehmigung von Windkraftanlagen (WKA-Erl.) vom 21.10.2005, Gemeinsamer Runderlass der Ministerien für Bauen und Verkehr, Umwelt und Naturschutz, Landwirtschaft und Verbraucherschutz und Wirtschaft, Mittelstand und Energie, MBl. Nr. 49, 1288 ff.

Landesregierung Schleswig-Holstein: Grundsätze zur Planung von Windkraftanlagen, vom 25.11.2003, Gemeinsamer Runderlass des Innenministeriums, des Ministeriums für Umwelt, Naturschutz und Landwirtschaft und des Ministeriums für Wirtschaft, Arbeit und Verkehr, (Ergänzung des Runderlasses vom 04.07.1995, ABl. Schl.-H. 1995, 478 ff.) ABl. Schl.-H. 2003, 893 ff.

Nehls, Georg: Stellungnahme zu den möglichen Auswirkungen der Rammarbeiten zur Errichtung der Forschungsplattform FINO 3 auf Marine Säugetiere (Bio Consult SH), Husum, Juli 2008

Nölle & Stövesandt: Stellungnahme zum Entwurf des Raumordnungsplanes (ROP) für die deutsche Ausschließliche Wirtschaftszone der Nordsee, (für Sanbank Power GmbH & Co KG und Sandbank Power Extension GmbH & Co KG), Bremen, 12.09.2008

Offshore Forum Windenergie: Änderung der Seeanlagenverordnung, Schreiben vom 30.07.2009

Pohl, Johannes/*Faul*, Franz/*Mausfeld*, Rainer: Belästigung durch periodischen Schattenwurf von Windenergieanlagen – Feldstudie, Kiel, 31.07.1999, http://www.umwelt.schleswig-holstein.de/servlet/is/958/

– Belästigung durch periodischen Schattenwurf von Windenergieanlagen – Laborpilotstudie, Kiel, 15.05.2000, http://www.umwelt.schleswig-holstein.de/servlet/is/3948/

Scheer, Hermann: Neue Energie für ein Atomfreies Hessen – Grundlinien eines Landesenergieprogramms für Hessen, Berlin/Marburg/Frankfurt a.M. 2006, Seite http://www.hermannscheer.de/de/images/stories/pdf/Scheer_Neue_Energie_Hessen_okt06.pdf

Stiftung Offshore-Windenergie u.a.: Stellungnahme der Stiftung Offshore-Windenergie, Windagentur Bremerhaven/Bremen e.V., WindEnergy Network Rostock e.V. und Wind Comm Schleswig-Holstein zum Entwurf einer Verordnung zur Änderung seeanlagenrechtlicher Vorschriften, Hamburg 30. Juli 2009

Umweltbundesamt (UBA): Externe Kosten besser kennen – Umwelt besser schützen, Die Methodenkonvention zur Schätzung externer Kosten am Beispiel Energie und Verkehr, Dessau-Roßlau April 2007

– Stellungnahme des UBA zum Entwurf des Raumordnungsplans mit Umweltbericht, Dessau-Roßlau, 19. September 2008

Vattenfall Europe New Energy GmbH: Stellungnahme der Vattenfall Europe New Energy GmbH zum Entwurf der Verordnung in der deutschen ausschließlichen Wirtschaftszone (AWZ-ROV), Hamburg 11.09.2008

Verband der Elektrotechnik, Elektronik, Informationstechnik e.V. (VDE): VDE-Studie, Energiespeicher in Stromversorgungssystemen mit hohem Anteil erneuerbarer Energieträger, Frankfurt am Main, Dezember 2008

Wirtschaftsverband Windkraftwerke e.V.: Stellungnahme des Wirtschaftsverbands Windkraftwerke e.V. (WVW) zur geplanten Änderung der Seeanlagenverordnung, Cuxhaven, 28. Juli 2009

Rechtsprechungsverzeichnis

Europäischer Gerichtshof

EuGH (V-RL Belgien)	(08.07.1987 – Rs. 247/85) Slg.1987, 3029/3057 ff.
EuGH (V-RL Italien)	(08.07.1987 – Rs. 262/85) Slg.1987, 3073/3094 ff.
EuGH (Beentjes/Niederlande)	(20.09.1988 – Rs. 31/87) NVwZ 1990, 353 ff.
EuGH (Leybucht)	(28.02.1991 – Rs. C-57/89) NuR 1991, 249 f.
EuGH (Santona)	(02.08.1993 – Rs. C-355/90) NuR 1994, 521 ff.
EuGH (Großkrotzenburg)	(11.08.1995 – Rs. C-431/92) NuR 1996, 102 ff.
EuGH (Lappel Bank)	(11.07.1996 – Rs. C-44/95) NuR 1997, 36 ff.
EuGH (Environnement Wallonie)	(18.12.1997 – Rs. C-129/96) EuZW 1998, 167 ff.
EuGH (Nord-Pas-de-Calais)	(26.09.2000 – Rs. C-225/98) NZBau 2000, 584 ff.
EuGH (StromEG)	(13.03.2001 – Rs. C-379/98) NVwZ 2001, 665 ff.
EuGH (Vertragsverletzung FFH)	(11.09.2001 – Rs. 71/99) NVwZ 2002, 461 f.
EuGH (Concordia Bus Finland)	(17.09.2002 – Rs. 513/99) NZBau 2002, 618 ff.
EuGH (Caretta)	(30.01.2002 – Rs. C-103/00) NuR 2004, 596 f.
EuGH (EVN AG und Wienstrom)	(04.12.2003 – Rs. C-448/01) Slg. 2003, I-14527 ff.
EuGH (Dragaggi)	(13.01.2005 – Rs. C-117/03) NVwZ 2005, 311 f.
EuGH (BNatSchG)	(10.01.2006 – Rs. C-98/03) NuR 2006, 166 ff.
EuGH (A 94)	(14.09.2006 – Rs. C-244/05) NVwZ 2007, 61 ff.
EuGH (Wolfsjagd Finnland)	(14.06.2007 – Rs. C-342/05) NuR 2007, 477 ff.

Bundesverfassungsgericht

BVerfG	(16.06.1954 – 1 PBvV 2/52) BVerfGE 3, 407 ff.
BVerfG	(21.03.1957 – 1 BvR 65/54) BVerfGE 6, 290 ff.
BVerfG	(30.10.1962 – 2 BvF 2/60) BVerfGE 15, 1 ff.
BVerfG	(18.12.1968 – 1 BvR 638, 673/64 und 200, 238, 249/65) BVerfGE 24, 367 ff.
BVerfG	(28.10.1975 – 2 BvR 883/73 und 379, 497, 526/74) BVerfGE 40, 237 ff.

BVerfG	(25.03.1981 – 2 BvE 1/79) BVerfGE 57, 1 ff.
BVerfG	(23.06.1987 – 2 BvR 826/83) BVerfGE 76, 107 ff./ NuR 1988, 188 ff.
BVerfG	(27.10.1998 – 1 BvR 2306, 2314/96, 1108, 1109, 1110/97) BVerfGE 98, 265 ff.
BVerfG	(09.01.1996 – 2 BvL 12/95) NJW 1997, 573 f.

Bundesverwaltungsgericht

BVerwG	(06.12.1967 – 4 C 94.66) BVerwGE 28, 268 ff.
BVerwG	(12.12.1969 – 4 C 105.66) BVerwGE 34, 301 ff.
BVerwG	(16.02.1973 – 4 C 61.70) BVerwGE 42, 8 ff.
BVerwG	(18.10.1974 – 4 C 75.71) BVerwGE 47, 126 ff.
BVerwG	(14.03.1975 – 4 C 41.73) BVerwGE 48, 109 ff.
BVerwG	(13.02.1976 – 4 C 53.74) BRS 30 Nr. 40
BVerwG	(10.09.1976 – 4 C 39.74) BVerwGE 51, 121 ff.
BverwG	(09.11.1979 – 4 N 1/78) NJW 1980, 1061 ff.
BVerwG	(21.08.1981 – 4 C 57.80) BVerwGE 64, 33 ff.
BVerwG	(01.12.1982 – 7 C 111.81) BVerwGE 66, 307 ff.
BVerwG	(21.01.1983 – 4 C 59.79) BRS 40, Nr. 199
BVerwG	(18.02.1983 – 4 C 18.81) BVerwGE 67, 23 ff.
BVerwG	(13.03.1983 – 4 C 1.78) BRS 38, Nr. 186
BVerwG	(18.03.1983 – 4 C 80.79) BVerwGE 67, 74 ff.
BVerwG	(27.06.1983 – 4 B 206/82) NVwZ 1984, 169 f.
BVerwG	(30.09.1983 – 4 C 74.78) BVerwGE 68, 58 ff.
BVerwG	(11.05.1984 – 4 C 83.80) NVwZ 1984, 584 ff.
BVerwG	(30.05.1984 – 4 C 58.81) BVerwGE 69, 256 ff.
BVerwG	(30.08.1985 – 4 C 48.81) BRS 44 Nr. 75
BVerwG	(23.05.1986 – 4 C 34/85) NVwZ 1987, 128 f. BRS 46, Nr. 176
BVerwG	(22.05.1987 – 4 C 57/84) BVerwGE 77, 300 ff.
BVerwG	(19.01.1989 – 7 C 77.87) BVerwGE 81, 197 ff.
BVerwG	(15.03.1989 – 4 NB 10.88) BRS 49, Nr. 39
BVerwG	(15.12.1989 – 7 C 35.87) BVerwGE 84, 220 ff.
BVerwG	(05.02.1990 – 4 B 191.89) ZfBR 1990, 206 f.
BVerwG	(22.06.1990 – 4 C 6.87) ZfBR 1990, 293 ff.
BVerwG	(27.07.1990 – 4 B 156.89) ZfBR 1990, 302 ff.
BVerwG	(18.12.1990 – 4 N 6.88) BRS 50 Nr. 25
BVerwG	(23.05.1991 – 7 C 19.90) BVerwGE 88, 210 ff.

BVerwG	(20.08.1992 – 4 NB 20.91) BVerwGE 90, 329 ff.
BVerwG	(24.09.1992 – 7 C 7/92) NVwZ 1993, 987 f.
BVerwG	(16.09.1993 – 4 C 28.91) BVerwGE 94, 151 ff.
BVerwG	(25.11.1993 – 5 N 1.92) BVerwGE 94, 335, ff.
BVerwG	(21.12.1993 – 4 NB 40.93) NVwZ 1994, 685 f.
BVerwG	(16.06.1994 – 4 C 20.93) BVerwGE 96, 95
BVerwG	(14.12.1994 – 4 B 152.93) BRS 56 Nr. 165
BVerwG	(09.01.1995 – 4 NB 42/94) NVwZ 1995, 694 f.
BVerwG	(05.01.1996 – 4 B 306/95) NVwZ 1996, 597 f.
BVerwG	(25.08.1997 – 4 NB 12.97) NuR 1998, 135 ff.
BVerwG	(07.11.1997 – 4 NB 48/96) NVwZ 1998, 956 ff.
BVerwG	(12.03.1998 – 4 C 10/97) NVwZ 1998, 842 ff.
BVerwG	(19.05.1998 – 4 A 9.97) BVerwGE 107, 1 ff./ NVwZ 1998, 961 ff.
BVerwG	(03.06.1998 – 4 B 6/98) NVwZ 1998, 960 f.
BVerwG	(07.11.1998 – 4 NB 48/96) NVwZ 1998, 956
BVerwG	(24.09.1998 – 4 CN 2.98) BVerwGE 107, 215 ff.
BVerwG	(21.10.1999 – 4 C 1.99) NuR 2000, 321 ff.
BVerwG	(02.02.2000 – 4 B 104.99) ZfBR 2000, 428 ff.
BVerwG	(21.06.2001 – 7 C 21.00) DVBl 2001, 1460 ff.
BVerwG	(19.07.2001 – 4 C 4.00) BVerwGE 115, 17 ff.
BVerwG	(15.10.2001 – 4 B 69.01) BauR 2002, 1052
BVerwG	(13.12.2001 – 4 C 3/01) NVwZ 2002, 1112 ff.
BVerwG	(11.01.2002 – 4 C 6.00) NuR 2001, 385 ff.
BVerwG	(31.01.2002 – 4 A 15/01) NVwZ 2002, 1103 ff.
BVerwG	(08.05.2002 – 9 C 5/01) NVwZ-RR 2002, 770 ff.
BVerwG	(01.08.2002 – 4 C 5/01) NVwZ 2003, 86 ff.
BVerwG	(02.08.2002 – 4 B 36.02) BauR 2003, 837
BVerwG	(19.09.2002 – 4 C 10/01) NVwZ 2003, 214 ff.
BVerwG	(14.11.2002 – 4 A 15.02) NVwZ 2003, 485 ff.
BVerwG	(17.12.2002 – 4 C 15.01) BVerwGE 117, 287 ff./ BauR 2003, 828 ff.
BVerwG	(13.03.2003 – 4 C 4/02) BVerwGE 118, 33 ff./ NVwZ 2003, 738 ff.
BVerwG	(13.03.2003 – 4 C 3/02) ZNER 2003, 245 ff.
BVerwG	(18.03.2003 – 4 B 7.03) BauR 2004, 295
BVerwG	(20.11.2003 – 4 CN 6/03) BVerwGE 119, 217 ff./ NuR 2004, 362 ff.
BVerwG	(19.02.2004 – 4 CN 13.03 1.) ZNER 2004, 172 ff.

BVerwG	(19.02.2004 – 4 CN 16.03 1.) ZNER 2004, 169 ff.
BVerwG	(30.06.2004 – 4 C 9/03) NVwZ 2004, 1235 ff.
BVerwG	(11.08.2004 – 4 B 55.04) BauR 2005, 832 f.
BVerwG	(16.09.2004 – 4 C 7/03) NVwZ 2005, 213 ff.
BVerwG	(21.10.2004 – 4 C 2/04) BVerwGE 122, 109 ff./ NVwZ 2005, 211 ff.
BVerwG	(21.10.2004 – 4 C 3/04) BVerwGE 122, 117 ff./ NVwZ 2005, 208 ff.
BVerwG	(18.11.2004 – 4 C 1/04) NVwZ 2005, 328 ff.
BVerwG	(27.01.2005 – 4 C 5/04) NVwZ 2005, 578 ff./ UPR 2005, 267 ff.
BVerwG	(28.11.2005 – 4 B 66/05) NuR 2006, 504 f.
BVerwG	(31.01.2006 – 4 B 49/05) NVwZ 2006, 823 ff.
BVerwG	(14.03.2006 – 4 A 1075.04) BVerwGE 125, 166 ff.
BVerwG	(26.04.2006 – 4 B 7.06) BauR 2006, 1265 ff./ UPR 2006, 352 f.
BVerwG	(21.06.2006 – 9 A 28.05) NuR 2006, 779 ff.
BVerwG	(05.09.2006 – 4 B 58.06) ZfBR 2007, 54 f.
BVerwG	(13.11.2006 – 4 BN 18.06) ZfBR 2007, 277 f.
BVerwG	(11.12.2006 – 4 BN 72.06) ZNER 2007, 94 f./ ZUR 2007, 138 ff.
BVerwG	(17.01.2007 – 9 A 20.05) BVerwGE 128, 1 ff.
BVerwG	(08.03.2007 – 9 B 19.06) DVBl 2007, 639 ff.
BVerwG	(29.03.2007 – 4 BN 11/07) NVwZ 2007, 954 f.
BVerwG	(26.04.2007 – 4 CN 3.06) ZfBR 2007, 570 ff.
BVerwG	(26.04.2007 – 4 C 12.05) ZUR 2007, 479 ff.
BVerwG	(08.05.2007 – 4 B 11/07) EurUP 2007, 152
BVerwG	(14.05.2007 – 4 BN 8/07) NVwZ 2007, 953 f.
BVerwG	(29.08.2007 – 4 C 2.07) ZfBR 2008, 56 ff.
BVerwG	(10.10.2007 – 4 BN 36.07) ZfBR 2008, 70 f.
BVerwG	(26.11.2007 – 4 BN 46.07) NuR 2008, 115 ff.
BVerwG	(21.01.2008 – 4 B 35.07) BauR 2008, 784 ff.
BVerwG	(24.01.2008 – 4 CN 2.07) BauR 2008, 951 ff.
BVerwG	(13.03.2008 – 9 VR 10.07) NuR 2008, 495 ff.
BVerwG	(09.07.2008 – 9 A 14/07) NVwZ 2009, 302 ff.
BVerwG	(11.08.2008 – 4 B 25.08) NuR 2009, 249 f.
BVerwG	(22.01.2009 – 4 C 17.07) NuR 2009, 251 ff.
BVerwG	(01.04.2009 – 4 B 62.08) NuR 2009, 414 ff.

Oberverwaltungsgerichte

OVG Bautzen	(26.11.2002 – 1 D 36/02) ZNER 2003, 66 ff.
OVG Bautzen	(25.10.2006 – 1 D 3/03) UPR 2007, 279
OVG Bautzen	(02.02.2007 – 1 BS 1/07) LKV 2007, 476
OVG Bautzen	(17.07.2007 – 1 D 10/06) BauR 2008, 479 ff.
OVG Berlin-Brandenburg	(15.09.2006 – 11 S 57/06) NVwZ 2007, 848 ff.
OVG Berlin-Brandenburg	(22.09.2006 – 10 S 2/06) LKV 2007, 477 f.
OVG Berlin-Brandenburg	(28.08.2007 – 2 S 63/07) ZfBR 2007, 810 ff.
OVG Berlin-Brandenburg	(19.11.2008 – 11 S 10.08) ZNER 2008, 395 ff.
OVG Bremen	(31.05.2005 – 1 A 346/02) NuR 2005, 654 ff.
OVG Greifswald	(08.03.1999 – 3 M 85/98) NVwZ 1999, 1238 ff.
OVG Greifswald	(30.05.2000 – 3 M 128/99) NVwZ 2001, 454 ff.
OVG Greifswald	(19.01.2001 – 4 K 9/99) BauR 2001, 1379 ff.
OVG Greifswald	(23.09.2002 – 3 M 89/01) ZNER 2003, 69 f.
OVG Greifswald	(23.02.2006 – 4 M 136/05) NordÖR 2006, 206 ff.
OVG Greifswald	(20.06.2006 – 3 L 91/00) LKV 2007, 234 ff.
OVG Hamburg	(01.09.2004 – 1 Bf 128/04) ZUR 2005, 210 ff.
OVG Hamburg	(30.09.2004 – 1 Bf 162/04) ZUR 2005, 208 ff.
OVG Hamburg	(03.12.2004 – 1 Bf 113/04) ZUR 2005, 206 ff.
VGH Kassel	(10.01.2003 – 4 UZ 2543/02) BauR 2004, 879
VGH Kassel	(08.12.2003 – 20 N 01.2612) BauR 2004, 879
VGH Kassel	(27.09.2004 – 2 TG 1630/04) NVwZ 2006, 176
VGH Kassel	(25.03.2009 – 3 C 594/08) UPR 2009, 280
OVG Koblenz	(10.09.1999 – 8 B 11689/99)
OVG Koblenz	(28.02.2002 – 1 A 11625/01) BauR 2002, 1053 ff.
OVG Koblenz	(30.10.2002 – 7 B 11293/02) ZNER 2003, 50 f.
OVG Koblenz	(12.06.2003 – 1 A 11127/02) NuR 2003, 768/ ZNER 2003, 340 f.
OVG Koblenz	(24.06.2004 – 8 A 10809/04) NVwZ-RR 2004, 734 f.
OVG Koblenz	(07.03.2005 – 8 A 12244/04) NVwZ-RR 2005, 536 f.
OVG Koblenz	(06.07.2005 – 8 A 11033/04) NVwZ-RR 2006, 242 ff.
OVG Koblenz	(08.12.2005 – 1 C 10065/05) ZNER 2005, 336 ff.
OVG Koblenz	(16.01.2006 – 8 A 11271/05) UPR 2006, 364/ NVwZ 2006, 844 ff.
OVG Koblenz	(16.03.2006 – 1 K 2012/04) UPR 2006, 463 f.
OVG Koblenz	(11.05.2006 – 1 A 11398/04) EurUP 2006, 212

OVG Koblenz   (22.11.2006 – 8 B 11378/06) BauR 2007, 520 ff./
                   NVwZ 2007, 850 ff.
OVG Koblenz   (24.05.2006 – 8 A 10892/05) ZfBR 2006, 571 ff.
OVG Koblenz   (02.10.2007 – 8 C 11412/06) ZNER 2007, 425 ff.
OVG Koblenz   (18.10.2007 – 1 C 10138/07) ZfBR 2008, 67 ff.
OVG Koblenz   (20.12.2007 – 1 A 10937/06) ZNER 2007, 424 ff.
OVG Koblenz   (23.10.2008 – 4 BN 16.08) BauR 2009, 475 f.
OVG Lüneburg   (28.10.1983 – 8 C 2/83) NJW 1984, 627
OVG Lüneburg   (23.09.1986 – 6 A 182/84) BRS 46, Nr. 184
OVG Lüneburg   (24.03.2000 – 3 M 439/00) NuR 2000, 298 f.
OVG Lüneburg   (14.09.2000 – 1 K 5414/98) NVwZ 2001, 452 ff.
OVG Lüneburg   (13.08.2001 – 1 L 4089/00) NVwZ-RR 2002, 334 f.
OVG Lüneburg   (19.12.2002 – 1 MN 297/02) ZNER 2003, 63 f.
OVG Lüneburg   (18.06.2003 – 1 KN 56/03) NuR 2003, 771 f.
OVG Lüneburg   (25.09.2003 – 1 LC 276/02) NuR 2004, 125 ff.
OVG Lüneburg   (02.10.2003 – 1 LA 28/03) ZNER 2003, 347 ff.
OVG Lüneburg   (15.03.2004 – 1 ME 45/04) BauR 2005, 833 ff./
                   NVwZ 2005, 233 ff.
OVG Lüneburg   (20.09.2004 – 7 ME 233/03) ZNER 2005, 1 f.
OVG Lüneburg   (28.10.2004 – 1 KN 155/03) ZUR 2005, 156 ff.
OVG Lüneburg   (04.04.2005 – 1 LA76/04) NVwZ-RR 2005,
                   521/NordÖR 2005, 220
OVG Lüneburg   (26.09.2005 – 1 MN 113/05) NVwZ-RR 2006,
                   246 ff.
OVG Lüneburg   (03.04.2006 – 1 LA 260/05) EurUP 2006, 158
OVG Lüneburg   (06.12.2006 – 7 ME 2145/06) NVwZ 2007, 357 ff.
OVG Lüneburg   (13.12.2006 – 7 ME 271/04) NVwZ 2007, 356 f.
OVG Lüneburg   (29.12.2006 – 7 ME 263/02) NVwZ 2007, 354 ff.
OVG Lüneburg   (08.03.2007 – 12 MN 13/07) BauR 2007, 1385 ff.
OVG Lüneburg   (20.03.2007 – 12 LA 1/07) DVBl 2007, 648/
                   NVwZ-RR 2007, 517 ff.
OVG Lüneburg   (18.05.2007 – 12 LB 8/07) ZNER 2007, 229 ff.
OVG Lüneburg   (13.06.2007 – 12 LC 36/07) ZfBR 2007, 689 ff.
OVG Lüneburg   (13.06.2007 – 12 LC 25/07) ZfBR 2007, 693 f.
OVG Lüneburg   (28.11.2007 – 12 LC 70/07) BauR 2009, 784 ff.
OVG Lüneburg   (29.04.2008 – 12 LB 48/07) NuR 2009, 55 ff.
OVG Lüneburg   (09.10.2008 – 12 KN 12/07) ZNER 2008, 398 ff.
OVG Magdeburg   (12.12.2002 – 2 L 456/00) ZNER 2003, 51 ff.
OVG Magdeburg   (24.02.2003 – 2 R 405/02) ZNER 2003, 339

OVG Magdeburg	(12.09.2005 – 2 M 15/05) ZNER 2005 339 ff.
OVG Magdeburg	(09.02.206 – 2 M 71/05) BeckRS 2008, 3042.
OVG Magdeburg	(05.07.2006 – 2 R 154/06) EurUP 2006, 265
OVG Magdeburg	(29.11.2007 – 2 L 220/05) ZNER 2007, 505 ff.
VGH Mannheim	(26.06.1998 – 8 S 882/98) NuR 1999, 43 f.
VGH Mannheim	(29.11.2002 – 5 S 2312/02) NVwZ-RR 2003, 184 ff./ NuR 2003, 228 ff.
VGH Mannheim	(15.10.2002 – 8 S 737/02) NuR 2003, 103 ff.
VGH Mannheim	(15.12.2003 – 3 S 2827/02) BauR 2004, 717
VGH Mannheim	(15.07.2005 – 5 S 2124/04) UPR 2006, 119 f.
VGH Mannheim	(09.06.2005 – 3 S 1545/04) NuR 2006, 371 ff.
VGH Mannheim	(16.05.2006 – 3 S 914/05) UPR 2007, 69 ff.
VGH Mannheim	(06.11.2006 – 3 S 2115/04) ZUR 2007, 92 ff.
VGH Mannheim	(13.10.2005 – 3 S 2521/04) ZUR 2006, 264 ff.
VGH Mannheim	(24.05.2007 – 3 S 2789/06) NuR 2007, 567 f.
VGH München	(19.04.2005 – 8 A 02.40040) BayVBl 2005, 659 ff.
VGH München	(12.01.2007 – 1 B 05.3387, 3388, 3389) NVwZ 2007, 1213 ff.
VGH München	(14.08.2008 – 2 BV 07.2226) ZUR 2009, 38 ff.
VGH München	(31.10.2008 – 22 CS 08.2369) ZNER 2009, 393 ff.
OVG Münster	(22.10.1996 – 10 B 2385/96) NVwZ 1997, 924 ff.
OVG Münster	(29.08.1997 – 7 A 629/95) NVwZ 1998, 978 ff.
OVG Münster	(23.01.1998 – 7 B 2984/97) NVwZ 1998, 760 f.
OVG Münster	(13.07.1998 – 7 B 956/98) NVwZ 1998, 980 ff.
OVG Münster	(03.09.1999 – 10 B 1283/99) NVwZ 1999, 1360 ff.
OVG Münster	(24.01.2000 – 7 B 2180/99) NVwZ 2000, 1064 ff.
OVG Münster	(01.02.2000 – 10 B 1831/99) BRS 63 Nr. 150
OVG Münster	(12.06.2001 – 10 A 97/99) ZfBR 2002, 270
OVG Münster	(26.04.2002 – 10 B 43/02) BauR 2002, 1507
OVG Münster	(17.05.2002 – 7 B 665/02) BauR 2002, 1510
OVG Münster	(13.05.2002 – 10 B 671/02) BauR 2002, 1514
OVG Münster	(02.07.2002 – 7 B 918/02) ZNER 2002, 245 f.
OVG Münster	(18.11.2002 – 7 A 2127/00) NVwZ 2003, 756 ff./ ZNER 2003, 55 ff.
OVG Münster	(04.06.2003 – 7a D 131/02) ZNER 2003, 341 ff.
OVG Münster	(06.08.2003 – 7 a D 100/01) NVwZ-RR 2004, 643 ff.
OVG Münster	(07.01.2004 – 22 B 1288/03) NVwZ-RR 2004, 408 ff.

OVG Münster	(27.05.2004 – 7 a D 55/03) ZNER 2004, 315
OVG Münster	(18.11.2004 – 7 A 3329/01) BauR 2005, 836
OVG Münster	(28.01.2005 – 7 D 35/03) ZNER 2005, 100
OVG Münster	(14.09.2005 – 8 B 96/05) NVwZ-RR 2006 244 ff.
OVG Münster	(15.09.2005 – 8 B 1074/05) NVwZ-RR 2006, 173 ff.
OVG Münster	(19.09.2005 – 10 D 26/03) ZNER 2003, 253 f.
OVG Münster	(22.09.2005 – 7 D 21/04) UPR 2006, 121 f.
OVG Münster	(20.10.2005 – 8 B 185/05) ZNER 2005, 342 ff.
OVG Münster	(13.03.2006 – 7 A 3414/04) EurUP 2006, 104
OVG Münster	(15.03.2006 – 8 A 2672/03) UPR 2007, 278
OVG Münster	(13.07.2006 – 8 B 39/06) NVwZ 2007, 967 ff.
OVG Münster	(09.08.2006 – 8 A 3726/05) ZNER 2006, 361 ff.
OVG Münster	(05.09.2006 – 8 A 1971/04) UPR 2007, 457
OVG Münster	(30.10.2006 – 7 D 68/06.NE) UPR 2007, 279 f.
OVG Münster	(04.12.2006 – 7 A 568/06) UPR 2007, 280.
OVG Münster	(17.01.2007 – 8 A 2042/06) ZNER 2007, 79 ff.
OVG Münster	(22.03.2007 – 8 B 2283/06) DVBl 2007, 648
OVG Münster	(19.06.2007 – 8 A 2677/06) ZNER 2007, 237 ff.
OVG Münster	(11.09.2007 – 8 A 2696/06) ZNER 2007, 431 ff./ NuR 2008, 49 ff.
OVG Münster	(28.11.2007 – 12 LC 70/07) BeckRS 2008, 33667
OVG Münster	(13.12.2007 – 8 A 2810/04) NuR 2008, 872 ff.
OVG Münster	(07.01.1008 – 8 A 1319/06) ZNER 2007, 436 ff.
OVG Münster	(13.03.2008 – 8 A 4583/06) NuR 2008, 881 ff.
OVG Münster	(28.08.2008 – 8 A 2138/06) noch unveröffentlicht
OVG Saarlouis	(18.05.2006 – 2 N 3/05) NVwZ-RR 2006, 771 f.
OVG Saarlouis	(01.06.2007 – 3 Q 110/06) NVwZ-RR 2007, 672
OVG Weimar	(06.06.1997 – 1 KO 570/94) NVwZ 1998, 983 ff.
OVG Weimar	(16.08.2004 – 1 EN 944/03) ZUR 2005, 215 ff.
OVG Weimar	(14.05.2007 – 1 KO 1054/03) NuR 2007, 757 ff.
OVG Weimar	(19.03.2008 – 1 KO 304/06) NuR 2009, 510 ff.

Verwaltungsgerichte

VG Aachen	(15.11.2007 – 6 K 71/07) BeckRS 2008, 30294
VG Aachen	(15.07.2008 – 6 K 1367/07) ZNER 2008, 276 ff.
VG Arnsberg	(12.05.1998 – 1 L 702/98) unveröffentlicht
VG Berlin	(04.04.2008 – 10 A 15/08) BeckRS 2008, 34254
VG Cottbus	(13.12.2007 – 3 K 1923/03) BeckRS 2008, 33422

VG Dessau	(06.04.2001 – 2 A 424/98 DE) NuR 2002, 108 ff.
VG Düsseldorf	(21.02.2000 – 4 K 6745/99) NVwZ 2001, 591 f.
VG Düsseldorf	(29.07.2004 – 4 K 3243/02) NJOZ 2005, 1864 ff.
VG Frankfurt/Oder	(10.09.2008 – 5 L 127/08) BeckRS 2008, 39029
VG Freiburg	(25.10.2005 – 1 K 2723/04) UPR 2006, 364
VG Freiburg	(28.10.2005 – 1 K 1928/04) NVwZ-RR 2006, 464 ff./UPR 2006, 364
VG Gießen	(16.04.2002 – 8 G 493/02) NuR 2002, 697 f.
VG Gießen	(04.07.2007 – 8 E 2538/05) NuR 2007, 568 f.
VG Hamburg	(01.12.2003 – 19 K 2474/03) NuR 2004, 543 ff.
VG Hamburg	(01.12.2003 – 19 K 3585/03) NuR 2004, 547 f.
VG Hamburg	(25.03.2004 – 8 K 4795/02) NuR 2004, 548 ff.
VG Hamburg	(25.03.2004 – 8 K 1211/03) NuR 2004, 551 f.
VG Karlsruhe	(09.01.1997 – 11 K 3769/96) NVwZ 1997, 929 ff.
VG Koblenz	(15.02.2005 – 7 K 2362/04) NJOZ 2005, 1879 ff.
VG Leipzig	(12.07.2007 – 6 K 419/07) NVwZ 2008, 346 ff.
VG Lüneburg	(14.06.2007 – 2 A 390/06) ZNER 2007, 353 ff.
VG Lüneburg	(20.09.2007 – 2 A 569/06) NuR 2007, 839 ff./ BeckRS 2007, 26850
VG Magdeburg	(22.03.2005 – 4 A 201/04) unveröffentlicht
VG Meiningen	(25.01.2006 – 5 E 386/05) BauR 2006, 1266 ff.
VG Oldenburg	(10.01.2000 – 1 B 4195/99) NuR 2000, 295 ff.
VG Oldenburg	(11.12.2008 – 5 A 2025/08) NuR 2009, 145 ff.
VG Oldenburg	(11.12.2008 – 5 A 2653/08) http://www.dbovg.niedersachsen.de/Entscheidung.asp?Ind=0560020080026535%20A%5B02%5D
VG Oldenburg	(03.06.2009 – 5 A 254/09) http://www.dbovg.niedersachsen.de/Entscheidung.asp?Ind=0560020090002545%20A
VG Oldenburg	(03.06.2009 – 5 A 346/09) http://www.dbovg.niedersachsen.de/Entscheidung.asp?Ind=0560020090003465%20A
VG Saarlouis	(19.09.2007 – 5 K 58/06) ZUR 2008, 271 ff.
VG Saarlouis	(30.07.2008 – 5 K 6/08) BeckRS 2008, 37988
VG Schleswig	(26.10.2004 – 1 B 51/04) NuR 2005, 344 ff.
VG Stuttgart	(03.05.2005 – 13 K 5609/03) NuR 2005, 673 ff.
VG Stuttgart	(29.01.2007 – 16 K 3980/06) UPR 2008, 80

Weitere Gerichte

OLG Hamm	(21.09.2006 – 16 U (Bau) 5/06) NVwZ-RR 2007, 381 f.
High Court of Justice (London)	(05.11.1999 – CO 1336/1999) NuR 2001, 19 ff.

Sachwortverzeichnis

AWZ-ROV   428, 438 ff., 445 ff., 460 f., 474 ff., 491

Bauleitplanung   49 f., 78, 83, 87, 88 ff., 121, 182, 193, 196, 200 ff., 206 ff., 218, 230, 238, 270, 303, 320, 333, 393, 475, 487

Eignungsgebiete   48, 82, 188 ff., 199, 203, 208, 269, 338, 359, 378, 398, 401, 424 ff., 438 ff., 471, 474, 487, 491

Eingriffsregelung   101 f., 152, 263 ff., 276, 283, 303, 309, 318 f., 327, 387, 393, 395, 414 f., 461, 488

Erneuerbare-Energien-Gesetz (EEG)   23 ff., 33, 37, 44 ff., 52 ff., 68, 84, 86, 101, 118, 200 ff., 246, 357 ff., 382, 386, 399, 400, 417 f., 424, 445, 450, 454 f.

Erstreckungsklausel   385 ff., 414, 438, 461, 473, 490

FFH-Richtlinie   104 ff., 194, 213, 263 f., 271 ff., 277 ff., 287, 289 ff., 294 ff., 304 ff., 315 ff., 348 ff., 377 f., 386, 395, 403, 406 f., 413, 414 ff., 442, 449, 464, 468, 470, 472 f., 478, 482, 489 f.

Fledermäuse   84, 108, 199, 252, 256 ff., 261 f., 270 ff., 274, 300, 307 f., 311, 319, 488

Gesetzgebungskompetenz   263, 340, 379, 380 ff., 384, 438 f., 490

Hoheitsgebiet   357, 382, 385, 393, 418, 429, 462, 490

Klimaschutz   26, 39 ff., 50, 61, 68, 71, 86, 89, 99, 109, 123, 167, 182, 195, 277, 284 f., 301, 312, 314, 360, 400, 422, 431, 455, 484 f., 487

Konzentrationswirkung   75 f., 161, 170, 223 f., 360, 368, 390, 435, 442, 484

Konzentrationszonen   117, 120 f., 190, 198 ff., 206, 208 ff., 333, 336, 338 ff., 424, 441, 449, 454, 487

Meeresumweltschutz   355, 402, 411, 414, 421, 423, 428, 441, 448 f., 455

Natura 2000   84, 105, 194, 266, 273 ff., 283, 285, 287, 295, 298, 300, 303 f., 310 f., 313, 316 ff., 325, 350, 378, 407, 414 ff., 449 f., 454 ff., 470 f., 475, 481 f., 488 ff.

Raumordnung   35, 68, 75, 87, 91 f., 103, 109, 111, 119 ff., 166, 179, 180 ff., 187 ff., 207 ff., 217, 310, 320, 323, 331 ff., 335 ff., 343, 365, 367, 378, 381 ff., 394, 396, 398, 408, 422, 424, 426 ff. 434, 474 ff., 482 f., 487 ff.

Schweinswale   374, 376, 404 ff., 419, 490

Seeadler   107 f., 255, 261, 270, 299, 305, 309, 488

Seeanlagenverordnung (SeeAnlV)   358 ff. 368 f., 396 ff., 411, 414, 425, 426 ff., 428 f., 431, 435 ff., 438 ff., 451, 455, 458 ff., 461, 462 ff., 474 f., 483, 490 f.

Seetaucher   407 f., 421 ff., 490

Umweltrechtsbehelfsgesetz (URG) 80, 325 ff., 386, 480, 483, 489, 491
Umweltschadensgesetz (USchadG) 314 ff., 326, 386, 461 ff., 473

Verbandsklage 315, 323 ff., 470 ff., 480
Vogelschutzrichtlinie (V-RL) 107 ff. 213, 270, 273 ff., 284 f., 287, 293, 297, 303 ff., 349 ff., 377, 407 f., 416 f., 419, 464, 468, 473, 489

Vorbehaltsgebiete 188 ff., 445 f., 448, 456

Vorranggebiete 163, 188 ff., 204, 206, 208, 269, 310, 333, 338, 382, 401, 422, 425, 439 ff., 471, 475 f., 482 f., 487, 491

Deutsches Institut für
Wirtschaftsforschung

Vierteljahrshefte zur Wirtschaftsforschung
Heft 1 · 76. Jahrgang · 2007

Die Energiepolitik zwischen Wettbewerbsfähigkeit, Versorgungssicherheit und Nachhaltigkeit

Tab., Abb.; 161 S. 2007 ⟨978-3-428-12493-0⟩ € 72,–

Eine nachhaltige Energiepolitik muss die drei Ziele Wettbewerbsfähigkeit, Versorgungssicherheit und Umweltverträglichkeit gleichrangig erfüllen. Europa hat sich kürzlich dazu verpflichtet, die Klimaschutzziele deutlich zu erhöhen und eine Emissionsminderung von 20 % bis 2020 festgelegt. Zudem soll der Anteil erneuerbarer Energien bis zum Jahre 2020 ebenso auf 20 % erhöht werden. Neben der Einführung des Emissionshandelsmarktes, der Förderung erneuerbarer Energien und der Einrichtung einer Regulierungsbehörde zur Netzaufsicht beim Strom- und Gastransport sind bisher schon diverse weitere Maßnahmen eingerichtet worden, um die energie- und auch klimapolitischen Ziele zu erfüllen. Zudem mahnt Brüssel weitere Verbesserungen an. Die Energieimporte sollten reduziert und die Energieanbieterländer möglichst breit diversifiziert werden, um sich nicht zu abhängig von einem Lieferland, wie zum Beispiel Russland, zu machen. Zudem sollte der Energiemarkt innerhalb Europas besser harmonisiert und verbunden werden. Um Marktmacht zu verhindern, sollten die Energieversorger die Produktionssparten von dem Transport und dem Vertrieb trennen. Zudem sollten die einzelnen Länder die Fördermaßnahmen zur Förderung erneuerbarer Energien harmonisieren und insgesamt die CO_2-Emissionen stark reduzieren. Das Vierteljahrsheft zur Wirtschaftsforschung widmet sich mit insgesamt 12 Beiträgen dieser Thematik.

Internet: http://www.duncker-humblot.de

Duncker & Humblot · Berlin

DUNCKER & HUMBLOT

Peter Oberender (Hrsg.)

Wettbewerb in der Energiewirtschaft

Schriften des Vereins für Socialpolitik, Neue Folge, Band 322
Abb.; 103 S. 2009 ⟨978-3-428-13094-8⟩ € 58,–

Die Beiträge des Bandes – allesamt schriftliche Fassungen der im März 2008 in Kiel auf der Jahrestagung 2008 der Arbeitsgruppe Wettbewerb des Wirtschaftspolitischen Ausschusses im Verein für Socialpolitik gehaltenen Referate – spannen den Bogen von grundsätzlichen Fragen einer rationalen Regulierung im Spannungsfeld zwischen Kartell- und Regulierungsbehörden hin zu konkreten politischen Umsetzungsvorschlägen.

Georg Erdmann: Wettbewerb in der Energiewirtschaft: Status quo und institutionelle sowie technische Grenzen — **Christian von Hirschhausen:** Competition in the German Electricity and Natural Gas Markets – Survey and Some Empirical Evidence — **Alois Rhiel:** Der Strommarkt zwischen Liberalisierung, Wettbewerb und staatlicher Ingerenz — **Christof Schoser:** Wege zum Energiebinnenmarkt aus Sicht der EU-Kommission: Bestandsaufnahme der Diskussion zum dritten Binnenmarktpaket — **Franz Jürgen Säcker:** Die Strom- und Gasmärkte zwischen Wettbewerbs- und Regulierungsaufsicht: Ist die bestehende Arbeitsteilung zwischen Kartellamt und Bundesnetzagentur sinnvoll? — **Alfred Richmann:** VIK-Vorschlag zum EU-CO_2-Emissionshandel: Schwachstellen des derzeitigen EU-Vorschlags beseitigen — **Peter Oberender** und **Christoph Reiß:** Diskussionszusammenfassung

Internet: http://www.duncker-humblot.de

BERLIN